彩图 2-1　中国·避暑山庄鸟瞰

彩图 2-2　中国·颐和园

彩图 2-3　日本·桂离宫松琴亭景

彩图 2-4　西班牙·阿尔罕布拉宫远景

彩图 2-5　印度·泰姬陵

彩图 2-6　古罗马·哈德良山庄遗址鸟瞰

彩图 2–7　法国・维康府邸鸟瞰

彩图 2–8　法国・凡尔赛宫全景

彩图 3–1　意大利・兰特庄园 一层平台

彩图 3–2　意大利・埃斯特庄园水景

彩图 3–3　英国・斯陀园帕拉迪奥式桥

彩图 3–4　英国・查兹沃斯园德尔温特河

彩图 4-1　中国・网师园

彩图 4-2　中国・拙政园

彩图 4-3　中国・沧浪亭

彩图 4-4　中国・寄畅园

彩图 4-5　中国・萃锦园

彩图 4–6　日本・二条城二之丸庭院

彩图 4–7　古罗马・维提住宅

彩图 5–1　中国・潭柘寺

彩图 5–2　中国・黄龙洞

彩图 5–3　中国・古常道观

彩图 5–4　日本・龙安寺

彩图 5-5　日本・大德寺大仙院

彩图 5-6　瑞士・圣加尔修道院

彩图 6-1　中国・武当山

彩图 6-2　中国・峨眉山

彩图 6-3　中国・西湖全景

彩图 6–4　中国 · 瘦西湖

彩图 6–5　意大利 · 圣马可广场

彩图 6–6　梵蒂冈 · 圣彼得大教堂广场

彩图 6–8　英国 · 沃克斯霍尔花园

彩图 6–7　古罗马 · 卡拉卡拉浴场

彩图 7-1　英国 · 伯肯海德公园鸟瞰

彩图 7-2　英国 · 曼斯特德 · 伍德花园主屋

彩图 7-3　美国 · 纽约中央公园 1

彩图 7-4　美国 · 纽约中央公园 2

彩图 7-5　美国 · 绿宝石项链

彩图 7-6　西班牙 · 桂尔公园鸟瞰

彩图 7–7　西班牙·桂尔公园大台阶

彩图 7–8　中国·顾家宅（复兴）公园大花坛

彩图 7–9　日本·日比谷公园

彩图 8–1　英国·肯尼迪纪念园

彩图 8–2　美国·西雅图高速公园

彩图 8–3　巴西·柯帕卡帕那海滨大道

彩图 8–4　中国·陶然亭公园

彩图 8-5　中国・松江方塔园

彩图 8-6　中国・广州越秀公园

彩图 8-7　中国・杭州西湖花港观鱼

彩图 8-8　日本・榉树广场

普通高等院校 精品课程规划教材
优质精品资源共享教材

中外园林史

周向频　编著

中国建材工业出版社

图书在版编目(CIP)数据

中外园林史/周向频编著. —北京:中国建材工业出版社,2014.12 (2021.8重印)

ISBN 978-7-5160-1023-5

Ⅰ.①中… Ⅱ.①周… Ⅲ.①园林建筑—建筑史—世界 Ⅳ.①TU-098.4

中国版本图书馆 CIP 数据核字(2014)第 266416 号

内 容 简 介

本书记述从公元前5000年至今的中外园林发展历程,内容分为古代和现代两部分。通过大量的图表、注释,点面结合,既较为全面地涵盖了世界园林发展的多处地域与多种类型,又针对典型案例从设计层面进行重点分析。本书编写采取以园林属性为线索的分类写作结构,通过将中外园林统一论述,从纵向发展及横向比较中深入剖析园林的本质与特征,并关照影响造园的历史、社会、文化背景等,使读者在全面了解中外园林发展历程的同时,学习园林设计的思想与方法,思考园林设计与建造背后的时代及文化因素并探寻园林艺术的内在规律。

中外园林史

周向频 编著

出版发行:中国建材工业出版社

地 址:北京市海淀区三里河路1号

邮 编:100044

经 销:全国各地新华书店

印 刷:北京鑫正大印刷有限公司

开 本:889mm×1194mm 1/16

印 张:26.25 彩色:1印张

字 数:600千字

版 次:2014年12月第1版

印 次:2021年8月第6次

定 价:69.00元

本社网址:www.jccbs.com.cn 微信公众号:zgjcgycbs

本书如出现印装质量问题,由我社市场营销部负责调换。联系电话:(010)88386906

目　录

导　读 …… 1

1　中外园林发展概述 …… 6

1.1　地域格局下的古代园林分布体系 …… 6

1.1.1　东方(中国)园林体系 …… 6

1.1.2　西亚(伊斯兰)园林体系 …… 8

1.1.3　欧洲园林体系 …… 11

1.2　时空视野下的古代园林发展脉络 …… 14

1.2.1　公元前5000年之前 …… 14

1.2.2　公元前5000年—公元前1000年 …… 15

1.2.3　公元前1000年—公元元年 …… 17

1.2.4　公元元年—公元500年 …… 20

1.2.5　公元500—1000年 …… 22

1.2.6　公元1000—1300年 …… 25

1.2.7　公元1300—1600年 …… 27

1.2.8　公元1600—1900年前后 …… 29

1.3　现代园林的变迁与拓展 …… 32

1.3.1　现代园林的发展历程 …… 32

1.3.2　现代园林的思潮转变 …… 37

1.3.3　现代园林的发展特征 …… 41

古代部分

2　帝王宫苑 …… 45

2.1　亚洲地区 …… 46

2.2.1　中国皇家园林 …… 46

2.2.2　日本皇室宫苑 …… 52

2.2　中东及伊斯兰地区 …… 55

2.2.1　巴比伦宫殿园林 …… 56

2.2.2　波斯伊斯兰宫殿花园 …… 57

2.2.3　西班牙伊斯兰宫苑 …… 59

2.2.4　印度伊斯兰皇家园林 …… 61

2.3　欧洲地区 …… 64

2.3.1　古罗马宫殿园林 …… 64

2.3.2　绝对君权时期法国皇家园林 …… 65

2.4　重点案例 …… 72

2.4.1　中国·艮岳 …… 72

2.4.2　中国·避暑山庄 …… 75

2.4.3 中国·颐和园 …… 80
2.4.4 日本·桂离宫 …… 85
2.4.5 西班牙·阿尔罕布拉宫(Alhambra Palace) …… 88
2.4.6 印度·泰姬陵(Taj Mahal) …… 90
2.4.7 古罗马·哈德良山庄(Hadrian's Villa) …… 93
2.4.8 法国·维康府邸(Vaux le Vicomte) …… 96
2.4.9 法国·凡尔赛宫(Château de Versailles) …… 99
3 乡野庄园 …… 105
3.1 东亚地区 …… 106
3.1.1 中国乡野庄园 …… 106
3.2 欧洲地区 …… 109
3.2.1 古罗马别墅花园 …… 109
3.2.2 意大利台地庄园 …… 111
3.2.3 英国风景式园林 …… 116
3.3 重点案例 …… 123
3.3.1 中国·辋川别业 …… 123
3.3.2 意大利·兰特庄园(Villa Lante) …… 126
3.3.3 意大利·埃斯特庄园(Villa d'Este) …… 128
3.3.4 英国·斯陀园(Stowe) …… 131
3.3.5 英国·查兹沃斯园(Chatsworth Park) …… 134
4 城市宅园 …… 139
4.1 东亚地区 …… 140
4.1.1 中国城市宅园 …… 140
4.1.2 日本私家庭园 …… 147
4.2 中东地区 …… 151
4.2.1 古埃及宅园 …… 151
4.2.2 波斯宅园 …… 153
4.3 欧洲地区 …… 154
4.3.1 古希腊宅园 …… 154
4.3.2 古罗马庭园 …… 155
4.3.3 中世纪城堡庭园 …… 158
4.4 重点案例 …… 160
4.4.1 中国·网师园 …… 160
4.4.2 中国·拙政园 …… 165
4.4.3 中国·沧浪亭 …… 170
4.4.4 中国·寄畅园 …… 174
4.4.5 中国·萃锦园 …… 177
4.4.6 日本·二条城二之丸庭院 …… 183
4.4.7 古罗马·维提住宅(Casa di Vetti) …… 186
4.4.8 英国·圣多纳城堡(St Donat's Castle) …… 187
5 宗教园林 …… 190
5.1 东亚地区 …… 191
5.1.1 中国寺观园林 …… 191
5.1.2 日本禅宗园林 …… 196
5.1.3 朝鲜半岛佛教寺刹园林 …… 199

5.1.4 印度宗教园林 …… 200
5.2 中东地区 …… 202
5.2.1 伊甸园 …… 202
5.2.2 古埃及神庙园林 …… 203
5.2.3 拜占庭圣林 …… 205
5.2.4 伊斯兰教清真寺园林 …… 206
5.3 美洲地区 …… 208
5.3.1 玛雅宗教园林 …… 208
5.3.2 印加宗教园林 …… 208
5.4 欧洲地区 …… 209
5.4.1 希腊圣林 …… 209
5.4.2 中世纪修道院园林 …… 210
5.5 重点案例 …… 212
5.5.1 中国·潭柘寺 …… 212
5.5.2 中国·黄龙洞 …… 215
5.5.3 中国·古常道观 …… 218
5.5.4 日本·龙安寺 …… 221
5.5.5 日本·大德寺大仙院 …… 223
5.5.6 瑞士·圣加尔修道院(Convent of St Gall) …… 226
6 公共园林 …… 228
6.1 亚洲地区 …… 229
6.1.1 自然风景名胜园林 …… 229
6.1.2 城市风景式公共园林 …… 233
6.1.3 乡村公共园林 …… 237
6.2 欧洲地区 …… 240
6.2.1 古希腊竞技场园林 …… 240
6.2.2 古罗马公共建筑园林 …… 242
6.2.3 欧洲城市广场 …… 244
6.2.4 娱乐性花园 …… 248
6.3 重点案例 …… 250
6.3.1 中国·武当山 …… 250
6.3.2 中国·峨眉山 …… 253
6.3.3 中国·西湖 …… 257
6.3.4 中国·瘦西湖 …… 262
6.3.5 意大利·圣马可广场(Plaza San Marco) …… 266
6.3.6 梵蒂冈·圣彼得大教堂广场(Vatican City State) …… 269
6.3.7 古罗马·卡拉卡拉浴场(Thermae Caracalla) …… 271
6.3.8 英国·沃克斯霍尔花园(Vauxhall garden) …… 274

现代部分

7 中外现代园林的变革与探索(1800s—1940s) …… 277
7.1 欧美地区 …… 278
7.1.1 英国 …… 278
7.1.2 法国 …… 282

7.1.3 美国 …… 285
7.1.4 其他国家地区 …… 290
7.2 亚洲地区 …… 296
7.2.1 中国 …… 296
7.2.2 日本 …… 302
7.2.3 东南亚 …… 305
7.3 重点案例 …… 306
7.3.1 英国·伯肯海德公园(Birkenhead Park) …… 306
7.3.2 英国·曼斯特德·伍德花园(Munstead Wood Garden) …… 310
7.3.3 美国·纽约中央公园(Central Park in New York) …… 315
7.3.4 美国·“绿宝石项链”公园系统(Emerald Necklace) …… 320
7.3.5 西班牙·桂尔公园(Parque Guell) …… 326
7.3.6 中国·顾家宅公园 …… 329
7.3.7 日本·日比谷公园 …… 335
8 中外现代园林的形成与发展(1930s—1980s) …… 342
8.1 欧洲地区 …… 342
8.1.1 英国 …… 342
8.1.2 法国 …… 344
8.1.3 德国 …… 346
8.1.4 西班牙 …… 349
8.1.5 北欧 …… 350
8.1.6 其他 …… 353
8.2 美洲地区 …… 360
8.2.1 美国 …… 360
8.2.2 巴西与墨西哥 …… 364
8.2.3 加拿大 …… 365
8.3 亚洲地区 …… 371
8.3.1 中国 …… 371
8.3.2 日本 …… 376
8.3.2 其他 …… 378
8.4 重点案例 …… 385
8.4.1 英国·肯尼迪纪念园(The Kennedy Memorial) …… 385
8.4.2 美国·西雅图高速公路公园(Freeway Park) …… 388
8.4.3 巴西·柯帕卡帕那海滨大道(Aterro de Copacabana) …… 391
8.4.4 中国·北京陶然亭公园 …… 393
8.4.5 中国·上海松江方塔园 …… 396
8.4.6 中国·越秀公园 …… 401
8.4.7 中国·花港观鱼公园 …… 405
8.4.8 日本·榉树广场(Saitama Sky Forest Plaza) …… 409
参考文献 …… 413

导　读

本书记述从公元前5000年至今的中外园林发展历史及相关园林案例,其编著针对园林设计与建造的本质和特征展开,并关照影响造园历程的历史、社会、文化背景等,是面向高等院校学生及园林景观相关领域从业人员的基础性读物。由于中外古代园林与现代园林在不同的历史文化体系中产生,两个时期的造园从时代背景至园林类型特征都有很大区别,特别是现代风景园林(LA)学科的建立,使整个现代园林的内涵及外延都有了新的扩展。因此,本书古代园林与现代风景园林在写作结构上稍有区别。

本书中外园林史古代部分,记述从公元前5000年到公元1900年前后的世界园林发展历史、背景、园林特征及主要园林案例,以东方、欧洲、伊斯兰三大造园风格形成发展过程中的中心地域为主,兼顾其他亚文化区。中外现代园林史部分,内容包括从18世纪早期现代园林启蒙到当代风景园林思潮的演变过程,代表的园林设计师及重要作品介绍分析。

迄今为止,以全世界跨地域为研究方式的园林著作中比较有影响的有Georrrey Jellicoe和Susan Jellicoe合著的《图解人类景观——环境塑造史论》,该书介绍了从史前到17世纪末的人类代表园林及现代景观的演进,探讨了不同文化背景下的景观语汇呈现。Elizabeth Barlow Rogers所著的《世界景观设计——文化与建筑的历程》将景观设计的历史作为书写人类思想历史的另一种方法,从文化和历史的视点探究了世界各地创建宏伟景观和大地艺术品的思想根源。张祖刚的《世界园林发展概论——走向自然的世界园林史图说》通过中外造园实例阐述公元前3000年至公元2000年世界园林发展的历史,将其分为六个阶段,并说明各阶段的特点、前后的联系和未来发展趋势。吴家骅的《环境设计史纲》则是将"环境设计"纳入了历史、社会、政治、经济、人文、艺术等背景中进行讨论。Tom Turner编写的《世界园林史》,解释从公元前2000年至公元2000年间的园林发展,回顾了园林设计的历史风格,特别强调了园林设计哲学和随之产生的设计风格,将设计风格与哲学思想和美术联系起来。

纵观这些已有的著作,虽然尝试跨越地域和文化类型,但大多是在时间发展顺序下以单一国家或地区的发展为线索,或侧重园林实例介绍,或将园林与哲学、文化相联系,园林成为整个人类文明发展历程的映射,且以专著为主,尚缺少将多个国家地区的园林并行论述、比较归纳的著作,也缺少针对于相关专业初学者的书籍与教材。本书编写的目的是使读者在全面了解中外园林发展历程的同时,学习园林设计的思想与方法,思考园林设计背后的时代及文化因素。尝试通过将中外园林统一论述,从横向发展及纵向比较中深入剖析园林的本质、特征及成因,既较为全面地涵盖世界园林的多种类型,又关照典型案例的特殊性。

因此，本书的编写跳出以地区、国家为中心的单线论述，采取以园林性质为线索的分类写作结构。古代园林部分将不同国家地区的同种性质类型的园林放在同一章节论述。这里园林类型的界定以造园所体现的内在理念为根本因素，综合考虑园林的从属、功能及特征等因素，分为帝王宫苑、乡野庄园、城市宅园、宗教园林及公共园林五类。

帝王宫苑，是指古代社会从属于帝王特权阶层的园林。帝王宫苑的本质反映了王权高于一切的思想，以及最高权力者对待天地、自然的态度和观念。

乡野庄园，是依托自然环境优美的郊野地带而兴建的私家园林。园林所有者一般是王权以外的其他阶层，如地主、贵族、官僚、士大夫等。乡野庄园的核心特征表现为对城市以外田园生活的向往和追求。

城市宅园，是兴建在城市的私家园林，其园林所有者类型虽与乡野庄园相同，但其产生与发展都与城市密不可分，园林环境也受到城市空间格局的影响。城市宅园的核心特征体现在拥有城市生活丰富性的同时保持对自然的追求。

宗教园林，是随着宗教的产生和发展而诞生的园林形式，其发展也与宗教本身的兴衰直接关联。园林受到宗教教义及本土特征等多重影响，目的是在满足功能需求的同时营造独特的宗教体验氛围。由于宗教活动等事件的发生，一些宗教园林也兼有公共使用的功能。

公共园林，是古代社会被各个阶层的大多数人享用的、以休闲、游憩、交往为主要目的的园林，往往基于政治教化、宗教宣扬等目的建造或自然形成。

需要说明的是，在古代园林类型的划分上，本书将私家园林分为乡野型庄园与城市宅园两类，主要考虑到乡野与城市两种不同的环境对园林特征产生了较大的影响，两者所要体现的核心特征也不尽相同。此外，公共园林虽然不是古代园林的代表类型，但因古代公共园林与古代市民生活状态密切相关，塑造了不同地域文化下的城郊空间形态，并且在当代依然发挥着使用功能，对现代风景园林规划有直接的启发意义。

园林性质的改变也是古典园林与现代园林的本质区别。由资产阶级革命和工业革命带来的社会性质的改变，使得皇家园林退出历史发展的舞台，而象征“自由、平等”的城市公园出现，成为园林现代变革的标志。现代风景园林的发展更是随着时代进步的需求而在园林类型上得到极大的拓展。

本书以园林类型属性为线索梳理世界园林历史的方式，与其他的就国别而论的园林研究相比，尝试摆脱以往东西方普遍存在的以自我文化为中心的观念，将整个人类的造园文明平等的并置。在交错呼应中虽没有明确的比较意图，也在一定程度上使得不同时期、不同地域的园林文化的共同和差异显而易见，以此帮助理解不同类型园林的本质特征，探寻园林艺术的普遍规律。同时，同一国家不同类型的园林在不同章节中描述，其中相同的园林特征多次出现可加深读者的印象。这也是现代史学编写的新趋势，即跳出编年史的写法，以不同线索将同一历史时代的内容拆分，通过几条脉络的同时展开获得更全面客观的史实，同时历史中的重要线索内容也因多次提及而得到强调。

此外，分类型的写作也避免了对古代园林史时间界定难以精确统一的问题。从整个世界史的发展来看，不同地区文明进程的先后不同，世界发展的中心也在不断转移。如英国于十六世纪爆发了英国资产阶级革命,开启了世界近代历史的篇章,而此时中国刚进入最后一个封建王朝。18 世纪,英国工业革命带来城市的快速发展,为改善城市环境并缓和与工人阶级的矛盾,城市公园这一新的园林类型出现,被视为早期现代园林的开端。但是从风格上看,18、19 世纪正是英国风景式园林鼎盛发展时期。此时,由英国皇室及贵族修建或改造的庄园因其园林性质及风格特征,在学界仍被划为世界古代园林体系。

因此,本书对于古代园林史时间的界定,在参考已有著作时间划分的基础上,综合考虑园林类型属性、风格特征及不同地区及国家的社会历史背景等因素,针对不同地区有不同的界定。亚洲地区的古代园林体系整体上一脉相承,到近代在受到西方文明的冲击下,园林风格及园林类型开始向现代转型。因而,亚洲古代园林体系以近代西方文明的冲击为结束。如中国至 1840 年鸦片战争的爆发,日本则以明治维新为终点,朝鲜、印度等其他国家也以西方列强的入侵为古代园林历史结束的标志。在欧洲地区,18、19 世纪由于社会生产力的发展、现代科学的勃兴,现代艺术思潮也随之发端。但不同国家的现代化亦有先后,因此以整个 19 世纪为划分的时间段,类型上将受勒诺特尔风格及英国风景式园林风格影响的皇家及贵族园林归为古代园林类型,而这一时期兴建的城市公园等公共性园林则归入现代园林史部分。现代园林史的叙述则以 20 世纪 70 至 80 年代左右生态主义兴起为节点,对在这之前的现代园林历史及人物作品进行详细介绍。20 世纪 80 年代后,现代主义遭受了广泛的置疑,当代园林思潮向更加多元化的方向展,这些思潮成为现代主义园林在当代的修正与补充。对其将加以概况性介绍,但不作为本书的主要内容。

综上所述,本书以园林类型属性为总体线索,总体编写结构分为三个部分:

第一部分(第 1 章)是中外园林发展的整体概述。以时间为主要顺序,按照园林风格及其继承转化关系梳理中外古代园林三大造园体系及现代园林设计思潮,整理世界范围内园林的时空发展线索。

第二部分(第 2 ~ 6 章)为各类古代园林的详细论述。每一章记述一种园林类型在世界范围内的发展概况及园林特征。通过将不同国家同类型的园林放在一起叙述,分析不同园林风格表征背后的园林本质属性。

第三部分(第 7 ~ 8 章)为现代园林发展的详细介绍。其中,第七章为 18 世纪末到 20 世纪初早期现代园林发展历史;第八章为 20 世纪初到 80 年代前后的现代园林发展概况。包括各个国家园林的发展历程和代表设计师及作品介绍。

为了在理解园林属性特征的同时能把握中外园林的体系脉络,在详细论述章节中采用地域及国家的分类方式。本书的地域划分以展示世界园林体系的发生及演化范围为出发点,同时包含美洲等古代世界中独立的造园活动区域,综合考虑影响园林发展的文化因素的地域分布,分为东亚地区、中东及伊斯兰地区、欧洲地区及美洲地区。尽管现代园林发展已变成一个全球性的事件,但当普世的现代主义与传统地域文化相遇时,现代园林仍然表现出不同的国家特征。特别是欧洲与美洲作为现代主义思潮发展的中心,彼此间的交流影响密不可分,但亚洲国家作为现代主义的被动接受方,其发展历程表现出两种不同的模式。而曾经作为世界三大园林体系构成之一的中东及伊斯兰地区,由于长期处于战争状态,现代园林的发展明显滞后了。

全书努力涵盖以往园林历史教材中少有涉及的国家,如朝鲜、印度、马来西亚群岛等,并将园林的发展置于社会变迁的大背景中,使读者能从宏观上把握古代园林发展的时空脉络,认识园林风格演变的过程,比较中外园林发展的异同。在主体章节中,每一章先通过园林发展历程、影响园林发展的主要历史背景、园林特征以及代表设计师的总体叙述(其中,古代园林以阐释每一种类型园林特征为主,现代园林则以分析介绍代表现代思潮的设计师及作品为主),从宏观上理解园林发展。进一步详细介绍代表性案例,包括园林的营建兴衰、与园林有关的人物、园林详细的布局特征与功能等。从规律性和特殊性两方面认识整个世界古代园林的发展。对园林案例的介绍也是点和面的双重展开,在通过典型案例深入挖掘园林设计的同时,以列表的形式将主要的同类型园林以要点形式罗列、归纳,有助于对园林总体特征的把握及对不同园林之间区别的理解。

典型案例介绍部分,除了对园林作品特征的分析外,侧重对园林历史变迁史实的挖掘,特别是详细梳理了与园林相关的重要历史人物和历史事件。这样编写的原因是想向读者表明一种观点:园林作为一种文化景观,是人与自然环境在长时间的相互作用中形成的,园林各个时期的建设、改造与园林活动共同塑造了其不同的面貌。当然,这也是本书按照园林属性来编写的初衷之一。

在具体的行文中,本书采用正文与注释相结合的表述方式。正文叙述造园活动本身的相关内容,包括园林发展历程、特征及演变、园林类型等。注释内容共分两类:一类是影响造园活动的主要历史、政治、文化、哲学背景,包括与造园相关的历史人物、事件等以及园林术语的名词解释等。这种注释的写法旨在摆脱历史背景与园林之间必然存在因果关系的固有思维,而启发读者思考两者间的关系,探讨园林的深层内涵。第二类注释是对正文内容的解释或补充说明,如一些名词的解释、相关内容的扩展以及存在争议的内容说明等。

此外,自20世纪初西方Landscape Architecture概念首次引进中国后,“园林”这一术语出现了不同的表述,包括“景观”“景观建筑”“风景园林”等。本书统一用“园林”一词,但在某些特定称谓或约定俗成等地方则用“景观”一词,或园林景观并称。

最后想指出,本书对古代园林的分类方式并非唯一,又由于不同类型园林之间互有联系及影响,有的园林本身也同时具备多种属性。如法国绝对君权时期皇家园林风格起源于维康府邸私家庄园;伊斯兰地区的皇家园林及城市宅园与伊斯兰的宗教思想密不可分;中国的寺观园林在古代也兼有公共园林的功能等,因此各类型之间难免有重叠部分。本书在选择不同类型园林案例时,以园林所具有的最重要的功能属性及最能体现园林类型风格为选择原则,尽量避免园林案例上的重复,并按以上原则将维康府邸放在皇家园林中,而把凡尔赛宫中的小特里阿农宫苑放在乡野庄园中介绍。对现代园林思潮的梳理,也以目前被广泛认可的内容为主。而有的设计师作品同时受到多种思潮的影响,很难将其明确地归类。当然，受时间精力、资料来源及书籍篇幅的限制，本书更无法完全覆盖历史上重要的园林类型、设计师及案例。

本书的编著旨在更方便读者从设计本身出发解读园林历史，并引发对于园林内涵的思考，不管是透析了一类园林的风格特征，或是明晓一个园林历史发展过程，又或者理解不同园林风格表征后的时代背景与文化差异，进一步找到园林文化发展的规律。我们也更希望通过本书读者找到自身对园林史的兴趣点，并深入探索下去。最后，本书的编写是建立在过往大量中外园林历史研究的基础上的，参考引用了许多前辈同行的论著成果，在此一并致谢。当然，由于时间关系和资料梳理工作量巨大，书中难免有遗漏和错误，希望读者指正并提出宝贵意见。

编者

2014 年 11 月

1　中外园林发展概述

古代园林体系受各自地域的自然、文化因素的限制和影响而成，自然环境、宗教思想、时代精神和民族特性等都对一个国家和地区的传统园林的风格及理念产生重大影响，使得不同地域、国家的古代园林在理念、形式上呈现出明显的差异。但毫无疑问的是，这些不同的造园思想与成就的发展均来自于人类天性中对美的热爱及对理想环境的追求。在追求有充足的阳光、水、食物和树木的基础上，西方世界用几何比例的美学观念表达对人类生存和自然的理解，东方世界则渴望和谐自然，再现自然。总之，在世界各地，基于不同的意识形态而产生了不同的造园手法，形成了各具特色的风景园林。

近两百年以来，人类文明在科技的繁荣下取得了前所未有的发展，地域间的交流越加紧密，园林也受到现代文明的冲击呈现出共有的风格特征，但其中仍能看到古代园林神精的延续，这是一种超越时空与地域的人类对园林文化的共同诉求，对美好家园的向往。回溯世界各地园林的历史演进以及风格特征，可以窥见几千年来人类追寻这种美好生活环境的创造力和想象力，以及园林中渗透出的对于时空、世界、生命的感知理解。园林是人类长期实践的积累和智慧的结晶，用它特有的方式记录了不同时代和地域的文化。

1.1　地域格局下的古代园林分布体系

□ 关于世界园林体系的划分，学术界尚无统一定论。有按风格分为(中国)自然式、(法国)规则式及(英国)风景园式，也有分东方造园体系、欧洲造园体系及伊斯兰造园体系。本书选取尽可能全面概括世界园林的体系划分，即东方(中国)园林体系、西亚(伊斯兰)园林体系、欧洲园林体系，并按地域特征再梳理各体系的继承及转化关系。

世界古代园林根据地域和文化可分为三大园林体系，即东方(中国)园林体系、西亚(伊斯兰)园林体系、欧洲园林体系。东方园林体系以中国为代表，影响到日本、朝鲜、东南亚地区，以自然式园林为主，典雅精致，意境深远。西亚园林体系体现伊斯兰宗教的园林特色，可上溯到波斯时代，影响到中东地区，擅长对水景的精致化处理。欧洲园林体系以意大利、法国和英国为代表，18 世纪以前以规则式的园林布局为主，强调景观层次与构图。

1.1.1　东方(中国)园林体系

狭义的东方园林体系包括中国、日本、朝鲜等国家的园林，其中又以中国的园林为主。与其他两大园林体系相较而言，东方体系园林的内向性更强，不同类型园林之间的差异更加鲜明。

□ 对于中国的古典园林史，周维权将其分为先秦两汉的萌芽期、魏晋南北朝的转折期、隋唐的全盛期、宋元明清的成熟前期、清末的成熟后期等五个阶段，冯纪忠认为其发展遵循形、情、理、神、意五个层面，都从整体上概括出了中国古典园林的演进趋势。

中国园林

中国古代园林的内容丰富，古代造园艺术以其独特的空间原则和美学品位而具有特殊的魅力，对东亚各国园林的影响很大。中国古代园林主要可以分为三种类型:皇家园林、私家园林、寺观园林。这三种类型的园林相互交织和影响,其中以皇家园林和私家园林的地位最为重要,艺术造诣也最为突出。皇家园林地位显赫、规模巨大、气度非凡;私家园林卜筑自然、诗情画意。不论是皇家园林还是私家、寺观园林,在园林的风格、布局等手法上有许多共同之处。可归纳为以下特征:

首先,中国古代园林的造园艺术追求模仿自然,即用人工的力量来建造自然的景色,达到"虽由人作,宛自天开"的艺术境界。因而,园林中常凿池开山,栽花种树,用人工仿照自然山水风景(见图 1-1)。

图 1-1 中国古典私家园林的山水风景

其次,中国古代园林是建筑、山池、园艺、绘画、雕刻以至诗文等多种艺术的综合体。园林主人通常是学富五车的文人雅士,具有很高的艺术及文学造诣,因而在造园中也常以山水画为蓝本,参以诗词的情调,构成许多如诗如画的景色,综合反映园林主人的审美及情趣追求。

第三,中国古代园林绝大部分都有围墙,将景物藏于园内。除少数皇家宫苑外,园林的面积一般都比较小,需要在一个不大的范围内突破空间的局限,再现自然山水之美。通过"芥子纳须弥""壶中天地"等造园思想及手法在有限的空间创造出无限丰富的园景。

第四,中国古代园林善于利用各种建筑物,如亭、台、楼、阁、廊、榭、轩、舫、馆、桥等,配合自然的水、石、花、木等组成体现各种情趣的园景,达到人工与自然的和谐统一。

总之,中国古代园林全面真实地反映了中国历代王朝的历史背景、社会经济的兴衰,特色鲜明地折射出中国人的自然观、人生观及其演变,蕴含了儒、释、道等哲学或宗教思想,并受到山水诗、画等传统艺术的影响,是中国知识分子和能工巧匠的勤劳与智慧的结晶。

日本园林

日本园林的萌芽和发展受到中国隋唐、宋代园林的浸染,早期将中国园林的局部内容有选择、有发展地兼收并蓄入自己的文化传统中,后来又通过吸收中国禅宗的思想,将对园林的精神追求推向极致,形成具有日本独特风格的园林形式。日本园林类型上一般可分为枯山水、池泉园、筑山庭、平庭、茶庭等。其总体特征如下:

首先,日本园林着重体现和象征自然界的景观,避免人工斧凿的痕迹,追求一种简朴、清宁的致美境界。在表现自然时,更注重对自然的提炼和浓缩,创造出能使人入静入定、超凡脱俗的园林景观,具有强烈的象征性,能引发观赏者对人生的思索和领悟(见图 1-2)。

图 1-2 自然简朴的日本古典私家园林

□ 筑山庭是在庭园内堆土筑成假山,缀以石组、树木、飞石、石灯笼的园林构成。一般要求有较大的规模,以表现开阔的河山,常利用自然地形加以人工美化,达到幽深丰富的景致。

□ 平庭即在平坦的基地上进行规划和建设的园林,一般在平坦的园地上表现出一个山谷地带或原野的风景,用各种岩石、植物、石灯和溪流配置在一起,组成各种自然景色,多用草地、花坛等。

□ 根据庭内敷材不同而有芝庭、苔庭、砂庭、石庭等。平庭和筑山庭都有真、行、草三种格式。

其次,日本园林虽早期受中国园林的影响,但在长期的发展过程中形成了自己的特色,尤其在小庭院方面,能够用小巧精致的园林语言创造出枯寂玄妙、抽象深邃的园林意境,用极少的构成要素达到极大的意韵效果。

第三,日本园林非常看重细部的设计,在飞石、石灯笼、门、洗手钵等细节处理上都有充分的体现。

第四,日本园林受到浓厚的宗教思想影响,追求一种远离尘世、超凡脱俗的境界。特别是后期的枯山水,极尽简洁,用极少的元素来展现一方净土。

□ 据刘敦桢编著的《中国古典建筑史》记载:"唐代园林发展曾影响日本和新罗。新罗文武王作苑囿,于苑内作池,叠石为山,以象巫山十二峰,栽植花草,蓄养珍禽奇兽。"据考证,庆州东南雁鸭池即为当时苑囿的遗址。

图 1-3　朝鲜皇室宫苑昌德宫全景

朝鲜园林

朝鲜半岛的早期居民通过在原野点缀亭台楼阁,在花园借景风景名胜来适应自然和欣赏周围的风景。在中国唐朝时期,朝鲜全面吸收包括园林在内的盛唐文化,因此朝鲜古代园林同时受到了中国宗教、哲学、风水理论、阴阳五行学说以及本土宗教信仰、神话、山岳崇拜等多种因素交织影响。在朝鲜半岛的古代园林中,有明显的中国唐代园林布局和建筑风格的痕迹,如人工开凿的水池,池中置三岛等。

朝鲜半岛园林主要由两种基本类型构成:一类是对早期中国池苑,特别是"一池三山"模式的摹写和微缩,广泛运用在王室宫苑、佛教寺刹之中;另一类是在统一新罗末期逐渐萌芽,在高丽时期发展起来的自然山水式园林。自然山水式园林仿造宋代中国造园叠石堆山、理水造瀑、植物造景、筑造亭台等多种手法,在后期王室宫苑、住宅园林、文人园林及客馆园林中均有体现(见图 1-3)。

古印度园林

约四千年前,雅利安人移居到印度恒河流域,催开了古印度的文明之花,先后经历了十六雄国时期(The 16 Mahajanapadas,BC600 前后)、波斯人与希腊人的入侵、孔雀王朝(Maurya Dynasty,BC332—BC185)、笈多王朝(Gupta Dynasty,320—540)、拉其普特(Rajput,750—1174)时期。随着穆斯林进入印度,印度的造园艺术随之伊斯兰化。莫卧儿帝国(Mughal Dynasty,1526—1858)统治下的16至17世纪是印度伊斯兰式园林的鼎盛时期。

图 1-4　印度曼荼罗描绘的神的宫殿

古印度文明有着自己的宗教、自然观和信仰,其造园也区别于后期伊斯兰文明影响下的风格。从古印度美术、史诗中对早期的造园的记载可知古印度人对于造园的理想境界和价值追求(见图 1-4)。如在古印度的两大叙述诗《罗摩衍那》与《摩诃婆罗多》有关古代印度王宫庭园的记载中,庭园中水被作为首位要素来处理,具有装饰、沐浴、灌溉三种用途。此外还有遮阴与装饰的凉台以及浓密的树阴。莲花因被认为是美好世界的象征而备受推崇。在印度教浸染下的花园里"回荡着孔雀的鸣唱和杜鹃的啼叫,有着无数的葡萄架,迷人的山丘,清水涟漪的湖泊,以及漂浮着莲花与百合的池塘,水生植物浮在水面上,红鹅、鸭子和天鹅在嬉戏、欢叫"。据《大唐西域记》记载,中印度的奔那伐弹那国的都城,"居人殷盛,池馆花林,往往相间"。

1.1.2　西亚(伊斯兰)园林体系

西亚文明发源于美索不达米亚(Mesopotamia),随着亚述人、波斯人和萨珊人的文明兴盛而得到继承和发展。在后来的伊斯兰文化的影响下,中亚文明向西扩展到欧洲的西班牙,向东传播到印度。

□ 西亚造园历史,据童寯教授考证,可推溯到公元前,基督圣经所指"天国乐园"(伊甸园)就在叙利亚首都大马士革。伊拉克幼发拉底河岸,远在公元前3500年就有花园。

西亚园林体系,源于早期古埃及、巴比伦、古波斯的园林,它们采取方直的规划、齐正的栽植和规则的水渠,园林风貌较为严整,后来这一手法为阿拉伯人所继承,成为伊斯兰园林的主要传统。7世纪随着伊斯兰教的兴起,阿拉伯人建立了横跨欧、亚、非的阿拉伯帝国(Arab Empire,632—1258),形成了以巴格达(Baghdad)、开罗(Cairo)、科尔多瓦(Cordoba)为中心的伊斯兰文化,伊斯兰园林形式随之遍及整个伊斯兰世界。

古埃及园林

古代埃及文明发源于非洲东北部的尼罗河流域(the Nile Valley),公元前15世纪埃及进入空前强盛的时期,成为一个地跨亚非两洲的军事帝国。二百多年后,帝国由盛而衰,公元前525年被波斯灭亡。古埃及园林的形式及特征是古埃及自然条件、社会发展状况、宗教思想和人们的生活习俗的综合反映。埃及园林有神苑、墓园和私园等类型。

□ 古埃及是整个西方文明的摇篮。其造园艺术同时影响西亚和欧洲。由于其地理区位上属中东地区,与西亚联系更为紧密,并且最终被波斯帝国灭亡,因此将其放在西亚伊斯兰园林体系中。

浓厚的宗教迷信思想及对永恒生命的追求,促使了相应的圣苑及墓园的产生。埃及的法老们十分尊崇各种神祇,建造了很多圣苑,并将树木视为奉献给神灵的祭祀品,以大片的树木表示对神灵的尊崇。

在法老及贵族们巨大而显赫的陵墓周围,有为死者而建的墓园。墓园中以大量的树木结合水池形成凉爽、湿润而又静谧的空间气氛(见图1-5)。

图1-5 古埃及尼罗河旁墓园

在干燥炎热的气候条件下,古埃及由于缺少树木而将树木神化,庇荫作用成为园林功能中至关重要的部分,树木和水体成为古埃及园林中最基本的造园要素。除了强调种植果树、蔬菜以产生经济效益的实用目的外,园林还具有改善小气候的作用。灌溉技术及测量学的发展使埃及园林从一开始就具有强烈的人工气息,因而布局也采用了整体对称的规则式,给人以均衡稳定的感受。

巴比伦园林

古巴比伦园林孕育于天然森林资源丰富的两河流域,其居民崇拜参天巨树,渴求绿树浓荫。发展了以森林为主体,以自然风格取胜的园林。

从古巴比伦园林的形成及其类型方面来看,有受当地自然条件的影响而产生的猎苑,有受宗教思想的影响而建造的神苑。而在宫苑和私家宅园中则出现了屋顶花园的形式(见图1-6)。

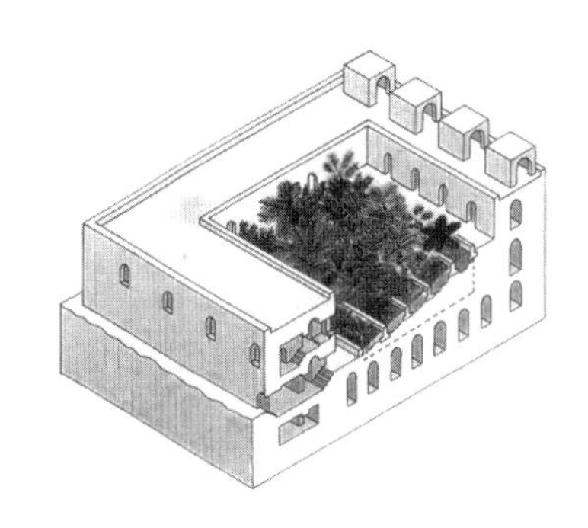

图1-6 巴比伦屋顶花园示意

屋顶花园的形成既有地理条件的影响因素,也有工程技术发展水平的保障,如提水装置、建筑构造,拱券结构的发展及流行等。新巴比伦王国国王尼布甲尼撒二世(Nebuchadnezzar II,约BC630—BC561)在位时主持建造的"空中花园"被列为古代世界七大奇迹之一,是当时屋顶花园建造水平的最高体现。

古巴比伦茂密的天然森林广泛分布。进入农业社会后,人们仍眷恋过去的渔猎生活,因而将一些天然森林人为改造成以狩猎娱乐为主要目的的猎苑,这种猎苑使人联想到中国古代的囿,二者产生的年代也十分接近。

古巴比伦人由于对树木十分尊崇,常在庙宇周围呈行列式地种植树木,形成圣苑。

古波斯园林

自公元前6世纪始,在持续的多民族交战中逐渐形成了统一整个中东地区的大帝国——波斯帝国(Persian Empire),囊括了两河、埃及和印度河三大文明中心,融合了不同种族、不同文化背景的民族文化。波斯文明具有明显的折衷性特点,在波斯王宫宫苑的建造中充分调动了帝国内所有可用的因素,遍采各地材料,聘请各地巧匠,兼容并蓄地融合了各地的艺术风格。

□ 杰弗里·杰利科(Geoffrey Jellicoe)在《人类的景观》一书中写到,波斯伊斯兰园林吸取了两个相反的构想:一个是《可兰经》中的天堂,园林中,树阴底下,河水流淌;另一个是沉思和交谈的场所,在那里,人的身体和心灵都得以休息,思维从成见中解放。

波斯是世界上名花异草培育最早的地方。公元前5世纪,波斯就有了把自然与人工相分离的园林——天堂园,四面有墙,园内种植花木。波斯帝国的造园均是以天堂园为蓝本,最典型的布局方式是以高于庭园地面的十字形园路将庭园分为四个部分,各部分面积相等。水也被应用到造园中,是庭园的生命。代表园林如居鲁士大帝(Cyrus the Great,约BC600—BC530)的宫苑群(见图1-7)。

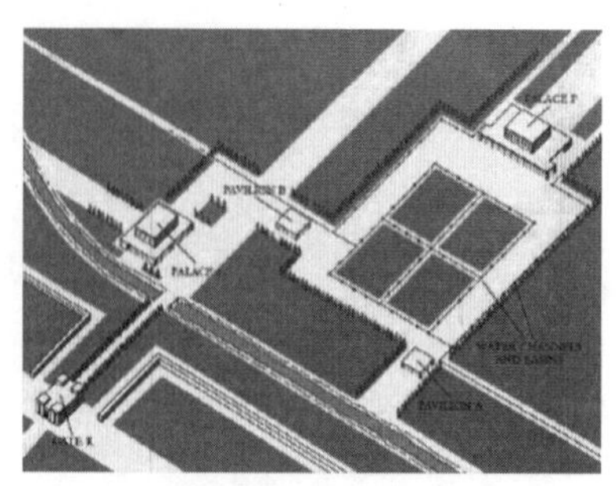

图1-7　居鲁士大帝(Cyrus the Great)宫苑群中的四等分庭园

波斯园林可分为两类:王室猎园及庭园。王室猎园留有大面积的林地,供王公贵族狩猎和骑马。庭园主要采用水和树两种自然元素。受波斯艺术(特别是诗歌、地毯和绘画)广泛影响,波斯园林的形式代表了波斯人对天堂的想法。

阿拉伯世界的伊斯兰园林

公元8世纪,西亚(也包括部分北非地区)进入被回教徒征服后的阿拉伯帝国时代(Arab Empire,632—1258)。随着伊斯兰教进入波斯地域,波斯文化也大量地被伊斯兰所吸收。阿拉伯人继承波斯造园艺术,并使波斯庭园艺术又有新的发展,创造了波斯伊斯兰园林。阿拉伯人习惯用篱或墙围成方直平面的庭园,便于划清自然和人为的界限。园内布置成"田"字形,用纵横轴线分作四区,并将轴线建为十字林荫路,交叉处设中心水池,以象征天堂。后来水的作用又得到不断的发挥,由单一的中心水池演变为各种明渠暗沟与喷泉,并相互联系。

图1-8　伊斯法罕(Esfahan)城市园林景观

□ 萨非王朝是土库曼人建立的帝国,其建国者伊斯迈尔一世统一波斯,并把疆土扩展到今天的阿塞拜疆、伊拉克和阿富汗的一部分。萨非王朝与奥斯曼土耳其帝国战争不断。1588年,萨非王朝从葡萄牙人手中夺得波斯湾中的小岛巴林,使波斯成为伊斯兰世界的最重要的文化中心。

帖木儿帝国(Timur Empire,1370—1507)衰落后,萨非王朝(Safavid Empire,1500—1722)再次完全统一了伊朗的东部与西部各个省份。由国王沙赫阿拔斯(Shah Abbas,1587—1629在位)规划设计的伊斯法罕(Esfahan)是萨非王朝的首都,也是著名的园林城市(见图1-8)。在干旱的沙漠上,它无异于一座花城,其规划布局也深受传统波斯风格的启发。金字塔般的雪松为庭园提供了荫凉,而其他树木则因其果实、花朵和芳香增添了庭园魅力。

西班牙伊斯兰园林

公元640年,阿拉伯帝国在攻占叙利亚之后,向埃及进军。此后,便在西班牙扩展自己的宗教势力范围。公元711年,原在基督徒统治下的安达卢西亚(Andalucian)被摩尔人征服,这即是西班牙伊斯兰的开始。西班牙伊斯兰园林延续了波斯伊斯兰的造园传统,将传统伊斯兰的建筑和园林文化与西班牙的自然条件相结合,也学习了希腊科学数理知识,创造了富有东方情趣的西班牙阿拉伯式造园。西班牙伊斯兰园林多建于陡峭山坡上,由建筑围合成庭院。西班牙花园在规划上多采用曲线,采用小型的盘式涌泉,营造静谧氛围,提供凉爽的小气候,喜用色彩鲜艳的花卉并大量运用芳香植物。另外在房屋的外立面更是喜欢用植物来装扮,犹如花边一般。

图1-9　科多巴清真寺橘园(Orange)

□ 驱逐了摩尔人的西班牙人吸取伊斯兰教园林传统,承袭巴格达、大马士革风格,以后又效法荷兰、英国、法国造园艺术,再与文艺复兴风格结成一体,转化到巴洛克式。西班牙园林艺术影响了墨西哥以及美国。

西班牙伊斯兰园林类型主要分为大型宫殿和清真寺园林。科多巴清真寺(Mosque Cordoba)的橘园中庭通过大小形状均一的树木,成排重复布局的相同植物,形成一个具有独特个性的空间(见图1-9)。格拉纳达的阿尔罕布拉宫(Alhambra Palace)由众多独立而又巧妙相连的院落组成,并以曲折有致的庭院空间见长,是西班牙伊斯兰宫殿园林的代表。

印度伊斯兰园林

随着穆斯林军队的东征，印度成为莫卧儿帝国（Mughal Dynasty，1526—1858）所在地。莫卧儿帝国的领导人巴布尔（Zahiral-Din Muhammad Ba-bur，1483—1530）带来了波斯风格的园林。莫卧儿时期的印度有两种主要类型的园林：其一是陵园，它们位于印度的平原上，中心位置作为陵墓场址并向公众开放，如泰姬·玛哈尔陵（Taj Mahal）；其二是游乐园，这种庭园中的水体比陵园更多，园中的水景多采用跌水或喷泉的形式。游乐园也有台地形式，如克什米尔的夏利马庭园（Shalamar Bagh）（见图 1-10）。

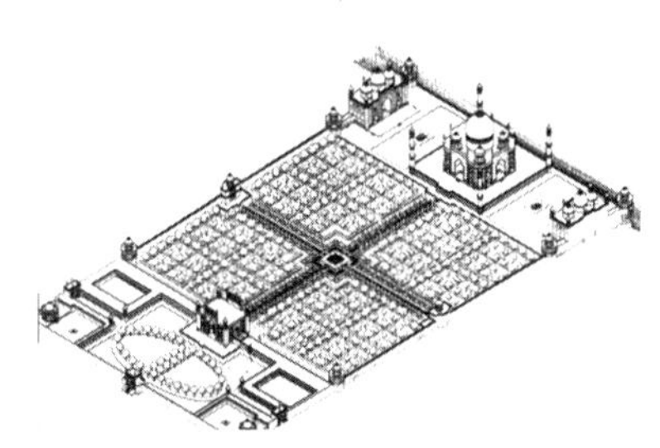
图 1-10 泰姬．玛哈尔陵（Taj Mahal）

莫卧儿园林和其他伊斯兰园林的一个重要区别在于不同植物的选择上。由于气候条件不同，伊斯兰园林通常如沙漠中的绿洲，因而具有多花的低矮植株；莫卧儿园林中则有多种较高大，且较少开花植物。在印度伊斯兰园林中，也有与印度模式相混合的伊斯兰几何形，但含义不同。例如，叶片图案在埃及象征着生命的起源，而在印度则是宇宙的符号。

1.1.3 欧洲园林体系

欧洲园林体系的风格中心在地中海沿岸的不同国家之间流动，是一个开放、承袭与创新并存的体系。从早期的埃及、巴比伦造园中汲取元素，以希腊、罗马的园林作为起源，一路秉承演变至中世纪、意大利文艺复兴、法国、英国园林等。欧洲体系在发展演变中互相借鉴、互相渗透，最后形成规整和有序、理性与辉煌的园林艺术。

古希腊园林

古希腊文明起源于由克里特文明（Cretan Civilization）和迈锡尼文明（Mycenaen Civilization）组成的爱琴海文明（Civilization of the Aegean Sea）。古希腊文化是现代欧美文化的重要渊源。希腊园林是作为室外活动空间以及建筑物的延续部分来建造的，属于建筑整体的一部分，布局形式为规则式以协调建筑形式，强调园林的均衡稳定，奠定了西方规则式园林的基础。古希腊的园林类型有四大类：宫廷庭院、宅园、公共园林及人文园。

□ 荷马（公元前十世纪左右）的英雄史诗《奥德赛》中有描述阿尔喀诺俄斯王宫殿的庭园：这个大庭园树篱环绕，其中的果树园内种满了四季开花结果的梨、石榴、苹果、无花果，橄榄、葡萄等果树。规则齐整的花园位于庭园的尽端，园中有两个喷泉：一个喷泉涌出的水流入四周的庭园；从另一个喷泉喷出的水则通过前庭入口的下方流向大宫殿旁，供城里的人们饮用。诗中还列举了月桂树、桃金娘、牡荆等装饰树木，但是，却无花卉方面的记载。

古希腊文明早期的宫廷庭园形象可以通过《荷马史诗》中对园林的描述获得。当时对水的利用有统一规划，花园、庭园主要以实用为目的，生产色彩浓厚，同时具有一定程度的装饰性、观赏性和娱乐性。《荷马史诗》首次提到了阿尔卡诺俄斯王宫花园的喷泉。宫廷庭园的代表有建于 16 世纪克里特岛的克里特·克诺索斯宫苑（Palace of Knossos）（见图 1-11）。

图 1-11 克里特·克诺索斯宫苑（Palace of Knossos）复原图

宅园在希腊城市内非常盛行。公元 5 世纪，希腊人通过波斯学到了西亚的造园艺术，发展成为宅院内布局规整的柱廊园形式，把欧洲与西亚两种造园体系联系起来。早期的中庭内全是铺装地面，装饰着雕塑、饰瓶、大理石喷泉等。随着城市生活的发展，中庭内还种植各种花草。柱廊园形式在以后的古罗马时代也得到了继承和发展，对欧洲中世纪修道院园林的形式也有明显的影响。

希腊民主思想发达，公共集会及各种集体活动频繁，修建了许多民众均可享用的公共园林，主要类型有圣林、竞技场等。

人文园，即哲学家的学园，是古希腊学者开辟用于露天讲学之地。园内有供散步的林荫道，种有悬铃木、齐墩果、榆树等树林，还有覆满攀援植物的凉亭。公元前3世纪，希腊哲学家伊壁鸠鲁（Epicurus，BC341—BC270）的学园占地面积很大，被认为是最早把田园风光带到城市中的人。

古罗马园林

□ 古罗马园林在历史上的地位非常重要，且园林数目多、规模巨大。由于古罗马的版图曾扩大到欧、亚、非三大洲，因此，古罗马园林除了直接受到古希腊的影响以外，还吸收了其他各地包括古埃及等的影响。

古罗马继承了希腊规整的庭院艺术，并与西亚游乐型的林园相结合。早期的古罗马园林以实用为主要目的，包括果园、菜园和种植香料及调料植物园，以后逐渐加强了园林的观赏性、装饰性和娱乐性。罗马人把花园视作宫殿、住宅的延续部分，因而在规划上采用类似建筑的设计方法，地形处理上也是将自然坡地切成规整的台层。规则式园林形式也是受古希腊影响的结果。古罗马园林重视植物造型的运用，花园中常采用矮篱围合的几何形花坛种植花卉，还将遭雷击的树木看做是神木而倍加尊敬、崇拜。

图1-12　哈德良山庄复原模型

古罗马城市中的庭园继承希腊柱廊式园林的形式并将之发扬。另一方面人们将目光转至城郊及乡村，产生别墅、庄园等形式的园林。早期的别墅园流行于罗马，园中专设有露台以供赏景。此外，也增添了许多小型庭园所无法拥有的室外设施，如温室、露天剧场、运动场、运动园、果园、菜园等。庄园这一形式成为文艺复兴运动之后欧洲规则式园林效法的典范。其最显著的特点是，花园最重要的位置上一般均耸立着主体建筑，建筑的轴线也同样是园林景物的轴线；园中的道路、水渠、花草树木均按照人的意图有序地布置，显现出强烈的理性色彩。代表如哈德良山庄（Villa Hadrian）（见图1-12）。

中世纪园林

欧洲中世纪数百年政教合一，教权强大统一，而王权却相对分散孤立，因而中世纪的欧洲园林主要有以实用性为目的的修道院园林和简朴的城堡庭园两种。就园林发展而论，中世纪前期以意大利为中心发展起来的修道院庭园为主，后期以英法的城堡庭园为主。

□ 中世纪的寺院庭园今天很难见到完整的形状，其布局尚保留着当年痕迹的著名寺院有意大利罗马的圣保罗教堂（San Paule）、西西里岛的蒙雷阿莱修道院（Monreale）以及圣迪夸德寺院（Sannti Quattre）等。

修道院园林的主要部分是教堂及僧侣住房等建筑围绕着的中庭，面向中庭的建筑前有一圈柱廊，柱廊的墙上绘有各种壁画，其内容多是《圣经》中的故事或圣者的生活写照。柱廊多采用拱券式，柱子架设在矮墙上，只在中庭四边的正中或四角留出通道。中庭内由十字形或交叉的道路将庭园分成四块，正中的道路交叉处为喷泉、水池或水井。四块园地上以草坪为主，点缀着果树和灌木、花卉等。代表作品有意大利罗马的圣保罗教堂（San Paule）。

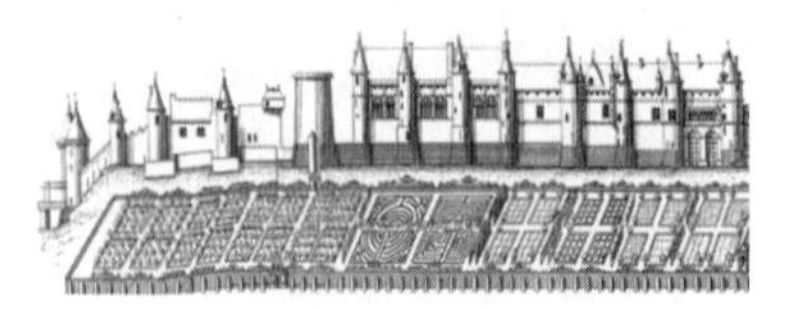

图1-13　蒙塔尔吉斯城堡（Chateau Montargis）园林

城堡庭园是中世纪流行于英、法一带的园林形式。早期的城堡庭园布置在城堡内的空地上。园林被高墙环绕，庭园由木格子栏杆划分成几部分；小径两旁点缀着蔷薇、薄荷，延伸到小牧场；草地中央有喷泉，还有修剪得整齐漂亮的花坛、果树。到15世纪末，城堡已经完全住宅化，庭园的位置不再局限于城堡内，而扩展到城堡周围，并营造出浪漫而又华贵的气氛。高耸、凸出的城堡为人们提供了良好的观景视点，以俯瞰脚下的人工及自然景观。法国的比尤里城堡（Chateau Bury）和蒙塔尔吉斯城堡（Chateau Montargis）是这一时期的代表性城堡园林（见图1-13）。

中世纪除了修道院园林和城堡庭园两大园林类型外，后期又增添了贵族猎苑，在大片土地上围以墙垣，种植树木，放养鹿、兔和鸟类，供贵族们狩猎游乐。比较著名的是德意志国王腓特烈一世(Fredriok I Barbarossa)于1161年修建的猎苑。

意大利文艺复兴园林

文艺复兴园林通常以15世纪中叶到17世纪中叶的意大利园林为代表。这一时期造园无论是在理论上还是在实践上都有了长足的发展，阿尔贝蒂(Leon Battista Alberti)的《论建筑》(De Architecture)和意大利的台地园都深深地影响了日后欧洲造园的发展。在设计上起主导作用的是理性人文主义，它以"艺术赋予一切以形式"为设计原则，即造园必须进行创造，不单摹仿自然，还需修正自然以适应人类的需要，同时发掘新的形象和题材。

意大利台地园继承了古罗马花园的特点，紧挨着主要建筑物的部分是花园，花园之外是林园。花园顺地形分成几层台地，在台地上按中轴线对称布置几何形的水池和用黄杨或柏树组成花纹图案的剪树植坛。重视水的处理，借地形修渠道将山泉水引下，层层下跌；或用管道引水到平台上，因水压形成喷泉。跌水和喷泉是花园里活跃而重要的景观。外围的林园是天然景色，树木茂密。别墅的主建筑物通常在较高或最高层的台地上，可以俯瞰全园景色和观赏四周的自然风光。

意大利台地园林的发展主要经历了三个时期，文艺复兴早期的园林风格较简朴，虽有中轴线而不强调，主建筑物不起统率作用，以方块树丛和植坛为主。代表作为费索勒的美第奇别墅(Villa Medici)。16世纪中期为台地园林发展的全盛时期。园林普遍作统一构图，突出轴线和整齐的格局，别墅渐起统率作用。石作、树木和水是主要造园要素。这个时期比较著名的有埃斯特别墅(Villa d' Este)。到16世纪末至17世纪，园林追求新奇、夸张和装饰感。植物修剪形象复杂，水的处理也更加丰富多彩。比较著名的有阿尔多布兰迪尼别墅(Villa Aldobrandini)等(见图1-14)。

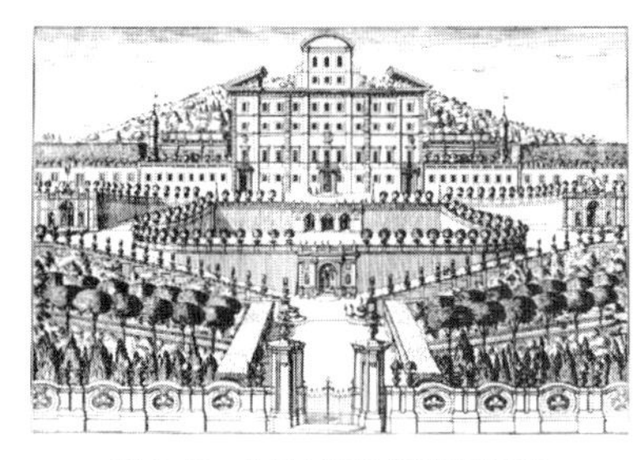
图1-14 阿尔多布兰迪尼别墅

法国君权时期园林

法国在17世纪下半叶形成了特色鲜明的造园风格，对欧洲各国有很大的影响。代表作是维康府邸花园(Chateau Vaux-le-Vicomte)和凡尔赛宫苑(Chǎteau de Versailles)，设计师勒诺特尔(LeNotre)是法国古典园林的代表人物(见图1-15)。他继承和发展了整体设计的布局原则，借鉴意大利园林艺术，并为适应法国自然平坦的地形和君权观念的需要而大胆创新，眼界更开阔，构思更宏伟，手法更复杂多样。他使法国造园艺术摆脱了对意大利园林的摹仿，成为独立的流派。由于这时期的园林艺术是古典主义文化的一部分，以法国的宫廷花园为代表的园林被称为勒诺特尔式园林或古典式园林。

图1-15 1860年凡尔赛宫(Versailles)

勒诺特尔往往把宫殿或府邸放在高地上，居于统率地位。从它前面伸出笔直的林荫道，在它后面是一片花园，花园的外围是林园。他所经营的宫廷园林规模都很大。花园的布局、图案、尺度都和宫殿府邸的建筑构图相适应。花园里的中央主轴线控制整体，再配上几条次要轴线，还有几道横向轴线。这些轴线和大路小径组成严谨的几何格网，主次分明。轴线和路径伸进林园,把林园也组织到几何格网中。轴线或路径的交叉点用喷泉、雕像或小建筑物做装饰,既标志出布局的几何性,又营造出节奏感,构成多变的景观。他也重视用水,主要是用石块砌成形状规整的水池或沟渠,并设置了大量喷泉。

法国古典主义文化当时领导着欧洲文化潮流,勒诺特尔的造园艺术流传到欧洲各国,许多国家的君主甚至直接摹仿凡尔赛宫及其园林。

英国风景式园林

英国风景式造园是18世纪兴起的造园风格,设计原则是用历史的浪漫主义去理解造园艺术和其发展前景,并赋予造园以巨大的社会意义。在这一时期代表性的理论是关于自然界的学说,认为自然界是活生生的有机整体,其各个部分都处于和谐的统一之中,自然是美的至高源泉。在造园创作中强调个性的发挥和新观念的探索,以反对法国古典主义的规则。同时受中国园林观念和“如画”思想的影响,造园师的作品亦尽可能仿造和接近自然,表现出与自然相符的各种特征。

图1-16　1880年的斯陀园(Stowe)

这一时期重要的造园师有查尔斯·布里奇曼(Charles Bridgeman,?—1738)、威廉·肯特(William Kent,1686—1748)和“万能”布朗(“Capacity”Brown,1715—1783),他们拆除传统园林的围墙,引入园外的风光,和园内的建筑、植被、水景等呼应,成为园主情感的对应物。由肯特与布朗合作改造的风景园林杰作斯陀园(Stowe)完美地诠释了“整个大自然成为一个花园”的理念。园林中有形状顺应自然的河流和湖泊,起伏的草地,自然生长的树木及弯曲的小径,呈现一派牧歌式的自然景色(见图1-16)。

英国风景式园林在园林史中有两个突出作用:其一,在思想上它摒弃了长期占据西方园林主导地位的规则样式。从新角度入手探寻适合当时人们生活及心理需求的园林形式。其二,不再局限于以前单纯的造园活动。在这一阶段出现了大量园林理论著作,不同意见的人士还展开争论,进行认真的分析评述。这些举动都推动了造园事业向学术性方向完善,扩大了园林工作在社会上的影响力。

1.2　时空视野下的古代园林发展脉络

古代园林多在各自的地域文化下发展,形成相对独立的体系,各体系间的影响联系较少。但如果把它们放在一个时间的横轴上梳理、比较,观察不同空间地域在大致相同年代的造园实践,则能让我们看到一个更为全面的园林发展图景,明晰不同地域造园文化之间的并行、交错的影响关系,挖掘不同外部造园形式所反映的内在造园动因及影响因子。从园林的兴衰及风格的演变中触摸历史,有利于加深对园林背后的文化、经济、社会因素如何影响园林发展的理解。

1.2.1　公元前5000年之前

约公元前4百万年前,地球上出现了原始人类,随后经历了漫长的时期,又出现了能人、直立人、智人等,逐渐开始使用工具与火来维持生存。这一时期,虽然还没有形成城市,人类的造园也尚未显现。但当穴居人逃脱了漫长冰川纪的种种致命危险，将家园整顿就绪后，便开始创作一些自己觉得美丽的东西，虽然这些东西对与丛林猛兽搏斗并无实际的帮助，但反映了人们头脑中关于美好生活的景象。公元前5万年，克罗麦昂人（Gram Luo Maiang）在岩洞四壁画上许多他捕猎过的大象和鹿的图案，还把石头砍削成自己觉得最迷人的女人的粗糙形象。此后，园林作为一门综合的艺术，逐步成为塑造人类心中理想天国的载体。

□ 幼发拉底河和底格里斯河，位于今天伊拉克境内。它们发源于小亚细亚东部（土耳其境内）的亚美尼亚高原，注入波斯湾。两河带来的巨量泥沙在下游不断淤积，形成了辽阔的美索不达米亚大平原。古希腊人称这里为“美索不达米亚”，也习惯上称为“两河流域”。

1.2.2　公元前5000年—公元前1000年

幼发拉底河（Euphrates）和底格里斯河（Tigris）塑造了肥沃的美索不达米亚平原（Mesopotamia）。这里孕育了人类历史上最古老的两河流域文明，也就是人们习惯所说的“巴比伦（Babylon）文明”。约公元前4000年，世界最早的苏美尔文明（Sumerian Civilization）出现。埃及文明（Egyptian Civilization）起源于约公元前3000年，印度河流域（Indus River）的文明起源于约公元前2500年，中国黄河流域的文明起源于约公元前2000年，中美洲和秘鲁的文明起源于约公元前500年。

埃及人、巴比伦人、波斯人以及其他东方民族沿尼罗河和幼发拉底河两岸建立起自己的小国，用奇花异草、五彩斑斓的色彩来装点他们的花园，园林的雏形开始显现。

约公元前3000年，古埃及在北非建立了奴隶制国家。在炎热荒漠的环境里，有水和遮阴树木的“绿洲”是最珍贵的地方，因此古埃及人的园林都以“绿洲”作为摹拟对象。古埃及因耕地丈量的需求发展了几何学，并把几何的概念用之于园林设计中。水渠和水池的形状方整规则，房屋和树木亦按几何规矩加以安排，从而形成了世界上最早的规整式园林。从大约公元前2650年的金字塔时代到公元前1100年左右的很长一段时期，埃及的园林获得极大发展。法老的宅园和神庙、陵墓园等大量涌现（见图1-17）。

图1-17　埃及官员的私家宅园

苏美尔人最壮观和最著名的建筑是塔庙，它们建筑在巨大的平台上。《圣经》中的巴别塔（Babel）可能也是类似的建筑。苏美尔的庙宇和宫殿使用复杂的结构和技术如支柱、密室和黏土钉子等（见图1-18）。从流传下来的文献、绘画等资料来看，美索不达米亚造园文化产生的年代晚于埃及，并且因自然条件的不同，造园特征有着天壤之别。天然森林资源丰富的两河流域发展了以森林为主体、以自然风格取胜的园林，以狩猎为主要目的猎苑即属此类。猎苑处于天然森林中，它既具粗犷之风，又有实用价值。亚述帝国（The Assyrian Empire，约BC2000—BC605）兴造猎苑之风曾盛极一时，其中尤以亚述王蒂格拉思皮利泽一世（Tiglath-pileser I，约BC1100）的猎苑最负盛名。蒂格拉思皮利泽一世从征服国抢夺来西洋杉、黄杨等，用以点缀本国的猎苑。在首都亚述的猎苑中，亚述王还饲养了野牛、鹿、山羊，甚至大象、骆驼等动物。亚述人十分热衷于人造山丘和台地，他们或将宫殿建在大山冈上，或将礼拜堂、神庙等设在猎苑内的小丘上。一般来说，建筑物都有露天的成排小柱廊，近处有河水流淌，山上松柏成行，山顶还建有小祭坛。

图1-18　后人绘亚述帝国宫苑的隧道建造

□ 巴比伦的叙事诗《吉尔迦麦什的传说》（Gigaamesh Epos，BC2000年）是记载猎苑的最古老的文献。

在古埃及人创造金字塔文明之时，中国尚处于神话时期，早期神话中有盘古开天地、女娲造人的说法。传说中的三皇五帝，是夏朝以前数

□ 一般认为，三皇是燧人、伏羲、神农以及女娲、祝融中的三人，五帝一般指黄帝、颛顼、帝喾、尧、舜。

图 1-19 《蓬莱仙境图》

千年杰出首领的代表。这一时期也孕育了昆仑山、蓬莱仙境传说(见图 1-19)。继三皇五帝的神话时期后,中国最早的世袭朝代夏朝约在前 21 世纪到前 16 世纪,之后的商朝是目前所发现的最早有文字文物的历史时期,存在于前 16 世纪到约前 1046 年。约公元前 1600 年,商纣王筑沙丘苑台。到大约前 1046 年,周武王伐纣,商朝灭亡。周朝正式建立,建都渭河流域的镐京(今陕西西安附近)。在商朝的甲骨文中有了园、圃、囿等字。商朝的囿,多是借助于天然景色,让自然环境中的草木鸟兽及猎取来的各种动物滋生繁育,加以人工挖池筑台,掘沼养鱼。范围宽广,工程浩大,一般都是方圆几十里或上百里,供奴隶主在其中游憩、开展礼仪等活动。囿中不仅可以狩猎,也可以欣赏自然界动物活动。在商朝末年和周朝初期,不但帝王有囿,等而下之的奴隶主也有囿,只不过在规模大小上有所区别。囿是中国园林的最初形式。

已知最古老的印度文明是约公元前 2300 至公元前 1750 年的哈拉帕文化(Harappan Culture),时间大致与古代两河流域文化及古埃及文化同时。随后,取代哈拉帕文化的是由西北方进入印度的雅利安人带来的新文化体系,这一文化有时以其圣典的名字称为吠陀文化(The Vedic Culture,约 BC1500—BC700),是古代印度文化的起源。古印度文明在某种意义上可以说是森林文明。大多数宗教与哲学经典都是哲人们隐居密林、静坐冥想后书写而成。

□ 吠陀一词的意思是知识,是神圣的或宗教的知识,中国古代曾将这个词译为"明"或"圣明"。

爱琴海上的岛屿于公元前 2500 年开始了早期铜器时代。约 BC1700—BC1500 年,克里特岛上的米诺斯王国发展进入全盛时期,建有克诺索斯宫殿(Palace of Knossos)费斯托斯宫殿(Phaestus Palace)和玛里亚宫殿(Palace of Malia),这些宫殿都具有复杂的平面布局及宽广的中庭。爱琴海早期文明为之后希腊的繁盛奠定了基础。

尽管东西方造园艺术胚胎时间各有先后,但萌芽之时的园林莫不是先民们在洪荒与最初文明之光之中对他们心中理想世界的表现。对于创世纪的理解也融入了造园之中,并且直接地影响到后期的园林理念。不管园林的类型如何,在全世界范围内,园林都是造在地上的天堂,是一处最理想的生活场所。此外,萌芽之时的园林体现出浓厚的宗教迷信思想及对永恒的生命的追求。又由于自然环境和文化背景的不同,不同文明的园林,表现出巨大的差别和鲜明的地域特征。早期园林也带有浓厚的实用色彩,如在住宅附近种植瓜果蔬菜,造小块园地。我国古代文献上出现的"园""圃"等文字,均包含着这一含意。公元前 17 世纪古埃及的宅院也是在尼罗河谷地上种植椰枣、无花果、棕榈等实用植物而形成园圃(表 1-1)。

□ 英语里"天堂"这个词来自古希腊文的 paradeisos,这个词又来自古波斯文 pairidaeza,意为"豪华的花园"。

表 1-1 公元前 5000 年到公元前 1000 年世界历史及造园活动年表

	BC5000—BC3000 年	BC3000—BC2000 年	BC2000—BC1000 年
时代	中国神化时代(?—BC2700) 埃及前王朝时期(?—BC3100) 苏美尔时代(BC3600—BC2000) 埃及早王朝时期(约 BC3100—BC2686)	苏美尔时代(BC3600—BC2000) 中国传说时代(BC2700—BC2200) 中国夏朝(BC2200—BC1600) 埃及古王国(BC2686—BC2181) 印度哈拉帕文化(约 BC2300—BC1750)	埃及中王国—新王国时期(约 BC2040—BC1085) 中国殷商、周朝(BC1600—BC770) 亚述帝国(约 BC2000—BC605) 古巴比伦王国(约 BC2000—BC729) 迈锡尼文明时代(约 BC1600—BC1100) 印度吠陀文明(约 BC1500—BC700)

续表

	BC5000—BC3000 年	BC3000—BC2000 年	BC2000—BC1000 年
历史事件	BC4700 年,两河流域出现城邦国家 BC3600 年,美索不达米亚苏美尔人建立帝国 BC3500 年,埃及人建立旧王国 BC3300 年,下尼罗河谷出现城市,象形文字发展 BC3100 年,埃及旧王国第四王朝开始,诸王建造金字塔 BC3000 年前,中国神话时代,先后经历盘古开天辟地、女娲补天、三皇五帝时期 BC3000 年,上下埃及统一	BC2920 年,法老开始建立统治 BC2700 年,黄帝开始统治中国 BC2600 年,中国龙山时期,出现中国最早的城市 BC2550 年,埃及大金字塔建成 BC2500 年,亚述人居住在底格里斯河上游流域 BC2371 年,闪米特人统一苏美尔地区,定都阿卡德 BC2200 年,禹建立夏朝 BC2050 年,大禹治水成功 约 BC2000 年,阿摩利人建立巴比伦帝国	BC1900 年,玛雅人在中美洲地区开始定居 约 BC1800 年,亚伯拉罕和希伯来人迁徙至迦南 BC1792 年,汉谟拉比任巴比伦第六代国王 BC1600 年,夏朝灭亡,成汤建立商朝,都于亳 BC1600 年,爱琴海的岛屿进入迈锡尼文明 BC1567 年,埃及进入新王国时期,是埃及最富庶、疆域最大的时期 约 BC1200 年,摩西和约书亚带领犹太人返回迦南 BC1046 年,周武王讨伐商纣王,建立周朝,定都镐京 BC1040 年,周公营建东都洛邑 BC1038 年,相传周公"制礼作乐" 约 BC1000 年,大卫成为希伯来人的国王
园林活动	中国昆仑仙山、蓬莱仙境传说孕育 伊甸园传说孕育 幼发拉底河岸出现了花园 古埃及出现宅园、圣苑、墓园 BC3000,英国巨石阵开始出现	中国黄帝、尧舜建玄圃 夏桀做琼宫瑶台 尼罗河谷园艺发达,出现了种植果木、蔬菜和葡萄的实用园 闪米特人筑阿卡德城(即后来的巴比伦城) 苏美尔人建造大型山岳台建筑	殷纣王筑沙丘苑台 周文王建灵囿、灵沼、灵台 BC1600 年,克里特岛克诺索斯宫殿重建 约 BC1500 年,埃及建哈特舍普苏特女王的神庙; 埃及阿米诺菲斯三世某大臣墓中绘制庭院壁画 BC1160 年,古埃及拉美西斯三世在底比斯修建宫殿和祭庙,其在世时期建造的圣苑数量多达 514 座 BC1100 年,亚述蒂格拉思皮利泽一世营建猎苑

1.2.3 公元前 1000 年—公元元年

公元前 1000 年以前的世界园林造园范围集中在北非、中东、东亚等地区,多是受到了君权、原始宗教崇拜的影响。公元前 1000 年到公元元年这段历史时期则是文明的流动以及内在哲学思想的爆发时期。造园的中心在欧洲的爱琴海、中国和两河流域。

古希腊的历史最早可以上溯到爱琴文化时期(约 BC3000—BC1100),爱琴海文化是希腊文化的前身,它由诞生在克里特时期和迈锡尼时期的两种文化所组成。希腊在公元前五世纪步入鼎盛时代,史称"古典时期"(Classical Greece,BC510—BC323)。公元前三世纪,亚历山大大帝(Alexander the Great,BC 356—BC323)的征战将希腊文化传播到伊朗、波斯、埃及和印度,也得到了这些国家的更古老的知识,开创了一个被称为希腊化时代的新的发展时期。古希腊的音乐、绘画、雕塑、建筑达到了很高成就。在美学、哲学方面,柏拉图(Plato,约 BC423—BC347)、苏格拉底(Socrates,约 BC469—BC399)、亚里士多德(Aristotle,BC384—BC322)的理论为西方哲学奠定了基础。公元前 323 年,亚历山大逝世。公元前 146 年,希腊被罗马所灭亡。罗马在公元前 509 年进入共和时期,

□ 希腊文明是一群城市国家——城邦(最重要的有雅典、斯巴达、底比斯、科林斯和叙拉古)的集合,最强大的城邦——雅典,通过贵族克里斯提尼提出的一种早期的直接民主方式进行管理。

图1-20　艺术家绘制的伊壁鸠鲁学园

□ 古罗马的历史可以追溯到“王政时期”(BC8—BC6)。以后经历了“共和时期”(BC509—BC30)、“帝国时期”(BC476—27),以“帝国时期”最为强盛。

□ 这一时期出现诸子百家,如老子、孔子、墨子、庄子、孟子、荀子、韩非等人。学术流派中较著名的有道家(自然)、儒家(伦理)、阴阳家(星象占卜)、法家(法治)、名家(修辞辩论)、墨家(兼爱非攻)、杂家(合各家所长)、农家(君民同耕)、小说家(道听途说)等。

□ 据记载,吴王夫差曾造梧桐园(今江苏吴县)、会景园(在嘉兴)。其中“穿沿凿池,构亭营桥,所植花木,类多茶与海棠”。

图1-21　建章宫复原图

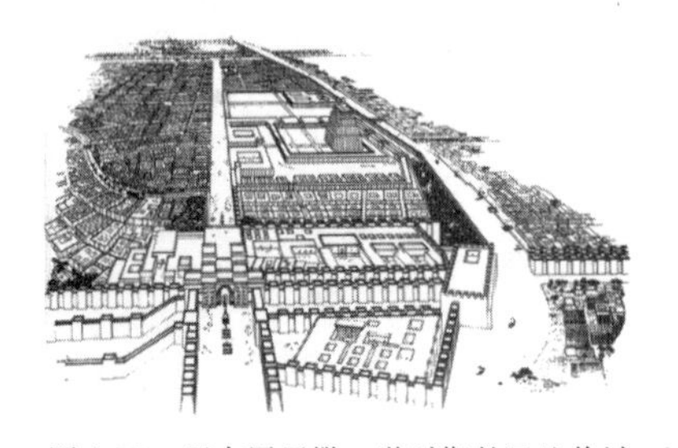

图1-22　尼布甲尼撒二世时期的巴比伦城

经历“前三雄时代”,直到公元前44年,恺撒(Caesar)被刺,罗马转为帝国时代。

古希腊人信奉多神教,编制了丰富多彩的神话。出于祭祀活动的需要,古希腊建造了很多庙宇。为了战争和生产,人们需要有强健的体魄,因而健身活动在古希腊非常流行。大量群众性的活动促进了公共建筑如运动场、剧场的发展,其周边往往是园林化的空间。这一时期,私人建造庭园也日益增多,栽培花卉之风盛极一时,从昔日的实用性庭园向装饰性庭园的转化初见端倪。哲学家们渴望拥有各自的私家庭园。如柏拉图(Plato,约BC423—BC347)、伊壁鸠鲁(Epicurus,BC341—BC270)、提奥弗拉斯特(Theophrastus,约BC380—BC287)等(见图1-20)。关于罗马王政时代的造园流传下来的很少,仅知苏佩布(Lucius Tarquinius Superbus,BC535—BC509)国王的庭园是罗马最古老的庭园之一。罗马在征服希腊后,各个方面的希腊化倾向都大大增强。

公元前1046年,中国进入了周朝。至公元前770年,周王朝的影响力逐渐减弱,取而代之的是大大小小一百多个小国(诸侯国和附属国),史称春秋时期。公元前403年,晋国被分成韩、赵、魏三个诸侯国,战国时期开始。春秋战国时期学术思想比较自由,史称百家争鸣,出现了多位对之后中国有深远影响的思想家及多种学术流派。公元前221年秦消灭六国,完成统一,中国历史也进入了新时代。公元前201年,汉高祖刘邦登基,定都长安(今陕西西安),西汉开始,到了汉武帝时,西汉到达鼎盛,并与罗马、安息(帕提亚)、贵霜并称为世界四大帝国。儒家学说也被确立为官方的主流意识形态,成为了占统治地位的思想。其他文化与艺术也蒸蒸日上。西汉发展到了一世纪左右开始没落。公元8年,外戚王莽夺权,改国号为新。

春秋、战国的文化艺术蓬勃发展,在建筑方面也有很大的进步。当时的造园广泛采用人工池沼,构置园林建筑和配置花木等手法已经有了相当高的水平,上古朴素的囿的形式得到了进一步的发展。秦汉园林以皇家宫苑占主导地位,汉代继承秦代皇家园林的传统并将之充实发展,形成了苑中苑的“大分散,小聚合”布局。如建章宫以宫为主,宫内建苑;上林苑以苑为主,苑内建宫或苑内套苑,奠定了园林空间组织的基础。皇家园林“一池三山”的园林模式也在这一时期形成(见图1-21)。

在中东地区,新巴比伦王朝(Neo-Babylonian Empire,BC626—BC539)使美索不达米亚文明达到鼎盛时期。古巴比伦城垣雄伟、宫殿壮丽,充分显示了古代两河流域的建筑水平。尼布甲尼撒二世(Nebuchadnezzar II,约BC630—BC561)对古巴比伦城进行了大规模建设,使巴比伦城成为当时世上最繁华的城市(见图1-22)。巴比伦在公元前539年被波斯帝国征服。此后,波斯帝国几乎与古希腊同时达到了发展的顶峰。波斯的造园,同样是在天堂园的影响之下。公元前6世纪到公元前4世纪,《旧约》逐渐形成,所以波斯的园林,除受埃及、美索不达米亚地区的影响外,还受《创世纪》中“伊甸园”的影响,是后来的波斯伊斯兰园、印度伊斯兰园的基础。公元前331年,亚历山大大帝(Alexander the Great,BC356—BC323)灭波斯。

印度继公元前1000年梨俱吠陀经、种姓制度发展,雅利安人扩张到恒河流域(Ganges drainage basin)后,公元前800年进入了史诗时代,《摩柯婆罗多》和《罗摩衍那》两部史诗叙述了这个时代的事件。在公元前

600年时，印度有不少于20个国家，称列国时期。公元前500年，释迦牟尼创立佛教，因此也常称为佛陀时期。列国时代的印度精神生活十分活跃，出现了许多哲学或宗教流派，其中影响最为久远的即是佛教和耆那教。列国时代过后，印度进入了孔雀王朝(Maurya Dynasty，BC332—BC185)，并在阿育王(Asoka，BC273—BC236)时期到达巅峰。阿育王大力支持佛教，广泛进行传教活动，阿育王去世之后印度恢复列国时代的分裂状态。今天已很难直观地认识到古印度园林的真实面貌，从现存的印度文明遗迹中也很难看出他们对于园林的钟爱，宗教性的建筑全都雕刻在岩石上，较少有与园林相结合的迹象。但起源于印度的佛教随后在东亚广泛传播，其思想观念渗入到东方园林体系的精髓之中，在中国、日本、朝鲜、东南亚等其他国家的园林中都可以感受到佛教思想的影响(见图1-23)。在某种程度上，古印度对于整个世界园林史的贡献，是从吠陀教、婆罗门教到佛教的宗教思想和万物有灵的自然观念。

图1-23 柬埔寨吴哥窟(Angkor Wat)

这1000年的时期尽管东西方都长期处于分散的小城邦、诸侯、列国对峙共存的阶段，但宗教和哲学在动乱中得到了空前的发展。这些哲学宗教思想渗透到自然观中，潜移默化地形成了中西方民族不同的造园理念、手法和所追求境界。世界古代造园三大体系也在世纪末前随着中国、希腊及波斯的造园实践逐渐形成，并且风格特征明晰化，在随后的世纪中开始朝着各个的道路发展。希腊哲学基本思想是主客二分，以自然为客体，人站在自然、世界之外来思考自然、对待自然。他们崇尚理性，以人类和知识为中心，侧重对自然、世界本质的认识。对美的标准也是通过理性分析，所表现的是合比例、规律性的唯理美学特征。而在中国，传统哲学的基本理念是"人合天"，"天合人"，在审美观上强调中和之美，体现在中国园林艺术中，则是追求一种观物时的感觉之美、心灵感悟之美和道德高洁之美，使园林成为真、善、美三位一体的"自然王国"。古波斯在长期与恶劣自然的对抗与协调中，渴望理想的人居环境，也形成了对水和树木的崇拜心理，拜火教对后来的犹太教、基督教、伊斯兰教都有深远的影响(表1-2)。

表1-2 公元前1000年到公元元年世界历史及造园活动年表

	BC1000—BC500年	BC500—BC200年	BC200—AD0年
时代	西伯来文明(约BC1000—BC600) 中国春秋时期(BC770—BC476) 新巴伦王国(公元前626—539) 埃及后王朝(约BC667—BC332) 古希腊(BC800—BC146) 罗马王政时期(约BC754—BC509)	古波斯帝国(BC550—BC330) 罗马共和时期(BC509—BC27) 马其顿帝国(BC495—BC168) 中国战国时期(BC475—BC221) 印度孔雀王朝(约BC321—BC187) 中国秦朝(BC221—BC207)	罗马共和时期(BC509—BC27) 马其顿帝国(BC495—BC168) 希腊化时代(BC323—BC30) 中国西汉(BC206—AD8)
历史事件	BC955—BC928年，所罗门国王统治以色列 BC900年，希腊诗人荷马诞生 BC776年，希腊人在奥林匹克平原举行竞技大会 BC771年，西周灭亡 BC753年，罗穆卢斯在台伯河畔建罗马城，开创王政时代 BC722年，鲁国开始编《春秋》 BC7世纪，意大利南部海滨那不勒斯出现城市	BC495年，亚历山大一世统一马其顿 BC490年，雅典打败波斯军队 BC483年，释迦牟尼逝世 BC486年，吴王夫差开邗沟，是中国最早的运河 BC479年，第三次波希战争爆发 BC479年，孔子逝世 BC473年，越王勾践灭吴 BC469年，希腊哲学家苏格拉底诞生 BC431年，伯罗奔尼撒战争爆发 BC427年，希腊哲学家柏拉图诞生	BC179—BC141年，汉朝文景之治 BC147年，罗马统治小亚细亚和埃及 BC146年，第三次布匿战争结束 BC146年，罗马征服希腊 BC139年，张骞第一次出使西域 BC136年，汉武帝采纳董仲舒"独尊儒术"的建议 BC119—BC115年，汉朝将匈奴驱逐至漠北；张骞再次出使西域，开辟"丝绸之路" BC104年，司马迁开始撰写《史记》 BC97年，日本人称大和民族

续表

	BC1000—BC500 年	BC500—BC200 年	BC200—AD0 年
历史事件	BC679 年,齐桓公开始称霸 BC632 年,晋国建立霸主地位 BC626 年,迦勒底人建新巴比伦王国 BC623 年,秦国称霸西戎 BC605 年,巴比伦灭亚述帝国 BC604 年,尼布甲尼撒二世即任巴比伦国王 BC597 年,楚庄王开始称霸 BC587 年,吴王国建国 BC550 年,居鲁士二世大帝建立波斯帝国 BC530 年,佛教创始人乔达摩参悟佛理,开始四处讲法 BC539 年,波斯帝国灭巴比伦 BC525 年,波斯征服古埃及后王朝 BC520 年,毕达哥拉斯活跃时期 BC500 年,孔丘当鲁国宾相	BC415 年,第二次伯罗奔尼撒战争爆发 BC394 年,古代最后一次奥林匹克竞赛 BC384 年,希腊哲学家亚里士多德诞生 BC356 年,秦孝公任用商鞅进行变法 BC338 年,苏秦任六国宰相 BC336 年,亚里士多德在雅典创建学校 BC338 年,马其顿国王腓力二世统一希腊半岛 BC334 年,马其顿国王亚历山大三世东征,侵入小亚细亚 BC273 年,印度孔雀王朝阿育王继位 BC264 年,第一次布匿战争爆发 BC263 年,印度阿育王皈依佛教 BC247 年,秦王嬴政即位 BC232 年,徐福率三千童男女泛海求仙药 BC221 年,秦统一六国 BC202 年,刘邦统一天下,建立西汉	BC89 年,庞贝城被罗马人占领,成为罗马共和国的属地 BC63 年,罗马灭波斯帝国 BC62 年,庞培、格拉苏、恺撒三人结盟,罗马共和国进入“前三雄时代” BC57 年,日本派遣使节向中国朝贡 BC55 年,罗马大将恺撒攻入英格兰 BC50 年,恺撒征服高卢 BC44 年,恺撒被刺死 BC30 年,罗马征服埃及 BC27 年,罗马共和国转变为罗马帝国 BC5 年,耶稣在伯利恒诞生 BC2 年,大月氏使臣向汉人传授佛法
园林活动	BC972 年,所罗门在耶路撒冷建黎巴嫩林宫 BC722—BC705 年,亚述帝国建萨尔贡王宫 约 BC600 年,新巴比伦王尼布甲尼撒二世建“空中花园” BC540 年,居鲁士大帝营造王城波塞波利斯及带花园的薛西斯宫邸 BC770—BC476 年,各诸侯国纷建苑囿,如郑国的“原圃”、秦国的“具圃”、楚国的“云梦”,是各诸侯王的狩猎区;宋国建桑林,为国家祭祀场所 BC534 年,楚灵王建章华台 BC534—BC509 年,苏佩巴斯国王建造宫殿庭院	BC5 世纪,波斯筑天堂园 约 BC491 年,吴王夫差扩建姑苏台、建梧桐园、会景园 BC490 年,德尔菲体育场建成 约 BC456 年,奥林匹亚的宙斯神庙落成 BC447 年,帕提农神庙等雅典卫城上的建筑活动开始 约 BC400—BC300,日本孝昭天皇居住于掖上池心宫,宫内有园池 BC386 年,柏拉图创办学园 BC330 年,希腊埃匹达鲁斯剧场建成 BC312 年,罗马人开始在境内修建公共道路和运输管道 BC227—BC210 年,秦始皇建上林苑 BC221 年,秦朝进行大咸阳规划 BC221—BC210 年,秦始皇建“骊山汤” BC216 年,罗马卡拉卡拉浴场竣工 BC214 年,秦始皇命人修建万里长城 BC212 年,秦始皇建阿房宫 BC202 年,汉高祖扩建秦兴乐宫,更名长乐宫 BC200 年,汉高祖在秦章台基础上修建未央宫 约 BC200 年,斯里兰卡国王大兴佛寺 BC3 世纪,希腊哲学家伊壁鸠鲁建学园	BC2—BC1 世纪,古罗马广场建成 BC155 年,汉梁孝王建兔园(梁园) BC140—BC87 年,袁广汉建宅园 BC138 年,汉武帝秦旧苑基础上扩建上林苑 BC126—BC114 年,张骞建苜蓿园 BC120 年,万神殿建成 约 BC120 年,罗马演说家西塞罗营建两外私园 BC119 年,汉武帝在上林苑建昆明池 BC119 年,汉武帝扩建甘泉宫,内有木园 BC119 年左右,汉武帝建梨园 BC111 年,汉武帝建扶荔宫 BC106—BC57 年,罗马卢库斯将军在那不勒斯湾建花园 BC104 年,汉武帝建建章宫,北为太液池 BC97—BC30 年,日本崇神天皇建矶城瑞篱宫 BC80 年,罗马建造圆形露天剧场 BC59 年,汉宣帝建乐游苑 BC55 年,庞贝剧场建成 BC33—BC22 年,维特鲁威著《建筑十书》 BC18 年,汉朝王商建宅园 BC89—AD79 年,罗马庞贝古城的宅邸中出现大量列柱中庭花园

1.2.4 公元元年—公元 500 年

□ 贵霜帝国(梵语:Kushan Empire)是约公元 1 世纪上半叶兴起于中亚细亚的奴隶制国家;2 世纪上半期建成北起花剌子模、南达文迪亚山,包括中亚、阿富汗和印度半岛西北部的大国,3 世纪前后灭亡。

公元元年到公元 500 年之间,罗马人继承了希腊的文化与精神财富,建立了帝国辉煌,直到公元 487 年,西罗马灭亡。中国在东汉再次恢复汉室天下,公元 200 年左右衰落,进入了魏晋南北朝的动乱时期,直到公元 581 年隋朝建立才又完成中国的统一。中东的安息、印度的贵霜帝国也在公元 200 年左右衰落,中东地区的波斯卷土重来,建立了鼎盛的萨珊王朝(Sassan Dynasty,224—651)。印度的贵霜帝国(Kushan Empire,105—250)在百年混乱后被笈多王朝(Gupta Empire,320—647)所替代。对于世界造园史而言,这一时期的中心仍然在欧洲体系的古罗马园林与东方体系的中国魏晋园林，帝王御苑与私家别墅相继出现。

公元前44年当罗马到达全盛时，领导人尤利乌斯·恺撒（Julius Caesar）遇刺身亡。在随后的混战中，屋大维（Octavian）夺取了权力，开始了罗马从共和国到帝国的转变。罗马人将疆域拓展至整个意大利，随后是整个地中海周边和西欧。313年，基督教在君士坦丁大帝治下合法化，380年成为帝国的官方宗教。395年，罗马帝国一分为二。418年，在原罗马帝国境内建立西罗马王国。476年，最后一个西罗马帝国皇帝被废黜，欧洲进入中世纪时期。欧洲中世纪早期的巴西利卡（Basilica）修道院庭园于公元408年建成。罗马帝国时期，在富裕阶级中间竞相效法希腊、东方各国豪华奢侈的生活方式，使昔日的质朴之风消失殆尽。因别墅建设的大兴土木，别墅庭园的发展也突飞猛进，创造了罗马中庭式园林（Peristyle Garden）（见图1-24）。

□ 安息帝国（Parthian Empire）即帕提亚帝国（BC247—BC224）。公元前247年，帕尔尼部的首领阿萨息斯杀死塞琉西王朝的总督，以尼萨（今土库曼斯坦阿什哈巴德）为都城，建立阿萨息斯王朝。中国史籍称之为“安息”，西方史家称之为“帕提亚”。

图1-24　古罗马中庭式庭园

这一时期的中国，刘秀于25年建立东汉王朝，东汉的发展延续了西汉的传统。68年，在河南洛阳修建了中国的第一座佛教寺庙——白马寺，佛教被认为从此正式传入中国（见图1-25）。东汉的皇家园林数量不如西汉多，规模也小很多，但园林的游赏功能已上升到主要地位，比较注重造景效果。公元222年，汉朝退出历史舞台，中国进入长期分裂和战乱频繁的魏晋南北朝时期。魏晋南北朝是寻求个性解放的时期，老庄哲学得到发展，隐逸文化盛行，士大夫钟情山水，造园也有一个空前的飞跃。以山水审美为主体的文人园林的设计风格、手法的最基本原则在这一时期奠定，并在以后不断地得到丰富和完善。它们包括以山水、植物等自然形态为主导的景观体系，“纡余委曲”的空间造型与诗歌、绘画等文人艺术的融合。这一切与魏晋文人以园内外的双重空间关系来表现他们对于整个宇宙的理解和认识是分不开的，表现了对“真”和“意境”的追求。这时期的皇家造园艺术没有突破性进展，只是更小规模地在形式上再现汉皇家苑园的风貌。

约公元4世纪，亚洲朝鲜半岛的高句丽王国与百济王国、新罗王国鼎立，为朝鲜三国时代。日本进入大和时代（250—592）。两汉时期中国的文明对周边国家如朝鲜、日本等产生了一定的影响，对它们日后园林的发展具有重要的意义。印度在笈多王朝（Gupta Empire，320—647）统治下，达到极盛阶段。印度文明这时进入了全盛时期，并对邻近地区和国家产生着巨大影响。

公元后500年是东西方文化的形成时期。在中国文化发展史上，自汉武帝采纳董仲舒的建议“罢黜百家，独尊儒术”之后，儒学即成为中国古代文化的主流，深深地影响并主导着中国文化发展的历程。儒学强调“以人为本”，重视人与自然、人与人之间的协调关系。儒学主张人与自然和谐相处，认为天人是相通的，倡导“天人合一”“万物与吾一体”之说。中国的山水文化思想也在魏晋南北朝时期萌芽。这些思想的发展，对中国园林艺术中“崇尚自然”“师法自然”的形成影响深远。在西方，古希腊文化及园林艺术被罗马继承后，随着罗马帝国的扩张，在西方世界广泛传播，也影响了西亚部分地区。基督教思想在这一时期逐渐形成，基督教教义认为人被上帝惩罚离开了伊甸园，所在的自然界是一个“失乐园”，故对于自然是要加以改造、使之成为天堂模样。这种思想建立在古希腊主客二分的哲学观念基础上，一定程度加强了人与自然的对立态度（表1-3）。

图1-25　王岩璋绘《白马寺齐云塔》

表 1-3　公元元年到公元 500 年世界历史及造园活动年表

	AD0—200 年	AD200—400 年	AD400—500 年
时代	朝鲜百济国(BC18—AD660) 中国东汉(AD26—220) 罗马帝国时代(BC27—AD395) 印度贵霜帝国(AD105—250) 波斯安息帝国(BC247—AD224)	罗马帝国时代(BC27—AD395) 中国三国时期(AD220—280) 中国西晋(AD265—316) 中国东晋(AD317—420) 日本大和时代(AD300—592) 印度笈多王朝(AD320—647) 波斯萨珊王朝(AD226—650)	朝鲜三国时代(AD427—660) 中国南北朝(AD420—589) 东罗马(AD395—476) 日本大和时代(AD250—592) 印度笈多王朝(AD320—647) 波斯萨珊王朝(AD224—651)
历史事件	AD8 年,王莽自立为帝,开始托古改制 AD25 年,刘秀定都洛阳,建立东汉 AD30 年,基督耶稣被钉上十字架 AD57 年,日本派遣使臣到中国 AD68 年,罗马皇帝尼禄自杀 AD70—100 年,基督教福音写出 AD75—100 年,贵霜入侵印度 AD91 年,汉军击溃北匈奴,北匈奴西迁 AD105 年,蔡伦改革和推广了造纸技术 AD159 年,贵霜王国迦尼色迦王统一佛教教义 AD166 年,古罗马帝国派遣使者出访中国,开创中国、古罗马直接通使的记录 AD184 年,黄巾起义 AD165—167 年,瘟疫扫荡罗马帝国 AD180 年,早期教会制度建立	AD200 年,官渡之战 AD208 年,孙权、刘备联军在赤壁大败曹军 AD260 年,蛮族侵入罗马帝国 AD249—311 年,罗马迫害基督徒 AD280 年,晋灭吴,统一中国 AD285 年,百济王国遣博士王仁出使日本,携去《论语》等书,中国文字传入日本 AD313 年,基督教合法化 AD317 年,东晋建立 AD324—337 年,君士坦丁大帝在位 AD383 年,秦晋淝水之战 AD374 年,北匈奴汗国侵入黑海北岸,引起民族大迁移 AD380 年,狄奥多修斯大帝定基督教为国教 AD395 年,罗马帝国分裂为东罗马和西罗马 AD399 年,东晋法显一行前往天竺取经	AD410 年,西哥特人掠夺罗马 AD427 年,高句丽王国与百济王国、新罗王国鼎立朝鲜半岛,进入朝鲜"三国时代" AD435 年,匈奴汗国可汗阿提拉即位,入侵欧洲,被称为"上帝之鞭" AD451 年,东西教会开始分裂 AD476 年,罗马末代皇帝去世,西罗马帝国灭亡 AD486 年,法兰克部落侵入高卢,建立法兰克王国 AD494 年,北魏孝文帝迁都洛阳,推行汉化;洛阳龙门石窟开始开凿
园林活动	AD25—29 年,东汉光武帝在洛阳兴建上林苑 约 AD58 年,东汉明帝建濯龙园,内有"买卖街" 约 AD62 年,庞贝维提住宅建成 AD68 年,洛阳白马寺建成 AD69 年,古罗马大竞技场在原尼禄宫殿的人工湖基址上兴建 AD62—114 年,罗马学者小普林尼建造两处别墅 AD78—139 年,张衡撰写《二京赋》,内有大量描写长安和洛阳园林的盛景 AD79 年,维苏威火山爆发,庞培城沦没 AD92 年,罗马奥古斯都宫殿建成 AD118—138 年,罗马哈德良大帝建哈德良山庄 AD124 年,谢恽建宅园 AD146 年,梁翼在洛阳城内建宅园 AD180 年,美洲印第安人建太阳金字塔	AD2 世纪,波斯拉剧场建成,在今叙利亚 AD200—300 年,罗马庭园建造热潮延续 AD210 年,曹操建铜雀园,有铜雀台、金虎台、冰井台三座高台 AD216 年,卡拉卡拉浴场完工;大莱普提斯广场建成 AD267 年,西晋建昭明宫 AD300 年,西晋石崇在洛阳建金谷园 AD306 年,戴克里先浴场建成,为古罗马最大的浴场 AD326 年,杭州灵隐寺创建 AD347 年,魏明帝建芳林苑,后改名华林苑 AD353 年,王羲之作《兰亭集序》 AD384 年,慧远居庐山龙泉精舍 AD386 年,东晋吴中建顾辟疆园	AD401 年,后燕建龙腾苑 AD408 年,罗马出现中世纪早期的巴西利卡修道院庭园 AD427 年,谢灵运重修始宁墅,作《山居赋》 AD446 年,宋文帝开真武湖(后称玄武湖);在华林园中取佳石造景阳山 AD459 年,宋孝帝于玄武湖北建上林苑 AD487 年,齐武帝建新林苑 AD498—507 年,日本武烈天皇建泊濑列城宫

1.2.5　公元 500—1000 年

中国继魏晋南北朝之后,杨坚于公元 581 年建立隋朝,定都长安,中国恢复了统一的状态。唐朝很快地接替隋朝,进入了高度繁荣的盛世。

长安（今陕西西安市）是当时世界上最大的城市，唐代文明也是当时最发达的文明之一。唐王朝与许多邻国发展了良好的关系，日本则不断派遣使节、学问僧和留学生到中国。唐朝前期对宗教采取宽容政策，除佛教外，道教、摩尼教、景教和伊斯兰教等也得到了广泛传播。755年安史之乱后，唐朝开始走向衰落并分裂为五代十国。到公元960年，赵匡胤发动兵变，建立北宋。

隋至盛唐，中国古代文化艺术更加成熟。造园从设计原则、具体手法到园林文化都进入一个全面发展的时期。唐代在都城建造大型的内廷皇家园林，如东、西内苑、南苑及大明宫（见图1-26）。另外尚有开放给百姓聚会游乐的曲江公共风景游览区。私家园林到了唐代也特别兴盛。富裕的经济生活及鼎盛的文风使得许多豪族和士大夫大兴土木，建造了许多分布广泛而精美的园林。经过长期的发展，文人园林已趋于成熟。在功用上，园林已是文人隐逸生活中不可缺少的组成部分。中唐以后，"壶中天地"的境界成为文人造园活动中普遍的艺术追求，力图在有限的天地内创造出深广的艺术空间和容纳丰富的景色变化。

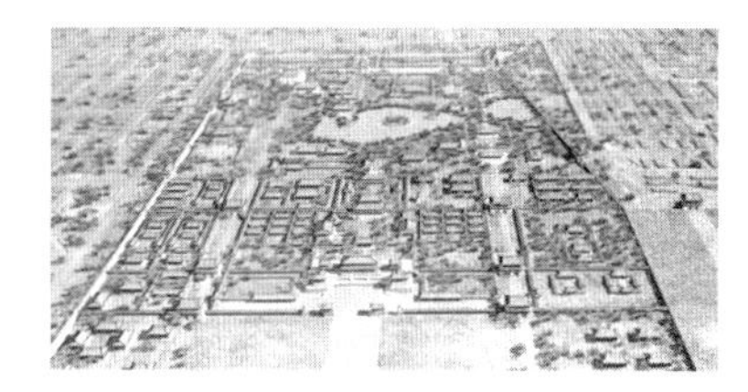

图1-26　大明宫复原图

新罗在唐朝的帮助下统一朝鲜半岛大同江以南，史称"统一新罗时代"。唐朝的造园风格也影响了朝鲜半岛，朝鲜园林在池中置三岛，显然与中国"一池三山"的造园手法一脉相承。936年，高丽灭后百济再次实现统一，继续学习中国的园林文化。

古罗马分裂后，东罗马以君士坦丁堡（Constantinople）为都，东地中海领土的大部分在整个6世纪仍然在君士坦丁堡的基督教皇帝手中。此时的中东地区由拜占庭帝国（Byzantine Empire，395—1453）和萨珊王朝（Sassan Dynasty，224—651）统治。后者定都泰西封，统治着底格里斯河—幼发拉底河流域和伊朗高原。两帝国长期不和，一个是具有希腊—罗马文化的基督教国家，另一个是具有波斯-美索不达米亚传统的琐罗亚斯德教（Zoroastrianism）国家。603至629年，波斯和拜占庭之间爆发了一系列战争。战争使东罗马对大部分地中海地区的统治在6世纪晚期开始被侵蚀。君士坦丁堡对西方领土的控制减弱，导致更多的日耳曼人入侵和建立王国。622年，穆罕默德（Mohammed，570—632）从麦加（Mekka）流亡到麦地那（Medina），并率门徒出走麦地那，伊斯兰教徒即以本年为回历元年。伴随伊斯兰教兴起，阿拉伯国家迅速成长并扩张，646年攻陷东罗马北非地区，最终占据了中东以及西面的埃及、西班牙和东面的印度。信仰伊斯兰教的阿拉伯人继承古波斯园林艺术，并将装饰园林布局调整为神性的以水渠划分四等分园林（Fourfold Garden）的形式，创造了波斯伊斯兰式，他们利用完备的水利系统在底格里斯河岸边建造了规模宏大的宫殿园林（见图1-27）。最终，由战争及领土扩张的方式，伊斯兰式造园风格传遍整个西亚、北非地区，并影响到西班牙及印度的造园。

图1-27　伊斯法罕清真寺庭园

从5世纪罗马帝国瓦解到14世纪的文艺复兴运动开始是欧洲中世纪时期，历经大约1000年。5世纪开始，基督教分裂为东正教和天主教，教会发展迅速，占据政治、经济、文化和社会生活的各个方面。中世纪的文明主要是基督教文明。由于中世纪社会动荡、战争频仍、政治争斗、经济落后，加之教会仇视世俗文化，排斥古希腊、罗马文化，欧洲园林建筑艺术并未获得很大的发展。公元500至1000年这段时期园林以修道院庭园为代表（见图1-28）。公元800年，教皇给查理曼（Charles the Great,

图1-28　尼斯西梅兹修道院（Cimiez Monastery）庭园

742—814)加冕。843年,查理曼去世,罗塞尔(Roselle)、路易(Louie)、查理(Charles)三兄弟订《凡尔赛条约》,分割帝国为三。随着查理曼帝国的分裂,欧洲基本形成了今天的国家版图格局。

综上,公元500年至1000年,世界文明格局有了新发展,穆罕默德在610年建立的伊斯兰教接替古波斯拜火教,成为影响整个西亚、北非地区的宗教。伊斯兰教反对偶像崇拜,在人与自然的关系方面也强调走近自然而不崇拜自然,改造自然而不滥用自然的中正之道。这些都对伊斯兰教的造园风格产生影响。这一时期的亚洲地区,唐朝文化影响至朝鲜、日本,形成了以中国为主的儒家文化区域。唐朝园林艺术也被日本、朝鲜几乎全部吸收,奠定了整个东方造园风格倾向自然山水特征的基础。这一时期的欧洲,虽然园林艺术发展较缓慢,但基督教的宗教势力范围不断扩大,在思想上统一了欧洲地区,对园林的理解也相对固定下来,园艺水平有了较大的提高(表1-4)。

表1-4 公元500年到公元1000年世界历史及造园活动年表

	AD500—600年	AD600—800年	AD800—1000年
时代	拜占庭帝国(AD395—1453) 中国南北朝(AD420—581) 朝鲜三国时代(AD427—660) 中国隋朝(AD581—618)	拜占庭帝国(AD395—1453) 中国唐朝(AD618—960) 阿拉伯帝国(AD632—1258) 朝鲜统一新罗时代(AD668—901) 日本奈良时代(AD711—794)	拜占庭帝国(AD395—1453) 阿拉伯帝国(AD632—1258) 法国加洛林王朝(AD751—987) 日本平安时代(AD794—1185) 中国五代时期(AD907—960) 朝鲜高丽王朝(AD918—1392)
历史事件	AD527年,东罗马查士丁尼即位 AD538年,佛教传入日本 AD547年,杨衒之作《洛阳伽蓝记》 AD553年,东罗马灭东歌德王国,几乎恢复未分裂前罗马帝国的疆域 AD568年,基督教罗马城主教渐代替罗马帝国皇帝成为安定力量,世人开始尊称他为教皇 AD571年,穆罕默德诞生 AD574年,周武帝灭佛 AD583年,杨坚称帝,建立隋朝,杨坚为隋文帝 AD589年,隋灭陈,统一南北	AD605年,隋炀帝营建东都洛阳,开凿大运河 AD626年,玄武门之变,唐太宗李世民即位 AD622年,穆罕默德从麦加流亡到麦地那,率门徒出走麦地那 AD630年,唐灭东突厥;日本遣唐使来华 AD632年,穆罕默德逝世,政府设"哈里发"为元首 AD636—642年,穆斯林占领巴勒斯坦、叙利亚、波斯和埃及 AD638年,阿拉伯帝国攻陷东罗马帝国属城耶路撒冷,伊斯兰教从此在巴勒斯坦传播 AD645年,玄奘自天竺取经回国,抵长安 AD646年,阿拉伯帝国攻东罗马帝国北非领地,陷亚历山大城,伊斯兰教从此在北非传播 AD646年,日本开始"大化改新" AD690年,武则天称帝,改国号为周 AD700年,阿拉伯人侵入西班牙 AD713年,禅宗六祖惠能圆寂 AD755年,安史之乱爆发 AD756年,阿拉伯帝国分裂为二,西阿拉伯定都哥尔多华;西班牙出现伊斯兰教徒独立国 AD762年,东阿拉伯帝国(即阿拔斯王朝)从大马士革迁都巴格达城 AD762年,诗人李白(701—762)逝世	AD800年,教皇给法兰克国王查理曼加冕 AD827年,不列颠七小国中的威塞克斯王国消灭其他六国,建英格兰王国 AD843年,查理曼去世,罗塞尔、路易、查理三兄弟和解,订《凡尔赛条约》,分割帝国为三 AD845年,黄巢起义军入长安,黄巢称帝,国号大齐 AD882年,俄国开始有国家组织 AD909年,阿拉伯帝国分裂为三 AD910年,拜占庭文化进入鼎盛时期 AD936年,高丽灭后百济统一朝鲜 AD937年,契丹族首领耶律阿保机称帝,建契丹国 AD951年,后周大将赵匡胤发动陈桥兵变,建立北宋 AD979年,党项族首领李元昊称帝,国号大夏 AD987年,西法兰克王国改国号为法兰西王国 AD990年,俄罗斯改信俄罗斯正教

续表

	AD500—600年	AD600—800年	AD800—1000年
园林活动	约AD512年,梁昭明太子重修玄圃并在江陵建湘东苑 AD581年,隋文帝建大兴苑;庾信作《小园赋》 AD593年,隋文帝命杨素营建仁寿宫 AD581—600年,隋文帝时修浚曲江,更名为芙蓉园 AD528年,朝鲜建佛国寺	AD605年,隋炀帝筑西苑 AD634年,唐太宗营建长安大明宫 AD644年,唐太宗建骊山汤泉宫 AD593—710年,日本飞鸟时代建有藤原宫内庭、飞鸟宫庭园、小垦宫庭园、苏我氏宅园 AD607年,日本法隆寺开始营建 AD674年,新罗文武王于庆州东南造苑囿、雁鸭池 AD705—709年,太平公主于长安城南营建南庄;安乐公主于城西营建西庄;长宁公主于城内建东庄;韦嗣立于骊山建别业 AD747年,唐玄宗扩建骊山汤泉宫,改名华清宫 AD742—756年,王维(701—761)将蓝田宋之问别墅再建为辋川别业,并为之赋诗作画 AD747年,瑞士圣加尔教堂修建 AD786年,西班牙开始建造科尔多瓦清真寺,有室外庭园和橘园 AD711—794年,日本奈良时代营建皇家园林:平城宫南苑、东院庭园、西池宫、松林苑、鸟北池塘、城北苑;私家园林:井手别业、佐保殿庭园、紫香别业	AD806年,法国日尔米尼教堂建成 AD816年,白居易(772—846)被贬江州司马,建庐山草堂,自作《草堂记》 AD823年,白居易归洛阳于履道里,得杨冯故宅作《池上篇》;奕宗师作《绛守居园池记》 AD825年,李德裕(757—549)于洛阳城外建平泉山庄 约AD897年,司空图修葺旧有中条山"祯贻溪"别墅 AD794—1185,日本建皇家园林嵯峨院、云林院、朱雀院;私家园林:高阳院;寺观园林:神泉苑、毛越寺园、观自在王院、中尊寺 AD936—944年,吴越国广陵王钱元僚于苏州建南园,又于嘉兴南湖建烟雨楼 AD961年,姑苏虎丘云岩寺塔建成 AD962年,诺曼人进入俄罗斯北部,建立诺夫哥罗德公园 AD969年,北宋初年建琼林园、金明池、宜春园与玉津园,为汴京四园

1.2.6　公元1000—1300年

公元960至1279年是中国的两宋时期。两宋时期尽管战乱频繁,但当时中国经济发达,文化兴盛,出现了程颐、朱熹等理学家。佛教转化为禅宗,道教文化中分化出向老庄、佛禅靠拢的士大夫道教。自唐代开始独立发展的山水画到两宋时出现繁荣的局面。宋室南渡后,画家更致力于塑造江南秀丽山水形象,画风由北宋的雄浑厚重转化为空灵雅秀。

山水画的发展也影响到园林创作,即以诗情画意入园,形成写意山水园的形式,更倾向于内在精神的探寻。一些文人画家亲自参与园林设计,园林与文学、山水画相结合,更加深入细致。不仅私家园林与文人墨客的关系仍然密不可分,宋代皇家园林也有浓重的文人园的气质,与秦汉宫苑包纳山海的空间原则不同,更倾向于在有限的空间内建立丰富、完整的景观体系。北宋皇家园林和私家园林分布的范围及数量都超过前代。在都城,皇家园林就有九处,其中最为精致的就是宋徽宗所建造的艮岳。都城汴梁的私家园林也不下一、二百所。到南宋,"壶中天地"格局的不断强化,加上各种艺术手段的不断完善,造园已成为高度成熟和完美的艺术典范。

□ 北宋著名山水画家有李成、范宽、郭熙、关仝、苏轼和米芾、米友仁父子等。南宋则有李唐、刘松年、马远、夏圭等。

南宋最终被西北面的游牧民族所入侵,蒙古人统治并建立元朝(1260—1368)(见图1-29)。游牧民族统领的元朝不断被所在地区的文化所同化,也在东西方文明的交流中起到了积极的作用。元朝以及四大汗国等政权的产生,使13世纪之后的欧亚政治格局发生重大的变化,东亚、中亚和西亚地区昔日林立的诸多政权顷刻间消失,欧洲的部分地区也纳入蒙古汗国的统治之下。元代园林的建树不及唐宋,受到隐逸思想的影响,大部分汉族知识分子的园林通过山水、植物、建筑的空间组织,

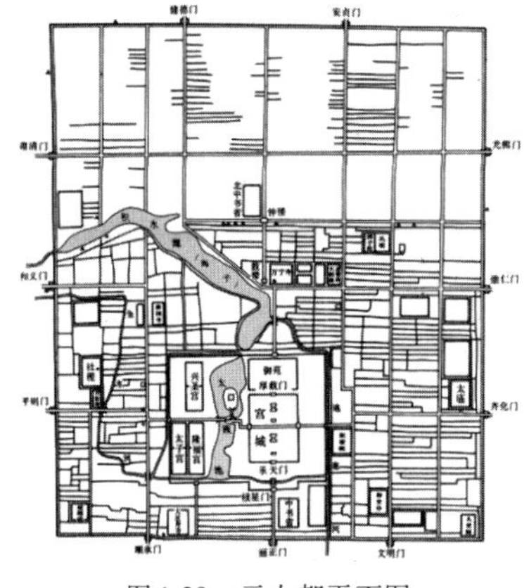

图1-29　元大都平面图

营造一种自我的精神环境,体现“象外之象”“景外之景”。

1185至1333年,日本进入镰仓时代,武士文化有了显著的发展,同时宋朝禅宗传入日本,与武家文化相融合。日本将禅宗思想发展演绎,逐渐形成具有日本风格特色的园林形式。寺观园林在这一时期得到极大的发展。此时,统一朝鲜半岛的高丽王朝(918—1392)以佛教为国教,园林上吸收宋朝的造园手法,形成自然山水式园林。

□ 十字军东征(The Crusades, 1096—1291)是一系列在罗马天主教教皇的准许下,由西欧的封建领主和骑士对地中海东岸的国家发动的持续了近200年的宗教性战争。战争的名义是夺回罗马天主教圣城耶路撒冷。

在欧洲及中东地区,从1096年到1291年,十字军先后发动8次东征,第四次十字军东征洗劫君士坦丁堡(Constantinople)。虽然十字军曾在叙利亚(Syria)、巴勒斯坦(Palestine)及小亚细亚(Asia Minor)建立起一系列小型的基督教王国,可它们最终一一为土耳其人重新征服。到公元1244年,耶路撒冷(Jerusalem)仍控制在穆斯林手中,变成了一个完全土耳其化的城市。欧洲因十字军运动经历了一场深刻的变革,西方人民得以有机会瞥见东方文明的灿烂与优美。11世纪后,欧洲大部分地区采取世袭制,领主权力进一步集中,国王权力相对削弱,出现城堡林立现象。诺曼人征服英格兰之后,石造城墙出现,城堡有护城河环绕,并开始在城堡内的空地上布置庭园。十字军东征为实用性城堡庭园开辟了新的道路。十字军骑士们在拜占庭和耶路撒冷等东方繁华的城市中,感受到东方文化艺术的魅力,把包括建筑、绘画、雕像、花卉等先进园林艺术成果带回欧洲,从此欧洲城堡庭园逐渐流行装饰和娱乐风习(见图1-30)。

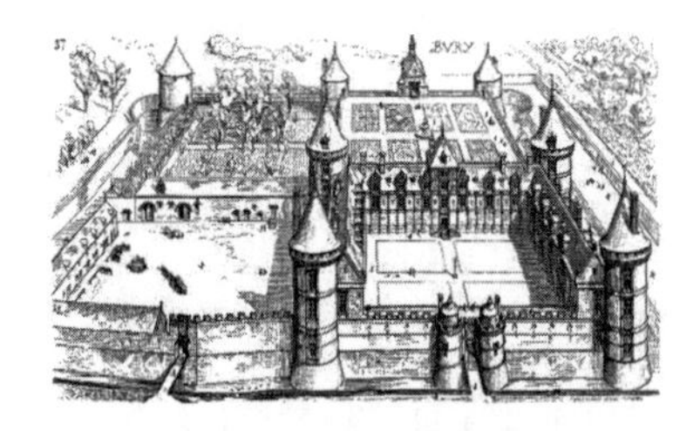

图1-30 法国比尤里城堡(Chateau Bury)园林

综上,公元1000至1300年,亚洲地区的园林艺术以中国造园为中心继续发展,并逐渐转向对园林所呈现的内在精神的探索和追求,极大丰富了园林的外延和内涵。文人造园的倾向越发明晰。日本、朝鲜实现了造园的本土化转型与提升。此时的欧洲和西亚诸国却陷入了长达近300年的宗教战争中,战争使两个地区都无暇大力发展园林。但战争也在某种程度上促进了世界的交流,西亚优美的文化艺术传入欧洲,开启了欧洲人对于城市生活及园林艺术的向往,为随后欧洲造园活动中心的形成奠定了基础(表1-5)。

表1-5 公元1000年到公元1300年世界历史及造园活动年表

	AD1000—1100年	AD1100—1200年	AD1200—1300年
时代	拜占庭帝国(AD395—1453) 阿拉伯帝国(AD632—1258) 日本平安时代(AD794—1185) 朝鲜高丽王朝(AD918—1392) 中国北宋时期(AD960—1127) 神圣罗马帝国(AD962—1806) 法国卡佩王朝(AD987—1328) 英国诺曼王朝(AD1066—1154)	拜占庭帝国(AD395—1453) 阿拉伯帝国(AD632—1258) 日本平安时代(AD794—1185) 朝鲜高丽王朝(AD918—1392) 神圣罗马帝国(AD962—1806) 中国南宋时期(AD1127—1279) 法国卡佩王朝(AD987—1328) 英国金雀花王朝(AD1154—1485)	拜占庭帝国(AD395—1453) 阿拉伯帝国(AD632—1258) 日本镰仓时代(AD1185—1333) 朝鲜高丽王朝(AD918—1392) 神圣罗马帝国(AD962—1806) 中国南宋时期(AD1127—1279) 法国卡佩王朝(AD987—1328) 英国金雀花王朝(AD1154—1485)
历史事件	AD1038年,毕昇发明活字印刷术 AD1040年,突厥回教徒塞尔柱部落酋长托格兹称苏丹,建立土耳其帝国 AD1044年,王安石变法开始 AD1050年,吴哥王朝处于繁盛期 AD1056—1106年,亨利四世与教皇发生冲突 AD1062年,日本武士阶层兴起 AD1074年,女真族完颜阿骨打称帝,国号大金 AD1096—1099年,第一次十字军东征,占领了巴勒斯坦的叙利亚	AD1126年,靖康之变,北宋灭亡 AD1130—1200年,朱熹在世,创理学思想体系 AD1147年,蒙古铁木真即汗位,称成吉思汗 AD1147—1149年,第二次十字军东征 AD1186年,日本幕府政治开始,开启“前期武家时代” AD1189—1192年,第三次十字军东征	AD1200年,罗马天主教会政治权力达到巅峰 AD1206年,成吉思汗成为蒙古统治者 AD1202—1204年,第四次十字军东征洗劫君士坦丁堡 AD1223年,蒙古人开始征战欧洲 AD1227年,宋与蒙古联军灭金 AD1253—1258年,忽必烈即蒙古汗位 AD1258年,蒙古人摧毁阿拔斯哈里发 AD1273年,马可·波罗来华 AD1299年,奥斯曼土耳其帝国建立

续表

	AD1000—1100 年	AD1100—1200 年	AD1200—1300 年
园林活动	AD1009 年,南京应天府曹诚捐资建睢阳书院 AD1043 年,日本建东三条殿 AD1045 年,苏舜钦(1008—1048)筑沧浪亭,作《沧浪亭记》 AD1047 年,日本建净琉璃寺 AD1052 年,日本建平等院 AD1052 年,英国建威斯敏斯特教堂 AD1063 年,意大利比萨教堂建成 AD1071 年,富弼(1004—1083)于洛阳造富郑公园 AD1073 年,司马光(1019—1086)退居洛阳建独乐园 AD1085 年,威尼斯圣马可教堂建成 AD1087 年,沈括(1031—1095)于京口筑梦溪园,后著《梦溪笔谈》 AD1088 年,博洛尼亚大学创立 AD1089 年,日本建龙泉寺庭院 AD1090 年,苏轼于杭州西湖筑苏堤 AD1095 年,李格非亲历十九处洛阳园林,作《洛阳名园记》	AD1100 年,李诫编成《营造法式》,内载园林营造法及图式多刊 AD1107 年,米芾(1051—1107)卒,曾在镇江筑海岳庵 AD1113 年,柬埔寨开始兴建吴哥窟 AD1117 年,宋徽宗于开封筑艮岳 AD1130 年,日本建法金刚院,有日本最古的人工瀑布 AD1131 年,南宋大内御苑建成,后称后苑 AD1133 年,日本建御门殿 AD1141—1148 年,金熙宗改建辽代宫室,建琼华岛 AD1144 年,法国第一座哥特式教堂圣丹尼斯教堂建成 AD1155—1162 年,南沈尚书园及北沈尚书园在吴兴建成 AD1165 年,英国坎特伯雷教堂修建 AD1170 年,巴黎大学创立 AD1199 年,日本始建水无濑庭园,为镰仓时代皇家园林 AD1199 年,陆游为韩侂胄作《南园记》	AD12—13 世纪初,塔尔图斯近郊骑士堡建成 AD1227—1271 年,杭州园林繁荣 AD1287 年,周密(1232—1305)著《癸辛杂识》,中有《吴兴园林记》;另著《武林旧事》《齐东野语》 AD1230 年,玫瑰诗抄中描述有中世纪城堡园 AD1235 年,巴黎圣母院竣工 AD1240 年,意大利蒙特城堡兴建 AD1248 年,摩尔人在西班牙开始建造阿尔罕布拉宫 AD1254 年,日本后嵯峨天皇建离宫龟山殿 AD1291 年,元代国都大都建成 AD1296 年,佛罗伦萨大教堂兴建

1.2.7　公元 1300—1600 年

公元 1368 至 1644 年是中国的明朝时期。明代恢复了传统的汉文化,但愈发僵化。在郑和下西洋之后,中国逐渐进入了封闭锁国的政策。园林的发展则由宋代的兴盛期升华为善于总结的成熟期,特别是江南园林艺术达到了典雅精致、趋于完美的境界。随着资本主义因素的发展,市民力量的勃兴,大江南北的私家园林蓬勃兴起,文人园林得到更大的发展。

日本南北朝时代(1333—1392)和室町时代(1393—1573)是庭园建设的黄金时代,造园技术发达,造园意匠最具特色,形成"枯山水"庭园(见图 1-31)。茶道这一仪式在此期间成为日本人生活中的重要内容,茶室也因此成为园林中重要组成部分。1392 年,高丽大将李成桂建立"朝鲜王朝"(1392—1910)。其子李芳远从 1405 年开始营建昌德宫后苑,直到 17 世纪建成,是韩国最具代表性的庭院之一。

图 1-31　日本枯山水庭园

当中国的文人文化继续发展和成熟时,欧洲在经历了中世纪在各个领域的积蓄与酝酿之后,走向了文化的新生和勃发,进入了文艺复兴时期,掀开了历史的新篇章。文艺复兴运动发源于 14 世纪意大利,16 世纪末进入尾声。文艺复兴在意识形态领域反对教会精神、封建文化,提倡人文主义,导致艺术、建筑上发生极大变革。对于古希腊、罗马文化的追求影响了园林设计,园林形式是对古希腊罗马的继承和超越。园林建筑的布局更多体现了几何学,通过游廊、凉廊、藤架来联系房屋和花园。园林中的植物扮演重要的角色,药用植物也普遍运用。花卉形成复杂的几何图案,常绿植物增添了园林的季节性色彩。大多数意大利文艺复兴早期的庄园和花园由美第奇家族(Medici Family)成员建造(见图 1-32)。

图 1-32　美第奇别墅(Villa Medici)

15 世纪末查理八世(Charles VIII l'Affable,1470—1498)侵入意大利后,成功地把文艺复兴文化包括造园艺术引入法国。将已有的法国城堡,如枫丹白露(Fontainebleau)与新的文艺复兴样式相结合,衍生出一种

图1-33　格内拉里弗夏宫(Summer Palace)

□ 印加帝国(克丘亚语:Tawantin Suyu 或 Tahuantinsuyo)是11世纪至16世纪时位于美洲的古老帝国,其版图大约是今日南美洲的秘鲁、厄瓜多尔、哥伦比亚、玻利维亚、智利、阿根廷一带。

适于平坦植被种植、层次更丰富的景观。

公元1250至1319年,偏居西班牙南部的摩尔人在格兰纳达建造了阿尔罕布拉宫(Alhambra)和格内拉里弗(Generalife)伊斯兰园林,创造了西班牙伊斯兰宫苑的典范(见图1-33)。到1492年,摩尔人被驱逐出西班牙,摩尔人的领地随之回到基督徒的手中。虽然基督徒们仍保留了许多摩尔人的建筑辉煌,他们也常常将那些建筑物转变成大教堂和私人宫殿。

1492年,哥伦布(Columbus)远航印度的计划得到伊莎贝拉的经济支持,美洲文明开始进入人们的视野中。1532年,西班牙人侵入印加帝国(Inca Theocracy),西班牙殖民者在佛罗里达造出几乎是最早的教会园林,具有伊斯兰园林的特征。

综上,在1300至1600这三百年间,西方社会摆脱了宗教的枷锁,实现了向近代思潮的重大转变,开始了对文学、艺术、真理的追求,解放人性,发挥内在活力。文艺复兴的思想也被用在造园活动中,意大利台地园通过比例、尺度、植物造型等的推敲考量,将对美的理解融入其中,再次复兴了欧洲的造园艺术。而此时印度和拜占庭继续被伊斯兰教统治,1299年奥斯曼土耳其帝国建立,并于1453年征服拜占庭帝国。在长期的战争中西亚地区基本陷于经济社会停滞不前的状态之中,园林艺术也没有太多的发展。同时期东方的园林艺术因少有受外界的干扰,在自我的体系中发展并趋于成熟,中国造园开始转向追求技艺的提升及细节的打磨。然而明朝的中国正撤回到与世隔绝的保守境地,在文明发展上开始渐渐落后于西方世界(表1-6)。

表1-6　公元1300年到公元1600年世界历史及造园活动年表

	AD1300—1400年	AD1400—1500年	AD1500—1600年
时代	拜占庭帝国(AD395—1453) 朝鲜高丽王朝(AD918—1392) 神圣罗马帝国(AD962—1806) 英格兰金雀花王朝(AD1154—1485) 中国元朝(AD1260—1368) 奥斯曼土耳其帝国(AD1299—1922) 中国明朝(AD1368—1644) 日本南北朝时代(AD1333—1392) 法国瓦卢瓦王朝(AD1328—1498)	拜占庭帝国(AD395—1453) 神圣罗马帝国(AD962—1806) 英格兰金雀花王朝(AD1154—1485) 奥斯曼土耳其帝国(AD1299—1922) 中国明朝(AD1368—1644) 帖木儿帝国(AD1370—1507) 日本室町时代(AD1393—1573) 朝鲜王朝(AD1392—1910) 法国瓦卢瓦王朝(AD1328—1498)	神圣罗马帝国(AD962—1806) 奥斯曼土耳其帝国(AD1299—1922) 中国明朝(AD1368—1644) 朝鲜王朝(AD1392—1910) 日本室町时代(AD1393—1573) 萨非王朝(AD1500—1722) 日本桃山时代(AD1583—1603) 莫卧儿帝国(AD1526—1858) 法国瓦卢瓦-昂古莱姆王朝(AD1515—1589) 英格兰斯图亚特王朝(AD1603—1707)
历史事件	AD1321年,意大利诗人但丁逝世 AD1323—1332年,朱元璋称帝 AD1337年,英法百年战争爆发,持续117年 AD1348年,黑死病流行 AD1350年,文艺复兴运动在意大利开始 AD1369年,蒙古帝国所属察合台汗国大将帖木儿夺取汗位,建都撒马尔罕,史称帖木儿帝国 AD1388年,靖难之役,燕王朱棣攻破南京,即帝位 AD1392年,日本南朝并入北朝,南北朝时代终 AD1393年,李成桂建朝鲜王朝	AD1402年,郑和七下西洋开始 AD1417年,教会大分裂结束,教皇回到罗马 AD1421年,土木堡之役,明英宗被俘,景帝即位 AD1433年,郑和下西洋结束 AD1434年,美第奇家族开始统治意大利佛罗伦萨 AD1453年,拜占庭帝国被奥斯曼土耳其灭亡 AD1460年,玛雅文化被灭 AD1479年,西班牙统一 AD1486年,葡萄牙船长狄亚士发现南非洲好望角 AD1492年,基督教收复穆斯林统治的格拉纳达;哥伦布发现美洲新大陆	AD1503年,教皇尤利乌斯二世即位 AD1514年,葡萄牙商船首次到达广东 AD1517年,西班牙开始进行定期奴隶贸易 AD1591—1522年,麦哲伦完成环游世界 AD1518年,建筑师帕拉第奥出生 AD1526年,巴布尔攻陷印度德里城,建莫卧儿帝国 AD1530年,葡萄牙人开始在巴西建立殖民地 AD1532年,西班牙人侵入印加帝国 AD1534年,英国脱离罗马教会 AD1541年,戚继光、俞大猷等人大破倭寇,沿海倭患渐告平息 AD1547年,莫斯科公国大公伊凡四世改称沙皇,建立俄罗斯帝国 AD1565年,英国发生大面积圈地运动 AD1571年,明神宗即位,张居正开始进行改革 AD1588年,西班牙无敌舰队进攻英国失败,自此西班牙没落,英国取而代之

续表

	AD1300—1400 年	AD1400—1500 年	AD1500—1600 年
园林活动	AD1314 年,造园师梦窗国师开始重构永保寺园 AD1319 年,格内拉里弗扩建 AD1339 年,梦窗国师建天龙寺园、西芳寺园 AD1342 年,苏州菩提正宗寺内作假山,称狮子林 AD1360 年,西班牙阿尔卡萨城堡兴建 AD1368 年,朱元璋始建南京宫殿 AD1377 年,阿尔罕布拉宫狮庭兴建 AD1394 年,始建朝鲜的李朝皇宫景福宫,后设花园 AD1397 年,足利义满建金阁寺	AD1407 年,朱棣命人修建北京城 AD1417 年,美第奇家族修建其第一座庄园——卡雷吉奥庄园 AD1418 年,佛罗伦萨大教堂圆顶设计比赛开始 AD1434 年,阿尔伯蒂著《论建筑》 AD1451 年,雅克科尔宅邸建成 AD1461 年,费拉烈特《建筑论》完成 AD1458—1463 年,菲埃索罗美第奇庄园建成 AD1471 年,沈周(1427—1509)建竹居别业;德国阿尔布雷希特城堡建成,后转变为宫殿 AD1472 年,劳拉纳设计的乌尔比诺总督宫中庭建成 AD1480 年,美第奇别墅兴建 AD1485 年,洛伦佐令桑加罗建造波吉奥·阿·卡亚诺别墅 AD1488—1505 年,唐寅在苏州桃花坞筑园 AD1489 年,足利义正将军按照金阁寺的式样修建银阁寺 约 AD1498 年,梵蒂冈圣彼得大教堂奠基 AD1499 年,特芳禅杰重建龙安寺	AD1500 年,圣母玛利亚修道院中庭兴建 AD1506—1520 年,秦金占无锡惠山僧寮创别业,名凤谷行窝,即今寄畅园 AD1509 年,王献臣归隐苏州,建拙政园;拉斐尔画《雅典学院》 AD1513 年,古岳宗建大德寺大仙院庭院 AD1515 年,英国汉普敦宫兴建 AD1524 年,法兰西斯一世开始建谢农索城堡 AD1525 年,查罕杰造瓦哈园 AD1528 年,莫卧儿在阿格拉、朱木拿河东岸建拉姆巴格园;奥地利波西亚宫、法国枫丹白露宫兴建 AD1538 年,教皇为玛丹·玛格丽塔买“玛丹别墅” AD1546 年,卢浮宫方形中庭兴建 AD1547—1559 年,维尼奥拉为红衣主教法尔奈斯设计建造法尔纳斯别墅 AD1549—1560 年,利戈里奥为红衣主教波利托·埃斯特在蒂沃利建造埃斯特别墅 AD1550 年,瓦扎里著《艺术家传记》 AD1551 年,维尼奥拉设计的朱利亚别墅兴建 AD1559 年,潘允端始筑上海豫园;罗马近郊法尼塞别墅兴建 AD1563 年,马德里艾斯科丽亚兴建 AD1565 年,波波里花园兴建 AD1566 年,维尼奥拉设计建造兰特别墅 AD1570 年,维也纳申布隆宫改建;帕拉底欧著《建筑四书》 AD1572 年,埃斯特别墅水风琴建成;英国朗格里特庄园建成 AD1587 年,大沙赫阿拔斯建造费因园;阿拔斯一世在位时期在伊斯法罕建造了广场、四庭园大道 AD1590 年,王世贞作《游金陵诸园记》 AD1591 年,准如建西本愿寺,内有虎溪庭、滴翠园 AD1593 年,徐泰时在苏州筑东西二园;少庵创立表千家不审庵露地;帕马诺瓦拟定帕马诺瓦都市计划 AD1596 年,造园家张南阳卒,曾建豫园、宾园、日涉园等 AD1598 年,丰臣秀吉设计醍醐寺三宝院庭园 AD1598—1603 年,泡塔(G·D·Porta)为红衣主教阿尔多布兰尼建造阿尔多布兰迪尼别墅

1.2.8　公元 1600—1900 年前后

公元 1642 年,李自成攻入北京,明朝灭亡。1644 年,清兵入关。清朝迁都北京,进入中国最后一个封建王朝时代。清朝兴起了一个皇家造园的高潮,代表作有北京的颐和园、圆明园和承德避暑山庄等,这些宫苑园林一般建筑数量多、尺度大、装饰豪华庄严,总体布局园中有园,即使有山有水,仍注重园林建筑的控制和主体作用。不少园林造景模仿江南山水,吸取江南园林的特色,集各地园林胜景于一园,采用集锦式的布局方法把全园划分成为若干景区,每一风景都有其独特的主题、意境和情趣。这种方法与追求使清代的造园成为中国古代园林的集大成者。

1603 年,德川家康建立了德川幕府,日本进入江户时代(1603—1867 年),佛法、茶道、儒意在这一时期融合,茶道、枯山水与池岛园林大发展。日本代表性大型离宫桂离宫(1629)和修学院离宫(1650)年都建于江户时代。

图 1-34　1685 年凡尔赛宫(Versailles)一角

17 世纪,欧洲园林史上出现了一位开创法国乃至欧洲造园新风的杰出人物——勒·诺特尔。诺特尔的造园保留了意大利文艺复兴庄园的一些要素,又以一种更开朗、华丽、宏伟、对称的方式在法国重新组合,追求整个园林宁静开阔,统一中又富有变化,富丽堂皇、雄伟壮观的景观效果。这种设计有助于展现君权至上及人类超越自然的力量,对法国园林及同时代的欧洲其他国家园林都产生了戏剧性的影响。所以欧洲园林在约公元 1650 至 1750 年被称勒诺特尔时期(见图 1-34)。

17、18 世纪,绘画与文学两种艺术热衷于自然的倾向影响了英国造园,加之中国园林文化的影响,英国出现了自然风景园。以起伏开阔的草地、自然曲折的湖岸、成片成丛自然生长的树木为要素构成了一种新的园林样式。18 世纪中叶,英国园林中流行增建一些点式景物,如中国的亭、塔、桥、假山以及其他异国情调的小建筑或模仿古罗马的废墟等,人们将这种园林称之为英中式园林或浪漫式园林。

□ 13 世纪成吉思汗建立的大蒙古帝国分裂后,一个蒙古突厥化的军事贵族帖木儿建立了帖木儿帝国。15 世纪末,帖木儿帝国分裂后,帖木儿的后裔巴布尔被乌孜别克人逐出中亚,率军南下占领阿富汗,1526 年侵入印度北部灭德里苏丹国后所建。

在中东伊斯兰地区,奥斯曼帝国(Ottoman Empire,1299—1922)于 1453 年击败东罗马帝国,定都伊斯坦布尔。随后百余年的时间,奥斯曼帝国征服了几乎所有的阿拉伯国家,并统治了随后近 300 年时间,直到 1922 年被推翻。奥斯曼帝国苏丹对于花卉的热爱在艾哈迈德三世(Ahmed Ⅲ)时期达到了新的高潮,艾哈迈德的统治时期(1703—1730)也被称为郁金香时期。此时,帖木尔后裔在印度建立伊斯兰教封建王朝——莫卧儿王朝(Mughal Dynasty,1526—1858)统治南亚次大陆绝大部分地区。莫卧儿王朝统治下的印度园林形成印度伊斯兰风格,1632 年由沙贾汗(Shah Jehan)主持建造的泰姬陵(Taj Mahal)是莫卧儿王朝伊斯兰园林的代表。

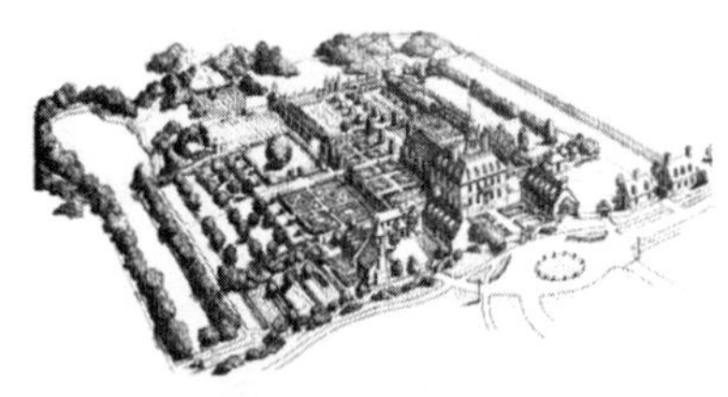

图 1-35　威廉斯堡(Williamsburg)总督府邸

1620 年,五月花号向北美进发,世界园林的发展中心开始朝美洲偏移。16 世纪初,欧洲的定居者在美洲建造北欧式的小型实用性园林。随后英国人以英国园林模式作为新家园建设的理想模型,开始在威廉斯堡(Williamsburg)建造装饰性园林(见图 1-35)。后来的意大利、希腊、法国殖民者也将各自国家的园林艺术传播到美国,同时带来美洲和欧洲之间大量的植物引种交换。1775 年,美国独立战争爆发,摆脱殖民的统治。19 世纪初,美国园林设计师唐宁(Andrew Jackson Downing)受英国风景园的影响,提出风景画园林的主张,开启了美国园林的发展,并奠定了美国现代园林风格的基础。

图 1-36　1883 年摄政公园(Regent's Park)平面图

综上,1600 至 1900 前后的三百年间,世界封建王朝发展至鼎盛,欧洲和中国的君主集权都得到空前加强。这一时期形成了完善的世界古代园林风格类型,包括中国自然式园林、法国规则式园林以及英国风景式园林。世界三大造园体系也发展至成熟期,许多优秀的园林作品都在这一时期建造。另一方面,随着社会生产力的变革产生了新兴资产阶级,社会开始向近代转变。园林也在 19 世纪发生了悄然的变化。18 世纪时英国伦敦的部分皇家园林已开始允许市民进入游玩。19 世纪伦敦一些属于皇家贵族的园林,已经逐步向城市大众开放,如摄政公园(Regent's Park)、海德公园(Hyde Park)等(见图 1-36)。法国在 19 世纪下半叶,于巴黎东郊、西郊扩建两个森林公园，又在塞纳河旁建立公园，为市民使用。19 世纪中叶奥姆斯特德(Olmstead)在纽约建立中央公园(Central Park)，改善日益恶化的城市问题，正式开启现代风景园林设计新篇章(表 1-7)。

表 1-7 公元 1600 年到公元 1900 年世界历史及造园活动年表

	AD1600—1700 年	AD1700—1800 年	AD1800—1900 年
时代	神圣罗马帝国(AD962—1806) 奥斯曼土耳其帝国(AD1299—1922) 朝鲜王朝(AD1392—1910) 萨非王朝(AD1500—1722) 卧莫尔帝国(AD1526—1858) 中国清朝(AD1644—1911) 日本江户时代(AD1603—1867) 法国波旁王朝(AD1589—1792) 英格兰联邦(AD1649—1660)	神圣罗马帝国(AD962—1806) 奥斯曼土耳其帝国(AD1299—1922) 朝鲜王朝(AD1392—1910) 莫卧儿帝国(AD1526—1858) 法国波旁王朝(AD1589—1792) 法国波旁王朝(AD1589—1792) 日本江户时代(AD1603—1867) 中国清朝(AD1644—1911) 大不列颠王国(AD1707—1800) 普鲁士王国(AD 1701—1918)	奥斯曼土耳其帝国(AD1299—1922) 朝鲜王朝(AD1392—1910) 卧莫尔帝国(AD1526—1858) 日本江户时代(AD1603—1867) 中国清朝(AD1644—1911) 大不列颠及爱尔兰联合王国(AD1801—1922) 普鲁士王国(AD 1701—1918)
历史事件	AD1600 年，英国设东印度公司，攻陷孟买 AD1603 年，德川家康建立德川慕府 AD1621 年，荷兰西印度公司成立 AD1626 年，皇太极称帝，改国号为清 AD1636 年，荷兰占据“台湾” AD1642 年，李自成攻入北京，明朝灭亡 AD1642 年，英国革命爆发 AD1644 年，清兵入关，清朝迁都北京 AD1649 年，查理一世被议员处死 AD1653 年，郑成功收复台湾 AD1661 年，法王路易十四实行绝对王权 AD1666 年，伦敦发生大火 AD1686 年，中国设广州十三行 AD1689 年，英国国会通过《权利法案》，专制政治消灭 AD1700 年，勒诺特尔逝世	AD1700 年，启蒙主义时代到来 AD1712 年，俄国沙皇彼得一世定都圣彼得堡 AD1736 年，乾隆皇帝登基 AD1749 年，庞贝古城被挖掘发现 AD1753 年，瑞典植物学家完成植物分类系统 AD1755 年，法英争夺北美殖民地战争爆发 AD1757 年，英国开始统治印度 AD1761 年，叶卡捷琳娜成为女沙皇 AD1771 年，《四库全书》开始编修 AD1775 年，美国独立战争爆发 AD1789 年，法国大革命爆发；美国总统华盛顿就职 AD1793 年，路易十六被法国易会判处死刑 AD1799 年，拿破仑夺取政权	AD1804 年，拿破仑加冕为皇帝 AD1815 年，滑铁卢之战 AD1818 年，美国与加拿大划分边界 AD1822 年，希腊独立战争 AD1825 年，第一条铁路建设 AD1830 年，法国七月革命 AD1837 年，维多利亚女王登上英国王位 AD1839 年，第一次鸦片战争爆发 AD1851 年，太平天国定都南京；英国水晶宫举办“博览会” AD1859 年，达尔文著《物种起源》 AD1860 年，英法联军攻陷北京 AD1869 年，苏伊士运河开通 AD1870 年，普法战争爆发
园林活动	AD1603 年，德川家康建二条城二之丸庭园 AD1604—1633 年，崇传请小堀远州设计南禅寺方丈园、金地院 AD1613 年，卢森堡宫兴建 AD1620 年，克什米尔的沙拉姆・巴格墓、夏利马庭园建成 AD1620 年，日本智仁亲王建桂离宫 AD1626 年，后水尾天皇请造园家小堀远州造仙洞御所 AD1628—1644 年，扬州园林极盛 AD1629 年，德川光圀主持修建小石川后乐园 AD1632 年，始建伊索拉贝拉别墅 AD1632—1653 年，沙贾罕营建泰姬陵 AD1634 年，《园冶》刊行；计成为郑元勋建成扬州影园、南京石巢园；文震亨著《长物志》 AD1635 年，刘侗、余奕正作《帝京景物略》，其中记载定国公园等十余处北京园林 AD1639 年，沙贾罕开始营建德里的红堡 AD1644—1661 年，清以玉泉山为行宫；张惟赤于海盐筑涉园；冒辟疆于如皋筑水绘园；郑侠如于扬州筑休园	AD1700 年，瑞典皇后岛宫建成 AD1708 年，热河行宫成，更名为避暑山庄 AD1714 年，布里奇曼为科伯姆勋爵造斯陀园 AD1715 年，彼得大帝请法国造园师(包括勒・诺特尔的高徒)营造彼得宫 AD1718 年，石涛卒，曾建扬州片石山房等 AD1719 年，蒲柏建自然式庭院 AD1723 年，罗马的西班牙大台阶兴建 AD1726 年，英国霍华德城堡建成 AD1730 年，肯特改造斯陀园 AD1733 年，意大利斯图皮尼基猎宫建成 AD1741 年，亨利二世建斯托海德园风景园 AD1745 年，香山行宫扩建；建静明园 AD1745 年，腓特列大帝建无忧宫 AD1750 年，布朗改造查兹沃斯园；中国颐和园开始修建 AD1753—1776 年，路易十五命卡布里埃尔造佩提特・特雷农 AD1753 年，洛及尔著《建筑论丛》 AD1754 年，丹麦安玛丽堡宫殿建成；无忧宫中兴建中国风茶馆	AD1807—1811 年，法兰克福城墙被拆除，建造公园 AD1808 年，《浮生六记》作者沈复卒 AD1827 年，造园家戈裕良卒，曾设计建环秀山庄湖石假山 约 AD1835 年，英国海德公园对公众开放 AD1838 年，英国摄政公园对外开放 AD1841 年，道宁著《造园论》一书 AD1844 年，帕克斯顿造伯肯黑德公园；英国邱园中建温室 AD1849 年，英国设计维多利亚都市计划 AD1850 年，张敬修贬职回乡，始建东莞可园 AD1851 年，伦敦水晶宫建成，1936 年被烧毁 AD1853 年，巴黎都市计划案开始 AD1857 年，被拿破仑破坏的维也纳城墙改造成绿化圈 AD1858 年，奥姆斯特德与沃克斯中央公园设计中奖 AD1860 年，英法联军攻入北京，焚烧圆明园，毁三山五园 AD1865 年，袁枚《随园图说》印行

续表

	AD1600—1700 年	AD1700—1800 年	AD1800—1900 年
园林活动	AD1650 年,日本建修学院离宫 AD1651 年,拆除琼华岛广寒殿,建白塔 AD1656 年,维康府邸动工;圣彼得广场兴建 AD1663 年,勒诺特尔改造尚蒂伊园 AD1664 年,伦敦克拉连登公寓兴建 AD1665 年,凡尔赛的主轴线完成 AD1665 年,勒诺特尔设计德国海伦豪森宫苑;贝尼尼受邀设计卢浮宫 AD1666 年,雷恩设计伦敦都市计划 AD1671 年,李渔著《闲情偶寄》 AD1672 年,匈牙利爱斯特哈泽宫建成 AD1690 年,英国的汉普顿宫改造为勒诺特尔园林样式 AD1694 年,奥地利宣布隆宫兴建	AD1756 年,意大利人朗世宁于长春园建西洋楼式花园;法国史坦尼斯拉斯广场建成 AD1757 年,德国宁芬堡皇宫建成 AD1761 年,威廉·钱伯斯在邱园中健中国塔、孔庙、清真寺、岩洞、废墟等;皮拉尼西著《罗马的庄严和建筑》 AD1762 年,圆明园内仿建安澜园 AD1764 年,布朗改造布伦海姆园;西班牙马德里皇宫建成 AD1766 年,法国受英国风景园影响造欧麦农维勒林园 AD1768 年,凡尔赛宫小特里阿农建成 AD1770 年,圆明园全部完工 AD1777 年,俄国受英国风景园影响造巴普洛夫风景园 AD1780 年,凡尔赛"皇后农庄"兴建 AD1789 年,史凯尔赴慕尼黑造英国花园 AD1795 年,钱大昕作《网师园记》 AD1736—1795 年,北京营建圆明园、畅春园、静宜园、静明园及清漪园,合称三山五园;西藏拉萨建罗布林卡 AD1791 年,英国夏洛特广场建成 AD1796 年,顺德清晖园建成	AD1868 年,上海黄浦公园建成开放,此后,中国大量开埠城市(如上海、广州、天津等)建租界公园、营业性私园;受西方公园文化影响,开始建设城市公园 AD1872 年,美国怀俄明州黄石被指定为国家公园 AD1888 年,慈禧重修清漪园,更名颐和园;沃尔夫林著《文艺复兴和巴洛克式》 AD1889 年,埃菲尔铁塔建成 AD1896 年,瓦格纳著《近代建筑》

1.3 现代园林的变迁与拓展

□ 西方现代景观的概念于20 世纪初由陈植首次引入中国,新中国成立之后,学科与行业的名称先后出现多种提法,20 世纪50 年代的"造园"与"绿化",20 世纪80 年代孙筱祥提出的"大地与风景园林规划",20 世纪90 年代的"风景园林"与"景观设计",到2011 年"风景园林学"正式被确立为一级学科。由于园林属于更具历史感的学术范畴并且为了保证全书的统一性,本书现代部分仍然用"园林"或"风景园林",但在个别特定称谓或约定俗成等地方则用"景观"一词。

□ 工业革命是指用机器生产代替手工劳动,从工场手工业向机器大工业转变的过程。英国工业革命或称做英国产业革命,一般认为是18 世纪发源于英格兰中部地区的工业革命,到19 世纪中期基本结束。

1.3.1 现代园林的发展历程

18 世纪欧洲开始工业革命,带来了技术、社会和文化方面的巨大变化。作为文化重要组成部分的艺术,也在 19 世纪末 20 世纪初产生了一场深刻的变革——"现代运动"(Modern Movement),并在绘画、雕塑和建筑三方面表现最为深刻。"现代园林"或称"现代景观"(Modern Landscape Architecture)也随之产生,以新的设计思想和设计语言表达了工业社会生活的新方式和审美标准。

城市公园产生

18—19 世纪,新的社会制度的建立及工业城市形态的形成,使欧洲传统园林的使用对象和使用方式发生了根本的变化,开始向现代园林功能转化。17 世纪中叶,首先在英国、继而在法国和全欧洲爆发的资产阶级革命,宣告资本主义社会制度的诞生,为 18 世纪工业革命发展创造了条件。工业革命的发展导致农村人口大量向城市聚集,城市基础设施严重不足造成居住环境恶化。为顺应新兴资产阶级的需求并缓和社会矛盾,18 世纪中叶,英国部分皇家宫苑和私园开始对公众开放,统称为"公园"(Urban Park),如肯辛顿公园(Kensinton Gardens)、圣詹姆斯公园(St. James Park)、海德公园(Hyde Park)及摄政公园(Regent Park)。随即,法国、德国和其他国家也效仿英国,并开始建造一些开放的公园,如德国慕尼黑的英国园(Englischer Garten,见图1-37)。英国设计师莱普顿(Humphry Repton,1975—1818)被认为最早从理论角度思考园林设计,他将18世纪英国自然风景园林对自然与非对称趣味的追求和自由浪漫的精神纳入符合现代人使用的理性功能秩序,对后来欧洲城市公园的发展有深远影响。

图1-37　慕尼黑英国园鸟瞰

1853年奥斯曼(Baron Georges-Eugène Haussmann,1809—1981)受拿破仑三世任命进行巴黎改造计划,以改善巴黎满街泥泞、四处游民的脏乱面貌。奥斯曼在借鉴伦敦经验的基础上,通过开辟林荫大道、广场及城市开放空间等手段来解决城市环境的恶化问题。还利用大型空地和原有景观资源开辟出多处大型公园,成为巴黎的"城市之肺"。

□ 奥斯曼从1853年起到1871年,担任巴黎地区行政长官,在奥斯曼的回忆录中特别强调了公园对城市居民健康的重要性:在公园里市民可以享受到充分的阳光、新鲜的空气与宽敞的空间。

19世纪中叶,随着西方国家在亚洲殖民活动的开始,城市公园作为西方的公共性活动场所形式,被植入亚洲国家及城市,中国的公园也在这一时期产生。尽管这种公园文化早期烙上了国与国之间歧视的印痕,但这种新型的公共空间观念仍然对中国传统园林文化产生了冲击。在适应了社会环境变化的需求后,公园建设成为推动社会进步的重要因子,为公众集会提供场所,满足国民对民主新生活方式的追求。

美国城市公园运动

现代城市公园源于英国,在欧洲国家获得了率先发展。随着美国大城市的发展及城市人口的膨胀,城市环境越来越恶化,作为改善城市卫生状况的重要措施,19世纪40年代,美国开始了城市公园运动(The Urban Parks Movement),并风靡北美大陆近50年时间。美国城市公园运动受到英国城市公园建设的影响,同时也受到早先产生的乡村墓园的启发,如马萨诸塞州的芒特奥本(Mount Alburn)墓地公园,布鲁克林的格林伍德公墓(Green-Wood Cemetery),费城的劳尔希尔公墓(Laurel Hill Cemetery)等。乡村墓园扮演了居住在城市的中产阶级远足和野餐胜地的角色,激发了公众对大型公园的渴求,在展现浪漫景观同时也成为城市公园的一个重要先驱。

□ 在纽约中央公园设计期间,许多纽约人希望建造一个综合了游乐场的审美观和英国传统自然风景园林艺术的乡村墓园。

城市公园运动的哲学基础是浪漫主义和对自然风光能治疗城市恶疾并提升和储存人类精神的信仰。出身于美国农村的弗雷德里克·劳·奥姆斯特德(Frederick Law Olmsted,1822—1903)是这一概念的倡导者,他所设计的作品通常大于一般的广场和公共用地,参照严格的审美方式,模拟理想化的英国和北美乡村,设计成为远离城市的庇护所。纽约的中央公园(Central Park)是他与合伙人沃克(Calvert Vaux,1824—1895)共同设计完成的第一件作品。中央公园标志着城市公众生活园林的到来。公园不再是少数人所赏玩的奢侈品,而是普通公众身心愉悦的空间。1880年,奥姆斯特德设计波士顿公园体系,通过建造城市公园来构筑城市绿色园林系统。随后,美国又建立了州立公园、国家公园和遗址,形成了美国国家公园体系。在保护自然和人文环境的同时,满足公众游览需求。

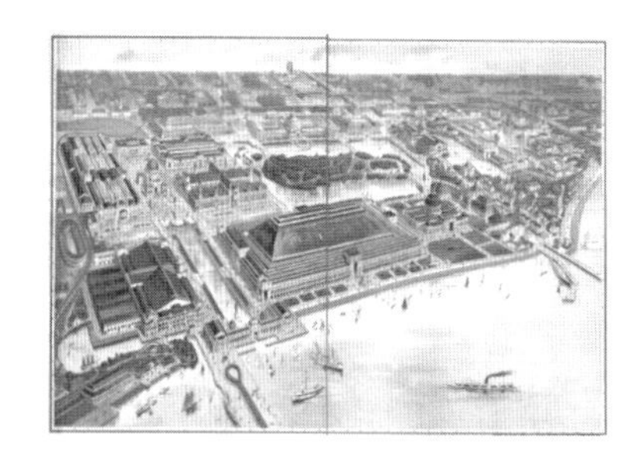

图1-38　哥伦比亚世界博览会鸟瞰

1893年,奥姆斯特德和建筑师兼城市设计师丹尼·伯南(Daniel Burnham,1846—1912)总体设计的"哥伦比亚世界博览会"(Columbia Exposition)(见图1-38)在芝加哥开展举行,促成了美国城市美化运动(City Beautiful Movement)的开始。城市美化运动是1890年代和1900年代在北美洲达到繁荣的建筑和城市规划领域的进步主义改革运动,意图对城

□ 19世纪末和20世纪初,各工业国家曾组织大型的国际展览会,展示他们的工业和科学成就,唤起国内民众的民族自豪感。这些展会的举办时间和地点分别是:1855年、1867年、1878年和1889年在巴黎举办;1873年在维也纳举办;1876年在费城举办;1893年在芝加哥举办;1897年在斯德哥尔摩举办。

市进行美化,促进和谐的社会秩序,提高生活质量,消除社会弊病。运动对整个20世纪的城市规划产生了巨大影响。

工艺美术运动和新艺术运动

□ 莫里斯在《乌有乡消息》(News from Nowhere,1890)一书中阐述了他关于艺术和手工艺的理念,以及对未来乌托邦城市的设想,体现出一种关于前工业社会田园生活的浪漫情怀。这种保守的浪漫主义在日后霍华德《明日的田园城市》(Garden Cities of Tomorrow,1898)中亦表达得非常明显。

19世纪末到20世纪初,发源于英国的"工艺美术运动"(The Arts & Crafts Movement)、比利时和法国的"新艺术运动"(Art Nouveau)是现代主义运动出现之前的探索和准备,对后世产生了深远的影响。工艺美术运动是由于厌恶矫饰的风格、恐惧工业化的大生产而于19世纪中后期产生,引领人物以拉斯金(John Ruskin,1819—1900)和威廉·莫里斯(William Morris,1834—1896)为代表。其设计思想包括:首先,艺术设计是为大众服务,而不是为少数人服务的;其次,进一步强调复兴手工艺,明确反对机械化批量生产,认为手工制品永远比机械产品更容易得到艺术感;再次,主张艺术家和技术家团结协作,认为设计是艺术家、技术家团结协作的创造活动;最后,在产品的装饰上,反对矫揉造作的维多利亚风格和古典主义复兴,提倡哥特式风格和中世纪风格,提倡向自然学习。

图1-39 杰基尔设计的Hestercombe花园

在工艺美术运动时期,真正影响花园风格的是植物学家兼作家罗宾逊(William Robinson,1839—1935)及艺术家、造园师兼作家杰基尔(Gertrude Jekyll,1843—1932)以及建筑师路特恩斯(Edwin Lutyen,1869—1944)。鲁宾逊主张简化繁琐的维多利亚花园,园林设计应满足植物的生态习性,任其自然生长。杰基尔则与路特恩斯长期合作,从大自然中获取设计源泉。他们设计的花园面积都较大,充满乡间的浪漫情调。这种以规则式为结构,以自然植物为内容的风格成为当时花园设计的时尚,并且影响到后来欧美大陆的花园设计(见图1-39)。

19世纪末20世纪初的"新艺术运动"是从英国的"工艺美术运动"中演化和派生出来的,最早称为"新风格"(Art Nouveau,约1895—1910),以英国、法国、比利时为中心。与工艺美术运动相比,它虽然也强调装饰,但它以更积极的态度试图解决工业化进程中的艺术问题。

□ 新艺术运动在各国呈现不同的特点和风格,名称也不相同。英国称为"现代风格"、法国为"新风格"、德国为"青年风格"、意大利为"自由风格"、奥地利为"分离派风格"等。新艺术运动在园林中并未成为主流,一些有代表性的园林作品大多出自建筑师手笔,如奥由里希、霍夫曼(J. Hoffmann)、雷比施(F. Lebisch)等。

新艺术运动本身没有一个统一的风格,在欧洲各国也有不同的表现和称呼,但是这些探索的目的都是希望通过装饰的手段创造出一种新的设计风格,主要表现在追求直线几何形和追求自然曲线形两种形式。直线几何风格以苏格兰格拉斯哥学派(Glasgow School)、德国的"青年风格派"(Jugendstil)和奥地利的"维也纳分离派"(Vienna Secession)为代表,探索用简单的几何形式及构成进行设计,代表性作品包括奥布里希(J. M. Olbrich)在德国达姆斯塔特(Darmstadt)设计的"艺术家之村"的庭院。西班牙建筑师高迪(Anton Gaud,1852—1926)在巴塞罗那设计的桂尔公园(Parque Güell)则是曲线风格最极致的代表。

巴黎国际现代工艺美术展

□ 这一时期的规划理论体现出一种对前工业社会田园生活的浪漫情怀的向往。同时又是非常典型的注重功能设计的现代主义。如埃比尼泽·霍华德的"田园城市",柯布西耶的"现代城市"(包括后来的"阳光城市")以及赖特的"广亩城市"。

20世纪20年代,现代主义运动在欧洲各国,特别是德国、法国、荷兰活跃起来。"现代主义"(Modernism)不仅仅是表现在建筑和艺术运动上,而且表现为一种思考方法,主要针对在18世纪欧洲启蒙运动时期形成的自然认知和社会行为。其核心就是坚信人们有能力在科学地认识世界的基础上改善生存质量。

建筑师成为现代主义的领军人物。这一时期的城镇规划和园林设计也多是"建筑师出身",因而均受到了现代建筑理论及思潮的影响。园林设计虽然不是现代运动的主题，但一些流派和建筑设计师对园林设计仍产生了较大的影响，包括德国的门德尔松（Erich Mendelsohn，1887—1953）、包豪斯（Bauhaus），法国的勒·柯布西耶（Le Corbusier，1887—1965）以及芬兰的阿尔托（Alvar Aalto，1898—1976）等。

直到1925年，巴黎举办了“国际现代工艺美术展”（Exposition Internationale des Arts Décoratifs et Industriels Modernes），出现了一些有现代特征的园林，园林领域的现代主义思想变革才开始成为主流。展览的园林作品分布在塞纳河的两岸两块区域。园林展品很少与它们相邻的建筑有任何形式上的联系，园林的风格也有很大不同，其中一些作品表达了设计师独特的美学观点。较有影响是建筑师斯蒂文斯（Robert Mallet-Stevens，1886—1945）设计的拥有四棵混凝土树的园林（见图1-40）；以及曾工作于维也纳分离派霍夫曼事务所和斯蒂文斯事务所的建筑师古埃瑞克安（Gabriel Guevrekian，1900—1970）设计的“光与水的花园”（Garden of Water and Light）。该花园以一种现代的几何构图手法完成，在对新物质、新技术的使用上，如混凝土、玻璃、光电技术等，显示了大胆的想象力。展览会还展示了著名的家具设计师和书籍封面设计师雷格莱恩（P. E. Legrain）设计的泰夏德（Tachard）庭院的平面和照片以及当时法国著名园林设计师费拉兄弟（Andre Vera 和 Paul Vera）与劳克斯（Jean-Charles Moreux，1889—1956）合作的瑙斯花园（Le Jardin Noailles）的图片，展示了形式与现代功能、空间结合的园林样式。

□ 从19世纪下半叶一直到二次世界大战，巴黎一直是世界视觉艺术的首府。从印象派、后期印象派到野兽派、立体派、超现实派都是以这里为中心的。这些艺术思想和艺术财富无疑是推动现代园林发展的巨大动力。

图1-40　斯蒂文斯设计的园林

□ 泰夏德（Tachard）庭院赢得了当年展览会园林展区的银奖。花园的矩尺形边缘的草地成为它的象征，随着各种出版物的介绍而广为传播，成为一段时期园林设计中最常见的手法，后来美国的风景园林师丘奇和艾克博等人都在设计中运用过这一形式。

1925年巴黎国际现代工艺美术展的作品被收录在《1925年的园林》（1925 Gardins）一书中，伴随着一大批介绍这次展览前后的法国现代园林的出版物，对园林设计领域思想的转变和事业的发展起了重要的推动作用，成为现代园林发展的里程碑。

“哈佛革命”

20世纪初，“巴黎美术学院派”（Beaux-Arts）的正统课程和奥姆斯特德的自然主义理想占据了美国园林规划设计行业的主体。直到20世纪20年代，美国园林设计师斯蒂里（Fletcher Steele，1885—1971）在广泛游历欧洲现代园林后将这些园林，特别是法国新园林通过一系列文章介绍给美国，并在美国新一代正在成长起来的设计师中产生了巨大的反响。一时间，美国年轻的设计师竞相学习，研究法国人的设计手法，形成了一股强大的反传统的力量，推动了美国园林领域的现代主义进程（见图1-41）。

□ 斯蒂里赞赏欧洲那些设计师的能力，认为他们粉碎了古典主义的中轴，加强了庭园的空间感，调和了规则式和不规则式之间的不协调。同时，他也批评了他们不重视植物要素的运用。他认为，植物能加强设计者的构思，为作品带来魅力。

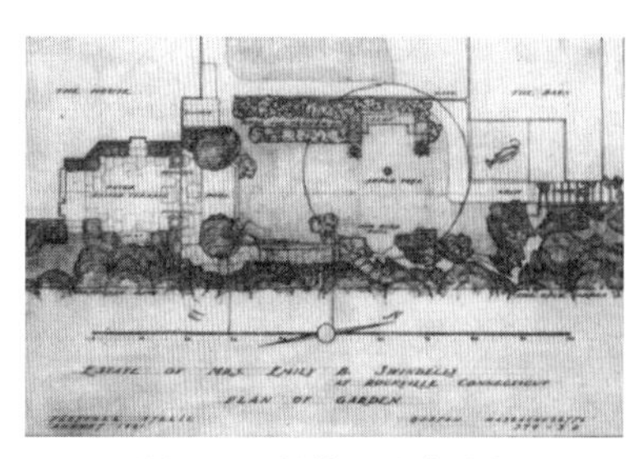

图1-41　斯蒂里设计手稿

20世纪30年代中期以后，受第二次世界大战的影响，欧洲许多有影响力的艺术家和建筑师纷纷来到美国，世界的艺术和建筑的中心也从巴黎转到了纽约。1937年，格罗皮乌斯担任了哈佛大学设计研究生院的院长。他的到来，将包豪斯的办学精神带到哈佛，彻底改变了哈佛建筑专业的“学院派”教学。在园林规划设计专业（Landscape Architecture），渴望新变化的学生们也转向现代艺术和现代建筑的作品和理论，探讨它们在园林设计中可能的应用。这些学生中最突出的是罗斯（James C. Rose，1913—1991）、凯利（Dan Kiley，1912—2004）和埃克博（Garrett Eckbo，1910—2000）三人。

1939年，英国园林设计师唐纳德（Christopher Tunnard，1910—1979）接受格罗皮乌斯（Walter Gropius，1883—1969）的邀请，到哈佛任教。他

图 1-42 埃克博(左)与罗斯(右),1937

曾在《现代景观中的园林》(Gardens in the Modern Landscape,1938)一书中提出的现代园林设计的功能、移情和美学特征,为现代园林设计提供理论方法。唐纳德来到美国后,极大地支持了罗斯、凯利和埃克博等人的创新思想(见图 1-42)。

1938—1942 年间,罗斯、凯利和埃克博在《进步建筑》《建筑实录》上发表了一系列文章,提出郊区和城市园林的新思想。1939—1941 年,又相继发表《城市环境中的景观设计》《乡村环境中的景观设计》《原始环境中的景观设计》等一系列文章。这些文章和研究深入人心,动摇并最终导致哈佛园林设计系的"巴黎美术学院派"教条的解体和现代设计思想的建立,并推动美国的园林设计朝向适合时代精神的方向发展。这就是著名的"哈佛革命"。尽管他们的努力没有得到官方的支持,但他们的研究和文章在美国园林设计领域掀起了一股不可逆转的现代主义潮流,正式宣告了美国现代主义园林设计的诞生。

二战后"现代主义"的流行

两次大战期间,现代主义风格在欧洲已广为接受。战后 20 年是园林行业一个关键的转变时期。由于经济的发展,以及政府所支持的大量重建和开发项目的出现,园林设计师们遇到了前所未有的机遇和挑战。

□ 在经历了两次战争带来的物质匮乏和两次战争期间的经济衰退之后,人们对自己不依存于过去而创造一个美好未来的能力充满了高涨的热情和信心。科学的增长使人类获得对自然力量的更大控制权,展示了人类社会的美好前景。

"哈佛革命"之后,罗斯、凯利成为美国园林设计界的领军人物,在二战后初期建设计大量代表自身理论的园林作品,这些作品展现出受欧洲直线风格影响的现代主义园林风格。另一位美国现代园林的伟大实践家是活跃在美国西海岸的托马斯·丘奇(Thomas Church,1902—1978)。他的作品受到阿尔托作品曲线的极大影响,并融合"立体主义""超现实主义"的形式语言,创造了一种新风格。他的事务所也培养出一大批优秀的园林设计师,其中包括了埃克博、罗斯坦(R. Royston)、贝里斯(D. Baylis)、奥斯芒德森(T. Osmundson)和哈普林(Halplin)等。他们共同努力促进了"加利福尼亚学派"(California School)的产生与发展。

战后出现的大量项目和大规模的建设,很大一部分实现了当时在西方设计师和规划师中所流行的现代主义思想。在这种思想的指导下,郊区工厂、校园、机场、住宅、购物中心等大规模开发计划得以实施,园林设计师也面临着要与其他学科合作的新局面。美国园林行业内对现代主义设计方法的呼声日益高涨。正是由于意识到这一点,当时许多园林设计师在"哈佛革命"所倡导的现代主义思想指引下,对现代主义思想在园林设计中的应用进行了广泛的探索和实践。比如,拉尔夫·格里斯沃德(Ralph E. Griswold,1934—2006)设计的点子州立公园(Point State Park,1974)和约翰·西蒙兹(John Ormsbee Simonds,1913—2005)设计的梅隆广场(Mellon Square,1955)。它们深刻地体现出现代主义的共同目标:为日渐衰退的城市中心区带来空气、光、快速交通干道和空间秩序(见图 1-43)。

图 1-43 1955 年的梅隆广场

随着行业领域的拓展,实践机会的增多,新一代优秀园林设计师不断涌现,其中最有代表性的要数劳伦斯·哈普林(Lawrence Halprin)和佐佐木·英夫(Hideo Sasaki)。哈普林早期设计了一些典型的"加州花园",为"加利福尼亚学派"的发展做出了贡献。但是他很快转向运用直线、折线、矩形等形式语言,并成为二战后美国园林界最重要的理论家之一。佐佐木英夫则将景观设计领域拓展到城市设计,从各种生态张力的作用中找到适合的设计手段并将生态系统纳入城市基本结构中，力求生态环境与城市的和谐共生。

“现代主义”园林的传播与地域化

随着二战前后国际交流的日益频繁和扩大，现代主义园林一经形成，便以其广泛适用的实用性理念及突破性的风格在全世界传播。在传播过程中又与当地的地域特征相结合，再经过一些秉持传统或地域美学的设计师的努力下，创作了具有地域特征的现代园林作品，增加了现代园林的多样性。英国的园林设计师杰里科（Geoffrey Jellicoe，1900—1996）是这些设计师中的代表。杰里科对意大利文艺复兴园林进行了深入研究，他的作品继承了欧洲文艺复兴以来的园林要素，又给人以耳目一新的感觉，体展了欧洲古典园林美学在现代园林中的融合。

□ 在巴西，出现了以建筑师兼规划师科斯塔（L. Costa）、建筑师尼迈耶（O. Niemeyer）和风景园林师马克斯（R. B. Marx）为代表的现代主义运动集团，在建筑、规划、园林领域展开了一系列开拓性的探索。

此外，拉丁美洲的现代园林与北欧现代园林的发展也带有强烈的地域主义色彩。由于历史原因受到西班牙和葡萄牙的影响，伊斯兰园林传统也渗透到拉丁美洲的园林文化之中。拉丁美洲的现代园林设计师结合了本国的传统和现代的设计思想和手法，创造了一些新的风格，最重要的国家是巴西和墨西哥。巴西设计师布雷·马克斯（Roberto Burle Marx，1909—1994）吸收了米罗和阿普的超现实主义的艺术形式（见图1-44），创造了适合巴西的气候特点和植物材料的园林风格，并与巴西的现代建筑运动相呼应。墨西哥建筑师巴拉甘（L. Barragán，1902—1988）将现代主义与墨西哥传统相结合，其园林作品带有强烈的地中海的精神以及明显的伊斯兰风格，开拓了现代主义的新途径。

图1-44　布雷·马克思设计图的超现实风格

瑞典在20世纪30至40年代由于避免了战争的破坏，现代主义运动在广泛的社会需求鼓动下得到较大发展。园林领域的“斯德哥尔摩学派”（Stockholm school）在那一时期形成，以格莱姆（Erik Glemme，1905—1959）为代表人物，并影响了丹麦、芬兰等国家。“斯德哥尔摩学派”的设计师们认为应关注基地的自然资源，在保持当地景观的前提下，结合草地树丛进行设计，并以加强的形式在城市公园中再造地区性景观的特点，如群岛的多岩石地貌、芳香的松林、森林中的池塘、山间的溪流等（见图1-45）。

□ “斯德哥尔摩学派”是风景园林师、城市规划师、植物学家、文化地理学家和自然保护者共有的基本信念。在这个意义上，它不仅仅代表着一种风格，更是一个思想的综合体。

图1-45　格莱姆主持设计的诺·马拉斯壮德（Norr Malarstrand）的湖岸步行区

与瑞典等高福利国家坚持公园是属于任何人的理念不同，以苏联为代表的社会主义国家在战后建立了“文化休息公园”的设计理论。将“文化休息公园”定义为把广泛的政治教育工作和劳动人民的文化休息结合起来的新型的群众机构。公园不仅是城市绿化、美化的一种手段，更是开展社会主义文化、政治教育的阵地，因而在园林设计上对容纳社会活动的建筑设施、场地十分重视。中国建国后的现代公园设计在相当程度上受到了来自苏联经验的影响，到20世纪60年代后，才对这一理论在中国的实际应用进行了反思，并在园林设计中逐渐注意对自身园林传统的发掘。

1.3.2　现代园林的思潮转变

1950到1960年代，随着多学科合作的增多以及20世纪60年代出现的公众对科学的普遍兴趣，科学的思维方式开始注入园林设计领域。加之现代主义运动对自然生态环境造成了较大的破坏，大众对现代主义是否真正能提高生存环境质量产生了极大的质疑。20世纪60年代以后，生态主义、后现代主义、批判地域主义等园林思潮相继产生，在生态、文化、艺术等层面对现代主义园林进行了反思和拓展。

生态主义

□ 罗马俱乐部是意大利学者和工业家Aurelio Peccei，苏格兰科学家Alexander King于1968年发起成立的，是关于未来学研究的国际性民间学术团体，也是一个研讨全球问题的全球智囊组织。

1960年代末期和1970年代初，人类建设活动给自然生态环境带来了严重破坏，引发了一轮对人类生存环境的强烈关切，如卡森(Rachel Carson)写的《寂静的春天》(Silent Spring，1962)；罗马俱乐部(Club of Rome)的《增长的极限》(Limits of Growth，1972)；戈德史密斯(Edward Goldstuith)等人写的《生存的蓝图》(A Blueprint for Survival，1972)。在第一次浪潮中，有关生态方面的思想观点，部分被吸收到规划理论中。例如，把自然界看作一个"生态系统"，并按照对自然生态系统功能的影响来评价人类行为。

□ 事实上，麦克哈格的理论和方法对于大尺度的景观规划和区域规划有重大的意义，而对于小尺度的园林设计并无太多实际的指导作用。但是，当环境仍处在一个严重易受破坏的状态，麦克哈格的思想依然在园林设计师的固有思维上烙上了一个生态主义的印记。

1969年，宾夕法尼亚大学教授麦克哈格(Ian Lennox McHarg，1920—2001)充满生态思想和理性认识的著作《设计结合自然》(Design with Nature)出版，在西方的学术界引起很大的轰动。该书直观地揭示了园林设计与环境后果的内在联系，一反以往土地和城市规划中的功能分区的做法，强调土地利用规划应遵循自然的固有价值和自然过程，并发明了地图叠加的技术，把对各个要素的单独分析综合成整个园林规划的依据，成为20世纪70年代以来西方推崇的园林学科的重要理论成果。麦克哈格的理论将园林设计提到一个科学的高度，其客观分析和综合类化的方法体现了严谨的学术原则。

图1-46　奥尔公园

20世纪70年代以后，对自然的关切又引发了新的对自然美的追求，如在一些现代的环境中，开始种植一些美丽而未经驯化的野生植物，与人工构筑物形成对比。此外，一些公园还在园中设立了自然保护地，为当地的野生动植物提供一个不受人干扰的栖息地，如德国卡塞尔市的奥尔公园(Auepark)(见图1-46)。20世纪90年代后，生态主义思想已经成为当今园林设计的一项重要的思想基础，园林规划设计广泛利用生态学、环境学以及各种先进的技术如GIS遥感技术等，并强调将生态、艺术和社会功能相结合，园林作品也呈现出更加多元化的倾向。荷兰园林设计师高伊策(Adriaan Geuze)的作品便是艺术、功能和科学融合的成功案例。

极简主义

□ 勒诺特尔设计中用少数几个要素控制巨大尺度空间的方法，从某种程度上被认为是极简主义的历史思想渊源。

1960年代，在早期的结构主义的基础上发展出一个新的艺术门类，即"极简艺术"(Minimal Art)或"初级结构"(Primary Structure)。其作品运用几何的或有机的形式，使用人造材料，具有强烈的工业色彩。这些艺术家的思想和作品也影响了园林设计师。

极简主义(Minimalism)是一种极为简单、直截了当的、客观的表现方式。以抽象还原的符号直接构成作品，在构图上强调几何和秩序，将抽象的手法发挥到了极致，力求以简化的、符号的形式表现深刻而丰富的内容。在造型中则注重光线的处理和空间的渗透，讲求概括的线条、单纯的色块和简洁的形式，强调各相关元素间的相互关系和合理布局。

当代园林设计师中受极简主义影响的最具代表性的人物是彼得·沃克(Peter Walker)。他的作品在构图上强调几何和秩序，多用简单的几何母题如圆、椭圆、正方、三角或者这类母题的重复，以及不同几何系统之间的交叉和重叠，并试图用极简艺术的经验去寻找解决社会和功能问题的方法。玛莎·舒瓦茨（Martha Schwartz）等设计师也对极简主义产生了浓厚兴趣。施瓦茨的作品更为大胆，她的风格受后现代主义、极简主义等的多重影响，将主要兴趣放在探索几何形式和它们彼此之间的神秘关系上。她设计的亚特兰大的瑞欧购物中心庭院（Rio Shopping Center），以夸张的色彩、冰冷的材料、理性的几何形状以及300多个镀金青蛙的方阵，创造出一种前卫风格（见图1-47）。

图1-47　亚特兰大的瑞欧购物中心庭院

大地景观

1960到1970年代，许多雕塑作品的纪念性尺度，引发了一场为特定空间或特定场所做雕塑设计的概念。一些艺术家开始走出画廊和社会，来到遥远的牧场和荒漠，创造一种巨大的超人尺度的雕塑，由此产生了大地艺术（Earth Art）。代表性的作品包括1970年美国的史密森（R. Smithson）的《螺旋形防波堤》（Spiral Jetty）；1977年艺术家玛利亚（W. D. Maria）在新墨西哥州荒原上设置《闪电的原野》（The Lightning Field）；以及1972至1976年间克里斯多（Christo）制作的《流动的围篱》（Running Fence）等（图1-48）。

□《螺旋形防波堤》含有对古代艺术图腾的遥远向往。《闪电的原野》是在新墨西哥州一个荒无人烟而多雷电的原野上，在地面插了400根不锈钢杆，当暴风雨来临时，这些光箭产生奇异的光、电、声效果。该作品表现了自然令人敬畏的力量和雄奇瑰丽的效果。《流动的围篱》是一条长达48公里的白布长墙，越过山峦和谷地，逶迤起伏，最后消失在旧金山的海湾中，其壮美令人惊叹。

大地艺术借助自然的场所，通过给它们加入各种各样的人造物和临时构筑物，完全改变场所的特征，并为人们提供了体验和理解他们原本熟悉的平凡无趣的空间的不同方式。将一种原始的自然和宗教式的神秘展现在人们面前，使人们或多或少感到一种心灵的震颤和净化，促使人们重新思考人与自然的关系这样一个永恒的问题。

图1-48　《流动的围篱》设计图

大地艺术是雕塑与园林设计的交叉艺术。它的叙述性、象征性、人造与自然的关系以及对神秘自然的崇拜，都在当代园林的发展中起到了不可忽视的作用。二战以后成长的设计师如奇尔·巴日泰（Cheryl Barton）、托弗·德莱纳（Topher Delaney）、乔治·哈格里夫斯（George Hargreaves）、托马斯·奥斯朗德（Thomas Oslumd）、奇伯·苏利文（ChipSullivan）、马克尔·凡·沃克伯格（Michae Van Valkeuburg）和克里斯多（Cristo）等，都是大地艺术在现代园林设计中的积极实践者。其中，乔治·哈格里夫斯的作品拜斯比公园（Byxbee Park）是大地景观作品的典范之一。

后现代主义

20世纪60年代后，包括柯布西耶综合规划的高密度城市试验在内，现代技术给生活空间带来惊恐，使得人们对现代科学与技术的信心被严重削弱。简·雅各布斯在她《美国大城市的死与生》（The Death and Life of Great American Cities，1961）一书中对现代主义进行了批判，表述她对复杂性和丰富性的偏好。1966年，美国建筑师文丘里（Robert Venturi）发表了《建筑的复杂性与矛盾性》（Complexity and Contradiction in Architecture），成为后现代主义的宣言。

□ 根据后现代主义先锋作家之一，查尔斯·詹克斯（1991）的说法，现代主义终结于1972年6月15日。那一天，位于美国圣路易斯市的帕罗特·伊戈摩天大楼——早期曾获现代建筑与城镇规划范例奖——被地方当局用炸药爆破摧毁。

到20世纪70—80年代，西方思想文化界发生了从“现代主义”至“后现代主义”（Postmodernism）的根本性变化。建筑设计是这一转变的主要领域之一，园林设计也受到极大的影响。后现代主义表达了对由现代主义运动促进的艺术和设计风格的反抗。和现代主义强调简朴、秩序、统一与整齐不同，后现代主义者通常为复杂性、多样性、差异性和多元化而欢呼。1977年，英国建筑理论家詹克斯（Charles Jencks）出版了

□ 后现代主义的价值观是：世界和我们关于这个世界的经验，比通常意识到的行为复杂和精巧。不存在所有人都满意的理想环境类型，环境质量也不是一个单纯的概念。一部分人保持将霍华德的花园城市作为栖居理想，另一些人则更喜欢令人兴奋和激动的大城市生活。

图 1-49　新奥尔良市意大利广场

《后现代主义建筑语言》(The Language of Post-Modern Architecture),总结了后现代主义的六种类型或特征:历史主义、直接的复古主义、新地方风格、因地制宜、建筑与城市背景相和谐、隐喻和玄学及后现代空间。文丘里设计的费城附近的富兰克林纪念馆(Franklin Court,1972)以及建筑师查尔斯·摩尔(Charles Moore 1925—1993)于 1974 年设计的新奥尔良市意大利广场(Plaza D. Italy)是后现代主义作品的代表(见图 1-49)。

1980 年美国园林设计师玛莎施瓦兹(Martha Schwartz)在《景观建筑》杂志第一期上发表的面包圈花园(Bagel Garden),在美国园林设计领域引起了对后现代主义的广泛讨论,它被认为是美国园林设计师进行后现代主义尝试的第一例。1983 年,SWA 为约翰·曼登(John madden)公司办公楼群设计的万圣节(Harlequin)广场,该设计体现出文艺复兴式的历史主义风格特征。1988 年,乔治·哈格里夫(George Hargreaves)为加利福尼亚市设计的市场公园(San Jose Plaza Park)则表现出后现代主义的解释学特征,通过景观符号强调场所的历史性、可理解性、可交流性、可对话性和意义的可生成性。

解构主义

□ 1967 年法国哲学家德里达(Jacque Derrida,1930—2004)基于对语言学中的结构主义的批判,最早提出了“解构主义”的理论。他的核心理论是对于结构本身的反感,认为符号本身已能够反映真实,对于单独个体的研究比对于整体结构的研究更重要。

20 世纪 70 年代以后,解构主义哲学渗透到建筑界,极大地影响了建筑思想活动的内容和理论评论,并逐渐演变成为一种新的建筑思潮。解构主义(Deconstruction)作为一种设计风格的探索兴起于 20 世纪 80 年代,伯纳德·屈米(Bernard Tschumi)和先锋派建筑师彼德·埃森曼(Peter Eisenman)是其代表人物(见图 1-50)。

图 1-50　埃森曼设计的犹太人纪念碑(Holocaust Memorial)

□ 结构主义(Constructionism)哲学认为世界是由结构中的各种关系构成的,人的理性有一种先验的结构能力。而结构是事物系统的诸要素所固有的相对稳定的组织方式或连接方式,即结构主义强调结构具有相对稳定性、有序性和确定性。

解构主义对 20 世纪以来结构主义进行了批判,反对结构主义的二元对立性、整体统一性、中心性和系统的封闭性、确定性,突出差异性和不确定性。在设计手法上也多运用相贯、偏心、反转、回转等手法,具有不安定且富有运动感的形态倾向。

屈米设计的巴黎拉·维莱特公园(Parc de la Villette)是充满解构主义色彩的园林代表作品。屈米采用解构主义手法,打破一切原有秩序和构图原则,从中性的数学构成或理想的拓扑构成(网格的、线条的或同中心的系统等)着手,设计出三个自律性的抽象系统——点、线、面。点、线、面元素的分解组合、穿插重叠、巧妙连接形成了新的秩序和完整体系。其中,按方格网设置的“Folie”构成园中“点”的要素;两条长廊、几条笔直的林荫道和一条贯穿全园主要部分的流线型的游览路构成公园中“线”的要素;面的要素包括场地、草坪、树丛和十个主题园。屈米认为:三个互不相关的体系完全偶然地叠置将会出现奇特的、意想不到的效果,这些偶然的、不连续的、不协调的巧合,必然达到一种不稳定、不连续、被分裂,这就是解构。

批判的地域主义

1981 年,建筑师亚历山大·佐尼斯(Alexander Tzonis)和历史学家利亚纳· 勒费弗尔(Liane Lefaivre)发表《为什么今天需要批判的地域主义》一文,提出了“批判的地域主义”(Critical Regionalism)的概念,并指出它已成为替代现代主义、解构主义的一种理论和实践。随后,美国学者肯尼思·弗兰姆普顿(Kenneth Frampton)在他《走向批判的地域主义》(Towards a Critical Regionalism,1983)和《现代建筑——部批判的历史》

(Modern Architecture: A Critical History, 1980)等著作里正式将批判的地域主义作为一种明确和清晰的建筑思维来讨论。

传统的地域主义对现代性和全球化采取绝对的反抗与隔离的策略，同时却屈服于后者所带来的商业市场和庸俗文化，并乐于套用地方、传统、民族或种族等文化符号为之服务。与传统的地域主义不同，批判的地域主义试图通过一种“陌生性”技巧去重新诠释地方性因素，又运用地方性习惯做法，去抵制现代主义的某些国际化倾向。

批判的地域主义非常注重场所精神，通过“场所—形式”的辩证思考来抵抗全球化。使用地方和场所的特殊性要素来对现代主义所强调的同一性和统一性加以弥补，改善和修复全球文化的影响和冲击。

批判的地域主义思潮在建筑领域的影响较大，巴西建筑师尼麦耶(Oscar Niemeryer)以及葡萄牙建筑师西扎(A · Siza)是具有代表性的建筑师。在园林领域，野口勇与雕塑结合的园林、墨西哥建筑师瑞卡多 · 雷可瑞塔(Ricardo Legorreta)设计的珀欣广场(Pershing Square)以及马里奥 · 谢赫楠(Mario Schjetnan)的园林作品都带有批判的地域主义色彩(见图1-51)。

图1-51　珀欣广场

1.3.3　现代园林的发展特征

在现代社会、艺术和建筑的推动下，现代园林对工业社会人文和自然整体环境做出了理性的探索。突破了传统园林形式，更多地考虑空间与功能以及人的使用，并开拓了新的构图原则。

园林类型拓展

现代园林是伴随着现代社会制度及生产方式的确立而产生的。城市公园的出现作为大工业时代的产物，标志着新的生活方式和城市面貌的到来。这一新型园林类型的出现突破了传统园林以私有属性为主的特征，是古典园林转向现代园林的根本飞跃。二战以后，随着新的社会环境问题的出现，园林项目所包含的问题更加复杂，园林涉及的范围也从单体及城市设计尺度扩展到了区域规划层面。到20世纪80—90年代，现代园林的类型已极其多样，从传统的花园、庭院、公园，到城市广场、街头绿地、大学和后工业景观园(见图1-52)，以及国家公园、自然保护区、区域环境规划等。其内涵呈现一种多元化的发展趋势，不断与其他艺术和学科进行交流，适应现代社会多元的价值观。

图1-52　北杜伊斯堡景观公园
(Landschaftspark Duisburg-Nord)

功能形式结合

由美国建筑师沙利文在1896年提出的“形式追随功能”这一口号，成为了现代主义设计运动最有影响力的信条之一。现代主义园林虽然没有现代主义建筑的那种绝对的功能化，但面向大众的使用功能已成为设计师关心的基本问题之一。丹 · 凯利(Dan Kiley)认为，设计是生活本身，对功能的追求才会产生真正的艺术。唐纳德(Christopher Tunnard)也倡导现代园林设计的3个方面：功能的、移情的和艺术的。现代主义园林的设计为了满足人们的使用功能，将形式与功能进行了有机的结合，突破了传统园林局限于装饰和视觉观赏效果。经过多年的探索，现代园林已经形成了以社会环境、自然环境出发，满足使用者需求为目的设计方法。通过综合研究分析场地现状及问题，力求产生一个功能上能解决问题和一个审美上令人愉悦的设计。

空间观念转变

图1-53 现代建筑大师密斯设计的巴塞罗那德国馆(German Pavilion of Barcelona International Fair)

现代园林受到立体主义绘画的影响,又从现代建筑中吸取空间概念(见图1-53),突破了传统西方园林中央透视法的固定模式,将空间作为设计的重要指导思想之一。美国现代主义园林师罗斯在1938年发表的《园林中的自由》(Freedom in the Garden)一文中就提到:园林设计不能只看作是一件物体,而是环绕在我们周围的一种令人愉快的空间关系……空间,而不是风格,是园林设计中真正的范畴。埃克博也强调空间是设计的最终目标,材料只是塑造空间的物质。虽然在传统的园林中同样存在着空间的变化,但是现代主义园林第一次把对空间的追求摆在首要的位置上,既注重内外空间的连续,又强调空间的多用途性,通过各种造园要素塑造不同的空间形式,来满足各种视觉和功能上的需求。

艺术风格影响

图1-54 构成主义作品

现代主义风格从工艺美术运动中孕育而出,现代园林的多元化表述,毋庸置疑地受到现代艺术的推动。每个时代的艺术家总是走在整个时代的最前列,通过他们的创造力及对时代精神的敏锐捕捉,为建筑师和园林师提供最富创造力的艺术样本。20世纪二三十年代的立体主义(Cubism)、超现实主义(Surrealism)、风格派(De Stijl)、构成主义(Constructivism)(图1-54)对现代主义风格的确立产生了直接的影响,柯布西耶(Le Corbusier,1887—1965)、阿尔托(Alvar Aalto,1898—1976)、密斯(Ludwig Mies van der Rohe,1886—1969)、丘奇(Thomas Church)都从中提炼出自己的设计语言。立体派和简约主义都对解构主义有所影响。到20世纪60年代,受生态主义的冲击,园林设计中的艺术性受到一定的抑制,但在大地艺术、极简艺术的启发下,新一代的园林设计师将园林艺术推向了新的高潮。

场所精神追求

图1-55 罗斯坦(R. Royston)设计的花园

与现代主义建筑追求功能极致的思想不同,现代园林虽然同样受到共同艺术思潮的影响,但从一开始便注重场所精神及地域特征的融入。美国"加利福尼亚学派"(见图1-55)、瑞典的"斯德哥尔摩学派"、拉丁美洲的马克斯等,其作品都在吸取了现代主义的精神的同时结合当地的特点和各自的美学认识而带有明显地域场所特征。到20世纪60年代后,后现代主义园林更加强调设计应具有历史的延续性,对场所精神的追求成为当时园林的重要目标之一。园林设计在充分揭示场地的历史人文或自然物理特点时,挖掘和展示场所中隐含的特质,反映场所包含的历史信息和情感内涵,表现社会的文化需求,使传统与现代、过去与今天结合,使新的设计具有更丰富的传统文化底蕴。

时代精神表达

□ 一种理解认为,现代主义园林注重解决功能和空间问题,后现代主义园林注重解决意义问题,而解构主义则偏重于解决精神或哲学。

现代园林发展是一个对传统不断挑战与反思的过程。现代主义设计是一场充满反叛、革命的运动,代表了工业革命对手工业的宣战,无论它的意识形态还是形式特征,都与古典形式不同,具有强烈的时代特征,其旺盛的生命力一直影响至今。20世纪70年代,人们对自身的生存环境和人类文化价值的危机感日益加重，在经历了现代主义初期对环境和历史的忽略之后，传统价值观重新回到社会，环境保护和历史保护成为普遍的意识，麦克哈格的生态主义思想便是整个西方社会环境保护运动在园林界的折射。此外，现代主义的排他性与单调性也开始使人们感到厌倦，园林设计师开始追求更加富于人情味的设计，后现代主义与解构主义接踵而来，共同补充、修饰或矫正现代主义园林，将现代园林推向一个新的时代（表1-8）。

表1-8 公元1900年到公元1990年世界历史及造园活动年表

	AD1900—1930年	AD1930—1960年	AD1960—1990年
时代	中国清朝（AD1644—1911） 普鲁士王国（AD 1701—1918） 俄罗斯帝国（AD1721—1917） 大不列颠及爱尔兰联合王国（AD1801—1922） 法兰西第三共和国（AD1875—1940） “中华民国”（AD1911—1949） 日本大正年间（AD1912—1926）	魏玛共和及纳粹德国（AD1919—1945） 苏联（AD1922—1991） 大不列颠及北爱尔兰联合王国（AD1922至今） 日本昭和时代（AD1926—1989） 法兰西第四共和国（AD1946—1958） 中华人民共和国（AD1949至今）	苏联（AD1922—1991） 大不列颠及北爱尔兰联合王国（AD1922至今） 日本昭和时代（AD1926—1989） 东德和西德（AD1949—1990） 中华人民共和国（AD1949至今） 法兰西第五共和国（AD1958至今）
历史事件	AD1901年，德国艺术家之村举办第一届德国艺术展 AD1906年，苏联“无产阶级文化运动组织”建立；德国工艺美术博览会举行 AD1911年，辛亥革命爆发 AD1914年，第一次世界大战爆发；德意志制造联盟博览会举行 AD1917年，俄国十月社会主义革命 AD1919年，五四运动爆发；巴黎和会举行 AD1921年，华盛顿会议举办 AD1922年，苏联成立；墨索里尼向罗马进攻 AD1925年，巴黎举办“国际现代工艺美术展” AD1930年，斯德哥尔摩展举行 AD1929—1933年，资本主义世界经济危机	AD1931年，日本侵华九一八事变爆发 AD1933年，罗斯福就任美国总统，实行新政；芝加哥世界博览会举行；希特勒在德国上台 AD1937年，中国全面抗日战争的开始；巴黎国际博览会举办 AD1939年，第二次世界大战爆发 AD1941年，苏德战争、太平洋战争爆发 AD1944年，美英军队在诺曼底登陆 AD1945年，德国、日本先后签订无条件投降书；联合国建立 AD1948年，第一次中东战争爆发；美国开始实施马歇尔计划 AD1949年，中华人民共和国成立 AD1940s—1950s，第三次科技革命开始 AD1950s，美国州际高速公路计划实施 AD1953年，中国开始实施第一个国民经济发展计划；伦敦当代美术学院举办“与生活及艺术平行”展览	AD1950s—1970s初，资本主义经济发展史上的黄金时期 AD1965年，美国召开关于自然美的国家会议 AD1966年，中国“文化大革命”开始 AD1967年，欧洲共同体成立 AD1968年，罗马俱乐部成立 AD1969年，人类第一次登上月球 AD1970年，大阪博览会举行；第一个世界“地球日”确定 AD1971年，中国在联合国的合法地位得到恢复 AD1972年，美国总统尼克松访华 AD1973年，第四次中东战争 AD1978年，中国改革开放 AD1979年，中美建交 AD1980年，威尼斯双年展举行 AD1980s末，东欧剧变
园林活动	AD1900年，日本比谷公园建成；维也纳分离派展览会举行 AD1902年，美国火山口湖国家公园开放 AD1903年，奥姆斯特德逝世；北京颐和园再次修复 AD1905年，德国西北部艺术展览上设计了园林 AD1906年，美国普拉特国家公园成立 AD1907年，德国曼海姆园艺展举办 AD1908年，密斯·凡·德罗发表《抽象与移情》；上海顾家宅花园对外开放 AD1911年，成都将前清某将军花园辟建少城公园 AD1911—1931年，特恩斯在印度新德里设计总督花园 AD1914年，高迪设计的桂尔公园建成；赖特在芝加哥设计建造中途花园；朱启钤呈文《请开京畿名胜》，社稷坛辟为中央公园，地坛辟为京兆公园	AD1932年，赖特《消失中的城市》出版 AD1935年，唐纳德设计“本特利树林”住宅花园；陈植完成《造园学概论》 AD1936年，阿姆奎斯特担任斯德哥尔摩公园局负责人，1938年被布劳姆接替 AD1937年，格罗皮乌斯担任哈佛大学设计研究院院长 AD1938年，马克斯为柯布西埃设计的教育部大楼设计屋顶花园；阿尔托玛丽亚别墅建成；唐纳德《现代景观中的园林》出版；斯蒂里设计建造“蓝色的阶梯” AD1938—1942年，罗斯、凯利和埃克博发起“哈佛革命” AD1939年，唐纳德到哈佛任教 AD1930s，中国金陵大学、浙江大学、复旦大学开设造园和观赏园艺课程 AD1944年，柯布西耶《三种人类聚居点》出版	AD1961年，简·雅各布斯《美国大城市的死与生》出版；哈普林为波特兰市设计的一系列广场和绿地 AD1962年，丘奇参与加州大学伯克利和圣塔克鲁兹的校园规划 AD1963年，凯利设计费城独立大道第三街区；哈普林设计旧金山吉拉登广场 AD1965年，柯布西耶逝世；前川国男发表《对建筑艺术中文明的一些感想》 AD1966年，文丘里出版《建筑的复杂性与矛盾性》；索伦森出版《39个花园的规划》 AD1968年，埃克博设计的洛杉矶“联合银行广场”建成；泽恩设计帕雷公园 AD1969年，麦克哈格《设计结合自然》出版；恩格贝格设计多特蒙德园林展 AD1970年，史密森设计《螺旋形防波堤》；马克斯设计柯帕卡帕那海滨大道；哈克设计西雅图煤气厂公园

续表

	AD1900—1930 年	AD1930—1960 年	AD1960—1990 年
园林活动	AD1917 年,荷兰风格派成立 AD1919 年,日本颁布《都市计划法》;格罗皮乌斯成为包豪斯校长 AD1920 年,广州第一公园建成;鹿特丹成立功能主义(奥普博夫集团) AD1923 年,古埃瑞克安为查尔斯度假别墅设计三角形庭园;魏玛首届包豪斯展览举行 AD1925 年,北京北海公园开放;杰里科《意大利文艺复兴园林》出版;"光与水的花园"在巴黎工艺美术展中建成 AD1926 年,柯布西耶提出"新建筑五点";莫尔纳设计住宅花园 AD1928 年,上海黄浦公园向中国人开放;陈植成立"中国造园学会";柯布西耶设计的萨伏依别墅建成;"国际现代建筑会议"召开,发表 CIAM 宣言 AD1929 年,丘奇在加州开设了第一个事务所;巴塞罗那展览馆德国馆建成 AD1930 年,柯布西耶在巴黎贝斯特屋顶设计一系列屋顶空间;赖特在普林斯顿大学做《工业中的风格》演讲	AD1945 年,丹麦索伦森设计"音乐花园" AD1946—1949 年,程世抚担任上海市工务局园场管理处处长,主持多个公园、广场规划设计 AD1948 年,丘奇设计唐纳花园与阿普托斯花园;杰里科担任国际景观设计师联合会(IFLA)的首任主席;布雷·马克思设计奥德特·芒太罗花园 AD1949 年,哈普林成立了自己的事务所 AD1950 年,埃克博出版《为生活的景观》 AD1951 年,德国第一届"联邦园林展"举办,此后每两年举办一次,每隔 10 年举办"国际园林博览会";野口勇设计广岛和平公园 AD1952 年,冯纪忠在同济大学创办城市建设与经营专业;陈从周筹建建筑历史教研室 AD1953 年,孙筱祥开始设计杭州花港观鱼公园;北京紫竹院公园始建 AD1954 年,马克斯设计弗拉门戈公园 AD1955 年,凯利设计了米勒花园;丘奇出版《园林是为人的》 AD1957 年,佐佐木英夫与沃克成立 SWA 公司 AD1958 年,巴拉甘为拉斯阿博雷达斯居住区设计花园;罗斯出版《创造性的花园》;中国提出"大地园林化"口号,各地大量进行园林绿化活动 AD1959 年,索伦森出版《园林艺术的历史》	AD1971 年,哈普林设计曼哈顿广场公园 AD 1972 年,美国圣路易斯市的帕罗特·伊戈摩天大楼被炸毁;文丘里设计富兰克林纪念馆;格茨梅克设计的慕尼黑奥林匹克公园建成 AD1974 年,查尔斯·摩尔设计新奥尔良市意大利广场 AD1975 年,杰里科出版《人类的景观》 AD1977 年,詹克斯出版《后现代主义建筑语言》 AD1978 年,凯利设计法国巴黎德方斯区的达利中心;陈从周赴美国纽约为大都会博物馆设计园林"明轩" AD1979 年,杰里科设计穆迪历史花园 AD1980 年,玛莎施瓦兹发表面包圈花园;合肥市始建环城公园 AD1981 年,佐尼斯和勒费弗尔发表《为什么今天需要批判的地域主义》 AD1982 年,冯纪忠设计的上海方塔园建成;屈米设计的拉维莱特公园方案中奖 AD1983 年,弗兰姆普顿《走向批判的地域主义》出版;哈格里夫斯创立了自己的事务所;野口勇设计"加州剧本" AD1984 年,珀欣广场改造;彼德沃克设计的伯纳特公园建成 AD1987 年,达拉斯的喷泉广场建成;上海植物园竣工;陈从周主持上海豫园修复 AD1988 年,施瓦茨设计的亚特兰大里约购物中心建成 AD1990 年,杜伊斯堡公园开始设计建造

【延伸阅读】

[1] 汤姆·特纳,林箐(译). 世界园林史[M]. 北京:中国林业出版社,2011.

[2] (日)针之谷钟吉,邹洪灿译. 西方造园变迁史——从伊甸园到天然公园[M]. 北京:中国建筑工业出版社,1991.

[3] 周维权. 中国古典园林史[M]. 北京:清华大学出版社,1999.

[4] 柏杨. 中国人史纲[M]. 山西:山西人民出版社,2008.

[5] (美)斯塔夫里阿诺斯,吴象婴(译). 全球通史:从史前史到 21 世纪[M]. 北京:北京大学出版社,2005.

[6] 沈守云. 现代景观设计思潮[M]. 武汉:华中科技大学出版社,2009.

[7] 王向荣,林菁. 西方现代景观设计的理论与实践[M]. 北京:中国建筑工业出版社,2002.

[8] Garrett Eckbo. Modern Landscapes for Living[M]. Berkeley:University of California Press,1997.

2 帝王宫苑

帝王宫苑，从隶属关系上来说，是历史上属于帝王个人和皇室所私有的一种园林类型。园林作为帝王们生活环境的一个重要组成部分，与其他类型的园林相比表现出明显不同的皇家气派。依托其特殊的政治背景，帝王宫苑通常代表了一个国家和一个时期较高层次的园林艺术成就。

追溯到人类社会的发展初期，奴隶社会阶段私有制的出现催生了特权阶层的诞生。从原始社会过渡到奴隶制社会后，园林作为一种私有财产，是奴隶主身份与地位的象征。从世界范围内来看，在埃及的尼罗河流域、西亚的两河流域、南亚的印度河流域、中国的黄河流域和爱琴海的克里特岛产生了第一批奴隶制国家，奴隶制国家趋于繁荣的同时伴随着统治阶级的园林建设，帝王宫苑成为最早出现的一种园林类型。

东亚优越的山水自然环境，催生了原始先民对大自然的崇拜向往，从而诞生了中国传统的“天人合一”观念，在中国皇家园林中则演化生成了“一池三山”等山水意象。中国皇家园林或挖池堆山模拟自然风景，或将真山真水加以改造，以贴近自然的形式来满足皇帝游乐赏玩、放松身心的需求。同时为了对皇帝个人力量及专制制度进行称颂，需要营造出区别于庶民大众的皇家气派，自秦始皇汉武帝建设上林苑起，就赋予了皇家园林“相天法地”的政治象征意义，体现在规模宏大、建筑华丽、轴线布局等方面。同样是对本土自然环境的回应，岛国日本的皇家园林多是对海岛意象的再现。其政治情况则与中国不大相同，江户时代后的幕府混战使得日本皇室失去了政治实权，因此皇家园林规模较小，特别是在禅宗盛行于日本后，园林中较少有中国皇家园林中的所谓皇家气派，代之以浓厚的宗教意味。

而西方园林的起始——埃及园林产生于严酷干旱的自然环境中，人们试图以人力改善生活环境，因此“人定胜天”的理念贯穿在园林中。由于西亚伊斯兰地区的自然环境类似，大多处于干燥酷热的气候中，而帝王们向往宗教中所描述的草木丰美的“天堂园”，对于舒适生活环境有着更为强烈的追求。因此，为自己创造一个凉爽宜人的居住空间是建设园林的首要目的，宫殿花园都是依附于建筑而设，水和绿荫树在园林中扮演了极其重要的角色。皇室的生活起居与庭园关系密切，所以不追求面积宏大、尺度也较为宜人。为了与外界的严酷环境隔绝，庭园基本上是内向的状态，目的是在自我封闭的围合空间内打造出一个人间的“天堂”。其中，西班牙伊斯兰的宫殿因为更突出的防御功能需要，庭园内向性尤为显著，仅有少量对外的视线交流（见图 2-1）。尽管规模无法与东亚及欧洲的皇家园林相比，但庭园中装饰处理则精雕细琢。

图 2-1　西班牙伊斯兰宫苑中的庭园空间

古代欧洲的神权一度高于王权，宫苑建设规模远逊于中国皇家园林，等级思想在园林中的表现也没有中国强烈。在古罗马时期，帝王为了满足其奢靡享受而建设的别墅庄园，除了规模大于一般贵族所建庄园，豪华精致程度更胜一筹外，建筑多根据地形因山就势的设置，虽以规则式的处理手法为主，但并未有意识地将等级秩序贯彻到整体布局中。直到15世纪后西欧封建社会发展的繁荣时期，特别是文艺复兴之后的法国，唯理主义的兴起将专制王权推到顶峰，此时的园林才以“伟大风格”自居，其建设规模远远超越了人的尺度，勒诺特尔利用法国多平原的地形条件，将宽阔园路构成贯通的透视线，以极强的平面铺展感呈现出一派恢弘的园景，使得在凡尔赛宫苑中对太阳王路易十四的歌颂达到了登峰造极的地步（见图2-2）。

图2-2　凡尔赛宫苑园景

各国不同的自然条件在皇家园林中刻下了深深的烙印，东亚地区的中国及日本皇家园林是以自然式为主，希求在园林中再现丰富的自然意象；而伊斯兰园林及欧洲园林都是以人工规则式为主，试图以人工之力改造自然。同是规则造园，为了与外界严酷环境隔绝开来，伊斯兰宫殿庭园是内向而封闭的；欧洲的帝王宫苑，包括罗马园林到绝对君权时期的法国古典主义园林，都是在广阔的自然环境中展开的，呈现外向开放的姿态。

皇家园林的修建与各个国家的政治体制及综合国力的关系极为密切，其数量的多寡、规模的大小，在一定程度上反映了一个国家国力的兴衰。封建大帝国的鼎盛时期往往都是宫苑兴建的高潮，如中国的上林苑、颐和园、印度的泰姬陵及法国的凡尔赛均是修建于各自封建社会发展的顶峰时期。国力式微时宫苑兴建的规模也受到很大影响，如江户时期日本皇家园林的规模与数量远远落后于掌权的将军、大名所建的武家园林。

从世界园林历史上的皇家园林发展过程中可以看出，帝王宫苑由早期单一的实用性功能逐步过渡到观赏性、政治象征等多种功能，其作为极权政治的产物，无论是最初的通神祭天、生产活动到后期多样化的园居生活需要，均是帝王个人意志的反映。从中国的避暑山庄、颐和园到法国的凡尔赛，对皇权至上的歌颂始终是皇家园林不变的主题。

到17世纪中叶英国资产阶级革命前夕，各国的封建体制纷纷趋于解体，经过二三百年时间，在欧洲多国乃至世界其他各地相继确立了资本主义制度，由此中央集权的君权政体逐渐退出了世界历史舞台，与此同时伴随的是帝王宫苑不可避免的衰落和被改造开放。

2.1　亚洲地区

在世界封建社会发展的历史上，中国封建社会以其经历的时间漫长，君主专制制度发育完善而闻名于世，凭借盛世时期强大的国力，中国文化及政治制度成为东亚地区诸多国家学习效仿的榜样。其中也包括中国的皇家园林，影响了如日本在内的众多国家，这些国家的园林建设在延续自然式山水格局的同时，结合本国自然条件以及审美趣味，最终形成各具民族特色的皇家园林。

2.2.1　中国皇家园林

自夏王朝于公元前2070年立国起，中国开始了世袭宗法王权专治制度。周朝时确立了“普天之下，莫非王土，率土之滨，莫非王臣”的观念。

至公元前221年秦王嬴政“吞二周而亡诸侯”，建立了第一个专制主义君主集权的统一帝国——秦王朝，自此在中国开始了延续几千年的封建王朝统治。朕即国家，家即是国，最高权力都集中在“执长策以御天下”的皇帝一身。中国古代的皇家园林作为历代封建统治者追求奢侈享乐的场所，成为帝王们竞相建设的对象。在一个君主独裁专制的宗法统治社会，皇帝可以凭借其政治特权圈占大片土地，并最大限度地集结全国的物力、财力、人力和其时最高技艺水平的匠师营建皇家园林。其规划思想深深地打上帝王个人思想追求的烙印，不仅反映了封建统治阶级自身的皇权意识，并力图通过人们审美活动中的联想来传达皇权至尊的理念。

早在公元前11世纪，就有周文王修建“灵囿”，被看做中国皇家园林的雏形。至秦汉时期，相应于中央集权政治体制的确立，出现了真正意义上的皇家园林。此时的统治者热衷于个人力量的展示，因此园林规模往往趋于宏大，且弥漫着自然主义的神秘色彩。园林除了作为皇帝游赏之地外，求仙、通神、栽培植物、圈养动物等实用性功能占据重要地位。盛唐时期国力昌盛，皇室园居生活也随之多样化，西苑、大明宫等皇家园林充分显示了“万国衣冠拜冕旒”的泱泱大国气概，同时园林与其他艺术门类的互渗影响也带来了造园艺术水平的提高，此时中国皇家园林的三种类型：大内御苑、离宫御苑、行宫御苑正式形成。宋朝政治上较为开明，相应的皇家园林规模偏小，呈现文人写意园的风格。明代皇帝的园林建设重点在大内御苑上。清朝满族入关，统治者热爱山水自然，并且出于稳固多民族封建大帝国统治的需要，在北京西北郊以及塞外掀起了建设宫苑的高潮（见图2-3）。此时的园林规模虽较隋唐已经缩小，但内容上更为精致丰富，多采取集锦式布局，大量吸收江南园林的造园手法，把宫廷造园艺术推向了高峰。

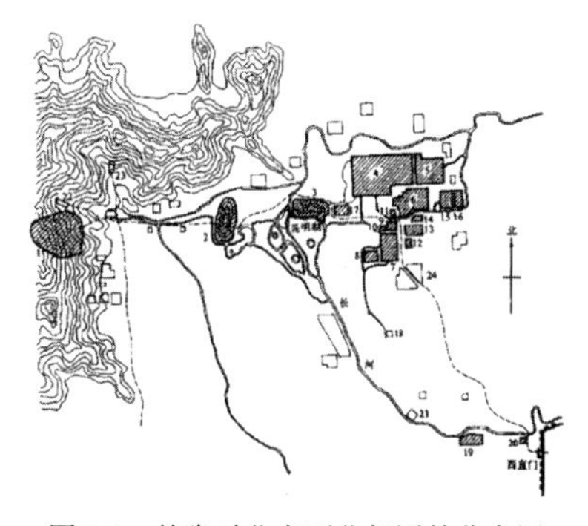

图2-3　乾隆时北京西北郊园林分布图

中国古代皇家园林的起源和发展与社会历史的发展是紧密相关的，它是社会历史发展的缩影。皇家园林的兴建需要安定的政治局面、雄厚的经济实力和数量众多的建设施工人员，因此国家的治乱就直接决定着园林的兴衰。当国家统一、社会稳定、经济繁荣时，封建帝王唯我独尊的意识便明显地膨胀起来，追求享乐、怡情山水的思想便日趋强烈，于是就尽其财力、大造苑囿。在中国皇家园林发展史上，有若干典型的发展高峰期，如汉、唐、明、清等，无一不对应了中国历史上的国力鼎盛时期。与此同时历代苑囿的衰落也总是与那个朝代国家的分裂、社会的动荡、经济的萧条分不开的。

园林特征

中国古代园林发展到清初至中期，皇家园林成了皇家、私家、寺观等园林类型艺术的集大成者。康乾二帝，八次下江南，对江南秀山丽水、私家名园，命画师绘图以移于“君怀”。将兼蓄古今，包罗中外之园林艺术集于一园，反映着“移天缩地在君怀”的“君临天下”的思想。中国皇家园林以所处位置及功能使用的不同，可分为大内御苑、离宫御苑、行宫御苑三种。

□ 参考周维权在《中国古典园林史》一书中的分类方法。

大内御苑

建置在都城的宫城和皇城范围内，紧邻着皇居或距皇居很近，如唐代的大明宫、明代的御花园、清代的宁寿宫花园等。因受限于宫城或皇城，特别是处于房屋密集的宫城内廷内，一般园林面积较小。大多是平地起造的人工山水园。园林内人工气息较浓，显示出严谨的宫廷气氛，从秦汉发展至清后期，大内御苑内的建筑密度越来越高。

行离宫别苑

建置在都城远郊风景优美的地方或远离都城的风景地带，行宫御苑主要作为皇帝游憩驻跸或短期居住的地方，如北宋的琼林苑、清代的香山行宫；离宫御苑则作为皇帝长期居住、处理朝政的地方，相当于一处与大内相联系的政治中心，如清代的颐和园。清朝御苑多位于北京西北郊和塞外等地，形成了著名的“三山五园”皇家园林集群。由于建园基址不同，一般有完全在平地起造的人工山水园和利用天然山水而施以部分加工改造的天然山水园，分别以圆明园和避暑山庄为代表。

(1)空间布局

在离宫型皇家园林中，为了满足皇帝“避喧听政”、长期居住的需求，一般分为宫廷区与园林区。“宫”的主要功能是朝臣、理政，此区的建筑以宫殿屋宇为主。“苑”的主要功能是赏景、游乐、休息、居住等，此区以各种园林性建筑、山石、水面、绿化为主。按“前宫后苑”的规制，一般宫廷区在前，苑林区在后。经过宫才能入苑，宫门就成了园林的正门。

由于宫廷区是皇帝处理政务的场所，为了显示帝王的威严和封建礼制的需要，在布局上完全按照“前朝后寝”的规制。宫廷区一般占地面积较少，呈规则式布局，有贯穿全区的中轴线。“前朝”部分都是正殿居中，配殿分列两旁，左右对称，形成了一个严整的空间序列。“后寝”部分大多是由较封闭的四合院组合而成。

□“一池三山”

居住在海滨的先民对海洋有着崇拜敬畏的心理，海市蜃楼的奇异幻景激发了古人的无限遐想，于是产生了具有海岸地理特色的蓬莱神话体系：海中有三座神山，即蓬莱、方丈、瀛洲，“其山高下周旋三万里，其顶平处九千里。山之中间相去七万里，以为邻居焉，其上台观皆金玉，其上禽兽皆纯，珠之树皆丛生，华实皆有滋味，食之皆不老不死。”蓬莱模式成为中国皇家园林仙境模式中的理想景观之一，后发展成“一池三山”园林景观模式。

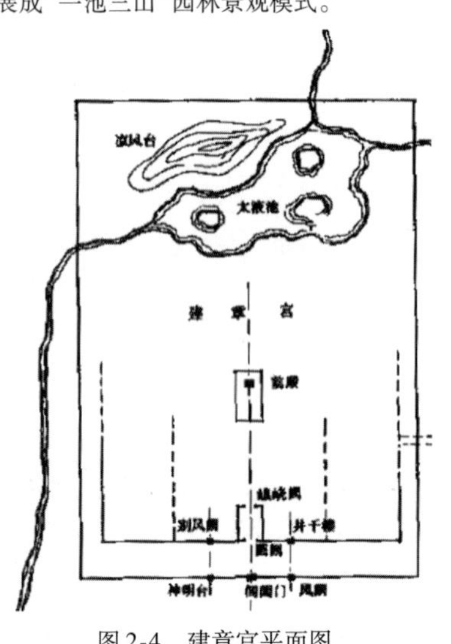

图 2-4　建章宫平面图

与宫廷区严格对称布局相比，在地形条件多变、空间范围广大的苑林区，整体形成不同于宫廷区的活泼开敞的山水空间，发展出一种独特的规划布局方式——建筑、景点、小园与景区逐层相结合的形式。建筑群一般采取院落形式；景点是散置或成组的建筑物与周围地形地貌相结合构成的具有一定视野范围的环境；所谓小园，即“园中园”，是几个景点的空间相结合构成的相对独立的环境；景区则是在苑林区按景观特点而划分的较大的单一区域，它往往包括若干小园、景点或建筑在内。

(2)山水骨架

中国皇家园林的理水做法最早可追溯到西周时期周文王修建“灵沼”。之后秦始皇、汉武帝因迷恋神仙方术向往海上神山而创建的“一池三山”的模式，成为了后世历代皇家宫苑的主要山水模式(见图 2-4)。如在北齐仙都苑中以总体布局象征五岳、四海，进一步发展了秦汉仙苑式皇家园林的象征手法。而据《洛阳伽蓝记》记载，在曹魏基址上改建而成的北魏洛阳华林园中也有类似做法，“园中有大海……世宗在海内作蓬莱山，山上有仙人馆”。其后的北宋艮岳大方沼、隋代西苑北海、唐朝大明宫太液池中均有布置三岛以象征仙山的手法。这一模式一直沿用到清代御苑西苑、圆明园等的建设中。

皇家园林中的理水往往与叠山相结合，山水地形构成园林骨架。受国土地理环境的影响，中国传统造园中山水格局一般为北山南水，如颐和园为北山——万寿山，南水——昆明湖的模式。园林理水讲究有源有去，中国传统造园中一般源水于西北，出水于东南，或故意做出几湾港汊、水口，仿佛源流脉脉、疏水无尽，在颐和园和承德避暑山庄中都有此做法。

（3）山石

"山"在中国古典园林中被看做是骨架，筑山、理石相应地也成为造园中最重要的内容之一。园林筑山经历了一个由早期的聚土为山发展至晚期的叠石成峰的漫长演变过程。从秦始皇在兰池宫"引渭水为池，筑为蓬、瀛"，以及"弥山跨谷、辇道相属"的大规模叠山起，秦汉宫苑中主要是利用人工筑山直接模仿真山，以其庞大体量歌颂帝王功业。发展到宋代，由宋徽宗参与设计并施工建造的艮岳，其筑山将天然山岳进行了典型化概括，主峰寿山模拟凤凰山，先用土堆筑，后又"增以太湖、灵璧之石"堆叠，构成一个"岗连阜属，东西向往，前后相续"的完整山系，并首次大量运用了太湖石峰的单块"特置"，对后世叠山技艺影响深远。到明清时期，江南民间造园已经发展到"一拳代山，一勺代水"的写意阶段，皇家园林建设中也大量运用了各民间流派的叠山技法，此外还大量聘用江南民间叠山工匠，如张连、叶洮等参与造园。由于皇家能够把大片天然山水据为己有，自然不必像私家园林那样在有限的园地内叠石成山，筑山仍以接近真实体量的土山或土石山为主流，自然地分割园林空间，如颐和园的万寿山、北海琼华岛等。

清代一改宋、元时期从江南长途水运太湖石的传统，皇家宫苑中叠山多就地取材，大量采用北方湖石和青石，显示了异于江南假山的雄浑厚重之美。乾隆后期叠山技术的成熟乃至程式化，使得皇家园林叠山风格也呈现出繁缛堆砌的世俗化特征。

（4）水体

相比于私家宅园，皇家园林一般规模宏大，水域面积广阔，因此皇家造园常采用集锦式手法，通过划分空间，使之层次丰富，景观多变。如圆明园中既有可"纳千顷之汪洋，收四时之烂漫"的大水面——福海，也有可临水近观的小水面，还有众多回环萦流的溪流、河道将大小水面串联为一个完整的河湖水系，堪称以水造景之集大成者（见图 2-5）。在因水成景的另一个典型代表——避暑山庄中，经人工改造整理后的水系，包含了溪流、瀑布、平濑、湖沼等多种动静态形式的水体，观水形且听水音，充分发挥了水的造景作用，所谓"山庄以山名而实趣在水：瀑之溅、泉之醇、溪之流咸会于湖中"。

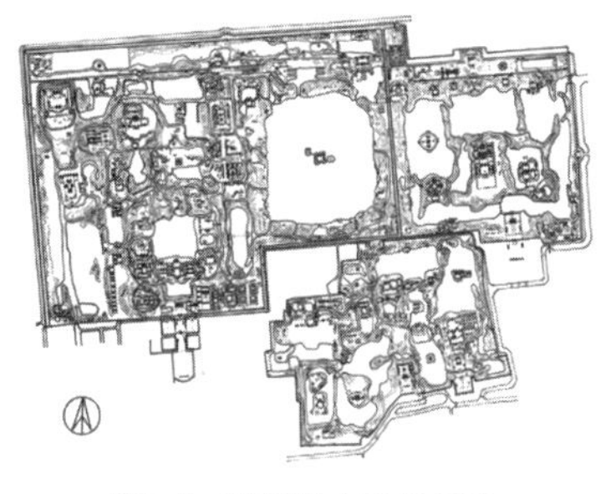

图 2-5　圆明园水系布局图

中国皇家宫苑中的园林水体一般都与城市供水系统结合，通过理水来改善城市的供水条件，形成了一个能储积调节水量、控制水流的多级水库系统，从而保证了城市和宫苑的供水、有效地利用了水资源。这一方法自汉武帝建设昆明池起，至明清北京城的西苑三海、三山五园，成为都城规划的一项主要内容。

（5）建筑

为了满足封建帝王多样园居生活的需要，中国皇家园林建筑形成了独特、鲜明、强烈的特征：种类繁多、体量饱满、造型优美、结构精巧、功能齐全、装饰华丽、色彩鲜明（见图 2-6）。

首先，皇家园林建筑的尺度通常较大。由于王室所居、所用的建筑一般讲究气魄和威严，加上皇家园林本身规模宏大，园林建筑为了与周边环境协调，往往体量较大。例如，同样是厅堂，处于颐和园中的乐寿堂远大于拙政园的远香堂。

图 2-6　颐和园万寿山中轴线上的建筑

其次，不同于江南私家园林中建筑的轻盈通透，中国封建王朝大多定都于北方，在北方冬季严寒的气候条件下，造就了北方皇家园林中朴拙、厚重的园林建筑形象。主要体现在两方面：一是建筑翼角起翘较平缓，二是建筑墙面较为厚实；前者是为了利于冬天排雪；后者则出于保暖需要。与此同时，建筑内外空间的流动性逊于江南建筑。

另外，北方皇家园林建筑在色彩处理上一般较富丽堂皇，特别是园林主要部分的建筑群，如颐和园中的排云殿、佛香阁、智慧海等。且建筑装饰用色丰富、齐全，如屋顶常使用琉璃材料的多种本色，像黄、绿、蓝等。同时，整体色彩对比强烈又和谐统一，如在色彩浓烈的屋顶屋身同洁白的台基之间，以颜色的鲜明对比共同烘托出建筑的豪华富丽、端庄严肃的形象。建筑色彩还往往同环境气氛紧密协调，如在避暑山庄中，白墙、灰瓦、棕色的门窗与周围绿化在同色对比中取得调和，凸显出了山庄的自然野趣（表2-1）。

表2-1　中国帝王宫苑代表案例列表

基本信息	园林特征	备注	平面示意图
上林苑 时间：公元前211年（秦王政三十五年） 区位：陕西西安、咸阳、周至、户县、蓝田五县县境 规模：246000公顷（中国历史上最大的皇家园林） 园林主人：从秦始皇嬴政到汉武帝刘彻	空间布局：疏朗的“集锦式”总体布局 园林功能：游憩、居住、朝会、娱乐、狩猎、通神、求仙、生产、军训等 主要造园要素：1. 建筑以台、观、馆为主，其中高台作为登高观景之用，一般利用挖池土方堆筑而成，或为了通神明、查符瑞、候灾变而专门建造；观和馆为多功能、多用途的实用性建筑物。2. 用太液池所挖土堆成岛，象征东海神山。3. 出于生产或造景需要，人工栽植了大量观赏树木、果树和少量药用植物于宫、苑附近	上林苑始建于秦始皇时期，汉武帝时期进行扩建，西汉末年被毁坏。在中国历史上大约存在了二百四十多年	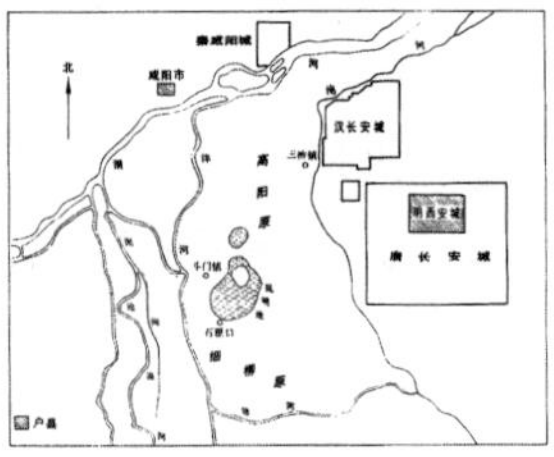
秦始皇陵 时间：公元前221年（秦王政二十六年） 区位：西安临潼骊山北麓 规模：22公顷（冢高55.05米，周长2000米） 园林主人：秦始皇嬴政	选址：南面背依骊山，东西两侧和北面形成三面环水之势 空间布局：仿照秦国都城咸阳的布局建造，大体呈回字形 特征：中国第一座皇家陵园，“依山环水”的选址思想对以后历代陵墓建造影响深远	秦始皇陵建于秦始皇即位时，直至秦始皇去世时（公元前210年）尚未竣工，前后费时37年。在秦末项羽入关后惨遭破坏，东晋十六国时期后赵石虎、唐末五代时期黄巢、温韬等人相继掘陵	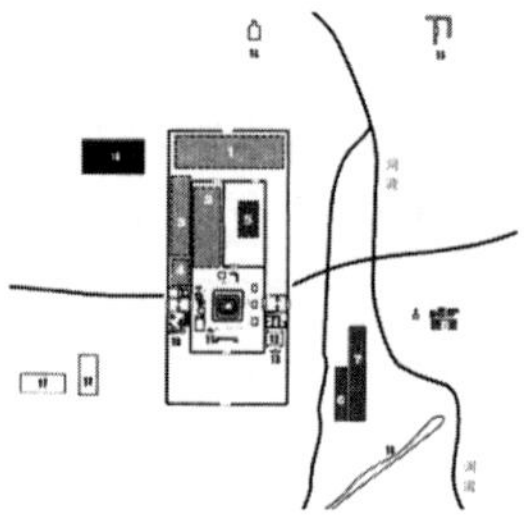
华林园 时间：公元226—239年（北魏） 区位：洛阳 园林主人：北魏孝文帝元宏	空间布局：堆山理水，殿前建阁，阁之间以复道相连 主要造园要素：宫殿建筑多为三殿一组，或一殿两阁，或三阁相连的对称布置，此种模式曾影响到日本净土庭园 特征：大内御苑毗邻宫城之北，具有军事防卫上“退足以守”的用意	本东汉芳林园，魏正始初因避齐王芳讳改。历经曹魏、西晋直到北魏的若干个朝代二百余年的不断建设，东魏天平二年（公元535年）毁	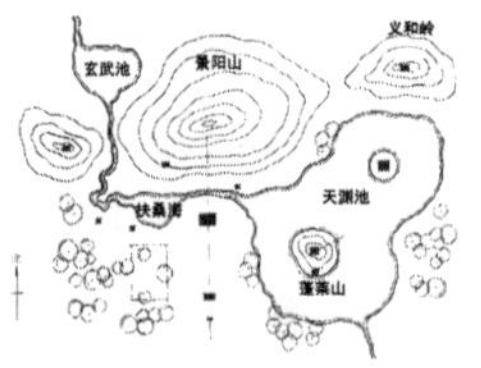
西苑① 时间：公元605年（隋大业元年） 区位：洛阳 规模：范围北至邙山，南抵伊阙，西边一直到新安境内，周围二百余里②。 园林主人：隋炀帝杨广	空间布局：“一池三山”的传统皇家园林布局，“其内造十六院，屈曲周绕龙鳞渠”	①唐初改名为芳华苑，在武则天时定名为神都苑，唐代规模有所缩小；②里：中国市制长度单位，一里约等于五百米	

续表

基本信息	园林特征	备注	平面示意图
艮岳 时间：公元1117年(北宋政和七年) 区位：河南开封(宋汴京宫城之东北) 规模：约50公顷(周长约6里) 园林主人：宋徽宗赵佶 造园者：宋徽宗赵佶与宦官梁师成	空间布局："左山右水"的格局，水系与山系配合而形成山嵌水抱的态势 主要造园要素：1. 筑山把天然山岳作典型化的概括，并大量运用石的单块"特置"。2. 园内形成一套完整的水系，几乎包罗了内陆天然水体的全部形态。3. 建筑充分发挥"点景"和"观景"的作用，山顶制高点和岛上多建亭，水畔多建台、榭，山坡及平地多建楼阁。4. 植物的配置方式有孤植、丛植、混交，大量的则是成片栽植。园内按景分区，众多景区、景点都是以植物之景为主题 特征：以典型、概括的山水创作为主题，具有浓郁诗情画意而较少皇家气派	宣和四年(1122)竣工，为了广事搜求江南的石料和花木，宋徽宗特设专门机构"应奉局"于平江(今苏州)处理"花石纲"事务	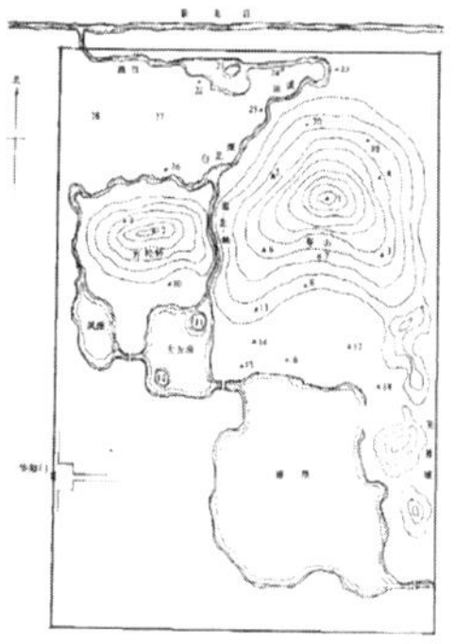
孝陵 时间：公元1381年(明洪武十四年) 区位：江苏南京东郊钟山南麓 规模：主轴线自下马坊至方城，纵深达2620米 园林主人：明太祖朱元璋和孝慈高皇后马氏	空间布局：陵园前方自下马坊至文武方门，总长2.2公里的导引建筑和神道设施，强化了帝王陵寝总体格局上的建筑艺术性	1382年葬入皇后马氏，洪武十六年基本建成。经明末清初及太平天国两次战火，红墙全毁，祾恩殿等主体建筑仅剩残迹	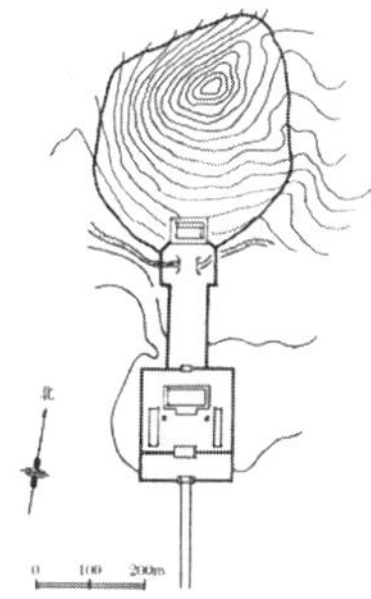
避暑山庄 时间：公元1703年(清康熙四十二年) 区位：河北承德 规模：约564公顷(清代所修建最大的皇家园林) 园林主人：从康熙皇帝玄烨至乾隆皇帝弘历	空间布局："前宫后苑"的规制，宫廷区位于山庄南部，其后为广大的苑林区，苑林区又分为三个大景区，即湖泊景区、平原景区、山岳景区 造园要素：1. 因水成景，"山庄以山名而实趣在水；瀑之溅、泉之醇、溪之流咸会于湖中"。2. 建筑青砖素瓦，不施彩绘，古朴淡雅 特征：保持原有的天然景致，体现了浓郁的山林野趣	康熙时基本建成，至后乾隆时期的扩建历时39年之久，在原来的范围内修建新的宫廷区，另在苑林区内增加新的建筑，增设新的景点，扩大湖泊东南的一部分水面	
圆明园 时间：公元1709年(清康熙四十八年) 区位：北京西北郊 规模：约350公顷(清代在北京西北郊修建的最大的一座离宫别苑) 园林主人：从雍正皇帝胤禛到乾隆皇帝弘历	空间布局：西部的南面为宫廷区，在宫廷区的东面和北面为园林区，平地造园，以山、水、建筑、林木、墙、廊、桥等分隔出的约150处景区，由陆路、水路将其连通起来，园中有园，整体统一 造园要素：以水景为主题，利用泉水开出的水面占全园总面积一半。傍水多为山，山水相依，创造出许多山水景观 特征："园中有园"集锦式规划的代表性作品，并借助于造景表现天人感应、皇权至尊、纲常伦纪等的象征寓意	最初是康熙赐给四子的私园，后四子登位为雍正帝，扩建为离宫，乾隆时再次扩建，于1744年建成。长春园、绮春园分别于1751年、1772年完成。于1860年(咸丰十年)遭英法联军的洗劫和烧毁。现在按圆明园遗址公园加以保护和整理	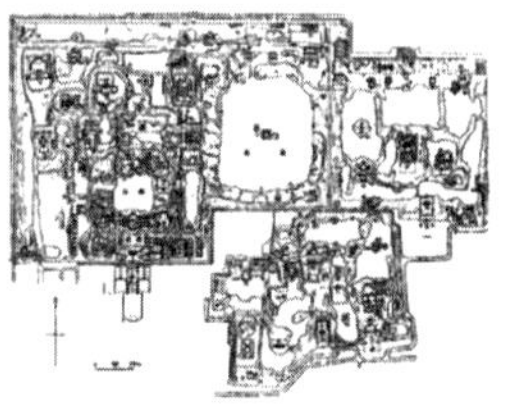
畅春园 时间：公元1684年(清康熙二十三年) 区位：北京西北郊东区 规模：约60公顷 园林主人：康熙皇帝玄烨 造园者：宫廷画师叶洮及江南园匠张然	空间布局：畅春园设园门五座，南墙东侧的正门内为理政和居住区 造园要素：1. 建筑朴素，多为小式卷棚瓦顶建筑，不施彩绘。2. 堆山为土阜平冈，不用珍贵湖石 特征：明清以来的第一座离宫御苑，也是首次较全面地引进江南造园艺术的一座皇家园林	原址是明神宗外祖父李伟修建的"清华园"，康熙皇帝首次南巡后，在其旧址上启建畅春园，此后雍正、乾隆等皇帝居住于圆明园。至道光年间，畅春园已趋破败，咸丰十年(1860年)遭英法联军烧毁。光绪二十六年(1900年)八国联军入侵，再次遭到洗劫	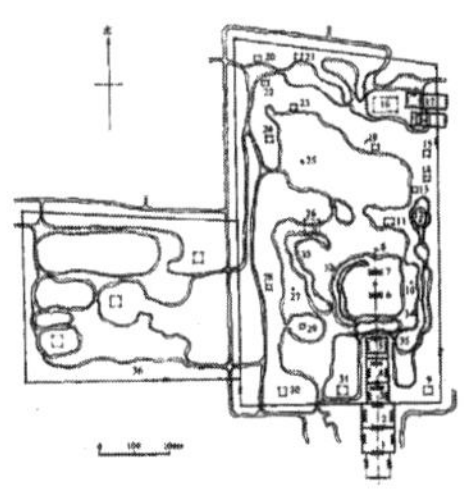

续表

基本信息	园林特征	备注	平面示意图
静明园 时间:公元1692年(清康熙三十一年) 区位:北京西北郊玉泉山小东门外 规模:75公顷(其中水面13公顷) 园林主人:乾隆皇帝弘历	空间布局:分为东山景区、西山景区,玉泉湖中有三岛,湖两岸为"玉泉趵突",泉侧有"天下第一泉"御碑,为全园景观荟萃之地 特征:"玉泉垂虹"为金、元以来的"燕京八景"之一	金代始建芙蓉殿(亦名玉泉行宫)。明正德年间(1506—1521)建上下华严寺。清康熙十九年(1680)建行宫,初名澄心园,三十一年(1692)更名静明园。乾隆年间大规模扩建,形成"静明园十六景"	
静宜园 时间:公元1745年(清乾隆十年) 区位:北京西北郊的香山 规模:约153公顷 园林主人:康熙皇帝玄烨到乾隆皇帝弘历	空间布局:以山地为基址而建成的行宫御苑,根据山地地形分为内垣、外垣、别垣三部分,内垣是主要景点和建筑荟萃之地,外垣以山林景观为主调,别垣内有见心斋和昭庙两处较大的建筑群 造园要素:南北以山景为主,水景为辅;前者突出天然风致,后者着重人工经营	金大定二十六年(1186)建香山寺,清康熙年间(662—1722),就香山寺及其附近建成"香山行宫"。乾隆十年(1745)加以扩建,翌年竣工,改名"静宜园"	

2.2.2 日本皇室宫苑

□ 飞鸟、奈良时代是中国式山水园舶来期,平安期是日本式池泉园的"和化"期,镰仓、南北朝、室町期是园林佛教化的时期,桃山期是园林的茶道化期,江户期是佛法、茶道、儒意综合期。

□ "物哀之美"

当公元6世纪佛教由中国传入日本时,与儒学一起成为日本社会意识的主流,而且特别在人生观上取得了基本的控制权,其中的一支大宗派——禅宗对日本文化的影响最为深远。禅宗主张"本性是佛",主张"无念为宗",虽身处尘世,却心中不染纤尘,主张"顿悟成佛",不需累世修行,只需灵机一动,有所领悟即能达到佛的境界。禅宗的教义迎合了当时日本社会文化修养水平较低的武士阶层的精神需求,得到了幕府的保护,迅速主宰了日本社会生活的方方面面,使得日本古典园林呈现出浓厚的宗教色彩,包括皇家园林也深受其影响。日本园林中都或多或少地反映了禅宗美学枯与寂的意境,审美意识中渗透着悲观、厌世、彻悟、往生的"物哀"之美。

日本自6世纪起大和时期(250—710)就不断向中国派出使者学习中国文化及政治制度,园林艺术也经朝鲜传入日本,此时日本的帝王庭园类似于中国汉朝宫苑,其跑马赛狗、狩猎观鱼等活动内容和汉朝建章宫颇多相似。进入奈良时代(710—794),律令制国家的繁荣兴盛时期后,天皇更是多次派出遣隋使、遣唐使,全面吸收中国盛唐的封建文化。这一时期的史载园林有平城宫南苑、西池宫、松林苑、鸟池塘和城北苑等,以及平城京以外的郊野离宫,如称德天皇(718—770)在西大寺后院的离宫。到了平安时代(794—1185),皇室封建集权达到日本历史极盛,皇家园林规模更大、内容更多,园居活动也更为频繁,同时也在盛唐影响基础上持续完善具有日本民族形式特征的本土园林。平安时代初期皇家园林受唐文化影响十分深刻,布局中的中轴、对称、中池、中岛等都学习唐代皇家园林的做法,这一时期也被称为唐风时期。到后期废止遣唐使之后,即进入国风时期,园林也表现为轴线的渐弱,建筑布局的不对称,水池平面的自由伸展等。建置在平安京宫城的神泉苑、朱雀院、淳和院以及建在郊外的嵯峨院都是当时最著名的御苑。镰仓与室町时代(1185—1573),禅宗受到武士阶层的信仰和保护,寺社园林开始对皇家园林进行渗透。这一时期皇权的式微也使得皇家园林建造数量远远逊于武家和僧家造园。到江户时代(1603—1868),日本封建文化的发展在近三百年的历程中到达了顶峰。儒家的中庸思想进一步提高了园林的综合性,这一时期综合性皇家园林有修学院离宫、仙洞御所庭园、京都御所庭园、桂离宫、旧浜离宫园、旧芝离宫园等。其中,保留至今的桂离宫、仙洞御所、修学院离宫、京都御所,并称为京都四大名园。

园林特征

日本封建社会早期由皇室掌权,在盛唐文化基础上形成了具有日本民族特色的古典文化。由于深受中国文化影响,日本园林也选择了以山水为骨干的形式,但由于四面环海的海洋性,又使得日本园林形成了不同于中国的园林意象,朝向海岛型、海洋型、水路型发展。

从 12 世纪末起,长时期的幕府割据混战导致皇权旁落,武士们掌握了各级政府,政治上由贵族专权转为武士当权,因此日本的皇家并不享有类似中国皇帝的至高无上的尊贵地位,于是在日本的皇家园林中表现出了对尘世喧嚣的厌倦和逃避,对大名将军飞扬跋扈的愤恨和无奈以及对重获皇权的企盼。

与中国皇家园林的轴线气势、阔大山水、瓦顶斗拱、雕梁画栋、立式堆石、石桥拱桥、树少屋多相比,日本皇家园林则呈现出小山小水、茅茨屋顶、不施粉黛、树多屋少、伏式置石、土桥平桥的景象,整体风格自然朴素,较少皇家气派。园林中整体禅味较浓,不强调为世俗化的享乐活动服务,而是以禅宗心身感悟的方法,把人们引入一种淡泊清幽的脱尘境界,来领悟自然的真谛和神佛的启示。

(1)空间布局

日本皇家园林的总体布局经历了早期严格对称的寝殿造园林到非对称的书院造园林,最终发展为综合性的回游庭园,形成了具有典型日本本土特征的园林布局。

寝殿造园林

日本皇家园林早期模仿中国的轴线对称布局,即平安时期形成的寝殿造园林,如桓武天皇的嵯峨院庭园、鸟羽天皇的鸟羽殿庭园等。以寝殿为中心,呈左右对称配置的规整格局,从正门、水池、石桥、中岛、石桥、广庭,到寝殿是一条轴线(见图 2-7)。

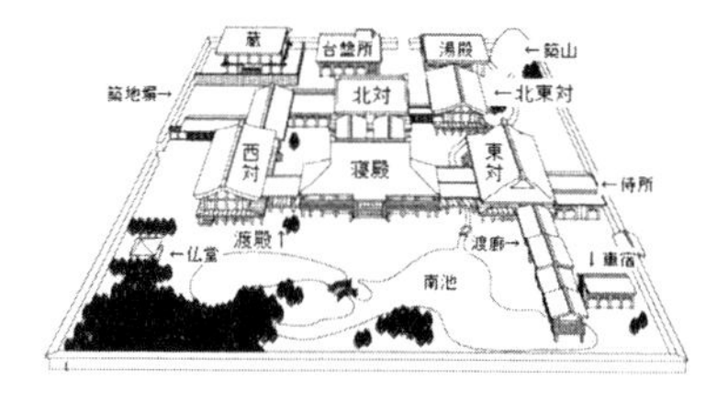

图 2-7 寝殿造园林的典型布局图

书院造园林

镰仓时代以后,寝殿造园林渐渐退出历史舞台,演变成更加简单素朴、雅致颖巧的庭园。而在进入近世(桃山时代与江户时代)以后,这种中式的传统布局在经过日本文化的吸收和消化之后,逐渐转变为依山就势的非对称布局,即以水池为中心的书院造园林。

回游庭园

池泉庭园发展到江户时期,出现了回游庭园,这是日本古典园林最晚出现的一种园林类型,绝大多数属皇室和幕府将军所有,其中京都的桂离宫、修学院离宫是皇家回游庭园的代表作(见图 2-8)。回游庭园不同于早期池泉庭园具有以下特点:

图 2-8 桂离宫回游示意图

① 占地面积比较大;

② 以环状的苑路贯穿全园 ;

③ 茶庭、书院造庭园作为园林总体的相对独立的局部,形成大园含小园、园中有园的格局;

④ 建筑物的数量较少、布置疏朗,以植物造景为主;

⑤ 水体、石组的宗教、神话象征寓意已退居次要地位,甚至完全消失。仿效中国明清江南园林的做法,突出园内各个景点的特色并分别加以景题命名 。

（2）水体

水在日本皇家园林的构成中占据重要地位，水体面积一般较大，形式丰富，景致多变。庭园的景观构成、建筑布局多以水体为中心展开。日本园林中的主体建筑总是面向水池，不以南北为准，在水池周围的建筑一般都比较重要。

受海岛文化影响，日本皇家园林表现出水体型山水园风格。中国的一池三山传入日本后，日本基于本国国土不仅是一洋三岛，而是一洋五岛和多岛，将其进化为一池多岛多矶。皇家园林也以真山水来反映园林的海岛性，以池岛表现海景为主要特征。如桂离宫的一池五岛、仙洞御所的一池五岛、京都御苑的一池一岛等。

图 2-9　日本园林中的植物配植

（3）植物

日本园林中植物占的比重较大，绿化覆盖率较高。《作庭记》中植物单独成章，可见自古以来日本人对树木的重视（见图 2-9）。皇家园林植物造园有以下特征：

① 在植物种类的选择上，偏好春秋的色叶植物以及落花的植物，如春之樱、秋之红叶；

② 同一园内的植物品种不多，常常是以一二种植物作为主景植物，再选用另一二种植物作为点景植物，层次清楚、形式简洁而美观；

③ 常以常绿树木作为主景树，较多见有黑松、红松、雪松等；

④ 经常会在水中设岛，形如龟、鹤，上植松树，以求长寿；

⑤ 与中国皇家园林中多是自然形态的树不同，日本皇家园林中经常采用修剪树木，体现了“自然之中见人工”的效果。

（4）建筑

从建筑类型上看，日本皇家园林中以书院建筑群为主，茶室建筑为辅，且出于皇家积德求寿的需要，宗教建筑往往在园林中占有很大的一部分。从风格上看，不同于中国皇家审美所追求的华丽富贵，日本皇家园林建筑整体显出了较为朴素的风格，推崇材料天然的效果，不做过多的人为装饰，以精致雅趣为美。如建筑的木构件一般都采用梁柱直接交接的形式，基本不用斗、拱、昂等装饰构件；同时梁柱一律不施油彩，保持着木材的本色与纹理。从建筑数量上来说，日本皇家园林中建筑的比重很弱，建筑较少介入庭园造景。除了主体建筑群，以及一些如石灯、石水钵等建筑小品外，很少有其他建筑物。而在建筑体量方面，日本皇家园林的建筑尺度则更为小巧，室内家具少、低，以席地而坐为主。相应的园外景点也较低矮，从而以利于从低的视点对有限的园景进行静止的观赏（见图 2-10）。

图 2-10　桂离宫中的主体建筑

（5）置石

日本园林中极重视理石，《作庭记》中即有“立石要诣”“立石诸样”及“立石口传”等篇章，并称“凡作山水，必立以石”，“立石”成为其造园内容的主体与核心。日本皇家园林的用石方法较广，从大到块石堆山堆泷，小到玉石铺案。从历史上看，早期的筑山主要表现为池中堆土成山，即为岛的形式。发展至晚期，开始以叠石代替土筑形成山体。用石以象岛为主，如矶石、岛石、岸石等，皆用来表现岛屿景观，石以横向的平伏为上。置石用材以京都一带的鞍马石、纪州一带的青石为主，色彩晦暗、肌理坚实，以方厚敦实为佳（表 2-2）。

表 2-2　日本皇室宫苑代表案例列表

基本信息	造园特征	备注	平面示意图
桂离宫 时间:公元 1620 年(日本元和六年) 区位:京都西南部 规模:约 66990 平方米(东西长 266 米,南北宽 324 米) 园林主人:智仁亲王及其子智忠亲王 造园者:小堀远洲	空间布局:以水体为构图中心,自然式自由布局,为回游式池泉园与茶庭的混合式 造园要素:1. 书院建筑呈雁行式布局,茶室建筑呈"楷、行、草"体布置,装饰素雅。2. 水池中布置五个岛屿,以此作为日本国土的象征。3. 园内所有山坡上群植松、柏、枫、杉、竹以及棕榈、橡树等,形成幽深葱翠的景观 特征:园林小品建筑大多与中国文化或诗句有关,如总体布局就是依据白居易的《池上篇及序》,显示了园主人与造园者较高的文化素养	始建时的主人是居住在京都八条的皇族智仁亲王。正保二年(1645 年)由智仁亲王的儿子智忠亲王进行扩建。到明治十六年(1883 年),桂山庄成为皇室的行宫,并改称桂离宫	
修学院离宫 时间:公元 1655 年 区位:京都左京区比睿山麓 规模:约 54 公顷 园林主人:后水尾上皇 造园者:后水尾上皇	空间布局:分为三个小园,称下御茶屋、中御茶屋和上御茶屋,形成园中园的结构。三园间用松道相接,道边为农田 特征:该园远离市尘却可遥望街市,离而不隔,特别是以修学院山为借景,借景精妙	修学院的建造由后水尾上皇所设计与指导,连模型都是他亲力亲为,竣工于 1699 年。透过寿月观、神仙岛、千岁桥等景名,表达了当年已 63 岁还在造园的后水尾上皇的祈寿心愿	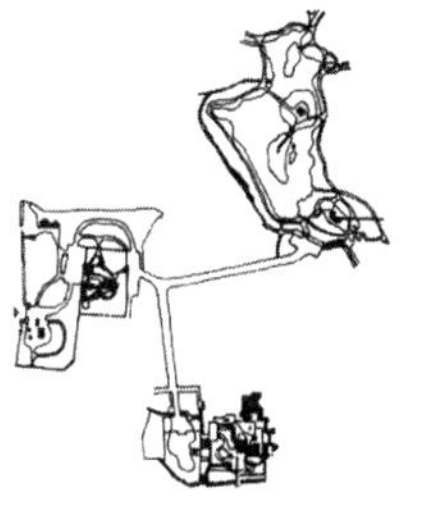
京都御所 时间:公元 1640 年 区位:京都鸭川对岸西面 规模:91 公顷 造园者:小堀远洲	空间布局:按寝殿风格建造,庭园分布在建筑群中,御池庭、御内庭两大庭园各有特色:前者以大池巨石为主,有阳刚之气;后者以曲水小桥为主,有阴柔之美 造园要素:紫宸殿是皇宫主建筑群中的主要建筑,宽大雄伟、肃穆端庄,殿前是宽广的庭院,被称为"南庭"	京都御所始建于平安时代,后经历多次火灾和战乱,织丰时代,织田信长、丰臣秀吉、德川家康分别于 1568 年、1585 年和 1606 年多次改建和添建。1640 年由小堀远洲担纲建造庭园	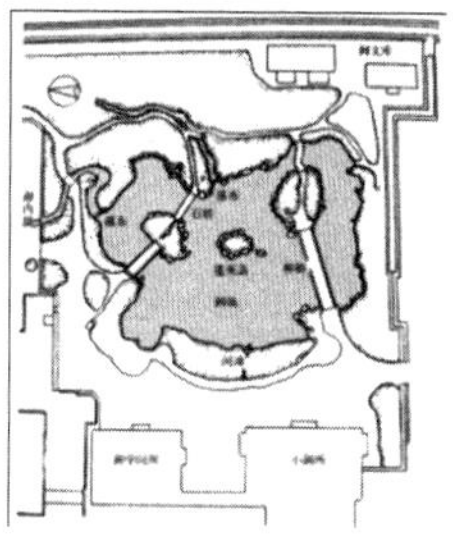
仙洞御所 时间:公元 1569 年(日本永禄十二年) 区位:京都鸭川对岸西面 规模:约 5 公顷	空间布局:由园区和宫区组成。宫区在西北角,园区在东面,利用堆山理水作为区别景域的主要手段,南北两水池将全园分为真、行、草三部分 造园要素:1. 水面在庭园中占很大部分。2. 古迹较多,如古坟、古碑、古泉、古社等,神社亦不断出现,历史宗教气氛浓厚	仙洞御所原为土御门殿京极殿的旧址,初期的建造是在永禄十二年左右,织田信长、丰臣秀吉分别进行了一些扩大修改,现在的庭园主要建造于江户初期至末期	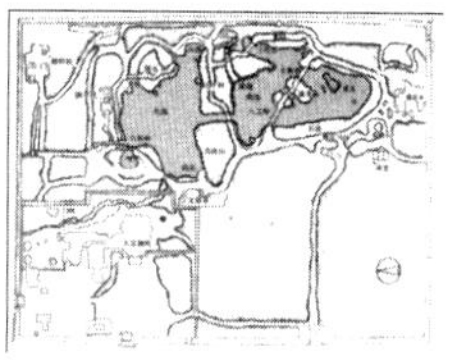

2.2　中东及伊斯兰地区

西亚地区诞生过世界历史上诸多灿烂的古代文明,如埃及、巴比伦、波斯等。从最早的古埃及造园开始,出于对干旱恶劣自然环境的对抗,园林中就力图以规则几何的形式实现对自然的改造。自公元 7 世纪起,穆罕默德(Muhammad,约 570—632)以伊斯兰教统一了整个阿拉伯世界后,阿拉伯人吸收了被征服民族的文化,其中与正处于高度发达状态的波斯文明相融合创造出“波斯伊斯兰式”文化。随着阿拉伯人的南北征战，伊斯兰世界范围迅速扩大，西至西班牙南部，东至印度恒河流域，由于这一广大区域具有相似的炎热气候，使得“天堂园”式的伊斯兰园林流行于整个阿拉伯世界。

图 2-11　西亚平原

2.2.1　巴比伦宫殿园林

幼发拉底河和底格里斯河两河流域形成的冲积平原上，气候温和湿润，天然森林资源丰富，诞生了被看做是西方文明摇篮的巴比伦文明，公元前 2000 年至公元前 1000 年巴比伦曾是西亚最繁华的政治、经济以及商业和文化中心。但两河的流量受上游雨量影响很大，导致有时会泛滥成灾。冲积平原一马平川的地形，使得这里无险可守，以至古巴比伦在历史上一直处于战乱频繁的状态（见图 2-11）。公元前 19 世纪左右，来自叙利亚草原的阿摩利人攻占巴比伦城，最终建立起一个强大的巴比伦王国，历史上称之为古巴比伦王国。到第六代国王汉谟拉比（Hammurabi）时，建立起中央集权的奴隶制国家，其在位期间大兴土木，建造宫殿。

汉穆拉比死后，帝国随即瓦解，公元前 729 年终于被亚述帝国吞并。直到公元前 626 年战胜了亚述的迦勒底人在巴比伦建立了一个新的国家，称为新巴比伦王国。新巴比伦王国在尼布甲尼撒二世（Nebuchadnezzar II，约 BC630—BC561）统治时国势达到顶峰，其在位期间对巴比伦城进行大规模建设，使巴比伦城成为当时世上最繁华的城市，同时还为来自米底（Media）的王后兴建了著名的“空中花园”，被誉为古代世界七大奇迹之一，公元前 539 年巴比伦为波斯帝国灭亡，这座空中花园则毁于公元前三世纪。

□ 尼布甲尼撒二世的巴比伦城

据史书记载，尼布甲尼撒二世扩建的新巴比伦城呈正方形，每边长约 20 公里，外面有护城河和高大的城墙，主墙每隔 44 米有一座塔楼，全城有三百多座塔楼，100 个青铜大门。城内有石板铺筑的宽阔通衢，还有九十多米高的马都克神庙，兼有幼发拉底河穿过城区，上有石墩架设的桥梁，两边有道路和码头，其恢弘壮阔可见一斑。

古巴比伦发展了以森林为主体、以自然风格取胜的造园，由于两河流域多为平原地带，从苏美尔人开始就热衷于堆叠土山，通过人造山丘台地营造人和神之间对话的场所。国王们多在山冈上建造规模宏伟的宫殿，既可以突出主景，又能登高瞭望，开阔视野。当洪水泛滥之时，高地也是更为安全的地方。

帝王猎苑

主要受当地自然条件和生活习俗影响而产生，将一些天然森林人为改造而成。通常堆叠着数座土丘，用于登高瞭望、观察动物的行踪等。有些土山上还建有神殿、祭坛等建筑物。苑中增加了许多人工种植的树木，品种主要有香木、意大利柏木、石榴、葡萄等。

□ 除了猎苑和宫苑，古巴比伦园林类型还有受宗教思想影响而建造的神苑以及私家宅院。

王室宫苑

最显著的特点就是采取类似今天的屋顶花园的结构和形式。在炎热的气候条件下，为避免居室受到阳光的直射，通常在房屋前建有宽敞的走廊，起到通风和遮阴的作用。还在屋顶平台上铺设置灌溉设施，铺以泥土，种植花草，甚至树木，营造屋顶花园。这既有地理条件的影响因素，也有工程技术发展水平的保证，如提水装置、建筑构造等。拱券结构正是当时两河流域地区流行的建筑样式。

空中花园

古巴比伦宫苑代表作品——“空中花园”（Hanging Garden）建于公元前 6 世纪，其遗址在现伊拉克巴格达城郊大约一百千米左右，幼发拉底河东面。古代的巴比伦城由内外两重城墙环绕，空中花园在内城墙以内，

图 2-12　空中花园想象复原图

依附在“巴比伦城墙”之上。空中花园实质上是建在数层平台上的花园,每层平台由拱顶石柱支撑着,台层之间由阶梯联系。由于蔓生、悬垂植物及各种树木花草遮住了部分柱廊和墙体,加上花园比宫墙还要高,给人感觉像仿佛整个花园悬挂在空中一般(见图2-12)。

花园每一台层的外部边缘有石砌的、带有拱券的外廊,其内有房间、洞府、浴室等。屋顶平台上则铺以泥土,种植花草树木,树种多选用美索不达米亚北部的当地树种,如桦树、衫雪松、合欢、含羞草类或合欢类欧洲山杨、板栗白杨等。此外,空中花园中设有一套灌溉设施系统,在台层的角落处安置了提水的辘轳,将河水提到顶层台层上,逐层往下浇灌植物,还形成活动的跌水。空中花园反映出当时的建筑承重结构、防水技术、引水灌溉设施和园艺水平等,都发展到了相当高的程度(表2-3)。

□ 撰写奇观的人说:“那是尼布甲尼撒王的御花园,离地极高,高大树木的气根由跳动的泉水涌出水沫浇灌。”公元前三世纪菲罗曾记述:“园中种满树木,无异山中之园,其中某些部分层层叠长,有如剧院一样,栽种密集枝叶扶疏,几乎树树相连,形成舒适的遮阴,泉水由高高喷泉涌出,先渗入地面,然后再扭曲旋转喷发,通过水管冲刷迭留,充沛的水气滋润树根土壤,永远保持湿润。”

□ 后世也出现过一些与悬空园类似的庭园,如波斯设拉子的塔库特庭园、意大利伊索拉贝拉别墅的庭园等。

表2-3 空中花园造园信息

基本信息	园林特征	备注	平面示意图
空中花园(Hanging Garden) 时间:公元前625年左右 区位:美索不达米亚平原的新巴比伦城 园林主人:新巴比伦国王尼布甲尼撒二世(Nebuchadnezzar II)	空间布局:屋顶上作阶梯状平台,台层之间有阶梯联系。每一台层的外部边缘有石砌的、带有拱券的外廊,其内有房间、洞府、浴室等。在平台上铺以泥土,种植花草树木 造园要素:1. 将地面或坡地种植发展为向高空种植,选用当地树种。2. 园内设有一套灌溉设施系统,将河水提到顶层平台,逐层往下浇灌植物并形成活动的跌水。 特征:由于各种树木花草遮住了部分柱廊和墙体,加上花园比宫墙还要高,整体外轮廓恰似悬空	新巴比伦王尼布甲尼撒二世因出生于米底(Media)的王后习惯于山林生活,而下令建造的“空中花园”,该园成为古代世界七大奇迹之一,遗址在现伊拉克巴格达城市的郊区	

2.2.2 波斯伊斯兰宫殿花园

波斯是重要的东方文明之一,几乎与古希腊和中国同时达到了古代文明发展的巅峰。自公元前6世纪始,在持续的多民族交战中逐渐形成了疆域辽阔、统一整个中东地区的波斯帝国,囊括了两河、埃及和印度河这三大文明中心,融合了不同种族、不同文化背景的民族文化。其后罗马帝国分裂,波斯在与东罗马帝国(即拜占庭王朝)的接连不断战争中极大地耗尽了国力,导致至公元651年穆斯林势力在短短十年内就征服了波斯帝国并完全占有了波斯帝国的领土。从此阿拉伯文化与波斯文化相融汇,形成了“波斯伊斯兰式”。波斯园林具有明显的折衷性特点,波斯王宫宫苑在建造中充分调动帝国内所有可用的因素,遍采各地材料,聘请各地巧匠,兼容并蓄地融合了各地的园林艺术风格。

□ 波希战争(Greco-Persian Wars)

BC492年—BC449年,在广袤的亚欧疆域上,波斯帝国与希腊进行了近50年的战争,持续半个世纪之久的希波战争将希腊的科学、艺术、文化等传入波斯,对中西方文化交流影响尤其深远。希腊文明中强调整齐、秩序和匀称的审美观念渗透到波斯各种艺术创造中,也反映在波斯的天堂园中,即呈现序列清晰的矩形庭园,以几何形为平面基本形状。

园林特征

古波斯地处荒漠的高原地区,多山而河流稀少。气候干旱少雨,夏季尤其炎热。水资源的缺乏导致整个地区植被贫瘠,自然环境较为恶劣。为了创造一个与周围严酷自然环境隔绝,却有着丰硕果实和鲜花的庭园,园林大多为依附于宫殿建筑,借助墙体的遮挡尽量减少阳光的直接照射,面积不大而显得比较封闭,由宫殿建筑围合出多个中庭。具有以下特征:

□ 古波斯宗教中的“天堂园”

古波斯人信奉拜火教，认为天国中有金碧辉煌的苑路、果树及盛开的鲜花，用钻石和珍珠造成的凉亭等，呈现一派水润荫浓、草木丰美、凉爽幽静的景象，这就是著名的天堂园。当阿拉伯人来到波斯时，传入了穆罕默德的宗教信仰，两种宗教相融合，精致美丽的天堂园顿时就成为了信奉伊斯兰教的阿拉伯人心中的“天园”的蓝本。《古兰经》中是这样描绘“天园”的：“许给敬慎之人天园的情形：内有长久不浊的水河，滋味不变的乳河，在饮者感觉味美的酒河和清澈的蜜河。他们在那里享受各种果实，并蒙其养主的饶恕。”（卷二十六，四十七章）在这里，波斯天堂园中的四条水渠已转化成“天园”中水、乳、蜜、酒四条河流，而就是这四条河流对伊斯兰国家的造园产生了巨大影响。

图 2-13　波斯“天堂园”想象图

图 2-14　波斯地毯上的图案

① 以重现宗教中的“天堂园”园为造园理念（见图 2-13）；

② 强调几何秩序，常用十字形园路划分空间；

③ 拥有独特的引水和灌溉系统；

④ 偏爱庭荫树和花卉；

⑤ 以几何图形为基础的抽象化曲线纹样是装饰主要题材，多用陶瓷马赛克。

（1）空间布局

最典型的布局方式便是以高于庭园地面的十字形苑路将庭园分为四个部分，各部分面积相等。在路中央设置有小沟渠来浇灌植物，同时在苑路的交叉汇聚点上，或设置一个较大设有喷泉的浅水池，或设置一个爬满藤蔓的凉亭。在园路两侧种有树木，并栽植花卉。建筑物多位于庭园的一侧，或从三面、四面环绕在庭园的周围。如果园路用地面积较大，也常由一系列相似的小院落组成，之间有小门相通。有时也通过隔墙上的栅格和花窗，让人隐约看到相邻院落中的景色，以此引导人们从一个院落走向另一个院落。

（2）水体

水是波斯园林中的灵魂，由于水资源的匮乏，波斯人创造了沿用数千年的特殊的引水系统和灌溉方式，成为波斯园林一大特点：通过地下隧道将高山上融化的雪水引入城市和村庄，并在需要的地方从地面打井提水。我国新疆地区的坎儿井就是受其影响的产物。在浇灌方面，一改其他地区常见的自上而下的浇灌方式，而是利用沟渠等，定时将水体直接引到植物的根部，从而避免了在烈日下因叶片上的水珠蒸发而受到灼伤。同时，植物种植池里设有防水层，以确保水分能被植物根系慢慢吸收，避免渗漏。

（3）植物

受到气候条件的影响，波斯人对植物，特别是庭荫树情有独钟，同时对四季常绿的针叶树，以及各种果树也偏爱有加。悬铃木自古以来就被波斯人当做避瘟疫之物，松树能为波斯人实现“永远常青的绿色庭园”，它们都是常用的园林植物。月季则是波斯伊斯兰园林中运用最为广泛的花卉。在种植形式上，高大的乔木一般成行列式栽植，果树则成片种植，花卉一般栽种在花床中。相比花卉装饰，阿拉伯人更欣赏人工图案的效果，如黄杨组成的植坛。在并列的宫殿小庭园中，各个庭院内种植的树木也尽可能采用相同的树种和规格，以便获得统一的风格。

（4）装饰

由于伊斯兰教义里规定严禁偶像崇拜，反对将具体化的人物、动物等生命体作为礼拜的对象来描绘，因此以几何图形为基础的抽象化曲线纹样，就成了建筑和园林装饰的主要题材（见图 2-14）。此外，伊斯兰艺术的色彩也是主观性很强的装饰色彩，五彩斑斓、对比强烈的环境气氛是对地处荒芜地貌的人们在心理上的一种补偿，对稳定穆斯林的心理状态起到了显著的作用。在宫殿园林中广泛运用彩色陶瓷马赛克，体现了伊斯兰装饰艺术崇尚繁复、不喜空白的特点。如贴在水渠和水盘底部、水池的池壁及地面铺砖的边沿，甚至大面积地用于坐凳的凳面、凉亭内部、庭园的墙面等（表 2-4）。

表 2-4　波斯伊斯兰宫殿花园代表案例列表

基本信息	园林特征	备注	平面示意图
四十柱宫(Chehel Tan) 时间:公元 1598 年(阿巴斯一世时期) 区位:伊斯法罕(Esfahan) 规模:约 6.75 公顷 园林主人:阿巴斯一世(Shah Abbas)	空间布局:矩形布局上呈四等分,沿长边方向延伸的倒映池形成了主轴线,而沿短边方向的道路形成次轴线,入口位于这条轴线上 造园要素:1. 主体建筑四十柱宫作为一个观景平台,可欣赏水流、树木和花草,同时也成为园林的焦点,其装饰尤为豪华。2. 花园中对称种植了花卉灌木,以平面图案强化了园林中心的效果。3. 水池设在建筑物之前,形状采用方形	早在 16 世纪末阿巴斯一世时期花园就建成了。阿巴斯二世(Shah Abbas II)将它扩建,用来举行重要仪式,尤其是接见外国使节。18 世纪初,四十柱宫遭遇大火,哈桑苏丹将之重修	
塔库特园(Bagh-i-Takht) 时间:公元 1789 年 区位:伊斯法罕 园林主人:卡扎尔朝的穆罕默德·沙(Muhammad Shah)	造园要素:以喷水来浇灌全园的典型作品,园中的流水集中注入被称为"小海"的大水池 空间布局:中轴对称的布局,花园随着平台上升的梯级展开,底层为一个宽大的水池,其上平台花园面积逐渐变小	创建之初这个庭院被命名为"Takt-i-Qajar"(卡扎尔王座)。1850 年后才取名为现在的"塔库特园",也被称为"君王之园"	
埃拉姆园(Bagh-i-Eram) 时间:公元 19 世纪 区位:设拉子城(Shiraz)	空间布局:由 7 层台地组成,布局沿纵长的中轴线展开,体现了波斯传统庭院的几何学特征和与自然地理结合的特征 造园要素:水渠作为庭园构成的重要设施,创造凉爽气息的同时,也用作庭园分区的手段	该园目前是设拉子大学植物系的花园	
费因园(Bagh-i-Fin) 时间:公元 1587 年 区位:卡香(Kashan)郊外 规模:约 2.4 公顷	空间布局:波斯地毯式的平面,采用中轴线构图 造园要素:1. 水池是庭园中首先筑造的设施,既作为庭园轴线,又四周环绕庭园,并设置喷泉。2. 主轴线的交叉点上设有凉亭,一面朝向庭园主要建筑物,一面朝向连廊 特征:兼有萨菲王朝和卡扎尔王朝的特点,是波斯规则式大庭院的杰出作品	此园原是萨菲王朝的统治者夏·伊斯迈尔的会客所,1587 年后夏·阿拔斯在此大兴土木,1659 年夏·阿拔斯二世也曾访问过这个庭院。但现存的建筑物是 1799—1834 年法塔赫·阿里(Fath Ali Shah)统治时期建造的。1935 年被指定为伊朗国家纪念物	

2.2.3　西班牙伊斯兰宫苑

地处欧洲南部伊比利亚半岛上的西班牙于公元 711 年被信奉伊斯兰教的摩尔人(Moors)入侵,摩尔人征服了比利牛斯山南部大半个西班牙,从此西班牙的伊斯兰教文化发展进入了一个全盛时期。而同时期的欧洲大陆则处于中世纪的黑暗中,在摩尔人的统治下,伊斯兰西班牙一度超越了其他欧洲国家,成为了文明的中心。摩尔人统治者大力传播西亚文化,将大量珍稀的花卉草木移植到西班牙,并在首都科尔多瓦兴建了

□ 摩尔人

一般是指伊比利亚半岛(今西班牙和葡萄牙)、马格里布(al-Magrib)和西非的穆斯林居民。历史上,摩尔人主要指中世纪在伊比利亚半岛的伊斯兰征服者,摩尔人的名称,最初来自公元前46年罗马人进入西非后,对所有未罗马化的自治北非土著的称呼——“毛利人”(Mauri People)。公元708年伊斯兰教传入北非后,大量当地人把阿拉伯语接受为母语,并皈依伊斯兰教。其中从埃塞俄比亚来的摩尔人成了最有影响的一支。公元711年,一个非洲柏柏尔人将军塔里克·伊本·齐亚德(Tariq ibn-Ziyad)率领6500名北非柏柏尔人(Berbers)和500名阿拉伯人北渡直布罗陀海峡在伊比利亚半岛登陆,拉开了入侵基督教的伊比利亚半岛的序幕。

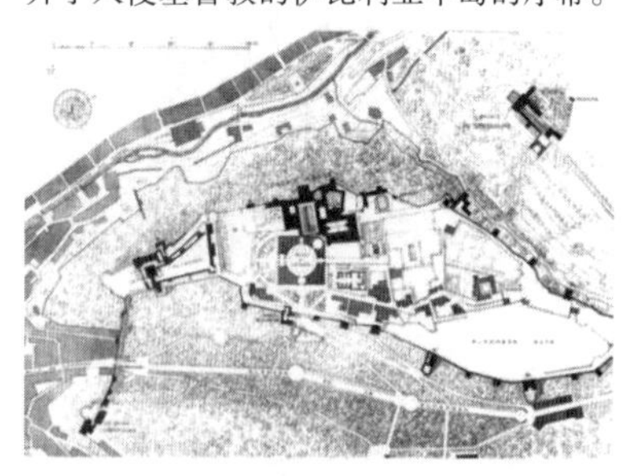

图2-15 阿尔罕布拉宫总体平面布局图

大量带有强烈伊斯兰特色的清真寺、宫殿和园林,形成了具有浓厚东方色彩的“西班牙伊斯兰式”。

到公元十世纪以后,西班牙北部山区形成了众多的小基督教王国,他们组成了与阿拉伯人对抗的联合阵线,逐步收复西班牙北部和中部地区。此时西班牙的伊斯兰国家已经十分困窘,摩尔王朝面临无可挽回的没落。尽管格拉纳达的摩尔人王国仍在伊比利亚南部安达鲁西亚存在了三个多世纪,但只能以奢侈而精巧的手工艺来装点他们最后的岁月,其中以阿尔罕布拉宫(Alhambra Palace)的建造而闻名于世。1492年,在格拉那达的最后一个穆斯林堡垒臣服于新近统一的基督教西班牙王国,长达八百年的摩尔人统治终于彻底结束。尽管摩尔人最终被基督教徒逐出西班牙,他们对于西欧园林的发展影响深远。

园林特征

西班牙伊斯兰宫苑延续了波斯伊斯兰的造园传统,并在继承了罗马人造园要素和手法的基础上,将传统伊斯兰的建筑与园林文化与西班牙的自然条件相结合,从而创造了富有东方情趣的西班牙阿拉伯式造园(见图2-15)。其特点主要包括:

① 由城堡式建筑围合成的庭院,创造内部的奢华天堂;

② 建于陡峭山坡上,庭园布局随山就势;

③ 封闭的内向型空间,尺度宜人;

④ 多采用小型的盘式涌泉,营造静谧氛围,提供凉爽的小气候;

⑤ 注重树木的遮阴效果,大量运用芳香植物;

⑥ 广泛采用几何形图案和马赛克瓷砖。

在西班牙南部的多山地区,摩尔人像先前的罗马人那样,将宫苑建造在陡峭的山坡之上,在坡地上开辟出一系列狭长的露台。台地上常设有亭廊或观景台,以便在山坡上眺望风景。园林主要是一些利用建筑围合的庭院。摩尔人为了防止异教徒的觊觎,皇家宫苑一般自始至终都不对外显露其内部的富有和华美,也并不以宏大雄伟取胜,而是以曲折有致的庭园空间见长。它们的外观朴素耐用,内部却如同豪奢华丽的天堂。

处于院墙包围的狭小庭园,与人的尺度相协调,容易形成亲切宜人的环境氛围,而且封闭的内向型空间也便于将人的注意力吸引到精雕细琢的装饰物上。此外,狭长形的庭园空间也使得景物不至于一览无余,能够产生小中见大的效果。环绕庭园的柱廊、厅堂成为装饰的重点,镂空的拱券产生梦幻般的光影变化,灰泥墙面镶嵌着色彩艳丽的瓷砖图案,成为庭园中最吸引人的地方。庭院内的景物很少,树木花草、喷泉水池结合坐凳,构成空灵静谧的休憩空间。在围合庭院的围墙上常开辟漏窗,通过将外围的景物借入园中,使院内的人们得以一窥院外的景色,起到了扩大空间的效果。

(1)水体

在干旱炎热的地区,水带给人其他要素无法比拟的清凉感受。阿拉伯人对水有着天然的崇拜心理,摩尔人同样将水作为园林的灵魂。因为水的弥足珍贵,加上庭园面积一般较小,往往采用小型的盘式涌泉的方式,水几乎是一滴滴地在跌落。水池之间以狭窄的明渠连接,坡度很小,偶有小水花。水在缓缓地流动着,湿润了空气,变幻着光影,发出轻微悦耳的声音,营造一派安谧、亲切的氛围(见图2-16)。

图2-16 阿尔罕布拉宫庭园水景

(2)植物

受气候条件的影响,西班牙伊斯兰宫苑非常注重树木的遮阴效果(见图2-17)。在庭园的边缘、植坛的内部、水渠的两侧,都种有高大的庭荫树。其目的不仅使庭园空间更加舒适宜人,而且减少水池中的水分蒸发。常绿树木多用在花园的入口处以形成框景,黄杨、月桂、香桃木等常绿灌木多修剪成篱,用以组成图案或分隔空间,形成数个局部庭园。庭院中大量运用芳香植物,不仅可以消除庭院中的异味,而且使花园夜晚的气氛更加令人陶醉。常春藤、葡萄、迎春等攀援植物也常与建筑小品结合,或覆盖墙面、或爬满棚架,使花园笼罩在绿茵之中。常见的植物有松树、柏木等大乔木,夹竹桃、香桃木、月桂、黄杨等灌木,以及柠檬、柑橘、月季、鸢尾、薰衣草、紫罗兰、薄荷、百里香等(表2-5)。

□ 伊斯兰园林中的水法经由西班牙传入意大利之后,在文艺复兴园林中的应用更加广泛和娴熟,以至每座庄园都有水法的充分表现,成为欧洲园林必不可少的造园要素。

图2-17　阿尔罕布拉宫达拉哈庭园种植

表2-5　西班牙伊斯兰宫苑代表案例列表

基本信息	园林特征	备注	平面示意图
阿尔罕布拉宫(Alhambra Palace) 时间:公元1248年 区位:西班牙安达卢西亚北部的内华达(Nevada)山脚下 规模:130公顷 园林主人:穆罕默德一世(Muhammad Ⅰ)	空间布局:将阿拉伯伊斯兰式的"天堂"花园和希腊,罗马式中庭的造园手法结合在一起,以四周建筑环绕形成简洁的庭院,并利用狭小过道进行串联,造成一系列曲折有致的院落空间 造园要素:1. 水在庭院造景中的作用突出,遍布宫中各个庭园,有着丰富的动静变化。2. 墙面装饰极其精细,使得中庭回廊外观显得极其豪华 其他:是历代摩尔国王避暑度夏之处	13世纪中叶,摩尔人开始在阿尔罕布拉山上营建宫城。1492年,裴迪南德二世(Fernando II)收复格拉纳达后,在城中及阿尔罕布拉宫中另建了文艺复兴风格的宫殿。拿破仑(Napoleon Bonaparte)征服欧洲之际曾驻扎在阿尔罕布拉山上,增添了一些具有法国风格的景物	
格内拉里弗花园(Generalife) 时间:公元1319年 区位:西班牙格拉那达城外山坡上 园林主人:阿布尔·瓦利德(Abul Walid)	空间布局:1. 利用原有地形,依山势而下将山坡辟成7个台层,各台层上又划分了若干个主题不同的空间。2. 采用典型伊斯兰园林布局的同时,一定程度上具有文艺复兴时期意大利台地园林的特征 造园要素:具有多种多样的水景,且已拥有大型庄园必需的多数要素,如花坛、秘园、丛林等 其他:与阿尔罕布拉宫互为对景,彼此呼应,形成和谐整体	格拉那达最早的伊斯兰国王建造的宫廷花园原本建在格内拉里弗,14世纪初由阿布尔·瓦利德扩建,作为他的夏宫,比西南面的阿尔罕布拉宫高出50米,与之隔着一条山谷相对而立	

2.2.4　印度伊斯兰皇家园林

位于印度河、恒河流域的印度是古代四大文明古国之一,当伊斯兰教从公元8世纪初传入印度时,那里已存在着婆罗门教、佛教和耆那教的前期影响。印度于公元1206年建立德里素丹王朝(Delhi Sultanates),奉伊斯兰教为国教。1526年帖木儿的直系后裔巴布尔(Zahiral-Din Muhammad Ba-bur,1483—1530)建立了莫卧儿帝国(Mughal Dynasty),将伊斯兰文明推向一个新的高度,统治期间将波斯伊斯兰风格的园林引入印度,开创了印度规则式园林的先河。第三代皇帝亚克巴(Jalal al-Din Muhammad Akbar,1543—1605)统治时期实行了一系列加强中央集权的改革,特别是利用印度教与伊斯兰教的融合来巩固国家在政治上的统一,加深了两种宗教艺术的相互影响,此外还在印度国内进行了大规模的园林建造

□ 巴布尔

(Zahiral-Din Muhammad Ba-bur,1483—1530)

1526年帖木儿的直系后裔巴布尔建立了莫卧儿帝国,将伊斯兰文明推向一个新的高度。巴布尔是一位杰出的军事家、政治家和文学家。其统治时期伊斯兰文化与印度本土文化进一步融合,在建筑上产生了"印度伊斯兰式"。巴布尔年轻时生活在撒马尔罕(Samarkand),熟悉四块式的阿拉伯花园,于是将这种波斯伊斯兰风格的园林引入印度,开创了印度规则式园林的先河。

活动，最著名的建筑物是在德里的胡马雍陵墓(Tomb of Humayun)以及亚格拉和拉合尔的城堡宫苑。从莫卧儿帝国的第一代皇帝巴布尔到第三代亚克巴大帝时期，印度的园林仍保有部分本土的特征，至第五代沙贾汉(Shahbuddin Mohammed Shah Jahan，1592—1666)统治时期，形成了名副其实的印度伊斯兰作品。在才华横溢的沙贾汗王统治下，进入了帝国的“黄金时代”，其统治时期的建筑物以“优雅美丽”而著称，为爱妃泰姬·玛哈尔建造的泰姬陵(Taj Mahal)是印度伊斯兰建筑与园林艺术的登峰造极之作。

园林特征

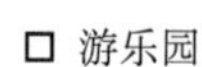

□ 游乐园

游乐园是印度伊斯兰造园的另一种类型。莫卧儿人的游乐园则常常建于依山靠湖之处，地形相对较陡。大多数庭园在竖向处理上采用了层层阶地的方式，这样既便于观赏群山、湖泊之景，又能在地形上与园外景致完美过渡，如克什米尔的夏利马庭园(Shalamar Bagh)。

印度伊斯兰皇家园林的盛期是16、17两个世纪，正是莫卧儿帝国的繁荣时期。莫卧儿王朝皇帝们都特别钟爱造园，将具有强烈伊斯兰特色的新元素融入到庭园的布局、场址、种植、水体等造园手法及要素之中。其造园选址主要集中在两个地区：一个是在位于朱木纳河畔的阿格拉，另一个是克什米尔溪谷。

(1)空间布局

莫卧儿人在印度建造了具有代表性的皇家园林类型——陵园。一般具有以下特征：

① 陵园建于平坦地带；

② 面积较大，空间相对开阔，庄严开敞；

③ 采取规则式庭园布局，在传统基础上有所创新；

④ 水体为呈静止状态的反射水池；

⑤ 多种高大植物，较少开花植物。

印度皇家园林虽然没有完全采取传统伊斯兰园林中以十字形园路和水渠将庭园分成面积相当的四个部分，并在水渠的交叉处设置水池或喷泉的传统布局模式，但在很大程度上还是延续了规则式的庭园布局，往往都会存在着某种关系的对称。在莫卧儿帝国的前几位皇帝的陵园中，整体布局呈方形，以十字园路将陵园分成四大块，陵墓位于陵园正中的园路交点上。通常十字形的园路上没有水渠，除了亚克巴大帝的陵园在它的四臂上各设了两个水池。而泰姬陵则突破了传统的陵园布局，将陵墓放在正方形花园之后，保证了陵墓建筑与花园间有足够的观赏距离(见图2-18)。

图2-18　泰姬陵

(2)水体

水的运用除了沿袭伊斯兰传统园林中必不可少的水渠、水池之外，陵园通常设置呈静止状态的反射水池，而在许多游乐园中加入了台阶瀑布、跌水、喷泉等动水景观，使整个庭院充满活力。

(3)植物

莫卧儿伊斯兰皇家园林和其他伊斯兰园林的一个重要区别在于不同植物的选择上。传统伊斯兰园林通常如沙漠中的绿洲，具有许多多花的低矮植株；树木和花卉都是规则式或行列式的分成几何状的种植，把花园作为一个整体。将花卉与黄杨等一起作为植坛里编排图案的材料，展现一种图案美，而在印度莫卧儿园林中，则多种植较高大且较少开花的植物(表2-6)。

表 2-6 印度伊斯兰皇家园林代表案例列表

基本信息	园林特征	备注	平面示意图
泰姬陵(Taj Mahal) 时间:公元 1632 年 区位:印度北方邦西南部的亚格拉市郊 规模:17 公顷(宽约 304 米,长约 580 米) 园林主人:穆姆塔兹·玛哈尔(Mumtaz Maha)(国王沙贾汗的爱妃)	空间布局:总体布局呈长方形,采用均衡对称的平面构图,以建筑物的轴线为中心,中心部分是大十字形水渠,将园分为四块;突破以往陵园的向心格局,主体建筑不位于庭园中心 造园要素:1. 主体建筑以纯白大理石砌筑,造型简洁、比例匀称,雕刻装饰精美。2. 植坛被带状水池和数条石径切割成规则形状,水渠四周的花圃采用下沉式种植方式。3. 中心水池将大理石陵墓形体倒映其中,实现了建筑和园林的融合	在最初的设计中,即便从入口的大门不能看见整座平台,但却能将主体建筑尽收眼底。不过,自英国吞并印度的 19 世纪中叶以来,陵园遭到了严重的破坏	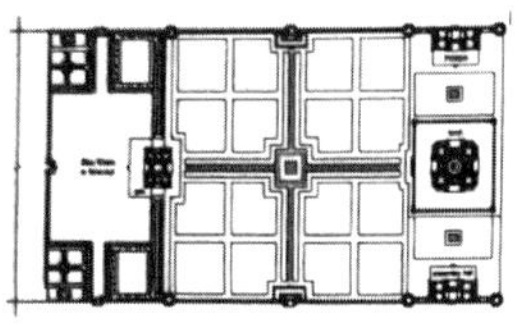
德里·胡马雍陵(Humayun's Tomb) 时间:公元 1562 年 区位:印度新德里东南郊亚穆河畔 规模:约 12 公顷(四周围墙长约 2000 米) 园林主人:胡马雍(Humayun)	空间布局:1. 典型伊斯兰式十字空间布局,每部分的庭园又被园路分成九块。2. 园路中间有水渠,在园路交点放大为方形水池,在北部和东部的墙上为了对称分别增置了凉亭 造园要素:正方形寝宫建于庭园正中高大的长方形石台上,以红砂石筑成。 特征:是莫卧儿时期第一座皇家陵墓,也是印度最早的莫卧儿式建筑	莫卧儿帝国第二代帝王胡马雍及其妃子的陵墓,由胡马雍的遗孀主持建造	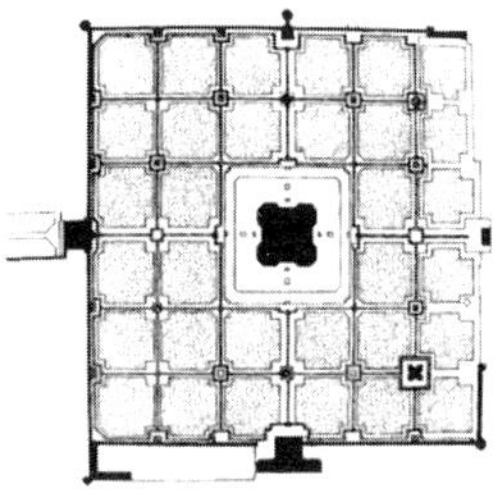
拉合尔的夏利马园(Shalamar Bagh) 时间:建于公元 1634 年 区位:巴基斯坦拉合尔东北郊 规模:约 12 公顷(长 520 米,宽 230 米) 园林主人:沙贾汗(Shah Jahan) 造园者:建筑师阿里·马丹·坎	空间布局:1. 依据北低南高的地势做成三层台地,由宽六米多的水渠构成南北纵向长轴线贯穿整个场地,形成对称规则式格局。2. 第一层高台地和第三层低台地都采用十字形布局,划分成四分园。二层露台为全园的高潮景观 造园要素:建造于二层露台的巨大水池,池中设有 144 座喷泉,形成壮观的水景	国王沙贾汗的庭园,以其父查罕杰(Jehangir)在克什米尔的别墅园夏利玛取名,并仿其布局样式	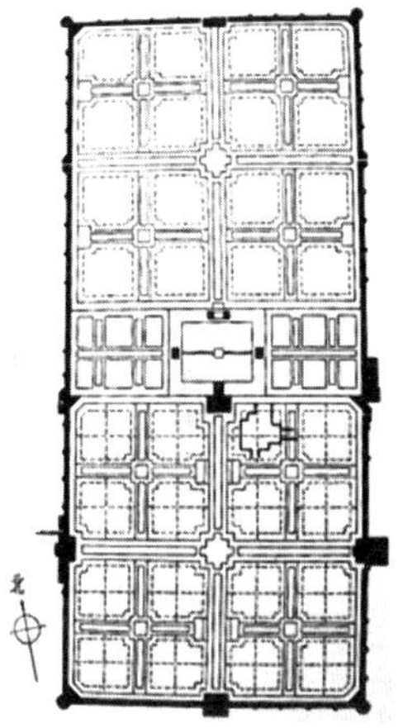
阿奇巴尔园(Achabal Bagh) 区位:克什米尔 园林主人:拉布·辛	空间布局:呈阶地形式规则布局,以一条宽阔的水渠为主轴线 造园要素:水体通常不呈静止状态,而多采用跌水或喷泉的形式 特征:是莫卧儿游乐园的典型作品	现已成废墟	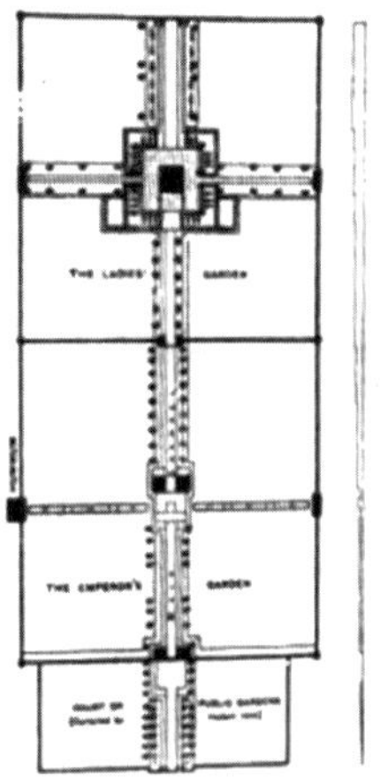

2.3 欧洲地区

欧洲封建社会的产生、发展和繁荣是从公元476年西罗马帝国灭亡开始到15世纪末新航路的开辟结束。从古罗马时期的宫殿园林到文艺复兴时期盛行的意大利台地园,欧洲贵族们纷纷在郊外建造别墅园林游憩享乐。隶属于皇家的园林呈规则式布局,却较少皇家气派,较多自然野趣。到封建社会顶峰时期的法国古典主义园林,随着中央集权制度的加强,更加突出表现园林中的等级秩序,极力通过园林来宣扬"君权神授"的思想。

2.3.1 古罗马宫殿园林

□ 古罗马园林

罗马在学习希腊的建筑、雕塑和园林艺术基础上,进一步发展了古希腊园林文化。古罗马园林在园林史上具有重要地位,园林的数量之多、规模之大,十分惊人。据记载,罗马帝国崩溃之时,罗马城及其郊区共有大小园林达180处。古罗马园林为其后文艺复兴时期意大利台地园的兴起奠定了基础。

古罗马文明于公元前8世纪发源自欧洲亚平宁半岛中部。由于台伯河平原土地太少,无法发展耕作为主的小农经济,人们为了获得足够耕地,便发起了频繁的对外扩张。罗马在最为强盛时期(1—2世纪),形成了横跨欧洲、亚洲、非洲称霸地中海的庞大帝国。罗马于公元前509年实行共和制,传统的王权观念在随后几百年中一直被排除在罗马政治体制之外。直到公元前30年,屋大维·奥古斯都(Gaius Julius Caesar Octavianus,BC63—BC14),夺取了国家最高统治权力,他建立的政治制度史称元首制,其实就是共和名义的帝制,从此罗马进入帝国时代。古代罗马在建立和统治庞大国家的过程中,囊括和吸收了先前发展的各古代文明的成就,受到了来自异域的文化特别是希腊文化的深刻影响,罗马园林除了直接受到希腊的影响以外,还有其他各地,如古埃及和西亚的影响。由于罗马人具有更为雄厚的财力、物力,加上功利实际的思维方式,到罗马中后期,富裕阶层竞相追逐奢靡享乐的生活方式,园林发展十分迅速。皇帝利用财政集中的特权,将庞大收入部分用在皇室的奢侈生活上,修建豪华的宫殿和园林。

园林特征

罗马许多城市选址建在山坡上,夏季的坡地气候凉爽,风景宜人,视野开阔。在古罗马共和国后期,罗马皇帝和执政官纷纷选择山清水秀、风景秀美之地,建筑了许多避暑宫苑,其中,以皇帝哈德良(Publius Aelius Traianus Hadrianus,76—138)的山庄最有影响,它是建在蒂沃利(Tivoli)山谷的大型宫苑园林(见图2-19)。花园被视为宫殿住宅的延伸,受古希腊园林规则式布局影响,在规划上采用类似建筑的设计方式,地形处理上也是将自然坡地切成规整的台层,园内的水体、园路、花坛、行道树、绿篱等都有几何外形,无不展现出井然有序的人工艺术魅力。

图2-19 哈德良山庄鸟瞰

(1)水体

罗马宫苑常以水体统一全园,如哈德良山庄,有溪、河、湖、池及喷泉等。园中有一半圆形餐厅,位于柱廊的尽头,有浅水槽通至厅内,槽内的流水可使空气凉爽,夏季还有水帘从餐厅上方悬垂而下。园内还有一座建在小岛上的水中剧场,岛中心有亭、喷泉,周围是花坛,岛的周边以柱廊环绕,有小桥与陆地相连。

(2)植物

罗马宫苑非常重视园林植物造型,往往把植物修剪成各种几何形体、文字和动物图案,称为绿色雕塑或植物雕塑。黄杨、紫杉和柏树是常用的造型树木。花卉种植形式有花台、花池和蔷薇园、杜鹃园、鸢尾园、牡丹园等专类植物园,另外还有"迷园"。迷园图案设计复杂,迂回曲折,扑朔迷离,娱乐性强,后在欧洲园林中很流行。常见乔灌木有悬铃木、白杨、山毛榉、梧桐、槭、丝杉、柏、桃金娘、夹竹桃、瑞香、月桂等,果树按五点式栽植,呈梅花形或"V"形,以点缀园林建筑。

(3)雕塑

雕塑在皇家宫苑中普遍应用。罗马人从希腊运来大量的雕塑作品,有些被集中布置在花园中,形成花园博物馆。雕刻装饰应用也很普遍,从雕刻的栏杆、桌、椅、柱廊,到墙上的浮雕、圆雕等,为园林增添了装饰效果。雕塑的主题与希腊一样,多是受人尊崇爱戴的神祇。

2.3.2 绝对君权时期法国皇家园林

法国是西欧面积最大的国家,国土以平原为主,也有少量的盆地、丘陵及高原,气候温和湿润。10世纪后封建社会迅速发展,至1453年"百年战争"后,法国逐渐地形成了一个中央集权制和君主专制政体的国家,手工业和商业得到了繁荣发展。随着经济的增长,贵族们逐渐追求更为豪华的生活方式,进一步促进了造园艺术的进步,并出现了利用机械装置设计的类似喷泉的水戏内容和动物园等形式。1494年,法王查理八世(Charles VIII l'Affable)入侵意大利半岛,虽侵略并没有以胜利告终,但是意大利文艺复兴的累累硕果从此进入法国人的视野。法国的文艺复兴开始于15世纪末,繁荣于16世纪,意大利在绘画、雕刻以及建筑等艺术领域中对法国的影响几乎占据了支配地位,这段时期的法国园林基本上是对意大利园林的模仿,在法国花园里出现了雕塑、图案式花坛以及岩洞等造型,而且还出现了多层台地的格局。文艺复兴同时也带来了宗教的改革,经历了宗教战争动荡后的君主及大臣都有意识地强化中央集权,削弱封建割据势力,加上诸如马基雅维利(Machiavelli),让·波丹(Jean Bodin)和托马斯·霍布斯(Thomas Hobbes)等政治思想家积极宣扬所谓国家理性和绝对君权概念,资产阶级将君主视为理性的化身。在此背景下,法国成为中央集权的绝对君权国家。其中,以法国路易十四(Louis Xiv)亲政时期的绝对君权最为鼎盛。此时法国崛起为欧洲的主要强国,从政治、文化到生活方式都成为欧洲其他各国的学习榜样。

□ 太阳王路易十四
(Louis-Dieudonné,1638—1715)
1661年,红衣主教马扎然死后,路易十四亲政,发出"朕即国家"的宣言。他自比为希腊神话中的太阳神阿波罗,是位具有雄才大略的君主。他在位期间采取了多方面的集权措施,将君主专制推向极致,是"君权神授"君主制的模范。伏尔泰将他看做是一个时代的标志,盛赞他开创了一个"伟大的时代"。凡尔赛宫的建造是路易十四集中政治权力的策略之一,将贵族变成宫廷的成员,解除了他们作为地方长官的权力,在宫廷里掀起了一股"金光四射"的奢华之风,并把这股风气吹遍了整个法国大地(见图2-20)。

文艺复兴初期,法国人对意大利文化理解尚较为肤浅,加上带回的意大利造园师水平也不很高,因此16世纪初期的法国文艺复兴式园林并没有显著的进展。专制王权到了16世纪中叶进一步加强,在艺术上要求有与中央集权的君主政体相适应的审美观点。同时期的意大利园林已发展至鼎盛时期,对法国园林的发展起到更强的示范作用。从16世纪下半叶起,法国园林在意大利的深刻影响和法国造园师的努力下,取得了长足的进步,不仅将意大利的造园手法运用得更加娴熟,而且尝试根据法国本土特点进行创新。结合法国舒展平和的地形特征,以及高度集权的君主专制体制需要,形成了具有民族和时代特征的法国古典主义风格。

图2-20 路易十四肖像图

到17世纪下半叶,作为绝对君权在意识形态里的反映,古典主义成为法国官方的正统文化，反映在文化、艺术等各个领域。古典主义者对秩序尤为推崇，强调分清主次，明确统率部分和被统率部分。法国勒诺特尔式（Style Le Nôtre）园林被看做是古典主义艺术最集中的体现，其强调宏伟壮丽的气派，反映了专制政体中的等级制度，呈现出秩序严谨、主从分明的几何格局。追求比例的协调和关系的明晰，形式简洁，装饰适度。园林中所有的要素均服从于整体的几何关系和秩序，完美地体现了皇权至上的主题。

园林特征

勒诺特尔式园林选址并不囿于风景特别优美的场地，它们中的许多甚至建造在沼泽性低湿地带。利用宽阔园路构成贯通的透视线，展现出一派恢弘的园景。其中，轴线可被视为勒诺特尔式园林的灵魂，依据轴线来布置所有的造园要素，反映了“古典主义”艺术追求构图的统一性，也是绝对君权政治理想的物化表现。主轴线一般垂直于等高线布置，地势的变化反映在轴线上，而轴线又是空间的组织线，因此园林也是由一系列跌宕起伏、处在不同高差上的空间组成（见图2-21）。

勒诺特尔式园林实例中，维康府邸（Chateau Vaux-le-Vicomte）、尚蒂伊（Chantilly）位于河谷中，凡尔赛（Château de Versailles）、索园（Sceaux）和枫丹白露（Fontainebleau Palace Garden）位于丘陵和沼泽地带，它们的布局有相似的地方：轴线的高处安排宫殿，地势的低洼处设计成运河或大水池，便于排水，两者之间布置花坛、喷泉、用台地或坡道解决高差的变化。轴线一直下降到低处的水面，而后又顺地形上升，结束于天地交界处。而圣·克洛德（Saint Cloud）、圣·日耳曼（Saint Germain）、默东（Meudon）位于山坡上，马尔利（Marly-le-Roi）位于山谷中，地形变化比较复杂，因此轴线上的竖向变化更大。每个园林的地形不同，轴线的竖向走势也不同，产生体验各异的空间。

（1）空间布局

勒诺特尔式造园的核心原则是以轴线作为整个构图的中枢，其空间布局特征是：

① 在高地上布置宫殿或府邸建筑，便于俯视整个花园，统领全局；

② 从宫殿或府邸的前面伸出笔直的林荫道，宫殿或府邸的中轴线通过林荫道指向城市；而在其后规划花园，花园的外围则是林园，轴线向后延伸通过花园和林园指向郊区；

③ 在花园中以中央主轴线控制整体，几条平行次要轴线作为辅助，外加几条相垂直的横向轴线。所有轴线加上各种大小路径，共同组成了严谨、主次分明的平面几何格网；且轴线与路径继续延伸进林园，将其也纳入到几何格网中；

④ 在轴线与路径的交叉点，多设置喷泉、雕像、园林小品作为装饰。

（2）植被

按照理性主义的美学观念，人工美高于自然美，因此将植物修剪成几何形式，与整体构图相统一。为了更好烘托中轴的宏大气氛，最常见的是将紫杉修剪成圆锥和圆球形，整齐布置在台地的边缘和花坛的角隅。

① 丛林

丛林通常是方形的造型树木种植区，作为花园的背景，内有各种几

□ 雅克·布瓦索

（Jacques Boyceau de la Baraudi）

雅克·布瓦索是早于勒诺特尔的一位令人瞩目的造园家，他非常重视园林的选址，由于法国花园的主要景物是图案式花坛，因此他偏爱“平坦而完整的地形”，目的是视线能够向外扩展，直到“足力难以企及的远方。”同时，他也认为起伏变化的地形有利于从高处俯视花坛，景色尽收眼底。为了达到“从高处欣赏整个花园布局”的目的，最好是将平坦的地形与起伏的地形相结合，哪怕为此而大动土方。法国花园与意大利的形似之处在于，园中设有较高的观赏点，通常是在建筑物的楼上。布瓦索强调从高处欣赏花园和府邸的全景，表明在构图上已将花园和府邸视为统一的整体。

图2-21　凡尔赛宫苑中的轴线

□ 勒诺特尔

（André Le Nôtre，1613—1700）

勒诺特尔出生于造园世家，早年曾学习过建筑学、绘画等，对笛卡尔的机械主义哲学也有所研究。勒诺特尔式园林的总体构图来源于欧几里得几何学和文艺复兴透视法，他把前人已有所涉及的刺绣花坛、中轴线、林荫路、喷水池等要素和造园手法组织得更加协调统一，创造出以往欧洲任何园林都无法企及的“伟大风格”，谱写了一曲对至尊王权的赞歌，是路易十四所谓“朕即国家”的最典型的诠释。勒诺特尔因其杰出的艺术成就，被誉为“王之造园师和造园师之王”（The Gardener of Kings，The king of Gardener）（见图2-22）。

何图案的园路，或者是简单的草坪。树木种类上以法国的乡土植物如山毛榉、七叶树、鹅耳枥为主。勒诺特尔将丛林营造成充满娱乐设施的小林园，成为园林中吸引人的场所。丛林园是丰富整个园林空间的重要要素，它与轴线空间形成了明与暗、动与静的对比。将不同主题的小空间隐藏在树林中，保持了整体的统一和协调，又有局部的丰富多彩。

② 树篱

树篱是作为花坛与丛林之间的分界线，高度不等，厚度常为0.5～0.6米。一般种植的较密并另设出入口，避免人们随意进出林园。树篱常用的树种有黄杨、紫衫、米心树、疏花鹅耳枥树等。

图2-22 勒诺特尔肖像图

③ 花隔墙

花隔墙盛行于17世纪末期，是勒诺特尔时代最为盛行的一种庭园局部构成，它一改中世纪木制隔墙的粗糙形象，庭园中的凉亭、客厅、园门、廊架等小品通常都用它来联系。花格墙不仅价格低廉，而且制作容易，具有石材所不可比及的优越性，因此得到广泛应用。

□ 克洛德·莫莱
(Claude Mollet，1563—1649)

法国园林中的刺绣花坛真正的开创者。他以花草模仿衣服上的刺绣花边。刺绣花边的时尚，是在17世纪初由西班牙传入法国的，而造园家克洛德·莫莱则将衣服上的花边装饰应用到园艺修剪中。他率先采用黄杨做花纹，除了保留花卉外，还大胆使用彩色页岩或砂子作为底衬，装饰效果更加强烈。

④ 刺绣花坛

花坛是法国花园中最重要的构成要素之一。从把花园简单地划分为方格形花坛，到把花园当做整幅构图，按图案来布置刺绣花坛，形成与宏伟的宫殿相匹配的气魄，是法国园林艺术上的一个重大进步。勒诺特尔设计的花坛有六种类型，即刺绣花坛、组合花坛、英国式花坛、分区花坛、柑橘花坛和水花坛。刺绣花坛是用黄杨之类的树木种植成刺绣图案，主要用在主体建筑的前方（见图2-23）。组合花坛是由涡形图案植坛、草坪、结花栽植地和花丛栽植地等四个对称的部分组合而成的花坛。英国式花坛即一片草地或经修剪成形的草地，外侧围以花卉。分区花坛是由完全对称的造型黄杨树构成，其中看不到草地或刺绣图案的栽植。柑橘花坛就是以柑橘等灌木组成的几何形植坛。水花坛是将几何形草地与水池、喷泉组合而成的形式。

图2-23 维康府邸刺绣花坛

(3)水体

法国皇家园林对水景规划十分重视，认为水是造园不可或缺的要素，巧妙地规划水景，特别是善用流水是表现园林生机活力的有效手段。法国皇家园林中水景的处理手法主要包括运河和喷泉。

① 运河

因法国地形平坦，园林中多展示静态水景，如护城河或水壕沟，水渠或运河，并且应用平原上常见的湖泊、河流形式，形成镜面似的水景效果。运河是勒诺特尔式园林中最壮观的部分，常常位于轴线的远端，笔直的岸线伸向远方，透视线消失在水天交界处，产生无限深远的感觉，从而起到突出并延长轴线，且扩大空间视野的作用。运河除了是中轴视线的延续，往往也是空间转换的界面和道路迂回转折的地方，同时也能开展水上游乐，如路易十四和他的群臣们就常在凡尔赛宫苑中的运河里荡桨泛舟。

② 喷泉与阶式瀑布

喷泉是法国皇家园林中重要的造景要素之一，通常与雕塑结合，布置在轴线上或园路的交点上，给几何形花园带来欢快的气氛。在多种多样的喷泉设计方案中，部分取材于古代希腊罗马神话，部分取材于动植物装饰母题，大多具有特定的寓意，并能够与整个园林布局相协调。

图 2-24　凡尔赛中的水景

凡尔赛宫等宫苑中的喷泉如“水剧场”“阿波罗喷泉”等构思巧妙、设计精湛，充分展示出水体之美（见图 2-24）。此外，在处理坡地时，往往利用地下水泵将水从下层水盘引导至上层水盘，并建造一排小喷水口，有时还在水盘底部铺以彩色的瓷砖和砾石。阶式瀑布在法国园林中应用不如意大利园林那样普遍。此外，为迎合宫廷贵族的猎奇心理，小林园里还设有一些巴洛克趣味的机关水嬉，在严谨之余给人惊奇之感。

（4）雕塑

勒诺特尔式园林中的雕塑大致可分为两类：一是对古代希腊罗马雕塑的模仿；二是在一定题材的基础上进行创新。后者大多个性鲜明，具有较强的艺术感染力。然而在尺度广阔的法国皇家园林中，雕塑的题材和造型并不显眼，因此更为重要的是它出现的位置。作为园林中常见的一种装饰性要素，白色大理石的雕像和瓶饰一般常被布置在轴线与路径的交叉点上，既进一步突出了整体布局的几何性，同时又产生了丰富的空间节奏感，创造出多变的景观效果，达到点缀庭园并烘托园林气氛的作用（表 2-7）。

表 2-7　法国文艺复兴至绝对君权时期皇家园林代表案例列表

基本信息	园林特征	备注	平面示意图
卢森堡花园（Le Jardin de Luxembourg） 时间：公元 1615—1627 年 区位：法国巴黎 园林主人：玛丽·德·美第奇（Marie de Medici） 造园者：萨罗门·德·布鲁斯（Salomon de Brosse）	空间布局：按照意大利花园风格兴建，花园格局与波波利花园有很多相似之处，中心为斜坡式草地围合的半圆形大花坛，并兴建了十多级踏步的斜坡式草地和台地 造园要素：园中有花圃、喷泉、水池、小水渠等景物，以及整形紫衫和黄杨组成的花坛	1615 年，玛丽·德·美第奇从彼内·卢森堡公爵（le Duc Pinei - Luxembourg）手中购买下这处地产，宫殿按照地产原主人名字称为卢森堡宫殿。19 世纪中期，为将宫殿扩建为参议院，缩小了花坛的面积，改造了刺绣花坛。19 世纪后期，花园成为对巴黎市民开放的公园，至今尚存法国文艺复兴时期园林的风貌	
谢农索城堡花园（Le Jardin du Château de Chenonceaux） 时间：公元 1551 年 区位：法国西北部安德尔-卢瓦尔省（Indre-et-Loire） 选址：卢瓦尔河的支流谢尔（le Cher）河畔 园林主人：凯瑟琳·德·美第奇（Catherine de Medici）	空间布局：采用水渠包围府邸前庭、花坛的布局，府邸建筑跨越谢尔河，形成独特的廊桥形式	15 世纪，城堡最早是由伯耶（Thomas Bohier）在弗朗索瓦一世时期建造。亨利二世（Henri Ⅱ）拥有这座城堡之后，又将它送给了狄安娜·波瓦狄埃（Diane de Poitiers）。国王死后，王太后凯瑟琳·德·美第奇（Catherine de Medici）以索蒙府邸（Residance de Chaumout）做交换获取了谢农索城堡	
法国·尚蒂伊府邸花园（Le Jardin du Château de Chantilly） 时间：公元 1663 年 区位：法国巴黎 园林主人：孔德家族（le Grand Condé） 造园者：勒诺特尔	空间布局：花园以府邸边缘的台地为基点进行布置，府邸虽未统率花园，却成为花园的要素之一 造园要素：1. 府邸建筑仍然带有中世纪的特点，平面极不规则。2. 由于尚蒂伊水量充沛，造就了宏伟壮观的水景工程，包括运河与水花坛等	1643 年，孔德家族买下尚蒂伊时，这里是一片溪流交织的沼泽地。著名将军老孔德 1663 年委托勒诺特尔将散乱无序的花园改造成统一的整体；后又多次改建	

续表

基本信息	园林特征	备注	平面示意图
法国·维康府邸(Vaux-Le-Vicomte) 时间:公元1656年 区位:法国巴黎市郊 规模:约70公顷(南北长1200米,东西宽600米) 园林主人:富凯(Fouquet)(财政部长) 造园者:勒诺特尔(André Le Nôtre)	空间布局:1. 依据原有地形将最低处设计成运河,而花园的主轴线与运河垂直布置,利用自然地势的坡度丰富空间高差变化。2. 整体布局为典型法国古典主义样式,中心大轴线简洁突出,采用三段式处理手法,各要素沿轴线依次展开,呈严格几何对称 造园要素:1. 府邸建筑仍保留有城堡的痕迹,府邸平台呈龛座形,四周环绕着水壕沟,是中世纪手法的延续。2. 矩形花坛分布在花园中轴两侧,其外侧为茂密的林园,形成花园的背景	勒诺特尔为财政大臣福凯设计的维康府邸是他第一个成熟的作品,这个使勒诺特尔大获成功的庭园让路易十四见识到了他的才华,却让园主人福凯因路易十四的羡慕与不满而锒铛入狱	
法国·丢勒里花园(Le Jardin du Châ trau des Tuileries) 时间:公元1564年 区位:法国巴黎 园林主人:凯瑟琳·德·美第奇(Catherine de Medici) 造园者:建筑师布兰(Jean Bullant)	空间布局:1. 由数条平行的、有明有暗、适合不同季节的园路分割空间。2. 将花园与宫殿统一起来,宫殿前建造了大型刺绣花坛,形成建筑前的开敞空间。3. 作为对比,刺绣花坛后面是由16个方格组成的茂密的林园空间,布置在宽阔的中轴路两侧 造园要素:植被以草坪和花灌木为主,其中一处做成了绿荫剧场 特征:从宫苑到法国历史上第一个城市公园,并对城市布局产生了一定影响	勒诺特尔对丢勒里花园进行了全面改造设计后,又历经多次改造,但大体上仍保留着勒诺特尔的布局。1871年宫殿发生火灾拆毁之后,花坛就与卡鲁塞尔凯旋门广场连成一体。19世纪进行的城市扩建工程,为花园增添了伸向园外的中轴线	
法国·索园(Paredes Sceaux) 时间:公元1673年 区位:法国巴黎南部 规模:约400公顷 选址:原是一片地形起伏较大的低洼沼泽地。 园林主人:高勒拜尔(Colbert)(路易十四的财政大臣) 造园者:勒诺特尔	空间布局:采用了数条纵横轴线的布局方法,从府邸建筑中引申出花园东西向的主轴线,再从东西向主轴线上的圆形大水池,引出南北向的轴线 造园要素:水景处理手法突出,长达1500米的大运河,加以南北向次轴线上倚山就势修建的大型瀑布,形成动静有致的水景	府邸建筑最早建于1573年,后遭拆毁,重建了一座路易十三时期样式的府邸,花园大约在1673年开始动工兴建。法国大革命中索园被没收,宫殿被推倒,花园变成了农田。19世纪,索园的重建工作在一片废墟上开始,但是由于资金的原因,后来园林再次衰落,到20世纪初已近荒芜。二战后经过逐步的修复,渐渐恢复了昔日风貌	

勒诺特尔式园林对其他国家的影响

由于勒诺特尔式园林高贵典雅的风格迎合了封建君主、教皇及贵族们的喜好,加上法国文化在欧洲的广泛影响,一度成为统率欧洲的造园样式。欧洲范围内,受勒诺特尔式园林影响较大,且形成自己特色并留下著名作品的国家主要有荷兰、德国、奥地利、俄罗斯,此外还有意大利、西班牙和英国等。

直到17世纪末,勒诺特尔式园林对荷兰的影响仍不显著,小规模地模仿法国式庭园,是从威廉三世(William III)经营宫苑时开始的。至勒诺特尔死后,法国式造园才推广到荷兰多数庭园中,大多由阿姆斯特丹的巨贾们于18世纪的繁荣时代建造,其中较为典型的庭园是黑德·罗宫(Gardens of the Het Loo Palace)。由于荷兰的勒诺特尔式园林大多数规模较小,且地形平缓,因此少有深远中轴线,园林空间布局往往紧凑精致,并利用细长水渠来分隔或组织庭园空间。荷兰人酷爱花卉,于是用种满鲜花的图案简单的方格形花坛取代了法国式的刺绣花坛,同时还十分盛行造型植物的运用(见图2-25)。

图2-25 典型荷兰勒诺特尔式园林

德国的君主们自17世纪后半叶开始，受到法国宫廷的影响，竞相建造勒诺特尔式的大型园林。大部分是由法国造园师设计建造的，例如勒诺特尔本人就参与设计了海伦豪森宫苑（Gardens of the Herrenhausen Plalace）。另外还有一些荷兰造园家参与设计，如林芬堡宫苑（Gardens of the Lymphenbourg Palace）。因此在德国的勒诺特尔式园林中，除了一般的法国勒诺特尔式造园基本原则外，还可看出荷兰勒诺特尔式园林风格的影响，如在林芬堡宫苑中宫殿前后及花园四周开挖了长达数千米的水渠，属于荷兰勒诺特尔式园林中常见的水体处理手法。

图2-26　俄国彼得宫中的水景

勒诺特尔式园林在俄国的传播，得益于彼得大帝的支持推动。他曾到过法国、德国、荷兰，对法国式园林的印象尤为深刻。1714年起，以凡尔赛为样板，在圣·彼得堡市涅瓦河畔开始建造避暑宫苑。1715年建造彼得宫（Gardens of the Peterhof Palace）时更是专门从法国请来造园师，其中包括勒诺特尔的高徒布隆，建造了属于彼得大帝自己的“凡尔赛”（见图2-26）。

当勒诺特尔式园林在欧洲流行之时，奥地利之前由意大利建筑师建造的文艺复兴式园林大多被改造成法国式园林，一般建造在维也纳这样的大城市中心或周围，多数是由奥地利本国建筑师设计的，还有一些是在意大利和法国造园师的指导下建造的。其中，1750年建于维也纳西南部的宣布隆宫（Gardens of the Schonbrunn Palace）是奥地利勒诺特尔式园林最重要的代表作。

以勒诺特尔式园林为代表的法国古典主义园林将帝王宫苑的王权至尊演绎到了极致。伴随着太阳王路易十四的光辉笼罩了整个欧洲，凡尔赛宫也成为整个欧洲大陆统治者们竞相仿效的对象，从荷兰到意大利，从西班牙到俄罗斯，勒诺特尔式造园传遍了整个欧洲，并远远超出了宫廷范围，从而取代了意大利文艺复兴园林，并在欧洲风靡了一个世纪之久（表2-8）。

表2-8　欧洲其他国家勒诺特尔式皇家园林代表案例列表

基本信息	园林特征	备注	平面示意图
荷兰·黑德·罗宫苑（Gardens of the Het Loo Palace） 时间：公元17世纪下半叶 区位：荷兰维吕渥（Veluwe） 园林主人：威廉三世（William III） 造园者：丹尼埃尔·马洛特（Daniel Marot）	空间布局：1. 以对称均衡原则统率全园，中轴线从建筑前庭起，穿过宫殿和花园，经过林荫道，最终延伸到树林中的方尖碑。2. 空间布局紧凑，全园被中轴线分为东西两部分，中轴两侧对称布置 造园要素：1. 较多利用河渠围绕庭园，以此分隔或组织庭园空间。2. 植物中出现柑橘园及郁金香的栽培，采用种满鲜花的图案简单的方格形花坛，而非法国式刺绣花坛。3. 多漏墙及凉亭，缺少作为法国式庭园重要特征的雕塑	黑德·罗宫内直至18世纪末还留有一些美丽的规则式庭园，如今则完全被风景式庭园所取代了	
西班牙·阿兰若埃兹宫苑（Aranjuez Gardens） 时间：公元1556—1598年 区位：西班牙马德里以南 园林主人：国王菲力二世（Felipe Ⅱ）	空间布局：围绕宫殿的大型花园包括几个不同的景区，其中的“岛花园”和“王子花园”之间以泰格河（Tage）为界，并以石桥相连 造园要素：1. 花园的主景为整形黄杨模纹花坛，花坛图案精美，而花卉的装饰效果并不显著。2. 花园周围种有高大的树木，与喷泉、瀑布等水体在园内形成阴凉湿润的环境	宫殿最早建于14世纪末期，在16世纪最后40年间，国王菲力二世创建了这座宫苑。17世纪时宫苑两度遭火灾。现在的宫殿是菲力五世于1715年开始建造的	

续表

基本信息	园林特征	备注	平面示意图
德国·海伦豪森宫苑(Gardens of the Herrenhausen Palace) 时间:公元1665—1666年 区位:德国汉诺威 园林主人:公爵夫人索菲(La Duchesse Sophie) 造园者:勒诺特尔、夏尔伯尼埃父子(Martin & Henri Charbonnier)①	空间布局:以主体建筑海伦豪森宫为中心确立轴线,在轴线上布置一系列圆形的水池,在其两侧对称式布置法国式大花坛 造园要素:以大规模的水景工程而闻名,建筑前有叠瀑,并在中轴上布置规模宏大的喷泉水池 其他:不仅借鉴了法国古典主义园林,也受到了荷兰花园的影响	①以意大利建筑师奎里尼(Quirini)为约翰·腓特烈公爵(Johann Friedrich von Carlenberg)设计的低层大建筑物为始,翌年由勒诺特尔完成了花园的图面设计。从1680年起,公爵夫人索菲邀请马丁·夏尔伯尼埃对花园进行了扩建,完成具体构造,开始作为汉诺威宫廷的夏宫	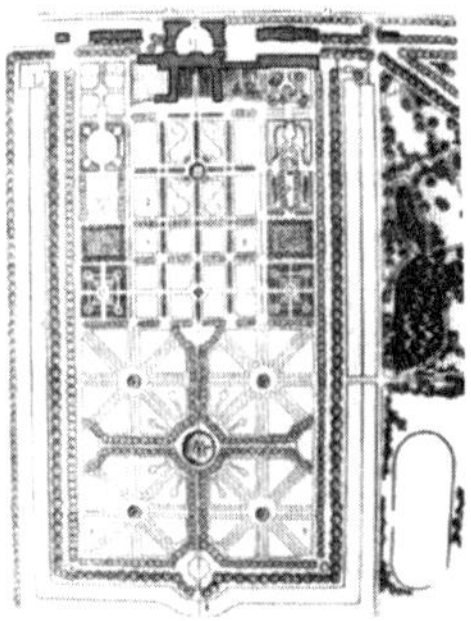
德国·林芬堡宫苑(Gardens of the Lymphenbourg Palace) 时间:公元1663年 区位:德国慕尼黑 园林主人:马克斯·埃玛纽埃尔(Max Emmanuel) 造园者:多米尼克·吉拉尔(Dominique Girard)	空间布局:宫殿前后及花园四周开挖了长达数千米的水渠,反映出荷兰勒诺特尔式园林风格的影响 造园要素:以纵横交织的水渠联系花园空间,是慕尼黑其他18世纪宫苑普遍具有的特征	最初是为选帝马克斯·埃玛纽埃尔建造的,几年后才建成了一座规模不大的花园。于1701年经过荷兰造园师的改、扩建,最终形成了较大的规模	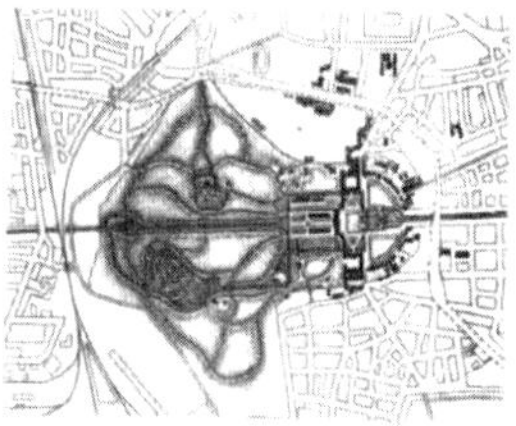
德国·夏尔洛腾堡宫苑(Gardens of the Charlottenbourg Palace) 时间:公元1695年 区位:德国里埃卓(Lietzow)村庄 园林主人:索菲·夏尔洛特(Sophie-Charlotte) 造园者:高都(Simeon Godeau)(勒诺特尔的弟子)	空间布局:1. 轴线从宫殿的中央大厅起,穿过刺绣花坛、大水池,直到斯普莱河(la Sprée)对岸,最后落在伸向远方的一条林中小径上。2. 宫殿与河流之间,由四条园路形成花园的构架,在西面为几何形布置的绿荫凉架 特征:巴洛克式布局,同时受到了荷兰园林风格的影响	索菲·夏尔洛特去世后,宫苑后续工程还在进行。1740年,腓特烈二世(Friedrich Ⅱ)登基后,才使其进入皇家宫苑的行列。1786—1833年,花园向英国风景园的方向转变。在其中居住的最后一位国王腓特烈·威廉四世(Friedrich-Williams Ⅳ)于1861年去世后,花园渐渐荒芜,以后又按其最初的创作思想进行恢复	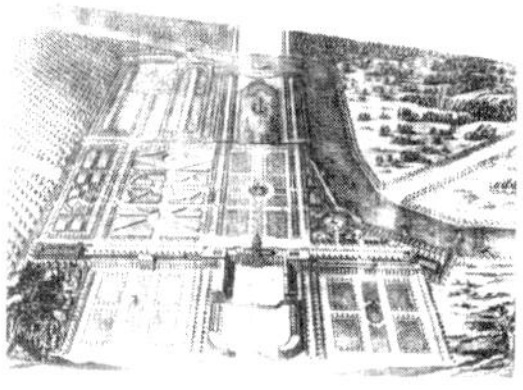
奥地利·宣布隆宫(Gardens of the Schonbrunn Palace) 时间:公元1750年 区位:奥地利维也纳西南部 规模:130公顷 园林主人:玛丽·特利莎 造园者:意大利建筑师帕卡西	空间布局:主轴线从城堡的正面一直延伸到尼普顿喷水池,再从那里经过曲折的园路直上名为格罗里埃特的建筑物 造园要素:1. 园中水池、雕像、喷泉等十分壮观精美。2. 位于东西面的丛林以树篱为界,与主庭园泾渭分明,此外树篱中还造成一些龛,并在其中安放雕像 特征:是奥地利勒诺特尔式园林最重要的代表作	宣布隆宫与凡尔赛宫的建造历史相似,原是小猎舍,后发展为离宫,因财力不足,1750年按小规模方案建造	

续表

基本信息	园林特征	备注	平面示意图
英国・汉普顿宫苑(Garden of the Hampton Court)			
时间:公元1660—1685年 区位:英国泰晤士河畔 园林主人:查理二世(Charles Ⅱ) 造园者:乔治・伦敦(George London)和亨利・怀斯(Henry Wise)	空间布局:以突出的中轴线构成骨架,从建筑前的半圆形巨大花坛开始,巨大半圆形的林荫路连接着三条放射线林荫大道,并对地块整形划分 造园要素:较多精致的树木雕刻,造型多样,但缺少法国园林中的大片林园	1530年汉普顿庄园归亨利八世(Henry Ⅷ)所有,又扩大了花园的范围,还修建了网球游戏场地。在18世纪中叶,受自然风景式园林的影响,由威廉・肯特(William Kent)进行了一些改造	
俄国・彼得宫(Gardens of the Peterhof Palace)			
时间:公元1715年 区位:俄国圣・彼得堡市的西面郊区 规模:800公顷 园林主人:彼得大帝(Peter I)	空间布局:1. 以宫殿通往海边的中轴线及其两侧丛林的布局构成全园构图的主要骨架。2. 宫殿建筑群位于台地上,在上、下花园之间,上花园布局严谨,园的中轴线与宫殿中心一致,中轴线穿过宫殿,又与下花园的轴线相连,一直延伸到海边 造园要素:建筑平台下顺着轴线作一壮观的大理石叠瀑,在叠瀑周围、运河两侧满布喷泉,形成了雄伟壮丽而富有层次的水景	建造这座宫殿集中了当时法国、意大利为代表的全世界优秀建筑师、工匠。彼得大帝也亲自积极地参加到工程筹划之中。宫殿、公园竣工仪式于彼得大帝去世前两年(1723)举行	

2.4 重点案例

2.4.1 中国・艮岳

背景信息

□ 宋徽宗与梁师成

艮岳的建园由宋徽宗亲自参与。徽宗精于书画,是一位素养极高的艺术家。而另一位主持具体修建工作的是宦官梁师成,后人常赞其“博雅忠荩,思精志巧,多才可属”。此二人珠联璧合,使艮岳具有浓郁的文人园林意趣。艮岳建园之前经过周详的规划设计,然后再制成图纸,“按图度地,庀徒僝工”。徽宗经营此园,不惜花费大量财力、人力和物力,以致后人认为艮岳的建造加速了北宋王朝的灭亡。

艮岳(见图2-27、图2-28)位于北宋时期的汴京(今河南开封)景龙门内以东,封丘门(安远门)内以西,东华门内以北,景龙江以南。周长约6里(约3000米),面积约为750亩(50公顷)。据考证,艮岳始建于政和七年(1117),宣和四年(1122)竣工。而后仅过五载便毁于战乱。

艮岳突破了秦汉以来宫苑“一池三山”的规范,以典型、概括的山水创作为主题,在中国园林史上是一大转折,具有划时代的意义。苑中叠石、掇山的技巧,以及对于山石的审美趣味都有极大的提高。这座历史上著名的人工山水园的园林景观十分丰富,既有以建筑点缀为主的,也有以山水、花木而成景的,是一座叠山、理水、花木、建筑完美结合的具有浓郁诗情画意的人工山水园。

历史变迁

宋徽宗赵佶笃信道教,政和五年(1115)于宫城之东北建道观“上清宝箓宫”,与延福宫之东门相对。之后,据《艮岳记》所述:“徽宗登极之初,皇嗣未广。有方士言,京城东北隅,地协堪舆,但形势稍下。倘少增高之,则皇嗣繁衍矣。”宋徽宗听信道士所言,令在京城东北隅砌数仞岗阜，后又令"户部侍郎孟揆于上清宝禄宫之东筑山象余杭之凤凰山，号曰万岁山，既成更名艮岳"（因其在宫城之东北面，按八卦的方位，以"艮"名之）。可见艮岳原为皇帝的多子多寿而建。

其后，宋徽宗又对艮岳进行丰富与拓建，在其所作的《御制艮岳记》中写到，"尔乃按图度地，庀徒僝工""罔连阜属，东西相望，前后相续。左山无右水，沿溪而旁陇，连帛县弥满，吞山怀谷""即姑苏、武林，明越之壤，荆楚，江湘，南粤之野，移枇杷、橙柚、柑榔步荔枝之木，金蛾、玉羞、虎耳、凤尾、索馨、渠那、茉莉、含笑之草。不以土地之殊，风气之异，悉生成长养于雕栏曲槛，而穿石出罅……瀑布下入雁池，池水清泚涟漪，凫雁浮泳水面，栖息石间，不可胜计……"可见艮岳规模之宏大与景色之绮丽，而且艮岳的建造是按照图纸实施的。到宣和四年（1122），这座历史上最著名的皇家园林之一终于建成。园林的匾额题名"华阳"，故又称"华阳宫"。

□ 宋王朝建立后意欲"矫唐末之失策"，注重文臣的运用，文人的地位在此时达到了前所未有的高度。然而"文官兴，则党争起"，至北宋末期党争已是异常激烈。对此，宋徽宗一直抱着息事宁人的态度"无偏无党，正直是与，常用中以与天下休息"。但很快宋徽宗就感到他的愿景根本无法实现，无止境的党派之争无法调和。或许是为了逃避这种无可挽回的形势，宋徽宗从此寄情丹青花木，沉湎于艺术与道教之中。

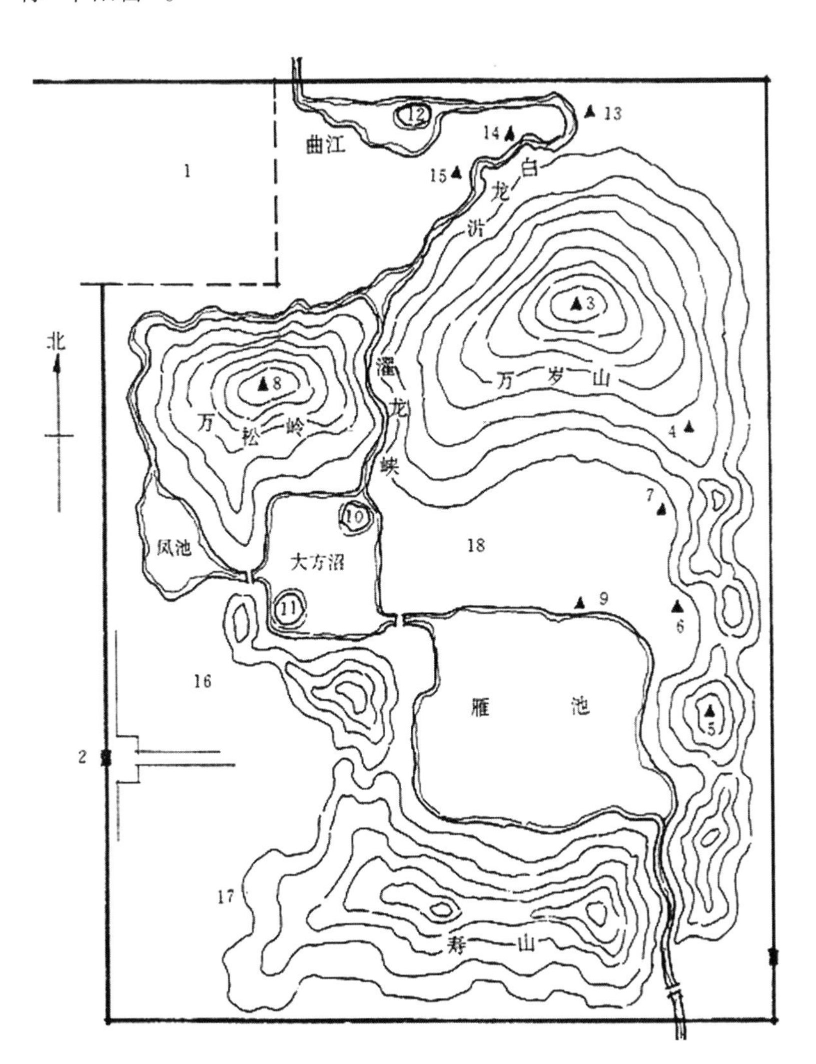

1. 上清宝禄宫 2. 华阳门 3. 介亭 4. 萧森亭 5. 极目亭 6. 书馆 7. 萼绿华堂 8. 巢云亭 9. 绛霄楼 10. 芦渚 11. 梅渚 12. 蓬壶 13. 萧闲馆 14. 漱玉轩 15. 高阳酒肆 16. 西庄 17. 药寮 18. 射圃

图2-27 艮岳平面设想图（一）

图片来源：周维权．中国古典园林史，1999

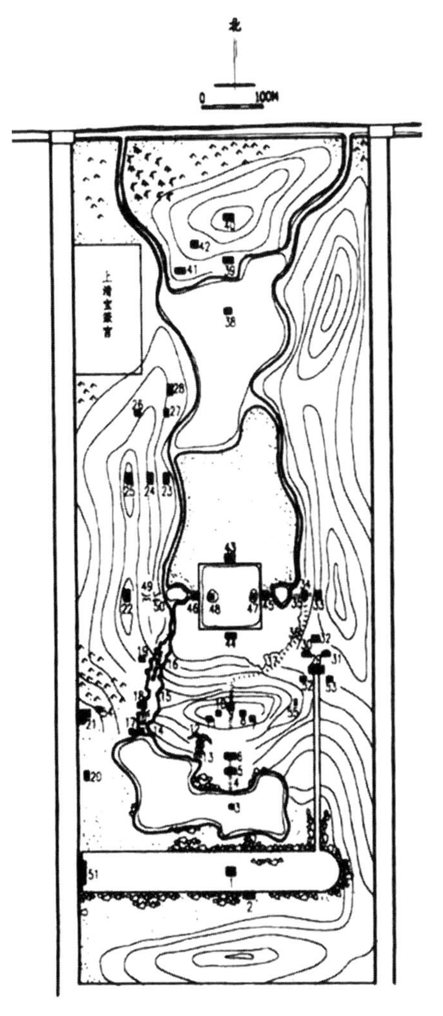

图2-28 艮岳平面设想图（二）

图片来源：张家骥．中国造园艺术史，2004

□ 艮岳建成后，名盛一时，许多文士作诗文辞赋感慨艮岳的绮丽，如《艮岳记》《艮岳百咏》《艮岳赋》等。徽宗本人更是得意万分，誉艮岳为“真天造地设，人谋鬼化，非人力所能为者”。

图 2-29　艮岳遗石——绘月

图 2-30　未运至北方的艮岳遗石——豫园玉玲珑

为了满足园林建造所需的大量珍禽鸟兽和奇花异石，太湖的巨石、四川的佳果异卉、湖湘的秀竹等，皆日夜不绝、舟船相继的运往汴京。甚至在平江（今苏州）设立应奉局，专门管理花木草石的运送。宣和五年（1123）金人攻破辽王朝开始南侵。宣和七年（1125），宋徽宗禅位，其子赵桓继位，称宋钦宗。靖康元年（1126），金人围攻京都，“围城日久，钦宗命取山禽水鸟十余万，尽投之汴河，听其所之，拆屋为薪，凿石为炮，伐竹为笓篱，又取大鹿数千头，悉杀之以啖卫士云”。靖康二年四月，金军攻破东京，徽钦二帝被掳北去，史称“靖康之难”。之后，康王赵构即位，即宋高宗，此时的艮岳已基本毁坏，而高宗亦酷爱山石，在北宋灭亡南迁之时，将艮岳所剩的一些奇石精品随辎重南运。金人也视艮岳的奇石为战利品，悉数运往中都（今北京）。

艮岳从其初成到毁灭，仅仅历时五载。但它将宋徽宗的诗画理念具象到山水园林之中，确是代表了北宋时期最高水平的皇家造园艺术。

其后，被金人掳去的太湖石、灵璧石大部分修筑了北海琼华岛，如今在北京的北海公园内；今中山公园内四宜轩旁有一灵璧石，名“绘月”（见图 2-29）；社稷坛西门外一块灵璧石上，刻有乾隆题的“青莲朵”三字；此外，冠云峰、瑞云峰、玉玲珑、皱云峰等遭历百劫，流落至各处江南名园（见图 2-30）。

园林特征

艮岳属于大内御苑的一个相对独立的部分，建园除了有宗教原因，其主要目的是以山水之景而“放怀适情，游心赏玩”。把大自然环境和各地的山水风景加以高度的概括、提炼、典型化而缩移摹写。建筑发挥重要的成景作用，但就园林的总体而言则又是从属于自然景观。艮岳代表着宋代皇家园林的风格特征和宫廷造园艺术的最高水平。

（1）布局

园林的东半部以山为主，西半部以水为主，大体上呈“左山右水”的格局，山体从北、东、南三面包围着水体。北面为主山“万岁山”，先是用土堆筑而成，大体轮廓体型模仿杭州凤凰山，主峰高九十步，是全园的最高点，上建“介亭”。后来从“洞庭、湖口、丝溪仇池之深渊，与泗滨、林虑、灵璧、芙蓉之诸山”开采上好石料运来，又“增以太湖、灵璧之石，雄拔峭峙，巧夺天工”。万岁山是先筑土，后覆石料堆叠而成的大型土石山。

从主峰顶上的介亭遥望景龙江“长波远岸，弥十余里；其上流注山间，西行潺湲”，景界极为开阔。万岁山的西面隔西涧为侧岭“万松岭”，上建巢云亭，与主峰之介亭东西呼应成对景。万岁山的东南面，小山横亘二里名“芙蓉城”，仿佛前者的余脉。水体南面为稍低的次山“寿山”，又名南山，双峰并峙。

从园的西北角引来景龙江之水，河道入园后扩为一个小型水池“曲江”，可能是摹拟唐长安的曲江池。池中筑岛，岛上建蓬莱堂。然后折而西南，名曰回溪，沿河道两岸建置漱玉轩、清澌阁、高阳酒肆、胜筠庵、萧闲阁、蹑云台、飞岑亭等建筑物，河道至万岁山东北麓分为两股。一股绕过万松岭，注入凤池；另一股沿万岁山与万松岭之间的峡谷南流入山涧。涧水出峡谷南流入方形水池“大方沼”，池中筑二岛，东曰芦渚，上建浮阳亭，西曰梅渚，上建雪浪亭。大方沼“沼水西流为凤池，东出为研池。中分二馆：东曰流碧，西曰环山。馆有阁曰巢凤，堂曰三秀”。雁（研）池是园内最大的一个水池。雁池之水从东南角流出园内，构成一个完整的水系。艮岳的西部靠南另有两处园中之园:药寮、西庄。

(2)建筑

艮岳的建筑形式多样,满足了各种不同的造景需要。园内"亭堂楼馆,不可殚纪",集中为大约40处,几乎包罗了当时的全部建筑形式。其中如书馆"内方外圆如半月"、八仙馆"屋圆如规"等都是比较特殊的。建筑的布局除少数满足特殊的功能要求,绝大部分均从造景的需要出发,充分发挥其"点景"和"观景"的作用。山顶制高点和岛上多建亭,水畔多建台、榭,山坡及平地多建楼阁。

(3)水体

园内形成一套完整的水系,它几乎包罗了内陆天然水体的全部形态,有河、湖、沼、汫、溪、涧、瀑、潭等。水系与山系配合而形成山嵌水抱的态势,这种态势是自然界山水成景的最理想地貌的概括,也符合堪舆学说的上好风水条件。中国画论所谓"山脉之通按其水径,水道之达理其山形"的画理,在艮岳的山水关系的处理上也有充分的反映。

(4)山石

艮岳以对山石的营造而闻名。园林筑山摹拟凤凰山不过是一种象征性的做法,重要的在于它的独特构思和精心经营,将天然山岳作典型化的概括。万岁山居于整个假山山系的主位,其西的万松岭为侧岭,其东侧的芙蓉城则是延绵的余脉。南面的寿山居于山系的宾位,隔着水体与万岁山遥相呼应。这是一个宾主分明、有远近呼应、有余脉延展的完整山系,既把天然山岳作典型化的概括,又体现了山水画论所谓"先立宾主之位,决定远近之形""众山拱伏,主山始尊"的构图规律。整个山系"岗连阜属,东西相望,前后相续",脉络连贯,并非是各自孤立的土丘。其位置经营也正合于"布山形,取峦向,分石脉"的画理。

艮岳的假山用石方面也有许多独到之处。石料是从各地开采出来的"瑰奇特异瑶琨之石",以太湖石、灵璧石之类为主,均按照图样的要求加以选择。为了安全运输巨型太湖石,还创造了以麻筋杂泥堵洞之法。经过优选的石料千姿百态,因而大量运用石的单块"特置"。在西宫门华阳宫的御道两侧辟为太湖石的特置区,布列着上百块大小不同、形态各异的峰石,有如人为的"石林"。石峰,尤其是太湖石峰的特置手法,在宋代园苑里面已普遍运用。而艮岳中石的特置或叠石为山的规模均为当时之最大,体现了极高的艺术水平(见图2-29)。

(5)植被

艮岳的植物品种丰富,且配置方式灵活多样。据考证园内植物已知的共有数十个品种,包括乔木、灌木、果树、藤本植物、水生植物、药用植物、草本花卉、木本花卉以及农作物等,其中不少是从南方的江、浙、荆、楚、湘、粤引种的。植物的配置方式有孤植、丛植、混交,大量采用的是成片栽植。在园内的山水景象之间,点缀着许多名贵的花木果树,并形成了许多以观赏植物为主的景点,如梅岭、杏岫、丁嶂、斑竹麓等。

2.4.2　中国·避暑山庄

背景信息

避暑山庄(见图2-31)位于今河北省承德市市区北部,地处武烈河西岸,北为狮子岭、狮子沟,西为广仁岭西沟。其始建于康熙四十二年(1703),至后乾隆时期的扩建历时了39年之久。占地面积约564公顷,为清代最大的皇家园林,同时也是一个塞外政治中心(见彩图2-1)。

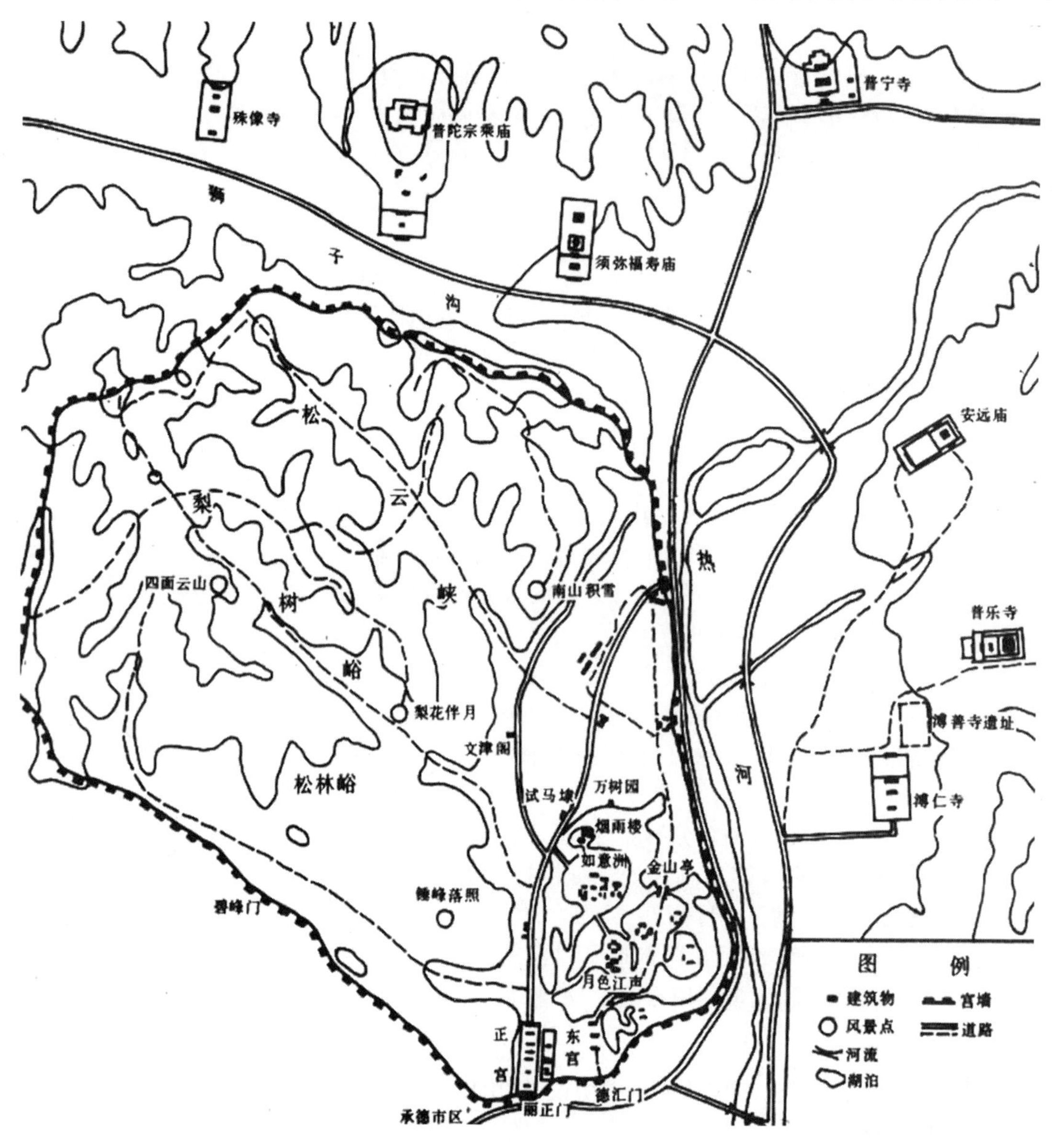

图2-31　避暑山庄平面示意图

历史变迁

避暑山庄的修葺历经三朝。清初,避暑山庄所处位置无汉语地名,蒙古语称"哈仑告鲁",汉译为"热河上营"。当时热河一带只有蒙古人的牧马场和一个几十户人家的小山村。

在康熙所作的《御制避暑山庄记》中写道:"……朕数巡江干,深知南方之秀丽;两幸秦陇,益明西土之殚陈。北过龙沙,东游长白;山川之壮,人物之朴,亦不能尽述,皆我之所不取……"。足迹遍及四方的康熙领略了南国风光的秀美、西部民风的淳厚、塞北山川的雄壮、东方人物的纯朴,所见、所闻、所感难以尽述,尽管他们各有千秋,康熙却独钟情于热河一带。"无伤田庐之害""道近神京,往还无过两日;地劈荒野,存心岂误万几""借芳甸而为助,无刻桷丹楹之费,喜泉林抱素之怀"等诗句,表明热河一带除了山水气脉的钟灵毓秀,亦具有优越的地理位置。

此外，热河所处之处正是连接河北平原和蒙古草原的天然走廊。从康熙所写“地扼襟喉趋朔漠，天留锁钥枕雄关”的豪迈诗句，可见热河的优越之处不仅是因它的宜人气候。后来，据朝鲜驻清陪臣柳德恭所述：“窃观热河形势，其左通辽沈，右引回回，北压蒙古，南制天下，此康熙皇帝之苦心”。之后，乾隆也曾说：“我皇祖建此山庄于塞外，非为一己之豫游，盖贻万世之缔构也。”热河行宫修建后的第八年，康熙将热河行宫改名为避暑山庄，并亲笔题下了这四个大字。康熙五十二年（1713），避暑山庄初步建成，康熙帝以四字为名为园中各处美景题写“三十六景”。而园中山形水势恰似当时的清朝版图，正应“移天缩地在君怀”之意。在避暑山庄格局形制形成的同时，它确实成为了康熙接见各民族王公贵族、处理民族事务、加强北方边防的政治中心，成为康熙精心打造的“无形长城”上的一个有力支点。

与此同时，康熙五十二年（1713）开始在避暑山庄东北部建造庙宇，至乾隆四十五年（1780年）陆续完成，时称“外八庙”。外八庙的建造丰富了避暑山庄的历史文化内涵，意在借宗教团结内外蒙古、新疆、西藏等少数民族。言而简之，“大一统”思想贯穿了避暑山庄建造的主线，当时社会的政治、经济、文化的影响在避暑山庄都得到了完整而真实的体现。

在乾隆六年至乾隆十九年（1741—1754），乾隆对避暑山庄进行了大规模扩建，在原来的范围内修建新的宫廷区，把“宫”和“苑”区分开来，另在苑林区内增加新的建筑，增设新的景点，扩大湖泊东南的一部分水面。扩建后，乾隆效仿其祖父，以三字为名又题“三十六景”，合称“避暑山庄七十二景”。乾隆也传承了“大一统”的思想，如乾隆十九年（1754）建造丽正门，其正中的石匾上题写着满、汗、蒙、藏、维等五种语言。乾隆四十五年（1780）八月十三日，乾隆在避暑山庄内的澹泊敬诚殿举办了他七十诞辰的隆重庆典。乾隆与班禅携手同登宝座，接受王公大臣的朝贺。乾隆以其行动表达了他“绥靖荒服，怀柔远人”的民族政策。

乾隆五十八年（1793）六月，大英帝国以庆寿为借口派出的第一个正式的访华使团抵达中国。来到避暑山庄后，双方因礼仪问题产生了重大争执，使团一直未能觐见。最终，双方达成折中协议，在山庄内的万树园和寿典当天在澹泊敬诚殿获得接见。英国使团此行真正目的却是希望中国与英国互设大使馆，互相通商。但对于这一提议，乾隆一直置若罔闻，并最终给予否决。

嘉庆二十五年（1820），嘉庆为举行木兰秋狝而去避暑山庄，却因天气炎热、旅途劳顿死在山庄。

道光年间，因清朝国势衰退，已无力再举办木兰秋狝活动，皇帝也不再出巡塞外，此后的避暑山庄空锁了近40年。

咸丰十年（1860），英法联军进攻北京，咸丰带着一班大臣逃至避暑山庄，此后他再未回过北京。咸丰十一年，咸丰病死在避暑山庄的西暖阁，其后再也没有皇帝到过这里，从此避暑山庄荒废在了塞北。

此后，避暑山庄做过军阀政府驻地，并入伪满洲国，山庄内的文物或被销毁或被窃走，建筑破坏严重。至新中国成立后，中华人民共和国政府对避暑山庄进行了一定的修理和保护，不久之后山庄再度成为热河省政府、承德军分区驻地。1961年，避暑山庄和外八庙被列入第一批全国重点文物保护单位。1976年开始了“避暑山庄和外八庙整修工程十年规

□ 康熙年间，满、汉、蒙、藏等族的民族矛盾形势依然极为严峻。康熙皇帝继承了祖辈“大一统”的思想，秉持“中外一视”的观点。他批判历来依赖长城为安全保障的思想，认为“帝王治天下，自有本原，不专恃险阻。秦筑长城以来，汉唐宋亦常修理，其时岂无边患？……可见守国之道，唯在修德安民，民心悦，则邦本得而边境自固，所谓众志成城者也。”在他看来，强国之本在于人心的向聚。然而京城内时而爆发的天花疫情，让蒙古王公贵族们以“进塞为惧”。为团结蒙古各部落，康熙帝在内蒙古各盟与四旗接壤处设立木兰围场作为八旗官兵们行围打猎、操练习武的地方。除此之外，这里也成为蒙古王公觐见皇帝的场所，达到了康熙帝施威天下，怀柔远人的目的。后因京城到木兰围场路途遥远，康熙帝在途中建设行宫。

□ 外八庙是指在避暑山庄周围修建的佛教寺庙，包括普宁寺（俗称大佛寺）、普陀宗乘之庙（小布达拉宫）、须弥福寿之庙（班禅行宫）、安远庙、广缘寺、殊像寺、溥仁寺、溥善寺八庙，并形成以山庄为中心的众星拱月之势，体现了“移天缩地在君怀”的思想。

图 2-32　光绪年间避暑山庄全图

图 2-33　清·冷枚《避暑山庄图》

图 2-34　避暑山庄——金山

划”，对山庄建筑进行修复，并于 1986 年开始了第二期整修十年规划。从 1976 年到 2006 年先后实施了三期整修十年规划。1994 年，避暑山庄和周围的庙宇一起被列入《世界文化遗产名录》（见图 2-32、图 2-33）。

园林特征

避暑山庄建造以保持原有的天然景致、体现浓郁的山林野趣为基本立意。即使在布局规整、层次严密、气氛庄严的宫廷区，它也没有紫禁城宫殿的奢华感。建筑基座与民宅相似，体量不大，青砖素瓦，不施彩绘，古朴淡雅，加上庭园中苍松散植，虬枝如盖，显得古朴、淡雅而恬静。它的建立开创了清代皇家园林的一种规划方式——园林化的风景名胜区，将北国山岳、塞外草原、江南水乡的风景名胜汇集于一园之内。

（1）布局

避暑山庄总体布局按“前宫后苑”的规制，宫廷区位于山庄南部，其后为广大的苑林区，为“前宫后苑”格局，便于功能使用。宫廷区是皇帝处理政务和居住的地方，这一部分包括三组平行的院落建筑群：正宫、松鹤斋、东宫。宫廷区的占地面积是整个山庄面积的五十分之一。广大的苑林区包括三个大景区：湖泊景区、平原景区、山岳景区。山庄四周峰峦环绕，山庄本身西北面为山峦区，占全部面积的五分之四，平原占五分之一，位于东南面，平原中的湖面约占一半，此水是由热河泉汇集而成。山庄建设充分利用山水自然条件，引泉水、疏河道、挖湖沼。

1）湖泊景区

湖泊区是山庄园林的重点，位于宫殿区北面，面积占山庄总面积的 14%，而避暑山庄 72 景中有 31 景在此。湖区湖岸曲折，洲岛相连，楼阁点缀，景观丰富。自然景观的开阔深远与含蓄曲折兼而有之，静水微澜与飞珠走玉相映成趣。虽由人工开凿，但其进水于西北，出水于东南的理水模式，与我国地理环境相吻合；其水面的形状、堤的走向、岛的布列、水体的尺度等，又能与山庄的山、水、平原三者构成的地貌相协调，可谓是“虽由人作，宛自天开”。湖泊区通体显示了浓郁的江南水乡情调，尺度宜人，风光旖旎。乾隆曾数下江南，将一些江南名胜景观移植于此，如青莲岛烟雨楼仿嘉兴烟雨楼，文园狮子林仿苏州狮子林，沧浪亭仿苏州沧浪亭，金山寺仿镇江金山寺。这些景点布置成园中之园，由几条游览路线有机地连贯起来，富有韵律节奏。在金山、烟雨楼高视点处，视野开阔，可眺望群山环抱的湖光山影，欣赏南秀北雄的园林景色（见图 2-34）。

2）平原景区

湖泊区以北，山岳区以东是呈狭长三角形的平原区，面积与湖泊区约略相当，两者在南北向上一气连贯。这里地形平坦，视野开阔，周边山岳的雄浑、湖泊的婉约在它的映衬下更加景色鲜明。

平原区东半部的“万树园”，原是武烈河以西的水草丰沛的河谷平原。建园之后，这里仍是古木参天、芳草覆地，麋鹿成群地奔逐于林间。乾隆在此搭建蒙古包，邀请蒙、藏等少数民族首领野宴、观灯火，有时也在此宴请外国使节。平原西侧山脚下建有“文津阁”，是按宁波“天一阁”布局建造的，珍藏《四库全书》和《古今图书集成》各一部，为清代七大藏书楼之一。平原区西半部的“试马埭”，则是一片如茵的草地，表现塞外草原的粗犷风光。整个平原区建筑物很少，大体沿周边布置以显示平原之开旷。在它的南边，亦即如意湖的北岸，建置四个形态各异的亭子：莆田丛樾、莺啭乔木、濠濮间想、水流云在，“回环列布，倒影波间”(《热河志》卷二十八)。这四座亭子既是观水赏林的小景点，也是湖区与平原交接部位的过渡处理。平原区北端恰好是它与山岭交汇的枢纽部位，在这里建置园内最高的建筑物永佑寺舍利塔，以其高耸挺秀的形态作为湖洲、平原二景区南北纵深尽端处的一个有力收束。

3)山岳景区

犹如一道绿色的天然屏障耸峙于西北部的山岳区，占全园面积的三分之二，这里峰峦起伏，峰岩清流，四时景色各异。自北而南而西，有“松云峡”“梨树峪”“松林峪”“榛子峪”“西峪”等数条峡谷，是通达山区的主要游览路线(见图2-35)。康熙、乾隆两代以各条峡谷为骨干，依山就势造了四十四处胜景，情趣各异，是山庄精粹所在。

图2-35　避暑山庄——松云峡

为突出山庄天然野趣的基调，山岳区的建筑布局不求其显但求其隐，不求其密集但求其疏朗。除一些点景建筑之外，其余的小园林和寺庙建筑群绝大部分都建置在幽谷深壑的隐蔽地段。显露的点景建筑有四处——南山积雪、北枕双峰、四面云山、锤峰落照，均以亭子的形式出现在山头，构成山岳区制高点的点缀(见图2-36)。“南山积雪”和“北枕双峰”皆是平原湖泊一带北望的主要对景，两者的功能都能收到最佳的点景和观景效果。通过把全园的景物控制在一个立体交叉的视线网络中，将平原区、湖洲区与山岳区紧密联系在一起。到乾隆年间，又在山庄最北部的山峰最高处筑“古俱亭”，其目的在于俯视在北宫墙外狮子沟北山坡上的“罗汉堂”“广安寺”“殊像寺”等，使山庄内外的建筑群在空间上取得联系与呼应。这五座亭子数量不多，但景观作用突出，在山庄与外八庙的很大范围内都可看到它们。

图2-36　避暑山庄——南山积雪

(2)建筑

山庄建筑整体布局采用“前朝后寝”规制，宫廷区建筑的后殿是万壑松风殿，这里曾是康熙批阅奏章、读书和召见臣子的地方。该殿坐南朝北，北面地势陡降且临湖而立，视野极其开阔，苑林区的湖光山色尽收眼底。该殿周围遍植松柏，清风吹过，松涛柏浪阵阵，“万壑松风”也因此而得名(见图2-37)。这里位于宫廷区与苑林区之间，是二者之间的过渡，因此其建筑布局自然而灵活，没有东西呼应的朝屋，不求对称，没有中轴线。

图2-37　避暑山庄——万壑松风

(3)水体

山庄湖泊面积包括洲岛约43公顷，现存的8个岛屿将湖面分割成大小不同的区域，层次分明，富有江南特色。山区的大小山泉沿山峪汇聚入湖，武烈河水从平原北端导入园内再沿山麓流到湖中，连同湖区北端的热河泉，是为湖区的三大水源。湖区的出水则从南宫墙的五孔闸门再流入武烈河，构成一个完整的水系。这个水系充分发挥水的造景作用，以溪流、瀑布、平濑、湖沼等多种形式来表现水的静态和动态的美，不仅让人观水形而且听水音。因水成景是避暑山庄园林景观中的最精彩的一部分，所谓“山庄以山名而实趣在水；瀑之溅、泉之醇、溪之流咸会于湖中”。

2.4.3 中国·颐和园

背景信息

颐和园(图2-38、图2-39,见83、84页)原名清漪园,位于北京西北部,距城区15千米,占地约290公顷。始建于乾隆十五年(1750),是一座以万寿山、昆明湖为主体的大型天然山水园,是中国保存最为完好的清代离宫型皇家园林。

清漪园建成后,它旷奥兼具的湖山之美,再加上建筑物恰如其分的点染,深得乾隆的赞赏,予以“何处燕山最畅情,无双风月属昆明”的极高评价,园林的总体规划代表了清代皇家园林鼎盛时期的特点和成就(见彩图2-2)。

历史变迁

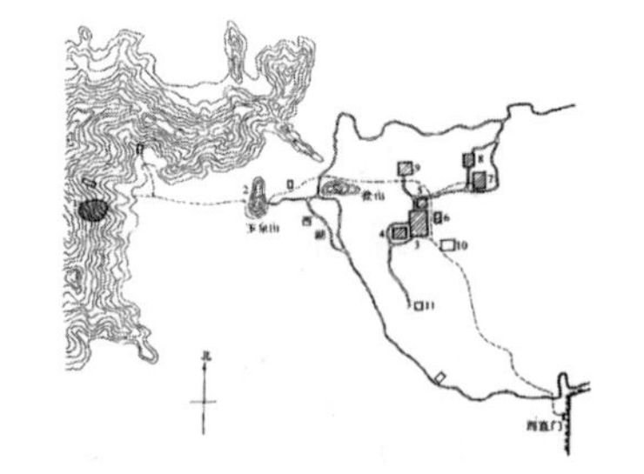

图2-40 北京西北郊山水关系

北京西北郊山清水秀,西山峰峦自南趋北,素有“神京右臂”之称(见图2-40)。在它的腹心地带拱卫着两座山冈——玉泉山和瓮山。山冈附近泉水丰沛,湖泊罗布,最大的湖泊即瓮山南麓的西湖,其与翁山形成北山南水的态势,远山近水彼此映衬,形成宛似江南的优美自然风景。翁山、西湖、玉泉山之间山水连属,三者在景观上互为凭借的关系十分密切。玉泉山的山形轮廓秀美清丽,而翁山山形则较呆板而又是一座“土赤坟,童童无草木”的秃山。明孝宗弘治七年(1494)在瓮山南坡的中央部位修建了“圆静寺”,瓮山面貌有所改善,能够吸引文人墨客经常到此游览。

明代,由于加固了“西堤”,西湖水位得以稳定,周围受灌溉之利而广开水田。湖中遍植荷、蒲、菱、茭之类水生植物,尤以荷花最盛。沿湖堤岸上垂柳回抱。湖上沙禽水鸟出没,环湖十寺掩映在绿荫潋滟间。绮丽的天然风景再加上寺庙、园林、村舍的点染,西湖遂成为京郊的著名游览胜地,获得了“环湖十里为一郡之胜观”的美誉。

□ 乾隆皇帝酷爱园林的享受,六巡江南时又深慕高水平的江南造园艺术。他同时也像康熙那样保持着祖先的骑射传统,喜欢游历名山大川,对大自然山水林木怀有特殊的感情。他认为造园不仅是“一拳代山、一勺代水”地对天然山水作浓缩性的摹拟,其更高的境界应该是有身临其境的直接感受。北京西北郊的山水结构是创设园林的自然风景真实感不可多得的地貌基础,这样的造园基地,当然对于乾隆来说具有极大的诱惑力。

到了清朝,在清代权贵之中兴起了建园之风,自然条件优越的京城西北郊更是大兴造园,几近使花园毗邻相连,因而有“园林之海”之称。后至乾隆时期更是集中全力在北京西北郊兴建和扩建御苑,最终形成了一个庞大的皇家园林集群。清漪园,即后来的颐和园,就是于乾隆十五年(1750)在瓮山和西湖的基址上兴建的,并改瓮山之名为“万寿山”,改西湖之名为“昆明湖”。

乾隆九年(1744),圆明园修缮完成后,乾隆皇帝曾夸耀这座园林的宏伟绮丽,誉之为“天宝地灵之区,帝王豫游之地,无以逾此”。并告诫“后世子孙必不舍此而重费民力以创设苑,斯则深契朕法皇考勤俭之心以为心矣”。然而北京西北郊先已建成的诸园之中由于缺乏天然山水的基础,并未完全实现清朝皇家的造园理想,不能完全予人以身临其境的感受。唯独西湖是西北郊最大的天然湖,它与瓮山形成北山南湖的地貌结构,朝向良好,气度开阔,可以成为天然山水园的理想的建园基址,且西湖从元、明以来已是京郊的一处风景名胜区。杭州西湖素为乾隆所向往,早有摹仿杭州西湖景观的意图。并且瓮山西湖的原始地貌则几乎是一片空白,可以完全按照乾隆的意图加以规划建设,自始至终一气呵成。这个地貌条件对于自诩“山水之乐,不能忘于怀”的乾隆,实有着十分强烈的吸引力。

乾隆十六年(1751)适逢皇太后钮钴禄氏60整寿,乾隆为庆祝母后寿辰,于乾隆十五年(1750)选择瓮山圆静寺的废址兴建一座大型佛寺"大报恩延寿寺",同年三月十三日发布上谕改瓮山之名为"万寿山"。在佛寺建设同时,万寿山南麓沿湖一带的厅、堂、亭、榭、廊、桥等园林建筑已相继作出设计和工科估算,陆续破土动工。同时,清漪园的建造与当时西北郊水系的整理工程结合在一起,这是从乾隆十四年(1749)就开始进行的旨在开源节流的大规模水系整理工程。由于各处拦蓄、导引而来的水源增加,作为蓄水库的西湖也先行开拓、疏浚以便承纳更大的水量。

咸丰十年(1860),英法联军入侵北平,皇家园林几乎被破坏殆尽,清漪园的园林建筑遭到严重毁坏,珍宝佛像也被洗劫一空。光绪十二年(1886)开始重建清漪园。光绪十四年(1888),慈禧甚至以海军军费的名义筹集钱款修复此园,并取意"颐养冲和"将其更名为颐和园。直至光绪二十一年,修复工程基本结束。至此,颐和园大抵恢复了曾经的面貌,但质量上不如从前,细节上也多依慈禧的喜好有所改变。

光绪二十六年(1900),颐和园再次遭到八国联军的洗劫。1902年,慈禧从西安回到北京后,再次动用巨款修复此园。"民国"十三年(1924),颐和园被政府接管,辟为对外开放的公园。1953年起,颐和园再次作为公园对公众开放,其后经历多次大修。1998年12月2日,颐和园以其丰厚的历史文化积淀、优美的自然环境景观、卓越的保护管理工作被列入世界遗产名录。

□ "福山寿海"的造园立意

修建颐和园本是为皇太后祝寿,乾隆皇帝下令要在园林中体现"福、禄、寿"三层含义。当时,担任设计师的"样式雷"第七代雷廷昌巧用心思,提出了"桃山水泊,仙蝠捧寿"的方案。他命人将昆明湖挖成一个寿桃的形状,在平地上看不出全貌,但从万寿山高处下望,呈现在眼前的就是一个形似大寿桃的水面。十七孔桥连着的湖中小岛——南湖岛平面略成圆形,恰似龟状,十七孔桥就是龟颈,寓意长寿。同时,雷廷昌将万寿山下濒临昆明湖北岸的轮廓线,设计成一只振翅欲飞的蝙蝠,佛香阁两侧的建筑群设计成蝙蝠两翼的形状,整体看来恰似一只蝙蝠,蝠同"福",寓意多福。此外,"一池三山"的传统模式所营建的蓬莱仙境的氛围,以及山水和景点的命名如瓮山改名为万寿山、西湖改名为昆明湖等,都在全方位地传达着"福、禄、寿"尤其是"寿"的含义。

园林特征

颐和园总体规划是以杭州的西湖为蓝本(见图2-41)。北山——万寿山,南水——昆明湖构成了全园山嵌水抱的山水形态。建园之初,为了形成山水相依的自然景观,对原始地貌进行了加工改造,开拓、疏浚昆明湖,疏浚后的昆明湖面往北拓展直抵万寿山南麓,然后利用挖出的湖底淤泥使万寿山增高至60米。山形、水体经过开拓、改造之后,整体构成山嵌水抱的形势,万寿山仿佛是托出于水面的岛山,完全改变了原西湖与瓮山之间尴尬的山水连属关系,为造园提供了良好的地貌基础。

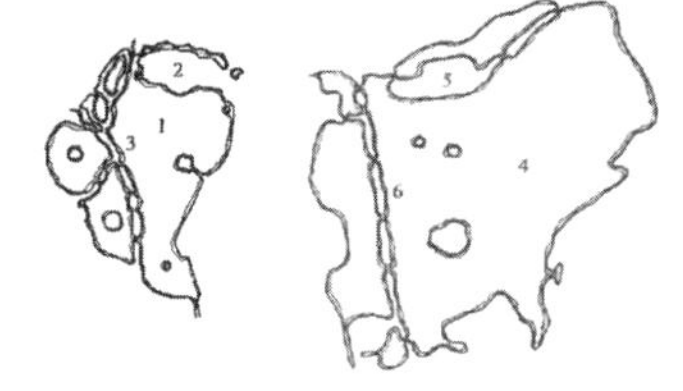

图2-41 清漪园与杭州西湖山水关系对比

(1)布局

颐和园大致可分为宫廷区、前山前湖景区及后山后湖景区:

1)宫廷区

布置在园的东北端,东宫门也就是园的正门,其前为影壁、金水河、牌楼,往东有御道通往圆明园。外朝的正殿勤政殿坐东朝西,与二宫门、大宫门构成一条东西向的中轴线。勤政殿以西就是广大的苑林区,以万寿山山脊为界又分为南北两个景区:开阔的前山前湖景区及幽深的后山后湖景区。

2)前山前湖景区

占全园面积的88%,北山南水格局,环境极其开阔。万寿山高60米,前山面南,有很好的朝向和开阔的视野,位置接近宫廷区和入口处,因而成为景区内建筑荟萃之地,园中的主体建筑群也布置在这里。

这组壮观的建筑群是前山总体构图的主体和重心,为弥补它过于规整和严谨的特点,在东、西两侧疏散地布置着十余处建筑体量小、形象朴素、组合灵活的景点,如西面的画中游、云松巢,东面的无尽意轩等。此

□ 清漪园仿杭州西湖而建，所以，昆明湖的水域划分、万寿山与昆明湖的位置关系、西堤在湖中的走向以及堤上的六座桥梁、昆明湖周围的环境等都类似杭州西湖。关于这一点，乾隆有诗为证："背山面水地，明湖仿浙西；琳琅三竺宇，花柳六桥堤"。为了扩大昆明湖的环境范围，湖的东、南、西三面均不设宫墙，园内外浑然一体。这样一来，景观的开阔度很大，外向性很强，为园外借景创造了极优越的条件。大凡园外的玉泉山、西山、平畴田野、僧寺村舍乃至静宜园、静明园、畅春园、圆明园等都能够收摄作为园景的组成部分。若论借景之广泛、借景内容之多样，清漪园在清代皇家诸园中实为首屈一指。

外，还有一些零星的点景亭榭、小品等。它们从东、西两面烘托着中央建筑群，使其愈显端庄华丽的皇家气派。在前山南麓沿湖岸设置长达750米的长廊，成为山水之间良好的过渡，也对前山建筑群起着统一协调的作用。长廊自东向西间插以留佳亭、寄澜亭、秋水亭和逍遥亭，象征着春、夏、秋、东四季的轮回。此长廊是中国园林里最长的画廊，共绘有14000多幅反映西湖风光、中国民间神话及文学作品中故事情节的彩画。

3）后山后湖景区

占全园面积的12%。后山即万寿山的北坡，山势起伏较大；后湖即位于山北麓与北宫墙之间的一条河道。这里的自然环境幽闭多于开朗，故景观亦以幽邃为基调。后山以汉藏风格的须弥灵境建筑群为中心，象征喇嘛教中的须弥山，完整而又形象地表现了佛国的形象。建筑群与跨越后湖中段的三孔石桥、北宫门构成一条纵贯景区南北的中轴线。须弥灵境建筑群的东、西两侧多为各抱地势、布置随宜的小建筑组合，其中大多数是自成一体的小园林格局。

蜿蜒于后山北麓的后湖，全长约1000米。其中段部分，两岸店铺鳞次栉比。这里是一处模仿江南河街市肆的"后溪河买卖街"，又名"苏州街"，全长270米，呈一个完整的水镇格局。沿岸河街的店铺，各行各业俱全，店面采用北京常见的牌楼、牌坊、拍子三种式样。每逢帝后临幸时，以宫监扮作店伙顾客，水上岸边熙熙攘攘，非常热闹。

谐趣园

位于后山东麓平坦地段上的谐趣园（原名惠山园），是颐和园中典型的园中之园（见图2-42）。虽然是仿无锡寄畅园而建，但其趣有别。"谐趣"意指人的情感变化和景色相协调。全园布局充分利用了环境地形的特点，南部以水池为中心，北部基本上以山林为主，主体建筑"涵远堂"位于山林与水池的结合处。在四面环山的环境中，以游廊串联起来的建筑群围绕"L"形水池布置，形成了一个较为封闭的空间。它与万寿山开放的空间布局形成了很大的反差，在颐和园整体结构中起到了动静结合的作用。谐趣园所有建筑的屋顶除亭榭采用攒尖顶外，都作卷棚顶式屋顶。均采用"黑活"布瓦，既朴素大方又柔美灵巧，显示着浓郁的江南小园林的情调。然而相对于建筑外表的简单朴素，内部的装饰却是极其富丽考究、华丽精致。特别是涵远堂、澄爽斋等主要建筑，内部置有各种名贵的紫檀、红木雕花的落地罩和隔扇，雕工极为精细讲究，以适应皇家豪华的生活方式。

图2-42　颐和园内之谐趣园

（2）建筑

园林中呈聚散两宜的建筑布局，建筑一般化集中为分散，但凡属园内重要部位，建筑则宜集中布置以显示其重要。建筑群的平面和空间组合一般均运用严整的轴线对称布局，个体建筑则多采取"大式"做法，以此来强调皇家园林的肃穆气氛。其余的地段，建筑群则随地势高低自由随宜布局，建筑个体一律为"小式"做法，以及与民间风格相融糅的变体，使得园林于典丽华贵之中增添不少朴素淡雅的民间气息。

建置在前山中央是一组庞大的中央建筑群，中间为"大报恩延寿寺"，从山脚到山顶依次为天王殿、大雄宝殿、多宝殿、石砌高台上的佛香阁、琉璃牌楼众香界、无梁殿智慧海，连通配殿、爬山游廊、蹬道等建筑密密麻麻地将山坡覆盖住，构成前山南北向的一条明显的中轴线。它的东侧是转轮藏和慈福楼，西侧是宝云阁和罗汉堂，又分别构成两条次轴线

（见图2-43）。

（3）植被

清漪园的绿化在建园之初即保持了原西湖的荷花和堤柳之盛，万寿山则依靠从外地移栽树木逐年经营，终于在短时间内把一座光秃秃的童山改变成为"叠树张青幕，连峰濯翠螺"的枝繁叶茂的状态。前山以松柏树的大片成林为主，取其"长寿永固""高风亮节"的寓意。后山则以松柏间栽多种落叶树，如桃、杏、枫、栾、栎、槐、柳之属，突出季相之变化，还少量种植名贵的白皮松。沿湖岸和堤上大量种植柳树，形成"松犹苍翠柳垂珠，散漫迷离幻有无"的景象。杨柳近水易于生长，与水光潋滟相映衬最能表现宛若江南的水乡景观。西堤上除柳树外，更以桃树间植而形成一线桃红柳绿的景色。

图2-43　颐和园中央建筑群

（4）水体

昆明湖南北长1930米，东西最宽处1600米，在清代皇家诸园中是最大的水面。其广阔的水面，由西堤及其支堤划分为三个水域，每个水域中各有一个大的岛屿，分别为南湖岛、藻鉴堂、治镜阁。如果略去西堤不计，昆明湖水面三大岛鼎列的布局，很明显的构成"一池三山"的中国皇家园林理水传统模式，营造出一处仙苑式的皇家园林。清漪园的建成也完成了西北郊水系的整理工程，是艺术与工程相结合、造园与兴修水利相结合的一个出色范例。

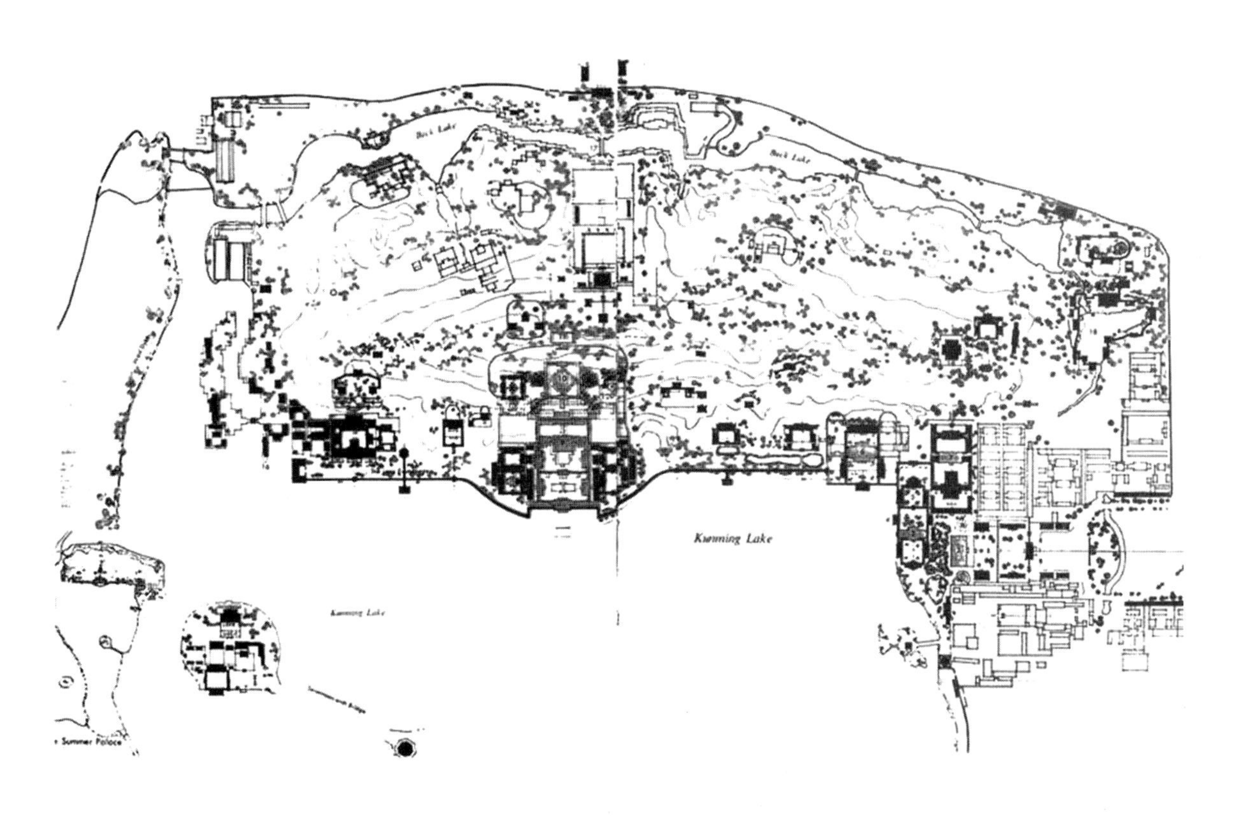

图2-38　颐和园万寿山平面图

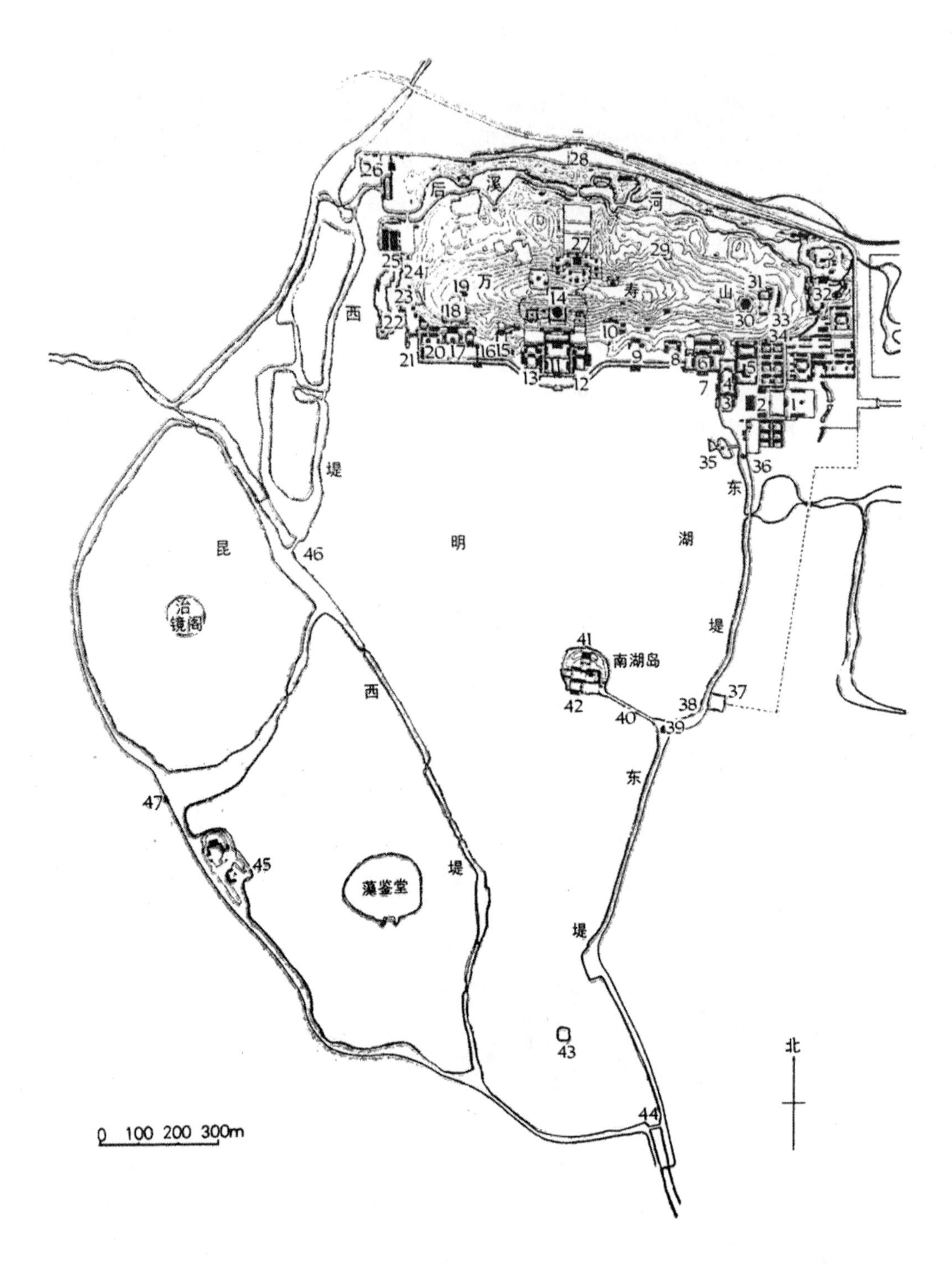

1. 东宫门 2. 仁寿殿 3. 玉澜堂 4. 宜云馆 5. 德和园 6. 乐寿堂 7. 水木自亲 8. 养云轩 9. 无尽意轩 10. 写秋轩 11. 排云殿 12. 介寿堂 13. 清华轩 14. 佛香阁 15. 云松巢 16. 山色湖光共一楼 17. 听鹂馆 18. 画中游 19. 湖山真意 20. 石丈亭 21. 石舫 22. 小西泠 23. 延清赏 24. 贝阙 25. 大船坞 26. 西北门 27. 须弥灵境 28. 北宫门 29. 花承阁 30. 景福阁 31. 益寿堂 32. 谐趣园 33. 赤城霞起 34. 东八所 35. 知春亭 36. 文昌阁 37. 新宫门 38. 铜牛 39. 廓如亭 40. 十七孔长桥 41. 涵虚堂 42. 鉴远堂 43. 凤凰礅 44. 绣绮桥 45. 畅观堂 46. 玉带桥 47. 西宫门

图 2-39 颐和园平面图

图片来源：周维权．中国古典园林史，1999

2.4.4 日本·桂离宫

背景信息

桂离宫(见图2-44)位于京都西南部,在桂川与岚山之间地势平坦的地带,面积约为6.7公顷。其西北为岚山风景区,因桂川从旁流过,故称桂山庄(见彩图2-3)。

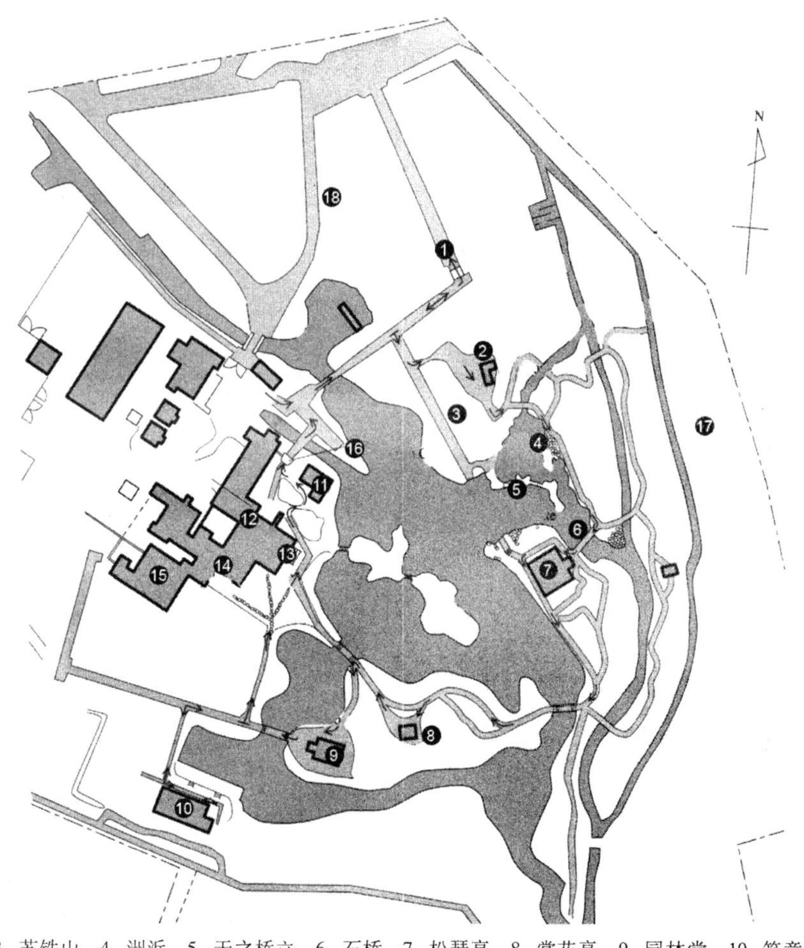

1. 御幸门 2. 外腰掛 3. 苏铁山 4. 洲浜 5. 天之桥立 6. 石桥 7. 松琴亭 8. 赏花亭 9. 园林堂 10. 笑意轩 11. 月波楼 12. 古书院 13. 月见台 14. 中书院 15. 新御殿 16. 住吉之松 17. 桂垣 18. 穗垣

图2-44 桂离宫平面图

在智忠亲王时期完成全貌的桂离宫,与仙洞御所、修学院离宫、京都御所共称为京都四大名园。桂离宫不但是日本三大皇家园林的首席,也是日本古典园林中的第一名园,可以说代表了日本传统庭园的主要风格和特征。

历史变迁

桂离宫初建之时名为"桂御所",亦称"桂山庄",建于日本江户时期,其所处之地历来被日本人称为"桂地"。平安时代中期,公卿藤原道长在此地修建别业"桂家",并在日记《御堂关白记》中记载了宽仁二年(1018)敦明亲王等人在此舟游、观枫、赏月、奏乐的经历。后"桂地"辗转各家,八条宫智仁亲王于元和元年(1615)获封,自幼习读诗歌词画的他意图再现"桂地"当年的风光。

江户时期的日本,武士幕府建立,虽然表面上遵奉皇室,而其实是把

□ 园林主人与造园者

人们曾一度以为桂离宫是当时名盛一时的小堀远洲的手笔,后经考证,是其弟小堀正春的作品。建成后,其被誉为日本园林艺术的经典作品。桂山庄建于日本元和六年(1620年),当时的主人是居住在京都八条的皇族智仁亲王。正保二年(1645年)桂山庄由智仁亲王的儿子智忠亲王进行扩建。八条宫家在六代文仁亲王时改称京极宫,至九代盛仁亲王时又改称桂宫,可想而知此名是由桂山庄所得。时至明治十四年(1881年),桂宫家系谱断绝,桂山庄才改由宫内省接管。明治十六年(1883年),日本皇室将桂山庄作为行宫,并改称为桂离宫。

□ 桂离宫中透着浓厚的文人气息。无论是造园时期的两位园主人还是负责设计的造园师，都是才华横溢的文人，尤其是智仁亲王甚至还通晓日本和中国的古典诗词。于是，在桂离宫中，所有的园林小品建筑都有出处，大部分与中国文化或诗句有关。取名桂离宫即与汉文化有关，中国汉代皇城里有桂宫，嫦娥居所称为桂殿或月殿，当然，离宫显出退隐之意。造园时总体布局的依据是白居易的《池上篇及序》。园林堂、笑意轩、月波楼、赏花亭都来自中国诗文，如月波楼引自白居易《西湖诗》中之“松排山面千重翠，月点波心一颗珠”。如果说与宗教有关的，那就是字亭和园林堂。建于土山顶的字亭平面成字，四柱四坡顶，草顶松柱，有佛家朴素之象。而园林堂则显得庄重，正前以土桥为景，建筑屋顶全用瓦顶，梁架十分规矩，用以祭祀先师细川幽斋和供奉祖先牌位。

天皇作为傀儡，利用他来对付其他诸反幕藩镇，因此此时的皇室实际上是靠幕府供养，并没有实权。作为阳成天皇之弟的智仁亲王和他的儿子智忠亲王的八条宫家因为他们的妻子都是藩主的女儿，在经济上容易得到大名的援助。因而有资本建造、修缮如此规模的别业。

智仁亲王首先兴建了一座“古书院”，然后整顿庭园，引桂川之水入池塘，在池中岛架桥、植栽，在假山上搭设小茶屋，在庭园铺设碎石和飞石步道。到了宽永元年(1624)，这座“桂山庄”已是初具雏形了。可惜宽永六年智仁亲王辞世，“桂山庄”遂就此荒废。

约在宽永十八年(1641)，智仁亲王长子智忠亲王决定重现“桂山庄”风采。他增建“御座之间”，又在庭园各处增设御茶屋，工程一直进行到庆安二年(1649)才终告一段落。宽文二年(1662)，为了后水尾天皇即将驾临，又营造了“御幸御殿”。智忠亲王的新建筑非但没有影响他父亲最初的构思，而且自然而然地与已有的建筑和谐地融为一体，由此获得了一个和谐统一的宫殿建筑群。

宽永二年(1625)，桂山庄竣工后，智仁亲王曾请好友京都南禅寺政僧以心崇传前来游赏。以心崇传感于桂山庄之美丽，用全汉文为其写下《桂亭记》，后刻于桂离宫古书院北侧的匾额上。此后，在万治元年(1658)和宽文三年(1663)后水尾天皇曾三次考察桂山庄，为造修学院离宫作准备。

1976—1982 年，桂离宫展开“昭和大整修”计划。为了保护文化遗产，日本政府于 1976 年聘请建筑专家和教授多人组成委员会，负责拟订方案，对桂离宫进行翻修。他们对建筑物实行大拆卸，用合成树脂对原建筑材料进行加固，然后重新组装，历时 5 年多，于 1982 年 3 月竣工。

园林特征

桂离宫是建筑和庭园有机结合的典范。从造园特色上看，桂离宫是日本多种传统园林风格的综合体，它既是池泉园，又是书院式庭院，也可以说是茶庭或文人园。而且尽管不是一个设计者一次完成的作品，但是庭园整体保持了高度的协调性。无论是建筑还是庭院部分的细部处理都表现出了设计和施工者的非凡才华，及庭园的主人智仁、智忠两亲王高深的文化修养。

(1)布局

桂离宫是舟游、回游与坐观相结合的园林，以前两者为主。既可循园路步行，徜徉于山水之际；又可坐船游览，穿梭于洲岛之间。所有通船的水路上架起高大的土桥，水湾处架设石梁。而坐观式游赏，也体现在许多方面，如临水而建的书院建筑的一楼都设置有露台，古书院、月波楼前为赏月而专设的月见台等，这些都是静坐赏景的绝好场所。不仅如此，所有建筑的正立面都朝向水体。所以，安坐室内便能欣赏湖光山色，这也是坐观式游赏的一种形式(见图 2-45)。

图 2-45 桂离宫景观

庭园的西部主要以书院、茶亭为主，为自然式布局，但主题景色十分突出。东部为池泉，引桂川水系构筑水池。池中置五岛以桥相连，其中一个被称为“大岛”的岛，岛上有园林堂和赏花亭，另外还有两个中岛，在东北部有被称为出岛的两个小岛。主要建筑御殿、书院以及月波楼集中成组群地布置在湖的东岸，共同组成该宫苑的主要景观。月波楼正对湖心，为赏月之处。

(2)建筑

书院建筑

桂离宫是以大书院为主体建筑的书院造庭园,书院分为古书院、中书院、新御殿,主要作为亲王居住和读书的地方,内有乐器房、剑房、书房、画室等,相当于中国皇家园林的主殿和书房,与承德避暑山庄的宫殿区相似。桂离宫建筑体量大、面积大,但平面富于变化,进退有致,成雁行式布局,是日本书院建筑的代表(见图2-46)。

图2-46 桂离宫书院建筑

每座书院建筑的一楼都有露台环绕,而露台与外部空间隔以推拉槅扇,可随时随地、风雨无阻地观赏湖光山色,体现了人与自然的和谐。

茶室建筑

作为茶道盛行时期的作品,整个桂离宫就像是连续的茶庭,因为大部分建筑是茶室建筑,桂离宫中共安排四个茶庭,名为笑意轩、园林堂、赏花亭和松琴亭,分别布置在湖岸和岛上。距离御殿较近的茶庭,布局规整,称为"楷"体;距离远的,布局自由,称为"草"体;布局折中的名为"行"体。"楷、行、草"体,这是日本自己概括出的日本庭园设计的三种设计模式,它在此宫苑中同时得到了体现。除了书院建筑中有茶室,小品建筑也有茶室,茶室尺度小巧亲切,内部空间分割自由,采用木梁柱,不施油彩,甚至是带皮的树干;柱础、小径铺以天然毛石;屋顶是日本式的葺草顶,整个建筑追求形式的质朴和素雅。如松琴亭、月波楼、赏花亭、笑意轩等虽说都是茶室,平面形式和立面形态都不相同,各自应四季之景而设计,大部分为草庵风式。如其中松琴亭为冬景而置,松琴亭背山面水,三面朝湖,南面遍植松树,当清风吹过,松涛阵阵,宛如琴瑟和鸣。

(3)植被

植物和石头是日本园林中不可缺少的造园要素,在日本造园语言中植物、石头都被赋予了深刻的寓意。如茶庭中的草、青苔、落叶营造出一种和、静、清、寂的参道氛围;建筑前一些经过修剪的树则是为了追求一种简单、清净的情趣。整体来说,桂离宫植物景观与池边小路相结合给人以"曲径通幽"之感,而与水池相结合,又感"豁然开朗"。以植物为媒介将湖光山色融为一体(见图2-47)。

图2-47 桂离宫池边小路

此外宫苑的外围环境十分优越,园区东侧为一片红叶林。秋季,从月波楼望去,红叶缤纷、层层叠叠,与古朴的建筑交相辉映;其四周为茂密的竹林,在园内所有山坡上群植松、柏、枫、杉、竹以及棕榈、橡树等,形成绿荫葱翠的景观。

(4)水体

桂离宫东部为池泉,称为"心字池",水面约为0.9公顷。就整体来看,它以水体为构图中心,所有景点都环水而建,所有建筑都面水而立。池中布置五个岛屿,岛屿之间以桥相连。通过结构形成"海中岛",体现了日本园林表达的岛国性国家的特征。中心小岛被称为"大岛",其上立石灯笼,小石板拱桥相缀。沿水岸边用鹅卵石铺成洲浜,这一景观称为"天桥立",表达出"长者诸子出于三界之火宅,坐于露地之中"之"出世"的意境,是对日本海宫津湾"天桥立"名胜的仿写。

(5)小品构筑

园中有16座桥,用材多种,土、木、石桥皆有;还有23个石灯笼,8个洗手钵,这些建筑小品的造型都各有不同,极大地丰富了各处景点的景色。

2.4.5 西班牙·阿尔罕布拉宫(Alhambra Palace)

背景信息

阿尔罕布拉宫(见图2-48、图2-49)位于格拉纳达城(Granada)外西南方的山冈上,面积约130公顷,外围有长达4千米的环形城墙和30个坚固的城堡要塞。

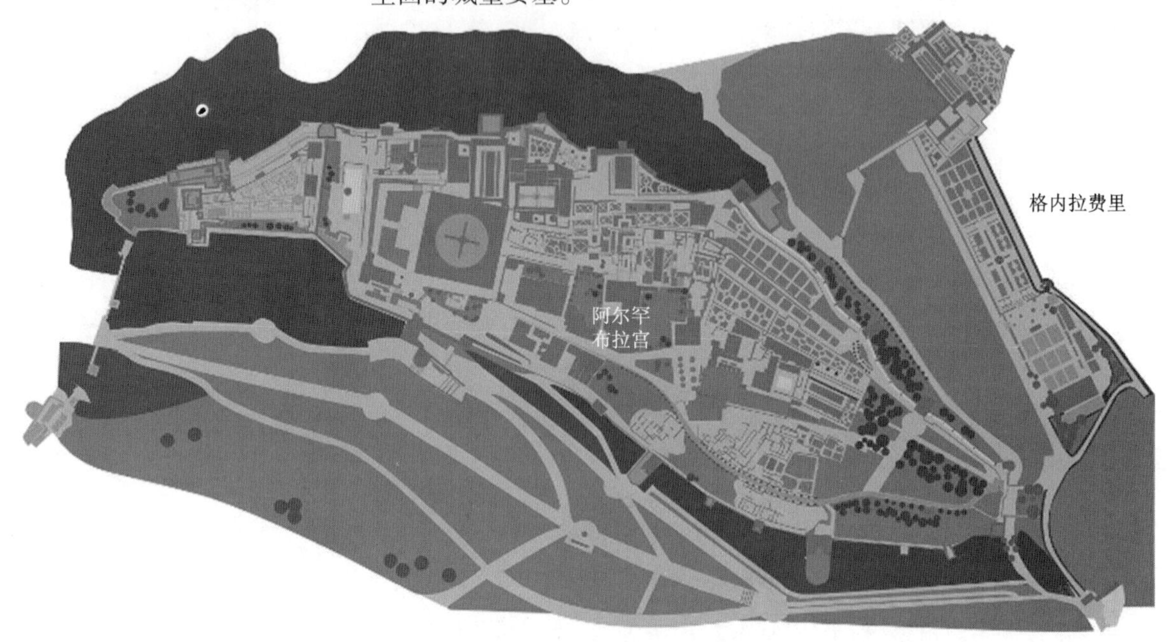

图2-48 阿尔罕布拉宫总体平面图

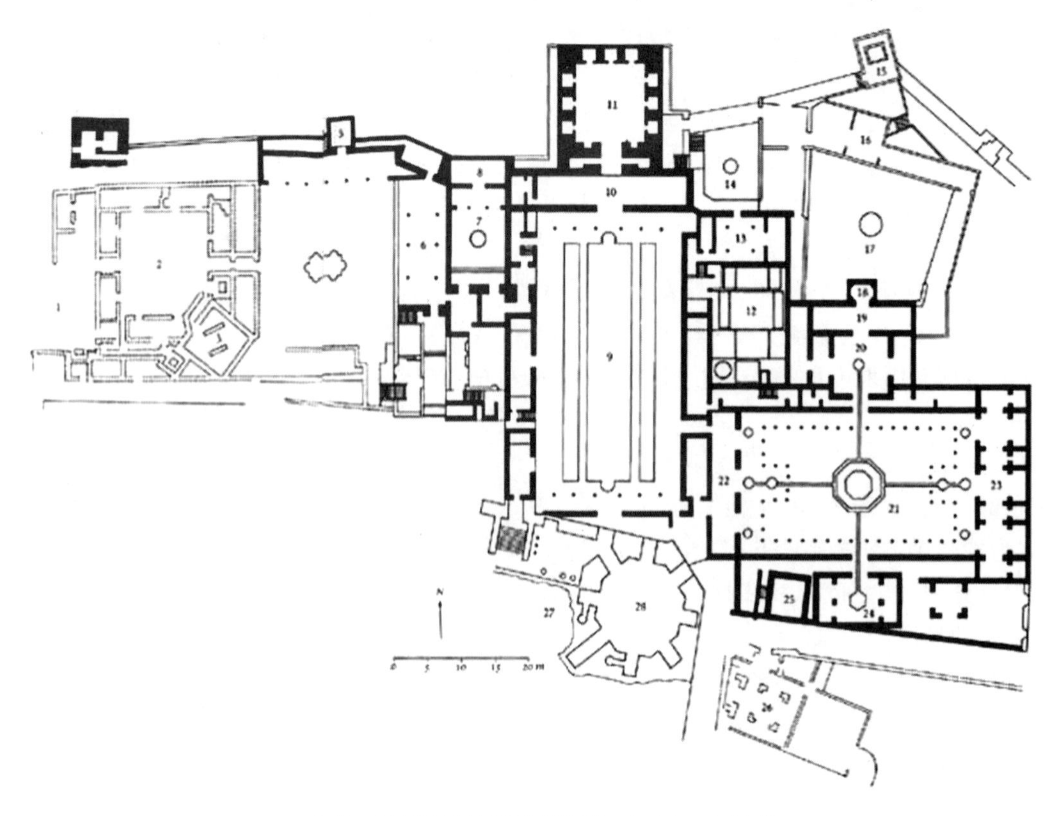

图2-49 阿尔罕布拉宫皇家皇宫(Nasrid Palaces)平面图

阿尔罕布拉宫神秘而壮丽的气质无与伦比，成为伊斯兰园林建筑艺术在西班牙最典型的代表作，同时也是格拉纳达城的象征。它把阿拉伯伊斯兰式的"天堂"花园和希腊、罗马式中庭结合在一起，创造出西班牙式的伊斯兰园林(见彩图2-4)。

历史变迁

公元711年，第一批穆斯林穿越直布罗陀海峡来到西班牙，建立起一种不同于西班牙以往的文明，同时他们也将自己故乡的审美情趣、建造艺术带到了这里。波及至园林，则产生了许多富有东方情趣的西班牙伊斯兰园林。

至11世纪，西班牙的伊斯兰国家已经走向没落。1238年，驻守阿尔卡萨巴的摩尔贵族伊班·阿玛，即穆罕默德一世(MuhammadⅠ,？—1421)，以格拉纳达为都城，建立那斯里德王朝(Nasrid Dynasty,1232—1492)。13世纪中叶，北方的天主教军队逼近格拉纳达，摩尔国王与大主教国王达成协议，成为其名义上的封国，由此换来了长期的繁荣发展时期，并为南方地区带来大量的财富。"他们是一个没有国家的民族，于是他们开始着手为自己建立一座纪念碑——阿尔罕布拉宫"。

□ 1248年，穆罕默德根据协议出兵帮助基督徒攻击处于包围之中的塞维利亚穆斯林，并胜利完成这场战役。然而作为胜利者的他，在阿尔罕布拉宫的墙壁上一遍又一遍地写下简短的一句话——"真主之外别无胜者"。

衰亡的局势不可避免，阿尔罕布拉宫从最初的堡垒逐渐发展成为一处穷奢极侈的花园。"阿尔罕布拉"是红色的意思，其所处山体和宫墙为红色，因而阿尔罕布拉宫又称"红堡"。摩尔诗人曾以"翡翠中的珍珠"描述阿尔罕布拉宫，足可见这座色彩明亮的宫殿在周围森林映衬下的美景。

1492年，裴迪南德二世(Fernando Ⅱ,1452—1516)收复格拉纳达，他和他的后继者们认识到，被征服民族所创造的高度文明也会对征服者的文化艺术产生有益的影响。因此，他们并没有将摩尔人完全从西班牙赶走，也没有改变阿尔罕布拉宫原有的建筑，只是在格拉纳达城及阿尔罕布拉宫中另建了文艺复兴风格的宫殿。

拿破仑(Napoleon Bonaparte,1769—1821)征服欧洲之际，法国军队曾驻扎在阿尔罕布拉山上。他们也在阿尔罕布拉宫的花园中，增添了一些具有明显法国风格的景物。

此后，阿尔罕布拉宫渐渐没落在历史的尘埃中，直到美国作家华盛顿欧文的到来，为它写下了《阿尔罕伯拉》(Tales of the Alhambra)。自此，人们再次将目光注视到了这座宫殿，认识到了它的价值，并开始着手修缮和保护。

园林特征

阿尔罕布拉宫以狭小的过道串联着一个个或宽敞华丽，或幽静质朴的庭院。桃金娘庭院和狮子宫庭院是宫城的核心部分，由两处宽敞的长方形宫院与相邻的厅室所组成。在阿尔罕布拉宫的东面还有古树和水池相映的花园，一直延伸到地势较高的格内拉弗里夏宫，这里有着花草树木及回廊凉亭，曾是历代摩尔国王避暑度夏之处。

阿尔罕布拉宫不以宏大雄伟取胜，而以曲折有致的庭院空间见长。穿堂而过时，无法预见到下一个空间，给人以悬念与惊喜；在庭院造景中，水的作用突出，从内华达山古老的输水管引来的雪水，遍布阿尔罕布拉宫，有着丰富的动静变化。如桃金娘庭院的水池简洁而又静谧，水渠

图 2-50　阿尔罕布拉宫水渠中庭

中庭(Patio de la Acequia)的水渠两侧设有若干喷头,喷射出一道道连续不断的拱形水柱,达到悦目悦耳的效果,形成活泼、欢快的气氛;而精细的墙面装饰,又为庭院空间带来华丽的气质。"装饰"在阿尔罕布拉宫具有显著的重要性。其中最有意义的装饰元素包括:铺砌釉面砖的壁脚板、墙身、横饰带、覆有装饰性植物主题图案的系列拱门,以及用弓形、钟乳石等修饰的顶棚,富有象征意义的廊柱等。这些装饰性元素与庭院形成有机的联系,并产生延续感,使庭院空间更加丰富、细腻,中庭回廊的外观也显得豪华而耀眼(见图 2-50)。

桃金娘庭院(Patio de los Arrayanes)

建于 1350 年,东西宽 33 米、南北长 47 米,是一个极其简洁的,近似黄金分割比的矩形庭院。中央有 7 米宽、45 米长的大水池,水面几乎占据了庭院面积的四分之一,两边各有 3 米宽的整形灌木桃金娘种植带。庭院的东西两面是较低的住房,与南北两端的柱廊连接。构图简洁明快。南面的柱廊为双层,原为宫殿的主入口,从拱形门券中可以看到庭院全貌;北面有单层柱廊,其后是高耸的科玛雷斯塔。池水紧贴地面、显得开阔而又亲切;平静的水面使四周的建筑及柱廊的倒影十分清晰。水池南北两端各有一小喷泉,勺池水形成静与动、竖向与平面、精致与简洁的对比。两排修剪整齐的桃金娘篱,为建筑气氛很浓的院子增添了自然气息,其规整的造型与庭院空间又很协调。桃金娘庭院虽由建筑环绕,却不让人感到封闭,在总体上显得简洁、幽雅、端庄而宁静,充满空灵之感(见图 2-51)。

图 2-51　阿尔罕布拉宫桃金娘庭院

狮子宫庭院(Patio de los leones)

建于 1377 年,是阿尔罕布拉宫中的第二大庭院,也是一个经典的阿拉伯式庭院。庭院东西长 29 米,南北宽 16 米,四周是 124 根大理石柱的回廊。十字形的水渠将庭院四等分,交点上有著名的狮子喷泉,中心是圆形承水盘及向上的喷水,四周围绕着 12 座石狮,由狮口向外喷水,象征沙漠中的绿洲。由于《古兰经》中禁止采用动物或人形来作为装饰物,因而在阿拉伯艺术中,以狮子雕像支撑喷泉亦可理解为君权和胜利的象征。水从石狮口中泻出,经过水渠流向四面走廊。走廊由雕刻成椰树般的柱子架设,柱身纤细,并常将四根立柱组合在一起,增添了庭院的层次感。东西两端走廊的中央向院内凸出,构成纵轴上的两个方庭。这些林立的柱子,给深入其境的游人以进入椰林之感(见图 2-52)。

图 2-52　阿尔罕布拉宫狮子宫庭院

柏木庭院(Patio los Cipresses)

建造于 16 世纪中期,是边长只有十多米的近方形庭院,空间小巧玲珑。北面有轻巧而上层空透的过廊,由此可以观赏到周围的美景,另外三面则是简洁的墙面。庭中植物种植十分精简,在黑白卵石镶嵌成图案的铺装地上,只有四角耸立着 4 株高大的意大利柏木,中央是八角形的盘式涌泉。另有一院子原为女眷的内庭,四周有建筑环绕,院中原为规则式种植的意大利柏木和柑橘,中心的喷泉则可能是文艺复兴时期重建的(见图 2-53)。

图 2-53　阿尔罕布拉宫柏木庭院

2.4.6　印度·泰姬陵(Taj Mahal)

背景信息

泰姬陵(见图 2-54)修建在亚穆纳河畔(Yamuna River),位于印度北方邦西南部的亚格拉市郊(Agra),距离新德里(New Delhi)以南210千米。始建于1632年,1654年建成,历时22年。整座陵园占地17公顷,陵园呈长方形,宽约304米,长约580米,周围环绕着红砂石砌成的院墙。泰姬陵是印度陵墓建筑的登峰造极之作,既继承了波斯、中亚伊斯兰建筑传统,又融合了印度古建筑的独特风采,体形明确,比例匀称,色彩柔和,施工精巧,并包含着复杂的隐喻,是世界上极为珍贵的象征主义杰作。完美地表现了上层穆斯林对来世生活的乐观态度和对伊斯兰天国乐园的向往(见彩图2-5)。

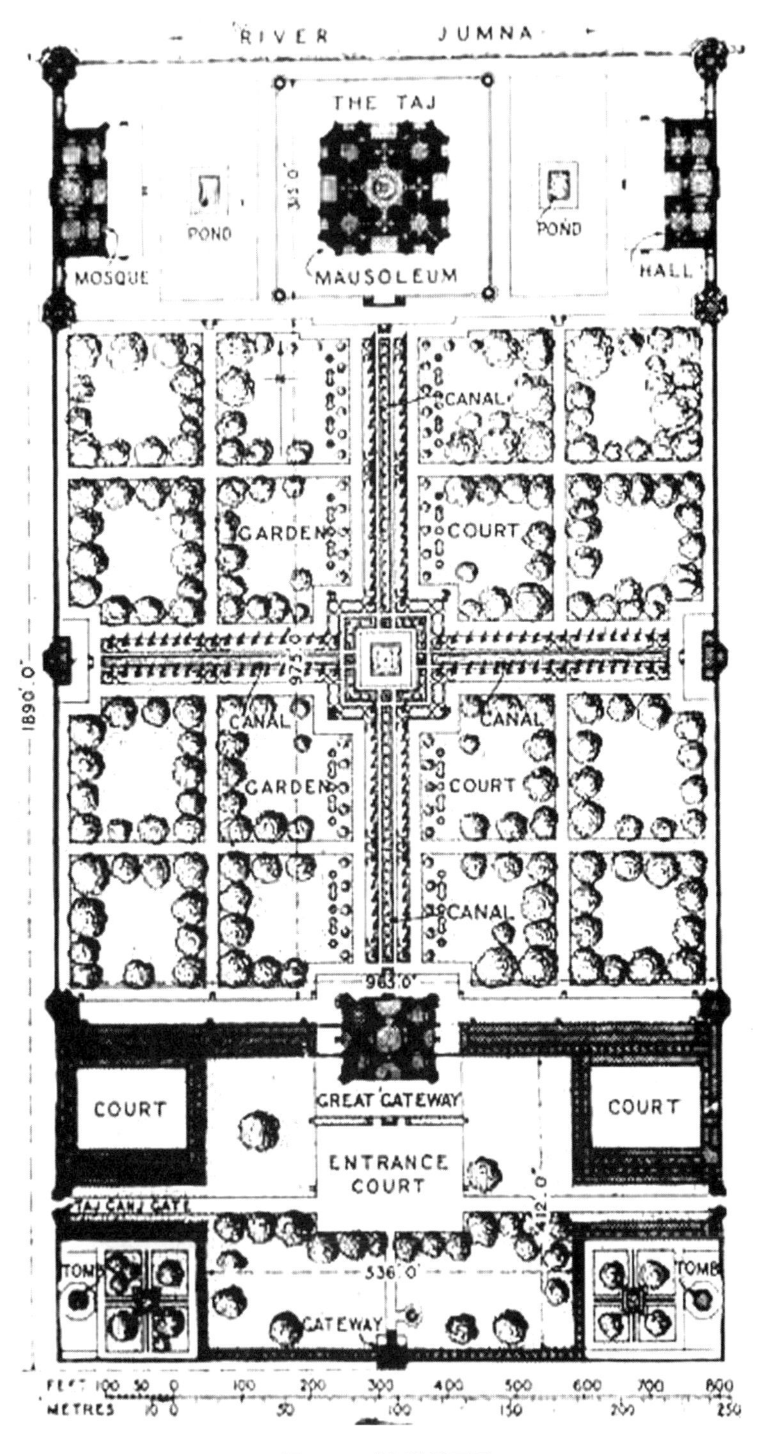

图2-54　泰姬陵平面图

历史变迁

□ 园林主人

沙贾汗的祖先巴布尔在印度建立了莫卧儿帝国(1526—1857 年),他是蒙古帖木儿的直系后裔,母系出自成吉思汗。沙贾汗时期(1627—1658 年)是其"黄金时代",沙贾汗本名库拉姆,因立有战功,被其父赐号沙贾汗,意为"世界无敌"。

□ "沙贾汗,你知道,生命和青春,财富和荣耀,都会随光阴流逝……只有这一颗泪珠——泰姬陵,在岁月长河的流淌里,光彩夺目,永远,永远。"——泰戈尔

□ 据史料记载,泰姬·玛哈尔也是一个极其仇视异教徒的王后,在她的石棺上刻着"求真主保佑我们抵御异教徒"这段话。而沙贾汗则被描述成一个残酷冷漠、权欲熏心、荒淫无度的暴君。他的帝位得来得确实不是很光彩,非长子的他在父王死去后与兄弟们经过一番血雨争夺才获得宝座。其统治期间,一直不遗余力地扩张其权势,并且巧立名目增加税款,招致起义此起彼伏。实际上,美轮美奂的泰姬陵也是用无数人的汗水和鲜血堆砌而成。

1612 年,沙贾汗王子(Shah Jahan,1592—1666)与新娘穆姆塔兹·玛哈尔(Mumtaz Maha,1593—1631)成婚。婚后,两人同甘共苦、形影相随,即使是险恶的战场姬蔓·芭奴也与沙贾汗一同前往。1627 年,沙贾汗继位,并将他心爱的妻子封号为泰姬·玛哈尔,意为"王宫之冠"。1631 年,沙贾汗率军平乱时,身怀六甲的王后毅然同往,却在生下她第 14 个孩子时死去。据记载,泰姬死前曾对沙贾汗说:"请陛下为我造一座世界上最美丽的陵墓,以纪念我们的爱情。"

1632 年,沙贾汗国王开始为已故的爱妻建造泰姬陵。他聘请了全印度甚至中东地区最好的工匠、建筑师、书画家、雕刻师等两万多人为故去的妻子建造这座陵寝,并选用了玛哈尔最爱的白色大理石为主要材料。这座倾尽举国之力,耗费无数钱财的泰姬陵在历时 22 年后终于完成。

在沙贾汗晚年时,他的四个儿子为了争夺王位展开了一场兄弟间的残酷厮杀。1657 年,三子奥朗泽布篡位,将沙贾汗软禁在阿拉格堡。所幸的是,他从被囚禁的八角塔楼仍能够遥遥远眺泰姬陵。据载,晚景凄凉的他日日痴痴地守望着远处爱妻的陵墓,即使日渐衰老的他眼睛浑浊模糊,也依然通过一颗宝石的折射凝视着陵墓。在悲思中度过八年的沙贾汗抑郁而终,死后得以葬于妻子身旁。

至 1857 年,印度发生暴动,泰姬陵的墙壁上镶嵌的宝石被凿取。19 世纪末,英国总督可增勋爵下令开展大规模的泰姬陵修复工程。在最初的设计中,即便从入口的大门不能看见整座平台,但却能将主体建筑尽收眼底。不过,自英国吞并印度全域的 19 世纪中叶以来,由于英国风景式造园思想的影响和土著居民对艺术的漠不关心,这个陵园遭到了严重的破坏。19 世纪末,泰姬陵得到修复,荒废状况稍有改观,1908 年修复竣工。1983 年,泰姬陵被列入世界遗产名单。2004 年是泰姬陵建成 350 周年,印度政府将这一年定为"泰姬陵国际年"。

园林特征

(1)*布局*

泰姬陵总体设计采用对称的布局,整个陵园布置极为工整对称,前后分成两重院落(见图 2-55)。陵园的中心部分是大十字形水渠,将园分为四块,每块又有由小十字划分的小四分园,每个小分园仍有十字划出四小块绿地,前后左右均衡对称,布局简洁严整。"4"字在伊斯兰教中,有着神圣与圆满的意思。

图 2-55 泰姬陵入口景观

在通向巨大的圆拱形天井大门之处,以方形池泉为中心,开辟了与水渠垂直相交的大庭园,在中轴线上的甬道尽端是用纯白大理石砌筑的陵墓,大理石陵墓的形体倒映在一池碧水之中。建筑物建在高 30 英尺的平台上,顶部是高高的穹顶圆塔,四隅建有尖塔。稍小于主体建筑的带圆塔的建筑物如侍女一般立在其左右,就像建筑完全对称建造那样,庭园也以建筑物的轴线为中心,取其左右均衡的布局方式,即用红石铺成的十字形甬道将庭园划分成四部分,甬道中间是一条十字形水渠。

与其他莫卧儿时期陵园相比较,泰姬陵的特征在于它的主要建筑物均不位于庭园中心,而是耸立在园区的北端一侧。这种建筑退后的新手法从而把正方形的花园完整地呈现在陵墓之前,强调了纵向轴线,更加

突出了陵墓建筑。既突破了以往印度陵园的传统，也突破了阿拉伯花园的向心格局，使花园本身的完整性得以保证，同时也为高大的陵墓建筑提供了应有的观赏距离。

(2)建筑

陵墓主体建筑屹立在花园后面的10米高的台地上，建于一座高7米、边长5米的正方形石基座的中央，寝宫总高74米，下部呈正方形，每条边长约57米，四周抹角，在正方形鼓状石座上，承托着优雅匀称的圆顶。圆顶直径约17米，顶端是一金屋小塔，寝宫屋脊有4座小圆顶，凉亭分布四角，围绕中央圆顶，造型简洁精确，节奏明快和谐。石基四角耸立的尖塔有3层，高四十多米，站在上面可俯瞰亚格拉全城。陵墓寝宫高大的拱门镶嵌着可兰经文，宫内门扉窗棂雕刻精美，墙上有珠宝镶成的花卉，光彩闪烁。寝宫四壁均有尖拱状的凹壁和透雕的花窗装饰。在陵墓东西两侧又有两座红砂石建造的清真寺，它们彼此呼应，衬托着白色大理石的陵墓，色彩对比十分强烈。这种尖塔俗称拜楼，原是阿訇呼吁伊斯兰信徒们向麦加圣地方向朝拜的塔楼，是伊斯兰建筑的特有标志(见图2-56)。

图2-56　泰姬陵主体建筑

(3)植被

陵墓前的正方形花园被缎带般的池水和两旁的数条石径切割成整整齐齐的花坛，中间是一个大理石水池，两旁种植成列的柏树，分别象征着生命和死亡，并展现出伊斯兰几何式的园林美。如今十字形水渠四周下沉式的花圃中绿树成荫，但这些林荫树是否为原来的设计仍存有疑问。著名的印度勘察家霍奇森于1828年制作的泰姬陵最古老的测量图证明，在水渠两侧只有花坛，从入口处可以随心所欲地眺望全部建筑。

(4)水体

陵寝的水池与环境的设计颇具匠心，即以十字形水渠来构成四分园，但是在它的中心处没有建筑，取而代之以一个高于地面的白色大理石喷水池。宽约三间的大理石砌水渠从庭园门笔直延伸到陵墓，在水渠底部约每隔一间半距离就安装一排喷泉。在中心喷水池处与纵向水渠垂直相交的横向渠道构造与前者相同，一直到达凉亭处为止。天光水影，交相辉映，又不乏端庄肃穆之感，给这座陵墓增添了梦幻般的色彩，因此有“大理石之梦”的说法。各式喷泉的迷蒙缥缈，水面粼粼，倒影虚实涵映，使得陵墓倍增艺术魅力(见图2-57)。

图2-57　泰姬陵园林水渠景观

2.4.7　古罗马·哈德良山庄(Hadrian's Villa)

背景信息

哈德良山庄(见图2-58)位于罗马东面的蒂沃利(Tivoli)，是一座以古罗马皇帝哈德良名字命名的大型宫苑，建造时间约从公元118年到138年，历时20年，整个山庄占地面积约1800公顷。从遗址上看，山庄处于两条狭窄的山谷之间，用地极不规则，地形起伏很大。

哈德良山庄被认为是罗马帝国的富裕和优雅在建筑上的集中体现，是一个建筑、雕塑和水环境完美融合的产物，整个建筑群呈现一种极具创造力的奢华的理想主义风格，被认为是古罗马帝王宫苑中最迷人的一个(见彩图2-6)。

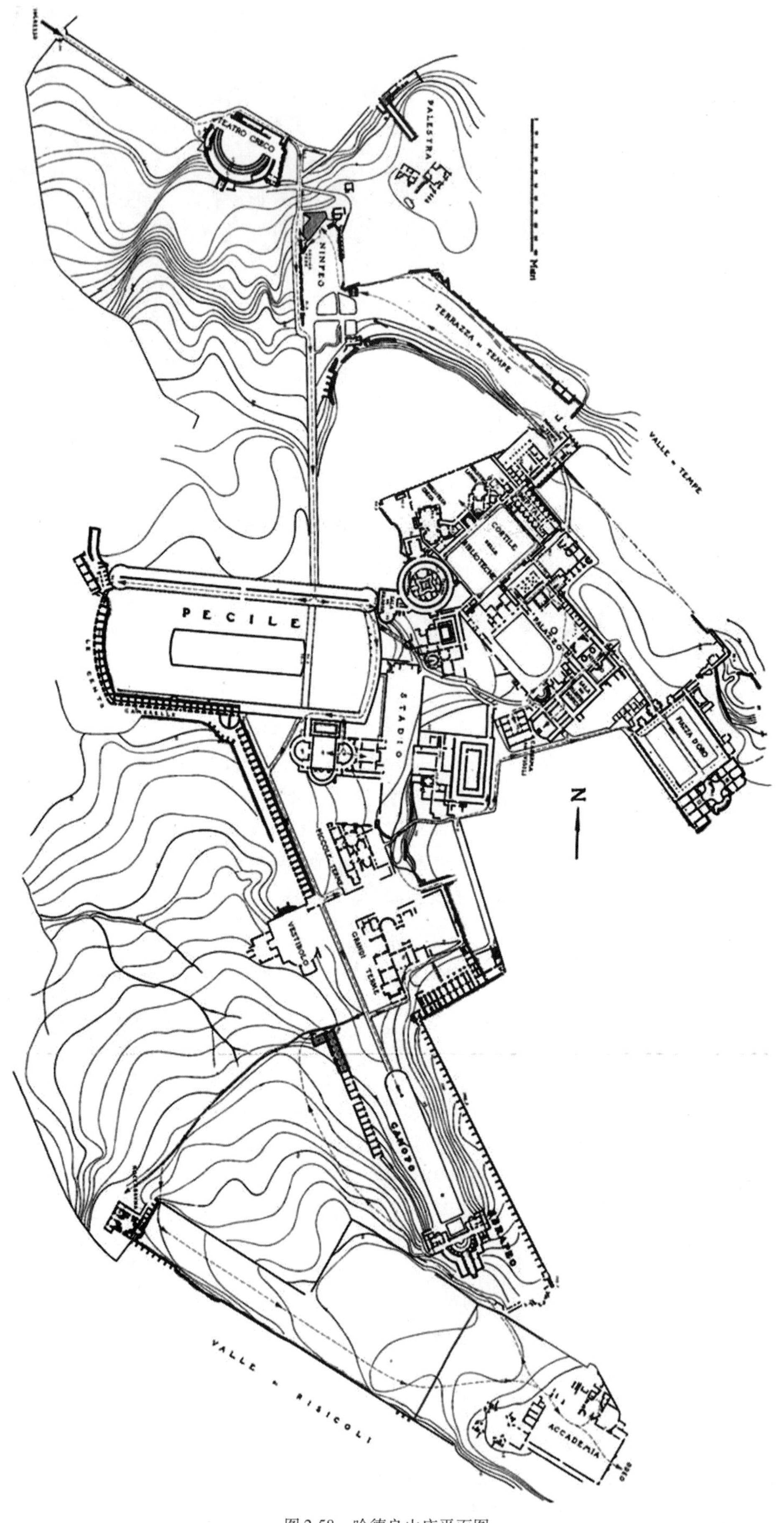

图2-58　哈德良山庄平面图

历史变迁

□ 哈德良大帝(76—138)(Publius Aelius Traianus Hadrianus)别号勇帝,罗马帝国五贤帝之一,117—138 年在位。哈德良是一位博学多才的皇帝,被认为是所有的罗马皇帝中最有文化修养的一位,他在文学、艺术、数学和天文等领域都造诣颇深。

哈德良大帝公元76 年生于罗马,是一位在诗歌、数学、建筑和绘画等方面都有很高造诣的皇帝。这位天才的罗马皇帝平生有两个最大的嗜好:一是旅行,另一个就是建筑。哈德良大帝在位时完成了一系列的建筑工程,主要有万神殿、维纳斯庙和罗马庙,但后面的两座建筑均已被毁坏,只有万神殿留存。另一个建筑杰作就是他为自己营造的这座"伊甸园"——哈德良山庄。

哈德良大帝在哈德良山庄度过了其人生的最后两年半,后来随着西罗马帝国的破灭,日耳曼蛮族拥入欧洲各地,哈德良山庄被洗劫一空。哈德良大帝之后的其他罗马皇帝可能来此居住过,但因年久失修,哈德良山庄里的文物和建筑渐渐地被人遗忘了。

文艺复兴以后,意大利尚古之风弥漫,北方贵族纷纷来到罗马领略其过去的辉煌,掠夺持续发生,因为人们都渴望得到与伟大的哈德良皇帝有关的文物,山庄因此进一步遭到很大的破坏。

19 世纪 70 年代,人们开始第一次用科学的考古方法对哈德良山庄进行系统发掘后,意大利政府从一位贵族后裔处购买了这里近一半的地产,这座昔日的伟大工程得到了政府的保护。哈德良山庄为后世的欧洲园林提供了典范,也为研究西方古典园林提供了丰富的素材。

1999 年,哈德良山庄被列入世界文化遗产名录。

园林特征

(1)布局

哈德良山庄的建筑群被安置在几个台地上,以适应复杂的地形。山庄的中心部分为规则式布局,其他部分则顺应自然地势。这些建筑布局随意,因山就势,变化丰富,分散于山庄各处,没有明确的轴线,与周边环境很好地结合在了一起。哈德良山庄在规划上善于运用实体和空间的观念在自然背景中组织庞大的建筑群体,有许多不规则的空间以不规则的角度相连,或运用曲折的轴线使空间相互联系。在轴线转折处通常有一个过渡,先进入一个小的空间,然后再与大空间相连,使人们无从感觉它的不规则形和空间的无秩序。

园林部分变化丰富,既有附属于建筑的规则式庭园、柱廊园,也有布置在建筑周围的花园,如图书馆花园。还有一些希腊式花园,如绘画柱廊园,以回廊和墙围合出 100 米宽、200 米长的矩形庭园,中央有水池。回廊采用双廊的形式,一面背阴,一面向阳,冬夏两季皆适宜使用。柱廊园北面还有花园,如有模仿古希腊风格的哲学家学园,园中点缀着大量的凉亭、花架、柱廊等,其上覆满了攀援植物。柱廊或与雕塑结合,或柱子本身就是雕塑。

(2)建筑

哈德良山庄内除了宏伟的宫殿建筑群外,还建有大量的生活和娱乐设施,如图书馆、画廊、艺术宫、剧场、庙宇、浴室、竞技场、游泳池及其他附属建筑等。别墅建筑平面上表现了对几何图形独创性的运用,曲线图形是它最大的特征,如多罗广场的宴会厅是凹凸曲线交替形成的八边形,带三个讲坛的建筑将三个半圆形的柱廊置于矩形的三边,形成了像花瓣一样的效果。半圆形、圆形等纯粹的几何形式更是随处可见,甚至

图 2-59　哈德良山庄建筑遗址

还有像小浴场这样集合了各种几何形的平面，多样的建筑形式为自由随宜的平面更增添了丰富性（见图 2-59）。

为了加强分散于山庄各处的建筑之间的联系，在临近建筑的地方利用地形高差设置多处观景平台，通过视线强化联系，同时也可借景园外的山水田园风光。

（3）水体

水是整个山庄中最显著的主题之一，有溪、河、湖、池及喷泉等各种水景形式。山庄以水这一造景元素来达到统一全园的效果，水流从最南端引入，再通过一个有管道和水塔组成的复杂系统，最后流过整个别墅。每一个建筑都有自己的用水设施，包括大型水池和小型浴场水流系统等。园中有一位于柱廊尽头的半圆形餐厅，厅内布置了长桌及塌，有浅水槽通至厅内，槽内的流水可以凉爽空气，酒杯、菜盘也可顺水槽流动，夏季还有水帘从餐厅上方悬垂而下。在已知的水利建筑中，有 12 个莲花形喷水泉，30 个单个喷泉，6 个水帘洞，6 个大浴场，10 个蓄水池，35 个卫生间。园中小岛上还建有一座水上剧场，岛中心有亭、喷泉，周围是花坛，岛的周边以柱廊环绕，有小桥与陆地相连。

进入别墅大门穿过小浴室和大浴室后向北的一个长方形的大水池即是著名的卡诺波，是柱式建筑灵活运用的杰作。卡诺波长 119 米，水池旁建有装饰性柱廊，柱廊无顶无盖，像花边一般绕池而建，它的檐部并非一以贯之的横梁，而是横梁和半圆形拱门相见排列，这是“叙利亚拱门”形式在园林中的巧妙运用。

图 2-60　哈德良山庄园林景观

海的剧场是一个小花园房套在圆形建筑内，由圆形的水环绕着，其形如岛，故称海剧场，内部有剧场、浴室、餐厅、图书室，还有皇帝专用的游泳池。

哈德良山庄还在山谷中开辟出 119 米长、18 米宽的运河，以“Canopus Canal”闻名，在其尽头处为宴请客人的地方，水面周围是希腊形式的列柱和石雕像，其后面坡地以茂密柏树等林木相衬托，其布局仍属希腊列柱中庭式，只是放大了尺度（见图 2-60）。

（4）植被

哈德良山庄的植被多以常绿树木为主，成大片树林栽植，往往作为各景点的绿色背景。少有以开花或色叶植物为主要观赏对象的景点。

2.4.8　法国・维康府邸（Vaux le Vicomte）

背景信息

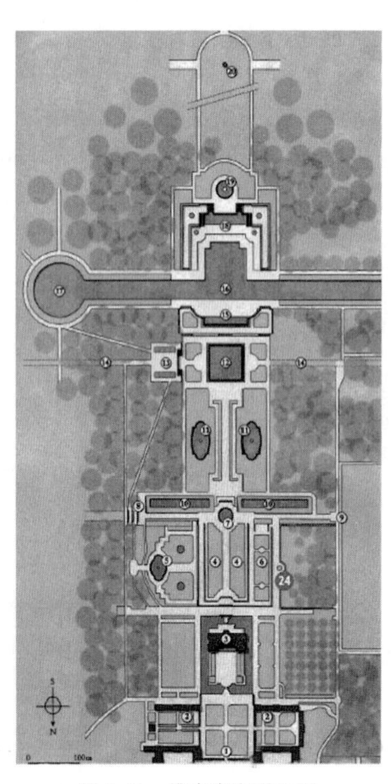

图 2-61　维康府邸平面图

沃克斯・勒・维康府邸（见图 2-61）位于法国塞纳-马恩省（Seine-et-Marne）的默伦镇（Melun），距巴黎城区约 55 千米，占地约 71 公顷，整体南北长约 1200 米，东西宽约 600 米。始建于 1656 年，于 1661 年基本完工。

沃克斯・勒・维康府邸是勒诺特尔的第一个成熟作品，也是第一个完整体现法国古典主义园林特征的代表作。其在设计中大量运用雕塑来表达不同主题，开启了新的风气。并且独创性的引入运河作为横向轴线，这种水体处理方法日后成为了勒诺特尔水景处理的代表性手法。正是这座庄园的设计风格使勒诺特尔脱颖而出，开启了法国古典主义园林的崭新篇章（见彩图 2-7）。

历史变迁

园林主人尼古拉·富凯(Nicolas Fouquet)原是路易十四的财政大臣,他从25岁起就在维康府邸所在地逐步购置地产。大约1650年,富凯聘请建筑师路易·勒沃(Louis Le Vaux,1612—1670)为自己修建府邸,由17世纪最主要的古典主义绘画大师查尔斯·勒布伦(Charles Le Brun,1619—1690)负责室内外装饰及雕塑,勒布伦向富凯推荐安德烈·勒诺特尔(Andre Le Notre,1613—1700)做花园设计(见图2-62)。

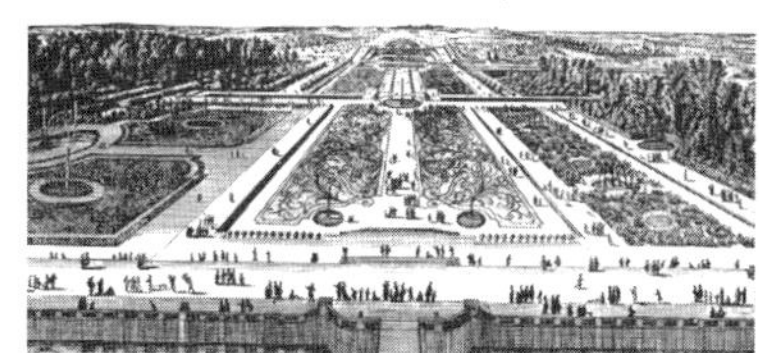
图2-62 早期维康府邸景观

1661年维康府邸建成后,富凯于8月17日邀请王公贵族前来参观,路易十四被庄园的气派华丽所震撼,并决心修建一处更加华美壮丽的宫苑。三周之后富凯因贪污被捕入狱,最终判终身监禁,没收家产,于1680年死于狱中。1705年,富凯夫人将此处房产卖掉,后经历1764年、1875年两次转卖,房产归萨米尔(Sommier)先生所有,在他1908年去世时,此庄园基本恢复。一战期间,萨米尔先生的儿媳妇艾玛·萨米尔夫人(Edme Sommier)将此处房产作为医院,接收伤员。一战结束后,1919年花园部分对公众开放,1968年后其建筑内部也允许参观。

园林特征

沃克斯·勒·维康府邸,不仅建筑富丽堂皇,而且花园的广袤和内容的丰富也是前所未有的。庄园处处显得宽阔大气,却并不显得空旷枯燥,反映了路易十四时期崇尚“伟大风格”的特点。庄园由一条主轴线贯穿,从宫殿前的平台向东望去,整座庄园构图完整,层次丰富,格律严谨,比例和尺度都推敲的很精细。其中各类造园要素布置得合理有序,避免了互相冲突与相互干扰。园中最美的植坛、雕塑、喷泉、水池沿中轴线分布,使中轴线得到强化成为全园艺术的中心。刺绣花坛占地很大,配以富丽堂皇的喷泉沿花园中轴线布置,具有突出的主导作用。府邸由多层台地构成,其地形处理精致,形成不易察觉的变化,因而在丰富空间的同时,不会影响庄园大气广袤的效果。园内水体起着联系与贯穿全园的作用,在中轴线上依次展开,并独创性的成为全园的主要横轴(见图2-63)。

图2-63 维康府邸轴线景观

(1)布局

整座庄园由建筑、花园、林园三个部分组成,平面采用轴线式布局形式,由北向南依次展开,并设有数层高差不大的台地,府邸位于中轴线偏北侧,往南是花园部分,花园外侧由林园组合。府邸采用古典主义样式,严谨对称,并带有巴洛克主义色彩。府邸平台呈龛座形,四周环绕着水壕沟,周边环以石栏杆,这是中世纪城堡的做法。入口在府邸的北面,有一个椭圆形广场,几条林荫大道从这里放射出去,气势非凡。花园部分位于府邸建筑的南面,主轴线从府邸延伸至此,整体布局对称严谨,与建筑风格统一。府邸正对着部分的是沙龙,它上面饱满的穹顶是花园中轴线的焦点。花园总宽度平均200米左右,中轴线长达1千米,其外侧是浓密的林园部分。在花园两边的林园中,以笔直的园路和几何形构图与花园相协调。规则式的花园,往往从侧面去观赏时,景观更富有变化。因此,在林园边布置有隐藏的园路,形成宜人的散步道(见图2-64)。

图2-64 维康府邸总体布局

花园在中轴线上按台地采用三段式处理:第一段台地的中心是一对刺绣花坛,紫红色碎砖衬托着黄杨花纹,图案精致清晰,色彩对比强烈。刺绣花坛的两侧,各有一花坛台地。由于原地形西高东低,为与西侧的台地呼应,在东侧特地垒了一个台地,使中轴线上左右对称。东侧台地上有三个水池呈品字形排列,产生一个较弱的横轴,使这一台地的构图更加丰富。三个水池配置三座喷泉,其中“王冠喷泉”尤为华丽灿烂。第一段台地以圆形水池结束,圆形水池的两侧为长约120米的长条形水渠,形成有力量的横轴。

第二段台地上铺着草坪,他们中间各有一个椭圆形水池。紧靠着中轴路边,左右各有一列小水渠,密布着无数的低矮喷泉,由于间隔很近,因而被称作“水晶栏杆”,现已改成草坪种植带。沿着中轴线向南,布置有一方形水池,因池中无喷泉,水面平静如镜,故称“水镜面”。这是第二个台地的结束。由水池的北边南望,运河对岸的岩洞台地似乎就在池边,其实两者相距250米。由水池的南边北望,远处的府邸的立面完完整整地倒映在水面上。从方形的水池往南,就到了台地的边缘,低谷中的横向大运河忽现眼前。从安格耶河引来的河水,在这里形成长1000米,宽40米的运河,将全园一分为二,成为庄园最大的横轴线。

□ 海格力士,又名赫拉克勒斯(Ηρακλής,Hēraklēs,Heracles),希腊神话中最著名的英雄之一。主神宙斯(Zeus)与阿尔克墨涅(Alcmene)之子,因其出身而受到宙斯的妻子赫拉的憎恶,后来他完成了12项被誉为“不可能完成”的伟绩,除此之外他还解救了被缚的普罗米修斯,隐藏身份参加了伊阿宋的英雄冒险队并协助他取得金羊毛。他死后灵魂升入天界,众神在商议之后认同了他的伟业,他和父亲一样被招为神并成为了星座。

第三段台地坐落在运河南岸的山坡上,坡脚以大台阶的形式呈现。在庄园中轴线上有一座紧贴地面的圆形水池,池中喷水的造型非常美观。经林荫道向上抵达坡顶的绿茵剧场,中间耸立着“海格力士”的镀金雕像,它结束了整个中轴线,是花园的尽端。

花园的三个主要段落变化多样,特点鲜明,营造出不同的空间感受,且他们之间的过渡也经过精心设计。第一个台地以小的圆形水池作为结束,一条横向道路穿过,两侧水渠沿着台阶的挡土墙延伸,这使一个很窄的横向构图穿插在两个舒缓的纵向空间之间形成强烈对比。第二个台地以大型方形水池作为结束,两边草地形成一个节奏短促的横向构图,方向性不强,为即将到来的大运河景观做铺垫。运河水渠横在谷底,在府邸处是看不见的,但是在水渠南岸,可以看到府邸的完整倒影。河谷的大台阶都是钳形的,北岸较低,南岸较高,当中的挡土墙是七间的岩洞。南北岸的两个大台阶夹岸照应,南岸大台阶的圆形水池与北岸的方形水池照应,其后上坡是绿色剧场可以俯瞰全园,远处府邸的穹顶与剧场半圆形的轮廓遥遥呼应。

图2-65 维康府邸建筑

(2)建筑

庄园的建筑与花园风格协调统一,形成明显的中轴线。其建筑样式还保留了城堡的痕迹,主要建筑的四周围有河道,这种护城河的做法,虽然早已失去防御作用,但在建筑与水面、环境结合方面取得较好的效果(见图2-65)。

(3)植被

维康府邸的花园部分主要以草坪为主,边界点缀以修剪后的灌木或花卉以作区分。建筑前的装饰花坛与刺绣花坛风格迥异,装饰花坛样式简洁明了,刺绣花坛形式丰富细腻,并通过色彩的塑造,将其二者统一在整体之中。林园部分则多为灌木丛、树丛,齐整划一的风格与统一的色调起到烘托主题花园的作用(见图2-66)。

图2-66 维康府邸花坛样式

(4)水体

维康府邸内水体形式多样,运用灵活。第一层台地结束时运用圆形水池,中有喷泉,台阶两侧有狭长水渠。第二层台地以大型的镜面水池为结束,北部沿中轴线左右分布有喷泉水池,紧靠中轴线有条状水渠,内有小喷泉,形成“水晶栏杆”。花园中有横向的大运河穿过,运河夹在南北岸之间,北岸设计有落泉,南岸岩洞下的水池内有喷泉,南岸台阶上有圆形喷泉水池作为与北岸的对应。

总体说来,花园内水体形式变化丰富,喷泉、水池、狭长水渠和宽阔水景相互穿插。值得一提的是将运河引进园内作为横向轴线这一手法是勒诺特尔首创,也是勒诺特尔园林中具有代表性的水体处理方式。

(5)雕塑

维康府邸内有大量的精美雕塑,在前面台地上或者水池中,有多种类型的雕塑,在后面山坡上立有大力神,并在中间凹地的壁饰上、洞穴中都布置有雕像。

2.4.9 法国·凡尔赛宫(Château de Versailles)

背景信息

凡尔赛宫(见图 2-67)位于法国巴黎西南郊的凡尔赛镇,作为法兰西宫廷长达 107 年。始建于 1662 年,至 1688 年大致完成。凡尔赛宫苑及周边占地总面积六千余公顷,其中花园面积达 100 公顷。宫苑的中轴线长约 3000 米,如包括伸向外围及城市的部分,则长达 14 千米,围墙长 43 千米。它不仅是皇帝的宫殿,也是国家的行政中心,还是当时法国社会政治观点、生活方式的具体体现与重要载体。

凡尔赛宫吸收各地宫殿及园囿的特色而熔为一炉,是法国古典主义宫殿及园林的代表作。也代表了法国勒诺特尔式园林的最高成就。它使路易十四的宫廷成为欧洲各国君主效仿的对象,也使勒诺特尔名垂青史,勒诺特尔式园林也成为统率欧洲造园长达一个世纪之久的园林样式。德国、奥地利、荷兰、俄罗斯和英国都陆续建造了自己的"凡尔赛",然而无论在规模上还是艺术水平上都未能超过法国的凡尔赛(见彩图 2-8)。

历史变迁

最初,凡尔赛宫苑一带是一片森林沼泽地,1624 年,法国国王路易十三(Louis XIII,1601—1643)买下面积达 117 法亩的区域并修建一座两层红砖楼房,作为狩猎行宫。

1660 年财政大臣富凯建成了豪华无比的维康府邸,举行了盛大的宫廷宴会,并邀请路易十四(Louis-Dieudonne,1638—1715)参加。然而庄园和宴会的奢华激怒了国王,三个星期后,富凯便以"贪污舞弊"等罪名被投入巴士底狱,判处无期徒刑,"维康府邸"内的财产也全被查抄。事后,权臣高尔拜上书路易十四说:"陛下可否知道,您立下了赫赫战功,这些战功足以表现您的伟大。但是这些是远远不够的,我知道建筑物是最能够表现君主之伟大与气概的,您何不建造一座全欧洲最为豪华壮丽的宫殿呢?这个宫殿就叫'太阳王'的宫殿吧!"听了高尔拜的上奏,路易十四下令建一座比"维康府邸"更大、更豪华的王宫,命令维康府邸的设计师安德烈·勒诺特尔(Andre Le Notre,1613—1700)和著名建筑师路易·勒沃(Louis Le Vau,1612—1670)为其设计。由于 16—17 世纪的巴黎市民不断发生暴动,1648—1653 年还发生了两次规模巨大的投石党叛乱,所以路易十四决定将王室宫廷迁出混乱喧闹的巴黎城。经过考察和权衡,他决定以路易十三在凡尔赛的狩猎行宫为基础建造新宫殿。为此征购了 670 公顷的土地,这就是后来的凡尔赛宫苑。

□ 路易十四与勒诺特尔

路易十四在视察维康府邸和夏恩狄依两庭园后,对勒诺特尔的造园技艺甚为欣赏,从设计建造自己居住的凡尔赛宫的附属庭园开始,任用了勒诺特尔长达 40 年之久。这期间勒诺特尔作为宫廷造园家而勤奋工作,继凡尔赛宫苑之后,又陆续建造了很多有独创性的庭园,而得到"王之造园师,造园师之王"的美誉。他承担设计的庭园中,当然以凡尔赛宫苑最为突出。路易十四还将设计维康府邸的建筑师勒沃、画家勒布伦召来,一同进行凡尔赛宫苑的设计建造。在漫长的建设过程中,法国当时最杰出的建筑师、造园家、雕塑家、画家和水利工程师等都先后在此工作过。路易十四本人也以极大的热情,关注着凡尔赛宫的建设,他要在凡尔赛宫领略"征服自然的乐趣"。园林建造历时 26 年之久,其间边建边改,有些地方甚至反复多次改建,力求精益求精。

为了展示路易十四以太阳神为象征的无限王权,勒诺特尔以及很多著名园艺师、建筑师、雕塑家创造出一个规则的园林整体构架,其间大量景点以太阳神阿波罗主题来象征路易十四,既代表理性,又带来丰富的神话联想。凡尔赛宫苑代表着法国当时文化艺术和工程技术上的最高成就。

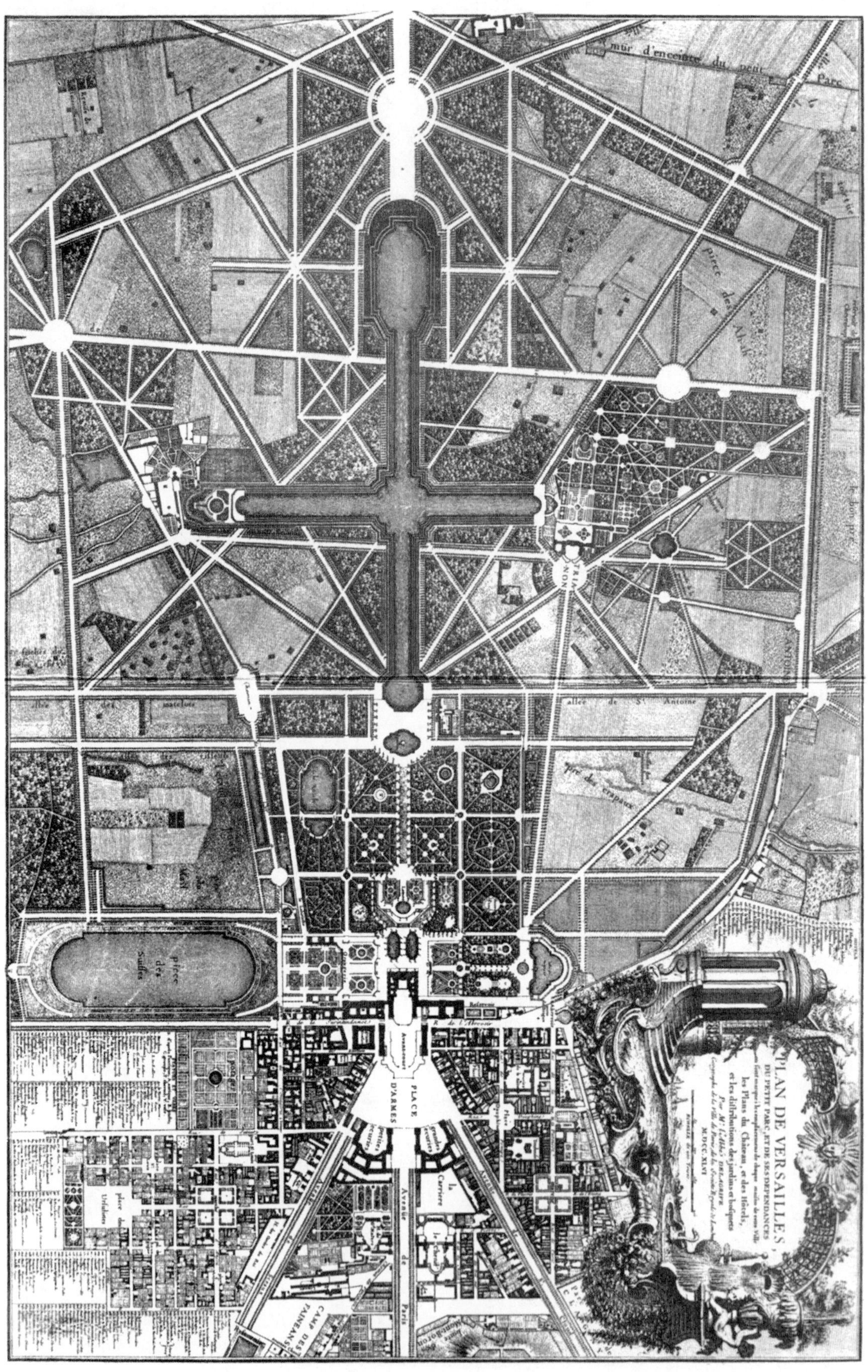

图2-67　凡尔赛宫苑平面图(1746)

宫苑所选地带处于宽阔平坦的沼泽地带,被人形容为"无景、无水、无树,最荒凉的不毛之地",其实并不适宜建造宫苑。然而路易十四的选择自有他的深意,正如他在回忆录中所写的:"正是在这种十分困难的条件下,才能证明我们的能力"。路易十四就是想在非常恶劣的自然条件下建造出世界上最宏伟的宫苑,以此证明国家的强盛和君权的伟大。按路易十四最初的要求,凡尔赛宫苑要适合举办盛大的节庆活动和豪华的宫廷招待会,希望能同时容纳7000人活动。

1667年勒诺特尔设计了凡尔赛宫花园和喷泉,勒沃在狩猎行宫的西、北、南三面添建了新宫殿,将原来的狩猎行宫包围起来。原行宫的东立面被保留下来作为主要入口,修建了大理石庭院。1674年,建筑师儒勒·哈杜安·蒙萨尔(Jules Hardouin Mansart,1646—1708)从勒沃手中接管了凡尔赛宫工程,他增建了宫殿的南北两翼、教堂、橘园和大小马厩等附属建筑,并在宫前修建了三条放射状大道。为了吸引居民到凡尔赛定居,还在凡尔赛镇修建了大量住宅和办公用房。为确保凡尔赛宫的建设顺利进行,路易十四甚至下令10年之内在全国范围内禁止其他新建建筑使用石料。凡尔赛宽阔、笔直的道路一度被人们称其为"跑马者的花园"(见图2-68)。

□ 儒勒·哈杜安·蒙萨尔(Jules Hardouin Mansart,1646—1708),17世纪末法国古典主义建筑师的代表,是位天才建筑师,并与路易十四统治时期最伟大的建筑成绩密不可分。他建造了克拉尼(Clagny)城堡、圣路易教堂、马利宫的亭阁和花园、巴黎的胜利广场和旺多姆广场、大特里亚农宫等,成为法国和欧洲最伟大的建筑师之一。

图2-68 1860s凡尔赛景象

1682年5月6日,路易十四宣布将法兰西宫廷从巴黎迁往凡尔赛。凡尔赛宫主体部分的建筑工程于1688年完工,而整个宫殿和花园的建设直至1710年才全部完成,随即成为欧洲最大、最雄伟、最豪华的宫殿建筑,它的宏大气派和高贵奢华更成为欧洲王宫的模仿对象。在其全盛时期,宫中居住的王子王孙、贵妇、亲王贵族、主教及其侍从仆人竟达36000名之多。在凡尔赛还驻扎有瑞士百人卫队、苏格兰卫队、宫廷警察、6000名王家卫队、4000名步兵和4000名骑兵。所以当修建完成后,总共有一千三百多间房,整个宫殿显得巨大无比。此外,路易十四还修建了大特里亚农宫和马尔利宫。

其后路易十五和路易十六时期又修建了小特里亚农宫和瑞士农庄等建筑。1762年,法国王公贵族从巴黎卢浮宫迁居至凡尔赛。至路易十六时期,凡尔赛宫苑的奢靡到了无以复加的程度。1789年,法国大革命爆发,浩浩荡荡的人群在凡尔赛宫前游行示威。1789年10月6日,路易十六被法国大革命中的巴黎民众挟至巴黎城内,后被推上断头台斩首。离开前,他最不舍的依然是美丽的凡尔赛:"救救我可怜的凡尔赛吧!",而凡尔赛宫作为法兰西宫廷的历史至此终结。随后的革命恐怖时期,凡尔赛宫被民众多次洗掠,宫中陈设地家具、壁画、挂毯、吊灯和陈设物品被洗劫一空,宫殿门窗也被砸毁拆除。1793年,凡尔赛宫内残存的艺术品和家具均转运往巴黎城内的卢浮宫,凡尔赛宫沦为废墟。

□ 法国大革命(Révolution française,1789—1799年)是一段法国乃至欧洲发生激烈的政治及社会变革的时期。法国的政治体制在大革命期间发生了史诗性的转变:统治法国多个世纪的绝对君主制与封建制度在三年内土崩瓦解,过去的封建、贵族和宗教特权不断受到自由主义政治组织和平民的冲击,传统观念逐渐被全新的天赋人权、三权分立等民主思想代替。

1833年,奥尔良王朝的路易·菲利普国王下令修复凡尔赛宫,将其改为历史博物馆。1979年凡尔赛宫被列为《世界文化遗产名录》。

园林特征

由大运河、瑞士湖和大小特里亚农宫组成的凡尔赛宫苑是典型的法国式园林艺术的体现,也是西方古典主义造园艺术的典型代表。它极富艺术特色,主要体现在造园面积大、花园主轴线强调视觉效果、几何对称美显著、植物造景以及瀑布和喷泉的应用等。园林的总体布局像建立在封建等级制之上的君主专制政体的图解。

(1)布局

图 2-69　凡尔赛宫轴线

园林的总体布局体现了勒诺特尔式几何规划的极致,在构图明确完整的基础上,由近而远呈现尺度和形态的变化,既突出了壮阔的中轴远景,也有明显的场景层次递进。宫殿是东西向的,位于一个小山丘上。后来随着宫殿尺度的不断扩大,用了许多填方才形成了平整的大台地。宫殿东面是三侧建筑围绕的前庭,正中有路易十四面向东方的骑马雕像。庭院东入口处有军队广场,从中放射出 3 条林荫大道穿越城镇。建筑的中轴向东、西两边延伸,形成贯穿并统领全局的轴线。东西向的布局象征着太阳的运行轨迹,目的是为了歌颂“太阳王”路易十四(见图 2-69)。

园林位于宫殿的西面,从近处的花园过渡到远处的丛林园,宫殿前平台上是一对矩形抹角的大型水池,水池边沿装饰着山林水泽女神以及河神的青铜卧像。平台的尽端,大台阶下有拉托娜喷泉,顺着中心轴线西望,是远处壮观的皇家林荫道和天边闪亮的大运河。从宫殿到大运河端点的主轴线长约 3 千米,气势恢弘,震撼人心。开阔的中轴线两侧是浓密的树林,其间隐藏着 12 个丰富多彩的丛林园。

图 2-70　凡尔赛——阿波罗喷泉

在国王林荫路尽端的巨大椭圆形水池中,是太阳神阿波罗驾着马车的极富动感的镀金雕塑,身后是平静广阔的十字形运河(见图 2-70)。运河长 1650 米,宽 62 米,横臂长 1013 米,在两旁高大整齐的树墙衬托下显得极为壮观。夕阳西下时,落日余晖撒在阿波罗和他的战马身上,背后是泛着金色光芒的宽广的运河。

园林中还有两条横轴,一条紧临宫殿西立面,向南通向南花坛、位于低处的橘园和瑞士湖,结束于林木繁茂的山冈。向北从金字塔泉池开始,穿过水光林荫路,到达龙池,尽端为半圆形的海神尼普顿泉池,一系列喷泉引人入胜。尼普顿泉池与瑞士湖在横轴两端遥相呼应,富有强烈的动与静、暗与明的对比。

另一条横轴是大运河的横臂,南端原有一个动物园,北端是特里亚农宫殿和花园。最早的宫殿是具有中国情调的装饰着白底蓝花瓷砖的“瓷宫”,后来被粉红色大理石建造的新宫殿所取代。勒诺特尔设计了宫殿西面的花园。宫殿前平台上是一对装饰有水池的刺绣花坛,台阶下 4 个刺绣花坛围绕着一个八边形的水池,后面是林荫道和丛林园,轴线一直通向远处的一个大水池。后来路易十六的王后玛丽・安托瓦奈特将特里亚农花园的一部分改建成风景式园林。建了爱神庙、观景台等小建筑。1728 年,又在园中建造了一座小村庄(见图 2-71)。

图 2-71　改造后的特里亚农花园平面

凡尔赛园林的设计,在中轴线上尺度巨大,追求宏伟的气势,作为王权的象征;但两旁众多的丛林园却是尺度宜人,景色各异,是消遣娱乐、举行各种宴会的场所。

(2)建筑

凡尔赛宫苑不仅个体建筑采用中轴对称的均衡设计,全园的建筑群也采取中轴对称的均衡布局手法——以主要建筑群和次要建筑群与规则对称式园林布局一同所形成的主轴、副轴控制全园,整体布局齐整划一,体现出路易十四对君主政权和秩序的追求。

(3)植被

图 2-72　凡尔赛——刺绣花坛

凡尔赛宫园林中的花卉布置以图案为主题的刺绣花坛和花境为主(见图 2-72)。其中,刺绣花坛是园林中主要的装饰性要素,其图案旋转波动,但色彩凝重、外轮廓规整,统一在全园之中显得庄重大方。花坛在轴线两侧呈大面积长向延伸，配合着纵向轴线效果。树木的选用以常绿树种为主，多采用行列式和对称式配置手法，并选用大量的绿篱形成绿墙以区划和组织空间。如主轴线两侧修剪整齐的树木绿篱，形成面对各向园路的边界，使其具有竖向空间感。大面积的树林一方面在轴线远方形成园林整体一部分的林园区，另一方面又可在较近处以修剪整齐的界面带来强烈的体积感。此外还有进一步的植物处理，如把连续植物修剪成壁龛、拱券等形象，特别是以它们围合林间小景，为轴线旁的树丛带来建筑化的小型绿色空间。在开阔的轴线背后，隐藏着一些方形的树木种植区，称为丛林园。其风格多样、主题各异，是私密、内向的空间，与轴线形成了明暗、动静的对比，但在浓密的树林的包围下，仍统一在整体之中。如舞厅丛林园是一个有喷泉跌水的露天剧场；穹顶丛林园是优雅的大理石栏杆围绕着的喷泉水池；柱廊丛林园是环形的大理石柱廊围合成的场地，柱间有白色大理石的喷泉水盘，这里是国王举行晚会的奢华的场所。在靠近宫殿的轴线北侧，还有著名的阿波罗浴场丛林园，其中有阿波罗和众仙女的群雕，背景是仿自然的岩洞。后两者都是由建筑师小芒萨尔设计的。在纵横交错的林荫路的交汇处，是4个圆形的喷泉水池，代表着不同的季节。此外，橙园则汇集了来自世界各地的千余种奇花异树。

(4)水体

运河是凡尔赛宫园林中最壮观的水景(见图2-73)。其不但成为全园的主要横轴，而且占据了主轴线的一半，形成一个大十字形的运河体系。从宫殿沿轴线北望，由于设计者运用反透视规律——离宫殿越远景物面积越大，从而使一些重要的景物没有因为太远而消失在视线中。为了服务于主轴线的艺术主题：歌颂“太阳王”路易十四，在轴线西端设立的大运河象征传说中的西海。每当日暮时分，太阳的余晖使运河水面金光熠熠，与池中的雕塑相结合，如同阿波罗回程的金色帆船。大运河成为花园轴线，既完整地表达了造园主题，又有许多实用功能，有利于蓄水和排洪，同时也可作为园中的水上游乐场所。

图2-73　凡尔赛——碧水潭

此外，在凡尔赛的轴线上穿插着一些小的泉池，起到了活跃轴线，形成标志物的作用(见图2-74)。如阿波罗喷泉，虽在泉池中是体量较大的水池，然而因透视及实际距离所产生的深远感，所以沿轴线看到物体时，并不影响整体恢弘铺展的气势。

图2-74　凡尔赛——碧水潭

(5)雕塑

凡尔赛中的全园雕塑基本围绕一个明确的主题，以处于园林不同位置的各局部联系一段故事，加强了神话联想的作用(见图2-75)。并配合各种喷泉、水池、阶梯、横向路径等处理手法，呈现出连续中的变化，用以点缀庭院并烘托园林气氛，起到强化空间的作用。

拉托娜喷泉前有一条中心林荫路通往古树林环绕的绿色草坪，在草坪深处是阿波罗雕像的水池，他正驾车迎向自己的母亲，像是对拉托娜喷泉的呼应。阿波罗喷泉是一辆由四匹骏马牵引的战车破水而出，冲向升起的太阳，这无疑是对路易十四的颂扬。

这表现于阿波罗和黛安娜雕像，位于水渠起端的阿波罗战车组雕，以及位于城堡和水渠中部的拉托娜喷泉(拉托娜是阿波罗之母)等。花园东西轴的标志物即是这些象征太阳神力量和进程的纪念物，而这条轴线也被联结成太阳自身的运转轴线，即早晨从城堡处升起，傍晚从大水

图2-75　凡尔赛碧水潭边海神雕塑

渠的远处末端下沉。

凡尔赛宫以北是由紫杉树围起的北池座，装饰有"磨刀工"和"蹲着的维纳斯"雕塑，楼梯从北池座通向"塞壬""王冠"池和"金字塔"雕像喷泉。

【延伸阅读】

[1]（日）冈大路著，瀛生译[M]. 中国宫苑园林史考. 北京：学苑出版社，2008.

[2] 罗哲文. 中国帝王苑囿[M]. 北京：知识产权出版社，2002.

[3] 刘庭风. 日本园林教程[M]. 天津：天津大学出版社，2005.

[4] 朱建宁. 永久的光荣——法国传统园林艺术[M]. 昆明：云南大学出版社，1999.

[5]（法）艾伦·S·魏斯，段建强译. 无限之镜——法国十七世纪园林及其哲学渊源[M]. 北京：中国建筑工业出版社，2013.

[6] 陈振. 宋史——中国断代史系列[M]. 上海：上海人民出版社，2003.

[7] 基佐. 欧洲文明史[M]. 北京：商务印书馆，2005-9.

[8] 林承节. 印度史[M]. 北京：人民出版社，2004-5.

[9] 詹姆斯·麦克莱恩. 日本史[M]. 海口：海南出版社，2009-12.

3　乡野庄园

乡野庄园是一种私有园林类型。在特定的乡野中将城市以外的别墅、草堂、别业、山庄等结合自然环境进行园林化经营，为贵族、官吏、士绅、商人等提供生产生活的空间，并成为他们远离喧嚣的城市生活和现实世界，向往美好环境和心灵寄托的载体。

园主通过营造乡野庄园与大自然互动、渗透，回到朴素原始的价值观念，表达对大自然的热爱和对自由生活的向往。从世界范围内看，乡野庄园经历着从早期以生产为主的经济生活单元发展为生产、游憩和社交的园林综合体，反映人们对于自然环境的喜爱。

在东亚地区的中国，士人崇尚隐逸、“寄情山水”，在郊野大自然的造化之美中寻求精神寄托，积极追求自由的精神和独立的品格，探寻宇宙、自然、社会、人生的哲理。乡野庄园随小农经济和隐逸文化的演绎逐渐发展。早在魏晋南北朝时期，社会动荡，就有许多文人、官僚退隐田园，将生产融入自然美，在人与自然融合的乡野庄园空间中寄托着自己的理想追求。如陶渊明在其庄园里“种豆南山下，草盛豆苗稀。晨兴理荒秽，戴月荷锄归”。时至唐宋，大多数的乡野庄园已从原来的生产经济实体转化为游憩、休闲的园林空间，如王维的辋川别业、白居易的庐山草堂等。宋代以后，隐逸山林的思想逐渐淡化，士人们更多选择朝隐或市隐，在城市中营造咫尺山林的园林空间。

在欧洲，乡野庄园是园主人各种生活生产、游憩、宴请等活动的载体，他们在庄园中享受田园生活的乐趣，注重亲切细腻的生活情趣，以此修身养性。古罗马时期贵族、将军在城市外部营建了大量别墅，园林由实用转向游乐，园主人在此享受幽静的隐居生活与田园乐趣，并招待朋友。到了中世纪，教会排斥一切世俗文化，包括希腊、罗马的古典文化，庄园成为一个基本经济单元，主要满足人们的生产需要。这时期的乡野庄园更多是倾向于军事防御的实用园林，局部有游赏功能满足少数人群对于园艺生活的热爱。文艺复兴时期，随着人本主义的兴起，人们对自然美的欣赏提高，促使贵族纷纷在风景优美的郊野建筑别墅，并在后期发展为巴洛克风格。18 世纪，英国资本主义发展并开始影响农业生产，新贵族和农业资产者很乐于闲住在牧场和农庄里，此时的园林风格也变成自然式，开始欣赏自然美并从自然中获取感性认识。

从世界园林历史上的乡野庄园发展过程中可以看出，建造乡野庄园的目的是提供相对隐居的生活，其共性在于对人性的解放，中国文人偏向于“情”字，欧洲则偏向于“生活”。“在山泉水清，出山泉水浊”，中国的文人士大夫在山水之间隐逸，将山水诗画情趣与之相交融，更将自己的理想寄情于山水之间，其庄园建设往往比较简朴。欧洲贵族对于乡野庄园的兴建更多是对于大自然的向往和探索，是对雅致生活情趣的憧憬和对真山水的生活体验和审美。实用功能是欧洲乡野庄园的一个突出特点，乡野庄园是建筑的室外场所，可作为家庭户外生活的空间，是人们获取景色优美、安宁静谧、有益身心健康的宜居环境。在庄园中，除了必要的居住建筑外，还有满足户外活动的各种设施。

3.1 东亚地区

亚洲地区乡野庄园以中国为代表。中国传统文化中道的归隐、佛的清寂和儒的“独善其身”等思想对古代文人的浸润深刻地影响中国乡野庄园的发展。自汉以后，中国历代文人皆钟情于乡野庄园的营建。日本受中国文化的影响，也出现了别墅庄园的形态，但由于本国国土资源及社会环境的影响，别墅庄园并不成为主要的园林类型，他们将这种对自然的热爱，转化为洗涤心灵浮尘的茶庭环境（见第四章）。

□ 隐士文化

由中国古代文人与官僚组成的“士”，居于民间等级序列的第一位，他们具有很高的社会地位，也是管理国家的一股重要力量。士人若想建功立业必须依附于皇帝，接受当朝社会行为准则。但由于宦海浮沉、仕途坎坷多险，为了维护自己独特高雅的品格，不屈服于流俗，不献媚于朝廷，一些士人走上隐逸一途，隐士由此产生。中国的隐士一般都具有很高的文化素养，他们亲自参与居所与园林的建造，从规划布局的理念到具体情境的塑造，都表现出对隐逸思想的追崇。随着汉唐地主小农经济发展，士人拥有自己的田产，隐逸者也有一定的经济基础，能保证一定的生活水准，隐士数量便逐渐增多，乡野庄园大盛。此后隐逸方式也多起来，有朝隐、市隐、田园之隐等。朝隐与市隐思想则带来了城市私家宅园的兴盛。

□ 农耕文化

小农经济自给自足的传统农村生活及消费方式，符合造园者“回归自然”“返璞归真”的心理需求。“食吾之所耕”这样的经济模式促使文人雅士等在自己的园林中孤芳自赏、自我陶醉和玩味。园林表现出一种含蓄、恬静、循矩、守拙的内向风格。而农耕场景所呈现的田园风光则成为园林创作的蓝图，通过将精耕细作的“田园风光”场景渗透到园林景观之中，摆脱日常烦恼，安贫乐道，表达出人与自然的和谐。

图 3-1 庐山草堂图

3.1.1 中国乡野庄园

自古以来，中国士人便与乡野庄园结下了不解之缘。他们往往在风景优美的山川河流处选址营建自己的乡野庄园。有些庄园作为官宦退隐的地方，他们为了维护自己独特高雅的品格，不愿屈服于流俗，不献媚于朝廷，因而到深山野岭里隐居起来，以表达自己独立人格的价值观和自然观，有些庄园则作为官僚炫耀财富、享受自然的场所。封建时代小农经济的发展使隐士拥有自己的田产地业，归田园居的生活得以实践，并通过精耕细作的“田园风光”场景渗透到园林景观之中，将自然美与庄园生产、生活功能相结合，乡野庄园成为他们的庇护场所和精神家园。天人合一思想使隐士们在名山大川结庐而居，将自然的美学观发扬。名山大川的开发加上山水艺术的大兴盛，使隐士通过寄情山水的实践获得与自然的自我协调，对于自然风景的审美观念也逐渐成熟。乡野庄园是不同时期中国文人隐士的精神栖居与游牧之地，充分体现了封建制度下隐士文化与农耕文化的结合。中国乡野庄园类型中又以庄园园林与别业园林为主。

别业园林

别业园林一般归属于文人，有的依附于庄园，有的在山水田园环境中营造可居可游的园林，或建置单体构筑物如草堂、池亭等，并赋予特定的人文内容。别业园林伴随着魏晋时代山水画、山水诗同步发展。文人把田园风光与主人的人文活动结合在一起，别业庄园成为文人对自然、社会、宇宙等思考和追求的最佳载体。这些别业园林追求朴素无华、富于村野意味的情调，侧重于赏心悦目而寄托理想、陶冶情操、表现隐逸的园林风格。如王维的辋川别业、白居易的庐山草堂、杜甫的浣花溪草堂等（见图 3-1）。

庄园园林

庄园园林一般依附于庄园，绝大多数为官僚、地主所有。晋以来实行对官僚的土地分封，唐实行永业田和职分田，使朝中重要官员拥有大量的田地。官僚地主们往往在各自的庄园里划出一片区域建置园林，或把庄园的大部分甚至全部当做园林来经营。这些庄园园林拥有田园风光的基调，但仍以庄园生产为主，而且园主人很可能并不经常来此居住。部分这类庄园因有一种权利和财富的炫耀而使细节的营造显得富丽奢靡,如石崇兴建的金谷园。随着文人园林的兴盛,庄园园林逐渐增加了人文气息,向别业园林靠拢。

园林特征

中国乡野庄园是在自然风光的基础上结合士族的文化素养而形成的园林化庄园。其自给自足的农副业生产可以为士人提供食物,是充满自然美的、幽静的世外桃源,为士人“归隐田园”、寄情山水的隐逸生活提供优越的条件。园林选址因山就水,优先考虑位于溪水、河流、池塘、湖泽附近,借景园外,力求园林本身与外部自然环境的契合。如陶潜退隐庐山脚下,盘洲园夹于两溪之间,王维的辋川别业则位于辋川山谷,形成山环水抱之势。乡野庄园布局深受山水绘画影响,遵从因地制宜、妙造自然的原则,相势取势,随地形起伏变化和形势的开展而布置相宜的景物,“高方欲就亭台,低凹可开池沼”。空间营造追求简远,整体疏朗,不流于琐碎。

(1)建筑

建筑的布局着眼于乡野庄园的整体性,一般采用小体量分散布置,使园林景观开朗。不追求建筑类型的多样,不滥用设计手法。因而庄园内的建筑密度低,数量少,而且个体多于群体。庄园内少有游廊连接,也没有以建筑而围合或者划分景域的情况。

乡野庄园讲究根据地形地势来布局和安排,宅与园的布局多采用并列式或嵌入式,且园的面积远远超过宅,甚至没有一个围墙来确定园的面积,园林整体呈现出虚处大于实处,场地多于构筑物的状态,空间灵活,富有变化。经常采用对景、呼应、映衬、虚实等造园手法,充分发挥草堂、草庐等建筑“点景”和“观景”的作用。亦常有流杯亭的设置,传递园主人的高雅情操。

(2)植物

古代文献和绘画中呈现的乡野庄园,绝大部分是以林木种植为主景,呈现出天然野趣,多运用成片种植的树木而构成不同的景域主题。如辋川别业中椒树、漆树等经济作物构成椒园、漆园等。通过借助林的形式来创造幽深而独特的景观,林间留出隙地、虚实相称,于幽奥中见开朗。园中亦多种花卉,甚至有专门种植花卉的“花园子”,也有药圃、菜圃等。

造园植物喜用竹、梅、菊,除了观赏之外也具有诗画中“拟人化”的用意,表达主人的高洁情操(见图3-3)。如辋川别业中片竹岭馆后崇岭高起,岭上多有大竹。

(3)水体

庄园别业中的水景大多直接利用或是引自然的水流,水体形状模拟自然溪流湖泊的形式,往往用大面积水面营造园林空间的开朗气氛和清澈幽静,再与小景区形成疏与密、开朗和封闭的对比,而池周山石、亭榭、桥梁、花木的倒影以及天光云影、碧波游鱼,荷花睡莲等,都为园景增添了生气。

水体可分为静水和活水。一般大多采用湖泊形式,大多在天然水体的基础上略加人工开挖而成,周边若有山脉起伏,则形成湖光山色的典型风景;活水则为瀑、滩、濑等形式,回环萦流,曲水流觞,潺湲有声,表现水体的动态之美。

□ 山水文化

晋室南渡后江南各地的自然风景都得到开发,文人名士游山玩水,寄情山水和崇尚隐逸成为社会风尚,启导着知识分子对大自然山水的再认识,从审美角度亲近它、理解它。人们对大自然的审美观念进入了高级阶段,其标志就是山水风景的大开发和山水艺术的大行盛。东晋谢灵运是最早以山水风景为题材进行创作的诗人。山水文学包括诗词、散文、题刻等,其中诗与散文为其中的主流。山水诗主要取材于山川大地的自然景观和人文景观,同时还反映作者的思想面貌、生活情趣和审美理想。而山水画既重客观山川等自然景观形象的描摹,也重作者的主观思想和意念的注入。诗画艺术的创作渗透于园林,促进了园林的发展(见图3-2)。

图3-2 《辋川图》

图3-3 陶渊明与菊花

（4）山石

山是园林的骨架，自然青山绿水构成了乡野庄园园林的基调。有时也用假山，假山多为堆土与叠石结合。堆土山体现真山之理趣，而叠石山则具灵活多变之长。堆土山是先把土夯实作为基础，山腰点石，山顶树峰，小中见大，不失真山之理、之趣，往往主山连绵，客山拱伏而成为一体。山体主要以土山代替石山，山势多平缓，不做故意的大起大伏。在建筑周边，单块石料或者若干石料组合成景的置石比较普遍（表3-1）。

表3-1　中国乡野庄园代表案例列表

基本信息	园林特征	备　注
辋川别业 时间：约公元728—729年（开元十六、七年） 区位：蓝田县西南十余公里辋川山谷 园林主人：王维	空间布局：1. 根据开合变化的空间大致划分出山景、水景、建筑、植物等不同风格的20个景区和景点。2. 景点注重景观组合，空间布局中的虚实、明暗、向背、隐露、参差与整齐、连续与阻隔等不断变化展开 选址：辋川别业位于辋川山谷，辋谷之水北流汇入灞水 造园要素：1. 亭廊垣篱、楼阁馆轩形象朴素，如文杏为梁、香茅为宇，不加任何雕饰，形成清幽质朴的风格；2. 植物营造田园气氛且突出植物主题的景点，如椒园、漆园等；3. 辋川别业的山水选址与营造根据山水画的原理，从《辋川图》①可以看到，辋川别业有山、岭、岗、坞、湖、溪、泉、游、濑、滩等丰富多变的地形地貌和水体空间	最早是由宋之问在辋川山谷所建的辋川山庄，后来唐代诗人兼画家王维在此基础上营建的园林，称为辋川别业，今已湮没 ①辋川图、辋川别业、辋川集同时问世，显示山水园林、山水诗、山水画的密切关系
杜甫草堂 时间：公元759年（唐乾元二年） 区位：成都市 园林主人：杜甫 规模：约700平方米（十余亩）	选址：一边有江，后有水塘，前一棵大楠木 造园要素：1. 建筑不多，包括起居和观赏功能；有草堂、土台、柴门、竹桥、棕亭、江亭等。2. 宅园里养了鸡、鸭、鹅营造出田园气息。3. 植物花木品种多，大多是杜甫亲自栽种的。有四棵松、五株桃、还有杨、柳、桑、李、梅、枇杷、楸树、棕榈、丁香等	公元760年，杜甫浣花溪畔修建茅屋居住，765年杜甫离开，草堂荒废。次年五代前蜀时诗人韦庄寻得草堂遗址，重结茅屋，使之得以保存。如今的杜甫草堂是经宋、元、明、清多次修复而成，其中最大规模次重修，是在明弘治十三年（1500）和清嘉庆十六年（1811）
金谷园 时间：公元296年（元康六年） 区位：河南省孟津县凤凰台村周围金谷涧 园林主人：石崇 规模：约2500公顷	选址：选址金谷涧，背依邙岭，前俯洛伊大川，东南望嵩，少室两山，西南眺伊阙，正南有万安秀峰相对 空间布局：凿池辟景，山环水抱；包括园居、金田、柏林、河沼等 造园要素：1. 建筑绮丽华靡，以“观”和“楼阁”居多，并保留汉代的遗风。2. 植物配置以大片树林为主调。3. 人工开凿水池与园外引来的金谷涧交错于建筑之间，可游船和垂钓 其他：金谷园是中国园林史上早期的庄园型别业园林	
会稽别业 时间：公元385—433年（东晋时期） 区位：始宁县（会稽郡） 园林主人：谢灵运	选址：左湖右江，往渚还汀，面山背阜，东阻西倾，抱含吸吐，款跨纡萦，绵连邪亘，侧直齐平。 空间布局：1. 以居住地为中心构建大山水环境；庄园开南山为耕作区，北山为种植区，此外还有“二园”“三苑”。2. 注重借景收纳园外的景色 造园要素：1. 植物种类繁多，既有人工培植的，也有自然生长的，如杏坛、柰园、橘园、栗圃等；2. 园中结合自然风貌保留丰富的野生植物和矿物；3. 庄园水景丰富，山水掩映，飞泉、溪流、湖沼、和矾石、岗田、山岩交相辉映。南边“会以双流，萦以三洲”，北边“二巫结湖，两皙通沼” 其他：南北朝时期中国江南山水园林的典范	
陶潜庄园 时间：公元399年（东晋隆安三年） 区位：江西省九江市庐山区 园林主人：陶渊明 规模：约700平方米（十余亩）	选址：庐山脚下 造园要素：园中种植菊花、松柏，借景周围的田园、山峦营造天人协和的居住环境 其他：这座庄园成为一种象征。是陶渊明对自然、社会、人生和哲学文艺思想表现的载体	

续表

基本信息	园林特征	备注
平泉山庄 时间:公元 825 年(唐敬宗宝历元年) 区位:洛阳城南三十里 园林主人:李德裕 规模:周围十里(具体不详)	造园要素:1. 以泉为胜,另外还有碧潭、岗阜、溪涧等;2. 园中辟有专类植物园;3. 奇石罗列,有"日观、震泽、巫岭、罗浮、桂水、严湍、庐阜、漏泽之石" 其他:园中景物的经营,立意于各地山水,采用模拟、联想、缩景手法而成,水体多有人工疏凿	
庐山草堂 时间:唐宪宗元和十二年(公元817 年) 区位:江西省九江市庐山区 园林主人:白居易 规模:轮广十丈(具体未详)	选址:介于庐山香炉峰和遗爱寺之间 空间布局:借四季景象不同,营造空间、色彩、界面质地与时间、时令变化相结合的动态景观;借景延伸了园林空间,丰富了景观层次 造园要素:1. 建筑完全融入自然,采用石阶、土墙,不加油漆的屋架、门窗,草屋顶等;2. 水景动静结合,草堂前面有一方形的水池,东边为瀑布,西边以竹子接引泉水;3. 假山与草堂北部,为高崖积石所构,在空凹处嵌土	唐宪宗元和十二年(817 年)十五日至三月二十六日不到一个月的时间内建成,成为后世士人归耕退隐的效仿典范
盘洲园 时间:公元 1166 年(南宋孝宗乾道二年) 区位:江西省波阳 园林主人:洪适 规模:约 20 公顷(300—400 亩)	选址:在城西北山溪湖处,两条溪流夹着园址,场地东边耸立着"东岭"山,西面坐落有"牛首"山 造园要素:1. 花木种植以色彩分类,红有佛桑、杜鹃、丹桂等;黄有木樨、蔷薇、迎春等;紫有含笑、玫瑰、木兰等;葩重者有石榴等;色浅者有海仙、郁李等;2. 建筑多结合生产、生活,又兼有临眺之美	洪适在此园经营 20 年,68 岁终于此

3.2 欧洲地区

亚平宁半岛属亚热带地中海气候,有肥沃的土壤、郁葱的林木、丰富的水源,冬季温和多雨,夏季高温炎热,为建造别墅园林提供了理想的场所。随着王朝更替、哲学及艺术的发展,先后有古罗马庄园、意大利台地园庄园独领风骚。而在英伦三岛 18 世纪英国工业革命和浪漫主义哲学发展,则促进了英国自然风景式乡野庄园的创造。

3.2.1 古罗马别墅花园

古罗马文人对大自然优美环境和田园生活闲适的描述,激发了人们对田园生活的向往。著名诗人维吉尔(Vergil,BC70—BC19)在其田园诗中描绘了吸引人的田园生活,而另一位诗人蒂比里阿俄斯则通过对美好自然风光的描绘,唤醒了人们对乡野的憧憬。著名演说家西塞罗(Cicero,BC106—BC43)是推动古罗马别墅花园建造的重要人物之一,他宣扬日常生活的家园和修身养性的庄园是人们应该有的两个居所。

随着富裕阶层对于生活享受的追求和对希腊化时期花园的了解,在郊外、乡野建造园林化别墅已成为一种社会风尚。古罗马人借鉴希腊建筑的空间形式、园林形式和造园技艺,在郊野兴建别墅花园,并在花园与农庄中寻找一种平衡。别墅花园中自然乡野景观和人工景观交相辉映,显得生机勃勃,既唤起了对乡村美景的记忆,又能满足社交游憩的欢愉,是古罗马人内心深处对于土地的眷念和乡野景象最朴实的回归。

园林特征

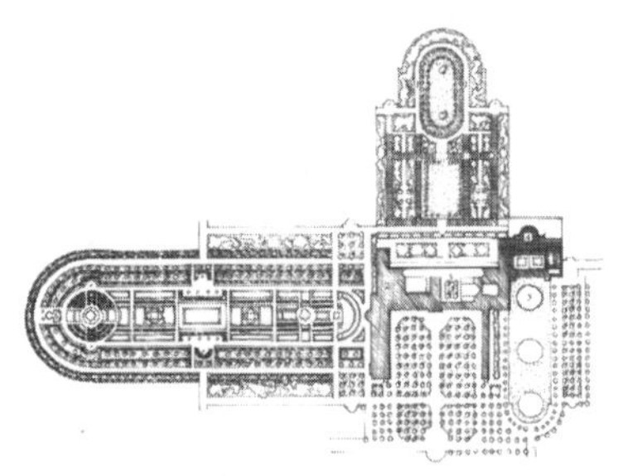
图 3-4　劳伦提努姆别墅复原图

图 3-5　托斯卡纳庄园复原图

古罗马别墅花园是城市的中上阶层为了追求理想的田园生活的产物,利用优美自然环境来建造花园,并尽量将四周的自然风景引入建筑空间。通过布置房间的朝向,门窗的安排,树木的掩映,营造出丰富景观画面。善于通过壁画将自然气息带入室内,扩大空间感,增加景观的多样性。如劳伦提努姆别墅(Laurentinum Villa)选址背山面海,自然景观优越,并将景色引入建筑之中。建筑环抱海面,露台上有规则的花坛,可以在此观赏海景(见图 3-4)。

古罗马庄园内的建筑是外向的,花园则是封闭内向的。花园与建筑通过绿廊、套门等形成过渡,空间相互渗透。如托斯卡纳庄园(Villa Pliny at Toscane)以建筑为重心(见图 3-5),花园作为建筑的延伸与建筑相互渗透,形成两条轴线。规则对称布局的花园与周边自然景色形成对比,相映成趣。但在远离园林中心的地方仍保留其自然面貌。

(1)布局

与古罗马宫殿花园相同,古罗马别墅花园规划上采取类似建筑的设计手法,其很多方面传承了古希腊文明。几何形的花坛、花池,修剪的绿篱以及葡萄架、菜圃、果园等,一切都体现出井然有秩的人工美,园林中也偏爱水景与雕塑的应用。

古罗马别墅花园为了营造丰富的景观层次,观赏更广的风景,选址成为别墅建造中非常重要的环节,庄园依山而建,地形处理上形成整齐的台层,形成远眺视线,借景园外,这也为文艺复兴意大利台地园的发展奠定了基础。

(2)植物

古罗马庄园植物配植显示了园林的艺术性与实用性结合,也体现了园林生活和传统乡村生活的实际与象征性的联系。初期在园内栽植葡萄、苹果、梨、无花果等果树,后来又将菜园与果园一起建造在别墅庭院中。此外庄园还设立温室,并从其他国家和地区引进植物在温室里繁殖、驯化。

(3)水体

古罗马花园别墅水体动静结合,有如镜的水面,也有喷射、溅落、流动的喷泉。喷泉有结合雕塑和线脚呈圆形或者多边形的台柱跌水;也有从雕像上的水袋或者酒囊流出来;亦有在墙上装饰华丽的水口,将水喷向下面的水池(表 3-2)。

表 3-2　古罗马别墅花园代表案例列表

基本信息	园林特征	平面示意图
劳伦提努姆别墅(Laurentinum Villa) 时间:约公元 1 世纪(具体未详) 区位:罗马 园林主人:小普林尼(Pliny the Younger)	选址:别墅选址背山面海,自然景观优越,并将景色引入建筑中 空间布局:庄园正中由一系列的庭院构成中轴线,首先是矩形的前庭,接着是半圆形的柱廊园,最后进入大型的列柱廊式庭院 造园要素:1. 大型的乔木保持其自然状态,不进行修剪。道路两边种着黄杨和迷迭香,园路上面覆盖着缠绕的葡萄藤,庭院内布满无花果和桑树;还布置有实用的菜园和果园;2. 建筑环抱海面,其朝向、开口、柱廊的空间过渡,植物的配置、密度,都和自然环境相结合,以满足对自然风和光照的需求	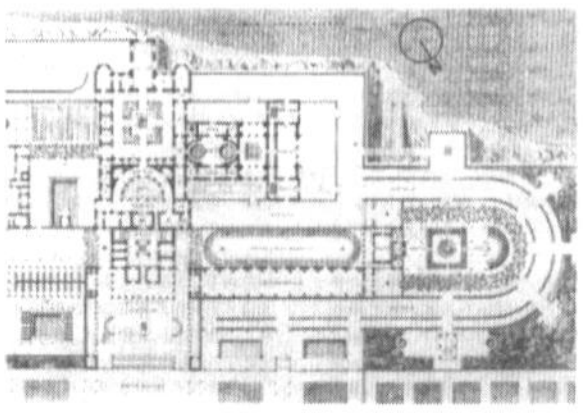

续表

基本信息	园林特征	平面示意图
托斯卡纳庄园(Villa Pliny at Toscane) 时间:约公元1世纪(具体未详) 区位:塔斯干(Toscane) 园林主人:小普林尼(Pliny the Younger)	选址:庄园选址山坡,周围群山环绕,树木葱郁,远处为葡萄园和农田 空间布局:托斯卡纳庄园以建筑为重心,花园作为建筑的延伸形成两条轴线。空间上重视景观的多样性 造园要素:1. 庄园植物营造田园风貌,如园内跑场种有高大的悬铃木,其周围种满忍冬草;2 绿色雕塑是园中的特色,道路外侧的斜坡上有各种各样动物造型的黄杨雕塑。3. 水体喷射、流动的声音、明洁的水面,都给庄园带来了乐趣,如凉凳上的喷泉,落到磨光大理石的水池里,进餐时船形菜碟子任其漂浮。4. 壁画扩大了室内的心理空间,也是建筑与自然的一种融合的形式。宴会厅内镶嵌着大理石的墙裙,墙面壁画内容是繁密的树枝,五颜六色的鸟儿在里面嬉戏	

3.2.2 意大利台地庄园

自14世纪起,在经历了中世纪教会的长期桎梏之后,文艺复兴冲破了神权的禁锢,把人从神的绝对权威中解放出来。灿烂的古希腊罗马文化得到复兴,人们普遍推崇古人对人性的尊重,景仰先贤们的完美人格。古罗马文学家们的著作,如小普林尼的书信和维吉尔的《田园诗》,其中对田园生活的生动描述,极大唤起了城市富豪们对这种生活方式的向往,渴望在城市之外亲近自然。在文艺复兴初期的佛罗伦萨,代表人文主义思想的三大文豪——但丁(Dante,1265—1321)、薄伽丘(Boccaccio,1313—1375)和彼特拉克(Petrarca,1304—1374),均对庭园有非同寻常的爱好,在他们影响下,庄园生活的快乐更是深入人心。意大利人对户外生活的一贯喜爱,也在建造庄园中得以满足,庄园除了是一个景色优美、舒适安静的居住环境外,还是提供诸如聚餐、嬉戏等多种户外活动的场所。

此外14—16世纪海上贸易的发达,让文艺复兴时期的生产力得到极大解放,为庄园建造提供了必要的物质条件。在上层社会人士中享乐主义盛行,他们比任何时候都愿意炫耀自己的地位和财富,而建造私人庄园成为了当时最流行的方式。在美第奇家族的推动下,佛罗伦萨郊外风景优美的坡地上建造起文艺复兴初期的一批庄园别墅。

在造园热潮下,造园理论也逐渐兴起,著名的建筑师和建筑理论家阿尔伯蒂在《论建筑》中,以小普林尼的书信为主要蓝本,对庭院的建筑进行了系统的论述,极大地促进了意大利乡野别墅建设的高潮。

□ 但丁、薄伽丘和彼特拉克

在佛罗伦萨,竭力培植人文主义思想的三大文豪但丁、薄伽丘和彼特拉克,对庭院都有非同寻常的喜好(见图3-6)。

但丁在费索勒的梅尼戈有座邦迪别墅,传达出充满美与舒适宜人的别墅生活的快乐。薄伽丘在《十日谈》介绍了一些别墅建筑和花园(见图3-6)。彼特拉克的《书信集》歌颂了悠闲恬静的乡村生活,培养了人们对大自然的无限热爱。他在法国的一座别墅有一个纪念太阳神阿波罗和酒神的小花园。

图3-6 《三圣贤之旅》

园林特征

意大利台地庄园多以避暑为主要功能,城市郊外的丘陵坡地气候凉爽,通常被视为庄园的理想选址。建筑师尤其偏爱地形起伏较大的坡地,常将别墅建在山上,以获得极好的视线效果。意大利人注重实用性,花园被看成是府邸的室外延续部分,作为建筑的户外起居空间来建造。通过以全局观念规划庄园,将建筑、植物、水体、小品组成协调的整体。园林顺应山势开辟成多个台层,依据坡度的大小,决定不同的台层数量和台层间高差。平面的布局与竖向设计相结合的同时,设计师还运用了透视学的视觉原理,营造出更加深邃的空间透视感。

□ 文艺复兴

文艺复兴是14—16世纪欧洲新兴的资产阶级掀起的思想文化运动,其艺术形式遵循古典文化,善于把握其古典的美学规则(几何构图规则,黄金分割比规则),并加以灵活运用。园林作为建筑空间的延伸,也在其形式内涵上遵循古希腊、古罗马古典文化的美学原则。古罗马时期遗存的众多建筑、别墅等成为意大利学习的直接来源。意大利台地园也从文艺复兴的中心佛罗伦萨开始兴盛(见图3-7)。

图3-7 《十日谈》插图

□ 阿尔伯蒂构思

在造园建造热潮下，造园理论也逐渐兴起，著名的建筑师和建筑理论家阿尔伯蒂在《论建筑》中，以小普林尼的书信为主要蓝本，对庭院的建筑进行了系统的论述，理想庭院的主要要素有：1. 在长方形庭园中，以直线将其划分为几部分，周边植以绿篱；2. 树木呈直线形种植，由一行或三行组成；3. 园路尽端将月桂、杜松编织成古典凉亭；4. 沿园路用圆形石柱支撑棚架，上面覆盖藤本植物，形成绿廊，可遮阳；5. 在园路两侧点缀石制或陶制瓶饰；6. 在花坛中用黄杨拼写主人的名字；7. 绿篱每隔一段距离修剪成壁龛状，内设雕像，下设大理石坐凳；8. 中央园路相交处建造祈祷堂；9. 园中设迷园；10. 水流山腰处，做成石灰岩岩洞，对面设置鱼池、牧场、菜园、果园。

(1)布局

平面上，意大利庄园大多采用严谨的对称手法，以纵横交错的轴线划分空间，组合成主次分明的空间格局。主要轴线有时仅有一条，有时分主、次轴，甚至还有若干轴线或直角相交，或平行，或呈放射状。轴线上的景观变化多端。园内的主要景物，如喷泉、雕塑、台阶、花池等多集中在中轴线上。如埃斯特庄园(Villa D'Este)在每条轴线的端点和节点上，均衡分布着亭台、游廊、雕塑、喷泉等各式小品。

竖向上，庄园布局顺应地形，自上而下逐次展开，高差的变化削弱了规则式园林的单调呆板。自上层台地中可俯视下层台地的景色；至顶层台地望去，近处花园则尽收眼底，远处山峦田野、城市风光一览无余。

为了实现规则式园林向周边自然环境的过渡，一方面运用借景手法，不仅可扩大庄园的空间感，还将自然景色引进园内，如坐落在半山腰的阿尔多布兰迪尼(Villa Aldobrandini)庄园，将其府邸建在山坡上，充分摄入周围风景；另一方面多以建筑中轴线为园林主轴，向外逐渐减弱规整性，如植物由规则式种植过渡到自然种植，水体也由中心部分精雕细琢的水景到外围人工痕迹较少的水景，达到人工与自然的完美结合。

(2)建筑

建筑大多位于中轴线上，有时也位于庭园横轴上，或者在中轴两侧对称排列，如兰特庄园。同时依据不同地形及需求，有时作为控制全园的主体，设在最高处；有时出于观赏园内景色及出入之便，设在中间台层上；而在面积较大且地形平坦的庄园中，则设在接近入口的底层。

(3)植物

植物在意大利庄园中经常被当做建筑材料来塑造空间，并视为建筑空间的附属或延伸。以常绿植物为主，沿园路和围墙密植，并形成绿廊或者绿墙。在以常绿树木为主色调的基础上，以深浅不同的绿色植物形成不同层次，区分出园林的前景和背景，丛林与花坛设计强调明暗对比。同时，出于对植物造型的偏爱，常把植物雕刻成几何形体，乃至人物造型。庄园台地上布置有整形黄杨或者柏树围合的方格型植坛，也常采用植物迷园的形式。

(4)水体

水景通常作为联系全园的纽带，形成变化有序的整体。如加佐尼庄园(Villa Garzoni)中既有宁静的圆形水池，也有从坡上而下的瀑布，以及动静结合的喷泉水池，一同营造出生机勃勃的庄园水景。而兰特庄园中，更是由一系列连续的水景构成中轴线的主景。

由于建造在山坡上，动态水成为意大利园林的主要形态，奔腾的流水创造出闪烁的光影和变幻的声响，给花园带来了动感和活力。喷泉是最为常见的水景形式(见图3-8)，其次有壁泉、瀑布，巴洛克时期出现了水魔术、水剧场、水风琴、惊奇喷泉等。水池的形状一般采取方形、矩形、圆形等，多位于庭园中心或建筑、庄园入口等。

图3-8 意大利台地园水喷泉

(5)石作

石作作为一种建筑要素渗透到台地花园里，将府邸建筑与自然环境结合在一起。石作在功能上主要分为构筑物、点景小品、游乐性建筑三类。构筑物构成花园基本地形和维护设施，包括台地、台阶、铺装、围墙、栏杆等；点景小品主要有岩洞、雕塑、壁龛、柱廊、喷泉等，构成花园的局部中心景物，以此来模糊府邸和花园这两种内外生活空间上的区别；游乐性建筑一般供游园者休息、娱乐、观景之用,如洞府、娱乐宫、宴会厅、塔楼、园亭等。

(6)雕塑

雕塑是意大利园林中的重要组成部分,并且因其陈列方式,对花园的结构产生一定的影响。雕塑主要以石雕为主,部分用于装饰花园中的建筑,也与喷泉结合,独立于花园中,形成局部景点的构图中心,一般位于小广场中、园路的交叉口,或喷泉的中央。雕塑的应用方式多种多样,但其表现形象主要是人体,或者是拟人化的神像。例如,法尔纳斯别墅(Villa Palazzona Farnese)底层洞府内雕刻有河神保护叠泉,通往二层平台的链式跌水用石刻雕成蜈蚣形,二层的椭圆形广场以河神为主体的雕塑喷泉,水池中的石杯左右各有一河神雕像,三层平台在山坡上,三面挡土墙上有28根头顶瓶饰的女神像柱。

文艺复兴不同阶段园林特征的变迁

意大利台地园发展分为三个时期,诞生了众多代表作品(见表3-3):早期著名台地园主要来自美第奇家族,多位于文艺复兴的发祥地——佛罗伦萨郊外,如卡雷吉奥别墅(Villa Careggio)、菲耶索勒美第奇别墅(Villa Medici,Fiesole)等;文艺复兴中期,罗马取代佛罗伦萨成为文艺复兴运动的中心,大量台地园集中建造在罗马郊外,这一时期的经典作品有法尔纳斯别墅(Villa Farnese)、兰特别墅(Villa Lant)等;到文艺复兴后期,即16、17世纪之交,阿尔多布兰迪尼庄园(Villa Aldobrandini)的兴建,成为巴洛克式园林萌芽的标志。这一时期园林艺术受巴洛克风格的影响,出现追求新奇、表现手法夸张的倾向。庄园建设更为广泛普及。在文艺复兴不同时期,受人文主义、手法主义、巴洛克等思潮的影响,意大利台地庄园形成了不同的风格特点。

文艺复兴早期

(1)园地的高低台地之间多数高差不大,且台层间相对独立,仅有各自的轴线而未有联系各台层之间的轴线;

(2)建筑风格保留有中世纪痕迹,细部处理上可见中世纪别墅简朴、大方的特征;

(3)水池形式简洁,理水技巧不甚复杂;

(4)绿丛植坛多设在下层台地,图案花纹较为简单。

文艺复兴中期

(1)以明显的中轴线贯穿全园,并突出不同高差的连续性,也突出次轴来强调横向路径并联系两端景点,从而将各台层联成统一整体,同时景物对称布置在中轴线两侧,整体布局严谨;

(2)建筑与庭园关系更为密切,园林是建筑的室外延续部分,同时也是相对独立的一部分;

(3)理水技术娴熟,出现跌水、喷泉等多种水景形式,并强调水景与背景在明暗与色彩上的对比,注重光影和音响效果,如水风琴、水剧场,即利用不同流水形式产生特殊音响效果;

(4)植物造景趋于复杂,将常绿植物修剪为绿篱、绿墙、绿荫剧场等形式;

(5)雕塑在这个时期明显增多,尺度加大,被赋予各种主题寓意,并配合喷泉、阶梯、岩洞等成景。

图 3-9　意大利台地园水洞窟

文艺复兴后期

(1)庄园轴线的感觉被强化,并且出现放射性的轴线形式,放射图形突出了斜向路径及相关图案的划分;园中开辟了众多纵横交错的林荫大道,连接庭园与自然环境;

(2)园内建筑体量增大,占据明显的统帅地位,并在巴洛克风格影响下倾向于繁琐的细部装饰;花坛、水渠、喷泉及其他小品细部的线条,也较少使用简洁的直线,更喜欢用曲线;

(3)植物修剪技术十分发达,绿色雕塑物的形象和绿丛植坛花纹日益复杂精细,造型树木等形态也越来越怪异;

(4)洞窟的造型奇特,并采用岩石风格的处理手法(见图 3-9)。

表 3-3　文艺复兴时期别墅庄园代表案例列表

基本信息	园林特征	备注	平面示意图
卡雷吉奥别墅(Villa Careggio) 时间:大约在公元 1417 年 区位:佛罗伦萨西北约 2 千米 园林主人:柯西莫等 设计师:米开佐罗(Michelozzi Michelozzo)	空间布局:花园布置在别墅建筑的正面,采用简单的几何对称式布局 造园要素:1. 建筑形式上保留着中世纪城堡建筑的风格,开窗很小,并有锥堞式的屋顶,显得封闭而厚重		
菲耶索勒美地奇别墅(Villa Medici) 时间:公元 1458—1462 年间 区位:距佛罗伦萨老城中心 5 千米 园林主人:教皇列奥十世乔万尼(Giovanni de Medici)	选址:庄园坐落在阿尔诺山腰的陡坡上。坐东北山体,面向西南山谷依山就势 空间布局:庄园由三级台地构成,各层台地均呈长条形,上下层稍宽,中间狭窄,没有明显的轴线联系 造园要素:1. 建筑位于密园和前面庭院之间,削弱了台地的狭长感。2. 植物主要以植坛为主。3. 水景与人形主题雕塑结合,作为局部中心 其他:坡地选址,简洁有序的布局成为后来意大利人工化台地园设计的基础		
望景楼花园(Belvedere Garden) 时间:公元 1504 年 区位:罗马贝尔威德尼山冈 园林主人:教皇尤里乌斯二世 造园者:布拉曼特(Bramante) 规模:约 2 公顷	空间布局:庄园包括三层露台,三层台地,下层作为竞技场,中层宽度较窄,作为上下层之间的过渡性空间,上层为装饰性花园,以十字形园路分成四块,为封闭内向的空间 造园要素:1. 两侧柱廊设有观众席,装饰河神群像、劳孔群像和阿波罗神像等	开工后不久,布拉曼特就因病去世,尤里乌斯二世只完成了花园东侧的建造	

续表

基本信息	园林特征	备注	平面示意图
玛达玛庄园(Villa Madama) 时间:公元1516年 园林主人:朱里奥．德．美第奇(Giulio Medici) 造园者:拉斐尔(Raffaello Sanzio)	选址:位于马里奥的山坡上一处水源充沛、景色优美的山坡上,地形起伏变化适宜 空间布局:分成三个台层,在建筑与园林中常常用圆或半圆形的方式构图 造园要素:1. 入口布置林荫道加强轴线关系 2. 壁龛中的雕塑以希腊神话为主题		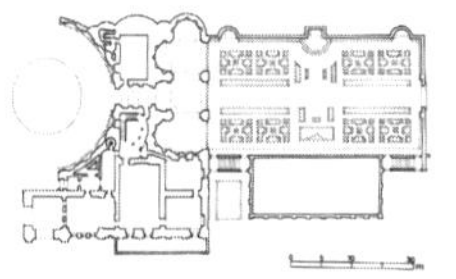
艾斯特别墅(Villa D'Este) 时间:公元1555年 区位:罗马东40公里帝沃里小镇(Tivoli) 园林主人:艾波利托·埃斯特所(Ippolito Este) 造园者:皮尔罗·利戈里奥(Giacomo Della Porta) 规模:4.5公顷	选址:埃斯特庄园坐落在朝向西北的陡峭山坡上,上下高差50米 空间布局:园地近似方形,分为6个台层,以其突出的中轴线,加强全园的统一感:底层相对平坦,三纵一横的园路将这部分台地分为8个方形小区;二、三台层是神龙喷泉,为全园的中心;第三台层为百泉台;其后几层台地在坡道和台阶之间,布置有不同图案的绿丛植坛 造园要素:1. 庄园建筑在中轴线的终点上,占据最高位,控制着全园的中轴线;其色调主要以白色或者浅黄色为主,并由石材建造。2. 植物形式主要为树阵形式和规则式绿篱,深浅不同的绿色植物形成背景。3. 点景小品有雕刻、壁龛、石柱、喷泉、水池等,造型多样。4. 园中水体动静结合:有底层4个方形宁静水池;百泉台不同层次小细水流喷泉,还有综合了喷泉、瀑布、水池构成的水剧场、水风琴	埃斯特1550年来到蒂沃利镇时,改造园址为别墅。1605年庄园回到埃斯特家族,此时的庄园与当初利戈里奥的设计有了很大变化。此后庄园又几经转手,于第一次世界大战时被意大利政府没收。第二次世界大战期间,别墅和花园遭到严重破坏,战后又得到了修复	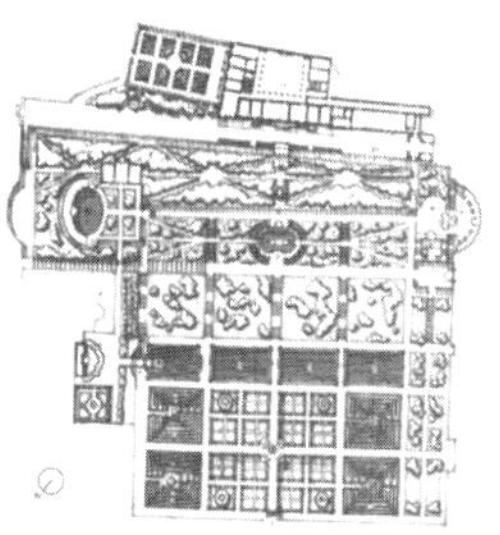
法尔纳斯别墅(Villa Farnese) 时间:公元1547年 区位:罗马以北的卡普拉罗拉小镇(Caprarola) 园林主人:红衣主教亚历山德罗．法尔纳斯(Alessandro Farnese) 造园者:贾科莫．维尼奥拉(Giacomo da Vignola)兄弟俩	空间布局:采用贯穿全园的中轴线联系各级台地,用地呈长方形,依照地形开辟成4个台地及坡道。台层之间以链式的阶梯、环形台阶和装饰石刻雕像的挡土墙等加以联系。 造园要素:1. 水景与雕塑结合使花园节奏明确,底层洞府内雕刻有河神保护叠泉;通往二层平台的链式跌水用石刻雕成蜈蚣形;二层的椭圆形广场有以河神为主体的雕塑喷泉,三面挡土墙上有28根头顶瓶饰的女神像柱;顶层的半边六角形设置了四座石碑,下为壁龛,上有神像和女神像柱	亚历山德罗去世后,庄园归奥拓阿尔多。他在庄园内增加一座建筑和上部的庭园	
兰特别墅(Villa Lant) 时间:公元1566年 区位:罗马北96千米巴涅亚(Bagnaia) 园林主人:甘巴拉(Giovanni Gambeta) 造园者:贾科莫．维尼奥拉(Giacomo da Vignola) 规模:1.85公顷	功能:夏季专用别墅 空间布局:1. 兰特庄园由水景构成的中轴线串联4层台地,其他景观则在轴线两侧对称分布。2. 从下到上,台地变窄,但视野变大,水景和其他景观要素相互呼应 造园要素:1. 兰特庄园建筑分布在中轴线两侧 2. 植物种植从轴线两端往外,从底处台地往高处台地,形式由规则式不断向自然式过渡,最终被树林所包围。3. 水景以动水为特色,将山泉汇流成河并流入大海的过程象征提炼,呈现在中轴线上。4. 雕塑主要结合水景:底层水池4个水面中各有一个小石船,岛上又有圆形喷泉和铜像;三层台地上半圆形池池壁后是巨大的河神像,水阶梯雕有龙虾形状;顶端台层,洞府内则有丁香女神雕像	庄园最初是14世纪原为viterbo捐给圣公会教堂,建作猎舍的简易建筑物,15世纪里尔多费进行了扩建,后来传给红衣主教甘巴拉(1533—1587),他用20年的时间才建起了这座庄园的大体部分。后来这座庄园因租借给兰特家族而命名	

续表

基本信息	园林特征	备注	平面示意图
加佐尼庄园(Villa Garzoni) 时间:公元1562年 区位:柯罗第(Collodi) 园林主人:罗马诺·加佐尼(Romano Garzoni) 造园者:奥塔维奥·迪奥达蒂(Wttavio Diodati)	空间布局:1. 庄园平面大体近似菱形,分为四部分,采用严谨的中轴对称形式。2. 庄园景点结合地势布置,沿中轴线自下而上逐渐展开 造园要素:1. 注重植物的装饰的色彩和形态的对比,以及芳香植物的气息;装饰有各种动物造型的黄杨。2. 庄园中处处装饰有各色卵石镶嵌的图案,还有马赛克镶嵌图案的桥栏和高大的景窗		
阿尔多布兰迪尼(Villa Aldobrandini) 时间:公元1596年 区位:罗马东南20千米弗拉斯卡迪(Frascati) 园林主人:阿尔多布兰迪尼(Pietro Aldobrandini)	选址:庄园坐落在半山腰,为山林和乡村环境包围 功能:夏季别墅 空间布局:以突出的中轴线贯穿全园,重要设施及景物均分布在主轴线上 造园要素:1. 由府邸到庄园周边植物配置手法逐渐由几何式到自然式。2. 水阶梯和水剧场创造丰富多变的空间效果。3. 雕塑主要以神和人为主题。4. 强化透视手法的应用	起初由建筑师波尔塔在1596年开始兴建,直到1603年由建筑师多米尼基诺完成。水景工程是由封塔纳和奥利维埃里两人负责	
伊索拉贝拉(Villa Isola Bella) 时间:公元1632年 区位:意大利伦巴第(Lombardy) 园林主人:卡尔洛伯爵三世博罗梅奥(Carlo Borromeo) 规模:约为3公顷	选址:马吉奥湖中波罗米安群岛的第二大岛上 空间布局:1. 大体分为三部分:一是北园,二是台地园,三是东部部分。2. 采用错觉手法使人觉得庄园的轴线和府邸的轴线与狄安娜庭院在同一直线上。3. 台地式处理基本覆盖全岛 造园要素:1. 府邸建筑采用洛可可式。2. 园林植物以常绿植物为主,将植物造型的空间作为建筑空间的延伸3. 水剧场的设置体现巴洛克风格,其中布满了壁龛和贝壳装饰品。4. 庄园内雕像主要以希腊神话人物为主题,搭配植物和喷泉,如在海格力斯剧场,中间的大型壁龛中安放海格力斯雕像	1632年由卡尔洛伯爵三世博罗梅奥始建,园名取自其母的姓名缩写。到1671年,其儿子维塔利阿诺才将庄园建成	

□ 浪漫主义文学家

18世纪后半叶,文学从古典主义发展到浪漫主义给英国的造园家提供了无尽的创作灵感。有的文学家通过自己的文学演变出园林艺术理论指导着新型园林的实践,为风景式园林的形成奠定了理论基础,并借助于他们的社会影响,使得自然风景式园林一旦形成,便广为传播,影响深远。如艾迪生(Joseph Addison)的《闲谈者》(Tatler)、《旁观者》(Spectator);亚历山大·波普(Alexander Pope)在卫报《The Guardian》上写道"要追随自然";密尔顿在《失乐园》中描绘的伊甸园;申思通在1764年写了《造园偶感》(unconnected thoughts on gardening)。除此之外,亦有乔治·梅森的《庭院设计论》(essay on design in gardening)、惠特利《近代造园论》(observation on Morden gardening)和渥尔波《近代造园论》(essay on Morden gardening)等(见图3-10)。

3.2.3 英国风景式园林

英国是大西洋中的岛国,属海洋性温带气候,全境湖泊众多,地形起伏、河流密布、森林较少。早期的英国园林受到欧洲大陆意大利、法国、荷兰及德国等国艺术风格影响,以规则式园林为主。17世纪工业革命之前,畜牧业长期稳定发展,连绵的牧场郊野、草地丘陵与树丛相结合的风貌,形成英国人对于风景景观最初的印象,为英国本土园林风格奠定了基础。1640—1668年,英国资产阶级革命以新贵族阶级为代表推翻封建统治建立起英国资本主义制度,象征君权的法国古典主义受到猛烈抨击。18世纪初,造园家们试图引来这些影响,寻求有英国本土特色的造园样式。鉴于产业革命对林业发展的影响,18世纪开始,英国颁布法令,禁止砍伐森林,并开展大规模的植树造林运动,为风景式园林的盛行提供了基本条件。

与此同时,在英国经验主义影响下,英国的启蒙思想家大多崇尚自然主义,否认"美在比例的和谐"的美学原则,认为艺术的真谛在于真实感情的流露,提倡人们回到自然状态之中,并通过对自然的回归去追求自由。浪漫主义谴责古典的理性主义带来对自由的禁锢,提出未经人工扰动的大自然是这种精神最好的寄托处。在回归自然的思潮影响下，人们希望在乡村中，再现与大地精神相和谐的风景，尽可能接近“天堂”的形象。这一时期，法国和意大利的风景画作品被介绍到英国，引起了英国人的广泛喜爱，大量描画罗马乡村的作品也传到英国。坦普尔、艾迪生和钱伯斯通过理论或实践将中国自然园林带到英国，这些都为英国造园家带来了许多创作灵感。

众多知识丰富的造园师，成为这场变革的根本保证和决定力量：如威廉·肯特（William Kent，1685—1748）被看做是自然风景式园林的开创者；布朗（Lancelot Brown，1716—1783）的作品标志着自然风景式园林的成熟，他也被誉为“自然风景式造园之王”；雷普顿（Humphrey Repton）的设计则追随了布朗的造园思想等。在他们的推动影响下，英国风景园最终取代法国古典主义园林，成为引领欧洲造园的新风尚，通过德国传到匈牙利、俄罗斯和北欧，一直延续到19世纪30年代。

图3-10　《失乐园》插图

园林特征

英国自然风景式园林大多是由贵族（或者皇家）原来的规则式园林改造。在本国的自然景色中寻找设计的灵感并加以总结，返璞归真、融入自然是重要的造园原则。园林范围广阔、舒展，风格自然疏朗，清新明快，具有浪漫情调。摒弃了一切集合形状和均衡对称布局，取而代之的是弯曲的园路，自然式的树丛和草地，蜿蜒的河流，并与园外的自然环境相融合。在英国风景式园林中，大片的缓坡草地是空间主体，并一直延伸到府邸周围。园内用于划分空间的主要是地形和植物，利用起伏的地形，一方面阻隔视线划分空间，另一方面形成各个不同特色的景区。“哈哈”（Ha-ha）的使用，避免设置了围墙又防止牲畜进入，这样园林与园外的自然风景没有明显界限，园内和园外的景色互相渗透，极大扩大了园林的空间范围。

□ “东风西渐”

威廉．坦普尔（William Temple）是第一个将中国庭院介绍到英国的英国人，他发表的《论伊壁鸠鲁的花园》（Upon the Garden of Epicurus）评论了欧洲的规则式园林，认为中国艺术运用更自然和更自由的方式来表达美。艾迪生（Joseph Addison）在《旁观者》（Spectator）里说中国自然式的园林形式是对英国规整园林的嘲讽。

18世纪，威廉·钱伯斯曾随父亲来到中国，此后他对中国的建筑园林留下了深刻的印象并开始潜心研究。他先后出版了《中国的建筑意匠》和《中国的建筑、家具、服饰、机械和器皿的设计》，并在皇家植物园设计了一座中国塔（见图3-12）。

（1）建筑小品

英国自然风景式园林中，建筑不再起主导作用，而是与自然相融合并取代规则式园林中的雕像，通常起点景作用。大体量的府邸和宫殿建筑通常位居一隅。园内点景小建筑，相对稀疏的散点分布在园林环境中，除少数亭子外，还有希腊、罗马神庙、中世纪教堂、城堡、古代乡居等建筑，并常常以废墟、残垒、断垣等面貌出现，点缀在由大片树林、灌木、草丛和水面构成的不同景区，营造浓郁的文化气氛。如肯特在斯陀园（Stowe）的东部河畔周围设有女士庙、友谊殿、歌德神庙等。受中国园林的影响，中式风格的亭台楼阁是园中仅次于欧洲古代神庙的常见小建筑，往往布置在园中较高处。这些建筑部分供游人休息，而大多数则是没有使用功能的纯装饰物，形成视线焦点，营造一种浪漫异域的情调。

图3-11　英国风景园中的桥和庙

此外园中还常设石碑、石栏杆、园门、壁龛等装饰性建筑小品，表达英国人在爱情、道德和哲学思想等方面的态度和纪念，而铭文、墓穴、庙宇等则是对“逝者”的缅怀（见图3-11）。

（2）植物

受英国本土风貌影响，疏林草地是风景式园林植物景观的主要表现形式，大面积的草地和树丛与园外的牧场和树林融合在一起。园中大量应用树丛、树群、孤植树，形成自由的林缘线。植于山顶的植物精心地设计成群植形式，提高了自然地域的伸展层次，具有很强的纵深感。同时

图3-12　邱园中国塔

图 3-13　英国自然风景园植物配置

根据植物的习性和群落结构特征进行配置，乔木、灌木、草本植物相结合，常在大型针叶树和阔叶树林下栽植观赏灌木，来平衡大的草坪和牧草地，形成层次分明，错落有致的植物景观。植物在园林中还常常起隔景、障景的作用，以增加景色的层次与变化，形成丰富、活泼的园林景观（见图 3-13）。如斯图海德园（Stourhead Park）在起伏的地形上种植大量的黎巴嫩雪松、地中海柏木，以及瑞典或英国的杜松、水松、落叶松等外来树种，最终形成全园以针叶为主调的植物景观特色。

多雨和灰暗的天气里，英国人追求色彩鲜艳、明快的树木和花卉，以创造活泼欢快的气氛。彩叶树是英国园林中重要的造景要素，花卉也大量使用，主要用于府邸周围的小型花园，或者小路两侧的花带和野花组合的花境，增加了自然野趣。如霍华德城堡（Castle Howard）林木下密种各色花卉，包括杜鹃、绣球、野玫瑰、黄水仙、番红花、风信子、木兰花、樱桃、野兰花、山茱萸等，绿荫下花影摇曳，浓叶中色彩斑斓。英国园林中多自然式的水面，水生植物必不可少，且种类丰富。

（3）水体

英国风景式园林广泛应用湖面等自然式水景，构成镜面般的静水效果。园中较大的水体通常是在低洼处蓄积的湖水，水体模拟自然湖泊、河流形象，拥有弯曲柔美的岸线。在水流较少处，则采用自然式河道，形成蜿蜒流淌的水系，丰富园林的景观。如斯陀园（Stowe）园中既有蜿蜒流淌的河道，也有宁静的大水面，肯特还将八角形水池改造成自然的湖面。园内常在湖泊内设置规模不大的小岛，沿岸设置建筑或构筑物。规则式的水池和喷泉，只在府邸周围的位置还部分存留。

（4）山石

英国丘陵较多，一些风景园中模仿或保留了丘陵的原始地形，配以花木、建筑形成富有一定气势的山林区，并借用远景真实山体作为背景山。

在石景的应用上，早期的英国风景园中，常有手工制作精巧的富有象征意义的雕像。17 世纪末，蒲柏突破了英国人以往畏惧山石的传统，认为石材是真实大自然的一种反映，可以作为园林表现自然环境的创作要素。随后肯特积极响应蒲柏，在园林中把叠石作为一个景观点来设计。

随着中国园林的传入，模仿中国的园林假山开始成为园林的一种构景手法，代替规则式园林中的洞窟，内置雕像，或构成阴凉的洞中天地。石头作为表现大自然的一种天然材料在园林中被应用，英国人对石头由恐惧逐渐变为喜爱。18 世纪后期英国自然风景园中发展形成了岩生植物园。岩石园常以岩生植物为主体，用岩石和土壤为材料创造岩生植物的生长环境。岩石园小巧雅致，浓缩了叠石艺术的精华，很快成为欧洲园林艺术的流行手法。

英国风景式园林在不同时期风格特征变迁

英国风景式园林经过不规则造园时期、自然式风景园时期、牧场式风景园时期、绘画式风景园时期和园艺式风景园时期五个发展时期，其风景式造园手法逐渐走向成熟：

不规则造园时期（18 世纪 30 年代末到 50 年代）

又被称为“洛可可园林时期”，这一时期造园家从风景画的角度出发来考虑园林设计，跳出了规则式造园家从建筑角度考虑的思维模式，园林开始摆脱完全规则的几何式布局,在几何形大布局的空隙里布置一些自由式,但尚未形成真正意义上的自然式园林。园路开始出现不规则式,并开始运用非行列式的植物种植方式,规则式园林盛行的绿色雕刻渐渐被抛弃,为真正风景式园林的出现开辟了道路。园中开始使用沟界"哈哈",使园林与周围自然融为一体,园外牧场景色被借到园中,极大扩大了园林范围。代表性的造园家是范布勒(Vanburgh,1664—1726)和布里奇曼(Bridgman,?—1738)。

范布勒从风景画的角度来考虑园林景观,摆脱规则式,在观念上有本质的革新。主要作品是霍华德庄园(Castle Howard)和布伦海姆宫苑(Blenheim Palace Park)。布里奇曼积极尝试造园手法的创新,主要作品是斯陀园(Stowe)。虽然尚未完全摆脱规则式园林的影响,但已经从对称原则中解脱出来。他首次在园中运用了非行列式、不对称的种植方式,弃用当时还很兴盛的绿色雕刻,并首创了沟界,即"哈哈",或称"隐垣"。

自然式风景园时期(18世纪30年代末到50年代)

这一时期造园摒弃了绿篱、笔直的园路、行列树等规则式造园要素,采用富有野趣的造园手法,完全模仿并再现自然。精妙的地形处理,使山坡和谷地起伏舒展,难以察觉人工的痕迹。各种小型建筑应用到园林中,增加了园林的哲理和文化氛围。虽然秉承"自然厌恶直线"的名言,但出于保护树木仍有一些规则化的林荫道有幸被保留,并建造了小规模的、用篱笆分隔的花园,林园与花园相结合,成为合一的整体。这时期最活跃的造园家是威廉·肯特(William Kent)。

图3-14 威廉·肯特

威廉·肯特(见图3-14)被看做是自然风景式园林的开创者。他是艾迪生和波普造园思想的实践者,他的设计比布里奇曼更进一步,开始真正摆脱规则式造园的影响。其造园思想就是要完全模仿自然并再现自然。

牧场式风景园时期

这一时期造园彻底抛弃了规则式造园手法,追求风景式园林的象征意义被弱化,深远的风景构图成为重点,在追求变化和自然野趣之间寻找平衡。这个时期完全取消了花园和林园的区别,大片起伏草地是主体,林园一直延伸到建筑的墙根,建筑看上去好像漂浮在绿色的海洋里。林园和花园的布局中引入了环形游线。环绕林园的园路供乘车或骑马游览园林,花园或游乐园周边的环线则多作为散步道。用作观光游览的马车此时也被引入园中。

水景应用在这一时期得到很大重视,修坝提高水位形成湖泊,并作为园林中心。造园风格追求纯净,甚至不惜为此牺牲功能。为追求园内视力范围内没有村舍,有时花巨大代价搬迁。

"哈哈"的使用更为纯熟。"哈哈"前面设置小的山体以隐蔽"哈哈"的界线,"哈哈"两侧的地形更加富于变化,可以不等高,树丛可以在"哈哈"上跨过。有时哈哈甚至被完全省掉,鹿儿可以径直来到别墅前,增加了野趣。这个时期代表人物是布朗。

布朗的作品标志着自然风景式园林的成熟,草地和树、光影、水和地形等自然要素被熟练地运用,将部分联系成整体。他创造了理想化的、"完全意义的"自然,被誉为"自然风景式造园之王"。经他设计或改造的风景式园林有两百多处,较著名的有斯陀园,布伦海姆宫苑,查兹沃斯园,克鲁姆府邸花园等。他的名言是"It had great capabilities",因此得绰号“万能布朗”(Capability Brown)。

绘画式风景园时期

这个时期英国造园受到中国造园艺术的极大影响,形成模仿中国园林的热潮。一些人反对过于平淡的布朗式风景园林,造成了追随布朗的自然派与追随钱伯斯的绘画派之争。自然派主张造园家不应模仿画家的画作,因为自然和多变的光影是其难以比拟的,并认为实用、舒适的园林空间比画意更重要。绘画派则认为造园应像绘画学习,造园应以画意为主,创造富有画意的园林最重要。自然派的雷普顿和绘画派的钱伯斯是这时期最重要的造园家。

□ 风景画渗透

17 世纪法国和意大利的风景画作品被介绍到英国,引起英国人的深深喜爱,大量描画罗马乡村的作品也传到英国(见图 3-15)。威廉·肯特在罗马学习并受益匪浅,其间认识的很多人成为自己以后重要的客户。肯特曾以罗萨的风景画为蓝本设计了白金汉郡的斯陀园。

图 3-15　风景画《海岸风景》

这一时期造园尽量避免直路,但也反对毫无目的的曲线。建筑附近保留平台、花坛、林荫道等,与周围自然式园林和谐自然地过渡。植物采用散点式种植,由不同年龄树木组成树丛,以接近自然生长状态。园林注重光影变化产生的效果。在塑造园林自然美的同时,十分重视园林的实用功能,认为实用有时比美观更重要,便捷比画意更重要。此时中国的堆叠假山也传入英国。

威廉·钱伯斯(William Chambers)最早把中国的建筑和造园艺术介绍到英国,他在邱园工作了 6 年,1761 年在园中建造了中国塔和孔子之家。他发表了一系列介绍中国建筑和造园的书籍,1757 年出版了《中国的建筑意匠》(Design of Chinese Building)和《中国的建筑、家具、腐蚀、机械和器皿的设计》(Design of Chinese Buildings, Furniture, Dresses, Machines and Utensils),1772 年又出版了《东方造园论》(A Dissertation on Oriental Gardening)。他指出中国造园师都是知识渊博的人,不耗费大量金钱,就能创造出源于自然高于自然的园林。

雷普顿的设计追随了布朗的造园思想,注重树木、水体和建筑三者之间的关系。他并不排斥一切直线,认为毫无目的任意弯曲的线也是该避免的。雷普顿善于从绘画与园林之间的关系中寻找灵感,同时认为,造园不仅是一种美学,也要满足功能上的需求。

园艺式风景园时期

雷普顿后,英国自然风景园已基本定型,英国造园师不再追求园林形式的变革,而是转向树木花草的培植上,园林布局强调植物造景所起的作用。随着英国的海外贸易和殖民地的扩大,大量海外的树木花草被引种,使英国的植物种类大大增加,温室技术的成熟也为奇花异草的展示创造了条件。园林成为展示各种珍贵树木和花草的场所(表 3-4)。

表 3-4　风景式园林代表案例列表

基本信息	园林特征	备注	平面示意图
查兹沃斯园(Chatsworth Park) 时间:公元 1555 年 区位:英国德比郡(Derbyshire) 园林主人:伯爵夫人伊丽莎白．哈德维克(Elizabeth Hardwick) 规模:一万多公顷(包括周边林地)	选址:坐落在德比郡奔宁山脉层峦起伏的山丘上,德文特河从中间缓缓流过 空间布局:1. 庄园包括郊外公园,农场牧场,树林,花园和庄园别墅。2. 园林内部与外部之间运用大片的缓坡草地,起到自然过渡的效果 造园要素:1. 牧场大草坪是园中的特色;并安置了许多规则式的花坛和花境,修剪成类似法国模纹花坛的样式,显得宏伟壮丽。2. 采用规则的水池、喷泉,营造动态水的活跃气氛,并与各种雕塑相结合	查兹沃斯兴建于 1555 年;在 1685 年,在法国规则园林的影响下,由伦敦和怀特对其进行改造,并将规则花园扩大到 48.6hm²;1706 年布朗对该园做风景式改造,构成“天然图画”的景致;1826 年,约瑟夫·帕克斯通对其进行了总体修复,采用“绘画式”造园风格兴建了许多新的景点	

续表

基本信息	园林特征	备注	平面示意图
罗莎姆园(Rousham) 时间:公园1635年 园林主人:科洛尼尔.罗伯特.多默(colonel robert dormer) 造园者:布里奇曼(Bridgeman)	选址:坐落在林地之中,彻韦尔河自西北向东南绕庄园而过 空间布局:花园大体上分为东部景区、中部景区和北部景区三部分;以道路和景观整合,加强主要空间视觉的内聚性 造园要素:1. 原有的都铎式建筑被肯特改造成哥特式风格。2. 肯特在改造时扩大草坪面积。3. 沿着彻韦尔河两岸,一边是种植小树林,一边铺植草地,并在河湾处建筑七孔连桥 其他:总体为图画式风景园林形式。为追求更生动的画面和更优美的视觉效果,在视线的营造上注意在景物两侧,或者景物背面种植树木,起到夹景和衬景的作用	罗莎姆园府邸建于1635年。大约在1717—1720年间,科洛尼尔委托布里奇曼为其府邸设计一座园林。1737年詹姆斯·多默将军委托肯特为其改造花园,改造工作在1737—1739年完成。大约在1741—1742年克莱姆特·科特雷尔爵士继承庄园。大约在1860年威廉·圣·安宾扩建肯特改建过的园林	
霍华德城堡花园(Castle Howard) 时间:公元1699—1712年 区位:英国约克市(York) 园林主人:查理.霍华德(Charles Howard) 造园者:约翰.范布勒(John Vanbrugh) 改造者:斯威泽尔(Switzer) 规模:2000公顷	空间布局:全园以城堡为中心,修葺整齐的几何形灌木丛左右两列对称,与茂密的林木相接,城堡前为自然式湖泊 造园要素:1. 城堡采用晚期巴洛克风格,巨大的拱形壁龛内设有精美的雕像。2. 放射性丛林,流线型园路和浓密蔽日的小径组成的路网伸向林地空间 3. 以静水为主的人工湖面,点缀零星喷泉 其他:规则式园林向自然式风景园林演变的代表作品		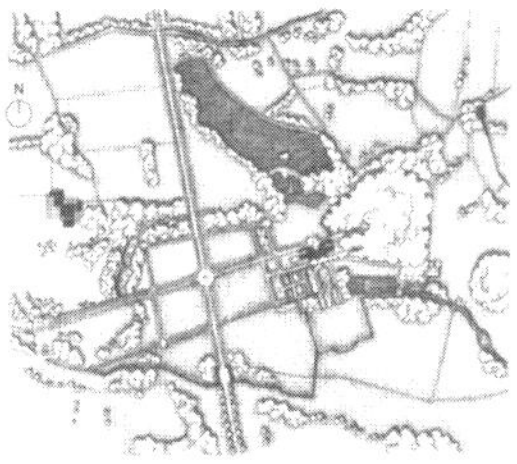
斯陀园(Stowe) 改造时间:公元1713年 区位:英国白金汉郡(Buckingham) 园林主人:坦普尔(Temple)家族 规模:160公顷	选址:位于奥尔德河(river alder)的上游,北面是惠特尔伍德森林(whittlewood forest)的中段,奥尔德峡谷两侧成为花园的南端,地势起伏较大,地貌丰富 空间布局:斯陀园现存可以分为东西两大部分,府邸的中轴线为两个景区的分界线。西面景区布里奇曼采用宏观自由与微观规则结合的设计手法,将自然与规则融合,首次采用“ha—ha”的设计手法与园外渗透;东面景区主要有爱丽丝舍园、霍克韦尔园和希腊谷三部分 造园要素:1. 纪念性的小建筑仿希腊、罗马古代的庙宇,成为园林景点的主题,如女士庙、友谊殿、歌德神庙、新歌德神庙等。2. 疏林草地是园中最主要的植物景观;西面的家庭花园与东部景区相互呼应,都以起伏地势与草地为主。3. 水体既有蜿蜒流淌的河道,也有宁静的大水面:肯特在东侧设计的一条三段式的斯狄克斯河从山谷中流淌出来,并将八角形水池改造成自然的湖面	斯陀园的演变主要经过60年。最初总体布局采用规则式的造园样式,布里奇曼、范布勒、肯特、布朗、吉布斯等人使风格不断演变,但追求自然美的基本理念没变,景象上逐渐变得自然荒野	
斯图海德园(Stourhead park) 时间:公元1742年 区位:威尔特郡(Wiltshire) 园林主人:亨利·霍尔(Henry Hall)	选址:斯图尔河流经园址 空间布局:采用环形园路和建筑点题铭,沿湖开辟一系列的风景画面,产生步移景异的效果 造园要素:1. 建筑设置在沿河、沿湖地带,有亭台、庙宇、洞府等,如阿波罗神殿被树林环绕,前方留一片缓坡草坪伸向湖岸。2. 植物种植倾向自然主义,全园以针叶为主调,在起伏的地形上,成片种植山毛榉和冷杉等乡土树种。3. 水面动静结合;湖西岸假山洞打破湖面对称感	1717年金融家老亨利·霍尔购置下这处地产。1724年建筑师弗利特卡夫特建造了庄园中的府邸,采用帕拉迪奥建筑样式。1741年,老亨利的儿子小亨利·霍尔才开始建造风景园,1793年府邸扩大增建了两翼,但是在1902年被烧毁	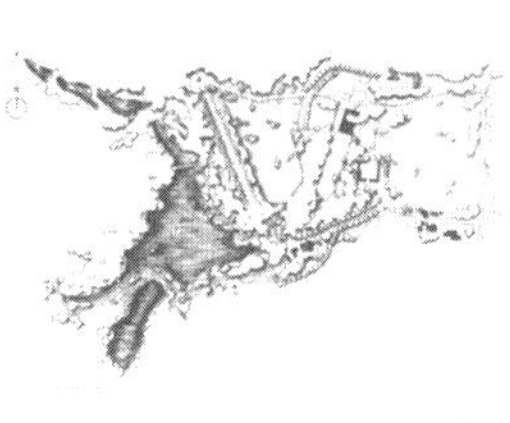

续表

基本信息	园林特征	备注	平面示意图
欧麦农维尔(Parc d' Ermenonville) 时间:公元1765年 园林主人:欧麦农维尔 园林区位:法国	空间布局:1. 将卢梭自然观和古代哲学道德观用于造园,由大林苑、小林苑、僻壤三部分构成。2. 河谷自南向北贯穿全园构成主要景观轴线,园内地形起伏、景物对比强烈,形成河流和牧场、丛林和森林各种地貌景色 造园要素:建筑物赋予哲学含义,如命名"哲学"的金字塔;也有唤起人们对古代追忆的护卫亭、啤酒作坊等	1765年起历时10年全园大体完成	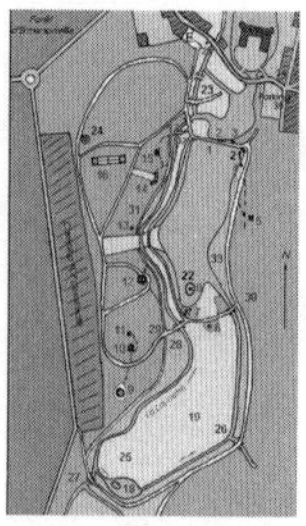
莱兹荒漠园(Le Desert de Retz) 时间:公元1774年 区位:法国香布西(Chambourcy) 园林主人:蒙维尔(Monville) 造园者:巴尔比埃尔(Faoois Barbier) 规模:40公顷	空间布局:庄园东部为英中式园林,西部为农业景区,并通过哈—哈扩大园林的空间感 造园要素:布置了不同象征意义和文化浓缩物的建筑物,如中国式木构厅堂、牧神"潘"庙宇、方尖碑、金字塔造型的冰窖、还愿的祭坛等	法国大革命时期,蒙维尔进监狱,该园转让英国人菲特谢后被查封,植物和盆栽散落各处。1856年被帕西家族购买	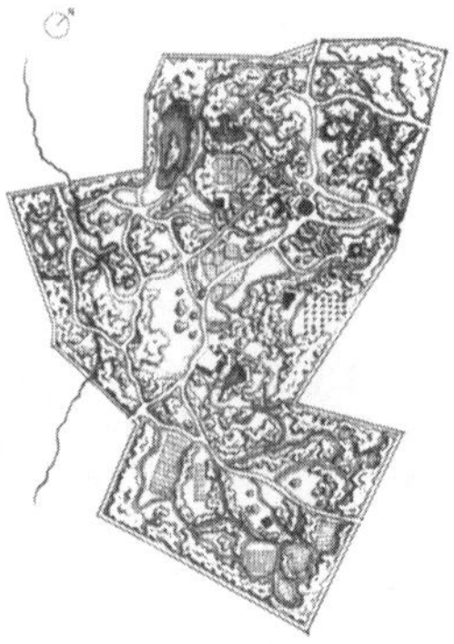
麦莱维尔园(Parc de Mereville) 时间:公元1784年 园林主人:拉波尔德侯爵(laborde) 区位:法国埃松省(Essome)	造园要素:1. 引瑞安河(le Juien)入园,形成河流、湖泊、瀑布等自然景观,瀑布和水声使庄园充满活力。2. 建筑物形式多样,有"图拉真"柱、磨坊、冰窖、废墟桥、孝心殿、海战纪念柱等 其他:拉波尔德邀请画家罗伯特在这里创作许多绘画,既是描绘园林景色的风景画作,也成为园林师和建筑师的创作蓝本	法国大革命时期,拉波尔德被送上断头台,这座园林也开始走向衰败	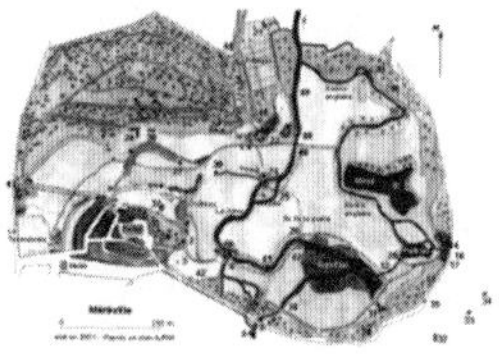
沃尔利兹(Worlitz Park) 时间:1769年 区位:德国德骚(Dessau) 园林主人:弗兰茨(Franz) 规模:110公顷 设计师:休赫、纽马克(Newmark)、和塞尔奇	选址:位于易北河凹地 空间布局:庄园为河谷式风景园,在沼泽的基础上筑造大型水池。全园分宫殿园、Neumark园、哥特式建筑区、湖东北岸园林和新园5个部分 造园要素:1. 建筑表现浪漫感伤主题,有寺庙和洞府,如"火山"是一个形如火山的平窑、花神庙、维纳斯庙、哥特式建筑和山林水泽仙女神庙;并架有无数桥梁。2. 建有卢梭岛		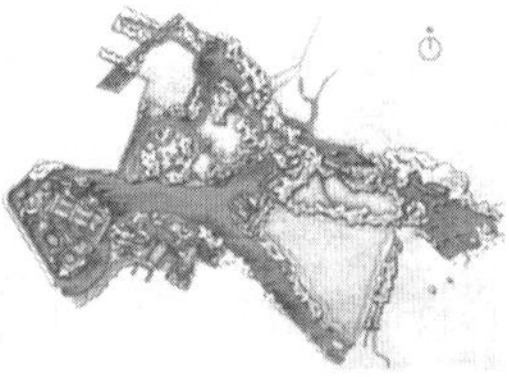
施维钦根风景园(Schwezingen Park) 时间:公元1777年 区位:德国巴登-符腾堡(Baden-Württemberg) 造园者:德·毕加格、斯科尔	造园要素:将不同风格的造园要素综合在一座园中,有中式的小桥、土耳其的清真寺等	18世纪上叶由德·毕加格设计的洛可可式园林,后来对其进行了自然风景式改造	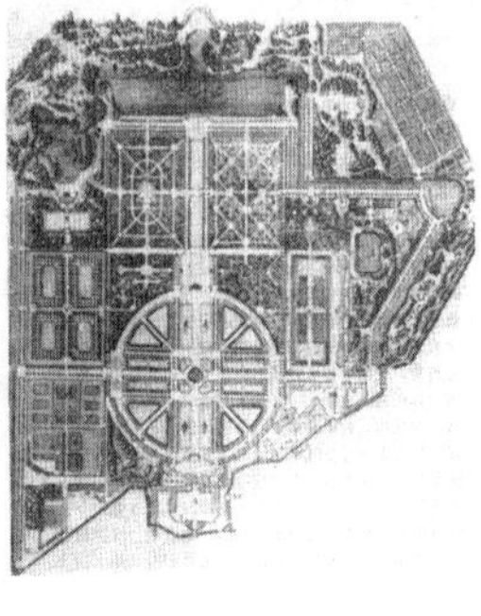

续表

基本信息	园林特征	备注	平面示意图
慕斯考风景园(Muskau Park) 时间:公元1816年 区位:卢萨蒂亚(Lusatia) 园林主人:平克勒(Puckler-Muskau) 规模:700公顷	选址:位于尼斯河畔(Neisse)的沼泽沙滩上。 空间布局:空间丰富变化,以落叶乔木为主的树丛,成为园林空间的最主要构成要素,平缓的草地边缘流淌着溪流、小河、草地、水体、树林相依 造园要素:多采用混交林方式构成园中的树丛或者树林	由于缺少经费,慕斯考比没有按照平克勒的规划全部建成,并于1845年出售	
库斯科沃庄园(Library the Scofiled Walter Manor) 时间:公元1737年 区位:俄罗斯莫斯科 园林主人:舍列梅杰夫伯爵 规模:300公顷	造园要素:1. 庄园多种植槭树和椴树,设置有花圃和草坪,种植各种鲜花。2 庄园各个分区建筑风格不同,有古典主义风格,也有仿哥特式、巴洛克式和帝国主义风格	始建于1737年,完成于1792年。园林形式在早期为法国规则式,后逐渐演变成英国风景园式	
巴甫洛夫风景园(Bavlov Park) 时间:公元1777年 区位:圣彼得堡(Petersburg)沙皇村 园林主人:沙皇保罗一世 规模:543公顷	选址:园址为沼泽地,有大片森林和流经的斯拉夫扬卡河 空间布局:全园分7各景区:中央宫殿区,斯拉维扬卡河景区,大星形区,老西尔维娅林区,大原野区,新西尔维娅区,白桦林区 造园要素:在林间空间采用孤植树、树丛、树群形成视线焦点,如在暗绿色的松林空地,以白桦树丛为中心,衬托得白桦更加明亮夺目	建造历时50年,分3个阶段:1779—1785年,卡梅隆做总体布局;1786—1800年,b·波列纳完善大星形路网,划分新老西尔维娅景区;1803—1820年,改造大原野区,修建桥并完善白桦林区	
索菲耶夫卡风景园(Sofiefca Park) 时间:公元1796年 区位:乌克兰乌曼(Umain) 规模:127公顷	空间布局:卡缅卡河构成贯穿全园的轴线;全园分5个区域:下水池区、上水池区、原野区、露天剧场和主林荫道 造园要素:1. 修有人工堤坝,建筑四个水库保证周而复始的喷泉和瀑布景观。2. 地形起伏变多,水体丰富多样:有大瀑布、小瀑布、"三滴泪泉""死湖"、爱情岛等	该园建造分两个阶段:1796—1800年,园艺师扎连姆巴和工程师梅特茨里根据复杂地形建设金星洞穴、大河谷、大瀑布和纪念碑等;1836—1859年,建造中国亭,改造瀑布,增建码头和筑桥	
特罗斯佳涅茨风景园(Trosjanets Park) 时间:公元1834年 区位:乌克兰 规模:207公顷	造园要素:植物采用片植乡土树种方式,每片林地以一种树木为主调,形成云杉林、白桦林、杨林、冷杉林、松林等风景林地		

3.3 重点案例

3.3.1 中国·辋川别业

背景信息

辋川别业是唐代诗人兼画家王维(701—761)在辋川山谷(蓝田县西南十余公里处)原宋之问蓝田庄园的基础上营建的园林。王维,著名唐朝诗人，山水田园诗派的代表，同时被誉为“南宗文人山水画之祖”。王维和唐朝诗人裴迪为辋川作诗40首，结集为《辋川集》，王维还绘有《辋川图》长卷。据《辋川集》中记载可知，当时的辋川别业有景20处，现都已不存。辋川别业是唐代写意山水园林的代表作之一，也是王维美学思想体现。

历史变迁

辋川别业建于唐朝，是诗人王维的私人山庄，其前身为宋之问的蓝田庄园。宋之问字延清，汾州（今山西汾阳市）人。一说虢州弘农（今河南灵宝县）人。初唐时期的著名诗人。宋之问于先天元年（712），被唐玄宗李隆基赐死于桂林徙所。宋之问死后，其家道衰落，二三十年后，其蓝田山庄被王维购得。居住蓝田山庄期间，宋之问留下了两首诗歌《蓝田山庄》《别之望后独宿蓝田山庄》。宋之问当时山庄的规模不是很大，还算不上是一个体系完备的私家园林。

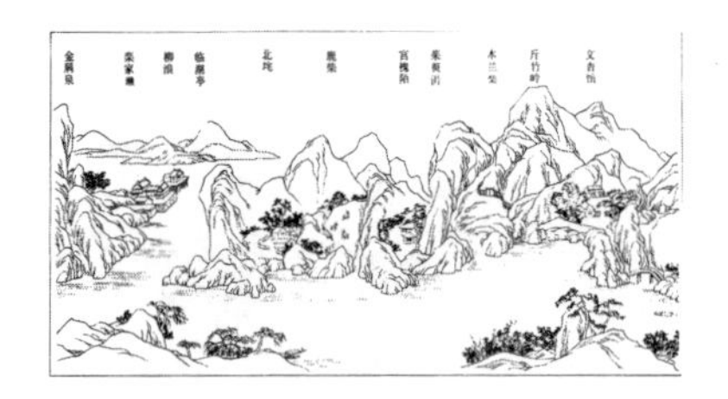

图3-16 《辋川别业图》局部

王维购得蓝田山庄以后，对庄园及其附近天然山水、地形和植被加以人工整饬，并作了局部的园林化处理，把辋川别业营建在以山林湖水取胜的天然山谷区。王维与家人一起居于其中。王维母亲去世以后，王维施庄为寺。由于无人经营，辋川园林风景不再有生机与活力，王维稍后的诗人多有描绘庄园风景，给后人留下无限感伤（见图3-16）。

至宋代，原王维辋川别业的很多景致都消失在辋川广阔的自然环境当中。北宋时期，辋川一带人烟稀少，只剩自然景观。《辋川集》中的大部分景点如竹里馆、临湖亭、文杏馆等已芜没。南宋时期，辋川处于宋金边界地带，战事频仍受到一定的破坏。

图3-17 文征明《辋川别业图》局部

元明时期，辋川的居民要多于宋代，甚至在一些山涧旁都有人居住。虽然辋川园林已经不复存在，但是辋川依然是山清水秀，风光优美，堪称世外桃源（见图3-17）。

清代，道光年间蓝田县令胡元瑛重修王维辋川旧宅。据胡元瑛《重修辋川志》名胜卷记载，除了清凉寺经多次整修尚存、文杏馆遗址前有一株相传是王维所植的银杏树外，王维《辋川集》中的二十处景点已经面目全非，甚至连木兰柴、茱萸沜、宫槐陌、临湖亭、柳浪、辛夷坞、漆园、椒园等成片的花木都消失了，还包括子母石、母塔坟在内的近三十处景点。近代以来，包括王维墓、王维母坟塔、王右丞祠在内的辋川园林都已荡然无存，只能凭借相传为王维亲手所植的银杏树来判断昔日辋川别业的位置。辋川的山形地貌有很大的变化，唐代辋川别业的痕迹已很难辨认。

园林特征

辋川别业位于具有山林湖水之胜的山谷之中，王维在这样的环境下尽量选择或者创造出迂曲委婉的地形地貌。以植物、山川、滩涂、泉石及人工建筑景点所形成的景物题名，使山貌、水态、林姿、花色、建筑的幽美更加集中地凸显出来。在可居、可观、可歇、可借景处，因地制宜筑屋、建亭、设馆。根据开合变化的空间大致划分出山景、水景、建筑、植物等不同风格的20个景区和景点，分别为孟城坳、华子冈、文杏馆、斤竹岭、木兰柴、茱萸片、宫槐陌、鹿砦、北垞、欹湖、临湖亭、柳浪、栾家濑、金屑泉、南垞、白石滩、竹里馆、辛夷坞、漗园、椒园。通过精心的设计、穿插有致的道路、山谷、溪涧，将不同的景区和景点联络贯通，使之成为一个结构统一、拥有不同景色和空间变化的完整作品（见图3-18）。

图3-18　辋川别业

（1）布局

从诗歌的记录来看，辋川别业是以欹湖为中心向四面延伸的山水园。欹湖南岸是南垞和柳浪成行的岸边柳树，栾家濑、金屑泉、白石滩的水流进湖中，湖的北岸是北垞，宫槐陌是一条通向欹湖的幽静小路，从文杏馆能欣赏“南岭与北湖”（裴迪《文杏馆》）。王维、裴迪从欹湖乘船很容易到达《辋川集》中的每一个景点。所以，辋川别业是以欹湖为中心形成一个诗画、园林艺术空间的整体。

辋川别业有山、岭、岗、坞、湖、溪、泉、沜、濑、滩以及各种植被，总体上是以天然风景取胜，稍加人工雕琢。建筑物形象朴素，如文杏馆、临湖亭、竹里馆等点缀在十五余里长的辋川山谷。王维擅长诗画，其园林造景尤其重视意境，使得辋川别业整体布局疏朗、意境深幽。

（2）空间

王维建园时，注重景观组合，使各个景点根据一定的原则组织起来，创造了多样的游赏空间。舒展的空间形态、幽邃的天然景色、素朴的建筑风格、诗情画意的意境，构成了王维精心营建的别业。在这一园林中，山、水、植物、建筑、色彩、声音等构成要素相互支撑、相互关联、有机结合，共同形成了以“清、空、淡、远”为特征的一个完整的园林空间意象。

（3）建筑

辋川别业中的建筑物不多，主要起点缀景象的作用，但也有实用功能，使园林真正成为可游可居的多功能空间。辋川别业的亭廊垣篱、楼阁馆轩形象朴素，布局疏朗，涵盖了诗人日常基本生活起居、读书、抚琴、观景等内容。

园林建筑风格素朴淡雅，简朴自然，体现了诗人恬静寡淡、清净简省的美学趣味和恬淡幽雅、超然逸世、清幽绝俗的情趣，既富自然之趣，又具诗情画意，即善于利用自然，又施以人工之巧。如文杏馆就地取材，以文杏为梁、香茅为宇，不加任何雕饰，形成清幽质朴的风格，其所处地势高卓，背倚高峻的畔岭，俯视山前的北湖，孤高缥缈，迥出尘世。

（4）植被

植物是构成辋川别业园林景观的重要因素。既通过植物营造恬静淡薄的田园气氛，又打造造出植物主题的景点。如柳浪沿堤植柳，绿荫匝地，层层幔帐，垂柳扶水，随风飘扬，令人产生浩渺荡漾之感；文杏馆周围叠翠宜爽，云飞雾绕，幽幽竹林，孤高文杏，很好衬托出建筑的朴素无华；辛夷坞大片芙蓉花开在寂寥的山坞里，蓬勃热烈和山坞的寂静交织出奇异诗境；椒园、漆园等种有漆树、椒树等经济作物，呈现出山庄有田有林。

植物的种植还表达了作者的理想。华子冈森林茂盛，有大面积的松树，由于耐寒、常青，寓意傲岸本直、坚强不屈的品格；斤竹岭馆后崇岭高起，岭上多大竹，坚韧挺拔，凸显君子气节。

（5）山水

辋川别业的山水根据山水画中的关系来建造。山水的结合，所谓溪水因山成曲折，山蹊随地做地平，从而达到动静结合。辋川别业整体体现了对自然的概括和加工。从《辋川图》可以看到，辋川别业有山、岭、岗、坞、湖、溪、泉、游、濑、滩等丰富多变的地形地貌、水面空间以及茂盛的植被。

3.3.2 意大利·兰特庄园(Villa Lante)

背景信息

兰特庄园(图3-19,见128页)位于与罗马城以北96km的维特尔博城(Viterbo)附近的巴涅亚(Bagnaia)小镇上。庄园面积1.85公顷,1566年由维尼奥拉(Giacomo Barozzi da Vignola,1507—1573)设计,大约建成于16世纪80年代。1954年严格按照文艺复兴时期的原貌进行了修复(见彩图3-1)。

历史变迁

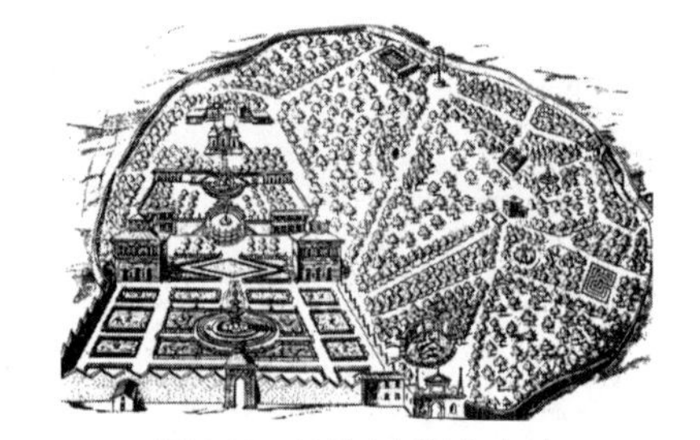

图3-20 兰特庄园早期鸟瞰

庄园所处的位置在15世纪末的时候,曾经是红衣主教里亚里奥(Cardinal Riario)修建的狩猎房,作为他消夏的住所。1566年乔万尼·弗朗西斯科·冈巴拉(Giovanni Francesco Gambara)当选为此地的红衣主教后,便决定在此为自己建一处夏季别墅。1587年冈巴拉去世之后,庄园传到红衣主教亚力山德罗·蒙塔尔托(Cardinal Alessandro Montalto)手里,并在他的主持下完成了最后的建设任务。1656年,拥有兰特庄园的最后一任红衣主教去世后,庄园以很低的租金租给了兰特家族,以补偿他们由于在罗马的庄园被征所造成的损失,后在兰特家族手中相传数代。19世纪,一名美国公爵夫人继承兰特庄园并居住在其中。1944年,兰特庄园在二战时受到盟军轰炸被严重破坏。20世纪后期,安吉洛·坎托尼(Angelo Canton)得到兰特庄园,并开始对其进行修复(见图3-20)。

园林特征

兰特庄园坐落在朝北的缓坡上,园地为宽76米,长244米的长矩形,全园高差5米。在府邸前留有开阔、可供眺望的平台。为了营造出稳定而均衡的庭园空间,庄园顺山势辟成多个台层。高差使得水景、山景等各种景物产生丰富的变化效果,而台地往往是欣赏下面花坛和园外自然景色的瞭望台。兰特庄园将山地分为四个台地,各个台地表现出不同的特色,同时也处处联系。

(1)布局

兰特庄园布局采用严格的中轴对称的形式,中轴线依据地势而形成各种水景。建筑分立两旁,保证中轴线的连贯。

入口所在底层台地近似方形,四周有12块精致的绿丛植坛,正中是金褐色石块建造的方形水池,十字形园路连接着水池中央的圆形小岛,将方形水池分成四块,其中各有一条小石船。池中的岛上又有圆形泉池,其上有单手托着主教徽章的四青年铜像,徽章顶端是水花四射的巨星。整个台层上无一株大树,完全处于阳光照耀之下。

图3-21 兰特庄园从三层俯视一二层平台

第二台层上有两座建筑对称布置在中轴线两侧,依坡而建,当中斜坡上的园路呈菱形。建筑后种有庭荫树,中轴线上设有喷泉,与底层台地中的圆形小岛相呼应。两侧的方形庭园中是栗树丛林,挡土墙上有柱廊与建筑相对,柱间建鸟舍(见图3-21)。

第三台层的中轴线上有一长条形水渠,据说曾在水渠上设餐桌,借流水冷却菜肴,并漂送杯盘给客人,故此又称餐园(Dining Garden)。这令人联想中国古代的“曲水流觞”，也与古罗马哈德良山庄内的做法颇为类似。台层尽头是三级溢流式半圆形水池，池后壁上有巨大的河神像（见图3-22）。在顶层与第三台层之间是一斜坡，中央部分是沿坡设置的水阶梯，其外轮廓呈一串蟹形，两侧围有高篱。水流由上而下，从“蟹”的身躯及爪中流下，直至顶层与第三台层的交界处，落入第三台层的半圆形水池中。

图3-22　三四层平台连接处喷泉河神雕塑

顶层台地中心为造型优美的八角形水池及喷泉，四周有庭荫树、绿篱和座椅。全园的终点是居中的洞府，内有丁香女神雕像，两侧为凉廊。这里也是贮存山水和供给全园水景用水的源泉。廊外还有覆盖着铁丝网的鸟舍。

（2）建筑

兰特庄园建筑布局为对称式，其分布在中轴线两侧，把中轴线的主导让给了水体，并不占据全园的中心部分，建筑背后是树阴笼罩的露台，后面的方形庭院挡土墙上有柱廊与建筑相呼应。

（3）植被

从庄园轴线两端往外，从低处台地往高处台地，植物种植形式从修剪整齐的小灌木刺绣花坛开始，渐渐向自然的形态过渡，而到了制高点以充满野趣的园林森林环绕结束，整体风格从人工向自然发展。

图3-23　底层露台树篱

底层露台是用紫杉树篱围成的花园（见图3-23），其中布置有12个精美的规则图案黄杨模纹花坛；二层两侧是草地和洋梧桐丛林；三层台地两边是对称种着树木的草坪；顶层平台四周环抱庭荫树，庄园高墙外则造有林苑。

（4）水体

水景是构成兰特庄园中轴线的主要元素，每一层都设有一大型水景以供观赏，园中水景动静结合，有规模宏大的大型喷泉雕塑，也有细细流水的流水阶梯和小水渠。由顶层尽端的水源洞府开始，将汇集的山泉送至八角形泉池；再沿斜坡上的水阶梯将水引至第三台层，以溢流式水盘的形式送到半圆形水池中（见图3-24）；接着又进入长条形水渠中，在第二、第三台层交界处形成帘式瀑布，流入第二台层的圆形水池中；最后，在第一台层上以水池环绕的喷泉作为高潮而结束。这条中轴线依地势形成的各种水景，结合多变的阶梯及坡道，既丰富多彩，又有统一和谐的效果（见图3-25）。

图3-24　斜坡上的水阶梯

（5）雕塑

雕塑在庄园中的运用有多种方式，但是它所表现的形象主要是人体，或者是拟人化的神像。雕塑主要结合水景分布在中轴线上，使中轴线景色富有变化。底层水池4个水面中各有一个小石船，岛上又有圆形喷泉和铜像，4个青年单手托着主教徽章；三层台地上半圆形池池壁后是巨大的河神像，由此而上的水阶梯雕有龙虾形状，水流则顺龙虾的虾身和虾爪落下；顶端台层，洞府内则有丁香女神雕像。

园中除石柱和雕像以外，置放雕像的壁龛是最常见的石作。它从墙上开挖进去，用以陈列雕像、瓶饰、洗礼盆等物品。庄园的洞府布置在第四层台地中轴线的末端，意味着以人工为核心的花园向自然风景过渡的转折点。洞府象征着神灵活动的场所，也是花园中最神秘、最核心的部分。用贝壳、矿物、水晶和奇形怪状的石头，对洞府的墙壁进行装饰，将整个洞府变成一个幽暗的、有魔力的海底景观。洞府的墙壁上

图3-25　水池内的喷泉雕饰

装有镜子,以便将太阳光束或火把的亮光反射到洞府幽暗的纵深处。在布满青苔的墙壁上,有水滴缓慢滴入地面上的水池里,发出清脆的水声。

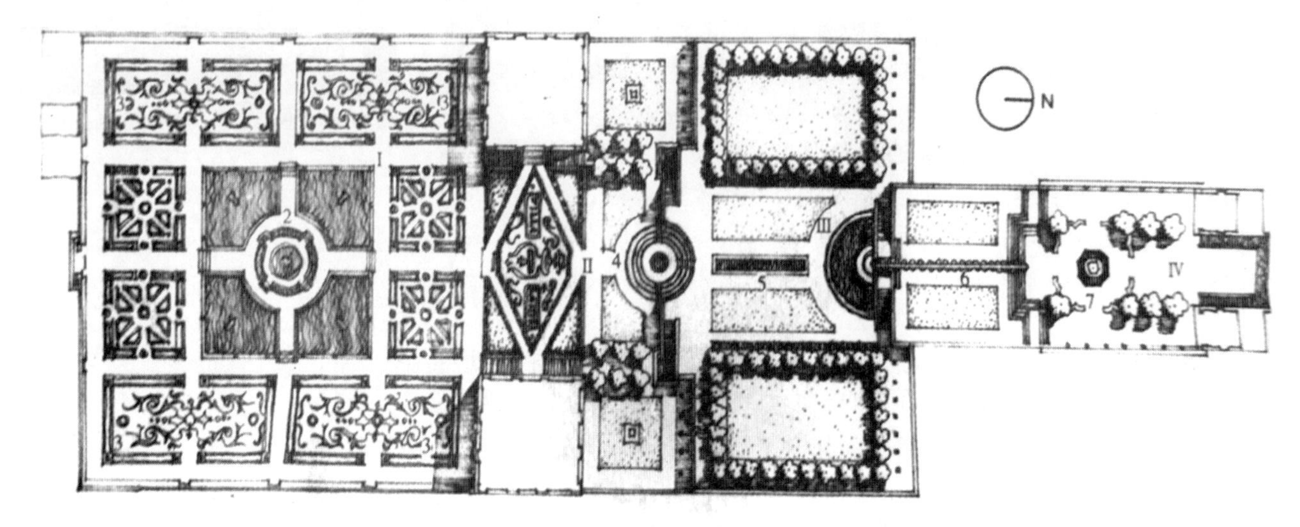

I. 底层台地　II. 第二层台地　III. 第三层台地　IV. 顶层台地

1. 入口　2. 底层台地上的中心水池　3. 黄杨模纹花坛　4. 圆形喷泉　5. 水渠　6. 龙虾状水阶梯　7. 八角形水池

图 3-19　兰特庄园平面图

图片来源:朱建宁. 西方园林史. 2008

3.3.3　意大利·埃斯特庄园(Villa d'Este)

背景信息

埃斯特庄园(图 3-26,见 131 页)位于罗马近郊小城替沃里(Tivoli),庄园坐落在朝向西北的陡峭山坡上。由皮尔罗·利戈里奥(Pirro Ligorio,1510—1583),建筑师波尔塔(Giacomo della Porta,1541—1604)和水工技师奥利维埃里(Orazio Olivieri)为当时的红衣主教艾波利托·埃斯特(Ippolito Este)所设计。全园面积4.5 公顷,园地近似方形,与兰特庄园(Villa Lant)、法尔耐斯庄园(Villa Farnese)并称为文艺复兴三大名园。

历史变迁

□ 1865—1886 年,著名钢琴家李斯特(Franz Liszt,1811—1886),曾长期寄居在埃斯特庄园,并留下了描述埃斯特庭院美景的动人乐章——在艾斯特庄园的绿庄(Auxcypres de la Villa d'ESte)、艾斯特庄园的水的嬉戏(Les jeux d'eaux Villa d'Este)。

埃斯特庄园始建于 1560 年,完工于 1575 年。1550 年,埃斯特被任命为替沃里镇的执行官的数年之后来到替沃里,在一座旧修道院落脚。之后他委托利戈里奥将此修道院改造为别墅,既埃斯特庄园。利戈里奥是意大利著名的建筑师、画家、园艺师,其造园思想源于布拉曼特和拉斐尔等,将花园看做建筑的补充。另外,参加建园的还有建筑师波尔塔(Giacomo Della Porta,1537—1602),水工技师奥利维埃里(Orazo Olivieri)。

1560 年,埃斯特庄园开始兴建,在此后将近 1 个世纪的时间里,埃斯特庄园被不断补充完善。1572 年红衣主教去世时工程接近完成。后庄园由他的侄子红衣主教卢吉·埃斯特继承,传至亚历山德罗名下。1605 年庄园又重新回到埃斯特家族的手里,不过此时的庄园已经与当初利戈里奥的设计有了很大变化。埃斯特家族的最后一位继承人是埃尔科勒三世(Ercole III Rinado d'Este,1727—1803),之后庄园为其女儿玛丽娅和其奥地利籍丈夫费尔南德公爵所有,于第一次世界大战时被意大利政府没收。第二次世界大战期间,别墅和花园遭到严重破坏,战后又得到了修复。今天埃斯特庄园与当初利戈里奥规划时的模样已相差很大,砖木构筑的廊架与亭台大都已不复存在,园林植物多数也更新换代,唯有石质雕塑与水景设施还是当初的遗存(见图3-27)。

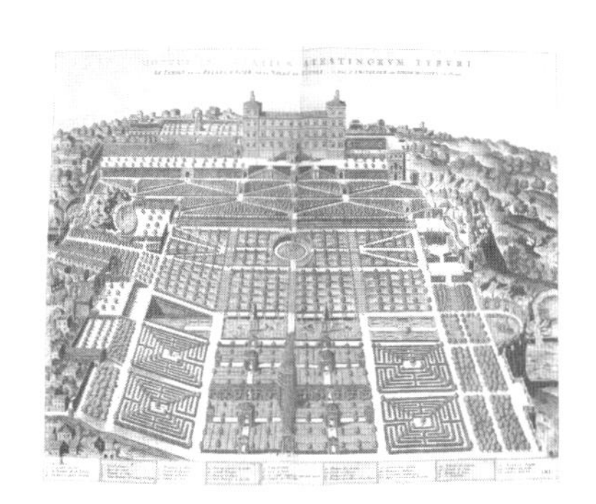

图3-27　埃斯特庄园早期鸟瞰

园林特征

埃斯特别墅是典型的意大利台地园,庄园顺应地势分为6个台层,上下高差近50米。庄园的最高层位于府邸前约12米宽的露台,从上可俯瞰全园景观。埃斯特庄园中轴线突出,全园的统一感强。尽管平面是规则的几何图形,却因地形的繁复而不能一眼望穿,且每一个节点都经过精心设计。

(1)布局

利戈里奥以建筑师的眼光,运用几何学和透视学原理,将庄园设计成一个建筑般的整体,并追求均衡和稳定的空间格局。他对原来朝向西北的地形作了较大的改造,将西边的地形垫高,兴建了高大的挡土墙,使庄园在整体上向北面倾斜。在底层花园横向的空间处理上,从中心部分的树丛植坛,到周边的阔叶树林,再到园外的茂盛山林,由强烈的人工化处理逐渐向自然过渡,最后融入自然之中。由镜面水池和百泉台构成的两条横轴产生强烈的动静、闭合与开敞的空间对比。这一动一静,加上大量树丛和喷泉的配置,使整体规则庄严的气氛带有几分动人的情趣,严格的几何形构图不显得过分严肃、呆板。

庄园的底层长约180米,宽约90米,三纵一横的园路将这部分台地分为8个方形小区。两侧4块为阔叶树丛,中间4块种植绿丛植坛,并在中间布置喷泉,并以地中海柏木为背景。花坛之后4个方形水池,池水如镜,倒影周边植物,花坛东北端是呈半圆形的水风琴。

从第二层台地便可看到位于第二层与第三层台地中轴线上的神龙喷泉,当中台阶在第二层斜坡上形成两段弧形台阶,环抱着椭圆形的龙喷泉,构成全园的中心。

第三层台地上是著名的百泉台,约150米长。在台地的矮挡土墙上,每隔几英尺便建有高、中、低三个不同层次的小细水流喷泉。在百泉路的东北角则是著名的水剧场。水剧场依山建造,水量充沛,高大的壁龛上有阿瓦托的雕像,两边各有仙女雕像,柱廊,形成半圆形泉池。由阿瓦托喷泉喷出的水流从柱廊上方倾泻而下,构成了生动的水剧场。而后面的几层台地在坡道和台阶之间,布置有不同图案的绿丛植坛。

(2)建筑

庄园建筑在最高台地上,占据最高位,具有广阔的视野,控制着全园的中轴线。其色调主要以白色和浅黄色为主,并由石材建造,总体形象大方,细部雕刻精致生动(见图3-28)。

根据16世纪的版画显示,底层花园的中央有两座十字绿廊和凉亭,供人们驻足休息,观赏四周花坛,但现已不存。

图3-28　埃斯特庄园主体建筑

(3)植被

设计师按照建筑手法,把树木、花卉布置成几何图案,把树冠修剪成几何形,高度发展了树木的造型艺术。从埃斯特庄园平面图看出,其植物形式主要为树阵形式和规则式绿篱。

图3-29 埃斯特庄园底层丛林

埃斯特庄园序列中几乎每一棵树都采取几何整形,保持元素的一致性,注重植物造景的整体效果,追求气势和形式感,是西方古典造园对人化自然的体现。乔木主要以常绿植物为主,如柏木、丝杉等。园中以深浅不同的绿色植物形成背景,通过不同深浅的绿色植物,拉开园林的空间层次,并逐渐融入周围茂密的山林之中(见图3-29)。

(4)水体

埃斯特庄园水景丰富且富有音效。庄园充分利用台地优势,利用各种理水手法打造出不同的水景,园中水体有动有静——宁静的水池;产生共鸣的喷泉以及活泼的小喷泉,既单独出现,也有成组搭配;综合了喷泉、瀑布、水池的水剧场;还有富有音效的水风琴,因泉水涌下时发出叮咚声而得名。水景构成了园中的两条横向轴线。

水风琴位于底层台地的东北端成半圆形的水池之上,其前方是三个相连的矩形水池,构成底层台地的横向水轴线,是庄园的第一条横轴。水风琴的造型类似于管风琴,利用流水挤压空气从管中排出而发出声音,同时还伴随着机械控制的活动雕像。水风琴的设计及运用,反映出当时的造园家追求水的音响效果,以及精湛的水工技艺和猎奇的设计心理(见彩图3-2)。

图3-30 埃斯特庄园百泉台

在第三层平台上,有著名的"百泉台"(见图3-30),是庄园的第二条横轴。在宽数米的台地上,沿山坡平行设有水渠,水渠上分三层排列着各种动物石雕和喷泉。在最上面一层,泉水或呈抛物线或呈扇形喷出,汇聚的水则从下一层猛兽石雕喷泉的口中流出,第三层亦然。泉水最后集中在最下方的沟渠中流走。百泉台东北端地形较高,设计师利用此地形建造了"水剧场",高大的壁龛上有奥勒托莎的雕像,中间是以"山林水泽仙女"像为中心的半圆形水池,以及间有壁龛的柱廊,瀑布水流从柱廊上方倾泻而下。

埃斯特庄园有大大小小五百多处喷泉,其中包括十多处大型喷泉。最有名的喷泉包括据传是艺术大师贝尔尼尼设计的"圣杯喷泉",别墅主设计师利戈里奥的作品"椭圆形喷泉""龙泉""水风琴喷泉"以及"猫头鹰与小鸟喷泉"。特别是后两者,由于加入了设计精巧的人工装置,人们可以一边欣赏"水风琴喷泉"层叠水流,一边聆听文艺复兴时期的四段音乐。而在"猫头鹰和小鸟喷泉"前,正在欢唱的小鸟被突然而至的猫头鹰吓得噤若寒蝉的场面别有趣味。

图3-31 埃斯特庄园内雕塑

(5)雕塑小品

庄园中的点景小品,如雕刻、壁龛、石柱、喷泉、水池等,构成花园中局部景点的中心景物,以此来区分府邸和花园的两种内外空间,雕塑多与水景相结合。例如,百泉台横轴上方每隔几米就有多个造型各异的小喷泉,有的像方尖碑,有的像小鹰,也有的像小船或者百合花;溢水口也被雕饰成狮头或者银鲛头等造型。园中除了石雕作品,还有放置雕像的壁龛、岩洞等(见图3-31)。在中轴线上的椭圆形喷泉,边缘有岩洞和雕像,还有模仿罗马古镇的"罗梅塔"而兴建的一组喷泉。

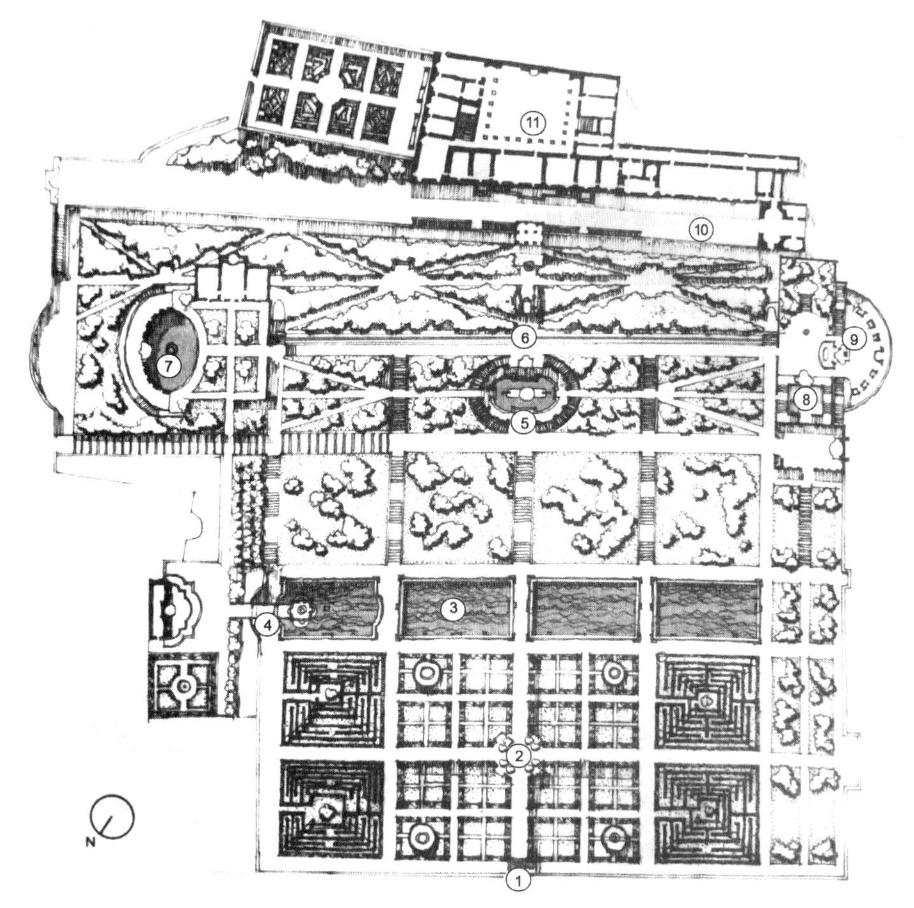

1. 主入口　2. 底层台地上的圆形喷泉　3. 矩形水池(鱼池)　4. 水风琴　5. 龙喷泉　6. 百泉台
7. 水剧场　8. 洞窑　9. 馆舍　10. 顶层台地　11. 府邸建筑

图 3-26　埃斯特庄园平面图

图片来源:朱建宁. 西方园林史,2008

3.3.4　英国・斯陀园(Stowe)

背景信息

斯陀园(图 3-32,见 134 页)位于英国白金汉郡的奥尔德河(River Alder)的上游,北面是惠特尔伍德森林(Whittlewood Forest)的中段,南邻奥尔德峡谷,地势起伏较大,地貌丰富。斯陀园最初的面积并不大,但后来扩张,总面积达到 20000 公顷。其中绝大部分由府邸北部的森林、草地、河流构成的林园,斯陀园花园部分面积最大时达 160 公顷,现仅存 50 公顷。现在成为一所带有高尔夫球场的寄宿学校的一部分(见彩图 3-3)。

历史变迁

16 世纪,斯陀园为坦普尔(Temple)家族所拥有。起初这里是一片牧场,只在向南的斜坡边缘上建有一处房子。到了 17 世纪,家族中成员理查德・坦普尔爵士(Sir Richard Temple)的儿子怀康特・科巴姆(Viscoune Cobham,? —1749)成为了海军的将军,后加入辉格党,成为一名政治家。1713 年科巴姆被解职,翌年又被乔治一世重新启用。1733 年又遭解职,此后他便退出政治舞台,把全部精力都投入到了斯陀园的建设上。而斯陀园在科巴姆父亲手中时,大约在 1675—1680 年间,就已将旧房拆除重建了府邸，并在建筑物的南侧建了一个封闭式的花园。园中间有一条顺坡而下的园路，并形成了台地和水池。从 1715 年始，斯陀园的规模在迅速扩大，园中也装点着豪华的庙宇等小型建筑，直至 1730 年之前，斯陀园的整体风格还是以规则式为主。

1730 年威廉·肯特（William Kent，1685—1748）以建筑师的身份到斯陀园工作。起初他只是承担一部分助理性质的工作。造园家查理·布里奇曼（Charles Bridgeman，？—1738）在当时负责园林最初的建设工程，他在园地周边布置了一条界沟，使人们的视线能够延伸到园外的风景之中。1738 年在他去世之后，肯特才成为花园的设计师，一直到 1748 年他去世。这期间，吉布斯与他共同负责花园的建设工作。肯特接替布里奇曼在场地主轴线的东面创建了“极乐世界”，在这里，肯特为了保持自然风格，放弃了主场地原有的大量规则形式，还在河流边兴建了几座庙宇。

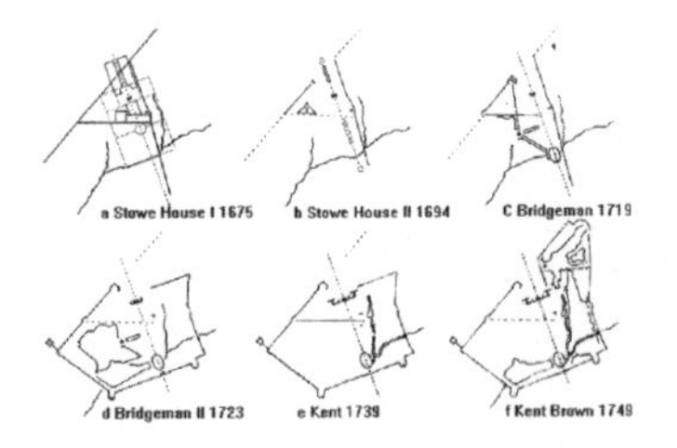

图 3-33　1675—1749 年间斯陀园规划布局形态改变

由于科巴姆身后无子，1749 年他去世后斯陀园便由其妹妹继承。他妹妹的儿子理查德·格雷维尔·坦普尔（Richard Greville Temple）也致力于斯陀园的建设，直到 1779 年去世时止。1740 年代晚期，在“能干的”布朗的管理下，自然主义的、非象征性的景观——希腊谷（Grecian Valley），从极乐世界东部高地向外延伸，在斯陀园的最北端建设起来。大约从 1750—1780 年间，在布朗的指导下斯陀园被进一步自然化（见图 3-33）。

由于理查德·格雷维尔·坦普尔也身后无子，其死后便由他的侄子继承了该庄园。1848 年由于其家族的败落，除了现存的府邸和花园部分外，其他部分都被出售了。1921 年，府邸和花园部分也被出售。

19 世纪，斯陀园成为白金汉郡举行展览会和游园会的场所。在 20 世纪 30 年代人们将其中一部分改建为一所学校，但是园内植物基本上得到完整保留。

园林特征

斯陀园从最初的整体式布局，经过一个世纪的改建变为自然风景式布局，水体处理以及植物布置都遵循英国自然风景园林的手法，在园林中点缀有纪念性建筑、庙宇以及雕塑。

（1）*布局*

斯陀园最初的整体布局偏向于规则式布局。按照府邸的中轴线，由北至南设计了两个沿轴线对称的长方形花坛，一个扁椭圆形水池、一对对称设置的细长形水池、笔直的林荫大路、一个规则宏大的八角形水池。由于府邸地势较高，每一段设计之间都有若干级台阶相连，使其通过层层台地将这一中心景区布置得连贯、开阔和统一（见图 3-34）。后经布朗改造，将原有的中轴线和直线道路都改为自由的曲线，从总体上彻底改变了严整的布局，将湖面做成曲线和小河湾，形成动感的湖面，加入草坪、树丛配置自然并且引进国外灌木、树木。但斯陀园仍保留着旧城堡园的痕迹。

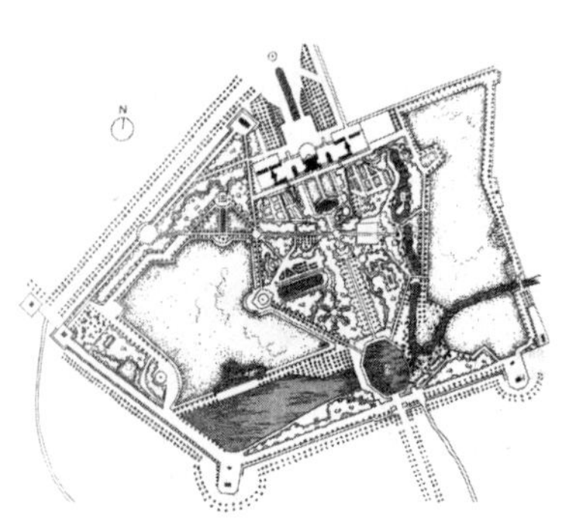
图 3-34　斯陀园 17 世纪 80 年代平面图

现在的斯陀园可以分为东西两大部分，两个景区的分界线位于府邸的中轴线。中轴线最初是沿轴线对称的长方形花坛，椭圆形树池，细长的水池，笔直的林荫道，一个规则宏大的八角形水池。后来中轴线规则式逐渐转变为自然式，花坛变草坪，台地变坡地，八角形水池也成为天然湖泊。

西面景区布里奇曼采用宏观自由、微观规则的设计手法，将自然与规则融合。这一片区分为维纳斯花园和家庭花园，布里奇曼和范布勒在此处修建了圆形大厅、维纳斯庙、金字塔、方尖碑和一个号称“十一亩湖”（Eleven Acre Lake）等景物。家庭花园则为一块面积巨大的大草坪。在此景区尽端布里奇曼首次采用了“ha—ha”的设计手法。东面景区主要有爱丽丝舍园、霍克韦尔园和希腊谷三部分构成，在处理上更加自然，由绵延起伏的小山丘构成一系列独立空间，避免景色一览无遗。

（2）建筑

纪念性的小建筑模仿希腊、罗马古代的庙宇，成为园林景点的主题。东部分布有园内几座重要的建筑物分别是古代美德神庙、英国名人堂、友谊神庙以及新道德神庙。

古代美德神庙（见图3-35）建于1734年，是一个具有罗马典故的神庙，是肯特以复杂的神话和政治象征手法，根据帕拉第奥设计的位于蒂沃利城的维斯塔神庙的建造的。这种古建筑的渊源使得这一建筑和作为其一部分的园林风景是对极乐世界是为“圣境”的隐喻。古代美德神庙的内部存放着史上最伟大的立法者、哲学家、诗人和古代世界的将军的雕像。建筑的北立面上，刻有史诗中的英雄人物和穿着盔甲的罗马乔治一世的雕像。

图3-35 斯陀园——古代美德神庙

英国名人堂位于极乐世界东侧的中央部位，古代美德庙的河对岸，也是由威廉姆·肯特设计建造，用来纪念现代人物。

肯特在古代美德神庙的南面建造的“新道德神庙”，用将其建成废墟式的方式与古代美德神庙形成对比，用于讽刺当代人在精神上的堕落。

由吉布斯设计的，献给辉格党的友谊神庙（Temple of friendship，1739）（见图3-36）。其门上的友谊徽章图案，墙面上象征正义和友谊的徽章图案，以及包括了科巴姆政治同僚的雕像在内的其他装饰具有强烈的政治象征意义。天花板上是一幅画，记载了大不列颠光荣的历史——伊丽莎白女皇和爱德华三世的王朝。

图3-36 友谊神庙

除了以上的建筑，斯陀园内还有许多点景的庙宇和纪念性建筑，如希腊谷中的平胜利神庙，田园诗神殿；东部景区中的女士神庙等。园内还曾建造过一座中国神庙。

（3）植被

疏林草地成为园中最主要的植物景观。西面的家庭花园为一大片开阔的草坪空间，草坪、绿荫、形成明暗和层次的变换，给人视觉的享受，同时开阔的空间也为家庭成员提供各种娱乐游戏活动场地。东部景区与家庭花园呼应，以起伏的地势与草地为主（见图3-37）。

图3-37 斯陀园树林草地

（4）水体

园中既有蜿蜒流淌的河道，也有宁静的大水面，整体的水景风格为自然式。肯特在东侧设计了一条三段式的斯狄克斯河。斯狄克斯河传说是地狱中的河流之一，在流入极乐世界时首先出现在人造洞穴的洞口，是一个引人联想之所在。斯陀园在建造初期原有一大型的八角形水池，后经肯特改造成流线型护岸，与斯狄克斯河相连（见图3-38）。

图3-38 斯陀园水景

(5)雕塑

图 3-39　斯陀园内雕塑

肯特在园中布置了许多古希腊名人雕像(见图 3-39),如荷马、苏格拉底、里库尔克等。在新道德神庙对岸,肯特仿造罗马墓穴,建造"英国贵族光荣之庙",这座纪念碑呈半圆形,有十四个小壁龛,上面放置着十四个英国道德典范人物的胸像。除此之外,园内还有威廉姆·肯特设计的康格里夫纪念碑(Congreve Monument,1736),这是为了纪念科巴姆爵士的朋友,剧作家威廉·康格里夫而建造的。纪念碑采用陡峭的金字塔形,顶部是一只猴子正在对镜观察自己的塑像,塑像下方刻有拉丁碑文,意思是说,戏剧是对生活的模仿、形式的写照,并以此来赞扬讽刺作家的艺术。

园内还有托马斯·格伦维尔(Thomas Grenville,是科巴姆爵士的侄子)上校的纪念碑,1747 年的时候加建了一个罗马样式的女神柱用以表彰科巴姆家族的一位成员——与法国人作战的迪非恩斯(Defiance)。

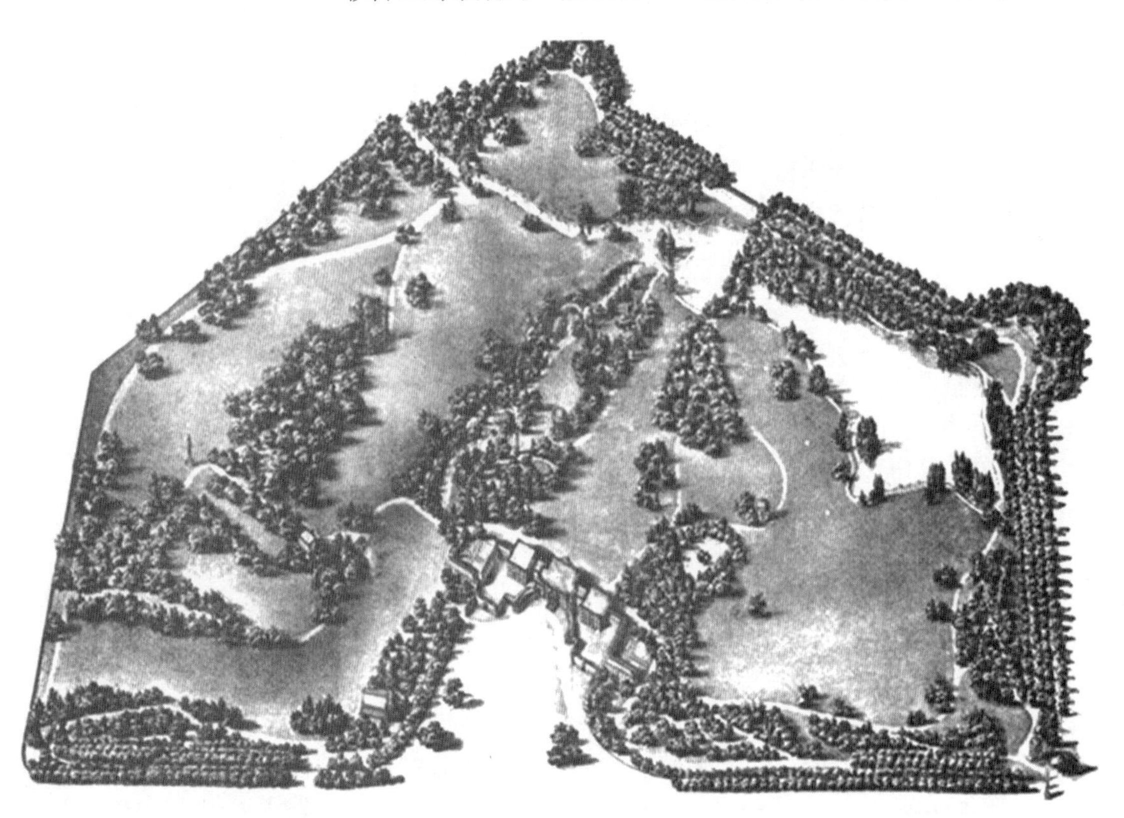

图 3-32　布朗改造后的斯陀园鸟瞰

图片来源:张祖刚. 世界园林发展概论:走向自然的世界园林史图说,2003

3.3.5　英国·查兹沃斯园(Chatsworth Park)

背景信息

查兹沃斯园(见图 3-40)位于奔宁山脉南端高原皮克区(Peak District)的德温特河畔(River Derwent),在谢菲尔德市(Sheffield)西南的 20 km 处。查兹沃斯园始建于 1555 年,是伯爵夫人伊丽莎白·哈德威克(Elizabeth Hardwick)和他的第二任丈夫威廉·卡文迪什(William Cavendish)兴建,而后一直作为世袭地至今。花园占地约 42 公顷,连同查兹沃斯公园面积大约 440 公顷(见彩图 3-4)。

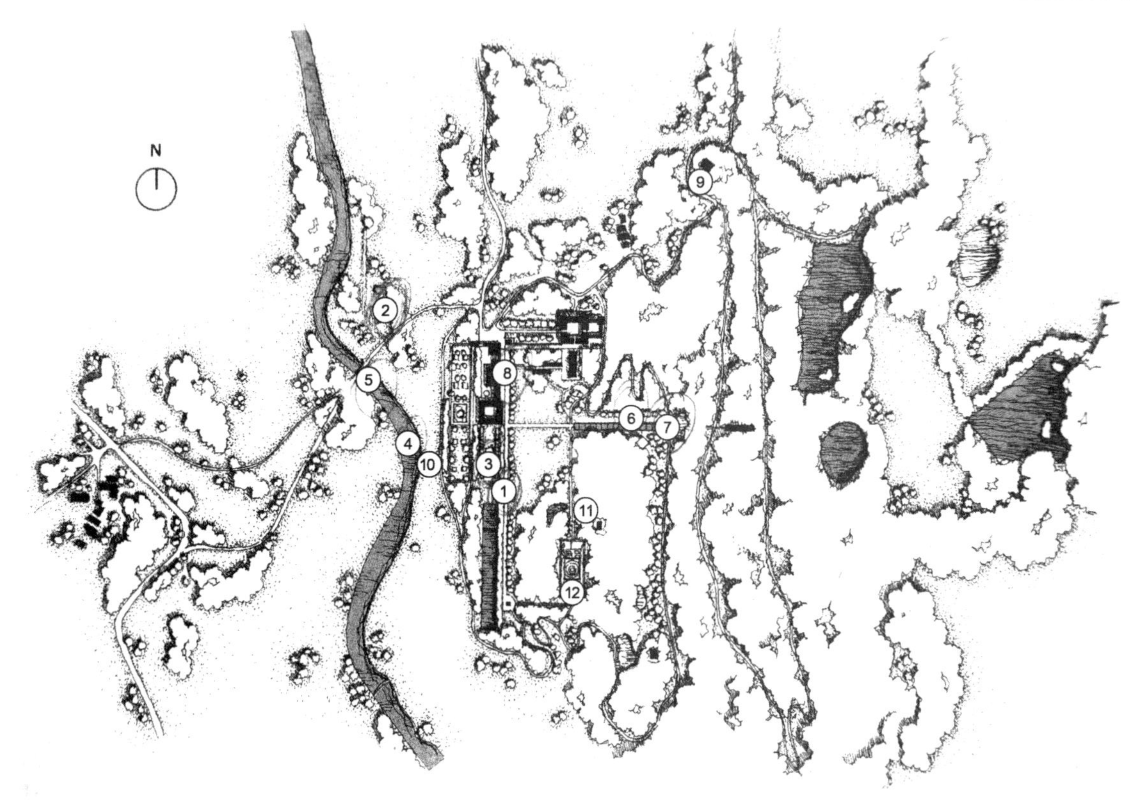

1. 林荫道　2. 玛丽王后凉台　3. 海马喷泉　4. 德尔温特河流　5. 帕拉迪奥式桥梁　6. 大瀑布　7. 浴室
8. 府邸建筑　9. 亭廷塔　10. 西侧花坛　11. 威灵通岩石山　12. 迷园

图 3-40　查兹沃斯园平面图

图片来源:朱建宁. 西方园林史,2008

历史变迁

查兹沃斯公园从始建至今已有 450 余年历史,其发展经历了 4 个主要阶段。第一阶段是最初的建造阶段,威廉·卡文迪什爵士(Sir William Cavendish,1505—1557)在 1549 年从莱奇家族(Lethe family)手中购得查兹沃斯园。当时,他是国王亨利八世的顾问。1552 年他在庄园内新建了一座府邸。1570 年,又兴建了林荫道和“玛丽王后凉台”的露台,这两处景点保持到现在。1608 年庄园由其儿子威廉继承。

第二阶段,为第一次改建阶段。1685 年,在法国规则园林的影响下,由乔治·伦顿(George Renton)和亨利·怀斯(Henry Wise)对查兹沃斯园进行了第一次改造,将规则花园扩大到 48.6 公顷,并兴建了花坛、斜坡式草地、温室、泉池、数千米的整形树篱和黄杨造型。

第三阶段,是 1760 年开始,布朗(Lancelot Brown,1715—1783)对该园进行风景式改造阶段。布朗将河流融入园内,并塑造地形,铺上草地,构成“天然图画”的景致。随后在 1763 年,由建筑师潘奈斯(James Paines,1717—1789)在河道的狭窄处兴建一座帕拉迪奥式桥梁,通向布朗改造的新城堡入口。

第四阶段,是最近一次对查兹沃斯园的改造。1811 年卡文迪什家族德封郡(Devonshire)公爵六世威廉·斯潘塞(William Spencer)继承了查兹沃斯庄园,几个月后他便开始实施庄园重建计划。1826 年 23 岁的帕克斯顿(Joseph Paxton,1803—1865)来到查兹沃斯园,被任命为园林总管,并一直在那工作了三十余年,直到 1858 年德封郡(Devonshire)公爵六世去世。同时,维亚特维尔(Jeffry Wyatville,1766—1840)负责修复府邸西侧下方的台地。约瑟夫·帕克斯通对园林展开了总体修复,在园内采用"绘画式"造园风格兴建了许多新的景点。他在该园所取得的成就,使他成为维多利亚时期最有影响的风景园林师之一。

园林特征

查兹沃斯园以丰富的园景和长达4个世纪的造园变迁史而著称,融合了许多设计师及时代造园的艺术特色。在不同时期,喜爱不同造园风格的造园师参与了查兹沃斯园的改建,从推崇规则式的伦敦、怀特到自然式的布朗、帕克斯通等。现存的景观是4个半世纪以来各种造园风格的混合产物。

经过多个世纪的修建,查兹沃斯园演变成以自然式风景园为主,规则式元素和谐融入的整体风格。坐落在起伏的山丘上,濒临德尔温特河,整个查兹沃斯园占据一百多平方公里的领地,包括郊外公园、农场牧场、树林、花园和庄园别墅。

(1)布局

从现在的布局来看,总体上还是以自然风景式园林为主,在府邸部分还留有规则式园林的景观。府邸位于德尔温特河流东侧,府邸南部是海马喷泉,此喷泉是丹麦雕塑家西伯(Caius Gabriel Cibber,1630—1700)制作的,在它的东部为"大瀑布"以及浴室。大瀑布是勒诺特尔的弟子格里利特(Grillet)在1694—1695年建造的。其南侧有威灵通岩石山,是帕克斯通设计修建的,因处理巧妙而负盛名,南侧是迷园,是巴洛克式的景点,由大温室改建。

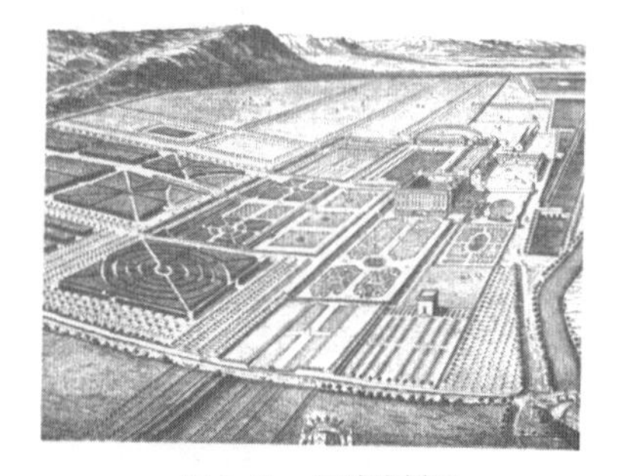

图3-41　鸟瞰雕刻画
(Marie Luise Gothein,1699)

查兹沃斯园初建时是规则式园林,1688年一世公爵委托乔治·伦顿(George Renton)和亨利·怀斯(Henry Wise)在南侧新建庭院中,设计了一个带有滚木球草地的规则式花坛,托尔曼在该场地的北侧边上建了一座滚木球屋。1694年在花园中又规划了一处面积更大的花坛。1696年法国人格里利特(Grillet)在花园的东部设计了一个宽度不等的、由24个台阶组成的水阶梯。1703年由建筑师托马斯·阿彻(Thomas Archer)设计,在水阶梯的东侧修建了一个圆形亭子,亭子中还装有一组喷水孔。1702年格里利特(Grillet)又在府邸南侧的轴线上开挖了一条长100米左右的水渠。至此,花园的规则式布局已经形成(见图3-41)。

布朗改造后,查兹沃斯园内有了自然的地形和湖泊景观。布朗重塑了自然地形,铺上草地,用隐形堤坝将德尔温特河流截断,汇聚成一段自然式的湖泊。此外,布朗对花园的布局和景色朝着更自然的风景园方向进行改造,拆除了园中有碍视觉效果的建筑物,将肯特阶梯式瀑布周围的台地改为坡状草地。此外,他还在园中的府邸旁、山坡上和沼泽边栽植成片的小树林。

19世纪,帕克斯顿在前人的基础上,对查兹沃斯园进行了新一轮改造。他在花园的南端新圈起了一块园地,建起了一个松树园。1835年这座植物园的布局又依据植物分类系统进行了新的规划。以后,又与德修斯·伯顿(Decmlus Burton)合作建造了一座占地300平方米的大型温室,用于栽培热带植物。后来,又在这一区域修建了一处用于陈列各类岩石的石头园。此外帕克斯顿在1840年前后将位于庄园西部古老的伊登索村(Edensor)拆除,按照绘画派风景中的理想式样,对该村进行了重新规划。在花园的东部,按原有水阶梯的轴线方向,新建了一条大水渠(Cyclopian Aqueduct)，并以此轴线组织东部的景观。1843年在该水渠的东北方向分别开挖了皇帝湖，引来周围沼泽地的积水形成了占地2公顷(20000平方米)的水面。后来又在该水渠的东面开挖了一个瑞士湖。此外，他还对园中的其他景物进行了改造。至此查兹沃斯园形成了现在的布局。

整体上看来，园林内部与外部对比非常强烈，自然式和规则的对比过渡自然，最强烈的是河流和自然野趣的结合，如沼泽地的运用。园内大片牧场决定运用大片的缓坡草地，起到自然过渡的效果。

(2)建筑

建筑不是园中的主导地位，而是作为园林的一个景点与园林融合在一起，起到画龙点睛的作用。建筑周围是规则的风格为主，道路笔直，作为建筑的延伸。为了不使园林形式过于死板，在大片的草地上采用不规则的孤植，丛植，形成自然和规则的完美结合。

威廉·卡文迪什所建的府邸有四个角楼，在中央入门处的对角位置上还有一对塔楼，周围由带有圆堡和一个方形防御塔的高墙相围。1685年威廉一世公爵委托年轻的建筑师威廉·托尔曼设计南庭院。他将它设计成为具有前卫色彩的两层英国乡间宅邸式，1687年西庭院前的都铎式房舍也被一座古典式的庭院所取代。在威廉四世公爵时期，又在府邸的北侧新建了几处小型建筑，在北侧的轴线上又新建了一个凯旋门式样的人口。1816年六世公爵时期，由怀亚特维尔又重建了府邸的东建筑，设计了一个新的府邸正立面。1827年在剧场塔和艺术廊之间又建了一个橘子园，至此府邸建筑群定型，并一直保留到现在(见图3-42)。

图3-42　查兹沃斯府邸

(3)植被

在庄园建造初期，设计中表现出了当时英国古典主义园林热衷栽培花卉的风潮。伯爵夫人伊丽莎白·哈德威克就曾亲自下令广泛播种花卉与各种草本植物。园中玫瑰、忍冬、鸢尾、石竹以及紫罗兰，酸橙、冬青、刺柏、黄杨、橘子、桃金娘等乔灌木也被大量使用。修剪成形的果树园、石质的露台以及各种凉亭，都是都铎王朝后半期的伊丽莎白时代庭园的典型特征。

现庄园内，牧场大草坪是主要景致(见图3-43)。全园一眼望去，无论是自然式风景还是规则式小花园都是以草地为主进行修饰。在平缓的地形中，为了使视线起伏变化，草坪背景种植不同形式的树丛，作为视线的边界，使人对丛植树木的另一侧产生好奇心。

图3-43　查兹沃斯园中的牧场

再者，花园在不同区域安置了许多规则式的花坛和花境，以各种色彩明快、艳丽的彩色树和花木修剪成类似法国模纹花坛的样式，显得宏伟壮丽。

(4)水体

受布朗的影响，花园还是以很多水体为景观的亮点。贯穿花园的是德尔温特河凸显其自然风貌，并经过一些必要的处理使一眼望穿的河流多了几分神秘，达到不令人厌烦的作用。花园、庄园别墅采用规则的水池、喷泉，营造动态水的活跃气氛，并与各种雕塑相结合，凸显其活泼性和动态美(见图3-44)。

图3-44　查兹沃斯园中的大瀑布

宅邸附近的大瀑布，每一台层都是顺应地势变化，而在高度和宽度上都有所不同，水流跌落的声响也有所不同。落水经地下管道引至海马喷泉，再引至花园西部的泉池当中，最后流入河中。

【延伸阅读】

[1] 陈从周. 唯有园林[M]. 天津:百花文艺出版社,2007.
[2] 陈从周. 说园[M]. 上海:同济大学出版社,2007.
[3] 王铎. 中国古代苑园与文化[M]. 湖北:湖北教育出版社,2003.
[4] E·A·涅克拉索娃. 英国风景画大师——泰纳[M]. 湖北:湖南美术出版社,1986.
[5] 约翰·T·帕雷提、加里·M·拉德克. 意大利文艺复兴时期的艺术[M]. 广西:广西师范大学出版社,2005.
[6] 仇英. 辋川十景图卷[M]. 上海:上海书店出版社,2001.
[7] 侯迺慧. 詩情與幽境 :唐代文人的園林生活[M]. 台湾:東大图书,1991.

4 城市宅园

城市宅园是兴建在城市的私家园林，其产生与发展与城市密不可分，园林环境受到城市空间格局的影响。城市宅园一般依附于住宅建筑而存在，规模从几十平方米到上万平方米，是主人日常游憩、宴会、会友、读书的场所。城市宅园的核心特征体现在园林主人在拥有城市生活丰富性的同时保持对自然的追求。

在住宅建筑周围营造第二自然，源于人们对大自然环境的向往，对艺术化的追求。从全世界范围内看，城市宅园的发展在不同时期和不同地区，因社会意识和生活形态的差异而呈现出多姿多彩的形态。

□ 城市

城市在中国和欧洲的起源不同，含义也有很大的差异。中国早期城市注重政治与军事功能，宋代以后"市"才融入到街巷之中；欧洲中世纪城市围绕市政广场和教堂建造，文艺复兴之后商业空间占据了重要的地位。

在东亚地区，中国的"士""商"以及日本武士是城市宅园的造园主体。为达到"居闹市而有咫尺山林之趣"的效果，中国城市宅园掇山、理水、置石，布置园林建筑、园路、植物等，构成自然山水园，体现了士人以儒家社会道德和道法自然为文化基础的宇宙观。城市宅园是士与商娱乐和社交的户外活动场所，也是文人寄托理想和情操的精神依托。在园林空间和氛围的塑造上采用壶中天地等写意手法，表达士人对美好的自然、社会、人生的追求。日本在武家执政后，武家宅园成为私家宅园的主要类型，为了彰显武家的力量与气魄，武家在池泉园基础上建临水楼阁、布置巨大立石。

古埃及人通过建造宅园来适应生存环境，利用泥砖砌成围墙，形成封闭的庭院，来隔绝外界严酷的自然环境，并利用树木和水给庭园带来阴凉和湿润。象征精心耕耘的几何形园圃及水池成为宅园的主要形式。波斯与古埃及气候相似，国民对植物的热爱亦体现在宅园的建造之中，波斯宅园的理水技艺高超，人们开挖水渠引高山雪水到庭园中。

欧洲城市宅园作为建筑空间的延续，往往保持几何规则的形式，并随着王朝的更替兴衰而发展变化。希腊人将围合的柱廊中庭作为建筑空间在室外的延续来处理，并出现了为祭祀阿多尼斯而建造的屋顶花园。古罗马继承了古希腊的文化，在有限的城市居住空间中建造庭园。出于对乡村美景的眷恋，古罗马时期的柱廊庭园多了几分田园气息，墙上出现乡野景色的壁画，将乡野自然之景延伸进庭园，扩展了庭园空间。

从世界城市宅园的发展过程中可以看出，东亚地区园主人更侧重于赋予宅园精神属性：中国的宅园是园主人在城市中寻求自然的精神绿洲；日本产生了池泉式的寝殿造园林形式，形成武家园林类型，体现尚武精神，呈现出大气与宏伟的气度。在中东与欧洲地区，宅园主要依附于建筑空间，尺度较小，庭园是室内生活空间的延续，成为人们的户外活动中心。中东地区受沙漠气候影响，产生的宅园空间主要为人们提供水景和绿荫；欧洲地区的宅园受限于城市空间的狭窄，宅园的绿化反映了人们对自然、田园环境的向往，表达了对乡村美景的怀念和对自然质朴的热爱。

4.1 东亚地区

东亚地区城市宅园的造园艺术成就以中国及日本为代表。在不同政治、经济文化背景下,产生了中国的文人宅园和日本的武家园林。中国城市宅园主要塑造者——文人为表达独立的人格精神,以道法自然、归隐的宇宙观和自然观为造园宗旨;日本则展示出武家尚武精神,宅园大气恢弘。

4.1.1 中国城市宅园

城市宅园依附于府邸,是园主人日常游憩、宴会、会友、读书的场所。中国文人厌倦世俗,又依赖城市发达的经济和繁荣的文化生活,"享乐"和"放逸"成为文人营造城市宅园的主题。

魏晋南北朝时期,园主人多为封王、达官,拥有大量财富,既希望避免乡野庄园跋涉之苦,又希望保证物质生活丰腴,同时拥有自然山水,城市宅园便在民间流行开来。这个时期的宅园追求华丽的园林景观,讲究声色娱乐的享受,偏于绮靡的格调,但也不乏天然清纯的立意者。例如《洛阳珈蓝记》记载张伦宅园"崎岖石路,似壅而通;峥嵘涧道,盘纡复直。是以山情野性之士,游以忘归"。到了唐代,士人追求"中隐",用寄情宅园的方式取代"归园田居"和"遁隐山林",宅园重在清新雅致,如王安石所提倡的"偶得幽闲静,遂忘尘俗心。始知真隐者,不必在山林";而官僚富贾宅园则偏于豪华绮丽,以显示其财富与地位。宋朝文人士大夫艺术生活更加丰富,文人园林开始兴盛。私家宅园的造园艺术与诗画意境同步发展,造园讲究意境而不拘泥于细节,并逐渐转向挖掘园林深层境界,在日益狭小的宅园中纳入尽可能多的内涵,出现了"壶中天地""诗中有画,画中有诗"的审美观念。这一时期的宅园规模逐渐变小,内容则趋于精致。到明清时期,商人经济实力急剧膨胀,"儒商合一"使得商人的社会地位提高,营建大量园林,造园理念和艺术审美随之发生转变。"芥子纳须尼"思想和士、商阶层的崛起结合,使宅园走向精致化和技艺化,庭园的空间功能更加多样。这时期,宅园具有隐逸、财富炫耀和社交等多重功能,奢靡之风在整个市民阶层中弥漫开来,文风士气也逐渐脱离纯朴素雅。城市宅园由赏心悦目、陶冶性情的游憩场所,转化为多功能的活动中心,"娱于园"上升为造园的主导(见图4-1)。

□ 隐逸文化

西汉之时,已有朝隐的概念,杨雄《法言·渊骞》说:"或问柳下惠非朝隐者欤?"是对春秋鲁国柳下惠的隐遁是否为朝隐的疑问。到了唐朝,经济蓬勃发展,魏晋士人与世无争的隐逸态度受到了冲击。中唐以后,仕隐得到进一步的发展,所谓中隐,隐逸文化向世俗化发展,实现了集权制度和士大夫相互独立性的平衡和统一,隐逸的纯粹性丧失。白居易在《中隐》里论述:"大隐住朝市,小隐入丘樊。丘樊太冷落,朝市太嚣喧。不如作中隐,隐在留司官……"白居易道出"中隐"的目的在于比"大隐""小隐"更精巧地平衡集权制度与士大夫相对独立之间的矛盾。明清商品经济的发展,使得文人对于城市的繁华有所眷恋和流连忘返,加之政府对于文人行为和言论的钳制,市隐成为一种社会现象,表现出心隐身不隐的特点,在奢华生活影响下,文风士气也逐渐脱离纯朴俭素。

图4-1 大观园图

明清之际的城市宅园转向于造园技巧的琢磨,出现了一大批掌握造园技巧、有文化素养的造园师,并将丰富的造园技术和经验编写成园林著作,使这些宝贵的经验向系统化和理论化发展。著名的造园家有张南阳父子、计成、张南恒父子等人。《园冶》《一家言》《长物志》是比较全面而有代表性的三部著作。

张南阳(约1517—1596),号小溪子,更号卧石生,人称卧石山人。张南阳自幼从父学习绘画,后以绘画构图造型法来叠造假山而著名。当时公认的东南名园:如上海县潘允端(1526—1601)的豫园、陈所蕴的日涉园、太仓王世贞的弇园,都出自张南阳之手。陈所蕴著《张山人卧石传》称他堆叠的假山"沓拖逶迤,巇嶫嵯峨,顿挫起伏,委宛婆娑。大都转千钧于千仞,犹之片羽尺步。神闲志定,不啻丈人承蜩。高下大小,随地赋形,初若不经意,而奇奇怪怪,变幻百出,见者骇目恫心,谓不从人间来。乃山人当会心处,亦往往大叫绝倒,自诧为神助矣。”

计成(1582—1642),字无否,号否道人,江苏吴江人。计成在少年时就以绘画闻名,最推崇的画家是五代的荆浩、关仝。他还喜欢游历,曾游河北,湖北、湖南等地,搜罗奇山异水。计成后半生足迹遍布镇江、常州、扬州、仪征、南京等地,专门为他人规划设计园林,包括为郑元勋建造的被称为扬州第一园的影园。计成在总结自己和前人经验的基础上,于崇祯七年(1634年)著成《园冶》一书,是中国历史上最重要的一部园林理论著作。

《园冶》(见图4-2)是一部全面论述江南地区私家园林的规划、设计、施工以及各种局部、细部处理的综合园林著作。全书分三卷,第一卷包括“兴造论”一篇,“园说”四篇,第二卷专论栏杆,第三卷分论门窗、墙垣、铺地、掇山、选石和借景。

张南垣(1587—1671),名涟,其毕生从事叠山造园。张南垣早年师从董其昌学习绘画,善绘人像,兼通山水。深厚的绘画功底为张南垣日后的叠石造园生涯打下了良好的基础。其叠山追求意境深远,从形象真实的可入可游出发,主张堆筑“曲岸回沙”“平岗小坂”“陵阜陂陁”的手法,主要做法是截取大山一角让人联想到大山的整体形象,开创了叠山艺术的新流派。张南垣的四个儿子继承父业,其中以张然造诣最高。张然参与了北京西苑的重修、玉泉山行宫和畅春园的叠山规划事宜,并设计了北京城内大学士冯溥的万柳堂,改造了兵部尚书的怡园。他在江南营造私园也颇有名气,晚年为汪涴的“尧峰山庄”叠山,获得极大成功。

李渔(1611—1680),初名仙侣,后改名渔,字谪凡,号笠翁,浙江金华兰溪人。是一位兼擅绘画、词曲、小说、戏剧、造园的多才多艺文人,平生漫游四方、遍览各地名园胜景。他颇以自己能造园而自豪,“往往在烟霞竹石间,泉石经纶,绰有余裕”。他先后在江南、北京为人规划设计园林多处,晚年定居北京,为自己营造“芥子园”,著有《一家言》。《一家言》又名《闲情偶寄》,第四卷“居室部”是建筑和造园理论,分为房舍、窗栏、墙壁、联匾、山石5节。

文震亨(1585—1645),字启美,江苏苏州人。擅长诗文绘画,善园林设计,著有《长物志》十二卷,为传世之作。他多才多艺,对园林有比较系统的认知。《长物志》共十二卷,其中与造园有直接关系的为室庐、花木、水石、禽鸟四卷。“室庐”中把不同功能、性质的建筑以及门、阶、窗、栏杆、照壁等分17节论述;“花木”分门别类地列举了园林中常用的42种观赏树木和花卉,详细描绘他们的姿态、色彩、习性以及栽培方法;“水石”卷分别讲述园林中常见的水体和石料;“禽鱼”则列举鸟类6种,鱼类1种,对每一种的形态、颜色、习性、训练、饲养方法均有详细描述。

□ “壶中天地”

唐代的“壶中天地”思想影响着城市宅园向小尺度空间探索的园林实践。虽然缩小了园林的空间,却开拓了园林意境创造的领域,并开始有小而精的趋势,造就了城市宅园小中见大、咫尺山林的手法,为写意山水园林的大发展奠定了基础。

“壶中天地”影响了造园的审美标准和营造方法,具体可归纳为:

突出主体:庭院通常被划分为相对独立的几部分,其中有一个最为突出和吸引人的中心,处于主导地位,并借助周边的小空间与之形成强烈对比,而起到烘托主体的作用。

大小间替:在私家园林中,往往有着很多个大小不一的空间,有深有浅,往往按照一定的游线形成特定的序列,这种方法的好处在于时刻给人以不同的空间感受,丰富了空间的多样性和复杂性。

空间对比:开合有致,避免一览无余。有时为了突出大的空间,有可能先故意去刻画小的空间。最著名的案例就是留园入口的处理,在经过一层层很深很窄的过道之后,豁然开朗,形成十分鲜明的空间感受对比,加深了空间印象。同时,疏朗与密闭的空间被安排得恰到好处,疏密也形成强烈的对比,极大地提升了园林空间的变化(见图4-3)。

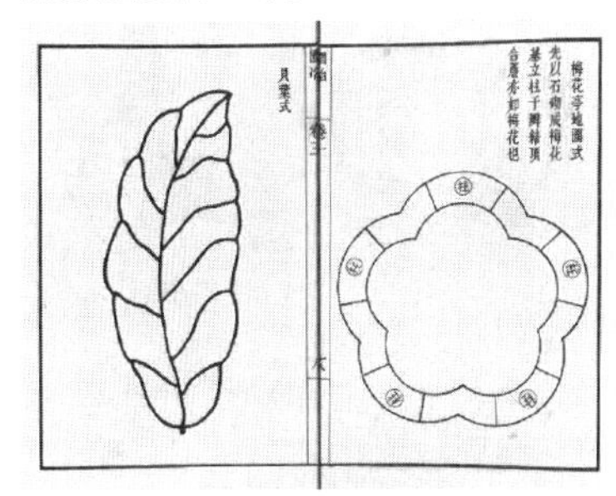

图4-2 《园冶》

园林特征

中国城市宅园讲究自然美、建筑美、诗画美和意境美。自然美是中国古典园林创作的主旨,但绝非一般的利用或者简单模仿这些构景要素的原始状态,而是有意识地加以改造、调整、加工、剪裁,从而表现一个精练概括典型化的自然。造园者对自然山水的形态进行观察与研究、总结,提炼出它们在造型上的规律,按园林的需要将它们再现,以小见大,得自然之神韵。建筑力求与山、水、花、木有机结合,彼此谐调、互相补充，达到人工与自然高度和谐的境界。中国古典宅园是时空综合艺术，它充分运用各个艺术门类之间的特点和联系，熔铸诗画艺术于园林艺术，使园林包含着浓郁的诗情画意。将文学艺术、书法艺术与园林艺术结合起来，寓情于景，见景生情，达到情景交融的境界。

(1)建筑

建筑是中国城市宅园最为重要也是最突出的元素之一，常见的有亭、榭、廊、阁、轩、楼、台、舫、厅堂等形式。建筑在园林里起到造景与点景作用，并提供观景的视点和场所、休憩及活动的空间。建筑在平面布局与空间处理上都力求活泼，按功能的需要穿插安置不同形式的厅堂、楼阁、亭榭、画舫等，造型富于变化，体量适宜。如拙政园建筑有堂馆建筑远香堂、玉兰堂；楼有见山楼、倒影楼；阁有浮翠阁、留听阁；轩有南轩、与谁同坐轩；廊有柳荫路曲、小飞虹；舫有香洲(见图4-3)；亭有香云蔚亭、吾竹幽居亭、荷风四面亭、北山亭等。建筑物之间多用曲折的小路、连廊相连，有露天的石径、小道，也有避雨遮日的廊子。

图4-3　拙政园香洲

(2)植物

私家宅园多以建筑、游廊、墙垣围成小而封闭的空间院落，院中乔木或孤植，或丛植以作点缀，获得良好景观效果。凡是点种的树，树形优美而配置得宜，能起到烘托陪衬建筑物的作用，如留园古木交柯处老槐苍劲古拙，庭园空间意味深远。对于稍大的庭园则常在院内植树三至四株，多呈正三角形、正四边形，创造疏密相间、比例协调的美学效果。如拙政园雪香云蔚亭周边有大小乔木四株，在大小、距离及位置安排上保持不对称的协调美。此外庭园中也配置灌木、花草，作为乔木的陪衬。更大的庭园空间，则孤植与丛植相结合、乔木与灌木相搭配，获得枝繁叶茂，佳木葱茏的气氛。宅园中的花木不单是一种视觉艺术，还涉及听觉、嗅觉等其他感受。如留园闻木樨香，建筑周围多植桂花，待到秋高气爽时则香气袭人。

(3)水体

计成的造园名著《园冶》总结了造园中的理水原则："高方欲就亭台，低凹可开池沼，卜筑贵从水面，立基先就源头。"大部分宅院都有水体，造园家十分注重水型、岸畔的设计，"延而为溪，聚而为池"，利用水面的开合变化，形成不同水体形态的对比与交融(见图4-4)。如南京瞻园，以三块较小而相互连通的水面代替大水面，从而形成曲折而又多层次的水面空间。古代造园家还擅长运用水的倒影效果将天空云霞、树木、亭台、山石以借景的手法引入其中，使园子变得宽广而深远。

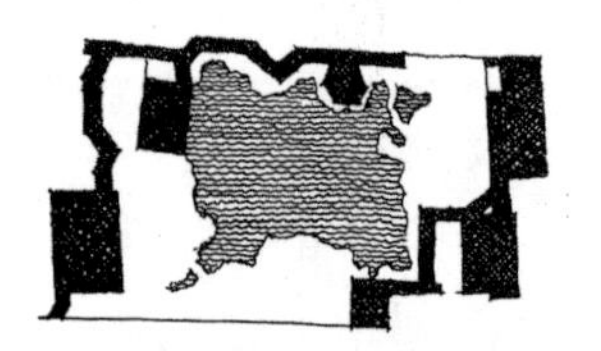

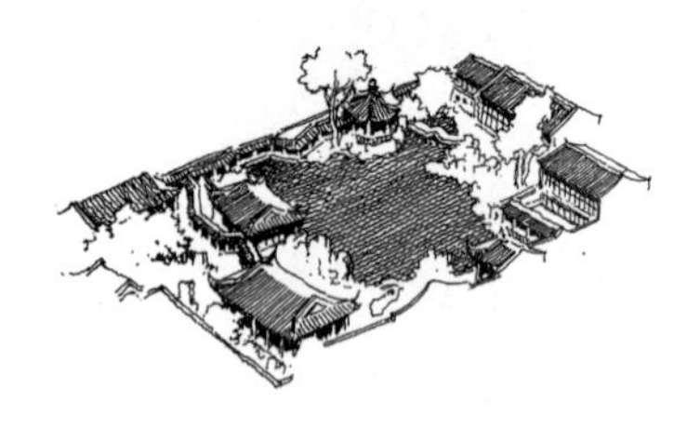

图4-4　网师园理水

宅园中的水有动态和静态之分，着重取"自然"之意，塑造出湖、池、溪、瀑、泉等多种形式的水体。水平如镜的水面，涵映出周围景色，呈现出扑朔迷离之美。动水则主要是指溪流及泉水、瀑布等，既呈现出水的动态之美，又以水声增加了园林的生气。例如，网师园水池设有水口和水源，使水显得有源有尾，而具有动态。

(4)山石

城市宅院往往面积较小，掇山常因挖池形成，置石表达审美。《园冶》中总结的"掇山如画"必须有深远之意境，"构土成岗"不在于石形的巧拙，"以土载石"要有脉络可寻，强调了堆山置石都要顺应环境以及石材本身的特点。另外，在石材的选用方面也强调了不同石块的不同用途，追求意境。如留园揖峰轩，以粉墙为背景置湖石，衬以古松修竹，画意甚浓(表4-1)。

表 4-1 中国城市宅园代表案例列表

基本信息	园林特征	备注	平面示意图
袁广汉园 时间:西汉 区位:茂陵(今兴平县) 园林主人:袁广汉	选址:北邙山下 造园要素:1. 人工开凿水体,积沙为洲屿;2. 人工堆筑假山绵延数里,高十余丈;3. 园内豢养众多奇禽怪兽,种植大量奇树异花	袁广汉后有罪诛,该园被没收为官园,鸟兽草木被移植于上林苑中	
履道坊宅园 时间:公元 824 年(长庆四年) 区位:洛阳市(履道里之西北角) 园林主人:白居易 规模:约 9000 平方米	空间布局:宅园空间划分与使用功能分区明确,分南园、西园和府第三部分 功能:除了居住、游赏功能之外,园内还有菜圃作为生产用地 造园要素:1. 园林植物配置是大面积的竹林和高大乔木以及各种花卉。2. 水系有聚有分,池、溪、滩、峡,精心分理,匠心独运。3. 置石寄托文化寓意,有白居易从杭州、苏州带回的天竺石、太湖石和友人赠送的青方石,置于岸边、窗下、竹丛	公元 824 年(长庆四年),白居易罢官至洛阳,由田姓手里买下履道坊宅园,因钱不足,以二马抵押,并连续 18 年居此园,至 75 岁卒	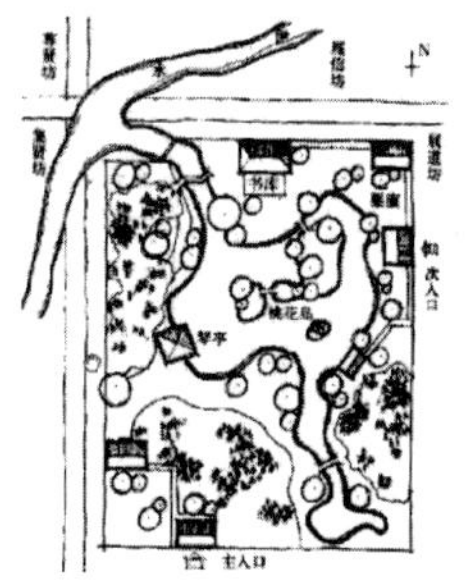
湖园 时间:唐代(具体不详) 区位:洛阳市(集贤里) 园林主人:斐度	空间布局:从布局来看,湖是全园的造景的中心,湖面宽阔,展开平远的水景,湖中建堂于岛洲 造园要素:1. 园中有竹林以及大量花木。2. 湖园以水景为中心,园中心为宽敞水面,平静展开	唐代为斐度宅园,宋朝改名湖园,《洛阳名园记》对湖园给予很高的评价"虽四时不同,而景物皆好。"	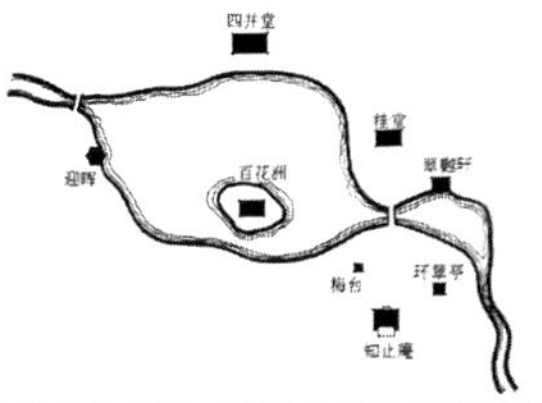
独乐园 区位:洛阳市(城南天门街东) 园林主人:司马光 规模:约 1.33 公顷(约 20 亩)	功能:游赏功能,有读书堂,内有藏书。 造园要素:1. 园内主体建筑为正中的读书堂。2. 园内最主要的植物是竹子。3. 主要的水景是读书堂北面的大沼,中间有一岛,在读书堂和"弄水轩"之间有一方形小沼		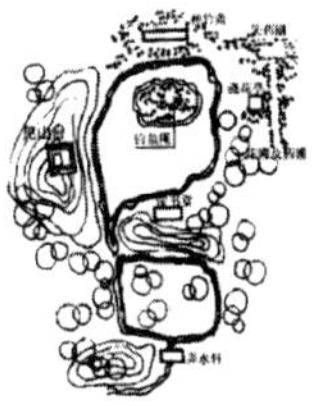
富郑公园 时间:公元 1012—1085 年间(北宋) 区位:洛阳市 园林主人:富弼	空间布局:园内的各个景区如同园中之园,各有其特色,空间感受层次多样。 造园要素:1. 园内水景以溪流为主,环形溪流在园中绕行,重波轩前有小面积开阔水面。2. 植被以竹子为主,北面有一以竹为主景的景区		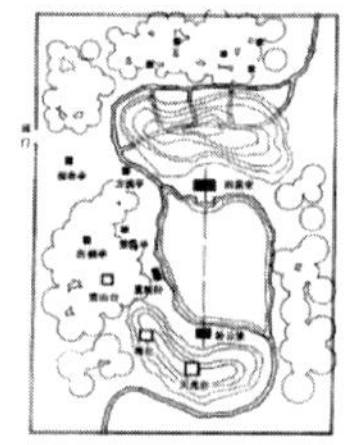
沧浪亭 时间:公元 1044 年北(宋庆历四年) 区位:苏州市城南人民路三元坊 园林主人:苏舜钦 规模:1.08 公顷	空间布局:假山为全园的核心,沧浪石亭建于山顶,建筑环山布置,绕以走廊,配以亭榭,围合成为园林内部空间,形成水景在园外,山景在园内,并以亭台复廊相分隔的山水组合方式 造园要素:1. 通过游廊的漏窗形成框景,园内外山水通过复廊渗透。2. 水体在园外,以水环园。3. 假山自西向东形体较长,主体为土阜,四周山脚叠石抱土构筑,东段主要用黄石,西段杂用湖石	始为五代吴越国孙承祐池馆。宋苏舜钦买下废园进行修筑,傍水造亭。苏氏之后,几度荒废,南宋初年为韩世忠的宅第,清康熙三十五年(公元 1696 年)巡抚宋荦重建此园,把傍水亭移建于山巅,形成今天沧浪亭布局基础,以"沧浪亭"为匾额。清同治十二年(公元 1873 年)再重建,成今天之貌	

续表

基本信息	园林特征	备注	平面示意图
网师园 时间:公元1127年(南宋建炎元年) 区位:旧城东南隅葑门内阔家头巷 园林主人:史正志 规模:约6600平方米	空间布局:1. 平面成丁字形,由东部住宅区、南部宴乐区、中部环池区、西部内园殿春簃和北部书房区五部分组成,景观意境各不相同。2. 采取主次对比的手法以突出主景区,布局紧凑,虚实穿插,空间迂回曲折 造园要素:1. 体量感较大的建筑均退离水面,并用障景手法遮挡加强景深。体量较小的建筑则贴近水面,通过尺度对比反衬水面宽阔。2. 水面以聚为主,以水池为中心,中心部分略显方形,在水池西北和东南角各有一处水尾处理,隐喻了水的来龙去脉3. 不同分区石材使用不同,主园池区用黄石,临水堆叠黄石假山"云冈",其他庭园用湖石,不相混杂	原取名"渔隐"的小型私人花园,清朝乾隆时期(1736年到1796年),改名为网师园。旧为宋代藏书家、官至侍郎的扬州文人史正志的"万卷堂"故址,花园名为"渔隐",后废。至清乾隆年间(约公元1770年),宋宗元购之并重建,定园名为"网师园"。乾隆末年园归瞿远村,按原规模修复并增建亭宇,俗称"瞿园"	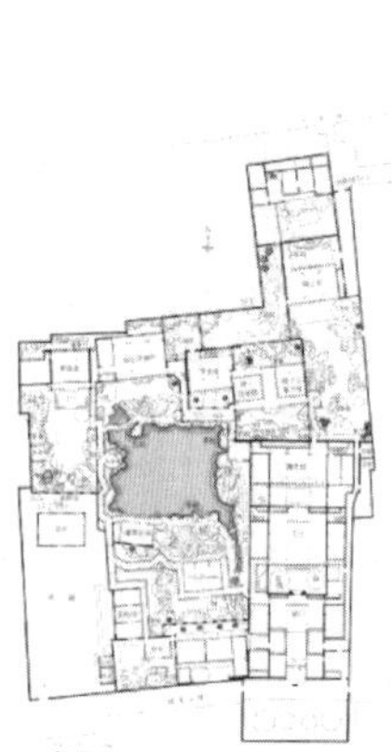
狮子林 时间:公元1342年(元代至正二年) 区位:苏州城东北园林路 园林主人:贝仁元氏、黄兴祖等 造园者:倪瓒 规模:1.1公顷	空间布局:分祠堂,住宅,花园三个部分,采用环游布局,中心布置一个形态曲折的核心水池 造园要素:1. 水体聚中有分,水源在园西假山深处,山石作悬崖状。2. 群山形如昆仑山,山脉纵横拔地而起,以隆起的狮子峰为主,以"瘦、透、漏、皱"为特色的太湖石堆叠在一起像一座迷宫。3. 植物以落叶树为主,常绿树为辅,用竹类、芭蕉、藤萝和草花作点缀,主要采用孤植和丛植的手法。东部假山区以古柏和白皮松为主,西部和南部以梅、竹、银杏为主	元代至正二年(1342年),天如禅师在此建寺,因竹林中留有奇石,状似狮子,亦称狮子林。1373年,倪瓒(号云林)途经苏州,曾参与造园,1589年,知府黄兴祖买下,取名"涉园"。1771年,黄熙精修府第,重整庭院,取名"五松园"。1917年富商贝仁元氏买下荒园并增建,冠以"狮子林",一时成为苏州名流云集之处	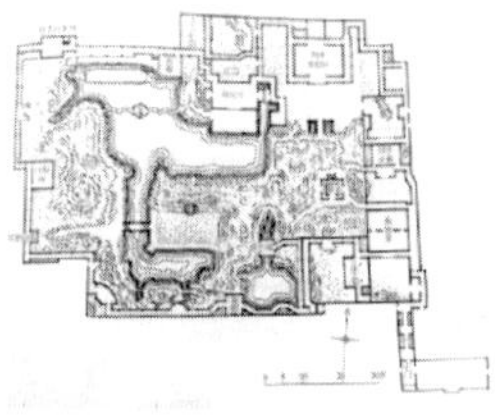
拙政园 时间:公元1509年(明代正德四年) 区位:苏州市娄门内东北街 园林主人:王献臣 造园者:文征明 规模:约5.57公顷	空间布局:拙政园分东、中、西三部分,中部是拙政园的主景区,以水池为中心,亭台楼榭皆临水而建;西部原为"补园",其水面迂回,布局紧凑,依山傍水建以亭阁;东部原称"归田园居",布局以平冈远山、松林草坪、竹坞曲水为主。 造园要素:1. 多样的建筑类型。堂馆建筑:远香堂,玉兰堂;楼:见山楼,倒影楼;阁:浮翠阁,留听阁;轩:南轩,与谁同坐轩;廊 :柳荫路曲,小飞虹;舫:香洲;亭:雪香云蔚亭,梧竹幽居,荷风四面亭,北山亭。2. 植物种类繁多,配置手法多样,讲求与周边环境协调,如绣绮亭周边五乔木按照近大远小保持不对称分布;海棠春坞孤植海棠并以高大榆树作点缀。3. 水体化整为零,分散用水,东疏西密,曲水环绕,水面面积占五分之三,水面既分隔变化又彼此贯通,互相联系,在东,中,西南留有水口,与外界联通	拙政园由王献臣初建,崇祯四年(1631年),东部园林归侍郎王心一所有,将其重新修复,改名为"归园田居"。康熙年初,王永宁得到后大兴土木,堆帜丘壑,园状大为改变。乾隆三年(1738年),蒋棨接手此园,东边的庭院被切分为中、西两部分。咸丰十年(1860年)太平天国占据苏州时期,忠王李秀成改之为忠王府。光绪三年(公元1877年),富贾张履谦接手此园,改名为"补园"。张履谦大举装修了相当多细致部分,奠定了拙政园今日之基础	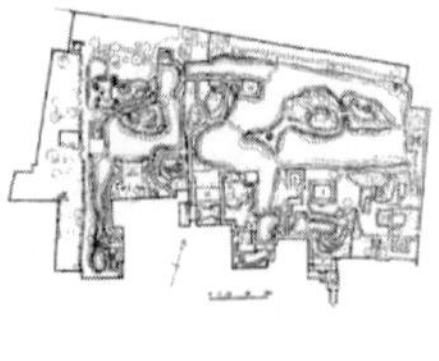

续表

基本信息	园林特征	备注	平面示意图
寄畅园 时间：约公元1527年（明嘉靖初年） 区位：无锡市惠山 园林主人：秦金等 规模：1公顷（15亩）	空间布局：园景布局以山池为中心，假山依惠山东麓山脉，并作其余脉处理，又构曲洞，引"二泉"水流注入其中 造园要素：1. 园内锦汇漪南北狭长，鹤步滩与东岸的知鱼槛对峙收束，使水面分成南北两部分，增加了水体层次。2. 将土山当做惠山的余脉处理，土山上的散点石及山脚挡土墙都用黄石	寄畅园又名"秦园"，园址在元朝时曾为二间僧舍，名"南隐""沤寓"；明正德年间（公元1506—1521年），秦观开辟为园林，名"凤谷行窝"；万历十九年（公元1591年），改园名为"寄畅园"	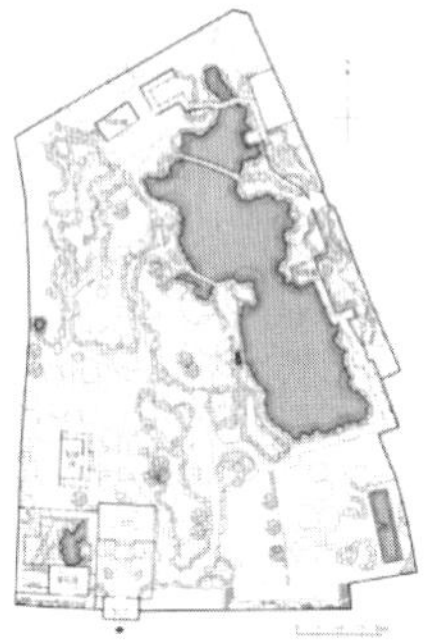
艺圃 时间：公元1541年（明嘉靖二十年） 区位：苏州市西北古城内（吴趋坊文衙弄） 园林主人：袁祖庚等 规模：约3000平方米（约5亩）	空间布局：从北向南依次为建筑—水池—山林。主景区周边排列若干小空间，以突出主景区的开朗 造园要素：1. 景区中心很少布置建筑物，只在水边点缀乳鱼亭，在山林中掩置一六角亭，具有点睛之效果。2. 水池略呈矩形，以聚为主，在东南、西南各有一个水湾。在西南的辅景区中设置了面积很小的浴鸥池，与大水池形成强烈对比，更烘托出大水面的广阔。3. 山石景区山石磷屿，高林蔽目，与水池形成明显的疏密对比	始建于明嘉靖二十年（1541年），为袁祖庚所建醉颖堂。万历四十八年（公元1620年）被文震孟购得，取名药圃。文震孟去世后，不久由姜采所得，修葺后改名"颐圃"。艺圃之名是姜采之子姜实节所改。后来此园又数易其主，但园名仍叫艺圃	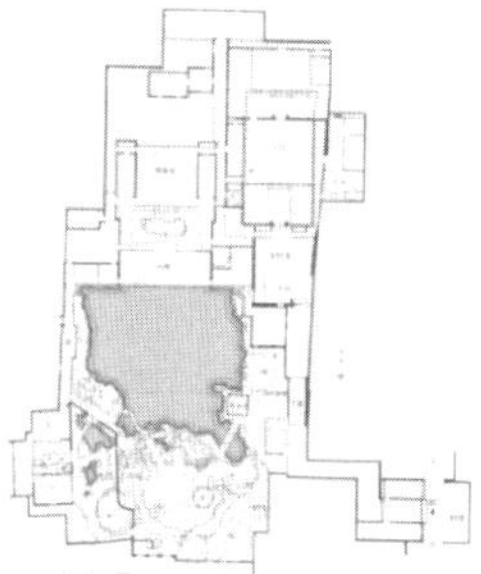
留园 时间：公元1589年（明万历十七年） 区位：苏州阊门外留园路 园林主人：刘恕 规模：2.33公顷	空间布局：1. 布局上分为西、中、东三区，东部以建筑为主，中部为山水花园，西部是山石相间的大假山，北部种植果蔬。2. 通过空间的虚实、高低、明暗、动静、变化等的处理，营造出一种高低错落、前后参差、回绕通透、相互呼应的效果。如从入口到庭院，采用了欲扬先抑的手法，空间收放对比 造园要素：1. 建筑数量较多且集中布置，但在建筑密度最高的地方，利用灵活多变的一系列院落空间创造出深邃无穷的园林建筑环境。2. 园内假山堆叠，并有石峰特置和石峰丛置，如中区西北部堆筑的假山，以大块黄石为主体；冠云峰为苏州最大特置峰石。3. 水体与建筑结合形成各个景区；如在中区的东南部开凿大面积水体，西北堆筑假山，形成以水池为中心，有溪涧破山腹而出，仿佛活水源头的效果	创建于明代后期万历十七年（1589年），初为太仆寺卿徐泰时之"东园"，清乾隆五十九年，归吴县人刘恕所有，重新修整扩建后改名"寒碧庄"，同治十二年由大官僚盛康购得，又改建和扩大，更名"留园"	
半亩园 时间：康熙年间（具体时间不详） 区位：北京市东城黄米胡同 造园者：李渔 园林主人：贾汉复	空间布局：1. 半亩园分南北两区，南区以园林为主体，北区由两个较大的院落组成，若干个庭院空间的组织寓变化于严整之中，体现出了浓郁的北方宅园风格。2. 园内利用房屋的平屋顶或结合假山叠石，做平台以扩展视野 造园要素：1. 清末时期半亩园水池为狭长形，叠石驳岸曲折，池中叠石为岛屿并建"玲珑池馆"。2. 假山用青石堆叠如娜嬛山，并靠墙壁理以石山。3. 建筑以云荫堂为主厅堂，并接以房廊，连以轩馆，建筑为平屋顶，可登顶赏游，扩展了视野	始建于康熙年间，位于东城黄米胡同，相传著名造园家李渔参与规划。其后，宅园屡次更换主人，逐渐荒废。到了1841年（道光二十一年），大官僚麟庆购得此园，任命长子崇实聘请能工巧匠进行重建，并于两年后完工	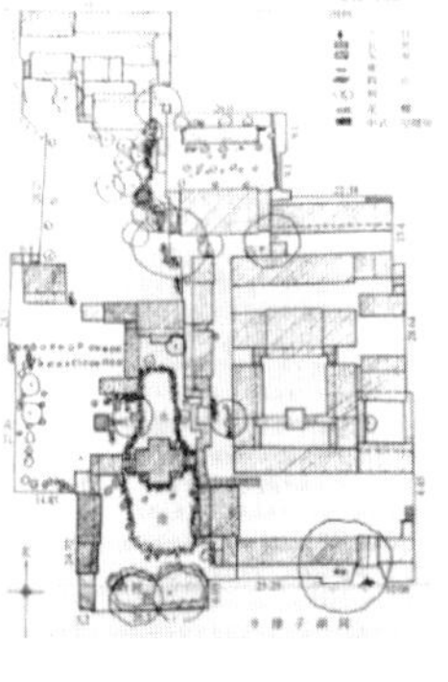

续表

基本信息	园林特征	备注	平面示意图
萃锦园 时间:公元1776年(乾隆四十一年) 区位:北京什刹海西南角 园林主人:和珅 规模:2.7公顷	选址:东依前海,背靠后海 空间布局:全园总体格局大抵为:西南部为自然山水景区,东北部为建筑庭院景区,形成自然和建筑环境的对比。既突出风景园林的自然,也不失王府宫苑的气派 造园要素:1. 建筑具有北方雄浑的特点,色彩和装饰上浓艳华丽,园中已有西洋建筑做法,如园门的西洋拱券门形式。2. 水景主要有长方形大水池和中轴线上的蝙蝠形水池。叠山主要用片云青石和北太湖石,技法偏于刚健,如"垂青樾""翠云岭"为青石假山,中路为太湖石假山"滴翠岩"。3. 植物配置上,以北方乡土树种松树为基调,间以其他乔木	原为清代权臣和珅修建的豪华宅第,时称"和第",后来成为清代道光皇帝第六子恭亲王奕䜣的府邸	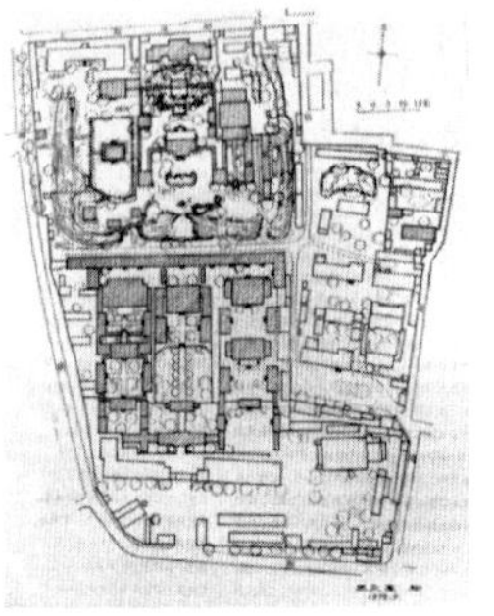
十笏园 时间:公元1885年(光绪十一年) 区位:潍坊市奎文区 园林主人:丁善宝 规模:约750平方米	空间布局:全园在轴线上布置了园内的主要建筑物,丰富了园林纵深空间层次,在小型宅园中这种做法很少见 造园要素:1. 湖石假山,采用"壁山"做法,山形北高南低。2. 水池占大半景区,为长方形曲岸形式,石矶参差,池中建四照亭,为全园中心	十笏园原是明嘉靖年间刑部郎中胡邦佐的故宅,清光绪十一年(公元1885年),丁善宝开挖水池,堆叠假山,营建成为私人花园	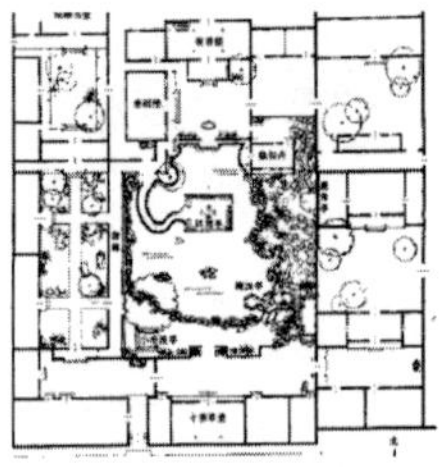
可园 时间:公元1850年(清朝道光三十年) 区位:东莞市区西博厦村 园林主人:张敬修 规模:2204平方米	空间布局:平面呈不规则的三角形,布局为建筑围合的三个相互联系的庭院,高低错落,处处相通。据传把孙子兵法融汇在可园建筑之中,是整座园林的一大特色 造园要素:1. 建筑呈不规则的连房广厦的庭院格式,可楼为全园主景,为砖木结构。2. 前庭有珊瑚石假山"狮子上楼台",高约3m;园中亦有奇石特置,分别为"迎宾石""麒麟吐月"和"侍人石"。3. 水池为曲尺形,上用麻石建石桥	始建于清朝道光三十年(公元1850年),可园的名字源于这个庭园"可堪游赏"	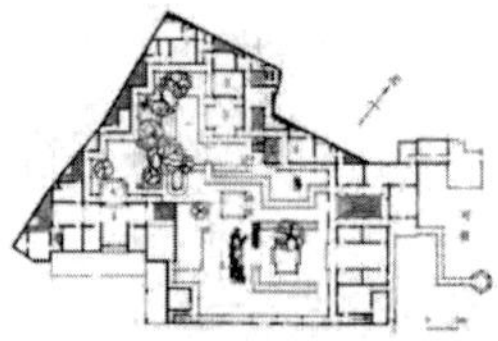
余荫山房 时间:公元1866年(清代同治五年) 区位:广州市番禺区南村镇北大街 园林主人:邬彬 规模:1598平方米	空间布局:1. 采用庭院的空间布局式,总体上有非常明显的中轴线,用各种几何图形进行空间组织与分割。2. 采用"藏而不露"和"缩龙成寸"的手法,造成园中有园、景中有景的效果 造园要素:1. 园内亭、台、池、馆与游廊、拱桥、假山、花径、围墙交错穿插,构成了幽深曲折、若隐若现的庭苑环境。2. 建筑装饰和园林小品采用西洋做法。3、水景主要为东西长方形石砌荷池,以及池中建有"玲珑水榭"的八角形水池	余荫山房为清代举人邬彬的私家花园,始建于清代同治五年(公元1866年),二十年后,园主人的侄儿邬中瑜添建了一座"瑜园",是女眷居住的地方,故又称为"小姐楼"	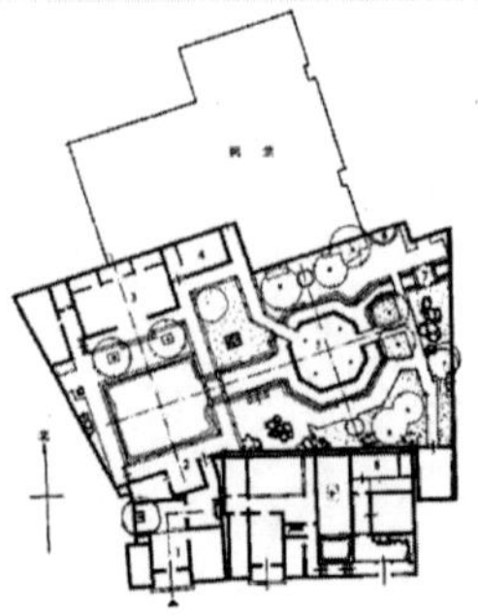

续表

基本信息	园林特征	备注	平面示意图
林本源园林 时间:公元1847年(清道光二十七年) 区位:台湾台北板桥 园林主人:林本源家族 规模:6054平方米	空间布局:宅园为不规则三角形,化整为零的一系列庭园组合成五个各具特色的区域,且相互之间连通成一个整体 造园要素:1. 曲尺形水池,驳岸用料石砌筑,假山环抱。2. 垣墙高低起伏,并起到分景、隔景的作用。3. 水石山由泥混合灰粉和浆汁等材料来堆塑,并模拟漳州龙溪山水环境	该园可追溯至1847年,当时为林本源家族北上屯租的租馆,后经林国华、林国芳两兄弟扩建,成为林本源家族居所。1977年,林本源家族将庭园部分捐给当时的台北县政府,1982年开放参观	

4.1.2　日本私家庭园

平安时代(794—1185)是日本化园林形成的时期,同时日本三大类型园林:皇家、私家和寺院园林的个性特征趋于明显。平安时代后期开始,武士势力开始逐渐抬头,武家文化逐渐成为精英文化。镰仓时代(1185—1333)是武家政权时代,园林较少学习中国,而是沿着自己的佛教化道路前进。到了镰仓时代后期(13世纪初),日本国内战争四起,政权的不稳定使人们更多地用佛教禅宗的教义来指导现实生活。园林开始采用抽象手法,形成写意式山水园,通常以石组为主景,追求自然意义和佛教意义,最后发展为"枯山水"这种固定的形式。这一时期,武家政权之下的住宅园林崇尚朴素的淡雅风格。到室町时代(1392—1573),武家将传统贵族文化与新兴的武家文化以及庶民文化融为一体,从而完成了对唐、宋、元文化的吸收和消化,形成独立的文化体系。此时,武家园林的标志性特点是石组造景以及粗犷宏伟的建筑,舟游式寝殿造园林渐渐被舟游和回游相结合的书院造庭园所替代。各地的大名与将军一样喜欢造园,他们把庭园置于所守卫的城郭里面,将园林与居住、防卫功能结合,在布局上运用巨大的石组来显示武家霸气,并模仿在京都的将军私园。

□ 武家文化

日本平安时代后期开始,武士逐渐发展成为日本的统治阶层。武士即执政,武士所奉行的生活准则(武士道)也成为整个社会上下组织道德伦理生活的行为规范。武家文化也取代奈良平安时代的文化,成为精英文化。

室町武家将传统贵族文化与新兴的武家文化及庶民文化融为一体,从而完成了对唐、宋、元文化的吸收和消化,形成独自的日本文化。其特点是:禅宗受到武士阶层信仰和保护;一向宗广泛深入民间,真宗获显著发展;学问在贵族与禅僧间盛行,并通过禅僧向地方上普及;通俗的御伽草子(通俗短篇小说)与和歌的消沉相反,连歌盛行,能乐、狂言、小曲得到保护和发展。

室町时代,枯山水得到了广泛的应用,独立枯山水出现;室町末期,随着茶道的发展,茶道与庭园结合,茶庭开始出现。此时,书院在武家园林中崭露头角,为即将来临的书院造庭园揭开序幕。这一时期涌现出的造园家如善阿弥祖孙三人、狩野元信、子健、雪舟等杨、古岳宗亘等,都禅学深厚、画技高超,有些人还到中国留学过。其中还有不少人著书立说,如增圆僧正写了《山水并野形式图》,该书与《作庭记》一起,被称为日本最古的庭园书;另外中院康平和藤原为明合著了《嵯峨流庭古法秘传之书》。

□ 茶庭在桃山时代发展,到江户时代茶庭与石庭、池泉园相融合而共同发展。

园林特征

寝殿造

寝殿造庭院是在平安时代产生于贵族中的园林形式,因以寝殿为主体建筑而得名。园林属池泉园范畴,寝殿前设广庭,庭中铺白砂,用于举行各种仪式,砂庭南为水池,水池中有中岛,砂庭与中岛间架以木拱桥,称反桥,中岛上建屋舍,以利于演奏音乐,中岛与南岸间架以平桥,池中漂浮龙头鹢首舟。寝殿左右出廊轩接以楼阁,折而向南延伸,并终于钓

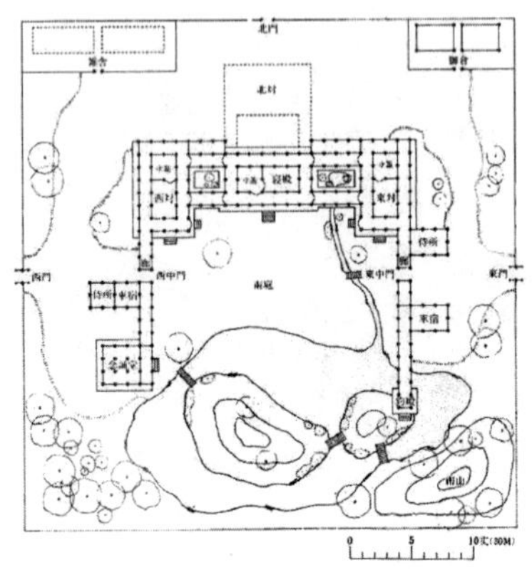

图 4-5　寝殿造平面示意图

□ 舟游式

池泉舟游式最早，当时没有园路，或者园路短而将游览线路设在水中。这类园林有桂离宫、修学院离宫等。

□ 回游式

回游式出现在室町时代，并在武家园林中流行。武家园林规模大，在陆地上开辟园路，并在路边设置相应的景观供观赏，这类园林有六义园等。

□ 茶道

茶叶早在汉末即传入了日本，室町时代，饮茶在日本成为一种艺术。阿弥等茶人以禅宗思想为主导宗旨，判定饮茶的仪式，把斗茶的原意改为陶冶人的内在涵养和精神、培养人们礼让谦恭的品德，这便是“茶道”的雏形。桃山时代（1583—1603），千利休（1322—1591）将禅宗结合茶道融合到人们的日常生活之中，他提出以“和、敬、清、寂”为日本茶道的基本精神，要求人们通过在茶室中饮茶进行自我思想反省，相互沟通思想，于清寂之中去掉自己内心的尘垢和彼此的芥蒂，以达到和、敬的目的。茶道从此开始从幽闭的寺院走入日本社会，并成为人们修身养性的一门艺术，而日本的园林也多了一种类型——茶庭。千利休追求寂静简素的茶庭氛围，他提倡的草庵式茶庭富有乡野气息，精致、朴素、淡雅。

图 4-6　日本茶庭鸟瞰

殿，形成左右对称格局。寝殿用于休息、办公，钓殿用于钓鱼、泊舟和纳凉，在《作庭记》中均有详细记载。园池之水来源于东北，经轩廊而入池中，在涌泉之处建泉殿，以观赏泉景（见图 4-5）。

武家园林

自镰仓时代以来，历代大将军酷爱造园兴起武家园林，各地大名私家造园也纷纷效仿，他们把庭园置于守护的城郭里面。园林中石景壮大、瀑布壮观、建筑雄伟，突出武人的情趣爱好，表现出魄力和气势。武士文化和尚武精神也在园林的构建上反映出来，武士的私家庭园中出现有练马场和射箭场。园林的整体开阔疏朗，表现出粗犷和雄伟的特点。

茶庭

茶庭由茶室和茶庭两部分构成，以茶室为主体、庭园为延伸，起到了将茶室与外界俗世隔离的作用。茶庭是供人举行茶事的地方，将“美”与“用”结合在一起。它的美呈现出茶道中所讲究的“和、寂、清、静”，在有限的空间内，表现出深山幽谷之境，给人以寂静空灵之感。茶庭主要将大自然演变成微缩景观的方式，营造出宁静以致远的幽寂氛围。

茶庭一般单设或者与其他庭园分离开来，四周有竹篱笆围合，面积虽小但能表现出自然的片段，按照一定路径布置景观，以拙朴的飞石象征崎岖的山间石径，以地上的矮松寓意茂盛的森林，以蹲踞式的洗手钵隐喻清冽的山泉，以沧桑厚重的石灯笼来营造和、寂、清、幽的茶道氛围。虽然面积并不大，但常常让人感到其空间的无限延伸，有一种从小空间向大空间甚至是向无限空间扩展的精神诱导。

茶庭分外露地和内露地两部分，两者中间的分界线为一扇门，名叫中潜。外露地一般是客人仪容、休息的地方；从中门经内露地进入茶室，作为精神上的放松过程，使人自然地产生一种寂静的心境。内露地配置有屋内坐凳、石洗手钵、飞石、灯笼等，还要有必要的少量树木和地被植物。从入口处至茶室，再回头望，仍可看到庭园的景色布置。这种内外露地的形式称为二重露地，此外亦有不分内外的一重露地和三重露地。

（1）建筑

日本园林的很多建筑是实用性，而非休闲性的。园林建筑法式几乎均为小式，体量很小，平和谦逊。建筑整体风格比较朴素，采用竹、木、草、皮等植物材料，少有上彩以保持其材质的本色（见图 4-6）。而武家建筑为了符合武士的性格和武家文化的审美，将居住与防卫功能结合到一起，镰仓时期引进结构简洁、形象雄伟的天竺样，各栋住宅以不同长廊连接，整体形成一座城郭，四周用深沟、土墙和板墙筑以城门和箭楼，穿二门入宅院，右手边是下人屋、马厩和仓库。

（2）植物

常见园林植物有苔草类、灌木类和乔木类等，并讲究上下层的立体种植搭配。在灌木方面，日本和中国一样，喜欢用桂花、冬青、杜鹃；乔木方面，日本喜欢象征长寿和体现生命意义的植物。松、柏、铁树因长寿而在园林中比较常用；樱花和红叶植物因象征青春易逝和红颜易老而备受日本人喜欢。日本人对苔草类植物表现出浓厚的兴趣，通过青苔代表大千世界，常用青苔代表陆地，白砂代表海洋。

日本的园林植物大多要作修剪，有按照画理进行修剪的，如背景树修剪成圆头型和水平型，前景树小且不作任何修剪，取画中的远山无叶之意；以水景为母题时，不仅把背景树修剪成海浪的形状，还把前景树修剪成船只和岛屿。这些修剪的植物景观只能观赏和体会,不能触摸。

(3)水体

园林理水有用具象来表现真水,亦有抽象表现枯水。在日本园林中,凡溪必流,凡流必声。通过做水源的泷口来表示涓流如海,体现出园林重水源,重来水轻去水的特点。水底铺石以起波,水面浮石以激声,急处石面粗糙,缓处石面光滑,以控制流速,有时候以石代水,以成枯流。早期的日本园池会在池底铺卵石,后来普遍用玉石代替。

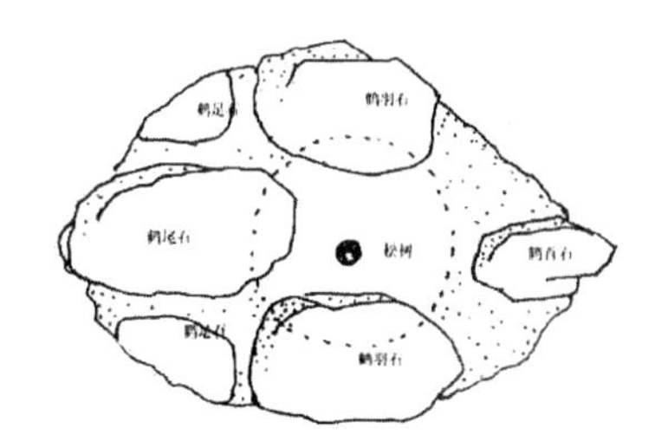

在日本宅园中,水与陆地的处理主要体现在水岛上。在驳岸处理上主要采取以土坡直接入水,杂以点石,也有岸石的做法。日本池岛采用海岛式,中岛土石结合,整体显石山形,形态较小较低,多以龟鹤形为主(见图4-7),有首、足、羽、尾构造石,还有石矶。

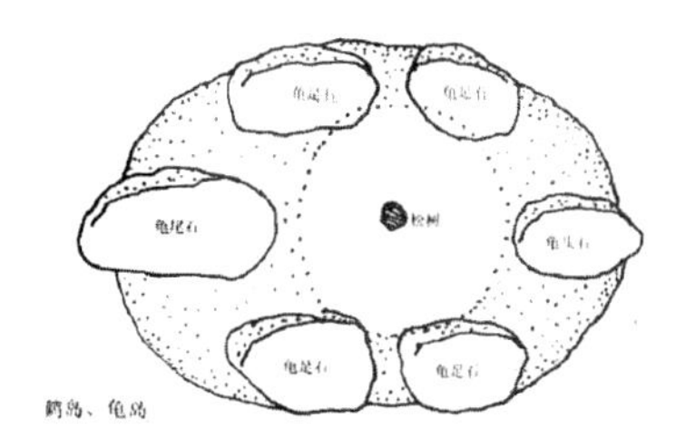

图4-7 日本鹤岛(上)龟岛(下)布局图

(4)园山

园山按照构成可分为土山和石山。石山以石堆叠或平置而成。石山源自于皇家园林中的一座须弥山,是以一个景石来表示的,须弥山这种类型的园山后来成为日本园林最普遍的形式,且由最初的单体形式逐渐转化为与枯山水中的河砂及筑山庭中的山形相结合的形式。

土山是真正模拟自然山体的实体性产物,其主要特点是坡度很小。比较陡的是筑山,表示是人力所为;较缓的是野筋,表示自然为之。他们都象征着日本岛国的岛山,所以土山体积较小,坡度较缓。

(5)石景

日本作为一个岛国,有许多优良的石材,在园林石材的选取上,日本宅园喜欢用青石,并选取朴拙敦实的天然石;在置石手法上,采取横向置石的方式,体量小巧玲珑,形成小岛小滩的形态,追求"似有野致"的意趣(见图4-8)。在园林意境上,以海景为表现主题,注重石景的象征意义,同时也是日本人臣服于天道的心态表现。然而,武家园林中为了显示武家气势和力量,立石往往显得粗旷和宏伟。如国司馆庭园布置枯山水的立石组群,主石高达2.5米,伴石呼应,犹如主将与士兵的关系。

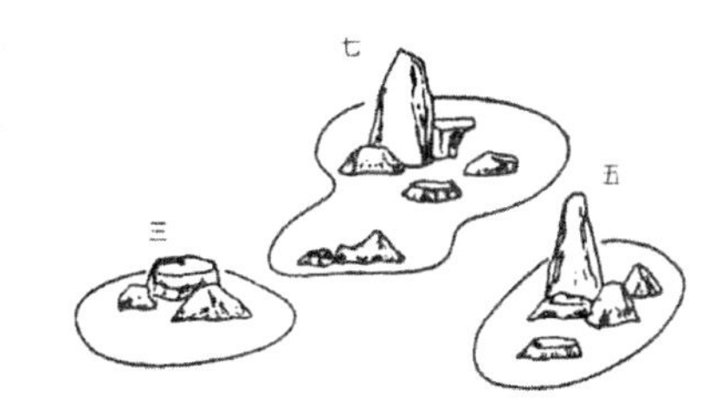

图4-8 日本庭园"七五三"立石

(6)小品

日本宅园里的小品很多,从材质上有石制、木制、铁制,其中以石制的小品最多。石灯笼、洗手钵、五轮塔等都是石制小品。神社前的鸟居是木制的;惊鸟器、窗帘是竹制的;个别灯笼是铁制的。

这些小品从形态上看有动物、建筑等,如铜雀、牌楼;从功能上看,有实用性、景观性等,如桌椅、盆景(表4-2)。

表4-2 日本私家庭园代表案例列表

基本信息	园林特征	备注	平面示意图
表千家不审庵 时间:1593年 区位:京都府上京区 园林主人:少庵 规模:1436平方米	空间布局:不审庵为典型的两重露地,有四个茶室,以及与之相连的外露地、内露地。茶庭带有中世纪武士的风格,线条明快,结构紧凑,采光较好 造园要素:1. 四个茶室分别为不审庵、点雪堂、残月亭和啐啄斋。2. 地面的铺设为冰纹切石和砂砾。3. 不审庵的中潜门为洞口式	始建于千利休时代,命名取自于"不審花开今日春"。之后,千利休儿子少庵重建不审庵。不审庵于1788年和1906年两度遭遇大火。现在不审庵于1913年重建	

续表

基本信息	园林特征	备注	平面示意图
二条城二之丸庭院 时间:约公元1600—1603年(桃山时代) 区位:京都市中京区 造园者:小堀远州 园林主人:德川家康 规模:4450平方米	空间布局:方形基地,御殿形成雁行布局。庭园为池泉观赏式,观赏分为坐观和回游式,可坐在东面建筑的前檐上观赏景色,环绕园池有一周园路可以近赏 造园要素:1. 从功能上看,建筑分为远侍、式台、大广间、黑书院、白书院。2. 园中植物以松树为主,有结合滨水的草坪空间,有作为立石背景的植物,也有专门设立的松木林。3. 水池格局为一池三山模式,含有祈寿的愿望。水池的北面堆土坡,南面做成水湾,立石成瀑布,瀑布为两段式。4. 庭院内用石巨大,堆石为立式。龟岛上用石头做出龟足、龟首、龟尾的形态;在鹤岛上立景石,模拟鹤的翅膀、头和尾巴	约在1600—1603年,二之丸庭园与二条城同时建成。后来,德川家康创立江户幕府,1626年9月为了迎接后水尾上皇行幸,德川家康派造园家小堀远洲对全园进行了改造	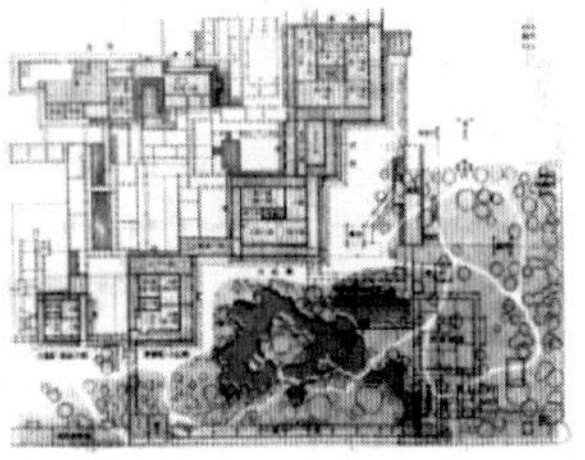
小石川后乐园 时间:公元1629年(江户时代) 区位:东京文京区小石川町 园林主人:德川家 造园者:德大寺左卫兵 规模:7公顷	空间布局:以舟游和回游结合的池泉园,全园分为四个景区,分别为:以西湖为中心的中国风景区、武家园林、田园景区和书院景区 造园要素:1. 用植物造景来表现农田景观,田舍景观区大部分为稻田、菖蒲田、藤架。2. 山石的布置以祈寿为主题,如名德大寺石既像龟又像鹤,为龟鹤两用石。园中堆两座并列土山为小庐山,模拟中国庐山。3. 池水由园中泉水涌出所致,岛上临水处设置洲浜和码头,模仿中国杭州西湖,为全园中心;园中还有白丝瀑和寝觉泷瀑布。4. 建筑的布置呈现出文人化和中国化。如唐门是对唐代建筑的追忆;德仁堂和涵德亭是对孔子仁德为重理论的尊崇;阴阳石、八桂堂是对中国《易经》理论的实践;琴画堂是对中国文人四艺的追随	庭园在1634年完工后,继1665年,在朱舜水的指导下,对庭院进行了改造和填建,1668年工程完工,采用朱舜水提出的以北宋范仲淹《岳阳楼》中的名句为典,取园名后乐园	
六义园 时间:公元1695年(江户时代) 区位:东京市文京区本驹入 园林主人:柳泽吉保 规模:1公顷	空间布局:是池泉舟游和回游结合的园林,全园以水池为中心,借鉴中国的一池三山模式象征神仙岛,表达祈寿的愿望 造园要素:1. 立石数量多且形象高大,象征武家力量,如渡月桥毗两个巨形石板架在石砌桥墩上,十分壮观;水池中的三座土山具有不同寓意,如中岛用土堆积成妹山和背山比喻夫妻。2. 水池水景空间丰富,有用石矶做成的玉藻矶;有设置码头的出汐湊;有做成洲浜的吹上浜;有做成水湾形式的宿月湾	最初为了建造六义园,柳泽吉保命令画工每日画图汇报。他去世之后,园林逐渐衰败,1813年重修后再次荒废。1877年归岩崎弥太郎,1938年岩崎氏献给东京市作为名胜古迹开放	

续表

基本信息	园林特征	备注	平面示意图
清澄庭园 时间:江户时期(具体时间不详) 区位:东京市隅田川右岸 园林主人:屋门左卫门 规模:38967 平方米	空间布局:清澄庭园为池泉式回游园,以水池作为全园的中心,采用一池五岛的模式,分别为:中岛、松岛、鹤岛、长滯岛和无名岛 造园要素:1. 园中水体的处理有两处比较特别,一处为北面海湾巨石汀步,另一处为西面岸边,与之形成对比的小汀步。2. 种植以雪松为主,在堆山上(富士山)遍植杜鹃花是园中一大特色。3. 园中用石体量巨大以显示武家的力量,如北面水湾用巨石当汀步,外形浑圆,显示宏伟的气势,园中堆山是利用凿池的土堆积而成的,形似并取名富士山,为仿景之作。4. 园中石灯笼很多,有九层塔、二层塔、自然石灯笼、雪见灯笼、春日石灯笼等	清澄庭园创建于江户,经历江户、明治、大正、昭和四个时代,由纪国富商屋门左卫门兴建,1716—1736 年宿城主久世大和守改为武家园林;重建于明治,崎弥太郎购废园并进行重建,园面积扩大两倍;添景于昭和,总体还是明治时代的风格	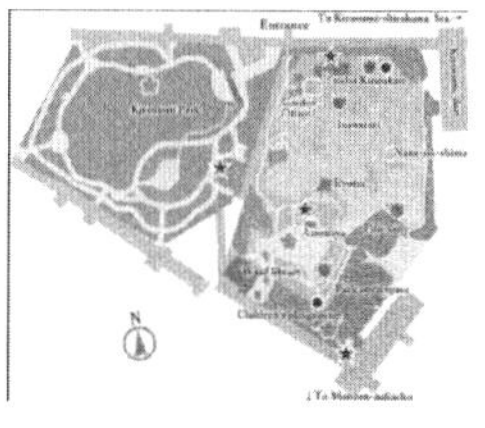
武者小路千家官休庵 时间:江户时期(具体时间不详) 区位:京都 园林主人:一翁宗守 造园者:千宫左	空间布局:武者小路千家官休庵由内外两个露地构成。外露地由南侧向东北方向延伸,呈细长形 造园要素:1. 植物配植注重植物自身的生长状态,庭石上的青苔、地被、灌木等很巧妙地搭配在一起,创造出一种自然野趣的效果。2. 官休庵茶室屋顶是双宝形房顶,并铺有瓦片。3. 官休庵的中门是非常独特的编笠门,其屋顶由树皮组成,四角下垂像斗笠一样	最初于江户时期由宗旦的二子一翁宗守营建,为千宫手晚年的设计作品,安永元年(1772)被大火烧毁,其后多次重建,在嘉永七年(1854)被烧毁。明治以后,又开始重建,基本上保持嘉永被烧前的建筑配置及基本构成形式	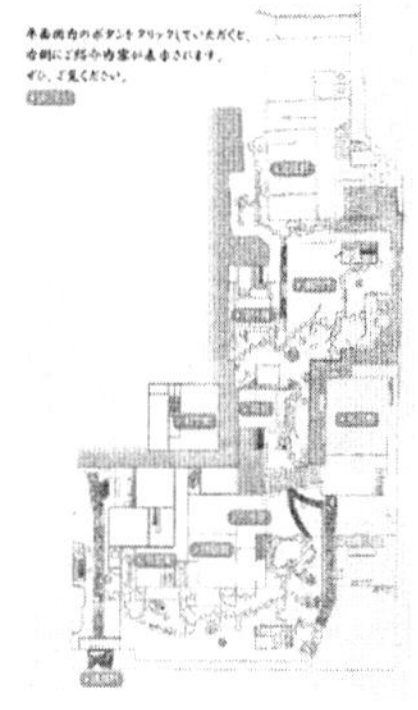
里千家又隐茶室 时间:公元 1653 年(江户时代) 区位:京都 园林主人:千宗旦	空间布局:由内外露地组成 造园要素:1. 又隐茶室屋顶采用双宝形,上面铺设厚厚的稻秸,显得笨拙,显示出质朴的乡村气息。2. 茶室入口是著名的撒豆式飞石,即无规则的任意摆放的飞石	命名"又隐"表明主人甘愿隐居的生活决心,并在此安度晚年	

4.2　中东地区

中东地区炎热少雨的气候条件使人们对植物与水充满向往。宅园是中东地区人们为了适应生存气候条件追求宜人的居住环境的产物。中东宅园多利用植物的绿荫和水的活力,营造一个安宁和谐的胜境,作为户外活动的中心。

4.2.1　古埃及宅园

古埃及文明缘起于公元前 30 世纪,于公元前 712—332 年进入末期,地跨亚非两大洲,埃及南部属于热带沙漠气候,在炎热的环境下,尼罗河的定期泛滥带来肥沃的耕作田地，却没有形成大片的森林，零星的绿荫挡住了炙热的阳光，为人们带来宝贵的阴凉空间。因此，古埃及人分外珍惜树木，对植物的热爱和憧憬通过宅园的兴建表现出来，壁画中也常有对绿荫环境的描绘。

在恶劣条件下，埃及人力求改造自然以满足自身需求。热爱自然和户外活动的风俗习惯，使人们更加需要舒适的户外活动场所。人们在自己的宅园附近营造园林，改善生存的小气候，带来清凉的感受。随着农业的发展，引水和灌溉技术逐渐提高，土地测量促进了数学和测量学的进步，并在一定程度上引导埃及园林向几何布局发展。植物的种植必须引水开渠，几何形的水池强调了人工的气息；数学的发展引起埃及人对整形对称形式的喜爱，园林呈现出均衡稳重的感觉。此外，对于植物的崇拜促进了埃及园艺业的发展，并达到相当高的水平，记录的树木、蔬菜、花卉等资料也广泛流传开来。

园林特征

早期王朝时期（BC2920—BC2575）埃及就有矩形住宅，包括房间和一个院子，起初古埃及人主要建造空间狭小的菜园、葡萄园等实用性宅园，不仅改善居住环境，也为生活提供了食物补给。中王国（BC2040 — BC1567）以后，实用性园林慢慢演变为以审美为主，兼有游憩功能的宅园。宅园通过建造水池及种植爬藤植物、树木来调节小气候，美化居住环境。

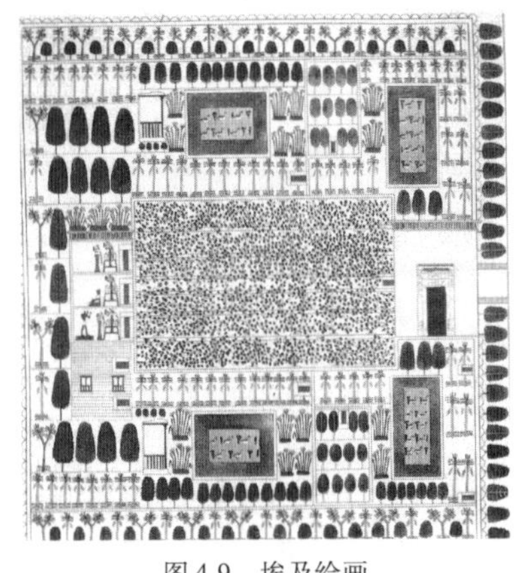

图 4-9　埃及绘画

平面构图上，古埃及宅园呈中轴对称式布置，园地为方形或矩形，并用院墙围合。园内还用墙体或葡萄架分隔空间，形成若干个独立并各具特色的小空间，相互渗透和联系，营造出荫蔽和亲密的空间气氛，反映出埃及人在恶劣的自然环境中力求改造自然的思想（见图 4-9）。沿轴线依次为大型的塔门及两侧小门，后为矩形的水池或行列式种植的植物，轴线的末端为住宅建筑。轴线的两边，有各种矮墙、栏杆和树木等围合起来的小空间对称分布。宅园的中心为矩形水池，有的宽阔如湖泊，可供园主在池中种荷、荡舟、垂钓或狩猎水鸟，也可灌溉植物。水池周围列植棕榈、柏树或果树，住宅前方两侧有供休息的凉亭。

（1）水体

水在古埃及宅园中非常重要，可以增加庭园的空气湿度，带来清爽的感觉，还有助于改善沙漠环境中日夜温差大的问题。古埃及宅园一般选址在河流旁边，从河流引水到庭园里，再注入矩形的水池中。有时还在水中饲养鱼类、禽类等，以增加庭园的活力。若水池较大，会在水池中设计码头、瀑布等，人们在池中可进行划船、钓鱼等娱乐活动。例如，底比斯法老宅园住宅两侧有泳池，后面是石砌的大水池，宽阔的水面上有水鸟嬉戏，并可以荡舟其上。

（2）植物

植物在庭院中的种植形式多种多样，起美化和分隔庭院空间的作用。一般在道路两边种植无花果、埃及榕、棕榈等，形成浓密的树阴；还有葡萄等藤本植物构成的棚架，形成一个绿荫覆盖的空间；还有直线植坛，里面种植着虞美人、牵牛花、黄雏菊、玫瑰和茉莉花等，边缘用夹竹桃、桃金娘等灌木为绿篱；此外还有水生植物和桶栽植物，为庭院增添活跃气氛。

植物除了美化环境和提供绿荫的作用外，还有兼具一些实用性功能，如种植石榴、无花果、葡萄等食用植物。埃及人还从地中海沿岸引进的一些植物品种。当埃及与希腊开始接触时，花卉装饰开始慢慢成为一种时尚，在园中大量出现。

(3)建筑

古埃及园林中以建筑作为主要构筑物，形成明显的中轴线。建筑两侧对称布置着凉亭和矩形水池。主要入口建造成门楼形式的塔门，十分突出。以建筑为主的构筑物在园中亦成为景观的重要组成要素，起到点景作用(表4-3)。

表4-3 古埃及宅园代表案例列表

基本信息	园林特征	平面示意图
奈巴蒙花园(Nebamon) 时间:约公元前1412—公元前1376(阿米诺三世)	选址:宅园坐落在河流边，方便宅园引水 空间布局:宅园为对称式方形，全园以一条轴线统领，并在轴线对称布置游乐性的水池，四周有各种树木花草掩映的休憩凉亭 造园要素:1. 庭院被厚厚的院墙围合，起到防护和隔热的作用。2. 植物配置不仅有庭荫树、花卉和水生植物，亦有葡萄架。3. 矩形水池对称布置在轴线的两边，水里养鸭，并种植荷花。园内提水的方式是用桔槔从低处向高处提水，一端以巨石来实现平衡	
底比斯法老宅园 园林主人：底比斯法老(Thebes)	空间布局:底比斯法老宅园呈正方形，呈中轴对称布置，园内以栅栏和行列的树木来分割空间 造园要素:1. 住宅两侧有泳池，后面是石砌的大水池，宽阔的水面上有水鸟嬉戏，并可以荡舟游船。2. 园路两侧种有无花果、埃及榕、棕榈等植物，形成浓密的林荫道。3. 建筑前面矗立着方尖碑，并点缀狮身人面像	
阿玛尔纳(Amarna) 时间:公元前1350年 园林主人:纳弗尔提蒂(Nefertiti)头像雕刻者(具体未知) 规模:3800平方米	功能:制作手工艺和园艺活动的工作院子 空间布局:由住宅、园墙和水井组合的规则式布局空间	

4.2.2 波斯宅园

波斯(BC550—BC330)炎热的气候、干旱少雨的环境对人们的生存提出挑战，波斯人渴望创造一个与周围环境隔离，安宁和谐、舒适宜人的胜境。由于水源的匮乏，波斯人开始利用高山上的常年积雪，通过地下隧道将清凉的雪水引入城市和村庄，并在需要的地方从地面打井提水。良好的引水灌溉系统成为波斯人开垦种植的先决条件。这种引水方式也被运用于宅园中，形成水渠。波斯人喜欢在庭园中种植庭荫树，通常密植在高大的土墙内侧，以获得领域感。另外，古波斯人信奉拜火教，对植物充满向往，认为天国中有金碧辉煌的园路，丰硕的果实和盛开的花朵，还有钻石和珍珠镶嵌的凉亭，这些都在古波斯人的宅庭园中有所体现。当阿拉伯人统治波斯之时，又依照伊斯兰经中描绘的天堂建造宅园。

园林特征

波斯宅园面积较小，由一系列的小型封闭院落组成，院落之间有小门相通，类似建筑围合出的中庭，尺度非常宜人。最典型的布局方式为：用抬高的十字形园路将庭园分成四块，园路上设有灌溉用的小沟渠。水作为园林中最重要的造园要素，往往采用盘式涌泉的形式，几乎是一滴滴地跌落在小水池之间，以狭窄的明渠连接各涌泉，坡度很小，偶有小水花（见图 4-10）。波斯宅园具体有以下特征：

1. 以重现宗教中的“天堂园”为造园理念；
2. 庭园大多呈矩形；
3. 常用抬高的十字形园路划分空间；
4. 拥有独特的引水和灌溉系统；
5. 偏爱庭荫树，获取领域感并防御外敌；
6. 多用浓烈色彩的陶瓷马赛克；
7. 园内的装饰物很少，仅限于小水盆和几条坐凳，体量适宜。

图 4-10　波斯庭园

4.3　欧洲地区

在欧洲地区，自古希腊时期以来，人们通过对宅园的装饰来突破城市环境中狭窄街道和拥挤建筑的限制。宅园作为建筑空间的延续，将园林与人们的生活联系在一起。欧洲地区数学和几何学的发展，以及哲学家对美的含义的理解，都影响到园林的设计形式。

4.3.1　古希腊宅园

古希腊囊括了地中海东北沿海一片相当大的地区，中心位于今巴尔干半岛南端，为地中海气候，夏季炎热少雨，冬季温暖湿润。古希腊多数人居住在城市中，但这并没有影响到古希腊人对于园艺生活的向往，餐具、瓶饰、壁画的图案上都显示着人们对于植物的钟爱。希腊人建造宅园的目的，一方面是满足实用性要求，如通过种植芳香植物获得香料等；另一方面是改善居住环境，为炎热夏天带来庇荫和凉意，并为家庭的聚会提供户外场所。在封闭的院落里的中庭，通过简单的盆栽等，使人们在廊子后面的建筑中进行纳凉、家庭聚会等活动，不仅满足了建筑的采光，还营造出植物环绕的清新氛围。

古希腊人认为美是有秩序、有规律、合乎比例、协调的整体，宅园作为建筑空间的一部分，采用几何构图，是美的整体性体现。

□ 古希腊哲学与美学

古希腊很早就出现了纯理性的哲学家，他们关注的不是基于神话的真理，而是基于科学事实收集的真理，从这些事实中理智思考归纳出一般性的规律。

哲学家及数学家毕德哥拉斯认为“数是一切事物的本质，而宇宙的组织在固定中总是数及其关系的和谐体系。”他指出美是和谐，并且探求将美的比例关系加以量化，提出了“黄金分割”理论。比例和尺度的关系原则，为西方古典主义美学思想打下了坚实的基础。

园林特征

古希腊庭园与人们的日常生活紧密结合，是作为室外的活动空间以及建筑在室外的延续来建造的。当时的住宅采用四合院式布局，一面为厅，两边为住房。厅前及另一侧常设柱廊，当中为中庭，以后逐渐发展成四面环绕列柱的柱廊庭园。

最初的柱廊中庭只是简单的铺设，并用赤陶雕像、盆栽、大理石喷泉装饰，几乎没有植物。随着生活水平的提高和园艺技术的进步，人们慢慢用植物来装饰庭园空间。

园林花卉普遍流行，并布置成花圃形式。人们尤其喜欢芳香植物，还在中庭内收集品种各异的花卉。当时的花卉种类还比较少，蔷薇最受欢迎，月季到处可见，还有成片种植的夹竹桃；此外还有紫花地丁、荷兰芹、百合、番红花、风信子等。

阿多尼斯屋顶花园

在泛神论的思想下，古希腊人将众神与大自然的各种力量联系起来，加强了对自然的热爱并把自己同自然融为一体。人们将敬神方式与庭园结合起来，形成了阿多尼斯屋顶花园（见图4-11）。

图4-11　阿多尼斯屋顶花园

相传阿多尼斯（Adonis）是希腊神话中的美少年，因狩猎不幸死于野猪之口。钟爱他的爱和美之神阿佛勒迪特（即维纳斯）感动了冥王哈德斯，阿多尼斯被允许每年中有半年时间回到光明的大地和爱人相聚。每到春季，雅典妇女都要聚会，庆祝阿多尼斯的到来。她们在屋顶竖起了阿多尼斯雕塑，周围用土钵包围，并在陶制的花盆种上莴苣、茴香、大麦、小麦等（表4-4）。

表4-4　古希腊宅园代表案例列表

基本信息	园林特征	平面示意图
好运别墅（Villa of Good Fortune） 时间：约公元前400年 区位：奥林索斯（Olynthus）	空间布局：柱廊庭院为方形，并紧邻路口 造园要素：1. 柱廊中庭地面铺设鹅卵石。2. 中庭围廊南北两侧有凉亭布置。与柱廊中庭相连的前室及餐厅地面采用石子马赛克铺装表现牧神潘和酒坛。3. 中庭中央为方形祭坛 其他：因马赛克铺装象征好运而得名	
喜剧家之宅（House of Comedians） 时间：约公元前125年 区位：希腊提洛岛	造园要素：1. 铺地用近方形的片麻岩制作。2. 中庭周围为12根3.6m的多立克柱式，多立克柱式三陇板涂蓝色。二层爱奥尼柱墩立在1m高的栏板上。3. 中庭围廊有大理石井口通向地下管道和和天井蓄水池 其他：因陇间壁上绘有喜剧和悲剧的场景而得名	
赫尔墨斯宅（Maison de L' Hermes） 时间：约公元前200年 区位：希腊提洛岛	选址：利用倾斜的地段，房间布置在几个不同的标高上面 造园要素：建筑为5层	

4.3.2　古罗马庭园

古罗马位于今天意大利中部的台伯河下游地区，北起亚平宁山脉，南至意大利半岛南端，是典型的地中海气候，冬季温和多雨，夏季高温炎热。古罗马城市人多地少，人们离开乡村来到城市，住宅空间狭小局促，光线不足，拥挤的城市空间使人们追忆乡村的田园生活。公元前2世纪，罗马人征服希腊，古希腊的田园生活方式和社交聚会的活动得到古罗马人羡慕和模仿，他们沿用了古希腊住宅的柱廊中庭形式，这种形式不仅为起居提供了舒适的庇荫通风环境，创造了自然的气息，还在一定程度上解决光线和空间不足的问题，同时也提供了聚会和休憩空间。此外，古罗马人还在柱廊的墙上描绘乡野景象，满足了人们对田园生活景象的追忆。

□ 古罗马城市建设

罗马城进入繁荣时期后，面临着人多地少的问题，面对一个百万人口的城市，楼房开始向上发展，屋主不但往高里盖，楼与楼之间的间隔也越来越少，很多街道只能通过一辆车。土地的紧张，也导致在城市范围营建大型园林成为奢望。对古罗马人们来说，结合城市住宅建造庭院空间，改善居住环境，也反映其对乡村美景的向往和追忆。老普林尼在《自然史》里说道：“在罗马城里，花园不过像穷人们的田园。”（图4-14 古罗马城市）

园林特征

古罗马早期的庭园以实用为主，包括果园、菜园和种植香料及调料作物的园地。继承古希腊传统后，庭园逐渐加强了园林的观赏性、装饰性和娱乐性，在园内种植花卉，并装饰以雕塑、喷泉等，为热爱户外活动和家庭聚会的古罗马人提供纳凉、聚会的场所。

古罗马的宅园通常由三进院落构成：前庭、列柱廊式中庭和露坛式花园。靠近街道的第一进院落主要用来接待来宾，呈现出开放性。第二进中庭及第三进院落的花园，主要满足家庭的聚会、休闲、种植等功能。这样的功能设置体现出古罗马人对古希腊热爱社交生活的继承，同时表现出对安全性和私密性的重视。

不同的造园要素在各个院落呈现出不同的景观效果。第一进院落一般有下沉水池，用于雨水的收集，相应的屋顶中央会有通透的天井，周围柱廊由四根柱子支撑着。第二进柱廊中庭周围环绕宽阔的柱廊，作为建筑与庭园的过渡空间，主人在此起居或者接待客人，柱廊和庭园相渗透，主人可以按照季节不同选择向阳或者背阴部位，并通过柱廊展望庭园。庭园当中一般有水池和喷泉，四边配置方块植坛。有些园子沿中轴线排列几个不同的喷泉、水池和雕像，一端有壁龛，成水源样子，内置雕像。露坛式花园一般出现在大型住宅中，中央布置大型喷泉，还有果园和水渠等。此外在柱廊的墙上有风景画，增加了庭园的趣味性，扩展了庭园空间的视线范围。

（1）水体

大多数庭园都有水，一方面便于植物的灌溉，另一方面水的动静状态给庭院带来了生气，并为庭院提高湿度。庭园里水的形式有两种：一种是延续古希腊柱廊园的喷泉，常和雕像、大理石圆盘结合起来，创造出活泼的庭院气氛；另一种是明渠或者水池，由白大理石砌成，水面明洁如镜，形式多样，水渠上架桥，水中养鱼，可作观赏，也可用来食用。此外，庭院注重雨水的收集，雨水从柱廊流下，形成帘幕式的景象，并用水池、盆和瓶收集。如潘萨住宅（House of Pansa）前庭水院中庭有方形水池，用来储蓄雨水，并设有喷泉（见图4-12）。

图4-12　潘萨住宅

（2）植物

古罗马庭园中多用木本植物，栽植在很大的陶盆和石盆中，而草本植物则种在花池中，并顺应庭院的中轴线成规则对称的形式。

庭园中的植物既有实用功能，亦有装饰作用，可作食物、香料、装饰、荫庇等。住宅的后花园有各种形式的花床，种着玫瑰、风信子、紫罗兰等花卉，边缘上围着黄杨绿篱。

（3）构筑物和雕塑

古罗马庭园中栏杆、柱廊等构筑物和雕塑应用普遍，给庭园增添了细腻耐看的装饰物和文化气息。庭院中的大理石水盆、雕塑与喷泉的结合，为庭院带来了活力。此外，古罗马庭院中还在水池和水渠上架起小桥，增添了景观的趣味性和多样性（表4-5）。

表 4-5 古罗马庭园代表案例列表

基本信息	园林特征	备注	平面示意图
维提住宅(Casa di Vetti) 时间:不详 区位:庞贝 园林主人:维提(Vetti)兄弟	空间布局:由一大一小的花园和庭院构成,花园周围有一圈柱廊,起到庭院与花园的过渡作用 造园要素:1. 波浪边黄杨花坛中种着常春藤、灌木及花木。2. 水体主要是水池和大理石水盆:在住宅的前庭和小前庭分别有大小2个水池;柱廊周边放有8个大理石的方形接水盘,在中央有个圆形水盘。3. 庭园北边有2个青铜雕像,其他雕像皆为大理石。3. 装饰以黄色和深红等色彩为主,墙壁上依然保存着许多神秘精致的壁画	公元79年,随庞贝城被火山喷发而埋没	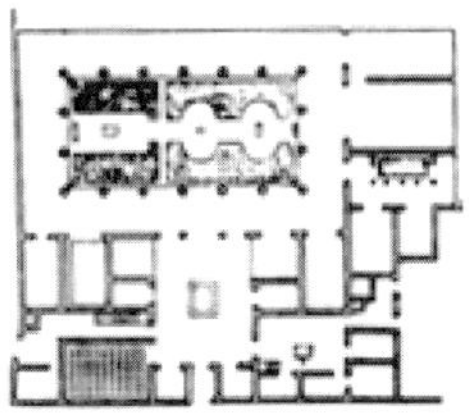
洛瑞阿斯·蒂伯廷那斯住宅(House of Loreius TibuRinus) 时间:公元前62年 区位:庞贝 园林主人:Octavius Quartio	空间布局:整体为规则的矩形,成前宅后园布置,园林布局采用规则对称形式。住宅3个庭院分为2种类型,分别为中庭和后花园 造园要素:1. 庭园植物种植起遮阴作用,在横渠两侧搭有藤架,中央水渠两侧则平行布置葡萄架,葡萄架两侧种有高大的乔木来遮阴。在花园的院墙两侧摆满花盆。2. 宅园水体主要为规则的水池和水渠,并有喷泉点缀	公元79年,随庞贝城被火山喷发而埋没	
潘萨府邸住宅(House of the Pansa) 时间:不详 区位:庞贝 规模:2258平方米	空间布局:1. 布局为三进院落组成的中轴线:前庭-柱廊庭院-露台式花园。2. 空间上前庭较为封闭,柱廊庭院相对开敞,露台花园则完全开敞,且各进院落有过渡空间 造园要素:1. 建筑是砖石和木构建造的二层高级住宅。2. 水景的设置结合功能:前庭有方形水池,储蓄雨水;柱廊中庭四周有水渠用来排水,且有大理石储存雨水灌溉植物	公元79年,随庞贝城被火山喷发而埋没	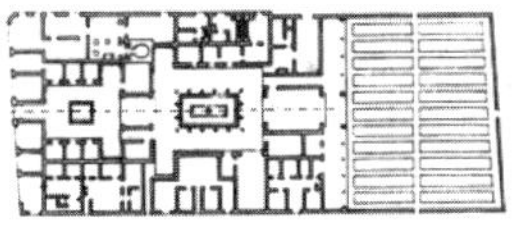
弗洛尔住宅(House of the Faun) 时间:约公元前200年 区位:庞贝 规模:约3000平方米	空间布局:住宅分3个庭院,2个前庭,并从侧面相通;一个柱廊庭院和一个后花园 造园要素:1. 房屋地面有亚历山大大帝出征的马赛克铺装。2. 连接前庭的入口装饰有拉丁字母"HAVE"表示欢迎问候	公元62年重建或修复,公元79年,随庞贝城被火山喷发而埋没	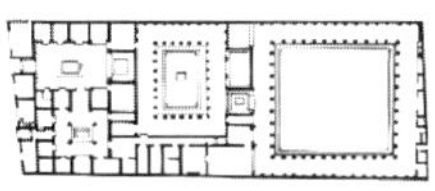
银婚府邸(House of the Silver Wedding) 时间:公元前300年 区位:庞贝	空间布局:住宅有3个庭院:较大的柱廊庭院有一方形水池,较小的前庭中间有个矩形蓄水池 造园要素:1. 前庭由四根科林斯柱式围合,并支撑起屋顶。2. 柱廊中庭周围墙面有壁画,扩大庭院空间。3. 柱廊中庭周围卧室地面有马赛克铺装	大约在公元前300年建造,并于1世纪早期进行重建,公元79年,随庞贝城被火山喷发而埋没	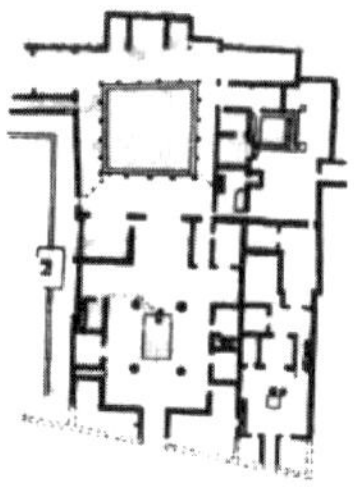

4.3.3 中世纪城堡庭园

中世纪(Middle Ages,476—1453)是在西欧历史上从罗马帝国瓦解到文艺复兴开始之间的时期,历时约1000年。中世纪时期战乱频繁,社会动荡不安,被认为是欧洲古代文明的停滞期。基督教成为古罗马的国教后反对奢华的生活方式,再加上战争和商业贸易被破坏,导致在中世纪的经济、文化生活中,城市的规模和作用都很小。

中世纪时期,出于安全的目的,王公贵族在庄园里豢养武士,并在府邸周围建造防御工事,从而出现了城堡的形式。城堡多建在山顶上,由带有木栅栏的土墙及内外干壕沟围绕,当中为高耸带有枪眼的碉堡作为中心住宅。早期的城堡没有建造庭园的空间,11世纪起战乱开始减少,城堡逐渐从山顶转移到平原靠近城市的地带,为庭园建造提供了空间。城堡的石砌城墙代替了早期的木栅栏和土墙,城墙外围挖有护城河,位于中心的建筑依然保留防御功能特征。喜欢园艺的人们开始修建实用性的庭园,并逐渐加强其装饰性和游乐性,因此装饰性或游乐性花园在王公贵族的城堡庭园中发展。13世纪之后,由于战乱逐渐平息,以及受到东方的影响,享乐思想逐渐在社会弥漫,城堡摒弃以往沉重抑郁的形式,宅邸结构变得更加开敞和适宜居住。到14世纪末,建筑在结构上更为开放,外观上的庄严性也减弱。到15世纪末,城堡的面积扩大,尽管保留着城堡的外观,却为专用住宅。城堡内有宽敞的厩舍、仓库、供骑马射击的赛场、果园及装饰性花园等,四角带有塔楼的建筑围合出方形或矩形庭园。城堡外围仍有城墙和护城河,在入口处架桥,这样的布局易于防守。庭园的位置不再局限于城堡之内,而是扩展到城堡周围,并与城堡保持直接的联系。城堡花园主要分布在法国、德国和英国,法国的比尤里城堡(Chateau Bury)和蒙塔尔吉斯城堡(Chateau Montargis)是这一时期比较有代表性的城堡庭园。

□《玫瑰传奇》

法国人德·洛里斯(Guillaume de Loris)的寓言长诗《玫瑰传奇》(le Roman de la Rose)写于1230—1240年间,书中大量描绘了城堡庭园的布局和欢乐场景,还有一些写实的细密画插图,尤为珍贵。

其中一幅名为"奥伊瑟兹(Oyseuse)将阿芒(Amant)带进德杜伊(Deduit)果园"的细密画中,可以看到庭园的典型布局:果园围绕着高大的石墙和壕沟,只有一扇小门出入。园内以木格栅栏划分空间,充满月季、薄荷清香的小径将人们引入到小牧场,草地中央有装饰着铜狮的盘式叠泉。修剪完整的果木、花坛,欢乐的喷泉、流水,放养的小宠物,营造出田园牧歌般的庭院风情(见图4-14)。

园林特征

城堡庭园在其发展阶段上,在规模、结构、位置等方面都有所变化,形式种类也多种多样。中世纪初期,城堡多选址山顶以抵御敌人的攻击,山顶空地较少且时局不予许进行园艺活动,因此早期城堡鲜有庭园建设;11世纪后城堡开始选址靠近城市的平原地带,总体上看,城堡庭园缺乏与外界的联系,庭园位于城墙之外,由栅栏或者矮墙围合起来,且只有少数的小门供出入,简单的几何形草皮、花床、篱笆和少量的树木构成中世纪庭园的主要景观要素。

□ 上帝创造美

《圣经》认为上帝创造世界是有秩序而和谐的。"神造万物,各按其时成为美好。""一定的尺度、数目和衡量"安排这自然界的秩序,人们把美当做是上帝创造的,导致人们对于花园景观的审美是直觉性的,而非有意识的设计。时代的呼声大多寄托在象征意义的传达上,这种情感影响下的非对称美学的标准指导着中世纪城堡及城镇的构图。

中世纪时期的城堡庭园造园面积不大、要素有限却相当精致,主要体现为:

(1)水体

中世纪城堡庭园布局虽然简单,但水景精巧别致,极具观赏性,成为造园中的重要元素。在空间较为局促的庭园中,水景多以泉池形式出现,如《玫瑰传奇》(The Romance of the Rose)(见图4-13)中写道:"草地中央有喷泉,水从铜狮口中吐出,落到圆形的水盆中……"在较为宽敞的庭园中也设有大些的水池,放养鱼类和天鹅等,增强了庭园的娱乐性。而中世纪城堡庭园的喷泉形式繁多,如同建筑形式变迁一样先后出现了罗马式、哥特式,以及后来的文艺复兴式。

图4-13 《玫瑰传奇》插画

(2)植物

中世纪初期栽植植物以实用为主,并不重视花卉的美观作用,出现了药园、菜园及果园等。11 世纪以后随着装饰性或游乐性花园发展以及植物修剪技术发达,植物形式、色彩不断得到重视,树木雕刻开始兴盛,城堡庭园中结园和迷园得到了广泛的应用。结园是低矮的绿篱组成的图案花坛类型;迷园是修建整齐的高篱像迷宫一样,增加了庭园的趣味性。此外,菜田也被花圃取代,花卉的种植密度不断增加;地上铺设草坪,为庭园提供活动空间。

□ 结园

结园是以低矮的绿篱组成装饰图案的花坛类型,或为几何图形,或为鸟兽、纹章等图案。结园分为两种,在绿篱构成的图案中填以各色砂石、土壤、碎砖的称为开放型结园;在园中种植花卉的为封闭型结园。

□ 迷园

迷园是中世纪流行的娱乐设施。错综复杂的园路以大理石或者草坪铺设,围以修剪整齐的高篱,形成难以走出的迷园,迷园中心往往放置园亭或者庭荫树。

(3)围墙

围墙是中世纪庭园的常见元素,主要分为庭园分隔和防御性两种。编制栅栏、木桩栅栏、栏杆、树篱等形式起分隔园林空间的作用,从 15 世纪后半叶到 17 世纪末,顶部有各种动物或植物形状的花格围墙变得更为常用。而防御性的外墙主要起保护庭园作用,以石料、砖块及灰泥等坚固材料砌筑。中世纪初期,围墙主要为带有木栅栏的土墙,11 世纪后石砌墙取代了木栅栏及土墙,并在外围挖掘护城河。

(4)小品

凉亭和棚架是庭园中最主要的小品,往往和藤本植物结合起到遮阴和装饰的作用。凉亭和棚架常用板条结构,以常春藤、玫瑰为骨架(见图 4-14)。其形式多样,有开窗的也有不开窗的,有高大的也有低矮的,有单独一个的也有数排连在一起的,有直线形式的也有曲线形式的。15 世纪末到 16 世纪初的城堡庭园用凉亭棚架组成的绿廊将庭园分成四部分,成为当时庭园的显著特征。

图 4-14 中世纪凉亭

(5)花台

花台是中世纪为采摘花卉的需要而建造的,用砖或者木建造边缘,并在中间的土地上铺上草坪,并种植鲜花,有的沿庭园墙壁的四周布置,也有位于庭园中间的。花台的边缘既有用海石竹和黄杨等植物材料,也有采用铅、瓷砖、石等硬质材料。在整个中世纪直到 17 世纪末,花台都高于地面,其高度为 2 英尺到 4 英尺时用砖砌成,不足 1 英尺的用石或者木材为边(表 4-6)。

表 4-6 中世纪城堡庭园代表案例列表

基本信息	园林特征	备注	平面示意图
蒙塔吉尔(Montargis) 时间:公元 1560 年 园林主人:蕾妮(Renee) 造园者:杜塞尔索(Du Cerceau)	空间布局:半圆形的花园,辐射型的布局,以城堡为中心,格子架呈放射状布局 造园要素:小草本花园位于防御墙内	公元 1560 年蕾妮居住于蒙塔吉尔山顶城堡,后来杜塞尔索(Du Cerceau)被雇佣重建城堡并设计园林。法国大革命时期被毁	
昂布瓦兹(Château d'Amboise) 时间:公元 1576 年 区位:法国图尔(Tours)以东 25 公里 园林主人:弗郎索瓦一世(Francois I)	选址:整座城堡位于多岩的高地上,可以俯瞰卢瓦河景色 空间布局:平台、陵堡、台地、高龛窗户和阳台、空中花园及令人眩晕的垛口的组合,可以保持开阔的视野	昂布瓦兹城堡兴建和复建于 15 和 16 世纪	

续表

基本信息	园林特征	备注	平面示意图
盖尔龙城堡(Château de Gaillon) 时间:公元1263年 区位:法国巴黎 园林主人:黎塞留(Richelieu)	选址:坐落于塞纳河西北边 空间布局:庭园位于城堡一侧,庭园由多个方形迷园和结园组成,中央建置凉亭作为全园中心。 造园要素:1. 中央凉亭内有大理石喷泉;2. 两个较大的迷园分别为圆形和方形元素构成	毁于法国百年战争(1337年—1453年),后被红衣主教d' Estouteville重新修复	
比尤里城堡(Château de Bury) 时间:公元1511年 区位:法国布卢瓦(Blois)	空间布局:城堡由建筑划分出四个庭园,其中三个庭园由不同图案的方形结园组成,庭园中央有铜像和喷泉作为构图中心 造园要素:1. 几何结园图案成为庭园的主要造景元素;2,铜像和喷泉为各个庭园中心	城堡始建于1511年庭园,毁于17世纪,主体建筑仍在	
什末林城堡(Schweriner Schloss) 时间:公元965年 区位:德国什未林市(Schwerin) 园林主人:梅克伦堡公爵	选址:位于什未林湖区中的岛屿 空间布局:庭园以城堡为中心,周边环绕有丛林与花坛布置 造园要素:1. 城堡高四、五层,平面呈五角形,装饰着大大小小的圆堡尖塔,融合了哥特、文艺复兴及巴洛克氏艺术风格于一体	现存城堡主要是从1845—1857年在老城堡的基础上更改和新增添的	

4.4 重点案例

4.4.1 中国·网师园

背景信息

网师园(图4-15,见161页)位于苏州旧城区南,前为阔街头巷,后临十全街,地方志中记载为带城桥阔家头巷11号,现为苏州市内友谊路南侧。网师园始建于南宋时期(约1127—1279),期间几经兴废,现在的网师园占地10亩(约6667平方米,包含原住宅),其中园林部分约占8亩(约5334平方米)。内花园占地5亩,其中水池0.67亩(约447平方米)(见图4-16,彩图4-1)。

图4-16　网师园鸟瞰

□ 明《姑苏志》、隆庆《长洲县志》引《施氏丛钞》云:"正志,扬州人,造带城桥宅及花圃费一百五十万缗。仅一传,圃先废。宅售与常州丁姓,仅得一万五千缗。后被占为百万仓粜场。"

历史变迁

网师园始建于南宋,当时的园主人是礼部侍郎史正志。南宋淳熙初年(1174—1189),史正志因反对张浚北伐而被劾罢官,之后史正志退居姑苏,开始造园。由于当时府中藏书万卷,故名"万卷堂",对门造花圃,名为"渔隐",园中种植牡丹,此为网师园的前身。现在的网师园当中已难见当时的庭院面貌,只有一株树龄八百年的古柏,主干已枯,枝干尚绿;池南有"槃涧"二字石刻,相传是宋代时期的旧物。

清代乾隆中期(约1765前后),光禄寺少卿宋宗元在万卷堂故址建

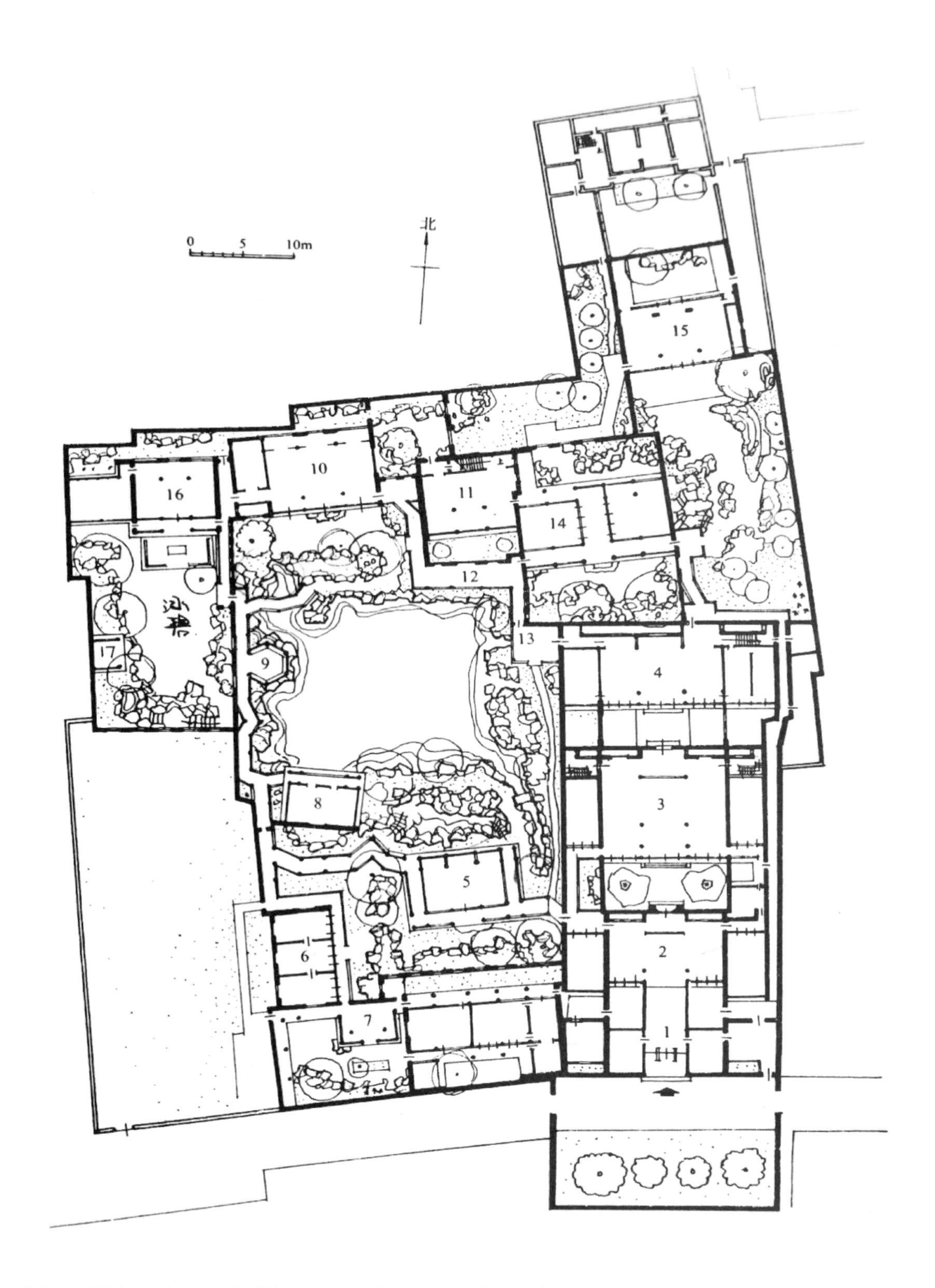

1. 宅门　2. 轿厅　3. 大厅　4. 额绣楼　5. 小山丛桂轩　6. 蹈和馆　7. 琴室　8. 濯缨水阁　9. 月到风来亭　10. 看松读画轩　11. 集虚斋　12. 竹外一枝轩　13. 射鸭廊　14. 五峰书屋　15. 梯云室　16. 殿春簃　17. 冷泉亭

图4-15　网师园平面图

图片来源：周维权. 中国古典园林史，1999

□ 沈德潜作《网师园图记》云，宋宗元“位两府，乃年未五十，以太夫人年老陈情，飘然归里。先是，君在官日命其家于网师旧圃筑室构堂，有楼有阁，有台有亭，有洪有陂，有池有艇，名‘网师小筑’，赋十二景诗，豫为奉母宴游之地，至是果符其愿。”

□ 对于造网师园的原因说法不一，一说是用于养老，一说是用于侍奉母亲。可以确定的是，宋宗元确实在母亲老年时辞官回乡，在网师园中伺候其母直至其母过世才再出仕途，后于乾隆四十年(1775)罢官归里，乾隆四十四年(1779)卒去。

造宅院，初名“网师小筑”，后名“网师园”，园内有十二景。宋宗元，字光少，又字鲁儒，号悫庭，生于1710年，卒于1779年。世居长洲，历官至光禄少卿。现在对于网师园的造园时间多认为是乾隆二十三年，也有一说应早于此年。宋宗元卒后，宋氏家族迅速败落，网师园逐渐荒废，至其子保邦求售之时，已经荒败不堪。

乾隆六十年(1795)，太仓富商瞿兆骙购得网师园，并开始亲手造园。瞿兆骙，字乘六，号远村。生于1741年，卒于1808年。在瞿兆骙的精心建造下，网师园名声渐大，留下很多诗文记载，现在的网师园也总体保持着当时的造园格局与风格。当时的网师园有主要的八景，根据钱大昕《网师园记》，“有堂曰‘梅花铁石山房’，曰‘小山丛桂轩’，有阁曰‘濯缨水阁’，有燕居之室曰‘蹈和馆’，有亭于水者曰‘月到风来’，有亭于崖者曰‘云冈’，有斜轩曰‘竹外一枝’，有斋曰‘集虚’。皆远村目营手画而名之者也。”瞿兆骙的网师园八景，景观名称与宋宗元时完全相同的有梅花铁石山房、濯缨水阁和小山丛桂轩三处。其实网师园当时的景点不止八处，从其他诗文中可知，还有滋兰堂、五峰书屋、看松读画轩等。瞿兆骙时候的网师园仍然保持着宋宗元时的水陆两个园门，水门仍可有渔舟游艇驶入。嘉庆十三年，瞿兆骙卒，网师园传于其子瞿亦陶。

嘉庆二十三年(1818)，网师园归天都吴氏。也有一说为道光十八年(1838)以后网师园才归天都吴氏。太平天国运动之后，清军收复苏州，网师园被用做临时县衙。

同治七年(1868)，网师园再次易主，由李鸿裔购得。李鸿裔(1831—1885)字眉生，号香岩，四川中江人。李氏自称苏邻，将网师园改名为苏东邻或苏邻小筑。李鸿裔死后．其子赓猷(后改名贵猷)继住此园。光绪二十二年(1896)李赓猷在园中建额绣楼。光绪二十八年(1902)李赓猷卒。在这个时期，网师园原有水门不见了，水面缩小。李鸿裔父子还在网师园东南盖起一片住宅楼宇，形成三进院落的大院，有门厅、轿厅、大厅和楼堂。建筑轴心对称，硬山大脊。

光绪三十三年(公元1907)，网师园归退居苏州的清光绪朝将军达桂。达桂生于1860年，卒年不详，字馨山，汉军正黄旗人。历任盛京、阿勒楚克副都统。达桂对网师园又进行了修葺，逐渐恢复原貌。至民国元年(1912)，已有冯姓居此。

□ 民国21年(1932)，暨南大学附中部迁苏州，部主任曹聚仁居此园。同年，名画家张大千、张善子弟兄与张锡銮之子张师黄交游，来园中居住。金天羽《天放楼诗集》卷十八有《张大千邀饮网师园》诗。几人与叶恭绰同住一园近4年。张善子在园中养幼虎一只，经常以虎姿入画。

“民国”六年(1917)，军阀张作霖从达桂手中购得此园，作为礼物赠予其师前清奉天将军张锡銮作庆寿大礼，改园名为“逸园”。张锡銮(1843—1922)，字今颇，一作今波、金波，钱塘人。他虽获赠园但从未在网师园内居住过。时有萝月亭、荷花池、殿春簃诸景，以十二生肖叠石形象最为罕见。抗日战争爆发前，曹聚仁、名画家张大千、张善子弟兄、张锡銮之子张师黄以及叶恭绰曾先后居于此园，后因园主家境中落，网师园再次濒临荒废。

民国29年(1940)，文物收藏家何澄(1880—1946)从张师黄手中购得网师园，费时3年，对此进行全面整修，力求恢复其过往旧貌，并充实古玩书画。复用“网师园”旧名。民国35年(1946)，何澄病故，网师园由妻王季珊继承。1950年王季珊去世，其子女何怡贞、何泽明等将网师园献交国家。

1957年左右网师园内曾驻军。1958年部队撤离，苏州医学院附属医院占用大部分园子，曾拟毁园办厂。同年，国家文物局、同济大学陈从周与苏州市园林管理处同来调查,主张对网师园进行修复。当年4月,网师园归园林管理处接管,医院与8户居民从网师园中迁出,政府拨款4万元对网师园进行抢修。10月动工重修月到风来亭,新建梯云室及该处庭院,以墙分隔西部内院,增辟涵碧泉、冷泉亭等,精心配置家具陈设。东邻圆通寺法乳堂也归该园使用。1959年9月,网师园开放游览。"文化大革命"初,园被易名为"友谊公园"并一度关闭,家具陈设、匾额对联遭受破坏,1974年稍经修理后重又开放并复旧名。1981年将法乳堂及庭院扩建为"云窟"。1982年,网师园被评为国家重点文物保护单位。1997年作为苏州古典园林之一,网师园被正式列入世界文化遗产名录。

□ 1979年市园林管理处组织讨论向美国出口园林建筑方案时,陈从周建议以园中殿春簃庭院为蓝本,得到美方同意。1983年受中国建筑学会委托,园林局精心制作网师园宅园模型在巴黎蓬皮杜文化艺术中心展出(见图4－17)。

图4-17　殿春簃

园林特征

网师园是典型的苏州园林宅园相连的布局形式,西部为住宅,东部为园林,围绕中部的水池为主要的园林景区。空间上采取主辅对比的手法,以主要空间与小空间相结合的方式打造出小中见大的意境。网师园以水景为中心,植物与山石结合,山石与建筑相映,虽然建筑密度较高,但是并不感到闭塞拥堵,整体布局紧凑,造园要素搭配和谐,建筑精巧空间尺度比例协调。

(1)布局

网师园布局围绕中心的水面展开,水池南部为花厅和居室。小山丛桂轩是南半部的主要厅堂,其北侧运用黄石假山将其与主景区进行分隔,轩西部是蹈和馆,西北侧是临水而建的濯缨水阁。池北以五峰书屋、集虚斋、看松读画轩以及殿春簃一系列书楼、画室组成。看松读画轩与池南岸的濯缨水阁形成对景,轩东侧为集虚斋,集虚斋前的竹外一枝轩缓和了集虚斋对园林造成的压迫感,与竹外一枝轩相连接的射鸭廊将园林过渡到池东部(见彩图4-1)。池东主要由一组假山构成,其用意在于形成水池与白墙之间的屏障,避免白墙压迫水池造成的局促感。

(2)空间

网师园的空间安排采取主辅对比的手法,中部水景是全园的主要空间,在其周围布置若干个较小的辅助空间,形成众星拱月的布局。中心主景区部分面积不大,略呈方形,东西跨度约30米,南北跨度26～34米,将几个小庭院布置在中心庭院周围,这一序列大大小小的幽静封闭的或者半封闭的空间,对比中心水景衬托出中心庭院开阔疏朗。

网师园利用空间的渗透借丰富的层次变化而极大的加强景的深远感。看松读画轩前有意留出类似于三合小庭院的空间,内建太湖石树坛,树坛内种植松柏,增加南北空间层次。园林北上角的集虚斋,其院内修竹数竿,透过月洞门和竹外一枝轩可窥见主景区的水池一角之景,是运用透景手法求得奥中有旷,增加景观的景深。

除了增加空间层次之外,网师园在细节上运用尺度变化消减建筑过多造成的空间拥堵感。例如东南水尾的小拱桥,避免叠石在白墙压迫之下气势被削弱;东北角的集虚斋、五峰书屋等建筑体量较大,与水面的尺度对比不甚协调,因此在建筑前加建小尺度的射鸭廊和竹外一枝轩,缓解尺度上的失衡(见图4-18)。

网师园还采用了欲扬先抑的处理手法,衬托主景区的开朗辽阔。当人们从轿厅进入庭院时,视线先被云冈假山和东部的粉白高墙限制,呈现眼前的是竹外一枝轩和射鸭廊,经过狭长的空间,视线慢慢展开,通过

图4-18　网师园射鸭廊

小桥，视域渐开阔，水面景区映入眼帘。视线经历由收而放的过程，人们最终获得疏朗开阔的视觉感受。

(3)建筑

园内建筑以造型秀丽，精致小巧见长，尤其是池周的亭阁，有小、低、透的特点，内部家具装饰也精美多致。

在水体周边构筑物的布局上，将小体量的建筑皆贴水而建，反衬水面之辽阔，临水建筑的小巧空灵，池塘中映衬的云影水色，加上月到风来亭中镜面的巧妙借景。加强了整个园林中虚的要素，使人产生旷远幽深之感，获得小中见大的艺术效果。月到风来亭、竹外一枝轩等体量较小，围合感较弱，为通透的过渡空间；濯缨水阁面水即是开敞的门窗面，建筑空间虚大于实。

体量感较大的建筑均退离水面，并巧妙运用障景及尺度对比的手法加强景深。小山丛桂轩远离水面，距水岸8米左右，轩正北方设置云冈假山，从水池北岸看，云冈刚好遮掉了轩的主体部分而只见屋顶。集虚斋和五峰书屋都为两层建筑，建筑体量本身很大，但由于有了竹外一枝轩、射鸭廊和半亭的遮挡，一层部分被隐藏，取而代之的是通透空灵的轩、廊、亭，这些虚空间能使人产生远离感而使感觉距离比实际距离更远一些，减弱建筑体量感，也扩大人的空间感受。

(4)植被

网师园植物配置简洁自然，集中了春、夏、秋、冬四季景物及朝、午、夕、晚一日中的景色变化和不同意境，分别是春(竹、迎春花、紫藤)—夏(桂花、玉兰、梧桐)—秋(秋枫、荷花)—冬(黑松、白皮松、罗汉松等)。“殿春簃”遍植芍药，因晚春时节“尚留芍药殿春风”而命名景题，与之一墙之隔的，现辟为牡丹圃，也用于展示春景；“小山丛桂轩”前以假山花池上配植桂花为主，以合“小山则丛桂留人”的主题，秋来飘香以留客；“看书读画轩”前的各类古松，则暗含冬日不畏严寒的高亮气节。

网师园植物配置蕴含不同寓意。在“万卷堂”前庭中对植有白玉兰两棵，其早春开花，暗喻冰清玉洁，其与厅原名“清能早达”表达园主人为官品德及志向；大厅后对植桂花，寓意夫妻“双贵流芳”、“两贵当庭”；白玉兰与桂花配置，有“金(桂)玉(兰)满堂”的象征，春天白玉兰一树百花，秋天金桂万里飘香。

古树花卉以古、奇、雅、色、香、姿见著，并与建筑、山池相映成趣，构成主园的闭合式水院。中部园林以“彩霞池”为中心，在池岸处点缀南迎春、络石等常绿披散性灌木。池北“看松读画轩”前有古柏一株，相传为南宋园主史正志所植(见图4-19)；在黄石花池中遍植牡丹、海棠。在池东靠住宅的山墙上，则用木香作垂直绿化，春时千枝万条，千花万蕊，带月垂香，有惹风舞雪之态。

(5)水体

网师园水面以聚为主，以水池为中心，水池面积不大，中心部分略显方形，在水池西北和东南角各有一处散水处理。沿水池四周环列建筑，从而形成一种向心、内聚的格局，这种格局常可使有限空间具有开朗感觉。水面有聚有散，聚而方正的水面能使人产生开阔旷远之感，分散的窄溪、水湾使水体相对拉长，方形单调有所改观。并分别作为入水和出水口，隐喻水的来龙去脉，从而达到“源流脉脉，疏水若为无尽”的效果。西北角的平石桥与中心水池和水湾比例适宜，东南角的引静桥是苏州园林中最小的石拱桥，小巧轻盈恰好反衬出窄溪的绵延狭长和中心水面的

图4-19　看松读画轩前植物

疏朗开阔，取得小中见大的效果（见图4-20）。

（6）山石

网师园按石质分区使用，主园池区用黄石，其他庭用湖石，不相混杂。主园区小山丛桂轩之北，临水堆叠体量较大的黄石假山“云冈”，有蹬道洞穴，颇具雄伟气势，他形成主景区与轩之间的屏障，达到障景作用；再者，射鸭廊南面堆叠玲珑剔透的小型假山，与背景白墙形成人工与自然的对比，加深景深，仿佛一幅画卷；水池沿岸黄石堆砌，错落有致，将两黄石假山链接起来，在气脉上达到彼此相通。在其他庭院用湖石堆叠假山，有在粉墙中嵌理壁岩；如梯云室北部庭院墙上点缀两三玲珑湖石，从室内透过隔扇看，仿佛一幅画镶嵌在美丽的镜框中；也有用湖石堆叠成花坛，如看松读画轩前，湖石堆叠的树坛里栽植姿态苍古的罗汉松、白皮松、圆柏而成一幅天然画卷（见图4-21）。

图4-20　网师园水景

图4-21　网师园内假山

4.4.2　中国·拙政园

背景信息

拙政园（图4-22，见170页）位于苏州古城东北街178号，面积78亩（52000平方米），始建于明代正德四年（1509年），今园辖地面积约83.5亩（约55667平方米），其中园林东区面积约31亩（约20667平方米），中部18.5亩（约12333平方米），其中水面积约占三分之一，西部面积约占12.5亩（约8333平方米）。

历史变迁

拙政园始建于明代，明正德四年（1509）御史王献臣在元代古寺旧址的基础上建造此园。王献臣，字敬止，号槐雨，因得罪权贵，辞官回乡建造拙政园，拙政园东部原是元代大弘寺，至今园中还有大弘寺的遗迹天泉井。明嘉靖九年（1530），拙政园完工，王献臣借用西晋文人潘岳《闲居》中“筑室种树，逍遥自得……灌园鬻蔬，以供朝夕之膳……是亦拙者之为政也。”之句，将园名取为拙政园。暗喻自己把浇园种菜作为一个拙者的“政”事。

在修建拙政园的过程当中，文征明（1470—1559）也参与到建造过程中，文征明亲植的紫藤现还在拙政园中，被誉为“苏州三绝”之一。文征明创作有《文待诏拙政园图》三十一幅集诗、书、画于一体（见图4-23）。文征明所作的《王氏拙政园记》石刻，现位于倒影楼下的拜文揖沈之斋。王献臣卒年不详，其死后拙政园由其子继承。王家公子好赌成性，将拙政园输给了徐佳（字子美，号少泉），从此王家一蹶不振，王家子孙后来穷困潦倒到以吊丧为业糊口。

图4-23　文征明拙政园图

崇祯四年（1631）拙政园东部被卖给了曾任侍郎的王心一（1572—1645）王心一，字纯甫，一作元绪，号玄珠，又号半禅野叟，王心一将这部分筑为归田园居。自此拙政园东部长期脱离拙政园。

清顺治六年（1649），拙政园再次易手。陈之遴徐灿夫妇以两千两白银从徐氏后人手中购得拙政园。陈之遴（1605—1666），字彦升，号素庵。陈之遴购得拙政园但未曾踏入过，其妻徐灿居住于此。顺治十三年（1656），陈之遴被顺治皇帝判全家流放，籍没了包括拙政园在内的全部家产，拙政园被充公，没为官产。

□ 徐灿，字湘萍，明末清初著名的诗人、词人、画家，是著名的才女，徐灿有两本关于拙政园的诗集——《拙政园诗集》和《拙政园诗余》。

□ 清毛奇龄的《西河杂笺》中提到:“园内建斑竹厅、娘娘厅,为三桂女起居处,又有楠木厅,列柱百余,石础径三、四尺,高齐人腰,柱础所刻皆升龙,又有白玉龙凤古墩,穷极奢丽。”

康熙三年(1664),平西王吴三桂女婿王永宁购得拙政园。王永宁对拙政园进行了大规模的改建,宅园住宅部分(大致相当于今苏州博物馆位置)非复旧观。康熙十二年(1673),吴三桂起兵造反,王永宁闻讯后惊惧死于拙政园内,吴三桂之女被当地县衙缉捕处死,拙政园再次被官府没收,大量建筑都被拆毁后运至北京用于修筑皇宫。

康熙十八年(1679),拙政园为苏松常道署。康熙二十二年(1683),苏松常道缺裁。拙政园散为民居。此后乾隆朝时,拙政园被分为三块:其中东部为潘氏所据。中部归蒋棨所有。因葺旧成新,旧观又得,复为初貌,故名曰:复园,西部名“书园”,为叶士宽所有。嘉庆十四年(1809),复园转售于海宁查世倓,仍名“复园”。嘉庆末年(具体年代不详),复园转售于平湖吴璥,苏州人因呼为“吴园”。书园于乾嘉道年间频易主,迄咸丰十年太平天国占领苏州前夕,书园为汪硕甫所有。

咸丰十年(1860),太平军攻占苏州,李秀成在苏建立苏福省,以原吴园、书园及归田园居为忠王府,大事兴造。现拙政园里的见山楼(原名“梦隐楼”)是李秀成在忠王府时的办公处,在楼上可远眺姑苏城外灵岩、天平诸山。

同治二年(1863)李鸿章据原吴园(今拙政园中部)为江苏巡抚行辕。书园仍归汪氏。归田园居则因李秀成时王心一后人弃宅不归,成无主地,日渐荒芜。后沦为农田殡舍。同治五年(1866),江苏巡抚衙门迁离吴园。

同治十一年(1872)张之万任江苏巡抚,居拙政园,又作《吴园图》十二幅,现在拙政园的中部就基本是当初吴园的格局。张之万找出当年文徵明的《王氏拙政园记》等历代文人记略为蓝本,力求对拙政园修治复原。张之万改吴园为“八旗奉直会馆”,同时仍袭“拙政园”之名。

光绪三年(1877)园西部一处售于吴县富商张履谦,易其名为“补园”,兴建拜文揖沈之斋、塔影亭、留听阁、浮翠阁、笠亭、与谁同坐轩、宜两亭等,并一直保持于今。张履谦为拍曲而建“三十六鸳鸯馆”。后厅天井遍种十八株稀有茶花,植于墙边,号称“十八曼陀罗花”,后取名“十八曼陀罗花馆”。

光绪十三年(1887),八旗奉直会馆大修。其格局遗存至今,即今拙政园中部格局。

宣统三年(1911),辛亥革命后江苏省脱离清廷独立,八旗奉直会馆改名“奉直会馆”。“民国”二十七年(1938),汪精卫政权江苏省政府租奉直会馆及补园为伪省政府办公处。“民国”二十八年(1945),汪精卫政府垮台。补园仍归张氏,奉直会馆仍归奉直同乡会。“民国”三十五年(1946),国立社会教育学院自四川璧山迁苏州,借奉直会馆为校舍,又以原归田园居废址为教职员工宿舍,并购得原归田园居以外一处菜地(今拙政园东部天泉亭一带),改为操场。“民国”三十七年(1948),社会教育学院以校舍不足,向张氏后人租借补园。1949 年,苏州解放后,社教学院迁无锡。原校舍即拙政园改为苏南苏州行政区专员公署。张氏后人向人民政府献补园。

1951 年 11 月,苏州专员公署迁出拙政园,拙政园归苏南区文物管理委员会管理,政府开始着手修复拙政园。1952 年 10 月,今中部(原八旗奉直会馆)和西部(原补园)修复竣工。今东部则为花圃和职工宿舍。

1954年,新成立的苏州市园林管理处从苏南文物管理委员会接手拙政园,年底开始大修。1959年下半年起,在东部兴建公园,1960年9月竣工。自此形成东中西三部格局,名"拙政园"。1961年3月被国务院公布为第一批全国重点文物保护单位,并和苏州的留园以及北京的颐和园、承德的避暑山庄这两处皇家园林一起被誉为中国四大名园。1966年,文化大革命兴起,拙政园一度改名"东风公园"。厅堂陈设撤除一空。"文革"后,恢复"拙政园"名,陈设亦逐步还原为"文革"前状态。1997年拙政园被联合国教科文组织列入世界文化遗产名录。

园林特征

拙政园分为东部、中部、西部三个部分,东部现为公园,故在此主要是针对中部和西部的古典园林部分展开论述。中部是拙政园最为精华的部分,其空间处理主要是围绕中心水景展开,是多景区、多空间的大型宅院。西部也以水景为中心,但是理水手法与中部的以聚为主不同,采用散为主,聚为辅的手法,在空间处理上相对于中部稍有不足,但在水尾等部分的处理上也不乏出彩之处。

(1)布局

拙政园总体布局疏密自然,即以池水为中心,置亭榭楼阁、堂馆轩坞皆环水而建,疏密相间,自然相连,穿接翠竹、古木、山石、花卉。

中部是拙政园的主景区,为精华所在,以水池为中心,以次景区的"密"衬托主景区的"疏"。水面积占到中部庭园的五分之三,建筑多为围水而建,既可以藉水赏景,又可以与植物水景搭配自成一景。池中建东西两岛,将水池划分为南北两个空间东山较小,上建待霜亭体量较小,西山体量较大,山顶上有主要建筑雪香云蔚亭,与待霜亭形成对景与对照,同时还与西岛上另一精巧的荷风四面亭形成对比。西山的西侧水岸边建见山楼,与雪香云蔚亭和待霜亭共同构成一条东西向轴线。见山楼还可远眺水池南岸的香洲及玉兰堂。水池南岸,正对雪香云蔚亭的是中部的主要建筑远香堂,与雪香云蔚亭形成对景。远香堂西侧平台旁便是水尾,狭长水面至墙边结束。以廊桥"小飞虹"横跨水上,廊桥南侧的得真亭与横架水上的水阁"小沧浪"共同组成了内聚形的水院,层次丰富。总体而言,拙政园中部的布局以水展开,在建筑密度较大的南岸,增加层次和内聚空间,北部以自然山石植物为主点缀园林建筑,形成南北的疏密对比,既保证了自然之趣又解决了园林建筑过多带来的矛盾。

西部园林也以水为中心,整体理水手法以散为主、聚为辅。池中有小岛,岛上临水建扇面庭"与谁同坐轩"(见图4-24),可眺望三面之景,与其西北面岛上的浮翠阁形成对景。其东侧的狭长水面旁建有水廊,与水廊北侧相连的是倒影楼,其与南岸的宜两亭互成对景。宜两亭西侧是西部的主要建筑鸳鸯馆,鸳鸯馆临水而建,但是体量稍大,对于前方的水面造成一定的压抑之感。西部水景结尾于南侧,水面十分狭长如同盲肠,在水尾处建塔影楼,作为点景建筑。拙政园西部布局总体而言开敞不足,稍显局促,较多的采用对景的手法,增加园林游赏性。

图4-24 拙政园与谁同坐轩

(2)空间

拙政园空间丰富多变,大小各异,尤其是中部,有以水景为主的开敞空间，也有山水与建筑形成的半开敞空间，还有建筑围合的封闭空间。

拙政园利用大小空间转换对比的方法，展开一系列空间序列。从原来的园门进入，穿过夹道，以一组黄石假山作为屏障，绕过假山是一方小水池，过桥之后才能转入主景区，有豁然开朗之感。小飞虹（见彩图4-2）划分出大小对比的水景空间，其北侧是开敞的水面，可远眺见山楼与荷风四面亭，南侧则是由庭、阁共同围合形成的水景院落。远香堂东侧由枇杷园、听雨轩和海棠春坞三个庭院组成，空间变化丰富，层次较多，更好的突出了远香堂前的开敞空间。

拙政园中部在空间处理上还采用了缩小建筑体量的手法，在园正中心的建筑是精巧的荷风四面亭，可以缩小亭子的体量，一方面与山顶的雪山云蔚亭形成对比，更主要的荷风四面亭的位置是园内的交通中心，一方面与南岸的倚玉轩连接，一方面与见山楼相连，因此适当的缩小体量，既能满足点景的功能又能留出足够额交通空间。此手法在西部的水尾处也有使用，运用体量较小的倒影亭衬托水尾，使原本狭长的水尾富有层次感。

除此之外，利用植物增加空间景深，营造空间氛围也是拙政园空间打造的重要手法。这一手法最明显的使用在中部的雪香云蔚亭前，雪香云蔚亭与远香堂互成对景，为了增加景深和层次感，在庭前密植梅花和柑橘，在岸边散植灌木藤蔓，高低错落，层次感强，突出了自然野趣。

（3）建筑

拙政园建筑分为点景建筑和功能建筑，主要的使用建筑位于南侧，中部的建筑多为点景建筑。主体建筑中部为远香堂，西部为鸳鸯馆。

图4-25　拙政园见山楼

点景建筑分布于水池周围以及水中岛屿之上，大多体量比较小巧轻盈。中部的建筑布局围绕水景展开，中部以荷风四面亭为中心，体量较大的见山楼（见图4-25）偏于一隅。雪香云蔚亭和待霜亭掩映在岛上的植物之中。小飞虹廊桥、松风亭、得真亭等点景建筑位于南部建筑密度较大的区域，增加空间层次感，轻盈精巧。西部与谁同坐轩为中心的主要点景建筑，映衬其后的浮翠阁，水尾处的倒影亭是水面结尾的点睛之笔。

图4-26　拙政园三十六鸳鸯馆

主体建筑都靠近开阔的水面。中部的远香堂位于平台之上，正对宽阔水面，视野开阔，堂面阔三间，安装落地长窗，坐于其中可以观赏四面景致。西部鸳鸯馆（见图4-26）分为两个部分前为三十六鸳鸯馆后半部为十八曼陀罗花馆，建筑挑出于水面之上，但由于体量太过庞大，使水面显得拥堵，原本应该开敞的水面变得压抑是西部的不足之处。

总体上，拙政园的建筑延续了江南园林的细致精巧，中部的建筑尺度布局都经过推敲，建筑之间或为对景或搭配营造空间感，使园林旷远与深邃兼备。西部建筑单体设计也十分精细，且互为对景，但是有些体量较大，造成人工气息过重。

（4）植被

拙政园内的植物种类繁多，如松、榆、槐、枫、柳、桃、茶、玉兰、琵琶、海棠、荷花、梅、竹、女贞等，叶、花、果、枝姿态各异。至今保持了植物景观取胜的传统，其中荷花，山花，杜鹃为拙政园著名的三大特色花卉。仅中部32处景观，百分之八十是与植物有关的景观。如远香堂、听雨轩、荷风四面亭有荷，芙蓉榭有芙蓉、倚玉轩、玲珑馆、听雨轩有竹，待霜亭有菊，听雨轩有芭蕉，玉兰堂有玉兰，雪香云蔚亭有梅，听松风处有松，海棠坞有海棠，柳荫路曲有柳，枇杷园、嘉实亭有枇杷等，再加上散布于其他各处的植被，蔚为壮观。

因为植物与其主景建筑相搭配协调、意境一致，如远香堂前水面的荷花、松风亭旁的苍松、雪香云蔚亭周边的梅花、十八曼陀罗馆附近的山茶花、玉兰堂前的玉兰等，使得拙政园内四季都有生机、有情趣。

图 4-27　拙政园中部岛山上的植物

具体如中部的岛山，向阳的一面黄石错落，背面则土坡苇丛，两山遍植落叶树间以常绿树，左边散植灌木藤蔓，此外还栽植柑橘、梅花。拙政园中部岛山之柑橘山花，丛林灌木，意在模拟太湖各岛之缩影。而大片梅花林则取意于苏州郊外的著名赏梅经典香雪海，所以岛山一带极富苏州郊外的江南水乡气氛（见图 4-27）。

（5）水体

拙政园水体的特点东疏西密，曲水环绕，水面面积占五分之三，整个水面既有分隔变化又彼此贯通，互相联系，在东，中，西南留有水口，与外界交流（见图 4-28）。

图 4-28　拙政园开阔水面

与苏州其他古典私家园林相比，拙政园的水形丰富、水体较大。有开阔的水面、平静的水池、狭长的水涧、幽静的水潭、深邃的水井等。

拙政园中的一切造园景物都以与池水相调和。景点布置疏朗，不求其聚，亦不觉其散，皆因有水为中心，有桥梁道路，通其脉络；长廊逶迤，填其空虚；有岛屿土山，映其顾盼。凡诸亭杆台榭，皆因水为面势，临水建筑物特别多，形式多平宽开敞，富有安定感，与广阔的池水相调和。拙政园的通景线水陆交错，一重池水，一重陆地，池水与陆地上栽植相呼应。春宜晨，夏宜风，秋宜月，东宜雪，四季皆有景观。

拙政园的池水处理的方式采用化整为零、分散用水的手法。化整为零的方法把水面分割成互相连通的若干小块，这样便可因水的来去无源流而产生隐约迷离和不可穷尽的幻觉，分散用水则可以随水面相对狭窄的溪流起沟通连接的作用。这样使各空间环境既自成一体又相互连通，从而具有一种水路萦回、岛屿间列和小桥凌波而过的水乡气氛。

（6）山石

拙政园以水体为主，山石环绕水体为伴，水面被池中的山石和周围的房屋、曲桥、植物划分为几部分。园内山石采用黄石与湖石混合，围绕水体堆叠为主的方式，沿池布石是为了防止池岸崩塌和便于人们临池游赏，但处理时更注重艺术效果的统一（见图 4-29）。园中的叠石岸无论用湖石和黄石，凡是比较成功的，一般都掌握了石材纹理和形状的特点，使之大小错落、纹理一致、凹凸相间，呈出入起伏的形状，并适当间以泥土。在入口处的黄石假山与香洲南侧的假山则是起到障景的作用，使空间开合有致。

图 4-29　拙政园内叠石

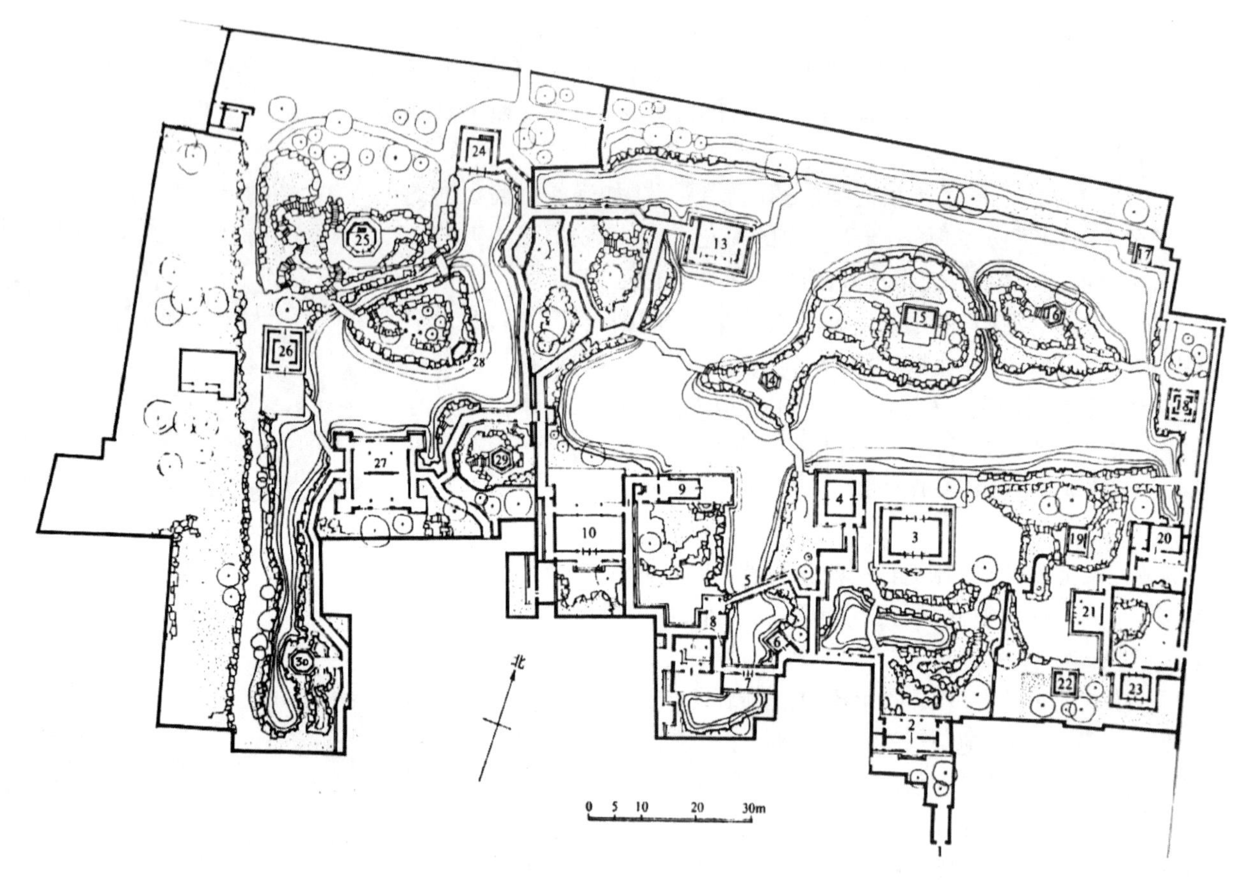

1. 园门 2. 腰门 3. 远香堂 4. 倚玉轩 5. 小飞虹 6. 松风亭 7. 小沧浪 8. 得真亭 9. 香洲 10. 玉兰堂 11. 别有洞天 12. 柳荫曲路 13. 见山楼 14. 荷风四面亭 15. 雪香云蔚亭 16. 北山亭 17. 绿漪亭 18. 梧竹幽居 19. 绣绮亭 20. 海棠春坞 21. 玲珑馆 22. 嘉宝亭 23. 听雨轩 24. 倒影楼 25. 浮翠阁 26. 留听阁 27. 三十六鸳鸯馆 28. 与谁同坐轩 29. 宜两庭 30. 塔影楼

图4-22 拙政园平面图

图片来源:周维权. 中国古典园林史,1999

4.4.3 中国·沧浪亭

背景信息

沧浪亭(见图4-30)位于苏州市城南人民路南段附近的三元坊附近。始建于南宋时期(1127—1279),沧浪亭占地约16.5亩(11000平方米)是苏州园林中现存历史最悠久的一处(见彩图4-3)。

历史变迁

沧浪亭最早为五代末年孙承佑的别墅,临水成山,广植树木。北宋庆历四年(1044),集贤院校理、诗人苏舜钦坐事,被削去官职。次年,他举家南迁至苏州,买下孙氏遗址,傍水造亭,题名“沧浪”,并作《沧浪亭记》。庆历八年(1048),苏舜钦卒,沧浪亭为龚氏和章氏二家所分。章氏将园地扩大,建大阁,又在山上造堂。在动工时,发现北面跨水一座洞山之下有嵌空大石,传为五代广陵王所藏,章氏将其筑成两山对峙之势,成为一时雄观。南宋绍兴初,沧浪亭为抗金名将韩世忠所得,改名韩园。此时沧浪亭有寒光堂、冷风亭、翊运堂、濯缨亭、梅亭、瑶华境界、竹亭、清香馆等建筑,而其中最著名的仍是苏舜钦所筑的沧浪亭。

图 4-30 沧浪亭平面图

图片来源：刘敦祯．苏州古典园，2005

从元至明，沧浪亭为僧所居，改为妙隐庵、大云庵。此后二百余年又几经兴废，至明嘉靖二十五年(1546)，有僧人文瑛复建沧浪亭。明末，沧浪亭逐渐荒废。

清康熙初，汉军镶蓝旗人巡抚都御使王新命建苏公祠。康熙三十四年(1696)，商丘宋荦抚苏时，寻访沧浪亭遗迹，已是灰飞烟灭，光影无遗。于是在次年规划重修，并把临水亭子移建于土山之上，环山建厅堂轩廊等建筑，又得文征明隶书“沧浪亭”三字揭之于楣，临池造石桥作为入口处，成为今日沧浪亭的布局基础。

道光七年（1828），长乐梁章钜重加修葺，咸丰十年（1860）遭兵燹，又废。同治十二年（1873）巡抚张树声复兴沧浪亭，并构明道堂、五百名贤祠等建筑。

1917年，画家颜文樑应苏州公益局之聘，修复沧浪亭，将此作为苏州美术专科学校的一部分。抗战时期遭日寇毁坏，至新中国成立前夕，已相当破残。1954年，人民政府拨款对其全面整修，基本恢复旧观。1955年春节，沧浪亭正式对外开放。1963年列为江苏省文物保护单位。1982年再次被列为江苏省文物保护单位。2001年沧浪亭被列入世界遗产名录。

园林特征

沧浪亭将园林分层布局，最中部以假山为主，建筑环山布置。在园林之外，设置水景，增强视觉上的层叠感，形成园中有园、园外亦有园的效果。通过游廊、漏窗的设置，将外景和内景结合起来，使园内假山、建筑和园外的水面、景致自然的融合为一体，给人一种人在园外、身在园中的感觉。

（1）布局

图4-31　沧浪石亭

沧浪亭总体布局以崇阜之水，杂花修竹为特色，富有自然情趣通过借取外景，一反高墙深院的常规，融院内院外为一体。沧浪亭水景围绕在园林之外，水源自西而东，环园由南出，流经园的一半。内部则整体以山为主，真山林为全园的核心。沧浪石亭（见图4-31）建于山顶，建筑环山随地形高低布置，绕以走廊，配以亭榭，围合成为园林内部空间，形成水景在园外，山景在园内，以亭台复廊相分隔的山水组合方式，布局融园内园外景于一体，造成深远空灵的感觉。

（2）空间

沧浪亭空间处理上最突出的特点是将水景围绕园外，运用复廊的空间将园内园外的空间连通。园内外空间通透，形成园外水流围绕，园内山石矗立的整体空间结构。沧浪亭在园外退出开敞的水面，运用借景手法，借园外的水体扩大了园内的空间感。

细节空间处理上，首先运用地形和植物增加空间层次感。园内部山石和古树模仿出真山林的空间感，山顶上的沧浪亭在树林的掩映之下增加了景深，使沧浪亭与复廊在空间距离感上有所增加。其次，运用大小尺度的对比，使开敞空间感更加突出。园西南角点缀有尺度较小的“观鱼处”临水建筑，与开敞水面形成对比，使有限的水面在空间上得到扩大。

（3）建筑

沧浪亭中建筑大多环山而建，利用廊把山林池沼、亭堂轩馆等连成一体。游人通过游廊的漏窗浏览园内山石，树木，花草，轩榭是沧浪亭建筑上的一大特色，使游览时所见不是静止的画面，而是动态的景色。利用粉墙窗框来划分空间，闭合、开敞、明暗相结合，达到有变化，有层次的园林艺术体系。

沧浪亭中主体建筑为假山东南部的明道堂，面阔3间为明、清两代文人讲学之所。堂在假山、古木掩映下显得庄严肃穆。堂南的“瑶华境界”“印心石屋”“看山楼”等几处轩亭都各擅其胜。折而向北面有馆3间名

"翠玲珑"。除此之外沧浪亭内还有观鱼处、五百名贤祠等园林建筑。

在沧浪亭的主景山与池水之间，隔着一条蜿蜒曲折的复廊（见图4-32），是园中独特的建筑。中间廊上开有各种式样的漏窗，其妙在借景，把园内的山和园外的水通过复廊互相吸引，山水建筑构成一体。复廊南半廊以山景为主，北半廊以水色为佳，南侧阳光让廊北景物相对明亮，便于两面观景。

图4-32　复廊

沧浪亭除了利用廊与复廊连接山石、建筑，使用漏窗巧妙借景也是沧浪亭建筑上的一大特色。沧浪亭廊壁上有众多漏窗，传为一百零八式图案花纹，无一雷同，仅在假山四周就有近六十多种，一字排开，连绵不断，变化多端，让人感到园外的沧浪之水仿佛是园中之物。通过这种手法，使得外部水景和内部景观和谐地结合起来，不管身处园内或者园外，都能观赏到园内外的景观（见图4-33）。

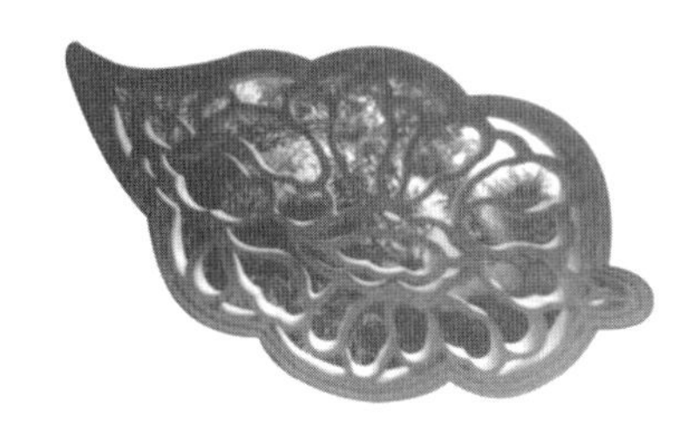
图4-33　沧浪亭漏窗

（4）植被

沧浪亭的基址原为"近戚孙承佑之池馆也。峋隆胜势，遗意尚存"，并且"前竹后水，水之阳又竹，无穷极"，所以沧浪亭在造园之初，就有很好的植被，有古木繁花作为沧浪亭建筑的衬景。

竹是沧浪亭自苏舜钦筑园以来的传统植物，亦是沧浪亭的特色之一。现仍有各类竹二十余种。"翠玲珑"馆连贯几间大小不一的旁室，使小馆曲折，绿意四周，前后芭蕉掩映，竹柏交翠。风乍起时，万竿摇空，滴翠匀碧，沁人心脾（见图4-34）。

图4-34　沧浪亭内植被

沧浪亭利用植物生长的优越自然条件，在植物配置上根据不同花色、花期、树姿、夜色等观赏特性，互相烘托。沧浪亭中四时植物景色皆有佳致：春坐翠玲珑赏竹，夏卧藕花小谢观荷，秋居清香馆闻桂，冬至闻妙香室探梅。

（5）水体

沧浪亭借高墙之外的古河之水来为园林增色，以水环园，水在园外。因有园外的一弯河水，沧浪亭在面向河池的一侧不建园墙，而设有漏窗的复廊（见图4-35）。长廊敞开一面，封一面，间以漏窗，封而不绝，隔而不断。外部的水面开朗的景色破壁入园，使园内的空间开敞扩大。溪流两岸叠石，湖岸种植杨柳、桃花，古栏曲折。漏窗敞露外向，使沧浪与封闭的私家花园形成迥然不同的特点。园子与外部水体的连接部分，复廊和渡桥而入的巧思既成全了园内借水成景的愿望，又隔绝了河对岸城市的喧嚣，体现了"大隐隐于市"的城市山林思想。

图4-35　沧浪亭园外水景

（6）山石

沧浪亭内山外水，山是园中主景，布局以假山为主，位于园之中心。自西向东古朴幽静，属于土多石少的山。沧浪亭的主山"真山林"（见图4-36），用黄石抱土构筑，中为土阜，四周山脚以石护坡，沿坡砌蹬道，山体高下起伏。山上石径盘旋，植被丰茂，有真山野林之意。真山林几乎占据了前半部的整个游览区，但无庞大拥塞之感。

山以土多石少，既便于种树，又省人工，山体石土浑然一体，混假山与真山之中，使人难辨真假。山体东段黄石，山间小道，曲折高下，溪谷蜿蜒，石板做桥，为宋代所遗留。山体西段辅以湖石，玲珑巧透。从山体西南盘道登山，可俯视，临潭大石上的"流玉"二字，点出水之气象。一曲溪流经山涧而出，汇流聚下流入潭中，形成高崖深渊，山高水深之景。

图4-36　沧浪亭真山林

4.4.4　中国・寄畅园

背景信息

寄畅园（图4-37，见175页）又名秦园，位于无锡市西郊的惠山横街（原名"秦园街"，1954年拓宽后该现名）西靠惠山，南靠惠山寺，北部为田野，东临秦园街，园林南北长，东西窄，地势西高东低，面积约15亩（10000平方米）。始建于明代正德年间（1506—1521），由任兵部尚书的秦金（1467—1534）着手建造。1988年国务院公布为全国重点文物保护单位。

历史变迁

寄畅园，从明代号称"五部尚书"的秦金开始建其雏形——"凤谷行窝"算起，至今已有近五百年历史。

明正德年间（1506—1520）秦金购惠山寺僧舍"沤寓房"改作别业，名"凤谷行窝"。秦金，字国声，号凤山。据记载，当时园中多古木，后倚一墩。该墩为江南巡抚周忱为改善惠山寺风水，堆叠于正统十年（1445）。

□ 园成之时，秦金作诗道："名山投老住，卜筑有行窝。曲涧盘幽石，长松育碧萝。峰高看鸟渡，径僻少人过。清梦泉声里，何缘听玉珂。"

秦金的"凤谷行窝"规模不大，主要作个人的休憩之用，"凤谷行窝"只一年就建成了。他死后，园归其侄儿秦瀚及子秦梁。两人对该园也作过一番修建。此后园又转至秦梁的侄儿秦耀的手中。秦耀（1544—1604）字道明，号舜峰，因被诬告贪污而入狱，出狱后回到无锡，开始寄情于山水园林，改造"凤谷行窝"。通过几年的惨淡经营，在园中构列了20景，将园改名为"寄畅园"。"寄畅"两字明确地表达了秦耀想借园林忘却仕途挫折的心理。

秦耀死后，寄畅园传给几个儿子，并被几人一园分四。这种局面从明末延续到清初，到秦耀的曾孙秦德藻手中才得以改变。秦德藻（1617—1701）字以新，号海翁。他本人没有做官，但六个儿子，二十四个孙子中，有十人进了翰林，所以他有能力统一寄畅园，并进一步加以修缮。秦德藻邀请当时造园高手张涟、张鉽叔侄对寄畅园进行改建，进一步发挥了寄畅园借景的特色，精心布置园中的一草一木，使锡山、惠山看起来跟园中的景色浑然一体。并在园中增加了八音涧、七星桥、九狮台等著名景点，此后寄畅园便声名大噪。

图4-38　寄畅园鸟瞰
（泓雪因缘图记1847年）

清代时，康熙和乾隆在位时各有六次南巡，每次都驾幸寄畅园，有时甚至往返都在寄畅园落脚。他们在寄畅园留下了很多题咏和匾额。雍正即位（1723）后，秦道然被诬"仗势作恶，家产饶裕"，查抄全部家产，寄畅园被充公，秦道然遣送原籍。乾隆二年（1737），秦道然第三子秦蕙田殿试中了一甲第三名，为父平反，秦道然出狱归家，寄畅园发还了秦氏家族（见图4-38）。

咸丰十年（1860），寄畅园毁于战火。光绪年间（1875—1908），寄畅园稍有恢复，重建知鱼槛，修理凌虚阁，增建大石山房等，但已经无法恢复以前的盛况。

□"由是兹园之名大喧，传大江南北。四方骚人、韵士过梁溪者，必辍棹往游，徘徊题咏而不忍去。"（清秦国璋《寄畅园诗文录》）

1937年，抗日战争爆发，寄畅园处于无人掌管的地步，逐块租给别人开设茶馆、照相馆、小吃店、泥人店之类，面目全非。仅有一部分古园用围墙隔开。新中国成立后，秦氏二十二世孙秦存仁将寄畅园献给国家，人民政府立即着手整修。在以后几十年中，经过多次翻修，并请专家、考古学家根据历史资料考证，使许多消失的建筑按照原状恢复。

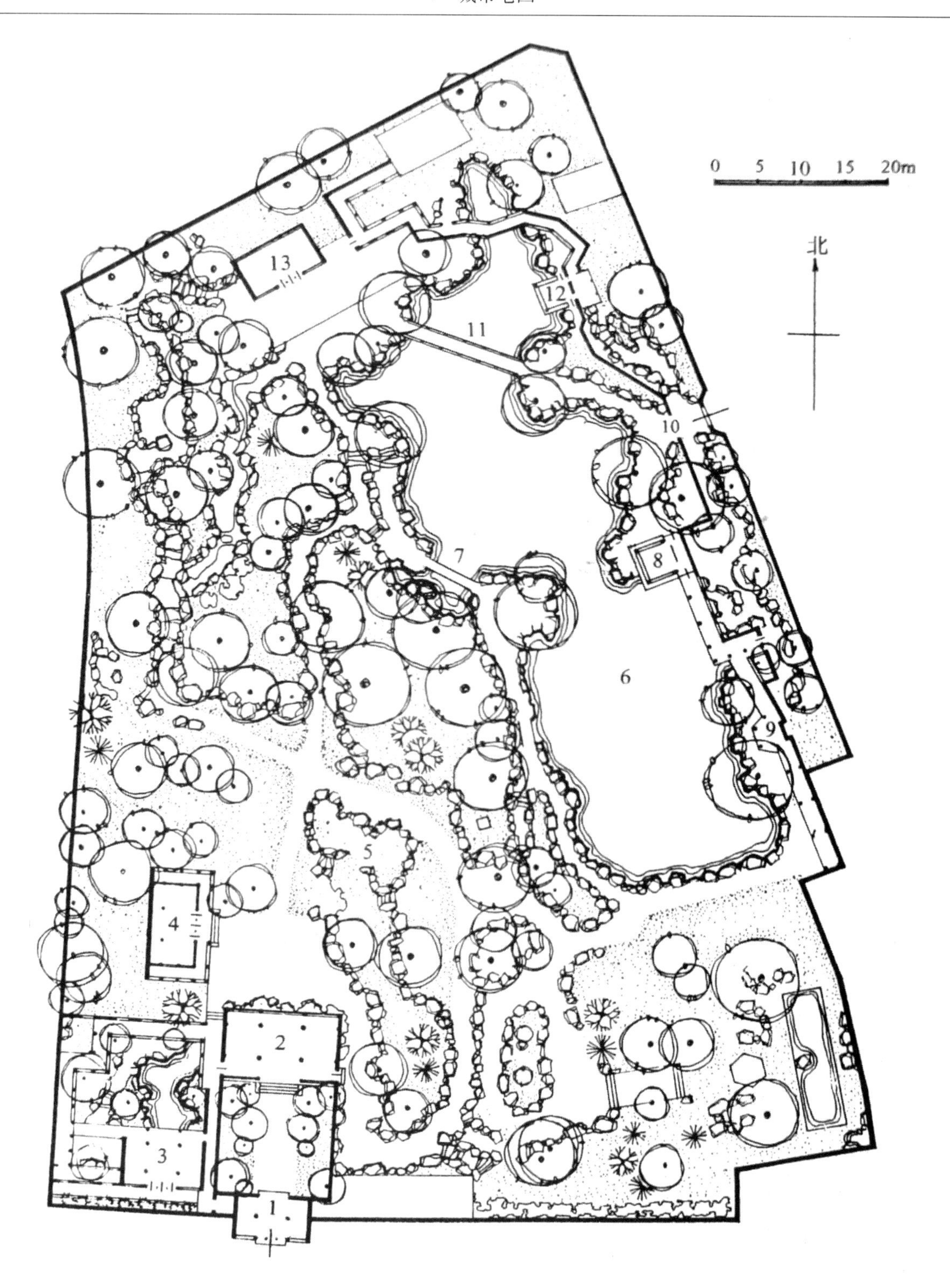

1. 大门　2. 双孝慈　3. 秉礼堂　4. 含贞斋　5. 九狮台　6. 锦汇漪　7. 鹤步滩　8. 知鱼槛　9. 郁盘　10. 清响　11. 七星桥　12. 涵碧亭　13. 嘉树堂

图 4-37　寄畅园平面图

图片来源:周维权. 中国古典园林史,1999

园林特征

寄畅园的总体布局是结合园内地形地貌和周围环境,以浓郁山林自然风光为主要特点,采取南北走向的分隔,利用惠山之麓的地形优势,把近山远峰引入园内作为借景;将惠山二泉之水汇成大池,作为园内主景;

建筑稀疏,少人工味。全园是以一池水为中心,池东为一系列临水亭廊,背东面西,借景惠山;西为黄石假山,堆成平冈坂坡;中有岩壑涧泉,景色幽深。

(1)布局

寄畅园的布局特点是以山为重点,水为中心,建筑布局疏朗。园林总体布局采取南北走向,水池、山土及主要观赏建筑都做南北向布置,水池偏东,池西侧聚土为假山构成主要山水骨架。

在基本的山水构架之上,将主要厅堂"嘉树堂"放置在最北面,这样从堂内望出可以看到园中山重水复之美景。沿北岸向东,主要以建筑为主,点缀有几处点景亭廊。曲廊和水廊将涵碧亭与嘉树堂相连,东岸中段有知鱼槛(见彩图4-4),其南部临水面有郁盘。知鱼槛凸出于水面,是东岸建筑的中心,与对岸凸出的鹤步滩相对应,使水面在中部收缩,将水面划分出南北两个区域。

与东岸的建筑为主的布局不同,水池西岸以自然的山石景观为主,假山堆叠,配合植物景观,形成山石掩映于树林的自然野趣景致。两岸形成强烈对比。

(2)空间

寄畅园在空间处理上,主要采用借远山之景,增加空间层次的手法。并且通过对于水面的收缩划分,打造南北向的空间层次。

图4-39　寄畅园七星桥

从水池东岸参差错落的建筑中向西面望去,水池与鹤步滩及其周围植物构成近景,鹤步滩后的大型假山配合葱郁林木构成中景,远眺园外惠山构成远景。近、中、远三个层次清晰而连贯,将园内与园外景致紧密连接。而从西北岸向东南方远望,锡山及其上的龙光塔又可成为园内的另一借景,与近处的亭廊一起构成以建筑物为主的另一种景致。

寄畅园的水面呈南北向的狭长布局,为了避免空间上的单一感,在水池中段用知鱼槛和鹤步滩将水面收束,形成两个层次。在北部的水面被七星桥(见图4-39)和其后的廊桥再次划分,形成一个较为内聚的小水面,水面至此呈现出四个层次,增加了景深。

(3)建筑

寄畅园现有建筑多是清末重建的,主体建筑嘉树堂原为环翠楼,位于北岸地势较高处。其与涵碧亭、知鱼槛一起构成东北面的主要景观。园西南部入口处有一组建筑,其中秉礼堂为园中建筑最精致者,木构架用料工整,室内轩及砖细加工景致,有清代盛期园林建筑的风格。

寄畅园中建筑总体数量不多,这一点有别于其他园林自乾隆之后建筑密度变大、数量变多的情况,可算是对于宋之后文人园林风格的传承。

(4)植被

图4-40　寄畅园西岸植物

寄畅园中的植物以常绿植物为主与落叶乔木相搭配。园西部的大假山上灌木丛生,古树参天,古树多为常绿香樟以及落叶乔木,与山石搭配突出山野氛围(见图4-40)。鹤步滩上原有古枫树一株,是园内一处主要的植物造景,与对岸知鱼槛构成天然图画,但古树于1950年枯死,这也使园内景致有所减色。

(5)水体

水体位于园内东北部,水面面积占全园的17%,水面狭长,分为四个层次,空间感强。水池南北长而东西窄,水尾位于东北角。整个水池岸形曲折多变,南部水域以聚为主,北部水体则以散为主,水位处用平桥水廊划分水面,使水池有池似无尽头的感觉(见图4-41)。

从惠山引下的泉水形成溪流,注入水池西北角,沿溪流堆叠山间堑道,水跌落在堑道上发出叮咚声犹如不同音阶的琴声,故名“八音涧”。是园内构思巧妙的一处水景。

(6)山石

山石占到全园面积的23%,主要的山石造景有入园后的“九狮台”和水池西岸的大型假山。

图4-41 寄畅园开敞水面

入园经秉礼堂,再出北面的院门,东侧即是太湖石堆叠的小型假山“九狮台”,其作用是作为屏障,遮住园林的主体部分。九狮台的山形有峰峦叠嶂之势,仔细观察仿佛群狮蹲伏、跳跃(见图4-42)。是江南园林中较常使用的模拟狮子姿态的堆石方式。水池西岸的大假山是黄石间土的土石山,最高处4.5米,山势虽不高,但有起有伏,山间有幽谷堑道。其主要作用是与植物一起营造出山林丘壑的氛围,与园外的惠山之景相呼应。

图4-42 寄畅园内山石

4.4.5 中国·萃锦园

背景信息

萃锦园(图4-43,见178页)即恭王府后花园,位于北京什刹海前海,占地面积大约2.7公顷,分为中、东、西三路,是目前保留最为完整的王府花园。1982年国务院公布为全国重点文物保护单位。

历史变迁

恭王府位于什刹海前海,银锭桥往西。始建年代不详,现如今大部分理论研究都公认了关于其府邸的“和珅第—庆王府—恭王府”这三者相沿的关系,但对于和珅第之前的沿革状况、萃锦园的修建时间等问题还有些争议。

金朝迁都燕京后,在高梁河东北郊修建了太宁宫,并疏浚湖泊、堆石砌岛,这些园、宫包含北海、琼华岛一带,当然也极有可能包括恭王府所处的区域。到元代时,恭王府所处区域已是四面环水的“岛”的形态了,且岛上有一座海印寺。据史料记载,现在恭王府西墙外的柳荫街,在当时是一条河,名叫“月牙河”。这条河是由积水潭(西海)流出,顺着柳荫街的方向,一直到恭王府南墙的位置转折向东,经过板桥、海子桥(后称三座桥),最后注入前海。那时这座小岛上北部是一座寺庙,元朝初年建,名叫海印寺,宣德年间重建,改名为慈恩寺。从明宣德到正德几十年间(约1426—1521年),慈恩寺一直是香火旺盛、游人如织。后来不知出于何种原因,慈恩寺被废弃。其后的历史学术界有不同的看法。红学家周汝昌先生认为,慈恩寺废毁后,弘治年间大太监李广于慈恩寺后方修建了自己的宅第,该宅第后来归康熙大学士宋权所有,后来还曾住过十四皇子允禵,到乾隆四十几年赐予了和珅。此外也有学者提出和珅宅第与花园的前身是明代慈恩寺,宅第是在乾隆四十几年时期和珅重新修建的,但规模比现今恭王府及花园要小很多,与李广等人的宅第并无关联。但这两种说法都有欠缺史料支持之处,在无其他确凿的文献佐证之前,只能判断恭王府的府邸始于和珅,而花园修建更应在府邸之后。

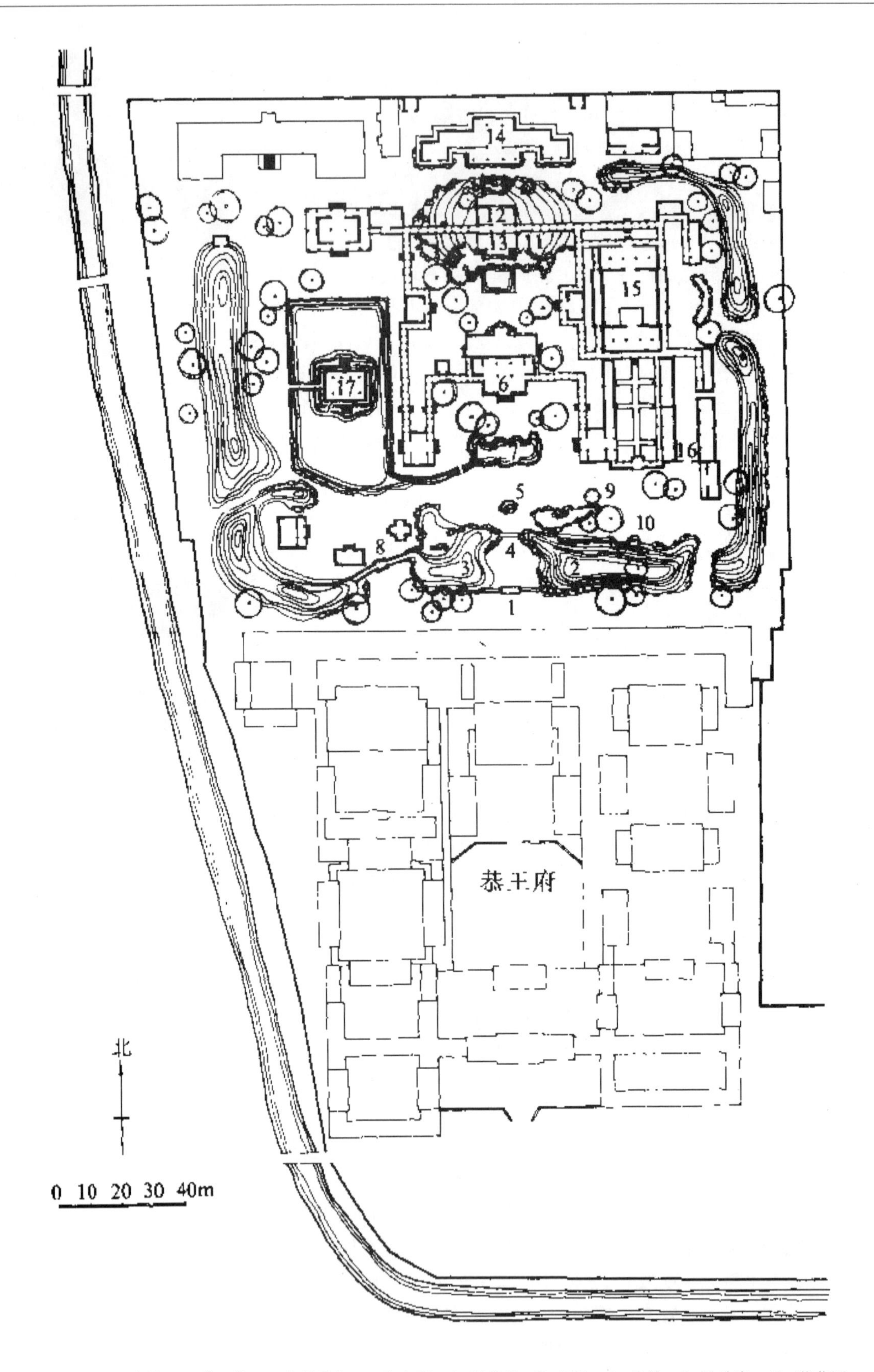

1. 园门　2. 垂青樾　3. 翠云岭　4. 曲径通幽　5. 飞来石　6. 安善堂　7. 蝠池　8. 榆关　9. 沁秋亭　10. 蓺蔬圃　11. 滴翠岩　12. 绿天小隐　13. 邀月台　14. 蝠厅　15. 大戏楼　16. 吟香醉月　17. 观鱼台

图 4-43　萃锦园平面图

图片来源:周维权．中国古典园林史,1999

乾隆四十一年(1776)和珅(1750—1799)开始在这东依前海、背靠后海的位置修建他的豪华宅第,时称“和第”。嘉庆四年(1799),和珅被抄家,后花园那时是否存在,尚有争议。根据诗文及收藏于中国国家图书馆的描绘于咸丰年间的一张样式雷勘探图推测乾隆时期和珅居住时,除了有豪华的宅第,还有部分花园,但规模、景致不详;推测后花园在奕訢分府之前既已存在,且围墙完整,只是花园较为萧条,没有现如今的大型叠石假山、亭台轩榭。

□ 嘉庆帝宣布的和珅罪状二十款第十三款写道:“查得和珅房屋竟有楠木堂厅,其多阁及隔断门窗,毕仿照宁寿宫制度。”从中可见其宅第之豪华。

和珅死后,嘉庆将这座豪邸赐予了庆郡王永璘(1766—1850),但他不是唯一的主人。由于乾隆皇帝最宠爱的第十女和孝公主嫁给了和珅的儿子丰绅殷德(1775—1810),嘉庆应允和孝公主一家继续住在宅第东部,庆郡王住在西半部。这次易主,内务府按照郡王府的规矩对府邸进行了一些改建。但此次改建规模较小,并未大兴土木,只是改装了一些门面上的东西,使之符合郡王府的规制而已。嘉庆十五年丰绅殷德去世,道光三年(1823)十公主去世,这座府邸才完全属于庆王府。而这时,永璘已经去世三年多了。永璘去世后,其子绵愍降袭郡王,继续住在府中。永璘的后人在此居住了数十年,最后一位是永瑰之孙奕劻(1838—1917)。

□ 晚清描摹的《京师全图》中府邸部分已标注为恭亲王府,而后花园部分为民房和西煤厂胡同。有学者由此推断和砷时期并无后花园,直至恭亲王奕訢分府之前都没有花园。

咸丰初年(1851),宣宗诸子分府,咸丰帝将这座府邸收回,赐予了恭亲王奕訢(1833—1898)。按照清朝世袭递降的制度,朝廷赐予永璘的府第是亲王府,奕劻的爵位在当时是贝勒,与府第的等级不符,朝廷可以收回而以他处抵换。

奕訢于咸丰二年(1852 年)入住恭王府。在他入住前,内务府对府邸进行了整修。同治初年,奕訢重权在握,显赫一时,大筑邸园,并对府邸部分进行了修缮和改建。从样式雷于同治四年绘制的多幅恭王府设计草图中可知,府邸及花园的总体布局和主要建筑都是在这次工程中成形的。奕訢将花园命名为“朗润园”,与他海淀郊园同名,后来奕訢之孙溥儒将花园改名为“萃锦园”。萃锦园于同治五年(1866)落成,奕訢在这座府邸中居住了四十七年,于光绪二十四年(1898)病逝,萃锦园传奕訢次子载滢。光绪年间,载滢对花园再次进行修建,载滢于光绪 29 年(1903)写成《补题邸园二十景》诗 20 首,收入《云林书屋诗集》中。载滢死后,由其长子溥伟承其伯父载澄之嗣袭恭亲王爵,与载滢次子溥儒一家继续住在府中。

辛亥革命后,按照民国政府优待清室条例的规定,王府成了府主人的私人财产。1921 年,小恭亲王溥伟为了筹得复辟经费,将恭王府府邸抵押给了北京天主教会,数年后他无力偿还,恭王府府邸被辅仁大学收购。原先居住在府邸的溥伟二弟溥儒一家搬到了萃锦园居住。1937 年,由于生活所迫,溥儒将萃锦园也卖给了辅仁大学。

在辅仁大学占有恭王府的几十年里,对府邸和花园部分作了一定的改动。他们拆改了后罩楼中的假山楼梯,把大戏楼改成了小礼堂,并将西北角上的花神庙和花房拆掉,建起了一幢三层楼房,作为“司铎书院”。

1949 年后,先后共计有 8 家单位、两百余户居民在此办公、居住。恭王府被分隔成大大小小的院落,拆改乱建现象屡见不鲜,府邸及花园都受到不同程度的破坏。但所幸王府的总体格局未遭到破坏。1982 年 2 月 23 日,恭王府及花园被正式列入全国重点文物保护单位。之后开展了一系列修复保护工作,如今我们见到的恭王府及花园为 1982 年以后修复的。

园林特征

萃锦园作为王府花园，属于私家园林，但是由于其园主人是皇亲国戚，因此在规划布局上展现出了不同于一般私家宅园的皇家气势。

（1）布局

萃锦园位于府邸北部，以“后罩楼”作为划分府邸和花园的界限。整体结构与府邸结构相一致，分为中、东、西三路。这三路因空间布局的不同，使得各自表达出的场所精神也有所差异。

中路为中轴式格局，以层层递进式院落、竖向上的高低韵律，达到视觉、感官、心理上的起伏变化，给人一种富丽、尊贵的感受。从南往北的景观序列依次为西洋门、独乐峰、蝠池、渡鹤桥、安善堂、滴翠岩、邀月台、绿天小隐、蝠厅。西洋门到独乐峰之间构成第一重空间，东西两侧的土石假山夹道，形成线性通道。独乐峰、蝠池、渡鹤桥、安善堂构成第二重空间，其面积是中路中最大的。以水景“蝠池”为中心景观，以安善堂和东西厢房构成半包围式院落，安善堂基座高约1.5米，为南北向视线的焦点。安善堂、滴翠岩、邀月台、绿天小隐构成第三重空间，也是中路景观序列的高潮。绿天小隐及邀月台为全园的制高点，邀月台其底座是一座南面太湖石、北面青石的大型假山，高度约五六米（见图4-44）。南面太湖石即为“滴翠岩”，通过上方置两口水缸，不断地往下渗水，使这座造型独特的假山上布满青苔，形成“滴翠”的景象。假山内部是一个曲径通幽的“秘云洞”，洞中藏有康熙御笔“福”字碑。北面青石假山与蝠厅相连，山间有多条小路通往邀月台、秘云洞和蝠厅，绿天小隐也有爬山游廊通往东路和西路，上下左右，融会贯通，一气呵成（见图4-45）。使这个制高点不仅在竖向上占有优势，在景观结构上也有十分明显的主体地位。绿天小隐与蝠厅之间构成最后一重空间。二者通过青石假山相系，由于蝠厅是作为园主人的书房使用，将假山与蝠厅的距离拉近，是为了营造书屋的幽静之感，隔绝前堂的干扰。

图4-44　邀月台及假山

图4-45　爬山游廊

东路建筑密集，从南往北的景观序列依次为曲径通幽、蓺蔬圃、沁秋亭、垂花门、竹子院、牡丹园、腊梅小院、怡神所、芭蕉院、天香庭院。整体按空间氛围来分可分成三组，“曲径通幽—蓺蔬圃—沁秋亭—垂花门”为第一组，“垂花门—竹子院、牡丹园、腊梅小院—冶神所—芭蕉院”为第二组，“芭蕉院—天香庭院”为第三组。第一组和第三组较开阔，富自然野趣，第二组是建筑围合的封闭院落，人工感较强，重视雕琢装饰之美。第一组与第二组之间用垂花门、院墙隔开，门里门外空间氛围截然不同，仿佛这座园门挡住了戏楼的喧哗热闹，反衬出南面沁秋亭与蓺蔬圃闹中取静的风雅自然之趣。第三组院落相对独立，位于全园东北角，以山石隔开。第二组主要以建筑围合空间，形成“天井”式院落结构。从垂花门开始，一共有4个小院，分别是竹子院、牡丹园、腊梅小院和芭蕉院。这四个小院平面形态都是四四方方，十字形道路分割成四块面积均等的绿地，都是以植物造景为主。大戏楼作为中心建筑与四座小院通过游廊相联系，东西各一处入口。东入口直接可通往东门出口，西入口直接通到滴翠岩前。虽然体量巨大，但这座园林建筑并没有对中路的院落造成“喧宾夺主”的逼迫之感。

西路布局较为开阔、整合。西路整体以方塘为中心，西、南面以土石假山围合，东侧以游廊相隔，北侧是澄怀撷秀，方塘中心为一座水榭“观鱼台”,成为西路的视觉焦点(见图4-46)。

图4-46 观鱼台

萃锦园的总体格局可以归纳为西、南部为自然山水景区,东、北部为建筑庭院景区,形成自然环境与建筑环境之对比。既突出风景式园林的主旨,又不失王府气派的严肃规整。

(2)空间

萃锦园在空间处理上使用了多种手法,降低了狭小空间给人造成的局促感。例如进入园门的第一进空间,造园者使用“障景”的处理方式,垂青樾与翠云岭犹如障景石,穿过“曲径通幽”骤然放开,使得视野瞬间开阔。随着水体向西侧延伸,建筑院落向东侧扩展,使空间横向拉伸;位于中部最后的建筑蝠厅是一座体型庞大、结构复杂的建筑,蝠厅台基约1.5米高,蝠厅与绿天小隐之间距离较近,以青石假山直接搭接蝠厅台面,而其间园路穿洞而设,从而获得更加丰富的空间变化(见图4-47)。

图4-47 蝠厅及前方青石假山

东侧的大戏楼是一座体量巨大的建筑,但是并没有造成空间的失衡,造园者运用双层回廊和退一步斋将大戏楼和四个小院落隔离开来,拉开了距离,由于近大远小其体量似乎也减小了,使戏楼的山墙正好成了滴翠岩院落的东面背景。

整体而言,萃锦园的空间处理手法多运用对比,造成视觉上的变化,使空间感对比强烈,西部开敞的空间与东路形成反差,与中路以长廊相隔,既分隔了空间,又不遮挡视线。

(3)建筑

萃锦园中建筑面积6.8亩,占地12.9%。主要的建筑类型有厅堂、轩、榭、亭、台、廊、戏楼、祭祀性建筑。园内建筑规模宏大,雕梁画栋,奢华富丽,形式独特,彰显个性,能与植物、山石交相辉映,再加上游廊串联,形成千变万化的空间序列。

园中的特色建筑有造型奇特的蝠厅、流觞曲水的沁秋亭、华贵富丽的大戏楼以及清秀可人的妙香亭。

蝠厅又叫云林书屋、正谊书屋,位于中路末端,平面形式像一只蝙蝠。从主山上北面的平台,最利于欣赏蝠厅奇异的形式;正厅五间为硬山卷棚顶,前后各出三间歇山顶抱厦,两侧又各接出三间折曲形耳房。耳房与正厅相接处为硬山顶,折曲处为庑殿顶,周围均出廊,如同蝙蝠张开双翼。一座建筑的屋顶因厅堂的格局变化而出现硬山、庑殿、歇山等多种样式变化,显示出建造者对各种建筑元素自如的运用能力和丰富的想象力。蝠厅在花园主山和园墙的蔽护下,显得静谧、秀美,楼宇周围栽植的青松翠竹,盛夏之时可将酷热一扫而光。

沁秋亭是一座八角攒尖亭,这是仿效东晋名士王羲之兰亭集会、曲水流觞之意而建的流杯亭。亭内地面水道迂回形成一个“寿”字,水引自亭后假山中的古井,潺潺流出,顺水道之势回旋,水声婉转堪比琴音。载滢有诗云“……漱玉借秋声,清泠雅可喜。乍听洗烦嚣,坐久沁心耳。已谐尘外趣,何必深山里。”

大戏楼是一座三卷长方形船坞式建筑,建筑面积约685平方米。大戏楼的结构设计十分精妙。为了减少柱子的数量,营造更大限度的舞台空间,以及避免建筑构架对观赏视线所造成的妨碍,设计者将中间四排矩阵结构柱全部去掉,取而代之的是四根舞台柱。这些舞台柱不仅支撑了舞台的亭盖顶部装饰,还支撑了房梁构架的重量,起到加固梁架结构的作用。这样的结构设计加大了木结构的跨度,使室内空间更加开阔。

除此以外，戏楼室内的装饰也十分繁复精致。三面横楣和戏台栏杆都雕刻着与房屋门窗式样相同的花纹；顶壁、梁架、木柱上绘满了盛开的藤萝，绿色的枝叶与紫色的花朵相互缠绕，与戏楼南端的紫藤花架相呼应（见图4-48）。建筑的功能全面，南侧抱厦里设有化妆间、道具间、北侧的包厢是王爷、贵宾及女眷看戏之处。

图4-48　大戏楼室内装饰

妙香亭位于花园南山脚下，形制新奇独特、彩绘斑斓绚丽，是一座平顶木结构亭子（见图4-49）。此亭为上下两层，下层方十字形，原名“般若庵”，曾布置为佛堂，墙壁上还有恭亲王奕訢亲笔楷书的《心经》经文，但现已无存；上层得爬山蹬入，以八根柱子支撑平顶，呈盛开的海棠花式，与南山所种花木相映成趣。南山多种丁香，每逢春季丁香花盛开，与山下桃花缤纷辉映，人在亭上宛如身处香雪海中，妙香亭因此而得名。载滢所作诗文“吟香醉月”描绘的就是这般景致。

图4-49　妙香亭

园中还有一处特殊的景观建筑——榆关。萃锦园中这段仿照长城的样式建造的建筑，长约20米，下方是门洞式入口，上方为山间通道。“榆关”为山海关的别称，而山海关外白山黑水之地才真正是满族人的“老家”。清朝入主中原后，统治者一直很重视自己祖先的发祥地，以示不忘根本。这处景致在样式雷的多张设计图纸中都有出现，体现了恭亲王奕訢作为大清皇子对故土的思念之情。

萃锦园内建筑比起一般的北方私家园林在色彩和装饰上都更为华丽浓艳，体现出园主人的尊贵身份；建筑样式均体现出北方建筑浑厚的特点，在某些装修和装饰上吸收了江南园林的元素。

（4）植被

根据载滢《补题邸园二十景》中的记载，园中的植物极其繁盛，并且根据不同的景区特色分别作了精心设计。然而由于年月已久，植物的新老更替、形态的变化导致园中景色与诗文所描绘的已大不相同。

园内中、西两路通过植物材料的组合搭配，使不同的景区有了不一样的诗情画意。南山偏东处有大棵的老槐树，配植不知名的野花野草，呈现出一派古朴野趣的自然山境；南山偏西处则花木繁盛，在山上种有丁香，山下种有桃花，春季形成“吟香醉月”的美景，秋季有漫山红叶，具体品种不详，只是诗中有云“红叶绚秋风，蛸蓓接芳草”；西山上“碧桐修竹”“松峦森郁”，颇具山村野味；花月玲珑馆前有几株海棠，“春深花发，灿如霞绮”，这几棵古海棠据记载20世纪80年代初还有，现在已经不见踪迹；蝠池边上种有榆树，榆钱与蝙蝠，都有吉祥之意（见图4-50）；主山北坡种有“苍松翠柏”“间以垂丝柳”，蝠厅北面种有翠竹，两侧植物的相伴使蝠厅夏季气候宜人。

图4-50　蝠池旁榆树

东面建筑院落则是成片栽植单一品种的植物，通过植物成片的体量感营造不同的空间感受。比如竹子院，密植的竹林遮住了天光，使空间显得昏暗、郁闭，与垂花门南侧的疏朗开阔的空间形成强烈对比。穿过园墙来到牡丹园，大片种植的牡丹低矮繁盛，则瞬间豁然开朗，灿烂夺目。牡丹园东侧的腊梅小院，垂枝腊梅及东侧长廊夹成有强烈透视感的长条形空间，这样的空间能加速空气的流动，使花香更浓烈。芭蕉院则是在院落中孤植一株芭蕉，因为芭蕉形态造型独特，适合孤植观赏，无论晴雨天气，都各有一番风味。

（5）水体

萃锦园的水体形态是北方私家园林中较为寻常的模式，即池塘形的简单水池。这可能要归因于其取水不易的客观条件制约。水池占地面积2.67亩,占全园总面积的5%,所占比重非常小,但由于西侧方塘的集中布置,却也能显得水面开阔轩敞,并且与周边环境配合得恰到好处。滴翠岩假山一景,虽说最主要的造景元素是太湖石,然而点睛之笔却在于“滴翠”二字。这二字的实现则要归功于水的运用,假山脚下有一方水池,在山顶两侧的石壁里分别藏卧了两口水缸,缸底上有一只小孔,夏秋两季蓄水缸内,水顺小孔下渗,流入下方水池,数日之后,石壁间就会遍生青苔。载滢有诗云“烟雨滴空翠,嶙峋透云窍。”造园者采用动态的造景手法,创造出一幅苍翠欲滴的生态壁画。萃锦园的理水手法说不上十分精妙,但也算是因地制宜、扬长避短,并且小的水系有其空灵静谧之美,滴翠岩正是借了水滴的灵性才能创造出如此生动的景致(见彩图4-5)。

(6)山石

由于北方的缺水,使私家园林造景的重点偏向了山景,因此假山比水池有了更重要的中心地位,萃锦园就是如此,全园的中心景观即为滴翠岩叠石假山。这也是南北方私家园林的显著差异。假山按土石类型可分为土山、青石、湖石、黄石、石笋。

萃锦园中的假山占地面积9.2亩,占总面积的17%,主要有土石相结合的假山、青石假山和湖石假山三种。土石假山即土山的基底部分用青石围合,能增加土山的高度遮住园墙,增强围合感,使院落的内聚性更强,避免外界干扰,山上也多用青石点缀,增强山体的气魄。青石假山为北京私家园林中最常见的假山形式,其颜色为青灰色,线条硬朗。园中多处有安置,在大戏楼东侧入口处就有一座青石假山,起到屏门的作用。最大型的还是主山北坡的青石假山,青石叠嶂、满目苍翠,有一块青石的缝隙中竟然长出了一棵松树,与石相倚,别有奇趣,载滢赐名为“倚松屏”。

湖石假山分为北太湖石和南太湖石,北太湖石产自房山,其形态圆厚敦实,其中佳品也多被皇家所垄断;南太湖石瘦皱多孔,北方贵族花重金从江南搬回京城,体型高大、造型独特的立为独立的石峰,如萃锦园的“独乐峰”,孔窍相对较少,必然不及江南名石,但也相当俊雅(见图4-51)。另外一座大型湖石假山就是上文提到的滴翠岩了,将其放在上文是因为其精妙独特之处在于“滴翠”二字,但抛开“滴翠”,其假山造型也颇有神采,不落俗套。山体千洞万穴,可登可入,既可远观也可游乐。

图4-51 独乐峰

4.4.6 日本·二条城二之丸庭院

背景信息

二条城二之丸庭园(图4-52,见185页)在京都市中京区,是江户时代末征夷大将军德川家康在桃山时代(1573—1603)末期所建,建成时间大约在1600—1603年。全园共4450平方米,是江户时代投入最大而且是最经典的武家园林,江户时代最著名的造园家小堀远州作为总指挥参与造园,故无论是建筑、园景皆被认为最优秀,因此被评为日本国家指定特别名胜古迹(见图4-53)。

□ 小堀远州(1579—1647),是继千利休和古田织部之后的江户时代初期的代表茶人之一,也是著名的造园家。他的代表作有京都御所、仙洞御所、江户城、骏府城、名古屋城、南禅寺金地院、大德寺孤蓬庵等。

图 4-53 二条城二之丸庭院鸟瞰

历史变迁

庆长五年(1600),德川家康在岐阜击败丰臣秀吉心腹石田三成取得政权,并在江户(今东京)建立了江户幕府。庆长七年(1602)德川家康下令在京都原足利义昭居所的荒址上建立了自己的行宫——二条城。

关于庭院的建成年代,从记录和风格推测,二之丸庭院应是在庆长七至八年(1602—1603)期间,建造二条城时,为了迎合二条城的整体建筑而修建的。但在宽永三年(1626),为了后水尾天皇行幸,将一部分进行了改建。当时二之丸庭院表现的是蓬莱仙境,新增建了行幸御殿、中宫御殿、长局等,这些建筑包围住园中的中庭、池中御庭等园林建筑,展现出了后水尾天皇行幸当时的样貌。

行幸之后,在从宽永四年(1627)开始的25年里,包围在二之丸庭园四周的各种行幸设施相继被移建拆除,小堀远州的设计本意慢慢地淡去。

从3代将军家光上京到14代将军家茂上京期间的229年里,二条城都无将军住。在此期间虽然没有记载,但推测在吉宗的时代对庭园进行了改造。时代迁移,到15代将军庆喜上京时,已呈现出一副枯山水风的败景之象。

大政奉还之后,二条城的管主相继更换,园归宫内省所管后相继进行了5次整修,被改建成为以离宫、迎宾馆为主要目的宫殿。特别是在被作为离宫的时候进行了大规模改建工程,让幕府末年的庭园风景有所改变。这也是直到今日能看到的景色的基础。

1994年,二条城被联合国教科文组织列入世界文化遗产名录。

园林特征

全园面积4450平方米。园林为池泉观赏式,即不是用于舟游的园林,观赏分为坐观式和回游式,在东面建筑的前檐上可坐观,环绕园池有一周园路亦可近赏。

(1)布局

二条城二之丸庭园在风格上是书院庭园,书院建筑群面向水池,设置观赏平台,称月见台,在水池中设蓬莱式岛屿,岛上陆上皆有亭台(现已不存),因为庭园的东面建有一个大书院,在后水尾上皇临幸后改为二之丸御殿。御殿从南至北曲折向东北延伸,形成雁行布局,与桂离宫的大书院布局相似。从功能上看,分为远侍、式台、大广间、黑书院、白书院。在大广间和黑书院的前檐高床上,可以看到园中池泉景观。如果是雨天,可在室内或依檐下行走观赏或坐观。

(2)建筑

二之丸宫共有33个房间,总面积达3300平方米。其中主要由车寄、远伺、式台、大广间、苏铁间、黑书院和白书院等大小不同的7间屋宇构成,其中的大广间还分成了4间。除白书院和黑书院为南北对列的形式外,其余5间沿着二之丸庭院的湖岸,自东南向西北呈斜一字地雁行排列并与黑书院相接。二之丸宫内各建筑的内外装饰体现出桃山文化的绚丽多彩。精雕细琢的木质结构建筑以及房间内墙壁和隔扇上的画作,都能体现出桃山时代的建筑特点。单就二之丸庭院而言,园林中曾有行幸御殿、中宫御殿、长局等包围住中庭、池中御庭等,风格简洁,结构精致,亭与观赏平台(月见台)相连接，庭院四周建筑多有此类观赏平台，但这些建筑都已被拆除，现庭院中没有园林建筑。

(3)水体

水池格局为一池三山式，中岛位于水池中心，名蓬莱岛；中岛的南北各配一个小岛，北面为龟岛，以石做出龟足、龟首、龟尾，上植松树；南面为鹤岛，以景石做出强壮的双翼、鹤首和鹤尾，上植松树。鹤岛孤立于水中，没有桥与陆地或中岛相通，中岛于北、西两处各设石岛与两桥相通。从一池三山格局上看，德川家康有祈寿的意图。水中还立有石矶，仿扁舟做成舟石。

在水池北面堆土坡，南向临池内退成水湾，立石做成瀑布，瀑布分两段跌落。堆石皆为立式，与大德寺大仙院的立式枯山水十分相像，可能是从中得到过启示。在南部出半岛，西北向凸出，与西岸所架石梁相续。桥面较高，桥墩以规则条石砌成，条石砌岸一直延伸至西部半个水湾，显出自然式与规则式池岸强烈的对比。岸上植樱花、松树，曲线树冠与直线驳岸在水中倒影也形成强烈的对比(见图4-54)。

图4-54　二条城二之丸庭院水景

(4)山石

全园用石巨大，在所有桃山时代和江户时代的庭园中，唯有三宝院庭园用石可与之匹敌。景石大部分环池而立，做成驳岸石，这一点与苏州园林的驳岸石置法有些相似，只不过石质石形不同而已。环池皆铺以草地，这是江户时代的风格，在草地中，置大量景石，越近水面，用石越多。另外，近岸的水边也进退有致地布置有矶石(见彩图4-6)。

图4-55　二条城二之丸庭院内松树

(5)植被

园中主要以松树为主，结合滨水的草坪空间。主景区水池中鹤岛和龟岛都种植松树作为立石的背景。水岸上种植松树，曲线的树冠和规则条石驳岸形成曲直对比。园中还有专门的松木园，广种松树，铺有白砂的道路穿梭其中(见图4-55)。

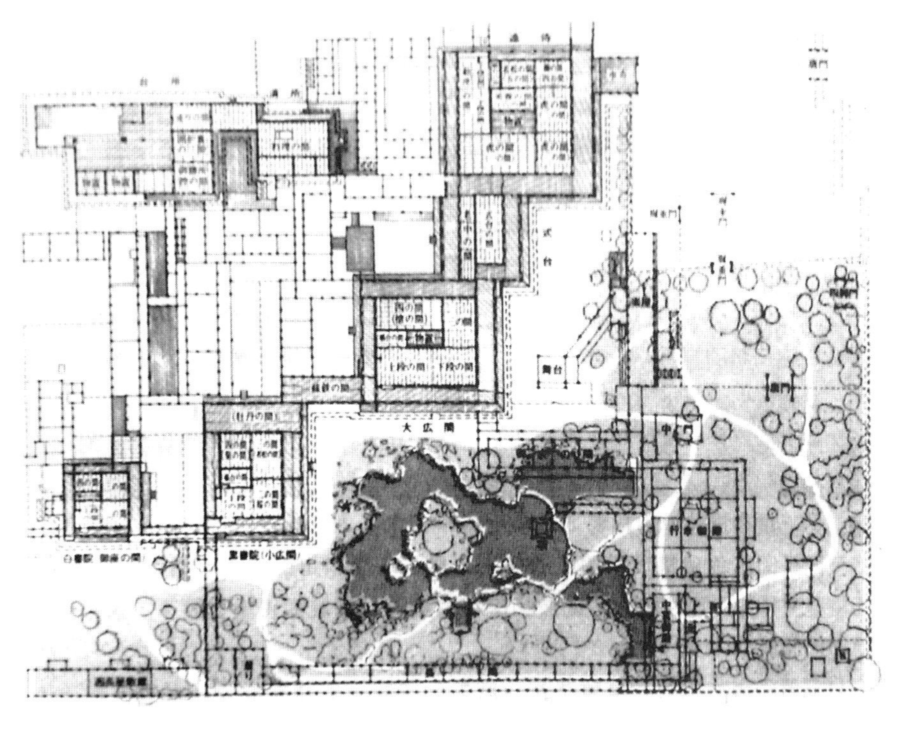
图4-52　二条城二之丸庭院平面图

4.4.7 古罗马·维提住宅(Casa di Vetti)

背景信息

维提住宅(Vetti)(图4-56,见187页)位于意大利南部那不勒斯(Naples)附近的庞贝(Pompeii)古城内。中庭面积约180平方米,具体建造时间不详。于公元79年的维苏威火山大爆发时被毁,是庞贝古城考古发掘出来较为完整的民居。

历史变迁

图4-57 俄罗斯画家卡尔·勃留罗夫绘庞贝城的末日图

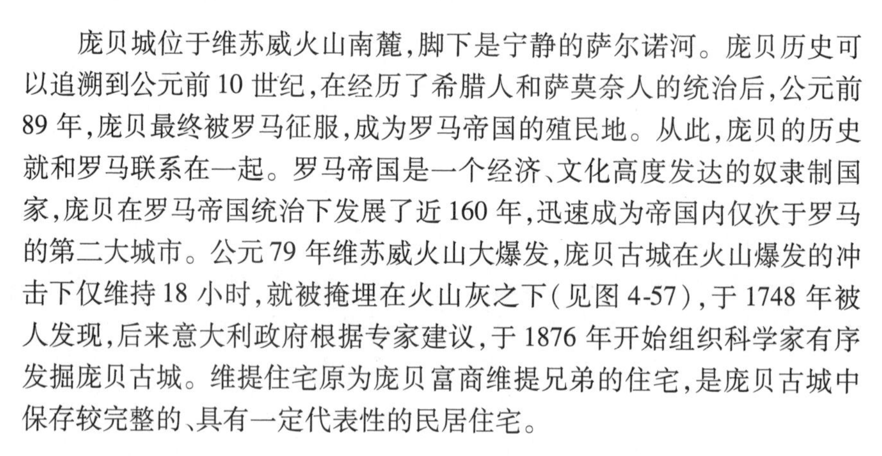

庞贝城位于维苏威火山南麓,脚下是宁静的萨尔诺河。庞贝历史可以追溯到公元前10世纪,在经历了希腊人和萨莫奈人的统治后,公元前89年,庞贝最终被罗马征服,成为罗马帝国的殖民地。从此,庞贝的历史就和罗马联系在一起。罗马帝国是一个经济、文化高度发达的奴隶制国家,庞贝在罗马帝国统治下发展了近160年,迅速成为帝国内仅次于罗马的第二大城市。公元79年维苏威火山大爆发,庞贝古城在火山爆发的冲击下仅维持18小时,就被掩埋在火山灰之下(见图4-57),于1748年被人发现,后来意大利政府根据专家建议,于1876年开始组织科学家有序发掘庞贝古城。维提住宅原为庞贝富商维提兄弟的住宅,是庞贝古城中保存较完整的、具有一定代表性的民居住宅。

园林特征

(1)布局

传统的罗马宅园通常由三个部分组成,即用于接待宾客的前庭,供家庭成员活动的列柱廊式中庭,以及真正的露台式花园。维提住宅的前庭和列柱廊式中庭是相通的。

维提住宅有一大一小的花园和庭院各2个,穿过入口,即是维提住宅的露天庭院。长方形的庭院四周与花园及多个房间相通。庭院中有一大一小两个古罗马方形蓄水池。穿过庭院,就是呈对称布局的柱廊花园(见彩图4-7),院落三面开敞,一面辟门。中庭共有18根复合柱式的白色柱子,长18米,宽10米。庭园中布置有花坛及常春藤棚架。

(2)植被

维提住宅栽植着许多植物,中庭列柱在当时流行的波浪边黄杨花坛中,种着常春藤、灌木及花木,地上还有各色的山菊花。

(3)水体

庭院的水体主要为水池和大理石水盆。大理石水盆内有雕像及12眼喷泉。在住宅的前庭和小前庭分别有大小两个水池,周边放有盆栽;柱廊周边放有8个大理石的方形接水盘,在中央有个圆形的圆形水盘。

(4)雕塑

大花园中除北边2个为青铜雕像外,其他雕像皆为大理石质。列柱中庭内安放着十二尊喷水雕像,由十八根彩色柱环抱 ,其旁又设置了八个接水的方水盘,还有大理石的桌、盘及赫尔墨斯的雕像柱,中庭中还布置有美丽的林神和儿童的雕像。

(5)装饰

维提住宅的装饰以黄色和深红等色彩为主,属庞贝风格,描绘繁复,注重细节。

入口处的春宫图是当时辟邪用的护身符。客厅的黄色墙壁上依然保存着许多神秘精致的壁画,有“被巨蛇缠住的大力神赫拉克勒斯”壁画,以及有“庞贝红”之称的描绘爱神日常生活情景的壁画,这种壁画是红褐色的湿绘壁画,据说以当代的技术也不能再现这种颜色。

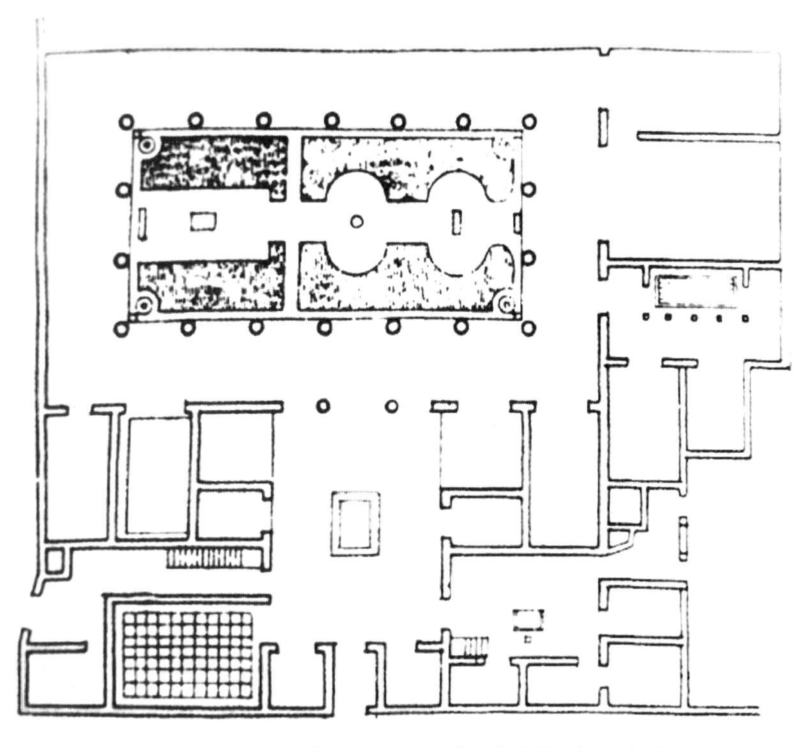

图 4-56　根据庞贝古城遗址绘制的维提住宅前庭复原平面图
图片来源:朱建宁. 西方园林史,2008

4.4.8　英国 · 圣多纳城堡(St Donat's Castle)

背景信息

圣多纳城堡(图 4-58,见 188 页)位于威尔士格拉摩根郡(Glamorgan)的淡水河谷,坐落在布里斯托尔海峡(Bristol Channel)的一个陡峭的海角之上,占地 323750 平方米。它的兴建时间可以追溯到 12 世纪,现在仍保存有 13 世纪左右的城墙遗迹,而现存的整体布局结构是由 16 世纪末 Edward Stradling 男爵借鉴意大利台地园规划设计的。这座城堡庭园的重大变更和完整性对威尔士和英国中世纪园林历史研究具有重大价值(见图 4-59)。

图 4-59　圣多纳城堡鸟瞰

历史变迁

圣多纳城堡的历史可以追溯到 12 世纪,因为将近整个中世纪被 Stradling 家族占领、使用和修复改造,圣多纳城堡也逐渐从一个军事堡垒转变成一个适合居住的美丽的城堡庭园。

12 世纪晚期,哈维(Hawey)家族兴建城堡;1298 年,Peter de Stratelynge 迎娶 John de Hawey 后入住圣多纳城堡,并开始了 Stradling 家族在此 4 个世纪的生活,直到 1738 年 Stradling 家族最后一位男爵 Thomas 被杀。现在还可以在城堡看到13世纪的城墙以及大量15、16世纪增加的中世纪城堡庭园的元素，如锯齿形的城墙和城门等；在16世纪末由Edward Stradling男爵重新规划设计了整个庄园，其总体结构和布局现在被基本保存下来，但增建的造园元素大部分已经不复存在，如一些意大利台地园壁龛、雕像、圆盘等。

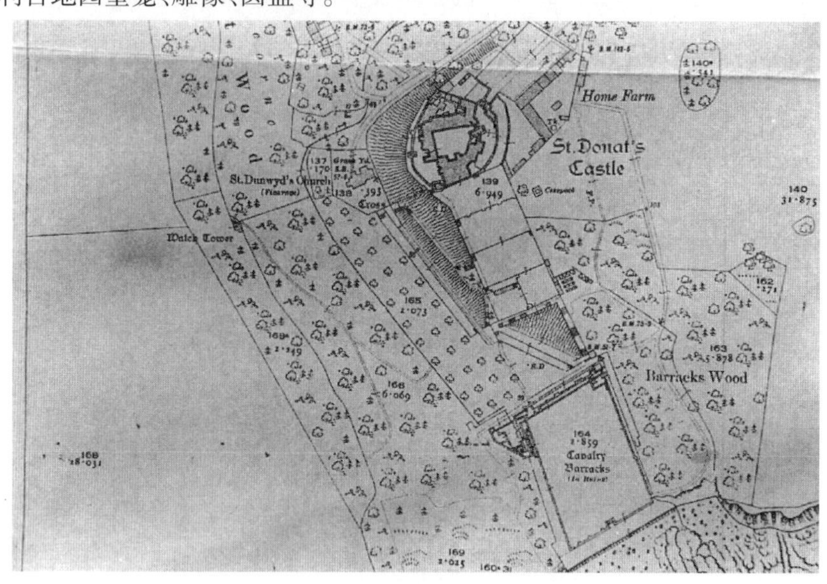

图4-58　圣多纳城堡平面图

1738年后至20世纪初，圣多纳城堡经历着不同主人，整个城堡也被划分成不同部分，直到1962年Antonin Besse将其购下，并赠与大西洋大学作为教学与国际交流的场所。

园林特征

(1)布局

图4-60　圣多纳城堡建筑

城堡位于台地园之上，从城堡入海的40米高差被分成5个台地，每个台地的边缘为一堵石墙围合，一方面作为护岸墙，另一方面防止台地的花卉等植物被鹿群和山羊吃掉。最顶部的两层台地是巨大的草坪空间；第三层台地是"都铎花园"，第四层台地是"玫瑰花园"，最后一层台地为"蓝色花园"。台地庭园周围还布置有鹿园及果园等。

(2)建筑

庭园内有各式各样的楼阁(见图4-60)，分别建于不同时期：如城堡西侧有最小的楼阁建于18世纪；石头建造的cavalry barracks原先是个马厩，可追溯到16世纪末；18世纪末建设的高大的瞭望塔则可俯瞰整个庭园；也有13世纪遗存下来爬满葡萄藤的城墙等。此外庭园还有教堂、兵营、城门等建筑物。

(3)植被

图4-61　圣多纳城堡植物造景

庭园各个台地层分别种植各种不同的植被，如第一、二台层为草坪覆盖；也有的则种上各种花卉，有浅紫罗兰、白百合等；有的台层则种有各种果树，比如在南向台层上种满了古老的无花果树，山谷的东侧则种满了观赏针叶林(见图4-61)。此外，内城墙上还爬满了葡萄藤。

(4)水体

庭园在山谷的开阔处开凿运河，激流从山谷流下，给庭园带来了活力。此外庭园向南借海景，使庭园拥有壮阔、平静的视野。再者，城堡外侧曾开挖护城河，起防御性作用，现已经干涸。

(5)雕塑

雕塑采用当地蓝色石灰岩石雕刻而成，异常醒目。此外园中的雕塑主要以人像和动物(见图4-62)为主，如有雕刻成罗马皇帝盖乌斯(卡利古拉)和马可·奥里利乌斯的雕塑，但大部分已不复存在。

图4-62　圣多纳城堡内雕塑

【延伸阅读】

[1] [美]玛丽莲·斯托克斯塔德. 中世纪的城堡[M]. 上海：上海社会科学院出版社，2003.
[2] [英]罗伯特·哈里斯. 庞贝[M]. 上海：人民文学出版社，2009.
[3] 张淑娴. 明清文人园林艺术[M]. 北京：紫禁城出版社，2013.
[4] 贾珺. 北方私家园林[M]. 北京：清华大学出版社，2013.
[5] 曹春平. 闽台私家园林[M]. 北京：清华大学出版社，2013.
[6] 徐建融. 园林·府邸[M]. 上海：上海人民美术出版社，1996.
[7] 京梅. 如梦如烟恭王府[M]. 北京：人民文学出版社，2002.
[8] 焦雄. 北京西郊宅园记[M]. 北京：北京燕山出版社，1996.

5 宗教园林

宗教园林，一般是指宗教场所的附属园林，包括宗教场所内外的园林景观环境。宗教园林是宗教文化与造园艺术相结合的产物，最早是依附于宗教建筑的简单场地，随着宗教的发展，出现了不同的形式和特征。宗教园林的产生，一方面是为了满足宗教功能上的需求，另一方面是为了营造独特的心理体验。

一些古老文明的原始信仰活动场所被视为宗教园林的起源，如埃及神庙和美洲的祭祀中心。随着宗教在世界范围内的发展，宗教园林也随之演化出了不同的园林形式，主要包括：佛道教园林、基督教园林和伊斯兰教园林三大类型，这三大类型在不同地区又产生了不同的表现形式。

佛道教园林最典型的代表多在中国和日本。

佛教早在东汉时已从印度经西域传入中国，逐渐转化为“汉地佛教”。它的教义和哲理在一定程度上适应了汉民族的文化心理结构，融会了儒家和老庄的思想，在中国得以广泛流传。佛学作为一种哲理渗透到社会思想意识的各方面，甚至与传统儒学相结合而产生新儒学——理学。道教开始形成于东汉，其渊源为古代的巫术、结合了道家、神仙、阴阳五行之说。中国道教以阴阳变化、天人合一、形神并进为指导思想。讲求养生之道、长寿不死、羽化登仙。

到了唐宋，佛教与道教发展兴盛，作为宗教建筑的佛寺、道观大量出现。这个时候的寺观内进行大量世俗活动，文人士大夫与禅僧交往密切。寺观园林追摹私家园林，呈现出文人化的特点。

日本的固有宗教是多神教，形成于早期的农耕时代，各种生活和生产仪式是它的主体，万物有灵论、自然崇拜和祖先崇拜在宗教中十分显著。公元 6 世纪，来自中国、朝鲜的佛教传入日本，与以往的神祇信仰融合而成了日本的古代佛教。由于当时社会不安定，佛教净土思想普及，掀起了佛教庭园的创作热潮，日本的佛教净土式庭园有唐风山水园的风格。后受到禅宗思想的影响，赋予山岳和岩石以佛姿，庭院表现趋向抽象化，诞生了枯山水庭园模式。

基督教发源于公元 1 世纪巴勒斯坦的耶路撒冷地区，到了中世纪，基督教在欧洲开始广泛传播。在这个时期里，自然经济的农业占统治地位，自给自足，欧洲各领主们在封地里割据。在这种状态下，基督教建立了统一的教会，天主教的首都在罗马，后来的东正教的首都在君士坦丁堡，教会控制人们的精神和生活，成为最高权威。

随着基督教的发展，在拜占庭帝国产生了圣院。圣院常建造于教堂建筑入口，通过道路、水渠行列间隔排布，并利用高差的变化创造台地和下沉花园。

到了中世纪，基督教渗透到生活的方方面面，出现了修道院庭园，并在发展过程中形成了回廊式庭园和蔬果园两种形式。回廊式中庭属于装饰性庭园,是类似于希腊罗马的柱廊式庭园的露天方形中庭,由教堂及其他公共建筑物围成,而蔬果园则以实用功能为主,蔬菜园、药草园成为园内不可缺少的部分。

伊斯兰教自诞生之时就与花园有着密切联系,在中东的伊斯兰园林中,水、绿荫树、凉亭是重要的造园要素,布局类似西欧修道院的回廊式中庭,垂直相交的苑路沟渠将庭园一分为四,在交点上有水池或凉亭。从公元8世纪开始,伊斯兰教传入印度。随后,印度人在莫卧儿帝国时期建造了大量的清真寺园林,水和凉亭必不可少,雕刻装饰精美。这些清真寺园林在建造时也考虑了印度教内涵,有供印度教徒河边沐浴的石阶、水池中有象征意味的莲花等。

同样受伊斯兰教园林强烈影响的还有西班牙。在8世纪的西班牙,伊斯兰鼎盛的文化带来了城市和园林的空前繁荣,最早的伊斯兰统治者刚定都于科尔多瓦就开始了大型的造园活动,此后的700年里,造园活动几乎从未间断。贪图享乐的阿拉伯君主建造了一个如人间天堂般的园林,当中包括至今仍享有盛誉的阿尔罕布拉宫(Alhambra)和格内拉里弗(Generalife)等。

□ “空中世界”

在中国神话体系中,昆仑山具备了理想的仙居环境,是古人心目中的“人间天堂”,那里的山水、神灵都令人战栗,不可望也不可及。但昆仑神话中的圃却有令人着迷之处。“昆仑之丘,或上倍之,是谓悬圃,登之乃灵,能使风雨;或上倍之,乃维上天,登之乃神,是谓天帝之居。”昆仑山上的平圃、县圃、悬圃、疏圃、元圃、玄圃等,都是有灵的仙境,是神仙居所。山水环绕的昆仑山模式成为中国园林文化中仙境神域景观模式之一。古人还设想了神仙在天界的居所,因而产生了“三垣、四象、二十八宿”之说,后以“空中世界”作为中国宫苑“象天”的范本(见图5-1)。

图5-1　昆仑山模式

5.1　东亚地区

5.1.1　中国寺观园林

寺观园林是中国古典园林的重要类型,与皇家园林、私家园林并重。

魏晋南北朝时期,随着佛教的兴盛,舍宅为寺的风气随之而起。达官贵族为了祖先、家族祈福将宅院舍位佛寺,而这些宅院往往本身就具备优美的园林环境,在舍为寺院后,一定程度上成为后世新建寺庙园林的蓝本。从北魏开始,许多著名的寺庙、寺塔多选择在风景优美的名山大川或城市中的幽静之地兴建,形成了一种自然风景园式的寺观园林。园林的主体是风景优美的自然山水,其中的建筑群采取散点式的分散布局方式,完全融于自然环境之中。

东汉明帝永平11年(公元68年),号称“中国第一古刹”的白马寺建成,成为了佛教传入中国后第一所官办寺院。它位于河南洛阳城东12公里处,在汉魏洛阳故城雍门西1.5公里处,古称金刚崖寺,是中国佛教的“释源”“祖庭”。

至宋代,禅宗盛行,寺观园林由世俗化而更进一步地“文人化”。《东京梦华录》与《洛阳名园记》中对寺观园林各有具体描述。当时游园活动已成为除宗教法会和定期的庙会之外的一项主要内容。这使得寺观园林多少具有类似城市公共园林的职能。

元代以后,中国宗教日趋多元化,但寺观园林仍比较注重自身的庭院绿化,其内部的植物造景风格以清幽淡雅为主,以配合僧侣的修身养性之道。明清时期,寺观园林功能比较单纯,注重山水花木的分量,较多地保持着宋、明文人园林的疏朗天然,虽为宗教活动的中心,但在一定程度上具备公共园林的职能。

园林特征

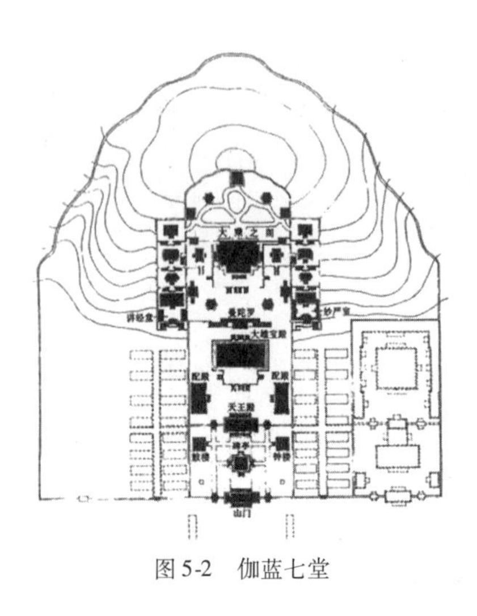

图 5-2　伽蓝七堂

中国的寺观园林经过了几千年的发展演变，逐渐形成了明显的特征。首先，寺观园林的选址多位于环境幽雅的山林中，尽可能地利用天然环境进行园林绿化，如条件有限则必附设小型庭院。其次，寺观园林的基地地形多为东西狭窄而南北纵长，具有中轴线，建筑一般为坐北朝南。第三，寺观园林的建筑格局严整、规范，其典型配置为“伽蓝七堂”（见图 5-2），即用七堂前后围合成 3 个院落。其中主体建筑采用中轴线均衡对称的布置方法，即主要建筑（包括山门、天王殿、大雄宝殿、法堂及藏经阁等）位于南北中轴线上，附属设施则设置在东西两侧。第四，作为营造佛教庄严肃穆气氛的辅助手法，水景和植物是寺观园林中不可缺少的 2 个要素。水寓意佛经中的“八功德水”，旨在宣扬修持正道、普度众生的法意，多以池、湖、井、塘等静水形式出现；植物则与寺庙主体建筑相辅相成，既可作为建筑的配景，又可作为寺观园林局部的主要景观。

（1）水体

位于自然风景地的宗教园林，往往利用山泉之水，绕殿堂楼阁，引至寺院水池，池中养鱼成群。利用活水将殿堂院落园林化，使园林用水与生活用水相结合，既作为饮用水，也创造多层次的水景观形式。如北京大觉寺中著名的清水院，便由寺外引入两股泉水贯穿全寺。

图 5-3　报恩寺放生池

放生池是许多佛寺中都有的一个设施，《大智度论》云：诸余罪中，杀业最重，诸功德中，放生第一。佛寺中的一般为人工开凿的池塘，为体现佛教“慈悲为怀，体念众生”的心怀，让信徒将各种水生动物如鱼、龟等放养在这里。信徒放一次生就积一次德，象征了“吉祥云集，万德庄严”的意义。

历史上最早的放生池见于南北朝时期建康报恩寺中（见图 5-3）。

（2）植物

出于宗教教义的影响，宗教园林中对于一草一木格外重视。果木花树都有一定的宗教象征意义。一般来说，在主要殿堂的庭院，为了烘托宗教的肃穆气氛，多栽植松柏、银杏、沙椤、榕树、七叶树等姿态挺拔、虬枝古干、叶茂阴浓的树种；其次，次要庭院要体现“禅房花木深”的雅致情趣，因而多栽花卉及富有画意的观赏树木，点缀山石水格局。不少寺观以古树名木、花卉栽培名重一时，有的甚至相当于一座大花园，广植太平花、海棠、玉兰、丁香、玉簪、牡丹、芍药等，修竹成丛。例如，北京西山大觉寺的附属园内，参天的高树大部分为松、柏，兼以槲栎、栾树等，浓荫覆盖、遮天蔽日成为夏日之清凉世界。如今寺内尚有百龄以上的古树近百株，无量寿佛殿前的千年银杏树早在明清时已闻名京师。庭院内花卉有太平花、海棠、玉兰、丁香、玉簪、牡丹、芍药等，更有多处修竹成丛。唐代长安的慈恩寺尤以牡丹和荷花最负盛名。其内两丛牡丹着花五六百朵，花色有浅红、深紫、黄白，还有正晕、倒晕等，品种繁多。

另外，古代寺观相对独立，僧人靠自给自足来生活，加上教规禁止僧人荤食，僧尼生活基本依赖植物性食物。因此寺院中常植一些与饮食有关的植物如竹子、茶树、萱草、香蒲、二月蓝等。并充分利用寺观环境多依山傍水的有利条件，建立花圃、果圃、菜园和药圃。《洛阳伽蓝记》多次提到寺院种植果树的繁茂景象，如"京师寺皆种杂果，而此三寺（尤华寺、追圣寺、报恩寺），园林茂盛，莫之与争"；景林寺"寺西有园，多饶奇果"；法云寺"珍果蔚茂"；"承光寺亦多果木，奈味甚美，冠于京师"等。显然，寺观园林植物的栽植不仅仅为着观赏的目的，其本身还是为着生产的目的，是一种经济运作行为（表5-1）。

表5-1　中国寺观园林代表案例列表

案例名称	造园特征	备注	平面示意图
黄龙洞 时间：公元1241—1252年（南宋淳佑年间） 区位：杭州西湖北山栖霞岭西北麓	空间布局：黄龙洞的园林分量大大超过宗教建筑的分量，形成典型的"园林寺观"，建筑穿插于自然水体当中，与周围环境紧密结合	原为佛寺，清末改为道观。一名无门洞	
普宁寺 时间：公元1758年（乾隆二十三年） 区位：河北承德市	空间布局：普宁寺是汉藏佛教融合之风的典型代表。两条轴线体现汉藏结合的特征，建筑的风格同样体现汉藏融合的特征佛教典籍理念深入寺庙的整体布局、空间营造和建筑样式之中，饱含寓意。建筑群沿南北中轴线纵深布置，全长230米，分为南北两个部分	有着特殊的政治背景，主要是清朝政府为了团结拉拢蒙藏民族	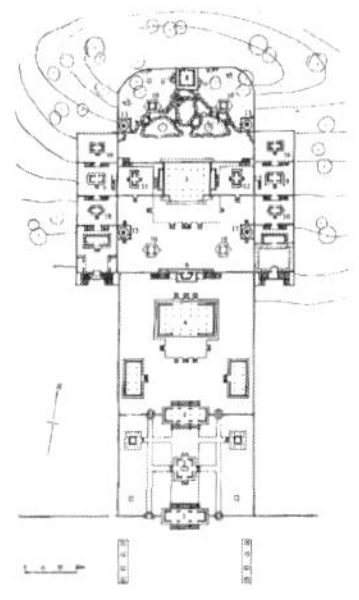
潭柘寺 时间：始建于公元265—420年间（晋代） 区位：北京城西小西山系	空间布局：潭柘寺选址于深山幽谷之中。进寺之前要经过一段曲折山路，跨进寺门，从南门开始寺中的建筑沿着山体的坡度向上攀援而上，主要的道路体系围绕中轴线上的宫殿建筑。寺中自然和人工造景相结合，层峦叠嶂，飞流瀑布 功能：历来就是北京的游览名胜地和民众礼佛场所	是北京城最古老的佛寺之一。俗语有云"先有潭柘寺，后有北京城"	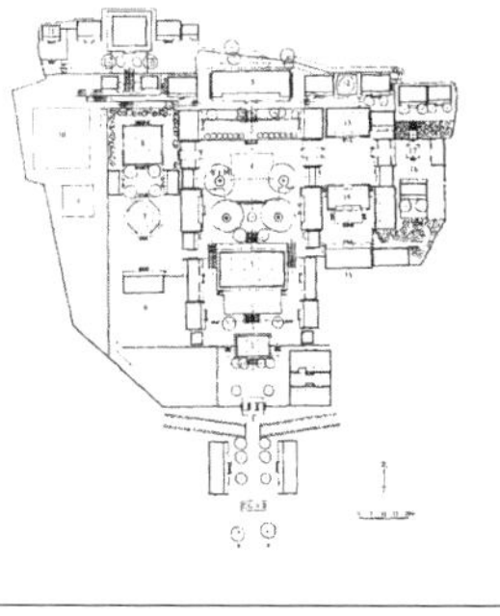
古常道观 时间：公元605—618年（隋大业年间） 区位：四川青城山	空间布局：全观共有主要殿堂15幢，连同配殿及附属用房组成一个庞大的院落建筑群，后部倚山岩而筑成的天师洞及天师殿一区，把宗教活动、生活服务、风景建设、道路安排等通过园林化的处理而完美地统一、结合起来	古常道观不仅在选址和山地建筑布置方面表现了卓越的技巧，它的内部庭院、园林以及外围的园林化环境的规划设计，均能做到因势利导、恰如其分	
乌尤寺 时间：始建于公元742—755年（唐天宝年间） 区位：四川乐山市东岸	空间布局：乌尤寺选址在江边，结合山地地形，寺内的建筑布局充分利用地形特点，把建筑群适当地拆散、拉开，沿着临江一面延展为三组	创建于唐，为唐代名僧惠净法师所建，北宋时改今名。1983年，定为汉族地区佛教全国重点寺院	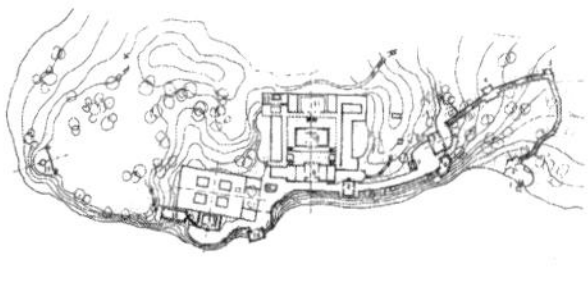

续表

案例名称	造园特征	备注	平面示意图
灵隐寺 时间:始建于公元326年(晋成帝咸和元年) 区位:杭州西湖西面山麓	空间布局:灵隐寺位于杭州西湖西面崇山峻岭中,因山就水。进灵隐山门,建有合涧桥。东西两涧,一条源于天竺山,一条源于法云弄内石人岭。从合涧桥行百步到回龙桥,桥上有一亭"春淙",其西面即为飞来峰	佛教界习惯将各派传法中心寺院称作"山"或"本山",故人们将灵隐寺尊称为"东南第一山"	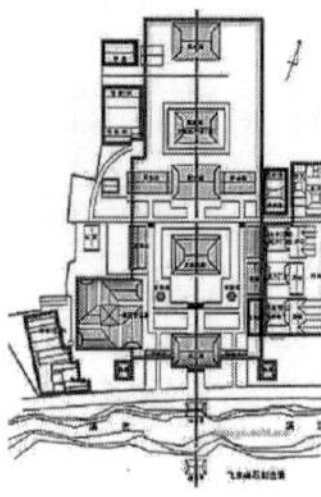
大觉寺 时间:始建于1068年(辽代咸雍四年) 区位:北京市海淀区阳台山麓 规模:总占地6000平方米	空间布局:寺院坐西朝东,山门朝向太阳升起的方向。体现了辽国时期契丹人朝日的建筑格局。寺依山势而建,主要由中路寺庙建筑、南路行宫和北路僧房所组成	大觉寺以清泉、古树、玉兰、环境优雅而闻名,寺内共有古树160株,有1000年的银杏、300年的玉兰,古娑罗树,松柏等。大觉寺的玉兰花与法源寺的丁香花、崇效寺的牡丹花一起被称为北京三大花卉寺庙	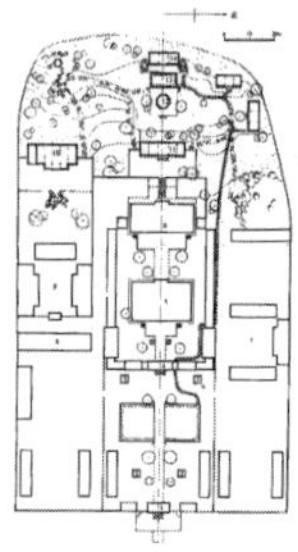
白云观 时间:始建于公元741年(唐开元二十九年) 区位:北京市西城区白云观街	空间布局:总体布局主要分为四部分:前导空间、宗教空间、生活空间、园林空间。建筑分中、东、西三路及后院,规模宏大,布局紧凑。中路以山门外的照壁为起点,依次有照壁、华表、山门、窝风桥、钟鼓楼、三官殿、财神殿、玉皇殿、老律堂、三清四御殿	是当时北方道教的最大丛林,并藏有《大金玄都宝藏》。全真道掌教人丘处机灵柩安置之处。元朝末年,长春宫的殿宇倾圮。明朝初年,重建白云观。清朝初年,白云观进行了大规模重修	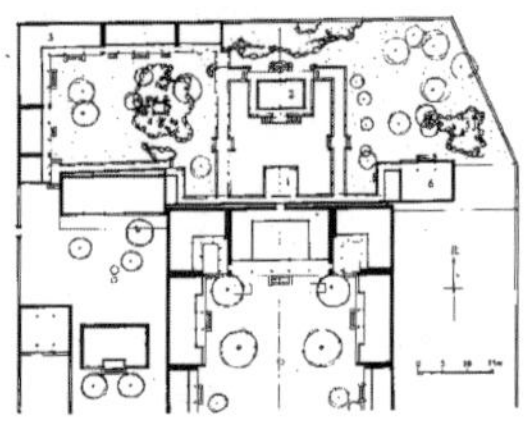
圆觉寺 时间:公元1465年—1487年(明成化年间) 区位:云南省巍山县灵应山 造园者:蒙化土官左氏所建	空间布局:圆觉寺依山就势,由山门、弥勒殿、真如殿、大雄殿及两侧观音殿、伽蓝殿、文昌宫、三官殿、准提殿等建筑组成。寺内有听月庵、系风亭、小桥、池塘等苑林,融寺院与园林与一体。其布局根据地势,采取由西到东上下三台横列落,内多园林小景		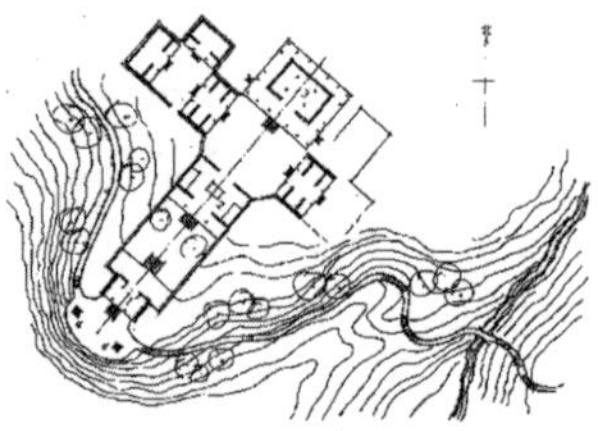
太素宫 时间:公元1556年(建于明嘉靖三十年五) 区位:安徽省休宁县齐云山 规模:1600平方米	空间布局:太素宫坐南朝北,原主要建筑有"玄天金阙"石坊、宫门、前殿、正殿、后殿、客堂、斋堂、道舍及左右配房等。后被毁	环境气象万千,是名山风景区的宗教建设与风景建设完美结合的例子	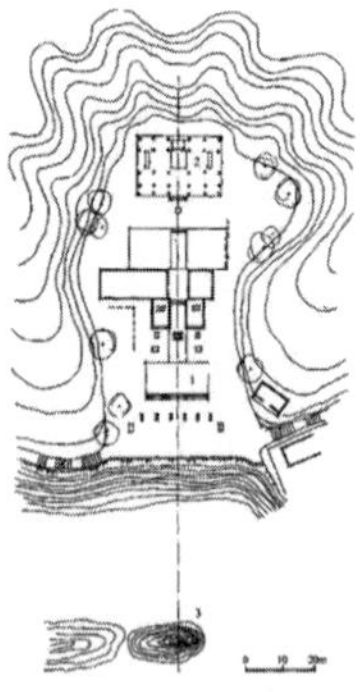
晋祠 时间:始建于386—557年(北魏) 区位:太原市西南悬翁山下	空间布局:晋祠可分中、北、南三部分。中,即中轴线,从大门入,自水镜台起,经会仙桥、金人台、对越坊、献殿、钟鼓楼、鱼沼飞梁到圣母殿。北部从文昌宫起,有东岳祠、关帝庙、三清祠、唐叔祠、朝阳洞、待风轩、三台阁、读书台和吕祖阁。这一组建筑物大部随地势自然错综排列,以崇楼高阁取胜。南部从胜瀛楼起,有白鹤亭、三圣祠、真趣亭、难老泉亭、水母楼和公输子祠。这一组楼台计峙,泉流潺绕,颇具江南园林风韵	始建于北魏,南北朝天保年间(550—559)首次扩建。唐贞观二十年(公元646年)由太宗李世民又一次扩建。太平兴国九年(公元984年)依山枕建正殿,熙宁年间(1068—1077)封邑姜为"顯灵昭济圣母",遂有圣母殿之称,后来唐叔虞祠堂迁于北侧,形成今日格局	

续表

案例名称	造园特征	备注	平面示意图
净慈寺 时间:始建于公元954年(后周显德元年) 区位:杭州南屏山慧日峰下 造园者:五代吴越国王钱弘俶	空间布局:净慈寺以佛教礼仪为中心,以南北主轴和东西次轴统领下的三类景区(殿宇、庭院、园林)为延伸,将庄重的大雄宝殿有力地凸显出来,点明弘扬佛法的主题。寺院南北向由低及高,顺山势而上,穿过重重大殿及至山巅就达旭日普照亭,东西向一边是五百罗汉堂,另一边则是西方极乐世界,与中轴线都有廊道相隔,由暗及明,在心境随之开朗的氛围里开始游览极乐世界	初名慧日永明院	
抱朴道院 时间:公元316年—420年间(东晋) 区位:杭州西湖北岸葛岭 造园者:葛洪	选址:浙江杭州西湖北岸葛岭 空间布局:抱朴道院坐北朝南,建筑不拘于中轴线的一以贯之,而是随山势而建,布局灵活。抱朴道院围墙为黄色,随山势蜿蜒,远远望去,宛如一条黄龙蜿蜒于葛岭中,抱朴道院的建筑体现出了道家天人合一的追求	明代重建,改称为"玛瑙山居"。清代复加修葺,以葛洪道号"抱朴子"而改称"抱朴道院",遂沿用至今	
昭觉寺 时间:公元627—649间(唐朝贞观年间) 区位:在成都市北郊5公里	空间布局:中间轴线上设置主要宗教活动空间,生活服务空间置于轴线后端的两侧,既不影响山门的宗教氛围,又可以在后侧形成较为自由的生活空间。昭觉寺的轴线上依次坐落有山门、八角亭、天王殿、先觉堂、圆觉堂、御书楼、观音阁、涅槃堂、藏经楼。轴线上的院落只满足佛事活动基本要求,两边的生活空间随意灵活,有川西地区常见的树种灵活栽植,其间排设竹桌竹椅,成为简单的露天茶座,此处正映衬了"茶禅一味"	昭觉寺在汉朝是眉州司马董常的故宅,唐朝贞观年间,改建为佛刹,名建元寺。唐僖宗乾符四年(877年),休梦禅师任建元寺住持,他兴工构殿,扩建寺庙,并奉旨改寺名为昭觉寺	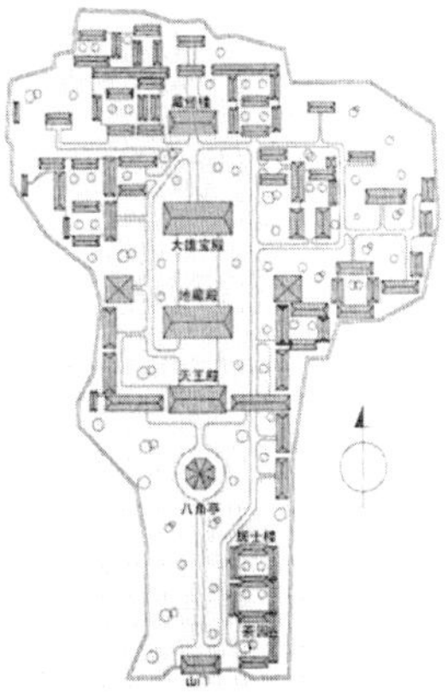
荐福寺 时间:公元684年(唐睿宗文明元年) 区位:陕西西安市南门外	空间布局:由南而北依次为山门、钟、鼓楼、慈氏阁、配殿、大雄宝殿、藏经楼、宝塔、白衣阁等 造园要素:荐福寺是一座以水为胜的佛寺园,其"寺东院有放生池,周二百步","院内广种名花异草,尤以牡丹为盛"	高宗李治死后百日,皇室族戚为其献福而兴建的寺院,故最初取名"献福寺"。武则天天授元年(690年)改为"荐福寺"。神龙二年(706年),扩充寺庙为翻经院,成为继慈恩寺之后的一个佛教学术机构。唐末因遭兵祸破坏,将其迁建于安仁坊小雁塔所在的塔院里	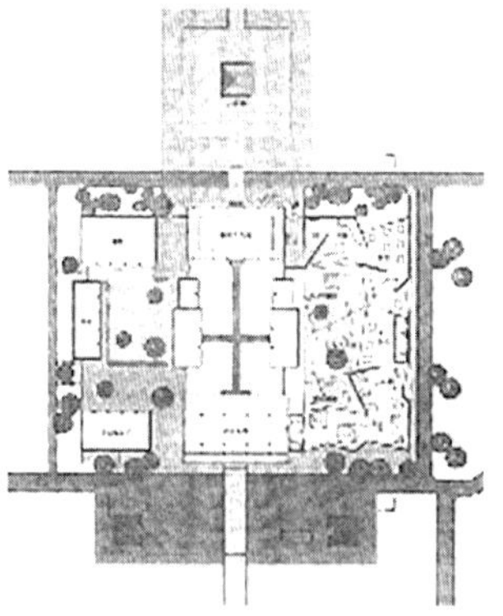
东林寺 时间:东晋太元九年(公元384年) 区位:庐山西麓 建造者:名僧慧远	空间布局:寺南翠屏千仞,寺前一泓清流。虎溪迂回向西而去,溪上跨着一座石砌拱桥,这是我国文化史上传为佳话的"虎溪三笑"故事发生的地方——"虎溪桥"。过虎溪桥,北行约百余米为东林寺的第一道山门,山门上竖挂着"晋建东林寺"石刻。东林寺西的山丘上,有东方佛教"净土宗"的始祖慧远墓塔——"荔枝塔"	东林寺是中国佛教八大道场之一,也是净土宗发源地,在唐代极盛一时,经鉴真和尚东渡日本传经讲学,慧远和东林的教义也随之传入日本	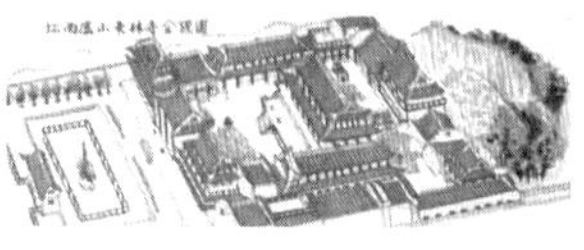

续表

案例名称	造园特征	备注	平面示意图
鸡鸣寺 时间:始建于西晋 区位:南京市玄武区鸡笼山东麓	空间布局:鸡鸣寺内现有大雄宝殿、观音楼、韦驮殿、志公墓、藏经楼、念佛堂和药师佛塔等主要建筑。大雄宝殿内奉祀三宝佛,外山门、三大士阁、钟鼓楼、禅房、素菜馆等建筑占地面积约5万平方米	是南京最古老的梵刹之一,是南朝时期中国南方的佛教中心	
国清寺 时间:始建于隋文帝开皇十八年(598年) 区位:浙江省天台县城关镇 建造者:天台宗创始人智顗	空间布局:国清寺现存建筑总面积7.3万平方米、分为五条纵轴线,正中轴由南而北依次为弥勒殿、雨花殿、大雄宝殿、药师殿、观音殿;还有放生池、钟鼓楼、聚贤堂、方丈楼、三圣殿、妙法堂(上为藏经楼)伽蓝殿、罗汉堂、文物室等,构成一个拥有2.8万平方米建筑面积、八千余间房屋的古建筑群。国清寺寺宇依山就势,层层递高,既有佛教建筑严整对称又有灵活的园林建造手法	从唐大中朝到清雍正朝的八百八十多年间,国清寺几度或毁于兵火,或摧于风暴,但都是屡毁屡建。每次重修,寺宇规模都有所发展,位置也越来越往下移至山麓平旷地带	
法源寺 时间:建成于唐通天元年(公元696年) 区位:今址位于北京宣武区法源寺前街 建造者:最初由唐太宗(李世民)下令立寺	空间布局:寺院坐北朝南,中轴线上有七座建筑。进入山门,经过狭长的雨路,钟楼、鼓楼东西并峙。二进院由天王殿开始,中轴线上依次为天王殿、大雄宝殿、观音殿(又名悯忠台、念佛台或戒坛),左右有东西廊庑及跨院。三进院有毗卢殿(原名净业堂)、大悲殿及东西配殿。最后一进是两层的藏经阁	法源寺是北京城内现存历史悠久的古刹,在历史上曾经过多次改建,寺庙现在的规模是在明代重建时形成的。法源寺原名悯忠寺,明代时被赐名"崇福寺",清雍正帝改名"法源寺"。新中国成立后,法源寺成为中国佛学院所在地,并被定为北京市重点文物保护单位	

5.1.2 日本禅宗园林

公元6世纪,中国佛教通过朝鲜半岛传入日本。到南宋时期,即日本镰仓时代,禅宗又由传入日本,日本佛教随之产生巨变,禅宗从此成为日本佛教诸宗中最重要的一个宗派。在日本经过一个多世纪的传播、消化、吸收后,禅宗思想对日本的文学、茶道、书道、剑道、武士道、儒道、绘画、雕刻、建筑、园林,几乎所有领域的都产生了影响。禅宗的思维方式和审美方式也渐渐成为日本民族的思维方式和审美特点。

日本最初的禅寺为寄居兼修的形式,且致力于对南宋禅寺的完全移植和模仿。到镰仓时代中期,宋僧渡日确立了日本纯正的宋风禅寺,并在日本广泛地传播发展。随着室町时代政治中心的转移,京都继镰仓之后,成为日本禅宗兴盛的第二个中心。这时期的日本禅寺走向自身的成熟及鼎盛,"五山十刹"即是象征及代表(见图5-4)。

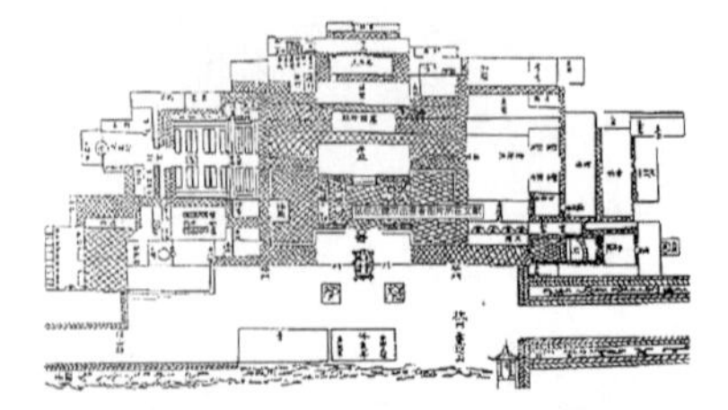
图5-4 "五山十刹图"之灵隐山

镰仓时代的后期,产生了以组石为中心追求主观象征意义的抽象表现的写意式山水园,追求自然意义和佛教意义的写意,最后发展固定为枯山水形式。禅宗园林得到了幕府政府、武士阶层和百姓的推崇,得到大力发展。

禅宗庭园受到佛教理念的深刻影响,创作者的动机和构思之巧妙在于,在空无一物的庭园里使用石、白砂、苔藓构成一幅生动的自然美景,摹拟自然，蕴含哲理。枯山水庭院的发展渐渐超越宗教园林的范畴，成为日本最具代表性、典型性的庭院模式。

园林特征

早期日本的禅宗园林受到中国文化的影响，有唐风山水园风格，中心水池、卵石铺地、立石群、石组、瀑布等。

禅宗园林的造园主题离不开自然山水，注重再现大自然之美，表达途径是"写意"。从镰仓时代开始由真山水向枯山水转化，在室町时代又转向茶庭"神游"的园林形式，其审美情趣与中国古典园林中真山真水的文人情趣不大相同，体现了空幽寂静的"禅"之意境。

枯山水庭园以石、白砂、苔藓等作为素材营造庭院空间，最大限度发挥石材的形状、色泽、硬度、纹理和其他特性，使静止的石材在人工营建的自然环境中产生动感，幻化出生动抽象的形象，利用耙埽在白砂上耙出各种形状，表现大海的各种表情。例如，愿行寺庭园石组象征着蓬莱三岛，石组后方小型筑山一带左右分立着两组石组，右侧为枯瀑，左前侧是蓬莱石，整体主题为枯瀑蓬莱。京都的龙安寺庭园的构思则更充满禅宗象征意义，五个石组和沙坪之间构成了一个相对的概念，浩瀚的海洋和小小的岛屿是人生中面对的得失、成败、个人与社会等相对概念的佛义阐释（见图 5-5）。

图 5-5 枯山水庭园

表 5-2 日本佛寺园林代表案例列表

案例名称	造园特征	备注	平面示意图
龙安寺 时间：始建于公元 1450 年（室町时代） 区位：京都西北部 规模：333 平方米 造园者：细川胜元	空间布局：庭园呈横长方形，无一草一树，零星错落安置了 15 块大小不一的石头，共同围合成一个聚合空间 其他：庭园的构思具有禅宗象征意义。五个石组和沙坪象征浩瀚的海洋和小小的岛屿	龙安寺庭园是最能体现日本枯山水庭园特色和日本人的审美意识之杰作	
平等院庭园 时间：始建于公元 998 年（平安时代） 区位：京都府宇治市 规模：20714 平方米	空间布局：被称作阿字池的池泉上有大中岛，岛上坐落着凤凰堂。凤凰堂左右两侧设有翼廊，后面设有尾廊，整体看起来就像一只展翅飞翔的凤凰	平等院庭园为净土三昧的庭园	
银阁寺 时间：始建于公元 1482 年（文明 14 年） 区位：京都市左京区 园林主人：日本室町幕府第八代将军足利义政（1435—1490 年） 规模：22338 平方米	空间布局：银阁寺从总门到中门，是一条 50 米长由石垣、竹垣和树木组成的高墙，据说是仿造杭州西湖建造，向月台呈圆锥形，位于银沙滩旁侧。总体上，银阁寺如同中国江南庭院，玲珑朴素	银阁寺庭园在建造之初用于欣赏月色	

续表

案例名称	造园特征	备注	平面示意图
东光寺庭园 时间:公元1108年间(天仁元年) 区位:山梨县甲府市 规模:面积15000平方米	空间布局:东光寺庭园为池泉观赏式。依山而建,在山腰之上密密地布满石组,所采用的山石棱角分明,层层叠嶂 其他:龙门瀑庭园。东光寺庭园在山腹正面布置众多山石,在当时是绝无仅有的	龙门瀑布是一个全新的主题,由道隆所建,最初的庭园为禅宗庭园。道隆的新主题和北宋山水画风格成为后来日本庭园的主流	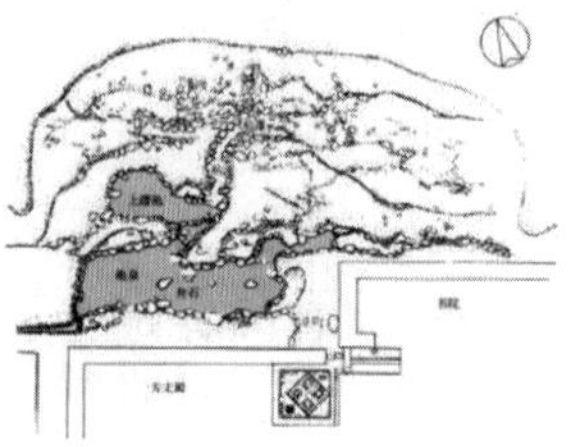
惠林寺庭院 时间:公元1192—1333年间(镰仓时代) 区位:山梨县盐山市 规模:2267米	空间布局:东光寺庭园为池泉回游式。池泉的中央布置了龟岛,龟岛的左后方是瀑布和洞窟,再向后的方山上是须弥山石组。东边的溪流之上架设了一座石桥,上方悬挂一帘瀑布,左右安置了山水画石组。池泉与溪流。整个庭园分割、布局复杂。而引水和蜿蜒的溪流没有直接注入池泉,采用与池泉并行的独立水路	元德2年(公元1330年)庄园领主——阶堂贞藤盛请梦窗国师前来建造	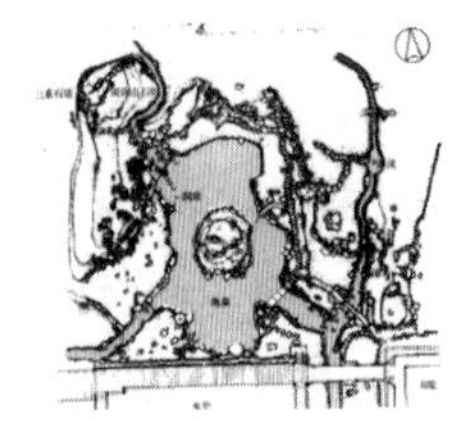
旧秀邻寺庭园 时间:公元1333—1467年间(室町时代) 区位:滋贺县高岛郡 规模:面积约780平方米	空间布局:旧秀邻寺庭园为池泉观赏式。一条瀑布自池泉的左下方垂落池中,在池水中央架设着一座厚重的石桥,石桥的左、右侧分别布置龟头岛和鹤岛,龟、鹤挟桥而对立 其他:这里的羽石在古代鹤石组布局中最具代表性,其形态、配置手法在之后的桃山时代得到极大的发展	幕府第十二代将军义晴为躲避叛乱,投奔到这个朽木城主朽木植纲的城中。植纲为迎接义晴开始着手建造新馆。义晴自享禄4年2月开始,大致在此居住了2年半之久。本庭就是在此期间兴建	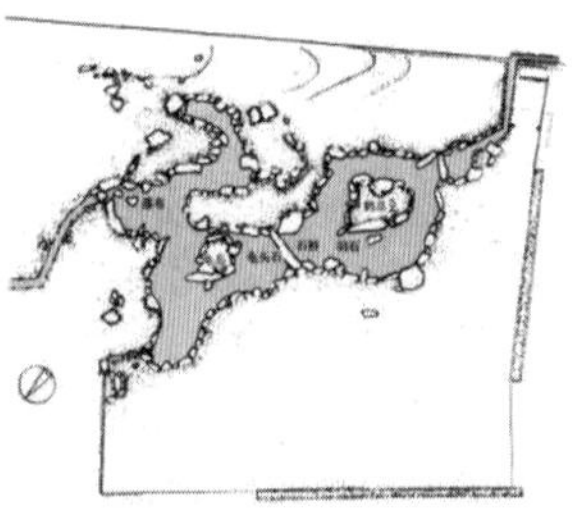
圣众来迎寺庭园 时间:公元1573—1603年间(桃山时代) 区位:滋贺县大津市 规模:面积约178平方米	空间布局:圣众来迎寺庭园为枯山水庭园。在庭园的中心种植一株高大的苏铁,一帘枯瀑自其后跌落,形成小溪,汇成大河。河上架有两座石桥,构成了一幅高山大河的画面 其他:庭园内所到之处皆敷设有飞石,游客随之可以遍览全园,建造极其注重细节		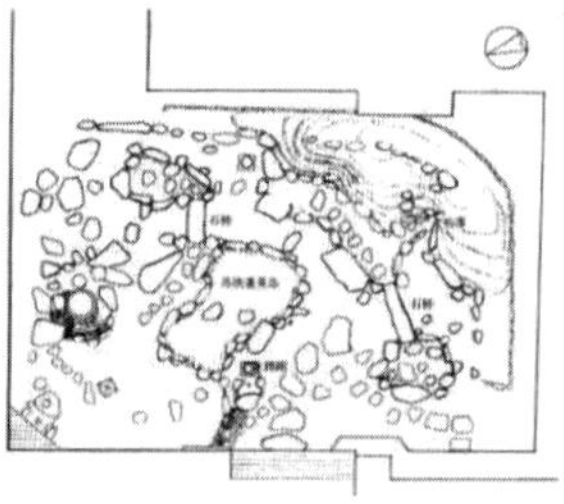
天龙寺庭园 时间:公元1192—1333年(镰仓时代) 区位:京都市右京区 规模:面积约12060平方米	空间布局:天龙寺庭园为池泉回游式。池心仅布置了一座岩岛,而没有中岛,直接展现出两个主题。在瀑布的下段竖立了一块板状青石,其上安置有鲤鱼石。石组的上方共布置了二段瀑布,瀑布的后方还配置有一组远山石 其他:龙门瀑与三桥。池泉的全景宛如一幅山水画卷	早在承和14年(公元847年),峨天皇的皇后——檀林皇后曾邀请朝中义空禅师创建了日本第一座禅宗寺院——檀林寺,此地便为当时檀林寺的所在	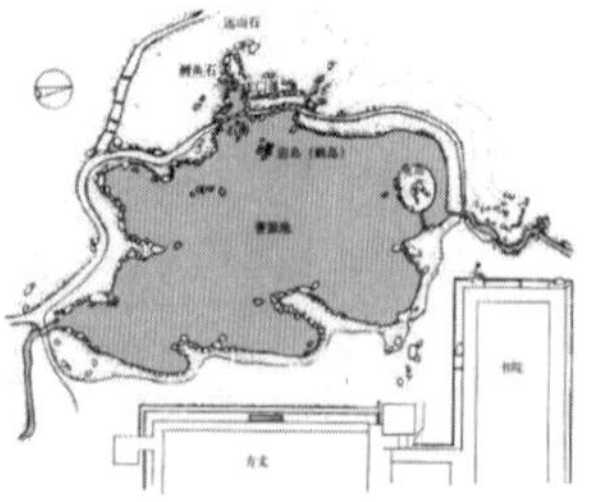
正传寺庭园 时间:公元1603—1867年(江户时代) 区位:京都市市北区 规模:面积约363平方米	空间布局:为枯山水庭园,正传寺庭园以比睿山为正面背景,园中仅布置了白砂、呈七五三排列的修剪杜鹃 其他:七五三的修剪植栽与借景,简单、明快、清新	承应2年(公元1653年),伏见城的御成御殿作为方丈殿被移建至寺中,此御殿原本即是由金地院移建而来,庭园也是在御殿移建后所建	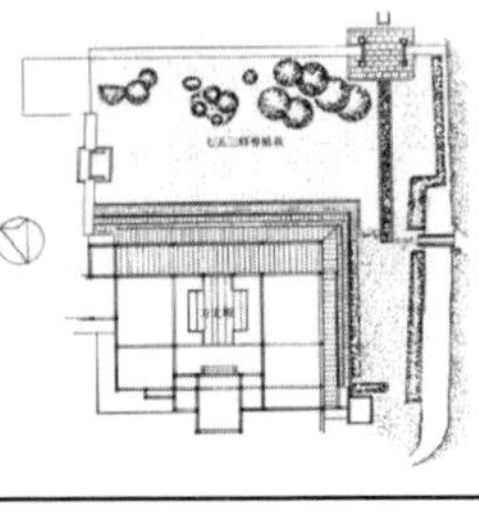

续表

案例名称	造园特征	备注	平面示意图
普门寺庭园 时间:公元 1603—1867 年间(江户时代) 区位:大阪府高槻市 规模:面积约 396 平方米	形式:平远山水画式的枯山水庭园 空间布局:中央布置有一座巨大的半岛,左前方则配列了一帘枯瀑。一块鹤岛式的立石高高挺立	造园委托给妙莲寺的石立僧(专门负责造园的僧人)玉渊。玉渊曾参与兴盛寺山内的塔头与桂离宫庭园的建造	
园成寺庭园 时间:公元 794—1192 年(平安时代) 区位:奈良市 造园者:市偏僧正 规模:面积约 4900 平方米	空间布局:园成寺庭园为池泉舟游式。寺中池泉,中央配置有大中岛,自北岸向中岛架起一座平桥,而由中岛至南岸的半岛同时架设了一座拱桥。池泉的东南角上有半岛。中岛北侧有一座颇具规模的岛屿。园成寺庭园的山石配置手法十分有力量	宽遍是大纳言源师忠的儿子,创立名曰“忍辱山流”的真言密教派。在宽遍时代,寺庙得到整修,还修建了池泉庭园	

5.1.3 朝鲜半岛佛教寺刹园林

朝鲜半岛的主要宗教园林是佛教寺刹园林,其造园形式包括两种,其一起源于对早期中国池苑,特别是“一池三山”模式的摹写和微缩;其二则是在统一新罗末期逐渐萌芽,在高丽时期发展起来的自然山水式园林。由于饱经战祸并历经岁月沧桑,朝鲜半岛古代园林留存至今的遗迹很少,现存的宗教园林主要为高丽时期的一些寺刹园林。

寺刹园林在高丽时期出现并取得显著发展。其原因之一是受到宋代士大夫阶层造园活动的影响,造园思想和技法均有所提高。二是造园活动不再是王室的专利,寺刹园林作为独立的一枝,开始得到发展。三是当时自然式园林的观念逐渐显现并成熟,并对寺刹园林产生了深远的影响。

高丽时期中期,寺刹园林开始从平地转入了山地和丘陵,进一步促进和强化了朝鲜半岛自然山水式园林的模式,一定程度上摆脱了中国式园林的束缚,转向重视对天然地形地貌、溪流、植物的利用,而人工的建筑和地形改造、植物配置逐渐作为点缀或点睛之用。此时的寺刹园林多位于风景迤逦、幽静深寂的山林之中,园林中林木丛生,山路曲折,寺院依山路蜿蜒而上。佛寺圣地神秘肃穆的氛围得到有力的烘托。建筑的布局采取院落式,因地制宜随地势起伏而高低错落(见图 5-6)。

朝鲜朝是寺刹园林的衰落时期,作为朝鲜半岛上的最后一个王朝,在中后期饱受战乱兵灾,其园林无论在指导思想、园林种类、建造规模、技巧与方法等方面都比高丽时期有所退步。

□ 曹溪宗

新罗时期,朝鲜最有影响的佛教思想家是元晓和义湘。这两位早期的哲学家使得佛教在朝鲜立住了脚跟并获得广泛认同。在新罗时代(668—935),佛教各派被引入朝鲜,最有影响的一派是禅宗。在朝鲜的宗教思想和实践中,知讷(1158—1210)以高度的想象力将华严宗和禅宗结合。后来他创造了最有朝鲜特色的禅宗——曹溪宗,使得禅宗所强调的与自然和谐的思想和华严宗强调的人为进取的形而上的思想并行不悖。

图 5-6 佛国寺

园林特征

朝鲜半岛的园林在初期受到中国一池三山模式的影响,表现为对中国园林的模仿,但受当地具体的地形条件、经济力量、施工技术等的限制,往往表现出不同的形态。到了新罗时期,朝鲜佛教发源出自己的分支——曹溪宗,使得与自然和谐的思想与人为进取的形而上的思想可以并行不悖,这个时期的宗教园林人工化的痕迹开始减弱(见图 5-7)。

图 5-7 顺天松广寺

在朝鲜半岛的宗教园林中，儒、释的影响远不如在中国和日本那样深远，反而是道家“无为”的思想对朝鲜宗教园林的影响最大。朝鲜半岛自古以来对自然的神秘性和崇高性的尊崇与道家思想相结合，使得朝鲜造园不讲求运用人工技巧，而注重自然景观（表5-3）。

表5-3 朝鲜半岛寺刹园林代表案例列表

案例名称	造园特征	备注	平面示意图
佛国寺 时间：公元527年（法兴王十四年） 区位：韩国庆尚北道东南的吐含山山腰处 园林主人：新罗官方	空间布局：进山门之后，依山路蜿蜒而上，途经十字脊屋顶的钟楼到达寺内。途中林木丛生，道路曲折，佛寺圣地神秘肃穆的气氛得到有力烘托。 其他：佛国寺以自然手法造园，是朝鲜半岛此后盛行的自然山水式园林的萌芽	佛国寺是朝鲜佛寺中年代最为久远，保护也较为完整的一座，已被列入世界文化遗产名录	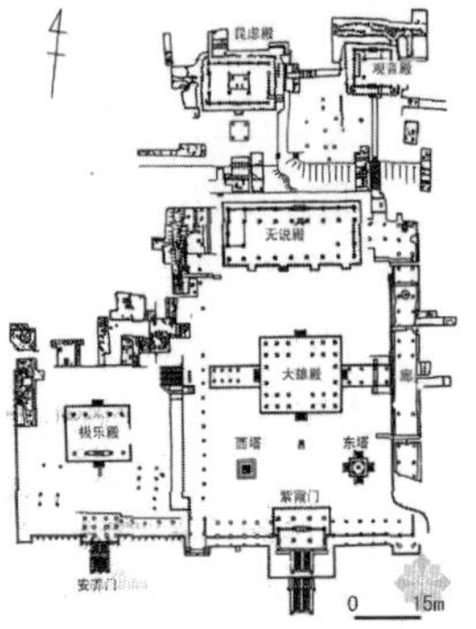
顺天松广寺 时间：公元1197年（高丽明宗二十七年） 区位：全罗南道顺天市松光面曹溪山 园林主人：普照国师	空间布局：该寺是创建于新罗末期的禅宗寺刹，因此虽然用地相对平坦，但已不再采用回廊式的平地型寺刹布局。松广寺内的院落刻意形成不对称的布局。在当时的寺刹园林中非常少见		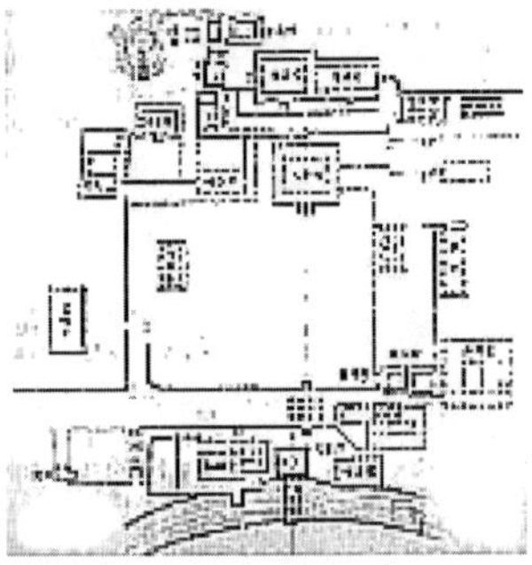
文殊禅院 时间：公元1061—1125年间 区位：江原道清平里庆云山的山谷 造园者：李资玄主持营造 规模：43200平方米	空间布局：文殊禅院是高丽时期著名的寺刹园林，规模较大，保留也比较完整，反映出高丽时期寺刹园林的特点：顺势而然地发展出充分利用自然的山林溪谷，体现少做或不做人工处理的自然式山水园林审美取向。禅院纵深约2.3千米，按方位大致可划分为3个区域，即南苑、中苑和北苑，三部分之间以纯粹的自然环境隔离		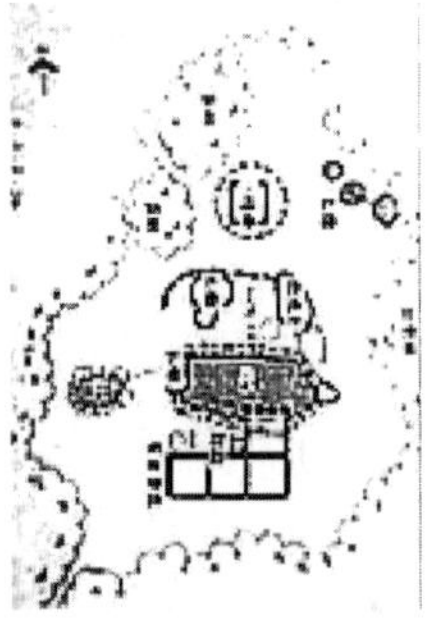

5.1.4 印度宗教园林

印度是世界上受宗教影响最深的国家之一，宗教众多，是佛教和婆罗门教的发源地，又曾经受到伊斯兰教的重大影响。目前，全印约有82%的人口信仰印度教。伊斯兰教是印度的第二大宗教，13.4%的印度人信仰伊斯兰教。公元前6—5世纪时期，佛教起源于印度北部今比哈尔邦，在随后的发展中，佛教在印度逐渐衰落。印度的宗教园林受其复杂的宗教环境影响，产生了不同的形式。

印度教园林

印度教是印度的传统宗教，与佛教也颇有渊源，起源于上古时梵天传给人类的《吠陀经》。印度教认为，生命不是以生为始，以死告终，而是无穷无尽一系列生命之中的一个环节，每一段生命都是由前世的所为而限制和决定。一个人的善良行为能使他升为婆罗门,邪恶行为则能令他堕为首陀罗、贱民甚至畜类。因此,个人必须通过修行和积累功德才能认知梵,与梵合一。“梵我合一”是印度教哲学理论的核心,更是印度教徒人生追求的最高目标。

印度教的信徒潜心于宇宙的秩序和神秘性。他们将圆形作为宇宙秩序和神秘性的象征,而宇宙在尘世的物质体现就是方形。雅利安人运用象征手法在世间创造了须弥山的形状,它是尘世和天国之间的桥梁,也与罗盘的四个方位联系了起来。这两种哲学的逻辑表现是石头山的庙宇山,上面刻满了丰富的动植物图案。这样的形式成为了印度宗教建筑的基础,在爪哇波罗步达的佛手建筑中,一座石质的曼荼罗(见图5-8)象征人类通往永恒世界,成为这一形式的巅峰。

图5-8 印度曼荼罗

印度教园林中通过对假定的宇宙想象,以及假定的超自然事物或区域对建筑或雕塑形式进行规划布置,从而使人们可以通过象征形式对其进行有力控制。人们能够在攀沿的过程中经历人生的全过程,从出生到死亡,直至超越形态思想、虚空和至高无上的天国乐土。印度教园林常选址于郊野,依附于山体,通过雕刻山体、模仿须弥山等方式塑造出震撼心灵的宗教世界。

伊斯兰教园林

印度的伊斯兰教园林主要形成于莫卧儿帝国时期,包括清真寺园林和陵墓园林等,集中分布在莫卧儿帝国的首都德里、阿格拉等地。莫卧儿帝国(1526—1857年),是中亚信奉伊斯兰教的征服者在印度建立的强大帝国。在19世纪英国人统治印度之前的三百余年里,莫卧儿帝国统治了北印度和中印度的大部分地区,它是印度封建社会由中期向晚期过渡的阶段,也是衔接中世纪印度与近代印度的重要历史时期。

莫卧儿帝王从祖先那里继承了对旷野和天然景观的直觉热爱,他们在理智上注重寻求宁静,这宁静以一成不变的秩序为基础。伊斯兰教园林选址在风景迷人、平坦宽敞的避暑胜地,从波斯人那里继承了对园林的热爱和象征手法的运用。首先,园林中水居首位,常被贮放在水池中,具有装饰、沐浴、灌溉三种用途;其次,非常注重绿树浓荫,创造凉爽的气候,不用花草造园,只在水池中种莲花,偏爱开花的树木;第三,规则整齐的新式花坛被引入园中;第四,凉亭是庭园中不可缺少的,兼具实用与装饰功能,在炎热的烈日下是绝好的凉台,也是舒适的庭园生活的休憩场所;第五,设置供印度教徒沐浴的河边石阶;最后,建筑大量采用大理石、光滑的彩色地面、精美的石雕窗饰和镶嵌装饰,充分体现印度和穆斯林风格之间的融合。

□ 萃堵坡(stūpa)

萃堵坡原来是简单的埋葬土丘,但随着佛陀的死亡,它们逐渐成为一种具有独特象征力的宗教形态。萃堵坡的中心部分是一座包住中部房间的实心半球,象征着天国的穹顶,顶部有象征须弥山的露台。一条顺时针方向的园路围绕着穹顶,朝圣者沿着这条路将完成一场形而上的宗教历程,通过他的脚印勾勒出一个简单样式的天国曼荼罗。萃堵坡的四个基本方位,后来被加上四个入口,设计成长方形,面对着球体的四个方位,与两条连接四个入口的道路成垂直相交。在外侧围墙和建筑物之间,有一条宽阔的道路,聚居者在祈求诸神时,可以环绕着建筑。空间上往往逐步升高,底层象征着尘世世界,越向高处越代表着极乐、虚空与至高无上的宇宙世界和天国乐土。香客朝圣的这一路就是寻求一种精神的历程(见图5-9)。

佛教园林

印度佛教产生并流传于古印度,时间上大约在公元前6—5世纪时期。创始人为悉达多(公元前565—485),母系族姓为乔达摩,释迦牟尼是佛教徒对他的尊称,意为“释迦族的圣人”。佛教兴起的时候是印度奴隶制经济急剧发展的时期。其过程大致可分为4个时期:原始佛教时期(公元前6或前5世纪—4或3世纪)、部派佛教(公元前4或前3世纪—到公元元年前后)、大乘佛教(公元元年前后—7世纪)和密教时期(约7—13世纪初)。从公元3世纪下半叶开始,佛教就开始不断向古印度境外传播,逐渐发展成为世界性的宗教。

图5-9 萃堵坡——桑吉大塔

佛经描述的印度佛教庭园是以方形水池为中心,构成富丽堂皇的佛寺庭园。《立世论》中列举的“七宝”有金、银、琉璃、颇梨柯、莲花色宝物、螺石、呵梨多。其中，颇梨柯为水晶，莲花色宝物为红珍珠或珊瑚，螺石为车磲(或贝壳的一种)，呵梨多为玛瑙。依据《具舍论》所述，帝释天的都城外四周镶嵌有四个美丽的庭园式园林，起着装点和美化城市的机能。中国南北朝时，后秦鸠摩罗什译《妙法莲华经》描述佛寺的庭园景观装饰得富丽堂皇。其译《大智度论》中记叙，集天下珍宝以最高的礼节与恩惠搭建一个美好的佛国世界，让前来拜佛的人从心理上感悟到无与伦比的“众生皆有佛性，人人皆可成佛”的极乐净土世界的美妙。因此，富丽豪华的庭园设计风格是当时印度佛教庭园景观中不可或缺的核心主题内容。

从另一方面看，《妙法莲华经》中有“其佛以恒河沙等三千大千世界为一个佛国，七宝为地，地平如掌，无有山陵溪涧沟壑”的记载。就是说佛陀多如恒河的沙粒，整个构成了一个佛国世界。七宝构成大地，它平整如人的手掌一般，不存在高山峡谷的景观。《佛说无量寿经 》中有“其国土无须弥山金刚围一切诸山，亦无大海小海溪渠井谷”的描述。《世纪经》中描述的印度佛教的理想庭园之一，名为欝单曰庭园，“园内清净 ，无有荆棘 。其地平正 ，无有沟涧坎坷陵阜 ”。通过以上例证可以得出印度佛经中，理想的土地是平坦之地，当时在印度没有筑岛修山营造景观的愿望。而且至少可以说明筑岛修山，不是印度佛经中佛教园林的构成基本要素。

5.2 中东地区

“中东地区”或“中东” 是从地中海东部到波斯湾的大片地区，地理上是非洲东北部与亚欧大陆西南部的地区。中东地区的气候类型主要有热带沙漠气候、地中海气候、温带大陆性气候。其中热带沙漠气候分布最广。此外，西班牙南部虽然在严格意义上不能划入中东地区，但由于其在历史上受阿拉伯人统治时间较长，其园林受伊斯兰教影响大，故在本章也将进行阐述。

中东地区的宗教园林以圣经伊甸园和埃及的神庙园林、伊斯兰清真寺园林为代表。伊甸园被认为是最早的基督教园林，那里矿石资源丰富，植物繁多，有四条河流滋润，兼具观赏与生产两种功能。

古埃及的神庙园林是附属于神庙的园林形式，也被称作“神苑”。古埃及的法老们崇敬诸神，大兴土木建造神庙，并在其周围设置神苑，古埃及神庙园林与私家庭院一起，成为了古埃及最早的园林形式。

信奉伊斯兰教的阿拉伯人对于园林的渴求和热爱异常强烈，注重营造凉爽的小气候，水、绿荫树、凉亭是重要的造园要素，同时伊斯兰教义与花园联系紧密，极大地影响着庭园设计。

5.2.1 伊甸园

伊甸园是《旧约圣经 · 创世纪》中耶和华上帝创造的园，把所造的人安置在那里。“伊甸(Eden)”意为“喜悦、欢乐”，源于希伯来语的“平地”一词。而在《新约圣经》中，虽然没有提到过“伊甸园”一词，但有许多与此相当的 “乐园(Parise)”一词。根据《旧约 · 创世纪》记载，上帝耶和华

□ 绘画作品中的伊甸园

伊甸园的布局没有一个准确的说法。中世纪的画家们发挥了他们自由的想象，描绘出伊甸园或乐园的景观。在中世纪的版画中，伊甸园宛如修道院的庭园一般。在墙与教堂建筑包围着的庭园中央设置了喷水。在 16 世纪后半叶，弗兰德斯画家杨 · 勃鲁盖尔在其众多描绘乐园的作品中，表现了大树参天、葱郁繁茂、充满着自然风味的森林景象，在大树的树梢和地面上栖息着野鸟，树阴之下，狮子、鹿等动物悠闲自得，完全是一种野生自然的布局形态。在美国画家伊拉斯忒斯的笔下，伊甸园的空间缥缈、深远，河流缓缓而过。

照自己的形象造了人类的祖先,男的称亚当,女的称夏娃,安置第一对男女住在伊甸园中,伊甸园也被称为天主乐园、耶和华园。其中水源丰富,树木繁多,是兼有观赏与实用两种功能的庭园(见图5-10)。

伊甸园是一块有河渠灌溉的水草丰美之地。据圣经记载,那里地上撒满金子、珍珠、红玛瑙,各种树木从地里长出来,开满各种奇花异卉,非常好看;树上的果子还可以作为食物。园子当中还有生命树和分别善恶树。河水在园中淙淙流淌,滋润大地。河水分成四道环绕伊甸:第一条河叫比逊,;第二条河叫基训;第三条河叫希底结;第四条河就是伯拉河。作为上帝的恩赐,天不下雨而五谷丰登。《圣经》的考古学家认为伊甸园确实存在过,位于今天土耳其东南部的库尔德斯坦,它是底格里斯河和幼发拉底河发源的地区。园林的平面只是一块围合起来的方形。它是以几何形加以布局的,其基本内容就是灌溉水渠和可斜倚其下的树木,象征天国四条河流的水渠穿越了花园。

图5-10 绘画中的伊甸园

(1)植被

圣经的记载使人想象出这是一个以树木为主体的树木园景观,《圣经》中有关树木的记载比花卉的记载更多。伊甸园中有生命树、知善恶树,有枣椰子树、棕榈树、无花果树、葡萄树。无花果树是圣经植物之一,果实可以实用,树叶可以用来做衣物。葡萄树与无花果树一样,也是在圣经中频频出现的植物,早在旧约时代初期就有栽培。

(2)矿物

伊甸园的矿物资源丰富。《圣经》有这样的描述:“你曾住在伊甸——天主的乐园内,有各种宝石做你的服饰,如赤玉、青玉、钻石、橄榄玉、红玛瑙、小苍玉、蓝玉、紫宝石、翡翠,衣边和绣花是用金做成的。”

从某种意义上说,伊甸园是人类理想庭园的重要原型。《圣经》提供了早期人们建设庭园的心理需求,伊甸园也是不少画家钟爱的宗教题材,经过画家的想象与再创造,伊甸园如天堂般的美景逐渐显露。同时,《圣经》里对于伊甸园的描述,对于后期园林的建造和设计理念也产生显著影响。

5.2.2 古埃及神庙园林

埃及的神庙园林约产生于公元前26世纪。从古王国时代(BC 2686—BC 2034)开始,埃及出现种植果木、蔬菜和葡萄的实用园。与此同时,出现了供奉太阳神的神庙和崇拜祖先的金字塔陵园,成为古埃及宗教园林形成的标志。

古埃及的神庙周围种植着茂密的树林以烘托神圣与神秘的气氛。许多圣苑在棕榈、埃及榕等乔木为主调的圣林间隙中,设有大型水池,驳岸以花岗岩或斑岩砌造,池中栽植荷花和纸莎草,放养着象征神灵的圣特鳄鱼。拉美西斯三世(Ramses Ⅲ,BC1198—BC 1166)在位时,神庙被大量建造,当时庙宇领地约占全国耕地的六分之一,设置的圣苑达514座(见图5-11)。

图5-11 拉美西斯三世神庙

园林特征

古埃及神庙被视为是神圣不可侵犯的圣地,围绕神庙的园林也具有独特的象征意义。神庙园林的设计解释了世界的本质和社会秩序,其规划与太阳的轨迹、洪泛区和其他重要的天文学和地理学的认识发生联系。

作为古埃及的祭祀圣地，神庙园林规模宏大，大多以树林的形式存在，其间布置空地，中心常设水池。早期的神庙园林从培育树木开始。在地处沙漠地带炎热干旱的埃及，人们对生命的渴求和对绿洲的营造世代相传。大片的树木成为圣苑的附属地，古埃及用大量棕榈和埃及榕将圣苑围合封闭，就连用以支撑巨大建筑的柱体也装饰成树木式样。

（1）植被

神庙园林中大量栽植树木，最初是以庭荫树为主，后来开始使用果树。据记载，德尔-埃尔-巴哈里神庙（Del -el-Bahari）的园林中就曾出现过洋槐林做行道树，哈特舍普苏特女王将“香树”移植其中。还有记载在阿图马神庙（Temple of Atuma）中，种植了庭荫树和葡萄。此外，神庙园林中还种植着适合水边生长的无花果和适合沙漠边缘生长的柽柳。

（2）水体

神庙与尼罗河之间通过一条运河联系，运河尾端是一个 T 形港湾。盛满宗教仪式用的净水水池也用 T 形，可能代表了圣船使用的码头。一段台阶从神庙临水的面伸入水中，是祭司们在黎明时分沐浴身体纯洁自我的地方。

（3）雕塑

在通往神庙建筑的路边，排列着狮身人面像或高大的神像，来突出仪式路线（表 5-4）。

表 5-4　古埃及神庙园林代表案例列表

案例名称	造园特征	备注	平面示意图
门图荷太普二世陵庙（Mortuary Temple of King Mentuhotep Ⅱ） 时间：公元前 2134—前 1937（埃及第 11 王朝） 区位：古代底比斯	空间布局：中轴对称式的多层台地格局，正对大门的中心有一长列巨大的仪仗坡道入口，三层平台和多柱大殿一起，与高大的悬崖进行对话。整个建筑成为与自然景观结合的典范。同时形成了开阔的前景和完整统一的背景，这可能是最早在景观建筑中运用的借景式手法		
德尔·埃尔·巴哈里神庙（Temple of Del-El-Bahari） 时间：约公元前 1503—公元前 1482 年 园林主人：埃及女王哈特舍普苏	空间布局：建于山坡之上。选址为狭长的坡地，正好躲避了尼罗河的定期泛滥。神庙为线形布局，由三个大台阶状的大露坛组成，将山拦腰削平，用列柱廊造成的围墙来装饰 功能：为祭祀阿蒙神而建造		

续表

案例名称	造园特征	备注	平面示意图
哈特谢普苏特女王神庙 (Temple of Queen Hatshepsut) 时间:公元前1524年 园林主人:哈特谢普苏特女王	空间布局:神庙内有三个大型的矩形庭院,由坡道连接,居高临下,俯瞰外面的美景。斜坡两侧立着鹰头蛇身的扶手栏杆。下层庭院里的树坑揭示了圣林的轮廓。圣林中有两个"T"型水池紧邻中间小路		
卡纳克的阿蒙神庙 (Temple of Amun in Karnak) 时间:建于公元前1350年 区位:位于尼罗河东岸今天被称为卢克索(Luxor)的城市里	空间布局:采用了典型的埃及式围墙,客观上能起到抵御风沙的作用。内外的水池以水道相通,围砌成一定比例的矩形和"T"形,用于祭祀活动中,游船停泊圣湖位于神庙围墙内,水面采用沉床式,拉伸了建筑物到水面的纵向空间,增强了神秘感和虚实对应的视觉层次	整个区域一部分土地用来建造圣园,一座"神圣的圣所"布置在中央。一片圣湖象征着永恒的海洋,陆地就是从海洋中被创造出来的;阿蒙神的祭司在圣水中洗净自己。狮身人面像大道联系着整个神庙建筑群	sacred lake
拉美西斯二世神庙 (Temple of Ramses Ⅱ) 时间:建于公元前1200年 区位:位于埃及与苏丹交界处 园林主人:拉美西斯二世	空间布局:坐落在平地上,规模较大。围墙内有规则的种着树木的"植物神堂"和圣水池,拉美西斯二世神庙是埃及最伟大的建造工程之一	场地上的装饰物歌颂了战争与和平的艺术:拉美西斯领导了在Orontes河畔的Kesh的战役,改变了历史的进程	

5.2.3　拜占庭圣林

拜占庭帝国(395—1453),即东罗马帝国,是古代和中世纪欧洲最悠久的君主制国家。拜占庭的宗教发展以基督教为源头,拜占庭人确信基督教是帝国的立国之本。但伊斯兰教兴起后,受其"禁止偶像崇拜"的教义影响,在拜占庭帝国发生了破坏圣像运动。

公元787年在尼西亚召开的第七次宗教会议阐释了圣像崇拜和偶像崇拜的区别,拜占庭基督教会的神学体系至此正式确定下来,此后再也没有发生重大变动。这一派宗教后来发展为希腊正教,即东正教。

除了正统教派外,由于历史上拜占庭帝国包括了希腊、埃及、叙利亚、亚美尼亚等具有不同文化的领土,因此各种不同的宗教思想在这些地方兴起,包括阿里乌斯教派(Arians,兴起于帝国东部)、聂斯脱利教派(Nestorians,又称景教,兴起于叙利亚地区)、马其顿尼教派(Macedonius)、一性论教派(Monophysites,兴起于埃及)、一志论教派(Monothelitism)、保罗教派(Paulicians,兴起于小亚细亚和亚美尼亚)、鲍格美尔教派(Bogomili,兴起于保加利亚)等教派。

拜占庭的宗教园林,前期主要为依附于教堂建筑的圣林。这时的教

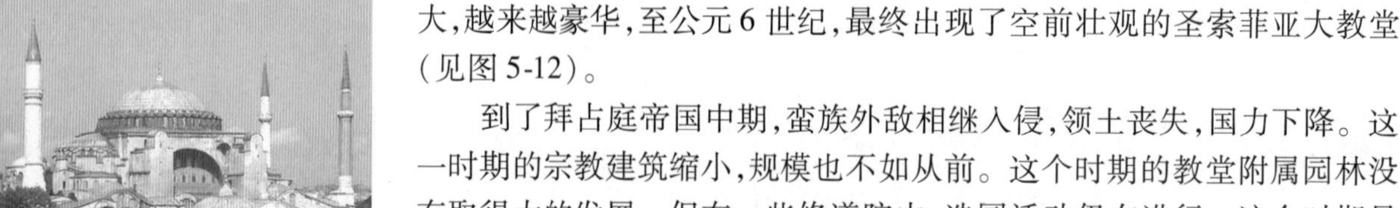

图 5-12　圣索菲亚大教堂

堂大多仿照古罗马式样，基督教成为国教后，拜占庭的教堂建筑越来越大，越来越豪华，至公元 6 世纪，最终出现了空前壮观的圣索菲亚大教堂（见图 5-12）。

到了拜占庭帝国中期，蛮族外敌相继入侵，领土丧失，国力下降。这一时期的宗教建筑缩小，规模也不如从前。这个时期的教堂附属园林没有取得大的发展。但在一些修道院中，造园活动仍在进行。这个时期最为著名的修道院包括君士坦丁堡的 Acatalepthos 修道院、Chora 修道院等（见图 5-13）。

图 5-13　Chora 修道院

公元 1204 年第四次十字军东征攻陷君士坦丁堡之后，拜占庭国力大受损失，无力再兴建大型公共建筑和教堂。之后建造的拜占庭建筑数量不多，也没有创新，拜占庭圣林和修道院园林随之衰败。

园林特征

拜占庭的圣林常位于教堂建筑周围，尤其是建筑入口。

拜占庭修道院的修道士推崇自给自足的生活，追求心灵的超脱。所以修道院园林以朴素简单的使用功能为主。

布局多为道路与蔬菜和水渠的行列间隔排布，利用高差的变化用来创造台地和下沉花园。花卉和灌木按照矩形方块种植。人们精心种植花卉（玫瑰、紫罗兰、百合、鸢尾、水仙花），以常绿植物（常春藤、桃 金娘、黄杨、月桂），果树（苹果、梨、石榴、无花果、橘子、柠檬、葡萄）和林荫树（松、棕榈树、橡树、榆树、白蜡）为主。

5.2.4　伊斯兰教清真寺园林

伊斯兰教清真寺园林与古巴比伦、古波斯的宗教园林有一定的联系。古巴比伦虽有郁郁葱葱的森林，但对树木的崇敬却不比缺少森林而将树木神化的古埃及逊色。出于对树木的尊崇，古巴比伦人常常在庙宇周围呈行列式地种植树木，形成圣苑园林，这与古埃及圣苑的环境十分相似。

据记载，亚述国王萨尔贡二世（Sargon II，BC 722—BC705 在位）的儿子圣那克里布（Sennacherib，BC 705—BC 680 在位）曾在裸露的岩石上建造神殿，祭祀亚述历代守护神。从发掘的遗址看，其占地面积约 1.6 公顷，建筑前的空地上有沟渠及很多成行排列的种植穴，这些在岩石上挖出的圆形树穴深度达 1.5 米。可以想象，林木幽邃、绿阴环抱中的神殿，是何等的庄严肃穆。这些远古园林中的树列和沟渠成为了后来清真寺园林最基本的元素。公元 622 年，穆罕默德与信士们共同修建了伊斯兰历史上第一座清真寺——库巴清真寺（Quba Mosque）（见图 5-14）。自此，清真寺便发展成为伊斯兰国家宗教和政治中心。

图 5-14　库巴清真寺

公元 756 年，阿拉伯人开始了中世纪伊斯兰教政权对西班牙的长达 8 个世纪的统治。统治者阿卜杜拉赫曼一世刚定都于科尔多瓦，就开始了大型的造园活动。这个时期的西班牙，城市和园林取得了极大的发展，造园活动中伊斯兰教园林占据了主导地位。

伊斯兰的园林设计植根于一种含有宇宙意义的宗教，与西班牙文明融汇成一种综合的伊斯兰教文明，并将其反映于当时的园林设计理念之中：由厚实坚固的城堡式建筑围合而成的内庭院；利用水体和大量的植被来调节园庭和建筑的温度；将阿拉伯伊斯兰式的“天堂园”和希腊、罗马式的中庭"Atrium"结合在一起,西班牙人称之为"Patio",意为:露天庭院。

园林特征

以沙漠为主的中东地区,干燥贫乏的自然环境造成了人们对于园林异常强烈的渴求和热爱。人们酷爱营造凉爽的小气候,他们掌握了大量关于园艺学和植物的知识。水、绿荫树、凉亭是重要的造园要素。布局类似西欧修道院的回廊式中庭,垂直相交苑路沟渠将庭园一分为四,在交点上有水池或凉亭,园林的建筑通透开敞、绿荫围绕,而水池总是处于中心位置。

穆斯林认为世界是形和色的世界,无论是波斯园林、西班牙园林、还是印度园林,清真寺周围都围以高墙,空间封闭,墙边植大树,以水体分割庭院,设置亭或喷泉,平面布置几何化,彩色石子铺砌,这是清真寺园林的普遍特点。

(1)选址

位于城市主要道路和广场旁边,也有的位于郊外山麓。

(2)植被

伊斯兰园林的植物种类异常丰富,按其功能分为以下几类:

第一,庭园中树阴繁茂,悬铃木是不可或缺的庭荫树,也常用松树;第二,观赏树木有白杨、柳树、茉莉、紫丁香、连翘、木瓜、合欢等;第三,果树常用石榴、核桃、葡萄、杏、扁桃、无花果、橄榄、枣椰子、栗树等;第四,蔬菜类有甜瓜、西瓜、黄瓜等;最后,花卉类有郁金香、银莲花、蝴蝶花、百合、睡莲、水仙、蔷薇等。

(3)水体

水是造园中最重要的因素,贮水池、沟渠、喷泉等各种设施支配了庭园的构成。喷泉造型精美、构思巧妙,通过阀门开关来改变图形组合(表5-5)。

表5-5　中东清真寺园林代表案例列表

案例名称	造园特征	备注	平面示意图
苏莱曼清真寺 (Suleymaniye Mosque) 时间:公元1550—1557年间 区位:伊斯坦布尔金角湾西岸 设计者:奥斯曼建筑师锡南	选址:清真寺建于一个拜占庭宫殿的花园中,位于一座可以俯瞰黄金角的山坡上 空间布局:这个清真寺是包括学校、陵墓、医院及客栈的建筑群的一部分,是位于院落中的院落。分别具有不同特性的室外庭院与穹顶清真寺既彼此独立又相互联系。庭院四边均建有柱廊	是土耳其伊斯坦布尔市内的数座大清真寺之一。它是由苏莱曼一世下令从1550年至1557年在极短的时间内建成的,是建筑师锡南最重要的作品	
科尔多瓦大清真寺橘园 (Patio de los Naranjos) 时间:始建于786年 区位:科尔多瓦 Cordoba	空间布局:原大清真寺的一面墙上通过拱门向一个3英亩见方的庭园敞开,园中一排排的橘子树与寺内的柱子整齐对应,一个地下储水池为庭园的喷泉和水渠供水	最早建于786年,名为圣文生圣殿(Basílica de San Vicente Mártir)。1238年,收复失地运动后,将清真寺改为罗马天主教的主教座堂。今天它是科尔多瓦最重要的地标	

5.3 美洲地区

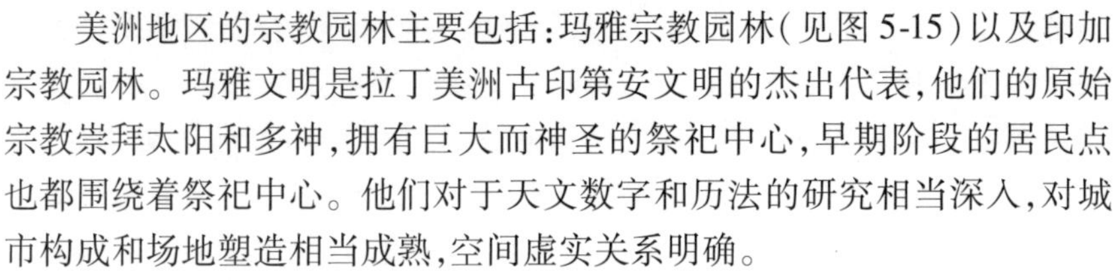

美洲地区的宗教园林主要包括：玛雅宗教园林（见图5-15）以及印加宗教园林。玛雅文明是拉丁美洲古印第安文明的杰出代表，他们的原始宗教崇拜太阳和多神，拥有巨大而神圣的祭祀中心，早期阶段的居民点也都围绕着祭祀中心。他们对于天文数字和历法的研究相当深入，对城市构成和场地塑造相当成熟，空间虚实关系明确。

图5-15 玛雅的宗教园林

印加人崇拜太阳，绝对服从国王，将国王看做是地球上太阳的化身。他们也崇拜包裹着他们的群山，将大量精力用于粮田的开垦和防御工程的建设，创建了独特的祭祀中心。

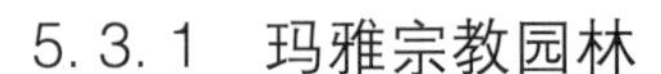

5.3.1 玛雅宗教园林

作为美洲古代印第安文明杰出代表的玛雅文明，约形成于公元前2500年，以印第安玛雅人而得名，主要分布在墨西哥南部、危地马拉、巴西、伯利兹以及洪都拉斯和萨尔瓦多西部地区。

古玛雅地区位于两个主要文化区之间，西边是墨西哥文化区，东边是中美地峡文化区。由于古玛雅长期以来与西面的联系更为密切，墨西哥人和玛雅人的早期文明有着相似的特征，表现在历法、神祇、宗教仪式等方面。古玛雅国是从低洼石灰岩和东部热带草原中逐渐孕育崛起的，横跨热带森林到火山性群山地带。东部降雨量充沛，但由于恶劣的排水系统，长期贫瘠不堪，可以说玛雅文明是诞生于热带丛林中的古老文明。

图5-16 科潘的祭祀遗址

在玛雅河流域的著名城市科潘，其城市构成、场地塑造以及虚实之间的关系非常明确。科潘遗址显示，其核心部分是宗教建筑，主要有金字塔祭坛、广场、6座庙宇、石阶、36块石碑和雕刻等；外围是16组居民住房的遗址。最接近宗教建筑的是玛雅祭司的住房，其次是部落首领、贵族及商人的住房，最远处则是一般平民的住房。这反映了阶级社会中等级制度的宗教特点和宗教祭祀的崇高地位，具有鲜明的等级特征（见图5-16）。

5.3.2 印加宗教园林

11世纪印第安人以库斯科为首府建立了印加帝国。15—16世纪初，形成了美洲古代文明之一——印加帝国，版图大约是今日南美洲的秘鲁、厄瓜多尔、哥伦比亚、玻利维亚、智利、阿根廷一带。帝国的中心区域分布在南美洲的安第斯山脉上。印加帝国主要信仰太阳神，并自认为太阳神的后裔。传说中太阳神派了他的一对儿女曼科卡帕克和马奥克约向印加人民教导历法、律制等。

图5-17 马丘比丘遗址

马丘比丘遗址（见图5-17）是在海拔3800米的山顶上挖掘出来的，这里原有大约400间石造的住房，还有不少壮观的宫殿与神庙。当时这里居住着2万名印加人，他们从山顶到山脚开垦了无数的梯田。他们用来建神庙祭坛的巨石就有大约百吨重，另外还在山顶垒起了总重达数百吨的巨石，作为探测太阳运行情况的日晷。

5.4　欧洲地区

欧洲地区的宗教园林主要包括：希腊的圣林和中世纪修道院园林。希腊圣林是古希腊多样化祭神活动的产物；到中世纪，随着基督教的渗透，欧洲修道院庭园取得了极大的发展，形成了回廊式庭园和蔬果园两种形式。

5.4.1　希腊圣林

古希腊的祭神活动导致了圣林的出现，圣林是依附于神庙的一种宗教园林。祭神园地中常在人工洞府内设有神龛（Shrine）或祭坛（Altar），在它的周围则围绕着树林，营造出庄严和肃穆的气氛，以表达人们对神的敬意，更有助于聆听神谕。最初圣林可能只是树林里或清泉洞边的一处祭台，后来加入了神像和建筑要素，包括神庙和装纳贡品的藏宝库，重要的圣林变成了带有围墙的圣地。经过一段时间的发展，圣林逐渐成为锻炼和休息的圣地和重要的聚会场所，在那里人们争论人、自然与神之间的关系。

古希腊文学中对于圣林没有详细的描述流传下来。但是，通过文学中许多过去的和多样化的参考资料的汇编，从公元前8 世纪到公元2 世纪，可以提供给我们关于圣林的一个综合性的图像。像荷马、阿里斯托芬或者柏拉图倾向于把圣林放在一个诗意的、戏剧化的或哲学的情境里看待。他们不指向一个实际的树林，而是在他们的诗性召唤、戏剧描绘或者哲学文章中唤起一种总体的观念。但是后来的作者如斯特拉波或者鲍萨尼阿斯则描述实际的树林并对它们的位置和主要特征给出了相关的细节。

园林特征

人们对祭神场地的选择非常重视，古希腊神庙通常坐落于所在山冈或山脉的山口或山头上，圣林建在神庙周围，旨在使神庙具有神圣和神秘感，同时还表现了古希腊人对树木的敬畏观念。

圣林的主要设计手法是利用自然景观的大环境，再结合人造园林景观的小环境。圣林主要由树木构成，也包含一些人造结构。

在著名的阿波罗神庙周围有长达60 米到100 米的空地，人们认为是圣林的遗迹。与神庙中举行的祭祀活动相比，圣林更受重视，后来甚至被当做宗教礼拜的主要对象（见图5-18）。

图5-18　阿波罗神庙遗址

（1）植被

主要树种有棕榈树、槲树、悬铃木。最初的希腊圣林是不种果树的，后来才以果树来装饰神庙。在奥林匹亚圣地，树种有常绿的橡树、白杨和悬铃木等。

（2）水体

圣林往往靠近水源，位于河流、溪流、沼泽之旁。泉水和山洞被特别珍视，因为水是新鲜、纯净、清凉、健康和神奇的。

（3）山石与雕塑

巨石、悬崖或围墙是圣地的显著标志。在奥林匹亚附近，环抱着宙斯神庙的圣林中，在一些地方并排放置了不少雕像、瓮等，因而也被称为“铜像与大理石雕像之林”（表5-6）。

表 5-6　希腊圣林代表案例列表

案例名称	造园特征	备注	平面示意图
阿波罗神庙的圣林（Temple of Apollo's sacred groves）	空间布局：圣地的范围用界石或墙来限定。最初圣林可能只是树林里或清泉洞边的一处祭台。后来圣林里加入了神像和建筑要素，包括神庙和装纳贡品的藏宝库		
时间：约公元前 600 年 建造区位：希腊巴赛			
宙斯神庙的圣林 （Temple of Zeus sacred groves）	空间布局：除了许多祭神殿外，宙斯神庙的圣林还在一些地方并排放置了不少雕像、瓮等，故称之为“铜像与大理石雕像之林”	在这个宙斯神庙中，每四年就举行一次祭祀，届时还照惯例进行各类体育比赛，比赛的三次优胜者还能赢得将自己的半身或全身塑像装饰在圣林中的殊荣	

5.4.2　中世纪修道院园林

□ 中世纪艺术

中世纪的艺术形式与世俗的古典宁静和古罗马的几何学全然不同。基督教思想家圣·奥古斯丁成为中世纪美学的舵手。他的美学概念是整齐、统一、均等、量化和比例，这促使中世纪造园者摈弃凡尘而向上天寻求神圣的感召。他阐述了数学规律和宏观世界神圣的恩赐，一个完美的方形，一个圆形水池和一个五边形喷泉构成一个微观世界。

罗马帝国的分裂始于公元 395 年，公元 476 年，西罗马帝国灭亡，此后欧洲进入漫长的中世纪（5—15 世纪）。修道院园林就产生在这个时期。

修道院是一种长方形的寺院，其平面采用长方十字形，被称为巴雪利卡（Basilica），其前庭（Atrium）有喷泉式水井供人们净身，种植草坪树木，如 9 世纪初建在瑞士康斯坦斯湖畔的圣高尔教堂以及意大利米兰的帕维亚修道院（见图 5-19），有僧侣用房，有香客食堂、作坊、医院、墓地等，具自给自足特点。

园林特征

基督教徒们在修建他们的寺院时，首先效法的样式是罗马时代的法院、市场、大会堂等公共建筑的巴雪利卡（Basilica）。按照这种样式建造的寺院叫做巴雪利卡式寺院（见图 5-20）。建筑前方有用连拱廊围成的长方形中庭，成为前庭。中央有喷泉或水井，人们进入教堂时，先用这里的水净身。尽管这种前庭只是一片空地，却是后来修道院庭园的一个雏形。修道院园林在西方的前身还可以从西班牙东北部的泰拉高纳修道院，追溯到伊斯兰清真寺，又可以追溯到伊甸园。在后来的修道院庭园中，诞生了两种形式——装饰性庭园和实用庭园。

图 5-19　帕维亚修道院

图 5-20　罗马君士坦丁巴雪利卡

装饰性庭园

为种花草而建造的装饰性花园，类似于希腊罗马的柱廊式中庭的露天方形中庭，是回廊式中庭，由教堂及其他公共建筑物围成。花卉逐渐用来修饰修道院、教堂的祭坛。庭园并不是仪式性的，它适于静思、散步、阅读、工作，是修道院团体的核心，是僧侣们休息和社交的花园。也有一些供修道院院长、住持和其他高级执事僧们私用。

回廊式中庭一般都位于教堂的南侧，庭园四周围绕着有柱门廊（见图 5-21），可以通向毗邻的建筑包括食堂、宿舍和贮藏食物的地下室。另一扇门朝向礼拜堂。中心以人行道和杜松为显著标志。杜松代表着生命之树和天堂，是礼拜仪式的重要角色：它的枝条被用来撒播圣水。庭园构成非常简单,两条垂直的园路将庭园分成四个区域。园路的交点名为帕拉第索,这里种植树木,或设置贮满洗涤或饮用水的水盘、喷泉、水井等,它们是僧侣们忏悔和净化灵魂的象征物。用园路划分的空地上或植草坪,或种花草果树。修道院内也有数个彼此分开的回廊式中庭。

回廊式中庭酷似柱廊式中庭,但二者在柱廊的处理方法上迥然相异。柱廊式中庭的柱直接立在地面上,从柱廊的任何地方都可进入中庭。回廊式中庭的柱却设在护墙上,只有从指定地方才能进入中庭。

图 5-21　回廊式中庭

(1)植被

装饰性的回廊式庭园非常注重花卉栽培。马格努斯在《De Vegetabilibus》一书中指出:“修道院庭院中栽花种草不是出于实用的目的,而是为了欣赏其美丽与芳香。”但花卉经常具有实用的价值,最平常的用途是装饰祭坛和神龛,或做成戴在头上的花圈。当时栽培花卉仍旧只是为了实用而非美观,中世纪时人们只知道玫瑰、百合等花有良好的疗效以及可供食用等功能。

花卉有玫瑰、百合、紫花地丁、丁香、石竹、长春花等数种。乔灌木有黄杨、罗汉松、蜡子树、带刺灌木、紫杉等,还常种葡萄。这些树木都是单株种植,以表示对古树的崇拜。还有一些珍稀的外来植物用盆栽的方式培育。

花结花坛出现在中世纪,分为开敞式花结花坛和封闭式花结花坛。开敞式花结花坛是矮性的、可修剪的黄杨、迷迭香、海索草、百里香及其他植物修剪为现状设计而成。封闭式花结花坛是在栽成线状的植物之间种满一种颜色的花卉,看起来仿佛是用五彩缤纷的飘带。

(2)水体

水通过尽可能多的手段被导入庭园之中。喷泉是主要组成因素,成为庭院的中心装饰物。喷头形状及色彩有简朴的也有华丽的,还有彩色的、镀金的等。浴池和喷泉一样,带有中世纪庭园特征。大水池用以养鱼,这在英国的修道院中十分普遍,此外,还有墓地专用的水井。

(3)装饰

回廊的墙面上描绘着题材和主题都不同的壁画,所绘图案都表现了新约、旧约圣经中的故事及表现圣徒的生活,来激发僧侣们的宗教热情。

实用性庭园

实用庭园是蔬菜园、药草园,为修道院提供必需的生活物资。园子被划分成规整的长方形底盘,每块地中种植不同品种的药草、蔬菜、果树和灌木等,还有后勤花园、草本花园、葡萄园、厨房花园、医疗花园等不同类型。菜园旁建有园丁房,以及饲养家禽的小屋和看守棚。

表 5-7　修道院园林代表案例列表

案例名称	造园特征	备注	平面示意图
圣加尔修道院(St Gall Monastery) 时间:9 世纪初 区位:瑞士康斯坦茨湖畔 园林主人:本尼狄克教团	空间布局:这是一个方形露天庭院,由常见的前廊环绕着,两条垂直相交的园路将它分为四个部分,中心设置水盘。修道院规模较大,不仅有教堂、僧侣用房,还有校舍、病房、客房、饲养家畜用房、农舍、园丁房以及菜园、果园、药草园和墓地等		

续表

案例名称	造园特征	备注	平面示意图
坎特伯雷修道院 (Christ Church,Canterbury) 时间:1165 年 区位:英国肯特郡	空间布局:庭园中有足够的给水组织。东墙旁的中庭里有记为 Piscina 的大水池,用以养鱼,这在英国的修道院中十分重要。背面是园内普通人的墓地,其中还有墓地专用的水井。坎特伯雷修道院很好地表现了英国早期修道院的景象		
索尔兹伯里修道院 (Salisbury Abbey) 时间:公元 1260 年 区位:英格兰南部威尔特郡	空间布局:索尔兹伯里修道院宏伟壮丽,位于一片开阔的景观之中,优美的建有连拱廊的回廊庭院在中世纪时可能是一块平坦的方形草坪,现在庭院中植有一棵大树。是早期英式哥特风格的主要代表		
圣·保罗·富奥瑞修道院 (S·Paolo Fuori Closter) 区位:罗马城郊	空间布局:其建筑与庭园布局形式为回廊式中庭,是效仿希腊、罗马周围柱廊式中间为露天庭园的做法,只是尺度放大了。周围建筑由教堂及其他公共用房组成。方形中庭由十字形路划分成四块规则绿地		

5.5 重点案例

5.5.1 中国·潭柘寺

背景信息

潭柘寺(图 5-22,见 215 页)位于北京西面小西山系,寺内占地 2.5 公顷,寺外占地 11.2 公顷,再加上周围由潭柘寺所管辖的森林和山场,总面积达 121 公顷以上,是北京城最古老的佛寺之一。俗语有云“先有潭柘寺,后有北京城”,因其选址附近山上有龙潭和柘树,故俗称“潭柘寺”(见图 5-23)。

图 5-23　潭柘寺全景

寺院选址在群峰回环的半山坡上。周围有 9 座连绵峰峦构成所谓“九龙戏珠”的地貌形胜。高大的山峰挡住了从西北方袭来的寒流,因此这里气候温暖、湿润,寺内古树参天,佛塔林立,殿宇巍峨整座寺院建筑依地势而巧妙布局,错落有致,更有翠竹名花点缀其间,环境极为优美。

□“庙在外山中,九峰环抱,中有流泉,蜿蜒门外而没。”(富察敦崇《燕京岁时记》)

潭柘寺作为北京地区的古刹名寺,香客云集,香火很盛。从金代以后,每个朝代都有皇帝到这里来进香礼佛,后妃、王公大臣更是数不胜数,特别是从明代之后,潭柘寺就已经成了京城百姓春游的一个固定场所,“四月潭柘观佛蛇”已经是京城百姓的一项传统民俗。

历史变迁

潭柘寺始建于西晋愍帝建兴四年(316),原名嘉福寺,是佛教传入北京地区后修建最早的一座寺庙。当时佛教还未能被民间所接受,因而发展缓慢。以后又出现了北魏和北周两次“灭佛”,故而嘉福寺自建成之后,一直未有发展,后来逐渐破败。

唐代时潭柘寺改名为龙泉寺,武则天万岁通天年间(696—697),佛教华严宗高僧华严和尚前来开山建寺,“持《华严经》以为净业”,潭柘寺就成为了幽州地区第一座确定了宗派的寺院。唐代会昌年间,唐武宗下令在全国排毁佛教,潭柘寺也因此而荒废。

五代后唐时期,潭柘寺重又兴盛,由华严宗改为禅宗。金代禅宗在中都(今北京)地区有了很大的发展,金熙宗完颜亶于皇统元年(1141)拨款对潭柘寺进行了整修和扩建,将当时的寺名龙泉寺改为“大万寿寺”。这是第一位到潭柘寺进香的皇帝,推动了潭柘寺的香火繁盛。

□ 明代的潭柘寺成为当时对外交流的一个窗口,许多外国人久慕潭柘寺的盛名,到此来学习佛法,其中最著名的有日本的无初德始、东印度的底哇答思、西印度的连公大和尚等人。

金代潭柘寺禅学昌盛,潭柘寺进行了大规模整修和扩建,殿宇堂舍,焕然一新。潭柘寺的禅学从此中兴,潭柘寺成为了临济宗的中心寺院。

明代从太祖朱元璋起,历代皇帝及后妃大多信佛,由朝廷拨款,或由太监捐资对潭柘寺进行了多次整修和扩建,使潭柘寺确立了今天的格局。

康熙三十六年,康熙皇帝二游潭柘寺,亲赐寺名为“敕建岫云禅寺”,并亲笔题写了寺额,从此潭柘寺就成为了北京地区最大的一座皇家寺院。清朝历代皇帝都到潭柘寺进香礼佛,游玩赏景,题字,赏赐。

园林特征

(1)布局

潭柘寺是典型的明清时期山庙园林,处在独特的山岳风景环绕之中,注重园林、庭园以及外围的园林化环境的规划处理,“相地合宜”“巧于因借”,人文景观和自然景观都十分优美,春夏秋冬各有美景,晨午晚夜景色各异,在清代“潭柘十景”就已经名扬京华。

□ 潭柘十景:平原红叶、九龙戏珠、千峰拱翠、万壑堆云、殿阁南薰、御亭流杯、雄峰捧日、层峦架月、锦屏雪浪、飞泉夜雨。

潭柘寺坐北朝南,背倚宝珠峰,山门之前有线形的序列引导,沿线布置各类小品建筑,引人入胜。寺院庞大的建筑群按照中、东、西分为三路。中路为主要的殿堂区,主体建筑有山门、天王殿、大雄宝殿、斋堂和毗卢阁。西路为次要殿堂区,有愣严坛(已不存)、戒台和观音殿等,庄严肃穆。东路以园林为主,一系列庭园式院落,一派花团锦簇、赏心悦目,点缀有方丈院、延清阁、行宫院、万寿宫和太后宫等,园林气氛浓郁,和中路和西路恰成对比。寺院建筑群的外围,分布着僧众养老的“安乐延寿堂”以及烟霞庵、明王殿、歇心亭、龙潭、海蟾石、观音洞、上下塔院等较小的景点,犹如众星拱月。

(2)建筑

潭柘寺建筑群充分体现了中国古代寺观建筑的美学原则,以一条中轴线纵贯当中,左右两侧基本对称,使整个建筑群显得规矩、严整、主次分明、层次清晰,符合寺庙园林建筑的一贯特征。同时,潭柘寺之中整个建筑体系的布局和依山而建的自然坡度,这些都与颐和园中的万寿山以及排云殿建筑群有异曲同工之妙(见图5-24)。

图5-24 潭柘寺

(3)植被

潭柘寺作为山庙园林，寺内及周边植物也尽显肃穆的禅宗气氛，以常绿松柏及古木为主，潭柘寺得名也来源于寺院门前栽植的柘树。

中路的庭院内，苍松翠柏荫蔽半庭，高大的银杏、柘树，彰显肃穆清幽的气氛（见彩图5-1）。西路的庭院较小，广植古松、修竹，康熙题弥陀殿之额曰“松竹幽清”，题观音殿之联曰“树匝丹岩空外合，泉鸣碧涧静中闻”。东路茂林修竹，名花异卉。外围山上柿树、山楂，红叶遍布。

图5-25　潭柘寺流杯亭

潭柘寺多古木，在毗卢寺殿前有两棵巨大的古银杏，至今已超过1300年，乾隆封其为“帝王树”和“配王树”，在其南侧有两棵巨大的古娑罗树，相传是从西域移植而来。

(4)水体

东路庭园有潺潺泉水萦流其间，配以叠石假山，悬为水瀑平濑，还有流杯亭的建置。流杯亭位于行宫院内，是当年清代乾隆皇帝为得“曲水流觞”之趣而建（见图5-25）。这里傍有竹林，伴以古松，环境清幽。民国时期的著名旅行家田树藩有诗赞曰：“猗亭畔景殊出，修竹风清送晚秋。隔院钟声传耳底，石间泉水入亭留。”

(5)古道

潭柘寺地处深山，交通不便，在历史上曾形成了多条古香道，从不同的方向通往潭柘寺。这些古香道经过了历代不断的整修，使用了几百年乃至上千年，为潭柘寺的对外交往，为善男信女到潭柘寺进香礼佛，发挥了巨大的作用，也成了富有园林历史气息的景观长廊。

① 芦潭古道

这条古道是旧城通往潭柘寺的一条主要道路，原是一条山间土路。从清代世宗雍正皇帝起，在河北省易县修建皇陵，即清西陵，雍正皇帝即葬于此。为了拜谒皇陵之需，乾隆年间由朝廷出资铺砌“京易御道”，芦潭古道是京易御道的支线，当时也得到了整修。芦潭古道起自于京易御道上的卢沟桥，过长辛店、东王佐、沙窝村、大灰厂，穿过石佛村，到达戒台寺，翻过了罗睺岭，走南村、鲁家滩、南辛房、平原村，到达潭柘寺。康熙、乾隆皇帝进香礼佛走的都是这条“御道”，“轻舆辗春露，前旌破晓香”“驱车历石蹬，岌岌互钩连。”王公大臣和京城众多的香客也都走芦潭古道到潭柘寺。

② 庞潭古道

这条古道从石景山区的庞村，过永定河后，经卧龙岗、栗园庄、石门营、苛罗坨、越罗睺岭，与芦潭古道会合，到潭柘寺，全长20公里，是京城香客去潭柘寺的主要道路。清代诗人震均作有一首《丁酉秋游一百四十韵》，详细地记述了这条路线以及沿途的风光和见闻。这条古香道同时也是潭柘寺的一条主要运输线，沿途的中转站奉福寺管理着属于潭柘寺的13座粮庄，并且设有粉坊、磨坊、麦坊等，是潭柘幸的总仓库和粮食、副食、蔬菜的主要供应基地，每天都用骡马向潭柘寺运送生活必需品。

③ 新潭古道

新潭古道从新城开始，经何各庄、太清观、万佛堂，翻过红庙岭，经桑峪到达潭柘寺。这条道路几乎是直线，全长不到20公里，是京城到潭柘寺最近的一条古道。除了部分香客走这条古道去潭柘寺外，新潭古道还用于商业运输。潭柘寺一带盛产煤炭，有许多小煤窑，运输煤炭的骡子、骆驼、毛驴行进在古道上日夜不断。现今从万佛堂至红庙岭的一段古道仍保持着原貌。

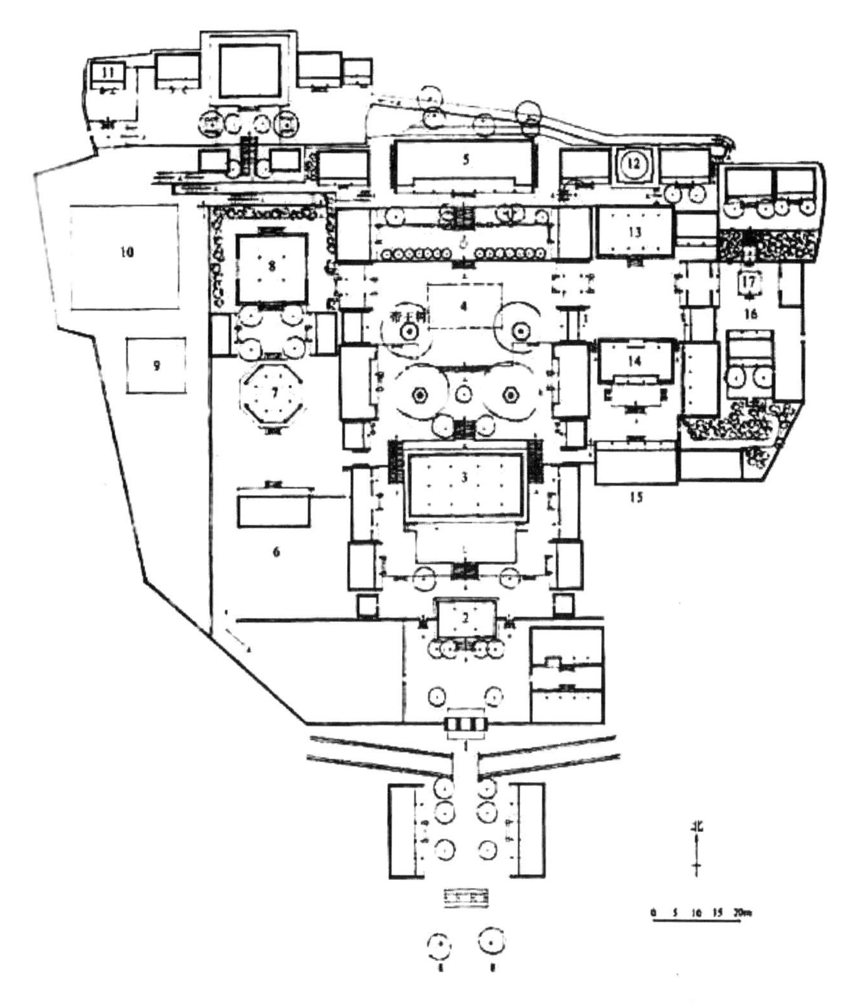

1. 山门 2. 天王殿 3. 大雄宝殿 4. 三圣殿 5. 毗卢阁 6. 梨树院 7. 楞严坛 8. 戒台 9. 写经室 10. 大悲坛 11. 龙王殿 12. 舍利塔 13. 方丈屋 14. 地藏殿 15. 竹林院 16. 行宫院 17. 流杯亭

图 5-22 潭柘寺平面图

5.5.2 中国・黄龙洞

背景信息

黄龙洞(图 5-26,见 218 页)位于杭州西湖北山栖霞岭北麓,其环境重峦叠翠、水源汇聚、流水悬泉、林木茂盛、幽僻静谧,始建于南宋淳祐年间,原为佛寺,清末改为道观。这是一所典型的“园林寺观”,园林的氛围远超过宗教气氛。

历史变迁

南宋淳祐年间(1241—1252),杭州遭遇大旱,宋理宗请江西龙兴(现在南昌)的黄龙山慧开禅师来杭州做法求雨,于是慧开法师来到栖霞岭开山。宋理宗赐“护国仁王禅寺”匾额。元代时改为无门洞,称为护国黄龙寺。明末清初,黄龙洞大部分已毁,后改为退庐洞。晚民国七年(1918),住持僧汝开把黄龙洞卖给广东罗浮山冲虚观道士郑宗道,从此黄龙洞佛寺改为道观,成为冲虚观在杭州的分院。郑宗道买来后,恢复黄龙洞的名字,建设山门、二门、殿堂等道观格局的建筑,黄龙洞成为杭州的主要道观之一，成为著名的寺观园林。民国二十年（1931）以后，各界人士建议在洞内凿"龙头"沟通栖霞岭的泉水，使泉水顺着"龙嘴"流出，从此以后黄龙洞便名副其实。建国初，黄龙洞仍有道教活动。"文化大革命"期间，黄龙洞宗教活动中断。1971年黄龙洞改为对外开放的公园。黄龙洞现仍保存原山门，门两侧有楹联："黄泽不竭；老子其犹。"龙头和清泉、竹景、亭台等道教遗迹也尚存。

园林特征

黄龙洞的位置，三面山丘环绕，西面的平坡地带敞向大路，选址闹中取静。黄龙洞的特色是园林的分量比宗教建筑的分量要大得多。黄龙洞一共只有三幢殿堂：山门、前殿、禧园大舞台。山门和前殿中穿插着大量的庭院、庭园和园林。

（1）布局

黄龙洞由叠石为导向，将庭院、殿堂等建筑引入自然的山水林泉之间，人工与自然完美结合，宛若天成。从山门到二门之间，有一段曲折的石阶路，随地势缓缓升起，从空中俯瞰，宛如一条游龙。这条路作为进入主景区的主路，也是主要的游览路线。石阶路一侧花草水池、古木修篁，刚健与柔美之景并存。另一侧为随地势起伏的矮墙，墙上开有花窗。这条路寓意为从尘世凡界通往仙境的转化之处，成为环境上和心理上的过渡阶段。

进入二门，是前殿的入口小院。前殿以东是一片开阔的西高东低的略有起伏的地带。在这片坡地上遍植高大的乔木和竹林，形成一个以林景为主的园林环境。游廊把庭院空间与两侧的园林空间连接起来。北侧的庭院以竹林之美取胜，其中有名贵的品种"方竹"。南侧为寺内的主要园林，以一个水池为中心，环绕着假山和亭台。水池对面，有一只人工雕塑的活灵活现的黄色大龙头，从栖霞岭上引来泉水，由龙头口吐清泉，形成多叠的瀑布水景，然后流入水池，叮咚有声。

图5-27　刻石

一清泉入池之处，有一块巨石，朝龙头一面镌有"水不在深"四个字，朝水池一面为"有龙则灵"的题刻，这两个题刻均出自于刘禹锡的《陋室铭》（见图5-27）。水池北临游廊，山石驳岸曲折有致，南侧水域上跨九曲平桥，沟通东西两岸交通。池的东面和南面是太湖石假山，假山随地势起伏。山后密林烘托，虽不高却颇具气度，为杭州园林叠山中之精品。水池的西面集中布置各式园林建筑，有二厅、一舫、一亭，他们随着山势高低错落，再利用三折的曲廊把主庭院连接起来，把水池西岸划分为两个空间。东面的假山一直向北延伸，绕过三清殿之后在东北角上堆叠起山体，再建亭榭稍加点缀，又形成一处山地小园林。假山腹内洞穴蜿蜒，山上有盘曲的蹬道把这两处园林联系起来。

（2）空间

黄龙洞利用山势起伏，结合植物山石等要素，打造多重空间体验，增加空间层次，使园林空间在山林中富于变化。山门与前殿由一条狭长的山路连接，这段路程距离较远，为了避免视觉景色的单一，石阶路随山势曲折多变，采取"一波三折"的方式，入山门后道路微弯，缓缓向上，两侧大树参天；往北走接陡坡转折，一侧为漏窗，一侧为竹林，结合地势起伏，利用树木竹林掩映；经过竹林再转折进入前殿小院，沿途景观不断变化，处处有景，空间层次丰富。

游廊南侧园林，运用建筑和山石作为点缀，层次感丰富。用石矶将水体划分为大小不同的水域，利用近大远小的透视原理，增加水面视觉进深。水池西侧随山势高低错落布置园林建筑，划分空间，与东面及南面假山叠石形成对比，假山在植物的掩映烘托下，有峰谷起伏之势。水岸空间疏密得当，各个造园要素相辅相成。

(3)建筑

黄龙洞的建筑非常少，而且也不是中轴线布局，而是穿插于自然水体当中，与周围环境紧密结合，园林环境的氛围远大于宗教的氛围。

黄龙洞的山门，造型古朴，藤萝盘结。山门两旁的柱子上悬挂蓝底金字的楹联："黄泽不竭，老子其犹。"下半句借用了孔子的"吾今见老子，其犹龙邪！"楹联的意思是说，自黄帝以来，道教如同不会干涸的水源，老子像龙一样得道成仙。这副楹联非常切合黄龙洞道教圣地的身份，增添了黄龙洞的神秘感，也增加了游人对黄龙洞的敬畏感(见彩图5-2)。

三清殿，原祀奉太清道德天尊老子和举行法事大典的太清宝殿，现在已改为"月老祠"。此内供奉月老像，此内墙壁上有两幅壁画，左侧为明代才子唐伯虎点秋香的"三笑姻缘"，右侧为唐代状元郭元振娶宰相之女为妻的"红线姻缘"。游人可在此求签问缘，许下美好的愿望。

图5-28 路旁植物

(4)植被

黄龙洞内的竹景堪称一绝，这里可以说是竹的世界。四周山坞竹林茂密，是欣赏竹类景观的最好的地方。大毛竹刚劲挺秀，高达十多米，形成一片竹海。菲白竹低至二三十厘米，小巧玲珑，茸茸可爱。还有引自普陀山的干细色深的紫竹；黄金嵌碧玉竹、笔杆竹、罗汉竹、龟甲竹点缀在假山和庭院中，风姿绰约，独具特色。还有最引人注目的方竹，根部呈方形，节上有钝刺，是竹类中的罕见品种。有竹，自然会有笋。春天，竹笋破土而出，宁静的黄龙洞里，充满着勃勃生机(见图5-28)。

图5-29 瀑布跌水

(5)水体

水池为寺内主要园林的中心，从栖霞岭上引下的泉水，由石刻龙首中吐出形成多叠的瀑布水景，再流入池中(见图5-29)。水池北侧为回廊，西邻园林建筑，东、南岸砌叠石假山。邻回廊处为开敞水面，山石收缩形成中部的小面积水域，上有石桥，南侧为入水瀑布景观，水面更加狭小以突出叠水景致。

(6)山石

黄龙洞的假山是寺观园林中借用与改造自然山水的成功典例。假山用太湖石依山势起伏砌筑而成，各座假山石峰之间有山门、石桥、平阶联通，或聚石造型，或孤峰独立，与周围的山林景物融为一体。远望假山，重峦叠翠，进入假山，空灵剔透，曲折迷离，雄浑与俊秀兼有之，与苏州园林中的精致典雅假山风格大不相同，展示了寺观园林艺术贴近自然，与自然相融合，独具匠心，宛如天成。水池旁的太湖石大假山，使黄龙洞充满着天然的趣味(见图5-30)。

图5-30 池边山石

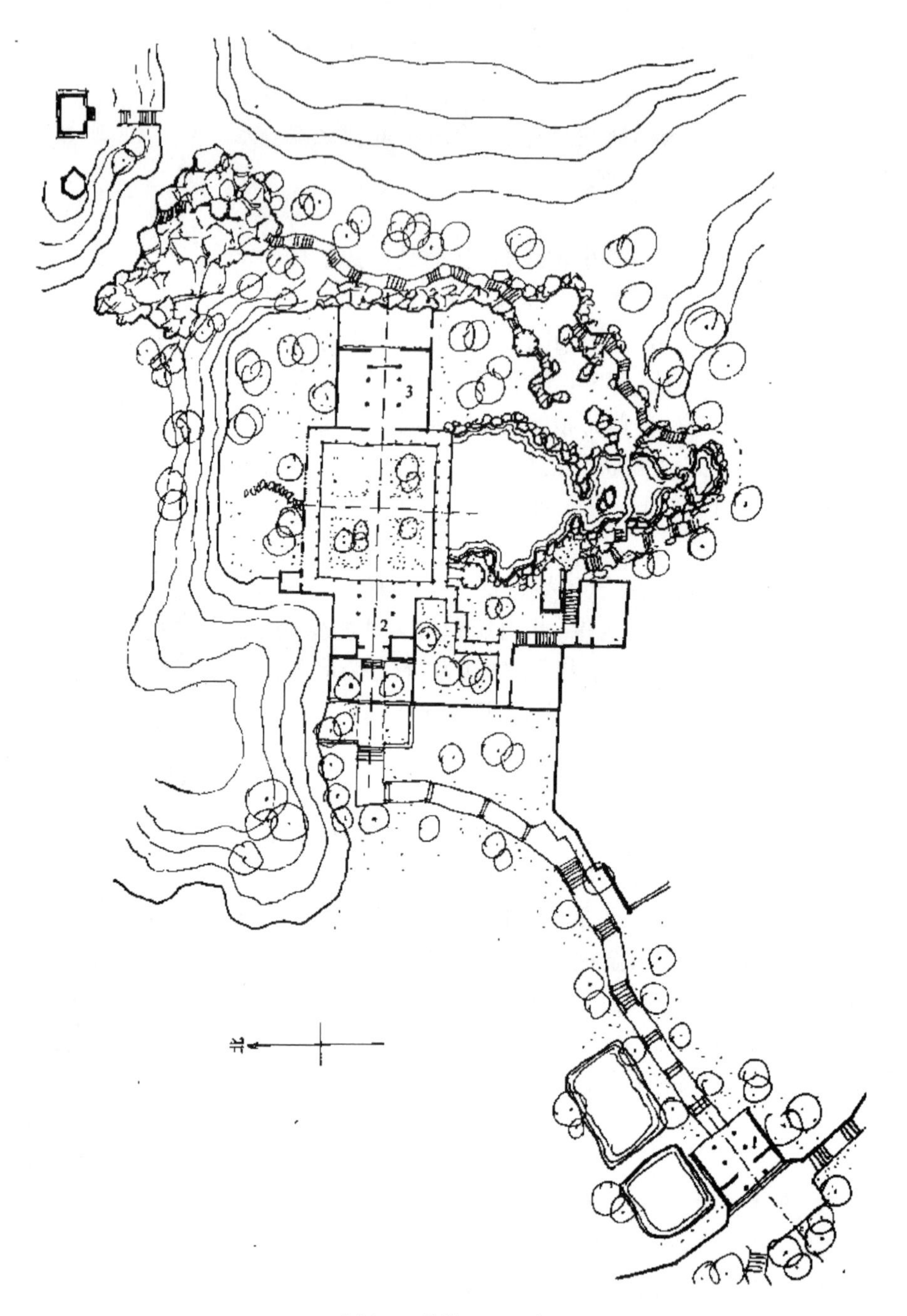

1. 山门　2. 前殿　3. 三清殿

图 5-26　黄龙洞平面图

图片来源:周维权. 中国古典园林史,1999

5.5.3　中国·古常道观

背景信息

古常道观(见图 5-31)又名天师洞,是青城山规模最大的一座宫观,坐落在半山腹心地带。青城山是中国道教名山,正一派天师道的活动中心之一,风景优美,林木繁茂。古常道观占地面积约 7200 平方米,建筑面积约 5700 平方米,是青城山道观群的中心。1982 年国务院将其列为全国重点开放的道教宫观(见彩图 5-3)。

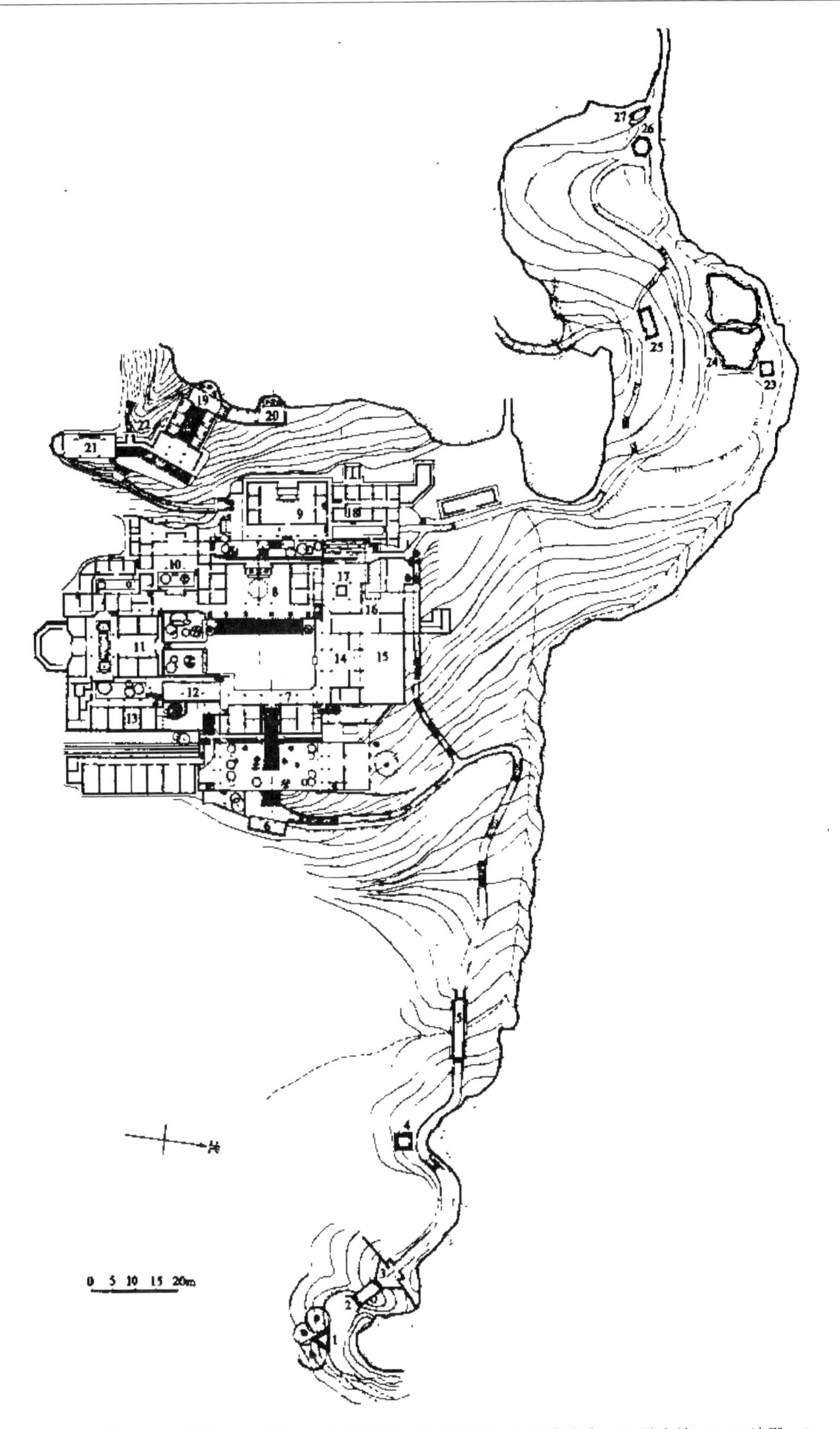

1. 奥宜亭　2. 迎仙桥　3. 五洞天　4. 翼然亭　5. 集仙桥　6. 云水光中　7. 灵光楼　8. 三清殿　9. 古黄帝祠　10. 长啸楼　11. 客厅　12. 银杏楼　13. 饮霞山社　14. 客堂　15. 大饭堂　16. 厨房　17. 小饭堂　18. 迎曦楼　19. 天师殿　20. 天师洞　21. 三皇殿　22. 曲径通幽　23. 慰鹤亭　24. 降魔石　25. 饴乐仙窝　26. 听寒亭　27. 洗心池

图 5-31　古常道观平面图

图片来源:周维权．中国古典园林史,1999

历史变迁

青城山的古常道观始建于隋大业年间，原名延庆观，唐代改称今名。古常道观是在古黄帝祠的基础上扩建而成的，时间在隋代大业年间（605—618）。那时它被称为延庆观。唐朝，延庆观被改名为常道观，宋代又被更名为昭庆观。到了清朝康熙年间，武当山全真道龙门派的著名道士陈清觉来到了青城山，大力传播全真道。这样，全真道就在青城上占有了一席之地。由于陈清觉深受康熙皇帝的推崇和支持，他便在青城山上大兴土木，修建道观。1920 年至 1939 年，著名道士彭椿仙又对这些道观进行了维修和扩建。这就是今天看到的青城山道观建筑。古常道观的殿堂楼阁，也就是陈清觉初建、彭椿仙扩建后的遗物。

古常道观后有一个山洞，据说这是张道陵当年上山修行、收徒传道和居住、生活的地方，人称天师洞。因它与常道观近在咫尺，故古常道观也有天师洞的叫法。在张道陵的儿子、孙子之后，其曾孙张盛将天师府从青城山迁移到了江西的龙虎山。因此，青城山就成了天师道（或叫五斗米道、正一道）的祖庭，被道家看做是圣山。而天师洞即古常道观，也就备受人们重视了。

园林特征

古常道观地处青城山白云溪和海棠溪之间的山坪上，海拔 1000 米。观后有 3 座山峰，叫“混元顶”道观东向略偏北，左接青龙岗，右携黑虎堂，前方白云溪视野开阔。山门前左侧为青龙殿，右侧为白虎殿。古常道观位于山崖之下，三面溪水环绕，是典型的最佳选址，其周边山冈和观内殿堂的命名也显示出其选址中的风水因素。

（1）*布局*

古常道观的结构体系由两部分组成，第一部分是以三清殿为中心的主体建筑群；第二部分是指建筑群北面和东面建有小品式建筑的开敞空间。从平面组织上看，两部分是一对并列体，之间的建筑单体存在明显的主次关系；从空间组织上看，前者与后者有机地融合在一起，充分体现了造园者因地制宜的造园手法。

图 5-32　五洞天

从奥宜亭沿山路前行，需经过长长的引导空间尚能到达古常道观。沿途设置特色的山亭，体现道家自然至上的暗示。“五洞天”在绿树映衬之下，显得格外清晰，举首望去，好似一副清新的山水画（见图 5-32）。这是古常道观的前导空间的起点。穿门洞而过，有翼然亭和集仙桥。集仙桥横跨观前山涧，不加修饰的自然藤蔓构筑为廊桥的形式（见图 5-33）。过集仙桥，顺蜿蜒的山道拾级而上，可见朱红的观墙，山道一转即到达山门。

古常道观主要大殿坐落在一条中轴线上，分别是山门、青龙殿、白虎殿、三清殿、古黄帝祠、天王殿。山门位于轴线的起端，临涧而建，与轴线形成巧度左右的夹角。形成的敞口如同张开的双臂，使入口空间更开阔，减小对山形的影响，是顺应自然的一个体现。

图 5-33　集仙桥

左右的白虎殿与青龙殿形成第一重院落，院中有参天古树。张道陵手植银杏树位于第一重院落左侧，树干在殿堂之间的空隙伸展，树冠正好俯向院落，亭亭如盖，为大半个院落提供了绿荫。三清殿与第一重院落高差 9 米，在第一重院落中间，有长台阶，直上第二重院落。与一般的台阶不同的是，这组坡道直接穿过第一重殿堂灵官楼。这种处理手法，在寺观中尚无先例。这样巧妙的构思,即节省了用地,又使香客在台阶行进的同时穿越宫殿,到达三清大殿。第二重院落左右分别是方丈室和餐厅。这两组建筑通过多个天井组织空间。相对轴线序列上的院落,两边的天井设置灵活,植物布置随意。在三清殿后方的轴线上坐落着黄帝祠和天王殿。由于地形所限,这两重院落都呈狭长形,而且地面有较大高差,通过变换多种方向的台阶联系。高差处形成的台地,被充分利用,种满了乡土植物兰草、竹子、芭蕉等,使狭长的空间丰富起来。主轴线尾端左右分别有三皇殿和住宿院落,都是利用地形,随形就势修建。在道观主体部分的西北角上,一条幽谷曲折地伸入山坳。这里引山泉汇渚为小池,建有一榭二亭,营造出一处含蓄的小园林。古常道观修建并不遵循某种章法,而是处处体现出尊重自然的原则。

(2)空间

古常道观很好的利用山形地势,配合山道,将前导空间设置的跌宕起伏,引人入胜。在道观内部的设计上,合理安排宗教空间和生活辅助空间。各功能部分即相互独立,又联系方便。中部宗教空间园林设计简单,符合宗教活动氛围,两边生活空间自由灵活,植物搭配丰富,体现出山地园林灵活多变的特点,道观内建筑组织紧凑而又有层次。

(3)建筑

古常道观分三层沿山坡构筑,最上一层为当年张道陵结庐传教住过的洞屋,中间为黄帝祠,下部即古常道观主体,建于清代。建筑群为多进多跨的院落,顺应山势呈坐西面东的朝向。中路四进院落,依次为山门(云水光中)、灵官楼及其两配殿(青龙殿、白虎殿)、三清殿、黄帝祠。北路为斋堂、客堂、厨房、库房等。南路为方丈、道士住房、客房和接待用房。南路跨院的后面,依次建三皇殿、天师殿、天师洞。

图5-34　三清殿

古常道观的主要建筑是三清殿(见图5-34)。这是一座宽五间、面积达580平方米的重檐歇式建筑物,建于1923年,全殿有前、后檐柱和经柱共28根。这些大柱均为石头做成。其中,前檐柱6根,有高达1.2米的石柱础,上面刻着麒麟、狮子、独角兽,线条流畅、图案优美。刻着铭文的石圆柱16根,柱上的铭文是:一生二,二生三,三生万物;地法天,天法道,道法自然。殿中供奉着我国道教的三位最高尊神——玉清元始天尊、上清灵宝天尊、太清道德天尊的彩色泥塑像。三清殿上为无极殿,殿的中央有八角形的楼井,既便于采光,通风又好(见图5-35)。

图5-35　无极殿楼井

(4)植被

古常道观有很多古树奇木,在三清殿院内行一棵银杏树,高达五六十米,树干直径也有六七米,据说这棵银杏树是张道陵亲于种植的。院内有一株公孙橘,四季开花,常年结果。在天师洞前有两棵棕树,一棵分三杈、一棵分两杈。分两杈的那棵据说种于唐代,是在平定安史之乱后种植的,被视为纪念天下太平的吉祥物。此外,在古常道观内还有宋代种植的松树三株,以及明代种植的罗汉松等。

5.5.4　日本·龙安寺

背景信息

龙安寺(见图5-36)由细川胜元恭请义天玄承于1450年创建而成。它位于京都西北部,邻近金阁寺。此园东西长25米,南北宽11米,占地

330 平方米，呈封闭式布局庭园。

关于庭园的修建者，有不同猜测，据传为相阿弥（室町后期画家，号松雪斋。能阿弥的孙子，艺阿弥的儿子。是足利义政的近侍。诸艺擅长，尤善水墨）所作。

关于庭园的造园意图，有虎子渡河说、十六罗汉游行说、心字说、五大部洲说、中国五岳说、五山十刹说、“七五三”吉祥说等，但就此庭建在佛寺中的方丈室旁来说，此庭与方丈的生活及内心世界必然有某种对应关系。龙安寺庭园是最能体现日本枯山水庭园特色和日本人的审美意识之杰作，是日本园林抽象美的代表。

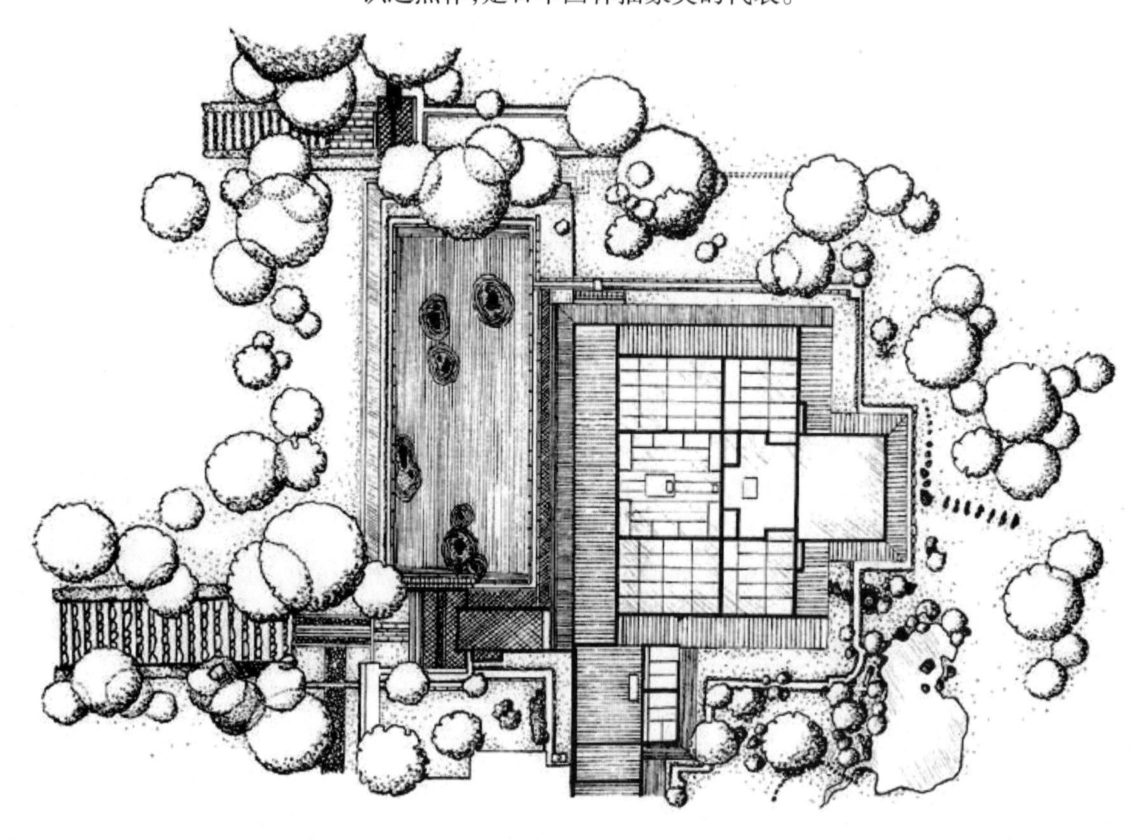

1. 石庭　2. 方丈院

图 5-36　龙安寺方丈院石庭总平面图

历史变迁

11 世纪，龙安寺寺址属于藤原家族，藤原诚美（Fujiwara Saneyoshi）在此寺址上建造了一座寺院——大树寺。

宝德二年（1450），武将细川胜元购得此地，并在原寺庙的北部建造了龙安寺和他的住所。龙安寺本尊为释迦如来，开山（初代住持）为义天玄承。

在应仁之乱（1472）中，龙安寺被烧毁。1473 年，细川胜元去世，他的儿子细川松本重修龙安寺，并可能在此时建造了龙安寺的石庭。

后来，龙安寺曾作为已故的细川护熙天皇的陵墓，他们的陵墓集中在现称为“七夏王陵”的地方。陵墓相对比较朴素，如今看到的陵墓都是19 世纪明治天皇主持的陵墓整修后的样子。

长享二年（1488），特芳禅杰借助细川政元的力量重建龙安寺。

□ 空庭

庭园呈横长方形，通过纯粹的材料和独特的构图，传递奥妙的禅宗哲理，使人遁入空境。用白砂、石和苔藓幻化成为自然界中的大海、岛屿和森林，转化为另一世界的美——一种寂静、凝固、暗流的感觉，提升为最纯粹的艺术。因而日本人也称龙安寺为“空庭”。

宽政九年(1797),因火灾方丈堂、佛殿、开山堂等被毁。据说在此前的庭园西侧有一个比现在略小的带屋顶的观景长廊,火灾后重建则去掉了这个长廊,取而代之的是一个观景廊并在庭园背后修建了一堵白墙。一份1799年的资料中表明,当时的龙安寺已与现在规模形制相似,但当时人们是可以行走在石庭当中的,而如今只能静观。

园林特征

(1)布局

龙安寺整体以自然朴素抽象美为其特征,北部是主体建筑部分,茶室、方丈庭园(见图5-37)、龙安寺殿等分布其中。南部则以自然景致为主,零星分布一些亭台建筑或连廊,同时还有一个较大的湖泊名曰镜容池。

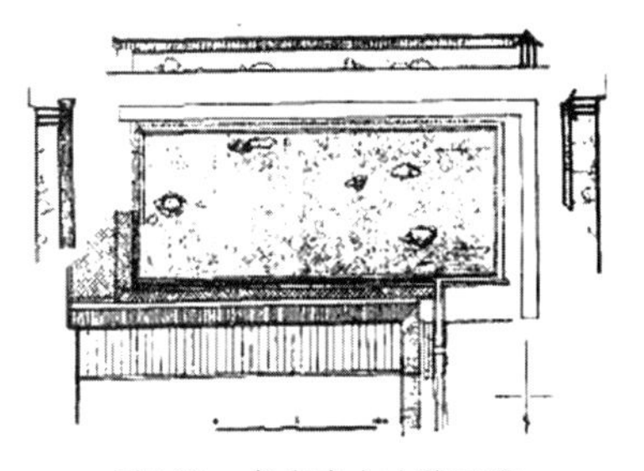

图5-37 龙安寺方丈院石庭

龙安寺的方丈庭园是枯山水庭园的极致之作。方丈室分别向南、向西伸出的两道连廊,连同一道L形的矮墙就围合成了著名的方丈庭院;北部方丈室朝南面的庭园完全敞开,深深的檐廊和活动的门扇使室内外连通在一起,低矮的地坪和庭园的高差只有一两个踏步高,地坪上的观赏者仿佛身处庭中景物间。庭中15块石头分成5组散落在平坦的细沙上,而细沙则被耙出各种纹理来;围墙低矮,坐在方丈室室内的地板上就可以看到外面的自然(见图5-38)。

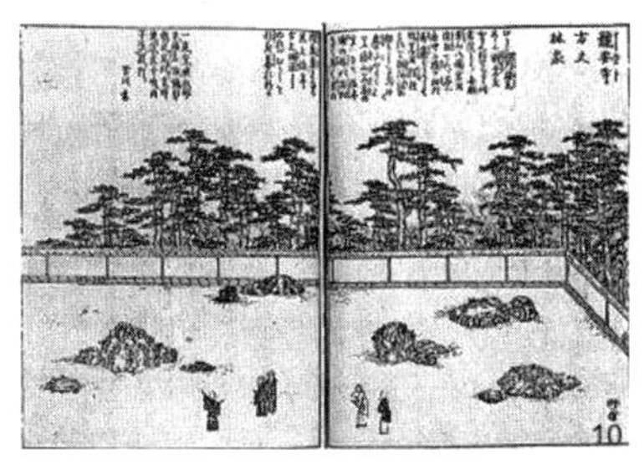

图5-38 龙安寺方丈院石庭缩微图

(2)植被

龙安寺内植被极其丰富,主要观赏树木为红枫和樱花。春季赏樱,秋季赏枫,色彩斑斓,美不胜收。环绕镜容池畔栽植有大片的红枫,秋季池畔的红叶映红了一池碧水,堪称人间仙境,镜容池中还种植有很多睡莲,从初夏开到仲夏。在龙安寺石庭内,围绕枯山水的则是绿色苔藓,每组石头以苔镶边,仿佛山石在水中的倒影,营造山岳海洋的象征。

(3)水体

龙安寺内主要水体为位于南部山门处的镜容池,又名鸳鸯池,是镰仓时代的遗迹。池水如镜,青苔厚厚,四季景色各异,颇有"蛙跳古池听水声"的古趣。

在龙安寺庭院的东北角有一座古钱形的手水钵,名叫口井,四边的字加上中间装水处的"口",便形成了"唯吾足知"的汉字石刻禅文(见图5-39)。

图5-39 口井

(4)山石

龙安寺方丈院石庭是枯山水的极致之作,石庭的全部地面铺以白砂,并将白砂耙成水纹条形,以象征大海。在白砂地面上,布置了15块精选之石,依次按5、2、3、2、3或5组摆放,象征5个岛群,并按照三角形的构图原则布置,达到均衡完美的效果,给人带来视觉愉悦感的同时营造了一种神秘美感。这组抽象雕塑的石庭,给人以对宇宙的联想,使人联想到大海群岛的大自然景观,心情格外超脱平静,这就是禅学所追求的境界精神。地面铺设是发亮的石英砂,来自河床,除耙砂人之外,不允许其他人在上面走动(见彩图5-4)。

5.5.5 日本·大德寺大仙院

背景信息

大德寺(图5-40,见225页)位于日本京都北部,是洛北最大的寺院,亦靠近金阁寺，建于室町时代，大灯国师为开山祖师。后经战乱被焚。大德寺内名庭遍布，其中有方丈院、大仙院、养源院、瑞峰院、高桐院、兴临院等院的庭院。大仙院的庭院是江户初期枯山水庭园的代表作，是大德寺77世方丈古岳宗亘禅师于永正10年(1513)左右设计建造的园林，全园95平方米，呈现立式枯山水式，是书画式枯山水中最早且最具有代表性的园林。

□ 在东京的国立博物馆中，有一幅江户时代后期的立轴式山水画（原藏于松平定家），这幅画与大仙院的枯山水基本一致。从比例上看，这幅画是实际园林景观的二十分之一。据传它是大仙院的设计和建造者古岳宗亘和尚（？—1504年）的手笔，从园与画的关系可见，这个园林的设计和建造者不仅是造园家，而且是画家。

□ “禅余，植珍树，移怪石，以作山水之趣”。——驴雪和尚《古岳和尚道行记》

□ 京都大德寺大仙院书院庭园枯山水和龙安寺方丈石庭枯山水，被合称室町时期枯山水园林之双璧。

历史变迁

平安时代，寺庙所在地又被称为“紫野”。镰仓时代末期(14世纪初)，大灯国师宗峰妙超于此处建庵，名为大德庵。嘉历元年(1326)法堂完成，始称其为“大德寺”，并成为两朝天皇的敕愿道场。尤其是后醍醐天皇称大德寺为“本朝无双的禅苑”，并指其为京都五山之一。之后大德寺虽然被剔除“五山”之列，然而作为在野的禅寺，它仍保持着独自的禅风。

进入室町时代后，由于应仁之乱等一系列的战火，使大德寺的伽蓝焚毁殆尽。一休宗纯禅师得到堺市豪商尾和宗临等的援助，以80岁的高龄任大德寺的主持，再建了大德寺并修复其伽蓝。一休禅师弟子中的一人曾居于茶道之祖村田珠光处，从而开启了大德寺与茶道的渊源。

桃山时代，千利休笑岭和尚、古溪和尚的弟子集茶道之大成。千利休其后出仕丰臣秀吉；织田信长的葬礼在大德寺举行；信长的菩提寺——総见院在大德寺建成；与此同时战国诸大名亦接连不断地在大德寺先后建造了二十二座塔头寺院（即大德寺属下的小寺院）：総见院、聚光院、瑞峰院、兴临院、大仙院、龙源院、养德院、真珠庵、如意庵、龙翔寺、德禅寺、龙泉院、狐蓬庵、芳春院、龙光院、大光院、玉林院、高桐院、大慈院、正受院、三玄院和黄梅院，使这一时期的大德寺极具盛隆（见图5-41）。

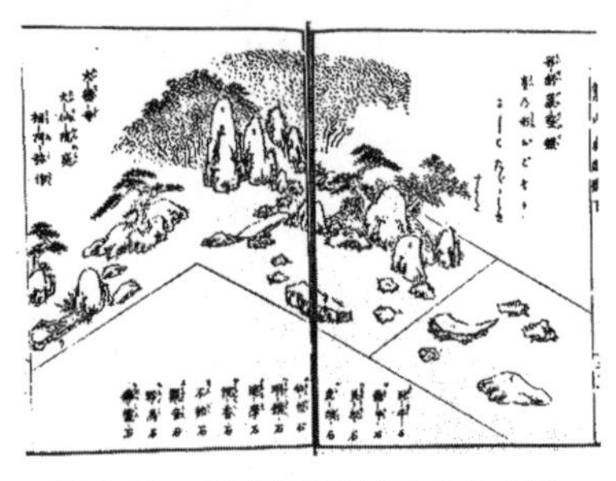

图5-41 大德寺大仙院枯山水庭园

园林特征

(1)*布局*

大德寺大仙院庭园平面呈曲折形，是一个表现瀑布和溪流景观的枯山水。庭院分两庭，皆为独立式枯山水，南庭无石组，全为白砂。东庭则按中国立式山水画模式设计成二段枯瀑布，以沙代水，瀑布经水潭过石桥弯曲缓缓流去，呈一立轴式的山水画面，兼顾到横轴式的水平画面的北侧庭园，而位于东北转角部分的山石布置则是为兼顾构图需要而设置的。

大仙院的枯山水造景完全按照山水画画理设计，“主峰最宜高耸”，不动石、观音石为全园之主峰，最为高大。“客山须是奔趋”，其他山石全是以主峰为中轴而布置的，或趋或离，或仰或卧，似有一种无形的线牵动着。“村庄著数树以成林，枝须抱体”，树木皆修剪如扇如屏，以为远景和背景。“山涯合一水而瀑泻，泉不乱流”，观音石后的白砂泉流还是很有规律地曲折回环。“渡口只宜寂寂，人行须是疏疏”“远山须要低排，近树唯宜拔进”，王维山水诀中的理论，几乎在这里均可以找到佐证。这种构图，可以说是从中国传来的许多宋元山水画的典型构图，将二维性的山水画画法画理及构图题材，直接应用到三维的立体庭园中而形成的（见彩图5-5）。

(2) 水体

大仙院枯山水庭以石砂模拟山水，最远处有如万丈飞瀑在倾泻，水急直下流入溪谷，悬崖峭壁矗立在两侧，在谷之中架有桥，河流中有船只往来，构成了一幅想象的、立体的、宏伟的大自然山水景观画面。

此庭院主景的枯石泷（枯瀑布）就在转角的位置。主景石是用两个高大的立石（高 1.9～2.2 米）组成，一个叫不动石，一个叫观音石，两石构成狭谷形状，有白河砂撒于狭谷，表明泉源就在此处；河床向前漫延，经过三段跌落到达石桥；之后河面渐宽，“水流”中有龙头石、虎头石、仙帽石、螺石、沉香石、明镜石、拂子石；过渡廊（指走廊）下，白沙铺就的河流上占以钓舟石、灵龟石；在“河流”结束的地方有卧牛石；书院北侧还有几个石组，如平岗小阜，曲岸回沙。

(3) 山石

在大仙院狭小曲尺形空间内，同样采用石与白砂组成缩微的大自然景观，表现了大自然的山岳、河流与瀑布等。大仙院中以山石堆假山，山顶二石为峰，中间涌瀑，下跌二跳，以白沙代水，各种功能石名目繁多：卧牛石、龟甲石、长船石、虎头石、仙帽石、明镜石、达摩石、沉香石、不动石、观音石、佛盘石等（见图 5-42）。

图 5-42　大德寺大仙院石组

(4) 植被

大仙院围墙折角内部栽植许多绿化树木，修剪成圆球形或水平形，取远树无叶之画意，以象征远方的树林，同时借以屏蔽园外碍眼之物，以构成山水背景（见图 5-43）。

图 5-43　大德寺大仙院枯山水庭园

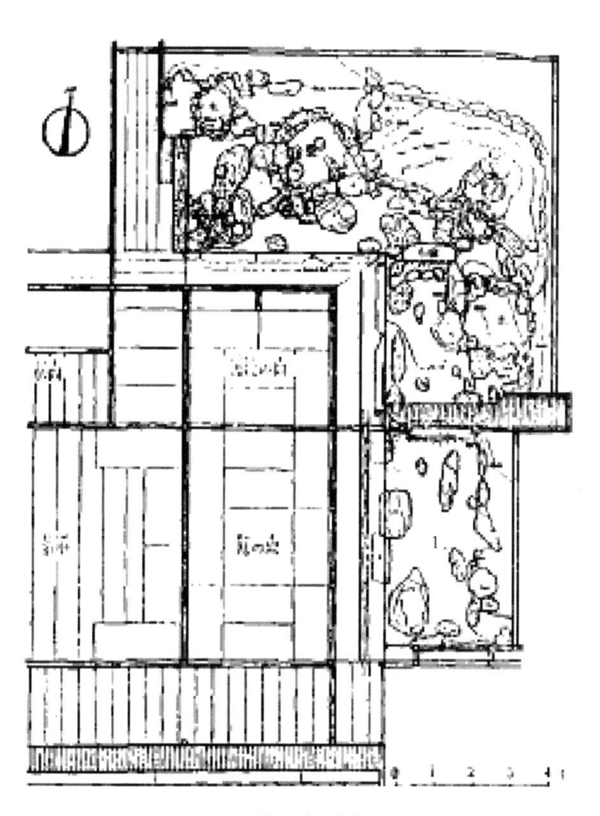

1. 枯山水庭园

图 5-40　大德寺平面图

5.5.6 瑞士·圣加尔修道院(Convent of St Gall)

背景信息

圣加尔修道院(见图5-44)位于瑞士的圣加尔市(St Gallen),9世纪初建在康斯坦茨湖畔(Konstanz),是本尼狄克教团(Benedictus)的大修道院,总面积约16529平方米。其规模较大,不仅有教堂、僧侣用房,还有校舍、病房、客房、饲养家畜用房、农舍、园丁房以及菜园、果园、药草园和墓地等。圣加尔修道院是欧洲最重要的建筑之一,是卡洛林王朝(Carolingian)时期修道院风格的完美再现(见彩图5-6)。

历史变迁

公元612年爱尔兰修士帖留斯隐居于施泰纳赫(Steinach)山谷,修建了祈祷室。至719年康斯坦茨地区主教委派奥特马尔来到这小教区担任修道院院长,奥特马尔准备推行本笃会的会规。公元747年,奥特马尔在同一个地方按本笃会会规创办一座修道院。9至10世纪,圣加尔修道院有长足发展,宗教改革使它成为了一个戒备森严的孤岛。至巴洛克时代末期,院内又增建了一座亲王府第和一座修道教堂。1805年修道院关闭,而诺伊普法尔茨大楼成为州政府机关,圣加尔修道院成为天主教会行政管理机构。1836年,修道院改为大教堂。

园林特征

图5-44 圣加尔修道院

图5-45 圣加尔修道院内部

图5-46 圣加尔修道院现状鸟瞰

(1)布局

整个修道院分为三个部分,中央部分是教堂和附属的僧房,第二部分从第一部分的南面到西面,包括校舍、客房、病房等建筑物,第三部分恰位于与此相反之处,配置有厩舍、农舍和工作室等。圣加尔修道院的回廊和夹道外是修道院的中庭柱廊园,十字形园路当中为水池,周围四块草地。回廊两侧的墙上挂着描绘修道院历史的绘画和地图,回廊中是橡木楼梯,二楼为图书馆。

总的来说,圣加尔修道院的规划反映出教会自给自足的特征,同时,由于当时教会掌握着文化、教育、医疗大权,寺院里有学校、医院宿舍、病房、药草园等。在总体规划上功能分区明确,庭园则随其功能而附属于各区,显得井然有序(见图5-45)。

(2)建筑

圣加尔修道院主体是卡洛林式修道院的典型代表,修道院建筑包括教堂、图书馆和新宫各,建筑物以教堂为中心、按马蹄形排列成封闭式布局。圣加尔修道院几乎包含了建筑史上重要阶段的所有建筑形式,如柱头装饰是中世纪早期的卡洛林式,有哥特式古修道院的建筑布局,有诺伊普法尔茨大楼巴洛克风格教堂和图书馆,但修道院仍给人一种整体和谐的感觉。而修道院北面和西面更被中世纪晚期的建筑物所包围(见图5-46)。

(3)植被

第一部分的回廊式中庭四个分区中种着草坪、花卉、灌木之类。药草园中种有16种草本植物,在为患者提供治病药草的同时,还可供他们观赏。病房北面的墓地中,整齐地种着实用的果树和灌木,在其周围的僧侣坟墓之间整齐地种植了多种果树,有苹果、梨、李、花楸、桃、山植、榛子、胡桃及月桂等。墓地之北有菜园，其设计与药草园相同，但比后者大得多，18 块狭长形地盘并排成两行，每块栽种着不同的品种，有胡萝卜、滴萝、糖萝卜、荷兰防风草、香草、卷心菜等。在菜园旁建有园丁房。菜园北侧有两个饲养家禽的圆形小屋，小屋之间为看守所。在寺院两侧有记为“乐园”的半圆形部分。

【延伸阅读】

[1] 任晓红．禅与中国园林[M]．北京：商务印书馆国际有限公司，1994.

[2] 罗哲文．中国名观[M]．天津：百花文艺出版社，2006.

[3] 王宜峨．中国道教[M]．北京：五洲传播出版社，2004.

[4] 约翰・D・霍格，杨昌鸣，陈欣欣，凌珀・伊斯兰教建筑[M]．北京：中国建筑工业出版社，1999.

[5] 邱玉兰，于振生．中国伊斯兰教建筑[M]．北京：中国建筑工业出版社，1992.

[6] 黄心川，戴康生．世界三大宗教[M]．北京：生活・读书・新知三联书店，1979.

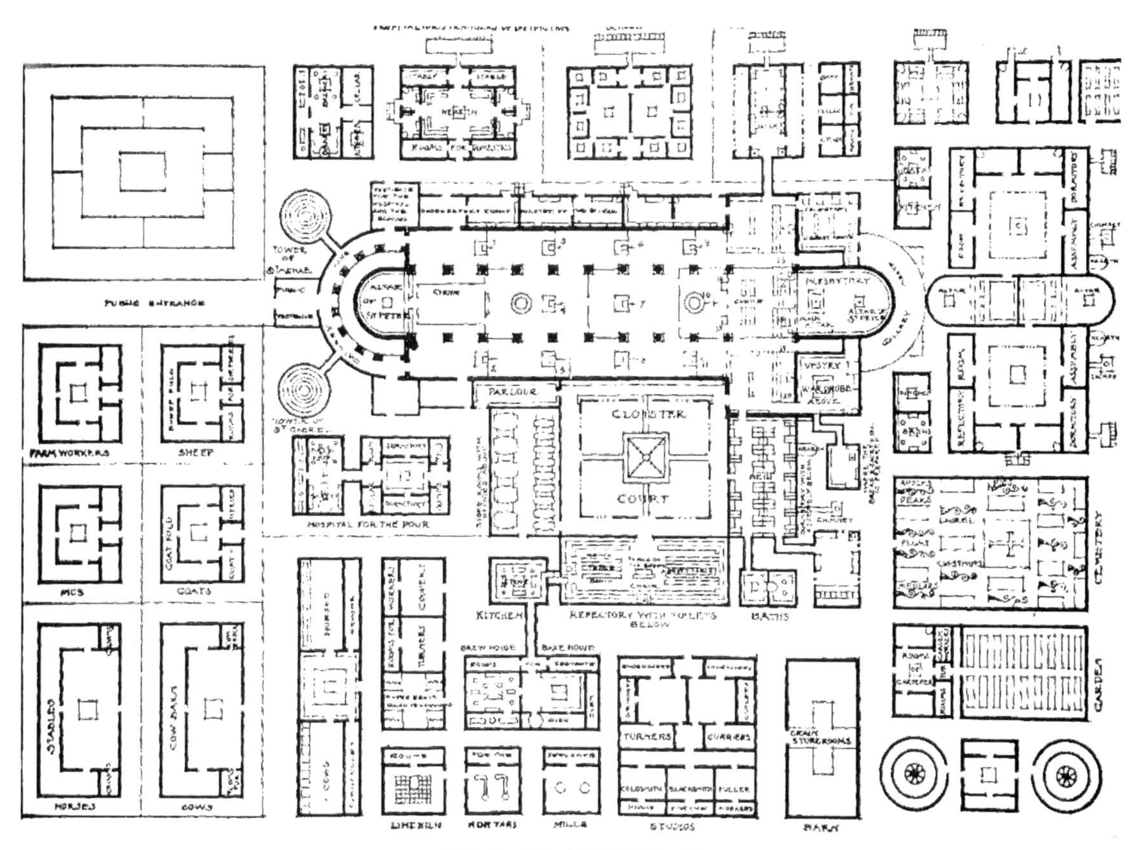

图 5-35　圣加尔修道院平面图

6　公共园林

古代公共园林与前面所述的皇家宫苑、乡野庄园、城市宅园、宗教园林最大的不同在于，它的服务对象不再是少数人或特定人群，而是各个阶层的人群。它是为大多数公众所享用的“公共”性的园林，并且这种享有是以休闲、游憩交流为主要目的。因而，本章讲的公共园林涉及中国的自然风景名胜园林、城市风景式公共园林、乡村公共景观园林，也包括欧洲具有公共游赏性的古希腊、古罗马竞技场园林，公共建筑园林，欧洲的城市广场以及随后出现的以游乐为性质的娱乐花园。

中国最早的公共景观园林是出现在先秦和秦汉历史文献中的“桑林”，“桑林”作为祭祀之地，是人们集会活动之地，其中有祭祀用的人工构筑平“台”，自然有人群集会的场地。与“桑林”十分相似的，是在古希腊时期的“圣林”，古希腊人通常会在神庙的外围种植树林，称为“圣林”。圣林除了祭祀以外，还成为人们休息、散步、聚会的地方。随后，罗马模仿了希腊的竞技场，并发扬了其作为公共园林的功能。同时与城市大型公共建筑结合，如公共浴室、剧院等，形成了许多城市公共绿地，以满足当时的学者及市民的交流与集体活动。这类公共景观园林多在城市中，与城市日常生活紧密相关。中世纪以后，城市广场代替了公共园林的作用，广场与欧洲城市发展规划，以及宗教、政治及商业功能密不可分。工业革命兴起后，解放了部分生产力，市民的娱乐需求随之增加，伴随而产生的是在西方一些城市短时间出现的娱乐花园，是现代主题公园的前身。

古代的公共性园林产生的原因多样，或与政治教化、宗教宣扬等有关。直到工业革命发展产生了诸多的城市问题，为了缓和贫富之间的矛盾，在自由平等的民主思想影响下，城市公园运动兴起，公共园林受到了极大的重视，并受到艺术思潮的影响，具有很强的古典与折中主义风格。奥姆斯特德将这种思想与风格带入美国，规划了多座城市公园，由此开启了现代园林之门。

中国古代公共园林的产生是受儒道家思想的影响，强调同乐、集体参与。魏晋南北朝时期产生了一种向城外大自然中寻求人性解放的潮流，并生发了自然山水美学（见图6-1），公共园林也跟随这股浪潮转向城郊的自然山水，奠定了中国公共园林与城市关系的基调。从此，公共园林建设一直贯穿着中国古典园林发展的始终，形成了自然风景名胜园林、城市风景式公共园林以及乡村公共园林三大类型，成为中国古典园林体系中的独特类型，在漫长的封建社会中成为公众的乐土，并反映了中国的山水美学与城市建设的思想。

图6-1　南宋·马远《踏歌图》

与中国公共园林产生的发展不同，西方古代公共园林多是在城市内部，与城市生活紧密相关，是一种自下而上的发展，其产生的初衷也多种多样，多伴随宗教需求和城市环境的问题。从古罗马以开敞空间缓和城市人口压力，到英国17世纪病态的居住环境，使人向往健康的乐园，从而产生娱乐性花园。再加上受到城市形成过程的影响，欧洲公共园林多位于城市内部。这种传统一直延续，并且和现代公园的产生一脉相承。

6.1 亚洲地区

亚洲地区，以中国的公共园林发展最为有代表性，形成了自然风景名胜园林、城市风景式公共园林以及乡村公共园林三大类型，成为中国古典园林体系中的独特类型。山水文化以及儒家文化思想是中国公共园林生发的大背景，与三种不同的生活环境——自然山林、城市、乡村——结合，形成了各具特色的公共园林。深受中国文化影响的日本、朝鲜也在各自的自然条件下产生了不同的公共园林类型。

6.1.1 自然风景名胜园林

自然风景名胜园林是利用自然山水的景色，加以人工建筑，提供游览、参观等场所，类似现代意义的风景名胜区。中国独特丰富的山水地貌使得自然风景名胜园的发展成为必然。秦汉时期，出于山岳崇拜及宗教教义的目的，人们把名山大川看成超脱尘俗，进行宗教活动的理想场所。帝王的封禅祭祀抬高了自然山川的声名和地位，推动了名山的开发。佛教与道教兴盛之后，自然山林成为宗教园林的理想栖息之地，宗教园林与自然风貌完美融合，赋予了山川以丰富的文化内涵。随着宗教的发展，群众经常参与法会斋会等宗教活动、观看文娱表演，同时也游览寺观园林。有些较大的寺观定期或经常开放，游园活动盛极一时。这些蓬勃兴起的市民公共活动为园林注入了丰富的功能内涵。

□ 山岳崇拜

中国疆域广大、山川众多，山川中又蕴含着无穷的自然现象，如奇石、秀水、云雾、雨雪、阴晴等。在中国传统文化中，山岳崇拜占有特殊的地位。在民间广泛流传着许多有关神仙和神仙境界的传说，最著名的要数东海仙山和昆仑山。秦始皇和汉武帝曾多次派遣方士泛舟于海上寻找东海仙山，以获取长生不死之药。“封禅”为历代帝王的隆重大典，泰山的祭祀从周天子时便开始了。通过祭祀名山，帝王们巩固强化了自己的统治地位。在汉武帝时掀起了封禅和名山祭祀的高潮。汉代时，儒学倡导五行之说，武帝规定“五岳”，由此确立了以五岳为首的全国名山体系。

魏晋以后的名流雅士崇尚“读万卷书，行万里路”，遍览名山大川，从最初纯粹的欣赏山水自然，到慢慢衍生出成熟的山水美学、山水文化。文人的精神追求也慢慢融入山林，山水文学、山水诗画兴盛，文人与僧人互访、结庐营居等，风气大盛，促进了高层次的风景名胜园开发。至唐代，全国已经大体形成了风景名胜区的格局，文人名流到山水风景中结庐营居的风气渐盛，群众性的朝山进香和游览风景名胜活动也相当盛行。盛唐时，佛教发展到一个高峰，使得佛寺也遍及风景名胜区。宋代之后，山水文学和山水画蓬勃发展，名流雅士游山和经营山居，使名山风景区得到长足发展。不仅有寺庙、宫观等宗教建筑，而且有许多书馆、书院、亭阁及摩崖石刻等文化景观点缀在自然山水之间。即便是寺庙、宫观，也无不渗透着山水文化的光彩。文人名流的游览活动带动了群众旅游，逐渐形成一种具有文化内涵的高层次旅游方式，经久不衰。明清时期自然风景名胜园林发展虽无重大突破，但在山水审美、建设等方面不断深化和提高，现存的大量历史文化景观基本上都是明清时期建设或重修的。

□ “仁者乐山，智者乐水”

孔子最先赋予了自然的山和水以“仁”和“智”的精神内涵，认为“仁者乐山，智者乐水”“君子比德于山水”。由此，人类对自然山川的敬畏开始向审美转化，导致了文人士大夫游山玩水的行动，这种行动逐渐普遍，继而演变为社会风尚。在朝为官者一方面做出一番事业，一方面又寄情于山水之乐，如若仕途不顺，则浪迹山水风景之间寄托自己政治抱负未能实现的情怀。山水游览成为文人名士生活中不可缺少的一部分。各地的山水风景借助于文人的游览活动而更具盛名。

日本国内的自然风景名胜园林开发，最初也是出于与中国类似的原始山岳崇拜，随着宗教的发展传播，特别是禅宗传入日本后，在日本国内众多山岳进行了大量的寺舍建设。由于日本列岛上特殊的地貌变迁造就了众多险峻的山峰，活跃的火山、频发的地震以及茂密的山林更是给巍峨的山岳平添了一层神秘的色彩，因此山岳崇拜对以宗教为背景的自然风景园林发展影响最大。日本气候温暖湿润，山岳自古以来就被茂密的树木覆盖，宗教祭祀的场所多是在风景秀美的山岳中展开的，茂密森林里迎接神灵下凡的处所就是神社的雏形，如奈良的三轮山中流传的"大神神社祭"，即是以山体作为大神的殿堂；还有以喷涌温泉的岩石为神社本体的出羽汤殿山，以山麓祭祀为主的马场山神社遗迹也都是"山既是神灵"的同构状态。镰仓末期开始建立引自中国南宋的"五山十刹"制度，在日本禅宗的发展史上意义重大，同样带来了山岳风景区开发的繁荣兴盛。如在日本著名的山岳信仰圣地——日光山，自8世纪以来在主要山麓及附近的中禅寺湖中就建有众多神社及寺院，以二荒山神社和轮王寺建筑最为壮观华丽。二者作为古时日本本土山岳崇拜的滥觞，与1616年开始兴建的德川家康的灵庙，即日光东照宫，并称为"二社一寺"。日光神殿和神庙与其周围的自然环境一直被视为神圣之地，由于后期幕府的大力经营，成为日本山岳自然名胜风景园林的典型（见图6-2）。

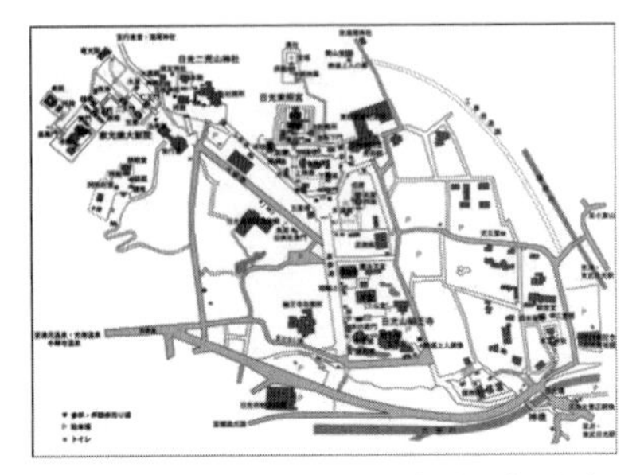

图6-2　日光的神社与寺院平面布局图

与此相类似的，还有朝鲜境内的自然风景名胜园林，主要依托佛教寺刹的建制，承袭了中国的自然山水式园林理念，根据朝鲜半岛少平原、多山地的地形特点，充分利用自然地形布置寺院建筑，仅进行少量的人工点缀。

园林特征

根据自然与人工的比重关系，可将自然风景名胜园分为两种，一种是以自然为主、人工为辅，主要利用天然地形优势，在自然山林中点缀一些少量的人工设施，其中较为典型的是一些以佛道教背景自发建设的山地园林，将少量寺观建筑建置在大的山岳自然环境中，以烘托佛国仙境的宗教气氛，又增添了赏心悦目的世俗情调，如道教名山峨眉山，对寺观建筑以外的空间很少做人工处理，以求保持自然环境的质朴天成之美，只在地貌特殊、风景绝佳之地适当进行少许园林经营，其中清音阁便是一例，选址在双溪交汇处隆起的狭长台地上，顶部有石景"牛心石"，左右溪流汇聚成潭，水声潺潺、飞浪激石，对此天然小景仅因就天然之势进行了略微的人工点染：在台地前后分别建小亭两座，跨溪建石拱小桥一座，从而不因过分矫饰而掩盖自然环境的天然美姿。

另一种则是以人工经营整个自然山水格局，形成一个大范围的自然风景园，特点是将自然作为背景，其中的人工痕迹较明显，建筑密度相对较高，尤其是以名山胜景为基址，专为朝廷祈福禳灾而建设的宗教场所，往往受到历代统治者的推崇，如被誉为"皇室家庙"的武当山（见图6-3），明朝政府出于皇室道场活动的需要而大兴土木，形成了"五里一庵十里宫，丹墙翠瓦望玲珑"的壮观场面。其规模宏大的道教建筑群遍布全山，总体规划严格按照政权和神权相结合的意图营建，进行统一设计布局。建筑群中心位于天柱峰顶的金殿，以地处全山各悬崖绝壁的八大宫为主体，众多的庵堂神祠自成体系分布在主体建筑的周围，整个建筑群依山就势，巧妙利用峰峦岩涧和奇峭幽壑，建设时最大限度地保留了山体的原始风貌。群山作为庞大建筑群的背景，与之和谐地融为一体。

图6-3　武当山平面布局图

自然景观特征

自然山水的形象特征是在漫长的地质演变、生态演化过程中形成的由地貌、植被、水文、气候等构景要素在不同的地质、地理环境中组成的总体特征，如雄、奇、险、秀、幽、奥、旷等。秀美独特的自然环境特征是自

□ 古人对名山大川景观形象的评价很多，如泰山天下雄、黄山天下奇、华山天下险、峨眉天下秀、青城天下幽等。

然风景名胜园发展的基础。佛教和道教的教义都包含尊重大自然的思想,尤其尊重自然界的一草一木,使在风景名胜园林在发展过程中能很好地保护其风景地带的自然生态及形象特征。

自然风景名胜园的景点资源丰富,为取得丰富的游览感受,通常对游览线路的组织十分重视,注意线路的迂回取胜。在空间上十分注重由峰、岭、沟、谷的穿插围合而构成许多自然空间纵横交错的山体地貌。常利用某种特殊的地形条件(绝壁、陡崖、溪潭、环山等)创造旷奥复合的景观。

□ 古代寺观把植树造林列为僧、道的一项公益劳动,有利于自然风景区自然资源的保护。

人文景观特征

人文资源是山岳文化积淀之精华,受到魏晋南北朝以来所形成的传统美学思潮的影响,人文景观的总体布尽可能顺应自然、与环境相融合,并不刻意突出主要景观,而将景点、景区深藏在山峦丛林之中。其间景点或串或并,空间变幻莫测,让景观在游人探索之中逐渐开展。

(1)佛寺、道观

自然风景名胜园林中,宗教建筑和世俗建筑艺术和园林艺术方面都达到相当高的造诣,并体现了南北各地的乡土建筑风格,其中以佛寺、道观数量最多。寺观的选址在景色秀美之地,通常有良好的小气候,靠近排水,靠近树林,建筑力求和谐于自然的山水环境中。众多寺观由步行道——香道加以联络,形成一个比较完整的格局。干道的布设在有意创造宗教意境的同时,也充分关注收摄风景的可能,让游人于步移景异中获得最大限度的美的享受。寺观的园林和外围环境的绿化互相融糅而浑然一体,成为风景名胜区内绝佳的风景点和游览地(见图6-4)。

图6-4　峨眉山山顶建筑群

(2)亭

风景名胜园内的路旁常建亭、轩、榭、平台等小建筑,其选址可收摄附近之美景,成为局部观景的好场所,同时为游者提供稍事休息的场所,着重发挥其风景建筑的作用,“动观”与“静观”相结合。常见的有山亭、路亭、林间亭等形式(见图6-5)。

图6-5　庐山山亭

山亭常布置在风景名胜园的高处风景点,或山峰处。亭外视野开阔,可凭栏远眺或环视周围景色。路亭为途中休息观赏景物而设,既可用作休憩点,增加赏景中的情趣,减轻行动的疲劳感,又可用以点景与自身成景,丰富景色的内容与层次。林间亭常与路亭结合,多位于林木环抱的清幽处,与林木景色共成景色,并以大自然的声、色、光变幻而强化其自然美(表6-1)。

表6-1　自然风景名胜园代表案例列表

案例名称	造园特征	备注	平面示意图
峨眉山 时间:公元618—1279年(唐宋年间) 区位:四川省峨眉县境内	空间布局:寺院分布在山上、山脚等处,由石墁山道自山脚下的牌坊开始,联系山脚和山中各处的佛寺、景点。报国寺是山中第一大寺,自山门入寺后为弥勒殿、大雄宝殿、七佛殿、藏经楼,逐院升高 其他:著名的峨眉十景有:圣积晚钟、灵岩叠翠;八处分布在山中:罗峰晴雨、双桥清音、白水秋风、大坪霁雪、洪椿晓雨、九老仙府、象池夜月、金顶祥光	1996年12月6日,峨眉山乐山大佛作为文化与自然双重遗产被联合国教科文组织列入世界遗产名录	

续表

案例名称	造园特征	备注	平面示意图
恒山 时间:公元1368—1840(明清) 区位:山西省浑源县境内	空间布局:分东、西两峰,东为天峰岭,西为翠屏山。两峰对峙,形成金龙峡 造园要素:翠屏峰东坡的峭壁为悬空寺所在,北坡有道观三清殿,西坡有古迹穆桂英点将台	1982年,恒山以山西恒山风景名胜区的名义,被列入第一批国家级风景名胜区名单	
雁荡山 时间:公元618—1279年(唐宋) 区位:浙江省温州市东北部海滨	空间布局:石峰被群山包围在山谷之中,嶂是连续展开的悬崖峭壁,时隐时现。佛教名山,峰、嶂、洞、瀑之奇以及彼此结合、交融成景 其他:是中国十大名山之一。雁荡山风景区主要指温州乐清市境内的北雁荡山。因"山顶有湖,芦苇丛生,秋雁宿之"而得名	是中国十大名山之一。雁荡山风景区主要指温州乐清境内的北雁荡山。因"山顶有湖,芦苇丛生,秋雁宿之"而得名	
武当山 时间:公元627—649年(唐贞观年间) 区位:湖北省丹江口的西南	空间布局:武当宫观建筑大多分布在从均州城直到天柱峰顶一线,建筑群的布局因山就势自由灵活地延展 其他:道教圣地,著名的"七十二峰朝大顶"之景、绝壁深悬的36岩、激湍飞流的24涧、云腾雾蒸的11洞、玄妙奇特的10石9台等	武当山是联合国公布的世界文化遗产地之一,是中国国家重点风景名胜区,同时它也是道教名山和武当拳的发源地	
庐山 时间:东晋时期 区位:江西省九江市	空间布局:1. 庐山位于长江南岸,鄱阳湖之滨,2. 庐山共有90余座,最高峰大汉阳峰1474米,3. 山体呈椭圆形,以山脊为界分为山南山北两部分 造园要素:1. 层层叠叠的砂页岩构成,四壁陡峭奇险;2. 峡谷中急流轰鸣,绝壁间飞流直泻 其他:庐山不仅有三叠泉、开先、石门、玉渊等瀑布,雄旷的五老峰,奇险的锦绣谷,神秘的仙人洞,幽静的白鹿洞,以及变幻莫测的云海景观	有"匡庐奇秀甲天下"之美称;庐山开发于东晋时期,高僧慧远和道士陆修静分别在山上建东林寺与简寂观。1996年12月6日列入《世界遗产名录》	
武夷山 区位:福建省武夷山市	造园要素:武夷山为典型的丹霞地貌,赤壁、奇峰、曲流、幽谷、险壑、洞穴、怪石构成了独树一帜的自然地貌 其他:1. 盛产武夷山岩茶;2. 著名景点有九曲溪、流香涧、玉女峰、大王峰、三仰峰、天心岩、虎啸岩、鹰嘴岩,水帘洞、桃源洞、云窝、慧苑,天游观、万年宫,一线天、九龙寨、卧龙潭、芙蓉滩、武夷精舍等	汉代时,武帝遣使来祭拜武夷君,唐宋以来陆续修建道观,成道教名山。是世界文化与自然双重遗产地,有"碧水丹山""奇秀甲东南"美誉	

续表

案例名称	造园特征	备注	平面示意图
崂山 区位:山东省青岛市	空间布局:最高峰崂顶海拔1132.7米,山势以崂顶为中心向四方延伸。绕崂山的海岸线长达87公里,沿海大小岛屿18个,构成了崂山的海上奇观 造园要素:1. 崂山山体以花岗岩为主,花岗岩的岩性构成了此山自然景观的基调。2. 放射性的水系沿岩石节理和裂缝渗透;沿海岸构成许多海湾和岬角	秦始皇、汉武帝登崂山祭神,宋太祖于此为华盖真人修建宫观,历经明清兴而不衰,成道教名山	
崆峒山 区位:甘肃省平凉市	空间布局:崆峒山面临泾水,背依六盘,由大小数十座山峰组成 造园要素:1. 拥有八台九宫十二院四十二座建筑群七十二处石府洞天,气魄宏伟;2. 山上峰峦迭起,深谷大壑穿错,奇岩怪石嶙峋,形象多姿多态,像凤凰展翅,像蜡烛独立,像狮子下山等 其他:"崆峒十二景":香峰斗连、仙桥虹跨、笄头叠翠、月石含珠、春融蜡烛、玉喷琉璃、鹤洞元云、凤山彩雾、广成丹穴、元武针崖、天门铁柱、中台宝塔	是道教最早的发源地,自古有"西来第一山"、"西镇奇观"、"崆峒山色天下秀"之美誉。秦汉时期,崆峒山已有人文景观,历代陆续兴建亭台楼阁。明、清时期,人们把山上名胜景观称为"崆峒十二景"	

6.1.2　城市风景式公共园林

城市风景式公共园林通常位于文化发达地区的城镇,一般建在城郊或远郊的山水秀丽之地。中国古代城市的选址大多依据风水的思想,选择依山傍水、风水绝佳之地,形成山环水抱的城市自然风景特征,为城市风景式公共园林建设提供了自然资源。同时,受传统的儒家文化中倡导的"与民同乐"思想的影响,士人官员胸中怀有百姓,将城市公共园林看做是一件利民利己的实事,不遗余力为市民开辟同乐园林。例如,曾任杭州刺史的白居易在任期间,曾力排众议,对西湖进行了风景及水利的综合治理。通过修筑湖堤、提高水位,解决了农田灌溉,同时还沿西湖岸边大量植树造林、修建亭阁、点缀风景,从而使西湖实现了从功能性蓄水湖泊向风景性游览胜地的转变。

早在魏晋时期,文人名士便已崇尚寄情山水之情怀,这与当时政治上的动荡而带来的人性的觉醒不无关系。而这一思潮的变换启迪着文人雅士们对自然之美的理解与亲近,促使了城市公共园林雏形的出现。当时著名的"新亭""兰亭"等建在自然山水间的亭台楼阁是众多名士经常聚会的场所。如王羲之的《兰亭集序》所记载,兰亭是以亭为中心,周围有"崇山峻岭,茂林修竹,又有清流激湍,映带左右"(见图6-6)。及至隋唐时期,郊野及城郊等山水形胜之处开发为公共园林的情况已是十分普遍。此外,公共园林在经济、文化较为发达的城市中开始慢慢普及,寺观园林也在一定程度上发挥着众人游憩交往的作用,寻常百姓之间也兴起了游赏之风。此时的公共园林不再似魏晋时期一味追求远离扰攘的荒野山林,而开始依托于城市附近的水系和岗阜,或是由曾经的御苑改建。如当时在长安城的曲江一带便有多处大型公共园林,每逢节庆更有

□ "同乐"思想

早在先秦时代,孟轲就提出"与民同乐"的思想,儒家从治政之道出发,极力推崇为王者、为官者要"与民同忧乐"。孟子的如上"忧乐观",成为封建士人思想行为追求的规范理念。宋代儒士更是身负社会忧患重担,系天下安危忧喜于自身之责任。自唐开始,科举取士制度更加完善。政府官员绝大部分都由科举出身,尤其在宋代,文官执政蔚然成风,大量能诗善画的文人担任中央和地方重要官员。欧阳修、苏轼、滕子京等,都是这方面的先贤。以含与民同忧同乐的情怀,将开辟风景式公共园林当做是为老百姓办实事的一项政绩,为城市公共园林的发展起到了关键的助推作用。

图6-6　明·永乐《兰亭修禊图》

皇室与庶民同游，熙来攘往热闹非凡。后至宋朝，城市中的公共园林较之前更为普遍、活跃，甚至在乡村地区也有公共园林的建置，官府出资整建公共园林的现象也多有出现。公共园林所处之地往往有着山水如画般的自然风光，因而也常吸引众多小园林建置其中，意图借景湖山、开阔视野，更是形成了别具特色的“园中之园”。如扬州的瘦西湖，大大小小的私家园林与公共游赏地并置，更显得景中有景、相映成趣。此外，城市街道绿化也越来越得到重视。在当时的东京，许多街道都有种植行道树，多以柳、榆、槐、椿为主，这一现象可从张择端的《清明上河图》中略窥一二。这一时期，由于城市公共园林设计者和服务人群主要为士大夫阶层，因此强烈反映出了他们的审美情趣和价值取向。至明清时期，市民阶层的蓬勃兴起，带来了市民文化的繁荣，人们对公共休闲活动的需求更盛。相应地，城内、附郭或远郊都出现了功能更加综合的城市公共园林，且公共性随之增强。在一些经济发达地区，公共园林还结合商业和文娱活动，发展为多功能的城市开放空间。此时的城市公共园林作为市民日常休闲娱乐的生活舞台和城市民俗的载体而日益兴盛。

园林特征

城市风景式公共园林是最直接受山水文化思想影响的造园，山水画、山水诗文与山水风景之间相互浸润启导，是一个有人工艺术雕琢之美的自然山水园林艺术空间。园林建设的目的主要包括：

① 作为当时政府的皇朝、州府、其开发建设目的之一是“以主民乐”“与民同乐”。

② 艺术熏陶，文化普及，陶冶情操，歌咏升平的社会文化宣教作用。

③ 为全社会共同出游的节日活动，提供空间场所。

④ 社会人群在这个风景园林空间中实现广泛的社会交往。

⑤ 与山水相融，使心灵与山水之美互为表里，构筑现实的人间仙境。

根据所处位置的不同，与城市的关系有所区别，将中国城市风景式公共园林大致分为远郊的风景式公共园林及城市内部或近郊的风景式公共园林两种。

远郊的风景式公共园林

远郊的风景式公共园林，通常是以城市周边风景优美的真山真水为基础，局部加以小范围的人工建设和改造，往往尺度较大，具备一般自然山水的景观特征。如明朝北京西北郊的西湖（即清代后期的昆明池），通过对水域加以人工整治，栽种水生植物，呈现出一派优美的北国江南风光。加上周边寺庙、园林、村舍的点缀，西湖逐渐成为了京郊著名的公共游览胜地，获得了“环湖十里为一郡之胜观”的美誉。

城市内部或近郊的风景式公共园林

城市内部或近郊的风景式公共园林则是来自城市规划发展过程中，对原有山水形胜之处的人工改造及建筑添置，从而加强景观效果和生态功能，成为城市公共生活的重要场所。因为地处城市之内，对城市形态的总体布局往往影响重大。如以唐代长安城为例，早在隋初规划时，就将六条自南而北横贯的东西向岗阜，即“原”纳入了城市范围，以形成系统化的城市山水景观。其中最著名的即是位于长安城东南角的乐游原，唐以后逐渐形成了以佛寺为中心的城内公共游览胜地，吸引了众多文人游客。与此类似的还有北京的什刹海、杭州的西湖（见图6-7）等。

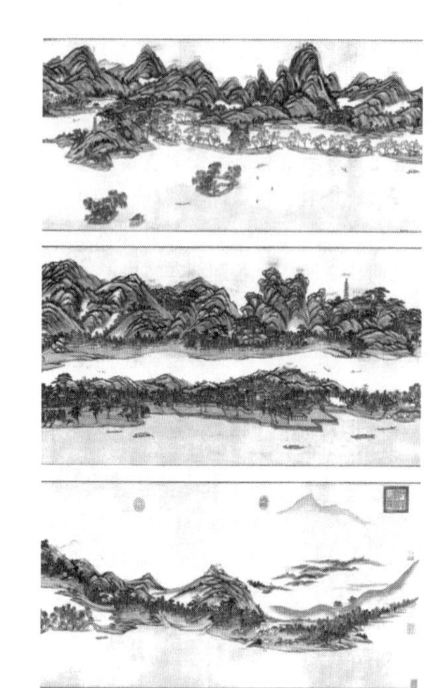

图6-7　清・王原祁《西湖十景图》片断

(1)空间布局

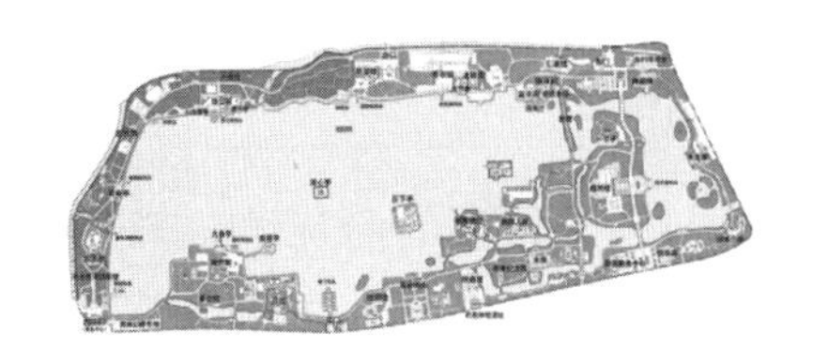

图6-8　济南大明湖平面布局图

城市风景式公共园林绝大多数都没有墙垣的范围。一类是利用河、湖、水系稍加园林化的处理。济南的大明湖(见图6-8),一湖烟水、绿柳荷花,沿湖岸建置若干小园林,点缀亭台楼榭错落有致。北岸北极阁雄踞高台。另一类是因就于寺观、祠堂、纪念性建筑等名胜、古迹而稍加整治、改造而成一处公共园林,如成都杜甫草堂。空间上多呈开放、外向型的布局,如明清北京城的什刹海,周围别墅、寺院环湖分布,园林空间具有相当大的开放性。

(2)建筑

① 风景建筑的经营总体原则是得体于自然;

② 人文建筑群:包括佛寺、道观、纪念名人的祠庙、冢墓等;

③ 游览建筑:包括与上述文化内容相关联的,又与风景环境结合的风景景观建筑和游览观景建筑,如亭、阁、枋、榭等;

④ 亭在汉代本来是驿站建筑,到两晋时演变为一种风景建筑。

(3)植被

① 由于有文人士大夫的参与,植物选择往往有文士的偏好,如白居易和苏东坡种桃柳、植花木;

② 若有大水面,岸边往往柳树环绕,夏天荷香满溢,秋天丹桂飘香;

③ 规模较小的经由古迹、故居等改造的公共园林,植物配置更加丰富多样。

(4)装饰

① 楹联题额

宋以后的邑郊风景园林中,楹联题额是寺观庙堂、亭榭枋阁不可缺少,以至楹联形成专类文学体裁之一,又与书法、镌刻结合,形成风景园林建筑中一种特有的艺术。

② 碑刻题记

最普遍最常见的人文景观,其内容多为寺观修建记事、地方风物歌咏、社会世事变动、山水城市图谱,甚至有民间医药验方等,其中尤多者是文人墨客的诗词文记。

此外,一些位于城市中心的特殊类型园林也具有一定的开放、半开放功能,如衙属园林、纪念园林、寺观公共园林等。在特定历史时期,还有少量的皇家园林及私家园林也定期向人们开放,具备一定的公共园林的性质。如宋代张择端的《金明池夺标图》中所绘,作为皇家水军练习场的金明池,在每年定期开放任一般平民参观游览。《洛阳名园记》也记载了一些私人宅院,同样也会定期向市民开放(表6-2)。

表6-2　中国城市风景式公共园林代表案例列表

基本信息	造园特征	备注	平面示意图
什刹海 时间:元朝(具体时间不详) 区位:北京内城西北隅 规模:302 公顷	空间布局:自然山水,加上人文建筑的点缀。别墅、寺院环湖布置 功能:消闲、游赏、聚会、宴饮、购物 造园要素:三个水面,靠西的叫做积水潭,中部叫做后海,东南部叫做前海	元代名海子,为一宽而长的水面,明初缩小,后逐渐形成西海、后海、前海,三海水道相通。自清代起就成为游乐消夏之所	

续表

基本信息	造园特征	备注	平面示意图
大明湖 时间:公元1072年(北宋熙宁五年) 区位:济南旧城之北部 规模:46公顷①	空间布局:沿湖岸建置若干小园林,点缀亭台楼榭错落有致 造园要素:1. 小沧浪亭是文人墨客游览大明湖的聚会场所,四壁镶嵌着历代名家诗文墨迹。2. 湖水清澈,由多处地下泉水汇集而成。3. 沿水岸遍植柳树	北宋熙宁五年(1072),曾巩为防御水患,修建了北水门,引湖水入小清河,并在沿湖修建亭、台、堤、桥,使之渐成游览景观。明代重修城墙,大明湖遂初成今日形貌 ① 湖面面积	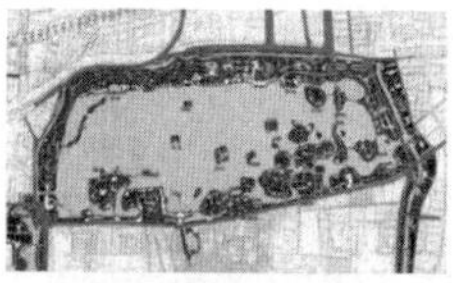
翠湖 时间:公元1274年(至元十一年) 区位:昆明旧城内 规模:21公顷①	空间布局:一条纵贯翠湖南北的长堤,加上一条东西向的长堤,把湖面分为四个水域,堤畔植杨柳,湖中种荷花 其他:不仅能领略湖上水景之胜概,而且可以观赏圆通山、五华山	至元十一年(1274),进行第一次疏浚海口水利工程;洪武二十三年(1390),建柳营,沿湖植柳,清又在沿岸增设景点,成人们游赏之处 ① 水面占15公顷	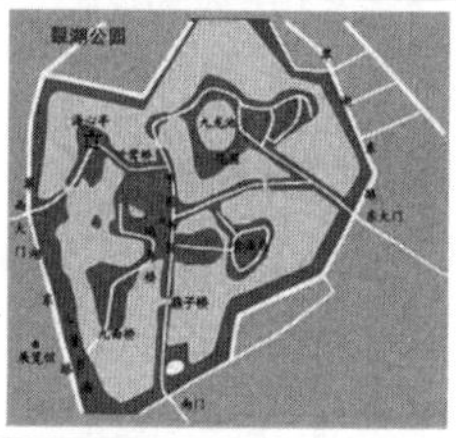
瘦西湖 时间:乾隆年间 区位:扬州旧城北门外 规模:100公顷	空间布局:以河道为脉络的园林集群,园林、建筑等沿湖带状展开,大部分是私家别墅园,也有一些寺庙园林、公共游览地、茶楼、诗社 造园要素:诸园的某些建筑之间,还着重考虑"对景"的关系	原名保障河,乾隆年间达全盛时期,清嘉庆二十年(1815年)后,扬州盐业衰退,湖上园林也逐渐萧条荒废	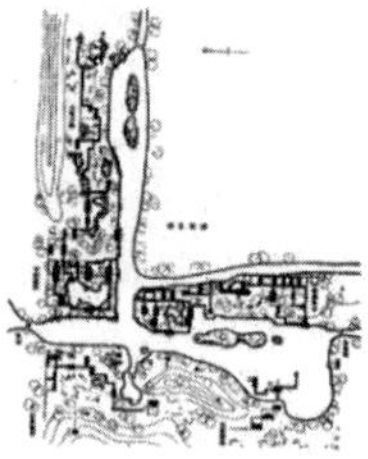
西湖 时间:公元1090年(元祐五年) 区位:杭州西南方 规模:650公顷	空间布局:众多小园林分布以西湖为中心,南北两山为护卫,随地形及景色变化,借广阔湖山为背景,采取分段聚集 造园要素:北岸宝石山顶的保俶塔是湖山整体的构景中心,起到了总领全局的作用 其他:诸园各抱地势,借景湖山,充分发挥其点景作用	西湖最早称武林水,长庆二年十月(822),白居易兴修水利,拓建石涵,疏浚西湖,元祐五年(1090)苏轼疏浚西湖,并筑长堤,南宋形成西湖十景,明清两代,西湖又经历了几次疏浚,挖出的湖泥堆起了湖中的湖心亭、小瀛洲两个岛屿	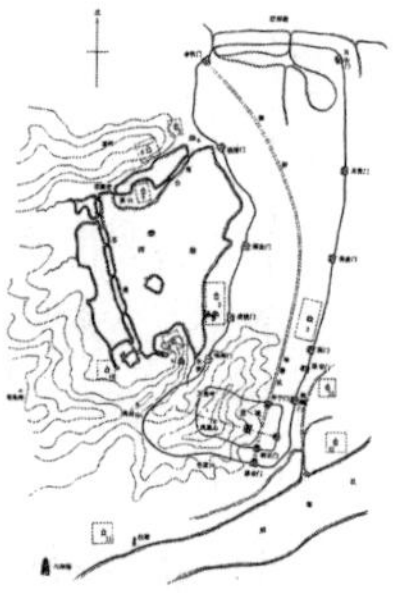
曲江池 时间:隋唐(具体时间不详) 区位:长安城的东南隅 规模:144公顷	空间布局:沿岸分布有众多园林,西岸杏园与曲江亭是重要的公共游览场所,池北是大慈恩寺,东南部是皇家御苑芙蓉园。 功能:皇族、僧侣、平民等不同阶级的人群汇聚盛游之地。节庆游赏,新科进士及第庆祝。 造园要素:大水面,以芙蓉为盛	曲江池本秦恺州、汉宜春下苑之故地。隋文帝时名芙蓉园,唐初一度干涸,到开元年间加以疏浚,恢复曲江旧名。安史之乱,曲江池处于衰败状态。太和九年淘挖江池,恢复部分景点	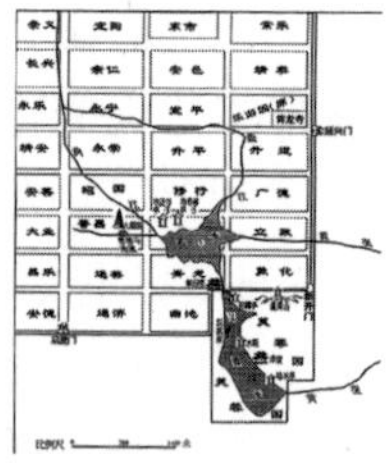
南京钟山 时间:宋朝(具体时间不详) 区位:南京东北郊 规模:2100公顷①	空间布局:南宋建定林寺于北高峰,登临可见长江 功能:军事要地,皇家祭地之处,都城士人、庶民游兴之地 造园要素:以佛寺多而著称	①海拔高448米	
玄武湖 时间:公元446年(元嘉二十三年) 区位:南京城中心区,紫金山脚下 规模:502公顷	空间布局:玄武湖早期与长江相通,如今联系微弱,仅于北部和东部有水道与外部水系相连。其南面紧邻九华山和鸡鸣寺,东面莅临钟山,山脉自东向西连绵蜿蜒。其中五岛、六堤构成玄武湖的水面平面布局,将水面划分为三部分 造园要素:以开阔的平面水为基底,由岛、堤、桥构成划分湖泊水面空间的重要元素	玄武湖古称桑泊,历经多次名称变换后,在南宋时期由宋文帝对其进行疏浚,形成"一池三山"的格局,并将其更名为玄武湖,主要用于水军操练。后自隋唐时期开始,玄武湖一度遭受冷落。直至明朝定都南京后,将其辟为"黄册库",并禁止民众出入,从而与世隔绝了260年。其后,于清末又重新开放,并向"公共园林"的方向发展	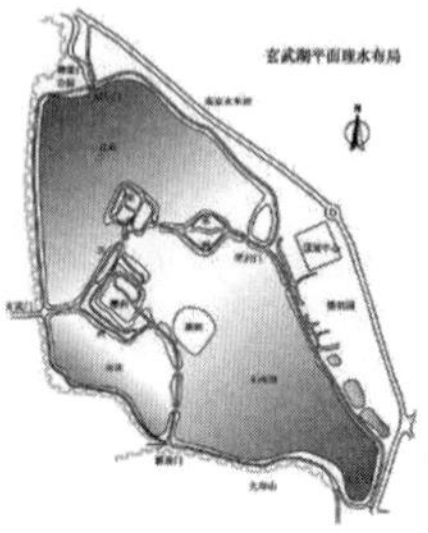

续表

基本信息	造园特征	备注	平面示意图
兰亭 时间：公元1548年(明嘉靖二十七年) 区位：浙江省绍兴市西南的兰渚山下	空间布局：兰亭大致坐北朝南，根据园区功能不同，可将其划分为入口区、曲水流觞区，和纪念建筑区。全园以曲水流觞为中心，环境较为幽静，是后人模拟修禊活动而营建的场所。以水系贯穿整个园林空间，水面开合不一、形态各异 造园要素：水系灵活的处理手法，曲折萦回的空间环境，土山作为“障景”的运用	兰亭最早记述于《越绝书》，闻名于《兰亭集序》，但其中并无修禊场所地址的具体记载。历史上，兰亭几经兴废、数次变迁，后于明嘉靖二十七年(1548)迁移至此，并在清朝时期有过数次修建。1980年在明清原址上又进行重修，形成如今的格局	
福州西湖 时间：公元282年(晋太康三年) 区位：福州市西北部 规模：42.51公顷	空间布局：湖面南、北部狭长，中部开阔。由三个小岛分隔，岛与岛之间分别由柳堤桥、飞虹桥、步云桥、北闸桥连接，岛上各有亭、楼建置，湖面及两岸遍植荷柳。 功能：农田水利工程，皇家花园，都人游兴之地 其他：园内多有借景、障景等手法的运用，乡土植物多样，“福州西湖八景”多与植物相关，别有一番诗情画意	自晋代开凿以灌溉农田，因其在城垣之西，故称西湖。至五代，西湖成为闵王的御花园，并在其中建置亭、台、楼、榭。五代之后，西湖一带又经过多次整修。“民国”三年(1914)始辟为西湖公园，当时面积仅3.62公顷。新中国成立后，在政府主持对其进行更新建设，将其改造成具有福州特色的西湖公园，其被誉为“福建园林明珠”	

6.1.3 乡村公共园林

与城市相似，中国的自然村落往往选址在拥有风光秀美的山水环境中，先民们选择风水佳盛的位置作为自己的聚居村落，世代繁衍。依山傍水、产物丰饶，优美的自然环境是乡村公共园林的基础，而乡村地区的耕读文化也是其发展的重要原因。儒家倡导的同乐观念和“耕为本务，读可荣身”的思想和半耕半读的田园情怀，促进了一种与自然亲和、彰显文人特质的公共空间的发展。

历史上，战乱频繁和政治的波动剧烈导致大量文人仕官迁至乡村，特别在南北朝、唐末、五代和北宋末年，中原的战乱使得北方仕宦南迁，他们大多选择山水秀丽的乡野之地，在此繁衍生活。同时，科举制度使得许多农家子弟进入朝野，功成身退，回乡兴建故里，修建公共园林。宋朝开始允许官田或私田买卖，地主小农经济空前繁盛，宽松的政策为商业活动创造了沃土，商人数量大增，这些商人在外发家致富后，回乡兴建各种设施，也包括公共园林。

□ 家族式的村落聚集

在南朝之后传统的门阀制度渐渐衰落，隋唐之后彻底走向衰亡，而家族集团化加强，家族繁衍分支聚居一处，形成了最基层的社会群落，为乡村园林的发展兴盛提供了坚实的人本基础。

□ “耕读文化”

耕读文化是中国乡村地区的独特文化现象，在宋代中国封建文化最辉煌的时期达到高潮，民间讲学、读书风气兴盛。某些村落形成一个个典型的耕读生活社区，在农业生产的同时，也注重传播礼乐教化，发展出村落的耕读文化。村落园林与儒士文化关联，形成了儒士文化实践的最基层单元，把堪舆学、形学、儒家伦理等文化观念反映在村落空间建设中，既体现着人与自然、人与人的和谐关系，又体现着自然经济时代“耕读传家”的社会风尚。

园林特征

乡村公共园林是儒士文化实践的基层组织单元，在普通百姓的人居环境中，把堪舆形学、儒家伦理等文化观念反映在村落空间建设中；既体现着人与自然、人与人的和谐关系，又体现着自然经济时代“耕读传家”的社会风尚。此外，乡村公共园林为全村百姓公有，是村人的文化空间，祭祖、祀神、读书、观赏风景、调解纠纷、议决村事等，都在这公共活动空间中。因此，乡村公共园林常依山就势，自由布局，开朗、外向、平面铺展。通过开凿水池，种植树木，建置少许亭榭之类，作为村民公共交往游憩的场所，与山水环境融为一体，质朴自然、风姿绰约。

图 6-9　安徽宏村

(1)选址与布局

村落的选址与布局决定了公共园林的环境条件,讲究自然与人工相结合的风水格局。自然环境优越,依山傍水、山环水绕,为公共园林提供优美的景观背景。若天然的条件不够完美,则对于不足之处加以人工弥补。在山、水、朝向这三个条件中,前两者一旦选定则难以更改,故人工弥补的对象往往是水体,这也是乡村公共园林中最有特色的部分(见图 6-9)。

围绕祭祀中心或休憩中心而展开的乡村公共园林,各有特色,有时也会合并在一起。祭祀中心一般以祠堂或庙宇为核心,前有广场及水面,气氛严肃。休憩中心在布局上更自由,以方便美观为主,充满亲切感。

(2)水体

对于水体的改造,最初是为了弥补不足的风水并满足灌溉与防灾的需要,园林则往往借此形成。

流水从村前经过,风水上讲究"聚气",人们会改造水体,把水尽可能留在这个地方,另一方面,还能起到调蓄灌溉的作用。如楠溪江的苍坡村,在村的东南侧修建寨墙拦蓄渠水,形成调蓄水库用以防旱灾,并利用这几个水池建成景色优美的公园。建筑临水开敞,粉壁朱栏、荷花垂柳与远处的笔架山皆映于水中(见图 6-10)。

图 6-10　楠溪江苍坡村

为了藏住风水神气,村人也会在水口处设置风水亭、种植风水树,形成别具特色的水口园林。

(3)山体

园林中除了引水还有引山,远山借景,近山建园。水园一般位于村前,而山园则位于村后。

如楠溪江的埭头村,村后的卧龙冈是祖山山腰的一个凸出部分,周围竹树繁茂,冈顶经人工修整成一宽阔平台,中央一棵大樟树,浓荫覆盖,此处视野开阔,景色宜人,更是全村的标志(见图 6-11)。

图 6-11　楠溪江埭头村

(4)建、构筑物

村寨是血缘家族的聚落,祠堂是村内最重要的建筑物,与公共园林结合,作为园林的构图核心。还有庙宇建筑,亭、台、桥、牌坊等小品点缀园中,此外,民居建筑则起到背景作用,围合出完整的园林空间。

大宗祠多数都有戏台,承担祭祀等公共活动,祠堂前还有宽阔的广场,方便集散。祠堂内可以看做园林中另一层次的公共空间,使园林空间得以延伸及丰富(见图 6-12)。

图 6-12　楠溪江下园村

亭子如建于水口处的风水亭,既弥补了风水的不足,又方便了来往行人,更是村落中一道优美的建筑景观。

有水的地方就有桥,水乡中常见的是拱桥,桥洞高拱,便于通船,其优美的曲线是园林图景中重要的点缀。

水口园

皖南徽州比较富裕的农村一般都有建置在村内的公共园林,也有建置在村落入口处的,即所谓水口园林。水口相当于堂居通往外界的隘口,一般在两山夹峙、河流左环右绕之处,也是村落的主要出入口。因其地理位置重要需要加以扼制,通常在这里种植一片树林,叫做"水口林"。如果村落的文风昌盛,则建筑文昌阁、魁星楼、文峰塔等建筑。也有建成为小园林的格局——水口园(见表 6-3)。

表 6-3　中国乡村公共园林代表案例列表

基本信息	造园特征	备注	平面示意图
苍坡村 时间:公元 955 年(五代周显二年) 区位:浙江省永嘉县岩头镇岩头村北	功能:提供村民群众性游憩、交往场所 空间布局:沿着寨墙呈曲尺形展开,并按"文房四宝"构思来布局村落,并以东西两方形水池为砚 造园要素:仁济庙前后有三进院落,供奉"平水圣王",其西邻是宗祠 其他:表达出当地居民"耕读传家"的心态和高雅的文化品位;呈现为开朗外向、平面铺展的水景园		
西递村 时间:公元 1049—1054 年(北宋皇佑年间) 区位:安徽黄山市黟县	选址:西递在前后溪所夹的坡地——程家里,三溪便合三为一,向盆地外流去 其他:西递八景:罗峰隐豹、天井垂虹、石狮流泉、驿桥进谷、夹道槐荫、沿堤柳荫、西塾然藜、南郊秉耒	始建于北宋皇佑年间,发展于明朝景泰中叶,鼎盛于清朝初期	
塘湾村 时间:南宋(具体不详) 区位:杭州市余杭区东湖街道下辖村	选址:三面环山,一面临江 空间布局:公共中心布局以礼制意义为主,郑氏大宗祠位于中央,轴线朝向东北在大门前原来有三对功名桅杆 造园要素:1. 没有流量稳定的水源供水,只有山洪骤发骤去,村里有冲沟两条。2. 太平坊居全村中心	初建于南宋,光绪二一年临江建一道寨墙	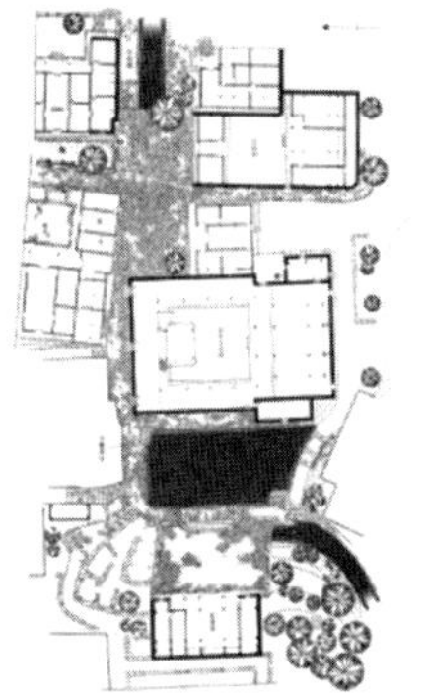
棠樾村 时间:约公元 1130 年(南宋建炎年间) 区位:歙县县城西南十五华里处(原徽州府邑所在地) 园林主人:鲍荣	选址:村落北靠龙山,南临徽州盆地,丰乐河由西向东穿流而过,远处以富亭山为屏 空间布局:由牌坊群和宗祠构成村落的公共空间,七座牌坊矗于青石甬道上 造园要素:牌坊型制为四柱三间冲天式或门楼式;三座祠堂均为三进五开间	元、明之际,进行了大规模水系改造,一条自东山、槐塘而来,流入模路塘;另一条去村西沿灵山山脉至西沙溪,此为村中主要水源	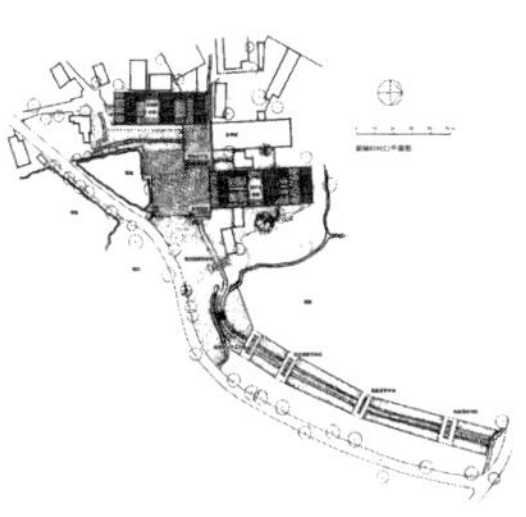
宏村 时间:公元 1131 年(南宋) 区位:安徽黄山市黟县东北部	选址:背倚黄山余脉羊栈岭、雷岗山 空间布局:月沼为全村公共中心,引西溪于全村形成 22 个水院 造园要素:1. 村落建筑密度很高,大部分宅园实为尺度放大的庭院,模式为一池半榭(亭)。2. 水的作用相当突出,引西溪水入村,为月沼,后凿深、挖掘村南大小洞、泉、窟、滩田成环状池塘,形成南湖,构成全村完整的水利系统		

续表

基本信息	造园特征	备注	平面示意图
埭头村 时间:元末(具体时间不详) 区位:浙江省永嘉县大若岩镇	选址:背依九螺山,面对梧山 造园要素:1. 古村以陈氏大宗到卧龙岗为中心区,分布着陈氏宗祠、积翠祠、墨沼池、墨沼生香、裕后祠、屈庐等古建筑。2. 地形由西向东倾斜,其型如船。3. 竹林成片		
楠溪江岩头村 时间:公元1556年(嘉靖三十五年) 区位:浙江省永嘉县岩头镇	选址:浙东楠溪江中游,群山环抱 功能:游憩交往等娱乐活动、祭司酬神等宗教活动、商业活动相结合 造园要素:1. 主要有塔湖庙、森秀轩和文昌阁。2. 连片的木芙蓉、古樟、柏树和苦槠树。3. 以丽水湖为中心,结合供水渠道开凿成水景园		
唐模村檀干园 时间:清初(具体时间不详) 区位:黄山市徽州区歙县城东北十余里唐模村口 园林主人:许姓富商	选址:黄山和平顶山夹峙、河流左环右绕之处,因而建置水口园 功能:为全村百姓共有,聚会、生产、生活交往场所 造园要素:1. 园内有镜亭、双连环亭、许氏文会馆,及水榭"花香洞里天"2. 山上林木苍郁,多为高大的樟树和枫香。3. 水面呈三塘相连兼做蓄水库	建于清初,乾隆年间修葺	

6.2 欧洲地区

□ 崇尚力量的民族性格

古希腊的自然资源并不丰富,从气候上来看,属于地中海型气候,冬雨夏热,土地并不肥沃,且平原少的地区,不适耕作。虽也有河川,不过都水浅流急,不利航运。雨季会泛滥成灾,干季又常干涸,因此灌溉不易,很难发展农业。而畜牧业也只适合绵羊和山羊,所以不甚发达。由于难以在田地里依靠农耕方式谋生,而只能选择经商、做海盗等,从而造就了古希腊人自由奔放、充满原始欲望、崇尚智慧和力量的民族性格,也培育了追求现世生命价值、注重个人地位和个人尊严的文化价值观念。

欧洲地区的公共园林由来已久。早期的地中海海洋文明中诞生了强调自由、平等的公共园林,包括古希腊竞技场及古罗马公共建筑绿地;随后欧洲大陆的城市发展,产生了带有宗教、政治因素的城市广场;到17世纪,在英国兴起了娱乐性的公共花园。

6.2.1 古希腊竞技场园林

古希腊位于欧洲东南部的希腊半岛,包括地中海东部爱琴海诸岛及小亚细亚西部的沿海地区。全境多山的地理条件造成了城邦之间的割据与独立,塑造了希腊人崇尚自由、平等的个性。古希腊文明在公元前12世纪之前曾经几度辉煌,此后由于遭到多利安人(Dorians)的野蛮摧残而逐渐衰落。由于当时战争不断,而且战败国的公民无论贵贱一概沦为奴隶,因此,需要培养一种神圣的捍卫祖国的崇高精神。这些都推动了希腊体育运动的发展,运动竞技应运而生。在古希腊,体育锻炼被定为一种制度,各地都建起了供人们进行体育锻炼的体育场;又由于民主思想的发达、公共集体活动的需要,进一步促进了大型公共园林娱乐建筑和设施的发展。因此,由体育运动场增加建筑设施和绿化而发展起来的园林，成为古希腊最早的公共园林。

园林特征

在运动场建立之初，这些场地仅为了训练之用，是一些无树木覆盖的裸露地面。后来，雅典著名政治家西蒙建议在竞技场周围种植悬铃木以形成绿荫，既可供竞技者休息，又为观众提供了良好的观赏环境。以后这里又有了进一步的发展和完善，除林荫道之外，还布置有祭坛、凉亭、柱廊及座椅等设施。于是，体育场就成为人们散步和集会的场所，并最终发展为向公众开放的园林。

这种类似体育公园的运动场，一般都与神庙结合在一起，其原因主要是由于体育竞赛往往与祭祀活动相联系，是祭祀活动的主要内容之一。这些体育场常常建造在山坡上，并且巧妙地利用地形布置观众看台。如雅典近郊塞拉米科斯著名的阿卡德弥（Academy）体育场是由哲学家柏拉图设计的，用体育竞赛的方式祭祀英雄阿卡德弥。场内种植有洋梧桐林阴树和灌木，殿堂、祭坛、柱廊、凉亭及座椅等遍布场内各处，还有用大理石嵌边的长椭圆形跑道。

古希腊文化对其后古罗马文化有直接的影响，其影响还通过罗马人渗透到欧洲中世纪及文艺复兴时期的意大利文化中，所以古希腊竞技场形成的公共园林可看做是后世欧洲体育公园的雏形（表6-4）。

□ 古希腊体育运动热潮

古希腊城邦的教育体系中对体育尤为重视，如在斯巴达，男孩和女孩同样要接受带有强烈军事色彩的严格教育，主要内容为赛跑、跳跃、掷铁饼、投标枪、角力五项竞技等。与此同时，宗教信仰也与希腊人的文化活动息息相关。古希腊每个城邦都供奉有各自的天神，人们经常以举行运动竞赛的形式来向天神致敬。公元前776年，在希腊的奥林匹亚举行了第一次运动竞技会，以后每隔四年举行一次。奥林匹克运动会的举行，其根本目的在于尊敬神明，运动反而是次要目的，杰出的运动员往往被誉为民族英雄。因此大大推动了国民中的体育运动热潮，进行体育训练的场地和竞技场也纷纷建立起来。

表6-4　古希腊竞技场园林代表案例列表

基本信息	造园特征	备注	平面示意图
德尔菲体育场（Delphi） 时间：公元前4世纪 区位：希腊德尔菲城阿娥山坡上	空间布局：体育场由上下两层露台所构成，上层有宽阔的练习场地，下层为圆形游泳池	元前6世纪以来，德尔菲体育场就是古希腊的宗教中心以及希腊统一的象征	
奥林匹亚宙斯圣地（Olympia） 时间：公元前8世纪 区位：希腊伯罗奔尼撒半岛西部的皮尔戈斯之东	空间布局：大面积空地，少许梧桐树，中心是阿尔提斯神域 功能：运动、集散、聚会、祈祷、祭祀 造园要素：主要建筑是宙斯神庙和赫拉神庙等	公元前8世纪起，圣地成为希腊人供奉宙斯的最重要圣地，罗马帝国后期，奥林匹克运动会遭禁，逐渐荒废。1875至1881年间，德国考古队开始发掘	OLYMPIA
阿卡德弥体育场（Academy） 时间：公元前4世纪 区位：雅典近郊塞拉米科斯 造园者：柏拉图（Plato）	空间布局：长椭圆形跑道，搭配杨梧桐及灌木，殿堂、祭坛、柱廊、凉亭，凳子等遍布场内各处		
季纳西姆体育场（Gymnasium） 时间：公元前4世纪 区位：佩加蒙（Pegamon）城	空间布局：体育场由三层大露台组成，各层的高差为12～14米。整座体育场被包围在高墙之中，墙顶有大柱廊。第二层露台为庭园区，在最上层露台上有柱廊中庭 造园要素：1. 三层露台上都有建筑物，是体育场的所在。2. 周围有大片森林，林中放置了众多神像及其他雕塑、瓶饰等		

续表

基本信息	造园特征	备注	平面示意图
埃皮达鲁斯古剧场 (Epidaurus Theatre) 时间:公元前4世纪 区位:希腊埃皮达鲁斯城 造园者:建筑师阿特戈斯和雕刻家波利克里道斯 (Polykleitos)	空间布局:剧场呈半圆形,中心是歌坛,直径20.4米。歌坛前是看台,依地势建在山坡上,看台宽度119米,有34排座位,可容纳11750~14700人 造园要素:1. 中心表演区,中央为一块白色石块,场地边缘设一圈排水渠,且边缘与座位区相隔一段距离以便观众过多进行疏散。2. 梯形观众席,由石灰石建成,见于山体之上,分为上下两层,上层23级台阶21排座位,下层13级台阶34排座位。3. 舞台用房,长19.5米,高6.1米,紧邻中心表演区	该剧场始建于BC300—340,分别于BC150,1907,1954—1963进行修复,其后由于自然原因埋于地下,于1879—1926年,1954—1963年被挖掘	

6.2.2 古罗马公共建筑园林

图6-13 古代罗马城想象图

公元前182年左右,罗马征服希腊,屋大维(Gaius Octavius Thurinus)于公元前27年成为罗马帝国的第一任皇帝,开创了辉煌的罗马帝国时期,与前面的王政、共和时期相比,贸易和手工业的发展带来城市的兴起和繁荣。一个新兴城市往往既是商业中心也是文化中心。典型的行省城市一般呈方格形规划,其中有体育馆和其他一些优美的公共建筑,如剧院、公共图书馆、公共澡堂、议会厅、庙宇和礼拜堂等(见图6-13)。

从共和国时起,罗马不断扩张,元老贵族和商人们财富增加,与之伴随来的却是作为共和国基础的平民的衰败。大量失去土地的人民拥挤到城市里,租住在肮脏拥挤的房屋里。繁盛时期的罗马城人满为患,特别是平民们居住的公寓楼层层叠起。因此,在一些高大的公共建筑之间开辟出宽敞的开放空间就必不可少,这些开放性空间对于罗马城的重要性远远超过了历史上其他大多数的古代城市。在古罗马的城市中随处可见公共广场、公共绿地、池塘、公园等。

园林特征

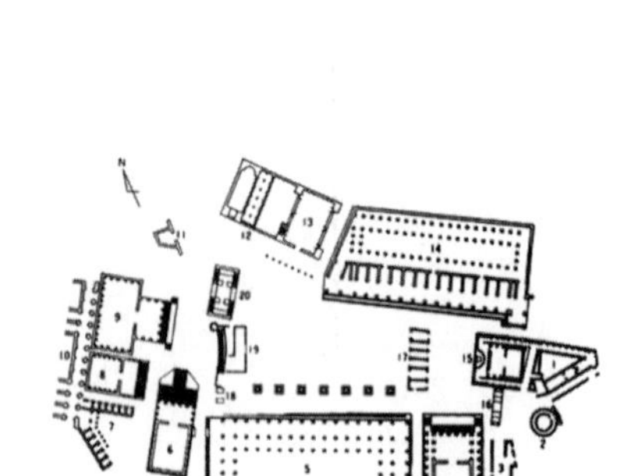
图6-14 罗曼努姆广场平面图

古罗马公众建筑园林的布局原则是将树木、庙宇、城市建筑和剧场连为一体,被看做是沿袭希腊建筑模式的普遍反映。这些园林为人们提供了必不可少的遮阴和休息场所,已成为城市规划整体的一部分。古罗马的公共建筑前通常都布置有广场,以提供一个公共集会的场所,人们在这里进行休憩、娱乐、社交等多种活动,被看做是现代城市广场的前身。城市中心的广场群代表了古罗马光辉的建设成就,共和时期的广场群主要由罗曼努姆广场(Forum Romanum)(见图6-14)和恺撒广场(Forum of Julius Caesar)组成,是城市社会、政治和经济活动的中心,广场较开敞,其公共活动性质比较强烈。在各大广场及众多神庙围院内、剧场、健身场、赛车场周围,常常有列植树,或以行列成片,形成公共绿化环境。到帝国时期,广场群则变成了皇帝们为个人树碑立传的纪念场地。

浴场园林

古罗马时期,沐浴被看做是一项重要的文化和社交活动,浴场设计受到高度重视。古罗马的浴场遍布城郊,除建筑造型富有特色、引人注目外,还设有音乐厅、图书馆、体育场和室外花坛,实际上也成为公共娱乐的场所,兼具健身、社交功能。共和国晚期以后,罗马城浴场规模越来越大,能容纳千人以上的浴场在主体建筑周围形成巨大的围院,其尺度和活动性质完全是一种大型城市公共空间。

竞技场园林

古罗马人从希腊接受了体育竞技场的设施,却并没有用来发展竞技,而把它变为公共休憩娱乐的园林。在椭圆形或半圆形的场地中心栽植草坪,边缘为宽阔的散步马路,路旁种植悬铃木、月桂,形成浓郁的绿荫。公园中设有小路、蔷薇园和几何形花坛,供游人休息散步。如建造于公元前1世纪的罗马大角斗场,建于原来尼禄黄金宫园林地段上,建筑周围种植有许多树木草坪,形成了一个公共休憩场所。

剧场园林

古罗马剧场也十分壮丽,剧场建筑在功能、形式、科技和艺术方面都有很高的成就。剧场周围设有供观众休憩的绿地,有些露天剧场建在山坡上,利用天然地形和得天独厚的山水风景条件巧妙地布置观众席(表6-5)。

表6-5 古罗马公共园林代表案例列表

基本信息	造园特征	备注	平面示意图
罗马大角斗场 (The Roman Coliseum) 时间:公元72—82年 区位:意大利罗马市的中心威尼斯广场的东南面 规模:2公顷 造园者:罗马皇帝韦帕芗(Vespasian)	空间布局:大角斗场呈椭圆形,场中间也为椭圆形角斗台,角斗台下是地窖,关押猛兽和角斗士,角斗台上面铺上地板,外面围着层层看台 功能:竞技、比赛、歌舞和阅兵 造园要素:该建筑为4层结构,外部全由大理石包裹,下面3层为圆拱的标准顺序排列,第4层则以小窗和壁柱装饰	公元217年竞技场遭雷击部分毁坏,238年修复248年将水引入表演区。442年和508年发生的两次强烈地震对竞技场结构造成了严重损坏。中世纪时该建筑物因损坏加剧,最终作为碉堡。1749年被宣布成为圣地	
卡拉卡拉公共浴场 (Thermae Caracalla) 时间:公元212—216年 区位:罗马市中心边缘南部 规模:13公顷 造园者:罗马皇帝卡拉卡拉(Emperor Caracalla)	空间布局:平面近正方形,成轴对称布局,浴场建筑位于广场中心 功能:综合性社公共交场所和娱乐场所,包括洗浴、健身、读书、买卖、交谈等 造园要素:1. 主体建筑为古罗马拱圈结构。2. 整个浴场地面和墙壁都是用来自罗马帝国不同地区珍贵的彩色大理石铺嵌而成的,墙面上还饰以精美的图案和绘画	320年,劳迪塞主教(Clause)会议下令禁止妇女去公共浴室。4世纪末,圣约翰·克里索斯托姆主教(St. John Chrysostom)会议封杀了所有浴室。537年,浴场被东哥特人占领,供水管道遭战争破坏并逐渐被废弃	
波拉斯剧场(Brosa Theatre) 时间:公元前2世纪 区位:叙利亚布拉斯城 规模:3公顷	空间布局:剧场面向北面,完全建在平面上而非斜坡上。剧场整体呈半圆形,圆心处为表演舞台,舞台北侧为化妆用房的建筑,舞台外圈为梯形观演区 造园要素:1. 中央舞台直径21米,北面有一层装饰精美的矮护墙。2. 梯形观演区分3层,总高102米,可容纳15000人	该剧场是中东地区目前最完整且保存最好的罗马剧场,也是罗马所建过的最大的剧场。剧场后来被摧毁用于筑造堡垒。20世纪初剧场内部基本被掩埋,1947—1970年被重新修复	

续表

基本信息	造园特征	备注	平面示意图
庞贝剧场(The Roman Theatre at Pompeii) 时间:公元前3世纪到公元前2世纪 地点:意大利庞贝城西南面的三角区 规模:2.6公顷	空间布局:剧场中心舞台呈马蹄形,观演区建在斜坡上,与门廊相连,供观众在剧目中间休息时散步。剧场与一个寺庙建筑相连,表明剧场表演与希腊祭祀有关。1. 观演区可容纳5000人,由天棚覆盖用来遮阳避雨。2. 剧场舞台用房后方有一个方院,建于公元前1世纪,入口位于北面角落,由3个爱奥尼亚式柱子限定而成	公元前80年,紧邻剧场的地方建了一座音乐厅,大约可容纳1500人,用于更近距离的观演。庭院62年受地震影响,后变为兵营。如今的庞贝剧场是经历了大规模修复,但基本构架和元素都保持奥古斯时期的样子	
戴里克先浴场(Thermae Diocletiani) 时间:公元前3世纪末 区位:罗马维米那勒山的东北部的高地上 造园者:马克西米安(Maximian) 规模:12公顷	空间布局:建筑呈中轴对称,从北到南穿过轴线的依此为主入口、游泳池、冷水浴池、温水浴池、高温浴池和半圆形室外座椅休闲区,中轴线两侧是健身房 功能:为维米那勒山、奎利那雷山和埃斯奎利诺山区域中的居民提供洗浴服务	建于公元前298到公元前306年,用于纪念罗马帝王戴里克先。纪念碑文被刻在建造浴场的主体石块上。该浴场一直为罗马城的人们服务,直到公元537年罗马被东哥特人包围切断水源	

6.2.3 欧洲城市广场

□ 皇权与教权分化

中世纪的欧洲形成了政教二元化的权力体系,在教会内部形成了一套以教皇为首的阶级制度,其组织严密、权力高度集中,且自成体系,与国家权力平行存在,并时常力图居于国家之上,甚至集中了许多本来由国家控制的权力。在王权与教权之间的斗争中,王权体系中建设的广场和建筑是为王室服务的,以体现王室的辉煌庄严为要旨,其中广场作为王室建筑的客厅,常用于练兵、召开大会等。而在教权体系中,教堂建筑是其建设的主要对象,而附属于教堂的广场,主要用于集会、表演等宗教活动。

广场源自古希腊的议政和市场,用于户外活动和社交,到古罗马时期发展为宗教、娱乐、礼仪和纪念的场地,出于歌颂权力、炫耀财富、表彰功绩的需要,陆续建造了一些以皇帝名字命名的广场、神庙、纪功柱等。中世纪的欧洲经济凋敝、文化衰落,王权与教权展开了长达几百年的斗争,力图通过各种形式强化自己的统治,其中包括建筑与广场的兴建。此时的广场功能和空间形态在古代广场的基础之上进一步拓展,作为城市的“心脏”,在高度密实的城市中心区创造出具有视觉、空间和尺度连续性的公共空间,与城市整体形成互为依存的关系。到11世纪末,西欧社会生产力有了长足的发展,手工业从农业中分离出来,城市随着经济的发展而崛起。建筑、广场和道路构成了新兴城市的骨架,建筑群之间的空地逐渐演变成广场。文艺复兴后,城市广场的建设达到了辉煌鼎盛时期,许多优秀的作品都在这一时期形成,如威尼斯的圣马可广场。

园林特征

教堂广场

教堂广场又叫做宗教广场,早在古希腊时期,建筑物的布置就是以神庙为中心,各种建筑围绕着它而形成广场,主要是担负起作为一个宗教中心的功能,如著名的阿索斯(Assos)广场(见图6-15)。人们在这里祭拜神灵,休闲集会,宣讲教义。教堂广场从空间大小上来看属于深远型广场,站在广场上可以看到对面高高耸立着的教堂,以此突出宗教建筑的雄伟壮观。

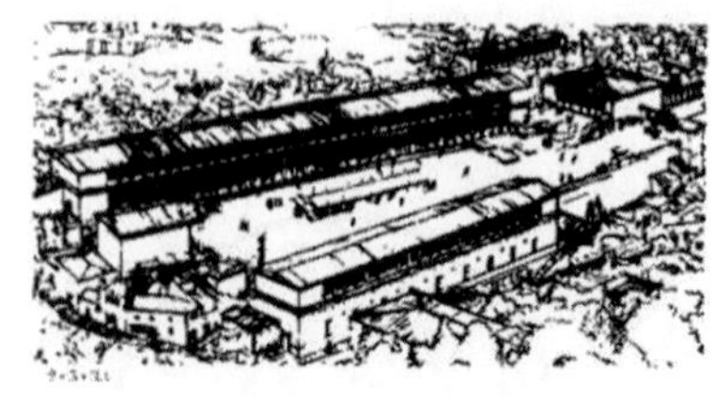

图6-15 阿索斯广场

市政广场

市政广场来源于古罗马的帝国广场,用于军事练兵、集会大典等,代表帝国雄伟的形象。市政广场属于宽阔型广场,建筑往往成群布置在广场周围。

广场平面布局有圆形,矩形以及不规则形。圆形如有名的罗马圣彼得教堂(Basilicadi San Pietroin Vaticano)。它的主要特征为,其椭圆形柱廊是典型罗马式的,此种形式来源于古代罗马的竞技场和圆形剧场。这种形式一部分通过直接的模仿,一部分通过保持固有特征而得以持续被使用。矩形例如圣马可广场(Piazza San Marco),它是由建筑所围成的长方形广场,长约170米,东边宽约80米,西侧宽约55米。不规则形的布局占大多数。如帕多瓦(Padova)的塔雷米塔尼(Eremitani)大教堂广场。这些广场典型的不规则性说明它们是经过历史演变逐步形成的。

□ 宗教文化下的自由渴望

中世纪基督教宣扬对上帝、神权的敬畏,通过禁欲,束缚了人的身心成长,也阻碍了文化的全面发展,直到后期人文主义的觉醒唤起了追求自由的渴望,人们需要一个心灵释放的场所,可以言论自由,进行娱乐表演等,而广场的出现正好满足了人们希望摆脱束缚、回归人性的渴求。

从空间上看,中世纪广场空间多为封闭型,广场的每一个角落只有一条道路进入广场。如果有第二条干道必须与第一条路成直角进入广场,它就被设计成终止于距广场一段的距离之外,以避开来自广场的视线。同时从各个角落进入广场的三或四条道路均来自不同的方向,这种有趣的布局方式被完整或不太完整地多次重复运用,以至可以被认为是古代城市建设有意识或无意识的原则。

(1)建筑

围合广场的建筑会对广场空间、氛围产生重要影响。特别是教堂广场,教堂是广场布局的重心,广场的风格布局需要与教堂建筑相协调。教堂建筑风格又分为拜占庭式、罗马式、哥特式。

① 拜占庭式

主要有以下特点:屋顶造型普遍使用“穹窿顶”;整体造型中心突出。创造了把穹顶支承在独立方柱上的结构方法和与之相应的集中式建筑形制。在色彩的使用上,既注意变化,又注意统一,使建筑内部空间与外部立面显得灿烂夺目。

② 罗马式

主要特征是坚实、庄严和肃穆,其基本形象是坚厚的石墙、狭小的窗户、半圆的拱门、灰暗的厅室、粗矮的柱子和圆矮的屋顶;另外还有配置于建筑前后的碉堡似的塔楼。代表性的有法国的普瓦提埃(Poitiers)大教堂,德国的沃姆斯大教堂(Worms Cathedral)和意大利的比萨大教堂(Pisa Cathedral)及周围建筑群。

③ 哥特式

最突出的风格是高直细尖,有尖拱门、尖高塔、尖屋脊、尖房顶和尖望楼。尖塔最高达百米以上,通过把人的目光引向苍天,使人产生向上升华、天国神秘莫测的幻觉。教堂内部装饰有各种雕刻、彩绘,高大的窗户上镶着彩色玻璃,使教堂更显得富丽、威严。哥特式风格的代表性建筑有法国的巴黎圣母院(Cathédrale Notre Dame de Paris)、夏特尔教堂(Cathedra le de Chartres)和亚眠教堂(Cathedral Notre Damed' Amiens),德国的科隆大教堂(Kölner Dom),英国的坎特伯雷大教堂(Canterbury Cathedral)(见图6-16),意大利的米兰大教堂(Church of Duomo)等。

图6-16 坎特伯雷大教堂

(2)水体

喷泉常常建造在避开交通的位置上,多位于公共广场的角上。主要道路常常在这里通向广场,驾车的牲口也常常被牵到这里饮水。

(3)雕塑

雕塑雕像的地方的选择在许多情况下并无明确的规定,可以放置在广场主轴线上,和广场融为一体;也可以避开轴线,朝向主要建筑;此外还采用一些极端奇怪的布置方式。

中世纪城市广场虽然起源于古希腊古罗马,但是已经创造出多种多样的广场模式,既表现出对传统的继承:明确的等级、简单与和谐,也为传统到复兴做了很好的过渡,为整个欧洲的城市规划奠定了基础(表6-6)。

表6-6 欧洲城市广场代表案例列表

基本信息	造园特征	备注	平面示意图
圣彼得大教堂广场(Basilica di San Pietro in Vaticano) 时间:公元326—333年 区位:梵蒂冈 规模:3.36公顷 造园者:布拉曼特(Bramante)、拉斐尔(Raphael)、米开朗基罗(Michelangelo)、贝尔尼尼(Bernini)等	空间布局:广场由三个相互连接的单元构成,被两个半圆形的回廊环绕,广场中央,有一埃及方尖石柱构成回廊的圆心 造园要素:1. 建筑主要是圣彼得大教堂,为巴洛克风格,其米氏大圆顶可鸟瞰罗马全城。2. 地面上的八条放射形轮辐图案以严格的几何关系指中心点。3. 广场的南北两个半圆被柱廊包围,柱廊由568根柱子构成,它们站立在四级台阶上,如同柱林,形成两个宏大的弧线	16世纪后半叶,圣彼得大教堂建设完工。17世纪,圣彼得广场由不规则转变为椭圆形。20世纪,圣彼得广场处新建了一条大道	
西格诺利亚广场(Piazza Della Signoria) 时间:公元13世纪 区位:佛罗伦萨城市中心 规模:0.9公顷 造园者:阿诺佛·迪·坎比奥(Arnolfo di Cambio)	空间布局:平面呈L形 造园要素:1. 罗马风格的维齐奥宫和其他建筑一起构成广场连续的边界。2. 在广场L行转折处设雕塑喷泉	西格诺利亚广场是佛罗伦萨的政治中心形成于13世纪至15世纪。1296年大教堂开建以及1310年普里奥尼宫(Palazzo dei Priori)的落成,城市中心便形成政治中心,即西格诺利亚广场	
坎坡广场(Piazzadel Campo) 时间:公元13世纪 区位:意大利锡耶纳城市中心 规模:1.21公顷	空间布局:广场为规整的贝壳型,处于三条城市主干道交汇处,呈半包围状 功能:承载城市重要节日活动 造园要素:1. 大钟塔形成空间标志,其他建筑高度、色彩、材质相近,增加广场统一性。2. 广场的基面以放射状的图纹进行了装饰。3. 东北面设有凸起的水池	1297年,在广场东南边界上间建102米高的市政厅。14世纪在坎坡广场(Campo)的西端建立了共和宫(公元1288—1309年)	
罗马市政厅广场(Piazza del Campidoglio) 时间:公元1537年 区位:罗马卡皮托山 规模:0.39公顷 造园者:米开朗基罗	空间布局:广场三面建筑,一面开敞。两边建筑对称、但并不平行,它们的夹角构成广场空间的形态 造园要素:1. 元老院高27米,两侧的档案馆和博物馆高20米,站在元老院入口台阶的顶部,可观城市全景。2. 椭圆形的放射图案作为铺地装饰。3. 广场中心有古罗马皇帝骑马铜像	米开朗基罗设计了一个梯形的广场作为雕像的展示空间,重建了雕像后面的元老院(Palazzo del Senatori),并以一个坚实的基座将其抬高,形成广场的主景和统帅	

续表

基本信息	造园特征	备注	平面示意图
皮克罗米尼广场(Piazza Piccolomini) 时间:公元1459年 区位:锡耶纳附近的山丘小镇 规模:725平方米 造园者:罗塞力诺(Bernardo Rossellino)	空间布局:梯形广场,大教堂正对着道路的转折点,而其余建筑物则与道路走向平行;梯形广场的宽边正好展示大教堂的宏伟造型,斜边则由两座宫殿限定 功能:为教皇服务 造园要素:建筑有广场西面的皮可罗米尼宫,南面的大教堂,北面的红衣主教宫		
圣马可广场(Plaza San Marco) 时间:公元9世纪 区位:意大利威尼斯城市中心圣马可岛东部 规模:1.78公顷	空间布局:广场被建筑围合,分为主广场与南面的小广场,小广场南面临水。大广场的主景是圣马可教堂,小广场对景海对面的圣乔治教堂 造园要素:1. 建筑有总督府、圣马可大教堂、圣马可钟楼、新、旧行政官邸大楼、拿破仑翼大楼和圣马可图书馆等建筑,包含各个历史时期的建筑风格。2. 广场的铺地图案也简洁统一,它们平行的走向勾勒出梯形的广场平面	16世纪以前,圣马可广场经历了重修与扩建。18世纪,圣马可广场被拿破仑赞叹圣为"欧洲最美的客厅"	
安努齐亚塔广场(Plazza Annunziata) 建造时间:公元15世纪 建造区位:佛罗伦萨城市中心北端 造园者:布鲁乃列斯基、米开朗基罗、桑加洛	空间布局:1. 广场呈长方形,设施也对称布局,入口很窄,封闭性好。2. 三面的敞廊建立起完整统一的空间界。3. 从大教堂通向广场的街道构成广场的轴线 造园要素:1. 广场三面的三座建筑庄严对称。2. 广场中央略微偏南有费迪南德大公的骑马雕像	安努齐亚塔广场的空间在中世纪时便已存在,1427年布鲁乃列斯基设计了广场西侧的育婴院454年。米开朗基罗完成了广场北面安努齐亚塔教堂前的拱廊,到1516年,桑加洛才完成了广场东侧的建筑	
赫尔福德广场(Hurlford) 时间:公元10世纪 区位:英国赫尔福德	空间布局:Y字形街道型广场	赫尔福德市的街区形成于10世纪,12世纪由于建筑数量增加,道路空间由线性变为点状空间,形成广场	
伯尔尼广场(Bern Platte) 时间:12世纪 区位:瑞士	空间布局:1. 线形的街道式广场2. 三条平行的集市街道由骑楼控制着街道空间3. 匀质的城市建筑衬托出的教堂与市政厅		

续表

基本信息	造园特征	备注	平面示意图
吕贝克集市广场 (Lubeck) 时间:公元 12 世纪 区位:德国北部 规模:0.4 公顷	空间布局:不规则梯形,被周边的建筑物从城市道路体系中分隔开来,具有封闭性 功能:集市聚会		
威林根广场(Villigen) 时间:公元 12 世纪 区位:德国	空间布局:十字相交的街道广场类型	威林根是“策林根十字”的代表。在公元 999 年便已获得市场法,城市建于 1119 年。策林根人将这种模式作为城市空间结构基本固定了下来	

6.2.4 娱乐性花园

□ 文化、娱乐的复兴

1660 年斯图亚特王权的复辟,对社会生活的各个方面产生了强烈冲击,在不足百年的时间里,英国从一个君权至上的严格等级社会变成了一个充满活力、多种实力并存的物质社会。在复辟阶段,娱乐和文化得以复兴,特别是流行于英格兰的贵族阶层,穷人则被排斥在外。于 1642 年清教革命爆发后被迫关闭的剧院,直到王权复辟后才重新开放。1672 年第一个公共音乐会上演,社会阶层以各种娱乐方式来治愈内战带来的伤害。

英国是大西洋中的群岛国家,西以辽阔的大西洋与北美洲遥遥相对,东临北海,南隔英吉利海峡和多佛尔海峡同欧洲大陆相望,其重要的地理位置在近现代促进了城市的发展。首都伦敦很快成为世界的贸易中心,聚集了众多贵族名流,纷纷建造自己的别墅及花园。然而不断扩张的城市也有很多缺陷,虽然新建筑开敞典雅,但是老街巷仍然拥堵不堪,污水横流、卫生状况很差。病态的居住环境使人向往健康的乐园,于是 17 世纪初在英国产生了一种带有娱乐性质的私人绿地,即娱乐性花园,可进行音乐表演、晚宴聚餐、运动休闲等多种娱乐活动,并在一定程度上对公众开放。此种娱乐性花园大约盛行了两个世纪,一直到维多利亚统治时期。

园林特征

□ 恶化的城市居住环境

在 17 世纪下半叶的英国伦敦,盲目扩大的城市没有精心规划的人行道,路面泥泞,加上街道上强盗小偷盛行,难以给城市中的人们提供一个愉快的步行体验。城市中糟糕的卫生环境导致恐怖的瘟疫几乎在每个时期都会出现,一直到 1665 年以后才有所好转。疾病给穷人和富人带来同样的伤害,几乎所有的人们都迫切需要健康,为此不惜一切代价,从 1630 年开始,休闲疗养中心变得非常受欢迎。

娱乐性花园是城镇别墅主人以自己的私家花园打造而成,主要以开展娱乐活动为主,娱乐的形式分为室内和室外:室内的有舞会、聚餐、打牌、音乐会等;室外的有打保龄球、喝茶品茗、咖啡甜点、草坪休闲等。有些室内外活动可相互转换,如在室外聚会、听音乐会等。除了城镇娱乐性花园,郊区也有,甚至面积更大,但是由于交通不如城镇的便利,来访者较少。一些郊区的娱乐性花园也以疗养为主,设有温泉会所,让疲劳的人们在这里享受自然、放松身心。

布局上,花园通常以园主人的居住别墅为主体,以大片绿地为背景,绿地中有大面积的自然草坪,用作保龄球绿地或者其他休闲娱乐。也有部分区域种有茂密的植物,穿插弯曲的小路,并在道路交叉处设置雕塑或喷泉类的装饰。除主体别墅建筑,还有其他的室内活动空间,如舞蹈室、休息亭台等。为方便人们欣赏美景,还创造了一些室内外联通的空间,如室外茶座等(见图 6-17)。

因为属于私人性质的花园,娱乐性花园在整体空间上是封闭的,通常外围设置栅栏或围墙等与外部空间区分开，以保证内部活动不受干扰。但从精神层面上来说，它又是开放的，不仅仅为原主人服务，也向一般社会公众开放，包括穷人在内，只要支付一定的门票费用即可享受花园的乐趣。

图6-17　典型的娱乐性花园布局

（1）建筑

主体建筑通常是园主人的居住别墅，具有丰富的使用功能，除日常起居外，也提供晚宴聚餐等服务。其他建筑有供跳舞的舞蹈室，供喝茶聊天的茶室，以及纪念性的亭台楼阁。最具代表性的建筑是 Ranelagh 花园，值得一提的是该主体建筑的内部构造，几乎将娱乐性花园所有的功能都搬到了室内。

（2）植被

当时的人们极其崇尚自然，认为只有植物自然生长的形态才能释放出生命的张力。植被对于娱乐性花园来说相当重要，通过种植大片软质的草坪、各色形态不一的植被，把花园打造成人间天堂，来充分感受自然的活力。由于气候原因，种植以当地常见树种为主，如雪松、柏树、水杉及一些针叶树等。

（3）雕塑

雕塑作为相当常见的装饰，常以铅制的雕塑设置在道路交叉口，或与喷泉结合，又或是摆放在室内用作装饰（表6-7）。

表6-7　娱乐性花园表案例列表

基本信息	造园特征	备注	平面示意图
沃克斯霍 （Vauxhall garden） 时间：1661 年对外开放 区位：英国伦敦泰晤士河南岸 规模：0. 73 公顷	空间布局：平面为矩形，花园中有十字相交的道路，道路与花园边界成45度夹角道路相交处为一圆形绿地 功能：举行音乐会、晚宴，休闲 造园要素：1. 主要建筑位于花园主入口，东面可观果园，西面临街。2. 花园四周绿树围合，主入口干道两侧种满了榆树，南面的大道也种满行道树。园中有樱桃、玫瑰、柏树、冷杉和雪松等。大约十二分之五的土地都是果园。3 草地上有铅制雕塑，干道尽头有欧若拉女神像	花园于 1661 年对外开放，当时名为新春花园（New Spring Garden）。1728 年，主人变更为乔纳森．泰尔时，花园改名为沃克斯霍尔花园（Vauxhall garden） 18 世纪花园作为娱乐性花园名声大震	
马里波恩花园 （Marylebone garden） 时间：1738 年真正成为娱乐花园 区位：英国	空间布局：花园像保龄球绿地那样，有一个环形道和卵石路，两边都有绿篱如绿墙 功能：打保龄球、办舞会、放烟火 造园要素：园中有矿泉，泉水涌出形成一道风景	别墅花园曾经是亨利三世的私人涉猎区。到安妮女王时代，花园变成赌博场所。18 世纪下半页，花园中的活动渐渐减少，1776 年9 月23 日花园关闭	
拉内拉赫 （Ranelagh） 时间：1742 年成为娱乐花园 区位：英国英国伦敦泰晤士河边	功能：举行音乐会、表演、晚宴、赛舟、赌博、化装舞会 造园要素：主体建筑模仿罗马的帕特农神庙，将娱乐活动从室外引入室内	1733 园主人埃尔德（Earld），后来别墅由东印度建筑师威廉姆琼斯（William Jones）设计。它还引领了一种时尚，园内工作人员都穿上特制的制服	

6.3 重点案例

6.3.1 中国·武当山

背景信息

□ 据《山志》记载，武当山有七十二峰、三十六岩、二十四涧、十一洞、三潭、十池、九井、九台、九泉、十石等胜景。

武当山(见图6-18)位于湖北省丹江口的西南，北通秦岭，南连巴山，横亘400公里，是我国北方著名的道教圣地。武当山素有“三晋第一名山”之称，古称龙王山，又名真武山，明代更名为武当山。

武当山主峰天柱峰海拔1612米，一峰擎天，众峰环拱，山上雨量充沛，多云雾之景，植物繁茂，盛产药材(见彩图6-1)。

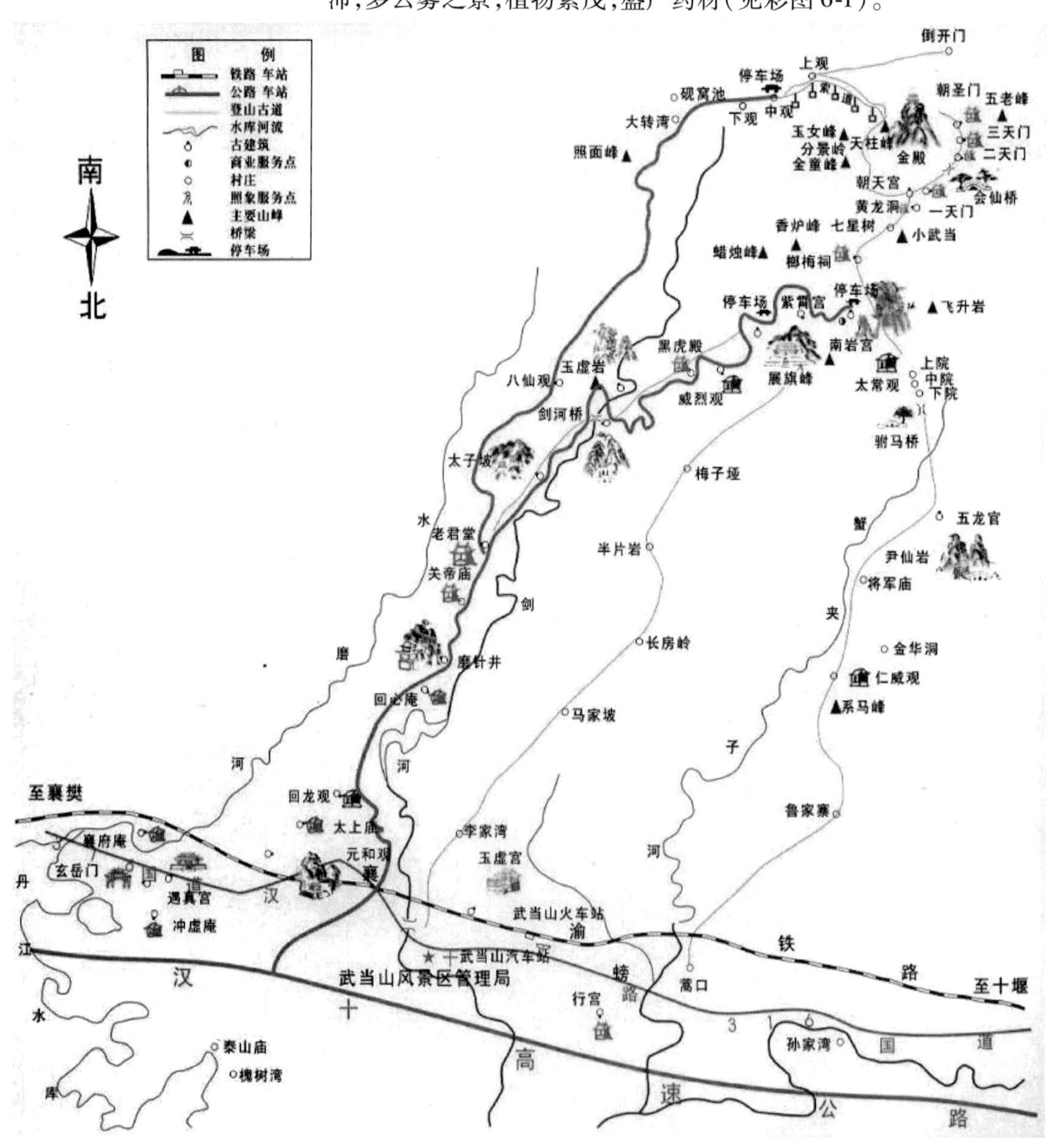

图6-18 武当山平面图
图片来源:周维权．中国名山风景区,1996

历史变迁

唐初，道教势力进入武当山，视之为玄武神的发源圣地。唐朝贞观年间均州（1983年为均县，现为十堰市管辖）州守姚简在武当山建五龙祠。北宋真宗为避名讳，改玄武为真武。宋以后，历代推崇道教的皇帝对武当山及真武神推崇备至。

明永乐年间，明成祖朱棣认为武当山大于五岳，赐名太岳太和山，大兴武当宫观建设。明成祖朱棣在"靖难之难"率兵南下时，所谓"每两阵对兵南兵（建文帝的军队）遥见空中'真武'二字旗帜"的言传不胫而走，南兵一听到朱棣有真武支持，一直战败直到建文帝垮台。明成祖朱棣借"真武"进行了"君权神授"的游戏，于是他下令在"真武"修炼之地武当山大兴土木，其中"复真观"便是专门为"真武"所建。

永乐十一年（1413），明成祖朱棣三下圣旨，命工部侍郎等官员督修宫观。至永乐十六年，落成8宫、2观，共33个大建筑群和39座桥梁、12亭，后又连续补充。从山麓净乐宫到山巅，用一色青石铺成七十余公里的上山磴道。先后共建房屋两万多间，建筑面积一百六十余万平方米，大大超过北京故宫。正是"五里一庵十里宫，丹墙翠瓦望玲珑"。其中建于永乐十五年的遇真宫便是明成祖朱棣为武当真人张三丰所建。张三丰，《明史》介绍他："颀而伟，龟形鹤，背大耳圆，目须冉如戟。他或经数日一食或数月不食，书经目不忘。游处无恒或云能一日千里，善嬉谐，旁若无人。"张三丰隐于武当之中修炼武术，其在民间影响力极大，也是统治者极好的借用力量。然而朱元璋、朱棣多次派人去武当山均屡召不遇，于是朱棣在张三丰修炼之地建造了遇真宫。

明嘉靖年间，明成祖朱棣又用两年时间对武当山建筑群进行维修扩建，工程极为浩大。

明末清初，战乱频繁，武当山的宫观遭到极大破坏。崇祯九年（1636），农民军烧毁了武当山的太和宫。康熙十三年（1674）复真观等庙观在战中"复坏于兵"。清初武当山宫观的复修成为头等大事。其中复真观曾于康熙元年（1662）、二十五年（1686）二度重修。此后武当山的宫观基本保持原样，目前保留下来的古建群是大规模修复后的样子。

□ 明成祖朱棣

武当大兴土木第一人当数明成祖朱棣，他在位期间完成了中国建筑史上的两大工程，其一就是南修武当，为我们留下了一处国内最庞大的神权殿堂。

真武神连同旁边的金童玉女等共5尊真人大小的铜像，从北京运至武当山下，搬到金顶上。朱棣死后，明清两代直至民国，真武帝的封号愈来愈大，进香的人愈来愈多。

园林特征

（1）布局

武当山道教宫观宏观规划布局，顺应了武当山"七十二峰朝大顶"的天然格局，以天柱峰为中心，分别在东西南北方位建造宫观庙宇，曾分布有24座道宫，44座道观。金殿为构图中心，起全山的视觉控制作用（见图6-18）。武当山被认为是北方保护神玄武的道场，因此武当山北麓为规划重点，充分利用其交通、山势与环境建造多座宫观。

武当宫观建筑大多分布在从均州城直到天柱峰顶一线，全长约60公里。起点是均州城内的净乐宫，经过长3公里的青石墁铺的官道直达山麓的玄岳门。沿途缀以各种神庙、庵堂。玄岳门是入山的大门，自此到南岩宫的一段山势起伏，其间分布着武当山的大部分宫观，主要有：遇真宫、元和观、玉虚宫、磨针井、复真观、五龙宫、龙泉观、玉虚岩、紫霄宫、南岩宫等处。建筑群的布局因山就势自由灵活地延展。

南岩宫以南的乌鸦岭至天柱峰顶一段，山势渐高，树木渐密，石墁山道越来越陡峭，风景也越来越优美。这段路上，朝天宫、一天门、二天门、三天门、朝圣门、太和宫和金殿等建筑，皆据险设点，因山势而构室（如彩图6－1）。

（2）建筑

武当道观建筑与山体环境巧妙结合，或险峻或秀丽，或开阔或幽静，与自然环境融为一体。以主要建筑复真观、琼台中观、紫霄宫、南岩宫和太和宫为例。

图6-19　复真观

复真观（见图6-19），又名太子坡，占地面积1.60万平方米，位于武当山神道上，建于陡险悬崖之上的一片狭窄之地，在岩边依山就势建造高大的夹墙复道，以缓解悬崖峭壁带来的压迫感，复道之间再设置大门使全观院落起伏多变。

图6-20　琼台中观

琼台中观（见图6-20），位于天柱峰东麓，海拔881米，占地面积2万多平方米，背靠琼台上观，下临琼台下观，四周群山宛如莲花，琼台中观就位于莲花之中，地势宽广，林木茂盛。

紫霄宫（见图6-21）在天柱峰东北，背倚展旗峰，面对照壁峰，气度极为恢弘。建筑群占地面积7.4万平方米，呈多进、多跨的院落沿着山坡的十二重崇台迭起。四周古树挺秀，竹林茂密。

图6-21　紫霄宫

南岩宫（见图6-22）位于奇峭的山崖之畔，上接碧霄，下临深涧，占地9万平方米。南岩石殿镶嵌在南岩的悬崖峭壁上，部分梁、柱、门、窗利用岩石雕琢，仰观危崖摩天，俯视峭壁千丈。殿前有一浮雕云龙的天然石梁，悬空伸出约2米，前端龙头置小香炉，遥对天柱峰的金顶于云雾缥缈中时隐时现。南岩宫附近苍松挺秀，峰岭素峭，视野开阔，借景范围甚广且各具特色，向有“路入南岩景更幽”之誉。

图6-22　南岩宫

太和宫在天柱峰山腰接近峰顶的部位，位于海拔1514～1612米之间，自然地势险峻，依山傍岩。建筑占地面积8万平方米，宫由金顶、主体建筑、道院建筑三部分组成，主体建筑按照东西和南北两条轴线展开。金殿位于天柱峰之巅，也是武当山的最高处，站在金顶远眺四方可一览七十二峰。

（3）水体

武当山的水体以自然形态为主，山水相映，人工水景为辅，点缀道教文化。

武当山崖壁陡峭，涧水湍急，千百年来有大大小小的山石滚落涧中，天长日久，便形成了武当山水石相搏的景观，其中尤以青羊涧和九渡涧为最。

水在道教哲学里被赋予很多哲学含义，因此在武当山道教宫观中也常用水作为园林要素之一，如在寺观庭院内设置池或井。如复真观院内的滴泪池、琼台中观的日池和月池、紫宵大殿前东的日池、紫霄宫紫霄殿冬的龙井、南岩宫正殿前院中的甘露井、太和宫天柱峰南峭壁前的天池以及五龙宫内的日池和月池等，其中五龙宫日池和月池中的水一黑一红，颜色有别。

（4）植被

武当山自然林木生长茂密繁盛、常年葱绿、植被覆盖率高，为寺观园林营造了清雅的自然环境。寺观园林内部的植被种类和配置方式则不同于自然。

武当山自然植被因保护得力，而名木繁多，植物种类齐全。如明袁中道说冲虚庵路旁“仅此一株”的桧树“开黄花，如金粟”，可谓树中珍品。在海拔一千多米的佛子岩山顶上，有一座不大不小的池塘，池水奇迹般地长年不干，池内长满荷花。

武当山道教宫观庭院内部应用到的植物主要有 12 种，分别为杜花树、龙爪槐、枣树、七叶树、广玉兰、柽柳、海棠树、银杏、圆柏、雪松、玉兰、木瓜，其中最常用的为银杏、圆柏、桂花树、广玉兰、七叶树等，古树多为圆柏、银杏等。南岩宫、琼台中观就种植了古银杏。武当山道教宫观中几乎都种植了圆柏，其中紫霄宫中保留了许多参天古柏。武当山太子坡神道两旁就种满桂花树，紫霄宫、琼台中观等地也多次运用桂花树。紫霄宫、太子坡等地都种植有广玉兰。

武当山道教宫观的植物配置方式主要有孤植、列植和丛植。这些配置方式增加了景观的生气，起到点景、引导等作用。武当山道教宫观中孤植的树木有银杏、圆柏等。如琼台中观三清殿前的一颗白果树，枝繁叶茂、树干苍劲有力，据说每天清晨八点，都有一群乌鸦从该树上飞过。列植如紫霄宫十方堂前的月台上，种植一排古柏，古树参天。再如复真观从复真桥到山门这段空间中，左右采用列植桂花树，形成线性空间序列，将人们引导到复真观山门，形成视觉设计焦点。丛植如紫霄宫前的福地门旁边的竹，形成遮挡视线与引导视线的空间。

（5）*文化活动*

道敦斋醮活动，是道教在长期的发展过程中，吸收了民间信仰和民俗文化而发展演绎的，并逐渐形成了名目众多、适合于各类场合的道场，大则为国祝禧、禳解灾疫、祈晴祷雨，小则安宅镇土、祈福延寿、祛病消灾等。各种建醮仪式程序包括步法、经诵、时辰、仪仗、挂像等。斋醮活动有长有短：短则一日，长则七七四十九天。

□ 斋醮活动，有阳事阴事之分。阳事有祈福谢恩、祛病延寿、祝国迎祥、祈晴祷雨、解厄禳灾、祝寿庆贺等法事；阴事有摄召亡魂、沐浴渡桥、炼度施食等法事。另外，每逢朔、望日（农历每月初一、十五）重大节日、祖师出生日，宫观道众也都要举行祝寿、庆贺等法事活动。

撞钟迎春，每年大年二十在武当山金顶都要举行撞钟迎春活动。大年二十下午，四方信士赶到武当山金顶，与“真武大帝”共度除夕之夜。当新年来临之际，在钟楼举行撞钟迎春活动，撞钟 108 下，以祈求来年幸福安康，万事如意。撞钟结束后，信士们涌向金殿，争向真武大帝烧第一炷香，以求新的一年吉祥如意。

二月二庙会，每年农历二月初二，为传统的道教节日。从明代开始，武当山道教都要在这天举行法事活动，民间信士们都要到武当山祭祀真武，渐渐形成了武当山二月二庙会的习俗。“二月二”庙会是融道家文化、武当武术、民俗风情为一体的参与性较强的民间文化活动。各地的道教名流、善男信女、进香团社都不远万里前来武当山朝拜真武大帝。庙会期间武当山人流如潮，锣鼓喧天，香烟缭绕，蔚为壮观。

□ 相传，每年农历二月初二天是道教主神——真武大帝的诞生日，所以道教信士以最高的礼仪庆贺，非常隆重。

九月九祈福法会，每年农历九月初九，为传统的道教节日。每在这一天，武当山各大宫观内张灯结彩，钟鼓声声，道乐飘飘。武当山道教设坛建醮，举行规模宏大的“九月九大法会”。来自各地的善男信女，汇集武当山登金顶，拜真武。通往武当山金顶的百里神道上人流如织，鼓乐陈陈，彩旗飘飘。祈福法会期间，还有武当功夫表演、拜龙头香、信物开光、撞吉祥钟、祈福转运等独具道家特色的系列活动，热闹非凡。

□ 相传，每年农历九月初九是真武大帝在武当山修炼 42 年后得道升天的日子，所以道教信士以最高的礼仪庆贺，非常隆重。

6.3.2　中国・峨眉山

背景信息

峨眉山（见图 6-23）位于四川省峨眉县境内，属邛崃山的余脉，山势层峦叠嶂、幽谷深邃，主峰万佛顶海拔 3099 米（见彩图 6-2）。

□ 著名的峨眉十景，两处分布在山下：圣积晚钟、灵岩叠翠；八处分布在山中：罗峰晴雨、双桥清音、白水秋风、大坪霁雪、洪椿晓雨、九老仙府、象池夜月、金顶祥光。

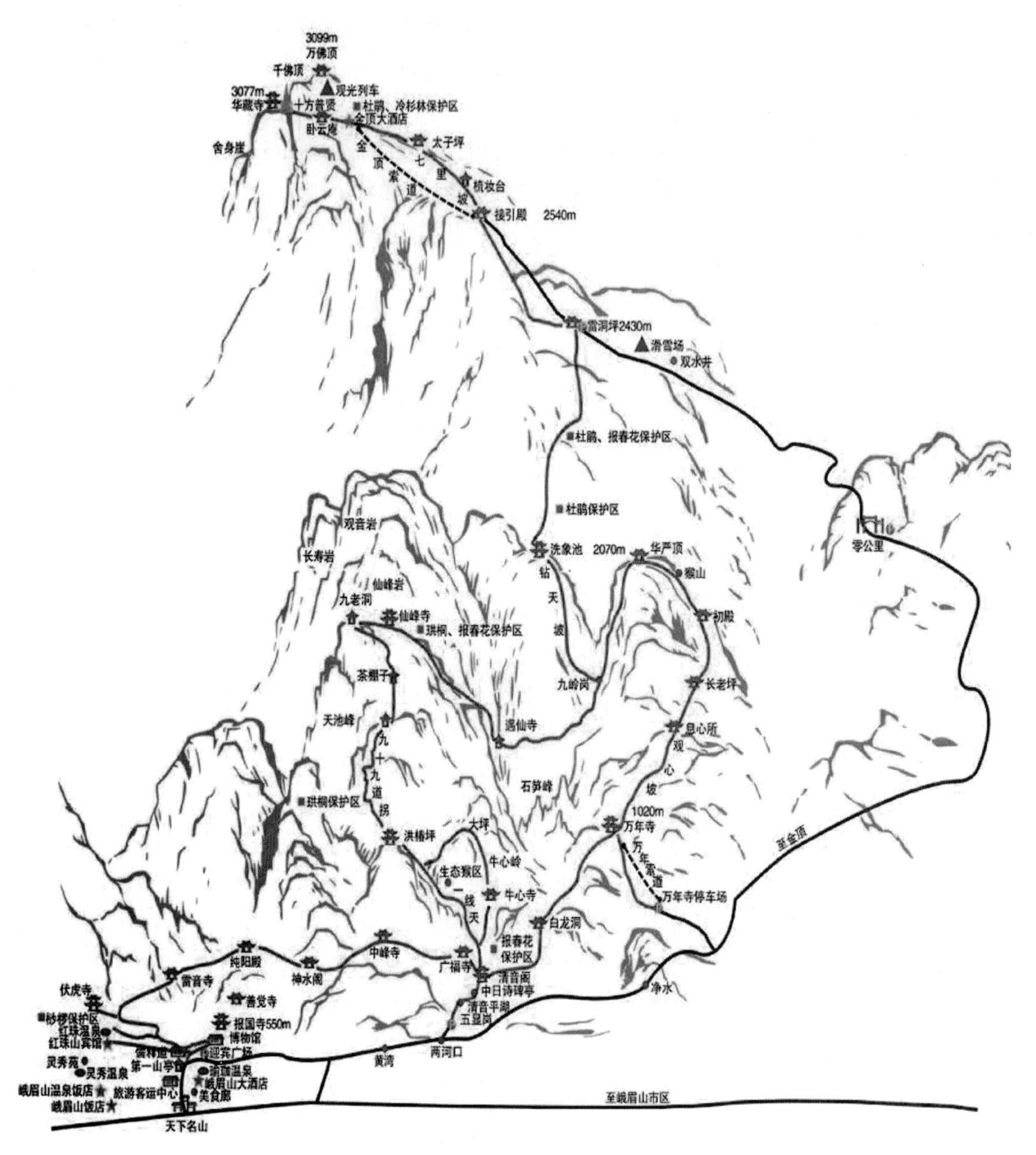

图 6-23　峨眉山部局图

峨眉山是道教的三十六小洞天中的第七洞。唐宋之际佛教日益兴盛,峨眉山成为佛教四大名山之一,寺观园林在此兴盛。

历史变迁

峨眉山最初以古蜀国的“天然屏障”进入史册,继而以“道家仙山”闻名于世,后又以“普贤道场”成为佛教名山。

自先秦以来,峨眉山便是人们向往的仙道之地。东汉顺帝汉安二年(143),道教创始人张陵将道教传入峨眉山。同时,佛教经南丝绸之路由印缅传入峨眉山,药农蒲公在今金顶舍宅为寺,创建了峨眉山第一座寺:普光殿。

魏晋南北朝时期,峨眉山成为闻名全国的道教仙山。当时道教在全国范围内设置“三十六洞天”,峨眉山排名第七,名为“虚灵洞天”。传说东晋时期佛道相争,一位道士先占领了峨眉山中部的中峰岭,并修建了乾明观,住在宝掌峰的佛教徒明果大师也认为此地为风水宝地,他凭借自己的才能说服部分道教徒皈依佛门,在此地改观为寺。在此期间,佛教僧人皆来传法建寺。慧持大师建普贤寺，印度宝掌和尚建宝掌庵，西域僧人阿罗婆多尊者建道场“木皮殿”（后改名大乘寺），淡然大师驻锡中。

唐代，峨眉山进入了佛道共存的局面。唐中后期，唐玄宗、唐僖宗相继奔蜀避难，均“带来”了大量的高僧入蜀弘法，峨眉山成为全国佛教中心之一。唐僖宗时（874—888 年），慧通禅师他兴建和重建黑水华藏寺、白水寺、中峰寺、华严寺、延福寺五寺，史称“慧通中兴”。

宋代，佛教进入鼎盛时期并形成“普贤道场”，道教日趋式微，宫观几乎无人进祀。乾德二年（964），继业三藏大师重建牛心寺。太平兴国五年（980），太宗赐黄金铸造普贤坐像铜佛像，据《峨眉山志》记载，茂真根据梦兆推测出太宗“当有储嗣”，后果育仁宗，太宗大喜，便赏赐三千两黄金铸造了高大的普贤圣像，供于白水寺内，改名白水普贤寺。于是峨眉山中各寺庙都开始供奉普贤菩萨，还新建了伏虎寺、牛心院、雷洞祠等，此时的峨眉山处处烙上了普贤道场的印记。

明代，道教泯灭，羽士绝踪，全山宫观改为寺庙，独尊普贤。嘉靖甲午（1534）慧宗别传禅师来峨眉，于峰顶创建新殿，铸普贤铜像 1 尊、铜佛 65 于金顶。万历二十九年（1601），白水普贤寺更名圣寿万年寺。次年，妙峰福登禅师募化，铸造金顶铜殿。据胡世安《登峨山道里记》记载，明末峨眉山佛寺已达六十余座，清末达到八十余座。

清代新建寺庙较少，多为重建。顺治八年（1651），在伏虎寺旧址重建“虎溪精舍”，至康熙初年，又改为卧云庵。康熙四年（1665），重修万年寺、光相寺。康熙三十八年（1699），改建初喜亭为洗象池。清初重建的千佛庵，乾隆四十三年火焚，以后又逐次修复。清乾尊隆时增修慈延寺，改名仙峰寺。清代中晚期以后，峨眉山佛教逐渐衰落，有些寺院颓废无力修复，新中国成立后和 1980s 以后，又分别进行了修复和景区建设（见图 6-24）。

□ 李白峨眉诗三首

桃竹书筒绮绣文，良工巧妙称绝群。灵心圆映三江月，彩质叠成五色云。中藏宝诀峨眉去，千里提携长忆君。

——《酬宇文少府见赠桃竹书筒》

蜀国多仙山，峨眉邈难匹。周流试登览，绝怪安可悉？青冥倚天开，彩错疑画出。泠然紫霞赏，果得锦囊术。云间吟琼箫，石上弄宝瑟。平生有微尚，欢笑自此毕。烟容如在颜，尘累忽相失。倘逢骑羊子，携手凌白日。 ——《登峨眉山》

峨眉山月半轮秋，影人平羌江水流。夜发清溪向三峡，思君不见下渝州。

——《峨眉山月歌》

图 6-24 清代峨眉山

园林特征

（1）*布局*

峨眉山中胜景繁多，它们分散于山体各处，有的独立成景，有的与寺庙建筑共同组成景区。

整体布局山道自山脚下的牌坊开始，以山道联系山脚和山中各处的佛寺、景点，直达最高的金顶。在金顶卧云庵东面的绝壁断崖之端部，为全山第一巨岩“睹光台”。

山脚和低山区的主要寺庙有报国寺、雷音寺、伏虎寺、华严寺、神水阁、纯阳殿，位于山上的有中峰寺、清音阁、洪椿坪、万年寺、华严顶、九老洞、仙峰寺、洗象池等，以及金顶的卧云庵。

全山景观以金顶为最高潮，结合山道建设寺庙和组织景观，形成了前、后山两条主要的路线。山内古道幽杳，青石为阶，从山麓报国寺始，经伏虎寺、雷音寺、纯阳殿、神水阁、中锋寺、广福寺而至清音阁。至此，主路分两途，前山由清音阁经由白龙洞、万年寺、息心所、长老坪、初殿、猴山、华严顶而至九岭岗；后山由清音阁经由一线天、洪椿坪、九十九道拐、茶棚子、九老洞、仙峰寺、遇仙寺而至九岭岗。此后，主路又合而为一，向上经钻天坡、洗象池、雷洞坪、接引殿、梳妆台、太子坪、卧云庵而至金顶。也正因为如此，峨眉山便形成了两条景观序列的布局。

(2)建筑

图 6-25　报国寺

峨眉山寺庙或凭倚山坡、或隐入密林、或半隐半显、或雄踞山头,充分体现“深山藏古刹”的意趣。

报国寺(见图 6-25)相当于峨眉山的门户,也是山中第一大寺,始建于明万历年间。背倚峨眉山山麓凤凰坪,面对凤凰堡,清泉从北至南,婉转绕寺流淌,庞大的寺院建筑群掩映在森森古树林中。建筑群占地 4 公顷,分为四进院落,自山门入寺后为弥勒殿、大雄宝殿、七佛殿、藏经楼,逐院升高。整座建筑群山门小而内宏大,露山门而藏大院,外古朴而内丰博,具有一种含蓄之美。竖向轴线对着山岳主峰,使建筑群与山体紧密结合,形成一体,相得益彰。

图 6-26　伏虎寺

伏虎寺(见图 6-26)位于伏虎岭下,海拔 630 米,因寺后山形如伏虎而得名。建筑为复四合院组合,占地约 6. 7 公顷,为峨眉山第一大庙。建筑群限于地形,进深较浅而两翼延伸较大,院落环扣、随势构筑。周围环境较之山麓地带更为幽密,整座寺庙掩映在苍楠翠柏间,枝叶交茂,绿云蔽日,露滴松梢,云雾弥空,瑜伽河流于前,虎溪河绕于后。

清音阁位于牛心岭下,始建于唐乾符年间,殿宇一排,供奉释迦及普贤、文殊二胁侍。清音阁两侧的山峦围合成了一个相对封闭的空间,黑白二水夹持着一条狭长的坡地,顺着山势分别布置了寺庙、双飞亭、牛心亭等建筑,组成了以自然山水为主的整体环境。

图 6-27　洪椿坪

洪椿坪(见图 6-27)建在天池峰下的小坪坝上,建筑依山而建,前后共三进院落,重楼叠阁,位于群峰环抱的深谷之中。两侧深谷幽岚,溪流潺潺,后倚天池峰,门对大坪岭,左为宝掌峰,下临白云峡。

万年寺(前身普贤寺)处在群山之中,但地势高旷开阔。寺内的无梁殿上圆下方,顶为穹窿,顶上有五座小白塔。

(3)构筑物

峨眉山寺庙园林中,构筑物所占的比重不大,但作为一个个视觉中心点缀着峨眉山的自然景色,其中以亭、桥最为突出。

图 6-28　牛心亭与双飞桥

峨眉山的亭或踞高山之巅,或藏丛林之间。如雷洞坪崖畔的“雷洞亭”,置于登山途中,既可观景又可点景;又如清音阁下的“牛心亭”(见图 6-28),小亭正对牛心石,构成“黑白二水洗牛心”的观景绝佳之处。“九十九道拐”的途中设置了的六角攒尖亭——凌霄亭,人居其中可纵观山岚树色、雾霭云霞,可听深谷流泉、猿啼鸟唱。

峨眉山中的桥座座跨涧渡水、造型各异,其中最负盛名的便是“双飞桥”(见图 6-28)。双飞桥又名双飞龙桥,在清音阁下,分跨黑白二水之上,两桥如同双翼,故名。明王敕《双飞桥诗》:“双涧飞泉瀑,轰然动地雷。策筇探绝壑,应至白云隈。”

峨眉山还设有独立的牌坊、雕塑、经幢等来限定空间、划分领域。如金顶十方普贤铜像,是金顶的中心,也是今天峨眉山佛教圣地的象征,无形之中在它的周围就形成了一个广阔的空间。

(4)水体

峨眉山多水,清泉、水池、小溪、湖泊、瀑布,各具风韵和神采。其中寺庙园林中的人工水景主要有以下几处。

清音阁前,黑龙江、白龙江二水回抱,汇合于阁前的峡谷中。点缀以一小亭、二拱桥,水击石上,山谷回响,这就是著名的“双桥清音”之景。

神水阁之前有清洌甘美的玉液泉，俗称“神水”。

洪椿坪处的气候凉爽宜人，清晨常见雨雾霏霏，如粉扑身，实则丰雨乃是露气消散而成，这就是峨眉十景之一的“洪椿晓雨”。佛寺建筑在这般优美的自然环境中，宛若置身梵天圣境。

万年寺前有一水池，相传为李白听琴处。池中青蛙每当夏秋之夜，鸣声四起有如琴瑟音，故人们称之为弹琴蛙。

6.3.3　中国·西湖

背景信息

西湖（图6-29、图6-30，见261、262页）从晋代开始开发整治，历经多个朝代，到南宋时基本发展成一座特大型公共园林——开放性的天然山水园林。西湖位于杭州城西面，面积5.6平方公里，南北长约3.2千米，东西宽约2.8千米，绕湖一周近15千米。

西湖作为公共园林，在南宋时已形成“西湖十景”，四季美景使湖活动丰富多彩，成为当地人民生活的公共空间。休闲活动的频繁，加上佛教的兴盛，使各种具有杭州风情、西湖文化的游园活动结合各类的节气成为每年固定的节日盛会（见彩图6-3）。

□ 西湖十景包括：平湖秋月、苏堤春晓、断桥残雪、雷锋夕阳、南屏晚钟、曲院风荷、花港观鱼、柳浪闻莺、三潭印月、双峰插云。

历史变迁

西湖本是个与钱塘江相连的浅海湾，后来由于潮汐的冲击，泥沙淤积，海湾与钱塘江分隔开来，原来的海湾就变成了一个泻湖，也就是西湖的雏形。泻湖形成后，西湖的水也不断地由武林水的周围山溪补给，最终成为一个淡水湖。

东晋南北朝时，西湖园林开始产生。东晋咸和元年至三年间（326—328），印度僧惠理到飞来峰下弘法，创建灵隐寺，由此展开了西湖园林的建设。东晋咸和五年（330），惠理创建翻经院（即下天竺寺）。南朝陈天嘉元年（560），孤山建立永福寺，俗称孤山寺。到五代吴越时期西湖沿线就已经寺庙林立，宝塔遍布，梵音不绝，建成了著名的昭庆寺、灵隐寺和净慈寺。同时，道教也开始深入杭城，开设了抱扑道院。

隋唐，西湖一带寺观园林非常兴盛，先后建成了中天竺寺（隋开皇十七年，597年）、凤林寺（唐元和二年，807年）、庆律寺（后晋天福元年，936年）、天竺观音看经院（即上天竺寺，后晋天福元年，939年）、惠日永明院（后周显德元年954年）。唐代，西湖日渐淤塞、湖水干涸、农田苦旱，长庆二年（822），白居易疏浚西湖，建筑白堤，使湖堤比原来的湖岸高上数尺。他不仅为这条长堤留下“乱花渐欲迷人眼，浅草才能没马蹄，最爱湖东行不足，绿杨荫里白沙堤”这样的佳诗妙句，更亲手书写了《钱塘湖闸记》，刻在石碑上，让后来的地方官了解堤坝跟农家的利害关系。

宋代是西湖园林发展的鼎盛时期。北宋时期，西湖日渐湮塞，元祐四年（1089），苏轼筑“苏堤”，建六桥，植桃柳。为了防止西湖再次淤塞，苏轼还在湖中深潭设立3座小石塔，作为控制水深和防止葑草生长的水域标志。这些小石塔经明代改建而成“三潭印月”。苏堤的修筑形成了“西湖景致六条桥，间株杨柳间株桃”的景观，改变了西湖园林格局，苏轼用“欲把西湖比西子，淡妆浓抹总相宜”这样的诗词赞美西湖。南宋时期，皇家园林、私家园林、寺观园林都极其兴盛。且最著名的诗人、画师

□ 吴越——钱镠

钱镠（liú）（852-932）五代吴越国创建者。当时的西湖葑草充塞，曾有方士劝钱镠把西湖填平，在上面建造王府，钱镠对此建议不以为然，西湖才得以幸存。他还专门成立“撩湖兵”，专司疏浚西湖事宜；新挖水池3处，引西湖水入池，增加城市的淡水供应；又修建龙山、浙江两闸，以遏制江潮灌入内河，著名的“钱氏捍海塘”就是他的功劳。

□ 明——杨孟瑛

明朝正德三年，杭州知府杨孟瑛重浚西湖，开挖湖中被富豪霸占的三千多亩田荡，加高苏堤，恢复唐宋旧观，并修筑了“杨公堤”，为西湖之美再添新笔。

图 6-31 南宋西湖平面图

和造园巨匠集中于西湖，林和靖、柳永、李清照、袁牧，他们都吟诵过赞美西湖的诗词。他们凭借西湖的奇峰秀峦，烟柳画桥，博取了全国造园之长，形成山水风光与建筑空间交融的园林。绍兴八年（1138），西湖之南有聚景、真珠、南屏，北有集芳，延祥、玉壶，天竺山中有下竺御园。湖中之孤山，素以自然山水园林著称，此时也兴建延祥观、延祥园，最终形成了著名的西湖十景。同时，西湖成为特大型公共园林（见图 6-31）。

元代以后，西湖多次淤浅，园林发展停滞。元代，西湖遭受“废而不治”的局面长达两百年，到明初，西湖发生了近五百年来最大的灾难。苏堤六桥之西，全部变成了池、田和桑林。正德三年（1508），修治西湖的工程正式动工，拆毁被占田荡约 2.3 平方千米，使西湖湖面基本上恢复唐、宋时周围三十里的旧观。清朝对西湖也断续地有所修治，康熙二十八年（1689）地方官吏对西湖进行了一次疏浚，并且在孤山建行宫，康熙二十九年（1699）康熙帝第二次游西湖时，给西湖十景一一亲笔题名，并命建亭刻石。雍正时，西湖或被占为田，或封草日长、沙泥淤浅，雍正二年到四年（1724—1728）西湖重新被整治。

清朝末年，孤山西泠印社一方小小的天地，又发展成为全国最负盛名的金石艺术团体。

西湖的园林不仅有绝佳的自然山水，更有深刻的地域文化内涵。如著名的西湖三杰：宋朝的岳飞、明朝的于谦、明末清初的张煌言，都埋骨西子湖畔。西湖的民间传说也极为丰富，《白蛇传》与《梁山伯与祝英台》与西湖有着不解之缘。还有伍子胥怒射神潮、梅妻鹤子、济公和尚、葛岭的红梅阁与李慧娘、西泠桥畔的苏小小等人物故事。

园林特征

（1）*布局*

众多小园林建置在环湖一带，相当于大园林中的许多景点——“园中园”。它们既有私家园林，也包括皇家园林和少数寺庙园林。诸园各抱地势，借景湖山，开阔视野和意境。小园林的分布以西湖为中心，南北两山为护卫，随地形及景色变化，借广阔湖山为背景，采取分段聚集，或依山、或滨湖，起伏疏密，配合得宜，充分发挥诸园的点景作用。诸园的布局大体上分三段：南段、中段和北段。

南段园林大部分集中在湖的南岸及南屏山、方家峪一带。这里接近宫城，故行宫御苑居多，如胜景园、翠芳园等。私家和寺庙园林也不少，随山势之蜿蜒，高低错落。其近湖处之集结名园佳构，意在渲染山林、借山引湖。

中段的起点是长桥。在沿城滨湖地带建置聚景、玉壶、环碧等园缀饰西湖，并借远山及苏堤做对应，来显示湖光山色的画意。继而沿湖西转，顺白堤引出孤山，是为中段造园的重点和高潮。孤山耸峙湖上，碧波环绕，本是西湖风景最胜处，唐以来即有园亭楼阁制经营，宛若琼宫玉宇。南宋时尚有许多名迹。以孤山形势之胜，经此妆点，更借北段宝石山、葛岭诸园为背景，与南段互相呼应，蔚为大观。

北段自昭庆寺寻湖而西，过宝石山，多为山地小园。在昭庆寺西石涵桥北一带集结云洞、瑶池、聚秀、水丘等名园，继之于宝石山麓大佛寺附近营建水月园等，再西又于玛瑙寺旁建置养乐、半春、小隐、琼花诸园，如葛岭更有集芳、秀野等园，形成北段高潮。复借西泠桥畔之水竹院落衔接孤山，又使得北段之园林高潮与中段之园林高潮凝为一体，从而贯通全局之气脉。

（2）空间

西湖三面被山围合，一面临向城市。其空间主要体现在山水格局上，西湖位于天目山余脉，钱塘江的山川和天目山余脉围绕西湖，形成三面环山、中涵碧水的独特景致。西湖周围的山体不高但层次丰富，水面开阔但大小各异。植物景观、山体、湖水、溪流共同组成环湖山水景观。

西湖的山是从南、西、北三面围合而成，山际线连绵起伏。山势西南高，东北低，从东北到城区，地势平坦。围合西湖的群山属于丘陵地貌，虽不高，但小体量、多层次、天际线比较幽远。山上树林、古塔和群山一起形成了西湖竖向的轮廓线。其中湖西的山是西湖山体数量最为集中的地区，南北两侧各有一高峰突出于群山的环绕之中，构成主景，成为湖西整个轮廓线上的高潮。两山上各有一古塔，构成"双峰插云"的美景（见图6-32），北侧的葛岭紧邻着西湖，山势虽不高，但因为离湖最近，视角大而显得高耸。加之宝石山上竖向的保俶塔，打破了连续的轮廓线，具有视觉冲击力。

图6-32　双峰插云图

西湖的水面整体空间疏朗，视野开阔，形成了以湖面为中心的形态。湖面直接与群山相交形成合围之势，水体聚于山脚下，山体由高至低自然消失于湖中，形成曲折的湖岸线。苏堤与白堤横跨湖泊之上，与孤山一同将湖面划分为5个大小各异的水面。苏堤、白堤是湖面上两条秀丽的锦带，一横一纵，突出了其线性空间的独特魅力。

（3）手法

西湖中所采用的一些造园手法主要有：因地制宜、框景、借景、对景及传说典故等。

西湖中的造园手法最大的特点是因地制宜。例如"孤岛"是利用西湖中的淤泥堆积而成的，因土壤极为肥沃，适宜植物生长，于是人们就在岛上种植各种花草树木，形成了生机勃勃的景象。借景主要是应时因借，即借四季之景。春赏桃柳夏赏荷，秋赏红叶冬赏雪。框景最有代表性的属"曲径通幽"，站在曲径通幽的门框往里望，可以看到近竹远山，引人不禁前行。对景使用频繁，如西湖中的白塔、六合塔等。它们和湖水、白堤、苏堤、三潭映月等低矮的景色形成对比，突出建筑的雄伟壮观。历史文化及传说的应用也是西湖造园手法之一，西湖的许多传说蕴含在景色之中，如花港观鱼、雷峰塔、慕才亭等。

（4）建筑

景区的建筑与园林体现了自然与人文的高度融合。建筑布局精致、剔透玲珑、朴素淡雅，西湖的风景建筑种类主要体现在古建筑、寺庙建筑、园林建筑和民居建筑几个方面。除此之外，在西湖悠久的历史中，还出现过庄园、庭院、别墅等。

建筑与自然的融合处处有体现，如西泠印社的山间小筑、郭庄的临湖构园、三潭印月的水上庭院，平湖秋月的平台望月等。以西湖十景中平湖秋月的建筑为例，平湖秋月位于孤山路之东南侧，它的五座建筑分布于临湖的狭长地段上。入口碑亭开篇点题，并有折桥与其他建筑相连。碑亭的西侧是平湖秋月中主要建筑御书楼（见图6-33），它三面临水，临湖配有平台。皓月当空的秋夜在这里眺望西湖，景色绝佳。御书楼的东侧是八角楼（见图6-34），以曲桥相连，内外通透，此处，近可观赏

图6-33　御书楼

图6-34 八角楼

平湖秋月御书楼，南可望西湖南山众景观，视野开阔，景色别致，若人在亭中，可构成框景。此建筑看似八角亭，实际为一水榭。水榭半挑于湖上，尺度适宜，景观丰富。穿过八角亭，要经过一段约30米的林荫空间，这里植物封闭，偶有置石相间，树丛中可隐约看到湖面和雷峰塔的影子。再往西便是亭轩结合的四面厅，从湖面看过来，造型左右对称。平湖秋月的最后一组建筑是古色古香的"湖天一碧"楼，站在这座楼的二楼平台上，可以看见静湖与蓝天相接。

平湖秋月虽面积虽小，容纳的景观建筑却众多，在有限的空间里，囊括了亭、台、楼、榭等不同形式的建筑，为观赏西湖提供了立足点。其建筑布置也体现了临水风景点所具有的特点：首先，建筑物的主要立面向水面敞开。临水立面布置着空廊、敞厅、连续的玻璃长窗等，使室内具备良好的观赏条件。其次，建筑物都贴近水面布置。有的三面临水，有的横跨水面，如茶室就四面凌空地布置于水面之中，以平桥、折桥与岸相连，以宽敞、紧贴水面的大平台作为与水的过渡。最后，为了丰富水面景观，建筑形象一般均作得玲珑小巧，丰富多变。

(5)水体

历史上的西湖比现在大一倍，从汉唐时面积约10.8平方公里到如今5.6平方公里。水域面积容易显得宽广单调，为了避免了诸如太湖一样的浩瀚之感，又增加了景观空间的层次和深度。西湖的南北和东西依山傍水构筑了两条人工堤——苏堤与白堤，把全湖分割成外湖、里湖、岳湖、西里湖和小南湖等五个大小不等、比例合宜的水面，这种以聚为主，以分为辅，大小水面结合的布局形态，使西湖的主体水面开阔疏朗，小水面精致细腻。

在西湖分隔的五个湖中，外湖的面积最大，约占整个湖面的四分之三，并采取了一池三山的传统手法，在湖中形成"小瀛洲""湖心亭""阮公墩"三岛鼎立的形态，不仅打破了湖面的单调，也丰富了水面空间的层次。北里湖在西湖之北，以山屏水，山水相映，它是由白堤与孤山分隔湖面形成，面积小而形态曲折。岳湖、西里湖与南湖是由苏堤在湖西划分而成的形态各异、面积不等的三块水域。其中西里湖形状狭长，岸线曲折，面积也居三者之首。南湖南侧和西侧是南屏山和南高峰的秀丽山色；岳湖旁是宁静的曲院风荷和秀美的玉带晴虹。北里湖和西里湖的水面分别为东西走向和南北走向，加深了西湖水面空间形态的意境美。

(6)植被

西湖植被历史悠久。唐代以前已经有桂花、荷花或睡莲的存在，东晋在孤山植有桧树两株。唐宋西湖的植物景观的发展阶段，形成了西湖山水园林"山上植松""堤上植柳"的基本框架，并大力发展了观花植物的种植。元明清时期开始有以竹子为主题的竹凉处，如观春花的玉兰馆，夏季避暑的绿云径等。

西湖植物种类繁多。历史文献记载加上现存的古树共近80种，主要以乔灌木为主，特别是桃花、桂花、木芙蓉、杏花、梨花、梅花、樱桃等花枝繁盛、色彩淡雅的花木。西湖也重视地被植物的应用，在树坛树池、林下、空旷地、山坡、岸边、道路边、岩石等地有广泛栽植，避免了"黄土露天"，也丰富了西湖各季节的景观和色彩，有杜鹃、牡丹、菊花、茶、月季、芍药、沿阶草、栀子花等植物。另外，由于西湖水生植物也极其丰富，常见的水生植物有荷花、睡莲、莼菜、菱、香蒲、茭白、惠、水仙、萍、藻、蓼、荧、芦苇等十多种。

西湖植物配置四季皆有景。春有桃杏，夏观荷花，秋赏桂花，冬有梅花。一年四季，西湖的观花植物争相开放，装点着西湖的山山水水。又加之晨暮与雨、雪、晴、风、雾等气候条件的变化，西湖的四季景观显得越加耐人寻味。西湖众多景致都与植物息息相关。

图6-35　苏堤春晓

苏堤（见图6-35）与白堤是西湖的两条绿带。白堤自古便有“乱花渐欲迷人眼，浅草才能没马蹄。最爱湖东行不足，绿杨阴里白沙堤”的美景。唐代白居易修建白堤时种满了柳树与桃花，明代孙隆又在堤上种植桃花、木芙蓉等各类花木，故白堤又被称为“十锦塘”，到清代，加大白堤的绿化，补植或增植桃柳及木芙蓉。苏堤与白堤相似，堤上种有木芙蓉和垂柳，形成春季垂柳如烟、秋季木芙蓉花灿烂如霞的景观。

图6-36　曲院风荷

曲院风荷（见图6-36），广植各色荷花，同时，沿岸多选用夏季开花植物开花等。“接天莲叶无穷碧，映日荷花别样红”，描写的便是曲院风荷的景象。南宋时，西湖就有红白色千叶荷花，香飘十里。公元823年，白居易任杭州刺史时，曾写诗记录西湖种植荷花的范围，“绕郭荷花三十里，拂城松树一千株”，说明当时西湖周边已遍植荷花。

图6-37　柳浪闻莺

柳浪闻莺（见图6-37），以广植柳树为特色，配植紫楠、雪松、广玉兰、樱花、碧桃、海棠等花木。每当烟花三月柳丝飘荡之时，沿湖柳荫夹道，翠柳临水，迎风翻舞，更有群芳竞艳，万紫千红，是欣赏春景的好去处。

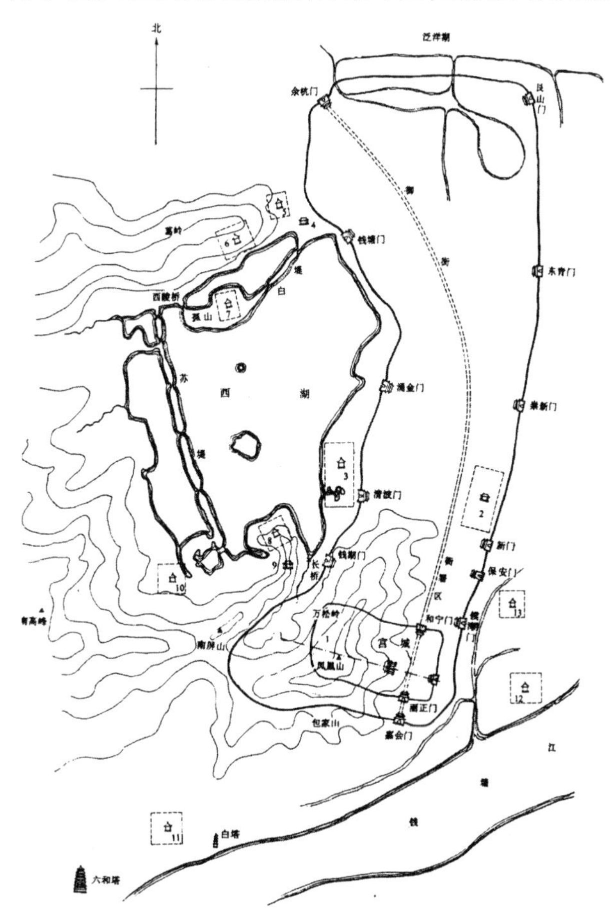

1. 大内御苑　2. 德寿宫　3. 聚景园　4. 昭庆寺　5. 玉壶园　6. 集芳园　7. 延祥园　8. 屏山园　9. 净慈寺　10. 庆乐园　11. 玉津园　12. 富锦园　13. 五柳园

图6-29　南宋西湖平面图

图片来源：李功成．杭州西湖园林变迁研究

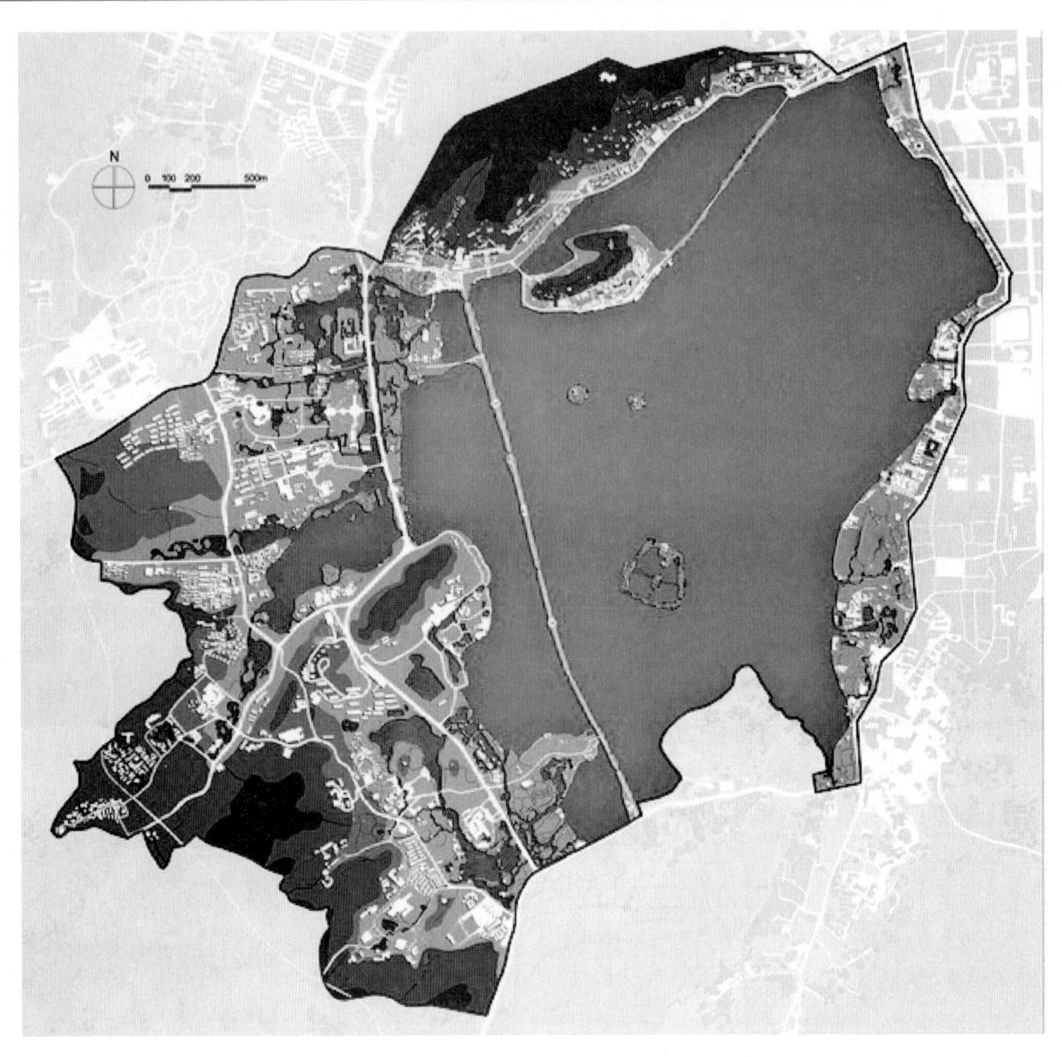

图 6-30　2010 年西湖平面图
图片来源:《风景园林学》

6.3.4　中国·瘦西湖

背景信息

□ 二十四景

卷石洞天、西园曲水、虹桥揽胜、冶春诗社、长堤春柳、荷蒲熏风、碧玉交流、四桥烟雨、春台明月、白塔晴云、三过留踪、蜀冈晚照、万松叠翠、花屿双泉、双峰云栈、山亭野眺、临水红霞、绿稻香来、竹楼小市、平岗艳雪、绿杨城郭、香海慈云、梅岭春深、水云胜概二十四景。

瘦西湖(见图 6-38)位于扬州城西北部,而瘦西湖是扬州旧城北门外的冶春园直到蜀岗平山堂的一段河道,原名保障河,因清代诗人汪沅在诗中将其称为“瘦西湖”,此名便流传于世。

瘦西湖起源于南北朝,兴盛于明清,总面积为 168. 32 公顷,其中水面面积为 49. 9 公顷。瘦西湖是扬州园林的精粹,具有著名的二十四景,宛如一幅展开的画卷。其中著名的园中园有虹桥、长堤春柳、莲性寺、五亭桥、小金山等(见彩图 6-4)。

历史变迁

关于瘦西湖最早的历史记载为《宋书》,其中提到瘦西湖的雏形,即为南北朝时蜀冈下破泽处建的“亭”“台”“观”“室”,四周果木繁茂,花草缤纷。

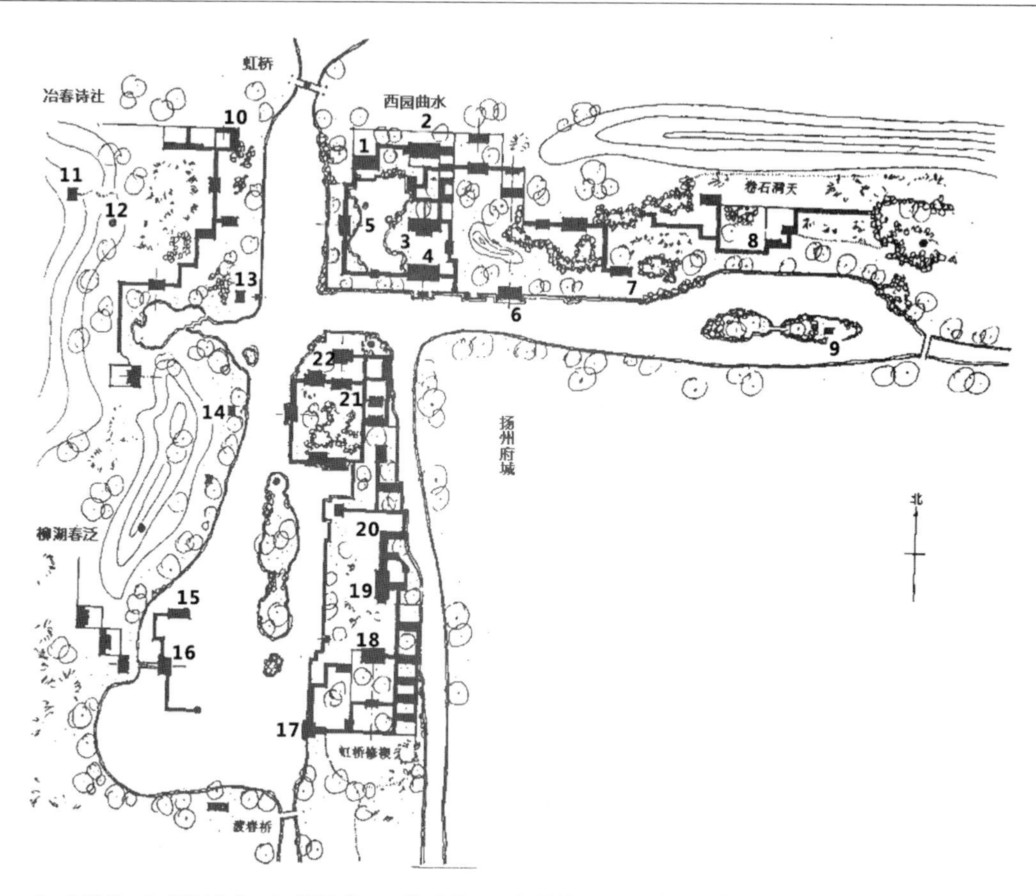

1. 水明月　2. 西园曲水　3. 濯清堂　4. 觞咏楼　5. 新月楼　6. 丁溪　7. 修竹丛桂　8. 委宛山房　9. 阳红半楼　10. 香影楼　11. 云构亭　12. 歌谱亭　13. 秋思山房　14. 怀仙馆　15. 小江潭　16. 流波华馆　17. 饮虹阁　18. 妙远堂　19. 涵碧楼　20. 致佳楼　21. 领芳轩　22. 修契楼

图 6-38　瘦西湖平面图

图片来源：吴肇钊．瘦西湖的历史与艺术，1985

唐宋时期，扬州河运发展，瘦西湖形成了良好的自然景观。隋炀帝时因开凿运河而大兴土木，扬州便成为南北水路交通枢纽，同时兴建规模宏大的上林苑和长阜苑。唐代时这些风景区植被繁盛，已是一片生机盎然的景象，杜牧"春风十里扬州路"的诗句即表现当时扬州的盛况。宋代因金军南下，瘦西湖遭受严重破坏。宋金时期，运河的阻塞，遭运改为海道，瘦西湖的建设停滞。

元明时期，瘦西湖开始有了人工园林的营造，但是发展缓慢。当时扬州园林处于低潮期，瘦西湖大虹桥西岸的"崔伯亨园"就是在社会环境动荡、人们隐逸思想背景下产生的。但是"崔伯亨园"的出现却标志着营建瘦西湖私家园林的开始。明初，运河修整，扬州重新恢复南北交通要道的地位，但瘦西湖的园林建设没有得到较大发展，只有郑元勋的"影园"和太守昊秀所筑的"梅花岭"以及红桥（现称大虹桥）。红桥的出现为之后瘦西湖园林快速发展时期埋下了伏笔。郑元勋字超宗，原籍安徽，家住扬州，崇祯癸未（崇祯十六年，即 1643 年）进士，登甲榜，善画山水，仿元画家吴仲圭，著述有《影园一诗稿》《影园瑞华集》《媚幽阁文娱》《左国类函》等，郑元勋在扬州城南的郑氏影园，为当时最著名的园林，因园中开过黄牡丹，主人郑元勋遍邀名士赋诗，盛极一时。孔尚任，著名戏剧作家，是孔子的第 64 代孙。清康熙二十五年，孔尚任幸命随同工部侍郎孙在丰赴江淮一带治水，经常往来于扬州，游走于瘦西湖一带。其中梅

□ 瘦西湖名字的由来

相传在清乾隆年间，淮扬盐商最富者有三人，一次在湖上聚饮时更讨论起了保障湖这个名字，认为其与湖本身的优美景致不协调，他们想了很多名字，如"长西湖"、"小西湖"等，都不能满意。邻座一书生一直笑而不语，此时方长身而揖道："我看扬州的这个湖是可以与杭州的西湖相媲美，但清瘦过之，依我之见，称'瘦西湖'可也。"从此，"瘦西湖"的名声就传开了。

花岭有著名抗清将领史可法的衣冠冢。史可法遇难40年后,孔尚任在凭吊史可法衣冠冢之后,写下了五言绝句《梅花岭》。

清代是瘦西湖发展的鼎盛期。清初,瘦西湖附近园林规模不大,相对分散。清中期,乾隆(1711—1799)多次南巡,地方官宦富豪们为争宠而竞相造园,故"三十里楼台"应运而生,瘦西湖一带小园林数量也不断上升,且造园技术更加精湛。乾隆的历次南巡,扬州是其必经之地。同时扬州丰富的戏曲活动亦吸引着这位"戏迷"皇帝。扬州的两大行宫中均建造了规模盛大的戏台。据《扬州画舫录》卷四载:"行宫在扬州有四,一在金山,一在焦山,一在天宁寺,一在高旻寺。""天宁寺右建大宫门,门前建牌楼下甃白玉石,围石栏杆。甬道上大宫门、二宫门、前殿、寝殿、右宫门、戏台、前殿、垂花门、寝殿、西殿、内殿、御花园。门前左右朝房及茶膳房,两边为护卫房,最后为后门,通重宁寺。"

据《扬州画舫录》记载,从1751年至1765年十几年间,瘦西湖上已经形成二十景。1765年后,复增四景。乾隆以后,因扬州盐业衰落,交通要道地位下降,其园林发展也走向衰败,瘦西湖的发展停滞不前。

园林特征

(1)布局

瘦西湖两岸是人工建造的园林群组,园林互为对景,形成了连续构图的总体布局。园主人均依据自然的河沟、地形地势来建造园林,水系又将诸园串联一气,构成有节奏有序列且构图统一的园林景观。

从天宁寺前御马头至西园曲水(见图6-39)为全景的序幕,大虹桥至四桥烟雨一段的长堤春柳将园景逐步引入高潮。四桥烟雨是一个安静开阔的水湾,四周由山水景色,不同体型的建筑和式样各异的小桥组成;小金山作为障景将水面被分成四支。

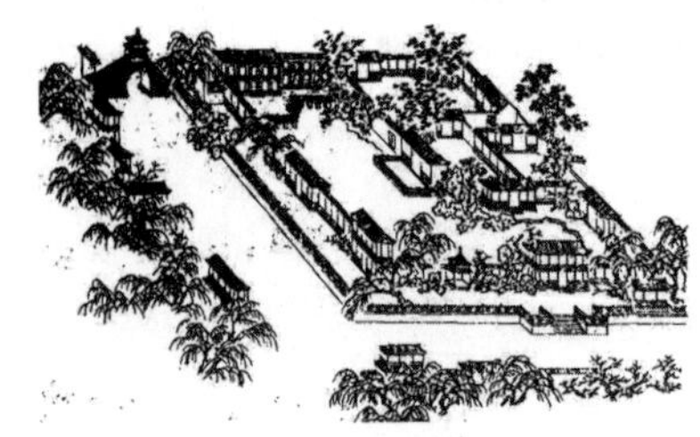

图6-39　西园曲水

过五亭桥西,水面以堤分隔,狭窄的水面两岸是山崖深谷,似乎已到尽头,但穿过芦荡,在砾石沙洲中转折四五次,隐藏在林中蜀岗上的平山堂、观音山豁然出现,如同"山重水复疑无路,柳暗花明又一村"的境界,整个场景犹如一幅长卷国画依次展现在眼前。

□ 王渔洋与冶春诗社

清初诗人王渔洋,于顺治十六年(1659年)出仕扬州推官。在扬州期间,日集名士于蜀岗、红桥间,击钵赋诗,游乐雅集。

清康熙三年(1664年)春,王渔洋与诸名士修禊于红桥水畔时,创作了名震一时的《冶春绝句》20首。至此开始,以齐地才子王渔洋为诗坛领袖的扬州名士社团开始被称为"冶春诗社"。

以瘦西湖南端转折处的一段——丁溪为例,丁溪在原来河道基础上加以人工改造,利用一系列岛屿的障隔把河道转化为若干大小湖面。新北门桥以西的河面逐渐宽阔略成小湖,水中浮出长屿,北岸为"卷石洞天"和"西园曲水"。虹桥以南,河道的两岸为"冶春诗社"。再往南,河道渐宽形成较大的湖面,湖中布列一个长岛和两个小屿,湖的南端收束于渡春桥。湖西岸的"柳湖春泛"和长岛上的"虹桥修葺"即为"倚虹园"之所在。

这段丁字形的河道以三座桥为界,形成一组相对独立的园林集群。其中四座园林——卷石洞天、西园曲水、冶春诗社、倚虹园均为不同格局的独立小园林,而它们之间又能在总体规划上互相呼应,彼此联络,有机地组织成为一个完整的大园林。

(2)空间

瘦西湖园林是开放空间与独立空间的自然融合,是由各个相对独立的园林集中而形成的。大部分瘦西湖园林还是像传统的私家园林那样,由建筑围合成园,但临瘦西湖水临水建筑则直接面向外界,同时,利用地形的适当变化,使得建筑高低错落、丰富画面的层次。另外还有一些园林则完全打破了园墙的界限，将河湖的一段堤岸做成岛屿，同时扩大水面，从而将园外的空间纳入园内，以借景的方式使其成为园林的一部分，突出瘦西湖的开放性。这样，各个园林之间既有了独立性，又能串联在一起组成整体景观。

(3)手法

瘦西湖两岸的私家，园林以中国画散点式的构图手法，形成了一幅由若干画面组合而成的山水画长卷。以河道为脉络的园林集群，在瘦西湖边带状展开，各具特色又互为对比。

如丁溪的四座园林，卷石洞天之怪石古木之胜与其西邻的西园曲水的较密集的建筑恰成对比；湖西的冶春诗社、柳湖春泛建筑疏朗(见图6-40)，富于山林野趣，湖岸亦为曲折有致的自然岸，而湖东长岛上的虹桥修禊则建筑分量较重，湖岸亦为人工砌筑的条石驳岸，前者的自然天成与后者的人工经营又成对比。河道有开有合，利用大小岛屿的布列而"化河为湖"形成若干大小湖面，作为诸园依水造景、因水成趣的中心。诸园的某些建筑之间，还着重考虑"对景"的关系，如冶春诗社的怀仙馆与隔岸的水厅形成对景线，秋思山房作为东西航道的对景线等，使得这个园林集群的整体性更为强化。

图6-40　柳湖春泛

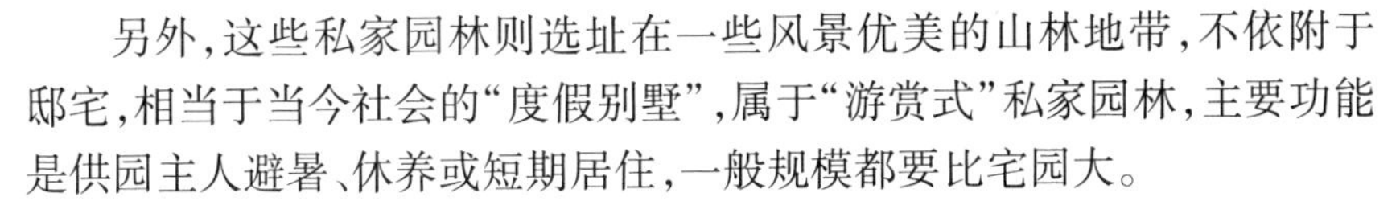

另外，这些私家园林则选址在一些风景优美的山林地带，不依附于邸宅，相当于当今社会的"度假别墅"，属于"游赏式"私家园林，主要功能是供园主人避暑、休养或短期居住，一般规模都要比宅园大。

(4)风格

瘦西湖结合南北园林特点，具有北雄南秀的风格。这种风格首先体现在建筑上，瘦西湖园林的建筑具有南方园林典型的精致小巧，但由于其建筑的主人大多是富甲一方的商人，他们需要北方园林大气恢弘的风格显示富有，因此，在建筑讲求宽敞壮丽。除此之外，瘦西湖的营造手法也综合了南北风格，园林的整体景观塑造借鉴了北方宫苑园林"园中园"的组景方式，但各个临水面湖而筑的私家园林，又小院相套、自成体系，造型灵活，富有南方园林的韵味。园林色彩也表现出南北综合的风格。北方园林色彩艳丽、金碧辉煌，而南方园林则色彩清雅、粉墙黛瓦，瘦西湖园林周边景观以素雅清淡为基调，但素雅中又常点缀些许鲜艳的色彩。

图6-41　五亭桥

(5)建筑

瘦西湖的建筑布局仿效镇江金山"以屋包山"的做法。另外借景长江以南的宁镇山脉，具有以"远山来与此堂平"的诗意。站在平山堂前眺望远处，可以看到一片江南青山。蜀冈与小金山之间以平冈刁板相连，天宁寺与徐园一带土阜丛林的穿插，形成成大面积起伏变化的地形，视觉上形成连绵不断的山体。

瘦西湖建筑最丰富的区域是由五亭桥(见图6-41)、白塔(见图6-42)、小金山、尧庄组成，布局高低错落丰富多彩，形成最热闹的区域。建筑的色彩、造型、乃至比例尺度均和广阔的湖面协调，壮观华丽，为原本色调素雅的瘦西湖水面增加了鲜艳的颜色。

(6)植被

瘦西湖花木布置因地制宜，如松柏配苍山，芭蕉点缀小院、天竺补白大院等。同时，花木配置符合四季特色，可达到春时绚烂，夏日浓荫，秋季馥郁，冬令苍青的境界。

图6-42　白塔

图6-43　水竹居

瘦西湖主要的乔木有柳和竹。柳树种植在水边，枝条柔软，姿态婀娜，符合瘦西湖江南水景婉约的风格，因此瘦西湖河道边处处是柳，著名的景点有柳湖春泛。除了柳树，早在唐代就有“有地惟栽竹”的说法。扬州竹的品种丰富，有紫竹、湘妃竹、孝母竹、黄金嵌碧玉竹、水竹、薯竹、刚竹等，瘦西湖的竹林则增加了园林的雅趣，如水竹居（见图6-43）。其他花木有紫薇、枸杞、腊梅、玉兰、绣球、桂花、碧桃、海棠等都在不同季节开花，为瘦西湖提供了色彩、香味、形态丰富的意境。

瘦西湖还喜用藤蔓植物植于树畔，烘托苍劲的古木，或植于石缝，托山石的嶙峋浑厚。例如小金山西南边有一株千年银杏，被雷劈之后仅剩枯木，由于攀有凌霄，仿佛枯木逢春。再例如疏峰馆东一千年枸杞，每到深秋便红果累累，显示古老文化的活力。其他藤蔓植物有蔷薇、木香、络石、紫藤、爬墙虎、凌霄、枸杞等。

瘦西湖以水生植物搭配为最。五亭桥四个边角于水下筑坝填土后栽种荷花，并在桥岸边缘栽种了小部分水葱、石菖蒲等。花界湖中，湖水内外相通，湖塘中栽种有荷花，在湖堤的外岸边栽植了千屈菜、灯心草、水生鸢尾、香蒲、菰等水生植物。从九曲桥向西至吟月门的一段河道中遍植荷花立于水中，与湖西岸坡上的竹林交相辉映，坡岸上的青青翠竹与湖塘中的片片高洁之荷，构成了一幅“袅袅数茎竹屿，美人和露入湛园”的意境。

（7）水体

瘦西湖的景观因水而生，仅十多公顷的水面通过桥、岛、堤、岸的分隔呈现出“宽、窄、方、圆”的变化，其理水手法称得上中国园林理水佳作，以天宁寺前御马头至小金山的水面为例：这段水面形态狭长，长约三里，以桥分隔为三段：问月桥至门桥一段水面平直，但跨水的香影与卷石洞天的河岸变化丰富；西园曲水景区河道多曲折，既向园内深入，又向东、南、北三个方向分支；大虹桥至徐园的水面原本冗长，但因水面穿插三座小岛增加了水面层次。该河段作为瘦西湖主要湖面的序幕和前奏，为展开主景设置了铺垫。

图6-44　瘦西湖水面

除入口处狭长的水面，瘦西湖还有开阔的湖面，瀑布、深潭、涧谷、溪流、池沼等丰富的水体类型。简言之，瘦西湖是从双峰相交的建筑处泻出瀑布，瀑布落入深潭，潭流出成涧谷，涧谷扩张成湖，湖收拢成河，加上旁边的溪水，汇流成池，露土为泽，形成了一个完整的、丰富多彩的水体（见图6-44）。

（8）山石

图6-45　九峰园

瘦西湖两岸的园林均临水而建，不乏水景的情趣，因此诸多园子在建造时将重点放在叠山上，在局部空间形成山水共存的景观。例如梅花岭和平岗艳均叠山为岭，岭上遍植桂花、梅花等，形成山林景观。卷石洞天则利用置石与水体结合形成池山景观。九峰园以九块奇而大的太湖石点缀园林，寓意九座大山（见图6-45）。总之，瘦西湖的山地景观呈现出“多方景胜，咫尺山林”的景象，可谓是丘壑遍园。

6.3.5　意大利・圣马可广场（Plaza San Marco）

背景信息

圣马可广场（Plaza San Marco）（图6-46，见269页）位于意大利威尼斯城市中心的圣马可岛东部，因此又称威尼斯中心广场。广场初建于9世纪，东西长一百七十多米，西边宽55米，东边宽90米，略呈梯形，占地1.78公顷。广场四周的建筑都是文艺复兴时期的精美建筑。圣马可广场一直是威尼斯的政治、宗教和传统节日的公共活动中心，也是威尼斯所有重要政府机构的所在地（见彩图6-5）。

历史变迁

9世纪，圣马可广场初建。当时只是圣马可教堂（Cathedral of San Marco）前的一座小广场。相传828年两个威尼斯商人从埃及亚历山大将耶稣圣徒马可的遗骨偷运到威尼斯，并在同一年为圣马可兴建教堂，教堂内有圣马可的陵墓，大教堂以圣马可的名字命名，教堂前的广场也因此得名“圣马可广场”。而大教堂建成不久，便毁于大火。同期建成的还有教堂南侧的总督府和广场中心的钟楼。当时钟楼作为灯塔，为泻湖里的船只导航，中世纪时，专用来吊酷刑笼。

□ 马可

马可是圣经中《马可福音》的作者，威尼斯人将他奉为守护神。在入口的拱门上方则是五幅描述圣马可事迹的镶嵌画，分别是“从君士坦丁堡运回圣马可遗体”“遗体到达威尼斯”“最后的审判”“圣马可的礼赞”“圣马可运入圣马可教堂”等五个主题，金碧辉煌。

11—14世纪，圣马可广场经历了重修与扩建。圣马可大教堂于1043—1071年重修，并于1073—1094年完成主结构，其修复工作历时四十余年。自1075年起，所有从海外返航威尼斯的船只都必须上缴一件珍贵物品用来装饰圣马可大教堂。1177年，为了教宗亚历山大三世和神圣罗马帝国皇帝腓特烈一世的会面，圣马可广场被扩建成如今的规模。13世纪威尼斯的十字军东征后从君士坦丁堡带回许多战利品都用来装饰圣马可广场，例如大教堂正门上方的4匹奔马雕像，据说是公元前400年至公元前200年的作品。教堂内安放的威尼斯保护神——圣马可的墓也是当时的战利品。另外大教堂中间后方的黄金祭坛中央有一幅耶稣升天的巨大镶嵌画，是由一群优秀的威尼斯工匠于13世纪完成。

图6-47　16世纪圣马可广场

15—16世纪，圣马可广场经历了部分建筑重建与新建。其中总督府重建于1483年，钟楼重建于1514年，同时于1537—1553年在圣马可广场南侧新建圣马可图书馆。17世纪陆续完成了大教堂正面五个入口华丽的罗马拱门。入口上方的五幅镶嵌画描述了马可的胜迹。经过6个世纪的演变，圣马可广场的格局基本稳定，并开始成为威尼斯政治、宗教和传统节日的公共活动中心（见图6-47）。

18世纪，圣马可广场被拿破仑赞叹圣为“欧洲最美的客厅”，1797年拿破仑进占威尼斯后，下令把广场边的行政官邸大楼改成了自己的行宫，还建造了“拿破仑翼大楼”。

19世纪至今，圣马可广场便是大主教的驻地，同时也成为威尼斯嘉年华的主要场所。1807年，圣马可大教堂成为公共建筑，在此之前该教堂一直是威尼斯总督的私人礼拜堂。1902年钟塔轰然倒塌，1908—1912年修复完成。

园林特征

（1）布局

圣马可广场由总督府、圣马可大教堂、圣马可钟楼、新旧行政官邸大楼、连接两大楼的拿破仑翼大楼、圣马可图书馆等建筑和威尼斯大运河所围成（见图6-48）。

图6-48　圣马可广场鸟瞰

圣马可广场分为两部分，主广场和南面的小广场。主广场东面是圣马可大教堂和四角形钟楼,其余三面有连续的柱廊使广场和谐统一。其中西面是圣马可图书馆,北面是市政大楼,南面是座附属的小广场。小广场西面是总督府,南面临着威尼斯大运河敞口的泻湖,河边有两根威尼斯著名的白色石柱,一根柱子上雕刻的是威尼斯的守护神圣狄奥多,另一根柱子上雕刻有威尼斯另一位守护神圣马可的飞狮,这两根石柱是威尼斯官方城门。

(2)空间

圣马可广场的两个广场都有着明确的对景,但手法各异。

大广场的主景是圣马可教堂,广场两侧逐渐打开的边界强化着教堂的空间效果。小广场北端的钟塔层次分明,南端则几乎完全开放,仅由两根石柱界定着空间,通向大海的视线一直引向对面由帕拉第奥设计的圣乔治教堂(St. Georges Basilica)。

这些对景建筑都有着非常规整的轮廓和建筑立面造型,特别是它们底层的柱廊骑楼,保证了广场总体统一性。广场的铺地图案也简洁统一,它们平行的走向勾勒出梯形的广场平面,将人的视线引向对景建筑。

(3)建筑

圣马可周边的主要建筑有总督府、圣马可大教堂、圣马可钟楼、新旧行政官邸大楼、连接两大楼的拿破仑翼大楼和圣马可图书馆等建筑。

图6-49　18世纪的圣马可大教堂

图6-50　钟塔

图6-51　圣马可图书馆

从广场内部看,圣马可教堂与总督宫以其体量和造型上的优势占据着支配地位,而其余的建筑物则充当着配角,层次分明。从广场外部看,大钟塔起着城市标志的作用,它的垂直走向与广场及水平展开的建筑形成鲜明对比,它具有控制性。圣马可广场的建筑物构成了一个可以从海上观看的城市立面,高低起伏,节奏有序。

圣马可大教堂(见图6-49)初建于9世纪,圣马可教堂融合了东、西方的建筑特色。教堂正面的装饰为拜占庭风格,五座圆顶展现出伊斯兰风格,教堂内的小尖顶表现为哥特风格,其内部大穹顶为罗马风格,而整座教堂的结构又呈现出希腊风格。总督府融合了伊斯兰建筑与哥特式建筑的风格。其一层开放式圆形共廊架彰显罗马风格,

总督府初建于810年,占地面积约0.63公顷,高25米,立面总长150米。总督府坐落于圣马可广场的东南角,南面临海,西面正对广场,而东面是一条狭窄的河流。总督府融合了伊斯兰建筑与哥特式建筑的风格。其立面分为三层,一层开放式圆形共廊架彰显罗马风格,二层火焰式的尖券以及圆窗内十字形镂花是明显的哥特式风格,却又透出伊斯兰风情。总督府被称之为“威尼斯哥特式”建筑。

钟楼(见图6-50)始建于888年,位于广场中心,高99米,是圣马可广场的制高点,也是全城最高的建筑物。通过楼梯登上钟塔顶层可饱览水城全貌、外海和礁湖岛。楼顶上有一口铜制大时钟,钟声响彻全城时,广场上便群鸽腾飞。整座钟塔高耸挺拔,是整个广场视觉欣赏的焦点。

圣马可图书馆(见图6-51)建于1537—1553年,是建筑师雅各布·圣索维诺(Jacopo Sansovino)设计,因此图书馆又以他的名字命名。建造时,雅各布·圣索维诺选择了一个狭的地带来修建,并采用了和总府邸一样的双层拱廊结构,高度略低。这个使用古典式柱子的长拱廊,简洁悠远,如今成了遮阴休闲的公共场所。

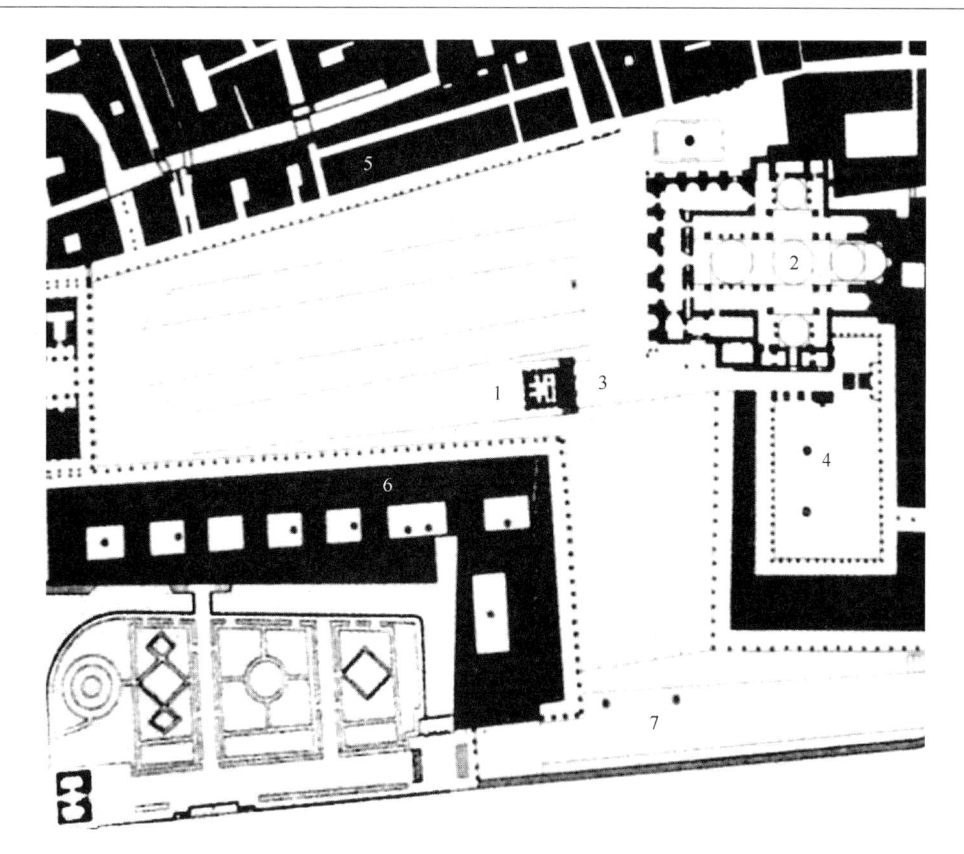

1. 钟塔 2. 圣马可教堂 3. 券廊 4. 总督府 5. 旧市政大厦 6. 圣马可图书馆 7. 石柱

图 6-46 圣马可广场平面图

图片来源：刘思捷．世界建筑一本通，2011

6.3.6 梵蒂冈·圣彼得大教堂广场(Vatican City State)

背景信息

圣彼得大教堂广场(图 6-52，见 271 页)位于梵蒂冈(Vatican City State)，周围主要建筑是圣彼得大教堂(Basilica di San Pietro in Vaticano)。圣彼得大教堂广场长 340 米、宽 240 米，面积约 3.36 公顷。圣彼得大教堂始建于公元 326 年，总面积 2.3 公顷，最多可容纳近 6 万人同时祈祷(见彩图 6-6)。

历史变迁

公元 326 年，圣彼得大教堂初建，为的是纪念圣徒彼得。彼得是耶稣的大圣徒，他在耶稣遇难后创建了基督教会。公元 1 世纪中叶，基督教由巴勒斯坦传入罗马，当时的罗马皇帝尼禄(Nero Claudius Drusus Germanicus)为了巩固政权镇压基督教，彼得作为基督教创始人被钉死于十字架上，死刑就是在教堂所在地执行的。然而信仰的力量促使基督教会越发强盛，至君士坦丁大帝时期，基督教的势力已经无法消灭，君士坦丁大地只好承认基督教的合法地位，并于公元 324 年在彼得的墓地建起了一座简易的小教堂，以表示对彼得的纪念。圣彼得广场在当时只是教堂前的一片不规则空地。君士坦丁大帝的儿子孔斯为进一步巩固皇权，将基督教定位国教，同时开始大兴土木，推翻原有的小教堂，建起了数倍规模的大教堂。

16 世纪前半叶(见图 6-53)，圣彼得广场形态几乎不变，但是圣彼得

□ 布拉曼特(1444—1514)

布拉曼特是意大利文艺复兴时期的建筑师，其作品小礼拜堂常被视为完美的文艺复兴式建筑。他常借古罗马建筑的形式来传达文艺复兴的新精神。

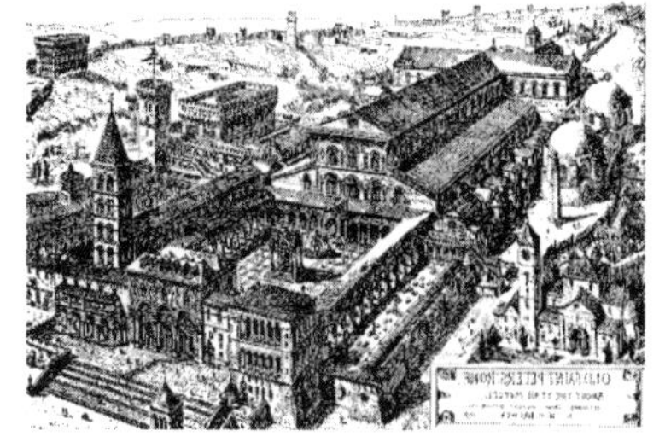

图 6-53 圣彼得大教堂广场，1450

□ 米开朗基罗(1475—1564)

米开朗基罗是意大利雕塑家、建筑师、画家和诗人“文艺复兴三杰”之一,以表现人物“健美”著称。

□拉斐尔・桑西(1483—1520)

拉斐尔是文艺复兴三杰中最年轻的一位,他的作品充分体现了安宁、协调、和谐、对称以及完美和恬静的秩序。

大教堂却经历了多次设计重建。1506—1626 年,教堂被完全推倒,这一工程历时 120 年,凝聚了布拉曼特(Bramante)、拉斐尔(Raphael)、米开朗基罗(Michelangelo)、贝尔尼尼(Bernini)等众多顶级建筑大师的智慧。1506 年朱里奥二世邀请布拉曼特主持教堂的设计与动工,然后施工刚开始 8 年朱立奥二世与布拉曼特相继去世。1514—1520 年拉斐尔接手并修改教堂方案,6 年后拉斐尔逝世,米开朗基罗于 1547—1564 年主持教堂建设,他没有完全摈弃前任建筑师的设计,而是吸取精华将教堂的罗马式的半圆形拱顶改成了拱廊式的大穹窿(后人称“米氏大圆顶”),由于工程浩大,当 17 年后米开朗基罗逝世时,穹顶只建造了鼓座。后因罗马战乱等原因,工程停滞。

16 世纪后半叶,圣彼得大教堂建设完工,教堂前的广场也因教堂的完成而升华。1586 年,由教皇希斯特斯五世(Sixtus V)和他的建筑师封丹纳(Fontana)主持完成了方尖碑的移置工程,这才使得圣彼得广场的空间具有了标志性,但此时的广场仍然是一个不规则、没有任何地面铺设的空场。

□ 贝尔尼尼(1598—1680)

贝尔尼尼是意大利著名的雕塑家与建筑家,也是巴洛克艺术风格的主要推动者,他所主持的装修工作给教堂增添了浓厚的巴洛克艺术色彩。

17 世纪,圣彼得广场由不规则转变为椭圆形。1620 年建筑师贝尔尼尼接任米开朗基罗主持完成了大教堂的建设。1659—1667 年,贝尼尼主持兴建了环绕广场的廊柱,并将圣彼得广场设计成巴洛克式。这使这块不起眼的开敞性场地,转变成一个通向圣殿的具有宗教精神的仪式性入口空间。同时,廊柱也使完善了教堂的外部空间。

20 世纪,圣彼得广场处新建了一条大道。这条大道建于 1936—1950 年。为了纪念墨氏与教皇皮厄斯十一世(Pius XI)在 1929 年签定的和约,大道被取名为协和大道(conciliar way)。协和大道一方面提供了强烈的纵向视野;另一方面,避免椭圆形广场的封闭感与完整性受到破坏。

园林特征

(1)布局

广场由三个相互连接的单元构成:列塔广场(Piazza Retta)、博利卡广场(Piazza Obliqua)以及东端的鲁斯蒂库奇广场(Piazza Rusticucci)。但一般认为前两者构成圣彼得广场(见图 6-54)。

列塔广场位于教堂正面,呈梯形,长边 118 米,短边 92 米,高 121 米,面积约 1.27 公顷。博利卡广场近似于椭圆形,由两个半圆及一个矩形组成,椭圆长轴 194 米,短轴 125 米,面积约 2.1 公顷。这两个广场合计 3.36 公顷,构成一个的宏大空间即圣彼得广场。

圣彼得广场被两个半圆形的长廊环绕,每个长廊由 284 根高大的圆石柱支撑,回廊高 8.6 米,四柱并列,人进其间,如入石林。回廊中间有一条车道,两边柱间可容三人并行。廊顶有平台,其四周为石栏杆,内侧的石栏杆上,塑有 140 尊姿态各异的白色圣男圣女巨石雕像(见图 6-54)。

广场中央,有一埃及方尖石柱,耸立于铸有四头铜狮的基石上,连同柱尖的十字架,总高 41 米。埃及石柱与南北回廊之间,各有一座 14 米高的圆形喷泉。两泉形近貌似,均分为上、中、下三层,泉水昼夜不停地喷向上空,再逐层下落,喷泉水击之声,全场可闻。石柱南北各有外白里灰的圆石一块,是两回廊的圆心。

(2)空间

广场与教堂共同确定了一条东西走向的主轴线,博利卡广场的椭圆形长轴线确定了一条南北走向的副轴线。广场地面图案上的八条放射

图 6-54 圣彼得广场鸟瞰

形轮辐以严格的几何关系指中心点。

博利卡广场的南北两个半圆被柱廊包围，柱廊由568根柱子构成，它们站立在四级台阶上，如同柱林，形成两个宏大的弧线。博利卡广场中部完全敞开，一侧通向教堂，另一侧通向鲁斯蒂库奇广场或城市。博利卡广场的中心点方尖碑是整个空间主轴线上的重要元素，一方面它与其两侧的喷泉加强了这一空间的长轴线，另一方面与教堂形成空间对应。

从博利卡广场内向教堂观看，列塔广场逐渐开放的两翼强化着教堂的气势。进入列塔广场，其交接处空间收缩，形成视觉停顿。但列塔广场的地面朝向教堂逐步抬高，抬高的节奏被教堂前的多级台阶加快，衬托教堂的庄严。而列塔广场的两个侧翼分叉通向教堂，一则淡化了地面竖向的变化，二则通过虚假透视弱化了高大的教堂立面。

(3)建筑

圣彼得大教堂的外观呈十字架造型，前后长、两侧短，主体建筑高45.4米，长约211米，最宽处达130米。教堂正面便是巴洛克式广场。教堂在君士坦丁初建时属希腊神庙式风格，后演变为罗马式和巴洛克式建筑风格。1870年以来的重要宗教仪式均在此举行。

图6-55 圣彼得大教堂

教堂的石构外表立面总高51米，采用的是科林斯柱式，从下到上依次为底座、壁柱、腰檐、顶楼、屋檐和雕像(见图6-55)。教堂顶部是采光亭，正中便是米开朗基罗设计的大圆顶。

图6-56 米氏大圆顶

米氏大圆顶直径有42.3米，周长71米，内部顶点高123.4米。圆顶的十字架顶尖距地面高达137.8米，这使得圣彼得大教堂成为罗马城最高的建筑(见图6-56)。在圆顶的环形平台上，可俯视教堂内部的大型镶嵌画，壁画和雕塑艺术，也可俯瞰梵蒂冈全景，甚至眺望罗马全城。

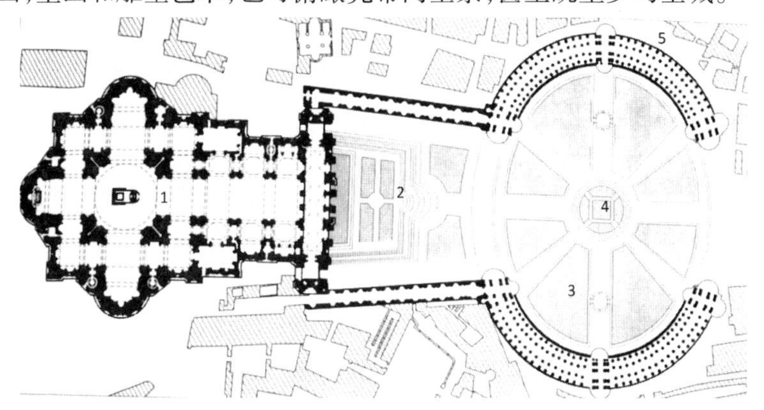

1. 圣彼得大教堂 2. 列塔广场 3. 博利卡广场 4. 方尖碑 5. 半圆形长廊

图6-52 圣彼得广场平面图

图片来源：刘松茯．外国建筑史图说，2008

6.3.7 古罗马·卡拉卡拉浴场(Thermae Caracalla)

背景信息

卡拉卡拉浴场(Thermae of Caracalla，或 Baths of Caracalla，图6-57，见273页)是一个位于罗马市中心边缘南部的古罗马公共浴场，建于公元212年到216年(卡拉卡拉统治罗马帝国期间)。整个浴场长375米，宽363米，占地面积为13公顷，主建筑占地面积3公顷，能同时容纳两千多人洗浴。

卡拉卡拉浴场主要有冷水浴室(frigidarium)、温水浴室(tepidarium)、热水浴室(caldarium)和蒸汽浴室(steam bath)组成,除了作为一组浴池,它还是一个娱乐休闲的场所,包括图书馆、体育场、花园、散步道、健身房等,是古罗马的综合性社公共交场所和娱乐场所(见彩图6-7)。

历史变迁

公元212年,卡拉卡拉浴场由罗马帝国塞维鲁皇帝(Severus)的长子卡拉卡拉(Emperor Caracalla)建造,并于公元216年竣工。当时罗马人住在拥挤的公寓房间,没有公共卫生设施,浴场就成了人们清洁的主要场所,除此之外,浴场还担任着社交、休闲的功能。卡拉卡拉浴场不仅是一个大型浴场,更是一个多功能休闲中心,并且内部装饰奢华精致,有大理石座椅、马赛克拼贴墙和无数喷泉雕塑。然而卡拉卡拉时期,出现了男女混浴的情况,引起了一些越轨行为,而且屡禁不止。特别是帝国晚期,主张禁欲主义的基督教在罗马兴起,他们更是无法容忍浴场里的糜烂之风。

终于在320年,劳迪塞主教(Clause)会议下令,禁止妇女去公共浴室,而圣约翰·克里索斯托姆主教(St. John Chrysostom)会议最终在四世纪末封杀了所有浴室。

公元537年,卡拉卡拉大浴场被东哥特人占领,供水管道遭战争破坏而停止使用,并逐渐被废弃。后因遭到地震袭击,整个建筑只剩下残垣断壁。

到19—20世纪,卡拉卡拉大浴场的设计被运用到许多大型建筑设计中。

园林特征

(1)*布局*

卡拉卡拉浴场占地13公顷,平面近正方形,成轴对称布局,浴场建筑位于广场中心(见图6-58)。

图6-58　卡拉卡拉浴场鸟瞰

方形广场外围由双层拱券围合,形成内部空间。整个浴场的西北面中心处为主入口。广场西南面与东北面设置完全相同,两面的后半向外凸出一个半圆形,里面有厅堂,演讲厅和休息厅,可容纳1600人。广场东南面正中是引水渠和水库,水库长度约为广场边长的二分之一,水库前有大台阶,台阶两侧为图书馆。

广场内部沿边界设有连续的廊柱,同时环有一圈人行道,靠近方形广场顶角的位置分布四个喷泉。广场中央便是浴场主体建筑,长228米,宽116米,高38.5米,占地面积约3公顷。在这个主要建筑中有一条横轴贯穿了冷水浴室和两侧的体育场,在纵轴则为冷水浴室(游泳池,见图6-59)、温水浴室(见图6-60)、热水浴室(见图6-61)等按照顺序依次排列,这就是卡拉卡拉浴场最主要的部分。

图6-59　冷水浴室

建筑正面(即东北面)均匀分布了4个入口,边缘2个入口通向前厅,中间两个入口通向更衣室。两个更衣室之间便是位于矩形浴场建筑纵轴起点的冷水浴室(游泳池)。建筑东南面与西北面对称,都设置了小厅,现用作会议室,东南面两侧设置健身房和大厅,中央与圆形热水浴场衔接。

热水浴室位于建筑纵轴线的末端,是所有浴室中最大的,长55.8米,宽24.1米,拱顶高度为38.1米。同样位于纵轴上的还有温水浴室和水道口。其中的温水浴室位于建筑中心,两侧依次对称布置着庭院、广场。水道口两侧为蒸汽浴室,面积相对较小。

图6-60　温水浴室

整个浴场内部空间都配有精美的壁画作为装饰。地下还设有锅炉房、仓库、奴隶和仆役休息室以及过道,以便奴隶和仆役们从过道到浴场各部分去服务。

(2)建筑

主体建筑是古罗马拱券结构的最高成就之一(见图6-62)。整个浴场的地面和墙壁都是用来自罗马帝国不同地区珍贵的彩色大理石铺嵌而成的,这些大理石的墙面上,还要饰以精美的图案、色彩和绘画。在浴场每个转弯处的上方,都立有一尊雕像。

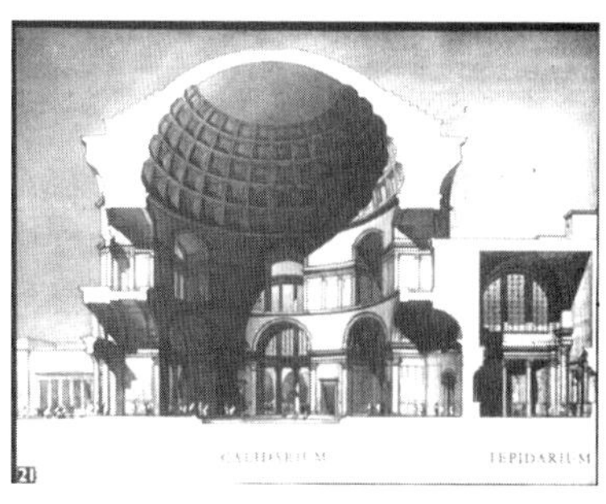

图6-61 热水浴室

其中热水浴室的规模和结构平衡体系完善,所有的拱券都用天然火山灰混凝土浇注,形成整体。热水浴室用三个十字拱覆盖,十字拱的重量集中在8个墩子上,墩子外侧有一道短墙抵御侧推力,短墙之间再跨上筒形拱,增强了整体刚性,又扩大了大厅。

图6-62 卡拉卡拉浴室主体建筑

浴室的穹形屋顶都由玻璃覆盖,以便采光,四面的窗子宽大透亮,以确保阳光在白天的任何时候都可以照射进来,这样不仅使浴室内部光线更加明亮,而且还可使人们在享受冷水浴、温水浴和热水浴时,同时也能享受到太阳浴。

(3)绿地

浴场内部环绕主体建筑的是几何式草坪绿地(见图6-63)。整块绿地呈对称式布局,被多条垂直相交的道路分割成若干矩形绿地,每块绿地都由修剪整齐的灌木作为镶边,同时等距分布球状灌木形成序列。整个绿地的四个角落规则地种植四棵大乔木和八棵小乔木。

图6-63 浴场建筑周围几何绿地

位于浴场主建筑东北面的绿地被道路分割成十六块矩形绿地,且沿建筑的轴线对称布置。建筑的四个入口都有宽敞的道路穿过绿地将人引导过来,位于建筑两端的入口道路两侧都摆放着六座立柱式雕塑,刚好位于矩形绿地的端点,作为视线的引导,增强轴线感。

位于建筑西北面和东南面的绿地格局相同,且都呈中心对称,被道路分割成两块大矩形绿地和四块小矩形绿地。中心两块大矩形绿地中间有一个圆形喷泉广场。位于建筑西南面的绿地面积较大,但仍然延续整体的几何格局。

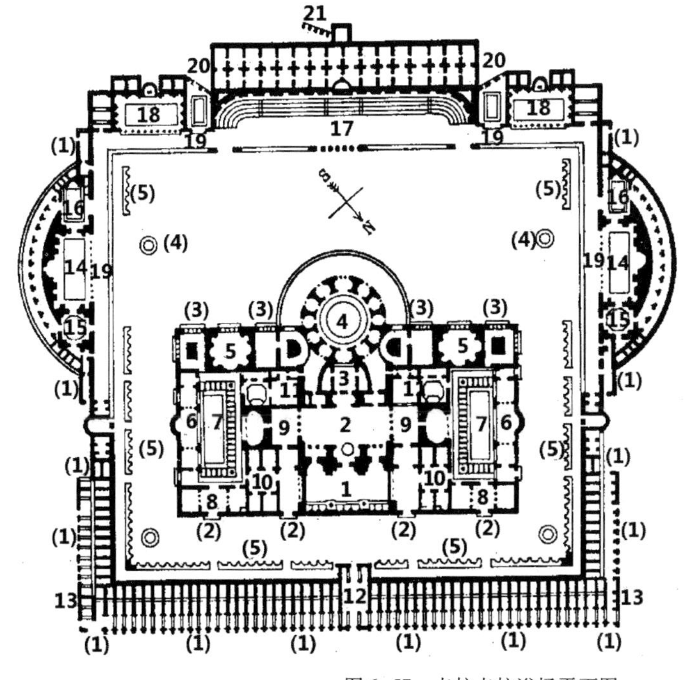

1. 冷水浴室(游泳池) 2. 温水浴室
3. 水道口 4. 热水浴室
5. 休息厅 6. 会议室
7. 体育场馆 8. 前厅
9. 室外运动场 10. 更衣室
11. 蒸汽浴室 12. 主入口
13. 商铺 14. 健身馆
15. 水池 16. 会议室
17. 大台阶 18. 图书馆
19. 人行道 20. 水库
21. 引水渠
(1)拱圈 (2)浴场入口
(3)商铺 (4)喷泉
(5)廊柱

图6-57 卡拉卡拉浴场平面图

图片来源:www.bible-history.com

6.3.8 英国·沃克斯霍尔花园(Vauxhall garden)

背景信息

图 6-65 沃克斯霍尔花园鸟瞰

沃克斯霍尔花园(图 6-64,见 276 页)位于英国伦敦泰晤士河南岸,面积约 4 公顷,始建于 13 世纪,于 17 世纪中叶对外开放。花园原名为新春花园(New Spring Garden),1728 年改名为沃克斯霍尔花园(Vauxhall garden)。

沃克斯霍尔花园向伦敦各阶级的人开放,它集中了当时最流行的文化娱乐方式,成为 17-19 世纪英国伦敦顶尖的公共娱乐场所(见图 6-65)。

历史变迁

13 世纪时,沃克斯霍尔花园只是约翰王(King John)的雇佣兵所建的房子,后来被英王爱德华(Prince Edward)占据,其后屡易其主。1539 年沃克斯霍尔花园成为坎特伯雷大教堂的分协会,不久教堂变成公共财产,沃克斯霍尔花园这块土地的主人也无从追寻。

□ 塞缪尔·佩皮斯(Samuel Pepys)

塞缪尔是沃克斯霍尔花园历史上唯一一位来访后留下史料的人,他曾经多次来访该花园并将游记写入日记,因此他是沃克斯霍尔花园最好的见证者。

16—17 世纪,早在娱乐性花园开放之前泰晤士河南岸就是一片生机勃勃的景象,这里有众多住宅、泊船的院子、蔬菜农场等,以至于在沃克斯霍尔花园开放之前有两个名为“春花园”的娱乐性花园,后人用“新”“旧”春花园来区分。据说沃克斯霍尔花园在 1660 年王政复辟之前就已经开放,而最早明确提到新春花园的是塞缪尔·佩皮斯(Samuel Pepys),他在日记中提到 1662 年 5 月 29 日来访新春花园。

图 6-66 1744 年的沃克斯霍尔花园

18 世纪,沃克斯霍尔花园成为英国伦敦一流的文化娱乐场所。当时著名的学者约翰·巴雷尔(John Barrell)在时代文学增刊上指出了沃克斯霍尔花园的文化价值:“泰晤士河畔的沃克斯霍尔花园为伦敦人和来访的游客提供了长达 200 年的娱乐空间。”1732—1786 年为沃克斯霍尔花园的全盛期(见图 6-66),当时该花园主人为乔纳森·泰尔(Jonathan Tyers),他是著名的地产开发商、导演、艺术赞助商,也是大众餐饮、户外灯光、广告、后勤服务等的先驱人物。沃克斯霍尔花园是乔纳森·泰尔(Jonathan Tyers)所经营的一项高利润高风险的投资——入园无需收费,仅仅通过酒水餐饮费用维持花园的经营。他将新春花园改名为沃克斯霍尔花园,并于 1732 年对花园重新规划,1735—1750 年在花园内建起了建筑群,为来访宾客提供住宿,也为音乐会、艺术家们提供活动场所。当时的沃克斯霍尔花园成为现代英国音乐、绘画、雕塑和建筑的摇篮。1786—1822 年该花园由盛转衰。19 世纪初花园仍然吸引着伦敦各个阶层的人,来访人数达到历史最高,此时入园已经开始收费。然而花园内浪漫的约会小径、众多娱乐项目(包括走钢丝、热气球、音乐会以及烟火等)、异域风情的建筑(洛可可式的“土耳其帐篷”、中国风的建筑等)以及精致的雕塑绘画仍然吸引着形形色色的访客。

到了 19 世纪中期,沃克斯霍尔花园迎来了致命的打击。随着伦敦的城市扩张、人口激增以及新型娱乐方式的到来,沃克斯花园逐渐被人遗忘。1840 年,花园主人破产导致花园关闭,虽然 1841 年又重新开放,但是好景不长,花园在 1859 年彻底关闭。

园林特征

(1)布局

沃克斯霍尔花园西面为泰晤士河,南面紧邻肯宁顿小道,东面为绿地(图上不详),北面紧邻隆尼斯小道。

17世纪花园刚刚开放时平面为正方形(见图6-67),四周是绿树围合,主入口位于花园西面。花园中有两条十字相交的道路,两侧种满了榆树,两条道路相交处为一圆形绿地,面积约0.7公顷。

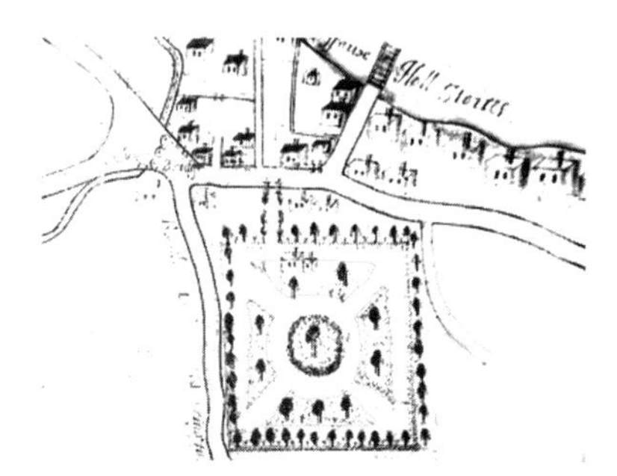

图6-67　1661年新春花园平面布局

18世纪中期花园呈矩形(见图6-68),面积约为4公顷,花园以绿地为主,建筑只作为点缀,并集中在花园中心绿地。花园主干道十字相交,道路系统呈网格形态将花园分割成若干矩形绿地,其中花园中央偏西的绿地为果园,是花园内主要活动场地,这里分布了主要的建筑、构筑物和雕塑。

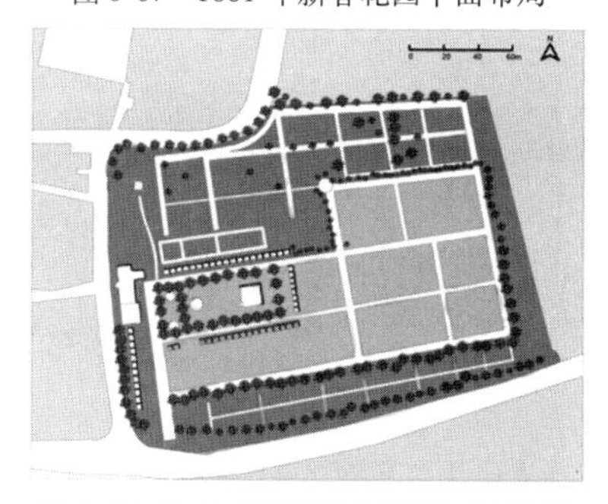

图6-68　1741沃克斯霍尔花园平面布局

19世纪中期,花园道路格局不变,此时的中心果园内部从西向东依此分布着帐篷式构筑物、演奏厅和土耳其帐篷。果园(见图6-69)南面绿地增加了一个名为亨德尔的半圆形广场,北面增加了一个近半圆形的中式廊道构筑物和一个大型的圆顶建筑,该建筑后来成为花园内主要的室内活动空间。

图6-69　果园

经过两个世纪的演变,沃克斯霍尔花园产生了三方面的变化。首先,随着入园人数的增加,沃克斯霍尔花园中的建筑数量和规模都扩大了,广场数量也增加了。其次,花园更注重自然风景的打造,大面积种植树林、果林。第三,花园在细部装饰上更加精致,处处摆放雕塑、喷泉等点缀花园。整个花园成为一个精雕细琢的公共娱乐艺术园。

(2)建筑

主人的居住别墅(见图6-70),它是仅有的几座经过无数改造但是仍然保留下来的建筑。建筑为三层楼房,内部有大型的舞会场所和贵宾客房。别墅西面临街,东面正对花园景观主轴和中心果园。该景观轴线长约275米,两侧用高大的榆树增强景观轴线的引导性,轴线尽端以欧若拉(Aurora)雕像作为对景。

图6-70　沃克斯霍尔花园别墅入口

音乐演奏厅分为室外演奏亭(见图6-71)和手风琴馆两部分。室外演奏厅是一个八角形建筑,直径6米,高7.6米,分为上下两层,两层之间由廊柱支撑。下层是一个由8个拱门围合而成的八角形空间,外围有低矮的围栏。上层为休息区,设置了大约可以容纳30位音乐家的座椅。手风琴馆为室内演奏场所,当室外受天气影响无法展开演奏活动时,音乐会就在手风琴建筑内部进行。整个音乐演奏厅建在花园中心的果园区,如同生长在树林草地中,当音乐响起,人们仿佛徜徉在大自然中。

大圆顶建筑(见彩图6-8),该建筑位于景观主轴的北面绿地中,1758年由约翰道森(John Dawson)建造,面积约为0.2公顷,当时只是一座三层小楼房,到了19世纪成为该花园娱乐活动的主要场所,如举办晚宴、化装舞会、娱乐节目等。该建筑于1848年被大火烧毁,后修复。

(3)构筑物及雕塑小品

中式廊道(见图6-72),位于景观主轴北侧,呈半圆形,廊道一侧为墙面,墙面挂满绘画,另一面由装饰精美雕刻繁复的立柱支撑,其中穿插三个中式寺庙构筑物。廊道内部设置座椅,游客可坐在其中欣赏风景。由

图6-71　花园中心绿地的演奏亭

图6-72　中式廊道构筑

廊道围合而成的半圆形草坪空间上点缀几棵乔木，丰富了中式廊道的立面轮廓。

胜利之门（见图6-73），位于果园南面的南大道上，是一群雕刻精美的拱形大门，它们等距排列在南大道上，形成强烈的透视，且具有框景作用。当游客有西向东行走，视线透过大拱门可看见巴米亚废墟的图画。胜利之门掩映在南大道两侧高大的乔木之中，强化了南大道的景观引导性，弱化了构筑物的人工痕迹。

图6-73　胜利大拱门

亨德尔广场（见图6-74），位于南大道南侧，是一个由半圆形廊道围合而成的空间，其中心放置了一个名为罗比利亚克的雕像。半圆形廊道一面为立墙，墙面装饰着当时著名的绘画，另一面为立柱，类似于中式廊道的结构，其中也摆放座椅供游客喝茶、赏景、交谈。廊道中心为一座刻有雕塑拱形大门，半圆形两端为两个对称的圆顶构筑物。整个广场向南大道开放，却又由列植的大乔木分割，与道路空间既融合又分离，使坐在广场中的人可以安心的欣赏中心果园和胜利之门。

图6-74　亨德尔广场及其雕塑

【延伸阅读】

[1] 周维权. 中国名山风景区[M]. 北京：清华大学出版社，1999.

[2] 陈志华，李玉详. 楠溪江中游古村落[M]. 北京：生活·读书·新知三联书店，1999.

[3] 田家乐. 峨眉山与名人[M]. 北京：旅游教育出版社. 1997.

[4] 陈志华. 外国古代建筑史：十九世纪以前[M]. 北京：中国建筑工业出版社，1985.

[5] 张祖刚. 建筑文化感悟与图说·国外卷[M]. 北京：中国建筑工业出版社，2008.

[6] 刘华彬. 西湖风景建筑与山水格局研究[D]. 浙江农林大学，2010.

[7] 吴薇. 扬州瘦西湖园林历史变迁研究[D]. 南京林业大学，2010.

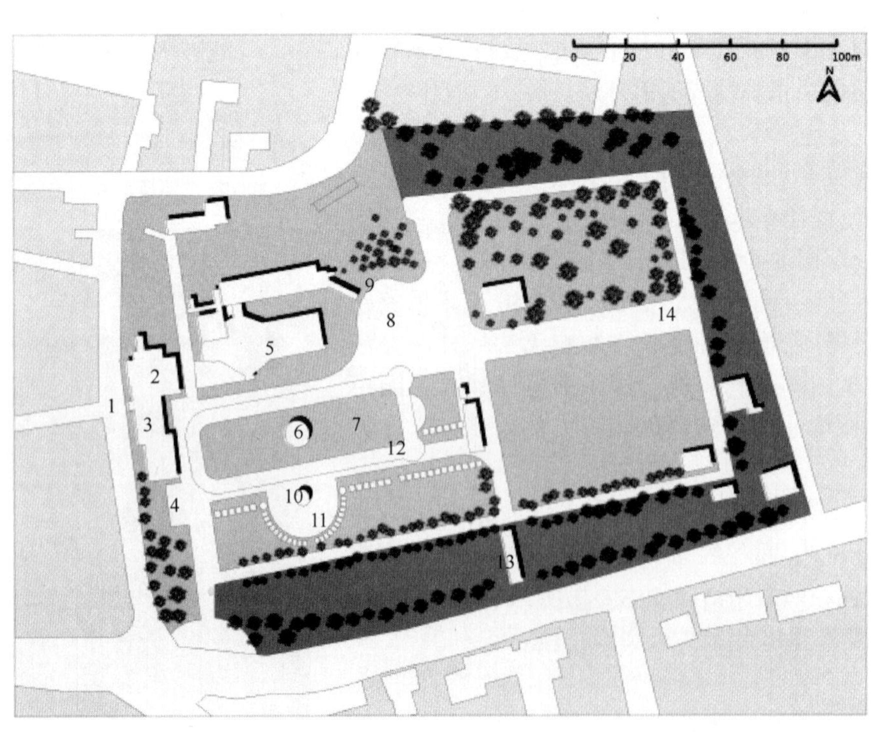

1. 沃克斯霍尔花园入口
2. 沃克斯花园别墅
3. 弗莱德里克王子纪念亭
4. 哥特式喷泉广场
5. 圆顶大厅
6. 演奏厅
7. 土耳其帐篷
8. 沙龙广场
9. 中式寺庙建筑
10. 罗比利亚克雕塑
11. 亨德尔广场
12. 胜利拱门
13. 阿波罗雕像
14. 欧若拉雕像

图6-64　1850年沃克斯霍尔花园平面图

7　中外现代园林的变革与探索（1800s—1940s）

19 世纪至 20 世纪初期，新社会制度的建立及工业城市形态的形成，使欧洲传统园林的使用对象和方式发生了根本变化，开始向现代园林转化，这期间园林变革主要体现在城市公园运动、工艺美术运动以及新艺术运动的主张和实践上。其中城市公园运动源于浪漫主义者对自然风光的向往及政府治理城市化带来的卫生环境问题所采取的手段；发源于英国的“工艺美术运动”（The Arts & Crafts Movement）及产生于比利时和法国的“新艺术运动”（Art Nouveau）则是对现代主义艺术的探索和准备。

18 世纪中叶，工业革命的发展导致农村人口大量向城市聚集，基础设施的缺乏使城市居住环境开始恶化。为缓和社会矛盾，英国政府开始关注公共空间与大众健康之间的关系，部分皇家宫苑和私园开始对公众开放。法国、德国等其他国家也效仿英国开始建造一些开放的城市公园。美国则在 19 世纪中叶开始了长达半个世纪的城市公园运动（The Urban Parks Movement），并由奥姆斯特德开创了现代风景园林（Landscape Architecture）学科体系。此外，城市公园思想随着西方国家殖民活动传入亚洲地区，引发了亚洲现代园林的变革。

“工艺美术运动”与“新艺术运动”是源于 19 世纪中后期对工业化的再思考，以英国的拉斯金（John Ruskin，1819—1900）和威廉·莫里斯（William Morris，1834—1896）为主要倡导者。“工艺美术运动”在园林的装饰上反对矫揉造作的维多利亚风格和古典主义复兴，提倡哥特式风格和中世纪风格，并主张向自然学习，园林的重心也从城市公园的建设转向庭园设计，因此面积较大的园林作品不多。“新艺术运动”是从“工艺美术运动”中演化而出，与工艺美术运动相比，它以更积极的态度解决工业化进程中的艺术问题。1925 年举行的巴黎国际现代工艺美术展对园林设计领域思想的转变和事业的发展，起了重要的推动作用，成为现代园林发展的里程碑。

19 世纪至 20 世纪初期，园林的发展既开始兴起城市公园的民主意义，也开始反叛古典主义传统，但并未产生严格意义上的现代园林设计，属于现代主义之前的探索与准备。这期间的园林作品既有出自园林师、也有出自建筑师之手，对于规则式与自然式的争辩则从一个侧面推动着园林设计风格的不断变化和发展。特别是新艺术运动中的格拉斯哥学派、青年风格派、维也纳分离派，及后来出现的德意志制造联盟，他们以雅致的直线与几何形状作为主要设计形式，摆脱了单纯的装饰性，向功能主义方向发展，成为现代主义中“风格派”和“包豪斯学派”的基石，这些设计师成为联系新艺术运动与现代主义运动的关键因素，他们的探索为日后的现代园林奠定了形式的基础。

7.1 欧美地区

7.1.1 英国

19 世纪下半叶以来,随着英国工业革命的完成以及城市化的发展,公共空间的缺乏与城市的急剧扩张隔绝了城市与自然。城市规模的扩大导致生存环境日益恶化:交通拥挤,缺乏卫生设施,环境脏乱等恶劣条件极大地影响了居民的健康。19 世纪英国霍乱所导致的数万生命的死去使人们开始关注公共空间与大众健康之间的关系。19 世纪 30 年代英国政府任命皇家委员会调查处理公共空间问题;1835 年议会通过私人法令动用税收兴建城市公园;1838 年的报告则强调必须留出足够的开放空间,并允许动用税收完善城市基础设施。

□ 1877 年英国伦敦制定的《大都市开放空间法》(Metropolitan Open Space Act)最早提出具有现代意义的开放空间概念。而 1906 年编修的《开放空间法》(Open Space Act)则定义开放空间为:任何围合或是不围合的用地,其中没有建筑物,或者少于 1 /20 的用地有建筑物,其余用地作为公园和娱乐场所,或堆放废弃物,或是不被利用的区域。

从 19 世纪 40 年代开始,英国出现了一场城市公园的建设热潮。1844 年,由约瑟夫·帕克斯顿(Joseph Paxton 1801—1862)设计的利物浦伯肯海德公园(Birkinhead Park)是"私人法令"颁布后根据法令兴建的第一个公园,也是世界造园史上第一座真正意义上的城市公园。除了各地开始新建的城市公园外,过去的许多私家园林也开始向公众开放,或者被改造为城市公园。如伦敦的海德公园、圣詹姆斯园、绿园等,这些公园规模宏大,而且连成一片,成为城市公园群,对城市环境的改善起到重要作用。这时期兴建、改造的公园大多延续了 18 世纪自然风景园林样式,人们可以在树林草地上尽情享受自然。

□ 园艺发展与植物园——园林的发展促进了园艺水平的提高;园艺的发展则丰富了园林的景色,并影响到园林的类型和样式。英国人对植物和园艺的兴趣由来已久,为了促进园艺和植物学的研究,英国在 1804 成立伦敦园艺协会,负责为英国收集和培育国内外植物品种。英国的植物收藏家们不断收集到新的植物品种,不断研究发现植物栽培的新技术。为了收藏日益增多的植物品种,还成立了著名的皇家植物园。

1870 年底,英国人对工艺美术产生了强烈的兴趣,在评论家约翰·罗斯金(John Ruskin)和设计师威廉·莫里斯(William Morris 1834—1896)的影响下兴起了工艺美术运动,并推动了庭园的设计建设。约翰·罗斯金针对水晶宫工业化做出批评、反对,并提出师承自然等若干准则,成为工艺美术运动的理论基础。威廉·莫里斯设计的红屋庭园则采用自然布置,把罗斯金的思想付诸实践,最终成为工艺美术运动的奠基人。这时期以威廉·罗宾逊(William Robinson 1838—1935)、格特鲁德·杰基尔(Gertrude Jekyll 1843—1932)、路特恩斯(Edwin Lutyens 1869—1944)为代表的园林设计师则将工艺美术的简约、高雅、自然等元素反应在其园林作品中,推动了工艺美术运动中花园风格的发展(表 7-1)。

□ 维多利亚时期(1837—1901 年)建筑与园林形式追求装饰风格的繁琐与矫饰,然而 1851 年约瑟夫·帕克斯顿水晶宫以简单的玻璃和铁架结构,巨大的阶梯形长方体建筑开辟了建筑形式的新纪元,展现了工业设计的开始。

表 7-1　英国早期现代园林代表案例列表

基本信息	园林特征	备注	平面示意图
伯肯海德公园(Birkenhead Park) 时间:1844 年 区位:英国利物浦 规模:50 公顷 设计师:帕克斯顿	理念:人车分流 布局:横穿公园的马路将其分为南北两部分,可供马车形行驶的道路成为公园的主环路 其他:公园就地形开挖"上湖""下湖"两个水域,挖水土方堆成地形;公园绿化以疏林草地为主;高大乔木沿马路与湖区布置;建筑为"木构简屋",采用本土材料	1844 年设计,1847 年建成开放,从 1878 年到 1947 年进行多次修缮,公园总体格局始终不变;是世界园林史上第一个兴建的城市公园	

续表

基本信息	园林特征	备注	平面示意图
水晶宫 (Crystal Palace) 时间:1851年 区位:英国伦敦 规模:7公顷 设计师:帕克斯顿	风格:摒弃古典主义的装饰风格,展示出轻、光、透、薄的工业化美学质量 布局:总长564米,宽125米,房顶面积10万平方米,共用去3300根铁柱,铁梁2300根,玻璃9.3万平方米 其他:位于伦敦海德公园,作为万国工业博览会展厅	是第一个标准预制装配起来的大型建筑,于1851年完成。同年10月,万国工业博览会结束后水晶宫移至伦敦南部的西得汉姆,并以更大的尺寸重新建造。1854年由维多利亚女王主持向公众开放,1936年11月30日毁于火灾	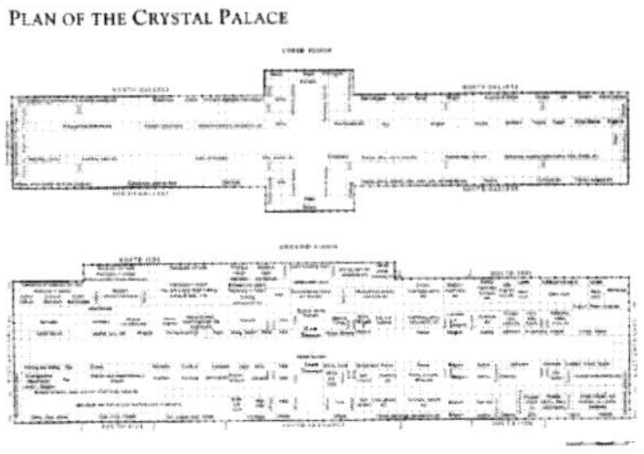 PLAN OF THE CRYSTAL PALACE
海德公园 (Hyde Park) 区位:英国伦敦 规模:160公顷 设计师:德西穆伯顿	布局:海德公园有三条从东南方向进入的路线——左边是比较宽广的Rotton Row,许多社交名流会在此游乐骑马;另一条延伸到东北的Park Lane,高级大饭店和住宅林立;往北方有著名的演讲角(Speaker's Corner)。在海德公园的南端有骑兵营;公园里还有著名的皇家驿道,道路两旁巨木参天,整条大道像是一条绿色的"隧道"。园内还有一座维多利亚女王为阿尔伯特王子所建的纪念碑	前身为皇家猎苑,1820年代建筑师德西穆伯顿(Decimus-Burton)改造设计布局基本保持至今;1851年举办万国工业博览会;19世纪末与摄政公园、圣.詹姆斯园、肯辛顿公园、绿园形成伦敦庞大的城市公园群	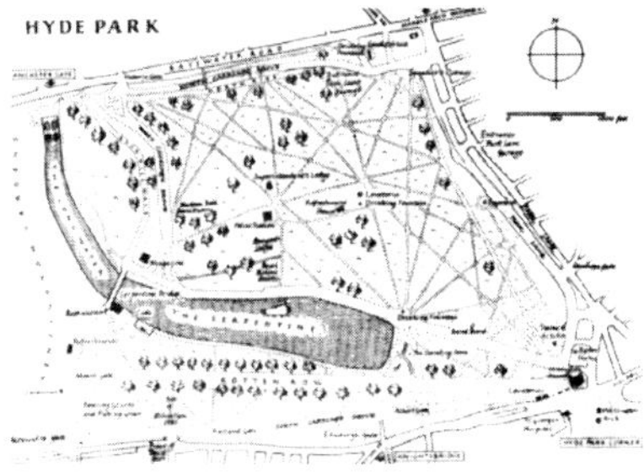 HYDE PARK
邱园(The Royal Botanic Garden) 时间:1759年 区位:英国伦敦 规模:121公顷 设计师:威廉·钱伯斯	布局:中国塔透景线、塞恩透景线和雪松透景线3组透景线与布罗德路、樱花路和冬青路、山茶路4条景观路线结合,构成首尾相连的三角形,形成园林的骨架 其他:1. 邱园内设有26个专业花园和6个温室园,其中包括水生花园、树木园、杜鹃园、杜鹃谷、竹园、玫瑰园、草园、日本风景园、柏园等。2. 邱园有40余座古老而富有特色的建筑,其中温室建筑占据着重要的地位。3透景线规划为为宽阔的草坪大道,两侧为各种高大的乔木	1804年英国成立皇家园艺协会,收集培育国内外植物品种,并建立起这座植物园;1759年兴建作为皇家植物园,1840年,邱园被移交给国家管理,并逐步对公众开放。1844年斯姆斯.伯顿(Decimus Burton)设计棕榈温室;1852年兴建睡莲温室;1853年兴建标本馆;1879年建成真菌标本馆	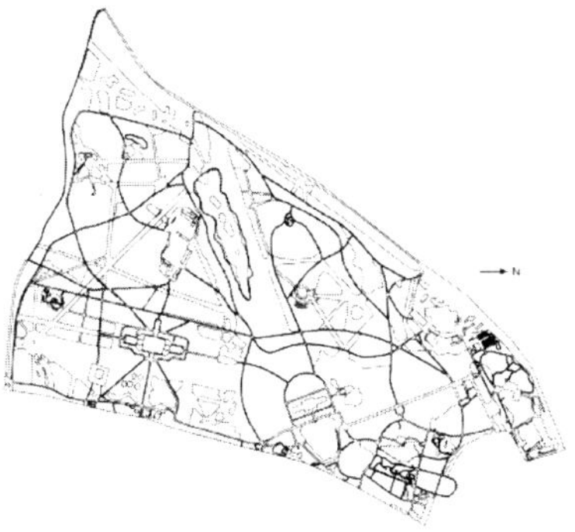
摄政王公园 (Regent Park) 时间:1812年 区位:英国伦敦 规模:166公顷 设计师:约翰·纳什	布局:总体呈五环形,最里面由许多花丛花坛组成;第二环是大草坪;第三环由一圈圆柱围成,以粗绳相连;第四环为花镜,第五环为高大的树篱;此外,公园北边是伦敦动物园 其他:1. 玫瑰园拥有三万多株、四百多种珍品玫瑰,既有最新的优秀品种,也有传统玫瑰;2. 全园中心挖湖泊,水边种植杨柳,此外园中还有运动场、儿童游艺场、露天剧场等	1812年建筑师约翰·纳什(John Nash)提交大胆方案,并得到部分实施;1828年德斯姆斯.伯顿(Decimus Burton)设计动物园(第一个现代化动物园),1935年向公众开放为城市公园	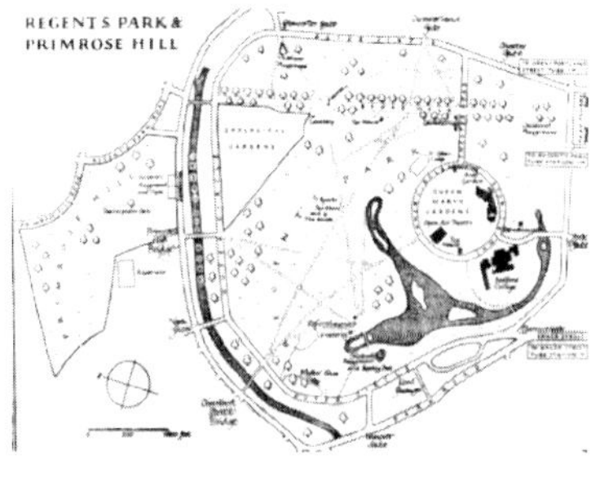 REGENTS PARK & PRIMROSE HILL
格拉维提庄园 (Gravetye Manor) 时间:1898年 规模:14公顷 设计师:威廉·罗宾逊	理念:受英国乡村园林影响以及对自然的热爱,采用不规则设计,种植大量野生植物 其他:庄园曾被66公顷的田野、森林所环绕,自然环境优越;庄园内于榛树和栗子间隙种植仙客来,水仙等,庄园边缘种植日本海葵和蒲苇等	罗宾逊在此居住50年,他死后庄园归林业委员会并一直处于荒废状态,直到1958年被改造为酒店;格拉维提庄园是罗宾逊自然式园林庭园主张的实践,推动了工艺美术运动的发展	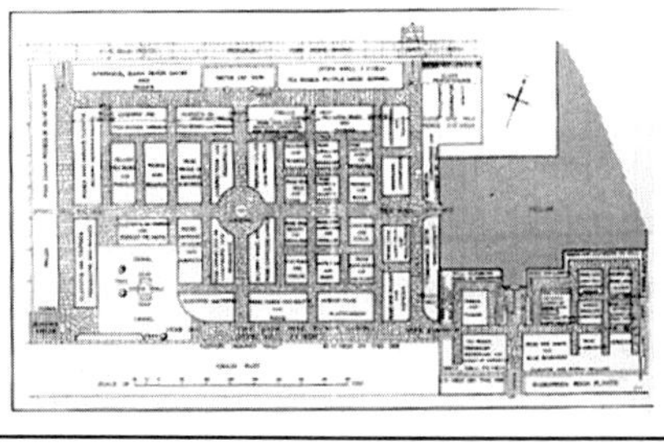

续表

基本信息	园林特征	备注	平面示意图
红屋 时间:19 世纪下半叶 区位:英国伦敦郊区肯特郡 设计师:威廉·莫里斯	理念:建筑本身以及室内外设计都进行统一考虑,风格统一 风格:庭园中草坪、灌木丛、藤本植物和凉亭等元素与建筑的红砖相得益彰 布局:采用非对称的布局 其他:红屋是英国哥特式和传统乡村式建筑的结合,摆脱了维多利亚时期建筑特点,以功能需求为首要考虑,自然、简朴、实用	红屋是工艺美术运动时期的代表性建筑,推动了工艺美术运动的发展	
曼斯特德·伍德花园(Munstead Wood Garden) 时间:1896 年 区位:英国戈德尔明(Godalming) 规模:15 英亩 设计师:格特鲁德·杰基尔	理念:庭园、建筑和自然的结合 布局:房屋呈倒 U 型,用料和道路铺装选用当地砂岩和片岩 其他:花境中的植物一反规则式的种植模式,彼此混杂。植物丛的边界是模糊的;林地花园用大的杜鹃装饰林间小路,在白桦、栗树、橡树林隙中种植蕨类,百合和堇菜属植物;房子的南边种植了中国玫瑰、迷迭香、八仙花;北边用盆栽的玉簪花、蕨和百合装饰地面,墙上爬满了铁线莲	杰基尔最初的两本书《森林花园》《家和花园》写的也都是曼斯特德·伍德花园的植物配植	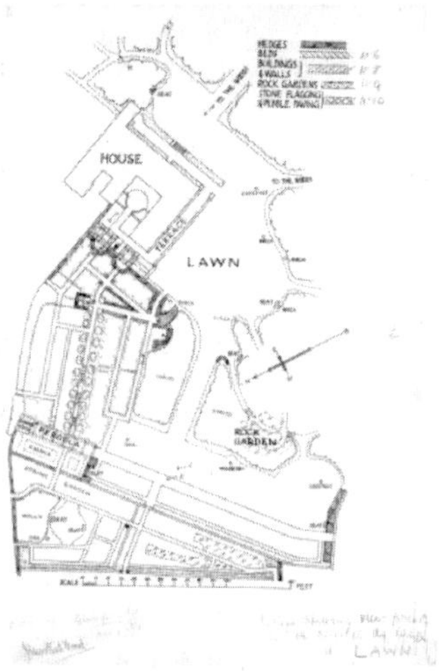
山城公园(Townhill Park House Gardens) 时间:1912 年 区位:英国南安普顿 规模:3. 5 公顷 设计师:格特鲁德·杰基尔	理念:长廊周边植物的配置、药草园植物的搭配、花境的色彩以及用石墙壁拢构成下沉式庭院 布局:由一个壮观的庭园和一个树木园构成 其他:山城公园包括草本花境、香草花园、玫瑰园等,以常绿杜鹃、落叶杜鹃和山茶闻名	由杰基尔和鲁提尼合作设计;1897 年,山城农场被塞缪尔·蒙塔古购买,1912 年进行改造。1997 年,山城公园开始重新修复植物种植,2005 年完成	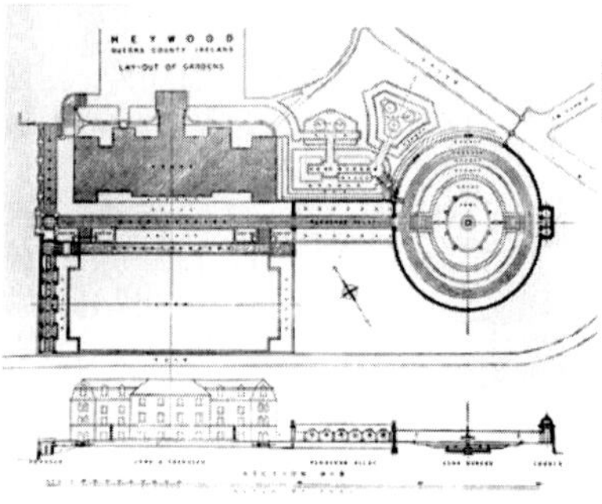
领主府邸花园(Manor House) 时间:1908 年 规模:1. 8 公顷 设计师:格特鲁德·杰基尔	理念:简洁、自然、清新;功能合理;强调自然材料的运用 布局:房屋东边是规则式庭园,采用几何式设计,没有弯曲的曲线,由玫瑰园、保龄球场和网球场三部分构成;房屋西侧是自然式庭园,路的两边种植普蔓生的各种玫瑰,前边有一个小水塘,接近水塘的地方有核桃树、小灌木和各式野花。玫瑰园的边缘设计了典型的草本花境。两个球场的边缘用紫杉和草本花境围合,树篱的外边有果园、菜园、苗圃	1984 年人们按照杰基尔当年的设计图,从不同的苗圃订购了草花的种子和灌木,精准地修复了庭园	

造园师及园林思想

(1)约瑟夫·帕克斯顿(Joseph Paxton,1803—1862)

约瑟夫·帕克斯顿是英国著名的园丁、作家和建筑工程师,1803 生于贝德福德郡,父亲是一位农场主,受父亲的影响,他最终成为一位园艺师。1826年,德翁歇尔公爵任命他为庭园总管负责查兹沃斯园,1851年他因为水晶宫的设计建造一举成名。

帕克斯顿注重将规则式的庭园与不规则式的庭园合为一体,在他众多的庭园设计中水晶宫是其中最典型的一例。受王莲叶子纵横呈环形交错径脉的灵感,他创造了新型温室并形成新的建筑理念。在建造的查丝华斯温室时,用铁栏和木制拱肋为结构,用玻璃作为墙面。他发现建筑除了简洁明快的功能之外,建筑构件可以预先制造,不同构件可以根据建筑大小需要组合装配,这样的建筑成本低廉,施工快捷。这一独特的构造方式也赢得了建筑业和工程业领域的赞誉。

(2)威廉·罗宾逊(William Robinson,1838—1935)

罗宾逊是爱尔兰园林师和园艺作家,自然园林风格的主要倡导者,被称为"英国花园之父"。19世纪下半叶他的著作和园林实践对英国园林的发展起到了重要的推动作用,开创了以多年生草花为主的"英国花卉庭园"。其生平主要的园林作品有野花园(wild Garden)和格拉维提庄园(Gravetye Manor)等。

罗宾逊在三十多年间出版了大量的文章与论著,在英国造园界掀起了一场革命,引导园林师走向更不规则、更自然的造园之路。1861年罗宾逊在摄政公园里工作;1869年他在《法国园林拾遗》一书中批评法国园林流于形式,并对园中的自然式亚热带花坛大加赞赏;后来创立《花园》(The Garden)和《造园》(Gardening,1879年创)两本周刊;1883年出版《英国花园》(the English Flower Garden)(见图7-1);1899年到1905年间创立《Flora and Silva》周刊;1911年出版《格拉维提庄园》(Gravetye Manor or Twenty Year's Work Round on Old Manor House)。在这些著作与文章中他主张完全抛弃规则大花坛,以独特的方式运用各种植物花卉。他强调园中植物品种的多样性,以及植物品种对土壤和气候的适应能力,支持运用开花的多年生植物,反对一年生草本花坛。随着英国劳动力的日益缺乏和训练有素的园丁逐渐稀缺,加上园林的维护费用不断减少,罗宾逊的观点越来越受到人们的重视。

图7-1　《英国花园》(the English Flower Garden)

(3)威廉·莫里斯(William Morris,1834—1896)

威廉·莫里斯是英国拉斐尔前派画家、手工艺艺术家、设计师和社会主义者,被誉为"现代设计之父"。1834年3月24日莫里斯出生于伦敦瓦瑟斯多一个富裕的资产阶级家庭,就读于牛津大学埃克塞特学院,在那里他受到约翰·罗斯金的影响,提倡重实践的工艺运动,他亲自设计工坊,制作纺织品、彩色玻璃、家具等。

莫里斯庭园设计的观念是从整体上进行设计,在自然中吸收元素,而不是照搬自然界。随着深入研究中世纪艺术和设计以及受到约翰·拉斯金学说的启发,他决定复兴已经几近被工业革命摧毁的手工业传统,大力宣扬手工劳作,并要求推翻矫揉造作的设计风格。他认为只有复兴哥特风格和中世纪的行会精神才能挽救设计,保持民族的、民俗的、高品位的设计。对于他来说,庭园等设计唯一可以依赖的就是中世纪的、哥特的、自然主义这三个来源。其设计的红屋为工艺美术的全面发展奠定了基础。

(4)格特鲁德·杰基尔(Gertrude Jekyll,1843—1932)

格特鲁德·杰基尔(见图7-2)出生在一个艺术世家,在伦敦艺术学校求学期间认识了许多工艺美术界的朋友,之后投身园林设计行业。她

图7-2　格特鲁德·杰基尔

一生设计了约四百多座花园,大多在战争中毁坏。但她留下了关于园艺学的若干著作和几百篇论文与照片集。1899 年到 1901 年杰基尔出版的《Wood and Garden》《Home and Garden》《Wall and Water Garden》对英国的园艺事业影响深远。

在造园艺术领域杰基尔作出了巨大的贡献:第一,她将艺术与花园设计紧密地联系在一起,实现了园艺栽培的艺术化。第二,通过与建筑师路特恩斯(Edwin Lutyens)的合作确立了规则式布局自然式种植的花园设计形式,从而平息了建筑师和园艺师之间旷日持久的纷争——花园应由谁来主导设计的话题。

杰基尔的园林设计已经摆脱了巴洛克的规则对称,将规则式和自然式园林相结合,强调多年生植物在规则式的布局中灵活地种植。无论花园的规模大小,她对结构、比例、色彩、气味和质感的重视都是不遗余力的,尤以对花园边缘不同色彩的绿草带的设计最为精彩。杰基尔还认为园林与建筑是不可分割的,园林应该在建筑设计之后进行。

7.1.2 法国

□ 1836 和 1840 年,路易波拿巴两度图谋皇位失败,逃往英国避难。此时英国城市正处人口高速增长期,受交通、环境、卫生、疾病流行等问题严重困扰。他目睹这一切深感城市改造的必要性。

19 世纪 30 年代法国开始工业革命,城市经济的发展导致大量农村人口涌进城市,受英国风景式园林影响而出现的"将自然引入城市"的理念成为当时城市设计的基本准则。城市公园作为城市基础设施中的重要组成部分,在改善城市环境的同时也为城市带来自然气息,新型公共园林的出现,也使园林设计和设计风格产生彻底的变革。

首都巴黎作为法国最富裕的地方,其城市发展渐渐加快,到 1861 年巴黎市区人口达到 153.8 万,由于人口的激增,城市的尺度、秩序、卫生等方面受到极大的威胁,巴黎大规模改造工程势在必行。早在大革命时期,艺术委员会曾提交了城市美化和卫生计划,一些措施在路易菲利浦时期开始实施,巴黎老城首次得到改造。路易·波拿巴登上皇位后,积极推进巴黎的现代化建设,他将公共设施建设看做是拯救颓废城市的灵丹妙药。曾游历英国见证英国城市公园运动的他还意识到,在这个大都市中必须预留大量的开放空间和公园建设用地,因此,拥有大量城市公园和街头小游园的伦敦成为巴黎改造借鉴的模板。

图 7-3　奥斯曼巴黎改造的工程图示(注:黑线为新开辟的街道,交叉线为新城区,左右两侧的斜线是布劳涅林和万森两个森林公园。)

1853 年拿破仑三世任命奥斯曼男爵(Georges Eugene, Baron Hussmann, 1809—1891)承担改造巴黎的重任(见图 7-3)。奥斯曼决定,首先沿着城市主干道,尤其是居民最集中的街区附近,兴建遍布于全城的街头小游园;然后在城市的边缘地带再兴建几座大型公园。自此,巴黎的公共空间在数量上迅速增加,且大多采用英国风景式造园样式。这时期阿尔方(Jean Charles Adolphe Alphand 1817—1891)与巴里叶·德尚(Barillet Deschamps)通过园林实践将园林艺术带入城市的公共空间,被人们称作"城市园林师"的开拓者。

法国园林行业保守的传统使风景式造园时尚流行了半个世纪,从 20 世纪初起,在各种新艺术潮流的推动下,一些园林设计师在小规模的庭园中尝试"新艺术运动"引发的新风格。新艺术反叛古典主义传统,是现代主义的探索和准备,掀开了法国近现代园林设计的新篇章。法国蓬勃发展的现代主义建筑在设计形式、空间建构、使用功能、材料运用等各方面为园林设计提供了新的思想与素材。在 1925 年法国巴黎"国际现代工艺美术展"上,古埃瑞克安(Gabriel Guevrekian 1900—1970)设计的"光与水的花园”(Garden of Water and Light)以及费拉(Andre Vera,Paul Vera)兄弟和莫劳克斯(Jean-Charles Moreaux)合作的瑙勒斯花园(Le JardinNoailles)是法国探索现代主义园林最好的例证(表7-2)。

表7-2　法国早期现代园林代表案例列表

基本信息	园林特征	备注	平面示意图
布劳涅林(Bois de Boulogne) 时间:1852年 区位:法国巴黎 规模:873公顷 设计师:阿尔方+巴里叶·德尚	布局:设计先确定林园最高点,并在山丘下挖湖取土,使小山丘的高度增加,从山顶开辟出5条宽阔的透视线,从而借园外之景;然后从湖泊的一端引出溪流,沿着斜坡形成瀑布,最后流入塞纳河;最后将过去最美的几条林荫道保留下来,其余改造成茂密的树林;沿林园周围开辟宽阔的散步道,将内部园路连接起来	奥斯曼时期的城市改造与城市园林,把巴黎的西两侧的森林也纳入至城市范围内;拿破仑三世任命造园师瓦雷(Varé)所提出的模仿当时英国海德公园对林苑进行自然式风景园的改造设计。而后又由阿尔方和巴里叶·德尚于1852年接手继续设计林苑	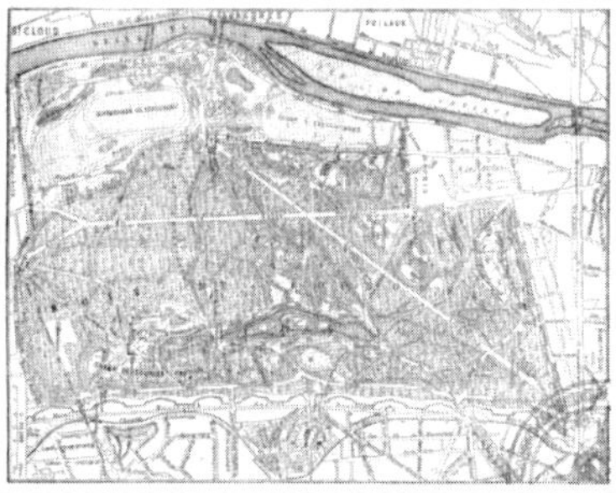
万森林园(Bios de Vincennes) 时间: 1857年 区位: 法国巴黎 规模: 995公顷 设计师:阿尔方+巴里叶·德尚	风格:林苑规模宏大,整体整治设计采用简单粗放的处理手法,中心区域则进行精细处理为优美的自然风景园 其他:阿尔方在保留原有的大片树丛和宽阔道路的基础上又增加了车道和散步道,并在林地中设置大量的游乐设施;中心区域通过改造地形、开挖水系、开辟大草坪、点缀花丛和小树丛	奥斯曼时期的城市改造与城市园林,把巴黎的西两侧的森林也纳入至城市范围内。1860年,其管理权移交巴黎市政府,并开挖园中最大人工湖,1929年增加小游园和动物园,1934年正式对外开放	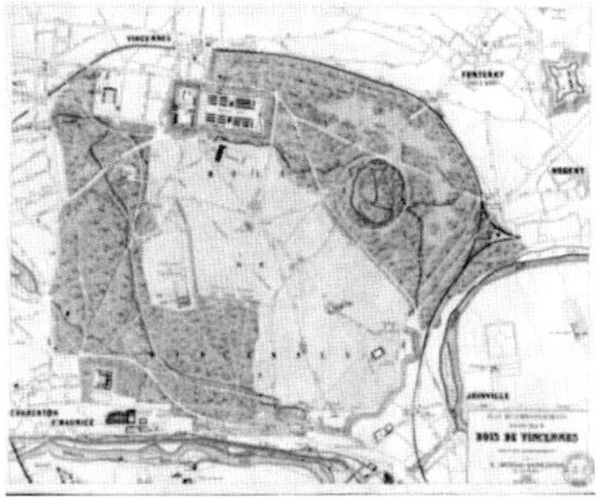
肖蒙山丘公园(Parc des Buttes Chaumont) 时间:1862年 区位:法国巴黎 规模:24.7公顷 设计师:阿尔方+巴里叶·德尚+爱德华·安德烈	布局:整座公园呈月牙状,景点围绕着4座山丘布置。全园设有5km长的园路,串联各个小山丘,沿途丰富的植物群落营造步移景异的景色 其他:1. 公园中心是一个近似圆形的人工湖,湖中为50m高的山峰,四周用大块天然岩石砌成陡峭绝壁,落差32m的瀑布叠落人工湖中,这在19世纪的公园中十分罕见。2. 园中建有布满钟乳石的岩洞	1859年美丽城和拉维莱特归巴黎管辖,肖蒙山丘为采石场遗留的荒地,1864年开始,巴黎政府将其买下并希望建成一座公园,历时三年把原来荒凉贫瘠、山峦起伏的采石场建成一个绘画式风景园;1867年作为巴黎世界博览会开幕活动之一开始向公众开放	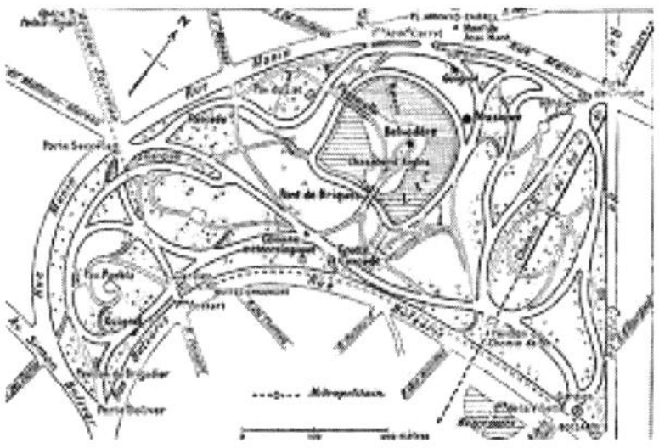
瑙勒斯花园(le Jardin Noailles) 时间:1924年 区位:法国巴黎 规模:450平方米 设计师:费拉兄弟	理念:设计吸收立体派思想 布局:花园位于一个旅馆边上,平面呈三角形,主要供旅馆的窗户向外观望。花园以动态的几何图案组织不同色彩的低矮植物、砾石、卵石等材料,围篱上安装一排镜子,使花园的空间无形中扩大	费拉兄弟与让·查理·莫洛(Jean Charles Moreaux)合作的作品	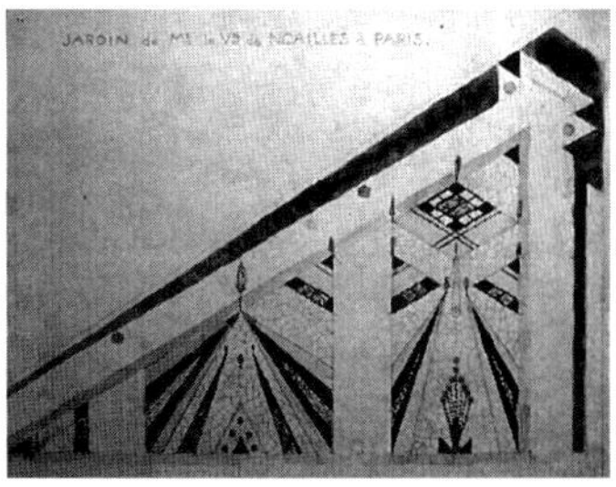
光与水的花园(Garden of Water and Light) 时间:1925年 区位:法国巴黎 设计师:古埃瑞克安	理念:打破规则式的传统,以现代的几何构图手法完成,并采用新物质、新技术,如混凝土、玻璃、光电技术等 布局:园林位于一块三角形基地上,由草地、花卉、水池、围篱组成,这些要素均按三角形母题划分为更小的形状 其他:1. 色彩以补色相间,如绿色草地对比深红色的秋海棠;2. 水池的侧面和地面刷成法国国旗的红、白、蓝;3. 水池中央为多面体玻璃球,随着时间的变化而旋转,吸收或反射照在它上面的光线	在1925年巴黎举办了“国际现代工艺美术展”上展出	

续表

基本信息	园林特征	备注	平面示意图
诺埃利庭园(Cubist garden at Villa Noailles) 时间:1927 年 区位:法国 设计师:古埃瑞克安	理念:以立体主义的几何形体加以夸张的视角,运用片段平面的光与影的效果以及色彩的跳跃,创造一个立体主义的多面绘画般的花园 布局:平面呈三角形,以铺地砖和郁金香花坛的方块划分三角形基地;从花园入口看过去,整个设计呈现出一点透视的结构。以柑橘树作为边框,棋盘格式的花园,延长了进深,并将视线集中在近处由里普西茨设计的雕塑上,以白色水泥镶边,花园的近端形成逐渐上升的状态,以伸向天空的雕塑为最高点	1923 年,查尔斯(Charles de Noailles)邀请罗伯特. 斯蒂文(Robert Mallet-Stevens)为其设计度假别墅,并由古埃瑞克安设计其中色三角形庭园,1940 年被意大利军方占据为医院,1947 年开始为玛丽(Marie-Laure)的夏季别墅,现为艺术中心	

造园师及园林思想

(1)阿尔方(Jean Charles Adolphe Alphand,1817—1891)

阿尔方生于法国格勒诺布市,毕业于道桥专业后成为一名工程师,1857 年被奥斯曼命为总工程师,1861 年任命为 Service(当时巴黎城市改造时针对公园、街道、广场等城市公共卫生空间改造所成立的组织)的领导人。阿尔方曾发表《步行巴黎》(Les Promenades de Paris),完整记录了奥斯曼对巴黎改造的过程与内容,此外还有《园林艺术》(L' Art de des jardins)一书。

图 7-4　阿尔方

阿尔方(见图 7-4)一再强调:“无论风景式还是规则式构图,都有许多值得我们学习、研究和借鉴的地方,有助于产生新的艺术美。”他设想的理想城市要在规划上和指标上把园林看做是城市发展和维持平衡所必备的多功能设施,也是街区进一步发展所必需的预留空间。

阿尔方负责的园林工程几乎覆盖了城市中的各个方面,在这些工程建筑中,他始终坚持将形式与技术、功能与实用相结合原则。他的功绩还在于他吸取了园林艺术的惯用手法,以园林的多变性,取代城市中的混乱。他从“系统”的观念出发,将各种设计要素按照城市整体风貌的要求布置成“体系”。同时,阿尔方将风景园林看做是一种地理景观,按照地理特征来给风景园林定位,使风景园林合理布置在城市中,并保持相互之间的关系,构成不可分割的地域性整体。阿尔方将园林与城市相结合的尝试,使他与奥姆斯特德一道被人们看做是 19 世纪最重要的城市园林开拓者。

(2)巴里叶·德尚(Barillet Deschamps,1824—1873)

巴里叶·德尚是一个园丁的儿子,他的第一份工作是在监狱里教犯人园艺和种植技术。后来去了波尔多,在那会见了奥斯曼和阿尔方,并随着奥斯曼来到巴黎参与巴黎改造,被任命为巴黎的“总造园师”,开始了其园林创作事业。在阿尔方的指导下,他参与了巴黎布劳涅林苑(Bois de Bougne)、万森林园(Bios de Vincennes)的改造,以及后来的蒙梭公园(Parc Monceaux)、肖蒙山丘公园(Parc de Buttes Chaumouts)植物部分、蒙苏里公园(Parc Montsourie)等公园设计。

巴里叶·德尚并没有专门著作论述其园林创作原则,但是其认为:

“公园中的草地应该尽可能地广阔,并利用孤植树、树丛或者树林构成一系列的透视线,使游人在园中能够欣赏不同的景观画面。地形设计应该自然起伏,千万不能僵硬,并在巧妙选择的转折处渐渐消失。要打破斜坡单调和平均的感觉,在坡上每隔一段距离就要形成一些略有起伏的小山丘,并以孤植或三五成丛的方式种植珍稀树木。”

(3)爱德华·安德烈(Édouard André,1840—1911)

安德烈出生于布尔日的一个园丁家庭,20 岁开始和阿尔方参与巴黎城市改造,并最终成为巴黎的“总造园师”。19 世纪后期,安德烈成为法国造园界的领军人物。他的作品丰富,遍布欧洲各国,有着广泛而深远的影响,主要包括肖蒙山丘公园、丢勒里花园(Tuileries Gardens)、利物浦的 Sefton 公园、立陶宛的 Palanga 植物园等。

安德烈的作品较少受到当时流行的形式主义影响,更加关注如何使园林与所在的环境相适应,他在与风景式造园运动紧密相连的同时,采用了一些规则式造园手法,率先走向规则式园林的革新运动。安德烈认为:“我们正处于一个要净化公众兴趣的时代,最好的园林创作应是艺术与自然、建筑与风景的紧密结合,在公园中的宫殿、城堡、纪念性建筑四周,应根据建筑和几何的规则来处理,并逐渐向远处过渡,自然景色在远处才能起统帅作用,这是未来的造园家们要努力做到的。”安德烈再次转向“园林是建筑与自然之间过渡空间”的观点,表明折中式园林此时正在渐渐兴起。

(4)古埃瑞克安(Gabriel Guevrekian,1892—1970)

古埃瑞克安是 20 世纪著名的建筑师,1892 年出生在君士坦丁堡,童年在德黑兰长大;1910 年搬去维也纳和作为建筑师的叔叔 Alex Galoustian 一起居住,1915 年开始在艺术工商学校学习建筑,并在 1919 年获得学位。毕业后 3 年一直与约瑟夫·霍夫曼(Josef Hoffmann)及奥斯卡(Oskar Strnad)工作;1921 年搬去巴黎与柯布西耶、安德烈(André Luräat)、希格弗莱德·吉迪恩(Sigfried Giedion)及亨利·索瓦(Henri Sauvage)等著名建筑师一起合作;1922 年至 1926 年主要与罗伯特·斯蒂文(Robert Mallet-Stevens)合作。他的设计涵盖建筑、室内、园林等方面,主要的园林作品有水与光之园(Garden of Water and Light)及 Hyeres 别墅庭院设计。

古埃瑞克安设计的园林作品简化装饰,力求达到整体上的简洁和完美比例的效果。在 1925 年法国巴黎“国际现代工艺美术展”上的“光与水的花园”打破了以往规则式园林传统,表达出现代规则式园林几何构图手法,掀起了法国现代规则园林设计的新风尚;而 1927 年完成的位于法国南部 Hyeres 的别墅庭院设计则吸取了风格派,特别是蒙德里安的绘画精神,充分利用地形并进入第三维的构图设计。这两个园林设计的成功使古埃瑞克安成为城市 20 世纪初最具开拓性的园林设计师之一。

7.1.3　美国

由于美国与欧洲各国之间存在的历史渊源,使美国园林的发展不可避免地受到欧洲园林的影响。在殖民统治时期,美国各地只有小规模的住宅花园,形式上反映出各个欧洲殖民地国家园林的特征。直到 1776 年美国摆脱殖民统治后才出现了公共园林的雏形,如法国建筑师朗方

(Pierre Charles L' Enfant,1754—1825)在华盛顿国会大厦前设立林荫道,建有圆环及公园;波士顿在市政规划中保留了公共花园用地,作为居民户外运动的场所。此外,一些欧洲空想社会主义者抱着建设新社会制度的梦想来到美国,尝试建设乌托邦式的城市模式。在1857年以前,美国的造园活动主要停留在私人庄园、小型广场、公共花园(public garden)及公共墓园的设计。这时期安德鲁·杰克逊·唐宁(Downing Andrew Jckson)受英国造园家卢顿的影响并于1850年考察英国城市公园运动,把欧洲的城市公园思想引入美国,他出版了《造园论》论述住宅庭园的设计,为风景式园林在美国的发展奠定基础,其一生致力于美国城市卫生、田园美化方面的事业,成为美国近代风景园林事业的先驱。

□ 墓园是人们用来表达对死者的哀思的地方,美国墓园是随着城市公园运动而兴起的。由于人们对自然主义的庭园设计颇感兴趣,加之墓园土地价格低廉,因此在当时流行开来,美国最早的墓园是1831年波士顿的芒特奥本陵园,影响最大的是芝加哥格莱斯兰墓园,此外还有辛辛那提的普林斯·格罗夫墓园等。

19世纪中期,随着城市工业迅速发展、人口的高速增长以及人们生活方式的改变,城市环境出现了很多问题。城市公园的产生和发展为当时由于工业化大生产所导致的人口拥挤、卫生环境严重恶化、城市各种污染不断加剧等城市问题提供了一种有效的解决途径。1857年,奥姆斯特德设计的纽约中央公园,掀开了城市公园运动的序幕,各个城市纷纷建立大型自然式的城市公园,如费城费蒙公园(1865年)、圣路易森林公园(1876年)、旧金山金门公园(1870年)等,城市公园运动在美国形成高潮,并逐渐影响到欧洲的德国、亚洲的中国、日本等地。

城市公园运动为城市居民带来了清新安全的一片绿洲,然而,由于这些公园多由密集的建筑群所包围,形成了一个个"孤岛",因此也就显得十分脆弱。1880年奥姆斯特德等人设计的波士顿公园体系,突破了这一格局,产生了城市公园体系。该公园体系以河流、泥滩、荒草地所限定的自然空间为定界依据,利用200~1500英尺(约60~450米)宽的带状绿化,将数个公园连成一体,在波士顿中心地区形成了景观优美、环境宜人的公园体系。此外奥姆斯特德还规划了纽约芝加哥公园系统,是美国最早、开发最完整的城市公园系统之一,他不仅将城市中心与新郊区及偏僻的园地连接起来,还以街车(Streetcar)线路和排洪系统将公园、公园道结合为一体。有关城市公园体系以城市中的河谷、台地、山脊为依托形成城市绿地的自然框架体系的思想,随后在华盛顿、西雅图、堪萨斯城、辛辛那提等城市推广开来。

□ 州级公园的建设在保护自然风景和自然资源的同时,利用自然风景开展休闲游乐活动,如长岛琼斯海滩州级公园(Johns Beach State Park);国家公园是为了保护原始状态的自然生态系统和地形地貌特征,并作为科研科普、观光旅游、休闲娱乐的素材,将游乐与探索大自然的奥秘相结合,如美国黄石国家公园(Yellow Stone National Park)。

20世纪30年代,继城市公园运动之后,区域公园建设作为更大规模和范围的造园运动成为美国园林的主流。区域公园指的是城市之外的大型自然保护区和自然风景区,通常由政府立法机构组织进行开发建设,下设"州级公园"(State Park)和"国家公园"(National Park)两个体系(表7-3)。

表7-3 美国早期现代园林代表案例列表

基本信息	园林特征	备注	平面示意图
国会大厦前林荫大道改造 时间:1851年 区位:美国华盛顿 设计师:唐宁	理念:1. 建成开放性的国家公园,以满足各个阶层人们的需求;2. 建成自然主义风格,以成为整个国家的整体风格;3. 形成自然博物馆,种植本土树种成植物园,使游人了解这些树种的习性和生长	唐宁受美国总统米勒德. 菲尔莫尔邀请做国会大厦的环境整体改进规划;由于唐宁的去世,林荫大道计划最后没有实现	

续表

基本信息	园林特征	备注	平面示意图
奥本山公墓(Mount Auburn Cemetery) 时间:1831年 区位:美国波士顿 设计师:雅各布.比奇洛	理念:简单、简洁,具有统一性的大草坪式墓园 风格:浪漫主义乡村花园式墓园 布局:1. 采用顺应地势、蜿蜒的道路网,低洼处开挖水池,墓地的不同分区以山丘和溪谷命名;2. 排排的墓穴被草地覆盖,并散布在树和花之间。墓碑、陵墓、雕像或简单的瓷板是个人墓穴的典型标志	设计将考虑公众健康的乡村墓地规划思想和当时流行的英国自然主义造园风格结合起来,是第一个乡村花园式墓园	
布鲁克林展望公园(Prospect Park) 时间:1865年 区位:美国纽约布鲁克林 规模:213公顷 设计师:奥姆斯特德+沃克斯	理念:人车分离的交通组织 布局:主要有入口军队大广场、椭圆形疏林草地、山谷和希望湖4个主景区:1. 入口军队大广场最初在中央设计一圆形喷泉,后被改造成凯旋门;2. 椭圆形疏林草地有30ha,周围茂密树林构成公园的屏障;3."克什米尔"山谷由峡谷、岩石山、小山丘、树林和漫步道构成自然气息的山景,附近有观景塔做全园制高点;4. 希望湖面积约24ha,借助曲折的岸线设计,改造湖泊的真实尺度,沿湖石阶和池塘景色成视觉焦点	1870年间到1880年间大量采用野生植物;20世纪初增建大量的人工构筑物	
纽约中央公园(Central Park) 时间:1856年 区位:美国纽约 规模:341公顷 设计师:奥姆斯特德+沃克斯	理念:首次采用下穿式交通模式;人车分行交通体系;自然式理念;公园的公共性与平等性;园林设计的系统性 布局:园中区域划分为:中央公园动物园、戴拉寇特剧院、毕士达喷泉、绵羊草原、草莓园、保护水域、眺望台城堡、拉斯科溜冰场、北部草原、网球场、杰奎琳水库 其他:1. 设计环绕整个公园的车行道,并设置密集的二级与三级路网,提供连续的游览路线,巧妙地保留了相当一部分裸露岩石;2. 设计略有起伏的宽阔草坪,3. 水面处理反映风卷云行的大自然动态;4. 尽可能广泛地选用树种和地被植物,强调一年四季丰富的色彩变化;5. 特意划出了一些空地,随后经过几十年的建设,这些空地都已陆续建成各种各样的球场及娱乐活动场地	城市化快速发展过程中,纽约市长的C·金斯兰采取措施要求市议会制定法律保证大公园的建立,为纽约市增添荣誉和骄傲,1856年取得了为中央公园购地的许可证并完成设计竞标,在1873正式完工,1934年,摩西斯负责整顿公园。中央公园标志着美国园林走向大规模风景式的发展方向;在公园设计理念上,奥姆斯特德则总结出一套完整系统的"奥姆斯特德原则"	
大波士顿公园系统(Metro Park System in Boston) 时间:1893年 区位:美国波士顿 设计师:埃利奥特	理念:在不抹杀自然特点的前提下,将自然置于文明的管理和保护之下,实现城市与自然的融合 布局:公园系统覆盖波士顿12个城市和24个镇,考虑到预防灾害、水系保护、景观、地价等因素,作为一个完整的系统,开放空间包括5种地区类型:海滨地;岛屿和入江口;河岸绿地;城市建成区外围的森林;人口密集区的广场、游乐场和公园	1892年马萨诸塞州州长任命"大都市公园委员理事会",责成该机构考虑在波士顿及其他周边城镇设立大量为公众使用开放空间的合理性。大波士顿公园系统是美国历史上第一个大都市公园系统	

续表

基本信息	园林特征	备注	平面示意图
"绿宝石项链"公园系统(Emerald Necklace) 时间:1880 年 区位:美国波士顿 规模:450 公顷 设计师:奥姆斯特德	理念:通过一系列公园式的道路或滨河散步道将分散的公园联系起来,构成完整的公园体系 布局:公园系统绵延 16 公里,由相互连接的 9 部分组成:起源于波士顿公园(Boston Common);再到公共花园(Public Garden);此后转为联邦大道(Commonwealth Avenue Mall),宽阔笔直的林荫大道末端接连后湾公园(Back Bay Fens),沼泽景观带沿泥河逆流而上,向西转 90 度,与布鲁克林大街垂直;接着是滨河景观道(Riverway)、莱佛里特公园(Leverett Park)和牙买加公园(Jamaica Park)相连,再转接阿诺德树木园(Arnold Arboretum),最后达富兰克林公园(Franklin Park),远看像是镶嵌的绿宝石,因此被誉为"绿宝石项链"公园系统(Emerald Necklace)	1869 年奥姆斯特德应邀参加波士顿公园问题听证会,1875 年,成立波士顿公园委员会,1876 年应邀对波士顿公园委员会提出公园系统方案提出咨询,1878 年应公园委员会要求提出自己的波士顿公园系统方案并被任命为整个公园系统建设的负责人	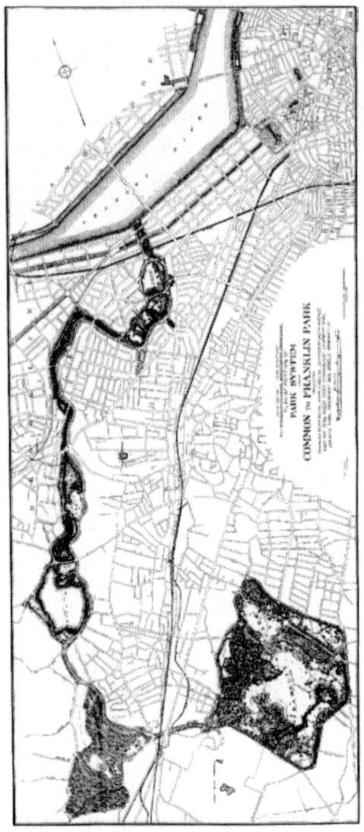
长岛琼斯海滩州级公园(Jones Beach State park) 时间:1929 年 区位:美国纽约 设计师:考姆博(ClarenceC. Combs)+柏格森(Melvin B. Borgeson)	布局:整个公园处理简洁,布局紧凑,在绵延 10.4 千米的琼斯海滩上,设置了一系列休闲娱乐及服务设施,包括淋浴房、淡水游泳池、餐厅、小卖部等。长岛琼斯海滩州级公园与一条称为"万塔夫"的景观大道相连接,园中还有联系内外的中央大道,尽端耸立着一座水塔,作为公园的标志性建筑物 其他:在海滩上铺设草坪,种植海枣、棕榈、菠萝等植物以保留海滩原有的景观	罗伯特·摩西成立长岛州立公园委员会(Long Island State Park Commission),并设计出一系列长岛州立公园,长岛海滩州立公园是其中最受欢迎的一个	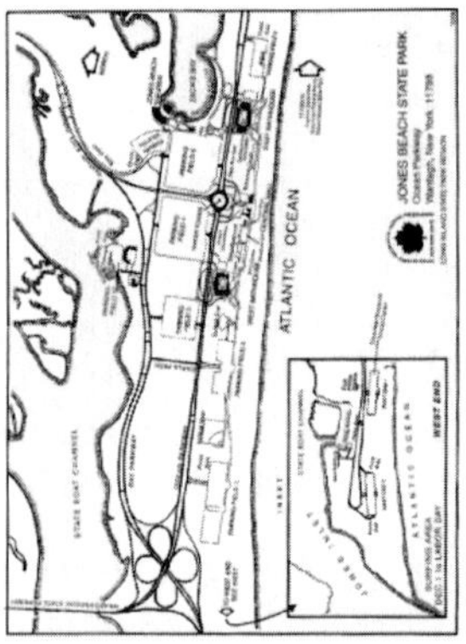
黄石国家公园(YellowStone National Park) 时间:1872 年 区位:美国怀俄明州 规模:8983 平方千米	内容:黄石国家公园是地热活动的温床,有一万多个地热风貌特征;公园自然景观丰富多样。落基山脉给这片领地创造了无数秀丽的山峦、河流、瀑布、峡谷,其石灰岩的结构又让大地添上美丽多姿的颜色;园内最高峰为华许布恩峰,海拔 3550 米,园内的森林占全园总面积的 90% 左右,水面占 10% 左右。园内最大的湖是黄石湖,最大的河流是黄石河。另外,在这多样的自然环境中生存着大量的野生动物,如灰熊、狼、麋鹿和野牛等,无疑也是黄石公园的一大特色	美国总统尤利西斯·辛普森·格兰特签署国会通过的法案后建立的世界上第一个国家公园。根据 1872 年的美国国会法案,黄石国家公园为了人民的利益被批准成为公众的公园及娱乐场所,同时也是为了使她所有的树木,矿石的沉积物,自然奇观和风景,以及其他景物都保持现有的自然状态而免于破坏	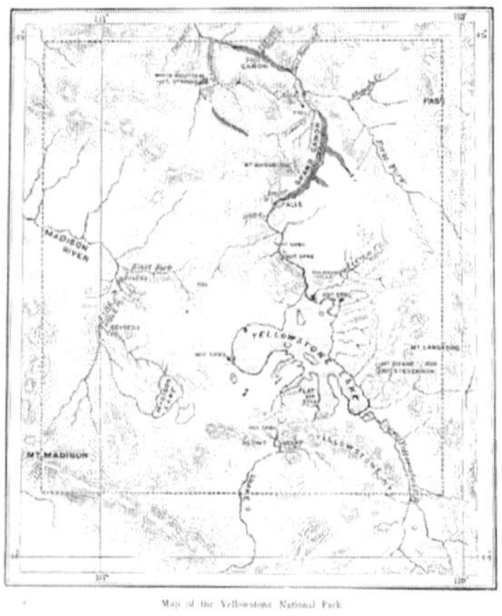

造园师及园林思想

(1)安德鲁·杰克逊·唐宁(Downing Andrew Jackson,1815—1852)

安德鲁·杰克逊·唐宁(见图 7-5)是 19 世纪初美国园艺的带头人,

于1815年10月31日出生于纽约,1852年在海上遇难。他的父亲原是一个车轮制造工,在1810年自己经营起一个苗圃,唐宁在这苗圃自学成才。唐宁一生短暂,关于唐宁亲自设计的实例只有设计图,而他的著作却在美国首开近现代园林的先河,并在奥姆斯特德的倡导下发扬光大。

图7-5　唐宁

1841年,唐宁发表他的第一篇独立著作:《园林的理论与实践概要》(A Treatise on the Theory and Practice of Landscape Gardening),该著作是美国园林发展史中进行美学意义探索的第一次真正的尝试。直至1841年不幸逝世,他一直致力于编辑以"田园艺术和田园风格"为主题的杂志——《园艺家》;1842年,唐宁和Alexander Jackson Davis合作写了《乡间住宅》(Cottage Residellces),这是一本关于房屋式样的书,其中包含了英国乡间田园式建筑风格和浪漫主义建筑风格的融合。唐宁的最后一本著作是《乡村住宅建筑(The Architecture of Country Houses)》(1850年),这既是他对住宅建筑最深刻的个人观察,同时又是新生代建筑师的成果目录。

唐宁十分注重回归自然的重要性,在批判美国简陋住所、嘈杂商业以及脏乱的工业城市环境的同时对美国的乡土风光给出了高度的评价。他提出的浪漫郊区住宅是对美国城市形态方面的重要贡献。他提倡从每个家庭开始,人人都有美化周围环境的义务,还鼓励人们在庭园中呈现树林的景观。此外,受卢顿的影响并于1850年考察英国城市公园运动后,他希望营造一些社会各个阶层都能享用的公共活动场所,把欧洲的城市公园思想引入美国,唐宁在美国现代园林史上起着承上启下的作用。1851年他曾参与国会山和白宫周边的整治设计,目的是建成一系列开放性公园。

(2)奥姆斯特德(Frederick Law Olmsted,1822—1903)

奥姆斯特德(见图7-6)(Frederick Law Olmsted)被普遍认为是美国景观建筑学(Landscape Architecture)的奠基人,是美国最重要的公园设计师。1822年出生在美国康涅狄格州的哈特福德,1850年,他和两个朋友用6个月的时间,在欧洲和不列颠诸岛上徒步旅游,从中不止领略到乡村景观,还参观了为数众多的公园和私人庄园。1852年,他出版了个人第一本书作《一个美国农夫在英格兰的游历与评论》(Walks and Talks of all American Farmer in England)。1858年他和沃克斯合作赢得纽约中央公园设计竞赛首奖后开始了他的城市公园设计之路,并长期与建筑师沃克斯及自己儿子小奥姆斯特德合作。奥姆斯特德率先在美国采用"Landscape Architecture"取代过去一直沿用的英国术语"Landscape gardening"。尽管他极少著书立说,但其思想通过他的学生和作品而广泛传播。

图7-6　奥姆斯特德

奥姆斯特德的风景园林思想继承唐宁,受英国田园与乡村风景的影响甚深。英国风景式花园的两大要素——田园牧歌风格和优美如画风格——都为他所用,前者成为他公园设计的基本模式,后者用来增强其设计的神秘与丰裕。奥姆斯特德的风景园林设计原则概括而言可以归纳如下几条:1)保护自然风景,并根据需要进行适当的增补;2)除非建筑周围的环境十分有限,否则要力戒一切规则呆板的设计;3)开阔的草坪区要设在公园的中央地带;4)采用当地的乔灌木来造成特别浓郁的边界栽植;5)穿越较大区域的园路及其他道路要设计成曲线形的回游路;6)所设计的主要园路要基本上能穿过整个庭园。

奥姆斯特德和他的合作者设计过许多优秀的公园,最有代表的有:

中央公园(1858 年)、布鲁克林的展望公园(1866)、蒙特利尔的罗亚尔山(Mount Royal)(1877)、波士顿的富兰克林公园(1885)、新泽西公园系统(1895)、哥伦比亚博览会、"绿宝石项链"公园系统(Emerald Necklace)等。

(3)卡尔弗特·沃克斯(Calvert Vaux,1824—1895)

沃克斯是 19 世纪著名的建筑师,长期与唐宁和奥姆斯特德合作参与园林的建造设计。他 1824 年出生在伦敦,于 1847 年加入英国建筑学协会,在 1850 年协会的展览会上认识了美国著名园艺师唐宁,并于 1851 年成为其合作伙伴。沃克斯和唐宁都是英国浪漫主义风景派风格的崇拜者,在休斯敦河谷地,他们设计了大量的乡村住宅及其环境设计。

1858 年沃克斯与奥姆斯特德合作,作为顾问建筑师完成了纽约中央公园的规划设计,他们两人在很多园林设计理念有共同之处,都认为回归自然可以调节人们在城市工作中造成的疲惫状态,造园的目的在于改善城市与大自然分离的状态,因此在城市公园的规划设计中应该最大限度地逼真于自然,尽量避免矫揉造作的人工痕迹。此外,沃克斯还与奥姆斯特德多次合作,完成了布鲁克林的希望公园等城市公园的设计。

(4)埃利奥特(Charles Eliot,1859—1897)

埃里奥特出生于波士顿,父亲是哈佛大学的数学和化学教授,母亲是一位热爱自然的艺术爱好者。1882 年,他以优异成绩取得学士学位后,决定投身风景园林行业。由于当时没有正规的专业教育,他进入哈佛唯一与此相关的伯西(Bussey)学院即农艺和园艺学学院,学习农业化学、园艺、动物学、植物学、农场管理和地形勘探等课程。约 1 年后,他休学前往奥姆斯特德的布鲁克林事务所实习。

1885—1886 年在奥姆斯特德的建议下游历欧洲,1886 年底,埃里奥特回国后在波士顿独立开业,业务繁忙,包括了私人花园、乡村庄园和城市公园等,这一时期的重要项目有波士顿的朗格费罗纪念(Longfellow Memorial)公园、新罕布什尔州的怀特(White)公园等,期间,他逐渐形成自身风景园林规划和风景保护的方法思想。1893 年,在奥姆斯特德多次邀请下,埃里奥特成为了他的主要合伙人,参与了奥姆斯特德在波士顿的主要项目。

埃利奥特最杰出的贡献在两个方面:一是对自然景观的保护,1890 年他发表《摇曳的橡树林》(Weaverly Oaks)一文,关注一片天然森林的生存威胁,不仅呼吁对橡树林的保护,更申述了对大波士顿地区和麻省地区进行保护的概念并制定相应的保护策略;提出"先调查后规划"理论理论将风景园林从经验导向系统与科学。

7.1.4 其他国家地区

(1)奥地利

语言与文化上与德国同源的奥地利,于 19 世纪中叶开展了城市扩展与城市公园规划实践。1848 年奥地利废除封建土地所有制,首都维也纳进入近现代城市化的快速不均衡发展时期,许多建设活动已经转移到封建时期筑造的城墙之外的郊区当中,维也纳老城开始了城墙拆除与城市政治改造建设(见图 7-7)。皇帝弗兰茨·约瑟夫一世亲自下令要在新建的环城大街旁边建造第一座向普通百姓开放的公园。1861 年,城市公园的设计任务交给了宫廷的风景画师约瑟夫·赛勒尼和维也纳市第一任

□ 1858 年 1 月维也纳官方发布了扩展规划竞赛的简报,之后 1 个月内就从国内外收到了 426 份参赛申请,其中 85 份获批参赛。1858 年 12 月,评委们评选出 3 份一等奖和 3 份二等奖。一等奖方案中,福斯特(Ludwig Förster)的方案是对整个维也纳的改造,其中包括在扩展区域内新建码头、大道与公园,对旧城进行再开发,并在远郊建设铁路环线,所有的建设项目都通过一套综合的道路交通系统连接起来。最后,新成立的城市扩展委员会(City-Extension Commission)接手了城市扩建工作,在综合了获奖方案的各种设计提议后,委员会拿出的官方扩建规划于 1859 年 9 月 1 日被约瑟夫一世批准。

城市公园管理局长鲁道夫·西贝克。1862年8月21日,城市公园正式向百姓开放。这次改造中城市公园的兴建主要集中在扩展区域内,并通过一套综合的道路交通系统与其他建设项目连接起来。

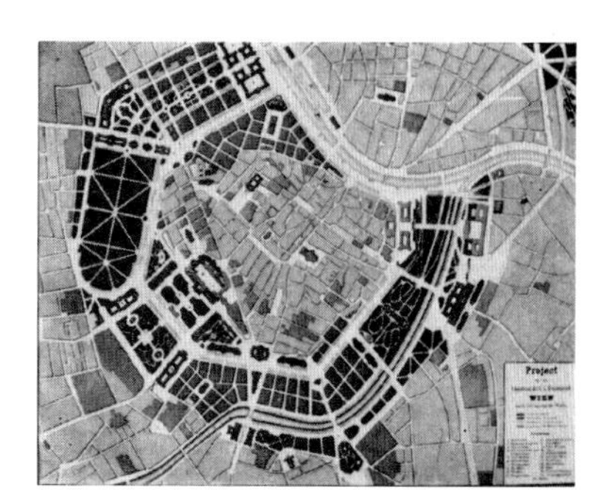

图7-7 维也纳1858年的官方扩展规划

到19世纪末,新艺术运动在奥地利建筑界广为传播,园林也在"维也纳分离派"的影响下得到了进一步的发展。他们创造了大量基于矩形几何图案的建筑要素,如花架、几级台阶、长凳和铺装,仅在局部采用曲线装饰。受新艺术运动的装饰特点的影响,园林铺装中出现了黑白相间的棋盘格图案。植物通常在规则的设计中被组织进去,被修剪成球状或柱状,或按网格种植。这一风格的最重要的作品有1899年奥尔布里西(J. M. Olbrich)设计的"艺术家之村",另外,维也纳设计师雷比施(F. Lebisch)设计的园林作品也带有这种"分离派"风格特点。

(2)德国

德国地处欧洲地理位置的中心,因而很容易吸收各个邻国的园林文化,19世纪初英国的城市公园运动也波及德国地区,德国的第一个公园于1824年在马格德堡小城建造,由伦尼(Peter Joseph Lenné 1789—1866)负责。不久柏林市议会决定通过兴建腓特烈海恩公园(Volkspark Friedrichshain)以此纪念腓特烈海恩并证明当时城市管理可以从王室移交给公民的民主思想;与此同时,王室将动物园作为公园转让给公民。从此以后城市公园作为应对城市化问题并美化城市的解决策略,在德国广泛流行开来,人们按照英国自然式风格不断地建造公园。随着时间的推移,这种公园越来越变得平淡无奇又缺乏活力,民主思想的深化使德国园林设计酝酿着新的发展。

19世纪末20世纪初在新艺术运动的影响下,德国出现了青年风格派并扮演着重要角色,一度成为欧洲设计的中心,对园林现代化探索起推动作用。20世纪初,新艺术核心人物奥尔布里希在1901年、1904年以及1908年德国艺术展上通过园林及建筑作品把维也纳分离派思想带到了德国;与此同时,穆特修斯在考察英国艺术后把包括园林在内的新艺术介绍到了德国,其认为英国的园林已经不是风景式园林,而是与建筑之间以艺术的形式相联系。在他们的推动下,贝伦斯、莱乌格、霍夫曼等一批当时的艺术设计精英建立德意志联邦联盟(Deutscher Werkbund),并慢慢发展成欧洲最具影响力的青年风格派。

□ 在维也纳分离派的先驱式建筑师瓦格纳(Otto Wagner)的激励下,建筑师奥尔布里希(Joseph Maria Oblrich)、霍夫曼(Josef Hoffman)、画家克里姆特(Gustav Klimt)于1897年一起创办了维也纳分离派,并提出"为时代的艺术,为艺术的自由"的口号,其目的在于与学院派分离。

青年风格派在园林思想上也受到拉斯金、莫里斯的影响,开始时有明显的自然主义色彩,后来逐渐形成以简单的几何造型、直线的运用代替曲线为装饰中心的新艺术运动设计风格。德国这时期的园林作品也主要出自贝伦斯、莱乌格等艺术家和建筑师之手。

(3)西班牙

西班牙位于伊比利亚半岛,与欧洲主流运动有一定的距离,但是新艺术之风还是波及这个半岛上。西班牙中世纪时曾经历过阿拉伯伊斯兰帝国的占领,哥特式基督教艺术和阿拉伯伊斯兰艺术获得了互相融合,加上毕加索、米罗、达利等20世纪的许多著名的个性化艺术家在这个国家出现。由于这样一些独特的传统,西班牙新艺术运动也呈现出强烈的表现主义色彩。而巴塞罗那的高迪则成为这个国家新艺术运动的杰出代表,他的作品独树一帜,是一系列复杂的、丰富的文化表象产物,他利用装饰线条的流动表达对自由和自然的向往。古埃尔公园(Parque Guell)是其唯一的园林作品,表现出其超凡的想象力,将建筑、雕塑和大自然融为一体,如梦幻般。

(4)北欧

□ 北欧由瑞典、丹麦、芬兰、挪威、冰岛以及法罗群岛和格陵兰群岛组成,位于欧洲的斯堪的纳维亚半岛,所以将这些国家称为“斯堪的纳维亚”国家。

北欧国家(见图 7-8)的园林发展历程与欧洲其他国家的大体相似,20 世纪之前他们的园林多模仿欧洲的流行风尚,但因气候和国家的经济状况不同,以及不同园林风格传入各国的时间不同,因此在园林要素的运用和规模的大小也会有变化。

图 7-8　北欧

19 世纪随着工业发展和城市化加快,以及城市运动在欧洲各个城市的盛行,北欧各国也开始了各自城市公园的建设:丹麦哥本哈根在老城墙旧址建设许多公园,园林设计师建造了许多新的艺术花园来诠释对自然愉悦的追求,他们不喜欢奇特娇柔的设计,而欣赏纯粹的风景,如蒂沃里花园(Tivoli Gardens)、Herry August Flint(1822—1901)设计的 Osted 公园、Citadel and Churchill 公园等;挪威则在 1884 年成立园艺协会,促进商业园艺发展,墓园、城市公园、都市开放空间和私家花园建设都处于一个公共监督系统之中;瑞典在这时期也开始了其城市公园运动,此外,瑞典议会于 1909 年通过国家公园法案,同年成立 Abisko 国家公园等 9 个国家公园,是欧洲第一个设立国家公园的国家。

到了 20 世纪初,北欧国家的风景园林设计开始受到工艺美术运动和“民族浪漫主义”运动的影响,对园林功能和形式的探讨以及两者之间的结合和对民族特色的探索成为此时斯堪维亚园林设计关注的焦点。这时期瑞典的花园设计强调形式的简洁,建筑与环境间和谐、空间的概念和节奏;丹麦的园林设计更多地借鉴了杰基尔园等英国工艺美术花园的建筑化空间组合和限定手法及植物的运用思想;芬兰人从 19 世纪 20 年代就已开始了对民族园林的最初认知,对湖泊景观的定位塑造了芬兰的民族特色园林,水、森林、与地形则成为其乡土艺术和现代园林设计的灵感(表 7-4)。

表 7-4　欧美其他国家早期现代园林代表案例列表

基本信息	园林特征	备注	平面示意图
腓特烈海恩公园(Volkspark Friedrich-shain) 时间:1846 年 区位:德国柏林 规模:52 公顷 设计师:古斯塔夫.迈耶尔	风格:几何式与自然式相混合 布局:公园北部是规则式的广场,南部为自由园路组成 其他 1. 1893 年设计的童话喷泉位于公园的西南角,106 个德国童话石雕与喷泉相结合;2. 战后公园重建增加了大小两个山丘,分别高 78 米和 48 米,成为全园的最高点;3 在不断的改造和重建过程中,公园先后增加了露天剧场、游泳池、沙滩排球等活动设施场所;4 公园于 1989 年建日本馆和平钟	是柏林最早的城市公园,为纪念腓特烈二世登基 100 年建设该公园并于 1848 年对外开放。1913 霍夫曼设计童话喷泉入口广场(fountain of fairy tales);公园于二战期间为军队占用,后毁于盟军空中轰炸;二战以后由东德(German Democratic Republic)接管并进行修复设计	
维也纳城市公园(Stadtpark) 时间:1861 年 区位:奥地利维也纳 规模:6.5 公顷 设计师:约瑟夫·赛勒尼 + 鲁道夫·西贝克	风格:英国自然风景园 布局:公园被维也纳河分为两部分,一部分为城市公园,一部分为儿童公园,通过卡罗琳桥连接 其他:1. 1867 年兴建的库尔沙龙是用于舞会与音乐会场所,体现其音乐之都的特色;2. 园中放置多个纪念碑和雕塑纪念约翰·施特劳斯、舒伯特、弗朗兹·莱哈尔、罗伯特·斯托尔兹和汉斯·玛卡特等音乐大师	奥匈帝国末期,皇帝弗兰茨·约瑟夫一世亲自下令要在新建的环城大街旁边建造一座向普通百姓开放的公园。城市公园作为维也纳第一座公园于 1962 年正式开放,1963 年通过新建桥梁连接维也纳河另一侧的儿童公园,1867 年兴建库尔沙龙(The Kursalon)	

续表

基本信息	园林特征	备注	平面示意图
桂尔公园(Parque Guell) 时间:1900 年 区位:西班牙巴塞罗那 规模:20 公顷 设计师:高迪	理念:自然主义理念,运用超凡的想象力将建筑、雕塑和大自然环境融为一体。整个设计充满波动的、有韵律的、动荡不安的线条和色彩、光影、空间的丰富变化 布局:公园的石阶、石柱和弯曲的石椅全由马赛克瓷砖拼贴而成,色彩灿斓,让人有身处梦境之感。入口有两座奇异的立体喷泉,表面均采用马赛克瓷片拼变色龙另和巨型蜥蜴,并兼有重要的排水功能。拾阶而上,是著名的百柱厅,这是个有 86 根陶立克式(罗马风格)立柱支撑的建筑,而中空型的立柱,除了支撑屋顶外,兼具泄洪功能。屋顶上,是著名的圆形大广场,有用石砌成蜿蜒曲折的长椅,表面用马赛克碎片拼贴	巴塞罗那富商桂尔伯爵计划建立一个有 60 幢花园式别墅的高尚地区,从 1906 年到 1926 年,高迪在这里工作和生活了整整 20 年,但这个项目最终只完成了门房、中央公园、高架走廊和几个附属用房等"公共设施"部分。公园现已被联合国教科文组织列入世界文化遗产	
达姆斯塔特自住住宅庭园 时间:1901 年 区位:德国达姆斯塔特(Darmstadt) 设计师:贝伦斯	理念:用建筑语言来设计园林,青年风格派装饰风格 布局:庭园为简单的几何形状,平面从建筑的平面发展而来,园中用台阶、园路、不同功能的休息场地和种植池组织场地	贝伦斯于达姆斯塔特的住宅庭园,是贝伦斯的第一个建筑及住宅花园	
色彩园 时间:1905 年 区位:德国达姆斯塔特 规模:1.5 公顷 设计师:奥尔布里希	理念:维也纳分离派的主张 布局:花园通过 1.5 米的高差划分为两个部分,上部是种植花灌木和一些红黄蓝的草本花卉的色彩园,下部是花坛园。园中注重硬质景观,植物并非主角 其他:庭园中布置月桂树球、攀缘月季、艺术栏杆、装饰门、装饰庭院灯、白漆室外家具	1905 年德国园艺展中展出	
曼汉姆园艺展专题公园 时间:1907 年 区位:德国达姆斯塔特 规模:0.7 公顷	布局:场地被绿篱、粉墙和木栏杆划分为 14 个单独的小空间,每个小空间都有不同的主题,在不同的空间种植不同的树种 其他:造园要素有黄杨球、绿篱、常春藤格栅、粉墙、花架、镂空墙及方形水池等	1907 年曼汉姆园艺展中展出	
婚礼塔花园 时间:1908 年 设计师:奥尔布里希	理念:维也纳分离派主张 布局:园中布置一个展览馆和一个高 50 米的婚礼塔;园林设计运用大量基于矩形几何图案的建筑要素,如花架、台阶、长凳和黑白相间的棋盘图案铺砖;植物则在规则的设计中被组织进去,被剪成球状或者柱状,或按网格种植	于"艺术家之村"举行第三次艺术展展出	

续表

基本信息	园林特征	备注	平面示意图
苟乃尔花园(Gönneranlage) 时间:1909 年 区位:德国巴登-巴登(Baden-Baden) 规模:2 公顷 设计师:莱乌格(M. Laeuger)	理念:仿效法国规则式园林;将园林建筑化,以绿篱为墙,草坪、鲜花为地板 布局:花园由修剪的树列分为三个规整的矩形部分 其他:园中原本种植夏季开花植物,1952 年改为玫瑰花园,拥有 360 种玫瑰;灌木被修剪成几何形状围合成花园空间;花园中心是约瑟夫喷泉,两侧是人物雕塑,水池中有金鱼和睡莲		
Ordrup 宅园 时间:1916 年 区位:丹麦 规模:5.7 公顷 设计师:布兰德特	理念:绿篱形成封闭的空间通道,划分三个小空间对应农场、花园、荒野三个原形景观的主题。并由远及近渐渐延伸进自然 布局:绿篱将花园分为三部分:环绕草地和树木的住宅和平台部分、果园和台地花园部分以及由白桦树和山毛榉树林组成并点缀着野花的花园部分		
Mariebjerg 墓园 时间:1928 年 区位:丹麦根特夫特 规模:27.5 公顷 设计师:布兰德特	理念:方形的空间组合;修剪植物与未修剪植物的对比;明确空间分区与古典的结构体系;用植物塑造直线型空间 布局:一条东西向的主干道将墓园分成两部分,方格路网将墓园分成 40 个方形小墓地,对应不同风格墓地,如森林墓地、没有墓碑的墓地、儿童墓地、家庭墓地等。墓园的南北两端各有一处自然墓地	墓园一部分是布兰德特生前建设完成的,一部分是 1960 年由汉森负责,70 年代的小墓园则由尼尔森(Morten Falmeu Nelsen)负责	

造园师及园林思想

(1)古斯塔夫·迈耶尔(Gustav Meyer,1816—1877)

迈耶尔是 19 世纪德国著名的园林设计师,出生于德国的波美拉尼亚(Pommern)。他在舍恩贝格(Schöneberg)植物园完成其园林、园艺技术的训练,从 1832 年至 1836 年在德国皇家园林学院作为德国风景园大师伦尼(Peter Joseph Lenné)徒弟进一步学习园林设计,也帮伦尼教授园林绘图。

图 7-9 《园林艺术教材》(Lehrbuch der schönen Gartenkunst)

1837 年被任命为柏林城市公园的首任总监,亲自设计了柏林的公园,他的设计多是几何式与自然式相混合的折中方案,几何式多在建筑周围。其设计建造的特雷普托公园(Treptower park),腓特烈海恩公园(Volkspark Friedrichshain)——柏林最早的城市公园,希拉公园(schiller park 1891)等现在在柏林仍然可见。1859 年其出版了《园林艺术教材》(Lehrbuch der schönen Gartenkunst)(见图 7-9),成为 19 世纪园林艺术的景点著作之一。书中阐述了其导师伦尼自然风景园的造园思想,作为城市公园建设的艺术指导;书中还论述世界各地园林的发展,不仅有意大利、法国、英国园林的起源,也论述了中国园林艺术。

(2)约瑟夫·玛丽·奥尔布里希(Joseph Maria Oblrich,1867—1908)

奥尔布里希作为德国建筑师是新艺术运动的核心人物,维也纳分离派的创始人之一,生于奥匈帝国西里西亚省(今捷克),在维也纳大学学习美术;作为维也纳分离派的创始人之一奥托·瓦格纳的学生,1893 年开始为其工作。他于 1899 年通过"艺术家之村"(Kuenstlerkolonie)的设计将维也纳分离派思想建设带到了德国,而达姆斯塔特住宅庭园则是他最早的园林作品。

奥尔布里希在设计上多采用简单抽象的几何形体,尤其是方形,并采用连续的直线与纯白和纯黑色彩,局部采用曲线修饰,这与新艺术运动以自然曲线为装饰主体相去甚远。1901 年奥尔布里希为德国园艺展做总体规划,在园林设计中规划几条轴线、一些硬质景观及一些方格网种植的悬铃木;1905 年的色彩园以及 1908 年的婚礼塔也都通过方格网布局及植物修剪成几何形体形成别具特色的景观。

(3)姆特修斯(Herman Muthesius,1869—1927)

姆特修斯是新艺术运动的另一个核心人物,他游历丰富,在德国先后学习哲学和建筑学,1887 年作为建筑师于东京工作,回国前曾到中国进行考察。随后,成为德国驻英国使馆的文化官员,在伦敦工作期间对英国艺术进行系统的考察。如同奥尔布里希把分离派精神带到德国一样,穆特修斯则把当时英国的园林艺术介绍到了德国。

穆特修斯主张园林与建筑之间在概念上要统一,理想的园林应该是尽量再现建筑内部的"室外房间"。1904 年他出版了《英格兰的住宅》,推荐英国建筑师布鲁姆菲尔德(Blomfied)等人提倡的规则式园林的思想,书中也收集了当时英国的园林作品,并得到了广泛响应。在前言"园林的发展"中,他提出要反对自 18 世纪以来一直是作为园林设计主要形式的自然式园林,提倡几何式园林,园林不再是模仿外部的自然,而是与建筑之间以艺术的形式相联系,住宅花园中座椅、栏杆、花架等室外家具的布置也应与室内家具布置相似。1920 年他在文章《几何式园林》中又一次阐明了这一观点。Cramer 住宅庭园与自用住宅及办公室庭园则是其通过园林实践传达园林思想与认识的作品。

(4)贝伦斯(Peter Behrens,1868—1940)

贝伦斯(见图 7-10)生于德国汉堡,1886—1889 年在卡尔斯鲁厄和杜塞尔多夫艺术学校学习,1902 年成为杜塞尔多夫艺术学校校长。1907 年在穆特修斯的推动下,与莱乌格(Max Laeuger 1864—1952)、奥尔布里希、霍夫曼等一起建立了德意志制造联盟,成为欧洲最具影响力的设计力量。

图 7-10　贝伦斯

贝伦斯尽管完成的园林作品不多,却开创了用建筑的语言来设计园林的一种新的风格。其设计的园林多采用简单的几何形状,用台阶、园路、不同功能的休息场地及种植池组织地段,景观面积很小,但是已展示出有意识的摆脱新艺术运动中的曲线形式,朝功能发展的方向。

1904 年贝伦斯在杜塞尔多夫的国际艺术与园艺展览会上第一次设计了大面积的公共环境。1905 年在奥登堡的德国西北部艺术展览上设计了园林,1907 年在曼海姆庆祝建城 300 周年举办的园艺展上设计了一个专题花园。这些园林平面非常严谨,用精美的园墙、花架、雕塑、绿篱、修剪成圆柱体的植物及正方形的种植池来组织空间,园中布置有亭、喷泉,休息场地和装饰优雅的花园家具。

(5)安东尼·高迪(Anton Gaud,1852—1926)

高迪(见图 7-11)是西班牙新艺术运动的代表人物,生于巴塞罗那,后进入巴萨罗那建筑学院学习,期间学习研究了工艺美术运动的倡导者

图 7-11　安东尼·高迪

□ 也有将 Guell 翻译为“古埃尔”。

约翰·罗斯金的理论,深受影响,并在创作中重视装饰效果与手工工艺技术的运用。高迪从自然观察中发现自然界并不存在纯粹的直线,他曾说过:“直线属于人类,曲线属于上帝。”所以终其一生,高迪都极力地在自己的设计当中追求曲线,采用充满生命力的曲线与有机型态的物件来构成建筑与园林环境。

1878 年瓷砖商麦诺·毕森(Manuel Vicens)委托高迪设计一栋避暑别庄,叫做文生之家(Casa Vicens),高迪从此开始了自己的设计生涯,并在接下来的几个作品中渐渐树立起自己独一无二的建筑风格。1878 年高迪认识了他最重要的赞助者,显赫的桂尔先生(Guell),桂尔先生惊于高迪的天才,从此委托高迪设计墓室、殿堂、宅邸、亭台等,使高迪能充分自由地发挥才华。高迪的主要作品有文生之家(1883—1888),圣家堂(Temple Expiatori de la Sagrada Familia,1882),桂尔别墅(Finca Guell,1884—1887),圣德雷沙学院(Collegi de les Teresianes,1888—1889),卡尔倍特之家(Casa Calvet,1898—1899),贝列斯夸尔德(Torre de Tellesguard,1900—1909),桂尔公园(Parque Guell,1900—1914),巴特洛公寓(Casa Batlló,1904—1906),米拉之家(Casa Milà,1906—1912)等。

高迪以他超凡的想象力,将建筑、雕塑和大自然环境融为一体。一方面从自然界的动植物中获取灵感,另一方面,又延续了西班牙的传统,浓重的色彩和马赛克镶嵌的地面及墙面是许多西班牙伊斯兰园林中显著的特点。这一特点随着西班牙和葡萄牙的殖民开拓,影响到墨西哥和巴西等美洲国家。

(6)布兰德特(Gudmund Nyeland Brandt,1878—1945)

布兰德特于 1878 年出生于丹麦的腓特烈斯贝(Frederiksberg),父亲皮特·布兰德特(Peter Christoffer Brandt)是一名园艺师,1899—1901 年跟从园艺师 N. Jensen 学习园艺设计,1906 年成为根措夫特市政的一名园艺师,1921 年成为根措夫特市政公园顾问。

布兰德特的设计常用规则式和自然式混合的形式,用精细的植物种植软化几何式的建筑和场地,初步形成具有早期现代丹麦特色的园林设计。他借鉴当时英国的设计精英,特别是英国建筑师鲁特恩斯的明确空间表达,以及鲁滨逊和杰基尔对乡土植物特殊价值的强调,将自然风格与建筑化的设计要素很好地结合在一起。布兰德特精通植物,擅用野生植物和花卉,倡导用植物进行设计,他常用绿篱来分割空间,在植物运用中,强调植物的标准化和结构化以及修剪植物与未修剪植物的对比。在丹麦,布兰德特是第一个将乡村景观运用到花园设计中的园林设计师,他把农民因耕作而形成的树林、草地、小路等运用到设计中。他的主要园林作品有 Ordrup 花园(1916)、Ordrup 墓园、Hellerup 海岸公园、哥本哈根的蒂沃里(Tvoli)公园中的喷泉花园等。

7.2 亚洲地区

7.2.1 中国

中国到了清代末年,随着长达两千多年的封建王朝消亡,以及中国民主主义革命的兴起和世界进步潮流的冲击,中国园林面临着一个巨大挑战和发展机遇。

封建王朝的没落和消亡带来了皇家园林兴建的停止,民主政治的进步则促成了新型城市公园的诞生。1840年鸦片战争后,依照中外条约,西方殖民者在天津、上海、厦门、大连、广州、汉口等地划定租界以享有租地及居留权,殖民者为了满足自身享乐与租界内市政建设的需要,在租界中修建了各自的公园绿地,即租界花园。纯粹的西式园林随着租界的划定而强行植入中国大地,如法国规矩式和英国自然风景园等,给近代中国以耳目一新的触动,不仅成为中国园林效仿的对象,也刺激了中国公园的发展。

19世纪末20世纪初,中国各个城市私家园林开始由封闭转向对社会开放,成为了租界公园向华人自建公园发展过程中的一种过渡形式及补充方式。在开埠城市城市化推动下,公园概念逐渐深入人心,公园开始成为中国人的日常生活空间,精英阶层也开始有意识地筹建和改建中国式的公园。这些公园在中国传统造园的基础上,为迎合国人对西洋事物的好奇,往往加入西方造园要素,成为中西杂糅的混合体。

□ 19世纪末20世纪初全国各地纷纷开放私园,如上海开放申园(1882)、张园(1885)、愚园(1890)为营商性私园;20世纪初汉口开放改造刘歆生私园为中山公园。而北京则将皇家园林先后开放为城市公园:1906年10月13日,出使西方各国考察归来的端方、戴鸿慈等连上三道奏折,一奏军政,二奏教育,第三道奏折就提到了修建包括万生园在内的公共设施。万生园因此成为我国历史上第一家动物园,也是由中国最高统治者开放的第一个皇家园林。此后,北京先后开放社稷坛(1914)、先农坛(1915)、天坛(1918)、北海(1925)等皇家园林为城市公园。新建公园有广州的中央公园(现人民公园)和黄花岗公园(均建于1918年);四川的万县西山公园(建于1924年)和重庆中央公园(建于1926年,现人民公园),到抗日战争前夕,在全国已经建有数百座公园。

辛亥革命(1911年)与五四运动(1919年5月4日)爆发以后,奋发图强的民族自尊与自信使一些有识之士开拓了与中国近代文化相适应的园林理念并传承中国传统文化的园林形式。这时期政府主导的公园建设纷纷以三民主义和新三民主义作为建设的指导方针,确立了为大众服务的公园本质和独特的形式,逐步成为社会教育的新空间与传输民族主义精神的政治空间;此外,随着华侨归国参与市政建设以及留洋设计师参与园林设计与改造,中国近代园林在直接借鉴西方先进思想和探索自身特色的过程中取得较大发展,创造出中西合璧的园林形式。

公园的产生带动了整个城市园林系统的进步,人们逐渐认识到园林在城市中已成为一个重要的组成部分,这使得园林的类型更加丰富,也促进了植物的引种交流,但这只是城市园林系统的起步。近代中国园林从全国范围看,已经具备了近代城市公园、私家园林、宗教园林、别墅群园林、公建附属园林和郊野园林六大园林类型的基础;再者,随着欧美田园城市、绿地带理论、邻里单位等规划理论在我国的传播,也促进了城市园林体系的完善,如广州1928年草拟《广州市政府施政计划书》中提出最新的城市设计,以“田园都市”为最初构想,上海则在1929年的《大上海计划》中拟定一个宽度2.5千米的绿地带环绕建成区。

□ 中山公园是为纪念孙中山先生而命名的公园,大规模地兴建于孙中山先生逝世后,亦有当时更名和后来新建的中山公园。中山公园既是市民的游憩空间,又是政府对民众进行政治教育的场所。早期的中山公园在孙中山三民主义旗帜下,以西洋的风景园林论和中国造园论为指导进行全面实践。中山公园建设拉开了中国大规模建设现代公园的序幕,是民主政治在艺术上的体现;中山公园受中西文化碰撞的影响,呈现中西合璧和地域性的风格,代表了中国近代公园较高的艺术水平。

1937年八一三事变之后,中国近代园林遭受近代日本侵华的劫难,逐渐呈现出缓慢、停止甚至毁灭的趋势。中国政府管辖范围内的公园及私有园林大多被毁,即使幸存者也是面目全非,租界部分公园轻微受损,但是战争也影响了租界园林的日常运营。此外,战争所带来的民族危机与社会环境一方面打击了市民的情绪,一方面也阻碍设计师的实际设计建设,很多设计师转而进行园林的理论研究。

近代园林是一场承上启下的革命,尽管新兴的园林还比较简单,但却没有丢掉传统,而是传统的丰富与传承,中西合璧形式新风格的形成是过去未曾有过的创新与转折(表7-5)。

表 7-5　中国近代园林代表案例列表

基本信息	园林特征	备注	平面示意图
虹口娱乐场 时间:1896 年 区位:上海虹口区 规模:28 公顷 设计师:麦克利 (D. Macgregor)	风格:英国自然风景式为主 布局:进门便是一条夹在木兰花丛中的林荫道,不远处展开着一片宽阔的草地,中间隔有小溪,上架一座英格兰乡村常能见到的木桥。草坪的周围有密林围合,一座音乐台置放在丛林中。沿着步行道种有英国槐树、夹竹桃、桃树和一些非本地产的植物	十九世纪末为公共租界工部局所属四川路(今四川北路)界外靶子场;1905 年划出一部分建成公园,初称"新靶子场公园";1922 年改为虹口娱乐场;1937 年被日军占领,改名"新公园",建"日本上海神社";抗战胜利后,改名"中正公园";新中国成立后,公园和体育场分开,命名虹口公园	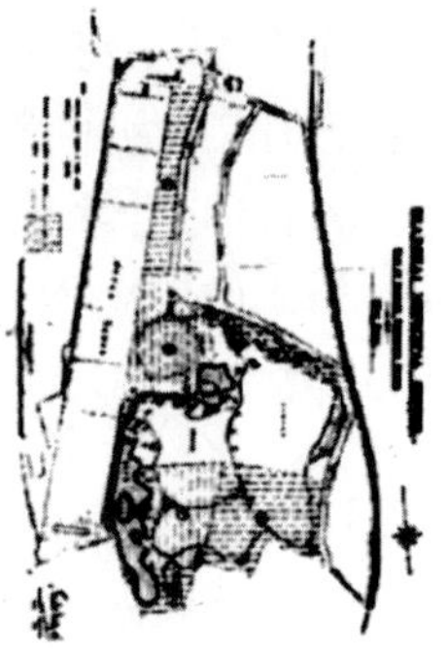
顾家宅公园 时间:1908 年 区位:上海市 规模:7.49 公顷 设计师:柏勃 (Papot)	风格:早期为法国古典主义,后改造为中西合璧样式 布局:北、中部以规则式布局为主,有组合花坛、中心喷水池、月季花坛,以及由南北、东西向主要干道构成的轴线,表现出法式园林轴线式景观。公园西南部采用以中国自然式园林布局为主,并融合多样化造园元素构成:有中国的假山、英国自然式大草坪、源于伊斯兰园林的月季园等,风格颇为混杂	该园址最初为顾家宅兵营,1904 年后驻沪法军逐渐减少,该处便部分租用来建设运动娱乐设施,1908 年公董局正式将其开辟为公园;1917 年聘请法籍工程师入少默负责公园的大规模改造;1925 年改造时郁锡麒将中国古典的造园艺术融入了顾家宅公园的规划设计,后改名为复兴公园	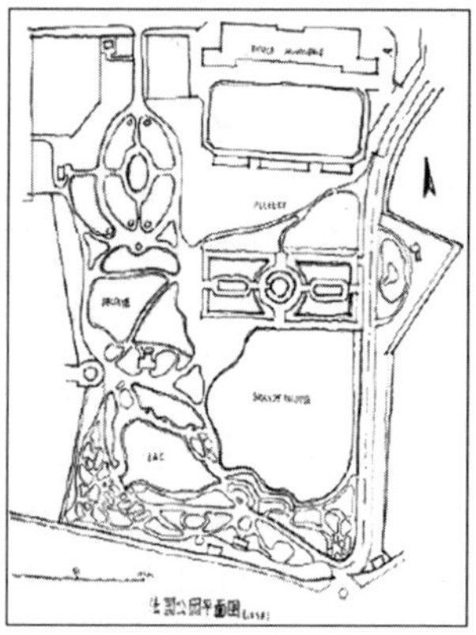
兆丰公园 时间:1914 年 区位:上海市 规模:20 公顷 设计师:麦克利 (D. Macgregor)	理念:园林从活动场地向观赏性发展 风格:英式园艺风格,随不同时期改造融入中式园林、日式园林元素 布局:全园分三个区:一是自然风景园,由林地、草地、溪流和湖组成;二是植物园,收集原产中国的各种乔灌木;三是观赏游览园,由宽阔的草坪、林荫大道、整形花坛及雕塑、喷泉组成	1925 年建造一座中国式亭子,1937 年,日本侵占上海时期,公园东部挖地垒筑假山,假山旁建有日本式茶室,周围种植樱花,1941 年公园改名为中山公园	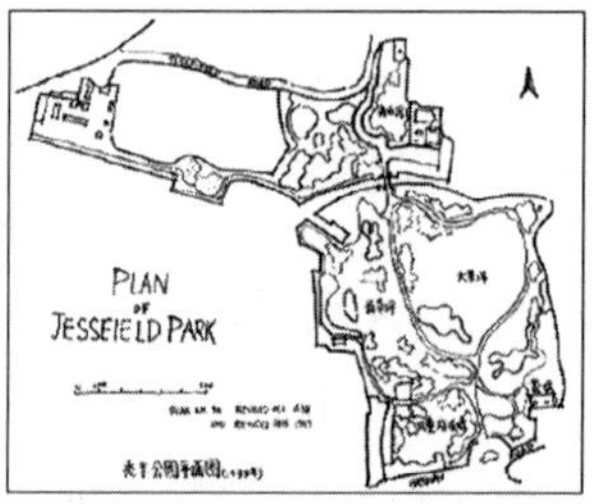 PLAN OF JESSFIELD PARK
漳州第一公园 时间:1918 年 区位:福建漳州 规模:2.8 公顷 设计师:周醒南	理念:通过纪念碑、纪念亭及园林布局代表民主、平等的近代社会文化 风格:中西合璧 布局:公园分为 4 区,东北区设立东门华表;西北建半圆形七星池;西南区做图书馆,并建几何西式花圃;东南区虎头山上做遍植梅花,称梅岗,建六角形音乐厅和方形美术馆,均为西式建筑,并建有运动场	1919 年,援闽粤军开辟闽南护法区,改龙溪县署为漳州第一公园;1918 年 10 月始兴建,1919 年 11 月建成,原名漳州第一公园,1927 年更名为中山公园。主持公园建设的有汀漳道尹熊略、工务局长周醒南、工程师谢瑞卿、总监工王孺涵、技工祁自强、总务翟雨亭等。是闽南最早建设的城市公园	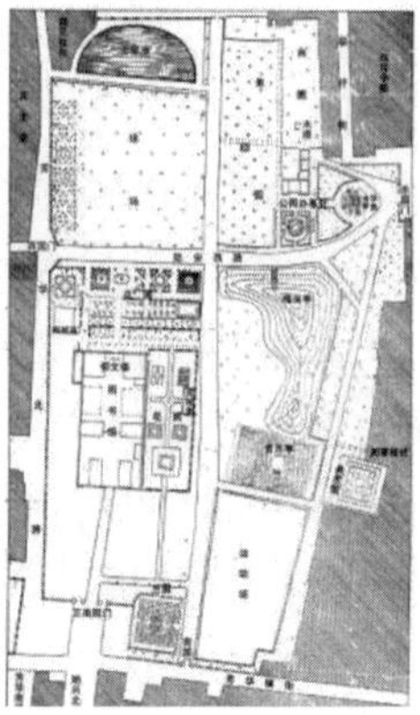

续表

基本信息	园林特征	备注	平面示意图
广州第一公园 时间:1920 年 区位:广东广州 规模:10 公顷 设计师:杨锡宗	理念:采取意大利几何图案形式 布局:公园呈矩形,以南北向、东西向轴线划分公园内部空间,入园后东西各设主干道,12 条次干道形成放射路网,构成公园平面几何图案的骨架 其他:沿南北中轴线,依次规划布置了假山、公园大门、水池、观音像及音乐亭等景观节点;同时轴线两侧对称布置四组花坛,簇拥在音乐亭前后。此外公园东侧设有运动场地,西侧设有服务管理区	是广州城市发展历史上由政府主导下建设的第一座城市公园:1918 年广州市政公所成立,作为一个海外留学生为主的管理机构,积极学习和借鉴西方城市园林营造和公园建设观念,孙科市长着手筹建公园 3 处。广州第一公园于 1920 年建成,1925 年易名为中央公园,1966 年改为人民公园	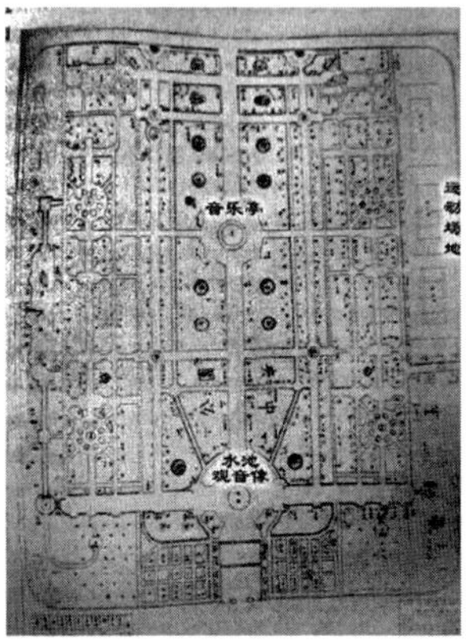
汉口第一公园 时间:1927 年 区位:湖北武汉 规模:11 公顷 设计师:吴国柄	理念:市政府借中山亭、碑、堂的设计布局,形成景仰孙中山的纪念空间 风格:采用中西合璧设计手法。南部是仿自然意趣的湖山景区以及规则式西式园林,北部为各式的运动场地 布局:分四个部分,湖山景区、原西园景区、几何式花园与运动场 其他:1. 公园正门仿白金汉宫设计;2. 湖山景区为近长方形人工湖,小山分布湖边;3. 西园景区保留西园假山、流泉、水池、小桥的布局;4. 北面有几何式花园,四顾轩、月洞门和中央喷水池构成南北中轴线;5. 运动区开辟有儿童运动场、溜冰场、游泳池、高尔夫球场、骑马场、篮球场、排球场、网球场等	国民革命胜利后,武汉市在建市之初筹划建汉口第一公园,并在私园“西园”基础上建造起来;1928 年,将汉口第一公园改名为中山公园,并于 1928 年 10 月 12 日扩建。1929 年 6 月 10 日中山公园试开放;1933 年增建足球场和 400m 跑道	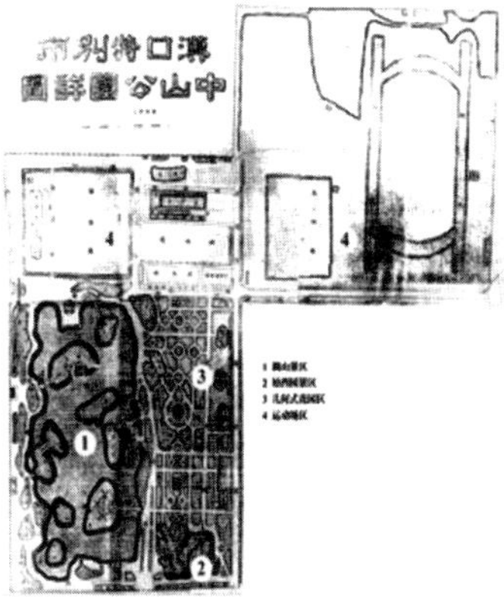
厦门中山公园 时间:1927 年 区位:福建厦门 规模:16 公顷 设计师:周醒南	理念:通过建筑与雕像形成民主纪念空间,弘扬孙中山“天下为公”精神 风格:中西合璧 布局:南门、钟楼、铜狮喷泉、中山公园塑像、仰文楼形成中轴线,构建中山纪念空间。全园分北、中、南三部:南部以规则式运动场为主;中部由几何水池花坛组成;南部为荷庵,以传统假山水池组成 其他:1. 全园植物配置以几何花坛及规则式的行道树种植为主,在北部假山水池保持传统山水环境;2. 利用园林荷庵旧址及水系形成荷庵、隗兴河两个大的湖面,多条溪流纵横交织,全园中心为椭圆形喷水池;3. 公园中建筑物包括亭、楼、阁、牌坊、榭等多种形式	20 世纪初,海外华侨在厦门积极参与建设家园的公益事业,以城市公园的建设作为公共娱乐的第一要义。厦门中山公园整体布局仿“北京农事试验场”,自 1927 年兴建以来,公园几经兴废。工程由漳厦海军警备司令部堤工处负责,周醒南任堤工处顾问,公园的规划建设均由他主持,参与工程设计有留学德国的建筑师林荣庭及朱士圭、绘图员张元春等	

造园师、造园团体与园林理论

(1)租界园林管理机构——西方公园体系的植入

租界园林管理与租界市政机构和市政制度的建立发展是基本同步的。租界市政当局以“调节者”角色在界定公私领域、协调各方关系的过

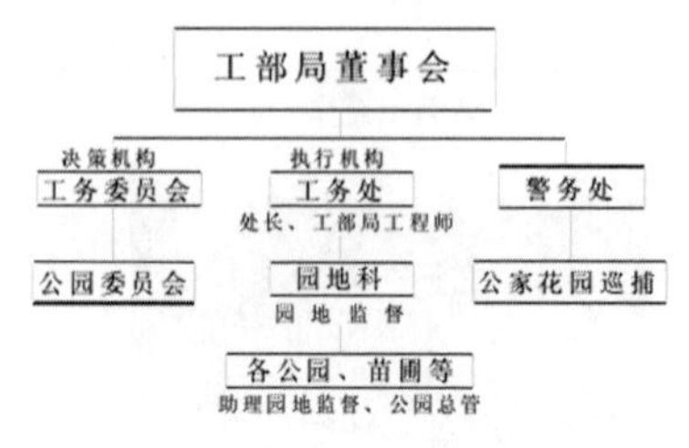

图 7-12　上海工部局园林管理系统

程中,借鉴和移植西方资本主义模式,建立了中国近代最早的包括资金来源、规划设计、材料供应、施工管理、园地管护等的园林建设管理体系,并应园林发展规模和阶段的不同做出相应调整。例如上海公共租界于1898 年起设立园地监督(superintendent of parks and open spaces),由来自英国的园林师负责行政管理和技术负责;上海法租界公董局公共工程处设园艺主任一职负责公园的管理(见图 7-12);厦门鼓浪屿租界设立工部局工务处、公共工程处等机构负责包括开辟公园在内的市政事业。

这些园林管理机构通常聘请来自租界国的园林专家负责行政管理兼园林建设,因此公园布局都带有其设计建造者本国的造园风格,如天津意国公园呈圆形,总体布局为规则式,中心建罗马式凉亭,园内有喷水池及花坛,花繁树茂。法国公园同样为圆形,空间布局则为典型的法国规则式,小区由同心圆与辐射状道路分割,设四座园门;大和公园则是典型的日本园林风格。尽管亭台楼阁,有中国传统的造型,但绝大多数公园均按其本国风格建造。不仅如此,有的公园甚至在植物种植上也体现出象征意义。最初均从殖民母国引进花草,如最早上海的公家花园的奇花异卉,大都来自欧洲。

(2)朱启钤(1872—1964)——开放皇家园林为公园

朱启钤(1872—1964 年)是清末民初北洋政府的交通总长,辛亥革命后为民国政府期间的内务总长,对中国传统建筑、园林文化事业给予高度重视和关注,如成立《中国营造学社》、再版《营造法式》和《园冶》等,对园林更是倾注近半生的精力,并亲自参与建设。

1913 年,朱启钤首创将清代皇家的社稷坛及附近地区改建为供市民游憩的中央公园,并历任中央公园第一至四届董事会会长。除了变皇家社稷坛为中山公园外,在他任内务总长时先后开放了天坛、先农坛、文庙、国子监、雍和宫、北海、景山、颐和园、玉泉山等风景名胜区,而后制定了《胜迹保管规条》加以保护。

朱启钤建设园林的思想主要是传承中国造园"本于自然高于自然"的基本原则,抓住中国古典园林的基本特色,以诗情画意写入园林;此外,朱启钤还注意绿化市区、疏浚护城河。

□ 中国第一位留美学习建筑专业的是庄俊,于 1910 年赴美伊利诺伊大学学习建筑工程留学,1914 年学成归国。此后,庚子赔款赴美学习建筑专业的学生很多,就读于宾夕法尼亚大学、麻省理工、康奈尔大学、密歇根大学、哥伦比亚大学、哈佛大学和伊利诺伊大学等著名学府;20 世纪 20 年代末,赴日留学建筑专业的留学生人数已超过 130 人,赴美学习建筑的更多;许多人归国后成为中国近代建筑、园林教育、设计建设事业的栋梁,如梁思成、童寯、陈植、吕彦直等。

(3)近代中国园林设计师群体——民族主义园林形式的探索

中国近代园林建设、管理主体经历着从个人到社会团体再到政府的依次转变。各个城市开始成立工务局园场管理处直接管理市区公园、行道树、街道绿地及园林专业苗圃,并多次从国外引进专门人才,派人赴日、英美等国考察学习先进的园林技术和管理制度。从 20 世纪初开始,中国近代建筑、园林专业的留学教育逐步开展,使中国建筑、园林师开始重新考虑中西园林文化问题,促进了中国园林民族主义的觉醒。在庚子赔款留美(美国政府同意用庚子赔款建立"留美预备学校")的影响和推动下,民国初年掀起了第一次留学美国的热潮,从 1902 年开始选派赴欧留学生,20 年代末也有赴日学习建筑的。1928 年在陈植(留日受到导师本多静六博士和上原敬二等知名造园学家的影响,对造园学产生了极大的兴趣)归国后建议成立"中国造园学会"。20 世纪 30 年代,金陵大学、浙江大学、复旦大学开设造园和观赏园艺课程。随着中国园林师群体的壮大,他们努力探索中国园林的民族形式,并得到实践的机遇,创造了一批优秀的中西合璧园林样式的园林作品,公园的总体布局多是中英混合折衷式风景园,向着新型的市民休闲娱乐空间拓展;并适应时代的发展创造出具有以三民主义等政治教育意义作为园林建设的指导方针的空间形式。

以下列举几位留学归来的园林设计师、建筑师：

杨锡宗(1889—?)

杨锡宗是中国近代著名建筑设计师,1889 年出生于广东中山市翠亨村。早年于广州岭南中学、清华学堂(今清华大学)读书,后因母病南归。1913 年他途经日本到美国留学时,被当地的政府建筑所吸引,本想攻读经济类科目,到了康奈尔大学后便改读建筑系,杨锡宗将他所接受的西方古典美学与中国传统建筑精神终于结合一起,形成他个人的中国式风格。

1921 年广州市政厅厅长孙科邀杨锡宗到广州市政厅工务局,初任取缔课长兼技士,后任工务局代理局长,开始他的园林、建筑设计生涯。代表作品有广州市第一公园、黄花岗七十二烈士墓、十九路军淞沪抗日阵亡将士坟园、中山大学石牌新校区(今华南理工大学)等。

周醒南(1885—1963)

周醒南字惺南,号煜卿,广东惠阳人。幼年聪颖勤敏,科举废除后,入两广游学预备科,为出国留学作准备。学成后在北江任教,他因早年曾参加革命,被迫出走南洋,在新加坡教书。1911 年任广东公路处处长,参与广东省惠州、广州、汕头市政工程建设。从 20 世纪 20 年代起任厦门市政会、厦门市堤工办事处、厦门市工务局总工程师、委员长、会办、局长和顾问,负责制定厦门新区的建设、规划和施工,开辟马路,兴建市场,建设中山公园,围筑鹭江道堤岸。1934 年离任回粤,任广州市税务局局长。

吴国柄(1898—1987)

吴国柄是著名市政建设专家,1898 年生于湖北建始,1917 年毕业于南开中学;1918 年考入唐山交通大学学土木工程,次年因学校闹学潮而离校;1920 年考上湖北官费留学英国,就读于巴特西理工学院(萨里大学前生)。留学期间,他学习机械、工程、土木、冶金,获伦敦大学机械师文凭与英国皇家工程师证书;回国后主要参与了武汉汉口第一公园的设计建设。

陈植(1899—1989)

陈植字养材,1899 年 6 月 1 日出生于江苏省崇明(今上海崇明)一个知识分子家庭,7 岁入私塾,后入公立小学,1914 年保送升入江苏省立第一农业学校林科学习,1918 年毕业后东渡日本,在东京帝国大学农学部林学科造园研究室学习,专攻造园学和造林学。回国后,任江苏第一农业学校教员,江苏教育团公有林(后改为江苏教育林)技术主任、场长。1926 年担任总理陵园设计委员;1926 年春完成镇江赵声公园(后改为伯先公园)设计;1929 年受当时农矿部的委托,将面积 3.6 万公顷的太湖规划为"国立太湖公园",这是我国首次建立现代国家公园的尝试。以后数十年,陈植一直从事园林教育和学术研究工作。

陈植一生坚持造园学术理论和研究,是我国造园学理论与历史研究的奠基人。他先后编著《观赏树木》(1925)、《都市与公园论》(1926)等著作;1932 年完成我国近代第一本造园学专著《造园学概论》(见图 7-13);此外,他还为我国明末造园专著《园冶》进行注释,收集和编写《中国历代名园记选注》,以及完成《长物志校注》。

图 7-13　陈植与《造园学概论》

7.2.2 日本

□ 日本传统造园的再兴

明治大正期间,历史悠久的传统造园并未被彻底舍弃,甚至在某些方面得到了继续的发展。一方面有从江户时代即开始执业的传统造园世家,从事设计、施工、材料等造园的全过程,这是传统园林的传统营造方式的延续,以小川治兵卫(1860—1933)为代表;另一方面明治后期、大正期近代园林学及造园学发轫,推动了现代意义上的园林研究者及园林设计师群体的逐渐产生,而这一群体所关注的焦点之一也在于日本的传统园林,以重森三玲(1896—1975)为代表。这两个群体都一直延续至今,前者以京都等地为基地、世代相传,后者则逐渐成为今日的景观建筑师。比较而言,前者以传统造园为基础进行再生长式的延续,后者则试图融合、介入、创造有日本特色的新园林景观。

日本近代革新经历明治时代(1868—1912 年)与大正时代(1912—1926 年),此阶段日本的园林经历了从封建社会到近现代社会的变化过程:寺院园林受限而停滞不前,神社园林得以发展;私家园林以庄园的形式存在和发展起来;而公园的诞生成为日本园林史上最大的革命。

日本的公园绿地制度是从西方国家入侵日本时开始引进。19 世纪中叶,随着来日居住的外国人增多,英国大使于 1866 年向日本政府提出了为在日外国人设置专用游园地的要求。随后日本分别在神户、横滨、札幌、岩国等设立了加纳町游园(现在的东游园)、海岸游园、前町公园、山手公园、横滨公园等共休闲场所,这些公园成为日本城市公园的前身。另一方面,日本于 1873 年发布的《太政官布告》第 16 号通告号令开放名胜古迹,设置公园,让万民同乐,被认为是日本近代公园建设的起始点。根据这个公告,东京以及各个府县开始设置六十多处公园,其中有近 50 处保存至现在。1889 年公布的东京市区改正设计是日本首次正式的城市规划。根据这个规划,为了达到卫生、避难、缓和交通等目的,东京共规划了总面积约 330 公顷的 49 处公园。

□ 东京市区改正设计虽然最终没有完全实现,但由此设置了坂本町公园、水谷公园、汤岛公园、白山公州以及日比谷公园。

这时期公园的来源主要有三种,一是古典园林原封不动地改名公园,二是古典园林经改造后更名为公园,三是新设计的公园。西化论之下的洋风庭园从日比谷公园开始,陆续有箕面公园和天王寺公园等建成,这些公园大量使用缓坡草地、花坛喷泉及西洋建筑;在更名改建公园的过程中,则存在着传统保存论和全面西化论,起初西化论占上风,后来传统论有所抬头。在明治三十年(1897 年)古社寺保存法后,"日本主义"思潮的团体兴起,国粹主义开始与欧化主义达到平衡阶段,大部分的公园则是在两论消长过程中兼具传统与西洋两种风格。这一时代的造园家以植治最为著名,他把古典和西洋两种风格进行折中,创造了时人能够接受的形式。

□《都市计划法》是日本于 1919 年颁布的第一部全国通用的城市规划法规,规定设置用途区域与风致区域,其中有土地区化整理制度关于其施行区域面积的 3% 以上应作为公园用地保留的规定。

□ 1933 年日本公布公园规划标准,其中:公园分为大公园与小公园,大公园又分为普通公园、运动公园、自然公园;小公园分成近邻公园与儿童公园,儿童公园再被分为少年公园、幼年公园、幼儿公园。每种公园均被详细规定了定义、功能、面积、服务半径、配置与设备。

一战后,日本进入了快速的城市化时期,日本建立城市公园绿地系统以应对越来越复杂城市化问题。1919 年颁布《都市计划法》促进新市区小公园的诞生;1923 年发生了关东大地震,当时地处东京的 27 处公园、广场、河流极大地发挥了防火地带与避难所的作用,因此在地震区人口稠密城市中设置公园绿地的必要性获得广泛认可;在后来首都复兴规划中,住宅区中都设有大量的小公园与安全地带,通过连接较宽的街路和公园,组成了一个典型的公园系统。1933 年颁布的公园规划标准是日本第一个明确的城市公园规划标准,具有划时代意义。

此外,在公园旗帜之下,出于对自然风景区的保护,国立公园和国定公园的概念也在这一时期被提出,正式把自然风景区的景观纳入园林中,扩大了园林的概念,这是受美国 1872 年指定世界上第一个黄石国家公园影响的产物。国立公园是指由国家管理的自然风景公园,而国定公园则是由地方政府管理的自然风景公园(表 7-6)。

表 7-6　日本近代园林代表案例列表

基本信息	园林特征	备注	平面示意图
上野公园 时间:1873 年 区位:日本东京 规模:53 公顷	理念:寺社公园化 布局:公园的西部挖湖,面积约有 16 公顷,为簇绒鸭、欧亚野鸭等多种鸟类、禽类提供栖息之地,湖中岛建有神殿 其他:1. 园中建有多个博物馆,包括自然博物馆和教育博物馆(1872),新闻浏览所(1876),国立博物馆与动物园(1882),国立西洋美术馆(1959);2. 公园以 100 余种樱花著名,为赏樱佳地	1870 年,前来上野视察医学校与医院预定地的荷兰医师博杜恩(Anthonius Franciscus Bauduin)向日本政府提出在此地建设公园,后将江户时代的宽永寺改造为公园,是日本的第一个公园	
偕乐园 时间:1873 年 区位:日本茨城县水户市	风格:池泉回游式园林 其他:1. 利用了邻近基地的千波湖、七面山等自然风景,种植了多达三千余株的梅林,另外还种植了菜花、秋菊等四季应时的花草;2. 园内有众多的著名的景观,例如“好文亭”,以及从直径为 2m 的寒水石(大理石)的井中流淌出清水的“吐玉泉”等	公园最初创设于 1842 年,每月定期向市民开放而取名“偕乐园”,1873 年开设为城市公园;是与金泽的“兼六园”、冈山的“后乐园”齐名的日本三大名园之一	
日比谷公园 时间:1893 年 区位:日本东京 规模:16 公顷 设计师:本多静六	风格:设计受到本多静六留德及林学背景的影响,整体上以树木造景为主 布局:以马车道分割不同区域,从其由德国带回的 Max Bertram 的一本设计图集中引用了运动场、水池、游园等设计样式,内有公会堂、草坪、花坛、喷泉西方造园要素;同时也设置了诸如心字池等日本传统要素	1893 年正式将练兵场区域命名为日比谷公园;1901 年以日比谷公园造园委员会委员本多静六为中心,形成了最终的方案;1903 年正式开园,是日本第一座具有西式风格的花园	
平安神苑 时间:1895 年 区位:日本京都 规模:3 公顷 设计师:小川治兵卫	理念:神苑为平安神宫主要建筑物之后设置的池泉回游式园林,在造园上企图表现平安时代园林的特色 布局:按照方位分为南、西、中、东四部分,其中东神苑最大,占总面积一半以上,整体上以居中的栖凤池、池边的尚美馆、及横跨池上的桥殿泰平阁为景观中心,周遭植被景观层次感鲜明,并与园外东山山脉遥相呼应	为平安京迁都 1100 年纪念一系列计划之一	
无邻庵 时间:1898 年 区位:日本京都市左京区 规模:3100 平方米 设计师:小川治兵卫	布局:整个基地呈东西方向的三角形,主屋位于西侧,主要观赏方向为东向,周边密植,与东山山景融为一体;中间地带为开敞的草坪,地形微有起伏,设以曲水、小径、置石等,与周边形成明快的对比;水源设置于最东段密林中,在视觉与心理上营造出纵深感		

续表

基本信息	园林特征	备注	平面示意图
东福寺本坊庭园 时间:1938 年 区位:日本东京京都 设计师:重森三玲	布局:方丈庭园设置在方丈建筑四围,整体名为八相之庭,分为东西南北四个不同样式及形态的庭园 其他:1. 南庭采用的是传统的定型化的表现方式,以蓬莱神仙思想为理念,在模拟大海的砂纹之上配置石组以表现蓬莱、瀛洲、方丈、壶梁,并在西侧筑土以象征京都五山;2. 西庭主要用灌木及砂地组成较大尺寸的相间的正方形格网;3. 东庭在苔地白砂之上利用旧有建筑物的柱基石组成了北斗七星的形状;4. 北庭以小柿松和绿苔为主景	利用东福寺废弃的各种旧造园材料	
东福寺光明院庭园 时间:1939 年 区位:日本东京京都 设计师:重森三玲	布局:运用曲线作为岸线,中间是白砂池,四周是青苔覆盖的土岗,以砂象征水,以岗象征岛,并散布点缀立石群;在枯山水池背后是杜鹃花构成的大围篱,象征风起云涌		

造园师及园林思想

(1)长冈安平(1842—1925)

长冈安平是日本最早的公园设计师之一,也是传统茶道师。他对动植物及其饲养栽培极感兴趣,喜读造园古书,自学造园及相关知识。从明治初期直到大正期间担任了东京府公园系长等政府技术职务,一生设计建造了四十多处公园以及大量的私人园林。

在明治大正期间的近代化浪潮下,对西方公园的模仿与学习成为主流,而长冈安平则主要以日本传统造园为基础,或加以改良,或与西方的近代公园的概念及手法加以折中。其现存作品包括芝公园红叶谷、千秋公园、合浦公园、横手公园、岩手公园等,并有公园、造园相关诸多论述,辑为《祖庭长冈安平翁造庭遗稿》。

(2)本多静六(1866—1952)

图 7-14　本多静六

本多静六(见图 7-14)是日本林学家,造林学奠基人,1866 年 7 月 2 日生于东京都涩谷区。1890 年 7 月毕业于东京农林学校林学部,1892 年 3 月在德国慕尼黑大学专攻林学,并获得博士学位。而后任东京帝国大学农学部(后为东京大学农学部)教授。在大学任教同时,曾先后担任日本庭园协会会长、国立公园协会副会长、帝国森林会会长等职。

日比谷公园是其第一个公园设计,按他自身说法当时尚是公园设计的门外汉。然而自日比谷公园之后,本多静六展开了全国范围的公园规划设计及改造,总数超过 100 个。日比谷公园的设计针对当时社会所追求的近代公园作出了具体形式上的探索,尽管设计并未能够真正在可见层面实现所谓的西化,但其开创意义巨大。另外,这一公园的建成以及日后本多静六本人大规模公园设计活动,使得日本在林学、农学的学科之中逐渐产生了相关公园、造园的学问及学科。本多静六并著有造林学著作多种,有造林学前论(5册)、造林学本论(5册)、造林学后论(3册)、造林学各论(5册)、《森林家必携》《大日本老树名木志》《南洋植物要览》等。此外,本多静六门下,上原敬二、田村刚等名家辈出,构成了当时日本造园学科的中流砥柱。

(3)小川治兵卫(1860—1933)

小川治兵卫(见图7-15)是明治大正年间最有成就的传统庭园师,被称为近代日本庭院的先驱者。小川治兵卫号植治(植治为始于十八世纪中期的京都植木屋即造园工坊的称号,明治年间已延续到第七代,此后一直延续至今),主要从事传统园林的设计、施工、维护。

图7-15　小川治兵卫

小川治兵卫作品众多,但多数集中在京都,京都一地又以岡崎、南禅寺一带为典型的集中区域,这里的作品包括无邻庵、平安神宫神苑、对龙山庄、织宝苑、清流亭、有芳园、碧云庄、怡园等。此外小川治兵卫还经手了京都御苑、修学院离宫、桂离宫、南禅寺等园林的维护及绿化。小川治兵卫的造园以自然植栽风景与动态水体的结合为特征,他在岡崎、南禅寺一带的诸多作品中巧妙地利用了东山的借景及琵琶湖引水工程带来的活水,由密林、灌木、草坪构成了具备开放、明快特征的园林空间,具有自然主义的造园特征。

(4)重森三玲(1896—1975)

重森三玲非园林科班出身,早年专门学习日本绘画及文学,1929年移居京都,此后开始自学日本园林。重森三玲一生完成了173个园林作品,记录着日本传统园林的现代化设计转变过程;此外他一生贡献于日本园林研究,从1936年开始对全日本的园林开展调查、测绘及研究,完成巨著《日本庭园史图鉴》(26卷)及《日本庭园史大系》(35卷),成为日本园林研究的集大成者。

重森三玲设计多数为规模较小的庭院,他一方面受到诸如康定斯基等西方抽象构成主义的熏陶,另一方面也深谙茶道、日本画、造园等日本传统艺术,这些对其作品及创作都有鲜明影响。

重森三玲受现代派绘画的影响,在传统的枯山水庭园的形式要素中,赋予"点、线、面、色彩"以新的形式和内容,引入曲线、弧线及多色彩进行庭园平面构图,架起了传统的园林形式与现代设计手法结合的桥梁。枯山水庭园是重森三玲用现代设计手法尝试禅宗园林的代表形式,其园林手法及许多作品脱离了传统园林的类型及范式,用线与面的构成式、图案化的要素表达了对传统的刻意突破,可以说,重森三玲发展出了一种新的枯山水形式,因其简洁洗练的构图、深邃悠远的意境而备受瞩目,被誉为日本近代园林中的经典造园模式。

7.2.3　东南亚

16世纪到20世纪中期是东南亚历史上的殖民时期,尤其从19世纪至20世纪30年代是东南亚高度殖民化时期。殖民者侵略使得大部分国家的社会政治和经济基础产生了变化。随着支撑花园的上层建筑发生剧烈的变化,东南亚地区园林形式和特点也相应地发生转折性的变化。

□ 尽管早在16世纪初期西方殖民者就已经侵入东南亚,但直到18世纪末期,西方殖民者所侵占的地区主要是东南亚海岛的一些地区,主要集中在菲律宾中北部,印度尼西亚的爪哇,马来半岛马六甲,而中南半岛的缅甸、暹罗、老挝、越南等仍是独立的封建国家。

总体而言,殖民时期东南亚热带花园发展受到多方面外来因素的影响。由于殖民文化的侵入以及中后期华人移民所带来的外来文化的影响,在本土文化、殖民文化、移民文化以及宗教文化等多元文化共存的历史背景下,该时期东南亚园林形式与东南亚传统园林相比,发生了剧烈的变化。主要的园林类型有:受欧洲殖民文化影响的热带花园,主要代表是殖民府邸及私家花园;受亚洲移民文化影响的私家花园;本土的热带花园,包括该时期兴建的一些代表性的皇家宫苑。

其中殖民者府邸和私家花园主要集中于马来半岛的雅加达、马六甲、槟榔屿、新加坡和印度尼西亚的爪哇等地。19世纪前,殖民者花园纯粹作为观赏园林,对于东南亚国家来说完全是个舶来品;到19世纪中后期,殖民者的家园开始发生变化:不仅增加了林荫道、车道两侧成排的树木,还有带有休息娱乐设施的后院和前院。在海滨的一些岛屿上,庄园主则更倾向用传统英国乡间宅邸形式来布置家园。在一部分殖民者的花园中,除了沿用大草坪,在车道和游廊摆设并排的盆栽植物等做法外,还进一步增添了热带植物种类,热带平房风格的花园成为这时期殖民府邸花园的典型。

亚洲移民的私家花园主要集中在当时中国、印度移民较集中的地区,但是其对当地造园的影响程度远不及殖民者花园。以华侨移民为例,从史料反映的情况看出,当时华人身居异地,造园风格也已“入乡随俗”,比如花园造景以热带植物为主;且园主人虽是腰缠万贯,但由于缺乏文化熏陶,所以营造的私家花园自然与国内的文人园林存在相当大的差异,掺和了太多的世俗气息。

本土的热带花园主要集中在暹罗,印度尼西亚和马来亚、越南等几个国家,这些本土花园既包括了传统的花园形式,以寺庙花园和皇家宫苑为主,也包括普通百姓家庭所附带的花园。如暹罗本土花园造园模式大体上仍延续着前期的模式,有许多固定的组成部分,包括盆景园、水花坛以及盘根错节的整形植物,位于曼谷的 ChkariHall 花园是最典型暹罗式花园。

□ 19世纪初期开始,西方殖民侵略者加快了侵略的脚步,到20世纪初期,除了暹罗保持独立以外,几乎整个东南亚都沦为西方殖民地。1864年,法国迫使柬埔寨接受柬法条约使柬埔寨从此沦为半殖民地半封建国家;并分别于1885年和1893年吞并越南和老挝。英国从1786年直至20世纪初期,开始相继占领槟榔屿、新加坡、马六甲,最终将整个马来半岛变成殖民地。荷兰殖民者先后征服爪哇、苏门答腊、巴里、苏拉威西岛、亚齐以及其他独立小王国后,到20世纪初将整个印度尼西亚变成其殖民地。而西班牙则在1890年将菲律宾变为其殖民地。

□ 中国与印度等外来移民主要集中在1500到1800年之间。这段期间印度人与中国人到东南亚从事贸易,促进了移民潮的产生。这些移民逐步融入当地社会,并对东南亚的后来的文化留下深刻的影响,而园林文化也随着移民聚居得到完整的传播和保留。

□ 暹罗为泰国的古称,暹罗国号于1949年更名为“泰国”,意为“自由之国”。

7.3 重点案例

7.3.1 英国·伯肯海德公园(Birkenhead Park)

背景信息

伯肯海德公园(见图7-16)位于英国利物浦伯肯海德区,占地总面积50.6公顷。由约瑟夫·帕克斯顿(Joseph Paxton)于1843年开始设计方案,至1847年公园建成(见彩图7-1)。

伯肯海德公园是第一个由政府动用税收出资建造的公园,在历史上具有举足轻重的地位,被称为第一个真正意义上的城市公园。它的建成推动了城市公园运动的蓬勃发展;其创造性的公园开发模式为后来的城市开发建设提供了有益的借鉴;它一定程度上缓解了当时城市问题,为公众提供了满足社交休闲的公共场所以及舒适的绿化环境。

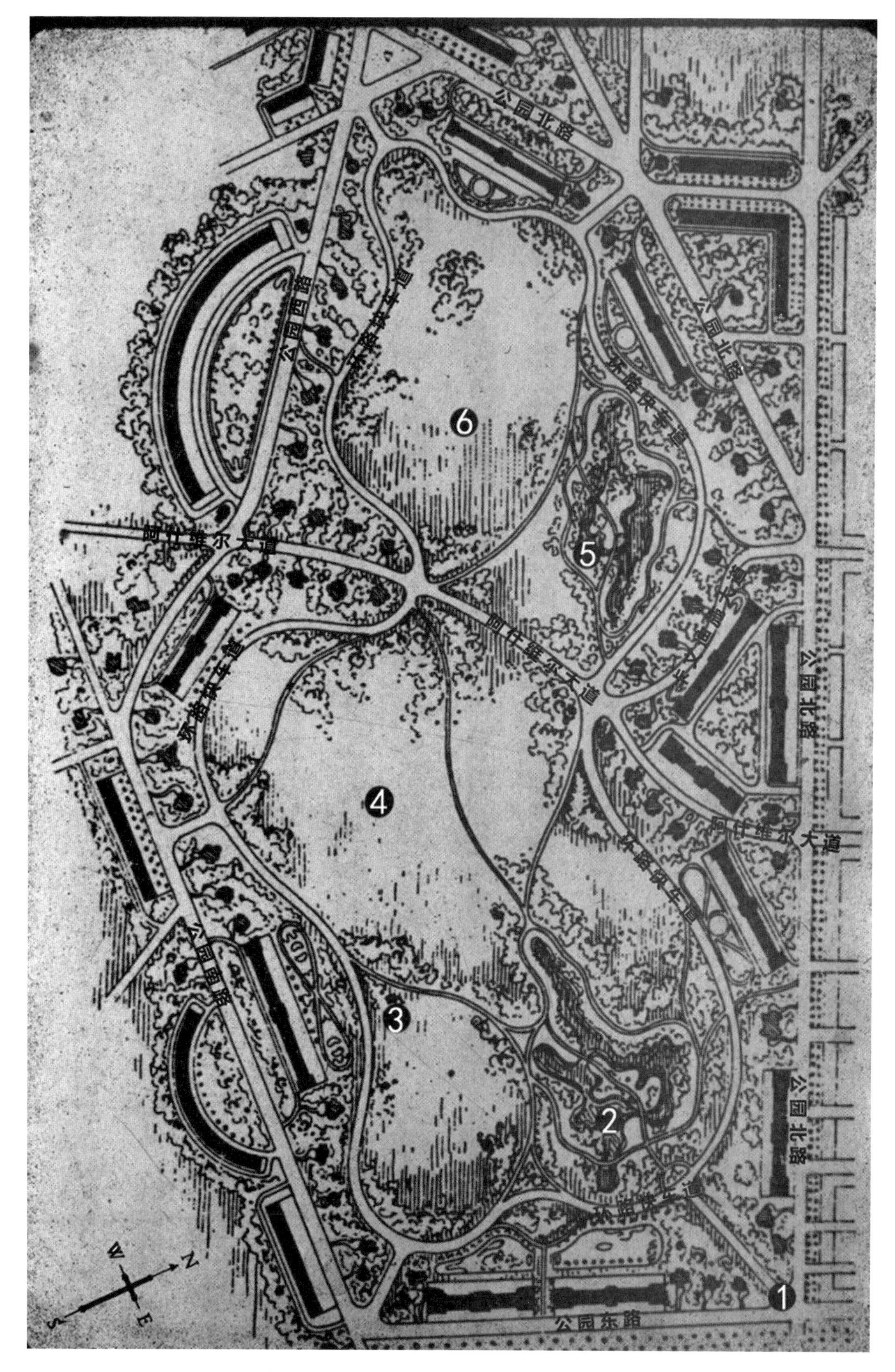

1. 主入口　2. 下湖　3. 小花园　4. 下公园树林大草地　5. 上湖　6. 上公园疏林大草地

图 7-16　伯肯海德公园平面图

设计与建造历程

图 7-17　19 世纪的利物浦——商业重镇和重要港口

19 世纪初，利物浦的伯肯海德区还是一片郊野，而当时的利物浦市已经是英国的商业重镇和重要港口，喧嚣繁华（见图 7-17）。同英国其他大城市一样，经济的快速发展给这座城市带来了不少困扰。城市人口极度膨胀，居住条件拥挤不堪，疾病肆虐。

1820 年，伯肯海德区低廉的地价和优美的环境开始吸引对岸的利物浦市民迁往这里。伯肯海德开始得到了发展，人口数量成百上千地增加。许多土地被用来建设房屋，以此为代价的是伯肯海德渐渐失去了原来的田园风光。为了避免重蹈覆辙，1833 年，伯肯海德发展委员会成立，通过委员会来运营这个城镇的发展。

19 世纪 40 年代初，兴建城市公园的理念已经深入人心。尽管诸如利物浦这样的大城市也意识到了城市公园对于城市发展及居民生活有着诸多的好处，但政府苦于无力支付昂贵的地价和承担公园的建造费用。伯肯海德地区低廉的土地价格和未利用的荒地反而成为其优势，促成了世界上第一座城市公园的诞生。

□ 公园开园盛况

据估计，开园当天公园里足有一万多人蜂拥而至，其中既有数千名伯肯海德本土的居民，也有来自利物浦等其他地区的游客。当时的几个大型报纸的时事评论版均对伯肯海德公园的风光及游人的反响做出了反映，且皆是对公园的褒奖和肯定。这个公园被称为居民的休闲胜地，不再是传统意义上的被贵族享用的园林，它拥有道路、花园、果园、泉水、湖泊等等。

1841 年，伯肯海德发展委员会委员艾萨克·豪姆斯（Isace Holmes）在调查后，率先提出了建造城市公园的议案，并得到了议会的采纳。1843 年，议会通过第二发展法案——授权买地建园；市政府用税收购置了一块占地 74.9 公顷的荒地，其中 50.6 公顷的面积作为兴建公园的场地。随即，专门为伯肯海德公园项目而设立的公园发展委员会应运而生，主席由威廉·杰克逊（William Jackson）担任。1843 年 7 月，委员会决定邀请约瑟夫·帕克斯顿（Joseph Paxton）对公园进行总体设计。1843 年 11 月，帕克斯顿的整体设计和其助手罗伯逊（Robertson）的意象方案得到了委员们的一致认可，并被要求尽快完成详细设计。与此同时，项目建设的前期准备也马不停蹄地进行着，公园内的植物被推倒，土地也被铲平。1844 年 2 月，罗伯逊的建筑设计通过了评审。帕克斯顿聘请了当地的建筑师刘易斯·霍恩布洛尔（Lewis Hornblower）来监督公园中的一系列建筑的施工。施工内容由 3 个部分组成：开采为公园道路地基所用的石料；从绿地地下开通给排水的管线；开挖两处湖面。

政府利用税收在伯肯海德地区收购了这块不适合耕种的荒地之后，便面临资金来源困难的窘境。因此，为了使项目能够进行下去，1844 年秋，帕克斯顿提出了一个创新性的设想——将整个公园外围分为 32 个部分，每一块土地可以以个人名义购买和使用。委员们被这个提议可能带来的可观利润说服，并同意每间在公园中建造的房屋都需要缴纳至少每年 70 英镑的租金。这些租金决定了这些即将建造的房屋的质量，也保证了从提议中的 212 栋房屋中获取一定的利润。这一创举显然取得了成功，由于公园所产生的巨大吸引力使得周边的土地地价高升，出让这些土地的收益不仅支付了公园的土地购买费用和全部建造费用，还有盈余，并且在之后若干年内，公园的良好经营带动了整个地区的发展，也使周边更广大的地区地价上升。

从 1844 年 11 月到 1845 年 3 月这段时间里，公园整体山水形态的构架基本完成。肯普开始进行植物的种植，霍恩布洛尔进一步完善建筑设计。直到冬季，一系列建筑以及大门和桥梁的设计终于全部完成并开始实施。委员会关于拍卖公园附属建筑用以收回支出的计划也在同年 7 月进行。直至1846年秋天,公园包括建筑与主入口的建造,车道与步道的铺设,还有植物的种植都告一段落,伯肯海德公园终于正式完工。

1847年4月5日,伯肯海德公园正式开放,委员会举办了一场大型庆典活动。在接下来的几年里,伯肯海德公园逐渐演变成为这个地方最吸引人群的重要景点之一。同时,它永远免费向社会公众开放(见图7-18)。

图7-18 开园当日《伦敦新闻报》的插图报道

从1878年、1893年到1920年、1930年、1947年,伯肯海德公园经历了多次维修,建筑方面多有新建和重建,但公园总体布局保留至今,与初建时并无大异。历经几个时代的变化和发展,始终适应着城市环境和发展需求,深受公众喜爱。伯肯海德公园在1977年被英国政府确立为历史保护区(Historic Conservation Area),2007至2009年又进行了伯肯海德公园保护区的评估和管理规划。在进行评估和管理规划时将公园保护区的土地分为3种类型:公共园林用地(Landscaped Parkland),公共设施用地及运动场地(Park Facilities / Sports Grounds)和居住用地(Residential)(见图7-19)。通过公园保护区的确立和相应的法案保障,公园的内部园林环境和内外部历史建筑的外貌都得到一定程度的保护,并且限制了修建和改建的风格,要求必须符合保护区历史面貌特征和区域整体风格。

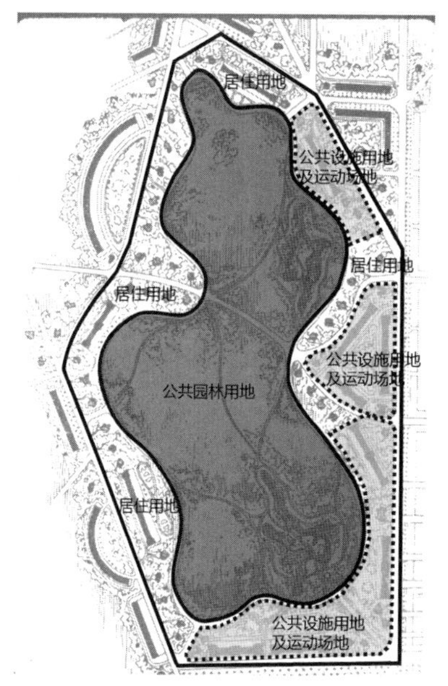

图7-19 伯肯海德公园保护区的评估和管理规划

园林特征

(1)布局

伯肯海德公园由外围的6条城市道路包围,其中3条在公园北侧,其余3条分别在公园的东侧、南侧和西侧。同时整个公园由于城市道路——阿什维尔大道(Ashville)穿越而过,无形中将原本是一体的公园分割成了两部分——上公园和下公园。公园有一个主入口和四个次入口,主入口位于公园的东北角。公园的布局结构分为内外两环,以环路公园快车道(Park Drive)为界(见图7-20)。外环以居住用地和运动场地为主;内环则全部是公共园林用地,主要有上湖、下湖、上公园疏林草地、下公园树林草地等分区。

(2)交通游线

"人车分流"是公园一个重要的设计思想,建造之时的"人车分流"是指马车和游人分别有不同的游览道路,经过长时间的发展,机动车取代了马车,于是公园内部有一条主要的跨越两园的环路公园快车道(Park Drive)及一条上公园内的卡文迪施大道(Cavendish)允许通行机动车,其余都是曲折丰富的小路,供游人步行。一条本是穿行公园内部的马车道阿什维尔大道(Ashville)成为了分割公园上下两园的城市道路。一部分公园环路和一部分步行小路连接形成一条贯穿两园的环线(Circuit)。这条约4.5千米的简单环线将上、下公园及其内部的主要景区景点全部串联起来。在这条环线上,不仅可以到达各种充满趣味的密林、开敞草地以及幽静的湖面,还可以经过各种历史悠久的旅馆和房屋建筑(见图7-21),公园的道路大多为曲线,并有许多小路相互连接。

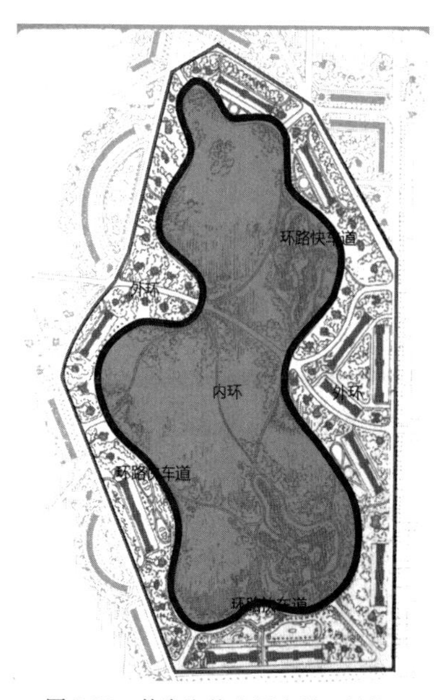

图7-20 伯肯海德公园内外环结构

(3)空间

公园内各类型空间均被合理利用,尤其是几处较大型的开敞疏林草地,广受欢迎;不仅为当地居民提供了板球、橄榄球、曲棍球、射箭和草地保龄球等运动的场地,还提供了地方集会、户外展览、军事训练、学校活

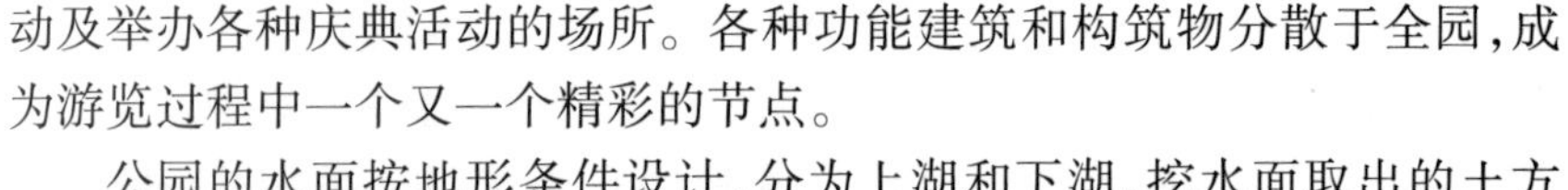

动及举办各种庆典活动的场所。各种功能建筑和构筑物分散于全园，成为游览过程中一个又一个精彩的节点。

公园的水面按地形条件设计，分为上湖和下湖，挖水面取出的土方在周围堆成缓坡地形，两个湖区分别都为上公园和下公园的景观核心区域。两处水面自然曲折，窄如溪涧，宽如平湖。水面周围的绿地种植较密，再向外则以开敞的缓坡疏林草地为主，整个公园呈现出了丰富且疏密有致的空间组合（见图 7-22）。

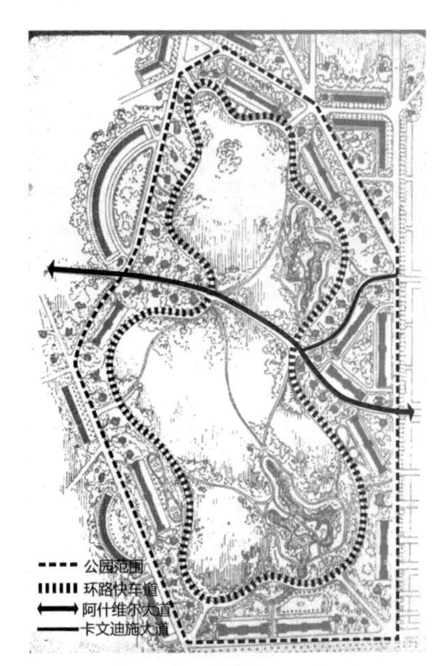

图 7-21　伯肯海德公园交通流线

图 7-22　下湖

（4）建筑

房屋建筑的多样风格是公园另一个较为突出的特色。在建造之初，为满足不同购买者的要求，设计了大量风格不同的建筑，这些 19 世纪的房子大多被保留至今，加上后来符合这种混合式风格而增建和改建的许多建筑一起，成为公园的形象特征。公园的房屋建筑风格主要有古典式（Classical）、意大利式（Italianism）、罗马式（Roman）、哥特式（Gothic）、诺曼式（Norman）以及本地风格复兴式（Vernacular Revival）（图 7-23，图 7-24）。它们的区别除了建筑外形和结构不同外，还主要体现在门窗、烟囱、材料、色彩等细节方面。这些风格迥异的建筑混合排布在公园周围，透过树木的顶端和缝隙，可以看到丰富的建筑边缘，不论是沿街的一面还是公园内部都展现了优美的天际线和充满细节的立面。入口大门建筑的风格不同于周围的建筑，而是更接近园内的风景建筑，能够代表这座公园的历史和性格（见图 7-25）。

（5）边界

公园边界的处理也富有特色，边界区域主要包括除公共园林用地以外的两类用地，具有双向性。在公园设计中，这个区域的建筑尤其是住宅房屋被要求从道路向内退 10～20 米，且建筑间距近 50 米，这样建筑的前庭和周边有充裕的空间进行种植并有利于植物的生长。边界内多数建筑是 2～3 层，整个边界区域的景观性是连续的且以绿色为主。边界区域朝向公园的一面和沿街的一面曾有过不同风格的围栏，但每一面的围栏在颜色和特征上是一致的，增强了公园外貌的统一感。公园的边界设计既保护了公园的生态环境，利用外围区域作为城市与公园的缓冲带；又通过植物的遮挡和透视布置提升了周边区域的环境品质，使这些区域同样享受园林化的景色。

图 7-23　意大利式建筑（Italian Lodge）

7.3.2　英国·曼斯特德·伍德花园（Munstead Wood Garden）

背景信息

曼斯特德·伍德花园（见图 7-26）位于英国戈德尔明（Godalming），是工艺美术造园核心人物之一的格特鲁德·杰基尔（Gertrude Jekyll）自己的私家花园，也是她进行花境设计和庭园设计的实验场地。花园建造于 1896 年，占地面积约 6 公顷。由杰基尔和当时著名的建筑师埃德温·路特恩斯（Edwin Lutyens）合作完成（见彩图 7-2）。

图 7-24　诺曼式建筑（Norman Lodge）

曼斯特德·伍德花园是至今遗留下来为数不多的工艺美术造园运动代表作之一。杰基尔和路特恩斯开创的工艺美术园林虽然没有完全摆脱传统风格的束缚，但它依然对西方园林尤其是私家庭园的设计产生了持久的影响。

图7-25 入口大门建筑

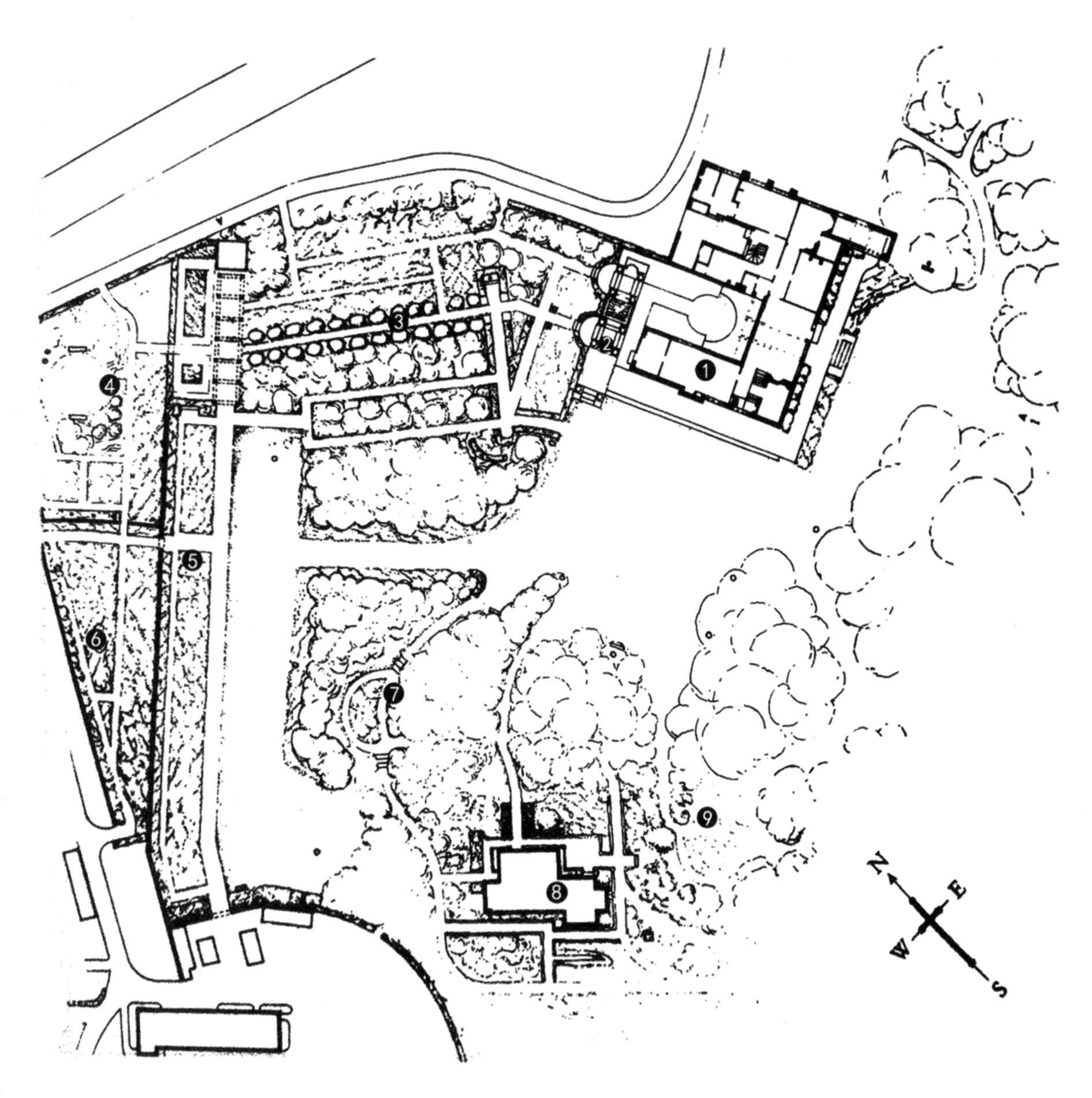

1. 主屋 2. 水池花园 3. 坚果步道 4. 春园 5. 主花境 6. 夏园 7. 石头花园 8. 小屋 9. 迷园

图7-26 曼斯特德·伍德花园平面图

设计与建造历程

19世纪70年代末,工艺美术运动的影响在英国传播开来。工艺美术运动提倡的学习自然、诚实设计,以及注重功能、讲究整体等主张,也影响到园林领域。在工艺美术运动时期,英国园林界最有影响的人物有格特鲁德·杰基尔、威廉·罗宾逊(William Robinson)、雷金纳德、布罗姆菲尔德(Reginald Blomfield)等人。

1843 年,杰基尔出生在英国伦敦一个富裕的艺术家庭,自幼学习绘画。后来由于视力不佳,她不得不放弃她的绘画工作。到了 1891 年,她将她主要的艺术精力都投入到了造园当中。

自 1878 年起,杰基尔和她母亲一直住在戈德尔明的曼斯特德住宅里,离戈德尔明镇中心仅 1.6 公里。1883 年,杰基尔在曼斯特德住宅对面购买了一块 6 公顷的三角荒地,打算在日后建造一座花园,即曼斯特德·伍德花园。这两块地之间仅隔着曼斯特德·西斯马路(Munstead Heath Road)(见图 7-27)。整个三角地的地形从西北角逐渐抬高,土壤以沙地为主,散布着一些苏格兰松林。她曾这么形容她未来的家和花园:"这块场地可能是最贫瘠的土地了。"

1895 年,杰基尔的母亲去世,曼斯特德住宅成了她弟弟的家庭住所,因此她决定建造属于自己的花园和住宅。在她购买的三角荒地中,她首先恢复了一片树林,其次她规划了多个由不同植物品种组合而成的种植区域,在此基础上,她针对不同区域的特殊条件设计了不同的林下栽植,精心配置了相应的灌木和花卉。最后,她通过一系列长的林地步道设计将各个区域串联起来,便于观赏。

杰基尔还建造了一个苗圃,作为花卉的引种栽培和育种的基地。她从英国、意大利、阿尔及利亚等地收集野生植物,引种到自己的苗圃,从中选择抗性强的植物进行育种,如以她名字命名的玫瑰(Gertrude Jekyll Rose),就是用英国玫瑰(Rose arvensis)和大马士革玫瑰(Rose damascene)杂交得到的。

花园内原本没有建筑物,杰基尔希望新建的房屋能建造成老式的风格。由于她的朋友路特恩斯就居住在戈德尔明边上,对当地情况十分了解。因此她邀请了路特恩斯负责花园里所有建筑的方案设计。在建造曼斯特德·伍德住宅之前,路特恩斯已经形成了独有的自由都铎式风格。根据杰基尔提出的要求,他选用了当地的砂岩和风化砖建造外立面,内部则选用砖头,让房子呈现一种古朴的感觉。花园里诞生的第一幢房屋是西南端的小屋(The Hut),建于 1895 年。杰基尔把这幢房子当做她的工作室,并且一直居住在这里,直到 1897 年路特恩斯造好了主屋。

曼斯特德·伍德花园通过杰基尔的描述和照片声名远扬。在许多书中和杂志里都可以看到描写曼斯特德·伍德花园的文字,例如《森林花园》(Wood & Garden)、《家和花园》(Home & Garden)和《花园的色调》(Colour Scheme for the Flower Garden)等书中,以及《乡村生活》(Country Life)和威廉·鲁滨逊(William Robinson)的《花园和园艺》(The Garden and Gardening Illustrated)杂志中。从 1899 年开始,摄影师查尔斯·莱瑟姆(Charles Latham)和赫伯特·考利(Herbert Cowley)在《乡村生活》杂志里连续报道了该花园。

杰基尔在曼斯特德·伍德花园居住了三十多年,直到 1932 年去世。在这段时间里,她通过花园将自己书中的诸多种植理论付诸实践,尝试了风格不同的花境形式和色彩的配比,为后世留下了宝贵的财富。

从杰基尔去世之后,花园被划分成了六部分,由不同的业主拥有。经历了两次世界大战,杰基尔设计的四十多个庭园只有曼斯特德·伍德花园和海斯特科姆(Hestercombe)保存完好。1984 年 6 月 1 号,整个花园包含的范围被英国文化遗产保护部门列入国家历史公园和花园注册名

□ 埃德温·路特恩斯

(1869 年 3 月 29 日—1944 年 1 月 1 日)他出生并逝于伦敦,是 20 世纪英国建筑师的先导。路特恩斯从 1885 年到 1887 年在伦敦南肯辛顿艺术学校(South Kensington School of Art)进修建筑学。毕业后,他加入了乔治·欧内斯特(Ernest George)及 Harold Ainsworth Peto 的建筑工作。路特恩斯于 1888 年正式开展他个人的业务,而第一项的建筑工程是在萨里郡方汉镇(Farnham)Crooksbury 建的私人屋宇。在建筑工作进行期间,他认识了花园设计师杰基尔。

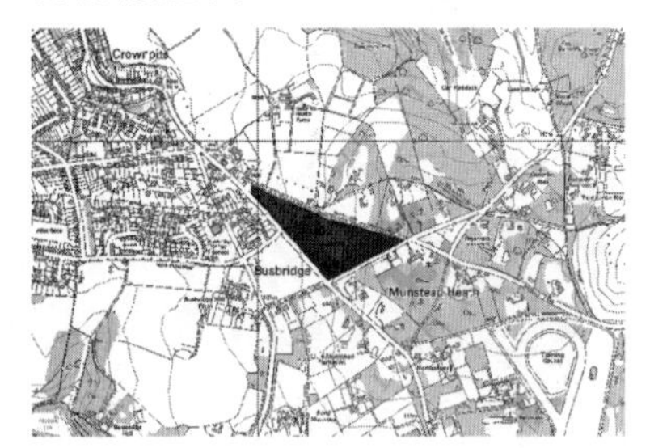

图 7-27　曼斯特德·伍德花园所处位置

□ 工艺美术造园运动诞生的年代

特纳(Tom Turner)曾将工艺美术风格园林产生的年代定为 1890 年,这正是杰基尔开始建造自己的曼斯特德·伍德花园的时间。

□《森林花园》

《森林花园》(Wood & Garden)是杰基尔的第一本书,出版于 1899 年,前半部分以日历的形式,讲述了曼斯特德·伍德花园每个月开花植物、景色以和工作及对不同月份时植物配置的思考。书的后半部分主要介绍不同花园的管理,从收集植物开始到如何设计花园,花镜和花棚,开始学做花匠、色彩与色调、香花园、杂草和害虫控制、新品种、种植床的类型和景观效果等。此书还提及庭院、房子的设计建造过程,还专门谈到了庭园的主人和花匠之间的关系。1990 年的姊妹篇《家和花园》(Home & Garden)出版。

单中(the Register of Historic Parks and Gardens by English Heritage),并且被评定为一级文物遗产。曼斯特德·伍德主屋也被认定为一级保护建筑。1987年,人们找到杰基尔的设计图,修复了曼斯特德·伍德花园,恢复了最初的原貌。通过"国家公园计划"(the National Gardens Scheme),每年提供少量的机会给游客参观。

□《花园的色调》

《花园的色调》(Colour Scheme for the Flower Garden)于1908年出版,主要介绍设计一个"如画的庭园"的审美原则和实践应用。书中她也将一些错误色彩配置展示出来,提醒读者不再犯与她同样的错误。杰基尔希望能用多样的植物构建美丽的色彩和风景。她喜欢运用蓝色和黄色对比创造一种明亮的感觉,将生动的红色和橘红色搭配一起,用凉爽的蓝色花和灰色叶子做对比。

园林特征

曼斯特德·伍德花园由春园、夏园、灰园、主屋、小屋等组成,体现了折中主义的园林设计模式,设计中注重乡土材料的运用,融入了浪漫主义绘画般的花境设计,是庭园、建筑和自然完美融合的杰作。

(1)形式与布局

花园将规则式和自然式园林相结合,形成了特殊的、不同于古典园林的设计风格。这种以规则式为结构、以自然植物为内容的风格,从实践上化解了园艺师和建筑师之间关于自然式与规则式园林的争论。

全园以南北两座主体建筑为依托,以直线元素的路网为基本骨架,融入植物花卉的主题构思,规则的建筑线条同自然的植物线条和谐地结合在一起,促成了建筑与园林的整体性。花园的东北部和西北部以规则式布局为主,南部以自然式为主,规则式和自然式之间的过渡和谐自然。除了南部的灰园(Grey Garden)(见图7-28)、迷园(Hidden Garden)少数几个园子的形态是自然式之外,分布在北部的小花园在形态上都是规则几何形为主,其中以主花境(Main Flower Border)、夏园(Summer Garden)(见图7-29)以及春园(Spring Garden)为典型代表。小花园内部则体现了规则式和自然式的包含关系。杰基尔将各个小花园用墙体和绿篱植物分隔成多个大小不一的展示空间,在各个相对闭合的空间中布置多姿多彩的花卉植物。植物整体上采用自然种植的方式,富于变化,没有严谨的几何形态束缚。譬如在花园的北部有一个水池花园(Tank Garden),水池花园中有一个用台阶式铺装围合的方形水池,杰基尔通过种植苍翠繁茂的蕨类植物和美人蕉、百合弱化了水池的规整形态。

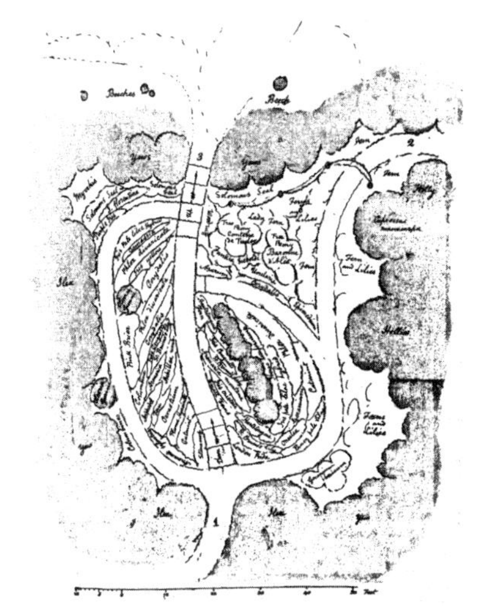

图7-28 灰园平面

图7-29 杰基尔手绘的夏园

(2)建筑

作为花园中的主体建筑之一,曼斯特德·伍德主屋的平面呈倒U形,主入口在东面。建筑大量采用了乡土材料和传统工艺,用料和道路的铺装选用当地产的砂岩和片岩。橡木的木构架构成了房屋主要的内部结构。柱子、横梁、支架甚至是门框、窗框、台阶以及部分地板,原材料都来自基地周边上好的英国橡树。房屋的建造是由乡村老工匠师傅使用当地传统的工具,结合精湛的技艺手工建造而成。杰基尔认为这样才不辜负自然的馈赠,才能保证建造的质量(见图7-30)。

庭院和房子一样,用的是当地同种石材,并且用低的黄杨树篱镶边。与同时代的沃塞(Voysey)、玛娄(Mallows)、斯科特(Baillie Scott)和韦伯(Webb)等人的作品相比,杰基尔和路特恩斯设计的花园看起来更像是建筑的一部分。杰基尔的植物设计不是去软化建筑形体,实际上她的种植设计提升了建筑的形式美。从杰基尔的种植中可以一再发现植物材料不是去遮挡、模糊建筑的边角,而是去衬托建筑。为了避免遮盖建筑的细节,人为控制了常春藤等攀援植物的生长;用鸢尾叶子的竖向线条强调水渠细长的感觉;石墙上、花架旁、台阶的缝隙、小路的边缘的种植也都是与建筑元素相互衬托。

□ 花园与建筑的关系

在《小型乡村别墅花园》(Garden for Small Country Houses, 1912)一书中,杰基尔和她的合著者劳伦斯·韦弗阐述了花园和房子的正确关系:"它们的连接关系必须是紧密的,它们之间的通道不仅是要便捷的还要是友好的。"

图 7-30　曼斯特德·伍德花园主屋

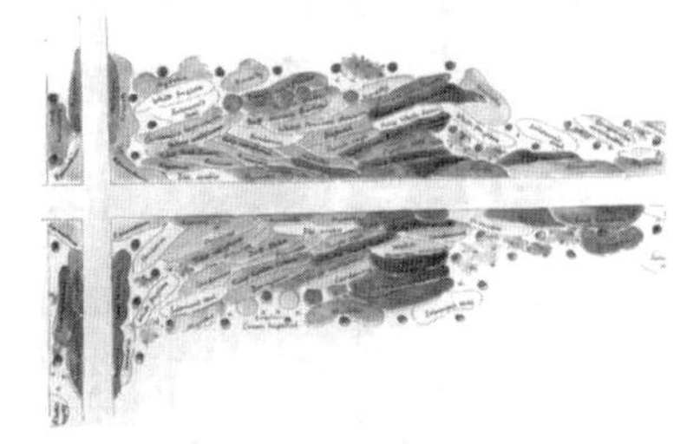

图 7-31　“漂浮物”状的种植形式

图 7-32　模糊种植边界

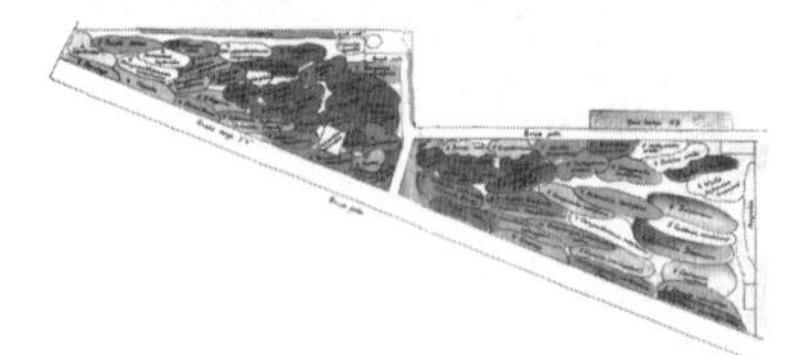

图 7-33　色彩序列布置(两侧冷色调与中间暖色调形成对比)

图 7-34　幽暗的树木阴影让阳光下的花卉色彩格外艳丽

(3)植物

①种植形式

杰基尔的种植设计中重要的形式元素是长条形、薄的、富于流动感的种植条块——她称其为“漂浮物”(见图 7-31)。杰基尔的“漂浮物”元素在她的花境设计中非常明显,成为其标志性的设计语言。条状的植物组块沿着长长的花境交错着排布,犹如在长长的溪流中漂浮。漂浮物状的种植方式使植物在开花时能最大数量地展现出来,花谢时突出其他植物,不同植物之间可以更好地搭配、互相衬托。另外,重复的条块就像画家笔触一样,可以取得设计特征上的统一。即使在林地的植物配置中,互相交叠的冬青、橡树等乔灌木的植物组团同样采用这种设计形式。杰基尔采用的“漂浮物”种植形式,打破了成行成列的种植方式,使植物之间呈现自然生长的状态,彼此混杂,每个植物丛间的边界是模糊的(见图 7-32)。

②色彩搭配

“协调与对比”是杰基尔植物配置颜色规划理论的核心,具体表现在色彩序列的组织、灰色调的运用和光影的变化这 3 个层面。

受浪漫主义绘画的强烈影响,杰基尔植物配置的整体效果呈现出中间明亮向两头逐渐暗淡的色彩序列布置特点(见图 7-33)。这种布局方式能够加强各色系间的对比和衬托。她设计的花境色彩缤纷,常常使用暖色引导出主色调的冷色,或者相反用冷色引导出主色调的暖色。比如她在庭园中用了大量的植物材料设计了一条长约 54.9 米,宽约 3.7 米的耐寒主花境,以白色花和苍白色的叶子开始,逐渐过渡到绿色的叶子及黄色和红色的花,然后再向白色过渡,颜色变化宛如彩虹。

杰基尔的花卉布置中,对灰色调的运用主要体现在灰园(Grey Garden)中。这里种植的植物的叶子大多是灰色的,周围的地被和环境中植物的叶子也是灰色或发白色的,花朵则是白色、丁香粉色、紫色、粉红色的,展示了植物色彩的微妙。

杰基尔通过控制花园各个空间中的光线条件,来寻求人经过时在亮度感知上的变化,从而渲染花园的色彩感。在曼斯特德·伍德花园中,从住宅前往主花境之间,杰基尔巧妙地设计了一段林荫小步道和藤架。当经过荫凉的绿色通廊,转过藤架,完全暴露在阳光之下的草本花境就呈现于眼前,花卉的色彩会显得极其绚烂和鲜亮。有如场地空间处理中“欲扬先抑”的设计手法,杰基尔采用了“欲亮先暗”的方法调整户外场地的光线条件,达到突出植物的色彩感知效果。另外,由于树林能够产生变幻多姿的光线条件,杰基尔极力推崇在树林中开辟花园。在树林浓重阴影的衬托下,杜鹃(*Rhododendron simsii*)、毛地黄(*Digitalis purpurea*)、百合等花卉组团的色彩会显得格外亮丽。同时,随着一天中树木阴影的变换,也会对花卉色彩强度的感知产生影响(见图 7-34)。

③品种配置

杰基尔喜欢在庭园中大量运用植物材料,仿佛在用植物作画,用画笔勾勒出植物群丛形态。在选择植物时她严格坚持自己的种植原则——“只选种能在花园的自然条件下茁壮成长的植物”。在植物搭配过程中,一方面根据不同植物间的生长习性营造适合的生长环境,另一方面强调对植物的构图与塑形。在局部的植物配置中,重视植株形态和叶面肌理的对比变化。如用剑兰尖尖的叶子强调丝石竹云雾状的柔和。通过植株形态的对比、色泽的起伏流动,曼斯特德·伍德花园在各个季节均呈现出非常和谐、愉悦的图景。

在曼斯特德·伍德花园的松林地里,杰基尔建立了一个奇妙的林地花园。她用大量的杜鹃装饰林间小路,在白桦(Betula pendula)、栗树(Quercus petraea)、橡树(Quercus robur)林隙中种植蕨类、百合和堇菜属(Vola)植物。为了提亮林下的颜色,把白色的杜鹃种在密林中,将浅橙色和粉色的杜鹃种在疏林下。沿河种植大量的水仙,古老的驮马路沿途种植了低矮的欧石楠(Cedrus deodara)。林缘则采用灌木和百合、翠菊、蕨类(见图7-35)。

图7-35 林地花园的植物品种配置

7.3.3 美国·纽约中央公园(Central Park in New York)

背景信息

纽约中央公园(见图7-36,图7-37)位于曼哈顿区的中央,被第95大街(59th St.)、第110大街(110th St.)、第五大道(5th Ave.)和中央公园西大道(Central Park West)环绕。公园长约4000米、宽约850米,占150个街区,总面积约340公顷(占曼哈顿岛面积的6%)(见彩图7-3)。

公园始建于1856年,经历20年的建设,于1876年开始对公众开放。公园诞生于19世纪美国工业化、城市化飞速发展的大背景下,人口、资源和环境的矛盾尖锐,使纽约政府尝试通过建设公园来化解问题,并以竞赛的形式征集中央公园的设计方案,弗雷德里克·奥姆斯特德(Frederick Olmsted)和建筑师卡尔沃特·沃克斯(Calvert Vaux)合作的方案"绿剑"(Green sword)赢得了竞赛并成为实施方案,二人在之后也共同管理完成了公园的施工。

纽约中央公园是美国历史上第一个城市公园,也是纽约最大的都市公园,有纽约"后花园"之称。它开启了美国城市公园运动,并引发了美国城市规划的革新。中央公园作为时代背景的必然产物,它的杰出不仅仅因为有效缓解了当时的城市矛盾,还在于公园的设计预见了未来城市的发展趋势和人们的需求,经历一百五十多年的历史始终长盛不衰,成为风景园林史上具有里程碑意义的作品(见彩图7-4)。

□ 卡尔沃特·沃克斯(Calvert Vaux)
卡尔沃特·沃克斯出生于英国的一个医生家庭,曾是唐宁生前的亲密助手,并设计了一些乡村风格建筑,深受唐宁自然主义设计风格的影响。在唐宁意外去世后,沃克斯继续在纽约进行建筑实践,还加入了国家设计学院和世纪俱乐部,并在1857年成为美国建筑师学会的创始成员。自中央公园设计起,沃克斯与奥姆斯特德开始了十几年的合作。

□ 以中央公园为起点,设计者奥姆斯特德开创了区别于传统造园的"景观建筑"(Landscape Architecture)行业,使"景观建筑师(Landscape Architect)"一举成名,他本人也被誉为"美国景观建筑学之父"。

设计与建造历程

19世纪40年代,美国资本主义经济高度发展推动纽约成为世界贸易中心。随着城市日益兴旺繁荣,农村人口涌入城市导致人口剧增,建筑密集,城市空气恶化、采光不足、噪声震天、交通混乱,环境问题凸显,人们渴望从令人疲惫不堪的城市生活中解脱,重返大自然的怀抱,但又不愿放弃城市便利优厚的物质条件。当时的纽约市采用方格形道路布局,仅配置7个广场和一个阅兵场作为开放空间。在这样的时代背景下,美国诗人兼纽约晚报编辑威廉·库伦(William Cullen Bryant)和造园师唐宁(Andrew Jackson Dowling)几乎同时提出通过在上曼哈顿营建一个成规模的城市休闲区域的构想,来解决城市发展中产生的各种问题,由此引发了中央公园的诞生。

起初共有两个公园的提议,一是在纽约东河(East River)的琼斯伍德(Jones Wood)兴建一个150英亩的公园;另一个是在纽约城市中央修建一个大型城市公园,范围从第59街到160街、从第五大道到第八大道的区域内。1853年7月,纽约州议会经过辩论和权衡以当庭表决的方式选择了中央公园的方案,并耗费了500万美元征用当时还是曼哈顿郊区的土地作为公园用地。

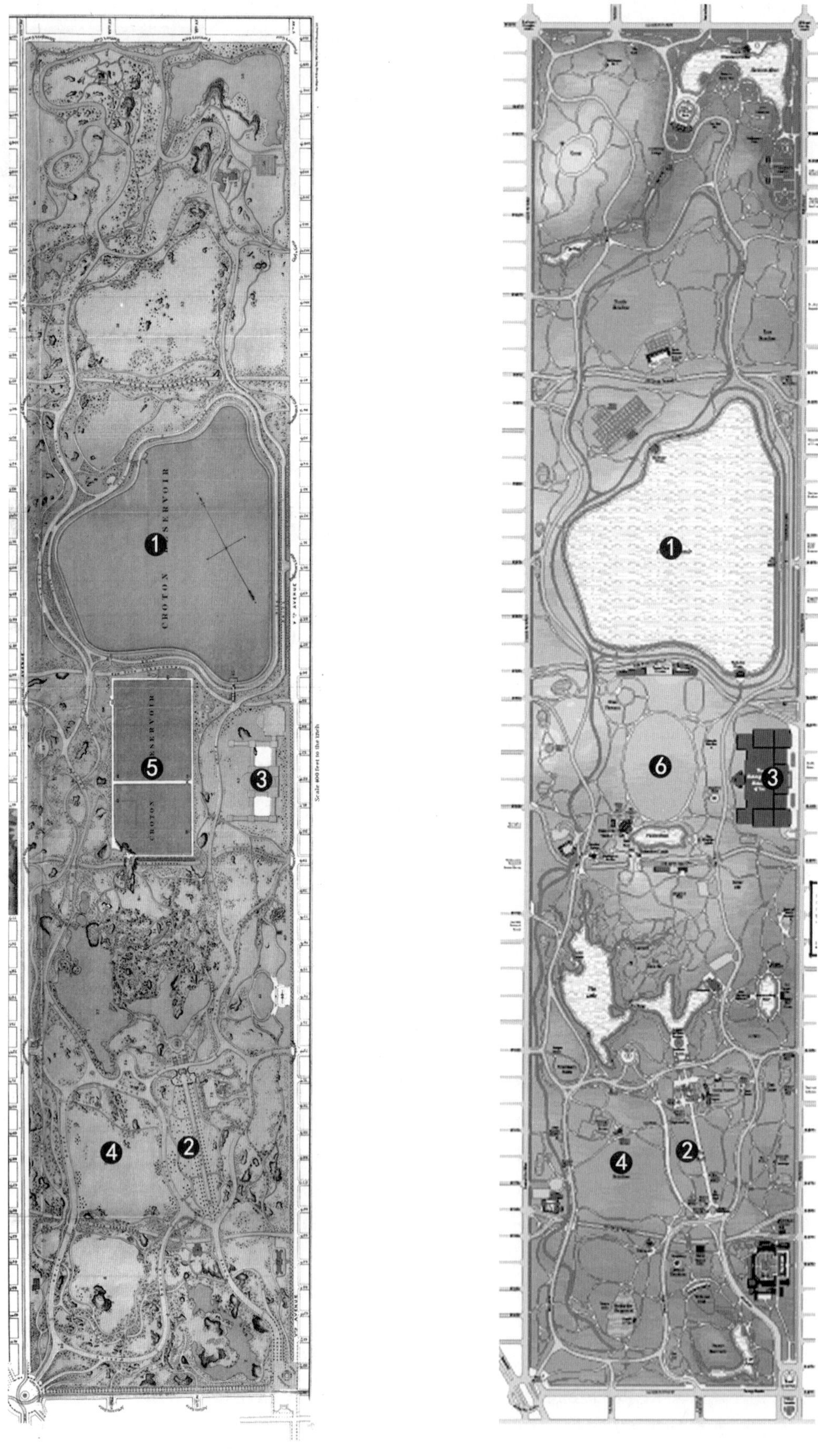

1. 中央水库　2. 林荫道　3. 大都会博物馆　4. 绵羊草坪　5. 老市政蓄水池　6. 中央公园大草坪

图 7-36　中央公园平面图(1870)　　　　图 7-37　中央公园平面图(2000)

1856 至 1857 年,纽约市成立了第一届中央公园筹建委员会,组织了公园设计方案的国际竞赛,委员会还任命奥姆斯特德为公园建设的督察员。身兼督察员和设计师的奥姆斯特德与沃克斯在竞赛中首次合作,共用了 8 个月的时间完成方案,虽然方案提交比截止日期还要晚了一天,但凭借自然风景式的设计构想和对场地问题的巧妙解决,他们的“绿箭”方案仍在 33 个参赛方案中脱颖而出,成为公园的实施方案。

在奥姆斯特德和沃克斯的设计中,把公园看做改良社会的手段,提出公园是城市的“呼吸空间”,能令人精神愉悦的方式。在设计风格上公园继承了英式自然的造园风格,意图创造连绵起伏变化的牧场、丛生的树木和片片水塘,但又融入了美国风景的野趣和勃勃生机,更加符合当时的人们对自然的渴望遐想。

设计中的难题在于公园的场地条件:首先,公园面积虽大,但用地狭长,长 2.5 英里(约 4000 米),宽度却只有半英里(约 800 米),园内的任何一个地点距离临近的两条喧闹大街(平行于公园的长向)的距离都不超过 100 英尺(约 300 米);其次,公园选址于地价相对低廉的地区(既不适宜耕种又很难进行房屋开发建设),地基是由低陷的沼泽和裸露的岩石构成,景观处理较难;再者,公园建设委员会提出有 4 条城市街道要横穿公园而过,即使夜间公园关闭后也要保证通行;另外,公园还要求修建一个市政蓄水池,选址需便利使用。对于场地的难题,方案中采用了以下解决措施:针对地形狭长的问题,通过地形变化、植被种植和游线组织,引导游人的视线在公园内不断变换,把注意力集中在公园中而忽略了喧嚣的城市。对于沼泽地的处理是将积水抽取到人工湖来解决,而裸露的岩石则是通过修正外缘或是植被覆盖,将岩石处理成为自然景观的一种元素;至于横穿的城市道路,设计师们巧妙地将横穿道路下沉,公园里的道路通过架桥横跨在城市道路上,既解决了交通在夜间畅行的问题,又不影响公园整体环境。最后是关于需要厚重构筑结构的市政蓄水池,设计将其放在公园南边与城市建成环境吻合,让公园北边保持未加修饰的自然风貌(见图 7-38)。

图 7-38　纽约中央公园鸟瞰

由于中央公园的建设还涉及当时激烈的政党争议和错综复杂的政治环境,在公园的施工建设中阻力不断、波折四起。奥姆斯特德在设计中强调公园要为全体居民服务,希望在公园中设计能够创造丰富活动的空间和设施,但却常常遭到公园建设委员会出于政治目的的反对。但由于得到来自底层社会大众的支持,方案最终能够得以实施。1870 年,中央公园的管理权由州议会转移到市长手中,公园管理委员会也得到重组,并推出了新设施和新活动项目,包括酒会活动、乘坐山羊车和草地网球等。

1876 年,历时 20 年的时间,中央公园终于完成了建设并正式开放。此后,城市围绕公园的逐渐蔓延和拓展,却并未超出奥姆斯特德的预想。设计者们对城市发展的正确预期在公园未来的发展中不断给后人带来惊奇:穿越公园的街道原本是为休闲马车设计,如今却有大量汽车快速行驶,下沉的道路设计能够很好地隔绝噪声与尾气污染。经过一个多世纪的城市发展,中央公园周边高楼林立如“围墙”,虽然在公园中的每一个角落都能感到高层的存在,但葱郁的树木遮蔽和眼底的自然美景仍能使人感到远离城市喧嚣的宁静。公园中各类活动场地自开放以来就受到大众的欢迎,公共展示演艺活动与人们日常的休闲游憩遍布公园,“公园作为一种社会福利”的设计思想，使中央公园成为纽约人的户外天堂甚至心灵归属地。

公园虽然始终保持着设计时的初衷，随着时间的推移和城市的发展也在不断地改造和更新。1881 年，作为埃及总督依斯梅尔的礼物，一座公元前 1450 年的图特摩斯（Thutmosis III）时代的方尖碑“克里奥帕特之针”（Cleopatra's Needle）被竖立于中央公园，成为纽约城最古老的人工构筑物。公园中原有的蓄水池于 1931 年排干改造成公园内最大的草坪。1926 年至 1940 年，公园里陆续建设了二十多个游戏场，还建成了溜冰场、球场等，原来为马车设计的车行路也开放成为跑步道和溜冰道。不许进入的大片草坪，也拆除了“请勿践踏”的标牌，成为聚会、打棒球、晒太阳浴、举行音乐会的地方。公园从此真正从为中上层人士服务的“精英公园”转变为为所有人服务的“人民公园”。

20 世纪 60 年代起，中央公园成为了文化与政治的双重舞台，在公园大草坪上上演着免费演唱会、示威游行和总统的欢迎仪式。至 20 世纪 70 年代的经济萧条时期，由于纽约市财政紧缺无法负担公园维护开销，导致公园内杂草丛生、建筑破败、涂鸦遍布、游客稀少。1980 年成立了中央公园管理委员会，通过大量资金的投入扭转了一段时期以来公园管理不善造成的局面，保持了公园的活力与生命力。

园林特征

中央公园的设计继承了造园师唐宁不拘于形式、充满自然画意的设计风格。方案将平地、荒漠、沼泽和岩石地进行人工改造，模拟自然，尽可能地减少建筑，使公园整体呈现流畅、和谐、富有图画感的自然景观。

（1）*布局*

公园的总体布局从设计建成之时起都未曾有太大改变，以平静的水面、大片的草坪、柔和的山丘和幽静的树林为主要构成元素，再穿插平滑曲线的道路网络。公园四周通过浓郁的树木与城市隔离，在中央地带设置了一个巨大的不规则形状的水库、四个开阔的大草坪和一个蜿蜒曲折的湖泊。在开阔的草坪和水体外，设计了地形起伏变化、路网密布的树林，来实现视线和景色的变化，创造幽静的空间感受。公园内共有大小七处水体，除中央大水库和湖泊外，还有南北两端的池塘和其他三处小池塘，皆掩映在树林之间。以中央巨大的水库为界，公园被分成南北两部分（见图 7-39）。

图 7-39　中央大水库鸟瞰

□ 大都会艺术博物馆（Metropolitan Museum of Art）

大都会艺术博物馆建于 1880 年，位于中央公园地块内，紧邻第五大道，占地 13 公顷，是美国最大的艺术博物馆。

水库南边的中央公园大草坪是由原本的蓄水池改造而成，形成公园内最开阔的活动场地。大草坪东侧是著名的纽约大都会艺术博物馆（Metropolitan Museum of Art），博物馆前竖立着方尖碑；大草坪南侧是由蜿蜒小路、丘陵、树林组成的自然场地，空间由开阔转向幽闭。再往南是岸线曲折的湖泊，湖岸通过自然驳岸与树木营造寂静幽深的空间，在南端的观景台硬质铺装增多，视线也被打开。观景台通过一条笔直的林荫道连接喷泉和莎士比亚雕塑，形成公园内唯一的轴线。林荫道的西侧是各类活动丰富的绵羊草坪（Sheep Meadow），草坪周边的树林中分布有各类儿童游乐场地。

水库的北边以各类运动场地为主，包括了网球、棒球、羽毛球场地以及与最北边池塘连接的游泳池，各类场地同样掩映在树林之间。水库东北侧紧邻着意大利和法式园林。此外，还有各类主题园分布于公园的各个角落。

(2)交通

由于公园占地面积较大,必定会对城市穿越交通造成阻碍,中央公园建设委员会在项目要求中提出了要设计4条或是更多的城市道路来连接公园两侧的第五大道和第八大道。公园的设计通过4条低于公园地面8英尺(约2.4m)的下沉通道满足了这一要求,同时避免了穿越交通对公园景观和活动的干扰,保证公园景观的连续性。这一方法是组织和协调城市交通与绿地关系方面的成功先例(见图7-40)。

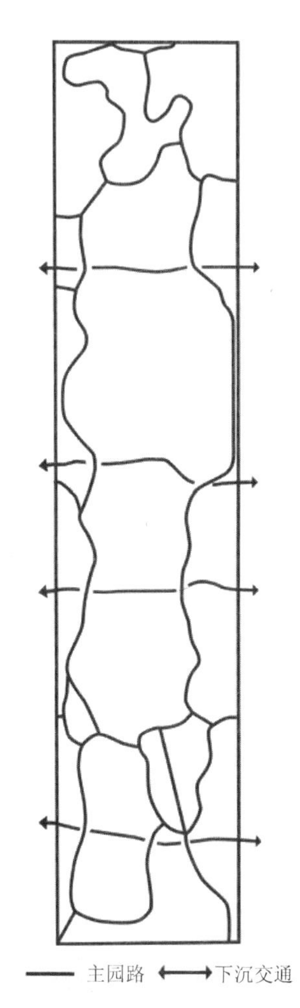

图7-40　公园交通简图

中央公园的大门设在南段,公园四周设有低矮围墙,周边共有112个城市街口与公园四周的环行路相连,每个接口都可直接入园,出入随意。设计之初考虑了乘车、马和步行三种交通方式,结合地形层次变化设计了独立的车道、马道和游步道系统,不同系统在相互穿越时利用桥涵解决。园内共36座桥梁均由沃克斯设计,且没有一个重复(见图7-41)。

图7-41　不同交通系统相交

公园主要道路约为9.6千米,在公园内形成大小环路,最初为马车兜风设置的环路如今除少许路段对机动车开放外,大多数都用于人们慢跑或溜旱冰。另有比较密集的二级和三级路网,道路错杂使人们将注意力集中在公园内,与连绵起伏的丘陵形成田园风光,但也会造成游人的迷路。园内道路基本上都是曲线的,连接平滑,形状优美,路上的景色变化多姿。在公园南侧有一条长370米的林荫大道连接雕像、喷泉和广场,路旁种植高大的美国榆树,是公园里唯一的直线道路,也是方案设计之初"绿箭"名称的由来(见图7-42)。

图7-42　中央公园林荫道

(3)场地与活动

公园设计之初超前地考虑在公园中设置积极的文体活动,因此预留了许多空地,在后来的建设中,这些空地陆续建成各种各样的球场及娱乐活动场地。

公园中骑马、自行车、散步、划船等活动从建园初期就一直延续至今,公园环路被长跑、竞走、骑车、滑板、溜旱冰等活动占据(见图7-43)。每年纽约举行的国际马拉松长跑终点站就设在中央公园。公园还为各类球类活动提供了专门场地。

中央公园的文化娱乐活动丰富多彩。几个大草坪是日光浴、休息、遛狗、扔飞盘和自由嬉戏的理想场地(见图7-44)。雕塑喷泉、动物园、儿童游乐园提供不同人群的娱乐场地。除了个人、集体、家庭节假日进行的随意表演和娱乐外,公园还举行各种文艺表演,如每年夏季的露天音乐演出和莎士比亚剧场。活动每年按四个季节印刷出日程安排表,游人可免费索取和参加。

公园还是很好的科普教育场所,游客可在公园导游的带领下进行公园历史的学习,观察昆虫鸟类,赏花、认树、摄影、作诗,在安徒生雕像旁为孩子们讲童话故事、学习民间手艺和木工等活动。

中央公园因其充足的户外活动场所空间始终能适应时代文化娱乐体育活动的需求。满足了纽约市民和游客个人、集体和公共文化娱乐的使用,成为公园与活动相结合的良好典范。

(4)植物

公园的种植设计以大草坪、灌木丛和树林为主,强调一年四季丰富的色彩变化,在公园建设过程中共有约40万株乔木、灌木和其他植物被引进和栽植,包括509种灌木和851种常年生耐寒植物和高山植物。通过精心的种植布置力图尽可能展示不同树种的形式、色彩、姿态。

图7-43 公园环路上的马车、跑步、溜冰活动

图7-44 公园大草坪的日光浴

图7-45 纽约中央公园老城堡

图7-46 Bethesda 喷泉

建园初期,大片地区采取了密植方式,并以常绿树为主,如速生的挪威云杉,使公园较快地形成自然的风貌景色。园内的大片草坪以原生植物围绕作为背景,在高低起伏、开阔和空旷的草坪四周,以各种繁密的树木围合成各种不同形态的空间,沿水边种了很多柳树和多花紫树,营造乡村自然景致,与周围的繁华都市形成强烈对比。

20 世纪 80 年代以后,公园又把注意力引向园艺、植物品种的培养、植物配置以及动物保护。如成片树林的疏伐、更新,古稀树种的保养,原有品种的恢复,外来树种的引入,成片露地花卉的栽培,野花的保留利用,大片草地的养护等。此外还加强了对一些具有特色的莎士比亚花园、草莓园的建设和管理,还封闭了一片自然保护区。这些工作都是建立在现代化、科学化的基础之上,并吸收了公众参加。

(5)建筑与构筑

公园在设计过程中强调自然,因此尽量少地设置建筑与构筑。

位于中央公园西部和北部交叉地带的贝文维德文城堡,是 1821 年战争时期为了防范英国人入侵而修筑的要塞留存至今的遗迹(见图 7-45),城堡隐蔽在树影之中,分外清幽。沃克斯为公园设计了一栋建筑和一个观景台:建筑是于 1846 年在公园的 66 街东设计了一座女会员沙龙,后来被拆除建成运动场;观景台是用建筑物所坐落的地基相同的石材修建而成,观景台结合喷泉创造良好的游憩空间。此外公园内建筑还有建造于 1581 年的旧兵工厂,后来经改造成为美国自然历史博物馆的第一处馆址,在自然博物馆搬迁后用作纽约市公园管理机构办公场所。

公园内 Bethesda 喷泉中的水中天使雕塑是纽约第一个由女性完成的公共艺术品,雕塑喷泉的组合紧邻湖泊和林荫道,也成为公园的标志性景点之一(见图 7-46)。公园内的方尖碑克里奥帕特之针堪称中央公园最有价值的古迹,最初于公元前 1450 年建于赫利奥波利斯城(Heliopolis),后被罗马人移至亚历山大港(Alexandria),19 世纪埃及国王把两座方尖碑分赠英美,一座移至伦敦,一座于 1881 年移至纽约中央公园。

7.3.4 美国·“绿宝石项链”公园系统(Emerald Necklace)

背景信息

波士顿公园系统(见图 7-47)是在波士顿市区中选取河滩地、沼泽、河流作为基地建设数个公园,再将公园通过绿道连成网络,形成城市整体的公园体系。公园系统连接了波士顿、布鲁克林和坎布里奇,并与查尔斯河相连,全长约 16 公里,占地约 2000 公顷,由相互连接的 9 个部分组成,包括了波士顿公地(Boston Common)、公共花园(Public Garden)、马省林荫道(Commonwealth Avenue)、查尔斯河滨公园(Charles bank Park)、后湾沼泽地(Back Bay Fens)、河道景区和奥姆斯特德公园(River way&Olmsted Park)、牙买加公园(Jamaica Park)、阿诺德植物园(Arnold Arboretum)和富兰克林公园(Franklin Park)。公园系统是奥姆斯特德(Frederick Olmsted)受波士顿当局的邀请设计的,自 1881 年始建,1895 年完成,被波士顿人称为“绿宝石项链”(Emerald Necklace)(见彩图 7-5)。

□ 公园系统打破了公园固有边界,将公园和自然渗入到城市生活中,增加市民进入公园的机会,使人们能很快地进入不受城市喧嚣干扰的自然环境之中。公园系统还缓解了城市压力,有效地改善了城市环境和生态格局,优化了城市空间结构。

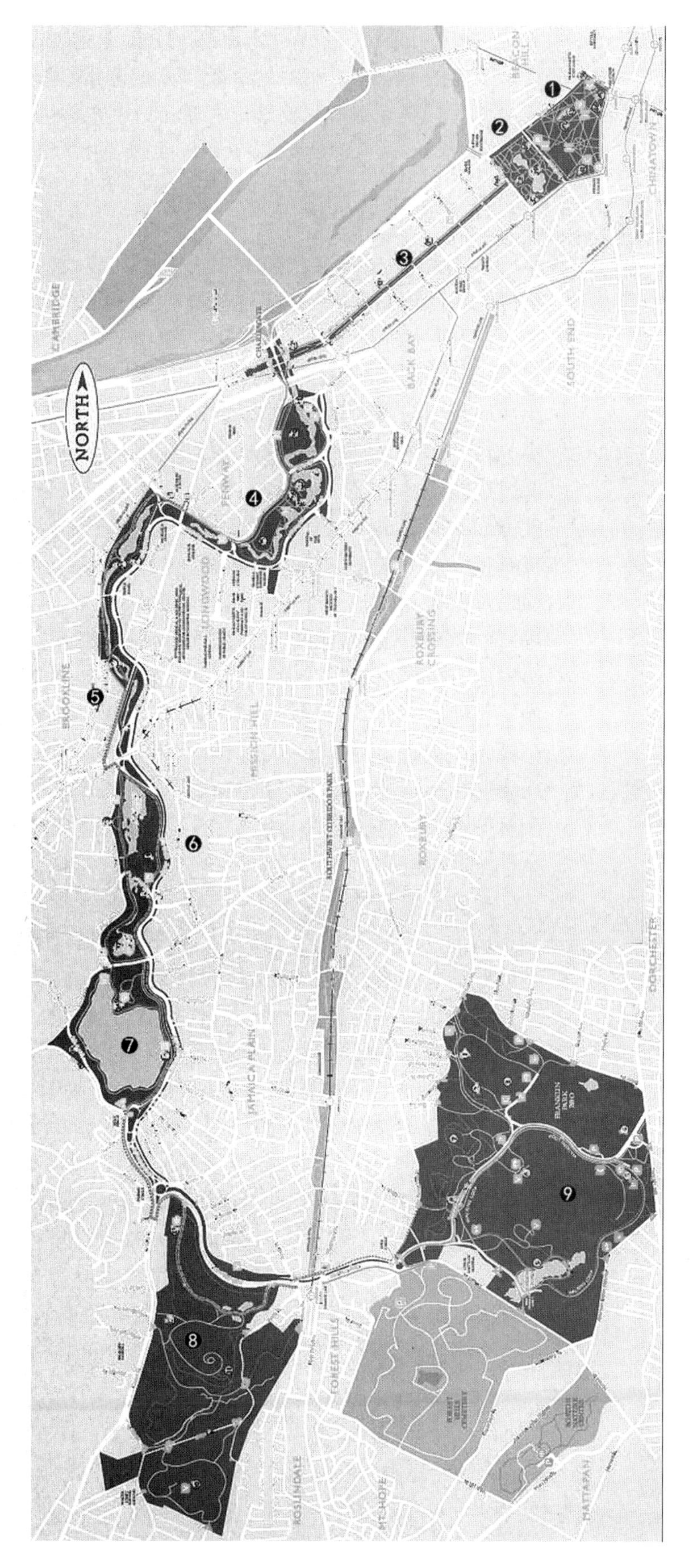

1. 波士顿公地　2. 公共花园　3. 马省林荫道　4. 查尔斯河滨公园　5. 后湾沼泽地
6. 河道景区和奥姆斯特德公园　7. 牙买加公园　8. 阿诺德植物园　9. 富兰克林公园

图 7-47　波士顿“绿宝石项链”公园体系平面图

"绿宝石项链"公园系统是第一个真正意义上的城市绿道，是公园设计从孤立的地块向城市绿地系统转变的起源，它所产生的绿道规划概念成为此后景观规划的重要理论和基础，引发了世界范围内城市绿道建设的热潮。

设计与建造历程

19 世纪 60—80 年代纽约中央公园的建设，使奥姆斯特德开始萌生公园绿道的构想。中央公园在建成之初还没有得到中下层人士的广泛使用，因为一方面，公园位于城市郊区，工人们无法负担来往的交通费用，另一方面公园被限制在几何形的边界里，与城市和人们的生活存在距离。相比于富人，奥姆斯特德更愿意用他的成果使穷人和劳动阶层受惠，希望更广大的群体能够更加便利地享受城市公园。因此，他产生了跨过公园边界，把公园与城市结为一体的想法，使公园与城市生活的其他方面共同形成一个面向广大群众的和谐整体。他开始尝试用公园道或其他线形方式来连接城市公园，或者将公园延伸到附近的社区中，从而增加附近居民进入公园的机会。在 1866 年纽约布鲁克林的公园设计中，他与合作人卡尔沃特・沃克斯(Calvert Vaux)设计了从公园通往城市边缘的有公园氛围的车道，称为园道(Parkway)。1868 年他与沃克斯开始了里弗赛德(Riverside)小区的规划，此设计超越了公园设计的范畴，是公园系统向外拓展的一次尝试，里弗赛德也成为住宅区建设的样板。1868—1876 年，奥姆斯特德为布法罗市(Buffalo)规划了一系列相互联系的林荫道、城市公园、城市医院、庭园、滨水地带及城市广场，并与城市其余部分联结起来。

奥姆斯特德的公园理念在当时虽然遭到许多政客的反对，但还是受到了波士顿当局开明人士的赏识，1869 年奥姆斯特德受邀参加波士顿公园问题的听证会；1875 年，波士顿公园委员会成立；1878 年应公园委员会的要求提出波士顿公园系统方案，得到高度评价，并被任命为负责整个公园系统建设的风景建筑师。

在组成波士顿公园系统的九个部分中，波士顿公地、公共花园、马省林荫道是利用原有的公共绿地，其余 6 个出自奥姆斯特德的设计或指导。前三者是被限制在几何平面里的传统公园，后六者则体现了奥姆斯特德打破几何边界，尊重场地和环境的设计思想。在这些设计作品中，他强调尊重一切生命形式所具有的基本特性，不去轻易改变它们，尽可能发挥场地的优点和特征消除不利因素，将人工因素糅合到自然因素之中。因此，公园系统需要介入和干预城市的布局，这种超前意识也引起一些思想保守的决策者的不满，但却显示了园林设计思想的飞跃和生态观念的觉醒。

"绿宝石项链"公园体系在波士顿市区的建设受到了市民的普遍好评，但人们并不满足于此。此后，查尔斯・埃利奥特(Charles Eliot)扩展了奥姆斯特德的思想，将绿色网络延伸到整个波士顿大都市区，范围扩大到了 600 平方公里，连接了 5 条沿海河流。1891—1893 年，在埃利奥特的努力下建立了大波士顿地区委员会，将 20 公里的海岸和 90 公里的园林大道加入公园体系，于 1902 年编制出大波士顿地区公园系统方案。

自 20 世纪起，和世界许多沿海城市一样，曾经兴盛的工业在波士顿逐渐衰退，昔日的码头、仓库、企业逐渐被清除或是改建形成绿地，延续"绿宝石项链"的理念，在波士顿沿海地带形成了"蓝宝石项链"。

□ 查尔斯・埃利奥特(Charles Eliot)

查尔斯・埃利奥特(1859—1897)是奥姆斯特德的学生中最才华横溢的一位，其父亲是哈佛大学 1869—1909 年的校长，因此哈佛大学建立景观建筑专业和埃利奥特有很深的联系。

在埃利奥特的倡导和努力下，"绿宝石项链"拓展为大波士顿地区公园系统，遗憾的是，埃利奥特于 1897 年突发急性胰腺炎身亡，没能亲自完成公园体系的方案。

园林特征

“绿宝石项链”公园系统体现了奥姆斯特德在城市核心区引入自然景观的设计思路,他将独立的公园比作“绿宝石”,再用景色宜人的“项链”——公园路串联形成网络,城市的建筑、街道则在这个网中间发展,市民能很快进入不受城市喧嚣干扰的自然环境之中。

(1)布局

公园系统的9个部分由北自南依次是波士顿公地、公共花园、马省林荫道、查尔斯河滨公园、后湾沼泽地、河道景区和奥姆斯特德公园、牙买加公园、阿诺德植物园和富兰克林公园。

最北面的波士顿公地和公共花园位于波士顿市中心,是相邻的两个建成较早的城市公园,奥姆斯特德把它们纳入公园体系作为“绿宝石项链”的起点。马省林荫道沿查尔斯河往西,连接新建的查尔斯河滨公园,形成公园体系的滨河部分。再往南是由浑河(Muddy River)的河滩改造形成的后湾沼泽地、河道景区和奥姆斯特德公园,这些公园根据奥姆斯特德遵循自然场地的思想,划定不规则的边界,充分体现自然特性。在奥姆斯特德公园南侧将天然湖泊牙买加湖纳入公园系统,形成牙买加公园。再往南通过公园绿道连接城区南边的阿诺德植物园,面积最大的富兰克林公园在阿诺德植物园的东北侧。九个公园与绿道连接形成了带状环绕城市的公园系统,重构了城市自然景观系统,对波士顿的城市生态的良性发展起到了有效的推动作用。

(2)波士顿公地

波士顿公地在公园体系的最北端,位于波士顿市中心,面积将近20公顷,是波士顿初建时期按新英格兰的习俗划定的一块公地,用于居民放养奶牛、士兵操练以及游戏、散步等户外活动。1910—1913年,奥姆斯特德之子小弗雷德里克奥姆斯特德(F. L. Olmsted, Jr.)全面改造了波士顿公地,形成了典型的英式公园布局:自然式布局的大树、大草坪,任人自由漫步,一派田园风光(见图7-48)。在主入口附近的管理处展示了一幅地图,标明了波士顿公地、公共花园和马省林荫道之间的关系。园内建筑设施较少,包括一个体量不大的管理处,一座1877年建设的南北战争纪念碑,一座音乐亭和一处面积较大的儿童涉水池。音乐亭位于大草坪旁,公园职工乐队常在节假日免费为游客演奏。涉水池在夏季是最受公众欢迎的地方。

图7-48　波士顿公地鸟瞰

(3)公共花园

公共花园位于波士顿公地的西侧,仅隔一条查尔斯大道(Charles St),面积约10公顷。1837年,由原本的一片盐碱沼泽地改造建设成美国第一座植物园。1859年,在植物园的中央建设了一条贯穿全园的法式中轴线,1861年在中轴线中部开挖了一片英式田园风光的小湖和一座跨湖的法式吊桥。1869年,在面向马省林荫道的主入口竖起了华盛顿的骑马雕像。1877年起湖中设置了脚踏推进的游船——天鹅船,1987年在花园东北部设置了一组根据公共花园的童话故事《给小鸭子让路》创作的雕塑(见图7-49),二者都是孩子们的最爱,并已成为波士顿的象征。

图7-49　公共花园中的鸭子雕塑

(4)马省林荫道

马省林荫道全长1500米,由公共花园向西延伸至查尔斯河滨公园

图 7-50　马省林荫道

（见图 7-50）。林荫道的建设也早于“绿宝石项链”体系。1858 年州政府在后湾开始填海造地，几年以后，就以高于成本 3 倍的价格出售土地。1861—1870 年间，许多富人迅速脱离拥挤不堪的肖马特半岛涌入后湾建造私宅，使后湾成为一处富人聚居的社区。当时查尔斯河边肮脏杂乱，为提高地价，州政府决定在这块土地上建设一条笔直的中央大道，命名为马省林荫道，宽 60 米，中间有 30 米宽的街心绿带，以公共花园为起点向西延伸，两侧的住宅都面向大道，使街心绿带构成社区的活动中心。在波士顿公园系统即将竣工时，奥姆斯特德和公园委员会把这条街心绿带向西延伸了一百多米，形成总面积将近 5 公顷、联系波士顿公地、公共花园和公园系统新建部分的绿色纽带。绿带中央每隔一定距离就有一处纪念当地杰出人物或集体的雕像或纪念碑。

（5）查尔斯河滨公园

河滨公园是奥姆斯特德公园体系的第一段滨河绿带，紧邻查尔斯河，从 1879 年开始建设至 1891 年完成。奥姆斯特德将公园定位为提供“合理的户外教育”的区域，原因是该地段曾是平民聚集的棚户区，环境恶劣，婴儿死亡率极高。在改造中，公园委员会清理了棚户区，垫高地面，修建护堤。公园中设计了美国第一座免费露天运动场、游戏场和为劳动妇女服务的免费托儿所等（见图 7-51）。

图 7-51　查尔斯河滨公园建成之初

在 1951 年的城市高速干道建设中，公园被占用了大部分用地，总面积缩减至大约 7 公顷，除了一棵大枫树和一座 1931 年建设的贝壳型露天音乐台外，几乎看不到奥姆斯特德遗留的手笔。值得庆幸的是，后人的续建工作几乎继承了奥姆斯特德的公园系统思想，公园仍然是野餐、散步、骑自行车和多种水上活动的好地方。优美的环境、免费的通俗音乐演奏与公益宣传相结合吸引了大量群众前来参加，形成了市中心区的公共集会场所。

（6）后湾沼泽地

后湾沼泽地位于浑河（Muddy River）下游，是“绿宝石项链”公园系统新建部分的起点。奥姆斯特德要解决的是沼泽地原本垃圾堆积、污浊不堪的状况。经过环境整治，沼泽地形成美国 19 世纪英式风景园林的典型风格。奥姆斯特德在设计中强调顺应自然（neglect），不做过分修饰：弯曲通畅的流水、朴素浪漫的石桥、自由散植的大树、随风摇曳的芦苇，处处呈现乡野风光（见图 7-52、图 7-53）。

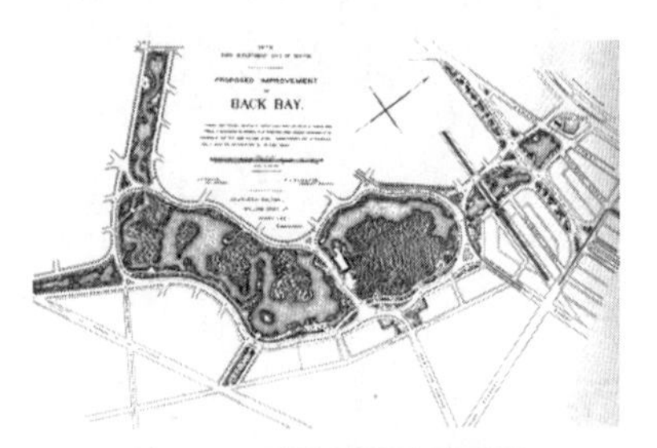

图 7-52　后湾沼泽地平面图

图 7-53　后湾沼泽地鸟瞰

后湾沼泽地往南，有树木繁茂的三段首尾相连的园林大道（Parkway）—River way，Arbor way，Jamaica way—通往公园系统的其余部分，既不干扰公园系统的内部活动，又能使车辆如处园林之中。

（7）河道景区和奥姆斯特德公园

浑河是波士顿市和布鲁克莱恩镇的界河。1885—1895 年间，波士顿和布鲁克莱恩根据奥姆斯特德的设计方案分别购置了两岸的土地，整治河道，广植树木，修建石桥和沿河小道，统称浑河改造工程。上游较宽，被称为奥姆斯特德公园；下游较窄，被称为河道景区。除水面外，主要就是供人们沿河散步、骑马、骑车的小道。和后湾沼泽地一样，这个完全人造的景区经过多年天然培育，几乎回归了自然（见图 7-54）。

（8）牙买加公园

浑河的上游是波士顿面积最大、水质最好的天然湖泊——牙买加湖。它是 1.2～1.5 万年前的冰川遗迹，面积 25 公顷，最深处水深 16 米，以天然泉水为水源。1892年,奥姆斯特德以湖为中心设计了牙买加公园,总面积约50公顷(见图7-55)。公园的主要活动是划船、钓鱼,主要建筑物是暗红色的哥特式木结构租船管理处。

(9)阿诺德植物园

植物园的名称源于一位富有的造船商和业余园艺爱好者阿诺德(James Arnold),他在1869年去世后嘱咐把遗产中的十万多美元"用于促进农业或改进园艺栽培"。1872年,遗产托管人委托哈佛大学建立一处树木园。1873年,哈佛大学任命萨金特教授(Prof. Charles Sprague Sargent)为阿诺德植物园的首任园长。但由于资金不足,植物园的建设工作进展缓慢。1878年,萨金特和奥姆斯特德协商拟将植物园纳入波士顿公园系统。经过连续4年的谈判,城市和哈佛大学终于达成协议:城市承担土地准备、道路建设和警务保护,植物园对公众开放;土地归城市所有,但以每年1美元的象征性租金租给哈佛大学使用999年。

图7-54　河道景区与奥姆斯特德公园平面图

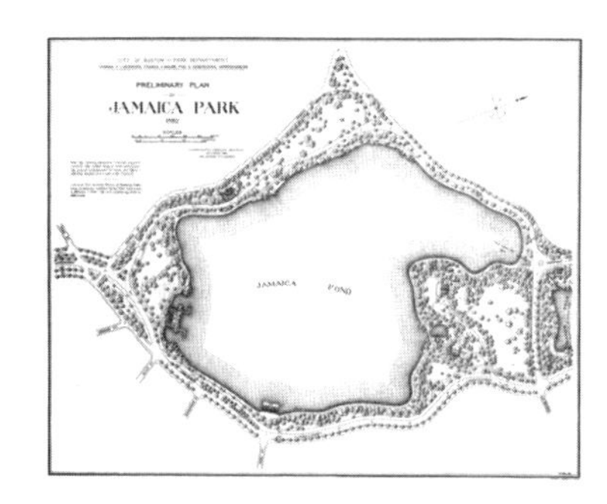

图7-55　牙买加公园平面图

植物园的设计由萨金特完成,但在奥姆斯特德的建议下公园按植物分类分区,按自然式园林布局(见图7-56)。1883年开始动工,到1887年,共种植了12万株乔木和灌木。每一株树木都按照萨金特及其助手的科学规划确定种植区,由奥姆斯特德和他的学生埃利奥特确保种植配置的观赏效果(见图7-57)。如今,它是美国最著名的植物园之一,总面积为107公顷,共收集了世界各地的树木约6000种,其特征是以收集东北亚的,尤其是中国和日本的树种为主。

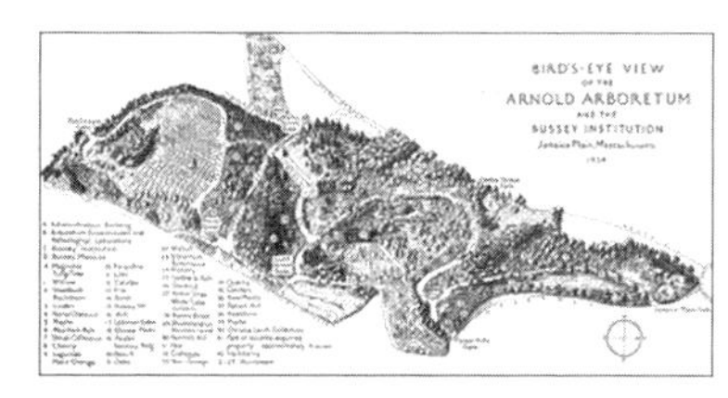

图7-56　阿诺德植物园平面图

图7-57　阿诺德植物园鸟瞰

(10)富兰克林公园

富兰克林公园占地210公顷,是波士顿最大的公园。由于它位于公园系统的末端,波士顿人又把它喻为绿宝石项链的"护身钻"(Hope Diamond)。公园以在波士顿出生、成长的美国著名政治家和科学家富兰克林(Benjamin Franklin,1706—1790)命名。该公园被认为是奥姆斯特德在全国各地设计的17座大公园中的3座最优秀作品之一(其他2座是纽约的中央公园和普罗斯佩克特公园)。1884年,奥姆斯特德在着手设计时就明确提出,该公园的"主要目的是向公众提供一个规模巨大、朴素宁静、享用乡野多树景色的地方;作为对应和陪衬,园路要具有野性、崎岖、如画、和适应森林环境的外表。"(见图7-58)

图7-58　富兰克林公园内朴素野性的景观

1886年,奥姆斯特德提出的设计方案把公园分为4部分(见图7-59):①乡村公园区(Country Park)面积约占总面积的2/3。他要求在这部分"不建筑、不设置、不作装饰性种植、不以奇取胜、不进行科普活动。这些事只宜在公共花园和植物园做……"②野趣区(Wilderness)是一片面积约40公顷的林地,它让人们回想起1630年的波士顿自然地貌。中心的高地供游客眺望和野餐。③游戏区(Play stead)是供学龄儿童游戏和举行纪念活动的场所。为此平整了地形,去除了大量岩石,种植了草皮。④迎候区(Greeting)包括规则式的公园入口和散步地段。

尽管奥姆斯特德原希望游客能通过漫游、跑步、野餐、网球、骑马等户外活动充分享受大自然的美景,而后人似乎总喜欢"再做些什么"。于是,在未建成的迎候区建设了动物园;乡村公园区的大草坪变成了高尔夫球场;游戏区变成了运动场。但公园总体上基本保持了奥姆斯特德的设计。

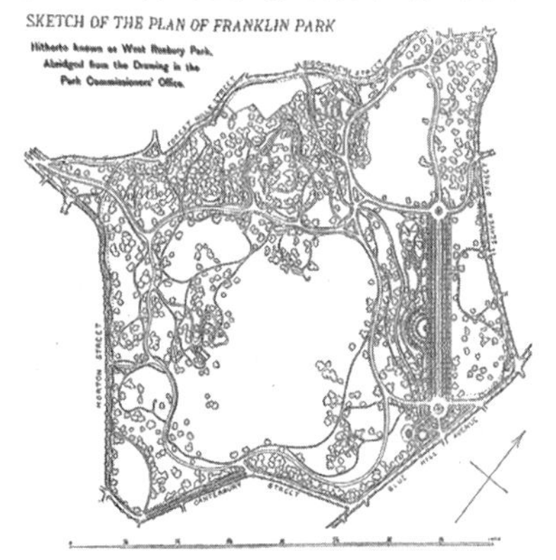

图7-59　富兰克林公园平面图

7.3.5 西班牙·桂尔公园(Parque Guell)

背景信息

□ 桂尔公园诞生在19世纪末的"新艺术运动"(Art Nouveau)的背景之下。"新艺术运动"是欧洲艺术在世纪之交时的重新定向,并引导欧洲艺术由写实性走向抽象性。当时的设计师们开始尝试使用新的手法来改变产品的面貌,并由此演化出许多不同的设计风格。其中,安东尼奥·高迪以他对自然的独特理解,将自然元素的结构形态结合到设计当中,形成当时别具一格的设计风格。

桂尔公园(见图7-60)位于巴塞罗那西北部的厄尔卡梅尔山(El Carmel),始建于1900年,占地约17.18公顷(见彩图7-6),由加泰罗尼亚建筑师安东尼奥·高迪(Antonio Gaudi)设计。

桂尔公园是一座景观与建筑相互依存的山地公园,其前身是作为花园住宅区的房地产项目开发,后由于商业运作失败而被巴塞罗那市政府收购,并作为城市公园对外开放。该公园作为高迪的代表作之一,展现出高迪将人造景观与自然景观结合的设计手法。公园的新颖构思和斑斓的色彩,以及园内景观元素独具表现力的结构形态,使之成为"新艺术运动"时期的重要代表作品之一。

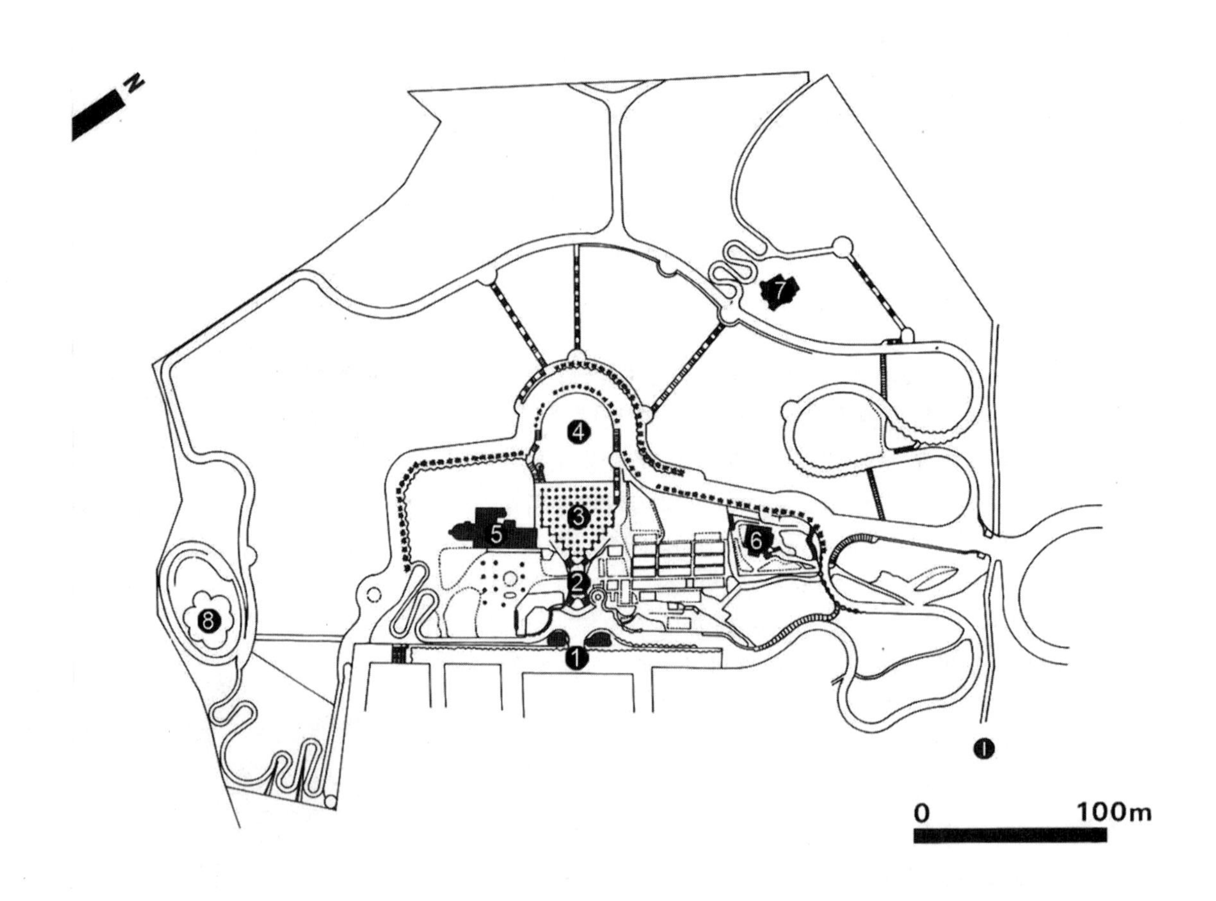

1. 公园主入口 2. 大台阶和龙 3. 百柱厅 4. 中心广场 5. 桂尔宅 6. 高迪故居 7. 特里阿斯博士宅 8. 铁矿山礼拜台

图7-60 桂尔公园平面图

设计与建造历程

□ 也有将Guell翻译为"古埃尔""居尔"等。

19世纪的欧洲,工业革命带来的新材料、新技术使设计形式上的创新有了更多的可能性;而同时,工业化带来的大批量生产,使设计成果趋于单一、简陋。技术手段与设计手法上对立,使得艺术家和设计师们渴望寻找新的设计风格,并由此掀起了一系列运动。19世纪末20世纪初的"新艺术运动"便是这些早期运动中的一次重要探索。在该运动中并没有形成某种统一的风格,而是形成了多种独特的设计风格,其主要可分为追求自然曲线形态的形式和追求直线几何形态。这些风格的本质都在于反对传统模式,但不排斥工业化大生产,在设计中强调装饰效果,尝试以更积极的态度去解决工业化进程中遇到的艺术问题。

安东尼奥·高迪在他的设计理念中提倡“以自然为师”,认为自然界有着无穷的造型和最为鲜活的形象。他对自然的理解并不仅局限在形态上的模仿,而更注重于寻找自然的内在规律,并善于巧妙地将自然界的结构形态运用到设计当中。他独特的想法使他成为“新艺术运动”代表人物中极富个性的一位。

□ 高迪认为建筑中的柱子比不上实际的树干和人体骨架的挺拔;圆形比不上颅骨的完美;而建筑比不上山的稳定。他从树干的形状中提取螺旋形,用于曲柱;从股骨的形状上提炼出双曲面,用于建筑的柱子造型;而他所推崇的双曲线抛物线则来自手指间肌腱的形状。

1878 年,高迪结识了生平至交欧塞比·桂尔伯爵(Eusebio Güell, 1846—1918)。这位身份显赫的人物极其欣赏高迪在建筑学上的天赋,并赞助他完成了多个作品。高迪在旁人眼中的疯狂构思,总能引起桂尔先生欣喜若狂的反应。这使得高迪获得了能充分自由地表现自我、发挥才能的机会。1900 年,深受霍华德(Ebenezer Howard)“田园城市”理论影响的桂尔伯爵在巴塞罗那西北部的山坡上买了一块土地,并委托高迪将其规划设计成一处多座独幢别墅的花园社区。这块在当时还未被开发的山地,有着新鲜的空气和极佳的视野。虽其所处位置偏僻难行,但该项目最终还是进行了。

□ 1877 年,高迪为一所大学设计礼堂,这也是他的毕业设计。方案出来后,曾引起很大争议,但最终还是被通过了。建筑学校的校长感叹地说:“真不知道我把毕业证书发给了一位天才还是一个疯子!”

在最初的构想中,这片社区除了独栋别墅外,还包括大街、一条林荫道、一个大广场以及供车辆通行的道路和一些步行小路等。但由于其地理位置,以及流行思潮等原因,导致这个住宅项目的销售失败。在长达 14 年的建设中,桂尔公园仅完成了车道、通行桥梁、两栋样板房、两栋传达室和中心广场部分。最终,桂尔伯爵只得放弃了将之作为住宅项目的原始目标。园内的两栋样板房一栋在当时由桂尔伯爵居住,后成为一所学校;另一由特里阿斯博士居住。除此之外,还有一栋并非由高迪设计的住房于 1906 年被高迪买下,作为自己的居室。直至 1926 年高迪搬往圣加大教堂之前,他都是在此处工作和居住,并在他死后将其遗留给了大教堂的工作委员会。如今,这栋房子被作为高迪博物馆对外开放,集中展示高迪设计的家具,和有关高迪的生活、工作的物品等。

1922 年,巴塞罗那市政府将桂尔公园收购,在第二年(1923)开辟为公园正式开放。1984 年,联合国教科文组织把桂尔公园定为世界文化遗产。

园林特征

桂尔公园依山就势,景观元素与自然在园中和谐共生。绚丽的色彩、独特的造型、丰富的隐喻、材质的运用,以及对自然的独特诠释,形成公园的几大亮点。

(1)*布局*

桂尔公园依山而建,整体走势北高南低。它位于巴塞罗那的最高点,在公园的顶部可以俯瞰全城,与圣加大教堂遥相对望。公园的景观要素主要分布在园内的南半部,从主入口开始,大台阶、龙形喷泉、百柱厅、屋顶广场依次向北展开,并在中央屋顶广场的位置形成全园焦点,这部分的景观形成了公园活跃开放的整体形象。

除南半部这一小块较为密集的景观建设之外,公园的其他建设要素都掩映在山体之中,与自然环境互相呼应。三座主要建筑散布于公园之中,彼此之间由造型各异的走廊相互连接(见图 7-61)。

图 7-61　高架走廊

(2)地势

厄尔卡梅尔山原来是一座多石、缺水,且较少植被覆盖的山体,山路陡峭难行。在20世纪初,这里依然属于远离城市市区的偏远郊区。

面对这片地势起伏的山地,高迪并没有采用平整土地的方法,而是利用梯地的形式尽量保持山地的本来面貌。公园从主入口开始,随着山体而逐步升高。连接建筑的走廊因形就势,与山体巧妙地结合在了一起。

(3)场地与活动

图7-62 公园入口接待中心建筑

公园入口处的两栋材质相同,造型各异的小房子,是曾经的花园住宅区传达室,后成为游客接待中心(见图7-62)。这两栋建筑造型活泼、色彩绚丽,作为公园整体基调的铺垫伫立在公园主入口。其后的大台阶将人们引导向山地上的雕塑喷泉和百柱厅。雕塑采用抽象的彩瓷龙的造型,与水景一起形成欢快、活跃的氛围。喷泉之后的百柱厅由86根石柱支撑,其原本是作为居民使用的商业集市,后来成为街头艺术表演和人们观赏的地方(见彩图7-7)。大厅顶部的天花板采用凹凸不平的形态,并用彩色的碎瓷拼贴作为装饰,使这里的室内空间显得活泼大胆。

图7-63 百柱厅与中心广场

□ 百柱厅的屋顶是桂尔公园为民众提供公共活动的平台,具有城市中的广场的功能。桂尔先生经常开放公园作为城市公共活动的场所用于节庆、戏剧、地方会议等。到现在仍有这样的传统,音乐会和学校出游经常在广场上举行。

百柱厅的屋顶被设计为公园的中心广场(见图7-63),这里曾被称为“希腊式剧场”,在最初的构想中是作为居民休闲、聚会的公共空间。改为公园后,屋顶广场仍具有这样的功能,并且音乐会和学校出游等活动经常在广场上举行。广场后部抬高的部分为石壁和棕榈树所环抱,后作为露天吧经营。广场的四周由一圈曲折的伏龙座环绕。高迪巧妙利用建筑的造型,使伏龙座形成许多凹进的半私密空间,形成方便人们休憩、交流的亲切空间(见图7-64)。同时,为了尽量减少缺水带来的影响,百柱厅的地板下被设计成为一个用以收集雨水的蓄水池——广场上的雨水透过表面,经过百柱厅内的柱子柱帽里的砂石过滤,再通过柱子中心的孔洞到达容量为1200立方米的地下蓄水池。收集来的雨水从厅前的彩瓷龙嘴里喷出,曾被设想用于灌溉、家用等方面(1985年,蓄水池已停用,改用自来水供水)。实用功能与审美意趣的巧妙融合完美展现在百柱厅这一部分的设计当中。

图7-64 伏龙座

百柱厅周围连接有一条长达3千米的小区走廊,原本是用以联通住宅区中的建筑。这些走廊沿着高低错落的地形蜿蜒起伏,与自然环境融为一体。单跨式、复跨式走廊相间,平层、双层走廊交错,晴日可为行人遮阳,雨天可供行人避雨。走廊的支柱使用当地的石材模仿动植物造型垒砌而成,形成一系列充满童趣,氛围亲切的空间,也是艺术家们热爱的表演场地之一(见图7-65)。

公园西面的小山丘名为铁矿山,是公园的制高点。最初,高迪意欲在此建一个巨大的十字架,但之后又将其改建为一个六瓣形的高台和三个大十字架。建设完成后,高迪称之为礼拜堂(Capelya,加泰兰文),体现出其宗教情怀。

(4)造型与结构

图7-65 艺术家在走廊中表演

高迪对造型结构的运用主要可概括为两个方面:一是对自然形态的提取,二是对自然结构的探索。这源于他对自然的细致观察和对新的施工方法的运用上。

公园中有许多小品的造型和装饰图案皆是从自然中提取,如伏龙座、龙形喷泉、蜥蜴图纹、蘑菇式的屋顶和造型各异的石柱等(见图7-66),这些造型的运用使得桂尔公园充满了童真趣味。同时,公园中大量龙形和蜥蜴形的造型的运用(蜥蜴在西方的观念中认为是龙在现实中的化身),被认为是高迪叹颂自然力量的隐喻。

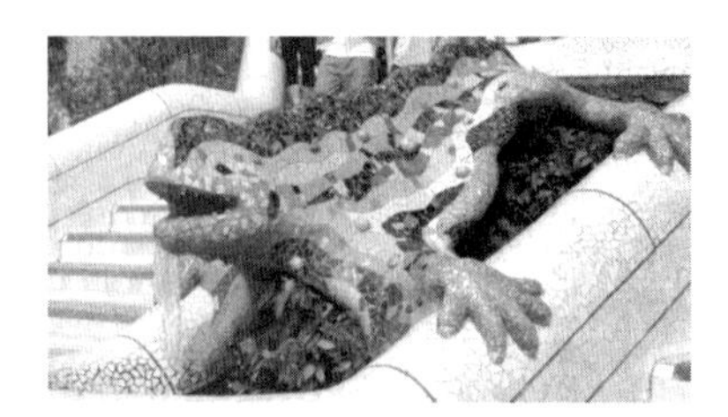
图7-66　龙形喷泉

高架走廊是公园中结构最为独特的部分之一。整个走廊皆由石块堆砌,并以造型独特的石柱支撑(见图7-67)。高迪对碎石块的运用展现出令人叹为观止的结构洞察力,有些碎石堆成的拱顶完全不用砂浆粘结,只是利用石块之间互相咬合和挤压产生的应力来堆建。尽管这些柱廊从视觉上看极其具有不稳定感,但却比看起来稳定的直柱更符合力学要求。一些碎石模拟巴塞罗那周边常见的天然窑洞伸展出表面,似洞顶的钟乳石倒挂而下,尽显窑洞意趣。高迪还使用了预制模块的方法,如百柱厅的柱子之间的拱顶皆是在预制后安装的(见图7-68)。此外,伏龙座的椅背突出的部分正好位于成人腰的部位,是符合人体工程学的设计。

图7-67　高架走廊

□ 高迪对结构的处理,体现出他对曲线、二次曲面的结构张力的洞察力。在没有电脑计算的时代,高迪比20世纪60年代现代建筑大师的二次曲面早了50年。高迪创造的这种新的结构,以至于拆模板时,高迪必须亲自动手去拆,因为工人们害怕石顶会塌下来。

(5)植物

在桂尔公园的营建过程中,高迪除了尽量保持公园的自然地貌外,还尽可能地减少对原有植被的破坏,如在高架走廊柱廊中间保留了一株几百年的长豆角树。同时,公园中多使用乡土植被,如芦荟、棕榈树等。公园中还有一些利用植物模拟天然野趣的场景,如在石头上生根的植物,和覆盖高架走廊的植物等。

(6)材质与色彩

高迪在他的作品中常以新的结构形式和施工方式对砖石、木和铸铁等传统材料加以运用。这样一方面既保留了传统材料的人文、手工和自然性,另一方面又可将材料的结构性和物理性发挥到极致。

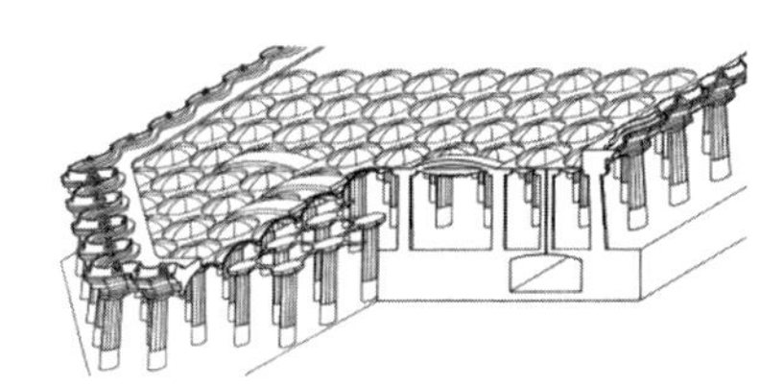
图7-68　百柱厅结构

公园内的高架走廊皆由就地取材的碎石、毛石堆砌,并通过对自然的独特诠释,展现出巧妙的结构特性。公园围墙处的铁栅栏、园内的小铁门,以及接待中心的铁窗等丰富的自然造型,将坚硬的铁以柔软的形象展现出来。

碎瓷拼贴是公园中的另一特色,也是高迪常用的一种装饰手法。打碎的瓷片可以轻易地附着在柔软多变的造型表面上,并可自由组合成任意图案,具有较强的表现力。同时,碎瓷片拼合所形成的色彩也更加丰富绚烂,使形象更加具有生命力与活力。公园外围墙头上的装饰、园内的龙形喷泉、伏龙座、百柱厅的屋顶装饰等,皆是使用碎瓷拼贴的装饰手法(见图7-69)。这些瓷片多来自陶瓷厂的废盘子、废瓷器等上釉的陶瓷器,也是废物回收利用的极好案例。

□ 高迪认为:"建筑不但不应当抛开色彩,还要用色彩来赋予形式和建筑以生命。色彩是形式的补充,是生命力最明确的表达。"高迪的镶嵌艺术并没有固定的施工图纸,而全靠高迪现场直接指导来完成。曾经受过高迪指导的工人回忆说:"安东尼先生站在公寓前面,高声地指挥着工人们应该往哪儿贴什么颜色的碎片,这对于已经习惯了粘贴固定图案的砖瓦工人来说并非易事,我们得学会与那些斑斓的色彩打交道。我们常常不得不把整面墙上贴好的碎片取下来重新贴上去,直到安东尼先生满意为止。"

7.3.6　中国·顾家宅公园

背景信息

顾家宅公园又名法国公园、复兴公园(见图7-70、图7-71),位于上海雁荡路105号。公园建于1909年,由掌管法租界的董公局聘请法国设计师柏勃(Papot)按照法国园林特色进行设计。当时公园面积仅4公顷。公园在1918—1926年经历了一次较为彻底的改建,由法国设计师约少默(Jousseaume)和中国设计师郁锡麒共同完成,改建后的公园面积扩大为8.9公顷。此时的顾家宅公园成为真正意义上的法式园林,同时兼有中式风格(见图7-72)。

图7-69　伏龙座上的碎瓷拼贴

顾家宅公园是上海法租界建立最早且面积最大的公园,它是19世纪末20世纪初法租界文化、社交、节庆活动的中心,也是建国以后上海市民

图 7-72 法式花坛鸟瞰

□郁锡麒(1903—?)

中国园林艺术家,曾经任职于工部局(市政委员会,是清末外国侵略者在中国设置于租界的相当于一种行使行政权的机构),替法租界公董局设计了顾家宅公园的中国园。

休闲健身娱乐的公共空间。同时,顾家宅公园也是上海唯一一座保留法国古典园林风格的公园,它不仅向国人展示了法式园林的规则美,也对中西造园艺术融合进行了探索,是近代上海中西园林文化交融的佳作。

设计与建造历程

公园原址是一片肥沃的良田,当时有个姓顾的人家拥有十多亩土地,在此建造了一个私人小花园,人们称之为"顾家宅花园",这便是顾家宅公园的雏形。

鸦片战争后上海被划分为英、法、日等租界,1845 年法租界独立,并于 1862 年成立公董局掌管法租界一切事务。法租界三次扩张,在 1900 年第二次扩张时买下了顾家宅花园及其周围 10.13 公顷的土地,并将其中 7.5 公顷租给法军建造兵营,作为法军屯兵之用,此地被称为顾家宅兵营。不久后法军撤去,法国俱乐部等便租用部分土地建造网球场、停车场等。

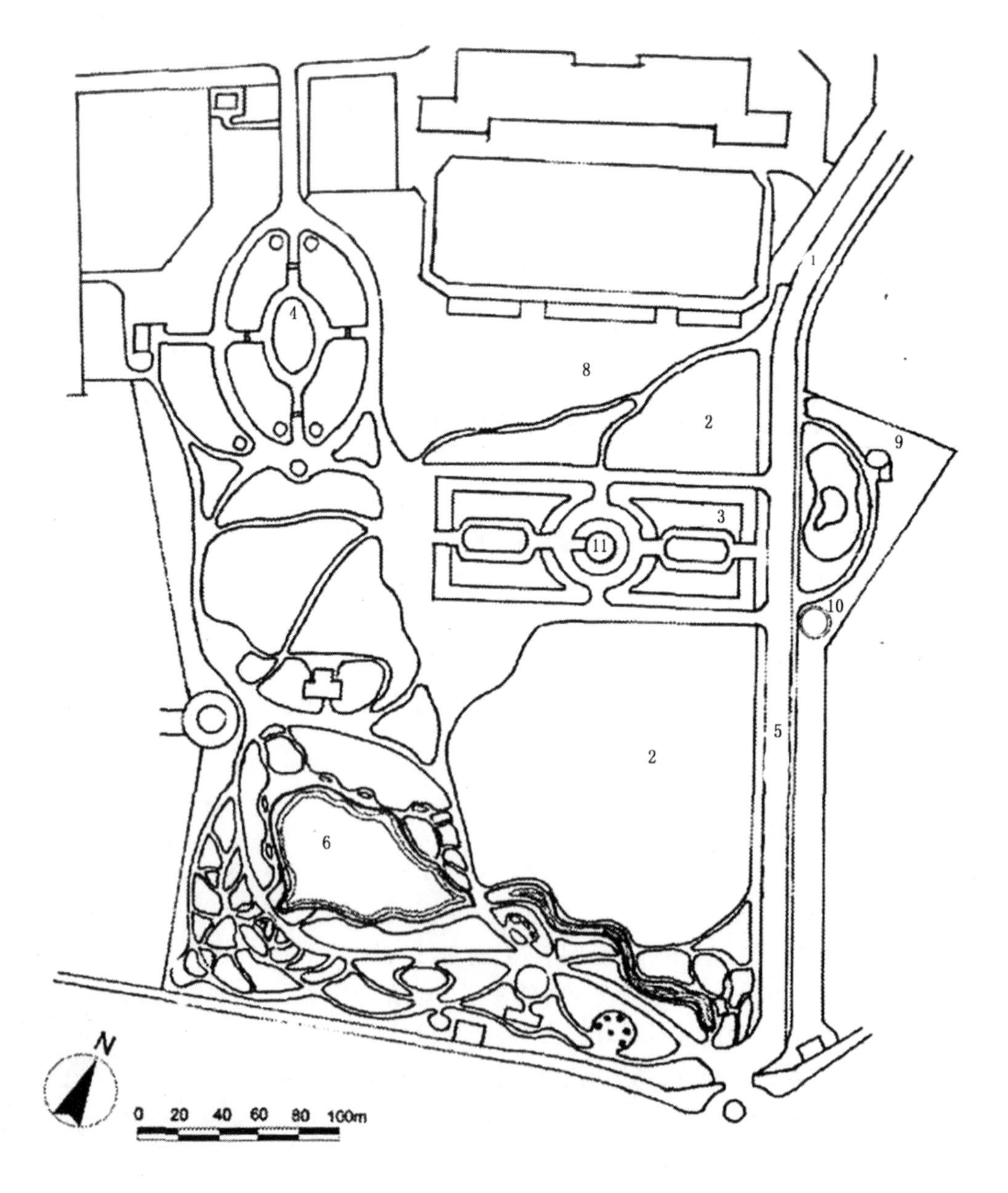

1. 入口 2. 草坪 3. 毛毡花坛 4. 月季园 5. 梧桐大道 6. 荷花池 7. 假山 8. 音乐亭 9. 小花园 10. 动物园 11. 喷泉池

图 7-70 1925 年顾家宅公园平面图

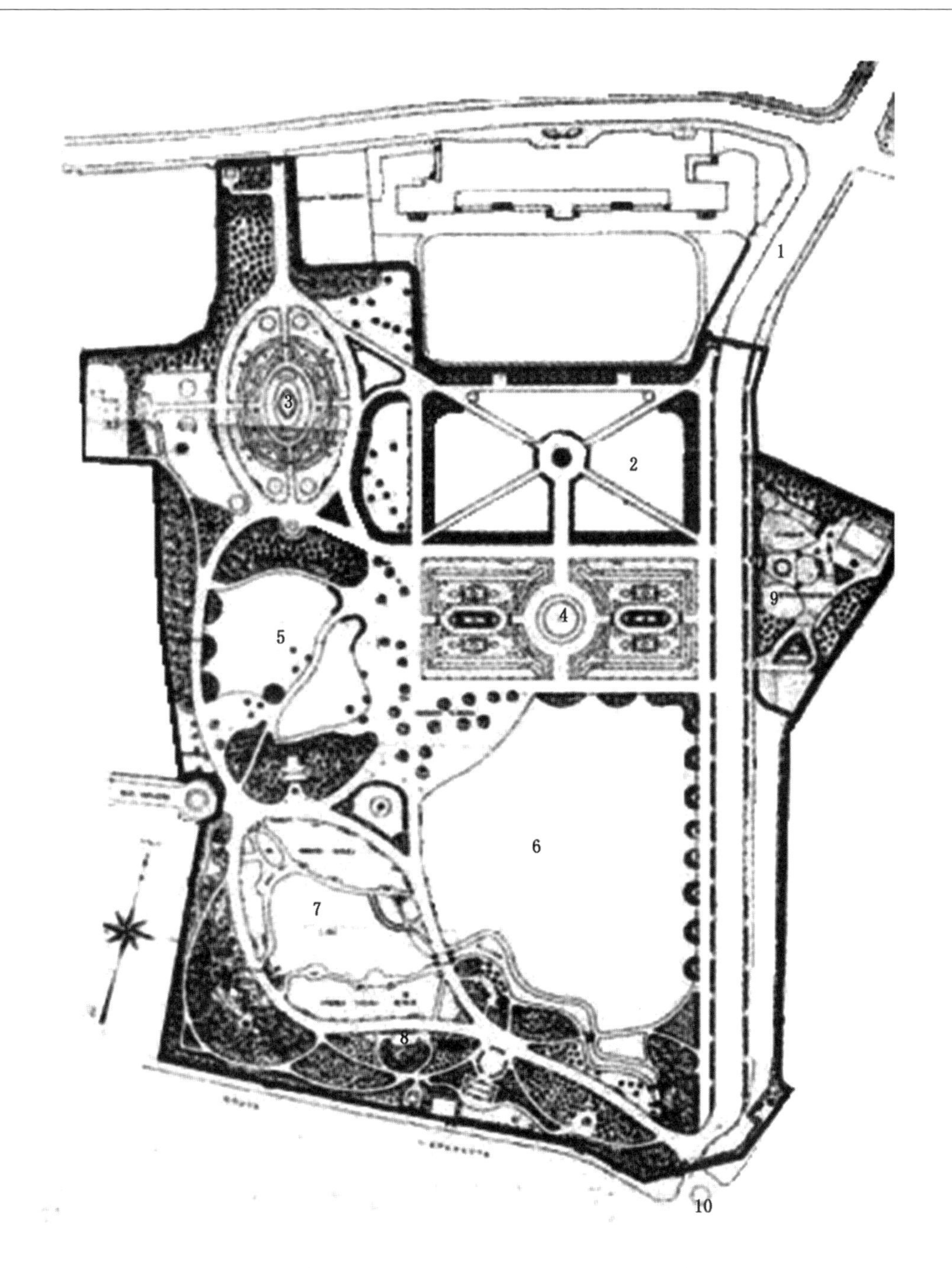

1. 东入口　2. 喷泉　3. 玫瑰花坛　4. 矩形沉床花坛　5. 草坪　6. 大草坪　7. 荷花池　8. 假山　9. 动物园　10. 东南入口

图 7-71　1930 年顾家宅公园平面图

1908 年公董局决定将顾家宅花园改建为公园,并聘请法国设计师柏勃(Papot)设计兼工程监督。柏勃对此并未上心,只是将法国里昂一座公园的模式照搬了进来。全园重点工程是在公园中央用水泥、砖头砌了几个几何形花坛,铺设了草坪,并在草坪上建造了音乐演奏厅及几座简易避雨棚,剩下的便是花草树木。设计与施工不到一年便完成了,而此时公园的法式风格还未完全形成,面积也仅有 4 公顷左右。1909 年公园竣工后按照园址取名"顾家宅公园",也称法国公园。公董局将开园时间定为同年 7 月 14 日,即法国国庆日,从此法国国庆活动以及其他大大小小的庆典都在这里举行。然而这里只是法国人在中国的一片乐土,并不允许中国人进入。开园前公董局公布了公园章程五条主要内容,第一条

□ 环龙(1880—1911)

1911 年,环龙远渡重洋,用轮船从欧洲运输三驾苏姆式双翼飞机来到上海进行飞行表演,这是上海第一次出现飞机。同年 2 月至 5 月环龙进行了 3 次飞行表演,前两次都非常成功,第三次却不幸出了意外,因操作不当而机毁人亡,环龙当时年仅 31 岁。法国人为表彰他的事迹而建造了环龙纪念碑。

“严禁下列人和动物进入公园”中首列就是中国人，但又特别说明“照顾外国小孩的中国阿妈和伺候洋人的华仆可跟随主人入园”，这条规定直到1928年才取消。公园建成后的第二年，也就是1911年，公园北端增加了一座环龙碑，以纪念前来上海进行飞行表演失事的法国飞行表演家环龙。1912年又新增了小动物饲养处。

1917年公董局聘请法国工程师约少默负责公园的扩建工作，他邀请中国设计师郁锡麒负责公园西部及南部中国园的设计。22岁的郁锡麒用中国传统园林的设计手法进行设计，起初法国人并不赞同这样的做法，后来郁锡麒带他们参观了当时上海有名的赵家花园，参观完毕后法国人深深被中国园林艺术折服，才同意了中国园的设计。设计方案于1918年基本通过并开始实施，但由于牵扯到几座建筑的拆迁，工程陆陆续续进行，方案也不断修改，直到1926年才基本完成。改建后的公园仍然为法式园林，但增加了中国园林的元素，面积也扩大为8.89公顷。此次改建主要增设了公园北部的椭圆形月季园（见图7-73）、方形草坪以及园西部及南部为中国园（园内有假山、瀑布、荷花池、小溪），拆除了音乐演奏厅，形成了以法式为主、中式并存的园林格局。

图7-73　1920年后的椭圆形月季花坛

1931年法商电车、电灯公司获准在公园大草坪下建地下蓄水池，占地面积0.8公顷，并在靠近复兴中路边建造占地0.04公顷的泵站一座。配合这项工程，公董局于1932—1933年拨款整修公园。除将地下储水池上面的草坪复原外，还在园西新建绿廊、棚架，在中国园小溪上建桥，并将园界上的竹篱全部改建为围墙。

1937年抗日战争爆发，日军入侵上海。上海市立动物园受到战争危害便将动物移交顾家宅公园。公董局接受动物后在公园东北部原小动物园一带建造铁笼和鸟笼。1943年日伪政府接管法租界将公园改名为大兴公园，1946年为纪念抗战胜利和孙中山，公园又被改名为复兴公园。

1949年中华人民共和国成立，公园由上海市立公园管理部接管。1950—1966年间拆除了环龙纪念碑，增设了水族馆、文艺馆、儿童游戏设施、游泳池及茶室。1966—1976年“文革”期间为保护公园不受损害而将其关闭，1978年重修并开放。开放后的公园增加了马克思恩格斯雕塑广场（见图7-74）、餐饮办公大楼、文化娱乐中心以及展示奇峰异石的中式“天园”。

图7-74　马恩雕塑广场

公园虽然屡经改造，但整体格局上仍然保留着1918—1926年改建后的面貌。其服务对象从少数人到普通大众，其功能也从节庆、社交转变为供大众休闲、健身。

园林特征

（1）布局

公园的总体布局是规则式与自然式的结合，其中北部、中部以规则式布局为主，西南部以自然式布局为主。

公园主入口位于东面的梧桐入口大道上，入口大道呈南北向，其东侧为形状呈三角形的小花园，花园南部为动物园。入口大道西面为公园的主体部分。

公园北部为两个图案式花坛和一片小草坪。其中草坪位于公园最北面，上面点缀着音乐演奏厅（后拆除）。草坪东侧为一矩形沉床式大花坛，被称为“毛毡花坛”，面积为0.27公顷，内有6只图案式小花坛，中间有小径分割。花坛中心有喷泉，喷泉周围有环状花坛，围以铁链栏杆，花坛以绿草为底,四季花卉形成各色炫目的图案,如同彩色的地毯。毛毡花坛为公园内一处主要景点。小草坪西侧为一椭圆形图案式花坛,称为"月季园"。月季园中心有一圆形水池,周围以园路分割为四块图案,内铺草坪。

公园中部为两片草坪,一大一小。较小的草坪(后改为铺装)位于公园正中,也就是月季园南部,而较大的草坪位于毛毡花坛南部,该草坪也是公园三片草坪中最大的一处。

公园南部为中国园(见图7-75),内有假山区、荷花池、小溪、曲径小道。假山区位于公园西南角,山顶有一亭子可眺望全园,山前悬崖上凸出一块巨石,从中流出潺潺溪水汇入山下的碧泉内。荷花池位于假山的东北部,内植满塘荷花。池南畔有一组小水榭(后改为温室展览区),池东北有一片以小堤分割而成的小水塘,上面覆盖一棵斜长高大的梧桐树。荷花池旁边有一条蜿蜒曲折的小溪,溪水尽头为小丘,丘上有亭(溪水后被填埋改为冲浪区)。

图7-75 中国园

(2)风格

公园以法式风格为主,兼有中式风格。随着时间的推移,公园历经改造,法式与中式风格得到了较好的融合。

法式园林讲究规则对称,运用修剪成形的植物造景,形成几何图案。图案运用不同色彩形成大面积反差,营造出强烈的视觉效果。公园中最能体现这一特点的便是两座规则式沉床式花坛(见图7-76、图7-77)。毛毡花坛运用修建整齐的绿篱勾勒出几何形的花坛形态,再以彩色花卉拼成图案(见彩图7-8)。月季园与毛毡花坛形式类似,只是运用玫瑰凸显阴柔之美,展现柔情浪漫的特点。

图7-76 矩形花坛(毛毡花坛)形态

除了两座规则式花坛,园内许多细节也展示出法式园林风格。如遍布全园的法国梧桐、修建整齐的黄杨绿篱、大道两旁省去靠背且脚座精美的坐椅、入口边的毛木茅亭、笔直的入口大道等。

中式风格主要体现在中国园内。园林多以建筑为主,植物为辅,亭台楼阁,廊柱榭轩,假山枯木,小桥流水,如诗如画,含蓄雅致。《上海名园志》中描述中国园时写道:"曲径悬崖,有亭有瀑,溪下小潭,连东面大池。池广三千多平方米,植以荷藕,蓄以金鱼……"中国园布局自然写意,展现了中国传统园林的艺术特色。

图7-77 椭圆形花坛的图案

(3)植物

建园初,温室荫棚培育出四季花卉,陆地栽植的花卉有紫罗兰、金鱼草、三色堇、矮雪轮、雏菊、福禄考、葱兰等草花和郁金香、风信子、水仙等宿根花卉。花卉或自然地种植在地被上,或种植在花坛中形成色彩斑斓的图案。乔灌木有国槐、香樟、梧桐、雪松、桂花、杜鹃、黄杨、女贞、水杉等。

花卉的色彩和图案运用最出色的是两个沉床式花坛。毛毡花坛两侧运用草坪铺成平整干净的地面,草坪上种植一串红等形成刺绣式图案,花坛中心运用扶郎花、朝天椒、太阳花等色彩明亮的花卉拼成图案,再以黄杨绿篱镶边,形成毛毡般的效果(见图7-78)。月季园则运用植物点线面的结合手法,修剪整齐的黄杨勾勒出花坛的轮廓与花坛中的线条,圆形或椭圆形的侧柏点缀在中心水池的四角,黄杨球点缀在花坛中,与线性黄杨绿篱结合成图案(见图7-79)。其余空间种植千株五彩缤纷的月季。花坛中心四角种植12株盘槐(后在椭圆形边缘沿路种植国槐、

图7-78 毛毡花坛植物色彩

图7-79　月季园植物配置

图7-80　中国园古香樟

图7-81　线性绿篱

图7-82　法式圆亭

图7-83　钢结构廊架

枫香、龙柏、乌桕等形成围合空间)。

乔木的运用以梧桐、香樟、雪松等为主。全园的几条主干道都以梧桐作为行道树,梧桐高大挺立,浓密的枝叶形成覆盖空间,具有序列感和引导性。除了道路,大草坪周边也布满梧桐,形成闭合的空间以突出大草坪的空旷。香樟的运用主要体现在中国园,假山上有几株古老的香樟,其遒劲的枝条展现出山水画的线条感,细密的枝叶形成浓荫,营造一片幽静的氛围(见图7-80)。马恩雕塑广场也以香樟为背景,运用其浓密的叶衬托马克思与恩格斯雕塑的威严。雕塑两侧为密植的深绿色雪松,烘托广场中心的明亮。

灌木多以修剪整齐的黄杨绿篱为线条,勾勒出花坛、广场、铺装、草坪等的边缘,使得整个绿化空间整齐而富有秩序,界限清晰,透视强烈(见图7-81)。

(4)*构筑物及雕塑*

园中构筑物有大草坪边的法式圆亭、月季园东面的廊架、中国园的八角亭和水榭。雕塑有马恩广场的马克思与恩格斯雕像、毛毡花坛中心喷泉、月季园中心的丘比特雕塑喷泉等。

法式圆亭位于大草坪南面,圆形金顶,六根白色支柱。亭子掩映在两株高大的白桦树之间,一面临着大草坪,一面为高低错落的小树林。从大草坪北面看向亭子,极具异域风情(见图7-82)。

廊架位于月季园东面,呈两个对称的L形(见图7-83)。廊架为钢架结构,立面上由数个连续拱形门组成,顶面由镂空的钢架网格组成。整个构筑物仅仅是钢架线条组成的轮廓,钢架上布满紫藤、木香,形成浓荫密布的藤下休闲区。廊架中的拱形门形成序列,具有强烈的透视感。

中国园的八角亭位于假山之上,假山以湖石和挖池的泥土堆砌而成,山体不高,但山上山下林木荫翳,八角亭则掩映其中,若隐若现,站在亭中可眺望中国园园景(见图7-84)。亭前的悬崖上有一巨石凸出,石间有潺潺流水落入潭中。

园中几处雕塑也各有寓意。马恩雕塑位于公园纵轴线北端,于1985年8月落成,雕像高6.4米,由三块大花岗石组成。广场周边栽植的雪松、香樟、棕榈林等,显得庄严肃穆。毛毡花坛中央的喷泉为全园最热闹的区域,也是整个花坛的高潮。圆形喷泉池中央为双层圆形雕塑,喷泉可由圆形池边缘向中心喷射。月季园中央的喷泉雕塑则更符合其浪漫典雅的氛围,喷泉池为圆形与矩形的组合,中心为爱神丘比特的雕像(见图7-85)。

(5)*活动*

公园建园时就是法国人的乐土,新中国成立后更是上海人举办文化娱乐活动的重要场所,公园既承担了大型节庆活动的举办,也满足了人们日常休闲活动的需求。

大型活动有政治性活动、花卉展览以及文艺庆典。早期园内活动以政治性为主。1936年以前,法国人每年都会在公园内举办法国的国庆庆典活动,届时公园道路两侧挂满彩旗,草坪上搭建检阅台、观礼台,以进行隆重的阅兵仪式。上海解放以后,也曾经举办中国人民解放军华东野战军战绩展览、"八一"建军节慰问大会、抗美援朝晚会等。公园内举办最多的是花卉展览类活动。文艺类活动也是公园内不可或缺的类型,如话剧、评剧、越剧、沪剧、杂技、音乐、歌舞等。

日常休闲活动有体育锻炼、社交集散、读书看报等。公园内的大草坪、林荫道、中国园内荷花池前的广场是人们进行体育锻炼的主要场所。毛毡花坛、大草坪、中国园是社交集散的好去处。林荫道下的座椅主要用来读书看报、休闲观景等。大草坪功能较为丰富,承担了大部分休闲活动。中国园内有私密也有公共空间,既可以为群体性活动服务,也可以为人提供私密环境。

图 7-84 中国园六角亭

图 7-85 丘比特雕塑

7.3.7 日本·日比谷公园

背景信息

日比谷公园(见图 7-86、图 7-87)位于日本首都东京市千代田区南部,国会议事堂东北面。公园建于 1903 年(明治三十六年),面积为 16.5 公顷,是日本最早的西洋风格公园(见彩图 7-9)。

日比谷公园的建设过程和美国纽约的中央公园很相似,在建设之前都位于非城市化区域,到公园建成之后,周围已经成为高密度的城区。田中芳南、小平义之近、小尺醉园、长岡安平、辰野金吾以及五名东京市官员等都参与过方案设计,但都因为各种原因被否决,最终采用林学博士本多静六的方案,该方案以德国公园为范本同时结合日本园林传统造园手法,形成了现代综合型公园,它的建造为日本带来了西方现代公园的规划设计、施工管理手法,在日本近代公园发展史上具有划时代意义。

设计与建造历程

从江户时代到明治维新,日比谷公园周围是将军的住宅。明治维新后,新政府把武士的住宅回收,日比谷周围变成了种植桑树和茶叶的田地。1872 年(明治 5 年),日比谷公园园址上建起了陆军日比谷练兵场。

□ 坂本町公园

坂本町公园非常小,1889 年开园当初只有约 $3000m^2$,其设计者为长岡安平;而其后的日比谷公园在日本近代公园发展史及城市史上扮演着更为重要的角色。

在近代化推进的背景下,日本政府于 1884 年提出以东京市为对象的"市区改正意见书",拉开了历史上首次近代意义上的城市规划的序幕。1885 年设立东京市区改正审查会,开始涉及公园设置的问题,包含了学习巴黎等西方城市、满足市民休闲需求、促进卫生及健康、都市美化等思想,并提出了关于公园作为"城市肺脏"一说。经过 1888 年至 1889 年的反复论证修改,东京市区改正委员会完成了规划方案,形成了"东京市区改正全图"。这一方案所规划的公园事实上只有坂本町公园及日比谷公园两处得以真正实施。1885 年(明治 18 年),当时的东京工商会长向东京市区改正审查会建议:"日比谷和附近的丸之内基本上位于东京行政范围的中央地带,具有优异的区位条件,如果在这一带疏通道路,会使这里成为商业繁荣之地……"三年后,日比谷练兵场被废止,东京市区改正审查会决定在此修建公园。

1889 年到 1903 年(明治 22—36 年)为公园设计方案的讨论期。1893 年(明治 26 年),最早的公园设计方案由田中芳南和小平义之近提出,但是由于方案没有摆脱日本传统造园风格的束缚而被东京政府否决。1897 年(明治 30 年),日比谷公园改进委员会成立,并开始着手调研公园,第二年委员会会长长岡安平也提出了一套方案(见图 7-88),但也被否决。1899 年(明治 32 年),欧洲工学留学博士辰野金吾提出采用欧美大城市综合公园的设计手法来造园(见图 7-89),但是该方案由于各方协调不当而未被采纳。1900 年(明治 33 年),东京市 5 名官员提出了新

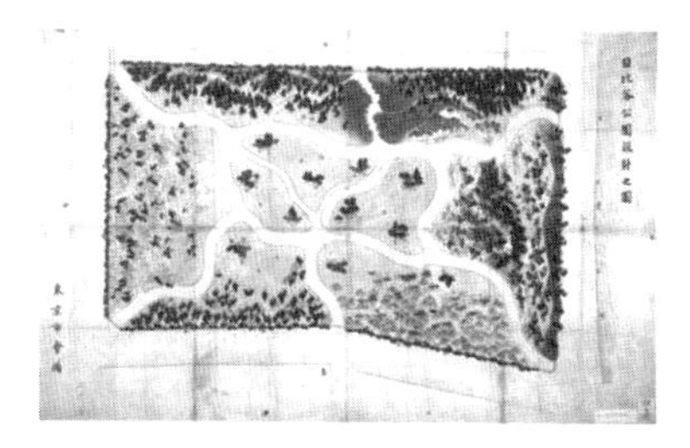

图 7-88 1899 年长岡安平设计方案手稿

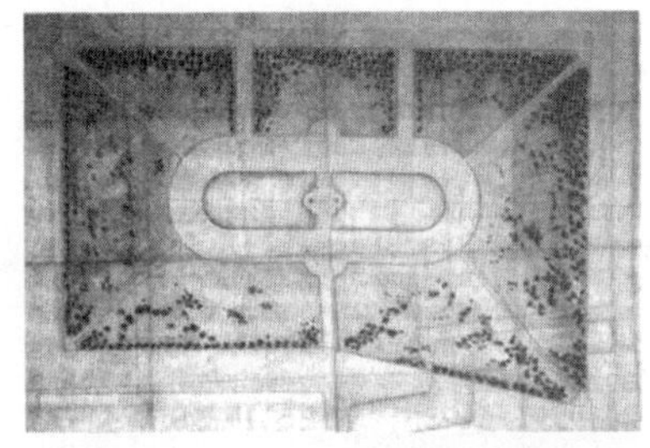

图 7-89　1899 年辰野金吾设计方案手稿

的设计方案(见图 7-90),仍然被否决。一直到 1901 年(明治 34 年),改进委员会委托林学博士本多静六设计,本多静六的设计受到其留德及林学背景的影响,整体上以树木造景为主,以马车道分割不同区域,并从其由德国带回的马克思伯特伦(Max Bertram)的一本设计图集中引用了运动场、水池、游园等设计样式,同时也适当设置了诸如心字池等日本传统要素(见图 7-91)。该方案提出后被采用,次年方案开始施工。1903 年(明治 36 年)公园施工完成,并正式向大众开放。

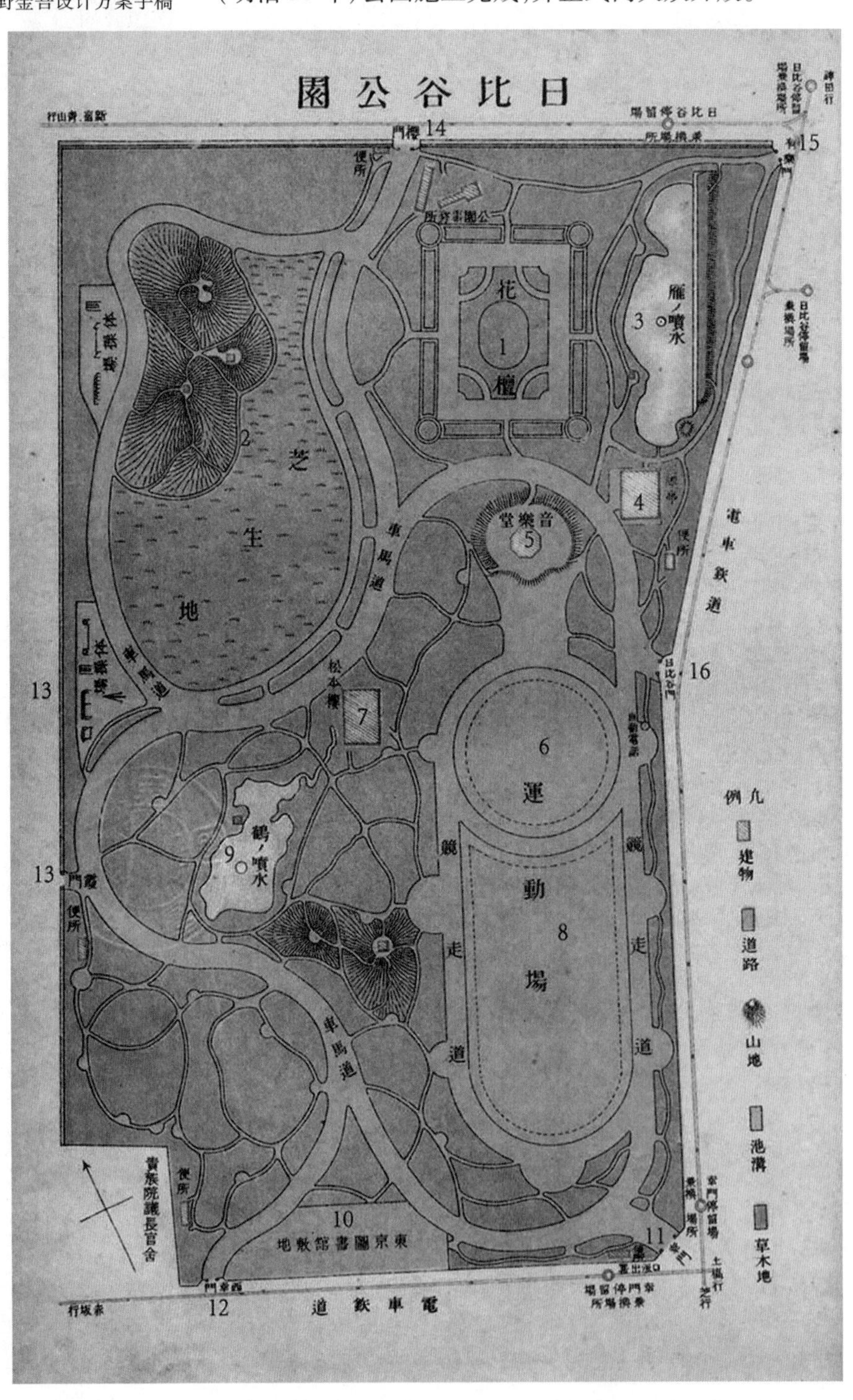

1. 城墙遗址花坛　2. 小丘　3. 心字池　4. 三桥亭　5. 音乐堂　6. 喷泉广场　7. 松本楼　8. 运动场
9. 云型池　10. 日比谷图书馆　11. 华门　12. 西幸门　13. 霞门　14. 樱门　15. 有乐门　16. 日比谷门

图 7-86　1903 年日比谷公园平面图

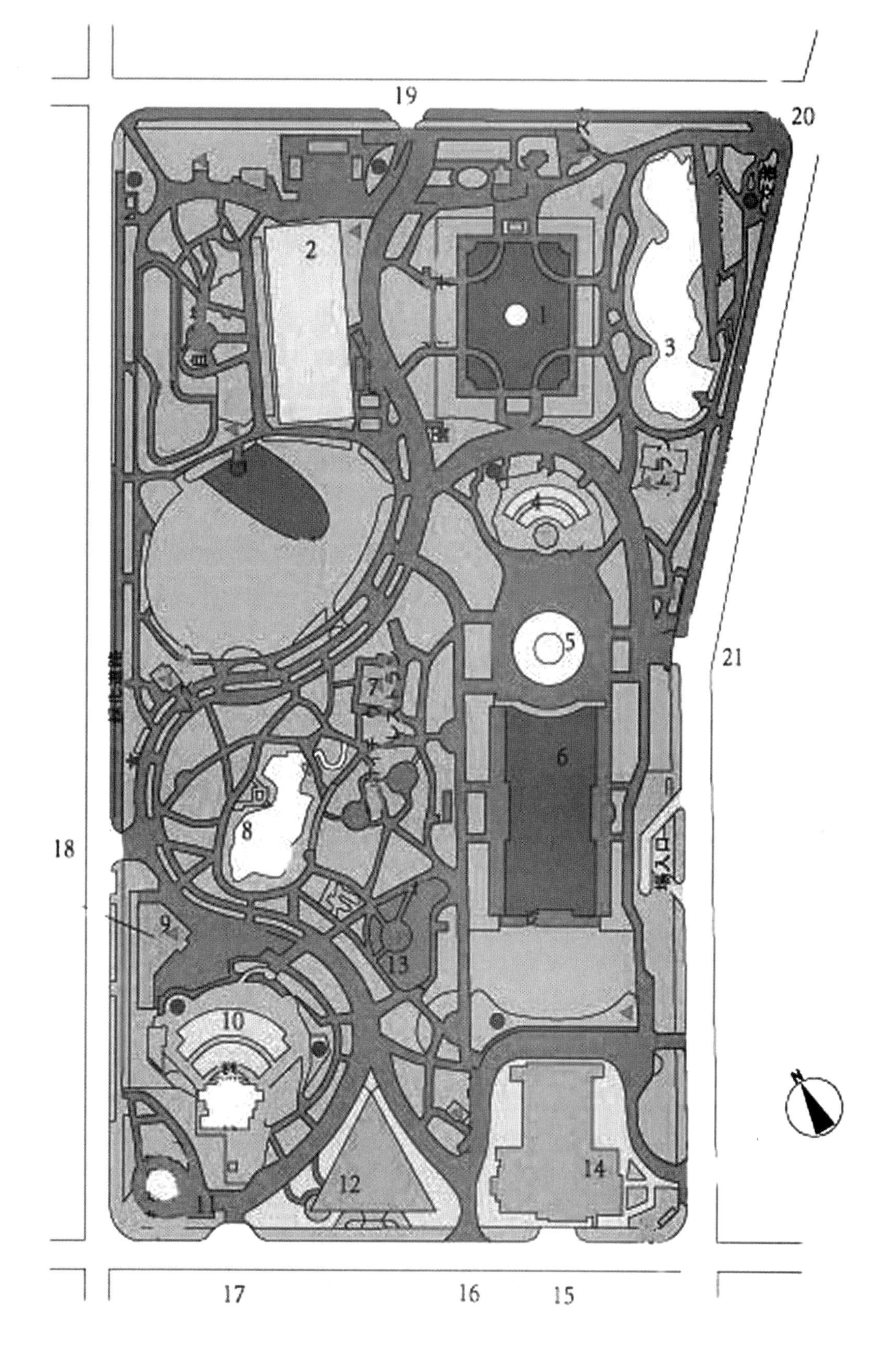

1. 第一花坛　2. 网球场　3. 心字池　4. 小音乐堂　5. 喷泉广场　6. 第二花坛
7. 松本楼　8. 云型池　9. 城市大学馆　10. 大音乐堂　11. 小喷泉广场　12. 日比谷图书馆　13. 密林
14. 日比谷公会馆　15. 华门　16. 中华门　17. 西幸门　18. 霞门　19. 樱门　20. 有乐门　21. 日比谷门

图 7-87　20 世纪中叶日比谷公园平面图

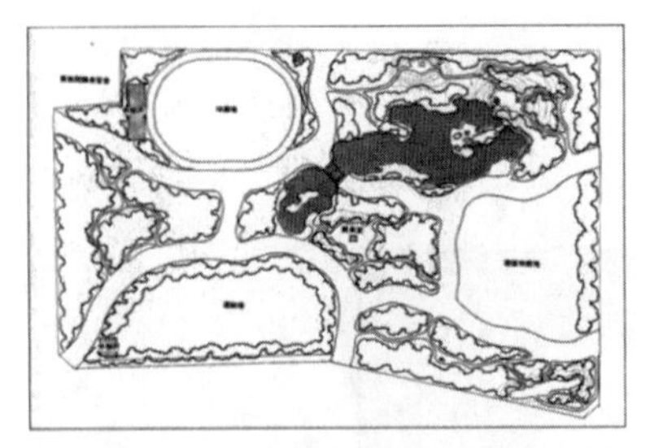
图 7-90　1900 年 5 名官吏设计方案手稿

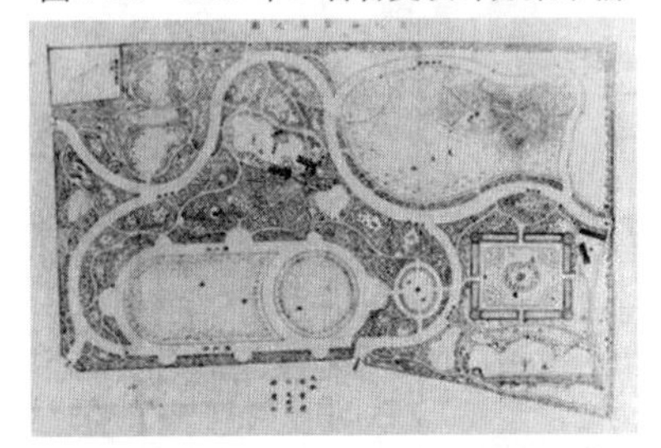
图 7-91　1901 年本多静设计方案手稿

图 7-92　明治 38 年小音乐厅

图 7-93　关东大地震时的花坛作为避难点

图 7-94　日比谷图书馆

1904 年到 1920 年(明治 37 年至大正 11 年)为公园内部设施的建设阶段。开园第一年,日本体育协会赠送了单杠、秋千等,在园内建成了300 平方米的儿童乐园。同年在公园正中部设立了西式咖啡馆“松本楼”,在公园东北部入口附近设置和式咖啡馆“三桥亭”,另外还增加了“一柳亭”和“麒麟亭”等。1905 年(明治 38 年),原来的小音乐厅被改建为户外音乐厅(见图 7-92),并在此举办了首场演奏会。1908 年(明治 41 年)位于公园南部的东京市立图书馆开馆(日比谷图书馆前身)。1910 年(明治 43 年)德国式公园事务所建成,该事务所位于公园西北入口处,为小木屋的形式。1922 年(大正 9 年)又在园内建了东京公园内的第一个网球场,两年后又在儿童公园中建造了叠石庭院。

1923 年(大正 12 年)日本关东发生大地震,小音乐堂被损毁,松本楼也被烧毁,而大音乐堂逃过一劫。公园内最为空旷的场地——运动场成为了灾民的临时避难所,运动场上建造了 144 栋简易住宅,为遭受地震灾害的难民提供住所(见图 7-93)。第二年公园开始着手修复工作,将简易住宅拆除,同时将儿童乐园从 300 平方米扩建到 600 平方米。1928 年(昭和 3 年)灾后修复工作结束,儿童乐园也扩建到 1200 平方米。1929 年(昭和 4 年),东京市政会馆日比谷公会堂建成。

1941 年太平洋战争爆发,战乱对公园造成了巨大的创伤。首先,国家规定将金属回收作为军用,因此公园外围的黄铜栅栏被拆除,紧接着公园内的广场、大草坪、大音乐厅、游泳池等都作为军队的阵地被征用,松本楼也成为海军省将校宿舍。随着战争的持续,粮食开始短缺,公园内花坛也种上了马铃薯,大音乐厅也在战争中烧毁。1945 年(昭和 20 年)日本战败,公园内的广场、大草坪、云形池、大音乐厅、公会堂、庭院和球场等被占领军征用,其中云形池被用作啤酒花园和舞厅,一直到 1951 年(昭和 26 年)。

1957 年都立日比谷图书馆竣工,同年开始日比谷公会堂的改造施工(见图 7-94)。1961 年(昭和 36 年),在大广场建成了喷水池和带平台的大草坪。次年,因为 21 号线扩大辐射的需要,公园北侧的地块被划出。1963 年新建了南部公园绿地事务所,旧的公园事务所一部分作为公园资料馆向市民开放。1971 年(昭和 46 年),松本楼和日比谷花坛被过激派学生放火烧毁。

1982 年(昭和 57 年)以后公园的变化较小,只做了局部的修缮。1982 年安装了太阳能时钟并修缮了大音乐厅和小音乐厅,次年修建健康运动广场和乡土森林。2003(平成 15 年)年迎来了日比谷公园 100 周年纪念,并召开日比谷园艺展览会。

园林特征

(1)布局

公园有六个主入口,分别是位于公园北部的樱门和有乐门、位于东面的日比谷门、位于南面的华门、西面的西幸门和霞门。公园内曲线形道路不仅将六个出入口连接起来,也将公园分为四个区块:德国风格的树林区、城墙遗址区、大草坪区和运动场区。

图 7-95　公园西南部密林区

树林区(见图 7-95)位于公园西南部,可由西幸门进入,入口东面为东京图书馆(后烧毁改为都立日比谷图书馆)。林中密植大树,曲径通幽,营造出深山森林的意境,是具有德国风格的散步区域。沿着道路往东是云型池,池内立着一尊鹤形雕塑。

城墙遗址区位于公园东北部,由有乐门入口进入。该城墙是旧江户时代城墙的遗址,呈矩形分布,城墙内部为规则式矩形大花坛(见图7-96),花坛的四个角被弧形小径切成扇形。花坛以东为“心”字水池,池内设有喷泉。心字池东北面是由当时挖池留下的土堆成的小丘。

图7-96　矩形花坛草坪

草坪区位于公园的西北面,即城墙遗址区西面。草坪区由两条弯曲的主园路围合而成,草坪北部为高起的小丘,高低不平、错落有致,起到遮阴避阳的效果。

运动场区位于公园东南面,可由日谷比门进入。运动场仿照德国公园运动场的形式,呈长椭圆形,中间铺设草地,周围是跑道。运动场北面为音乐厅,西面为松本楼。运动场后来改为第二花坛。

(2)空间

日比谷公园中的空间类型丰富且对比强烈,从私密的林中小径到通透的林荫大道,从幽静开朗的水池到喧闹开阔的广场,让人从不同视角体验丰富的园林空间,带来移步换景的效果。

公园整体上被密林覆盖,开敞空间的面积虽然远不及密林面积,但承担公共活动的功能已经完全足够。园中开敞空间主要有三类,第一类是公共集散类,即园中两个规则式大草坪和大喷泉广场;第二类是公共文娱类,即网球场和大型户外音乐厅;第三类是静谧休闲类,即园中两个日式特色小园林——心字池和云型池。

公共集散类空间中位于公园北面的大草坪被称为第一花坛,长约71米,宽约54米,面积约0.4公顷,其周边整齐且高大的树林空间与空旷的草坪空间形成强烈的对比。花坛以整齐的草坪铺地,只在四角用低矮的花灌木配置成色彩鲜艳形态别致的小景观,并不遮挡视线。空旷的草坪中央树立几株枝干笔直的棕榈形成视觉焦点,棕榈树冠较小,视线可穿透枝干。第二花坛位于公园中部,长约113米,宽约81米,面积约0.93公顷,为原来的运动场地,后改为草坪花坛,但空间性质不变。与第一花坛相似,其周边也是密林,不同的是这里空间更加简洁,只在四周镶嵌几条线性花槽,中间为平整的草坪,草坪四周为宽约5米的休闲步道。步道一侧布置休闲座椅,人在座椅上背对密林,面向草坪,能更明显地感受草坪空间的开敞性。花坛北部的大喷泉广场是公园中公共性最强且开放性最大的场地。广场面积约0.4公顷,正中央为直径约30米、喷射高度可达10米的圆形大喷泉(见图7-97),它既是视觉的焦点,也是空间活力的原点。

图7-97　广场空间中心喷泉

公共文娱类空间中的网球场位于第一花坛西面,面积约0.4公顷。虽然与第一花坛相邻,但两者之间隔了约40米的林荫带,视线无法穿透。网球场区域中设置六个标准网球场,每两个之间以修剪整齐的绿篱隔开。整个网球场区域以围网隔离,四周密林和小道环绕,形成一片空旷的运动场地(见图7-98)。另一处文娱空间为户外大音乐堂,位于西幸门入口处,面积约为0.2公顷,成扇形阶梯状布置,观众置身于密林中的一处开敞坐席中观看表演,仿佛可听见音乐之声与鸟儿的歌声融为一体。

图7-98　开阔的网球场空间

静谧休闲类空间为两处水池。水池空间以水造景,既扩大视觉空间,又不失幽静(见图7-99)。水池形态自然,岸边布满层次丰富的植被,其中低矮的植物与岸线融为一体,高大的植物又形成密实的背景。与前两类开敞空间不同,水体作为被观赏对象,营造出静态的视觉停留空间。

图 7-99　云型池水景空间

水池周边以弯曲的林中小路作为引导，让人穿过层层树林，从树枝通透的叶缝间看见前方的水景，再慢慢减少植被遮挡，空间由密到疏，直到走近水岸后豁然开朗。人站在岸边或坐在岸边的廊架中，可见周边的小乔木枝叶延伸至水面，形成框景，视线穿过“树框”可见一幅幅动人的水景图。

除了园中几处较大的开敞空间外，其余空间都由疏密不同的植被相互掩映，填充在开敞空间之中作为隔离，一方面可作为过渡空间，对视线进行引导，另一方面可独立形成私密空间，提供安静的休闲场所。公园中大小空间的对比，动静空间的结合，虚实空间的渗透给人带来了丰富的视觉和身心体验。

(3)风格

公园规划时是以德国公园为范本，引入西方造园手法进行设计，但是局部小园林仍然沿用日本传统造园手法设计，且奠定全园基调的植物以乡土树种为主，因此整体风格上呈现西式与日式的融合。

图 7-100　规则式广场与草坪

西式风格主要体现在自然式密林区和规则式花坛区。自然式密林区是模仿德国园林的风格，德国园林由早期的几何式转向纯净的自然风景式，也受到英国自然风景园的影响，表现为曲折的道路、微微起伏的土丘、高大的乔木，这些在园中都有所体现。公园南部以树林为主，其中高大的乔木点缀与草坪之上，树枝向上伸展交错成一片，尽显自然本色。规则式花坛则以规整的矩形、弧形、长直线塑造空间形态，形成中轴对称的平面布局(见图 7-100)。植物或作为模纹装饰，或规则列植，都表现出强烈的秩序感。花坛两侧列植的榉树、道路中序列摆放的座椅、花坛四角模式化的花卉栽植、广场中心的圆形喷泉都表现出西方几何式造园风格。

图 7-101　日式小园林云型池

日式风格主要体现在两个特色小园林中。位于公园中部的云型池，其水池形态成云块状，池中有一铸造精美的铜仙鹤，由鹤嘴喷出泉水(见图 7-101)；处于东北部的心字池，形状如心形，池中点缀一神韵毕肖的石龟，石龟背上还有石蟾蜍，池边点缀洁白的水禽。两座池中的雕塑都是日本传统园林中常用来象征并引发思考的物象。水池边都围绕着浓荫大树，同时间植修剪整齐的灌木，整体上营造出简朴、清宁的境界。

(4)植物

日比谷公园植物多为乡土植物，主要有松类、青冈栎类、樱花、日本桧柏、榉树、黄杨、杜鹃、银杏等。

图 7-102　松本楼前的银杏

公园中有一株古银杏位于松本楼前，独立成景(见图 7-102)。1901 年(明治 34 年)，公园的设计者本多静六博士在日比谷一个路口附近发现了这棵树，并成功将它移植到了公园内。自此，这棵树也成了日比谷公园的一个标志，每到秋天，金黄的叶子布满枝头，引人注目，待深秋叶片落满大地，又是一番情趣。

花坛两侧道路上列植榉树，高大的榉树枝条向上伸展，在上空交错形成覆盖空间，营造出一条浓荫密布的大道，并且在四季形成不同的景象。

红枫也是公园中一大特色景观。水池边点缀的红枫每到秋天色彩绚丽，与周边的常绿的樟树、青冈栎、黄色的银杏等形成强烈的对比，耀眼的红色倒影在水中，增加了水景空间的层次与色彩明度。

公园植物的修剪尤其体现日式园林特色。水池边、草地上可见修剪为椭圆形的黄杨、杜鹃等灌木,也有修剪成团块状的松柏,如云池边的松柏,与小木亭、水中鹤雕塑构成一幅极具禅意的画面。

【延伸阅读】

[1] William A. Mann. Landscape Architecture: An Illustrated History in Timelines, Site Plans and Biography[M]. Wiley,1992.

[2] William H. Wilson. The City Beautiful Movement (Creating the North American Landscape)[M]. The Johns Hopkins University Press,1994.

[3] 梁梅. 新艺术运动[M]. 北京:中央编译出版社,2000.

[4] 高兵强. 工艺美术运动[M]. 上海:上海辞书出版社,2011.

[5] (美)F. L. 奥姆斯特德. 美国城市的文明化[M]. 南京:译林出版社,2013.

[6] 朱钧珍. 中国近代园林史[M]. 北京:中国建筑工业出版社,2012.

[7] 中山公园管理处. 中山公园志[M]. 北京:中国林业出版社,2002.

[8] 杨秉德. 中国近代中西建筑文化交融史[M]. 武汉:湖北教育出版社,2003.

[9] 周向频,陈喆华. 上海公园设计史略[M]. 上海:同济大学出版社,2009.

8　中外现代园林的形成与发展（1930s—1980s）

图 8-1　《现代景观中的园林》(Garden in Modern Landscape)封面

自 20 世纪 20 年代中期开始,以法国前卫园林为代表的现代园林开始逐渐走上历史舞台,促进了西方现代园林的风格形成。1938 年英国的唐纳德(Chritopher Tunnard)完成的《现代景观中的花园》(Garden in Modern Landscape)(见图 8-1)提出了有别于传统园林的功能、移情和美学的设计理念。20 世纪 30 年代就读于哈佛的年青设计师埃克博(Garrett Eckbo)、凯利(Dan Kiley)和罗斯(James Rose)三人在《笔触》(Pencil Points)和《建筑实录》(Architecture Record)等专业期刊上,发表了一系列开创性的论文,强调人的需要、自然环境条件及两者相结合的重要性,提出了功能主义的设计理论,带来了真正推动现代主义园林理论前进的一次革命。

二战后的西方社会经济处于萧条期。20 世纪 20—30 年代美国的大萧条,迫使家庭庭院的设计更加经济,促进了“加州花园”的形成。其中丘奇的优美设计、埃克博的民主景观和凯利的实用主义设计引起了人们对现代园林的兴趣,但这种应用在美国当时“还不能称作改革,而是一种进化(Peter Walker)”。

从 20 世纪 30 年代末至 50 年代末,景观建筑(Landscape Architecture)在规模、风格、认知、分析、过程和职业特点等多个方面,发生了根本性的转变。特别是通过城市更新、国家交通系统和城市、郊区居住环境建设诸多领域中的大量实践,“现代主义”园林理论得以丰富和完善。一方面,设计追求良好的服务或使用功能,另一方面,不再拘泥于明显的传统园林形式与风格,而更提倡设计平面布置与空间组织的自由,以及设计手法的丰富性。伴随战后西方经济的复苏与发展,逐渐形成了融功能、空间组织及形式创新为一体的现代园林体系。

在现代主义时期,虽然现代园林在各国表现不尽相同,但是它们具有较统一的“现代主义”思想:在工业社会背景下,对场所和内容所创造的整体环境的理性探求,反对模仿传统的模式,不拘泥于图案和式样,而是追求空间的塑造。“现代主义全盛期的中心阶段之后,一个多样性的时期到来了。……表明了对于抽象的冷静纯粹性的退避以及对于故事、象征和意义领域的回归。(Tom Turner)”在各种主义与思潮纷争的背景之下,现代园林呈现了前所未有的自由性和多元化特征。

8.1　欧洲地区

8.1.1　英国

随着欧洲工业城市的出现和现代民主社会的形成,欧洲传统园林的使用对象和使用方式发生了根本的变化,开始向现代园林转化。19世纪以来,贵族庭院的吸引力逐渐减弱,人们普遍关注作为公共空间的公园。在伦敦,巨大的皇家林苑被纳入公园中,并在泰晤士河以东和以南的地区,建造了如摄政公园、肯辛顿花园、海德公园等规模不等的公园。

英国是最早提出建设花园城市的国家,早在19世纪末,社会学家E·霍华德提出建设花园城市的设想,并于1903、1920年分别在距伦敦56千米、36千米处建设了莱奇沃斯(Letchwortce)和韦林(Welwyn)两个示范性花园城市,引起了政府的高度重视,并对现代城市规划理论产生了先驱性影响。

20世纪20、30年代,欧洲的园林设计师开始将抽象的现代艺术与历史上规则式或自然式的园林结合起来,建造了一些现代园林,但很少有人从理论上探讨在现代环境下设计园林的方法。唐纳德于1938年完成的《现代景观中的花园》一书,是这一领域的开山之作。英国现代园林设计实践则保留了历史延续性,另一位重要设计师杰里科在充分考虑英国社会特点的前提下,继承了欧洲文艺复兴以来的园林要素,并没有特意以工业革命带来的新物质、新技术来体现现代主义的特点,也给人耳目一新的感觉。

二次世界大战后,在恢复时期和城市发展时期,英国的城市建设全面开展了"花园城市"的建设运动。英国在1944年大伦敦规划中开始实施早在1938年议会通过的绿带法案(Green Belt Act),环绕伦敦设置8km宽的绿带。1946年英国通过新城方案(The New Town Act),开始建设新城以疏解大城市的膨胀。同年吉伯德(F. Gibberd)规划了哈罗(Harlow)新城,他在规划中充分利用原有地形和植被条件以构筑城市景观骨架。与此同时,在现代建筑思潮的影响下,园林设计师开始通过文章和作品推广现代主义设计理念,在园林中强调空间的围合与功能的应用。

英国现代园林设计有着自己独特的设计观念和形式追求,在英国独特的地理环境和气候条件下,现代园林设计抛弃了对称轴线、修剪植物、水渠、花坛、喷泉等所有被认为是直线的或不自然的东西,以自然曲折的湖岸、起伏开阔的草地、成片自然生长的树木为主要元素。英国人对植物的喜爱依旧,除了每户人家的或大或小的私家花园,各类公共和私人温室也从全世界各地搜集来许多珍奇植物并加以驯化,然后提供给广大园艺爱好者。一年一度的伦敦切尔西花展(Chelsea Flower Show)和汉普顿庭园花展(Hampton Court Flower Show)不仅展示最新的园艺技术和有创意的庭园,更是植物选购、交换的集市,吸引全世界的园艺爱好者参加。

造园师及园林思想

(1)唐纳德(Christopher Tunnard,1910—1979)

唐纳德(见图8-2)出生于加拿大,曾学习园艺和建筑结构。1937年他开始在《建筑评论》上发表一系列文章,后被整理成《现代景观中的花园》(Gardens in the Modern Landscape)一书。1939年,唐纳德接受哈佛大学设计研究生院院长格罗皮乌斯的邀请,去哈佛任教。战后的1945年,他去耶鲁大学城市规划系任教,从此,离开了风景园林学科而转向城市规划。

图8-2　唐纳德(Christopher Tunnard,1910—1979)

唐纳德的设计观点深受同时代的艺术和建筑思潮影响，他是最早运用现代主义建筑语言设计园林的设计师之一。唐纳德在《现代景观中的花园》一书中提出了现代园林设计的三个方面，即功能的、移情的和美学的。他认为，功能是现代主义园林需要首要考虑的方面。移情方面则来源于唐纳德对日本园林的理解，他通过分析日本园林，提出要从对称形式的束缚中解脱出来，提倡尝试日本园林中石组布置的均衡构图手段，以及从没有感情的事物中感受园林精神的设计手法。第三个方面是在园林设计中借鉴现代艺术中处理形态、色彩等的手段。他在1942年发表的"现代住宅的现代园林"一文中，提出园林设计师必须理解现代生活和建筑，需要打破园林中场地之间的严格划分，运用隔断和能透过视线的种植设计来创造流动的三维空间。在唐纳德设计的作品中，除了延续18世纪传统花园中的框景和透视线的运用外，抛弃了传统园林设计中过于感性的成分，其功能主义占据了主导地位。1935年，唐纳德为建筑师S. Chermayeff设计了名为"本特利树林"（Bentley Wood）的住宅花园，是其现代主义思想的集中体现。

（2）杰里科（Geoffery Jellicoe，1900—1996）

图8-3 杰里科（Geoffery Jellicoe，1900—1996）

□ 1923年，杰里科为了完成毕业论文，和同学舍菲德（J. C. Shepherd）来到意大利，对一些著名的意大利园林进行了测绘和研究。当时正缺乏这方面可信的资料。所以，当1925年他们的成果《意大利文艺复兴园林》出版时，立即成为这一领域的权威著作，这一经历也深刻地影响了他的职业生涯。

作为现代主义园林领域的一代先驱，杰弗里·杰里科（见图8-3）被认为是英国现代园林发展史上最具影响力的人物之一，是英国风景园林协会（Landscape Institute）的生命和灵魂（迈克·唐宁）。杰里科（G. Jellicoe）出生于伦敦，毕业于建筑联盟学院（Architectural Association School of Architecture），1925年出版了《意大利文艺复兴园林》一书。1931年杰里科成立园林设计咨询公司，正式开始设计生涯。杰里科是英国风景园林协会的创始人之一，1948年，他任国际风景园林师联合会（IFLA）的首任主席。

杰里科既受到欧洲古典园林的熏陶，又接受了很多现代主义的思想，潜意识和哲学思想在他的设计中扮演着十分重要的角色。从1925年《意大利文艺复兴花园》的出版到1992年完成美国亚特兰大历史花园（Allanta History Gardens），杰里科的设计生涯几乎跨越70年的时间，完成了一百多个项目。基于对意大利文艺复兴园林的深入研究，他的作品带有浓厚的古典色彩。其作品的核心是场所精神，通过探索出每块场地的场所精神，并将其清晰地定义下来，以此协调设计与其环境背景之间的关系。他从古典园林中获得了对视景线的控制方法，此外还继承了欧洲文艺复兴以来的园林要素处理手法，如绿篱、花坛、草地、水池、远景等，不追求以工业革命带来的新物质、新技术来体现现代主义的特点。杰里科尤其擅长运用水景、长步道等设计要素，水是其作品的精华，同时植物占有重要的地位。1975年，杰里科出版了《人类的景观》（The Landscape of Man），此书也成为现代风景园林的经典著作。

8.1.2 法国

20世纪初期的法国现代园林深受20世纪初欧洲新艺术运动及其引发的现代主义浪潮的影响。20世纪中叶，园林设计在欧洲经历了长期的停滞与衰落阶段。第二次世界大战结束后，欧洲城市急需重建，由此带来大量的建设项目。然而迫于就业与住房的压力，人们还无暇关注园林设计。在城市设计中并不重视围绕实体的外部城市空间，此时园林设计师从事的工作仅仅是建筑周围简单的植物配置。而诸如高速公路、桥梁和渠道、高压线、水坝和铁路等大型基础设施建设,则完全是工程师和技术人员垄断的领域。

随着经济的快速发展,目睹了快速城市化所造成的环境破坏后,“回归自然”的呼声日益高涨。1968 年 5 月的法国“五月风暴”以后,知识分子们向往新的生活方式,对自然和田园生活充满兴趣,使得城市建设者们对城市空间,包括空间中的设施和标志物的设计日益关注。与此同时,许多现实社会的叛逆者对现行建筑设计方式持怀疑态度,指责那些只注重盈利和消费、充满商业气息的设计行为。一批赋有社会责任感的建筑师,构成主要的设计先锋,将园林景观重新纳入了他们的设计范畴。另一批青年设计师离开建筑系,转而投身于凡尔赛园艺学院学习园林景观。在他们的推动之下,1973 年从园艺学院分离出景观学院。

□ 20 世纪 70 年代,在巴黎著名的城规与建筑工作室(AUA, Atelier d'Urbanisme et d' Architecture)中,汇聚了一批富有社会责任感的建筑师,他们也是使风景园林获得新生最重要的先驱者之一。这些建筑师包括卢瓦佐(Loiseau)、特里贝尔(Tribel)、德罗士(Deroahe)、P · 谢梅道夫(P Chemetov)、西里阿尼 (Ciriani)以及于多布罗(Huidobro)等,与其合作的风景园林师有高哈汝、西蒙(Jacques Simon)、维克斯拉尔(Gilles Vexlard)、A · 谢梅道夫(A Chemetoff)、格鲁尼格(Crunig),特里贝尔(Tribel)以及后来的克莱芒(Clement)等。

法国 20 世纪 60、70 年代的园林作品中留下了许多现代主义建筑运动的痕迹,设计师更多考虑的是经济、实用,便于维护管理,并且要求园林有很强的适应性。因此,功能化的构图和交通组织,以及多以混凝土构成的休憩空间,使得园林显得有些机械和僵化,而这些也构成这一时期法国现代园林的基本特征。

进入 20 世纪 80 年代以后,结合城市的改建,巴黎兴起了一股现代城市公园的建设热潮。这些通过方案竞赛产生的作品中,反映出法国设计师积极探索与 20 世纪的城市相适应的园林形式。其中拉 · 维莱特公园(Parc de La Villette)因其独特的形象和设计理论而格外引人注目。随着园林设计师的各类任务日益增多,风景园林已成为社会不可或缺的行业。风景园林师的实践领域不断拓展,城市景观中除了历史园林的修复、私家园林的设计外,还有广场与游园、街道与林荫道、交通环岛等设计任务;在区域规划层面上,包括高速公路、铁路和高压电缆的规划布局等都纳入园林景观设计的范畴;而在国土规划层面,则解决更加严重复杂的问题,尤其以城市边缘的工业弃地再利用最为迫切。由于政府和大型公共机构的认可与支持,在建设大量公共建设项目的同时,园林景观也日益受到大众与媒体的广泛关注,产生了许多引人深思、充满个性的作品。

造园师及园林思想

(1)雅克 · 西蒙(Jacques Simon)

雅克 · 西蒙早年就读于加拿大蒙特利尔美术学院,对北美文化情有独钟,后来进入法国凡尔赛国立高等园艺学院学习。1968 年创建《绿色空间》(Espaces Verts)杂志,曾经在法国国立高等风景园林学院、多伦多、洛杉矶的波莫纳(Pomona)和哈佛等大学任教,1990 年获法国首届风景园林大奖,主要设计作品为汉斯市圣约翰佩尔斯公园(Parc Saint-John-Perse, Reims),从 20 世纪 80 年代后期起致力于瞬息景观艺术作品的创作。

雅克 · 西蒙的设计理念体现在其作品中富有弹性的边界处理、不同人群之间的交流、在结构世界中寻求横向联系等(见图 8-4)。他指出:“作为风景园林师,应当具有一种面对大自然的第七感觉,并且掌握全面的生态学知识,他必须寻求与大自然的浑然一体。拒绝装饰、注重简朴和经济性原则应成为风景园林设计的指导思想。”在雅克 · 西蒙看来,园林设计是一个与当地情感同化的过程,灵感应来自对场址状况的反映。

图 8-4 维勒施迪夫(Villechétif)和维勒华(Villeroy)高速公路周边景观

园林效果首先表现在场址中起伏的地形上,然后才是覆盖地面的植物塑造的空间效果。西蒙的设计手法是采用大量的具有立体感的片林,由疏密有致的林木塑造视觉上的动线感并形成园林画面的背景,加强了空间的透视效果。

(2)米歇尔·高哈汝(Michel Corajoud)

米歇尔·高哈汝(Michel Corajoud)1937 年出生,毕业于巴黎工艺美术学院,曾任凡尔赛国立高等风景园林学院教授,是位对法国当代风景园林有重大影响的设计大师,曾获以"城市规划与建筑工作室"命名的建筑研究大奖、1985 年与夫人克莱尔·高哈汝共获法国建筑科学院颁发的"附属建筑"银奖、1992 年获法国风景园林大奖。

对场地感觉灵敏,始终保持超越眼前景物的意愿以及面向地平线开敞的空间处理手法,是米歇尔·高哈汝设计中最显著的特征。面积达 200ha 的大型郊野公园苏塞公园,是米歇尔·高哈汝的重要作品之一,充分体现了他的设计理念。他在设计中充分考虑到时间因素,强调设计作品的延续性和园林的发展变化;将环境中的各种景观要素综合在设计之中,包括高速公路、高压电缆、铁路、市政设施和建筑景观等;设计范围一直延伸到远处的地平线上,尽可能创造出广袤的空间效果。他强调:"没有地平线就没有空间。在形成一处景观的地平线之后,还会有另外的地平线有待我们去发现。地平线是天与地连接之处,它本身就是一种需要我们去超越并摆脱自我封闭环境的景观"。

(3)吉尔·克莱芒(Gilles Clement)

图 8-5 《动态花园》封面

吉尔·克莱芒 1943 年出生于法国克勒滋省阿让东市(Argenton-sur Creuse),早年学习园艺,1967 年毕业于法国凡尔赛国立高等园艺学院,后进入凡尔赛国立高等风景园林学院学习,并于 1969 年获法国国家风景园林师文凭。1968 年发生的法国文化风暴,唤起了他强烈的社会责任感和对传统习惯势力的挑战。1976 年,克莱芒在巴黎以爵床科老鼠簕属(Acanthus)为名创建园林设计事务所(Atelier d' Acanthe)。1990 年,吉尔·克莱芒(Gilles Clément)出版了专著《动态花园》(Le Jardin en movement)(见图 8-5),为其设计风格以及在凡尔赛风景园林学院的教学内容确定了基调。吉尔·克莱芒代表作品为 20 世纪 90 年代初建成的巴黎安德烈·雪铁龙公园(Le Parc André-Citroen,Paris)。

出身于农学和园艺学的吉尔·克莱芒堪称是一位造诣很深的植物学家。他一反法国传统园林将植物仅仅看做是绿色实体或自然材料的建筑式设计理念,而是将自然作为园林的主体来看待,研究新型园林的形态。其设计手法和动态花园的设计理念,完整地体现在安德烈·雪铁龙公园之中。雪铁龙公园中有一个主题花园,就叫"动态花园",它由野生草本植物精心配置而成。吉尔·克莱芒没有刻意地去养护管理那些野生植物,而是控制野生植物的生长变化方向,使其优势得以发挥,从而营造出优美独特的园林景观。动态起伏是克莱芒设计作品的风格,也是他着重强调的设计方法,自然或人工植物是他创作的主要素材,而丰富的知识和生活阅历是其作品宝贵的源泉。

8.1.3 德国

在现代主义运动探索、形成与发展时期,德国扮演着非常重要的角色。青年风格派、表现主义、桥社、蓝骑士、德意志制造联盟、包豪斯等思潮都产生于德国,在20世纪最初的几十年间,德国一直是充满生机的各种艺术的实验中心,也是西方设计哲学的中心之一。然而第二次世界大战期间,德国城市遭受极大的破坏,园林设计领域也遭受致命的创伤,大量设计师移民海外。

二战结束后,联邦德国就通过举办"联邦园展"(Bundesgartenschau)的方式,恢复、重建德国的城市与园林。1951年在汉诺威成功举办了第一届联邦园林展。以后联邦园林展每两年举办一次,各州也定期举办园林展(Landesgartenschau)。园林展不仅是历时约半年的观赏项目,而且促进了城市更新和第三产业的发展。通过园林展,在联邦德国建造了大批城市公园,为城市的环境建设起到了重要作用,其功能角色也经历了从单纯的观赏到休憩、消遣、娱乐直至生态环境保护等的转变。

□ 随着法国大革命的胜利及中产阶级的崛起,许多历史园林开始向公众开放。园林展也应运而生了。1809年比利时举办了欧洲第一次大型园艺展,从此形成了园林展览的初步观念,1907年,德国曼海姆市为纪念建城300周年,举办了大型国际艺术与园林展览,成为德国园林展的里程碑。

民主德国、联邦德国统一后,现代园林中的生态设计思想更加普及,不仅体现在园林展中,还在城市绿地系统规划、流域整治、旧城改造等多方面有所运用。随着后工业时代的到来,德国与其他发达国家一样,经济结构发生了巨大的变化,一些传统的制造业开始衰落,留下了大片衰败的工业废弃地。1980年代后,德国设计师通过工业废弃地的保护、改造和再利用,以新的审美观和生态技术重新诠释历史,完成了一批对欧洲乃至世界上都产生重大影响的工程项目,德国鲁尔区的整治工程是其中的典型代表。鲁尔工业区自19世纪中叶开始成为了德国的能源,钢铁,重型机械制造基地,到了20世纪50年代,随着石油、天然气的大规模开采与运用,塑料技术的广泛开发与利用,出现了煤和钢铁工业的危机,加上老工业区环境恶化,人口外流,经济出现了衰落的局面。为了解决这一地区由于产业的衰落带来的就业、居住等诸多方面的难题,工业景观整治改造成了重要的手段。完成于20世纪90年代的环境与生态的整治工程——国际建筑展埃姆舍公园(IBA Emscher park),在尽可能地保留原有的工业设施的前提下,将旧有的工业区改建成公众休闲、娱乐的场所,赋予老工业基地以新的生机,这一意义深远的实践为世界上其他旧工业区的改造树立了典范。

从20世纪初的包豪斯学派到后来的现代主义运动,德国的现代园林设计始终充满了理性主义的色彩。德国设计师大多重视理性、秩序与实效,追求良好的使用功能、经济性和生态效益,按各种需求功能以理性分析的逻辑秩序进行设计,在二次大战后的城市重建到20世纪末的新柏林建设实践中,均反映出设计师清晰的观念和思考。设计中多以简洁的几何线、形状、体块的对比,按照既定的原则推导演绎,表现出严格的逻辑关系。当代德国园林设计还在建造技术和材料的运用上不拘一格,以玻璃、钢、木材、石头等多样化的材料创造出自然亲切、简洁纯净的作品,增强了园林的感染力。

造园师及园林思想

(1)马汀松(Gunnar Martinsson,1924—)

马汀松是把北欧现代园林设计思想和理论引入德国的最重要的人物之一,是德国20世纪70、80年代影响最大的园林设计师。他于1924年出生于瑞典的斯德哥尔摩,早期在那里学习园艺,后来有机会在德国斯图加特的瓦伦丁(Otto Valentien,1879—1987)事务所实习。然后又在斯德哥尔摩市的海么林(S. Hermlin)事务所工作,1958—1960年在斯德哥尔摩艺术学院学习建筑,1957 年建立了自己的事务所,并很快取得了一些影响。1965 年马汀松来到德国卡斯鲁厄大学建筑系新成立的景观与园林研究室工作,直到 1991 年以后他才返回瑞典。

图 8-6　马汀松在汉堡国际园艺博览会上的瑞典园林设计透视图

马汀松关注室内外空间统一带给人们活动的便利和愉悦,主张在室外的空间中,"尽最大努力功能地、客观地思考设计,尽最大努力使花园成为生活环境的一部分……"马汀松认为北欧的园林设计师布兰德特和索伦森是对自己影响最大的两位前辈,从他们那里他学到了简单、清晰的结构、丰富的空间,特别是修剪的绿篱划分空间的手法。他同时采用绿篱与自然生长的植物形成强烈的对比,并将建筑的直线以植物的自然生长进行软化。他还用极具个性的透视图来构思、表达设计。1963 年他在汉堡举办的国际园艺博览会上设计了瑞典园林(见图 8-6),对德国现代园林产生了广泛的影响。这是一个庭院花园,住宅有大片玻璃窗,两个庭院视线上可以相互贯通。花园中布置着一系列由绿篱修剪成的高低、大小不同的立方体,形成形状不一、大小不同、功能各异的连续空间,从住宅室内看花园,绿篱层层叠叠,形成了非常丰富的视景。

(2)彼得・拉茨(Peter Latz,1939—)

图 8-7　彼得. 拉茨(Peter Latz 1939—)

彼得・拉茨(Peter Latz)(见图 8-7)是德国当代著名的园林设计师,他用生态主义的思想和特有的艺术语言进行园林设计,在园林设计领域产生了广泛的影响。拉茨 1939 年出生于德国达姆斯塔特,在作为建筑师的父亲影响下,他对建筑产生了浓厚的兴趣。1964 年拉茨毕业于慕尼黑工大景观设计专业,然后在亚琛工大继续学习城市规划和景观设计,1968 年毕业后建立了自己的设计事务所,并在卡塞尔大学任教。

拉茨反对用以前那种田园牧歌式的园林形式来描绘自然的设计思想,他将注意力转到了日常生活中自然的价值,认为自然是要改善日常生活,而不只是改变一块土地的贫瘠与荒凉。他认为园林设计师不应过多地干涉所有地段,而是要着重处理一些重要地段,让其他地区自由发展。园林设计师处理的是园林变化和保护的问题,要尽可能地利用在特定环境中的自然要素或已存在的要素,不断体察风景园林与文化的多方面,总结其思想源泉,从中寻求园林设计的最佳解决途径。同时,他认为技术、艺术、建筑、园林是紧密相联的,在设计中始终尝试运用各种艺术语言。如在杜伊斯堡风景公园中由铁板铺成的"金属广场"(见图 8-8)受到极简主义艺术家安德拉的影响。此外,他非常欣赏密斯建筑中"少"与"多"的关系,也将简单的结构体系应用到园林设计中。如萨尔布吕肯市港口公园(Burgpark Hafeninsel)中,他用格网建立了简单的园林结构。

图 8-8　杜伊斯堡风景公园中的"金属广场"

(3)卡尔. 鲍尔(Karl Bauer,1940—)

卡尔・鲍尔(Karl Bauer)1940 年出生于德国巴登 - 符腾堡州的普福尔茨海姆 Pforzheim,1969 年毕业于卡尔斯鲁厄大学建筑系,然后在学校园林设计研究室马汀松教授手下做助教,开始学习园林设计。多重的教育背景使鲍尔不仅具有良好的建筑学基础,同时也有良好的园林设计修养。

作为建筑师和园林设计师,鲍尔不仅能做大尺度的规划,也完成了许多小尺度的设计,具备了建筑设计、城市设计到园林设计的多方面能力。鲍尔欣赏瑞士提契诺的建筑师斯诺奇(L. Snozzi)的一句话"每一个变化都意味着破坏,请理智地破坏"。鲍尔的设计不追求时髦的材料与手法,他认为应该尽量少地人工建造,如果必须如此,也要在生态上谨慎考虑,对基地最小干预的思想始终贯穿在他的设计中。1995 年,鲍尔接受德国巴登 - 符腾堡州重要的工业与商贸城市海尔布隆(Heilbronn)委托,在原来的砖瓦厂废弃地上,建成了一座砖瓦厂公园(Ziegelei park),这个项目对于如何处理工业废弃地有重大影响。鲍尔也因此于 1995 年获得了德国景观规划设计奖。

8.1.4　西班牙

从 19 世纪末 20 世纪初开始,西班牙巴塞罗那的城市园林建设开始活跃起来,其中以巴塞罗那扩张计划和高迪所设计的古尔公园为典型代表。值得一提的是,这一时期的西班牙艺术家对现代园林设计的发展作出了重要贡献,尤其是米罗(Joan Miro,1893—1983)、毕加索(Pablo Picasso,1881—1973)的绘画理念和表达手法,对现代园林空间设计产生了极其广泛的影响。

□ 20 世纪早期西班牙艺术家对现代园林设计影响深远。其中,米罗以其有机超现实主义的艺术风格,启发了众多设计师,他的绘画所包含的生物形态后来被有效地移植到现代园林设计中,例如卵形、肾形、飞标形、阿米巴曲线等,极大地开拓了设计的新语汇。而以毕加索为代表的立体派,则直接影响着当代的艺术与设计,包括纺织品设计、广告艺术、装饰雕塑和建筑设计等。立体派画作中出现的多变几何形体,以及空间中多个视点所见的叠加的手法,这些在二维空间中表达三维或者四维空间效果的手法构成了立体派的基本特征。立体派的持续影响波及了现代园林设计,尤其以西班牙本土的园林设计风格最为显著。

到两次世界大战间,正当现代主义在欧洲和美洲大陆迅速发展时,西班牙陷入了法西斯的统治。1939 年佛朗哥上台,更是使西班牙孤立于世界现代设计的范围之外。在漫长的佛朗哥时期,其政治上的专制造成了设计上的保守与僵化,导致西班牙设计落后于同时期的其他西方主要国家。直到 1970 年代摆脱了弗朗哥独裁政权统治后,西班牙成为了一个君王立宪的民主国家,此后经济的恢复与产业结构的调整,以及艺术传统的复兴与思想观念的转变,促进了西班牙园林设计的快速恢复与发展。

1970 年代后,解决以巴塞罗那为代表的城市衰败问题成为新政府的主要任务。由于 1920 年代至 1950 年代的巴塞罗那曾全力发展工业,城市污染严重,除了在郊区建设大量的劳工住房外,城市基础设施建设几乎全部停止。20 世纪 70 年代后巴塞罗那传统工业开始严重衰退,中心地区环境质量下降。在此背景下,为了把城市发展成适宜居民生活的城市,市政府开始大力推行改善以园林建设为主的城市公共空间改造措施。完成了大量的公园、广场、道路项目。此外郊外废弃地的作用也渐渐被关注。东部的巴塞罗那及附近地区和中部首都马德里成为了主要建设的集中地。大多数具有典型意义的作品都集中在这两个地区。

1992 年的巴塞罗那奥运会是西班牙园林设计发展的一个巨大契机,巴塞罗那城市建设开始向大型公共空间的改造与建设转变,更新的主要对象拓展到城市边缘的衰败区和滨海区,意在以大型国际盛会推动城市边缘地区的迅速发展。20 世纪 90 年代后的西班牙园林设计整体呈现出蓬勃发展的形势,建设量大、风格多样、项目性质也有很大差别。以建筑师为主体的设计师倡导具有地方现代主义特征的构成主义风格,他们强调将建筑与环境融为一体和园林作品的空间性、形式感,很少采用价格昂贵的材料,而追求在创意上一鸣惊人。其设计趋势表现为极简主义的设计倾向,讲求个性与表现主义的风格,“公共艺术”化和强调文脉与地域性的设计倾向,创造了一大批有影响的作品。由于受艺术领域影响极大,西班牙现代园林设计非常强调硬质景观的表现,节点设计精细且艺术水平较高;偏好金属、混凝土等材料,但普遍对植被绿化关注较少,缺乏园艺气氛,有时因为过于强调视觉效果而忽视了整体生态环境质量的提高。

造园师及园林思想

(1)恩里克·米拉莱斯(Enric Miralles,1955—2000)

恩里克·米拉莱斯(Enric Miralles)是继高迪之后的又一位西班牙天才建筑师,生于巴塞罗那,2000 年因脑部肿瘤不幸英年早逝。其本科与硕士就读于巴塞罗那建筑学院(ESTAB),1983 年在美国哥伦比亚大学获得博士学位;22 岁时成为 ESTAB 的助理教师,1985 年正式成为学院的教授,并在 1996 年担任院长。

图 8-9 巴塞罗那的色彩公园(Parc dels Colors)

米拉莱斯的园林设计作品通常具有极强的视觉冲击力,硬质景观在整体中占主要地位,植被部分不作表现性处理。设计手法上,常常对钢构件进行雕塑造型化处理与大量地夸张地运用,偏爱金属、混凝土等非常规的材料,整体呈现极大胆的造型或强烈对比的色彩关系。色彩公园(Parc dels Colors)(见图 8-9)是其巴塞罗那的代表性园林设计项目之一。公园最有特色之处在于设计师所设置的一系列由支柱架起的形式不同的高架墙体,涂鸦式造型反映了设计师的艺术家倾向。形式新颖的高架桥不仅形成了丰富的空间效果,同时很大程度上排除了周边城市公路对园内造成的听觉和视觉干扰,因其具有墙体的属性,可以分割空间、引导路径,还可为行人遮阴、上方限定空间和使空间穿透。结合线形疏密有致的台阶布置错落的灌木池和乔木,形成一处气氛活跃、变化多端的户外场所。风格类似的还有达尔哥诺马公园(Parc Diagonal Mar),多重穿插、跳跃、扭曲的巨大金属管网充满整个场地,使空间产生多维度的变化,剧烈的动态生成了极强的视觉冲击。

(2)拜特·菲格罗斯(Bet Figureas I Ponsa,1957—)

拜特·菲格罗斯 1957 年出生于西班牙巴塞罗那,她于 1977—1978 年在伯克利加利福尼亚大学的风景园林系学习,1980 年获得华盛顿乔治敦大学艺术与科学学院的学士学位,于 1982 年在爱丁堡大学的风景园林系学习。1983 年,她在巴塞罗那成立了自己的工作室——帕桑缇兹景观建筑事务所(Arquitectura des paisatage),并于同年开始在巴塞罗那农业技术大学教授风景园林课程。

她的作品大多是一些伴有独到的种植设计理念并且具有研究性质的私人或公共的花园和公园。纵观其作品,可以将之分为花园及公共空间、合作性花园、园林整治和私家花园 4 种类型。其中最为著名的有:巴塞罗那植物园(Jardín Botánico de Barcelona)、萨日阿露台花园(the Terrassa a Sarria roof terrace)、奥林匹克中心庭园(the Jardi interiors de Tres Illes a la Vila Olimpica,与建筑师卡洛·法若塔合作)等。拜特·菲格罗斯主张风景园林师应当深入场地探查并与设计基址地保持密切的接触,致力于营造场地与材料之间崭新而明确的关系。在她的作品中,植物、材料和色彩在花园的设计构图中融为一体,共同愉悦着人们的感观。

8.1.5 北欧

北欧国家均地处高纬度地区,包括瑞典、芬兰、挪威、丹麦、冰岛五个国家。1920 年代末,德国包豪斯的功能主义传入北欧,首先影响了北欧国家的建筑设计和工业设计。

1930 年斯德哥尔摩展(Stockholm Exhibition)成为北欧现代主义设计

的转折点,这一时期的现代主义建筑取得了显著成就,如瑞典建筑师阿斯普朗德(Gunnar Asplund)和芬兰建筑师阿尔托(Alvar Aalto)的作品。功能主义在园林领域的影响与主要表现是瑞典斯德哥尔摩学派的“城市公园运动”。它一方面是对欧洲大陆和美洲大陆城市公园建设经验的借鉴和发展,另一方面体现了现代主义的社会性本质与北欧民主传统的结合。其中心思想是通过城市公园去影响市民的生活,为市民提供必要的新鲜空气和阳光。在城市广场和建筑庭院等小尺度园林中,丹麦园林设计师以简洁、清晰的手法创造了自己的风格,追求社会品质与美学品质的融合,成为二战后欧洲园林设计最有影响的团体之一,丹麦的布兰德特(Gudmund Nyeland Brandt)和索伦森(Carl Theodor Sorensen)是其中的代表人物。

□ 斯德哥尔摩学派是景观规划设计师、城市规划师、植物学家、文化地理学家和自然保护者的一个思想综合体。其目的是用景观设计来打破大量冰冷的城市构筑物,形成一个城市结构中的网络系统,为市民提供必要的空气和阳光,为每一个社区提供独特的识别特征,为不同年龄的市民提供消遣空间、聚会场所、社会活动,是在现有的环境基础上重新创造的自然与文化的综合体。

1950年代是北欧设计的一个标志性时期,建筑和园林设计都形成了自成一派的风格。在建筑领域,北欧建筑师通过建筑与环境的对话,以地方材料的运用,形成了具有人情味的现代主义风格。建筑师还主动介入园林的塑造,在设计中追求建筑与自然环境的融合。此种观念也深刻影响到了园林领域,在这一时期,对园林功能与形式的探讨以及二者的结合成为北欧园林设计关注的焦点。花园被看做是建筑的室外房间,功能化的花园设计与城市公园建设也形成了独特的设计语言,其中丹麦是以绿篱为要素的简单几何形的空间组合,瑞典则是以“自然”为导向的花园和公园设计。随着丹麦的索伦森、埃斯塔特(Troel Erstad,1911—1949)和雅各布森(Arne Jacbosen,1902—1971)及瑞典的海梅林(Hermelin,1900—1984)和格莱姆(Erik Glemme)等设计师的作品的成功,园林设计的地位更加突出。

1960年代,城市扩张和基础设施建设的需求,大大拓展了园林设计的范围,园林设计师开始介入工业设施、水电站、采石场、高速公路和桥梁等基础设施的规划和建设项目中。1970年代的能源危机带来了城市生态运动,这一时期的北欧设计处于发展的低潮,但设计师仍为北欧风格的发展而努力。1980年代后期到1990年代,由于经济结构的调整和转型,北欧国家许多城市的中心开始更新改造,重新带动了园林设计的创新发展,在城市公共空间、交通道路方面的设计也在大规模展开。

1990年代后,艺术和设计领域中极简主义的兴起又将北欧设计推向新的历史舞台。园林设计师开始与艺术家合作,将艺术化的装置和艺术品看成是园林的一部分,进一步把北欧园林设计中功能与艺术相统一的传统推向新的高潮。

造园师及园林思想

(1)*布劳姆*(Holger Blom,1906—1996)

布劳姆曾在斯德哥尔摩理工大学(Techinical University of Stockholm)和丹麦皇家美术学院的建筑学院学习。他作为建筑师在斯德哥尔摩城市规划事务所曾和勒·柯布西耶(Le Corbusier)工作了六年,他非常推崇柯布的思想,希望带给斯德哥尔摩一个全新的、绿色的和成体系的公园系统(见图8-10)。

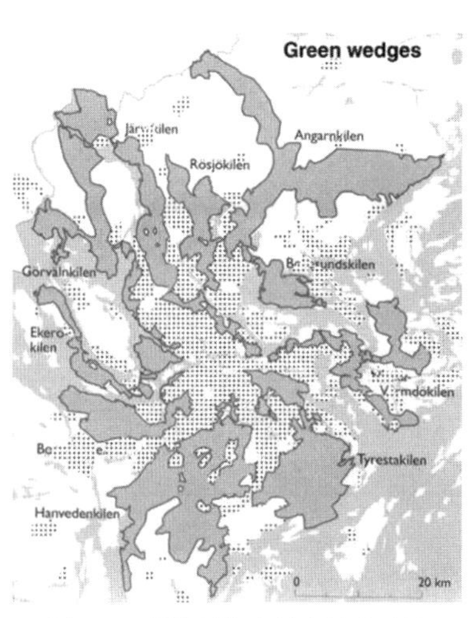

图8-10　斯德哥尔摩城市绿地系统

布劳姆充分理解功能主义对公园的意义,他在担任斯德哥尔摩公园局的负责人期间,促使了“斯德哥尔摩学派”和人文功能主义的形成。他改进了前任阿奎斯特的公园计划,试图强化城市公园对斯德哥尔摩市民生活的影响，并让市民和政治家都能了解这项计划的意义。其公园计划包括四方面：①公园缓解城市压力（城市规划方面）；②公园为户外娱乐消遣提供场所（卫生和健康方面）；③公园为公众聚会提供空间（社交方面）；④公园保护自然和文化（生态方面）。在这些理念下，斯德哥尔摩公园局设计了很多这种风格的公园，后来被称之为园林设计的“斯德哥尔摩学派”。“斯德哥尔摩学派”的公园是为城市提供良好的环境，为市民提供消遣娱乐的场所，为地区保存了有价值的自然景观特征，其意识形态基础源于政治的和社会的环境，将社会性置于第一位。学派的顶峰时期作品是1936—1958年，诺·玛拉斯壮德（Norr Mälarstrand）的湖岸步行区和 Fredhäll 的公园（阿姆奎斯特设计，1937）。

（2）布兰德特（Gudmund Nyeland Brandt，1878—1945）

20世纪前几十年，丹麦设计师们致力于探索将花园设计提升到艺术层面的可能性。布兰德特借鉴了当时英国的设计经验，特别是英国建筑师路特恩斯的明确空间表达，以及植物学家鲁滨逊（William Robinson，1838—1935）和园林师杰基尔（Gertrude Jekyll）对植物特殊价值的强调，将自然风格与建筑化设计要素结合在一起。

布兰德特倡导用生态原则进行设计，他认为自己更是一位园艺家，而不是设计师。他的设计常用规则式和自然式混合的形式，用精细的植物种植软化几何式的建筑和场地，初步形成了具有丹麦特色的园林设计。布兰德特精通植物，善用野生植物和花卉，他的柔和的园林形式体现了丹麦人对自然园林的热爱。如作品中大量出现种植野花的条形草地，利用不规则树篱围成的草坪步道，以及在石块缝隙中生长出植物的堤岸等。布兰德特主张用绿篱塑造空间，同时，强调植物的标准化和结构化，以及修剪植物与未修剪植物的对比，这后来成为北欧许多风景园林设计师常用的植物应用手法。

图8-11　索伦森（Carl Theodor Sorensen 1893—1979）

（3）索伦森（Carl Theodor Sorensen，1893—1979）

索伦森（见图8-11）1893年出生在德国的阿尔托纳（Altona），15岁开始在丹麦日德兰半岛（Jutland）做学徒。1922年独立开业前，索伦森曾在丹麦园林设计师约根森事务所工作，1925年起又在布兰德特事务所工作了四年。1940年代替布兰德特在哥本哈根皇家艺术学院（Royal Academy of Fine Arts in Copenhagen）建筑学院的职位，1954年成为建筑学院园林设计系教授。

索伦森的职业生涯跨越现代主义的兴起和发展时期。他喜欢用几何原型诸如螺旋、圆和正方形等，善于用一些简单几何体的连续图案，在单一形体之间创造丰富多彩的空间。索伦森的设计作品有强烈的丹麦地域特征，通过对花园历史的研究，索伦森把传统花园的要素转化为富有历史意义的元素，在一种新的现代关系中灵活运用。索伦森相信几何形有自身的美学效果，他在卡普曼花园（Kampmann Garden）中探索了巴洛克花园中几何形进一步与园林融合的空间结构，以及文艺复兴花园中纯净几何形的运用。海宁博物馆花园（Gardens in Herning Art Museum）（见图8-12）是索伦森对形式的研究在大尺度上的运用，他用简单几何形创造了一组相当有震撼力的大地景观，包括雕塑园、圆形工厂和几何形花园（也称音乐花园）。1966年他出版的《39个花园的规划》书中对一个标准的市郊地块依不同的主人而提出了39个不同的设计方案。

图8-12　海宁博物馆花园（Gardens in Herning Art Museum）鸟瞰

(4)安德松(Sven Ingvar Andersson,1927—2007)

安德松1927年出生于瑞典南部的Södre Sandby,1954年毕业于Alnarp的瑞典农业大学园林设计专业,后来在Lund大学学习了艺术史和植物学。1955—1956年在海么林事务所工作,1957—1959年在瑞典的海尔辛堡(Helsingborg)开设了自己的事务所,1959—1963年成为哥本哈根皇家艺术学院园林设计系主任索伦森的助教,1963—1994年担任该系系主任,1963年又在哥本哈根建立园林设计事务所。

□ 20世纪60年代建造的位于瑞典的Marna's have花园是安德松的私家花园,作为多年的设计实验场地。他创造了一种"篱墙"式景观,绿篱墙高度局部达到4米,形成一个有感召力的结构,并由此利用绿篱形成不同功能的区域。

安德松认为园林设计是视觉艺术的一个组成部分,他的作品通常利用多样化的植物品种、建筑材料、精心塑造的地形和对绿篱的熟练运用,创造出纯净而又丰富的空间。在设计中安德松常使用卵形,认为其不仅具有形式上的特殊张力,而且从功能的角度上分析,有利于便捷的活动,同时是适合种植物的理想形状。安德松设计了大量的花园、公园、广场和公共空间,作品主要在丹麦和瑞典。代表作品有1984年的巴黎德方斯凯旋门环境设计以及1993年建成的辛堡市港口广场和1995年建成的哥本哈根的Sankt Hans Torv广场等。在丹麦,安德松获得了"将诗引入花园"的美誉(见图8-13)。

图8-13 安德松在花园中

8.1.6 其他

(1)荷兰

荷兰设计师个性鲜明的风格源于荷兰人与自然的关系,大自然展现出来的纯粹形态、明亮原色使他们喜欢简洁风格,用少量元素、平凡材料创造出美丽景观。他们将风景园林作为一个动态变化的系统和过程,让时间使设计丰富完善。荷兰1980年代后最引人注目的设计公司为West 8。West 8成立于1987年,他们因为荷兰低地常年刮的西8°风而将公司命名为西8,主张根据荷兰的环境条件,利用技术来处理园林。在区域规划、城市规划、城市设计、园林设计、滨水景观设计、标志性园林小品设计和桥梁设计等诸多层面,West 8均具有一系列优秀的作品,尤其擅长规划设计与环境相结合的设计方式。

他们认为技术与自然并非对立,工程与设计之间也不应有区别,园林设计、城市规划、建筑设计之间的界限是模糊的。因为这样看待事物的方式使他们的设计作品独特新颖、富有趣味和哲理,并且屡屡获奖。1992年Osterschelde Weir围堰工程(见图8-14)用艺术化手段给驾车者带来奇妙的视觉体验;1994年开始的阿姆斯特丹Schiphol机场园林绿化采用长期的生态战略,贯彻园林实现是一个过程的思想;1995年在乌特勒支的VSB公司庭院(见图8-15)用雕塑感的空间和园林构筑物来平衡大体量建筑与周围公园的关系;1996年在鹿特丹市中心的Schouwburgplein广场强调虚空的重要性,为周边居民提供可以自由活动的城市舞台;1998年位于蒂尔堡市的Interpolis公司总部花园(见图8-16)用方向不一的狭长形水池相互穿插造成强烈的透视效果,用页岩铺装的平台把材质肌理的美感发挥到极致。

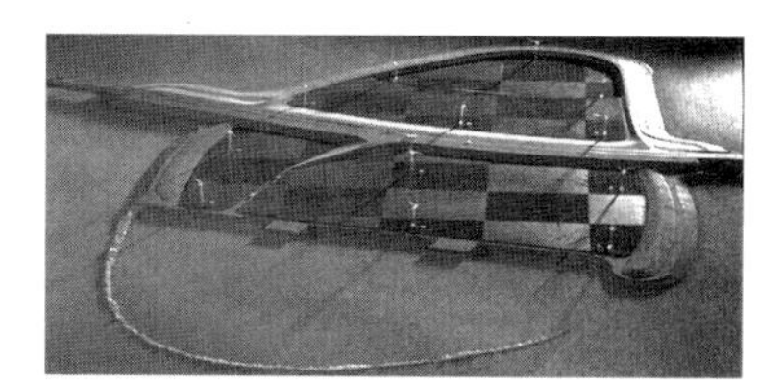
图8-14 Osterschelde Weir围堰工程模型

图8-15 VSB公司庭院鸟瞰

(2)其他国家

除了以上几个国家在欧洲当代园林设计领域有较大影响之外,其他国家也有不少优秀的园林设计师和高质量的园林设计作品。意大利有深厚的园林传统和世界级的现代建筑大师,设计师在处理历史地段或建筑环境时仍显出深厚功力,如P. Ciarnarra在那不勒斯市设计的Fuorigrot-

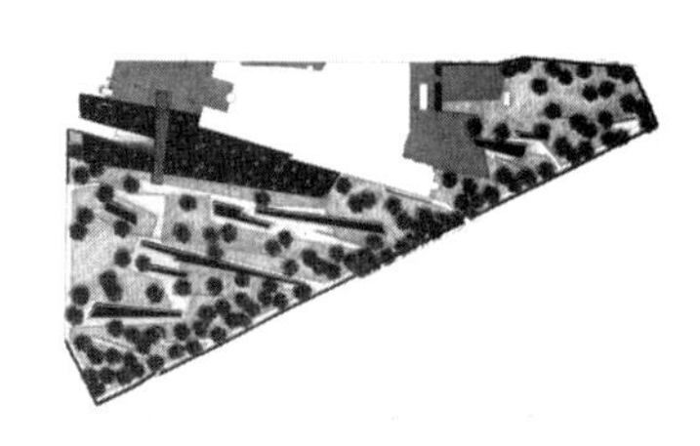
图8-16 Interpolis公司总部花园平面图

ta 广场，面临周边复杂的历史环境，以三个塔形雕塑获得中心感、方向性与识别性。东欧国家从冷战阴影中摆脱出来后，渐渐融入欧洲，随着经济的恢复，也开始着手修复整理一些古迹，并进行新的园林建设，一些作品颇有新意，如 Nenad Fabijanic 设计的克罗地亚 Pag 广场，用铺地表现历史特征，通过多层次的形态介入将文艺复兴的传统和周围景观结合在一起（表 8-1）。

表 8-1　欧洲现代园林代表案例列表

基本信息	园林特征	备注	平面示意图
斯德哥尔摩森林墓地（Skogskyrkogarden Cemetery） 时间：1917 年 区位：瑞典斯德哥尔摩（Stockholm） 规模：75 公顷 设计师：阿斯普朗德（Gunnar Asplund）（瑞典）	理念：森林墓地作为人类的文化景观，将地形和建筑化的自然植物结合起来创造了一个适合于墓地的理想景观 风格：设计风格体现了从浪漫民族主义到实用主义的发展。 布局：设计布局既保护了松树林中坟墓、公墓和火葬场的隐蔽性，又创造出了美丽的视觉景观 其他：对世界墓地设计有深远影响	20 世纪初，斯德哥尔摩的墓地急需扩张。1915 年为此举办了一次国际竞赛，在斯德哥尔摩南面的安斯基得（Enskede）的一片松林和废弃的采砾石坑地带建造墓地。阿斯普朗德和莱维伦茨的设计获得了头奖并被定为实施方案	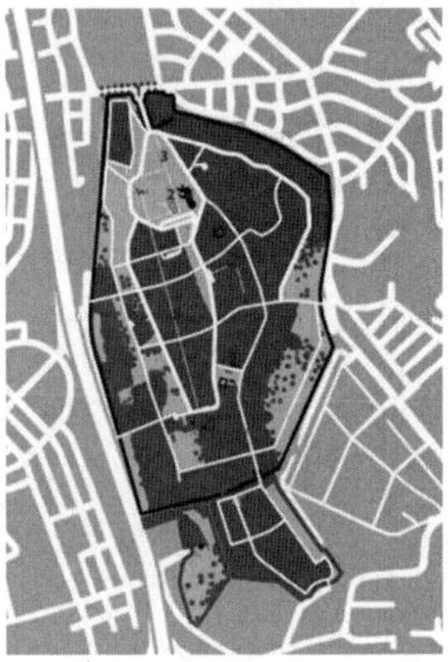
奥尔胡斯大学校园规划（Plan for Arhus University） 时间：1931 年 区位：丹麦奥尔胡斯（Arhus） 设计师：索伦森（Carl Theodor Sorensen）和建筑师莫勒（C. F. Moller）（丹麦）	理念：景观与建筑统一，且还要是自由式的和美丽的。保持山谷底部的开放，保留山谷中的蜿蜒小路，以此来创造建筑物相互之间的对话 布局：将建筑自由成组，沿山谷周边布置，以保持山谷的开放性。源自北面的溪流，顺应山谷而下，在谷底部筑坝形成池塘。最初规划中的建筑很少，方案显示了对现代景观的完美利用	奥尔胡斯（Arhus）大学校园规划是索伦森和建筑师莫勒（C. F. Moller）等合作的竞赛获奖方案，设计师们希望创造一个新的现代大学校园环境	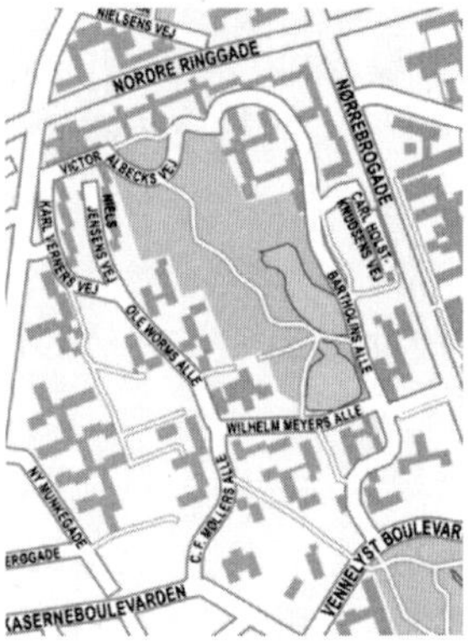NIELSENS VEJ NORDRE RINGGADE NØRREBROGADE VICTOR ALBECKS VEJ NIELS JENSENS VEJ KARL YERNERS VEJ CARL HOLST KNUDSENS VEJ BARTHOLINS ALLE OLE WORMS ALLE WILHELM MEYERS ALLE NY MUNKEGADE C. F. MOLLERS ALLE VENNELYST BOULEVAR EROGADE KASERNEBOULEVARDEN
"本特利树林"（Bentley Wood） 时间：1935 年 区位：英国苏塞斯（Halland Sussex） 设计师：唐纳德（Christopher Tunnard）（英国）	理念：让空间自由流动，打破不同使用片区之间的分隔，同时增加实用性。将功能、移情和艺术完美结合 布局：住宅的餐室透过玻璃拉门向外延伸，直到矩形的铺装露台。露台尽端被一个木框架限定，框住了远处的风景，旁边侧卧着亨利·摩尔（H. Moore）的抽象雕塑，面向远方	该作品是唐纳德为建筑师 S. Chermayeff 设计的住宅花园	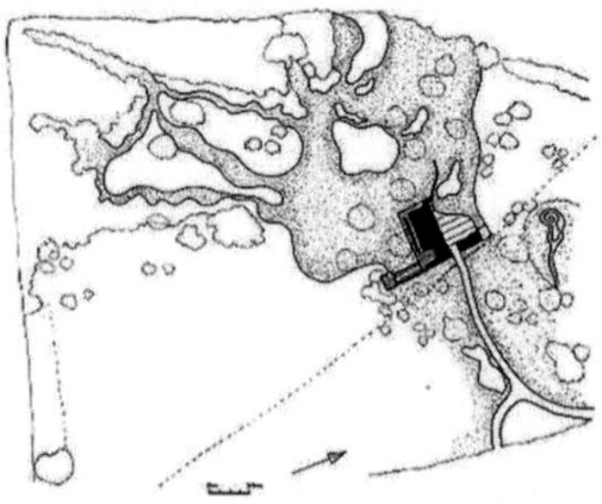
斯德哥尔摩"公园计划"（Green open system in Stockholm） 时间：1938 年 区位：瑞典斯德哥尔摩（Stockholm） 设计师：布劳姆（Holger Blom）（瑞典）	理念：将市中心几乎所有区域都组织到了城市公园系统之中。以渗透的方式，避免了绿地建设中对历史古迹的破坏，也把绿色景观引入每一条街道 布局：通过"指状绿带"（green fingers）的规划思想将自然引进城市，绿地通过自然的地形，以渗透的方式介入老城和新建城区中，形成有机的网状绿地系统	布劳姆的公园设计还包括公共艺术，如"公园剧场"（Park Theater）雕塑，提升公园和广场的美学品质，以及被称为"移动式花园"（Portable Garden）的成组混凝土花钵，是布劳姆为美化街道设计的	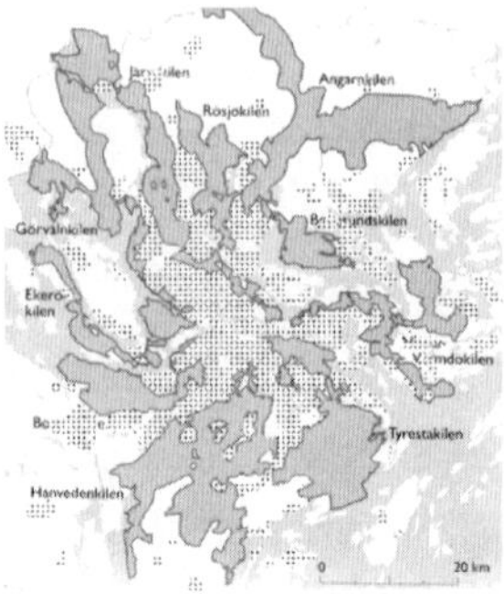Angarnskilen Rösjokilen Görvälnkilen Ekerö-kilen Tyrestakilen Hanvedenkilen 0 20 km

续表

基本信息	园林特征	备注	平面示意图
哥本哈根市中心的蒂伏里花坛花园(Tivoli Garden of Parterres) 时间:1943 年 区位:丹麦哥本哈根(Copenhagen) 设计师:布兰德特(Gudmund Nyeland Brandt)(丹麦)	理念:花园空间中的水和花以一种稳定的节奏均衡分布,没有中心、轴线强调 布局:在花园里布置了一系列并排的卵形种植池,池中绿地上点缀了数十个木桶喷泉。其平面看上去就像墙纸碎片,方形和圆形融在其中。花园中有一面与湖面曲线相似的弧形砖墙挡土墙,以此过渡基地内外不同高差的地形,同时也充当花园的边界和背景		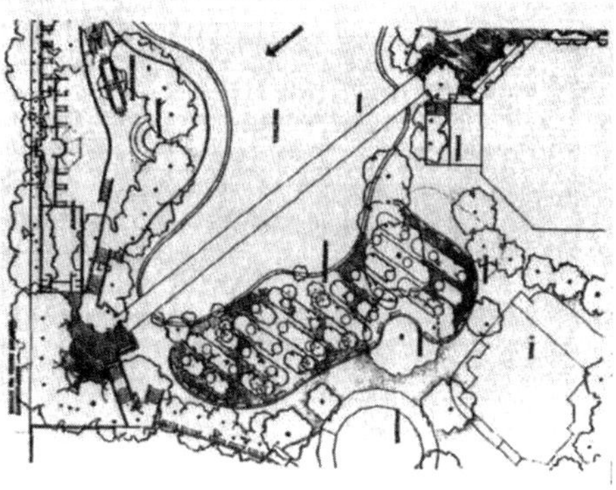
Hoganas 市镇厅广场和庭院设计 时间:1961 年 区位:丹麦 Hoganas 设计师:安德松(Sven Ingvar Andersson)(丹麦)	布局:庭院以方形水池为中心,错落有致的方形办公用房沿庭院四周布局,与水池构成开合有度、内外相互渗透的流动空间。沿水池周边的通透廊架,成为水池与建筑和周边环境过渡的灰空间。庭院主入口的槭树阵,树干与庭院廊架的柱子准确对应,修剪成齐整方形的浓荫树冠,形成街道向廊架和水池的过渡空间	方形构图是该庭院设计的最大特色	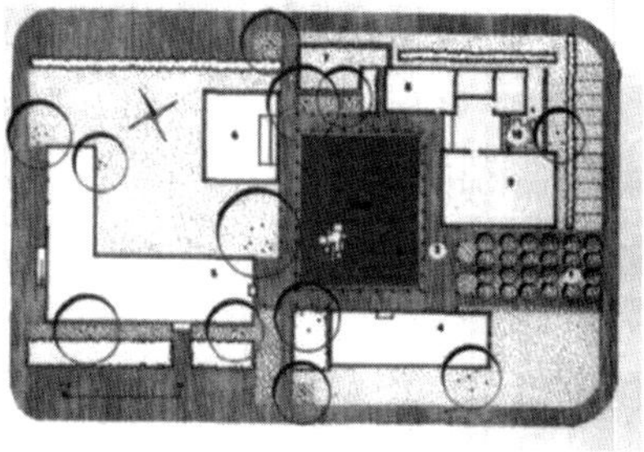
音乐花园(The Musical Garden) 时间:1963 年 区位:丹麦海宁(Herning) 设计师:索伦森(Carl Theodor Sorensen)(丹麦)	理念:探讨准确的数字关系下纯粹几何形的美。以“一字形”的形式和 10 米的长度为模数,通过边数的增加,形成不同的几何形,每个单元有不同的功能 布局:由等边(10 米)的间距 3 米的三角形、正方形、五边形、六边形、七边形、八边形组成,每个几何形墙的高度都不一样,从人的视线到 3 倍于人的尺度。可容纳不同的功能内容	海宁博物馆花园(gardens in Herning Art Museum)是一组杰出的园林作品,音乐花园是其中之一,又名几何花园(Geometric Garden)。索伦森用纯粹的几何形,设计了一个他认为是自己画过的最美的方案	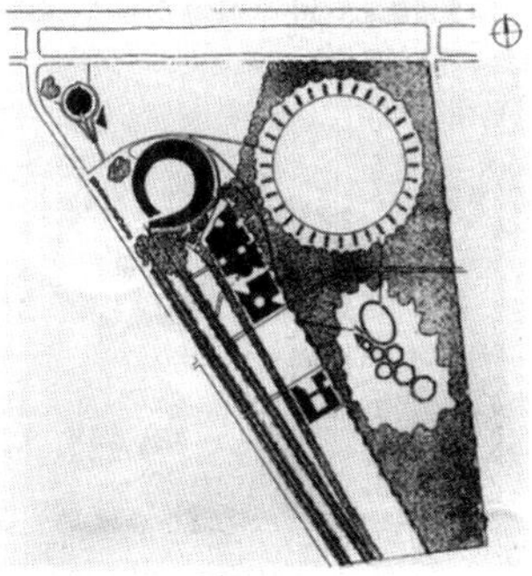
汉堡国际园艺博览会上的瑞典园林(Swedish garden in IGA63) 时间:1963 年 区位:德国汉堡 设计师:马汀松(Gunnar Martinsson)(德国)	理念:以正方形为设计的形式母题 布局:花园由位于住宅中心的庭院和位于住宅一端的花园组成。住宅的大玻璃窗,提供庭院和花园间的通透视线。花园中一系列由绿篱修建成的高低、大小不同的立方体,组合出不同的空间功能。从住宅室内看花园,形成丰富的视觉层次	1963 年马汀松在德国汉堡举办的国际园艺博览会上设计了瑞典园林,这是一个住宅花园	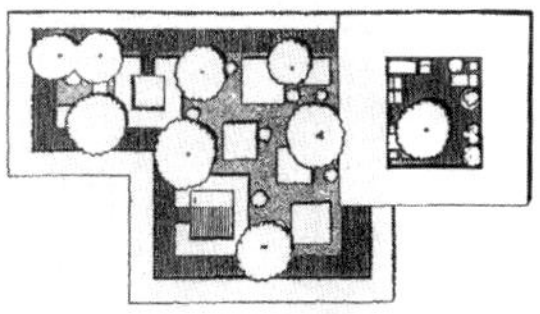
肯尼迪纪念园(The Kennedy Memorial) 时间:1964 年 区位:英国萨里(Surrey) 设计师:杰里科(Geoffery Jellicoe)(英国)	理念:认为纪念的关键点是景观的呈现,而非物质实体的纪念碑,引导参观者通过潜意识来理解人物历程 布局:用一条小石块铺起的小路蜿蜒穿过一片自然生长的树林,引导参观者到山腰的长方形的纪念碑,白色纪念碑后是美国橡树,每年 11 月绯红,暗示肯尼迪遇刺的季节。经过一片草地踏上规整的小路到达冥思的石凳,俯瞰泰晤士河和绿色的原野,象征着未来和希望	纪念碑和谐地处在英国乡村风景中,象征永恒的精神	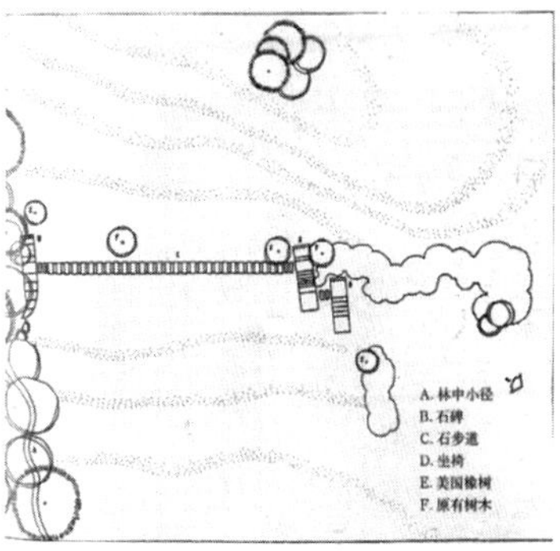

续表

基本信息	园林特征	备注	平面示意图
维也纳卡尔斯广场(Karlsplatz) 时间:1971 年 区位:奥地利维也纳 设计师:安德松(Sven Ingvar Anderson)(丹麦)	理念:充分展示了椭圆的魅力,分形的椭圆得到了艺术化的应用 布局:丹麦园林中的常用的小树林成为卡尔斯广场的新主题。六组刺槐种在大型的碗状树池中,如同舞台场景一样。这些表现出自然性的小树林种植方式,分形的椭圆运用或组合,取得了功能与艺术的统一,也明确传达了丹麦园林的特质	安德松赢得了维也纳卡尔斯广场的国际设计竞赛。场地的设计范围较大,从 Schwartzenberg 宫殿前的广场,穿过卡尔斯广场,一直到艺术学院前的席勒广场(Schillerplatz)为止	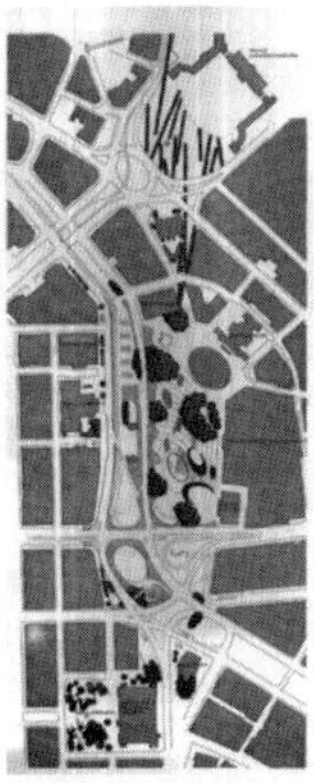
慕尼黑奥林匹克公园(Olympiapark Munchen) 时间:1972 年 区位:德国慕尼黑 规模:140 公顷 设计师:格茨梅克(Gunther Grzimek)(德国)	理念:在"绿色的奥运会"的规划目标指导下,有意考虑了运动会结束后的使用问题。体育设施成为市民健身和文化活动的场所,运动员村将成为居住区和大学生宿舍,绿地则是市民休闲娱乐的公园 布局:整个场地被城市中环路分为两部分,北边是运动员村,南边为奥运公园。由纽芬堡花园引来的水穿过公园,在中心形成水面,其北部是体育场馆、游泳馆、自行车赛场等体育设施。南部是绿地山景	1972 年第 20 届夏季奥运会在此举办。公园基址原是一块极为荒凉的空地,周围是兵营及工业用地,南部是二战后由城市中清理出来的废墟瓦砾所堆积的高 60 米的小山,之前一直作为练兵场来利用	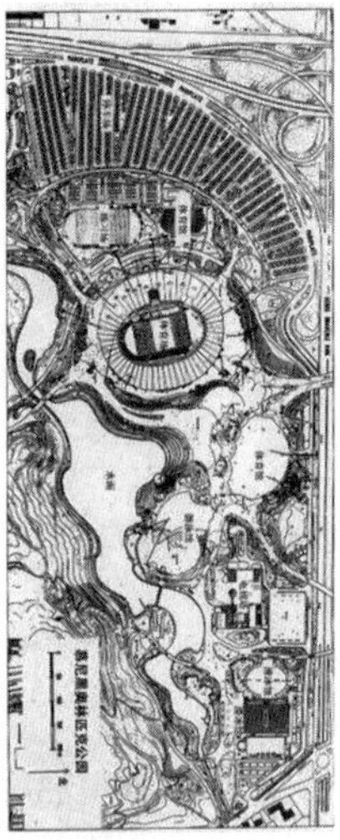
巴塞罗那植物园(Jardín Botánico de Barcelona) 时间:1978 年 区位:西班牙巴塞罗那 规模:15 公顷 设计师:拜特·菲格罗斯(Bet Figueras I Ponsa)(西班牙)	理念:将植物园景观与巴塞罗那当地特有的丘陵地貌结合在一起,创造一种对坡地基址的新型几何式处理手法 布局:场地被划分为大小不等的分形三角形,样式统一的小径穿插于园中;与场地相融合的混凝土作为道路的铺装构成了花园分形三角形构图的骨架,整体构成了一处从传统的农耕景观抽象而来的分形景观, 其他:分形几何学在设计中的应用是这个项目设计最为突出之处	巴塞罗那市将其新的植物园选址在芒特牛斯山脉的西南山坡上,考虑当地气候的独特之处,将地中海的植被特色作为植物园的基本主题。拜特·菲格罗斯设计小组的方案是通过公开的设计竞赛被选拔出来,其设计更加关注对于主题和场地的感知	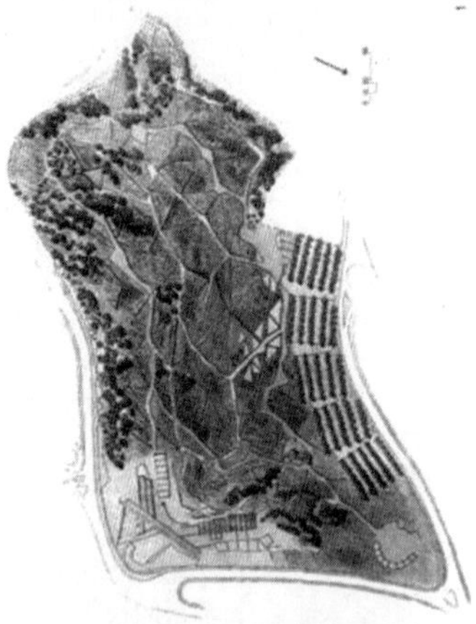
莎顿庄园(Sutton Place) 时间:1980 年 区位:英国萨里(Surrey) 设计师:杰里科(Geoffery Jellicoe)(英国)	理念:对现存轴线、视景线和原先设计者可能设计意图发展,同时赋予园林一些含义,如引喻人在宇宙中的位置等 布局:建筑东西两侧围绕一系列小花园,南边则是长步道,将多个元素并置,引导人们来到原有的一个水池和艺术几何雕塑。步道南侧沿建筑轴线为一链式瀑布,溪水由长方形形状变成了长的鱼形池塘,水池与池塘间形成瀑布,最终消失在树林里	莎顿庄园建筑是英国现存的中世纪和文艺复兴的过渡形式最好的代表。该园林作品被认为是杰里科作品的顶峰	

续表

基本信息	园林特征	备注	平面示意图
苏塞公园(Sausset) 时间:1981 年 区位:法国巴黎 规模:200 公顷 设计师:米歇尔·高哈汝(Michel Corajoud)(法国)	理念:从公园建设的经济性和景观变化的持续性考虑出发,尊重原址的自然景观,在原用于防洪的蓄水池周边建大尺度沼泽景观 布局:首先在公园中种植了 30 万棵只有 30 厘米高的小树苗,确立公园的边界。此外,采用法国传统的造园手法,如多岔路口式的园路、林中空地、树篱、丛林以及处理采伐迹地的措施等,以期形成与周围的树林相类似的林相景观。在公园规划布局中,对游乐设施安排留有余地,逐步设置	1979 年,巴黎北面的塞纳圣德尼省(la Seine-Saint-Denis)组织了公园的方案竞赛,要求在城市边缘的农田上兴建一处大型郊野公园,为市民提供一个以植物群落为主的自然游憩环境。园址地形平坦,已有的基础设施包括数条高压电线、水塔、高速公路、铁路线和一个郊区快速列车站	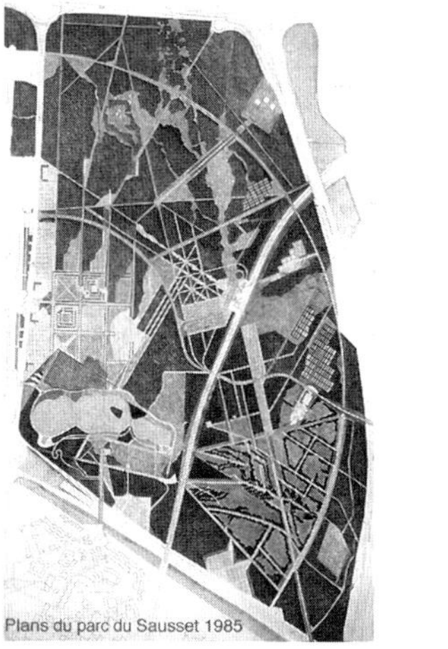 Plans du parc du Sausset 1985
巴黎拉维莱特公园中的竹园(Bamboo's garden in the park de la Villette) 时间:1985 年 区位:法国巴黎 设计师:谢梅道夫(Alexandre Chemetoff)(法国)	理念:园中布置象征自然的一种植物材料——竹子和代表人工的一种技术产品——混凝土,并使自然与人工有机地结合在一起,创造一处集展示、试验、生产与再生等各种理念于一体的场所 布局:在拉维莱特公园序列景观中插入一个由下沉式空间形成的局部片断,创造出三维空间,以达到扩大视觉效果与环境体验的目的	拉维莱特公园方案竞赛的获胜者、建筑师贝尔纳·屈米(Bernard Tschumi)1985 年邀请谢梅道夫创作拉维莱特公园中的主题花园之一:"活力园"	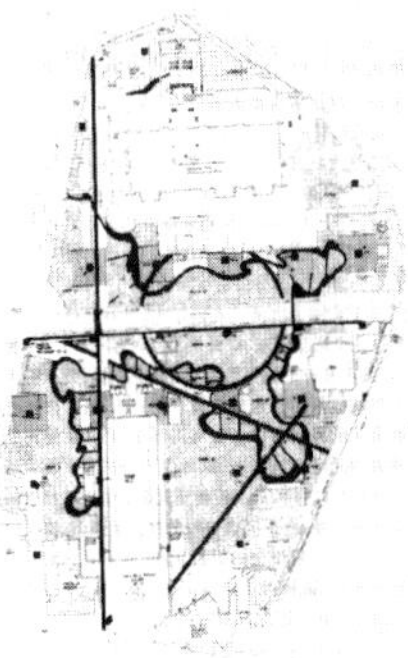
萨尔布吕肯市港口岛公园 Burgpark Hafeninsel 时间:1985 年 区位:德国萨尔布吕肯市(Saarbruecken) 规模:9 公顷 设计师:彼得.拉茨(Peter Latz)(德国)	理念:用生态的思想,采取了对场地最小干预的设计手法,重建和保持区域特征,并通过对港口环境的整治,再塑这里的历史遗迹和工业的辉煌 风格:对当时德国城市公园普遍采用的风景式设计手法进行挑战,新建部分多以红砖砌筑,与原有瓦砾形成鲜明对比 布局:用废墟中的碎石,在公园中构建了一个方格网,作为公园的骨架。这些方格网又把基址分割出一块块小花园,展现不同的景观构成。原有码头上重要的遗迹均得到保留,相当一部分建筑材料利用了战争中留下的碎石瓦砾	二战时期这个煤炭运输码头遭到了破坏,除了一些装载设备保留了下来,码头几乎变成一片废墟瓦砾,直到一座高速公路桥计划在附近穿过,港口岛作为桥北端桥墩的落脚点,重新引起外界关注	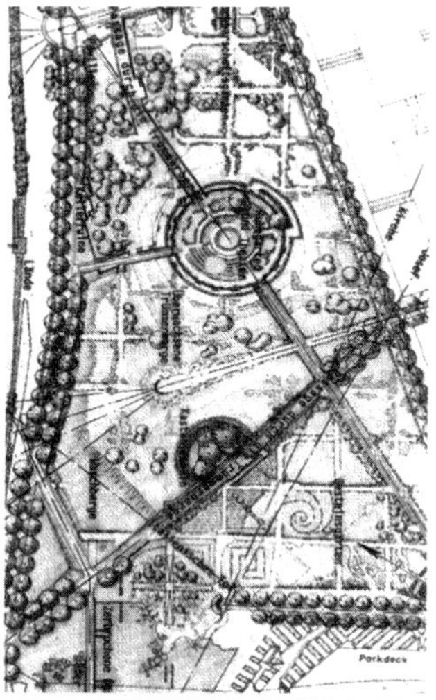
巴黎安德烈·雪铁龙公园(Le Parc André-Citroen,Paris) 时间:1985 年 区位:法国巴黎 规模:14 公顷 设计师:吉尔·克莱芒(Gilles Clément)、建筑师帕特里克·贝尔热(Patrick Berger)和阿兰·普罗沃(Alain Provost)、建筑师让保罗·维吉埃(Jean-Paul Viguier)	理念:采用了法国传统园林中主题花园的设计理念和内容,以植物景观为特色,公园空间富有强烈的节奏感和韵律感,景观结构清晰,给游人留下极大的自由活动空间 布局:整个雪铁龙公园以一条呈对角线的斜轴将其一分为二。公园中央是由供人们休憩活动的草坪构成的"大花坛",周围布置休闲和娱乐空间。两组序列花园以对角线斜轴为基准,反向对称布置。公园北半部的主题花园以色彩为主线,公园南半部的序列景观由观赏温室、大水渠、水台阶和水剧场等园林要素组成	该公园是在安德烈·雪铁龙汽车制造厂搬迁之后,在工业弃地上兴建的城市新区中的公园。其设计方案于 1985 年由巴黎市市政府通过组织设计竞赛方式而最终产生的,其中两个设计组提交的设计方案脱颖而出,并列获奖。由两个设计组分南北两部分共同实施一座公园	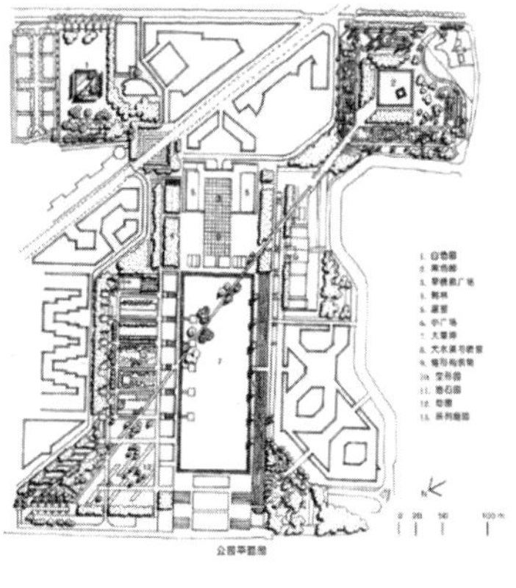

续表

基本信息	园林特征	备注	平面示意图
埃特林根市 Ettlingen 公园 时间:1988 年 区位:德国巴登-符腾堡州 设计师:卢茨(Hans Luz)(德国)	布局:园林下是地下停车场,周围与城市相连。乔木种植在公园外围,中心是微微起伏的草地和水池,一些紫杉绿篱围合成不同用途的亲切的小空间 其他:地下车库的出入口经过了精心的设计,出口与入口分开设置,形成郁郁葱葱的视觉印象	该公园是 1988 年巴登－符腾堡州园林展展园的一部分	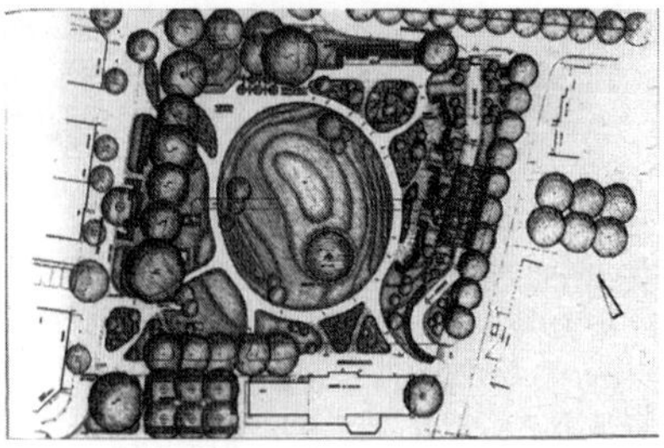
北杜伊斯堡风景公园(Landschaftspark Duisburg Nord) 时间:1989 年 区位:德国杜伊斯堡市 规模: 230 公顷 设计师:彼得. 拉茨(Peter Latz)(德国)	理念:用生态的手段处理工业区关闭后的破碎地段,工厂中的构筑物都予以保留,部分构筑物被赋予了新的使用功能 布局:分为 4 个景观层:1. 以水渠和储水池构成的水园;2. 散步道系统;3. 使用区;4. 铁路公园结合高架步道。这些景观层自成系统,各自独立而连续地存在,只在某些特定点上用一些要素如坡道、台阶、平台和花园将它们连接起来,获得视觉、功能、象征上的联系	原址是曾经有百年历史的 A. G. Tyssen 钢铁厂,尽管这座钢铁厂历史上曾辉煌一时,但它却无法抗拒产业的衰落,于 1985 年关闭,无数的老工业厂房和构筑物很快淹没于野草之中。1989 年,政府决定将工厂改造为公园,成为埃姆舍公园的组成部分	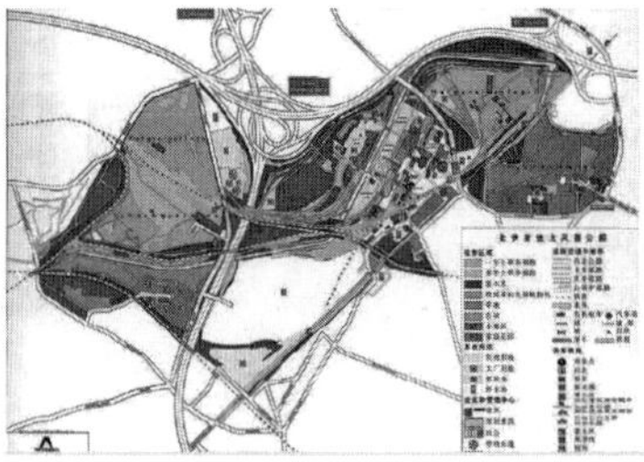
海尔布隆市砖瓦厂公园(Ziegeleipark) 时间:1989 年 区位:德国海尔布隆市波金根区 规模:15 公顷 设计师:卡尔. 鲍尔(Karl Bauer)(德国)	理念:通过对地形地貌的最小干预方法,把砖瓦厂废弃构筑和自然联系成一个新的生态综合体,形成新的有承载力的结构,满足区域人们休闲需要 布局:建立一个不同公园类型的混合形式,有为市民运动和体育锻炼的部分,有保护原有砖瓦厂历史痕迹的区域,有波金根湖。在这些人工景观的区域旁是野草与其他大片自然生长的植物	海尔布隆市波金根区缺乏公园和开放的绿地,区中的砖瓦厂于 1983 年倒闭后,城市在 1985 年购得了这片工业废弃地,目标是将它变成一个公园。1989 年举办了设计竞赛,鲍尔获一等奖,施托策获二等奖。鲍尔负责总体规划及公园东部的设计,施托策完成公园西部的设计	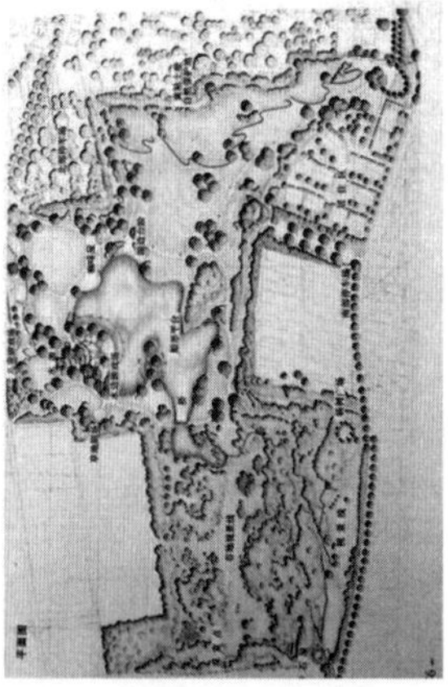
壳牌石油总部(Shell-Petroleum) 时间:1991 年 区位:法国巴黎 设计师:凯瑟琳. 古斯塔夫森(Kathryn Gustafson)(美国)	理念:采用了极简主义设计理念,即在保留原有景观特点的前提下,以最少的介入创造新的都市景观,并给员工提供生态化视觉环境和休息空间 布局:由主入口广场、水生植物园和众多小庭院构成。主入口广场和水生植物园位于公司的公共空间中,而众多小庭院则位于较封闭的办公区和生活区中 其他:建筑西侧为一系列起伏的草坪,是广场中最有吸引力和特色的部分	壳牌石油公司是全球著名的石油企业之一。该公司位于巴黎 19 千米之外的鲁尔一马尔梅松镇新总部的室外环境极具特色,大多数地形不是覆盖着建筑就是地下停车场	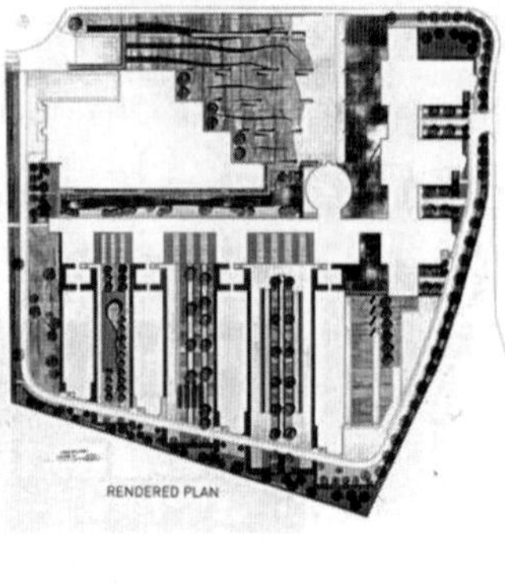

续表

基本信息	园林特征	备注	平面示意图
想象公园(Gardens of the Imagination in Terrasson) 时间:1992 年 区位:法国道多纳省台拉松市(Terasson, Dordogne) 规模:6 公顷 设计师:凯瑟琳.古斯塔夫森(Kathryn Gustafson)(美国)	理念:设计师用原形文化来体现自然和文化的对话:草地,森林代表自然;排灌沟渠、玫瑰园和苗圃代表耕作时代;露天剧场、温室、小径与堤岸体现了人类建造的痕迹;穿越公园的步道象征了人们发现世界的旅程 布局:公园建在一片梯田和橡树林中,是一个较典型的台地园。主要道路上坡通向玻璃温室和植物专类园,路的一侧为规划的苗圃地,专类园中包括四个以植物为主题的园中园,温室上方的山坡地为露天剧场及水园	1992 年,法国佩里戈地区(Perigord)地区维莱德镇(Terrasson-La-Villedieu)的教士们决定以“五大洲”为题组织一次公园设计大赛,借鉴世界历史名园,形成旅游新热点,他们邀请古斯塔夫森参赛。场地选址在位于老城延长线上的一个风景优美的山坡上,要求以温室作为公园的主要焦点	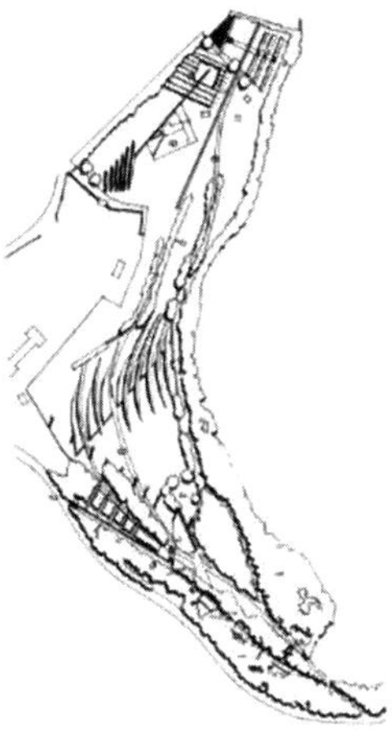
北站公园(Parc De L'Estacio del Nord) 时间:1992 年 区位:西班牙巴塞罗那 设计师:阿里奥拉(Andreu Arriola)、弗尔(Carme Fiol)、雕塑家贝弗利·佩伯	理念:解决地形与公园使用之间的矛盾,营造出富有艺术气息的休憩空间 布局:主体为雕塑型空间,两个大地艺术景观“沉落的天空”(Fallen Sky)和“旋转的树林”(Wooded Spiral)占据公园中央,作为南北两个空间的中心。公园东侧临街处为土坡,南端和东北角成片种植了树木。西侧则为平坦大草坪	原为城市火车北站,由于地铁建设而废弃,后在整个区的城市复兴计划中被规划为公园用地。公园平面基本为矩形,四周是各种公共建筑物和城市道路。公园内现状地形高低不平,周边还有一些土坡	
贝西公园(Parc de Bercy) 时间:1993 年 区位:法国巴黎 规模:13 公顷 设计师:建筑师 Bernard Huet, Madeleine Ferrand, Jean-Pierre Feugas, Bernard Leroy,园林设计师 Ian Le Caisne and Philippe Raguin(法国)	理念:以“记忆之园”为主题,凸显延续历史脉络、尊重地方特色的理念,在原有路网基础上梳理新的空间秩序 布局:将公园基地外的城市路网延伸进来,作为主要骨架,而纵横的古老小径则作为附着在骨架上自成体系的装饰性路网,以贴近原来材质的地砖重新铺砌,用于联系若干独立园圃或相对比较隐蔽的空间。利用原来道路里的部分保留铁路线,作为唤起人们记忆的符号,并且形成休憩观景的空间。结合城市道路更新组织贯穿全园的平行于河道的步行游览路线,两者叠加重合形成历史和现实的对话,并重塑地区生态环境	贝西地区是有着丰富历史文化遗产的地段,从未经历大规模改造。1973 年通过了城市东南部地区的开发规划,1993 年成立了优先整体开发区(ZAC),将贝西地区的整治开发分三个区:塞纳河沿岸的贝西公园、临近贝西公园的住宅街坊和公园以东的第三产业为主的经济中心。其中贝西公园是该改造工程的重点。1987 年举行了贝尔西公园概念设计竞赛	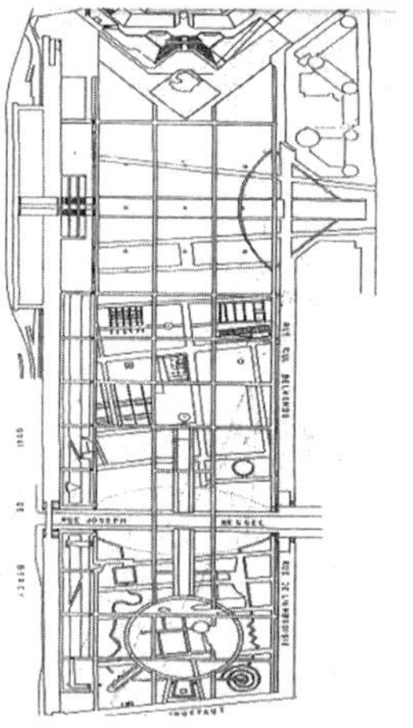
大西洋公园(Le Jardin Atlantique) 时间:1994 年 区位:法国巴黎 规模:3.5 公顷 设计师:布伦 佩昂(法国)	理念:采用生态种植以减轻荷载,同时创造各类开敞空间和私密空间提供人们交往、休息 布局:公园位于火车站屋顶之上,由 12 根混凝土柱子支撑起来。三面通过楼梯与城市联系,其中心是一个正方形的广场,广场四周是草地,北边的草地上有带波浪线的地下火车站通风口和长条形阳光甲板,南边是一系列的小花园,在小花园中有平台、露天剧场及凉亭	公园位于巴黎蒙特巴那斯河巴斯德火车站(Montparnasseand Pasteur)的屋顶上,公园建设的目的在于为附近的居民、职员和候车的旅客提供一个开敞空间。风景园林师布伦和佩昂赢得巴黎大西洋公园的设计竞赛,并被委托进行设计	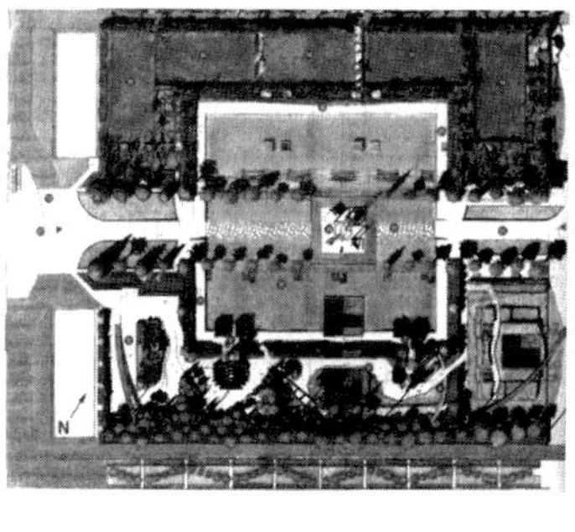

续表

基本信息	园林特征	备注	平面示意图
色彩公园 (Parc dels Colors) 时间:1999 年 区位:西班牙巴塞罗那莫莱迪瓦那镇(Mollet del Vallès) 设计师:恩里克·米拉莱斯(Enric Miralles)(西班牙)	理念:借鉴中国山水画和园林设计手法,将场所的连续性体验压缩到一个小的区域内,强化场所的密度,创造了一种独立的、充满趣味和想象力的环境 布局:由遗存的罗马式独立建筑的楼梯和坡道,引出一些通向花园区和林荫道的通道。纵横交错的道路把多个运动区域连接起来。点缀了许多喷泉,并以大体量简洁的块状种植界定不同空间 其他:有一组可以用来观看全园景色并提供临时演出场地的露天看台,墙体用来展示涂鸦艺术家的作品	这个项目的提出是为了创建一个城市网络,满足联系巴塞罗那北部城镇莫莱迪瓦那镇郊外三处毗邻地区的需要	
代斯内娱乐基地(La Base de Loisir de Desnes) 区位:法国汝拉省(Jura) 设计师:雅克·西蒙(Jacques Simon)(法国)	理念:雅克·西蒙认为,最好的解决方案首先是消除各种对生态环境造成破坏的外界因子,在节省投资造价的设计思想下,将为修建39号高速公路采料的砂石场改造成娱乐基地 布局:营造集教育与游乐于一体的娱乐空间,如有关保护环境基础知识的启蒙传授等,将轻松娱乐的环境气氛与巨大的环境整治工程融为一体	曾经作为采集砂石的场址,到处都是坑洼不平的陡坡山地。雅克·西蒙与赛托公路研究所(la Scetauroute)合作,对其进行大胆改造	BASE DE LOISIRS 3

8.2 美洲地区

8.2.1 美国

□“加州花园”(California Garden)出现于20世纪40年代和50年代,作为从丘奇、埃克博和其他人的主要作品中概括出来的样本,尺度一般较小,其典型特征包括简洁的形式,室内外直接的联系,可以布置花园家具的硬质表面,草地被限定于一个小的不规则的区域,还有游泳池、烤肉架、木质的长凳及其他休闲设施。以围篱、墙和屏障创造私密性,现有的树木和新建的凉棚则为室外空间提供了阴凉。丘奇被普遍认为是“加利福尼亚学派”的非正式的领导人,此外还包括:埃克博(G. Eckbo)、罗斯坦(R. Royston)、贝里斯(D. Baylis)、奥斯芒德森(T. Osmundson)和哈普林(L. Halprin)。

1925 年巴黎的“国际现代工艺美术展”成为现代园林发展的一个分水岭。美国的风景园林师斯蒂里(F. Steele)于二十年代到法国,当时法国的新园林给他留下深刻的印象。回国后,他发表了一系列介绍这些新园林的文章,在青年设计师中间形成了一股强大的反传统的力量。三十年代至四十年代,由于二次世界大战,欧洲不少有影响的艺术家和建筑师纷纷来到美国,使得二战之后的现代主义运动中心从欧洲转移到美国。

1937 年,格罗皮乌斯担任了哈佛设计研究生院的院长,彻底改变了哈佛建筑专业的“学院派”教学。受其影响,1938—1941 年间由罗斯(J. Rose)、凯利(D. Kiley)、艾克博(G. Eckbo)三名学生发起的“哈佛革命”(Harvard Revolution),以一系列大胆和富有创见的文章和研究,提出了郊区和市区园林的新思想,动摇并最终导致了哈佛风景园林系的“巴黎美术学院派”教条的解体和现代设计思想的建立,并推动美国的风景园林行业朝向适合时代精神的方向发展。

与东海岸受欧洲影响的现代主义不同,西海岸的“加州学派”(California School)的出现,更多地是由战后美国社会发生的深刻变化而产生的。在经过了超过十年的大萧条和战争之后,美国经济得到复苏,中产阶层日益扩大,在气候温和的西海岸地区新的城市定居点,社会生活的新形式自然而然获得了发展,现代园林的试验首先在私人花园(见图8-17)中成为现实。

图8-17　典型的“加州花园”(California Garden)景观——托马斯·丘奇(Thomas Church)设计的金门展小花园(Golden Gate Exposition)

20世纪50、60年代美国社会经济进入一个全盛发展的时期,带来了园林设计事业的迅速发展和设计领域的不断扩展,呈现公共项目增多、大尺度规划项目增多的特点,园林设计领域的重心从小尺度的私人花园、庭院设计到公园、植物园、城市开放空间、公司和大学园区、自然保护工程等更大规模的项目上。随着社会生活的转变,设计师新的主顾除了公司、团体以外,还有当地的和各级政府部门,所推进的项目通常出于较为实用和功能的目的,如提高建筑物及城市中心的形象,或者迫于各种政治或社会团体的压力改善城市的环境质量等。新的园林常常必须满足多种用途,如休息和娱乐等。出于经济适用上的考虑,出现大量的硬质景观。

20世纪70年代始,生态环境问题日益受到关注,宾夕法尼亚大学教授麦克哈格(Lan McHarg)提出了将景观(Landscape)作为一个包括地质、地形、水文、土地利用、植物、野生动物和气候等决定性要素相互联系的整体来看待的观点。强调了景观规划应该遵从自然固有的价值和自然过程,完善了以因子分层分析和地图叠加技术为核心的生态主义规划方法,麦克哈格称之为“千层饼模式”。当大尺度的景观建筑(Landscape Architecture)转向理性的生态方法的同时,小尺度的园林设计受到环境艺术的影响以及后现代主义的激励,对艺术与园林的联系问题做了大量新的探索,现代园林设计思潮趋向多元化,后现代主义、解构主义、地域文脉主义、极简主义、波普艺术等,都成为美国现代园林设计中指导思想的来源。

造园师及园林思想

(1)丹·凯利(Dan Kiley,1912—2003)

作为“哈佛革命”其中的发起者之一,丹·凯利(Dan Kiley)被视作美国现代园林设计的奠基人之一。凯利生于波士顿,1936年到哈佛设计研究生院学习,1940年开设了自己的事务所,1947年,他与小沙里宁(Eero Saarinen)合作,参加了杰弗逊纪念广场国际设计竞赛并获奖。

标志凯利设计生涯转折点的作品是于1955年与小沙里宁合作设计的米勒花园(Miller Garden)(见图8-18),自此丹·凯利独特的设计风格初步形成。在米勒花园的设计中,他以建筑的秩序为出发点,将建筑的空间扩展到周围的庭院空间中去。此后,他放弃了自由形式和非正交直线构图,而在几何结构中探索园林与建筑之间的联系。到了八十年代,凯利的作品越来越显示出他对建立在几何秩序之上的设计语言的纯熟的运用。他的设计通常从基地和功能出发,确定空间的类型,然后用轴线、绿篱、整齐的树列和树阵、方形的水池、树池和平台等语言来塑造空间。他的作品注重结构的清晰性和空间的连续性,材料的运用简洁而直接,没有装饰性的细节。空间的微妙变化主要体现在材料的质感、色彩、植物的季相变化和水的灵活运用上。

图8-18　米勒花园景观

(2)托马斯·丘奇(Thomas Church,1902—1978)

托马斯·丘奇(Thomas Church)作为美国现代园林设计的开拓者之一,从20世纪20年代开始其园林实践,开创了被称为“加州花园”的美国西海岸现代园林风格。他的作品根植于加州环境的独特风格,是“加州学派”的代表人物之一。丘奇出生于波士顿,在旧金山湾区长大,此后在加州大学伯克利分校和哈佛大学攻读风景园林专业。1929年,他在加州开设了第一个事务所。

丘奇是从古典主义和新古典主义的设计完全转向现代园林的形式和空间的设计师之一。他将新的视觉形式运用到园林中,“立体主义”、“超现实主义”的形式语言被他结合形成简洁流动的平面,由此平息了规则式和自然式之争,使建筑和自然环境之间有了一种新的衔接方式,并创造了与功能相适应的形式。此外,他通过使用现代社会的各种普通材料,如木、混凝土、砖、砾石、沥青、草和地被,以铺装纹样、材料之间质感和色彩的对比,创造出极富人性的室外生活空间,对后世影响深远。针对加州的环境条件和当地人的生活习惯,丘奇还有很多独创的设计,例如树木穿过的平台、无定形的游泳池等,并充分地综合考虑场地以及客户的需要。丘奇在40年的实践中留下了近2000个作品,其中最著名的作品是1948年的唐纳花园(Donnel Garden)(见图8-19)。1955年,他的著作《园林是为人的》(Gardens are for People)出版,总结了他的思想和设计。他的事务所培养了一系列年轻的风景园林师,他们反过来又对促进“加利福尼亚学派”的发展作出了贡献。

图8-19 唐纳(Donnel Garden)花园的肾形游泳池

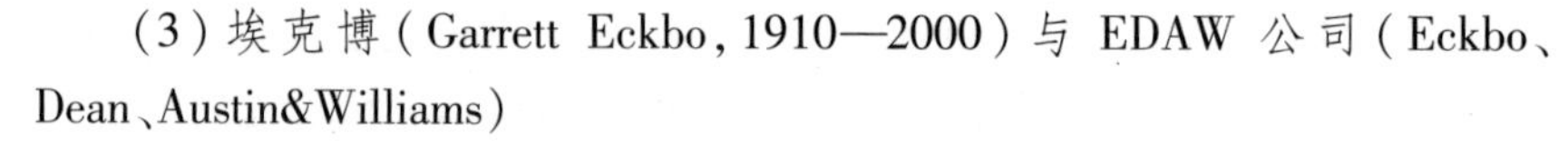

(3)埃克博(Garrett Eckbo,1910—2000)与EDAW公司(Eckbo、Dean、Austin&Williams)

“加州学派”的另一位重要人物是埃克博(见图8-20),他同时也是“哈佛革命”的三剑客之一。埃克博出生于纽约州,在加利福尼亚长大,他从加州大学伯克利分校毕业后,于1936年又到哈佛设计研究生院学习。

图8-20 埃克博(Garrett Eckbo,1910—2000)

埃克博强调设计中的社会尺度,试图突出园林在公共生活中的作用。在他看来“如果设计只考虑美观,就是缺乏内在的社会合理性的奢侈品”。作为一位现代主义者,他的作品中既有包豪斯的影响,又有超现实主义的影子,每一个设计都是从特定的基地条件而来的。他认为,空间是设计的最终目的,材料只是塑造空间的物质,同时他还十分强调“人”的重要性。他认为,设计是为土地、植物、动物和人类解决各种问题,而不仅仅为了人类本身;设计师、生态学家和社会学家只有合作,才能真正解决风景园林学科中的问题。埃克博共设计了大约1000个作品,其中私人花园占了大多数,这也是他对“加州学派”的贡献。位于洛杉矶的“联合银行广场”(Union Bank Square),是他的一个成功的公共项目。埃克博还涉足了区域政策规划研究,他与同伴创立的EDAW公司(Eckbo、Dean、Austin&Williams)是美国最著名的景观事务所之一。

(4)劳伦斯·哈普林(Lawrence Halprin,1916—2009)

哈普林(L. Halprin)(见图8-21)生于纽约,曾获植物学学士和园艺学硕士。他于1943年转向风景园林专业,并进入哈佛大学学习。此时,“哈佛革命”的三位带头的学生埃克博、凯利、罗斯均已离开学校,格罗皮乌斯、布鲁尔(M. Breuer)和唐纳德仍然在哈佛教学,向学生们灌输现代设计思想。哈普林在建筑课的同学有约翰逊、鲁道夫、贝聿铭等。二战

图8-21 劳伦斯·哈普林(Lawrence Halprin 1916—2009)

以后,他到旧金山丘奇的事务所工作,并参与了唐纳花园的设计。1949年,哈普林成立了自己的事务所。

哈普林早期设计了一些典型的"加州花园",但是曲线很快在他的作品中消失了,转而运用直线、折线、矩形等形式语言。1961 年为波特兰市设计的一系列广场和绿地,是哈普林最重要的作品之一。1966 年,哈普林出版了《高速公路》(Freeways)一书,并被邀请设计西雅图高速公路公园,这个公园成为减弱高速公路对城市气氛破坏的一个重要例子。重视自然和乡土性是哈普林的设计特点,在深刻理解大自然及其秩序、过程与形式的基础上,他以一种艺术抽象的手段再现了自然的精神,而不是简单地移植或模仿。作品中的岩石和喷水不仅是供观赏的景观,更重要的是作为游憩设施使用(见图 8-22)。哈普林也是二十世纪重要的设计理论家之一,出版了《参与》,《RSVP 循环体系》,《哈普林的笔记》等著作,在 20 世纪美国的设计行业中,占据重要地位。

□ 位于波特兰市的系列广场分别是"爱悦广场"(Lovejoy Plaza)、"柏蒂格罗夫公园"(Pettigrove Park)、"演讲堂前庭广场"(Auditorium Forecourt Plaza),三个广场间由人行林荫道来连接。波特兰系列所展现的是哈普林对自然的独特理解。爱悦广场的不规则台地,是自然等高线的简化;广场上休息廊的不规则屋顶,来自于对洛基山山脊线的印象;喷泉的水流轨迹,是对加州席尔拉山(High Sierra)山间溪流的简练再现。

图 8-22　爱悦广场(Lovejoy Plaza)折线台地结构

(5)佐佐木英夫(Hideo Sasaki,1919—2000)与 SWA、Sasaki 事务所

在美国第二代现代园林设计师中,佐佐木(Hideo Sasaki)也是出色的代表。这位日裔美国人出生于加利福尼亚,曾在加州大学伯克利分校、伊利诺斯大学和哈佛大学设计研究生院学习。佐佐木是出色的教育家,1958—1968 年,他担任了哈佛大学设计研究生院主任,通过合作研究室的形式将建筑学、城市规划和园林专业的学生组织在一起,共同努力来解决各种各样的问题,完成课题的研究。佐佐木在实践和教学领域保持了完美的平衡,他同时是 SWA 集团和 Sasaki 事务所(Sasaki Associates Inc.)两大景观设计公司的创始人。

佐佐木主张从各种生态张力的作用中找到合适的设计手段,将生态系统纳入城市基本结构,追求生态与城市的共生;建立开敞空间系统,并追求宜人的空间和适当的尺度,支持连续的步行空间,实现人与城市的和谐;在对环境正确理解的基础上,联系整体环境考虑地段的设计;提供土地的混合使用,激发城市的活力,实现使用功能之间的平衡。佐佐木对园林行业的一个突出贡献是,他使园林设计师在与建筑师、规划师和其他专门人才的合作过程中扮演了重要的角色,通过在合作的规划和设计中证明了园林设计师的作用。至 1990 年代以后,SWA 及 Sasaki 都已成为包括多个公司的多学科的综合事务所,在全球园林行业有重要影响。

□ 佐佐木对学生的影响是充满理智而激发灵感的。他认为,设计主要是针对给出的问题提出解决方案,是将所有起作用的因素联系成一个复杂整体的过程。在这一过程中,需要运用三种方法:研究、分析和综合。研究和分析的能力是可以通过教学获得的,而综合的能力则要靠设计者自己的天分,但是也可以引导和培养。教师的任务就是要培养学生这三方面的能力。

(6)彼得·沃克(Peter Walker,1932—)

彼得·沃克(Peter Walker)出生在美国加利福尼亚帕萨德纳市。1955 年在加州大学伯克利分校获得了风景园林学士学位。沃克曾经在哈普林的事务所工作过,又与佐佐木一起创办了 SWA 公司,并一直是主要负责人。1976 年,他去哈佛任教,并担任了景观系的主任,后来创办了自己的事务所。沃尔克对 60 年代的"极简主义"艺术家的作品抱有极大的兴趣,尤其受到贾德(D. Judd)的巨大影响。

彼得沃克将极简主义解释为:物即其本身。(The object is the thing itself)。他试图用极简艺术的经验去寻找解决社会和功能问题的方法。"我们一贯秉承的原则是把园林设计当成一门艺术,如同绘画和雕塑。……所有的设计首先要满足功能的需要,然后才是实现它的形式。"他在构图上强调几何和秩序,多用简单的几何母题如圆、椭圆、方、三角,或者这些母题的重复,以及不同几何系统之间的交叉和重叠。材料上除使用

□ 极简主义(Minimalist),又称"最低限度艺术",它是在早期结构主义的基础上发展而来的一种艺术门类。在 20 世纪 60 年代,它主要通过一些绘画和雕塑作品得以表现。很快,极简主义艺术就被彼得·沃克(Peter Walker)等先锋园林设计师运用到他们的设计作品中去,并在当时社会引起了很大的反响和争议。

新的工业材料如钢、玻璃外，还挖掘传统材质的新的魅力，水池、草地、岩石、卵石、沙砾等都纳入严谨的几何秩序之中，以一种人工的形式表达出来，边缘整齐严格，体现出工业时代的特征。种植也采取规则形式，树木大多按网格整齐种植，灌木修剪成绿篱，花卉追求整体的色彩和质地效果，作为严谨的几何构图的一部分。其设计思想在《极简主义庭院》(Minimalist Gardens)和《看不见的花园》(Invisible Gardens)中有所体现。

(7)玛莎·施瓦茨(Martha Schwartz，1950—)

玛莎·施瓦茨(Martha Schwartz)1950年生于美国费城，为美国Martha Schwartz合伙人事务所总裁，事务所分别设于剑桥、麻省以及伦敦。自从1987年以来，玛莎·施瓦茨一直在美国哈佛大学研究生设计学院担任教授，着重培养学生运用艺术手法表达的能力。

图8-23　玛莎·施瓦茨作品——拼合园

施瓦茨受后现代主义、极简主义等的多重影响，作品风格大胆(见图8-23)。她曾经学习了10年艺术，后来转向园林设计。她认为，园林是与其他视觉艺术相当的艺术形式，也是一种表达当代文化并用现代材料制造的文化产品，同时反映现代社会的需要和价值。施瓦茨始终孜孜不倦地探索园林设计新的表现形式，希望将园林设计上升到艺术的高度。她反对在都市环境中风景式的景观，其主要兴趣在于探索几何形式和它们彼此之间的神秘关系上。施瓦茨的作品在形式手法上有以下特征：①平面中几何形式的应用。②对基地文脉的体现。③在景观中组合非常规的现成品。④使用廉价的材料。⑤人造植物代替天然植物。⑥传统园林要素的变形和再现。⑦对垂直面和水平面同等关注等。

(8)哈格里夫斯(George Hargreaves，1952—)

哈格里夫斯于1977年毕业于佐治亚大学环境设计学院，获得风景园林学士学位(BLA)，1979年以优异成绩毕业于哈佛大学设计研究生院，获风景园林硕士学位(MLA)，毕业后他在SWA设计集团工作，由于表现出色，两年后即被委以主要设计师的重任。1983年哈格里夫斯创立了自己的哈格里夫斯设计事务所，开始了风景园林艺术实践的新尝试，与此同时，他还先后在宾夕法尼亚大学、哈佛大学担任客座教授，从事风景园林的理论研究和教学工作。1996年起他担任哈佛大学设计研究生院风景园林系主任和以皮特·路易斯·哈伯克(Peter Louis Hombeck)命名的教授职务。

□ 20世纪70、80年代，当生态设计热潮席卷美国大地的时候，哈格里夫斯并没有随波逐流，而是理智、坚定地去开辟景观艺术的新天地，他认为现代景观应该首先把艺术放在第一位，艺术是景观之灵魂。他最终将最初完全源于物质自然的"大地艺术"运动，发展到更为全面的高度。美国评论家约翰·伯得斯利(John Beardsley)称赞哈格里夫斯为"风景过程的诗人"。

他致力于探索介于文化和生态两者之间的方法，即以物质性为本(physieality)，从基地的特定性(site-specific)去找寻风景过程的内涵，建立与人相关的框架，寻求客观物质形象与人的精神世界之间的桥梁，关注自然与文化之间的联系、大地与人类之间的联系以及运动与静止之间的联系等。在形式创作上，哈格里夫斯的作品表现出雕塑化的地形处理、水景效果的独特运用以及简约化的视觉效果等特点。哈格里夫斯的代表作包括烛台点文化公园、广场公园、拜斯比公园、歌德鲁普河公园、辛辛那提大学总体规划、葡萄牙的Parque do Tejo e Trancao公园、澳大利亚的悉尼奥运会公共区域园林设计等。

8.2.2　巴西与墨西哥

由于历史的原因，拉丁美洲在文化上受到西班牙和葡萄牙很大的影响，因而，伊斯兰园林传统也渗透在当地的园林文化之中，如水渠、马赛克的镶嵌装饰、浓重的色彩等特征在拉美的一些园林中常常见到。1937年至1943年之间，柯布西埃作为顾问参与了里约热内卢的教育卫生部的设计,点燃了拉丁美洲青年建筑师现代主义运动的星星之火。在巴西,出现了以建筑师兼规划师科斯塔(L. Costa)、建筑师尼迈耶(O. Niemeyer)和风景园林师马克斯(R. B. Marx)为代表的现代运动集团,在建筑、规划、园林领域展开了一系列开拓性的探索。在墨西哥,建筑师巴拉甘结合本国的传统和现代的设计思想和手法创造了新的园林风格,也是拉丁美洲具代表性的风景园林设计师。

□ 墨西哥是多个美洲文明的发源地,曾孕育了玛雅、阿兹特克、托尔特克、奥尔梅加和特奥蒂华坎等举世闻名的古印第安文化。古老的文化不仅奠定了现代文明的基础,同时也造就了一批卓越的艺术家,他们在现代文学以及绘画上都颇有建树。

图 8-24　布雷·马克斯的画作

造园师及园林思想

布雷·马克斯(Roberto Burle Marx,1909—1994)

马克斯被认为是 20 世纪最有天赋的风景园林师之一。他出生于巴西圣保罗,1938 年马克斯为柯布西埃设计的教育部大楼设计了屋顶花园。这以后,他设计了大量的私人花园和公园,以及许多政府办公楼的庭院,如柯帕卡帕那海滨大道、外交部、法院及国防部的庭院等。

马克斯同时是位优秀的抽象画家(见图 8-24),他用流动的、有机的、自由的形式设计园林,一如他的绘画风格。他用花床限定大片植物的生长范围,用植物叶子的色彩和质地的对比创造美丽的图案,他还将这种对比扩展到其他材料,如砂砾、卵石、水、铺装等。他使那些被人们看做是杂草的当地植物在园林中大放异彩。他的马赛克铺装的地面,本身就是一幅巨大的抽象绘画。但他的园林绝不仅仅是二维的,而是由空间、体积和形状构成。从马克斯的设计平面图可以看出,他的形式语言大多来自于米罗(Joan Miro)和让·阿普(Jean Arp)的超现实主义。他创造了适合巴西气候特点和植物材料的风格,并与巴西现代主义建筑运动相呼应。马克斯将园林视为艺术,他的设计手法在中小尺度园林上显得极有魅力,其设计语言如曲线花床、马赛克地面被广为传播,在全世界都有重要的影响。

□ 18 岁去德国时,布雷·马克斯见到了引种在植物园的美丽的巴西植物,这使他意识到,巴西的乡土植物在庭院中是大有可为的。回国后,马克斯进入了国立美术学校学习艺术,他与建筑系的学生和老师有相当多的接触。这些人中的许多人后来都成为巴西现代建筑的领导者,其中包括尼迈耶。马克斯的老师之一,建筑师和城市规划师科斯塔,对他在园林设计上的才能颇为赞赏,请他为自己设计的住宅设计庭院,这是他职业生涯的开始。当科斯塔开始负责新首都巴西利亚的规划时,将主要建筑设计任务交给了尼迈耶,而将环境设计的工作委托给了马克斯。

巴拉甘(Luis Barragan,1902—1988)

曾于 1980 年获得普林茨凯奖的墨西哥建筑师巴拉甘(L. Barragán)在拉丁美洲现代风景园林的发展中占有重要的地位。巴拉甘原来的专业是工程,后来在两位建筑师手下学习建筑。1925 年和 1931 年到欧洲和北美的两次旅行,使他不仅对现代艺术和现代建筑的发展有了全面的了解,而且加深了他对于墨西哥传统的地中海精神的理解。

巴拉甘的作品将现代主义与墨西哥传统相结合,开拓了现代主义的新途径。1968 年,他在自己设计的圣·克里斯多巴尔(San Cristobal)住宅的庭院中,使用了玫瑰红和土红的墙体以及一个方形大水池,从墙上的一个水口向下喷落瀑布,水声打破了由简单几何体组成的庭院的宁静,在炙热的阳光下给人带来一些清凉。在巴拉甘设计的一系列园林中,他以简洁的几何形体(主要是矩形),和简单的要素(墙和水),以及传统的色彩,创造出一种现代而又极具地方特色的风格(见图 8-25)。他简练而富有诗意的设计语言,在各国的园林设计师中独树一帜。

图 8-25　巴拉甘作品——饮马槽广场
(Plaza del Bebedero los Caballos)

8.2.3　加拿大

由于独特的地理环境和文化渊源,加拿大政府和民众一直提倡可持续发展,高度关注地域环境,强调文化和经济的并行发展。加拿大园林设计师在国内外都做出了引人注目的成就,对城市、乡村和边远风景区的规划、设计、保护和管理做出了杰出的贡献。

20 世纪 60 年代是加拿大风景园林行业形成全国性主要风格的重要

□ 由马克林·汉考克(Macklin Hancock)和丹纳德·帕愓特(Donald Pettit)创办的多伦多设计有限公司(Project Planning Associates Limited of Toronto)承担了博览会的主场地规划。

时期。1967 年,加拿大为庆祝联邦百周年纪念日筹划了一个国际性的博览会——蒙特利尔 1967 国际博览会。博览会为全国设计师提供了一个展示平台,许多设计师和设计公司在博览会规划、设计和项目施工方面发挥了极其重要的作用。通过这次博览会,加拿大风景园林行业拓宽了发展空间、增添了活力。

20 世纪 70、80 年代之间,加拿大建设的主要园林项目有温哥华的86届博览会、1988 年卡尔加里的冬季奥林匹克体育中心、阿尔伯塔市(Alberta)的城市公园系统。不列颠哥伦比亚省几乎所有的风景园林设计师参与了这些项目,推动着风景园林行业的成长与发展。20 世纪 80、90 年代重要项目有落基山南部区域的植被景观规划,魁北克市的蓝棍花园(Blue Stick Garden)等。加拿大园林设计师是最早提出并实践景观文化遗产保护的成员之一。通过建设公园来恢复文化遗址,设计师将保护文化遗产和体现文化遗产价值综合起来融入到公园、旷地和街景的设计之中,在世界范围内产生了广泛影响。

造园师及园林思想

朗巴德·洛思设计公司(The Lombard North Group)

朗巴德·洛思设计公司(The Lombard North Group)于 1968 年在温尼伯市成立,至20 世纪 70 年代,该设计公司的事务所已遍及加拿大西部地区。该公司也以融合多学科的成员共同工作而闻名。与多伦多设计公司相比,朗巴德·洛思设计公司运用了新兴的环境科学知识来协助园林景观规划设计与场地施工。该设计公司的项目主要有位于卡尔加里市的鱼溪公园(Fish Creek Park)(约 1200 公顷的带状滨河公园),此公园以作为加拿大的第一个州立城市公园而闻名(表 8-2)。

表 8-2 美洲现代园林代表案例列表

基本信息	园林特征	备注	平面示意图
唐纳花园 (Donnel Garden) 时间:1948 年 区位:美国旧金山 设计师:托马斯.丘奇 (Thomas Church)(美国)	理念:满足加州地区人们的生活需要,以带有露天木制平台、游泳池、不规则种植区域和动态平面的小花园创造户外生活的新方式 布局:庭院由入口院子、游泳池、餐饮处和大面积的平台所组成。庭院轮廓以锯齿线和曲线相连,肾形泳池流畅的线条以及池中雕塑的曲线,与远处海湾的"S"形线条相呼应。树冠的框景将原野、海湾和旧金山的天际线带入庭院中	唐纳花园坐落在 Sonoma 的一座山坡上。业主最初的要求仅仅是要有一个游泳池、舒适的铺装场地以及一些走廊。托马斯·丘奇和劳伦斯·哈普林以及建筑师 George Rockrise 一起,共同创造了一个完全基于原来场地特征的人工景观	
奥德特.芒太罗 (Odette Monteiro) 时间:1948 年 区位:巴西彼得罗波利斯市(Petropolis) 设计师:布雷.马克斯 (Burle Marx)(巴西)	布局:花园坐落在宽阔的山谷之中,自然景观构成园林的一部分,弯曲的道路将人们的视线引向壮丽的山景;各色植物簇拥在道路两边,拼贴成流动的花床;园内小湖栽种着水生植物		

续表

基本信息	园林特征	备注	平面示意图
米勒花园(Miller Garden) 时间:1955 年 区位:美国印地安纳州哥伦布市 规模:4 公顷 设计师:丹·凯利(Dan Kiley)(美国)	理念:以建筑的秩序为出发点,将建筑空间扩展到周围的庭院空间中,塑造了一系列室外的功能空间 布局:花园分为三部分:庭院、草地、和树林,在紧邻住宅的周围,用 10×10 英尺的方格规则地布置绿篱,通过结构(树干)和围合(绿篱)的对比,实现了建筑的自由平面思想 其他:这个作品被认为是凯利设计生涯的一个转折点	米勒家族在二战后的哥伦布市对工业、社会和文化的影响举足轻重,在他们的资助下,哥伦布市邀请了一些当时著名的建筑师为城市设计了一系列公共建筑。同时,作为整个城市现代建筑运动的一部分,米勒的私家住宅邀请了小沙里宁来设计,丹·凯利则负责庭园部分的设计	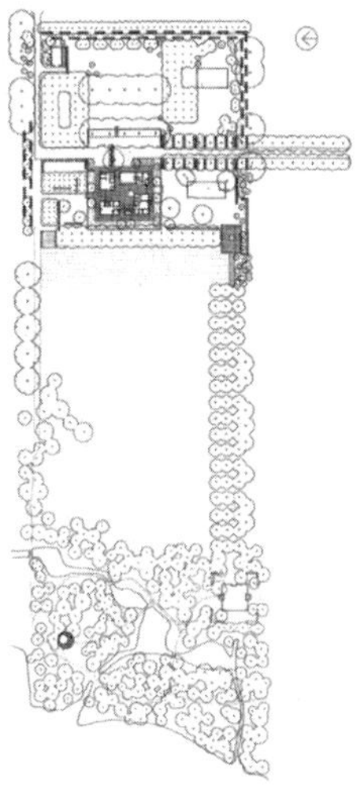
达. 拉格阿医院庭院(Hospital Da Lagoa) 时间:1955 年 区位:巴西里约热内卢 设计师:布雷 . 马克斯(Burle Marx)(巴西)	布局:弯曲的园路终端是圆形的小广场,小广场周围和道路两侧是大片植物的种植床;花园边缘种着大王椰,构成垂直造园要素		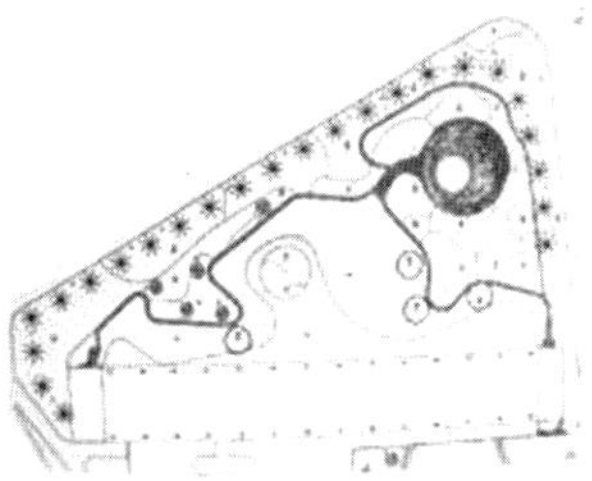
饮马槽广场(Plaza del Bebedero los Caballos) 时间:1959 年 区位:墨西哥城 设计师:巴拉甘(Luis Barragan)(墨西哥)	布局:在浓郁的桉树林中自由布置了蓝色、黄色和白色的墙体,墙在满盈的长水槽中投下倒影,水槽中的水沿池边落入狭窄的水沟,产生的水声被巴拉甘称为景观的音乐	在原旧种植场的土地上规划开发骑马和马术为主题的拉斯阿伯雷居住区(Las Arboledas),居住区入口为饮马槽广场,设计将广场构思成为骑马者聚会的地方	
外交部大楼环境设计 时间:1965 年 区位:巴西利亚 设计师:布雷 . 马克斯(Burle Marx)(巴西)	布局:用简洁的手法设计了大面积平静水面,不同形状的混凝土花池如同小岛一样漂浮在水面上,有的花池沉于水下以适应不同习性的植物生长;大楼中间的冬园则由曲线花坛、弯曲的马赛克园路和卵石及植物填充的种植池组成	尼迈耶担纲建筑设计	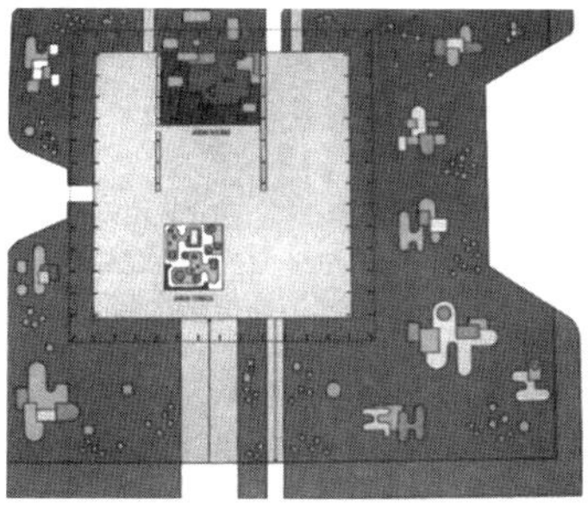
圣. 克里斯多巴尔住宅庭院(San Cristobal) 时间:1966—1968 年 区位:墨西哥克鲁布斯 设计师:巴拉甘(Luis Barragan)(墨西哥)	理念:使用了玫瑰红、土红的墙体和方形大水池,水池的一侧有一排马房,水池也是马饮水的地方。红色的墙上有一个水口向下喷落瀑布,水声打破了由简单几何体组成的庭院的宁静		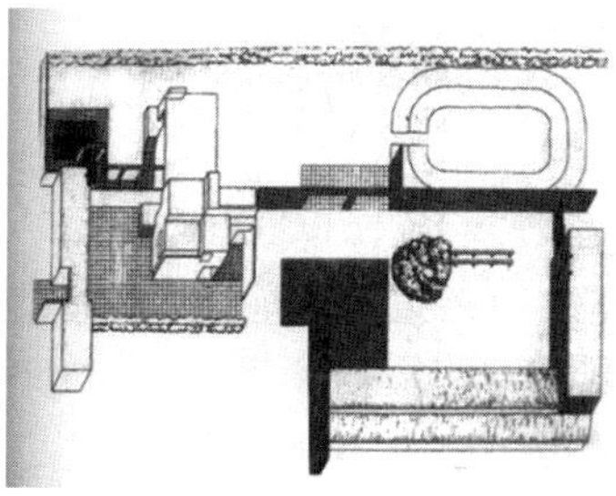

续表

基本信息	园林特征	备注	平面示意图
帕雷公园 (Paley Park) 时间:1968 年 区位:美国纽约 规模:390 平方米 设计师:泽恩(Robert Zion)(美国)	理念:建筑物之间的空地设计,作为“有墙、地板和天花板的房间”,目的是多功能的,不是为了装饰或游乐,打造了一个安静愉悦的多功能休息空间 布局:在 42×100 英尺大小的基地尽端布置了一个水墙,潺潺水声掩盖了街道上的噪声,两侧建筑的山墙上爬满了攀援植物,作为“垂直的草地”,场地上种植的刺槐的树冠,限定了空间的高度	20 世纪五六十年代,西方发达国家,尤其是美国,建造了大量的高层建筑,城市中心建筑密度极大,城市中的绿地珍贵而稀有。于是,一些见缝插针的小型城市绿地——口袋公园(Pocket park),成了设计师关注与实践的对象	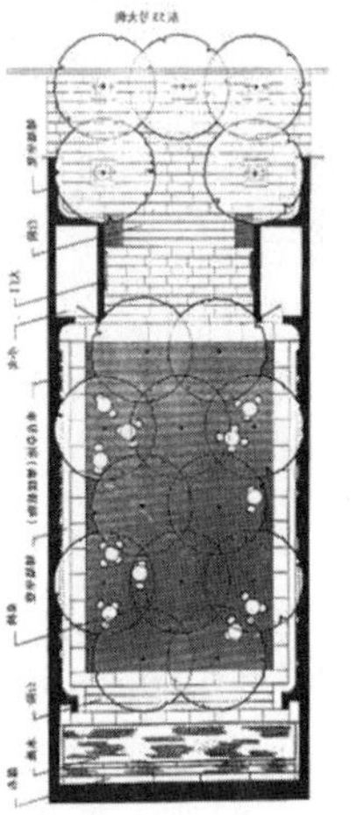
柯帕卡帕那海滨大道(Aterro de Copacapana) 时间:1970 年 区位:巴西里约热内卢 规模:4 千米长 设计师:布雷·马克斯 (Burle Marx)(巴西)	理念:以开放、宽敞的步行道为主,在人行道的设计上,用流动的抽象图案对巴西地形进行隐喻,以马赛克块作为铺装材料,颜色来自本地的白、黑和红 布局:海边的步行道用黑白两色铺成水波形状,人行道上 4、5 棵树间隔种植,下面设有休息设施		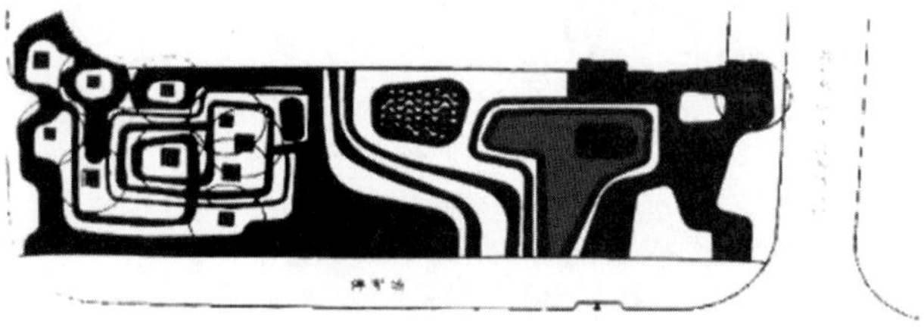
演讲堂前庭广场(Auditorium Forecourt Plaza) 时间:1971 年 区位:美国波特兰市 设计师:劳伦斯·哈普林 (Lawrence Halprin)(美国)	理念:根据对自然的体验来进行设计,将人工化的自然要素插入环境。从俄勒冈州瀑布山脉、哥伦布河的波尼维尔大坝中找到了设计原型,以巨大的瀑布、粗糙的地面、茂密的树林在城市环境中为人们架起一座通向大自然的桥梁 布局:水景广场平面近似方形,分为源头广场、跌水瀑布和大水池及中央平台 3 个部分。水从北部混凝土块组成的方形广场上方跌落,汇集到下方的水池中	演讲堂前庭广场是哈普林为波特兰市设计的一系列广场之一	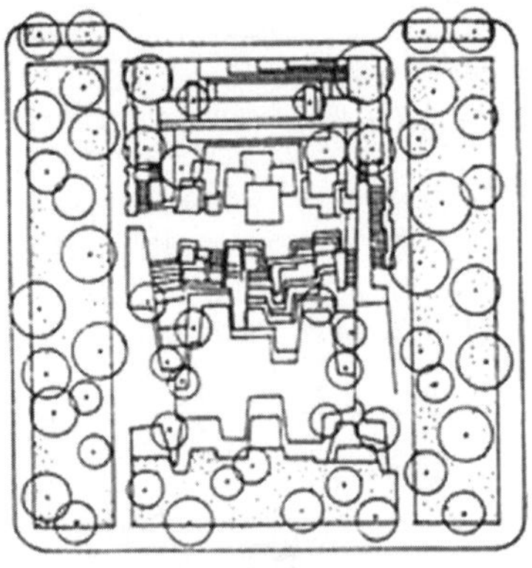
西雅图高速公路公园(Freeway Park) 时间:1976 年 区位:西雅图 规模:2.2 公顷 设计师:劳伦斯·哈普林 (Lawrence Halprin)(美国)	理念:设计将原有的高速公路看做是城市景观的一部分,建造一处延展的公园,将它架跨在高速公路之上,从而使两个分离的区域重新联系起来 布局:充分利用地形,使用巨大的块状混凝土构造物和喷水,创造了一个水流峡谷的印象,将车辆交通带来的噪声隐没于水声中	1966 年,哈普林出版了《高速公路》(Freeways)一书,讨论了高速公路所带来的问题,并对这些问题提出一些解决办法。其后被邀请在西雅图市中心设计了一个跨越高速公路的绿地	
泰纳喷泉 (Tanner Fountain) 时间:1979 年 区位:美国马萨诸塞州 设计师:彼得·沃克 (Peter Walker)(美国)	理念:伴随着天气、季节及一天中不同的时间有着丰富的变化,使喷泉成为体察自然变化和万物轮回的一个媒介 布局:用 159 块石头排成了一个直径 18 米的圆形的石阵,雾状的喷泉设在石阵的中央,喷出的细水珠形成漂浮在石间的雾霭,透着史前的神秘感	该作品受到极简艺术家安德拉 1977 年在哈特福德(Hartford)创作的一个石阵雕塑的影响	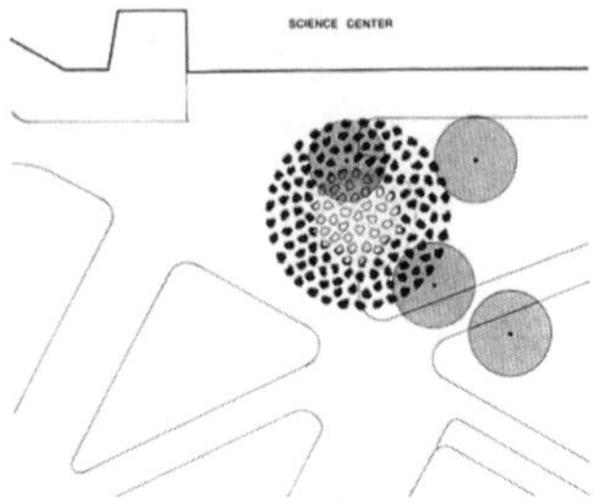

续表

基本信息	园林特征	备注	平面示意图
越南阵亡将士纪念碑(Vietnam Veterans Memorial) 时间:1982 年 区位:美国华盛顿 设计师:林璎(Maya Lin)(美国)	布局:纪念墙壁在平面上为一个平放的V字形,东翼指向华盛顿纪念碑,西翼指向林肯纪念堂,在黑色的大理石碑墙上,刻着五万多个战争中死去的人的姓名。整个碑墙被置于大片草坪中,用绿地衬托碑体。以两边低中间高的标高差形成的地形使碑文所铭刻的名字从两边向中间不断增多,增强了感染力	竞赛评委从1421个设计中,一致选择了21岁耶鲁大学生林璎的作品作为优胜者	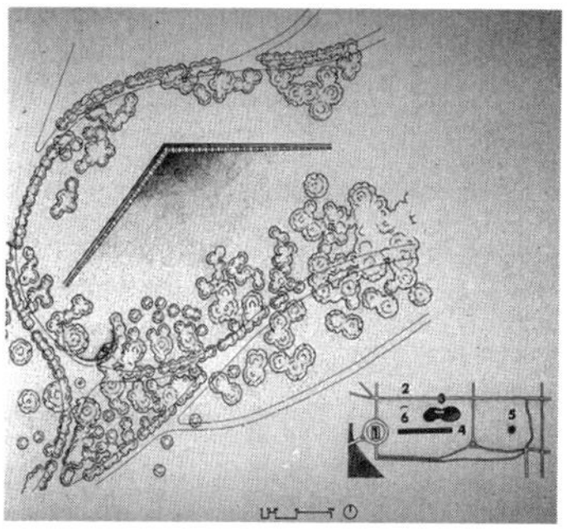
烛台角文化公园(Candlestick Point Cultural Park) 时间:1985 年 区位:美国加州旧金山 规模:7.3 公顷 设计师:哈格里夫斯(George Hargreaves)(美国)	理念:所有的自然元素组成了哈格里夫斯所谓的"环境的剧场",通过这些元素的强调,使人们在这个特殊的环境里通过接触自然而深刻体会自身的存在 布局:在常年主导风向上设置了数排弯曲的人工风障山,并在最里侧的风障山上开启了风门,作为公园的主入口。同时,又将迎接海潮的两条人工水湾深入园中腹地。"U"字形道路的两个端点设置了观景台,路堤与草地之间是伸向内陆的浅坑,可成为避风的场所	基地原为城市的碎石堆积场,在一个建筑垃圾填海筑就的人工半岛上。背靠烛台角体育馆和一个巨大的停车场	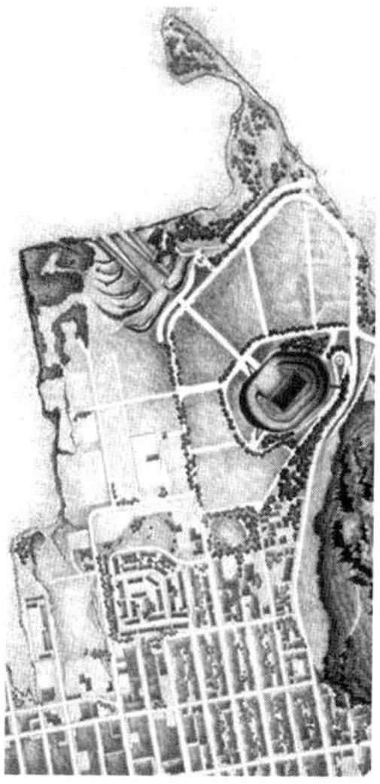
达拉斯联合银行大厦喷泉广场(Fountain Place) 时间:1986 年 区位:美国达拉斯市 规模:6 公顷 设计师:丹·凯利(Dan Kiley)(美国)	理念:以均等的网状结构通过模数化的方式强调出场地的秩序感和规整性,"要将人对自然的体验引导到城市的环境之中" 风格:结构主义的几何风格 布局:广场强调网格状的阵列式分布,分为三个层次:第一层为5×5的落羽杉树池网格,第二次为错位叠加的同样大小的喷泉网格,第三层为十米宽的十字交叉型混凝土铺装,铺装四周是水体	广场属道路围合型,从属于建筑广场,为市民提供休闲环境和生态花园景观。广场主体建筑由贝聿铭事务所设计,高60层,是一座由几何构成的大玻璃幕墙建筑。当丹·凯利第一次观察现场的时候,就产生了将整个环境做成一片水面的构思,通过水体来激活这个高层建筑周边单调空旷的环境	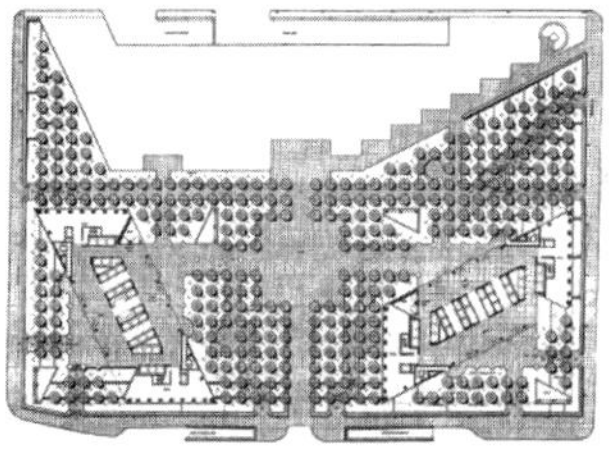
珀欣广场(Pershing Square) 时间:1986 年 区位:美国洛杉矶市 设计师:里卡多.莱戈雷塔.比利切斯(Ricardo Legorreta Vilchis)(墨西哥)	布局:广场的中心有明显的轴线,在轴线两侧通过平面划分和空间变化打破对称的布局 其他:1. 广场中高耸的塔和平展的墙体采用亮紫色,突出了构筑物的形体;2. 广场轴线上有大型喷泉水池,水流沿高塔流下,经过景墙顶部的水池注入圆形水池;3. 设计中运用鲜黄、土黄、紫色、桃红色等具有墨西哥特色园林要素	与费城园林设计师欧林(Laurie Olin)共同设计	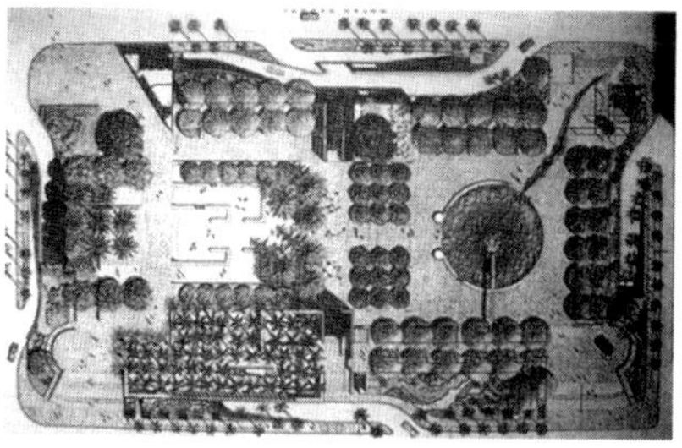

续表

基本信息	园林特征	备注	平面示意图
圣．何塞市瓜达鲁普河公园（Guadalupe River Park） 时间:1988年 区位:美国加州圣．何塞市(San Jose) 规模:4.8千米 设计师:哈格里夫斯(George Hargreaves)(美国)	理念:集合园林、水利、市政、结构、地质等多专业考虑,将防洪功能与公园功能完美结合起来 布局:公园系统分为上下两层,下层为泄洪道,上层则为滨河散步道和野生动物保护地,并连接周围的新的市政建筑、住宅和商业开发区 其他:河岸波浪状起伏的地形模仿水流过程,暗示着水的流动性与活力,在泄洪时有利于减缓水的流速	该园是沿穿越圣·何塞市市中心的歌德鲁普河改建的。由于常遭受洪水侵袭,原计划沿河修建一条防洪堤,但是市政府希望通过河道整治,带来两岸土地的开发,并在此修建一个供人们休闲、娱乐的公共活动空间	
瑞欧购物中心庭院（Rio Shopping Center） 时间:1988年 区位:美国亚特兰大市 设计师:玛莎·施瓦茨(Martha Schwartz)(美国)	理念:采用了非和谐的几何关系以及强烈的色彩对比展现园林要素之间的冲突,创造一个具有高度视觉刺激和动感的空间 风格:带有波普艺术风格 布局:庭院平面为矩形,可分为基本相等的三部分。里侧三分之一部分供人们休息与餐饮,中间主要是大水池,水面上一斜平桥横穿水面,斜桥临空连接了两侧建筑长廊。临街三分之一设置白色钢管框架球,基座有一雾喷泉	位于亚特兰大市中心的瑞欧购物中心为重建的商业环境,建筑平面呈U形,两层,底层比街面低3米,有台阶相连,舒瓦茨负责庭院部分的设计	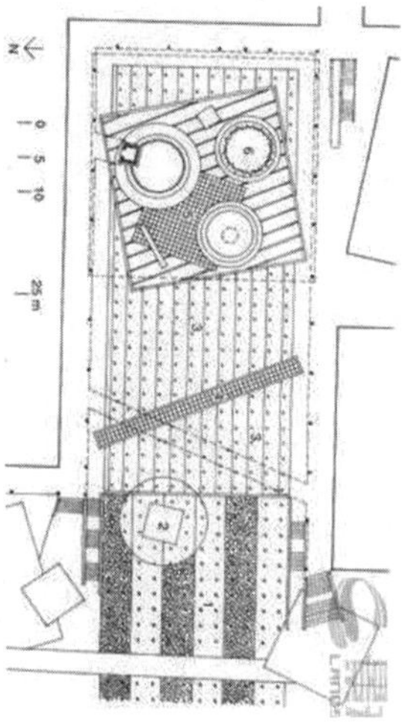
查尔斯顿滨水公园（Charleston Waterfront Park） 时间:1990年 区位:美国南卡罗来纳州查尔斯顿市(Charleston) 规模:2.8公顷 设计师:佐佐木事务所(Sasaki Associates)(美国)	理念:将河滨大片河滩完整保留了下来,以保护滩涂湿地生态系统,同时为人们创造一个接近水面、集多种功能为一体的水滨开放空间 风格:保持了与区内殖民地式建筑相一致的尺度与风格 布局:公园沿河岸临水布置,跨越了协和大道四个街区。大道相接部分也纳入公园规划之中,辟作步行区,沿街设置了商店和咖啡馆。公园沿水滨方向分为三带:面向大街一侧为林荫休憩带;中央为草坪带;最靠近水滨的为沿河观景带	公园原先为停车场,是查尔斯顿半岛最后一块需规划与开发的水滨地带。市政府接受了佐佐木事务所的建议,决定将其建设成为一个向市民开放的水滨公园,让人们能自由地接近水面	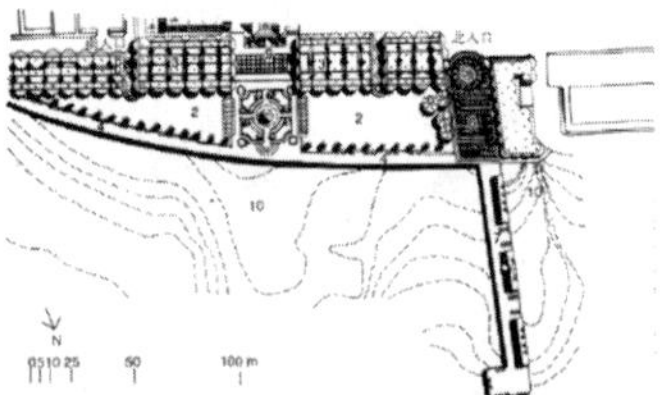 公园平面图
亚利桑那中心庭园（Arizona Center） 时间:1999年 区位:美国亚利桑那州凤凰城 规模:9.3公顷 设计师:SWA公司(美国)	理念:现代化"绿洲",为周围的办公区和建筑物提供绿色的缓冲 风格:多种沙漠中的植物被运用于其中,并产生戏剧化的效果 布局:中心花园比外围的道路低3米,营造出一个浅碗状的水景休息区。池水随阶梯而下,花园呈阶梯状。庭园平台分两层,上下层平台由台阶相接,均采用弧形	该项目位于凤凰城中心区,是一个公共私有混合的项目。以往城市中心只有一些历史性的建筑物,没有海滨和主街道的购物功能,SWA集团承担了亚利桑那中心的城市设计与园林环境设计,旨在建成一个全新的都市中心	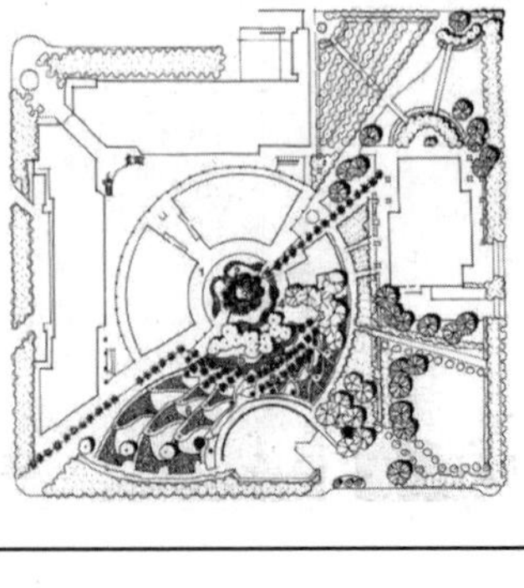

8.3　亚洲地区

8.3.1　中国

1949年新中国成立以后,中国进入了探索具有中国地域文化特色的现代园林发展进程,由于受社会文化及经济条件和建设指导方针政策的影响,不同时期的园林发展也表现出形式和内涵的变化。

新中国建立初,不少城市把原来仅供少数人享乐的场所改造为供广大人民群众游览、休息的园地,在“适用、安全、经济”的建设指导思想下,新建园林设计主要以满足基本使用功能为主,大部分内容简单,中国造园艺术传统未受到足够的重视。

20世纪50年代初期,前苏联城市绿化建设理念传到我国,公园、花园、绿地不只是美化城市环境的重要手段,而且是人们进行游息活动的重要场所的理论在中国传播。随后,进一步受到前苏联文化休息公园设计理论的影响,在新建园林中,开始关注功能并采取功能分区的做法,但是在形式上仍普遍借鉴中国传统园林艺术。这一时期我国各城市新建公园常结合卫生工程将低洼地进行土方挖填,形成类似传统造园的挖湖堆山工程,构成基本山水格局,再按功能要求活动内容进行分区,参照绿地、道路广场、建筑和其他的用地比例要求进行详细设计。

到50年代末期,早年全面学习前苏联的建设模式呈现出种种弊端,中国转而寻求适合自己国情的发展道路,更加强调本土文化传统与现实情境。再加之“大跃进”高潮的推动,“社会主义内容,民族形式”等创作理论得以重申。此时,发动群众挖湖堆山继续成为新建园林的主要手段,通过山水格局的经营体现诗情画意和自然风景的造园传统。在公园规划中不再一味遵循单一的功能分区的设计方法,而是开始摸索景区设置的设计方法。

同时,在“大跃进”的势头下,中央于1958年发出“大地园林化”口号,一方面园林的数量和面积得到极大提高。另一方面,园林开始与生产相结合,“果林化”成为园林建设的明确要求。“大跃进”与随之而来的“三年困难时期”(1959—1961)之后,中央提出“调整、巩固、充实、提高”的方针,园林建设缓慢发展。1964年,全国发动“设计革命”运动,意欲通过贬抑传统文化、批判来自前苏联以及西方国家的设计思想,以彰显无产阶级革命精神。“设计革命”极左思想的影响一直持续到20世纪70年代末“文化大革命”(1966—1976)结束。

1978年十一届三中全会后,园林建设重新起步,振兴发展。50年代形成的设计理念重新被提及,“中而新”的风格、探索“民族传统”、寻求“文化认同”等又提上议事日程,涌现了上海方塔园等优秀的设计作品。此时,关注风景品质的中国造园传统开始复兴,同时兼顾现代的功能需求。除了景区设计方法外,“园中园”“大园套小园”的手法又丰富了园林的景物和内容。

80年代后,全国绿地面积不断增加,质量不断提高,园林类型也得到极大丰富。除城市公园外,街道绿地、专类公园等大量建设,“风景区”规划也在真正发展起来。许多城市利用或开拓环城的或环护城河的地段建成环城公园带,如西安市的环城公园,合肥市河滨及环城公园等。

□ 前苏联城市绿地系统理论的引入,使中国传统造园的视野进一步从花园、公园的范畴扩大到对城市尺度的绿地体系的认识,引入了城市绿地的类型,并加以分类统筹。

□ 前苏联文化休息公园设计理论由莫斯科高尔基公园的建设经验总结而来,即公园是把政治教育活动与劳动人民在绿地中的文化休息活动结合起来的园林形式。我国按照文化休息公园模式设计的公园包括北京陶然亭公园、广州越秀公园、合肥逍遥津公园等。

□ 1958年2月城建部召开第一次全国城市绿化工作会议,提出要发展苗圃普遍植树,重点不在修大公园上。城市里也出现了大搞绿化植树的群众运动,但实际种植中,没有规划,见空地就栽,也不讲立地条件,有什么苗就种什么。

□ 极“左”思潮把绿化美化方针和讲求园林艺术风格的原则都视为修正主义,加以批判。

□ 与中国大陆不同,香港因在近150年的英国殖民教育下,园林渗入许多现代设计的概念,较少受中国传统风格和思想的影响。园林建设作为城市规划的组成部分,其主要功能是在人口密度极高的都市里提供绿地,供人们休息娱乐。台湾园林则更重视生态原则,对维持乡土气息和本土文化品位十分重视。

造园师及园林思想

(1)刘敦桢(1897—1968)

刘敦桢(见图8-26),建筑史学家,建筑教育家。1897年出生于新宁县一个清代官宦家庭。1908年就读于长沙楚怡学校,由于受参加同盟会的兄长影响,从小立志报效祖国,走"科学救国"的道路,1913年东渡日本留学。先后入东京高等工业学校机械科和建筑科读书。1922年学成归国,在上海等地从事建筑和建筑教育工作。1927年参与筹组中央大学建筑系,后加入中国营造学社,致力于古建筑文献的发掘和考订。1943年以后,任重庆中央大学建筑系教授、系主任、工学院院长。

□ 除了代表的园林设计师外,建国后各城市的园林设计单位(如杭州园林院、北京园林局等)承担了各城市的多数园林规划设计,建成了一批优秀园林作品。

□ 20世纪30年代,中国建筑界就有"南刘北梁"之说,南刘指刘敦桢,北梁指梁思成。

中华人民共和国成立后,刘敦桢任南京大学、南京工学院建筑系教授、系主任、中国建筑历史与理论研究室主任。期间开展对我国传统民居与古典园林的大规模研究,通过对华北和西南地区的古建筑调查和对中国传统民居和园林的系统研究,奠定了中国现代风景园林学科的主要基础。他率领助手们对苏州大、中、小典型园林详细测绘,八、九年间绘制测绘图纸两千余张,摄影两万余幅,文字稿十万余字。曾多次主持全国性的建筑史编纂工作,出版了《苏州古典园林》等颇有影响的专著。

图8-26 刘敦桢(1897—1968)

(2)童寯(1900—1983)

童寯(见图8-27),满族人,字伯潜。建筑学家,建筑教育家。1900年出生于奉天省城东郊(今沈阳市郊),1921年入北平清华学校。1925年毕业于清华学校高等科,同年秋公费留学美国宾夕法尼亚大学建筑系,与杨廷宝、梁思成、陈植等同窗学习。1928年以3年修满6年全部学分,获得建筑学硕士学位,提前毕业。留美实习、工作各一年后赴欧洲多国考察建筑。1930年回国,至1949年期间先后任职于东北大学建筑系、中央大学建筑系、南京大学建筑系。授课之余继续建筑师业务,1931年与赵深、陈植在上海共同组建"华盖建筑师事务所",1938年在重庆、贵阳设事务所分所。1952年以后,任南京工学院(现东南大学)建筑系教授。

图8-27 童寯(1900—1983)

作为20世纪初最有影响的建筑师之一,童寯主持或参加的工程项目有一百多项,作品凝重大方,重视创造性地发挥传统。同时身为中国近代建筑教育的先驱者,他不间断地进行着中西方近代建筑理论的研究。他既受过西方学院派古典严谨的技法训练,又对中国传统文化有深厚的感情。其研究融贯中西、通释古今,对发扬我国建筑文化和借鉴西方建筑技术有着重大贡献。

童寯研究中国园林早于对建筑理论的探讨,郭湖生在《东南园墅》的序中认为童寯是近代研究中国古代园林的第一人,学术界公认其1937年完成的《江南园林志》为近代园林研究最有影响的著作。此书是近代最早一部用测绘、摄影等科学方法论述中国传统造园理论的专著,包括中国造园传统特色和基本原则的论述、江南各地著名园林的介绍和评价等内容。之后他又完成了《造园史纲》《随园考》《Chinese Gardens》等有关中西造园成就与相互影响、园林风格形式的论著。他晚年在病床上用英文撰写《东南园墅》,以期纠正当时西方对东方园林以日本为代表的错误认识。

(3)夏昌世(1903—1996)

夏昌世(见图8-28)于1903年生于广东省一个华侨工程师家庭,年轻时赴德国学习,1928年在德国卡尔斯普厄工业大学建筑专业毕业并考取工程师资格。1932年在德国蒂宾根大学艺术史研究院获博士学位并于同年回国。1940—1973年先后出任国文艺专、同济大学、中央大学、重庆大学、中山大学、华南工学院教授。

夏昌世信奉现代主义建筑哲学,对岭南庭园建筑、园林建筑情有独钟,并著有《园林述要》一书。他将德国建筑的理性、精巧及实用与中国园林的自然、灵活、讲求意境及岭南地域的气候特点、建筑材料结合起来,其设计思想和作品体现了岭南建筑开朗、朴实、兼容的特点。广州文化公园、桂林风景区规划与设计是其代表园林作品。

图8-28　夏昌世(1903—1996)

(4)程世抚(1907—1988)

程世抚(见图8-29)是我国著名的城市规划专家,祖籍四川云阳。从金陵大学园艺系毕业后,1929年赴美求学,1932年获得美国康奈尔大学风景建筑及观赏园艺硕士学位。获取硕士学位后,只身考察了美、英、法、德、比、荷诸国的园林和城市规划。1933年回国后,受聘于广西大学农学院园艺系任副教授,后又转往浙江大学园艺系任教,38岁出任金陵大学园艺系和园艺研究部教授、研究部主任。新中国成立后,他致力于城市规划和风景园林规划设计的技术及管理工作,为创建和发展我国的风景园林学科发挥了重要的作用。他参与主持的作品主要有武昌东湖风景区、上海人民公园、济南南郊宾馆等。

图8-29　程世抚(1907—1988)

程世抚强调人与植物是鱼水关系,植物直接提供氧气和降低建筑密度影响,人与植物不可分离。必须珍惜城市的大大小小的空地,运用乡土植物材料造景,提高利用园林植物材料进行构图的能力。他强调各城市园林要有自己的地方特色,而不是依葫画瓢一味模仿搬用。每个园林的大小、环境、条件各不相同,采用丰富多彩的植物,就提供了多种风格存在的可能性。用植物造景,构成园林有连续性的活动画面,显示艺术的节奏和韵律。植物选用应色彩缤纷,季相分明,以多样的变化达到和谐,以组织个别特殊的大量悦目景色达到统一。

(5)汪菊渊(1913—1996)

汪菊渊(见图8-30)原籍安徽休宁,1913年生于上海市一个中学教师家庭。1931年赴杭州之江大学参加农村组活动,促成了学农的志愿,随后从苏州东吴大学转入南京金陵大学农学院农艺系(后改为主系园艺、副系农艺)。1933年春假时,与同学结伴赴北平(今北京)游览,参观了北海、颐和园等名园,宏伟壮丽的景色使他开始对园林发生了兴趣,研读了明代计成著的《园治》重刊本(中国营造学社出版)。1934年大学毕业后,由学校推荐参加庐山森林植物园工作,开始迈入实践的科学园地。1946年任北京大学农学院园艺系副教授兼院农场主任。1951年创建造园组,1956年,造园专业调至北京林学院(今北京林业大学)并扩大成立城市及居民区绿化系,兼系副主任、教授。1964年,任北京市园林局局长。1972—1990年,任市园林局总工程师及技术顾问等职。

图8-30　汪菊渊(1913—1996)

□ 汪菊渊为园林学科学理论的创立和发展作出了重要贡献,为园林学在科学领域确立了地位。在《中国大百科全书——建筑园林 城市规划》中,第一次明确园林学为独立的学科,与建筑、城市规划并驾齐驱。他为园林学下了定义:“园林学是研究如何运用自然元素、社会因素来创建优美的、生态平衡的人类生活境域的学科。”他提出:“园林学的研究范围是随着社会生活和科学技术的发展而不断扩大的,目前包括传统园林学、城市绿化和大地景物规划3个层次。”

汪菊渊致力于园林学科的理论研究,在弘扬中国花卉园艺及城市绿化、园林艺术方面做出了重大贡献。20世纪50年代初他开始从事园林史的研究,搜集和查阅了大量古籍文献,撰写了《中国古代园林史纲要》《外国园林史纲要》。1982年之后,他不断发表研究园林史的论文,包括《北京明代宅园》《北京清代宅园初探》《中国山水园的历史发展》。半个世纪以来一直在编写《中国古代园林史》,通过对古代的政治、经济及城市、建筑等,尤其对园林史的挖掘和研究,总结出中国山水园是我国“民族所特有和独创的形式”。此外，汪菊渊经过多年艰苦努力创办的园林系，填补了园林专业在我国高等教育史上的空白，也奠定了中国风景园林学科建设和发展的基础。

（6）冯纪忠（1915—2009）

□ 冯纪忠的学术思想和设计作品，将东西方文化、现代主义与传统文化完美地融合在一起，同时又蕴含着深厚的艺术色彩和哲学思想。他晚年精研中国古典诗文，将文学的研究与建筑学研究联系起来，把诗的意境还原到时空关系中，如由《楚辞》所述意象考据中国最早的园林史料。这种对生活的热忱和对文化艺术的重视都反映在他的建筑哲学中，体现为理性与感性并行不悖，东方与西方融会贯通，现代与传统兼容并蓄。

冯纪忠（见图8-31）是著名建筑学家、建筑师和建筑教育家，中国现代建筑奠基人，也是我国城市规划专业以及风景园林专业的创始人之一、我国第一位美国建筑师协会荣誉院士。冯纪忠1915年出生于河南开封一个书香世家，自小受到中国传统文化的熏陶。1934年冯纪忠进入上海圣约翰大学学习土木工程，著名建筑家贝聿铭是他的同班同学。毕业后，冯纪忠到维也纳学习现代建筑。归国后他参与南京、上海的城市规划，在同济大学创立了中国第一个城市规划专业。他在设计、规划和教学中始终保持着创新意识，通过对现代主义建筑思想的不断发展和丰富，并融合中国传统文化意蕴，创造出具有现代诗意的建筑作品。由他所设计的同济医院、东湖客舍、方塔园都入选了中国建国五十年优秀建筑创作榜。

图8-31 冯纪忠（1915—2009）

在园林领域，冯纪忠将东方的文化精神与现代园林设计结合起来，形成了东西方结合的现代园林设计理念，他提出的总感受量、风景旷奥度、意动空间和时空转换等思想理论对当代园林规划设计界具有深远的影响，在园林规划设计原理、园林分析评价和园林现代方法技术等方面，对中国风景园林学科的现代发展做出了重要贡献。建造于20世纪80年代初的上海松江方塔园是他实施其设计理论的代表作之一。方塔园是一座以历史古迹为主体的露天博物馆。园内有宋朝方塔、明代照壁和清朝的天妃宫，冯纪忠提出“与古为新”理念，在尊古、古上加新使之成为全新的原则指导下，运用现代园林的组合方式，将古建筑与大广场的大地面、大水面、大草坪等相互贯通地组织在一起，使之成为包容了历史而又崭新的现代空间。

（7）陈从周（1918—2000）

陈从周（见图8-32），以字行世，原名郁文，晚年别号梓翁。著名的古建筑、古园林专家。原籍浙江绍兴，生于杭州，之江大学文学学士。除了研究古典园林，陈从周还是一位知名的散文作家和画家，是张大千先生的入室弟子，攻山水人物花卉。1948年，在上海首开个人画展。1951年，出版《陈从周画集》。1950年，任苏州美术专科学校副教授，教授中国美术史，结识古建筑专家刘敦桢教授，开始了其古建筑园林生涯。同年秋，由圣约翰大学建筑系主任黄作燊教授聘请，执教于圣约翰大学。后兼职之江大学建筑系，正式教授中国建筑史。1952年，院系调整，执教于同济大学建筑系，并筹建建筑历史教研室。

图8-32 陈从周（1918—2000）

□ 陈从周写道：“中国园林，名之为‘文人园’，它是饶有书卷气的园林艺术。所谓‘诗中有画，画中有诗’，这就是中国造园的主导思想。”他提到了几乎所有的苏州名园：“我曾以宋词喻苏州诸园：网师园如晏小山词，清新不落俗套；留园如吴梦窗词，七宝楼台，拆下不成片段；而拙政园中部，空灵处如闲云野鹤去来无踪，则姜白石之流了；沧浪亭有若宋诗；怡园仿佛清词，皆能从其境界中揣摩得之……”

陈从周毕生致力于保护和弘扬中国古建筑和园林文化，尤其对造园具独到见解，他认为：“造园有法而无式，变化万千，新意层出，园因景胜，景因园异。”著有《苏州园林》《扬州园林》《园林谈丛》《说园》《绍兴石桥》《春苔集》《书带集》《帘青集》《山湖处处》《梓室余墨》《说“屏”》等。其中《说园》五篇为其最重要作品，“谈景言情、论虚说实、文笔清丽”，影响力极大，被翻译成日、俄、英、美、法、意、西班牙等多种语言。

陈从周不仅对于古建筑、古园林有着深入的研究、独到的见解，还参与了大量实际工程的设计建造，包括对上海、浙江诸多古园的修复设计工作。20 世纪 60 年代初,他参与指导上海豫园、嘉定孔庙、松江佘山秀道者塔的修复、设计工作。1972 年,开始参与连云港海靖寺塔修复工程。1987 年,设计并主持施工上海豫园东部园林的复园工程。1988 年,修复宁波天一阁东园。1990 年,指导富阳"依绿园"修复,以及绍兴东湖的规划建设。此外设计建造了云南楠园等大量园林建筑,并于 1978 年赴美国把苏州网师园以"明轩"的形式移建到了纽约大都会博物馆(见图 8-33),成为改革开放后将中国园林艺术推向世界之现代第一人。陈从周自评说"纽约的明轩,是有所新意的模仿;豫园东部是有所寓新的续笔,而安宁的楠园,则是平地起家,独自设计的,是我的园林理论的具体体现。"

图 8-33　美国纽约大都会艺术博物馆"明轩"庭院半亭景观

(8)朱有玠(1919—)

朱有玠(见图 8-34)生于 1919 年,浙江黄岩人。1945 年毕业于金陵大学农学院园艺系,曾任浙江柑橘园艺试验场技士。1949 年新中国成立后,先后任南京市城建局园林处设计科副科长,南京市园林设计研究所(1993 年更名为南京市园林规划设计院)副所长,所长。参与或主持了当时南京多项的绿化规划、公园规划、荒山绿地建设等工程项目。如中山陵后山、雨花台、九华山、小红山等荒山绿化,玄武湖规划和设计,莫愁湖规划,绣球、浦口等新公园规划设计与烈士陵园规划设计等。其主持设计的"南京园林药物园蔓园及药物花径区"于 1984 年获国家优秀设计奖。

图 8-34　朱有玠(1919—)

参与或主持编撰《南京园林志》《中国大百科全书——建筑园林城市规划》和《江苏省风景园林志》等。1989 年,国家建设部授予其设计大师称号。

(9)孙筱祥(1921—)

孙筱祥(见图 8-35)于 1921 年生于浙江萧山,1946 年毕业于浙江大学园艺系,主修造园学,获农学士学位。1954—1955 年他在南京东南大学建筑系进修建筑设计一年。曾师从孙多慈教授、徐悲鸿大师学习油画。曾任浙江农业大学森林造园教研室主任,杭州都市计划委员会委员(1951—1955 年),北京林业大学园林设计教研室主任(1957—1987 年),建设部城市规划研究院园林研究室主任(1974—1975)等。

图 8-35　孙筱祥(1921—)

在理论研究方面,他编著了《园林艺术及园林设计》一书,在园林艺术方面,深入探讨了园林艺术的特征、园林艺术布局的基本原则、园林静态空间布局与动态序列布局、园林色彩布局等。在园林设计方面,参与了大量公园设计、植物园设计、动物园设计以及风景名胜区的资源评价与资源保护规划。此外他在大地规划(Landscape Planning)理论、城市园林绿地系统规划理论等领域内也有建树。

□ 1982 年,孙筱祥提出了"三境论",认为评价江南文人写意山水园林的艺术成就,必须从创作进程的 3 个境界入手。第一是"生境",即自然美和生活美的境界。如陶潜所说:"木欣欣以向荣,泉涓涓而始流(自然美);悦亲戚之情话,乐琴书以消忧(生活美)"。第二是"画境",即游人在园林中看到和听到的视觉和听觉形象美及其布局(Composition)美的境界;第三是"意境",即理想美和心灵美的境界。

孙筱祥的园林设计代表性作品集中在植物园规划与设计方面,他先后做了 8 个植物园的规划及其部分景区的设计,包括杭州植物园规划,杭州植物分类园设计,北京植物园(南、北园)总体规划,华南植物园规划设计,厦门万石植物园规划设计,深圳仙湖植物园规划设计,中国科学院西双版纳热带植物园总体规划等。在这些作品中,杭州植物园、华南植物园、北京植物园(北园)和深圳仙湖植物园已成为我国最具代表性的植物园。孙筱祥于 1952 年进行的杭州花港观鱼公园设计在中国现代公园中首次采用等高线进行地形竖向的设计。

(10)吴良镛(1922—)

吴良镛(见图 8-36),江苏南京人,中国建筑学家、城乡规划学家和教

图 8-36　吴良镛(1922—)

□ 1951 年,教育部首次建立了造园专业(风景园林专业前身),是由汪菊渊先生和吴良镛先生一手建立起来的。当时的园林专业,是清华大学和农业大学合办的,两所高校优秀的师资,使孟兆祯接受了较为系统、缜密的学习。

育家,人居环境科学的创建者。1944 年毕业于重庆中央大学建筑系,1946 年协助梁思成创建清华大学建筑系。1948 年赴美国匡溪艺术学院(Cranbrook Academy of Art)建筑与城市设计系深造,师从名建筑师埃罗·沙里宁,1950 年硕士毕业回国后在清华大学建筑系任教。后与北京农业大学合办园林专业,创办建筑与城市研究所并任所长。

吴良镛针对我国城镇化进程中建设规模大、速度快、涉及面广等特点,创立了人居环境科学及其理论框架。突破了原有专业分割和局限,建立了一套以人居环境建设为核心的空间规划设计方法和实践模式。该理论发展了整合人居环境核心学科——建筑学、城乡规划学、风景园林学的科学方法,受到国际建筑界的普遍认可,在 1999 年国际建筑师协会通过的《北京宪章》中得到充分体现。2001 年,出版著作《人居环境科学导论》。

(11) 孟兆祯(1932—)

孟兆桢(见图 8-37),湖北武汉人,风景园林规划与设计教育家。1952 年进入于北京农业大学造园专业学习,1956 年本科毕业留校任教。2011 年被风景园林学会评为风景园林终身成就奖。在任北京林业大学风景园林系主任和学科学术带头人期间,孟兆祯在继承前人的基础上建立了风景园林规划与设计学科的新教学体系,奠定了中国传统园林艺术和设计课的核心内容。

图 8-37　孟兆祯(1932—)

曾主持《中国大百科全书》第二版《建筑、规划、园林》卷中园林编辑工作。出版了《中国古代建筑技术史·掇山》《避暑山庄园林艺术理法赞》《园林工程》《园林是城市发展的生理基础》《展望 21 世纪的北京园林》等有影响的著作。《避暑山庄园林艺术理法赞》获林业部二等奖。其设计作品将植物学科的内容、中国传统写意自然山水园的民族风格、地方特色和现代社会融为一体。

(12) 彭一刚(1932—)

彭一刚(见图 8-38)于 1932 年出生于安徽省合肥市。1950 年考入北方交通大学唐山工学院建筑系。1952 年院系调整时,该系从北京交通大学调整到天津大学,彭一刚因此进入天津大学学习,1953 年毕业并留校任教至今。彭一刚长期从事建筑美学及建筑创作理论研究。在建筑美学方面,对古典建筑构图到现代建筑空间组合规律以至当代西方建筑审美变异等,都作了比较系统的研究工作。在研究西方建筑理论的同时,还对我国传统建筑文化,特别是古代造园艺术及民居、聚落等的形态景观,运用当代空间理论及艺术心理学等科学方法进行分析研究。

图 8-38　彭一刚(1932—)

□ 北方交通大学唐山工学院建筑系于 1946 年正式建系,林炳贤、李汶、刘福泰、徐中等著名建筑大师曾长期执教,培养出庄俊、郑孝燮、佘畯南等著名建筑设计专家,在当时享有盛誉。

彭一刚设计的园林作品有平度市现河公园、漳浦西湖公园、厦门杏林日东公园、福建南安南山公园等。《建筑空间组合论》是其成名作。1986 年又出版社出版了他的第三部学术专著《中国古典园林分析》。该书用现代的空间理论和观念对中国古代造园艺术的特征作了深入详尽的分析。

8.3.2　日本

19、20 世纪之交,日本造园艺术引起了西方的兴趣,日本禅宗园林成为影响西方现代园林设计的重要园林原型之一。日本庭园中传统内容的简练与象征性,一定程度上与现代主义的审美趣味不谋而合。

二战以后,伴随经济复兴及人口的剧增,日本城市化进程明显加速,日本现代园林吸收了明治时期园林建设的重要成果,不断探索将传统形式与现代功能、材料及技术有机融合,实现了设计风格的包容、演进与发展。

战后初期,由于美国文化的巨大影响渗透到了社会生活的各个领域,日本园林曾一度全面西化;但随后传统精神又迅速抬头,设计师开始有意识地从古典园林中汲取灵感,并在结合本土文化底蕴的基础上发扬传统的造园技法,其中以野口勇的具有雕塑特征的园林为代表(见图8-39)。

图8-39 野口勇旋涡型滑梯作品

1970年大阪世博会后日本经济进入高增长期,城市化进程随着人口的剧增明显加速。为满足住区居民户外游戏、运动和休憩的需求,社区公园与儿童公园等小型公共绿地大量兴建,并逐渐开展了从行为心理学角度对外部空间设计的相关研究。此时的日本造园家把传统精髓进一步整合到现代园林中,以更为深层的意境营造来实现对传统文脉的延续,代表有枡野俊明结合禅宗思想的现代“枯山水”园林。

20世纪80年代后,随着日本后现代主义建筑时代的到来,日本园林的现代化得以进一步推动,在生态主义思想指导下的现代园林设计作品也层出不穷,代表设计师有佐佐木叶二、户田芳树等。

造园师及园林思想

(1)野口勇(Isamu Noguchi,1904—1988)

日裔美国人野口勇(见图8-40)是20世纪最著名的雕塑家之一,也是最早尝试将雕塑和园林设计结合的设计师。野口勇1904年出生在美国的洛杉矶,母亲是美国作家和翻译家,父亲是日本诗人。1924年开始专注在抽象艺术雕塑作品,并深受布朗库西(Constantin Brancusi)的影响。1927年他申请到古根海姆艺术基金,前往巴黎拜布朗库西(Constantin Brancusi)为师,习得了以雕和凿为主的创作方式。1930年开始跨领域到园林设计,将东方的空间美学,逐渐带到西方的现代理性当中。1962年后,野口勇广受大型企业与政府机关的欢迎,承接了日本美国两地许多的园林设计或建筑计划,并开始与知名建筑师们的密切合作。

图8-40 工作中的野口勇

□ 1927年,野口勇获得了古根海姆奖学金,访问了中东和巴黎,并在布朗库西(Constantin Brancusi)的工作室作了几个月的助手。布朗库西是20世纪最伟大的雕塑家之一,是现代雕塑的早期开拓者。布朗库西对野口勇以后的雕塑风格的形成有着重要的影响,并且激发了他用岩石做雕塑的兴趣。同时,野口勇还研究了毕加索(Pablo Picasso)和构成主义(Constructivism)艺术家,以及贾科梅蒂(A. Giacometti)和考尔德(Alexander Carlder 1898—1976)等人的作品,并从中吸取了营养。

野口勇曾说:“我喜欢想象把园林当做空间的雕塑。”早在大地艺术产生之前,20世纪初期他已成功地将雕塑概念扩展到风景空间。作为艺术家,他的园林设计作品更多地强调形式,而非实用,更倾向创造一种能激发人们的想象与沉思的不寻常的场所。所以不免暴露出作为造园家和雕塑家两种角色之间的矛盾,大部分作品中仍然脱离不了雕塑成为空间的统治者而不是从属于某个空间的结果。但是,他探索了园林与雕塑结合的可能性,从艺术角度拓展了园林设计的形式语汇,对塑造战后园林建设有很大的贡献。

(2)佐佐木叶二(1947—)

佐佐木叶二出生于奈良一个艺术氛围浓厚的家庭,父亲是著名的教育者和画家,哥哥是有名的诗人。20世纪80—90年代新艺术运动的初期,他作为客座研究员在哈佛大学跟随彼得·沃克学习。1987—1989年任美国加利福尼亚大学伯克利(UCB)环境规划学院研究生院及哈佛大学设计学研究生院(GSD)景观设计学科客座研究员。在此期间,他在大阪设立了“风”环境咨询设计研究所。这些经验为佐佐木成功迈进园林领域奠定了坚实的基础。

佐佐木叶二追求将传统与现代相结合的“人性化”设计,表现人与自

图8-41　榉树广场

然的共生。他以“能够与环境进行对话”作为设计理念，其作品多体现了设计与周围环境之间的有机联系。具体的设计手法为激发人的视觉、听觉、触觉、嗅觉等多方面的感受等。佐佐木的作品涵盖从城市公共空间到私人住宅环境等多种类型，代表作有日本埼玉新都心（Saitama New Urban Center）榉树广场（见图8-41）、东京六本木新城（Roppongi Hills）园林设计等。

（3）户田芳树（1947—）

户田芳树1947年生于广岛县尾道市，1970年毕业于东京农业大学造园系，后到日本都市设计就职。1980年成立（株）户田芳树风景计画研究所。1989年凭借“诹访湖畔公园”项目荣获东京农业大学造园大奖。1994年凭借“科利亚庭园”获日本公园绿地协会奖。1995年设计的修缮寺“虹之乡”项目荣获造园协会奖。

户田芳树对自己所从事的园林设计的描述是“风景计划”。他的设计理念是“看”“体验”“描述”，作品中充满了流畅的曲线、大面积的缓坡草坪、通畅简捷的空间、散置的构筑物、蜿蜒的小溪流水以及似水墨画般的水中倒影。这些作品在表现“自然的再现”“自然的体验”的同时，更注重对“自然的描述”。他认为，随着现代化社会的发展，原本已被渐渐看淡的自然界中每个微小的现象，都将通过“风景计划”再一次唤起人类对自然的憧憬。

（4）枡野俊明（1953—）

枡野俊明出生在日本神奈川县横滨市，1975年玉川大学农学部农学科毕业。1985年继承父业成为一名禅僧；1995年获加拿大造园家协会“全国优胜大奖”；1996年主持科学技术厅金属材料技术研究所中庭改造设计工程，获“日本造园学会奖”；同年又获“横滨文化奖励奖”；1999年获“艺术选奖文部奖励奖”。

自1979年作为云游僧人到大本山总持寺修行，他开始以禅的思想和日本传统文化为基础，进行创作活动。枡野俊明的作品以小尺度的庭园为主，以禅的精神、日本传统庭园的设计手法和技术为基础，继承和展现了日本传统园林艺术的精髓。他把园林创作视为自己内心世界的一种表达，将“内心的精神”作为艺术中的一种形式予以表现，因此，常被誉为具有鲜明人生哲学的设计师。他认为精神与人性化的设计必须把造园素材视作能够对话的对象。其代表性作品有“青山绿水的庭”（见图8-42）、今冶国际饭店中庭“瀑松庭”、金属材料技术研究所中庭“风磨白练的庭”、加拿大驻日本使馆庭园、新渡户庭园的改造——“通向小岛的木桥”、香川县立图书馆等。

图8-42　“青山绿水的庭”

□ 东南亚各国在二战后先后获得独立，但各国独立后发展却很不平衡。有的国家如越南、柬埔寨等仍战火不断，政局动荡，经济发展也受到了严重影响。有的国家则出现了持续甚至是高速发展的经济势头，如享有“亚洲四小龙”美誉之一的新加坡。

□ 新加坡于1965年建国，基于多民族的状况，采取了包容的文化政策，园林表现出多元化的倾向。东方与西方、古典与现代、保守与前卫共同展现在同一平台上，文化的交流形成了风格的多样性，被称为“万国园林博览会”。

8.3.2　其他

（1）东南亚地区

东南亚各国在二战后先后获得独立，西方人在殖民时期所带来的影响，特别是艺术和花园风格的影响也日趋凸显出来。1960至1970年代以来，许多东南亚国家借助其优越的资源条件和高速发展的社会环境条件，大力发展旅游业。发达的旅游业同时也为该时期现代园林的发展提供了前所未有的契机，其中酒店和度假区园林成为发展热点。与此同时，随着经济的发展，各项绿化措施的鼓励推行和城市美化运动的开展等，具有当地特色的私家花园变得更为普遍，典型的有唐纳德·弗兰的巴图金巴尔庄园,弗兰克·摩根(Frank Morgan)等的马塔萨里庄园等,体现出西方式的热带园林理念以及东方装饰艺术的运用。

20世纪70年代后东南亚的度假酒店设计直接受到夏威夷风格的影响,大量外籍设计师(包括建筑师和园林设计师及设计团队,如贝尔高林公司等)吸取了当地深厚的传统文化和艺术精华,并将其融入到园林设计之中,设计出大批优秀的度假区酒店花园和私家花园,对东南亚现代园林设计产生了重要影响。澳大利亚建筑师彼得·马勒(Peter Muller)开创的"巴厘国际风格"更是影响了许多现代度假区和酒店的设计。1970年代至1980年代,几处著名的度假区和酒店将酒店花园设计推向新高度,新加坡香格里拉饭店和巴厘凯悦酒店是该时期的经典之作。此外还有巴厘金巴兰四季酒店、曼谷希尔顿国际酒店、巴厘NovotelBneoa度假区等。

□ 早期的夏威夷学派是18至19世纪形成的,是自然主义风格的热带花园设计流派,设计师主要模仿夏威夷群岛上质朴宜人的自然风光,并将其引入到园林设计中去。从20世纪30年代至二战后期,夏威夷学派的设计师一直不断地探索自然主义的美学理论。

(2)澳大利亚

澳大利亚的园林形态在二战前一直以英国为蓝本。20世纪50年代开始,澳大利亚城市规划与建设迅猛发展,越来越多的人从乡村迁入城市,城市中心出现了人口膨胀,给城市带来交通和环境问题。这一时期,"风景园林之父"奥姆斯特德所倡导的园林思想在二次大战后成为其潮流方向,很好地缓解了城市环境问题。又由于美国的历史与澳大利亚具有很多相同的因素:同为英国的殖民地,同为移民国家,使得澳大利亚人不再单纯地以英国人的眼光和方法作为文化审视和思考的标准,而把目光投向了美国,美国的风景园林思想在澳大利亚广为传播。到20世纪60年代,澳大利亚本土的园林设计师出现。到了20世纪80—90年代,全球化的经济、文化交流,以及澳大利亚国内多元化的移民文化,使得澳大利亚园林设计越来越呈现出多元化。

□ 澳大利亚在原始的土著文化阶段,土著民族敬重土地,与大自然保持一种高度的融洽。到英国文化统治阶段,使得土著文化遭到极大破坏,英国的园林理念成为主流。

表8-3 亚洲现代园林代表案例列表

基本信息	园林特征	备注	平面示意图
广州越秀公园 时间:1950年 区位:广东省广州市越秀区解放北路 规模:92.8公顷	布局:全园布局以山景为轮廓,水景为眉目,山水相映成趣,景观结构井然。尤其注重植物造景,表现亚热带植物景观和季相变化,富有地方特色。还辟有"园中园"——南秀园,专供展览盆景与花卉 其他:是广州市最大的综合公园	新中国成立前,越秀山原有一些文物古迹,如镇海楼、中山纪念碑和中山先生读书处等。新中国成立后的建设大规模充实扩建了公园景点和设施,开挖了三个人工湖,新建美术馆、五羊石刻、北秀湖水榭、听雨轩等	
杭州花港观鱼公园 时间:1952年 区位:杭州西湖东南角 规模:约80公顷 设计师:孙筱祥	理念:供城市居民、休养、疗养及游览者利用的综合性文化休息公园 风格:基本上运用中国传统园林的造园手法,局部吸收了西洋组景方式 布局:园林布局由牡丹园、鱼乐园、花港和大草坪等四部分组成。全园以鱼、花、港为中心,以港为主体,把假山、池沼、亭台、水榭、小桥、游鱼、花草、人流放置在一个大的环境之中,造就一个"多方圣景,咫尺山林"的艺术境界	南宋时为私家花园,名曰"卢园",清朝重建,康熙题名"花港观鱼" 1952年,公园一期工程动工,1963年进一步加以扩建。两次大规模的整理、扩建,开辟金鱼池、牡丹园,疏通花港河道,新建花港茶室	

续表

基本信息	园林特征	备注	平面示意图
上海人民公园 时间：1952年 区位：南京西路231号 规模：12公顷 设计师：程世抚、吴振千	理念：按照经济、美观、实用的原则，建筑多采用竹木结构，造型为传统形式。园内保留了原跑马厅的一些遗迹，如游泳池、看台、球场以及旗杆等 风格：自然风景园的形式 布局：东北为儿童活动区，西南为成人活动区；北、中部为休息游览区，丘陵起伏，小河萦回曲折，5座小桥与园路相连 其他：站在园中可一览园外国际饭店、大光明电影院、上海博物馆（后改为上海图书馆）等近代优秀建筑	园址为原上海跑马厅的北半部，1967年初，公园被平山填河，砍掉了大批花灌木和花卉，在园中央开辟了一条南北向的宽15米、长200米的主干道，及2条次干道，道路两侧均栽植悬铃木等高大乔木，公园原有景观尽失。1975年公园大体分为三个区域进行整顿改建，中区设有文化宣传设施；西区以风景游览休息为主；东区为青少年活动设施区	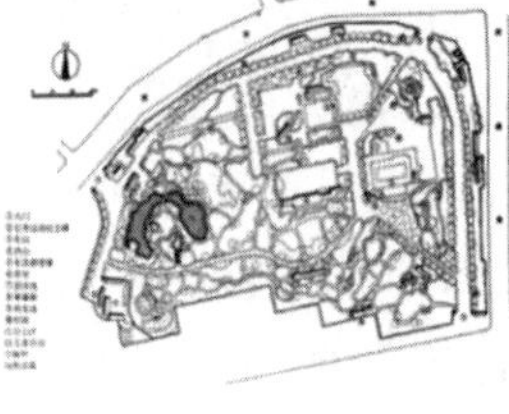
北京陶然亭公园 时间：1952年 区位：北京太平街 规模：59.06公顷（水面17.47公顷） 设计单位：北京市园林局	理念：以山水风景为主的休息公园，其中安排一定的文化娱乐活动 布局：主要采用自然的形式、简朴的风格，充分利用水面和地形，创造优美的山水风景，中央岛构成全园地理上的中心。功能上分为成人游戏区、儿童活动区、文娱区以及安静休息区 其他：在当时北京总体规划中，陶然亭是与先农坛、天坛和龙潭共同组成文化休息公园的一部分	陶然亭取名源自白居易诗句“更待菊黄家酝熟，共君一醉一陶然”。1985年，陶然亭公园开始进行改建规划，以不拆永久性建筑、地形不做大的变动、对已经成形的树木严加保护原则，将全园分为8个景区，即陶然佳境、望春浴德、水月松涛、童心幻境、胜春山房、瀛岛飞云、九州方圆和华夏名亭	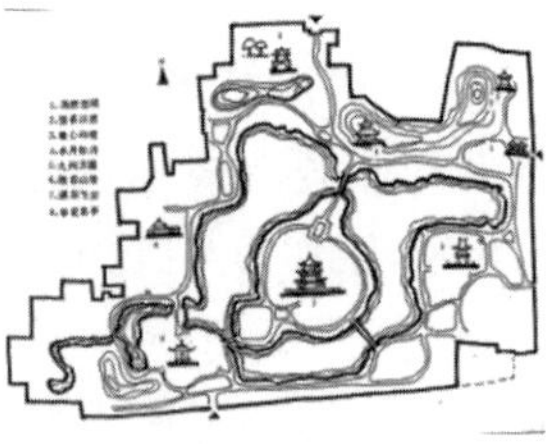
北京紫竹院公园 时间：1953年 区位：北京紫竹院路 规模：47.6公顷 设计单位：北京市园林局	风格：以竹为景、以竹取胜的自然式山水园，深具江南特色 布局：对现有地形只加以少量的整理，使成自然的起伏。水面约占三分之一，南长河、双紫渠穿园而过，形成三湖两岛一堤。在湖的东部布置大片草地，供人休息之用。树林草地和沿园路处布置自然式花草以增加色调，有多样化的风景线	因园内西北部有明清时期庙宇，“佛荫紫竹院”而得名。80年代，紫竹院公园进行了改造建设	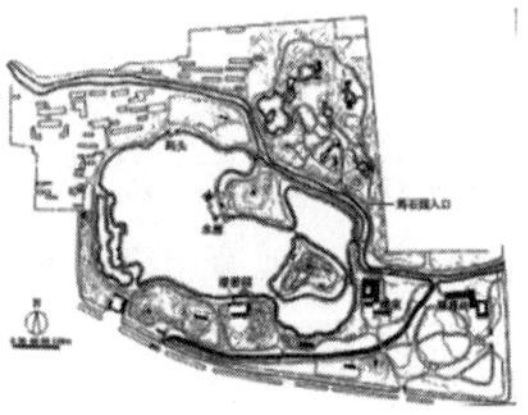
沈阳北陵公园 时间：1953年 区位：沈阳市皇姑区泰山路 规模：320公顷（水面32公顷）	布局：分南北两部分，北部为昭陵文物保护区，南部为公园新区，分为“东园清兴”“花坞留春”“湖山意境”“莲蒲风荷”“北岛烟波”“平湖晚霞”“松陵石径”“西苑知春”“松海林涛”和“昭陵红叶”十个主要景区。新辟东西横轴线与原先昭陵的南北纵轴线垂直相交，以连续的大面积花坛和花境组织园景构图，用喷水池和小广场等装饰轴线尽端。水体采用传统手法，结合地形特点处理成多层次环行水系	是在清帝昭陵的基础上发展和建设起来。是沈阳全市最大的综合性公园	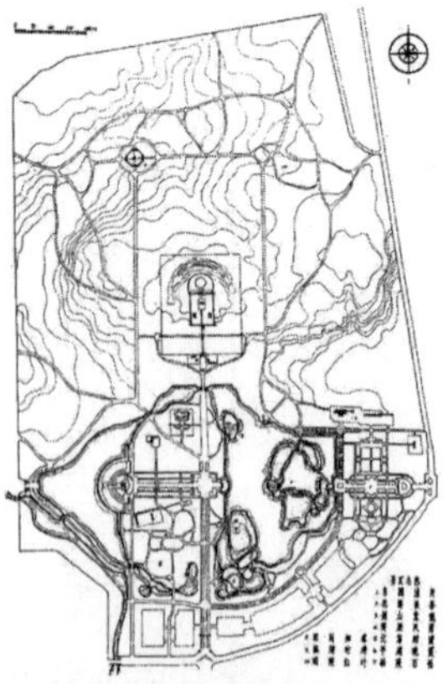
巴黎联合国教科文组织UNESCO总部庭院 时间：1956年 区位：法国巴黎 规模：0.2公顷 设计师：野口勇	理念：将庭院作为雕塑来处理 布局：是一个用土、石、水、木塑造的地面景观，分为两个部分，上层的石平台，有坐凳和圆石块，下层布置了植物、水池、石板桥、卵石滩、铺装和草地	该庭园有明显的日本园林要素，如耙过的沙地上布置的石块，水中的汀步等，其中一些石头是特意从日本运来的	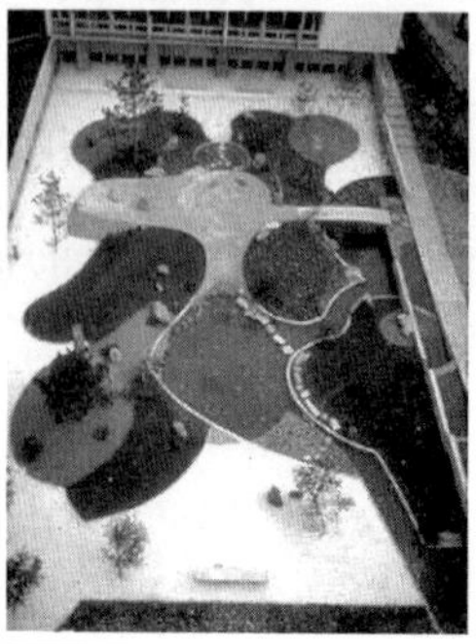

续表

基本信息	园林特征	备注	平面示意图
上海长风公园 时间:1957 年 区位:大渡河路 189 号,东邻华东师范大学 规模:36.56 公顷水面约 14.27 公顷 设计师:柳绿华	布局:公园布局模拟自然,因低挖湖,就高叠山,山体坐北朝南,可眺望宽阔的湖面。水面采取以聚为主、以分为辅的布局,巧妙地保留了原有的一条老河,从铁臂山的东南向北再西折,恰好环绕整个山体 其他:园址原是吴淞江(苏州河)古河道中的西老河河湾地带,低洼易涝。公园建设把95%的低洼地填高 1 米,从而解决了这一带长期存在的积水问题,改善了种植条件	公园在筹建时名沪西公园。1959 年开放前夕取《宋书·宗悫传》中"愿乘长风破万里浪"之意,将园名改为长风公园;又取毛泽东《送瘟神》诗中"天连五岭银锄落,地动山河铁臂摇"句,将园中人工湖命名为"银锄湖",大土山命名为"铁臂山"	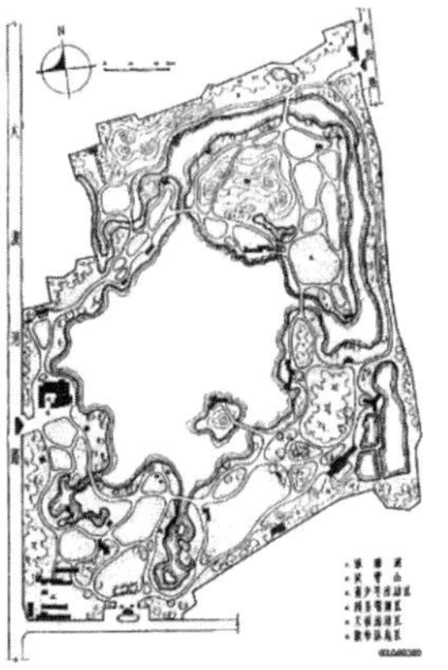
西安兴庆公园 时间:1958 年 区位:西安市东门外咸宁西路北 规模:49.5 公顷(水面 10 公顷)	风格:公园里的园林建筑采用盛唐风格,如沉香亭、南熏阁、花萼相辉楼等 布局:继承运用了传统宫苑的"一池三山"形制,采取自然山水园的布局形式,既有开朗的大湖,又有萦回的溪河,岸线变化曲折,景观层次丰富,比较典型地再现了岛、半岛、渚、洲、冈阜、峰峦等自然山水的地貌景观。湖区南面有平坦开阔的疏林草地,供大量游人活动	是在唐玄宗(公元 712—756 年)的别苑——兴庆宫的遗址上建设的	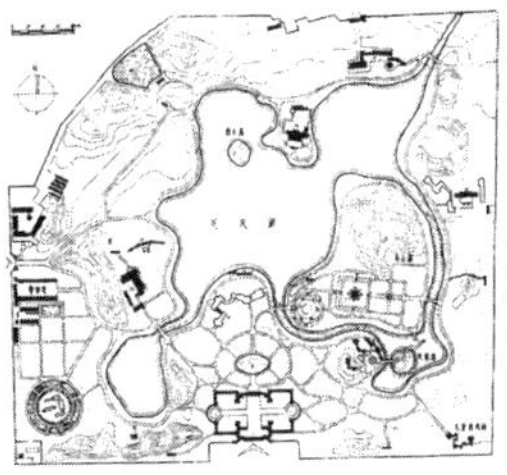
广州流花湖公园 时间:1958 年 区位:广州市流花路以南,东风西路以北 规模:54.43 公顷(水面 34 公顷	风格:具有亚热带风光特色,以棕榈植物、榕属植物、开花灌木及开阔的草坪为主 布局:运用"就低畦地而挖湖、因水流而得景"的造园手法,使全园水面占 65.29%。全园分为游览休息区、娱乐活动区和花鸟盆景观赏区等 3 个开放性区域,主要景点有法兰克福玫瑰园、英国女王手植橡树、西苑"岭南盆景之家"、鹭鸟岛、农趣园和榕荫游乐场等	1958 年市政府为疏导街道水患,组织全市人民义务劳动,建成流花湖等四个人工湖,后辟为公园,因湖东北有南汉古迹流花桥而得名。目前公园前仍保留蓄洪排洪与调节污水的功能。流花西苑是岭南派盆景之发源地	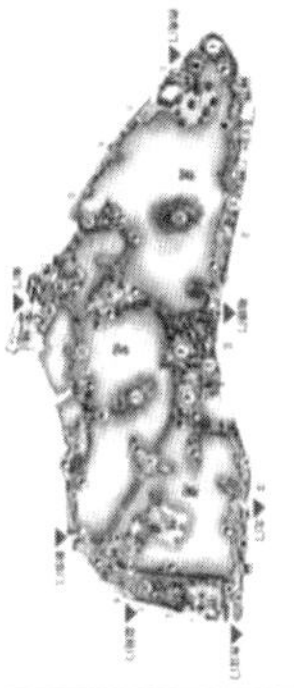
耶鲁大学贝尼克珍藏书图书馆的下沉式大理石庭院(Beinecke Book and Manuscript Library) 时间:1960 年 区位:美国康涅狄克州新港耶鲁大学 设计师:野口勇(日本)	理念:庭院浑然一体,成为一个统一的雕塑,是对龙安寺枯山水的一种现代诠释 风格:追求神秘的超现实主义风格 布局:庭院中只设置了三个直接指代自然的物体:立方体、金字塔和圆环分别象征着机遇、地球和太阳,三个物体构成一组特别的关系 其他:几何形体和地面全部采用与建筑外墙一致的磨光白色大理石	该作品只能俯视或透过阅览室的落地玻璃窗观赏,神秘的气氛使人们感受到无限的宇宙和无限的心灵空间	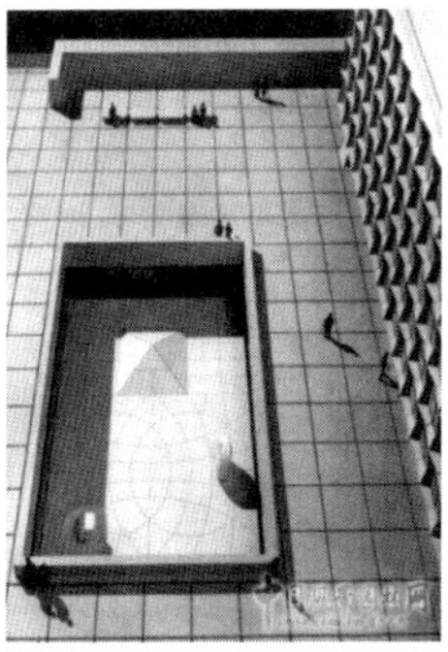
北京市玉渊潭公园 时间:1960 年 区位:北京市海淀区南部,东临钓鱼台国宾馆 规模:136.7 公顷(水面 61 公顷) 设计单位:北京市园林局	风格:得天独厚的环境和大规模建设历史,成就了山上杨槐林立、水岸垂柳依依、湖边水草茂盛的自然野趣风格 布局:主要由西面的樱花园、北面的引水湖景区、南面的中山岛、东面的留春园等组成。水域面积 61 公顷,分东、西两湖,南面是八一湖	曾为金中都有名的游览胜地。清乾隆三十八年(1773),香山引河治水工程将水池扩大成湖。1958 年以前近半个世纪是北京农业大学的农林实验场。新中国成立后,配合永定河引水工程,在旧湖南边挖了一个约 10 公顷的新湖,名八一湖	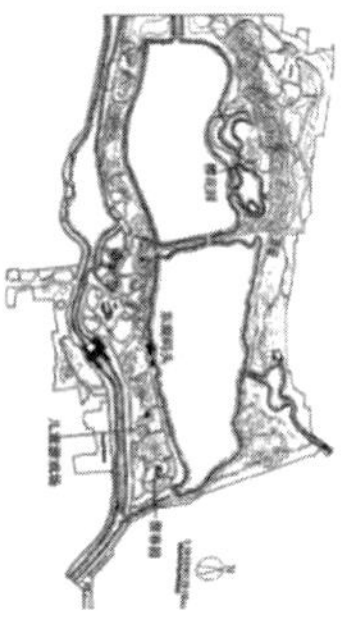

续表

基本信息	园林特征	备注	平面示意图
东福寺龙吟庵西庭 时间:1964 年 区位:日本京都 规模: 60 平方米 设计师:重森三玲	理念:表现龙乘青云从海面跃出升天的过程 布局:敬爱庭是一个狭长方形的坪庭,全庭以赤砂平铺代水,"水"中有 9 块景石。中间一块是中心石。南北两边各 4 块是左右对称的追逐石。两组石头形态不一,大小不一,各自围合成自己的内聚空间,并以左右对称造成两组景石的动感	龙吟庵敬爱庭地处京都市东山区,龙吟庵的方丈是日本最早的方丈,属于"国宝级"	
新加坡香格里拉大酒店(Shangri-La)花园 时间:1969 年 区位:新加坡柑林路 面积:6 公顷 设计师:贝尔高林公司	理念:力求使花园成为酒店整体的一部分 布局:花园由园路、水景(包括一处人工瀑布)、游泳池和露台、植物花园、游乐设施和一个三杆高尔夫球场组成 其他:花园以草坪散植棕榈及观花乔木为主景。设计运用了超过 100 种的植物,包括各类棕榈、乔灌木、藤本植物、蕨类植物等	新加坡香格里拉大酒店于 1970 年建成。1982 年由贝尔高林公司负责设计扩建低层客房翼楼,将室内与室外空间串联。酒店的成功使人们开始关注酒店园林对建筑产生的重要影响	
南京园林药物园 时间: 1976 年 区位: 龙蟠路西南侧,玄武湖东北侧 规模: 21.67 公顷,水面 7.2 公顷 设计师:朱有玠	风格:全园以植物造景为主体,以当地野生药用植物资源为主要造景材料,少量点缀建筑物与散点理石,突出与湖山相协调的"自然林野、清幽潇洒"的总体风格 布局:在园林空间境域组织和划分上,利用曲折回绕的小河、阜障与常绿树群来组织景区,然后在局部地形与功能的综合条件下确定意境单元。全园以水系自然分割为 6 个小洲渚景区,称为"圩",分别为蔓园;药物花径区;鸢尾园和山茶园;牡丹园、芍药园、蔷薇园、观叶植物品种区;高山药用植物园;花卉生产区	原址是玄武湖浚湖弃土区,呈带状,由小河分割成大小不等的六个洲渚。蔓园及药用花径区(见右示意图)设计荣获 1984 年国家优秀设计奖和 1985 年国家科技进步三等奖。药物园 1983 年对外开放;1993 年更名为情侣园	
上海松江方塔园 时间: 1978 年 区位:上海松江区老城区中山东路南侧 规模:11.52 公顷 设计师:冯纪忠	理念:是一个以方塔为主体的文物公园,一个"与古为新"的"露天的博物馆"。设计背景是为了保护基地遗存的北宋方塔及明代影壁,同时也是为松江城区市民提供一片休闲游乐的公园绿地 风格:体现与宋塔韵味相一致的宋代典雅、疏朗、朴素、简远的风格意境 布局:以方塔为主体,保存邻近的明代大型砖雕照壁、宋代石桥和七株古树;从园外迁建明代楠木厅、湖石五老峰和美女峰、假山、清代天妃宫大殿;地形改造仿县境中有名的九峰三泖,在园中堆 9 个土丘,开挖河池,并点缀亭榭;保留原有大片竹林,以草坪和主题树种统一全园底色	方塔在明末以前几经修葺,清末以后,方塔损坏严重。到新中国成立前夕,塔下围廊全废,塔内各层木结构大多被毁,扶梯仅剩一层。新中国成立后采取了一些保护措施,但未修复。1974 年按照"修旧如旧"的要求动工大修。1981 年全国文物普查时,有关专家认为方塔是新中国成立以来国内古建筑修复最好的实例之一。1978 年上海市基本建设委员会批准以方塔为中心建一个历史文物公园	松江方塔园平面示意图

续表

基本信息	园林特征	备注	平面示意图
上海秋霞圃(古园重建) 时间:1979年 区位:上海市嘉定县城 规模:0.53公顷 设计单位:上海市园林管理局设计室	理念:复园规划以古朴、淡雅、自然为园林构图的要旨,并着重立意于"秋霞"进行组景、造景 布局:古园平面呈长方形,东、西两角有土岳,中部为狭长低洼池地。复园规划重视古园原有的立意进行组景构图,以高低地形、山石、花木组织空间,并充分利用旧有建筑物更新改建 其他:遍植桂、兰、竹、菊,以及松柏等常青树木。平时满园皆绿,秋日丹桂若霞	秋霞圃原是古时私人宅园,初建于明正德嘉靖年间(1520年)。后荒废,在复园前只剩断墙残壁,园中仅有土丘二堆,荒池一泓,古木数十株,濒于湮没。重建设计重视历史查证;对原有地形地貌进行了必要的修饰改造;注重保护古木大树,恢复文物古迹	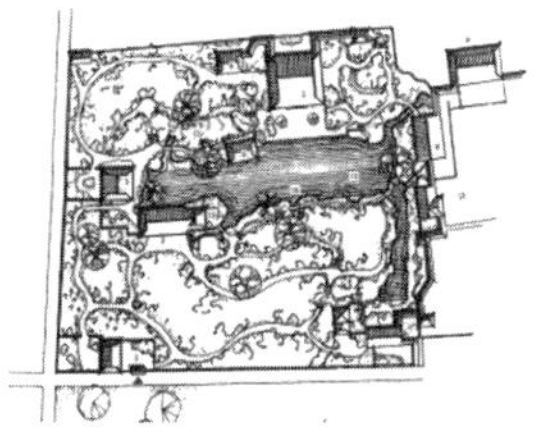
绿色津南中央庭园 时间:1981年 区位:日本新潟县中鱼沼郡津南町秋成 规模:4公顷 设计师:户田芳树(日本)	理念:以"流水"为主题,设置溪流与水池,并且与草坪广场进行统一设计 风格:通过大面积的缓坡草坪、蜿蜒的小溪和远处的山脉,创造出开放、简洁、舒展、轻松的氛围 布局:充分利用当地的自然条件"水",做成"动"与"静"两种不同的水景。其中"静"水倒影,是作品最有特点的景观	是一个对公众开放的庭园,除具有休闲、运动功能外,还包含一个观光疗养基地的部分庭园绿地空间	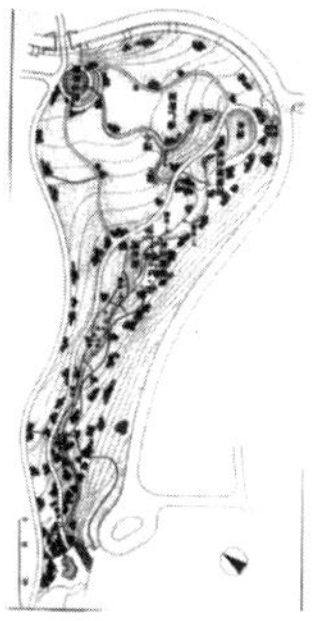
北京香山饭店庭园 时间:1981年 区位:北京西郊香山公园内 规模:主庭院约0.7公顷 设计单位:北京市园林规划设计室	理念:根据饭店庭园功需求,使庭园形式与香山环境协调,既为其增色,又有自身特色,且尽量保留好古迹和原有古树、大树 风格:设计者以"水墨画"的效果作为庭园艺术形式的追求对象,具有江南园林"神采"、又有北方园林"根基" 布局:饭店整个院落占地2.8公顷,院内西高东低,高差10～12米。饭店大小庭院13处,其中主庭园湖面成钟形,将园内原有保留古松有机的地联系起来	香山是历史著名风景区,香山饭店由贝聿铭建筑事务所设计。贝聿铭曾提出,希望通过这次创作能在继承与发展中国建筑上有所成就,并建议把饭店庭院建成为特色庭园	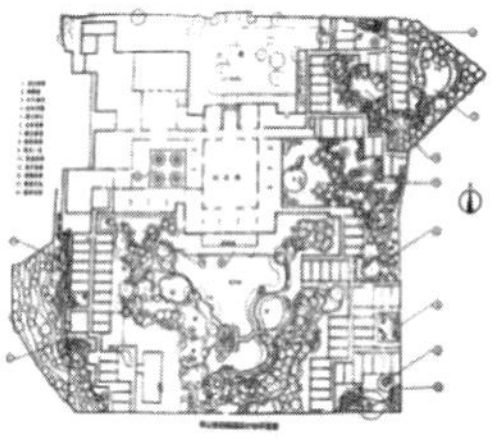
合肥环城公园 时间:1983年 区位:安徽合肥老城区 规模:136.6公顷 设计单位:合肥市园林规划设计室	理念:总的立意是"四季秀色环古城"。是以历史人文、自然环境为依据,继承中国古典园林造园艺术并探索具有合肥特色的园林 风格:总体上看,是大面积、长距离自然式风致园。环北极少人工装点,朴实粗犷富有野趣;环南着意人工精雕细刻,秀丽典雅,自然与人工融为一体 布局:是一座围绕合肥老城区的环形带状园林,总长8.7公里。按其自然地势和城市干道的分隔分为西山、银河、环东、环北、环西6个景区。	在古城墙护城河旧址上兴建的环城公园联结了逍遥津、杏花、稻香楼、包河四块绿地,形成了"一条绿色项链,串联四颗明珠"的独特的绿地系统。该工程获1986年度城乡建设优秀设计优质工程一等奖	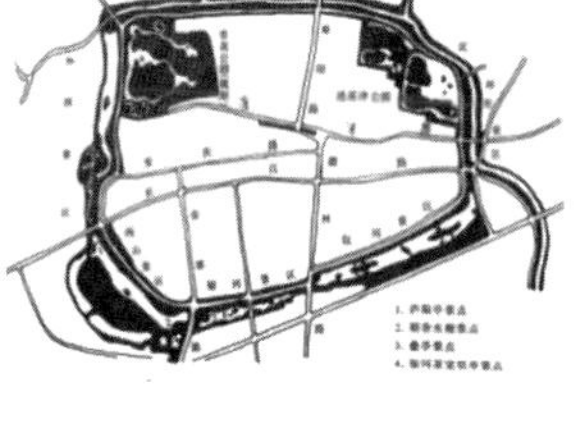

续表

基本信息	园林特征	备注	平面示意图
北京市元大都遗址公园 时间:1985 年 区位:北京市老城区 规模:北土城公园 42.44 公顷,西土城公园 36.52 公顷	布局:公园分为北土城和西土城两部分,全长八千多米。北土城公园长全 6730 米,保留了原有树木和野生植被,补植了各种花木,增建了园林小品,沿河铺设横贯东西的步道。先后建成"大都茗香""旭芳园""马可波罗园""海棠花溪"等景区。西土城是配合小月河的治理工程建设的,全长 1800 米。以清代乾隆皇帝立下的"蓟门烟树"碑为基础,建设一组传统形式的园林建筑群——蓟门文化社。碑的南北,于山坳和山顶分别建六角亭和四方亭	原城墙由于长期自然侵蚀和人为破坏,只存一带状土岗,1957 年被列为市文物保护单位。1959 年土城带上开始植树绿化	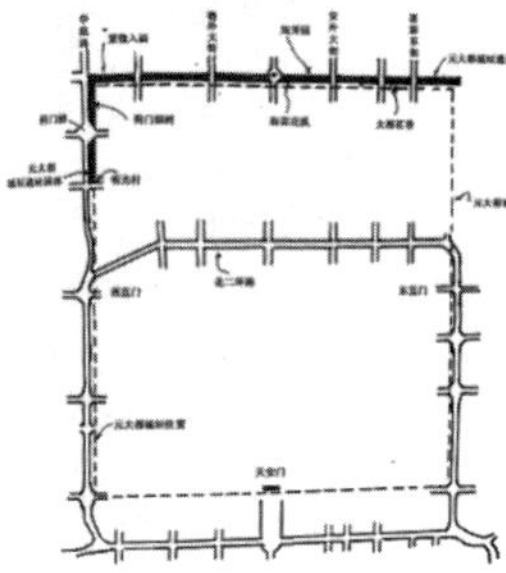
朝日电视台屋顶花园 时间:1993 年 区位:日本东京 规模:764 平方米 设计师:三谷澈(日本)	理念:利用日光、清风、天空及绿色植物,建造一个日光下的庭园。以视觉欣赏为主要目的,没有复杂的使用功能,提供与传统枯山水相似的"静观与冥想"的体验模式 布局:整个庭园被日本倭竹(Shibataea kumasaca)覆盖,通过条石形成韵律。产生了从东西方看绿色满园,南北方看韵律起伏的两种视觉效果。中央的斜带指向纪念日时太阳升起的方向	朝日电视台位于东京的中心——六本木,花园在电视台最顶层	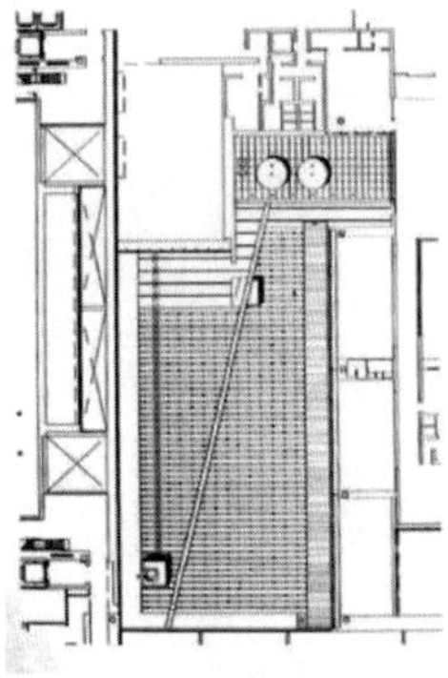
麴町会馆"青山绿水的庭" 时间:1995 年 区位:东京麴町会馆 规模:20598 平方米 设计师:枡野俊明(日本)	理念:"作庭"对于来设计师说是把"自己"放在不同空间进行表现的一种精神性很高的设计过程 风格:象征着被绿色包围的青山之"寂静" 布局:通过置身于庭园中由树木与错落的石组来创造的一种小中见大的空间,使人仿佛置身于"宇宙"空间	该庭园位于麴町会馆内,在宁静空间中,通过落水,让每一位欣赏它的人们都能联想到流动、平缓的大自然的水,从而体验到在都市的杂乱喧哗的环境中所无法体验到的寂静	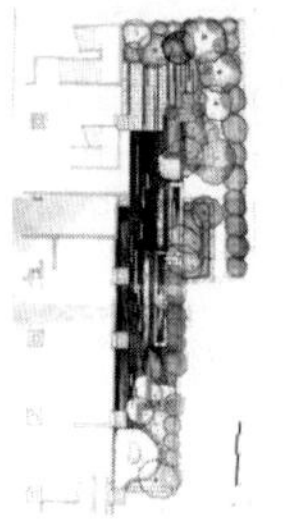
运动公园"划艇俱乐部" 时间:1996 年 区位:日本宫城县仙台市泉区 规模:7.53 公顷 设计师:户田芳树(日本)	理念:处理好室内体育场馆与周边环境的相互协调关系,利用地形,减少庞大构筑物的空间尺度 布局:为控制场馆本身的体量感,在整体的设计上填筑了土丘和堤;为营造利用面和被观察方的景观面,设置了散点式的休息小亭,成为完整统一的回游式场所空间;此外为了协调建筑物与自然地形地貌的关系,设置了一些小型人工构筑物,使自然起伏的缓坡草坪有一段中间的过渡	日本冬季漫长而严峻,作为能为冬季生活注入活力和希望的空间场所,政府营建了"划艇俱乐部"。这个大规模的室内运动设施对广大的市民开放,受到普遍的欢迎	
榉树广场 时间:2000 年 区位:日本埼玉新都心(Saitama New Urban Center) 规模:11100 平方米 设计师:佐佐木叶二(日本)	理念:以"空中森林"为基本概念,在城市中心创造一片自然 风格:以榉树这种自然植物景观取代以建筑、广场、道路为主的市中心公共景观 布局:在架空 2 米高的二层近方形的场地内,在结构上将大约一公顷的广场地面划分成了 10 米×10 米见方的不同区域,每个区域分别栽上 4 棵榉树,总共人工移植 220 棵榉树	该广场在市中心铁路车场遗址上建造,在城市中心创造一片自然	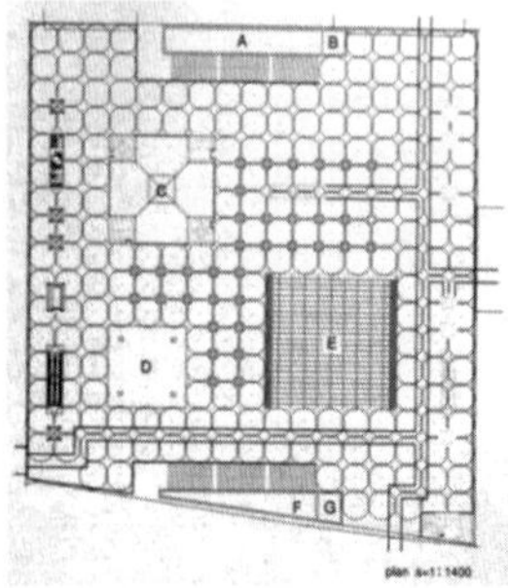

续表

基本信息	园林特征	备注	平面示意图
六本木新城(Roppongi Hills)园林 时间:2003 年 区位:日本东京 规模:11.6 公顷 设计师:佐佐木叶二(日本)	理念:体现"城市中心文化"与"垂直庭院城市"的理念,将城市高楼屋顶的空间装扮成绿色的广场和庭园 布局:六本木新城综合楼实施了最大的绿化,以绿色步道串联整个城市空间,让居民可以使用楼顶庭园。通过曲线绿篱、石墙、小河、小草坪与树木等元素,把散置庭园连接在一起,形成一个整体	本项目位于日本东京商业密集区六本木,是日本东京著名的购物中心和旅游中心。六本木新区是集店铺、住宅、事务所建筑群并结合广场和公共空间形成的复合街区,是日本目前规模最大的都市再开发计划之一	

8.4　重点案例

8.4.1　英国・肯尼迪纪念园(The Kennedy Memorial)

背景信息

肯尼迪纪念园(图 8-43,见 387 页)由英国景观设计师杰里科于 1964—1965 年设计,1963 年 11 月 22 日美国肯尼迪总统遇刺后不久,英国政府决定在伦敦之西、泰晤士河南岸拉尼米德(Runnymede)坡地上修建纪念园(见图 8-44)用来纪念肯尼迪总统,表达对美国人民追求自由平等的支持。

纪念园主体面积 0.4 公顷,其中从入口到纪念碑的林间小径长约 140 米。杰里科在设计中体现了他对基地、路径、纪念碑、拉尼米德乡村景色、冥思石凳五类景观要素的协调处理,使纪念碑和谐的处在英国的乡村风景中。

□ 杰里科(geoffery jellicoe,1900—1996)

在杰里科的实践中,与环境的关系一直是设计的重点,在很多设计中主体建筑与周围景观相融,而不是单调的安放;很多项目中都可以看到长平台和长步道,这种要素的使用联系起一系列空间,引导人们体验不同的空间氛围。

"潜意识"层面的设计形成了杰里科独特的设计哲学。他的作品中有其特有的景观设计语言,这种形式语言在实际中的运用不仅仅是根据其必然性而存在,更多的是为了传达某种思想,激发某种精神,产生某些联想。

建造历程与设计理念

1963 年 12 月 10 日,英国众议院决定修建纪念园来纪念美国总统肯尼迪,拉尼米德因为其历史上与自由、公正和人类自由权的联系被选为修建纪念园的基地。1965 年 5 月 14 日由英女王举行开放仪式,并将基地所在 1 英亩的土地作为礼物赠予美国。

□ 拉尼米德(Runnymede)

位于伦敦以西 32 公里的泰晤士河沿岸。1215 年 6 月英国国王约翰在拉尼米德签署保障公民政治和自由权的宪章,现在建有很多纪念自由和人权的纪念碑。

杰里科在设计中力图将肯尼迪总统的死亡提升到超越日常俗事和个人特质的高度,将纪念园的设计纳入宇宙的普遍原则,使得参观者经历一个类似于朝圣的过程,参观者双眼所能看到的景象还能更深层次地反映出看不见的生活历程,从生命、死亡到灵魂的升华。

杰里科在纪念园的设计中受到很多相关思想的影响,其中将朝圣过程转化为景观设计的灵感来源于两幅 16 世纪文艺复兴的绘画,乔凡尼・贝利尼的灵魂升华的寓意(The Allegory of the Progress of the Soul)和乔尔乔内的暴风雨(The Tempest)。另一个主要的影响是杰里科曾访问日本,参观了很多日本园林,并在此期间画了第一版草图。东京的佛教禅宗花园很大程度上影响了杰里科的设计,他学会了欣赏日本人对园林中无生命静物的敬畏,并且领会到每一个工匠所雕琢的石头都有其自然之美。

图 8-44　纪念园所处位置航拍图

对于最终的纪念园,杰里科这样描述:“所有参观者所能体会的视觉感受应当包括隐喻背后的‘灰色世界’。”“这个极其精致和精确的设计,其所处的景观环境应当是与之相反的……这个设计与修剪整齐的草地和修剪的花圃是无法和谐的……很多人知道如何去新建一个常见的公园或花园,但目前为止很少人知道如何在自然景观再创造过程中保留人工元素……”

作为一个景观理论家与实践家,杰里科在设计中不单单考虑到对区域环境特质的把握,同时追求对更深层含义的表达,即对人类思想及精神的把握。而肯尼迪纪念园的设计是杰里科第一次认真的思考如何挖掘潜意识的模糊概念,并将深刻的思想融入视觉化的作品中。

园林特征

基地位于一片向东北倾斜的坡地,有大片的绿色草坪和自然生长的树林,不远处可以看见泰晤士河的支流蜿蜒而过,设计充分利用基地坡地现状,巧妙处理参观流线、空间氛围和视觉感受之间的关系。同时,景观元素的使用不仅仅侧重于对空间的营造,更重要的是所传达的意图与象征意义,使得参观者在潜意识中理解景观所要表达的深层含义。

(1)布局

纪念园的布局非常简单,分为两部分:悼念序列和休息冥想空间。悼念开始在草坡下道路一侧的小块空地,一条小石块铺砌的小路蜿蜒穿过一片自然生长的树林,引导悼念者从入口到达半山腰的长方形纪念碑。纪念碑是一块 5 英寸高 10 英寸长的白色波特兰石,刻有肯尼迪1961 年就职演说中的内容。纪念碑是悼念序列的结束,绕过它,经过一片开阔的草地,踏着一条规整的小路便可到达能让人坐下来冥思的石凳前,从这里俯瞰泰晤士河和绿色的原野。石砌小路和长步道的设计为参观者营造了一个怀念和冥思的空间序列,同时杰里科也希望人们在这个序列中得到更深层次的对人生死、灵魂的心理感悟。

(2)入口空间序列

图 8-45　纪念园入口处

图 8-46　入口林中小径

纪念园的入口小门在较为平坦和潮湿的草地上,参观者可以看到掩映在树林中的一段木栅栏和木门,入口暗示了人们将步入一段新的旅途,也暗喻了从生命、死亡到灵魂的升华过程的开始(见图 8-45)。穿过小门后参观者将踏上一个由 60000 块葡萄牙花岗岩小石块铺成的林间小道,道路随地形不断向上爬升,蜿蜒穿过森林,到达纪念石碑。小道总共有 50 步,代表了美国 50 个州,每一步都是独特的,每一个石块都是随机摆放。这 60000 个石块同样也隐喻了一个个处于生命到领悟过程中的朝圣者(见图 8-46)。

(3)纪念碑

纪念碑是纪念园重要的景观节点,靠近石碑处的花岗岩石块逐渐变宽,暗示了参观者的停留。纪念碑是一个 7 吨重的白色波特兰石,被放在一个青色花岗岩的基座上,给人一种重物漂浮在地面上的感觉。为了纠正透视错觉,石块正面被切出一个微小的弧度。雕刻家柯林斯将文字雕满整个石碑,使它看起来不是一段铭文的展示,而是石头自己的诉说(见图 8-47)。

(4)冥想石凳

石碑右侧是一条规则的石阶小路,小路有意脱开石碑前的步道,似乎如“雅各布的天梯”一般通向未来(见彩图 8-1)。走在这条小路,看到的是一片开阔的草地。小路末端是两个可以让人坐下来冥思的石凳,石凳的朝向可以使冥想者俯瞰泰晤士河和绿色的原野,参观者在这里思考生命与死亡,并且感受到未来和希望,从而在心理上完成一次伟大的征程(见图 8-48)。

图 8-47　肯尼迪纪念碑

图 8-48　冥想石凳

(5)植物

环绕入口小径的森林是营造空间氛围最重要的元素,它使得通往坡顶和纪念碑的路径被完全围合起来,让人想起但丁的“黑暗森林”。这片森林是英国典型的多样化林地,树木随着季节更替而变化,这种时间的流逝同样反映了生命、死亡和灵魂升华的旅途;同时,森林是一个能够极大自我更新的自然生态系统,象征着大自然神秘的力量和顽强的生命力。

除了空间氛围地营造外,纪念园中使用的植物更重要的是其象征意义。石碑一侧的山楂树象征着肯尼迪总统所信仰的天主教。纪念碑后面种有一颗美国红橡树,在每年的 11 月,正好是肯尼迪逝世的月份,橡树变成了浓重的红色,映衬着前面白色的纪念碑,给瞻仰者留下深刻的印象。

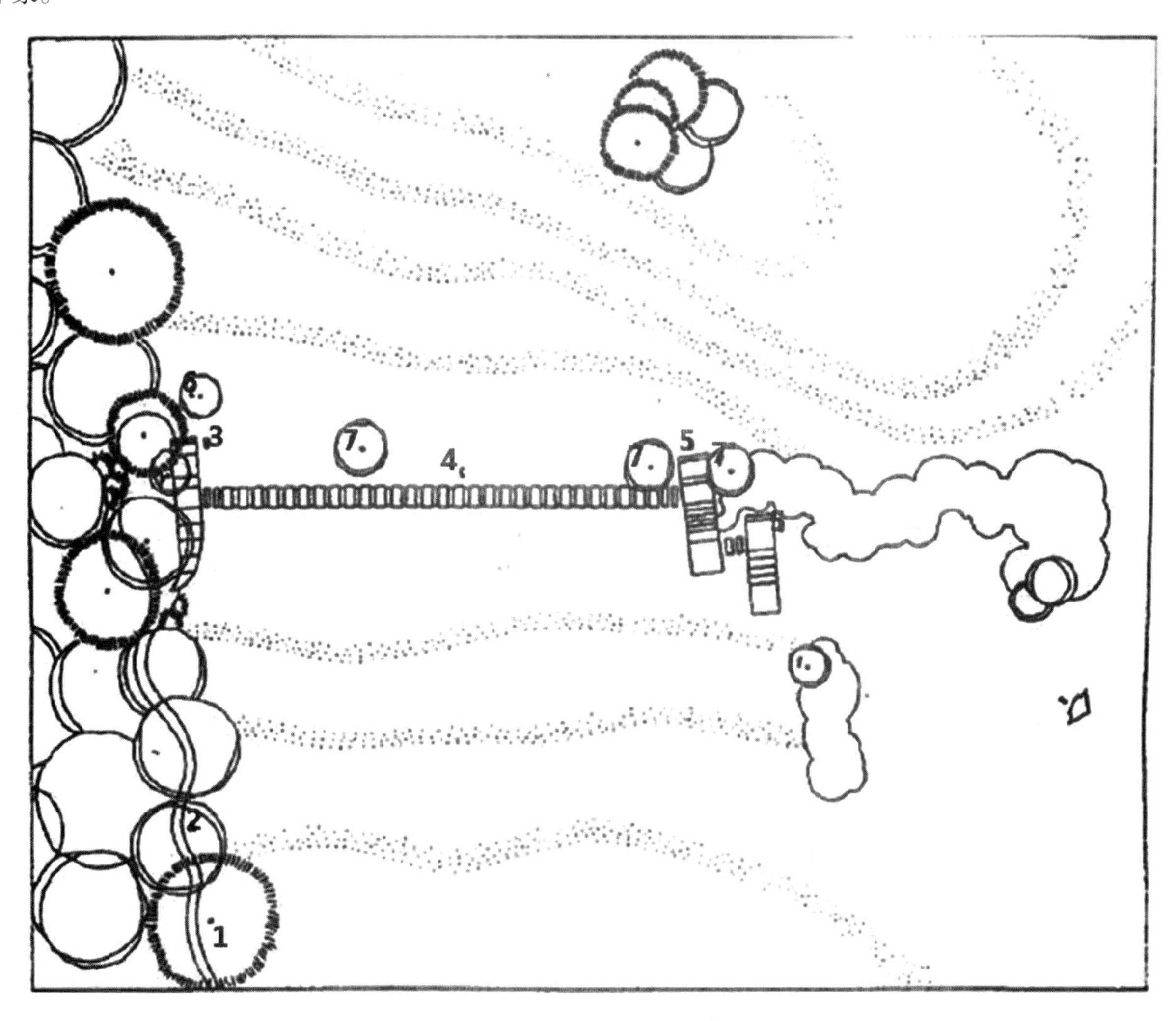

1. 入口　2. 林中小径　3. 纪念碑　4. 石布道　5. 冥想石凳　6. 美国红橡树　7. 原有树木

图 8-43　肯尼迪纪念园平面图

8.4.2 美国・西雅图高速公路公园(Freeway Park)

背景信息

西雅图高速公园(见图8-49,图8-50)位于美国西雅图市中心5号洲际公路区段,于1976年建成,是劳伦斯・哈普林在城市改造与景观结合上做出的一次大胆尝试。公园占地2.2公顷,延伸长达400米,覆盖了高速公路的主要十条车道和长达一个街区的范围,将之前被公路分离的两个城市区域重新联系起来,是美国历史上第一个建立在城市高速公路上空的公园。哈普林充分利用地形和高差变化,创造了一个城市中的人工水流峡谷(见图8-51)。哈普林的实践为现代景观如何更好地融入城市高密度高硬化环境带来极大的启发和思考,并且定义了一个新的土地使用类型下的城市景观。

□ 劳伦斯・哈普林(Lawrence Halprin)

20世纪六七十年代,由于城市更新,洲际公路和市郊住区的建立,园林设计领域发生变化,更加侧重于城市问题和公共休闲,这种社会背景影响了哈普林的理论和实践,他设计了一系列喷泉公园,如波特兰系列、西雅图高速公园、曼哈顿广场公园等,体现了景观不仅仅作为观赏,而更重要的是使用和参与的思想。

哈普林工作范围十分广阔,从雕塑喷泉到城市更新、地域规划,他创造着属于整个社会的景观,并始终坚持在最终使用者需求基础上进行设计。水、石材、混凝土是其作品的重要组成部分。

设计与建造历程

于1965年开通的5号洲际公路,从南到北穿越西雅图市,将城市分割为两半,造成中心商业区、邻近商业区与公共机构隔离,尤其是严重损害了第一山居民区(First Hill)与市区的联系。由于城市景观被极度破坏和生活的不便性,西雅图市民们极其希望恢复城市区域的联系,甚至提议收回洲际公路占用的空间。

1966年,哈普林出版了《高速公路》(Freeways)一书,讨论了高速公路所带来的问题,认为它占用大片土地,分割城市空间,破坏城市景观,并在书中提出了一些解决方法。于是,西雅图公园管理委员会便邀请哈普林在穿过西雅图市中心的5号洲际高速公路西侧设计一个能实现他的想法的公园,并解决公路带来的消极影响。

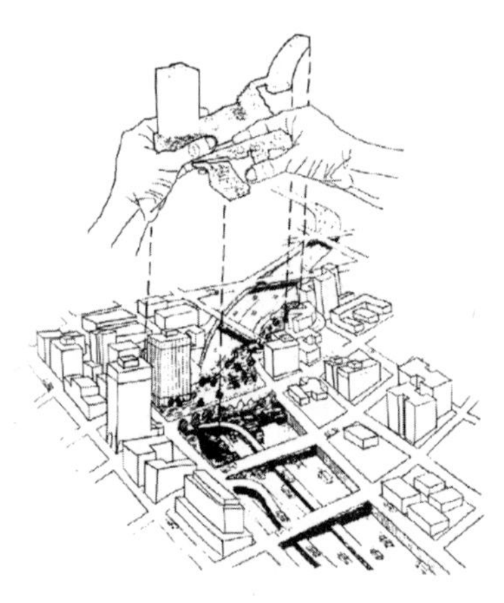

图8-51　哈普林公园设计理念的概念图解

从1970年开始哈普林和其事务所的年轻设计师安吉拉・娜婕娃(Angela Danadjieva)开始了高速公园的设计,提出建立一个城市"空中绿洲"的设计理念,在5号洲际公路上方架设一座桥,利用一个计划建造的停车场屋顶和边缘零星空地,将公园范围扩大,创建一个跨越高速公路的绿地,重新定义了高速公路的灰色地带,有效地整合了公路周边的城市空间。1976年7月4日高速公园在西雅图立市200周年纪念日建成并开放。1984年随着皮戈特走廊(Pigott Corridor)的修建,公园被第一次扩建。之后在1988年华盛顿州会议中心建成后,公园向西北方向扩建并与会议中心相连。

□ 皮戈特走廊(Pigott Corridor)

1984年修建,由安吉拉・娜婕娃成为独立设计师后设计,为适应不同标高变化的一系列高低起伏的坡道,两侧有混凝土墙壁分隔的主要提供给附近老年人使用的无障碍设施。

高速公园在刚建成的几年内是西雅图最有活力的场所之一,人们开始接受城市是可以同公路和谐相融的想法。哈普林的设计被认为是建筑和结构上的创新,展示了如何在有限的城市空间下发展设计,世界各地的景观设计师纷纷慕名前来参观。居民和上班族们常常来这里休息,甚至出现了"户外午餐"和夏季晚会演出等活动。

然而,几年后,随着植物的长大影响了视线的通透,公园变得灰暗和不易通行。公园成了西雅图毒品交易和流浪汉聚集的场所。2002年,一个无家可归的聋哑妇女在光天化日之下被谋杀,该事件刺激了全市范围内提升和恢复公园。2004年5月高速公园东侧Jensonia酒店的大火之后,在设计师安吉拉・娜婕娃的监督管理下,公园开始进行了一些改造,部分混凝土墙壁被拆除,树木被修剪,保证更好的通透性。断开的人行道被连起来确保更好的可达性,安全巡逻被加强,并且引入丰富的市民活动来提高公园的使用率。

西雅图高速公园从方案设计到后期的改造管理显示了城市、高速公路、人与自然整合一体的有机关系，创造一种城市性与自然性相结合的新景观。正如哈普林所说“设计将原有高速公路看成是城市景观的一部分，我们应当试图去改善它的环境而不仅仅是去抱怨存在的问题”。公园曾获得美国景观设计协会专业设计竞赛公路规划优异奖、美国土木工程师协会西北太平洋地区土木工程杰出成就奖。

园林特征

西雅图高速公路公园由抽象几何景观构成，几何状混凝土块贯穿全园，堆砌出不同的模拟自然形态的地形和峡谷，水体、树木有机分布其中，营造出城市中的人工自然景观。公园北侧紧挨服务商业办公群楼的大片绿地，东北段与居民区绿地相连，南部被高速公路及其入口包围。公园在许多节点处有上下透空的空间，可以看到公路上的车流(见图8-52)。

图8-52 公园入口与高速公路

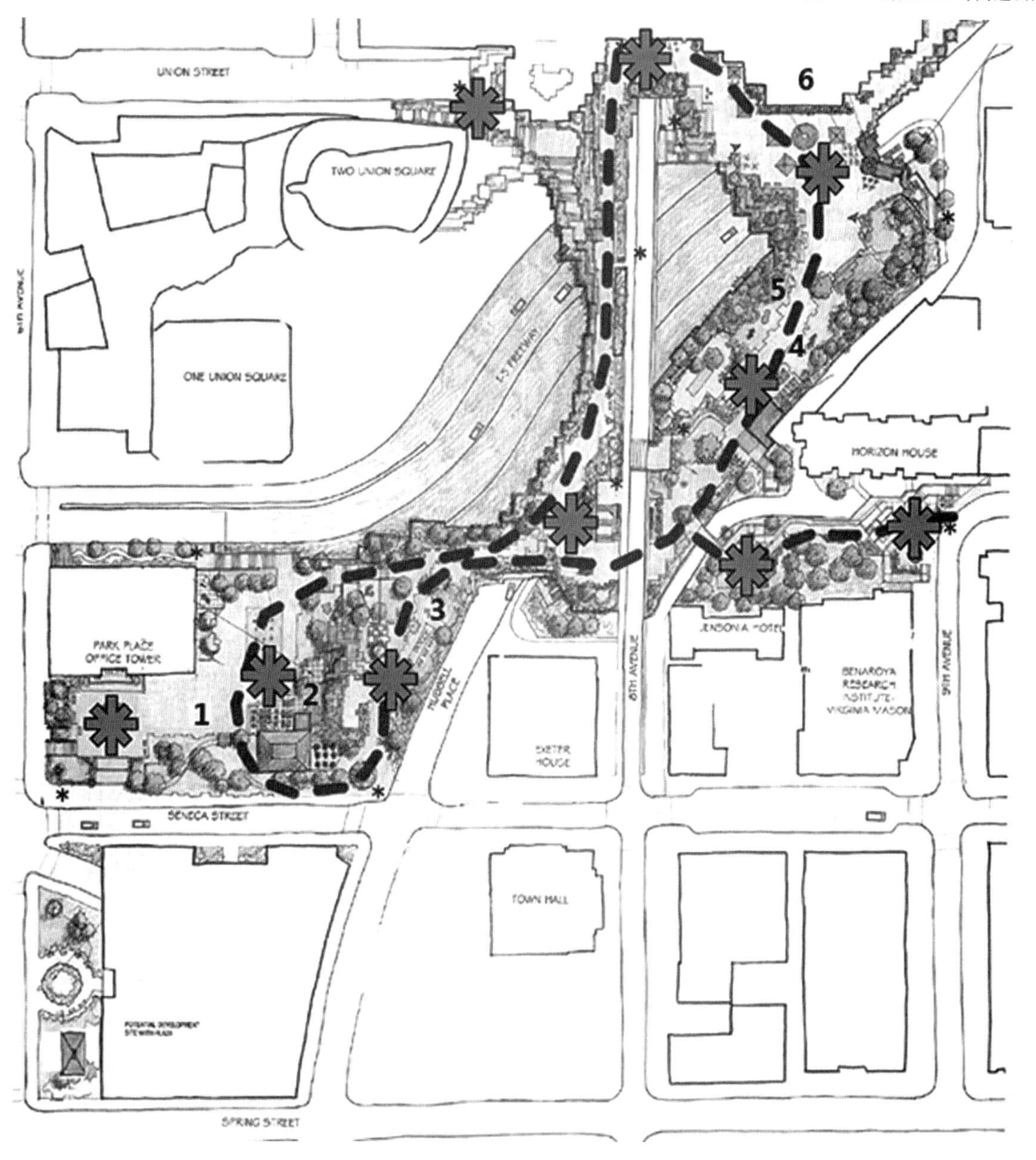

1. 中央广场 2. 峡谷瀑布 3. 西广场 4. 东广场 5. 美国退伍军人自由广场 6. 华盛顿州会议中心绿地

图8-49 西雅图高速公路公园平面图(虚线表示公园的主要道路，连接城市中心区与居住区)

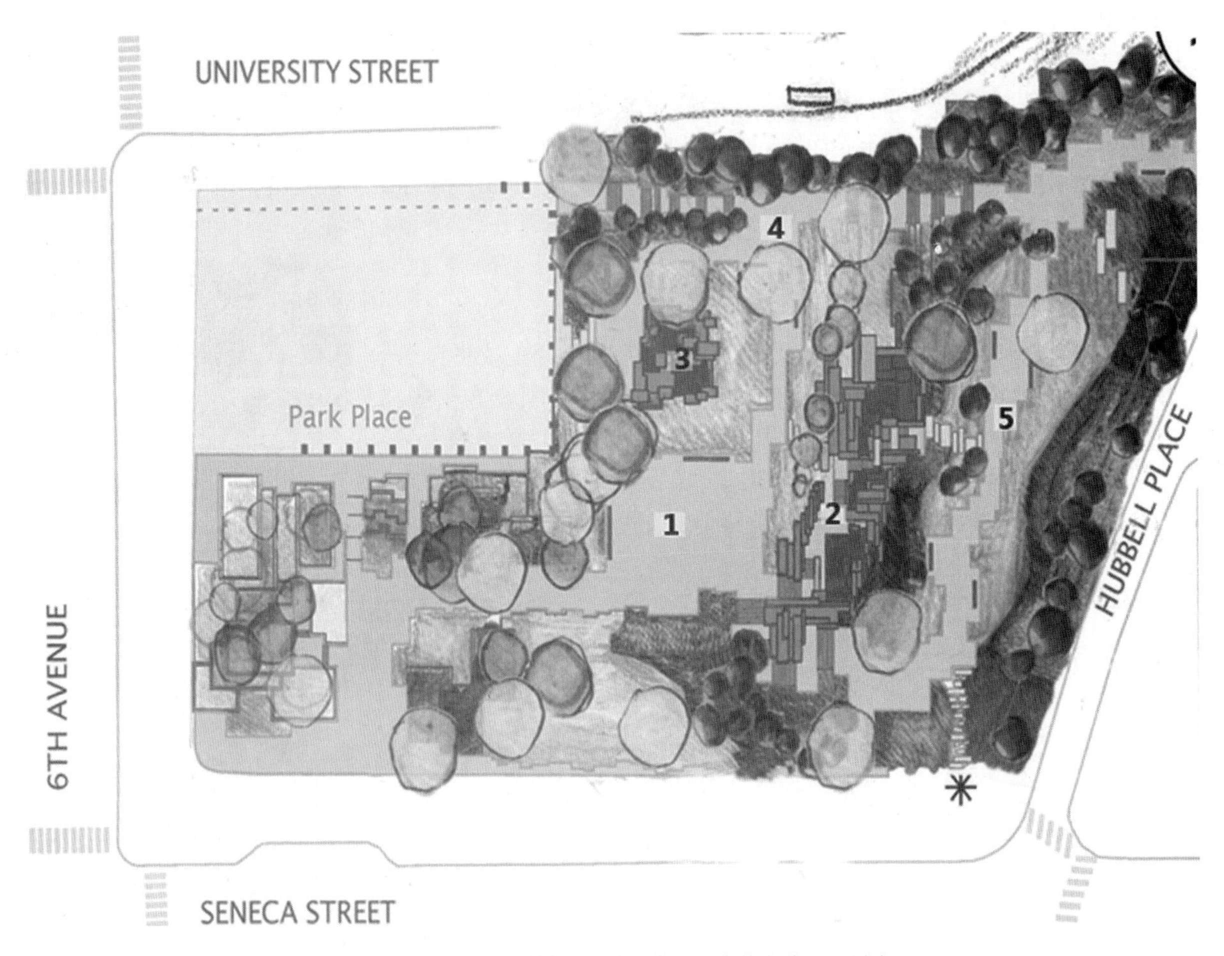

1. 中央广场　2. 峡谷瀑布　3. 小瀑布　4. 密林小道　5 西广场

图 8-50　西雅图高速公路公园中央广场区平面图

（1）空间组织

作为居民区和市中心的过渡空间，公园强调长边方向上道路的连通，两侧的漫步道则串起丰富的交往空间，带给人们时静时动的空间体验。其中由一系列交织在一起的景墙、花坛和道路构成的中央广场、东广场和西广场形成了主要的空间序列。

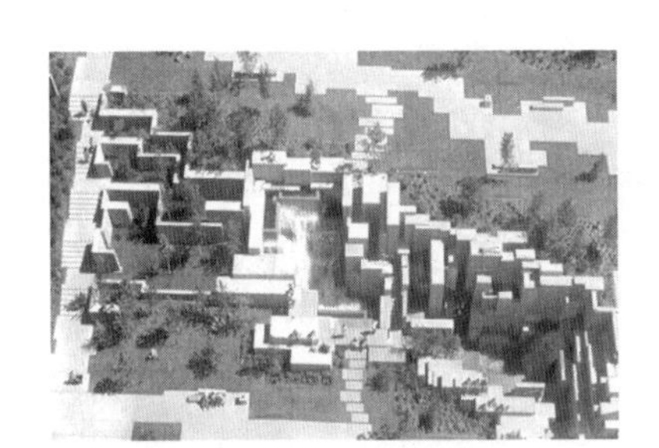

图 8-53　中央广场几何状混凝土构筑物与瀑布

中央广场以瀑布景观为主，分别被塑造成小瀑布和峡谷，为身处其中的市民们营造一种都市环境中犹如自然森林一般的感受。小瀑布在中央广场西侧，特色在于水流过参差错落的如坍塌石块的混凝土构筑，人们可以走入这些混凝土石块，四周被流水所包围（见彩图 8-2）。

中央广场西侧是人工峡谷瀑布景观，此处也是全园的中心，由 60 英尺宽、32 英尺高崎岖不平的钢筋混凝土块堆砌成人造峡谷，自由落体的流水瀑布冲下峡谷（见图 8-53）。峡谷底部是一个巨大的玻璃窗，使得游览者在身处峡谷的同时看到下面高速公路上行驶的车辆。峡谷瀑布东侧是一条密林中的蜿蜒小路，这一侧的植物非常繁茂，能够完全遮挡四周的城市建筑，所以游客在这一段行走时能够有清晰的水流声相伴。

图 8-54　东广场大草坪与混凝土块种植池

东广场则以乡村风景为主，有模拟自然高原草地的开放草坪（见图 8-54）。其中美国退伍军人自由广场有一系列河石铺底的水池和喷泉供小孩戏水。广场向北与会议中心前的水泥铺地广场相连，是主要的出入口。

西广场由于产权是私人所有，有维护良好的精致园艺小品。这部分空间相对独立,与城市和公园主体的连接较弱。

(2)水体

公园中有多处水景,有高低跌落的落水景观,也有水平方向的流水景观,还有瀑布喷泉等水景可以让人们参与其中。其中规模最大的是峡谷喷泉,水流从高处落下,并且随着阶梯状的混凝土块一层层跌落,软质的水景打破了混凝土石块的生硬,不同的落水方向和水花喷溅模拟了自然地落水过程。除了景观功能外,瀑布的水流声也减弱了公路噪声对园林内部环境的影响。水景旁布置有很多座椅和交流空间,人们可以在水边活动(见图 8-55)。

图 8-55 瀑布与混凝土峡谷

(3)构筑物

哈普林在设计中运用了简单的设计语言,贯穿全园的是一系列不规则混凝土几何体块。混凝土使用粗糙的木模板浇筑,表面崎岖不平。这些混凝土块或被用作花坛和树池,或被用作落水的承接面,或被用作分割和围合空间的墙体,甚至被用作座椅、垃圾箱等小品。粗糙冰冷的混凝土与灵动的水面和丰富的花卉树木形成强烈反差,形成了公园独特的风格。

楼梯和道路同样使用了混凝土几何体,道路边缘为方形锯齿,广场用大小不同的方形混凝土预制板拼接,虽然使用了同样的材料,但在纹理和颜色上都有细微的调整和设计。

(4)植物

植物在设计中被大量使用,设计选用了大量耐活植物确保其能够在大风和交通污染下存活,最后选用的树种有喜马拉雅雪杉、花旗松、小叶菩提、英国橡木、红橡木、香枫和其他木兰科、枫属植物。为了更加突出都市森林峡谷,哈普林在设计高程较低的区域种植杜鹃花和赤杨,而在较高的地段种植道格拉斯冷杉和其他高原树种。整齐的植物种植、混凝土构筑物和周围的建筑物一同构成了富有变化的空间轮廓线。秋色叶树种和常绿树种的搭配使得公园在不同的季节展现不同的景观效果。

8.4.3 巴西·柯帕卡帕那海滨大道 (Aterro de Copacabana)

背景信息

柯帕卡帕那海滨大道(图 8-56,见 393 页)位于巴西里约热内卢的柯帕卡帕那海滩,由布雷·马克斯于 1970 年进行设计。

柯帕卡帕那海滨大道长达 4 千米,宽约 65 米。布雷·马克斯用丰富的马赛克地面铺装淋漓尽致地表现了抽象绘画与园林设计相结合的魅力(见彩图 8-3)。

设计思想与建造历程

柯帕卡帕那海滩紧邻大西洋,身后是群山环抱(见图 8-57)。20 世纪初,海滩附近仅有住宅和花园(见图 8-58),随着城市建设的扩张,高层建筑逐步占领了这片近海地带。到了 50 年代,当地政府决定进行里约热内卢滨海开发。1970 年,布雷·马克斯设计了柯帕卡帕那海滨大道。

图 8-57 柯帕卡帕那海滩与群山

柯帕卡帕那海滨大道作为城市与海滩之间的过渡地带,它必须能够保护海洋生态、承载海滨活动、提供人车通行。布雷·马克斯对场地文

图8-58　昔日的海滩环境

□ 里约热内卢滨海开发项目从1954年开始直到1970年才完成，它包括弗拉门戈公园、现代艺术博物馆和柯帕卡帕那海滨大道的景观设计。

化特色进行深层挖掘，结合现代主义设计思想，从海浪和城市地貌中提取图案肌理，用传统的铺装材料表达现代的抽象图案，延续了历史与文化。他以海岸大地为画布，用丰富的图形、夸张的色彩再现了里约热内卢的热情洋溢的城市特征。鲜明的色块与细腻的铺装营造出空间上的对比、分隔或限定，保证了狭长的柯帕卡帕那滨海大道的延续性和丰富度，让人们在行进与停留中产生各种视觉与触觉上的体验感。

柯帕卡帕那海滨大道使自然海滩与城市空间的界限泾渭分明，但又彼此交融共生，人们在这里能同时享受到海浪的柔情与城市的缤纷。自由抽象的图案节奏鲜明，设计背后蕴含的思想也很耐人寻味，布雷·马克斯用描绘性的色彩创造了一个超然于可见世界之外的梦幻国度。

园林特征

柯帕卡帕那海滨大道是布雷·马克斯的大型景观设计代表作之一，他将马赛克拼贴、现代艺术绘画、城市文化形态幻化成巨幅图画，强调设计与艺术、铺地与植物、人工与自然的结合，为柯帕卡帕那海滩注入了新活力。

(1)布局

柯帕卡帕那海滨大道呈带状空间布局。布雷·马克斯沿着海滩的走势依次划分出不同功用的平行空间（见图8-59），分别为海滨步行道（宽7.5米）、停车带（宽2.5米）、车行道（宽10米）、人行道（宽13米）、车行道（宽10米）、停车带（宽5米）、建筑前广场（宽15米）。

图8-59　海滨步行道的波纹图案

棕榈是巴西本土的特色植物，能够抵挡海风、提供荫蔽。海滩地质限制了乔木种植的深度，布雷·马克斯在土壤深度足够的情况下间隔种植高大的棕榈，树下设有坐凳等休憩设施，形成阴凉的休息空间。

柯帕卡帕那海滨大道大手笔、图案式的平面设计充满了想象力和艺术美，从海滩附近的高层建筑上俯瞰这片连续的人工色块，它们与深蓝色海面和金色海滩共同构成一幅自然流畅的抽象画。

(2)地面铺装

布雷·马克斯统一运用了当地出产的黑、白、红三色马赛克作为地面铺装的材料。马赛克铺装演绎了巴西曾为葡萄牙殖民地的历史文化，这种葡萄牙式的装饰石块不但色彩丰富，还可以有效散发地表热度。而对铺地的图案处理上，布雷·马克斯采取了两种截然不同的方式。

图8-60　海滨步行道的波纹图案

海滨步行道是海滩与城市道路的中间地带，布雷·马克斯将极富动感的海浪元素运用其中，用黑白相间的马赛克铺成波纹曲线的图案（见图8-60）。统一的地面铺装通过透视和树影的加工，变化出曼妙的曲线，给整个海滩环境注入一种跃动的力量。波纹图案能够将人的视线自然地引向海面，巧妙借景。图案的匀致性使自身融于整个海滩环境中，人们可以在任何角度以任何背景来欣赏这一景象。同时，每个人又会被波纹曲线的律动性触动，正是这种律动，引领着人的视线向海滩的四面八方看去，布雷·马克斯深刻地知道大海和海滩本身就是最美的景色。这些波纹曲线至今仍是柯帕卡帕那海滩的标志。

图8-61　海滨人行道及建筑前广场的铺装图案

人行道和建筑前广场的铺装色彩是传统的黑、白、红，而图案是现代抽象的，具有视觉冲击力。富有张力的色块和线条隐喻了巴西特有的地形地貌，布雷·马克斯使用曲线和直线的组合来进行构图（见图8-61），每块图案都绝不雷同，能够减轻人们视觉上单调乏味之感。

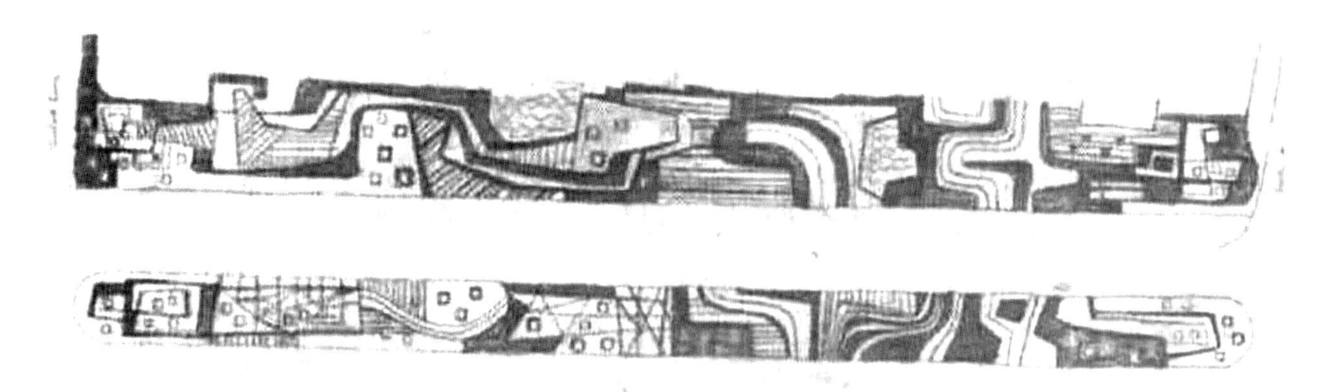

图 8-56　柯帕卡帕那海滨大道局部地段设计手稿

8.4.4　中国·北京陶然亭公园

背景信息

陶然亭公园(见图 8-62,图 8-63)位于北京市宣武区东南隅,南二环陶然桥西北侧,因园内有陶然亭而得名,是建国后北京市新建的第一个较大型的现代园林,1952 年开始挖湖堆山,1955 年公园正式开放,造园形式属于山水风景园(见图 8-64)。公园规划用地面积约 76 公顷,实际总面积约 59 公顷。

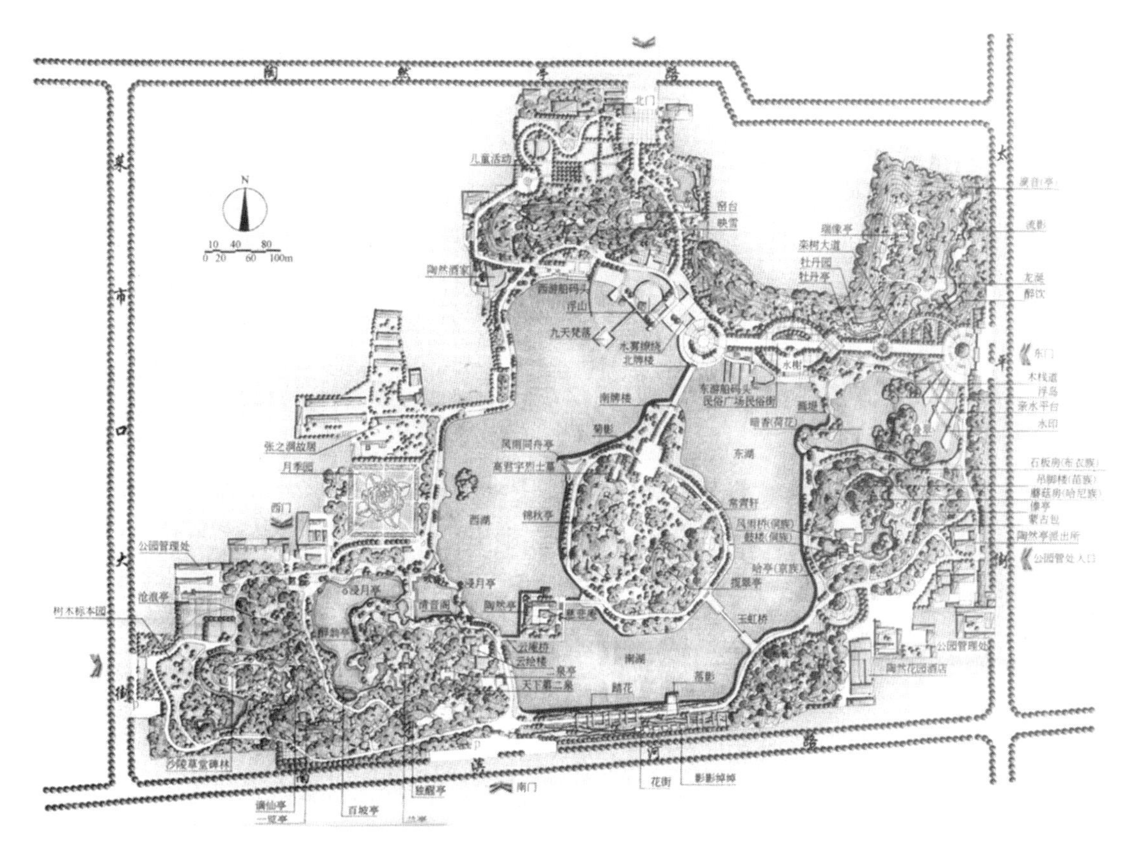

图 8-62　陶然亭公园平面图

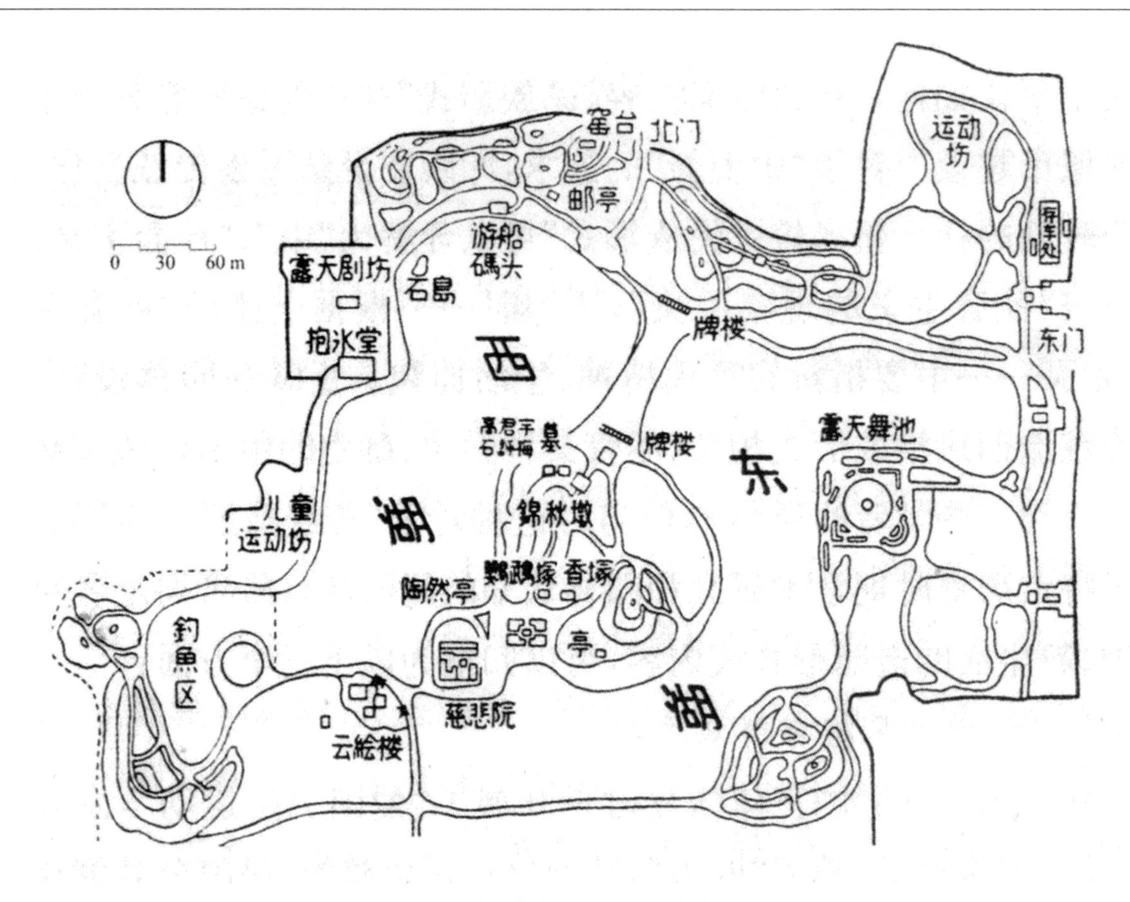

图 8-63　陶然亭公园 20 世纪 50 年代平面图

设计与建造历程

图 8-64　陶然亭公园鸟瞰

□ 1950 年底，毛泽东、周恩来、罗瑞卿等到陶然亭视察，毛主席还和随行的人谈及自己 30 年前与友人在此聚会的情况，他说："陶然亭是燕京名胜，这个名字要保留。" 1979 年园内的高石墓、慈悲庵、云绘楼被列为北京市第二批文物保护单位。位于中央岛锦秋墩北坡下的高君宇、石屏梅墓与 1986 年被列为市级保护单位。

□ 在新中国成立后的三年恢复时期展开了"爱国卫生运动"，发动群众清除垃圾、疏浚河道、消灭"四害"，从而进行环境整治、保障公共健康。这其中时常涉及蚊蝇滋生的低洼地的土方挖填，而形成传统造园的挖湖堆山工程。

陶然亭公园所在基地具有两千三百多年的历史，战国时期是燕国都城蓟的一部分。辽金时代属金中都的城厢区，城北的凉水河流经这里，形成了大大小小的湖泽。明永乐年间，工部衙门设五大窑厂，陶然亭公园内的窑台处于黑窑厂的中心部位，其上建有窑神庙，因这里地势较高，后来成为登高远眺的胜地，许多文人墨客来此登高吟诗。清康熙三十四年，工部郎中江藻奉命监理黑窑厂，在慈悲庵西面建造一座小亭，取白居易诗句"更待菊黄佳酿熟，与君一醉一陶然"的"陶然"二字为亭命名。这座小亭备受文人墨客的青睐，被誉为"周侯籍会卉之所，右军修契之地"。1704 年被改造为轩，仍称为陶然亭。清代两百余年，此亭长盛不衰，成为都中一胜。

"五四"运动前后，中国共产党的创始人和领导人李大钊、毛泽东、周恩来、邓颖超、刘清扬、邓中夏、高君宇等，曾先后来到陶然亭进行革命活动。公园的慈悲庵中仍保留着这些早期革命领导者秘密活动的旧迹及室内陈设。

1952 年春，人民政府征集数千民众，用以工代赈的方式开始疏浚苇塘，引护城河水入湖，在湖岸周围堆 7 座小山，清除污泥浊水，陶然亭开始规划建园工作。在城市总体规划中，陶然亭是与先农坛、天坛和龙潭共同组成的文化休息公园的一部分，根据这个定位，设计单位把陶然亭公园布置成以山水风景为主的休息公园。1953 年，全园开始植树绿化工作。1954 年按照周恩来总理的指示，将中南海东岸的云绘楼、清音阁迁建于公园西湖南岸。1955 年，将原在东西长安街的牌楼（文革时期被拆）迁建在中央岛北堤的两端。1955 年 9 月 14 日，公园正式开放。

公园建园后的五十年中,大体经历了三个建设阶段,即1952—1959年的建园阶段;20世纪60年代至70年代的三年自然灾害,继而十年动乱,公园土地大量被侵占和丧失阶段;20世纪80年代后的建设与发展阶段。

1983年北京市第一次园林工作会议的主要报告,在提出如何突出公园特色时要求:“北京园林要体现首都这一城市性质”“以我为主,兼收并蓄,蓄取各方之长,使南北园林,中外园林的精华都能荟萃于北京。”为了进一步充实陶然亭公园的游览内容,突出特色,北京市于1985年5月开始了陶然亭公园的改建规划工作。由清华大学和北京园林设计院接受项目委托。在已形成的公园现状基础上,提出的陶然亭公园建设要“以亭取胜”的精神,着重以多种“亭”的形式来满足公园各种公园活动内容的要求,从而形成独有的风景特色。陶然亭改建规划方案于1985年9月通过,1986年2月以“华夏名亭园”(见图8-65)景区为实现公园改建规划的起步区,并立即动工进行建设。

□ 文革时期,由于“极左”思潮的影响,削弱了公园的管理,公园的绿地被挤占,文物和树木花卉遭到破坏。在“破四旧”和“不为城市老爷服务”等口号影响下,园内一批名墓被毁,高君宇烈士的墓碑被砸烂,东湖南岸的露天舞池被拆毁,迁建在园内的原东西长安街牌楼也在江青等人的强令下被拆毁。

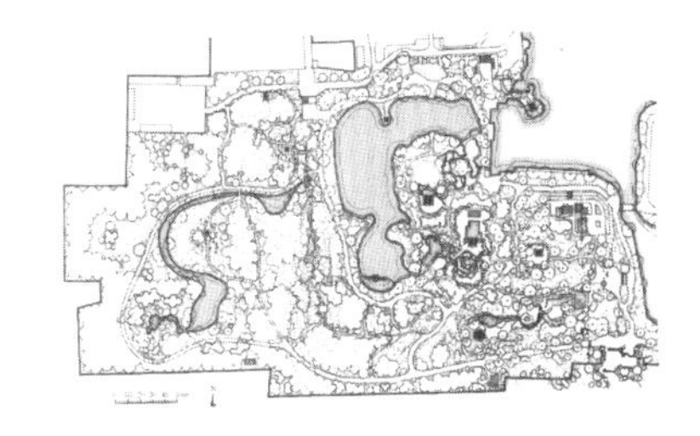

图8-65　华夏名亭园平面图

1995年陶然亭公园再次进行改造,总体规划方案基本上遵循着1985年清华大学及北京园林设计院规划设计的八大景区的方案,并对其中个别景区作适当调整。其宗旨在于突出以“亭”形式的建筑并以此公园特色,寓亭文化于园林景观之中,不仅使公园成为群众游憩、娱乐的场所,也使得公园成为对群众进行爱国主义教育和增长历史文化知识的场所。公园1994年被命名为北京市爱国主义教育基地,2002年5月被市园林局首批公布为一级公园。

园林特征

(1)*布局*

公园建园初期按照功能需求,分为四大功能区,即:成人游戏区、儿童活动区、文娱区和安静休息区。成人游戏区位于东北部,地势平坦,有大片的林木及较大的空间,可容大量游人,安装成人游戏设备,面积约12公顷。儿童活动区位于北部丘陵以北,为山坡和土坯路范围,设儿童运动游戏场,儿童文娱室,小型儿童阅读室及临时儿童医疗服务站,临时托儿站等,为了配合教育需要,公园儿童游戏区的滑梯被塑造成红军二万五千里长征中途经的大雪山景象(见图8-66)。在东南角增设一辅助儿童游戏场,面积约2公顷。文娱区主要在湖的西部,设俱乐部绿化剧场,利用旧有龙泉寺改建为展览室。东部临湖修建露天舞池,建筑附近布置小花园或大片草地,供游人游憩或作室外游戏等活动,西部临湖边设游船站及滑冰站。安静休息区位于公园西南片区,西南部分湖面校曲折,有蜿蜒的丘陵也有较开阔的平地,南临护城河种植密林成为可供游憩的安静地区,占地13公顷。此外,在林间,路旁山坡,湖岸各处修建休息亭,饮水站、小卖部、书包借阅处、邮电站、厕所等服务小建筑。北面及西南有一主要出入口。前者位于南北干道(虎坊路)的终点,后者为解决文娱区大量游人集散的主要通道。另在四面有次要出入口5个(现保留3个)。公园主要的外环路联系着各个出入口,内环路绕湖滨,利用各种放射的或平行的区间路及各局部小游步道、粗石路、曲折山路等与各个活动休息场所密切联系,组成全园道路系统。

图8-66　雪山滑梯

□ 文化休息公园

文化休息公园设计理论是在莫斯科高尔基公园(1928年,105公顷,见图8-67)的实践中总结而来的。该理论所定义的功能分区有5个:文化教育机构和歌舞剧院区(或文化教育及公共设施区)、体育活动和节目表演区(或体育运动设施区)、儿童活动区、静息区、杂物用地(或经营管理设施区)。

图8-67　高尔基公园

公园功能分区借鉴前苏联文化休息公园设计理论,根据场地条件布置,同时结合周边的城市环境分区。其中成人游戏区、儿童活动区、文娱活动区临近繁华的市区,方便游人活动,安静休息区倚南城墙,环境僻

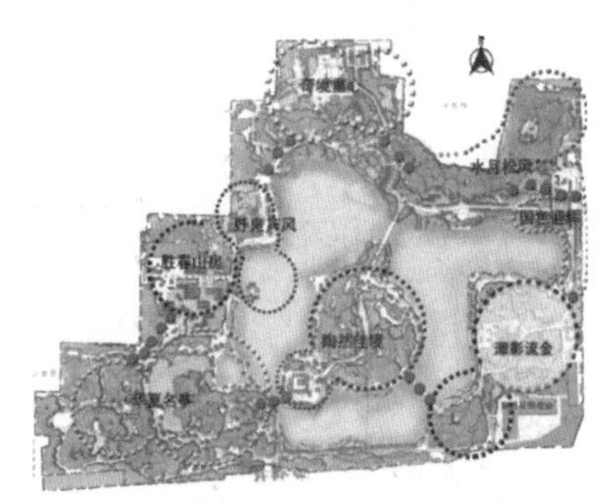

图 8-68　陶然亭公园景区划分

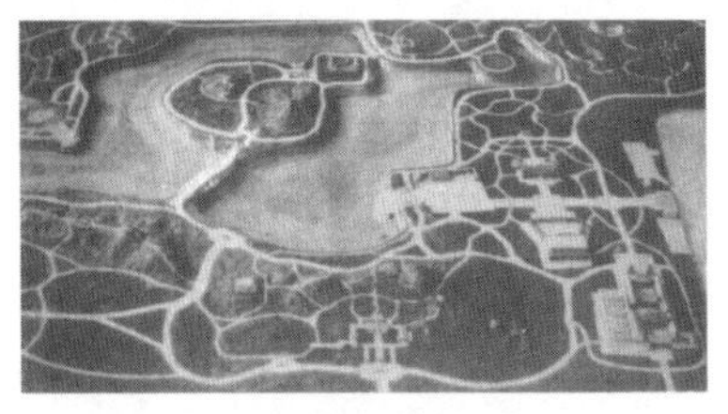

图 8-69　陶然亭公园 20 世纪 50 年代山水格局

□ 20 世纪 50 年代后期，由于学习前苏联而兴起跳交谊舞之风，陶然亭公园在 1955 年建设了舞池。

图 8-70　露天舞池

图 8-71　湖边云绘楼

图 8-72　陶然亭

静。功能分区与公园初创时期挖湖堆山所形成的山水格局并存，既满足当时文化休息的活动需要，又体现出传统的造园风格。

1985 年经过重新规划后，公园分为八个景区，分别为：陶然佳境、望春浴德、奇境童心、水月松风、九州方圆、胜春山房、嬴岛飞云和华夏名亭。后陆续经过几次重新规划，基本保持八个景区的规划结构（见图 8-68）。

(2) 空间组织

陶然亭有曲折的湖面，环湖又有丘陵起伏的自然地形，而旧有的土坡、草塘和陶然亭建筑已给人们留下天然野趣的印象。20 世纪 50 年代，北京市规划的文化休息公园的其他部分，如光农坛和天坛布局是严整规划的，龙潭虽有大的湖面，但地势平坦，没有陶然亭的山水特点，因此，陶然亭公园规划设计之初确定陶然亭的布局主要采用自然的形式（见图 8-69）、简朴的风格，尽量利用水面和地形，创造优美的山水风景，充分利用原有基础，与先农坛、天坛、龙潭等在风景上有所区分，但在出入口和建筑附近适当布置规则式的广场、林荫道，安排了花坛、雕刻物等装饰建筑。

中央岛是全园地理上的中心，从一条湖堤旁的林荫路引入，在林荫路上能透视两侧湖面及临湖的露天舞池（见图 8-70）、抱冰堂及西南山坡等处。纵贯中央的园路则将人由开阔的地区引向狭隘的山坡地区。山坡堆砌岩石，种植茂密的针叶树林，以加强地形和色调的深度。陶然亭前布置大片落叶乔木林与亭前游人集散的广场相接。

云绘楼原建于中南海湖边，系一船坞，1954 年改建于陶然亭公园，与旧位置相仿，且与旧陶然亭相对，成一组建筑（见图 8-71）。云绘楼地势较高，可以远眺，视线最长。其背后有土坡突起种植针叶树林，成为云绘楼的背景，同时隐蔽其直立平淡的后山墙。

抱冰堂与俱乐部露天剧场组成一组建筑，它的地势居高临下，视线最宽，作为湖滨休息茶座，修建宽大的台阶与游船站相连接。露天舞池地势低平，两面临湖，池座稍高，平面构图随地势而成圆形，白天可成为游人集会或游戏的场所，晚上可用来开舞会、演电影、曲艺等。

在全园的布置设计当中，利用地形的变化和植物配置来体现民族风格，使公园与原有建筑协调，在有地形变化的丘陵地和滨湖处堆砌山石、布置山路，一方面可以巩固土壤，一方面也采用中国庭园中模仿自然山水的处理手法。部分广场围绕山石与油松进行布置。

(3) 建筑

陶然亭公园内建筑与山水空间搭配，形成园林景观。除了原有的陶然亭（见图 8-72）、慈悲庵等原有和迁入的云绘楼、清音阁等历史建筑，从 70 年代中期到 80 年代初期，先后建造了二十余座亭、桥、轩、榭。倚山建有瑞像亭、览翠亭、南屏晚眺亭，傍水立有水榭、汤碧亭、知津亭、澄怀亭以及于林荫深处筑映璐亭、锦秋亭等。1985 年，园内西南部辟建了“华夏名亭园”，占地 10 公顷。精选“醉翁亭”“兰亭”“鹅池碑亭”“少陵草堂碑亭”“沧浪亭”“独醒亭”“二泉亭”“吹台”“浸月亭”“百坡亭”等十余座国内名亭集中仿建。陶然亭公园内现共有迁建、仿建和自行设计建造的亭 36 座，成为公园内的主要景观内容（见彩图 8-4）。

8.4.5　中国・上海松江方塔园

背景信息

方塔园（图 8-73，见 397 页）位于上海市松江中山东路南侧，于 1978

年筹建,1982年局部开放,1987年全面建成,该园占地约11.4公顷,是同济大学冯纪忠教授设计的一座传统与现代结合的园林。园内保留了原有北宋九层木构方塔,明代砖雕照壁,元代石板桥,此外,还有因市政动迁而移入的清代大殿“天后宫”、明代楠木厅等。

方塔园因其大胆超前的设计理念和实践探索,在1999年世界建筑师大会优秀设计展上荣膺新中国50个最优秀设计作品之中的唯一一个园林设计杰作。

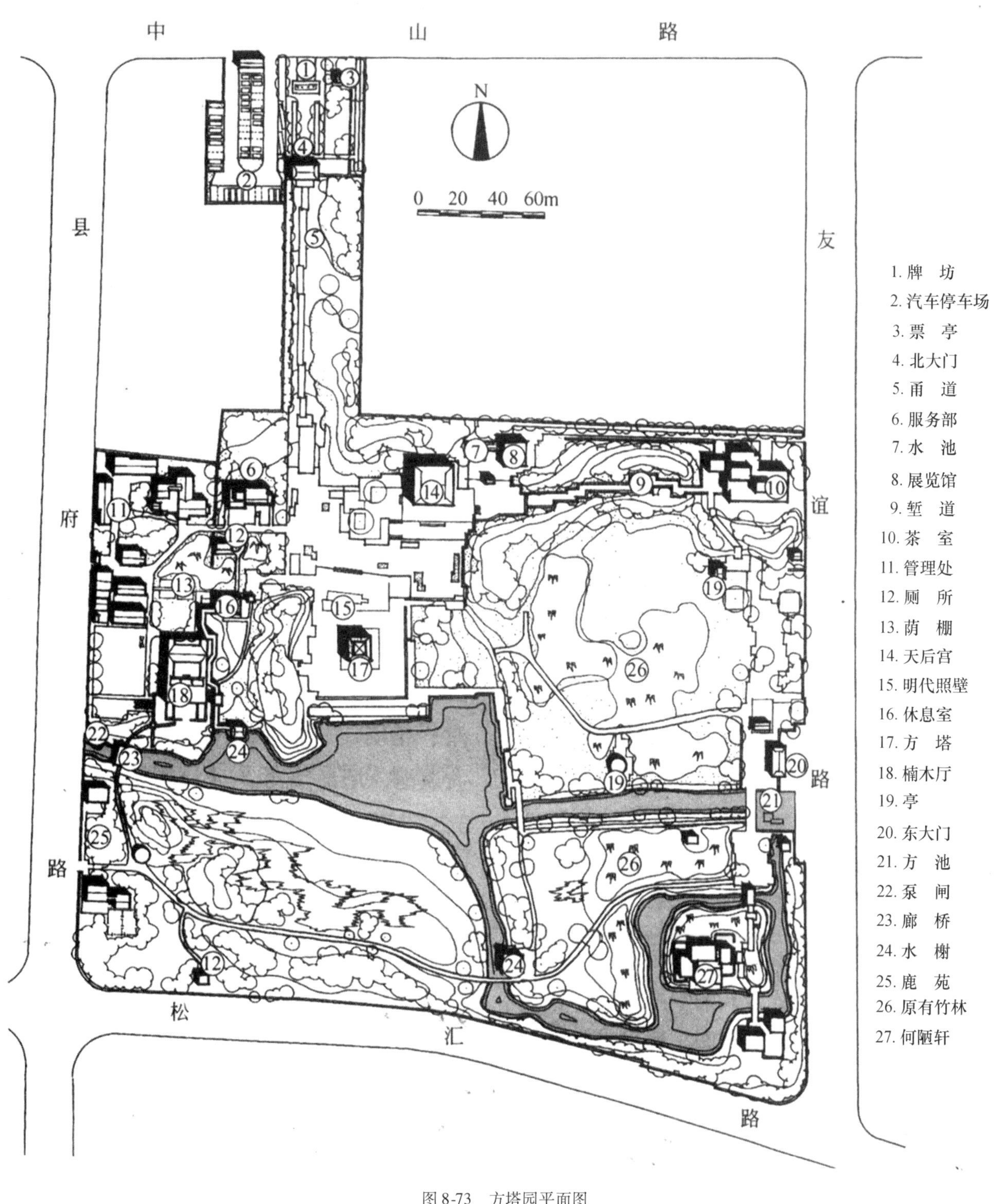

图8-73　方塔园平面图

设计与建造历程

图 8-74　明代照壁

□ 方塔园的设计时代处于中国一个特殊的历史时期，“文化大革命”已经结束，改革开放刚刚开始不久，新启蒙主义、现实主义、人道主义等各种思潮涌入中国。全国掀起了大规模的反思活动。在这个时期，虽然许多建筑依旧不改建国初期的大屋顶式样，但同时也有更多的建筑师开始思考中国传统语言在当代的表达。建筑师群体主动追求将中国的民族性和当时社会的科学性结合到建筑创作中去。这一时期的众多项目都在“寻找属于中国的新型城市面貌”的主题下，进行了大胆的实践尝试。北京香山饭店，曲阜阙里宾舍，广州白天鹅宾馆，北京菊儿胡同，苏州桐芳巷等一系列作品，都是对中国当代文化复兴命题的探索。这一时期政治意识对文化科教和建筑领域还是起着主要的制约和导向的作用。方塔园的设计曾经被斥为“精神污染”“反动封建残余”甚至是“卖国”，方案从规划到通过历时数年。在方塔园二期何陋轩的设计过程中，干扰甚至达到让冯纪忠无法潜心推敲细节的地步。

方塔所在地历史悠久，自唐宋以来直至清中叶是古上海（华亭县城）中心区，先后系县府、城隍庙、兴圣教寺及城中心地段的旧址，几经战乱和变迁，原有房屋尽毁，但时至建园之时园内还保留原有北宋九层木构方塔、元代石板桥、明代砖雕照壁（见图 8-74），以及因市政动迁而移入的明代楠木厅、清代大殿“天后宫”等。

园内方塔始建于北宋熙宁元枯年间（1068—1094 年），距今九百多年，其间进行过多次大修，元、明、清期间多由僧人募捐修葺，“民国”二十六年（1937 年），城隍庙殿宇大部分遭日军轰炸焚烧，仅塔与庙前照壁幸免于难。

新中国成立前，塔的砖身出现裂缝，塔内各层木结构全部损坏。1975 年开工修缮，1977 年竣工。方塔东南有宋代石板桥一座，附近还有古树八株和竹林两片，塔南有横贯东西的小河和一段丁字形的河汊，另有小土丘数堆分布于塔之西和西南。建造方塔园时，在地下约 2 米深的地方发现了分散较广的大量唐宋遗物和一条东西向的唐代市河部分驳岸等遗迹。

20 世纪 70 年代末，上海市政府决定在上海修建完善三座公园，并且希望能够用三种不同的思路来处理三个公园。其中的方塔园就交由冯纪忠完成。

方塔园开始设计于 1978 年，一期工程完成于 1980 年，1982 年局部开放。同年，二期设计方案通过，二期工程相继开工。设计之初，冯纪忠先生就将方塔园的性质定为以方塔为主体的历史文物园林，园中设置项目以安静的观赏项目为主，创造陈列松江文物书画的条件，以丰富园林的内容。冯纪忠先生认为“方塔园规划力求在继承我国造园传统的同时，考虑现代条件，探索园林规划的新途径。”冯纪忠先生最先的构想是将方塔园建成一个露天的博物馆，将园内的古物都作为展品陈列，把这些被视为掌上明珠的珍贵文物承托在台座上，以示对展品之珍重。

方塔园中的何陋轩则设计于 1984 年后，整体竣工于 1987 年，在之后的 30 年中，方塔园又有了数次的调整和扩建。增加了游船、儿童乐园等项目，园中的花木也有一定的调整。

园林特征

（1）设计理念

方塔园的基本格局体现了冯纪忠先生“与古为新”的思想，其中今与古叠合的空间组织是方塔园的核心所在。方塔是宋代的，方塔园也承传了宋代的意蕴，但整体的空间布局却充满了现代气息，整个方塔园被赋予了不同于传统园林和西方现代园林的新境界。冯纪忠在《人与自然》一文中讲北宋到南宋是写自然，写山水的精神。方塔园在总体设计上，希望以“宋”的风格为主。“这里讲的‘风格’不是形式上的‘风格’，而是‘韵味’。”他不希望只要一做园林总是欧洲的园林、英国的花园，再者就是放大了的苏州园林。为了体现出“宋”的韵味，方塔园中塔院广场简洁的清雅的设计，衬托宋塔的优美。大片水面和草坪，营造出开敞的空间，塔院的幽静，反衬天妃宫的香火。何陋轩曲径通幽，给园林一个静思的

□ 整个设计为何不取明清，而独取宋的精神？不仅仅因为，作为全园主体且年代久远的宋塔本身传达出了宋的神韵，而且，宋代的政治氛围相对来说自由宽松，其文化精神普遍地有着追求个性表达的取向。正是这种精神能让我们有共鸣，有借鉴。所以到了我设计的“何陋轩”，就不仅仅是与我有共鸣的宋代的“精神”在流动，更主要的是，我的情感，我想说的话，我本人的“意”，在那里引领着所有的空间在动，在转换，这就是我说的“意动”。高低不一的弧墙，既起着挡土的功能，又与屋顶、地面、光影组成了随时间不断在变动着的空间。它们既各有独立的个性，又和谐自然地融入到整体之中。

——冯纪忠《与古为新—— 谈方塔园规划及何陋轩设计》

空间,赋予了园林宁静的气质,而在宋塔顶上的登高远眺,则让园林感觉更加的旷远疏朗。

(2)设计手法

在方塔园的规划设计中,冯纪忠突破了传统园林的封闭幽琐的空间氛围,亦打破了传统的文物纪念空间的严谨而规整的布局方式,该作品呈现给参观者的是一种现代的景观体验性空间,设计中采用了中国传统园林和现代主义园林的多种设计表现手法,营造了变化多端的空间形式和丰富的视觉景观。

方塔园设计主要运用了因势利导及因地制宜的设计手法。塔院广场的设计构思是要将其标高降低,以突出塔的高耸。于是,从北大门进入,顺应地势,一路走过多级台阶,缓缓下降,到达段低处的广场。广场上原有两棵几百岁的银杏,为保护树的根系修筑了石砌的台座。这些石座高低大小各不相同,对树底下原有的土堆起了很好的保护作用。它们与天妃宫的台座一起以自身的石壁强化了广场空间。从北大门进入的道路也是用石头砌成的,由标高不同的矩形平面组成,它们交错、叠合,向下层层跌落,完成由入口到中心主景区的引导。道路的一边是曲线形的挡土墙围合成的花坛,另一边则是直线形的挡土墙,一刚一柔,形成鲜明的对比。

对基地现状的尊重是方塔园规划中的另一大原则。方塔园原址上有丁字形的河道、大片竹林,还有些土堆。设计以基地地形为出发点,保留了大部分的基地现状。从北大门进来原有一排高大的树,设计中墙的走向就是沿着这排树的西侧定下来的。保留原有竹林,在原有河面基础上扩大出开阔水面,方塔旁边的土山也是在原有土堆的基础上建成。

□ 规划之初,碰到的第一件事是如何布置迁建的天后宫大殿。宋塔、明壁、清殿是三个不同朝代的建筑,如果塔与殿按一般惯例作轴线布置,则势必使得体量较大而年代较晚的清殿反居主位,何况塔与壁,一为兴圣教寺的塔,一为城隍庙的照壁,原非一体,两者互相又略有偏斜,原来就不同轴。再则三代的建筑形式有很大的差异,若新添建筑必然在采取何代的形制上大费周折。因此决定塔殿不同轴。于方塔周围视线所及,避免添加其他建筑物,取"冗繁削尽留瘦"之意,更不拘泥于传统寺庙格式,而是因地制宜地自由布局,灵活组织空间。

——冯纪忠《方塔园规划》

(3)布局

方塔园规划时通过山体与水系的整理把全园划分为几个区,各区设置不同用途的建筑,形成不同的内向空间与景色。围绕方塔中心区,东北有茶点厅,东南有诗会棋社用的竹构草顶茶室,南有欣赏塔影波光的水榭,西南有鹿苑(未建成)和大片可以放养的草地,西面有以楠木厅为主体的园中之园,作陈列展览之用,西北有小卖摄影部等服务设施,再西为管理区。全园通过主题树种互相统一起来,只在各景区建筑附近点缀一些传统园林常用的花木,如山茶、玉兰、海棠、梅、牡丹、杜鹃、天竹等,以丰富四时景色。在中心区纵目所及是看不到其他各区的建筑的,这就净化了主体,花费少,见效快,而且便于分期建设,统一中求变化。

方塔园设置有北门和东门,北入口因势加工,强调方塔的指向,铺砌一段较长的高低有致的步行石板通道,通道两侧原有一排杨树,东侧布置一片以浓郁的树丛为背景的花镜,其间保留原有大树三株和水井一口。沿石板路进入到方塔园广场。

临友谊路设东门,在门的一侧砌边长为20米的方池,隔水眺望河道两岸风光,作为泻景。入东门一片竹林屏障,设照壁一道、垂门一座,有意导向北行,过了垂门是一片石铺硬地,终端是两株参天的古银杏,以这两棵古银杏为引导,越过小丘,经圆洞门,东为青瓦钢架的茶点厅,由圆洞门向西进入高低曲折的堑道,出堑道登天后宫大殿平台看到方塔与广场。

图 8-75　方塔

图 8-76　湖面

图 8-77　竹林内茅亭

图 8-78　堑道

塔院广场为全园中心，其上有主题文物建筑：宋塔、明壁、清殿，围绕方塔中心区，东北有茶点厅，东南有“何陋轩”，南有水榭，西面有以楠木厅“兰瑞堂”，其周围点缀了“其昌廊”“读锦鳞”，西北有小卖摄影部等服务设施。

方塔（见图 8-75）位于塔院广场中心，方塔东、南设两段院墙，北面有一明代砖雕照壁，明壁之北为弹街石地面的广场，广场上没有种植植物花草，也没有多余的建筑物，以空旷突出了方塔的主体地位。广场之北为天后宫，天后宫大殿之西，结合古树组织了一组标高不同、大小不等的台坛，在此可观看照壁全貌。

塔院广场南侧院墙将园林分隔为南北两个空间，墙侧一条小路伸向东侧竹林，南面开凿出了很大的湖面，呈 S 形，湖水明净（见图 8-76，彩图 8-5），对岸设置宽大的草坪，疏植树木，创造了一个大面积的阳光疏林草坡作为主要休闲区域，并形成面对主景之势。

塔院广场之西有一土丘，土丘以西，搬来明代楠木厅“兰瑞堂”作为该处的主题，依山就势设置了长廊，在踏勘期间时发现临水处可以看到塔尖的一段倒影，故规划中在此建水榭，并拓宽一角河面，使倒影完整，但塔不露根，避免像“洋”式公园的中的纪念碑。长廊和水榭也相应地采取了明代风格。这些建筑与全园的主题建筑方塔之间有土堆相隔，可以自成一景。组成古典庭园特色的园中之园，园中园除了北面有入口之外，与塔院之间还辟有山洞连接。

园的东部有一大片竹林，占地约 1.65 公顷。竹林中有石砌小道，旁有茅亭（见图 8-77）、小河，以及古朴有致的长条石坐凳。竹园中品种繁多，形态各异，有凤尾竹、燕笋竹、湘妃竹、紫竹、圆竹等。方塔园东南角古河道畔的小岛上建有“何陋轩”。

（4）入口空间

方塔园入口空间层次丰富，模糊了游人对塔基绝对标高的概念，进一步弥补塔基地势低的缺陷。人们从园的北入口进入方塔园，经过石板通道达到塔院广场，石板路从地面标高为 +5.0 米的北门起到水井处，按原地形不变升起 1 米，然后逐步下降，直至标高为 +3.5 米的广场，使人渐近塔而塔愈显巍峨。东入口设有堑道（见图 8-78），入院后由圆洞门向西进入高低曲折的堑道，堑深约 2.5 ~ 3.0 米，宽约 4.0 ~ 6.0 米，石砌两壁；出堑道登天后宫大殿平台看到方塔与广场，视野顿时开阔。这是尝试运用传统园林幽旷开合的处理手法。塔院广场与园林的南部、西部、东部虽然分隔，但又通过院内围墙围而不合，院外土山封而不闭有所联系，造成了空间的流动性，空间之间产生了相互渗透，由此所产生的动态的视觉效果使整个园林空间充满趣味。

（5）塔院广场

方塔塔基地势较低于周围场地（塔基标高 +4.17 米，周围地面标高 +4.7 米），天后宫尺度较大，易喧宾夺主，为了突出方塔，在整体空间处理上通过以由方塔、照壁、清殿围合的塔院广场为中心主体，其他各空间环绕广场西部、南部、东部布置，强调方塔的中心地位。在天后宫位置的选择上，一改沿中轴渐进的传统规则，安排清殿偏离中轴线，错折的轴线所起的定向作用恰到好处地指引出不同朝代、不同内容和风格的文物，并使它们均得到一个完整的背景与场合。方塔周围的空间布局参照中国传统形式，设置塔院，由于塔所处地势较低，为了体现出方塔的巍峨感,东、南两段院墙,离塔的中心23米,院内仰视塔顶的角度为65°,墙外的地面高于塔院,有此两段院墙的屏隔,避免产生塔基低陷的感觉;西面扩大原有小丘,塔北则有明壁,从而形成一个各向有变化的塔院。

(6)何陋轩

除几处古典建筑以外,园内建筑属东南"何陋轩"最为重要(见图8-79,图8-80)。作为东南角的主体,"何陋轩"的规模较大,体量接近天后宫,冯纪忠认为若是采用苏州园林中的小亭子那样的规模,就会与整体气势不相衬,不能作为主体文脉的延续。何陋轩的材料采用了竹子和稻草,砖培抹灰的简单方法。设计特意把构件的节点模糊化,使杆件本身好像断开了,产生漂浮的感觉。厨房平面为正方形,四片墙面升上去形成像骰子一样的体块。入口处地面、栏杆等都是采用刚柔对比的手法。何陋轩除了尺度上与园内的规模相呼应之外,与园外的文脉也有关联。松江当地的传统民居与上海其他地方不一样:屋脊是弯的,四坡顶。在此,冯纪忠以现代的手法表现出当地民居的形式。

图8-79　何陋轩

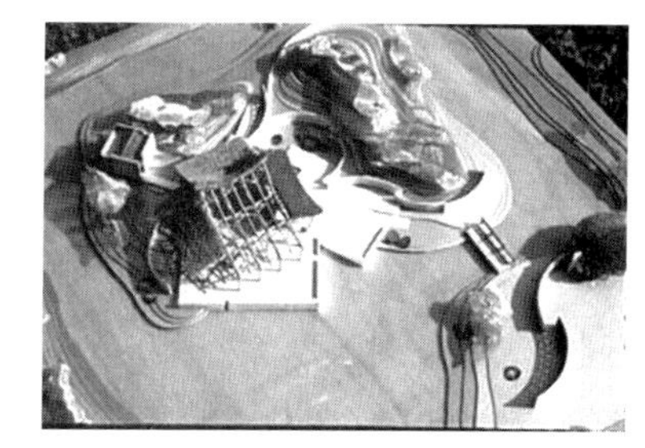
图8-80　何陋轩模型

8.4.6　中国·越秀公园

背景信息

越秀公园[图8-81(见402页),彩图8-6]位于广州市,是城市中心区内面积较大的绿地,地域包括整个越秀山。1927年越秀公园(当时叫观音山公园)建成开放,面积仅为11公顷,新中国成立后对越秀公园进行改造,由郑祖良等设计,市民群众合力建设,在园内开挖了三个人工湖,公园于1957年开放,面积约69公顷。

越秀公园是广州最早的公园之一,也是广州规模较大的综合性公园。公园内保存了不同时期的文物古迹,山清水秀,植被茂盛,具有典型的亚热带景观风貌。

□ 越秀山/越王山/观音山

越秀山是古代广州的主山,是广州北屏障白云山的南脉,其主峰蟠龙冈海拔71米。西汉时期南越王赵佗在山上建有越王台,故越秀山亦称越王山。明永乐年间,在越秀山的越井冈上建过观音阁,因此越秀山又称观音山。

设计及建造历程

越秀山自古以来就是登高远眺的观景胜地,在汉代有越王台登高,在明代建观音阁、镇海楼(见图8-82),是历代"羊城八景"中的一景。

辛亥革命之后,孙中山于1923年发出《大本营公告》向市民通告,将越秀山(当时称观音山)开辟为公园,同年出台了《关于开辟观音山公园及住宅区》计划。在计划中确定了观音山公园的范围,并将历史名胜古迹都圈入公园中,作为公园中重要的人文景观节点。其次规划观音山住宅区,计划将出售住宅的所得作为公园建设的资金。1927年观音山公园落成开放,后称中山公园又改越秀公园,公园范围向北以城墙为界,包括镇海楼、百步梯等处,除去同时兴建的观音山住宅区的面积,公园面积约11公顷。1929年,中山纪念碑落成于越秀山顶,同年,与之形成轴线的中山纪念堂开始动工。

图8-82　越秀山镇海楼(1941)

1930年广州制定了《广州市工务之实施计划》,对于当时已建成的公园,如中央公园、海珠公园、东山公园、越秀公园等,制定了详细的维护与设施扩充计划,具体到公园内建筑物的建设与更新,新场地的开辟、花草树木的增植,以及景色再造等方面都有详细的计划。

□《广州市工务之实施计划》

这是民国以来内容最丰富全面的一部市政工务实施计划,涉及广州城市辖区范围、旧城改造与新区建设、城市交通、公共设施等建设计划的内容。其中公园实施计划分为两部分:第一部分为原有各公园的维护与设施的扩充,第二部分为增加开辟的公园。

图 8-81 越秀公园平面图

日军占领广州期间，越秀山被破坏严重，树木几乎尽毁，公园也同样被毁。

建国初期，全国各大城市在搞好园林建设与维护的同时，想方设法结合生产，增加收入，以“园林结合生产”的方式支持国家建设。

1950年代初的广州面临着两大问题，一是随着人口膨胀，广州城市密度过大、市政配套不足等城市问题开始凸显；二是每到汛期总会为水患困扰。

当时郑祖良在广州市建设局设计科主持公园相关设计工作，他将公园作为城市系统中的有机组成来考虑，重视公园对整个城市规划的影响，把城市绿地、公园的辟建作为旧城改造的重要手段，用有限的用地和资源将公园建设和城市改造结合，园林用地结合当地特点，从实际出发，因地制宜。广州公园规划首先围绕市中心古城中轴线展开，以改造原有历史人文绿地空间为主，再向东西发展，最后向外扩张呈环状分布。越秀公园位于古城中轴线上，具有丰富的历史文化资源，自然成为当时改造的重点对象。

□ 1932年，市政府公布了《广州市城市设计概要草案》，是广州市第一个由政府组织编制的规划方案。在《草案》中，林荫道和公园规划也作为其中重要的部分，从广州城市区域的角度提出对公园绿地建设的规划要求，规定了相当大面积的公园留用地。这些公园留用地基本位于当时广州城市郊外，形成对市区的环围式布局，这在一定程度上反映了"田园城市"的规划思想。

政府组织群众对公园进行改造与复建，美化羊城，在建设资金紧缺的情况下，为解决水淹问题，当时的省市领导决定挖湖排洪、植树造园，让新建的公园都尽可能地结合地形增加水域。人工湖与水网相连，起到汛期蓄洪，旱季调节的良好效果。越秀公园作为重点公园，不仅扩大了公园范围，使公园面积从原来的11公顷扩展至69公顷，还开挖了公园内的北秀湖、南秀湖和东秀湖等工程，增辟园道，建设越秀山体育场、游泳场等设施。从1960年代开始，越秀公园每年春秋两季都会举办迎春花会和秋菊展览(见图8-83)，吸引了大量游客。

在改革开放初期，广东作为前沿阵地，公园建设与服务项目开发，强调"以园养园"，在当时起到示范作用。除了进入越秀公园需要买门票，公园内多个景点也要收门票，还新增了多个服务项目，如金印游乐场、南音餐厅等。

□ 郑祖良

郑祖良(1913—1994)先生为著名岭南园林建筑设计专家，广东中山人。1937年毕业于广东省立工业专门学校土木科和广东省立勷勤大学建筑工程系，学士学位；之后，先后担任建筑专业大学助教、技师和工程师，以及《新建筑》《新市政》《益世新工业周刊》主编；1949年后，在广州市建设局工作，后转广州市园林局设计室副总工程师；同时，先后任《南方建筑》《广东园林》主编。

由郑祖良先生主持和参与的风景园林规划设计项目主要有：广州流花湖公园、广州越秀公园、广州荔湾湖公园和广州东山湖公园；广州起义烈士陵园大门、中苏血谊亭、中朝血谊亭、广州越秀公园听雨轩；广州白云山风景名胜区山庄旅舍、双溪、松风轩；广州文化公园园中园院及德国慕尼黑中国园——"芳华园"等。

1994年开始每年春节越秀公园都会举办"广州园林博览会"，展出应节时花、乡土橘果、国内外珍贵花卉品种，并结合园内的自然山水，运用各种手法，布展艺术小园圃。为广州市民提供休闲、游憩、观赏的活动场所，同时也为园林工作者提供一个竞技和交流的平台。

1996年到2003年间，越秀公园开展了一系列改造工程，如改造林相结构，替代已经老化的单一速生林，形成亚热带阔叶混交林；选不同季节开花结果的植物，吸引鸟类、小动物，减少病虫害；充分考虑主景植物的花期、色彩及寓意，营造一季一主景和四季繁花不断的景象等。

到2000年前后，越秀公园开展整治工作，整改交通流线，改革营业单位，逐步淡化公园的经济实体功能，强化"公益事业"的属性。2009年，越秀公园正式取消门票，免费进园。2010年亚运会前，越秀公园完成了"拆围透绿"工程，拆除旧围墙，使公园绿化与城市景观进一步融合。

园林特征

越秀公园被定位为延续历史文脉的市级综合公园，总体规划的重心放在"公园"上，以服务市民、提供宜人的休闲场所为设计宗旨。这在全国学习苏联模式的当时是一种具有批判精神的探索。以越秀公园先行的广州公园建设，摒弃"文化机构"的约束，探索具有中国园林特色与岭南地域性的现代公园(见图8－83)。

(1)布局

越秀山属于广州白云山的余脉，相对周围地势较高，有多个山冈分布其中。起伏的地形使公园内自然形成大大小小不同的空间，在公园规划中给不同的空间赋予了不同的功能，但各功能区之间并不截然分开，而是自然地连成整体，达到通而不透的效果，给人园外有园的感受。

图8-83　越秀公园菊花展览

越秀公园的西北部以北秀湖为核心，湖的西岸临马路，东岸由北至

□ 苏联模式下的公园，强调文化教育的功能，在设计中往往建造各种大型的文化活动建筑，设置大面积的硬质铺地和宣传设施，以致绿地面积相对缩小，空间的尺度过大。

图 8-84　越秀公园北秀湖

图 8-85　越秀公园北秀湖鸟瞰

□ 郑祖良在《广州园林建设（1950—1962）》中总结了园路相关的理解和经验：

（1）公园的园道不宜板直，除了出入口附近采取一小段较宽阔的短轴线以外，其余园道均宜因地制宜，尽量依据地形地貌采用自然式的曲径布置手法。

（2）国外有把公园的道路面积加上园内建筑物的面积，作为估计容纳游人的依据。因此为了解决游人人流问题，往往把园道宽度设置得过宽。依据广州公园建设实际经验所得：园内的主次干道都不宜设得过宽。公园的主要园道宽度在 3 ~ 6 米，园内小道有 1 ~ 1.5 米已足够使用。

图 8-86　听雨轩室内

南主要布置了饭店（听雨轩）、菊圃、花卉馆、弈阁。湖中有多座小岛，竞秀桥跨越水面到达最大的一座岛上，岛的南端是湖心亭，北秀湖的东端还设有划船码头。

公园东北部以起伏山地为主，有园路依山而建，最东面的山头上是电视塔。

中部建有游泳场，西面山谷有竹林冰室，东面有金印青少年游乐场和美术馆，东端是东秀湖，一条东西向的长堤把东秀湖隔开两部分，湖的西端是餐厅。

南部有南秀湖，再往西是立于山冈上的五羊雕像，往东是镇海楼，再往南是体育场以及中山纪念碑，纪念碑往南是中山纪念堂。

（2）水体

越秀公园按照“就低洼地而挖湖，因水流而得佳景”的原则，利用谷地开凿了 3 个人工湖，水面总面积达 5.1 公顷，这三个湖分别以其方位命名为北秀湖、东秀湖、南秀湖。这不仅很大程度上解决了周边地区雨季排涝的问题，还为越秀公园增添了重要的造景元素，山水相互映衬，为公园添色不少。北秀湖（见图 8-84，图 8-85）位于越秀山的西北麓越秀公园正门西侧，面积约 2.7 公顷，湖深 2 ~ 3 米，湖面呈“L”形，它由 3 个小湖相连构成，湖心有小岛，设桥与陆地相连，两岸种满紫荆树和垂柳，亭台水榭错落有致。东秀湖位于越秀山东南部，面积次于北秀湖。环湖堤岸棕榈、蒲葵成荫，具有热带风光。南秀湖面积较小，但环境清幽，湖水清澈，堤岸遍植花卉，是夏季赏荷观景胜地。

（3）园路

园路大多沿着等高线布置，减少对山体的破坏也减少工程量，同时符合“曲径”的园路设计原则。园路设计除了要因地制宜，宜曲勿直以外，郑祖良还认为园路不宜过宽。过宽的道路尺度不宜人，而且浪费材料与人力。但对于不同的节点，园路设计也不一样。例如中山纪念碑，位于主峰越井冈上，它的南面山脚下是中山纪念堂。不同于其他园路，连接了这两栋建筑的百步梯垂直于等高线，沿着山脊线而建。从中山纪念堂往上走，可以仰望中山纪念碑；从中山纪念碑往下走，可以俯视中山纪念堂。一条百步梯使两座建筑相辅相成，凸显“南堂北碑”的特色，更是成为广州历史中轴线上最重要的景观风貌。

（4）听雨轩设计

北秀湖畔的“听雨轩”酒家，其环境清幽，建筑别致，庭院里几丛芭蕉，青翠欲滴。既可看到开阔的湖景，又可享受静谧的庭院。“雨打芭蕉”是具有岭南特色的景象，广州盛产芭蕉，叶大而浓绿，听雨轩遍植芭蕉，每至春末夏初，连绵雨下，点滴打在叶上，声韵清晰，沥沥可闻。这是设计者采用意境构图的手法，运用花木布置结合自然环境，引发不同的诗意联想，“以实带虚，以虚映实”。

建筑设计采用通透轻巧的建筑体型，结构上采用钢筋混凝土与园林式平房相结合以节省投资，广泛使用民间传统的建筑装饰材料，如木刻花罩、彩色玻璃窗等，保持岭南园林建筑的特点（见图 8-86）。楼上厅堂采用现代的平面处理方式，前有飘台，游人可凭栏观赏北秀湖的景色。室内宽阔，布置符合现代宴会厅的要求。

园林不再受到室内、外的限制，把现代建筑强调空间的流动性运用到园林建筑中，形成内外景色互相渗透，发展成具有岭南特色的现代建筑。这种园内园的布局手法，既丰富了园林层次，还自然地把不同功能空间连成有机整体，组织成连贯的游线(见图8-87)。

(5)种植设计

广州的气温、降水、日照均有利于绿化栽植。1950年代在公园常用的植物有两百多种，其中有本地土生土长的品种，如木棉、榕树、竹、荔枝、龙眼等；有国内其他地方移植驯化的，如垂柳、枫杨、白杨等；也有从国外移植并驯化的，如法国梧桐、南洋杉、冬青等。

设计师把花木的观赏分为四种：赏形、赏色、赏香、赏情调。赏形主要是观赏树木的枝干形态，如越秀公园的古城墙上有几棵大榕树，盘根错节攀在城墙上。赏色主要是赏花、叶的颜色，如秋天，越秀公园内会举办菊花展览，各色菊花在园内盛开，在北秀湖畔，菊花与垂柳、景桥相互衬托(见图8-88)。赏香指赏花香，如湖畔赏荷香，登楼赏桂香。赏情调指欣赏花草树木构成的画面，突出独特的地方风格，如越秀公园的南秀湖和北秀湖一带，大面积的林木种植，形成广阔的林海(见图8-89)。

经过50多年的经营，越秀公园积累了丰富的植物种类，总数达将近500种。

图8-87　听雨轩鸟瞰

图8-88　北秀湖畔菊柳

图8-89　越秀公园北秀湖

8.4.7　中国·花港观鱼公园

背景信息

花港观鱼[图8-90，(见408页)，彩图8-7]地处西湖西南，三面临水，一面倚山，是历史上著名的“西湖十景”之一(见图8-91)。1952年由孙筱祥先生主持公园的规划设计，以“花、港、鱼”为公园的主题，利用高低起伏的地形以及原有环境条件，疏通巷道，开辟了金鱼园、牡丹园、大草坪，并整修原有庄园，1955年初步建成，再到1964年二期工程完成，公园占地面积达20公顷。

杭州花港观鱼公园的规划设计，在继承中国园林艺术传统的同时，吸收了西方现代园林设计的优点，对西湖风景名胜区乃至中国风景园林建设产生了很大的影响。

设计思想及建造历程

花港观鱼原名卢园，是南宋内侍官卢允升在花溪侧畔所建的私人别墅园，他在园内栽花叠石，凿池引水，畜养金鱼(见图8-92)，成为一时奇景，被誉为“花港观鱼”，后因列入西湖十景组画而名声远扬。康熙皇帝驾临西湖，题书“花港观鱼”，乾隆皇帝也为花港观鱼题诗：“花家山下流花港，花著鱼身鱼嘬花”。

清末，花港观鱼走向衰败，到新中国成立前夕，仅剩下一池、一碑、约三亩荒芜的园地。

1950年，孙筱祥被委任为杭州市西湖风景建设小组的组长，1952年开始主持花港观鱼公园的设计工作，到1955年9月完成全部设计。花港观鱼的设计探讨了在新时代下，中国现代园林如何继承与发扬优秀的传统，吸收西方园林设计的精华，同时考虑当时社会经济条件，在施工时力求节约资源与成本。花港观鱼公园体现了孙筱祥早年的园林设计思想及手法，例如关注花鸟画对园林植栽设计与置石的影响，参考花卉画中的牡丹与山石设计；采用等高线对大草坪进行地形竖向设计；借鉴日本园林

图8-91　西湖十景图之花港观鱼

图8-92　花港观鱼冬景

□ 孙筱祥对中国传统园林艺术创作方法进行了总结："中国优秀古典园林的造景，是自然山水的艺术再现；在对自然山水原型的熔裁加工提炼过程中，又把艺术传统中富于人民性的诗情画意写入园林；同时，造景又与当时园林的城市环境、游园功能和经济技术条件结合起来。"

通过探讨中国山水画论中有关园林布局的理论，孙筱祥总结出"胸有丘壑，意在笔先""主景突出，客景烘托""相辅相成，一本万殊"和"咫尺千里，起伏开合"等几个影响深远的论点。

中的置石以及以及英国园林中的植物造景来设计花港观鱼的牡丹园等。

孙筱祥将中国传统园林艺术创作方法运用到花港观鱼公园设计中，大草坪构图疏朗大气，满足人们活动的需要；牡丹园曲径通幽，既符合牡丹的生长特性，又增添赏花的乐趣。公园的种植设计则借鉴了中国山水画论中有关园林布局的理论，牡丹园以牡丹为主调，槭树为配调，针叶树为基调；金鱼园以金鱼为主题，海棠为主调，广玉兰为基调，体现了"主景突出，客景烘托"的原则。而花港观鱼公园内的大草坪，面临西湖，增设了滨水的文娱厅与长廊，使得空间变得"起伏开合"，层次丰富。

2003 年 10 月，西湖综合保护工程竣工，通过引入水系，恢复杨公堤，将南山路和北山路连接起来，串起花港观鱼、花圃、郭庄、曲院风荷等许多历史文化景观。改造工程沟通了花港内部水体与西湖水体，使公园格局得到进一步完善。

园林特征

图 8-93　花港观鱼鸟瞰

建设花港观鱼公园的主要目的是满足居民与游人的休息游憩需要，丰富西湖风景区南山部分的绿地内容，缓解北山地区游人过分拥挤的状况。公园恢复和发展了历史上的"花港观鱼"古迹，并扩大金鱼园，增设牡丹园，开辟花港。孙筱祥运用中国古典园林的空间构图理论，通过因地制宜的场地规划、组合变化的建筑布局和合理搭配的植物造景，营造了既有传统文人园林的画境与意境，又符合现代城市居民需要的现代公园（见图 8-93）。

（1）布局

设计师根据计成所说的"妙在因借"对公园进行规划，"因"地制宜，"借"景西湖。根据原有地形，将公园大体分为东、中、西三部分。

东部北面为花港观鱼古迹，南面为蒋庄，保留有较多花木。规划以保持原貌为主，稍加整理，增设了草地与树丛。

图 8-94　魏庐

中部北面原来是向西湖倾斜的平坦坟地，开辟成 1.8 公顷的活动大草坪，南面原状是一片荒芜的荷塘，改造为金鱼园展览鱼池。

西部南面有小丘陵，适合开辟为牡丹园（牡丹对土壤排水的要求很高）。北面保存原有的大片的杂树林，把原有建筑改造为阅览室即魏庐（见图 8-94）。牡丹园以西以北、花港以东地区，把杂木林辟为密林区。

图 8-95　花港

为了打通小南湖与西里湖，方便游船交通，将部分水稻田挖深沟通为一段自然曲折的河港，两岸种植花木，称为花港（见图 8-95）。利用西湖原来的河道，将花港延伸，到了夏季，游船可以在两岸浓荫树下划行。

（2）园路

公园南北两面临湖，主要出入口只有东西两处。东入口广场设置在苏堤上，旁边是游船码头，西入口设在西山路（杨公堤）。

主干道宽 3 米，由东入口进入，经过蒋庄、金鱼园、文娱厅大草坪和花港，与西入口连接。与西方园林的做法不同，主干道不直接与局部园区连通，而是通过支路分别与各部分园区联系。临湖修建宽 2.5 米的滨湖环道，一般小路宽 2 米，局部山路 1.5 米。除了主路是水泥路面，其余全都采用冰裂纹块石干砌路面，石缝长草，既生态又与自然环境协调。

在道路线型上根据地形及道路的宽度调整园路的弯曲程度，宽路采用缓和曲线，小路采用曲率较大的曲线。

(3)植物

花港观鱼公园的种植设计主要从三方面来考虑,一是游人活动方式及环境卫生,二是构图艺术性,三是物种的生态特性。

除了建筑物与广场道路铺装,全园的土面都用植物覆盖起来。空旷地覆盖草皮,水岸种植水生植物,林下栽植阴生花卉。

除了必要的造景及透景需要,全园约 88.7% 的道路广场有乔木庇荫。孤立树、树丛、树群一般布置在空旷草地上,以观赏为主,而林带主要用作分割空间与防护。

由于杭州的苗木条件好,而且为了加速绿化的效果,大部分采用大树施工,在树种上,适当选用快长树种,如悬铃木、重阳木、鹅掌楸、枫香等。为了早日得到良好效果,建设之初乔木比计划多栽 1/4 ~ 1/3,大约 10 到 15 年之后,再按照设计图预先的标示,移出多出来的乔木。

图 8-96　花港观鱼大草坪上的樱花

西湖景区中,孤山以梅花、桂花为主调,曲院风荷是荷花,丁家山是山茶玉兰,夕照山是红枫和松柏。花港观鱼除了牡丹外,还以海棠及樱花为主调。

牡丹园要求色彩鲜艳,以牡丹为主调,槭树为配调,针叶树为基调,配植以混交为主。金鱼园也以混交林为主,海棠为主调,广玉兰为基调。大草坪构图要求简洁雄伟,选用巨型大乔木,以雪松为基调、樱花为主调(见图 8-96),采用单纯林的栽植方式,为避免琐碎而少用灌木。虽然园中各区的主调在变化,但全园以广玉兰为基调,把各区统一起来,所以园内树种虽多,却不显得凌乱。

图 8-98　大草坪

(4)文娱厅大草坪

文娱厅大草坪主要作为青少年活动场地,空间开朗辽阔(图 8-97,见 409 页)。北面借景西里湖,景深达到两千五百多米。从东北到西北可眺望苏堤、栖霞岭、丁家山、西山等,视野开阔。在水边布置了全园最大的建筑——文娱厅(翠雨厅),打破大草坪北面过长的沿湖空阔线,作为空间的主景,亦可作为其他景点的对景。长廊将部分大草坪与广阔的湖面分隔开来,起到漏框的作用,使远景通过长廊透入园内。

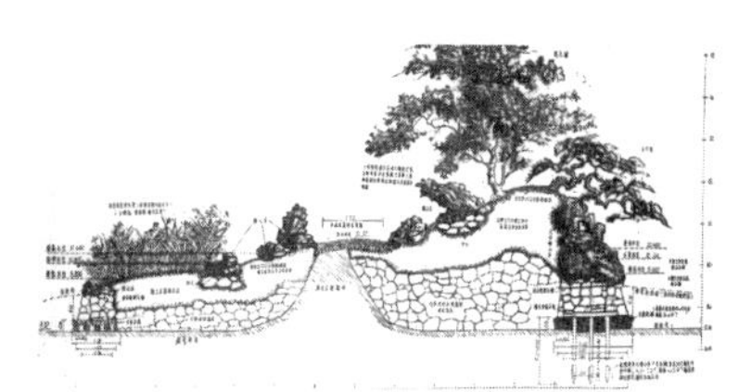

图 8-99　金鱼园剖面

借鉴中国园林的"虚中有实,实中有虚"的手法,在草坪中央布置了一个桂花树群环抱而成的闭合空间,中央又设茅亭。大草坪的其他三面,以土丘及常绿密闭林带分隔公园的其他部分,形成丰富的层次(见图 8-98)。

大草坪还采用了等高线进行地形竖向的设计,体现起伏的地形美。

(5)金鱼园(也称红鱼池)

图 8-100　金鱼园竹廊

金鱼园(见图 8-99)南面面对小南湖,景深不大,为了使游人的视线集中在鱼池上,在空间布局上以闭合空间为主,四周以土丘和树林围合起来,仅在主轴上打开视线避免过分闭塞。为了丰富其层次变化,在水面上堆出了一个大岛和土堤,鱼池东侧建有一组观景的竹廊(见图 8-100)(原设计由三组建筑群环抱中央鱼池)。从金鱼园之外进入,土丘和树群围合成一层空间,再跨过曲桥进入中央鱼池的敞廊,是又一层空间,达到园中有园,层层深入的效果。

大部分金鱼,用鱼缸陈列在林下的广场上,一部分养于鱼池中。为了表现"花著鱼身鱼嘬花"的景致,植物配置上主要种植大花的开花乔木,如海棠、樱花(见图 8-101)、玉兰、山茶等,除此之外,选用树冠开展的大乔木,为水池与游人提供遮阴,降低温度。

图 8-101　樱花盛开的金鱼园

图 8-102　牡丹园

□ 在研究中国山水画与中国古典园林的相互影响关系上，孙筱祥先生提出了自己的创见，他说："在植物配置方面，则受到历代花鸟画的影响很大……"花港观鱼公园的牡丹园，就是参考了中国花卉画中的牡丹与山石结合的画面来布置的。

他还认为中国假山传入日本以后，由于日本是一个海岛国家，海边山石由于巨浪冲击，都呈大块屹立，日本造园家以造化为师，改进了从中国学去的假山艺术，改用大块山石造园。所以在花港观鱼的牡丹园中，孙先生学习日本采用置石造园。

(6)牡丹园

牡丹的展示，参考了中国花卉画中的牡丹与山石结合的画面来布置，假山石作为陪衬，与以往层峦叠嶂的手法不同，采用散置和列置的方式。园内道路较宽，局部辟观赏平台，以便容纳更多人驻足欣赏，高处设牡丹亭一座以供游人休息(见图 8-102)。

牡丹怕烈日暴晒，喜半阴，因此需要一定乔木荫蔽。为了配合牡丹，多配常绿树以避免牡丹落叶后的萧条景象；且不用大乔木或叶大的植物，以免破坏假山的缩景效果；不用树形呈尖塔、树干挺直的树木，因其难以与山石的曲线协调；其他花木的花期也与牡丹错开，以免喧宾夺主。因此牡丹园的配景树种主要是槭类、松类、黄杨、梅花、紫薇、贴梗海棠等。

图 8-90　花港观鱼设计平面图

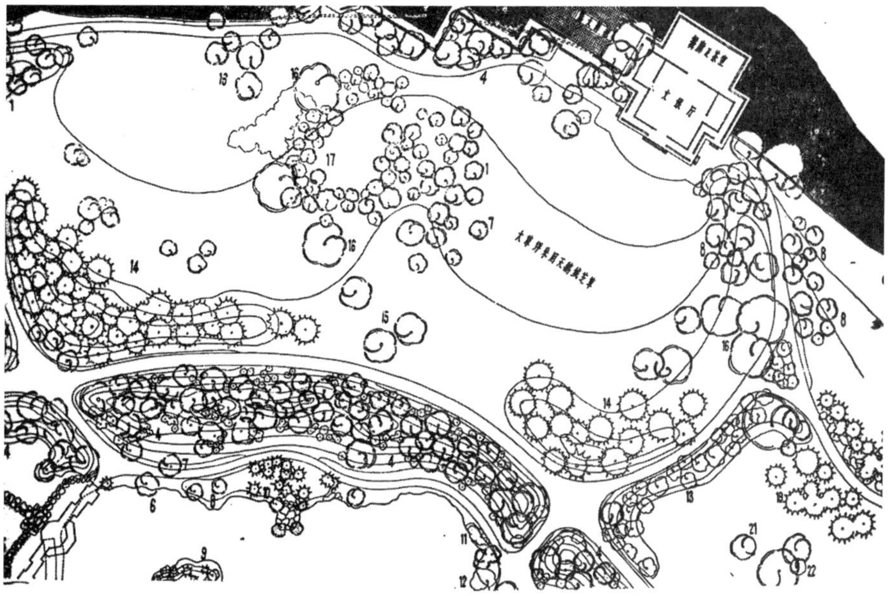

图 8-97　文娱厅大草坪平面图

8.4.8　日本・榉树广场(Saitama Sky Forest Plaza)

背景信息

日本埼玉县的榉树广场(图 8-103、图 8-104,见 410 页、411 页)是一座位于埼玉市新都心的“空中森林”。由佐佐木叶二设计于 1996 年,2000 年竣工并对外开放。

□ 埼玉市是埼玉县(日本的县在行政级别上相当于中国的省)的首府。

佐佐木叶二突破日本传统园林设计理念,把种有 220 棵榉树、面积为 1.11 公顷的平台平地提升 7 米高,通过架空的台面使广场远离了地面空间纷杂的环境,突破了广场局限于地面的固有理解,在都市中营造了一处难得的安静场所,使植物景观成为公共空间的主角,成功创造了“人与自然共生”的都市广场,同时也是在架空平台上密集种植高大落叶乔木的成功尝试。(见彩图 8-8)

□ 枯山水园林受到日本人苦行自律的性格影响,几乎摈弃了所有动态景观,也基本不使用任何开花植物,常用的元素不外乎于静止不变的常绿树、苔藓、砂砾石等。

设计思想与建造历程

埼玉市位于日本关东平原的中心部分,根据区域规划的指导思想,埼玉新都心的建设目标在于摆脱对首都东京的过度依赖,形成独立性强的中枢城市,并在行政、经济、文化方面承担起首都职能的部分作用。此外,政府考虑通过培育市民之间相互关心的温情,将这里建设成重视人际关系的都市。

□ 埼玉新都心(Saitama shintoshin)是指跨埼玉市大宫区和中央区的埼玉新都心站周边一带。

1994 年,埼玉县政府举办国际设计竞赛招标,由佐佐木叶二主持设计的提案“埼玉新都心榉树广场”脱颖而出,被评为最优秀作品。广场所在基地的前身是市中心铁路车场的遗址,这里属于新都心未来的活力中枢区域。同时它毗邻埼玉市核心设施“超级综合中心”,并与新都心地铁站相连接,是埼玉新都心绿色步行系统的重要节点之一。设计之初,广场所在街道上来往的车辆川流不息、拥挤不堪,设计师通过提升广场平台来分离行人活动与混乱交通,使这一崭新的都市广场兼有景观视觉效果与公众交往功能(见图 8-105)。设计中标后,经过了六年的时间,于 2000 年竣工建成。

图 8-105　榉树广场模型

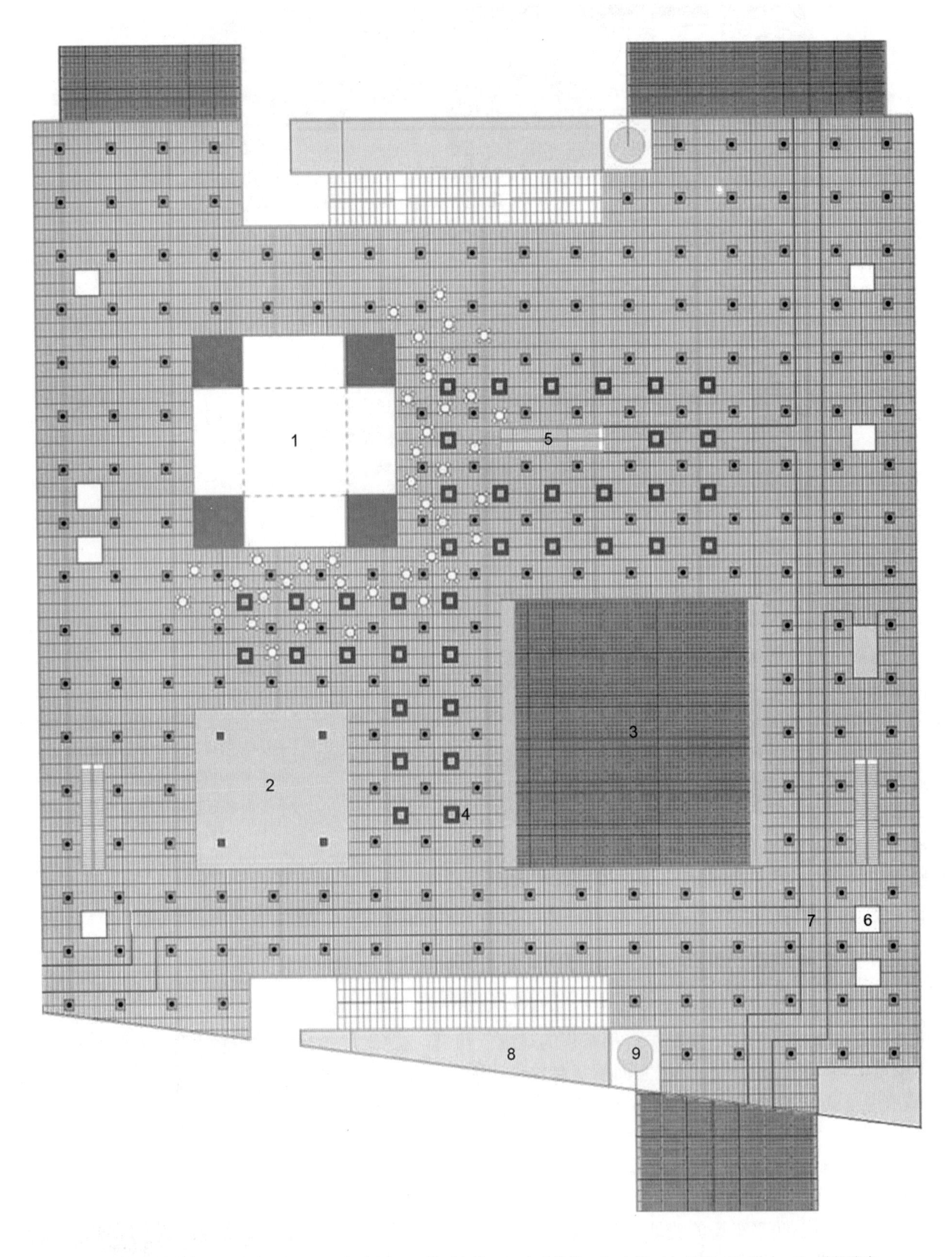

1. 林荫博览会馆　2. 草坪广场　3. 下沉广场　4. 林下座椅　5. 自动扶梯　6. 电梯　7. 长廊　8. 跌水　9. 雾状喷泉

图 8-103　榉树广场平面图

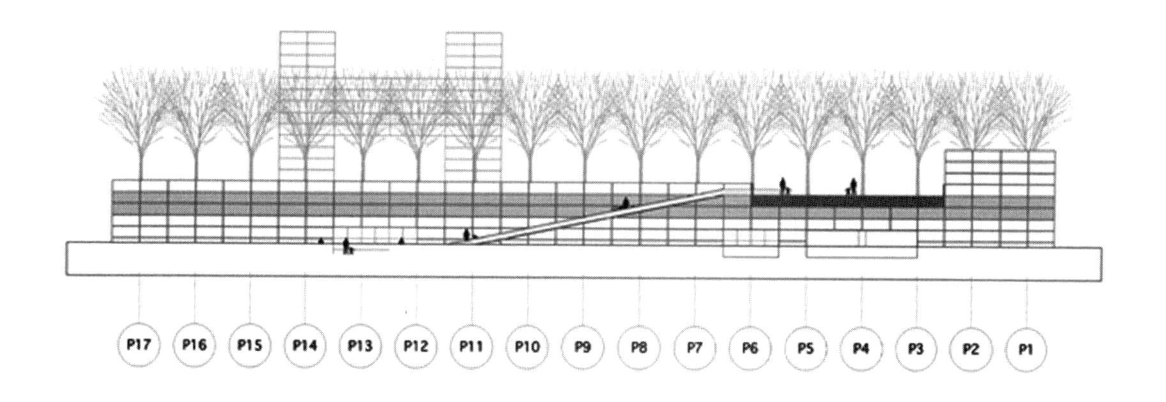

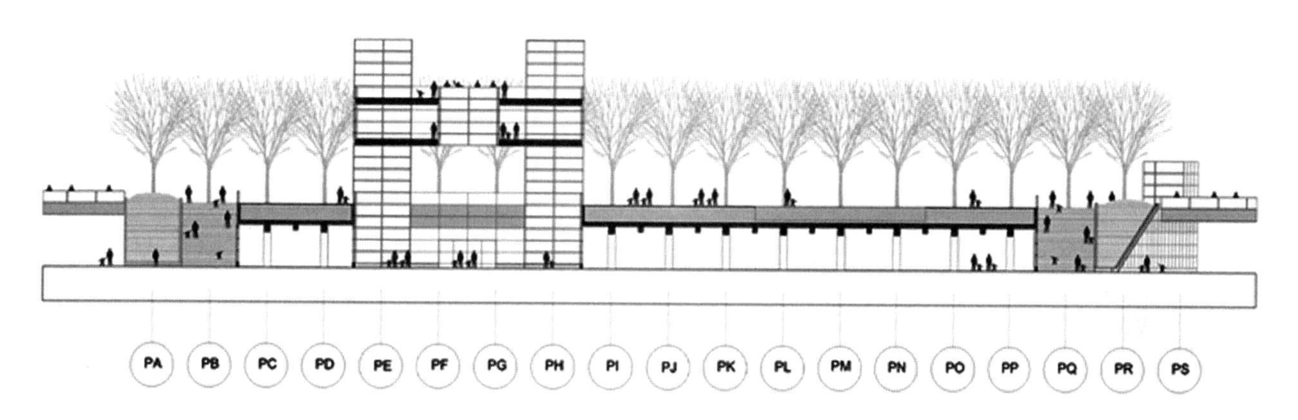

图 8-104　榉树广场立面与剖面

榉树广场是佐佐木叶二提倡的"新和风"园林的代表作之一。他运用简洁的几何构图与自然的植物材料来进行景观塑造,并着眼于以材料自身的丰富特性和光影变幻来创造优雅的空间,是对传统与现代、审美与功能的有机结合。榉树广场强调了"空中之林"和"变幻的自然与人的相会"这两个方面的主题,既能够体现自然景观的特有面貌,又能够很好地保证公众对功能使用的需求。

2009 年,佐佐木叶二撰文叙述了当时的投标设计理念,主要有三点:①视觉的象征——成为新都心中枢空间的标志性景观②界域的构成——人聚集多了,热闹了,便拥有了公众活动场所的特点③自然的静谧——体现森林空间化的安逸宁静感。结合以上三者作为该设计作品的精髓。

图 8-106　冬日里的榉树林

园林特征

作为新都心重点建设项目之一,榉树广场肩负着承载都市活动与展现自然唯美的双重责任。佐佐木叶二在设计中将传统禅宗思想与现代极简主义结合,将这片榉树林成矩阵行列式布置,创造了简约大气又不失禅境的空间(见图 8-106),达到自然与人工互补相衬的理想状态,使榉树广场成为新都心的点睛之作。

(1)布局

榉树广场的平面近方形,采用几何式布局。设计师在整个场地中划分了不同功用的次级广场,包括用于商业休闲的交流广场、疏散人群的下沉广场、静坐休憩的草坪广场。座椅、指示牌、电梯等设施的安置距离均以榉树之间的种植间隔 6m 为基本系数,这样的布置保证了空间的整齐有序,也使树丛之中的座椅给人良好的位置感(见图 8-107)。在与自然紧密结合的

图 8-107　榉树林中的停留空间

图 8-108 榉树与建筑

图 8-109 跌水与喷泉

图 8-110 榉树树阵

图 8-111 地面铺装上的榉树倒影

安静空间中，人们在此停留，不受干扰地静坐冥思、亲密交谈。

广场西北侧的建筑名为“林荫博览会馆”（见图 8-108），共有四层，规整的造型与广场的方形元素相呼应。榉树广场横穿建筑的二层，两者相交形成的活动空间便是交流广场。会馆的第三层是室内商业，第四层为可上人的屋顶空间，这里拥有绝佳的远眺视野。由于会馆建筑的高度由先确定的榉树高度（12 米）决定，使得市民从屋顶层眺望整个广场时，眼前的景色能够恍若树海般一望无际，可以看到树梢交错联结的姿态。

广场的南北两侧分别设有大台阶与溪流状的跌水景观，动态水体增加了空间的活力。台阶尽端为雾状喷泉（见图 8-109）。

广场通过台阶、自动扶梯、电梯达到与地面层的联系，竖向布局富有变化。步行者可以直接通过大台阶来到广场，台阶上设有两种高度的扶手，以便于儿童把握，同时还设置了供轮椅通行的坡道。而电梯与自动扶梯分别与广场上的有顶长廊相连，减少了雨天通行的阻碍。

(2) 植物选择与种植方式

榉树是埼玉县的县树，也是广场唯一使用到的乔木。设计师从全国约 53000 株榉树树苗中，通过对树形、分枝高度等方面的严格筛选，精心挑选了其中的 220 棵，安置在埼玉县进行为期一年半的培育观察并逐一分类。栽植方式是将约 1 公顷的广场划分为 10 米 ×10 米见方的区块，每个区块栽种 4 棵，保证了整体空间秩序的统一（见图 8-110）。

榉树广场为了在架空台面上的人工硬质铺装内批量种植榉树，为植物的固定、生长、排水等设计了一整套内在的循环系统。同时为了便于通行、节省广场空间，榉树的根部全部隐藏于架空平台的楼板结构中。

正式开放后的广场为了控制榉树的生长，采取了一系列管控措施。例如通过将土壤厚度定为 1 米左右来限制树根扩展的范围、埋设可观测土壤状态和根部伸展状况的检查管道等。

(3) 铺装与材料

广场铺装由银白色轻型铝合金和自然石材搭配构成，这两种材料的结合是对植物种植的理想搭配。光影能够将榉树的身姿投射在铺装上，赋予广场地面丰富的表情（见图 8-111）。

建筑也与广场呼应，立面装饰采用银白色的金属框架与玻璃，达成与景观环境的统一协调。条纹状的玻璃立面具有透明感与反射作用，随着时间和人流的移动，创造出无限变化的空间效果。

【延伸阅读】

[1] 王晓俊．西方现代园林设计[M]．南京：东南大学出版社，2000.

[2] 王向荣，林箐．西方现代景观设计的理论与实践[M]．北京：中国建筑工业出版社，2002.

[3] 王向荣，林菁．欧洲新景观[M]．南京：东南大学出版社，2003.

[4] 王向荣，林箐，蒙小英．北欧国家的现代景观[M]．北京：中国建筑工业出版社，2007.

[5] 伯恩鲍姆等．美国景观设计的先驱[M]．北京：中国建筑工业出版社，2003.

[6] 赵纪军．中国现代园林历史与理论研究[M]．南京：东南大学出版社，2014.

[7] 中国风景园林学会．中国风景园林名家[M]．北京：中国建筑工业出版社，2010.

参考文献

[1] Penelope Hobhouse. The Story of Gardening[M]. Dorling Kindersley,2002.

[2] Tom Turner. Garden History: Philosophy and Design 2000 BC - 2000 AD[M]. Routledge,2005.

[3] Tom Turner. Asian Gardens: History,Beliefs and Design[M]. Routledge Chapman & Hall,2011.

[4] Tom Turner. European Gardens: History,Philosophy and Design[M]. Routledge Chapman & Hall,2011.

[5] Tom Turner. English Garden Design: History and Styles Since 1650[M]. Antique Colletors' Club,1986.

[6] Marie Luise Schroeter Gothein. A History of Garden Art[M]. Hacker Art Books,1966.

[7] Steenbergen,Clemens and Reh,Wouter. Architecture and Landscape,the Design Experiment of the Great European Gardens and Landscapes[M]. Basel,2003.

[8] Moore,Charles. The Poetics of Gardens[M]. Cambridge:MIT Press,1988.

[9] Bookes,John. Gardens of Paradise[M]. New York:The Meredith Press,1987.

[10] Porter,Yves,Thevenart,Arthur. Palace and Gardens of Persian[M]. Paris:Flammarion,2003.

[11] Wilber,Donald N. Persian Gardens and Pavilions[M]. Washington D. C:Dumbarton Oaks,1979.

[12] Gothein,Marie Luise. A History of Garden Art[M]. New York:Hacker Art Books,1966.

[13] Jellicoe Geoffrey,Jellicoe Susan. The Oxford Companion to Gardens[M]. Oxford:Oxford University Press,2001.

[14] Maggie Keswick. The Chinese Garden: History,Art and Architecture[M]. Harvard University Press,2003.

[15] Wybe Kuitert. Themes,scenes,and taste in the history of Japanese garden art[M]. J. C. Gieben Publisher,1988.

[16] Lazzaro,Claudia. The Italian Renaissance garden: from the conventions of planting,design,and ornament to the grand gardens of sixteenth-century central Italy[M]. Yale University Press,1990.

[17] John Dixon Hunt. The Genius of the Place: The English Landscape Garden,1620-1820[M]. MIT Press,1988.

[18] Marina Schina. Vision of Paradis—Themes and Variation on the Garden[M]. New York:Stewart. Tabori & Chang,1985.

[19] Dusan Ogrin. The World Heritage of Gardens[M]. London:Thames and Hudson Ltd,1993.

[20] Sylvia Landsberg. The Medieval Garden[M]. London:The British Museum Press,2003.

[21] Genrgr Plunrptrc. Garden Ornament-Five Hundred Years of History and Practice[M]. London:Thames and Hudson Lld,1989.

[22] Walker,Charles,Wonders of the Ancient World[M]. 1980.

[23] Sarah Jane Downing. The English Pleasure Garden:1660-1860[M]. SHIRE PUBLICATIONS Limited,2009.

[24] O'neill,M. The Baths of Caracalla[M]. MANEY PUBLISHING,STE 1C,JOSEPHS WELL,HANOVER WALK,LEEDS LS3 1AB,W YORKS, ENGLAND. 2011.

[25] David E Coke,Alan Borg. Vauxhall Gardens:A History[M]. Yale University Pres,2011.

[26] Whyte,Ian D. Landscape and History Since 1500[M]. Reaktion Books,2002.

[27] William A. Mann. Landscape Architecture:An Illustrated History in Timelines,Site Plans and Biography[M]. Wiley,1992.

[28] 小野良平．公園の誕生[M]. 東京:吉川弘文館,2003.

[29] Philip Pregill,Volkman. Landscapes in History:Design and Planning in the Eastern and Western Traditions[M]. John Wiley & Sons,1999.

[30] Jekyll G. Colour Schemes for the Flower Garden[M]. London: Frances Lincoln,2001.

[31] Bisgrove R. The Gardens of Gertrude Jekyll[M]. Frances Lincoln,1992.

[32] Elizabeth Barlow Rogers. Landscape Design:A Cultural and Architectural History[M]. Harry N. Abrams,2001.

[33] Rainer Zerbst. Antoni Gaudi[M]. Taschen,2005.

[34] Marta Iris Montero. Burle Marx: The Lyrical Landscape[M]. Thames & Hudson,2001.

[35] (美)斯塔夫里阿诺斯,吴象婴(译). 全球通史:从史前史到21世纪[M]. 北京:北京大学出版社,2005.

[36] 柏杨．中国人史纲[M]. 山西:山西人民出版社,2008.

[37] (日)铃木博之,沙子芳(译). 图说西方建筑风格年表[M]. 北京:清华大学出版社,2013.

[38] 周维权．中国古典园林史[M]. 北京:清华大学出版社,1999.

[39] (日)针之谷钟吉,邹洪灿译．西方造园变迁史——从伊甸园到天然公园[M]. 北京:中国建筑工业出版社,1991.

[40] 郦芷若,朱建宁．西方园林[M]. 郑州:河南科学技术出版社,2001.

[41] 刘海燕．中外造园艺术[M]. 北京:中国建筑工业出版社,2009.

[42] 张祖刚. 世界园林发展概论:走向自然的世界园林史图说[M]. 北京:中国建筑工业出版社,2003.
[43] 汤姆. 特纳,林箐(译). 世界园林史[M]. 北京:中国林业出版社,2011.
[44] 朱建宁. 西方园林史:19世纪之前[M]. 北京:中国林业出版社,2008.
[45] 王铎. 中国古代苑园与文化[M]. 武汉:湖北教育出版社,2003.
[46] (日)冈大路著,瀛生译. 中国宫苑园林史考[M]. 北京:学苑出版社,2008.
[47] 罗哲文. 中国帝王苑囿[M]. 北京:知识产权出版社,2002.
[48] 曹林娣. 中国园林文化[M]. 北京:中国建筑工业出版社,2005.
[49] 张家冀. 中国造园艺术史[M]. 山西:山西人民出版社,2004.
[50] 刘庭风. 日本园林教程[M]. 天津:天津大学出版社,2005.
[51] 朱建宁. 永久的光荣——法国传统园林艺术[M]. 昆明:云南大学出版社,1999.
[52] (法)艾伦·S·魏斯,段建强译. 无限之镜——法国十七世纪园林及其哲学渊源[M]. 北京:中国建筑工业出版社,2013.
[53] 陈志华. 外国造园艺术[M]. 郑州:河南科学技术出版社,2001.
[54] 周武忠. 寻求伊甸园——中西古典园林艺术比较[M]. 南京:东南大学出版社,2001.
[55] 陈振. 宋史——中国断代史系列[M]. 上海:上海人民出版社,2003.
[56] 赵兴华. 北京园林史话[M]. 北京:中国林业出版社,2000.
[57] 茂吕美耶. 江户日本[M]. 桂林:广西师范大学出版社,2006.
[58] 詹姆斯·麦克莱恩. 日本史[M]. 海口:海南出版社,2009.
[59] 基佐. 欧洲文明史[M]. 北京:商务印书馆,2005.
[60] 林承节. 印度史[M]. 北京:人民出版社,2004.
[61] 彭一刚. 中国古典园林分析[M]. 北京:中国建筑工业出版社,1986.
[62] 刘敦桢. 苏州古典园林[M]. 北京:中国建筑工业出版社,2005.
[63] 侯迺慧. 宋代园林及其生活文化[M]. 台湾:三民书局,2010.
[64] 汪菊渊. 中国古代园林史(上下卷)[M]. 北京:中国建筑工业出版社,2005.
[65] 杨斌章. 外国园林史[M]. 哈尔滨:东北林业大学出版社,2003.
[66] 张健. 中外造园史[M]. 武汉:华中科技大学出版社,2009.
[67] 顾凯. 明代江南园林研究[M]. 南京:东南大学出版社,2010.
[68] 潘谷西. 江南理景艺术[M]. 南京:东南大学出版社,2001.
[69] 徐文涛. 网师园[M]. 苏州:苏州大学出版社,1997.
[70] 储兆文. 中国园林史[M]. 上海:东方出版中心,2008.
[71] 魏嘉瓒. 苏州古典园林史[M]. 上海:上海三联书店,2005.
[72] 王其钧. 图说中国古典园林史[M]. 北京:中国水利水电出版社,2007.
[73] 任晓红. 禅与中国园林[M]. 北京:商务印书馆国际有限公司,1994.
[74] 罗哲文等. 中国名观[M]. 天津:百花文艺出版社,2006.
[75] 周维权. 中国名山风景区[M]. 北京:清华大学出版社,1999.
[76] 谢凝高,任继愈. 中国的名山大川[M]. 北京:商务印书馆,1997.
[77] 陈志华,李玉详. 楠溪江中游古村落[M]. 北京:生活·读书·新知三联书店,1999.
[78] 王其钧. 图解中国民居[M]. 北京:中国电力出版社,2008.
[79] 田家乐. 峨眉山与名人[M]. 北京:旅游教育出版社. 1997.
[80] 刘乐土. 世界建筑看亮点100处建筑[M]. 北京:华夏出版社,2012.
[81] 刘思捷,张曦,张园园. 世界建筑一本通[M]. 武汉:长江文艺出版社,2011.
[82] 陈志华. 外国古代建筑史:十九世纪以前[M]. 北京:中国建筑工业出版社,1985.
[83] 李波. 建筑文化大讲堂(中)世界古代建筑[M]. 内蒙古:内蒙古大学出版社,2009.
[84] 张祖刚. 建筑文化感悟与图说·国外卷[M]. 北京:中国建筑工业出版社,2008.
[85] 张启翔,沈守云. 现代景观设计思潮[M]. 武汉:华中科技大学出版社,2009.
[86] 王晓俊,西方现代园林设计[M]. 南京:东南大学出版社,2000.
[87] 王向荣,林箐. 西方现代景观设计的理论与实践[M]. 北京:中国建筑工业出版社,2002.
[88] 王向荣,林菁. 欧洲新景观[M]. 南京:东南大学出版社,2003.
[89] 王向荣,林箐,蒙小英. 北欧国家的现代景观[M]. 北京:中国建筑工业出版社,2007.
[90] 朱钧珍. 中国近代园林史[M]. 北京:中国建筑工业出版社,2012.
[91] 蔡萌. 中间近代建筑史话[M]. 北京:北京机械工业出版社,2014.
[92] 赵纪军. 中国现代园林历史与理论研究[M]. 南京:东南大学出版社,2014.
[93] 中国风景园林学会. 中国风景园林名[M]. 北京:中国建筑工业出版社,2010.
[94] 刘少宗. 中国优秀园林设计集(一)[M]. 天津:天津大学出版社,1999.

[95] 刘少宗．中国优秀园林设计集(二)[M]．天津:天津大学出版社,1998.
[96] 伯恩鲍姆等．美国景观设计的先驱[M]．北京:中国建筑工业出版社,2003.
[97] 马丁·阿什顿．景观大师作品集1[M]．贵州:贵州科技出版社,2003.
[98] 弗朗西斯克·阿森,西奥·切沃．景观大师作品集2[M]．贵州:贵州科技出版社,2003.
[99] 张晋石．布雷·马克斯[M]．南京:东南大学出版社,2004.
[100] 中国人民政治协商会议广州市越秀区委员会．越秀山风采[M]．广州:花城出版社,1987.
[101] 李穗梅．广州旧影·中英日文本·摄影集[M]．北京:人民美术出版社,1998.
[102] 曾新．越秀山[M]．广州:广东人民出版社,2008.
[103] 金泽光,郑祖良,何光濂,余植民．广州园林建设(1950-1962)[M]．广州:广州市建设局市政工程试验研究室,1964.
[104] 章俊华．造园书系·日本景观设计师佐佐木叶二[M]．北京:中国建筑工业出版社,2003.
[105] 小野良平．明治期東京における公共造園空間の計画思想[R]．東京大学農学部演習林報告,2000.
[106] 朱宏宇．英国18世纪园林艺术——如画美学理念下的园林史研究[D]．东南大学,2006.
[107] 吴长城．辋川别业及其变迁研究[D]．西北农林科技大学,2010.
[108] 黄灿．萃锦园造园艺术研究[D]．北京林业大学,2012.
[109] 魏彩霞．杭州市寺观园林研究[D]．浙江农林大学,2012.
[110] 何信慧．江南佛寺园林研究[D]．西南大学,2010.
[111] 贾玲利．四川园林发展研究[D]．西南交通大学,2009.
[112] 周翔．峨眉山名山风景区景观序列研究[D]．重庆大学,2008.
[113] 刘华彬．西湖风景建筑与山水格局研究[D]．浙江农林大学,2010.
[114] 韩丹萍．杭州西湖植物景观历史变迁研究[D]．浙江农林大学,2011.
[115] 吴薇．扬州瘦西湖园林历史变迁研究[D]．南京林业大学,2010.
[116] 秦治国．古罗马洗浴文化研究[D]．上海师范大学．2003.
[117] 杨会会．近代美国规划设计中生态思想演进历程探索[D]．重庆大学,2012.
[118] 崔柳．法国巴黎城市公园发展历程研究[D]．北京林业大学,2006.
[119] 赵晶．从风景园到田园城市——18世纪初期到19世纪中叶西方景观规划发展及影响[D]．北京林业大学,2012.
[120] 刘新北．纽约中央公园的创建、管理和利用及其影响研究(1851-1876)[D]．华东师范大学,2009.
[121] 陈书蔚．论高迪的自然主义[D]．浙江大学,2005.
[122] 佘美萱．东南亚热带花园发展概述[D]．北京林业大学,2005.
[123] 潘睿．城市台面——高于城市地面的水平性公共空间研究[D]．清华大学,2010.
[124] 徐丹丹．基于多层次城市基面的景观立体化设计与探索[D]．合肥工业大学,2013.
[125] 李靖．日本本土文化在其园林传承发展中的作用与影响[D]．西北农林科技大学,2012.
[126] 张燕鹏．越秀公园公益化改革的对策研究[D]．华南理工大学,2009.
[127] 孙易．广州近代公园建设与发展研究[D]．华南理工大学,2010.
[128] 周宇辉．郑祖良生平及其作品研究[D]．华南理工大学,2011.
[129] 林箐．理性之美——法国勒·诺特尔式园林造园艺术分析[J]．中国园林,2006(4).
[130] 李玉洁．艮岳与北宋的灭亡[J]．开封大学学报,2006(6).
[131] 常卫锋．北宋皇家园林艮岳的文化内涵探析[J]．开封大学学报,1997(3).
[132] 刘玉文．避暑山庄初建时间及相关史考[J]．故宫博物院院刊,2003(4).
[133] 别廷峰．康熙御制《避暑山庄记》[J]．承德师专学报,1984(Z1).
[134] 刘庭风,张灵,刘庆慧．日本古典名园赏析——桂离宫[J]．园林,2005(9).
[135] 张朝．阿尔罕布拉宫的园林[J]．科学大观园,2009(12).
[136] 辛华．追昔抚今泰姬陵[J]．当代世界,2007(9).
[137] 叶李洁,胡恒．哈德良别墅初探[J]．建筑师,2011(2).
[138] 杨桦,王沛永,陈如一．意大利埃斯特别墅庄园若干造园要素分析[J]．2012国际风景园林师联合会(IFLA)亚太区会议暨中国风景园林学会2012年会论文集(下册),2012.
[139] 曹汛．网师园的历史变迁[J]．建筑师,2004(12).
[140] 张灵,刘庭风．对自然美的膜拜——日本古典名园赏析(十一)二条城二之丸庭园[J]．园林,2007(7).
[141] 陈龙华．二条城[J]．日语知识,2004(5).
[142] 赵光强．找寻湮没的文明——庞贝古城的前世今生[J]．文史参考,2011(25).
[143] 刘哲．论北京明清时期寺庙园林的造园艺术——以潭柘寺为例[J]．北京农业,2012(4).
[144] 孙敏贞．北京明清时期寺庙园林的发展及其特点[J]．北京林业大学学报(社会科学版),1991.
[145] 孙敏贞．明清时期北京寺庙园林的几种类型[J]．北京林业大学学报,1992(3).
[146] 吴宇江．日本园林探究[J]．中国园林,1994(3).

[147] 杉尾伸太郎,石鼎. 关于龙安寺方丈庭园造园意图的考察[J]. 中国园林,2012(5).
[148] 宋扬. 龙安寺枯山水庭园浅析[J]. 山西建筑,2008(24).
[149] 路秉杰. 日本名园——枯山水[J]. 时代建筑,1989(2).
[150] 刘庭风. 对自然美的膜拜——日本古典名园赏析(十四)大德寺庭园[J]. 园林,2006(10).
[151] 刘庭风. 日本造园家之二——画僧造园家雪舟等杨[J]. 古建园林技术,2007(4).
[152] 刘庭风. 日本书画式庭园[J]. 天津大学学报(社会科学版),2003(1).
[153] 吴肇钊. 瘦西湖的历史与艺术[J]. 新建筑,1985(3).
[154] 张伟. 瘦西湖私家园林集群的整体景观分析[J]. 扬州大学学报,2002(5).
[155] 陈如一,张晋石,余刘姗. 国际与本土艺术融合的地域性景观范例——罗伯特·布雷·马克斯景观中的地域特性再认识[A]. 中国风景园林学会2013年会论文集(上册)[C]. 北京:中国建筑工业出版社,2013.
[156] 孙晖. 圣彼得教堂地段外部空间环境演变探究[J]. 建筑史论文集,2002(1).
[157] 津田礼子. 長岡安平の公園デザインの特質[J]. 活水論文集,2003(46).
[158] 山下英也,宮城俊作. 日比谷公園の設計案にみられる空間構成の特質とその変容過程[J]. ランドスケープ研究,1995(5).
[159] 胡冬香. 浅析中国近代园林的公园转型[J]. 商场现代化,2006(01).
[160] 张健健. 19世纪英国园林艺术流变[J]. 北京林业大学学报(社会科学版),2011(02).
[161] 谭红丽. 高迪与西班牙的新艺术运动[J]. 设计艺术,2001(01).
[162] 王云. 上海近代园林的现代化演进特征与机制研究(1840—1949)[J]. 风景园林,2010(01).
[163] 刘秀晨. 中国近代园林史上三个重要标志特征[J]. 中国园林,2010(08).
[164] 吴人韦. 英国伯肯海德公园——世界园林史上第一个城市公园[J]. 园林,2000(03).
[165] 杨忆妍,李雄. 英国伯肯海德公园[J]. 风景园林,2013(03).
[166] 张健健. 19世纪英国园林艺术流变[J]. 北京林业大学学报(社会科学版),2011(02).
[167] 高亦珂. 格特鲁德·杰基尔的作品与著作[J]. 风景园林,2008(06).
[168] 尹豪. 身为艺术家的园丁——工艺美术造园的核心人物格特鲁德·杰基尔[J]. 中国园林,2008(03).
[169] 尹豪. 光色变幻——杰基尔造园的浪漫主义绘画特征[J]. 中国园林,2010(12).
[170] 段拥军,阿牛阿且. 工艺美术运动中的风景园[J]林. 井冈山医专学报,2009(05).
[171] 张健健. 艺术的自然·诚实的设计——工艺美术运动对西方园林艺术的影响[J]. 农业科技与信息(现代园林),2010(07).
[172] 沈琛,尹豪. 杰基尔花境设计中的空间与构件[J]. 广东农业科学,2012(22).
[173] 陈英瑾. 人与自然的共存——纽约中央公园设计的第二自然主题[J]. 世界建筑,2003(04).
[174] Witold Rybczynski,陈伟新,Michael Gallagher. 纽约中央公园150年演进历程[J]. 国外城市规划,2004(02).
[175] 余一氓. 纽约中央公园,平民的天堂[J]. 花木盆景(花卉园艺),2004(02).
[176] 汤影梅. 纽约中央公园[J]. 中国园林,1994(04).
[177] 丁继军,杨小军. 由纽约中央公园谈城市公园与公共空间[J]. 山西建筑,2009(34).
[178] 江洲. 如何看待纽约中央公园内克里斯托的"门"[J]. 中国美术馆,2005(03).
[179] 刘少才. 纽约城市绿洲——中央公园[J]. 社区,2013(06).
[180] 金文驰,陈砚. 纽约中央公园——喧嚣中的绿洲[J]. 百科知识,2012(05).
[181] 俞孔坚,刘东云. 美国的景观设计专业[J]. 国外城市规划,1999(02).
[182] 刘东云,周波. 景观规划的杰作——从"翡翠项圈"到新英格兰地区的绿色通道规划[J]. 中国园林,2001,17(3).
[183] 史抗洪,李晓莉. 从曼哈顿中庭到翡翠项链的历程——美国景观之父奥姆斯特德的景观设计之路[J]. 中华民居,2011(09).
[184] 刘滨谊,周晓娟,彭锋等. 美国自然风景园运动的发展[J]. 中国园林,2001,17(5).
[185] 金经元. 奥姆斯特德和波士顿公园系统(上)[J]. 城市管理·上海城市管理职业技术学院学报,2002,12(2).
[186] 金经元. 奥姆斯特德和波士顿公园系统(中)[J]. 城市管理·上海城市管理职业技术学院学报,2002,12(3).
[187] 金经元. 奥姆斯特德和波士顿公园系统(下)[J]. 城市管理·上海城市管理职业技术学院学报,2002,12(4).
[188] 周向频. 当代欧洲景观设计的特征与发展趋势[J]. 国外城市规划,2003(02).
[189] 王向荣. 新艺术运动中的园林设计[J]. 中国园林,2000(3).
[190] 周向频. 欧洲现代景观规划设计的发展历程与当代特征[J]. 城市规划汇刊,2003(04).
[191] 朱建宁,丁珂. 法国现代园林景观设计理念及其启示[J]. 中国园林,2004(03).
[192] 王铎,王诗鸿. 阅读英国园林[J]. 中国园林,2004(12).
[193] 侯晓蕾,郭巍. 感知·意象——西班牙风景园林师拜特·菲格罗斯[J]. 中国园林,2005(11).
[194] 王向荣. 生态与艺术的结合——德国景观设计师彼得·拉茨的景观设计理论与实践[J]. 中国园林,2001(02).
[195] 王向荣,张晋石. 人类和自然共生的舞台——荷兰景观设计师高伊策的设计作品[J]. 中国园林,2002(03).
[196] 林箐. 美国现代主义风景园林设计大师丹·克雷及其作品[J]. 中国园林,2000(02).
[197] 刘晓明. 风景过程主义之父——美国风景园林大师乔治·哈格里夫斯[J]. 中国园林,2001(03).
[198] 苏肖更. 一个离经叛道者——玛莎·施瓦茨作品解读[J]. 中国园林. 2000(04).

[199] 林箐．诗意的心灵庇护所——墨西哥建筑师路易斯·巴拉甘的园林作品[J]．中国园林,2002(01).

[200] 西西利亚·潘妮,吉姆·泰勒,冯娴慧等．加拿大风景园林的起源与发展[J]．中国园林,2004(01).

[201] 汪菊渊．我国城市绿化、园林建设的回顾与展望[J]．中国园林,1992(01).

[202] 周津．香港和香港的园林[J]．中国园林,1997(01).

[203] 汪永华．中国台湾地区城市园林绿化经验点滴[J]．广东园林,2007(05).

[204] 周向频,郑春燕．从传统中蜕变——日本现代园林的转型启示[J]．国际城市规划,2008(06).

[205] 安亚明,倪琪．当代澳大利亚景观设计概述[J]．华中建筑,2007(03).

[206] 张红卫,王向荣．漫谈当代纪念性景观设计[J]．中国园林,2010(09).

[207] 黄妍．英国景观大师杰弗里·杰利科[J]．世界建筑,2001(04).

[208] 钟雪飞,钟元满．西雅图高速公路公园的设计理念[J]．城市问题,2010(05).

[209] 林箐．美国当代风景园林设计大师、理论家——劳伦斯·哈普林[J]．中国园林,2000(03).

[210] 李蒙,李改维．布雷·马克斯及他的景观设计作品之解析[J]．山西建筑,2009,35(17).

[211] 任京燕．巴西风景园林设计大师布雷·马科斯的设计及影响[J]．中国园林,2000,(5).

[212] 北京市园林局．北京市陶然亭公园规划设计[J]．建筑学报,1959(04).

[213] 张青．陶然亭公园景观环境设计方案探析[J]．技术与市场,2005(10).

[214] 刘鹏．陶然亭公园[J]．北京档案,2007(08).

[215] 冯纪忠．方塔园规划[J]．建筑学报,1981(07).

[216] 冯纪忠．与古为新——谈方塔园规划及何陋轩设计[J]．华中建筑,2010(03).

[217] 吴人韦．中国名园·松江方塔园[J]．园林,1999(03).

[218] 郑祖良．试论城市公园规划建设的几个问题[J]．广东园林,1981(01).

[219] 黄健荣,柯宣东．浅析越秀公园山林绿化改造的生态功能[J]．广东园林,2003(03).

[220] 柯宣东．广州公园"拆围透绿"[J]．中国花卉园艺,2010(18).

[221] 孙筱祥,胡绪渭．杭州花港观鱼公园规划设计[J]．建筑学报,1959(05).

[222] 王绍增,林广思,刘志升．孤寂耕耘默默奉献——孙筱祥教授对"风景园林与大地规划设计学科"的巨大贡献及其深远影响[J]．中国园林,2007(12).

[223] 包志毅．借古开新,洋为中用——杭州花港观鱼公园评析[J]．世界建筑,2014(02).

[224] 姚健,张乃仁．日本埼玉新都心通用设计巡礼[J]．装饰,2007(07).

[225] 佐佐木叶二．从"屋顶花园"到"空中森林"[J]．上海商业,2009(07).

中国建材工业出版社
China Building Materials Press